原子发射光谱分析技术及应用

第二版

郑国经 罗倩华 余 兴 编著

化学工业出版社

·北京·

内容简介

本书全面介绍了各种类型原子发射光谱分析的理论基础和必备的基础知识，包括仪器的结构、分析方法与技术、各种技术在相关领域及标准中的应用。同时简要介绍了发射光谱分析过程中的数理统计方法。此外，书中也介绍了原子发射光谱仪器中实用类型的仪器结构、附件及其使用要求和仪器的日常维护等相关知识，列举了各类型原子发射光谱商品仪器的性能和技术特点及其应用范围。

本书可供大专院校、科研单位、厂矿企业以及从事原子发射光谱分析人员，作为工作参考或学习用书。

图书在版编目（CIP）数据

原子发射光谱分析技术及应用 / 郑国经，罗倩华，余兴编著. —2 版. —北京：化学工业出版社，2021.4

ISBN 978-7-122-38481-2

Ⅰ. ①原… Ⅱ. ①郑…②罗… ③余… Ⅲ. ①原子光谱-发射光谱分析 Ⅳ. ①O657.31

中国版本图书馆 CIP 数据核字（2021）第 024630 号

责任编辑：李晓红 傅聪智　　文字编辑：陈 雨
责任校对：刘曦阳　　装帧设计：刘丽华

出版发行：化学工业出版社（北京市东城区青年湖南街 13 号 邮政编码 100011）
印　　装：中煤（北京）印务有限公司
787mm×1092mm 1/16 印张 31½ 字数 742 千字 2021 年 7 月北京第 2 版第 1 次印刷

购书咨询：010-64518888　　售后服务：010-64518899
网　　址：http://www.cip.com.cn
凡购买本书，如有缺损质量问题，本社销售中心负责调换。

定　价：198.00 元

前　言

原子发射光谱分析技术，因其发射光源的多样性及不同分析功能，具有快速、准确、多元素同时分析等特点，越来越被认为是最具分析效率的无机元素理想分析技术。近年来，针对原子发射光谱分析技术的基础性专题读物已经不多见，完整的培训读物也少。

本书第一版于2010年出版，之后在2016年编著者等又在“分析化学手册（第三版）”之《原子光谱分析》的编写中，将原子发射光谱的分析技术完整基础知识和详细技术资料及应用实例收编于手册之中，成为原子光谱分析技术的详细查询手册。为了便于使用这些技术资料，方便阅读学习及培训使用，本着与时俱进的精神，应化学工业出版社的要求，编著者结合近五年来原子发射光谱分析的新进展，对《原子发射光谱分析技术及应用》（第一版）进行修订与补充。秉承第一版思路，以《原子光谱分析》资料为基础，从原子发射光谱分析原理和必要的基础知识出发，并针对原子发射光谱仪器中各种实用类型仪器的组成、结构及其使用要求，提供完整的理论资料及应用实例，以适用于从事原子发射光谱分析者参考使用，以及作为新从事原子发射光谱分析工作人员的培训教材。

本书在第一版的基础上修改补充了近十年来分析方法及仪器上的新技术，增加了近十年来出现商品仪器的电弧直读光谱分析、微波等离子体光谱分析和激光光谱新技术，系统地介绍了这几类原子发射光谱分析技术的原理和必备的基础知识，以及这些类型原子发射光谱仪器的分析方法及其应用技术，具体介绍原子发射光谱分析方法在各行业中的实际应用和典型实例，并总结了各类光谱分析方法在国家标准及行业标准中的应用情况，同时简要介绍了光谱分析的误差分析及测定结果不确定度的数理统计方法，为发射光谱分析数据的可比性和溯源性提供参考知识。本书可为厂矿企业、研究院所、学校以及相关部门实验室中从事实际检验工作的分析人员提供技术资料支持，也兼顾从事分析检测的科技人员的培训需要。

本书增编为8章，第1章原子发射光谱分析导论、第2章火花放电原子发射光谱分析、第3章电弧原子发射光谱分析、第8章光谱分析的误差统计及数据的处理由郑国经主笔；第4章电感耦合等离子体发射光谱分析、第5章微波等离子体原子发射光谱分析由罗倩华主笔，第6章辉光放电原子发射光谱分析、第7章激光诱导击穿原子发射光谱分析由余兴主笔，全书由郑国经统编。本书编写者虽为多年来从事原子发射光谱分析，具有使用过各种类型原子发射光谱仪器的实践经验，但由于作者水平所限，所从事分析领域的局限性所致，难免以偏概全，存在不足之处，敬请读者批评指正。

在本书的编写过程中，引用了国内外大量公开发表的文献资料，也引用了“分析化学手册（第三版）”中《原子光谱分析》分册的相关资料，在此向文献的原著者表示感谢。本书的出版，要感谢化学工业出版社的支持和编审的辛勤劳动。

编著者

2021 年 4 月

第一版前言

原子发射光谱（Atomic Emission Spectroscopy，简称 AES），是由原子中核外电子受到外来能量的推动，激发跃迁到激发态，再由高能态回到各较低的能态或基态时，以辐射形式放出其激发能而产生的光谱。原子发射光谱分析技术，在实际应用中最为普及和有效的光谱仪器及分析技术主要有：火花放电原子发射光谱法（Spark-Atomic Emission Spectroscopy，简称 Spark-AES）、电感耦合等离子体原子发射光谱法（Inductively Coupled Plasma-Atomic Emission Spectroscopy，简称 ICP-AES）及辉光放电原子发射光谱法（Glow Discharge -Optical Emission Spectroscopy，简称 GD-OES）。

20 世纪 50 年代，原子发射光谱就开始在我国推广和普及，特别是在地质、冶金、机械等部门得到了广泛的应用，建立了国产原子发射光谱仪器生产基地。1975 年由钱振彭教授和黄本立教授等组织编写的《发射光谱分析》很好地总结了前一时期我国原子发射光谱分析的实践经验。随着高新技术的发展，原子发射光谱仪器性能及其分析技术不断提高，Spark-AES 已成为冶金炉前工艺控制、机械行业产品质量控制的分析测试常规手段。ICP-AES 和 GD-OES 由于商品仪器的优越性能，使其成为在元素分析及薄层分析上的有力检测手段。尤其是 20 世纪 70 年代迅速兴起的 ICP-AES，既保留了原子发射光谱多元素同时分析的特点，又具有溶液进样的灵活性与稳定性，使原子发射光谱分析进入了一个崭新的发展阶段，其应用领域扩大到各行各业。随着我国市场经济的迅速发展，世界上先进的设备与技术也迅速传播到我国。20 世纪 80 年代初，我国有关的研发单位开始用自己组装的仪器开展 ICP-AES 技术的研究工作，90 年代国产的 ICP-AES 仪器问世。现在 ICP-AES 已成为实验室广泛使用的常规分析仪器。

本书介绍原子发射光谱分析的原理和必要的基础知识，重点在原子发射光谱仪器中几种实用类型仪器的组成、结构及其使用要求，尤其是新型现代化仪器的性能及其在标准分析方法上的应用。着重介绍原子发射光谱分析方法在各行业中的实际应用和典型实例，并介绍了各类光谱分析方法在国家标准及行业标准中的应用情况，同时简要介绍了光谱分析的误差分析及测定结果不确定度的数理统计方法，为发射光谱分析数据的可比性和溯源性提供参考知识。

本书应用方面的内容多为作者多年来从事原子发射光谱分析及使用各种类型仪器的体会与工作经验编辑而成，火花直读光谱分析及光谱分析数据处理部分由郑国经主笔，电感耦合等离子体发射光谱分析部分由计子华主笔，辉光放电原子发射光谱分析部分由余兴主笔，全书由郑国经统编。

本书可供大专院校、科学研究单位、厂矿企业从事发射光谱分析工作人员，作为工作参考或技术培训之用。

由于作者水平所限，所从事分析领域的局限性所致，难免以偏概全，存在不足之处，敬请读者批评指正。

编著者

2009 年 10 月

目　录

第1章　原子发射光谱分析导论　001

第2章　火花放电原子发射光谱分析　062

第 5 章 微波等离子体原子发射光谱分析 287

第 6 章 辉光放电原子发射光谱分析 321

第 1 章

原子发射光谱分析导论

1.1 光与光谱分析

1.1.1 有关物质的辐射和光学性能

1.1.1.1 电磁辐射的基本性质

光是一种电磁辐射，具有波动性（称为电磁波）和粒子性（称为光子）。

（1）电磁辐射的波动性

电磁辐射的传播，具有波动性（称为电磁波）和粒子性（称为光子）。根据麦克斯韦（Maxwell）的理论，电磁波在空间传播的交变电场和磁场如图 1-1 所示。其波动性质可以用速度（光速 c）、频率（波长）和强度等参数来加以描述。不同的电磁波具有不同的频率（ν）或波长（λ），它们之间的关系在真空中可用下式表述：

$$\lambda = \frac{c}{\nu} \tag{1-1}$$

① 周期（T） 相邻两个波峰或波谷通过空间某一固定点所需要的时间间隔，单位为秒（s）。

② 频率（ν） 单位时间内通过传播方向某一点的波峰或波谷的数目，即单位时间内电磁辐射振动的次数，单位为赫兹（Hz）。

$$\nu = N/t$$

式中，N 是电磁辐射振动周数；t 是时间。

③ 波长（λ） 在周期波传播方向上，相邻两波同相位点间的距离。为了方便起见，通常在波形的极大值或极小值处进行测量（图 1-2）。

单位：米（m）。也可以用厘米（cm）、毫米（mm）、微米（μm）、纳米（nm）、皮米（pm）及埃（Å）等表示。

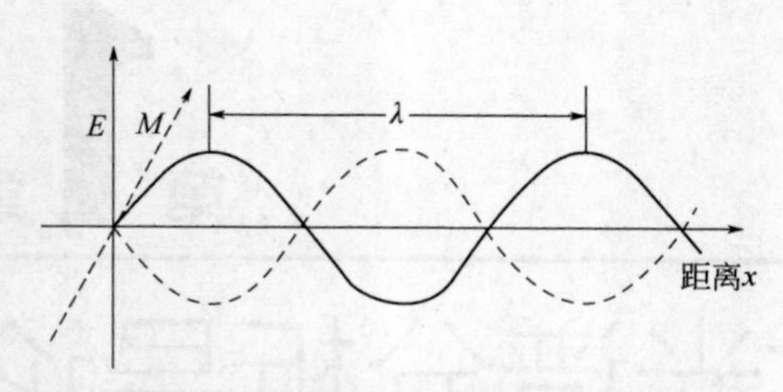

图 1-1　电磁波的电场矢量 E 和磁场矢量 M

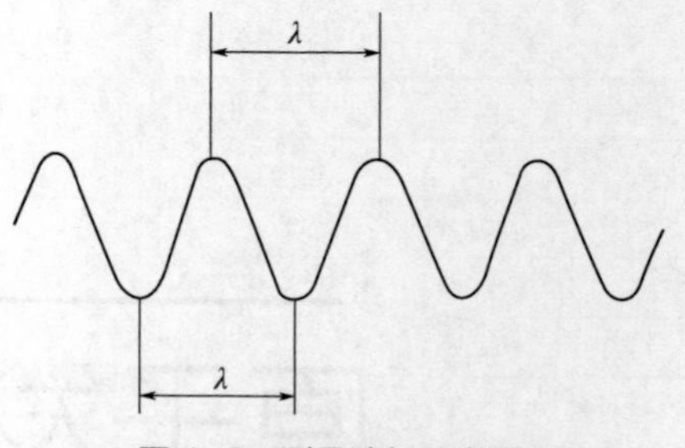

图 1-2　测量波长示意图

④ 波数（$\tilde{\upsilon}$）　每厘米中所含波长的数目，即等于波长的倒数：$\tilde{\upsilon}=1/\lambda$。单位用 cm^{-1}（每厘米）来表示。若波长以μm 为单位，波数与波长的换算为：

$$\tilde{\upsilon}(cm^{-1})=\frac{1}{\lambda(cm)}=\frac{10^4}{\lambda(\mu m)} \tag{1-2}$$

⑤ 传播速度（c）　电磁辐射的传播速度 c 等于频率 ν 乘以波长 λ：

$$c=\lambda\nu \tag{1-3}$$

电磁波通过不同介质时，频率不变而波长要发生改变。光波在真空中的传播速度与频率无关，其速度以 c 表示，并达到最大值 2.99792458×10^{10}cm/s，通常取三位有效数字可以表示为：3.00×10^8m/s 或 3.00×10^{10}cm/s。

光在空气中的传播速度与真空中的传播速度略有差别，所以同一波长在真空谱线表与空气谱线表中略有区别。然而此差异不大，因此通常也用这一公式来表述频率与波长在空气中的关系。

作为光波它具有波的性质，因此有反射、折射、散射、干涉、衍射和偏振等现象，各类光谱仪器的结构正是依据这些性质进行分光、色散，设计出各类光谱分光仪器。

（2）电磁辐射的粒子性

电磁辐射具有不同的能量，它与物质之间的能量交换，物质对电磁辐射的吸收或发射现象的依据是其粒子性——光子，可以看作能量不连续的量子化粒子流——即光子的作用。

① 光子的能量　光子的能量正比于电磁辐射的频率 ν。这种电子辐射的能量变化，与频率或波长的关系可用下式表述：

$$E=h\nu=\frac{hc}{\lambda} \tag{1-4}$$

式中，E 为电磁辐射的量子化能量，eV；h 为普朗克（Planck）常数，6.623×10^{-34}J·s；c 为光速；λ 为波长，nm。

② 光子的能量单位　用焦耳（J）、电子伏特（eV）、尔格（erg）、卡（cal）来表示。它们之间的换算见表 1-1。

电磁辐射与物质之间的能量交换，以及光电子换能器对辐射强度的测定均与光的粒子性相关。光谱仪器正是利用光电池、光电倍增管或各种固体检测器与光子的能量交换来测定光的强度。

表 1-1　能量单位换算表[1]

能量单位	J	eV	erg①	cal①
1 焦（J）	1	6.241×10^{18}	10^{7}	0.2390
1 电子伏特（eV）	1.602×10^{-19}	1	1.602×10^{-12}	3.829×10^{-20}
1 尔格（erg）①	10^{-7}	6.241×10^{11}	1	2.390×10^{-8}
1 卡（cal）①	4.184	2.612×10^{19}	4.184×10^{7}	1

① erg、cal 为非标准计量单位，为便于与早期文献资料核对，暂加以保留。

1.1.1.2　电磁辐射与物质的作用

电磁辐射与物质的作用过程可发生以下现象，如：吸收、发射、散射、反射与折射、干涉、衍射等。

（1）光的吸收

当原子、分子或离子吸收光子的能量与它们的基态能量和激发态能量之差满足$\Delta E = h\nu$时，将从基态跃迁至激发态，这个过程称为吸收。对吸收光谱的研究可以确定试样的组成、含量以及结构。根据吸收光谱原理建立的分析方法称为吸收光谱法。

（2）光的发射

当物质吸收能量后从基态跃迁至激发态，激发态是不稳定的，大约经 10^{-8}s 后将从激发态跃迁回基态，此时若以光的形式释放出能量，该过程称为发射。根据发射光谱原理建立的分析方法称为发射光谱法。

（3）光的散射

光通过介质时将会发生散射现象。当介质粒子（如在乳浊液、悬浮液、胶体溶液中）的大小与光的波长差不多时，散射光的强度增强，用肉眼也能看到，这就是丁达尔（Tyndall）效应，散射光的强度与入射光波长的平方成反比，可用于聚合物分子和胶体粒子的大小及形态结构的研究；当介质的分子比光的波长小时发生瑞利（Rayleigh）散射，这种散射是光子与介质分子之间发生弹性碰撞所致，此时碰撞没有能量交换，只改变光子的运动方向，因此散射光的频率不变，散射光的强度与入射光波长的 4 次方成反比。

当光子与介质分子间发生了非弹性碰撞，碰撞时光子不仅改变了运动方向，而且还有能量的交换，因此散射光的频率发生了变化。这种散射现象被命名为拉曼（Raman）散射。根据拉曼散射光谱原理建立的分析方法称为拉曼光谱法。

（4）反射与折射

如图 1-3 所示，当光从介质（1）照射到另一介质（2）的界面时，一部分光在界面上改变方向返回介质（1），称为光的反射；另一部分光则改变方向以 r 的角度（折射角）进入介质（2），这种现象称为光的折射。

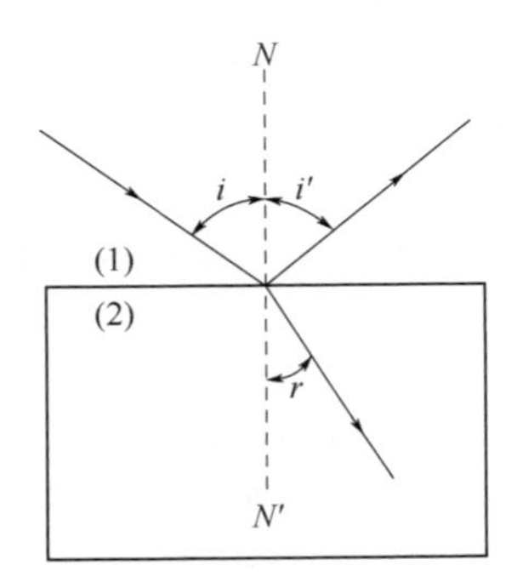

图 1-3　光的反射与折射

反射是光通过具有不同折射率的两种介质界面时所产生的光反射，反射在法线 NN'的另一侧离开界面，而入射角 i 与反射角 i'相等。反射的分数随两种介质的折射率之差增加而增大。当光垂直投射到界面上时，反射分数（反射率）ρ 为：

$$\rho = \frac{I_r}{I_o} = \frac{(n_2 - n_1)^2}{(n_2 + n_1)^2} \tag{1-5}$$

式中，I_o和I_r分别为入射光和反射光的强度。

当光由空气（n 为 1.00029）通过玻璃（n 约为 1.5）时，在每一空气-玻璃界面约有 4% 的反射损失。必须注意这种反射损失存在于各种光学仪器中，尤其是有数个界面的光学仪器。

折射是由于光在两种介质中的传播速度不同所引起，折射的程度用折射率 n 表示。介质的折射率定义为光在真空中的速度 c 与光在该介质中的速度 c_2 之比：

$$n = c/c_2 \tag{1-6}$$

折射角 r 与介质（2）的折射率有关：

$$n_2\sin r = n_1\sin i \tag{1-7}$$

即

$$\frac{\sin i}{\sin r} = \frac{n_2}{n_1} = n \tag{1-8}$$

式（1-8）为斯涅耳（Snell）折射定律。真空中介质的折射率（n 为 1.00000）称为绝对折射率。介质（1）常为空气，绝对折射率为 1.00029，由此得到的物质折射率称为常用折射率。

不同介质的折射率不同，同一介质对不同波长的光具有不同的折射率。波长越长，折射率越小，棱镜据此可进行分光。

（5）干涉

在一定条件下光波会相互作用，当其叠加时，将产生一个其强度视各波的相位而定的加强或减弱的合成波。当两个波的相位差 180°时，发生最大相消干涉；当两个波同相位时，则发生最大相长干涉。通过干涉现象，可获得明暗相间的条纹。若两波相互加强，得明亮条纹；若相互抵消，得暗条纹。

（6）衍射

光波绕过障碍物或通过狭缝时，偏离其直线传播的现象，称为衍射现象。它是干涉的结果。

若以一束平行的单色光通过一狭缝 AB 时，可以在屏幕 xy 上看到或明或暗交替的衍射条纹。图 1-4 为单狭缝衍射示意图。图中 b 为狭缝宽度，θ为衍射角。经聚光镜聚光在 P_0时相位不变，在 P_0 处出现一明亮的中央明条纹（或称零级亮条纹）；经聚光镜聚光于 P 点时，各光波到达 P 点的相位不等。AP 与 BP 的光程差 AC 应为：

$$AC = b\sin\theta \tag{1-9}$$

P 点是明还是暗决定于光程差。为使两光波在 P 处同相，必须使 AC 对应于相应的波长：

$$\lambda = AC = b\sin\theta \tag{1-10}$$

此时两波相互加强，在 P 点出现明条纹。当光程差为 2λ、3λ、…、$n\lambda$ 时，也产生增强效应。因此，在中央明条纹两边的各亮带的一般表示式为：

$$n\lambda = b\sin\theta \tag{1-11}$$

式中，n 为整数，称为干涉的级。

入射光为单色光时，衍射角 θ 随狭缝宽度变小而增大，也就是中央明条纹区增大；反之，b 变大，θ 变小，中央明条纹区缩小。当狭缝 b 一定时，波长越长，衍射角越大，中央明条纹也越大。

单狭缝衍射的光能主要集中在中央明条纹上。狭缝宽度接近于光的波长时，各亮带的强度将随与中央明条纹距离的增加而降低，如图 1-5 所示。

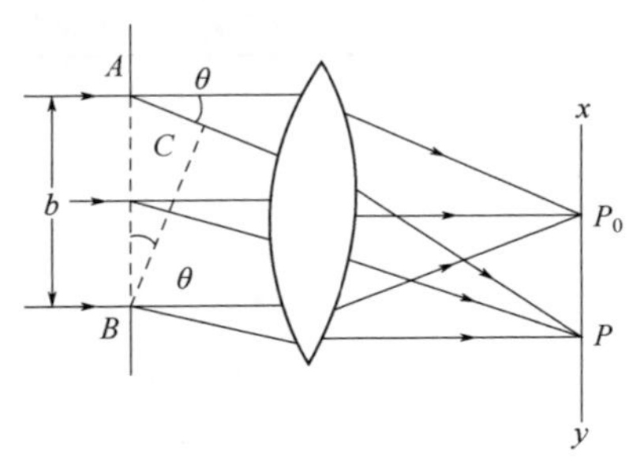

图 1-4　单狭缝衍射示意图

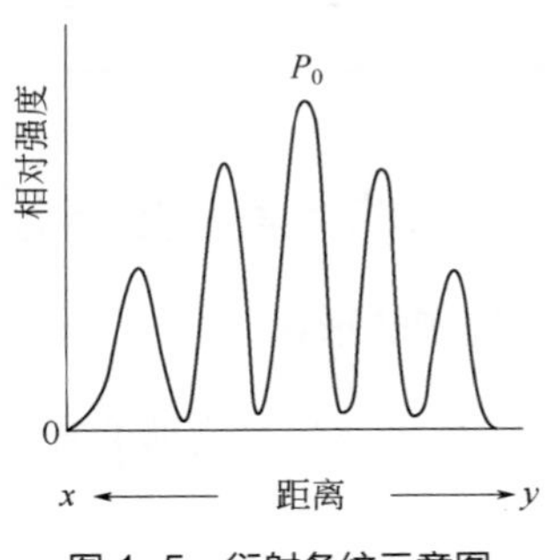

图 1-5　衍射条纹示意图

1.1.1.3　电磁波谱

光谱分析属于光学分析（optical analysis），是依据物质的电磁辐射或电磁辐射与物质相互作用后发生的变化来测定物质的性质、含量和结构的一类分析方法，广义上称为光学法，分为光谱分析法和非光谱分析法两大类。

① 光谱分析法　是基于物质内能状态改变而发生电磁辐射的发射或吸收与物质组成及其结构之间的关系，以对光谱的波长和强度测量为基础的分析方法。相关的分析方法有原子光谱法、分子光谱法以及 X 射线荧光光谱法等。

② 非光谱分析法　是基于物质所引起的辐射方向和物理性质的改变而进行的分析。不包含物质内能的变化，即不涉及能级跃迁，这类变化有反射、散射、折射、色散、干涉、偏振和衍射等，相关的分析方法有比浊法、折光分析、旋光分析、圆二向色性法以及 X 射线衍射等。

在光谱分析法中，电磁辐射按波长或频率的大小顺序排列称为电磁波谱，即光谱。按其能量的高低排列由短波段的γ射线、X 射线到紫外光、可见光、红外光（光学光谱）到长波段的微波和射频波（波谱）。按电磁辐射的本质，处于不同状态的物质在状态发生变化时所发生的电磁辐射，经色散系统分光后，按波长或频率或能量顺序排列就形成通常所说的光谱。光谱可分为原子光谱、分子光谱、X 射线能谱、γ 射线能谱等种类。光谱分析有如表 1-2 所列的不同类型。

表 1-2　电磁波谱与相关的光谱分析类型

能量范围/eV	频率范围/Hz	波长范围	电磁波区域	跃迁类型	光谱分析类型
$>2.5\times10^5$	$>6.0\times10^{19}$	＜0.005nm	γ 射线区	核能级	（穆斯堡尔谱）
2.5×10^5～1.2×10^2	6.0×10^{19}～3.0×10^{16}	0.005～10nm	X 射线区	K、L 层电子能级	（X 射线荧光光谱）
1.2×10^2～6.2	3.0×10^{16}～1.5×10^{15}	10～200nm	真空紫外区		原子光谱
6.2～3.1	1.5×10^{15}～7.5×10^{14}	200～400nm	近紫外区	外层电子能级	
3.1～1.6	7.5×10^{14}～3.8×10^{14}	400～800nm	可见光区		

续表

能量范围/eV	频率范围/Hz	波长范围	电磁波区域	跃迁类型	光谱分析类型
1.6～0.5	3.8×10^{14}～1.2×10^{14}	0.8～2.5μm	近红外光区	分子振动能级	分子光谱
0.5～2.5×10^{-2}	1.2×10^{14}～6.0×10^{12}	2.5～50μm	中红光外区		
2.5×10^{-2}～1.2×10^{-3}	6.0×10^{12}～3.0×10^{11}	50～1000μm	远红外光区	分子转动能级	
1.2×10^{-3}～4.1×10^{-6}	3.0×10^{11}～1.0×10^{9}	1～300mm	微波区		
$<4.1\times10^{-6}$	$<1.0\times10^{9}$	＞300mm	射频区	电子和核自旋	（核磁共振波谱）

1.1.2 光谱的类型及光谱分析方法[2,3]

1.1.2.1 光谱的形状

光谱按外形或按强度随波长（或频率）分布的轮廓，可分为线状光谱、带状光谱和连续光谱。

① 线状光谱 由一系列分立的有确定峰位的锐线组成的光谱。当辐射物质是单个气态原子时，产生的紫外、可见光区的线状光谱，其自然宽度约为10^{-5}nm；谱线的宽度可因各种因素而变宽。

② 带状光谱 由多组具有波长靠得很近的多条谱线，由于仪器分辨不开而呈带状分布的光谱。当辐射物质是气态分子时，且存在气态基团或小的分子物质时，则会产生带状光谱。此时不仅产生原子能级的跃迁，还产生分子振动和转动能级的变化，由很多量子化的振动能级以及转动能级叠加在分子的基态电子能级上而形成，由许多紧密排列的谱线组所形成的带光谱，由于它们紧密排列，以至于仪器难以分辨，而呈现带状的光谱。

③ 连续光谱 由于背景增加而形成光谱的连续分布，一般宽度在 350nm 以上。当辐射源中存在固体颗粒或凝聚微粒时，由于热辐射（黑体辐射）而产生连续光谱。通过热能激发，凝聚体中无数原子分子振荡产生黑体辐射，呈现由于背景增加而形成光谱的连续背景辐射。

通常线状光谱和带状光谱是叠加在连续光谱上的。图 1-6 所示为通常在原子发射光谱中看到的线光谱和带光谱叠加在连续光谱上的谱图。

线状光谱和带状光谱是物质的特征光谱，是原子光谱和分子光谱分析的依据。

不同状态的电磁辐射具有不同的能量，不同波长的光能与原子、分子内电子不同能级的跃迁能量相对应。

1.1.2.2 光谱类型

光谱可分为吸收光谱和发射光谱两大类型；按能量传递方式又可分为吸收光谱、发射光谱、荧光光谱和拉曼光谱，形成四大类型的光谱分析技术。

① 吸收光谱 由于物质对电磁辐射的选择性吸收而得到的光谱称为吸收光谱，物质的原子、分子或离子将吸收与其内能变化相对应的频率辐射，由基态或较低能态跃迁到较高的能级。

② 发射光谱 当物质处于激发状态而发生电磁辐射时，其特征谱线称为发射光谱。它是物质的原子、分子或离子受到外能的激发，由基态或较低能态跃迁到较高的能态，当其返回到基态时，以光辐射的形式释放能量，形成发射光谱。

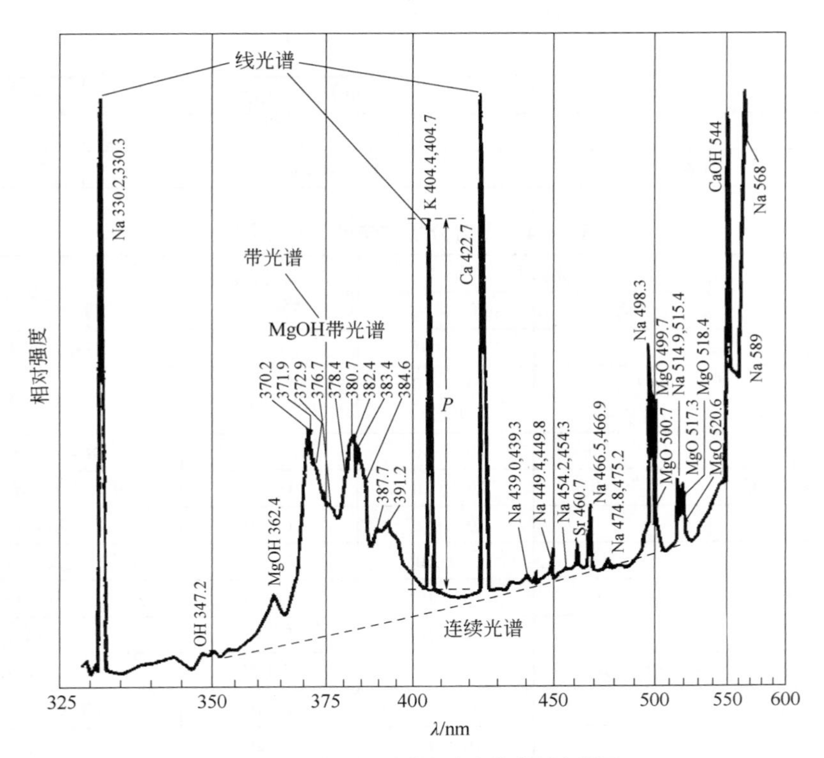

图 1-6　用氢氧火焰获得卤水的发射光谱图

③ 荧光光谱　是物质的原子或分子吸收辐射之后跃迁到激发态，再由激发态回到基态或邻近基态的另一能态，将吸收的能量以辐射形式沿各个方向放出而产生的发射光谱。

④ 拉曼光谱　是光照射到物质的分子上发生弹性散射和非弹性散射现象（称为拉曼效应），被分子散射的光发生频率变化而产生的分子光谱。拉曼谱线直接与试样分子的振动或转动能级有关，是研究分子结构的特征谱线。

1.1.2.3　光谱分析方法

光谱分析方法可按不同的电磁波谱区、产生光谱的基本粒子、辐射传递的情况等进行分类。表 1-3 列出不同光谱区相应的光谱学及分析方法，表 1-4 给出了现用各种光谱分析方法的应用范围。

表 1-3　光谱区及对应的光谱分析方法

光谱区	波长范围	光谱学及分析方法	量子化跃迁形式
γ 射线	0.0005～0.14nm	γ 射线光谱学，穆斯堡尔光谱学	原子核
X 射线	0.01～10nm	X 射线光谱学，X 射线荧光分析法，X 射线吸收分析法，X 射线散射法，X 射线光电子能谱	内层电子跃迁
真空紫外线	10～200nm	远紫外吸收/发射光谱	价电子
紫外-可见光	200～780nm	紫外-可见吸收光谱，发射光谱和荧光光谱	价电子
红外线	780～3000nm	红外吸收光谱，拉曼散射光谱	转动/振动的分子
微波区	3×10^5～10^9nm	微波吸收谱	分子的转动

续表

光谱区	波长范围	光谱学及分析方法	量子化跃迁形式
电子自旋共振	3cm	电子自旋共振波谱	磁场中的电子自旋
无线电波	0.6～10m	核磁共振波谱	磁场中的核的自旋

表 1-4　光谱分析方法的应用范围

分析方法名称	检出限		相对标准偏差（RSD）/%	主要用途
	g（绝对）	μg/g（相对）		
原子发射光谱法		10^{-4}～10^{-2}	0.5～20	微量多元素连续或同时测定
原子吸收光谱法	10^{-15}～10^{-9}（非火焰）	10^{-3}～10^{1}（火焰）	0.5～10	微量单元素分析等
原子荧光光谱法	10^{-15}～10^{-9}	10^{-3}～10^{1}	0.5～10	微量单元素分析等
紫外-可见吸收光谱法	10^{-9}～10^{-6}	10^{-3}～10^{2}	1～10	无机、有机化合物定性定量
分子荧光光谱法		10^{-3}～10^{4}	1～50	无机、有机化合物定性定量
红外光谱法		10^{3}～10^{6}	5～20	结构分析及有机物定性定量
拉曼光谱法		10^{3}～10^{6}	5～20	结构分析及有机物定性定量
核磁共振波谱法		10^{1}～10^{5}	1～10	结构分析
顺磁共振波谱法	10^{-9}～10^{-6}		半定量	结构分析
X 射线荧光光谱法		10^{-1}～10^{2}	1～10	常量多元素同时测定
俄歇电子能谱法		10^{3}～10^{5}	5～20	表面及薄层分析
穆斯堡尔光谱法		10^{1}～10^{3}	半定量	结构分析
中子活化法		10^{-3}～10^{-1}	2～10	微量分析等
电射探针		10^{2}～10^{4}	10～50	微区分析
电子探针		10^{2}～10^{3}	5	微区分析
离子探针		10^{-1}～10^{0}	半定量	微区分析

注：检出限也称为检测限。

1.2　原子光谱分析方法及其发展

1.2.1　原子光谱分析的类型

原子光谱（atomic spectrum，AS）是以原子为基本粒子所发生的电磁辐射，是基于原子核外（内层或外层）电子能级的跃迁，呈线状光谱。根据原子激发方式及光谱的检测方法进行分类，可将原子光谱法分为原子发射光谱法（AES）、原子吸收光谱法（AAS）、原子荧光光谱法（AFS）以及 X 射线荧光光谱法（XRF）。

（1）原子发射光谱法（atomic emission spectrometry，AES）

当原子外层电子受热能、辐射能或与其他粒子碰撞获得能量跃迁到较高的激发态，再由高能态回到较低的能态或基态时，以辐射形式释放出其激发能而产生的光谱即为原子发射光谱。利用原子或离子发射的特征光谱对物质进行定性和定量分析的方法为原子发射光谱法。根据激发光源和激发条件的不同，原子发射光谱法又可分为火花源原子发射光谱法、电弧原子发射光谱法、电感耦合等离子体原子发射光谱法、微波等离子体原子发射光谱法、辉光放电原子发射光谱法以及激光诱导原子发射光谱法等。

（2）原子吸收光谱法（atomic absorption spectrometry，AAS）

当光源辐射通过原子蒸气，且辐射频率与原子中的电子由基态跃迁到第一激发态所需要的能量相匹配时，原子选择性地从辐射中吸收能量，即产生原子吸收光谱。原子吸收光谱法是基于被测元素的自由基态原子对特征辐射的吸收程度进行定量分析的方法。

根据原子化形式的不同，原子吸收光谱法可分为火焰原子吸收光谱法和非火焰原子吸收光谱法。非火焰法目前应用最广泛的有石墨炉原子化法和氢化物发生法。

（3）原子荧光光谱法（atomic fluorescence spectrometry，AFS）

当基态原子吸收电磁辐射（或又吸收热能）之后跃迁到激发态，处于激发态的受激原子再以辐射形式去活化，回到基态或邻近基态的另一能态，而发射的光谱称为原子荧光光谱。这是一种通过测量原子荧光强度进行元素定量分析的方法。

根据分光系统的差别，原子荧光光谱法可以分为有色散原子荧光光谱法和非色散原子荧光光谱法两大类，后者又称为蒸气发生-原子荧光光谱分析法（VG-AFS）。

（4）X 射线荧光光谱法（X-ray fluorescence spectrometry，XRF）

利用初级 X 射线光子或其他微观粒子激发待测物质中的原子，原子内层电子发生共振吸收射线的辐射能量后发生跃迁，在内层电子轨道上留下一个空穴，处于高能态的外层电子跳回低能态的空穴，将过剩的能量以 X 射线的形式释放出，使之产生次级 X 射线，即为 X 射线荧光光谱。所产生的 X 射线即为代表各元素特征的 X 射线荧光谱线。其能量等于原子内壳层电子的能级差，即原子特定的电子层间跃迁能量。这是一种可用于物质成分分析和化学态研究的方法。

根据色散方式不同，X 射线荧光分析仪分为波长色散 X 射线荧光光谱仪（WD-XRF）和能量色散 X 射线荧光能谱仪（ED-XRF）；根据激发、色散和探测方法的不同，分为 X 射线光谱法（波长色散）和 X 射线能谱法（能量色散）。

1.2.2 原子光谱分析的发展

光谱分析最早研究及应用的是原子发射光谱，为发现无机元素发挥了重大的作用，并开发出一大类原子发射光谱仪器，成为当前最为常用的元素分析手段。作为一种分析技术的发展可以追溯至 16 世纪，它的发展被认为从牛顿（I. Newton）[4]在 1666 年发现了光的色散现象开始，他于 1672 年《哲学学报》上发表的“关于光和颜色的新理论”一文中，首次将这些不同颜色的光带称为光谱（spectrum）。

1802 年沃拉斯顿（W. H. Wollaston）和 1841 年夫琅荷费（Fraunhofer）独立地用间隔很小的细丝作光栅及用带狭缝的装置，对太阳光谱进行研究，观察到在太阳的连续光谱中有大量的暗线，发现了原子吸收光谱，并绘制出其中的 576 条，当中最明显的有 7 条（其中 1 条为钠双线），并测量其波长，这些暗线后来称为夫琅荷费线。直到 1859 年，德国的光谱物理学家基尔霍夫从实验中观察到钠光谱的亮双线正好位于太阳光谱中夫琅荷费标为 D 线的暗线位置上。他断言：“夫琅荷费线的产生是由于太阳外层的原子温度较低，因而吸收了由较高温度的太阳核心发射的连续辐射中某些特征波长所引起”，从而阐明了吸收与发射之间的关系即基尔霍夫定律，根据夫琅荷费线可以测定太阳大气层的化学成分。

光谱定性起始于 1826 年塔耳波特（Talbot）研究了 Na、K、Li 和 Sr 的乙醇火焰光谱和 Ag、Cu 和 Au 的火花光谱，初步确定元素的存在。1835 年惠特斯通（Wheatstone）观察了 Hg、Zn、Cd、Bi、Sn 和 Pb 的火花光谱，并用来确定元素的存在。

但一般认为，真正的原子光谱分析是始于 1859 年本生（R. Busrn）和基尔霍夫（G. Kirchhoff）的工作，他们研制了第一台实用的光谱仪，使用了能产生较高温度和无色火焰的光源——本生灯，系统地研究了一些元素，确定了光谱与相应的原子性质之间的简单关系，奠定了光谱定性分析的基础。

在此基础上，通过原子光谱分析法首先于 1860 年从碱金属中发现新元素 Rb 和 Cs，以后又相继发现一系列新元素，如 Tl（1862 年）、In（1863 年）、Ga（1875 年）、He（1895 年）以及 Ne、Ar、Kr、Ge、Sc、Pr、Nd、Sm、Ho、Yb 和 Tm 等。光谱分析开始了实用阶段。

早在 1873 年洛克尔（Lockyer）和罗伯茨（Robents）就发现了谱线强度、谱线宽度和谱线数目与分析物含量之间存在一定的关系；1882 年哈特雷（Hartley）提出光谱的最后线原理，建立了半定量方法即谱线呈现法；在此基础上格拉蒙特（Gramount）做了深入的研究，首先建立了发射光谱定量分析方法。然而，由于同一样品的光谱中，谱线强度随光源激发条件的改变而强烈变化，给光谱定量分析造成极大的困难。直到 1925 年格拉奇（Gerlach）首先提出了谱线的相对强度的概念，即提出内标法原理，用内标法来进行分析，提高了光谱分析的精密度和准确度，为光谱定量分析奠定了基础。

与此同时，1930 年罗马金（Lomakin）和赛伯（Scheibe）用实验方法建立了光谱线的谱线强度与分析物含量之间的经验关系式：

$$I = ac^b \tag{1-12}$$

式（1-12）至今仍是光谱定量分析的一个基本公式，即赛伯-罗马金公式。

但是这一时期的原子发射光谱仪器大多采用电弧或火花光源，其不足之处在于分析时需要有一套组成、结构相同的标准样品，一些元素不易激发、灵敏度低、测定误差较大等。因此，发射光谱的发展在 20 世纪 60 年代经历了一段停滞阶段。

1954 年，沃尔什发明了空心阴极灯光源，创立了原子吸收光谱（AAS）分析法，利用溶液进样和火焰原子化等技术，以基态原子对其特征谱线的吸收作用，进行定量分析，简化了光谱分析仪器，同时提高了光谱分析的测量精度。随后发展起来的石墨炉原子化原子吸收光谱法（GF-AAS），使光谱分析法的绝对灵敏度达到 10^{-12}g，大大促进了原子光谱的发展。但是，AAS 分析法发展过程中也显现不足之处：分析的线性范围窄，只有 1～2 个数量级，而且由于采用空心阴极灯的锐线光源只能是单元素逐个测定的分析方法，直至连续光源的出现仍难以做到实质上的多元素同时测定。

在 20 世纪 70～80 年代，应用等离子体作为激发光源，结合原子吸收的溶液进样技术，出现了电感耦合等离子体原子发射光谱（ICP-AES）分析法，再次使发射光谱分析功能得到极大的提高，将发射光谱分析推向了新的发展阶段，被誉为“发射光谱发展新的里程碑”。

随着高新技术的引入，一些新的光源（如微波等离子体、辉光放电、激光诱导等）的研究成功，以及广泛地应用微电子技术和数字化技术的结合，使发射光谱分析向高精度和高可靠性发展，向更宽应用范围发展，成为现代分析化学中极为有效的无机元素分析技术。

1.2.3 原子光谱分析仪器的发展

1928 年出现了第一台商品摄谱仪 Q-24 中型石英摄谱仪及 1954 年贾雷尔-阿什（Jarrell-Ash）公司生产了第一台平面光栅摄谱仪，使光谱分析成为工业的重要分析方法，广泛应用于冶金、地质等领域，在科学研究及生产控制中起了积极的作用。

随着电子技术的发展，光谱仪器也开始向光电化、自动化方向发展。1944 年海斯勒（Hasler）和迪特（Dieke）首推由美国 ARL 公司生产的光电直读光谱仪，用衍射光栅作色散元件，将待测元素线从出射狭缝引出，用 12 只光电倍增管接收，用光电法代替摄谱法；自 1945 年迪克和克罗斯怀特介绍了用于大型光栅摄谱仪的光电直读仪以来，在 20 世纪 50～60 年代光谱仪器得到了不断完善。70 年代以后，由于电子计算机和微处理机技术的迅猛发展，促进了光谱仪器的光电化和自动化。

在对发射光谱法的光源进行深入研究和改革的过程中，人们发现了利用等离子炬作发射光谱的激发光源，并采用 AAS 的溶液进样方式，创立起一类具有发射光谱法多元素同时分析的特点又具有溶液进样的灵活性和稳定性的新型仪器——ICP-AES 分析方法，把发射光谱分析技术推向一个崭新的发展阶段。

早期的光电光谱仪仅局限于有色金属及钢铁分析，随着新型光源的发展，特别是 ICP（电感耦合等离子体）光源的应用，使得光电光谱仪得到迅速发展，出现了很多性能优越的光电直读光谱商品仪器，极大地开拓了发射光谱仪器在材料科学、生命科学研究领域以及在社会生产和生活中的应用范围。

在光电光谱仪发展的同时，原子吸收光谱仪从 1959 年澳大利亚 GBC 公司推出第一台商用仪器至今仍然不断发展，火焰与石墨炉原子吸收光谱仪应用十分普遍，不管是常量还是微量元素分析，都有原子吸收分析的一席之地。原子荧光光谱仪是原子发射与原子吸收结合的产物，我国郭小伟等研制出氢化物发生原子荧光仪器，在测定可生成氢化物的元素 As、Se、Sb、Bi、Hg 等方面很有效，并发展成为一类具有中国特色的蒸气发生-无色散原子荧光仪器（VG-AFS），在国内有多家仪器厂生产。

在原子光谱分析的发展过程中，人们从光谱仪器的光源、分光系统和检测器等方面，不断加以改进，发展了火花、等离子体、辉光放电及激光诱导光谱等不同特点的光谱分析方法和商品仪器。这些新光源的开发，使光电光谱仪的应用从常量元素分析扩展到高含量元素分析、痕量元素分析和表面逐层分析。因此，光电光谱仪不仅在采矿、冶金、石油、燃化、机械制造等工业中作为定性和定量分析的工具，而且在农业、食品工业、生物学、医学核能以及环保领域发挥着重要的作用。

随着仪器制造技术的不断发展，光谱仪器的分辨率不断得到提高（实际分辨率可达到 0.005nm）和波长应用范围得到拓宽（可以检测 120～850nm 从远紫外光区到近红外区的谱线），可以适用于复杂样品的直接测定，以及金属材料中的氮、氢、氧等气体成分的快速测定。

仪器的灵敏度也显著提高，火花源发射光谱仪器可以直接测定高纯金属中μg/g 级的痕量元素；等离子体发射光谱仪器的分析灵敏度已可接近石墨炉原子吸收仪器的分析水平。

仪器的自动化程度也得到不断发展，面向冶金工业大生产的全自动光谱仪，从自动制样、测量到报出结果仅 90s，已实现无人自动操作。直读仪器的结构和体积也发生了很大变化，出现了结构紧凑型直读光谱仪、小型台式或便携式的直读仪器，作为冶金、机械等行业中金属料场的分析工具，是合金牌号鉴别、废旧金属分类、金属材料等级鉴别的一种有效工具。光谱仪器也因此向更为实用和更为普及的应用发展。

20 世纪 90 年代，在 ICP 发射光谱仪器上率先采用了中阶梯光栅与棱镜双色散系统，产生二维光谱，适合于采用 CID、CCD、CMOS 类的面阵式检测器，发展起一类兼具光电法与摄谱法的优点而能更大限度地获取光谱信息的同时型仪器。为了区别于多道型仪器受制于预先设定通道数的限制，纷纷推出所谓“全谱”直读仪器。新型固体检测器属高集成性电子元件，每个像素仅为几个微米宽、面积只有十几个平方微米的检测单元，可以同时检测多条分析谱线，便于进行谱线强度空间分布和背景信息的同时测量；有利于谱线干扰校正技术的采用，克服光谱干扰，提高选择性和灵敏度；而且仪器的体积结构可以更为紧凑，已成为现代直读光谱仪器的发展主流。

当前原子光谱分析技术已处于高端稳定发展阶段，现代的商品原子光谱仪器仍在不断出现创新技术，不断完善分析功能。分光系统制作复杂、新型光电转换系统在光谱定量测定上的应用技术仍有难点和需要改进之处。设备安装使用环境条件要求仍较高，高性能的仪器仍需在实验室内工作。与已被淘汰的摄谱仪相比，无法以照相干板记录方式那样保留所有谱线，只能对预先设定好的谱线进行测定。由于受到分光系统和检测器的种种限制，传统光电倍增管检测器最多只能记录下 50～60 条谱线的信息，新型的固体检测器虽有“全谱”记录之称，也只能记录下在特定分光系统和检测器范围内谱线的信息，仍不可能具有真正全谱记录的意义。因此，光谱仪器在色散系统结构上的改变，固体检测元件的使用和高配置计算机的引入等方面，仍是发射光谱仪器进一步发展的方向。

1.2.4 原子发射光谱分析技术的进展

原子发射光谱分析技术的进步从 20 世纪 50 年代的仪器化、60 年代的光电直读化、70 年代的微机化、80 年代的自动化到 90 年代以来的数字化，进入 21 世纪以来向实用化、小型化、智能化发展。原子发射光谱仪器不断向更高灵敏度、高选择性、快速自动、简便实用发展。

传统的以光电倍增管为检测器的电弧和火花光谱仪仍在进一步的发展，并开发出高动态范围光电倍增管检测器（HDD），检测灵敏度和线性范围都有较大的提高。在测光方式上，通过对火花激发机理的研究和计算机软件的应用，提出了峰值积分法（PIM）、峰辨别分析（PDA）、单火花评估分析法（SSE）、单火花激发评估分析法（SEE）和原位分布分析技术（OPA），这些技术相应的硬件和软件的应用，可以明显地提高复杂样品的分析灵敏度和准确度。而 PDA、SSE、SEE 和 OPA 技术还在解决部分状态分析的问题上发挥了作用，如钢铁中的固溶铝和非固溶铝的定量分析、氮和硫的夹杂物的测定等，使火花光谱分析的测定精密度和准确度都有较大的提高。

火花光谱的测定范围向远紫外波段扩展，在测定金属材料中的气体成分、超低碳和其他非金属的分析技术和方法的研究和改进方面，使氮、氧含量的测定已经达到10μg/g以下，碳的含量测定可低至1μg/g，分析精度接近常规分析法的要求。

固体样品直接分析一直是发射光谱的应用优势，但制备或得到固体标准的困难也是其推广应用中所遇到的最大难题。ICP-AES分析技术的出现，由于具有溶液进样的优点，使发射光谱分析不仅在传统应用领域冶金、地质、机械制造等行业中作为定性和定量分析的工具，而且扩大到农业、食品工业、生物学、医学核能以及环境保护等领域中作为化学成分的监控手段，扩展了发射光谱分析的应用范围，同时将发射光谱分析推向了新的发展阶段。光谱仪器制造技术的不断提高，特别是中阶梯光栅交叉色散和固体检测元件等新技术，在ICP直读仪器上得到推广应用，推出所谓全谱型直读仪器，成为今后发射光谱同时型仪器的一个发展趋势，也为发射光谱仪器向小型化、实用化发展提供了技术基础。

辉光放电（GD）用于原子发射光谱的激发光源，在直读光谱仪器的推动下得到迅速的发展，GD-OES的商品仪器得到发展。直流辉光放电（DC-GD）模式用于分析导体样品，射频辉光放电（RF-GD）模式可以分析所有固体（导体、半导体、绝缘体），这些将是发射光谱仪器发展的又一新的应用领域。GD作为AES的激发光源对样品表面具有溅射和激发能力，有利于进行分层分析和薄层样品的分析，从而使发射光谱分析的应用扩大到材料表面的研究和分析。

原子发射光谱分析技术在材料分析上的应用，如传统意义上的成分含量分析，取得了高灵敏度、高精度、高效、快速、经济和简便实用的进步。同时在各成分的分布分析及元素的状态分析方面也取得进展。

在了解和利用材料方面，材料的平均成分无疑是极其重要的。而微量元素和夹杂元素的含量和化合态以及它们在材料中的分布，也是材料研究中不可或缺的信息。成分分布分析包括表面成分分布分析和深度分析两方面。作为发射光谱的原态分析，通过光谱法不仅可以获得宏观的成分分布，也可以得到材料中的部分微观成分的信息，这将是发射光谱分析技术在实际应用领域里的发展前景。

1.2.5 有关光谱分析的国内外文献

1.2.5.1 光谱分析的主要期刊

① *Spectrochimica Acta*（光谱分析学报，英国），是光谱分析的国际性刊物，主要研讨原子与分子光谱分析的问题。从1967年起分 A辑“分子光谱”和B辑“原子光谱”两辑出版。

② *European Spectroscopy News*（欧洲光谱学新闻，英国），刊载光谱分析的进展和光谱分析设备新产品介绍、国际学术动态报道等。

③ *Journal of Analytical Atomic Spectrometry*（分析原子光谱法，英国），是用英文版向全世界公开发行的分析原子光谱法杂志。介绍原子光谱测定技术的发展与应用方面的内容。

④ *Progress in Analytical Atomic Spectroscopy*（分析原子光谱学进展，英国），是评论光谱学进展的文献期刊，包含原子吸收光谱、发射光谱、原子荧光光谱、X射线荧光光谱等。

⑤ *Applied Spectroscopy*（应用光谱学，美国），美国应用光谱学会编辑出版，是光谱分析专业性较强的期刊文献。

⑥ *Applied Spectroscopy Review*（应用光谱学评论，美国），Marcel Dekker Inc.出版。内容有发射光谱、原子荧光光谱等的综合评论。

⑦ *Spectroscopy Letters*（光谱学快报，美国），Marcel Dekker Inc. 出版，是快速报道原子、分子光谱的实验技术和理论研究成果的杂志。出版周期较短。

⑧ *ICP Information News Letter*（ICP 信息通讯，美国），由美国马萨诸塞州立大学化学系编辑出版，世界公开发行。为电感耦合等离子体在光谱分析中的应用和发展。

⑨ *Журнал Прикладкий Спектроскопий*（应用光谱学，苏联），苏联科学院和白俄罗斯国家科学院编辑出版。刊载光谱分析的研究报告、动态述评、工作简报、新型光谱仪器介绍等信息。每篇论文都有英文摘要，并附英文目录。

⑩ *Оптика и Спектроскопия*（光学与光谱学，苏联），苏联科学院编辑出版，刊载光学、光谱学的研究论文与简讯，是一种基础理论科学期刊，是国际上有一定权威性的期刊。

⑪ 分光研究（*Journal of the Spectroscopical Society of Japan*，日本光谱学会杂志），刊载光谱理论及应用方面的研究论文、光谱仪器制造、技术报告、研究所介绍等。

⑫ 光谱学与光谱分析（*Spectroscopy and Spectral Analysis*，中国），原名为《原子光谱分析》，1982 年改为现名，2004 年起为月刊，系中国光学学会会刊。该刊主要刊载原子发射与吸收光谱、X 射线荧光光谱、分子光谱、激光光谱等的研究论文、分析方法、综述、基础理论等，附英文目录及英文摘要，按年编卷。

⑬ 光谱实验室（*Chinese Journal of Spectroscopy Laboratory*，中国）。双月刊，中国科学院化工冶金研究所，钢铁研究总院主办，清华大学出版社出版。主要刊登原子荧光光谱、原子发射光谱、原子吸收光谱、X 射线荧光光谱等方面文章。从 1988 年（第 5 卷 2 辑）起，增设有关光谱、能谱分析的 10 个专题述评（选自美国“分析化学”的译文），报道国际最新动态。目前处于停刊状态，但以前出版的内容仍很有参考价值。

1.2.5.2 原子光谱分析相关图谱及资料

原子光谱的工具书主要包括谱线表和光谱图，是实验室应当配备、原子光谱分析工作者及研究人员应会利用的资料。

（1）谱线工具书

① *MIT Wavelength Tables*（简称“MIT 表”），该谱线表手册由 G. R. Harrison 主编，第一版于 1939 年出版，收集 200～900nm 波长范围内约 11 万条谱线。每条谱线标注电弧、火花或放电管中的相对强度，放电管发射的强度以方括号形式标注。谱线按波长次序排列。1969 年出版第二版。F. M. PhelpsⅢ于 1982 年编制出版了按元素排列的 MIT 表。MIT（Massachusetts Institute of Technology）是美国麻省理工学院的缩写。MIT 表的数据较早，不可避免存在些误差，但至今仍是数据最多的谱线表的经典。

② *Tables of Spectral-Line Intensities*（简称“NBS 表”），美国国家标准局（National Bureau of Standard，NBS）W.F. Meggers、C.H. Corliss 和 B.F. Scribner 编著。1961 年出版第一版，1975 年出版第二版。由美国政府印刷局出版。表中列出了 70 种元素的 39000 多条谱线，其中 9000 多条谱线的波长数据对 MIT 表有所修正。列出的数据包括：谱线类别（原子线Ⅰ，一次离子线Ⅱ）、强度、轮廓特征、跃迁能级以及各级电离能。本谱线表分两卷，第一卷按波长排列，

第二卷按元素排列。在原子光谱分析中分析线波长多以 NBS 表的数据为准。

③ *Таблицы Спектральных Линий*（光谱线表），由苏联 Зайдель 等于 1956 年编著，有英译本。该谱线表前半部是 MIT 表的缩本，后半部按元素排列，给出谱线强度、轮廓标记和激发电位。该谱线表中铁谱线表的波长精确到 0.001Å（1Å=0.1nm）和 0.0001Å 的谱线用作波长的次级标准。

④《光谱线波长表》（中国），中国工业出版社 1970 年出版。前半部分为 MIT 表，其中有少量谱线作了改正，后半部分为 Зайдель 表的后半部分。

⑤《现代光谱分析手册》，由万家亮编著，华中师范大学出版社 1987 年出版。该手册收集了等离子体发射光谱、电弧及火花发射光谱、原子荧光光谱、火焰及非火焰原子吸收光谱等的主要分析谱线和干扰谱线，并列有相关分析技术的分析条件及其应用实例简表。适合原子光谱分析实验人员使用。

（2）谱图工具书

在光谱图方面，早期最重要的图谱是 A. Gatterer 和 J. Junks 在 1937～1949 年间编的最后线光谱图（Atlas der Restlinien），梵蒂冈出版，共三卷，按元素分别编制。

苏联物理技术研究所 С.К. Клинин 等编制的 *Атлас Спектральных Линий для Кварцевого Спектрографа*（石英棱镜摄谱仪谱线图）。1952 年第一版，1959 年第二版。该图谱配用于苏制 ИСП22 型、ИСП28 型以及 ИСП130 型石英棱镜摄谱仪，对于 Q24 型及其他中等色散率的石英棱镜摄谱仪也适用。它广泛使用于光谱定性和半定量分析。它选择的谱线和强度标被多种光谱图所引用。

《混合稀土元素光谱图》，科学出版社 1964 年出版。由黄本立领导的中国科学院长春应用化学研究所光谱组编制，用于 KC55 型、KCAI 型等石英棱镜、玻璃棱镜可更换的大色散率棱镜摄谱仪。《稀土元素光栅光谱图》，冶金工业出版社 1981 年出版。北京钢铁学院钱振彭、蒋韵梅等编制。适用于色散率 0.37nm/mm 的光栅摄谱仪。

（3）参考书籍

光谱分析经历漫长时间的发展，积累了大量的文献资料，包括图书（教科书、专著、论文集、会议文集及工具书等）、期刊及其检索工具、特种科技文献（技术研究报告、政府出版物、学位论文等）及专利资料等[5-7]。国内原子光谱分析参考书籍，从 20 世纪 70 年代以来已经发行了不少有关原子光谱分析的图书[8-16]，可供参考。涉及光谱分析的有关国内外期刊和检索工具，以及谱线表和光谱图和各种原子光谱分析技术内容，可在分析化学手册中查阅[17]。

1.3 原子发射光谱分析的基础知识

原子发射光谱是组成物质的原子结构及其特征的反映，它的产生与原子结构密切相关，通过对原子所发射光谱的解析可以了解物质原子结构的特点，确定物质的化学组成。对其谱线的波长与强度的测定是发射光谱分析的基础，按其特征谱线的波长可以对该原子的存在进行鉴定，测定谱线的强度可以对其化学成分进行定量。

1.3.1 原子结构与原子光谱项

1.3.1.1 原子的量子状态

原子光谱是由原子核外最外层电子的跃迁所产生的电子辐射，与原子的结构及其状态密切相关。原子结构可以由量子理论来加以描述，对于含有多个外层电子的原子，考虑原子外层电子之间的相互作用，此时整个原子的运动状态可用四个量子数 n、L、S、J 来描述，分别称为主量子数、总轨道角动量量子数、总自旋角动量量子数和总角动量量子数（即主量子数 n、角量子数 l、磁量子数 m_l、自旋量子数 m_s）。

当 n、L、S、J 确定时，原子便处于某一确定的状态，即具有一定的能量；反之，任何一个量子数的改变，均会引起相应原子能量的变化。

1.3.1.2 原子光谱项

在原子光谱中，原子的运动状态可用其光谱项来表征，用以标记电子层、能级（亚层）、原子轨道和分轨道。当量子数确定时，原子便处于某一确定的状态；当任何一个量子数发生改变，相应原子的状态即将改变而产生电磁辐射，即形成一定波长的光谱。光谱学中利用光谱项来表征原子的某一状态及能级的变化。把原子中所有各种可能存在状态的光谱项，用图解的形式表示即为原子能级图。

$$n^{M}L_{J} \text{ 或 } n^{2S+1}L_{J}$$

式中，n 是主量子数；L 是角量子数；M 或“$2S+1$”是光谱项的多重性；J 是内量子数。

光谱项表示式中，符号左上角的 M 或“$2S+1$”是表示光谱项的多重性。当 $L>S$ 时，由 L 和 S 所确定的每一个光谱项，将有 $2S+1$ 个具有不同 J 值的光谱支项。由于 J 值不同的支项，其能量差别极小，因而由它们产生的光谱线，波长极为接近，称为多重线系。

例如，钠的 D 双线的光谱项为：

$$\text{Na 589.0nm} \quad 3^2S_{1/2}—3^2P_{3/2}$$

$$\text{Na 589.6nm} \quad 3^2S_{1/2}—3^2P_{1/2}$$

光谱项可以在早期的光谱分析手册中查到。美国国家标准局 1961 年出版的第 1 版《光谱线强度表》（NBS 表）中列出大多数分析线的光谱项，可供查对。但在实际分析工作中通常并不需要了解谱线的光谱项，因此在 1975 年第 2 版出版时，已不再列出光谱项。

1.3.1.3 原子能级图

1928 年，格洛特莱尔（W. Grotrain）用图形表示一种元素的各种光谱项及光谱项的能量和可能产生的光谱线，称为能级图。在多数情况下，用简化的能级示意图来表示谱线的跃迁关系。

能级图中，并不是所有谱项间的跃迁都是允许的，只有符合光谱选律，即 $\Delta n = 0$ 或任意正整数，$\Delta L = \pm1$，$\Delta S = 0$，$\Delta J = 0$ 或±1 的跃迁才是允许的。

凡由激发态向基态直接跃迁的谱线称为共振线，由第一激发态与基态直接跃迁的谱线称为第一共振线。那些不符合光谱选律的谱线，称为禁戒跃迁线。

原子在能级 j 和 i 之间的跃迁、发射或吸收辐射的频率与始末能级之间的能量差成正比。

$$\nu_{ji}=\frac{1}{h}(E_j-E_i) \tag{1-13}$$

式中，E_j 和 E_i 分别为跃迁的始末两个能级的能量；h 为普朗克常数。如果 $E_j>E_i$，则为发射；如果 $E_j<E_i$，则为吸收。根据 $\lambda=c/\nu$，则从能级 j 到 i 跃迁的辐射波长可表示为：

$$\lambda_{ji}=\frac{ch}{E_j-E_i} \tag{1-14}$$

1.3.1.4 原子的基态、激发态、亚稳态

在光谱的发射与吸收的过程中，处于能量最低的能级的原子或能量最低的离子称为基态原子或基态离子；处于能量高于基态能级以上的原子或离子称为激发态，同时也存在着亚稳态。

亚稳态也是激发态的一种。亚稳态原子不发生自发辐射跃迁，而是通过与其他粒子的碰撞释放或吸收能量改变能级，然后才发生自发辐射跃迁。原子或离子获得或失去能量而改变能级的过程称为跃迁。激发（激活）使原子或离子获得能量，能级升高；失去能量的跃迁是去活。

一般的激发态原子平均寿命约在 10^{-8}s 数量级，处于亚稳态的原子有较长平均寿命，达 10^{-3}s 数量级。

1.3.1.5 激发能与电离能

激发态原子或离子具有的能量，称激发能，以 cm^{-1} 或 eV 为单位。以 eV 为单位时，也称为激发电位。同一元素的原子有多种激发态，各有其不同的激发能。离子的激发能不包括它的电离能。

原子或离子获得能量致使电子脱离原子核的作用而成为自由电子，所需的最低能量叫做电离能，单位 cm^{-1} 或 eV。原子可逐级电离，有相应的各级电离能。以 eV 为单位时，电离能称为电离电位。

例如汞原子的共振线 $\lambda=253.652$nm，由于 $E_1=0$，其激发能为：

$$\begin{aligned}E_2&=E_1+hc/\lambda\\&=\frac{6.625\times10^{-34}\,\text{J}\bullet\text{s}\times2.998\times10^{10}\,\text{cm/s}}{253.652\times10^{-7}\,\text{cm}}\\&=7.835\times10^{-19}\text{J}=\frac{7.835\times10^{-19}\,\text{J}}{1.6021\times10^{-19}\,\text{J/eV}}\\&=4.89\text{eV}\end{aligned}$$

Hg 546.074nm 的跃迁能级，由 NBS 表可查得是 $44043\text{cm}^{-1}\rightarrow62350\text{cm}^{-1}$，该谱线的激发电位：由 cm^{-1} 换算为 eV（$1\text{eV}=8065\text{cm}^{-1}$），可知其激发电位为 $E_2=62350/8065=7.73$(eV)。

1.3.1.6 原子光谱谱线

（1）共振线

原子从激发态跃迁到基态或从基态跃迁到激发态所产生的谱线称为共振线。前者是共振发射线，后者是共振吸收线。同一元素相应的共振发射线和共振吸收线波长一致。每个元素有多条共振线，其中激发能量最低的共振线是第一共振线。在共振线中，第一共振线的强度通常最大。所以原子光谱分析中通常选用共振线作分析线。但共振线都有自吸特性，因此要注意光源的自吸现象给分析测定带来的影响。

（2）原子线

中性原子跃迁产生的谱线叫做原子线。在谱线表及文献中以罗马字Ⅰ表示中性原子发射的谱线。在火焰、电弧光源中，所发射的光谱主要是原子线，因此旧称其为弧光线或电弧线。

（3）离子线

离子跃迁产生的谱线叫做离子线。离子也可以被激发，其外层电子跃迁也发射光谱。原子获得足够的能量而发生电离，电离所必需的能量称为电离能。原子失去一个电子称为一次电离，一次电离的原子再失去一个电子称为二次电离，依此类推。在谱线表及文献中，一次电离的离子 M^+发射的谱线称为一次电离离子线，用罗马字母Ⅱ表示；二次电离的离子 M^{2+}发射的谱线称为二次电离离子线，用罗马字母Ⅲ表示；依此类推。在电火花、等离子体光源中，不仅有原子线而且有丰富的离子线，因此旧称其为火花线。

例如，Mg Ⅰ285.21nm 为原子线，Mg Ⅱ 280.27nm 为一次电离离子线。

由于离子和原子具有不同的能级，所以离子发射的光谱与原子发射的光谱是不一样的。每一条离子线也都有其激发电位，这些离子线激发能大小与电离能高低无关。在高温下产生的离子与溶液中的离子不同，可以有 Al^+、Al^{2+}、Al^{3+}，Na^+、Na^{2+}及 C^+、C^{2+}等离子状态。在等离子体光源中由于温度很高，原子很容易发生电离，离子的激发概率也很大，因此 ICP 光源是个富离子线的激发光源。

1.3.2 原子发射光谱的规律性

1.3.2.1 激发能和电离能变化规律

所谓激发能是指气态自由原子或离子，由基态跃迁到激发态所需的能量。电离能是指从气态中性原子基态最低能级移去电子至电离状态所需的能量，移去一个电子所需能量称第一电离能，移去两个、三个……电子所需能量相应称为第二、第三……电离能。

激发能和电离能的高低是原子、离子结构的固有特征，与外界条件无关，是衡量元素激发和电离难易程度以及决定灵敏光谱线类型的重要尺度，其高低取决于原子及离子外围电子与原子核间作用力的大小。因此对原子的激发和电离而言，元素周期表中同一周期元素，由左向右，随着核电荷数、外层电子数的增多和原子半径减小，激发能和电离能依次增大。周期表中同族元素，自上而下，随着核电荷数增多，原子半径增大，激发能及电离能依次减小。不同元素激发和电离的难易程度与周期表位置的关系如图 1-7 所示。

从图 1-7 可见，不同元素具有不同的激发能与电离能，因此在实际光谱分析中，应根据被分析元素激发与电离的难易程度，选择最适宜的激发光源和激发条件。

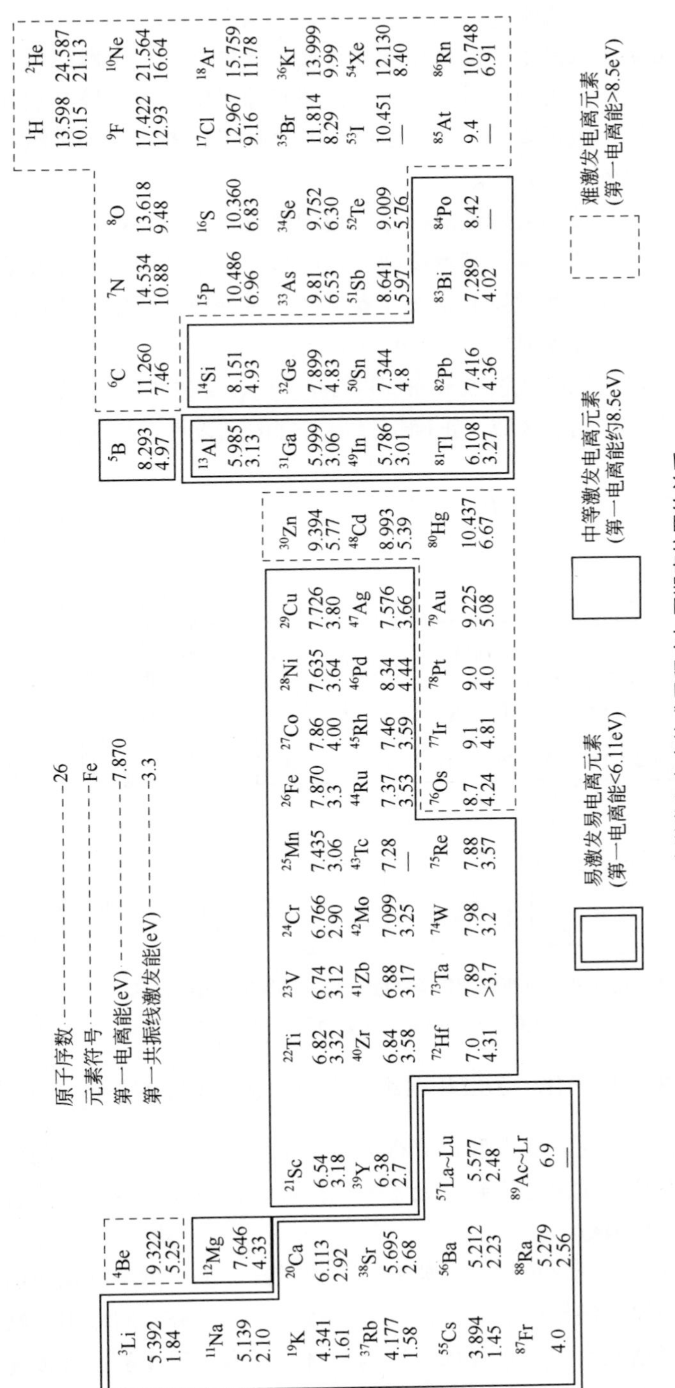

图 1-7　元素激发和电离的难易程度与周期表位置的关系

1.3.2.2 元素灵敏线类型和波长分布

在原子光谱分析中，通常是根据元素灵敏线进行元素的检出和测定。元素灵敏线的类型及其波长分布，同样与原子或离子的能级结构间存在规律性联系。实践证明，除碱土金属外的其他主族元素，其灵敏线多为原子线；而碱土金属和除了铜分族及锌分族外的过渡元素，其灵敏线既可以是原子线，也可以是一级离子线，甚至后者比前者更为灵敏；而铜分族和锌分族元素的原子线一般比离子线灵敏。

灵敏线的波长取决于参加辐射跃迁的高低能级的能量差。很明显，越易激发的元素，其灵敏线波长越长；越难激发的元素，其灵敏线波长越短。对于多数易激发元素，其灵敏线多分布于近红外光及可见光区，难激发非金属元素灵敏线多分布于远紫外光区，而绝大多数具有中等激发能的元素，其灵敏线则分布于近紫外光区。

周期表中各元素最灵敏原子线波长分布如图 1-8 所示。在实际发射光谱分析工作中，需根据欲分析元素灵敏线所在光谱区域，正确选择最适宜的光谱仪及相应的检测装置。

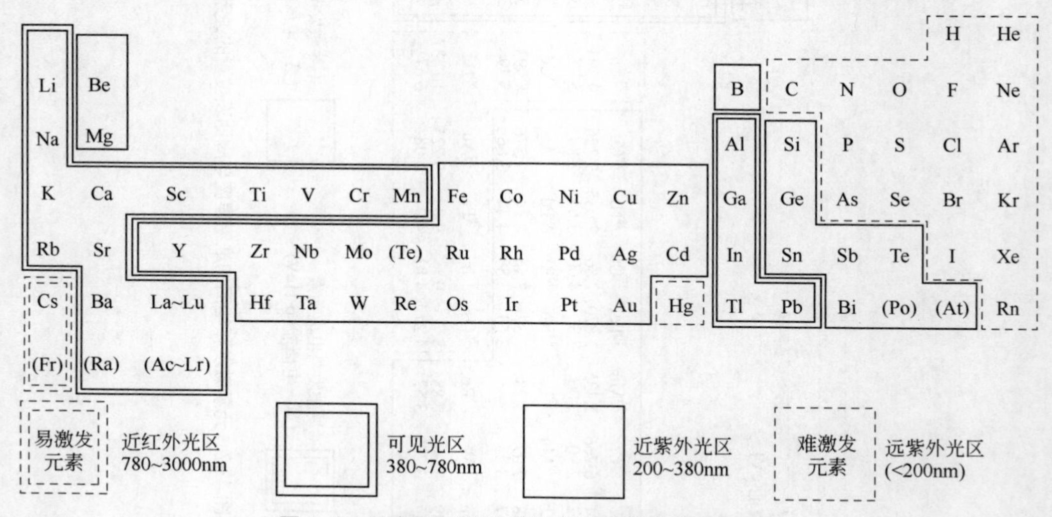

图 1-8 元素最灵敏原子线波长与周期表位置的关系

注：镧系和锕系元素中部分元素的灵敏线在近紫外光区

1.3.2.3 分析物的蒸发、原子化、激发和电离行为与元素周期律的关系

不同元素的蒸发、原子化、激发和电离行为是极不相同的，这主要是因为它们具有不同的沸点、离解能、激发能和电离能所致。元素的电离能、激发能、沸点和化合物的离解能也是元素原子序数的周期性函数。

元素沸点（气化热）的变化规律，主要取决于化学键类型。离子极化作用和分子间作用力的大小，以离子键和原子键结合的晶体，其沸点较高；而以分子间作用力结合的晶体，其沸点较低。通常可以根据元素的沸点及挥发行为，将其分为以下 4 类：气体元素常温下为气态，分布在周期表的右上角；易挥发元素沸点低于 2000℃，如碱金属、碱土金属等；难挥发元素沸点高于 3000℃，主要是一些中间过渡元素；中等挥发元素沸点位于 2000～3000℃之间，周期表中其他元素均属于此类。这 4 类元素在周期表中的位置如图 1-9 所示。

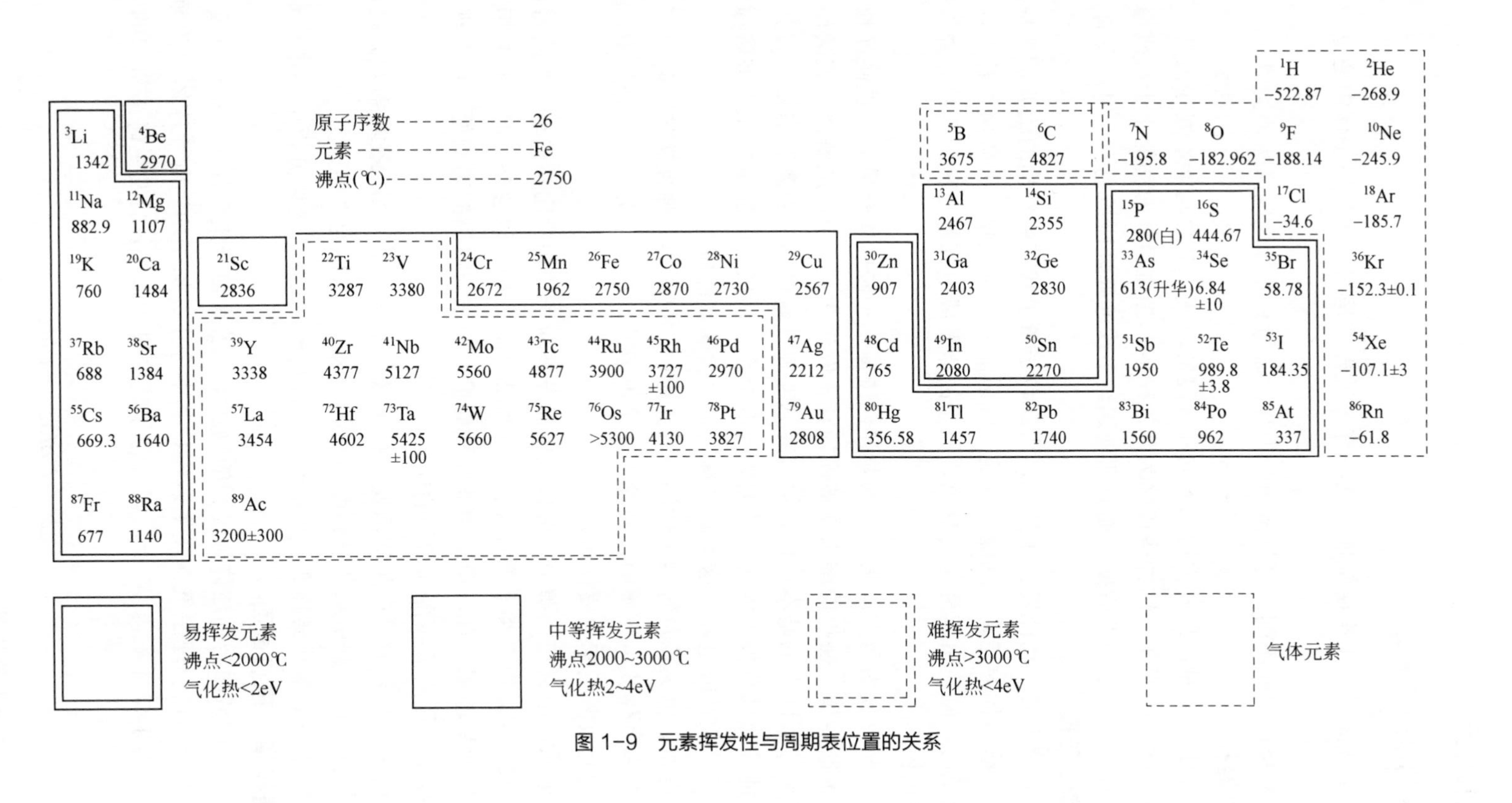

图 1-9 元素挥发性与周期表位置的关系

1.3.3　辐射跃迁

1.3.3.1　原子的碰撞与激发

激发态原子或离子产生电磁辐射，其中许多过程都是在光源等离子体中通过粒子的碰撞来实现。

按照能量交换情况的不同，可将碰撞分为弹性碰撞和非弹性碰撞两种类型。

（1）弹性碰撞

当粒子间发生碰撞时，只发生运动方向和速度的改变，其总动能不发生改变，不引起粒子量子状态或结构上的变化，这种碰撞称为弹性碰撞。当碰撞体的动能小于被碰撞体最低激发态所需能量时，只发生弹性碰撞，而且即使连续多次的弹性碰撞也不会对激发有所促进。

（2）非弹性碰撞

当碰撞前后粒子的总动能发生了变化，引起粒子量子状态或结构的改变，这种碰撞称为非弹性碰撞。当碰撞体的能量（动能、内能、辐射能）达到或超过被碰撞体解离、激发或电离所需最低能量时，碰撞引起分子的解离、原子的激发或电离等过程。这种非弹性碰撞是原子激发的主要过程。

非弹性碰撞又可分为两类：第一类为非弹性碰撞——碰撞体能量大于被碰撞粒子激发、电离或解离所需的能量，碰撞的结果使被碰撞粒子发生激发、电离或解离。这类碰撞是原子光谱分析时光源分析区中的基本过程。第二类为非弹性碰撞——当激发态粒子与其他粒子碰撞，本身失去能量或部分失去能量，转变为较低能态，所失去的能量转化为被碰撞粒子的动能，或使之解离、激发或电离，这类碰撞称为第二类非弹性碰撞。

在火焰、电弧、电火花及等离子体焰炬等光源中，第一类非弹性碰撞引起原子化和热激发；在辉光光源等气体放电光源中，激发主要是电激发；在原子荧光光谱分析中，基态原子共振吸收光子的光致激发起主要作用。

在火焰、电弧、电火花光源中，分析区中激发态粒子的相对比率很小，平均寿命很短，为 10^{-8}～10^{-7}s 数量级，第二类非弹性碰撞的影响很小，几乎可以忽略。但在 ICP 炬光源中有大量寿命较长的亚稳态氩存在，第二类非弹性碰撞对激发与电离的影响便不可忽视，它是使 ICP 光源中谱线尤其是离子线得到增强的原因。

在荧光光谱中，光致激发产生的激发态粒子（分子或原子）如果在辐射荧光之前发生第二类非弹性碰撞而失活，则引起荧光强度的减弱，这种现象称为“猝灭”。

其他形式的碰撞如多次碰撞激发、光子诱导激发等，在原子光谱分析中不占重要的地位。

（3）碰撞概率、碰撞截面

碰撞概率和碰撞截面是描述碰撞过程的物理量。若在粒子集合体中，有一强度为 I 的单一动能的某粒子流通过一理想气体发生碰撞，其中分子、原子均为刚性球体，截面积为σ，气体质点的密度为单位体积内 N 个，则该粒子流经过距离 dx 后发生碰撞引起的强度变化 dI 为：

$$\mathrm{d}I = -N\sigma I\mathrm{d}x = -\alpha I\mathrm{d}x \qquad (1\text{-}15)$$

式中，比例系数α为碰撞概率。

碰撞概率α与碰撞截面σ之间的关系为：

$$\alpha = N\sigma \tag{1-16}$$

$$\sigma = \alpha/N \tag{1-17}$$

1.3.3.2 辐射跃迁类型

激发态原子从高能级跃迁到低能级释放出能量的形式有两种：一种以光子形式辐射能量，称为辐射跃迁；另一种以热运动形式释放能量，称为无辐射跃迁或非辐射跃迁。

原子光谱主要是辐射跃迁。辐射跃迁分为以下几类。

（1）自发辐射

激发态原子在原子内部电场作用下从高能级跃迁到低能级并辐射出光子，称为自发辐射。自发辐射跃迁不受外界影响，是激发态原子各自独立地、自发地发射辐射，发射的频率相同，彼此之间没有固定的相位关系，偏振方向和传播方向是随机的。

① 辐射的光子频率或谱线波长为：

$$E_q - E_p = h\nu = hc/\lambda \tag{1-18}$$

式中，E_q是高能级q的激发能；E_p是低能级p的激发能，若p为基态，则$E_p = 0$；h是普朗克常数；c是光速；ν是光子频率；λ是谱线波长。

② 跃迁概率（A_{qp}）　爱因斯坦（Einstein）认为，辐射跃迁伴有激发态原子数的衰减。在$\mathrm{d}t$时间内由激发态q向低能态p自发跃迁的原子数即激发态原子数的减少$-\mathrm{d}N_q$，与处于激发态q的原子数N_q及$\mathrm{d}t$成正比：

$$-\mathrm{d}N_q = A_{qp}N_q\mathrm{d}t \tag{1-19}$$

比例系数A_{qp}称为爱因斯坦跃迁概率或简称跃迁概率，它与处在q态的原子数多少无关，也与用什么方法激发至q态无关。脚注qp表示由q态至p态的自发辐射跃迁。

振子强度是正比于跃迁概率的一个物理量，用符号f表示。两者的关系如朗德博格（Ladenburg）公式所示：

$$f_{qp} = \frac{mc}{8\pi^2 e^2} \cdot \lambda^2 A_{qp} \tag{1-20}$$

式中，m和e分别是电子的质量和电荷。

跃迁概率数据可从美国国家标准局Readers，Corliss，Weise and Martin编的“*Wavelengths and Transition Probabilities for Atoms and Atomic Ions*”（1980年出版）中查得，它编有全部元素约5000条主要谱线的数据。这些数据也可从*CRC Handbook of Chemistry and Physics*，1982—1983年第63版及以后各版中查得。

③ 激发态原子的平均寿命（τ）　处于激发态的原子由于自发辐射而数目减少，当它衰减到原有激发态原子数的1/e即36.79%时所需的时间，称为它的平均寿命。由原子光谱物理学可推得，平均寿命τ与跃迁概率成反比：

$$\tau = \frac{1}{A_{qp}} \tag{1-21}$$

处于基态的原子不再自发辐射出谱线，迁移概率为零，平均寿命为无穷大。表 1-5 列出几种元素激发态原子的平均寿命。

表 1-5 几种原子激发态的平均寿命

原子	波长/nm	平均寿命 τ/s
H	121.6	1.2×10^{-8}
Na	589.6	1.6×10^{-8}
K	770.0	2.7×10^{-8}
Cd	326.1	2.5×10^{-6}
Hg	253.7	1.0×10^{-7}

（2）受激辐射（诱导辐射）

当处于激发态 q 的原子受到频率 $\nu=(E_q-E_p)/h$ 的光子的激励时，激发态原子辐射出频率相同的光子而从 q 态跃迁到 p 态。这种在外界光子影响下发生的辐射称为受激辐射或诱导辐射。外来的激励光子的频率必须与跃迁时发射的光子频率严格相等。受激辐射产生的光，其频率、相位、偏振和传播方向都与外来光子相同，这样获得的光称为相干光。受激辐射可造成光放大，是产生激光的基础。

通常的激发态平均寿命很短，难以实现受激辐射。亚稳态粒子不发生自发辐射，它通过受激辐射释放出能量。

受激辐射时，激发态原子在 dt 时间内的减少 $-\mathrm{d}N_q$，正比于激发态原子数 N_q、外来激励光子密度ρ和 dt:

$$-\mathrm{d}N_q = B_{qp}\rho N_q \mathrm{d}t \tag{1-22}$$

式中，比例系数 B_{qp} 叫做受激辐射跃迁概率。

（3）复合辐射

复合是电离的逆过程。离子和电子碰撞而发生复合时，辐射出连续背景及谱线：

$$A^{+}+e_{快} \longrightarrow A+h\nu_1$$

或

$$A^{+}+e_{快} \longrightarrow A^{*}+h\nu_1$$

$$A^{*} \longrightarrow A+h\nu_2$$

由于电子在电场中加速，能量是连续的，因此复合时多余的能量 $h\nu_1$ 是连续的，表现为光谱的连续背景；复合时生成的激发态原子 A^*则辐射线光谱 $h\nu_2$。

（4）爱因斯坦辐射理论

在一个平衡体系中，单位体积内处在能级 E_q 和能级 E_p 的原子数分别是 N_q 和 N_p，两能级间存在三种跃迁过程（图 1-10）：

① 自发发射　能级 E_q 上的激发态原子的自发辐射跃迁。单位时间内自发辐射的原子数为 $A_{qp}N_q$，系数 A_{qp} 是爱因斯坦跃迁概率或爱因斯坦自发辐射系数。

② 受激吸收　能级 E_p 上的原子吸收能量为 $h\nu = E_q-E_p$ 的光子，跃迁至高能级 E_q（光致激发）。单位时间内跃迁原子数为 $B_{pq}\rho N_p$，其中ρ是辐射能量密度，B_{pq} 为爱因斯坦吸收系数或爱因斯坦受激吸收系数。

③ 受激发射　高能级 E_q 上的激发态原子受到能量为 $h\nu = E_q - E_p$ 的光子的激励而发生受激辐射（荧光）。单位时间内跃迁至 E_p 的原子数为 $B_{qp}\rho N_q$，其中 B_{qp} 是爱因斯坦受激辐射系数。

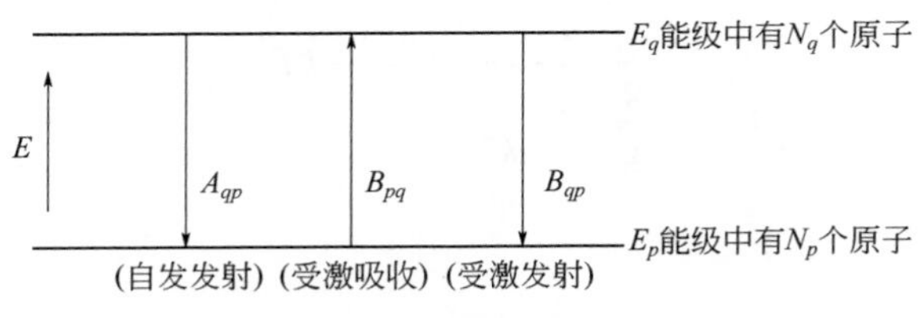

图 1-10　爱因斯坦跃迁

在热平衡体系中，体系的总能量保持一定，单位时间内由态 q 跃迁到态 p 的原子数和由态 p 跃迁到态 q 的原子数相等：

$$A_{qp}N_q + B_{qp}N_q\rho = B_{pq}N_p\rho \tag{1-23}$$

辐射能量密度ρ为：

$$\rho = \frac{A_{qp}}{B_{pq}\frac{N_p}{N_q} - B_{qp}} \tag{1-24}$$

根据玻尔兹曼（Boltzmann）分布：

$$\frac{N_p}{N_q} = \frac{g_p}{g_q}\mathrm{e}^{(E_q - E_p)/(kT)} \tag{1-25}$$

及：

$$E_q - E_p = h\nu$$

所以：

$$\rho = \frac{A_{qp}}{\frac{g_p}{g_q}B_{pq}\mathrm{e}^{h\nu/(kT)} - B_{qp}}$$

$$= \frac{A_{qp}}{\frac{g_p}{g_q}B_{pq}\left(1 + \frac{h\nu}{kT}\right) - B_{qp}}$$

$$= \frac{A_{qp}}{\frac{g_p}{g_q}B_{pq} - B_{qp} + \frac{g_p}{g_q}B_{pq}\frac{h\nu}{kT}} \tag{1-26}$$

高温下黑体辐射有 Rayleigh-Jeans 定律：

$$\rho = \frac{8\pi\nu^2}{c^3}kT \tag{1-27}$$

由此，爱因斯坦推得这三个系数之间的有用关系式，当 $\frac{g_p}{g_q}B_{pq}-B_{qp}=0$，即 $g_pB_{pq}=g_qB_{qp}$ 时，有：

$$\frac{A_{qp}}{\frac{g_p}{g_q}B_{pq}\frac{h\nu}{kT}}=\frac{8\pi\nu^2}{c^3}kT \tag{1-28}$$

得：

$$\frac{A_{qp}}{B_{qp}}=\frac{8\pi h\nu^3}{c^3} \tag{1-29}$$

这些关系式不仅把三个爱因斯坦系数联系起来，而且可通过 A_{qp} 同原子的振子强度 f 值相联系。根据朗德博格公式有：

$$A_{qp}=\frac{8\pi^2e^2f_{qp}}{\lambda^2mc} \tag{1-30}$$

将式中电子电荷 e、电子质量 m 和光速 c 的数值代入上式后，得到爱因斯坦跃迁概率为：

$$A_{qp}=0.6770\times10^{14}f_{qp}/\lambda^2 \tag{1-31}$$

式中，A_{qp} 的单位是 s^{-1}；λ的单位是 nm。

1.3.3.3 激发过程

热等离子体中的原子的激发和电离主要是由粒子（分子、原子、离子、电子等）的热运动碰撞所引起。粒子间的相互碰撞会引起粒子运动状态的改变，也会引起粒子量子状态的变化。按粒子相互作用前后状态变化的情况不同，如前所述这些过程分为弹性碰撞与非弹性碰撞。弹性碰撞前后粒子的总动能保持不变，而非弹性碰撞后伴随着粒子总动能的改变，粒子的量子状态也发生了变化。非弹性碰撞过程导致热等离子体中的原子发生激发或电离。

（1）激发或电离的发生过程

过程 1　$\vec{e}+A\longrightarrow A^*+\vec{e}'$

过程 2　$\vec{e}+A\longrightarrow A^++e+\vec{e}'$

过程 1 的发生是由于电子在碰撞前的动能大于原子最低激发态的激发能，此时原子能级从最低能量状态——基态被激发到激发态（又称共振激发态）。使原子从基态激发到某一激发态（能级）所必需的激发能通常以电子伏特（eV）为单位来量度。在光谱学中通常也用激发电位，它是指使原子从它的基态激发到某一激发态相当于加速电子所需电位差值，以电子伏特为单位时，显然激发能和激发电位的数值是相等的。

过程 2 的发生是由于电子在碰撞前的动能大于原子的电离能，使处于基态的原子有一个外层电子被击出原子之外形成自由电子，即发生电离，此时所必需的能量叫做第一电离能。过程 1 和过程 2 称为第一类非弹性碰撞。这些过程对光谱分析最为重要，下面还将进一步考虑它们所遵循的规律。

（2）激发态（或电离态）原子与其他粒子之间的能量交换

这是指激发态（或电离态）原子与其他粒子碰撞将能量转移给其他粒子的过程，如：

过程 3　$A^{*}+e \longrightarrow A+\vec{e}$

过程 4　$A^{*}+B \longrightarrow A+B^{*}$

过程 5　$A^{*}+B \longrightarrow A+B^{+}+e$

过程 6　$A^{*}+B \longrightarrow A+B^{+*}+e$

过程 7　$A^{+}+B+e \longrightarrow A+B^{*}$

过程 8　$A^{+}+B \longrightarrow A+B^{+*}$

激发态原子是很不稳定的，通常在 10^{-8}s 的时间内即向基态或较低的激发态跃迁，并发出辐射，称为自发辐射。原子发射光谱分析中所测量的，就是这种辐射。过程 3 是过程 1 的逆过程，它使激发态原子不经辐射而回到基态。有些原子的特定激发态具有较长的寿命，故在光源中有较大的浓度变化，此时发生过程 4～过程 6 可能是重要的。过程 3～过程 6 称为第二类非弹性碰撞。离子同样可以转移它的能量使另一原子激发或电离，如过程 7 和过程 8。过程 4～过程 8 现在被认为是 Ar-ICP 光源中的重要过程。

（3）有光子参与的光激发过程及电子与离子复合过程引起的激发

光激发通常是指共振吸收激发，可表示为：

$$A+h\nu \longrightarrow A^{*}$$

电子与离子的复合表示为

$$A^{+}+e \longrightarrow A^{*},\ A^{+}+e \longrightarrow A^{*}+h\nu，等等$$

1.3.3.4　激发能级的分布

在热等离子体中，粒子间的频繁能量交换，最后必能达到相近的能量，称为热力学平衡状态。在一个体系中，应具备如下条件才称得上真正的热力学平衡，即：第一，应满足麦克斯韦分布定律，粒子的平均动能与温度的关系为 $1/2mv^2 = 3/2kT$；第二，各种粒子在各能级上的分布应满足玻尔兹曼方程；第三，其分子解离过程应遵守质量作用定律；第四，其电离过程应遵守萨哈（Saha）电离方程。

只有处于封闭状态的体系，并与周围环境的温度相等时，才能达到完全的热力学平衡状态。光谱分析光源中的等离子体不是封闭的，也不是绝热的。等离子体的体积很小，和外界不断发生能量和物质的传递，结果造成等离子体的各部分温度不等，从整体上看不满足完全热力学平衡的条件。但在局部区域，如能量传递的速度和与能量在各自由度的分配速度相比很小，则可认为在体系的各个部分分别建立了热力学平衡。这种在局部区域满足热力学平衡的体系，叫做局部热力学平衡（即 LTE）等离子体。

光谱分析的热等离子体被认为合乎局部热力学平衡条件，因此粒子在各个能级的分布符合玻尔兹曼方程，即：

$$\frac{N_q}{N_0}=\frac{g_q}{g_0}e^{-\frac{E_q}{kT}} \qquad (1\text{-}32)$$

式中，N_q 代表某种粒子（原子、离子或分子）处于 q 激发态的浓度；N_0 为相应的粒子处于基态的浓度；g_q为激发态能级的统计权重；g_0为基态能级的统计权重；E_q为q能级的激发能；k为玻尔兹曼常数（$k = 8.614\times10^{-5}$eV/K 或 1.380662×10^{-23}J/K）；T为体系的热力学温度。统计权重与原子能级的内量子数有关，即：

$$g = 2J+1 \tag{1-33}$$

对于各种能量状态的原子或离子的分布，可将公式（1-32）写成：

$$\frac{N_{a_q}}{N_{a_0}} = \frac{g_q}{g_0} e^{-\frac{E_q}{kT}} \tag{1-34a}$$

$$\frac{N_{i_q}}{N_{i_0}} = \frac{g_q^+}{g_0} e^{-\frac{E_q^+}{kT}} \tag{1-34b}$$

式（1-34a）、式（1-34b）表示温度与激发态粒子和基态粒子数值的关系，下标 a、i 分别代表原子和离子。在给定温度下这个比值的大小决定于激发能的大小，表 1-6 表示了这种关系。

表 1-6　激发态原子的相对分布与激发能的关系（$T = 5000$K）

激发能 E_q/eV	1	2	3	4	10
N_q/N_0	9.8×10^{-2}	9.6×10^{-3}	9.5×10^{-4}	9.3×10^{-5}	8.4×10^{-11}

在比值的计算中，对其他因素忽略不计。从表 1-6 可看出，即使激发能很低，激发态原子的浓度也比基态的浓度低得多。

还应指出，式（1-34b）中，离子的激发能 E_q^+是指从离子的基态跃迁到离子某一激发态所需的能量，不能把离子的第一级电离能的值加到离子的某一激发能中去进行计算。离子的能级是以离子的基态的位能为零来衡量的，因此不少元素的离子激发能比原子的激发能小。

1.3.3.5　原子的电离

热等离子体中，粒子的电离应遵循萨哈电离方程，即对任意一种粒子，其电离平衡为：

$$M \rightleftharpoons M^+ + e$$

平衡时各粒子的浓度为N_a、N_i和N_e。其电离平衡常数为：

$$K_N = \frac{N_i N_e}{N_a} \tag{1-35}$$

而该常数K_N可由萨哈方程计算求得，即：

$$K_N = \frac{(2\pi m)^{3/2}}{h^3} \cdot \frac{2Z_i}{Z_a} \cdot (kT)^{3/2} \cdot e^{-\frac{E_i}{kT}} \tag{1-36}$$

式中，m 为电子的静止质量，9.11×10^{-28}g；h 为普朗克常数，6.6261×10^{-34}J·s 或 4.136×10^{-15}eV·s；k为玻尔兹曼常数；Z为电子的配分函数值，Z_i及Z_a分别为离子和原子的配分函数；E_i为电离能（以 eV 表示）；T为电离温度。

若热等离子体温度不是很高（<7000K），则该原子的二级电离可忽略不计。若以 N 表示该元素的总浓度，N_a、N_i 分别表示原子与离子的浓度，则：

$$N = N_i + N_a$$

该原子的电离度定义为：

$$\alpha = \frac{N_i}{N}$$

则

$$K_N = \frac{\alpha}{1-\alpha} \times N_e \tag{1-37}$$

代入式（1-36）并化简，得：

$$\frac{\alpha}{1-\alpha} = 4.83 \times 10^{15} \times T^{3/2} \times \frac{Z_i}{Z_a} \times 10^{-\frac{5040}{T}E_i} \times \frac{1}{N_e}$$

取对数形式则为：

$$\lg\frac{\alpha}{1-\alpha} = \frac{3}{2}\lg T - \frac{5040}{T}E_i + \lg\frac{Z_i}{Z_a} - \lg N_e + 15.684 \tag{1-38}$$

若以电子分压 P_e（以大气压为单位）代替电子浓度 N_e，$N_e = 7.340 \times 10^{21} P_e/T$，则得：

$$\lg\frac{\alpha}{1-\alpha} = \frac{5}{2}\lg T - \frac{5040}{T}E_i + \lg\frac{Z_i}{Z_a} - \lg P_e - 6.182 \tag{1-39}$$

式（1-38）和式（1-39）实际上都可用于计算原子在局部热平衡等离子体中的电离度。

由公式可知，等离子体温度越高，原子的电离能越低，电子的浓度（压力）越小，则原子的电离度越大。此处电子浓度是指等离子体中构成电离平衡的总电子浓度（压力），而非该原子电离所提供的电子。同时，在计算电离度时，不能忽略配分函数的比值，否则将与实际的电离度有较大差别。为使计算简化，将式（1-38）和式（1-39）中的配分函数比值这一项表示为：

$$\lg\frac{Z_i}{Z_a} = -\frac{5040}{T}\delta \tag{1-40}$$

因为，在一定温度范围内 δ 值实际上是不变的，故该比值可近似地作为其对实际电离能的校正项而在计算中加以考虑，并用有效电离能 $\overline{V_i}$（或称表观电离能）表示，即 $\overline{V_i} = E_i + \delta$，则计算电离能的实用公式可简化为：

$$\lg\frac{\alpha}{1-\alpha} = \frac{3}{2}\lg T - \frac{5040}{T}\overline{V_i} - \lg N_e + 15.684 \tag{1-41}$$

$$\lg\frac{\alpha}{1-\alpha} = \frac{5}{2}\lg T - \frac{5040}{T}\overline{V_i} - \lg P_e - 6.182 \tag{1-42}$$

光谱分析中通常遇到的近 60 种元素在 1500～7000K 的 11 个温度区间的真实电离能的校

正值（δ）已有精确数据，因此可根据上述公式计算出比较精确的电离度值。表 1-7 所列数据即以上述根据计算所得的具有参考价值的数据。

表 1-7　元素电离度（α）及有效电离能（$\bar{V}_i$）与温度的关系

T/K		$\alpha \times 100$									
		4.0eV	5.0eV	6.0eV	6.5eV	7.0eV	7.5eV	8.0eV	8.9eV	9.0eV	10.0eV
4500	a	99	85	30	10	3	0	0	—	—	—
	b	88	36	4	1	0	0	0	—	—	—
5000	a	100	97	72	45	20	7	2	1	—	—
	b	97	73	21	8	3	1	0	0	—	—
5500	a	100	99	92	80	59	33	15	6	1	0
	b	99	91	54	29	12	5	2	1	0	0
6000	a	100	100	98	94	86	70	47	25	4	2
	b	100	97	80	62	38	19	8	3	1	—
6500	a	100	100	100	98	96	89	78	59	19	9
	b	100	99	92	83	68	46	26	13	2	1

注：表中 a 为 P_e=40.53Pa、b 为 P_e=405.3Pa。

由表 1-6 及公式可知，电子浓度（压力）对电离度的影响很显著。在光谱分析的火焰、电弧光源中，电子浓度（压力）的大小决定于等离子体混合物的组成。引入等离子体中试料组成的任何变化，都会通过电子浓度的变化而显著影响原子的电离度。显然，那些具有低电离能的元素所起的作用最大。但需注意，在 Ar-ICP 光源中则还要考虑其他因素。

在光谱分析专著中，常列出大气压力下纯元素在不同温度下的电离度，是以单一元素原子蒸气压力为 1atm（1atm = 101325Pa）作为计算的基础。这与火焰、电弧等光源中的实际情况不符，不能作为判断光谱分析光源中电离度估量的依据。对于 Ar-ICP 光源，由于偏离局部热力学平衡，其电离度的计算要另作考虑。

激发能和电离能的高低是原子、离子结构的固有特征，与外界条件无关，是衡量元素激发和电离难易程度以及决定灵敏光谱线类型的重要尺度，其高低取决于原子及离子外层电子与原子核间作用力的大小。因此对原子的激发和电离而言，元素周期表中同一周期元素，由左向右，随着核电荷数、外层电子数的增多和原子半径减小，激发能和电离能依次增大。周期表中同族元素，自上而下，随着核电荷数增多，原子半径增大，激发能与电离能依次减小。

1.3.4　谱线特性

1.3.4.1　谱线的宽度

原子光谱为锐线光谱，但并不只是一条几何线，而是具有一定宽度与外观轮廓的谱线。对谱线强度的定量测定与光谱谱线的轮廓有很大关系。

（1）谱线的轮廓

根据玻尔（Bohr）频率条件和能级的不连续性，电子在原子能级之间的跃迁产生的电磁辐射，谱线的能量应该是单一的。事实上，无论是发射谱线或吸收谱线均非单一频率，而是具有一定的频率范围，即谱线具有一定的宽度。所谓谱线的轮廓，即指谱线的强度按频率的分布值。以谱线强度 I 对频率 ν 作图，可得到图 1-11 的谱线轮廓。

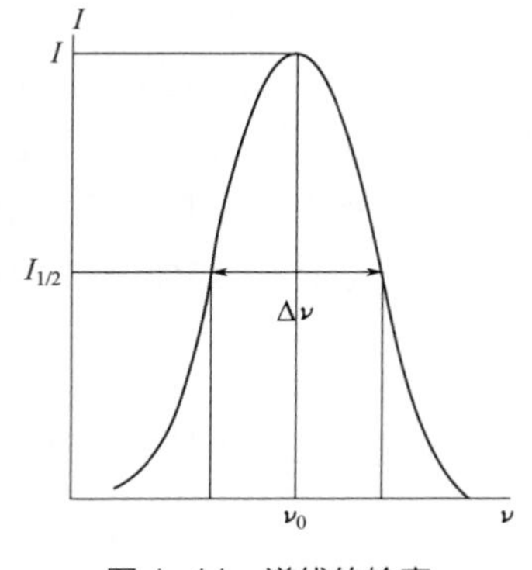

图 1-11 谱线的轮廓

由图可知，谱线强度 I 是频率 ν 的函数。谱线轮廓通常以中心频率 ν_0 和谱线半宽度 $\Delta\nu$（当以波长表示时，分别记为 λ_0 和 $\Delta\lambda$）表示。谱线的半宽越小，则越接近单色光，即谱线越窄或越锐。

在谱线表和光谱分析文献上，常用下列符号来表示谱线轮廓的外观特征：*w* 表示宽线；h 表示模糊线；s 表示向短波扩散的扩散线；l 表示向长波扩散的扩散线；R、r 表示自吸或自蚀的谱线；c 表示复杂线或多重线；d 表示双线；t 表示三重线；hfs 表示超精细结构。

（2）谱线的物理轮廓

谱线在物理学意义上的宽度与轮廓，不同于通常在光谱仪焦面上摄得或描迹得到的谱线的宽度与轮廓。当采用大色散、高分辨率光谱仪观察谱线时，可以看到不管是发射线还是吸收线，都是具有一定的轮廓与宽度，称为谱线的物理轮廓或本征轮廓，其宽度称为物理宽度。它与原子结构及光源的温度、场强有关，谱线的物理轮廓对于理解原子光谱分析中谱线之间关系的机理是必要的。

普通分辨率的光谱仪不足以观察到谱线的物理轮廓，只有在高分辨率的仪器上才能显示出其本身固有的物理轮廓。鲍曼（Boumans）曾用高分辨率光谱仪观测了 65 种元素 350 条主要分析线的物理轮廓[18]，邱德仁用高分辨率摄谱仪拍摄了一些谱线的物理轮廓照片[19]。

（3）谱线的物理宽度

在原子能级图上，能级是一条有确定能量值的线，并没有宽度。但按照量子力学原理，在微观世界中，若原子在能态 E 上平均时间为Δt，则海森堡（Heisenberg）的测不准原理指出有一个能量不确定值ΔE，Δt 与ΔE 之间存在关系。在各种能态中只有基态不产生辐射，寿命无限长，其能级宽度$\Delta E = 0$，谱线才是严格的单色辐射。当激发态原子的平均寿命有一定值时$\Delta E \neq 0$，谱线就呈现一定的宽度，这是谱线的物理宽度，它不同于通常在光谱仪器焦面上观测到的谱线宽度与轮廓。

但不论物理学理论上的谱线宽度还是光谱仪焦面上谱线的实际宽度，都是以峰值强度的一半所覆盖的波长范围或频率范围来度量。称为“半宽度”或“半峰宽度”，简称宽度，以$\Delta\lambda$或$\Delta\nu$ 标记之，有时也用$\Delta\lambda_{1/2}$ 或$\Delta\nu_{1/2}$ 标记。文献上用 HMLW（half-maximum line width）或 HILW（half-intensity line width）表示。特殊情况下以峰高 1/10 所覆盖的波长范围表示，则标记为$\Delta\lambda_{1/10}$。

对于吸收线，谱线宽度以吸收系数的一半所覆盖的波长范围来度量。

（4）影响谱线轮廓与宽度的因素

谱线的轮廓是单色光强度随频率（或波长）的变化曲线，它由谱线的自然宽度、热变宽、碰撞变宽、共振变宽、电致变宽、磁致变宽、自吸变宽等决定。

1）自然宽度

原子发射的光谱并不是严格单色的线状光谱，它具有一定的宽度即谱线的自然宽度，一

般在 10^{-6}～10^{-5}nm。

自然宽度与发生跃迁的能级有限寿命相关联。处于激发态的原子要通过自发跃迁回到基态，或经过中间态再回到基态，故激发态原子有一定的寿命。对激发态原子的群体，仅可求其平均寿命 $\Delta\tau$。根据量子力学的计算，若原子在能态 E 上平均时间为Δt，则根据测不准原理将有一个能量不确定值ΔE。当处于该激发态平均寿命 $\Delta\tau$ 时，满足下列关系式：

$$\Delta E_q \Delta\tau_q \approx h/(2\pi) \tag{1-43}$$

式中，h 为普朗克常数；$\Delta\tau_q$ 值一般为 10^{-8}s。由此可计算出相应的能级宽度或对应的频率范围为：

$$\Delta\nu_{\mathrm{N}} = \frac{1}{2\pi\Delta\tau_q} \tag{1-44}$$

若以波长$\Delta\lambda_{\mathrm{N}}$ 表示，则：

$$\Delta\lambda_{\mathrm{N}} = \frac{c\Delta\nu_{\mathrm{N}}}{\nu^2} \tag{1-45}$$

当两个具有一定能量宽度的能级之间发生跃迁时，产生的谱线的宽度相当于两能级宽度之和，有谱线自然宽度：

$$\Delta\nu_{自然} = \frac{\Delta E_1 - \Delta E_2}{h} \tag{1-46}$$

对于共振线，谱线的自然宽度只考虑激发态的能级宽度。谱线自然宽度以波长表示时有：

$$\Delta\lambda_{自然} = \frac{4\pi e^2}{3mc^2} = 1.19\times10^{-5}\mathrm{nm} \tag{1-47}$$

当谱线波长约为 300nm 时，谱线的自然宽度约为 10^{-5}nm，此数值与其他导致谱线变宽的因素相比可以忽略不计。实际实验条件下，不能观测到这样小的自然宽度，而其他因素产生的谱线变宽要比它大得多。

2）热变宽——多普勒（Doppler）变宽

当光源中发光的粒子相对于光谱检测器观测方向而存在随机热运动时，则检测器测得光波的频率会随粒子相对速度的不同而改变，这种现象称为多普勒效应。

由于原子在发射过程中朝着和背离检测器做随机的热运动而产生。对光源中处于无规则运动状态的大量同类原子的辐射而言，向各个方向以不同速度运动，即使每个原子发射的光的频率相同，检测器接收的光波之间的频率也会有一定差异，从而引起谱线变宽，称为热变宽，即多普勒变宽。

光源中原子群的热运动相对于光谱检测器来说，运动方向是随机的，有的相向于光谱仪，有的相背于光谱仪，还有其他方向运动的原子，各方向的机会均等。原子运动的速度服从统计规律，平均速度 $v = \sqrt{\dfrac{2RT}{M}}$，式中，$T$ 是光源温度，M 是原子量。谱线的多普勒变宽轮廓呈高斯（Gauss）函数形状对称分布，中心频率或中心波长不变。可导得谱线的多普勒变宽为：

$$\Delta\nu_D = \frac{2\sqrt{2R\ln 2}\cdot\nu_0\sqrt{\frac{T}{M}}}{c} = 0.716\times10^{-6}\nu_0\sqrt{\frac{T}{M}} \tag{1-48}$$

$$\Delta\lambda_D = 0.716\times10^{-6}\lambda_0\sqrt{\frac{T}{M}} \tag{1-49}$$

式中，ν_0 和λ_0 是谱线的中心频率和中心波长。上式表明，光源温度越高，谱线的多普勒变宽越严重；原子量越小的元素，谱线的变宽越严重；谱线的波长越长，变宽也越显著。谱线的多普勒变宽约在 1～8pm（1pm = 10^{-3}nm）之间，它是决定谱线物理宽度的主要因素之一。

在光源中，原子热运动速度的分布服从麦克斯韦分布规律，由此可计算出多普勒变宽的表达式为：

$$\Delta\nu_D= 7.162\times10^{-7}\nu_0\sqrt{\frac{T}{M}} \tag{1-50}$$

或以波长表示为：

$$\Delta\lambda_D= 7.162\times10^{-7}\lambda_0\sqrt{\frac{T}{M}} \tag{1-51}$$

式中，M 为原子量；T 为光源的热力学温度。

由上两式可知，光源温度越高，元素原子量越小，谱线波长越长时，多普勒变宽就越显著。表 1-8 为一些元素多普勒变宽的数值。

表 1-8　元素的多普勒变宽（T=6000K）

元素	原子量	多普勒变宽（$\Delta\lambda_D$）/nm	
		λ=500nm	λ=250nm
H	1.0	0.028	0.014
He	4.0	0.014	0.0069
B	10.8	0.0084	0.0042
Na	23.0	0.0058	0.0029
Fe	55.85	0.0037	0.0018
Ge	72.6	0.0032	0.0016
Cd	112.4	0.0026	0.0013
Bi	209.0	0.0019	0.0010

由表 1-8 可以看出，在电弧光源中多普勒变宽是自然宽度的 10^2～10^3 倍。

3）碰撞变宽——洛伦兹（Lorentz）变宽

发射跃迁的原子与同种原子或其他气体原子、分子相碰撞使振动受到阻尼时也可使谱线变宽。与同种原子碰撞时引起的变宽称赫茨玛（Holtzmark）变宽，又称共振变宽；与不同种类原子或分子碰撞引起的称洛伦兹（Lorentz）变宽。其中洛伦兹变宽较明显，一般在 10^{-3}nm 左右。在 ICP 光谱分析中，多普勒变宽及洛伦兹变宽是主要的变宽因素，由这两种效应确定的光谱线总轮廓称为沃伊特（Voigt）轮廓。一般谱线宽度在 10^{-4}～10^{-3}nm。

原子或离子在光源等离子体中与其他粒子如分子、原子、离子、电子等发生碰撞作用而使粒子之间发生能量传递，致使激发态猝灭，寿命缩短，从而使谱线变宽。设 Z 为原子在每秒内的碰撞次数，则在两次连续碰撞间的平均寿命 $\Delta\tau_c$ 为：

$$\Delta\tau_c = \frac{1}{Z} \tag{1-52}$$

与自然宽度处理方法相同，将碰撞变宽表示为：

$$\Delta\nu_c = \frac{1}{2\pi\Delta\tau_c} = \frac{Z}{2\pi} \tag{1-53}$$

因此，碰撞次数越多，寿命越短，频率变化越大。由于 $\Delta\tau_c$ 与气体压力成反比，所以碰撞变宽与压力成正比，即：

$$\Delta\nu_c = \gamma p \tag{1-54}$$

式中，p 为气体的压力；γ 为比例系数，随气体的种类及谱线的不同而异。故碰撞变宽又称压力变宽。

光源气体中存在不同粒子间的碰撞和同种粒子间的碰撞，故可分为两种形式。一种是辐射粒子（原子或离子）与其他粒子碰撞引起的谱线变宽称洛伦兹变宽；另一种是辐射粒子与同类原子碰撞引起的变宽称为赫茨玛变宽。前一种变宽效应要比后一种小得多。

正在发生辐射跃迁或吸收跃迁的原子同其他原子或分子相碰撞，会引起谱线变宽、中心波长位移和谱线轮廓不对称，所产生的谱线变宽称为洛伦兹变宽或碰撞变宽，记为 $\Delta\lambda_L$ 或 $\Delta\nu_L$。由于这种碰撞与它种粒子的气体压力有关，压力越大，粒子密度越大，碰撞越频繁，所以也称为压力变宽。

洛伦兹碰撞过程对能级影响的机理解释尚未完全阐明。已经知道，洛伦兹效应正比于每个原子单位时间内的碰撞次数。对于共振线，有洛伦兹变宽：

$$\Delta\nu_L = \frac{\sigma_L^2 N\sqrt{2\pi RT(1/M_1 + 1/M_2)}}{\pi} \tag{1-55}$$

式中，R 是气体常数；M_1、M_2 是相互碰撞的质点的原子量或分子量；σ_L 是原子洛伦兹变宽的碰撞截面，可由实验测得；N 为单位体积内它种粒子的数目，可按下式从气体压力算得：

$$N = 9740p\times10^{15}/T \tag{1-56}$$

p 是它种粒子气体压力，单位 Torr（1Torr=133.3Pa）。

经典洛伦兹理论给出的洛伦兹变宽与实验值很接近，但不能解释谱线中心波长的位移（亦称频移）和轮廓不对称。更新的理论给出：

$$\Delta\nu_{红移} = 0.36\Delta\nu_L \tag{1-57}$$

式中，$\Delta\nu_{红移}$ 是谱线洛伦兹轮廓强度中心与谱线中心频率相比移向长波的频移。

在原子吸收光谱法和原子荧光光谱法的火焰原子化池中，高浓度的各种气体分子引起分析线的洛伦兹变宽、洛伦兹红移与分析线的多普勒变宽数值上相当。另一方面，空心阴极灯发射的共振线的洛伦兹变宽与红移可以忽略，这就导致吸收线轮廓及中心波长与空心阴极灯发射线的轮廓及中心波长在物理轮廓上有微小的位移与不对称，引起峰值吸收系数的微小降低，虽然通常在原理叙述中不强调这种细微的影响。

4）共振变宽——赫茨玛（Holtzmark）变宽

激发态原子与同种基态原子碰撞或受其强的静电场作用而引起的谱线变宽称为赫茨玛变宽。因碰撞对象是基态原子，只有共振线会产生这种变宽，因而又称共振变宽，记为$\Delta\nu_{共振}$。

赫茨玛变宽是洛伦兹变宽的特例，可由洛伦兹变宽计算式（1-53）求得，式中$M_1=M_2$。已经实验测得共振碰撞的截面σ_R要比洛伦兹碰撞截面σ_L大数百倍，但在原子吸收光谱和原子荧光光谱中原子浓度很小。因此，共振变宽实际很小。仅约 0.01pm。

5）电致变宽——斯塔克（Stark）变宽

辐射原子（或离子）在强大的非均匀外电场的作用下，或在密度很大的运动着的电子或离子中（原子间的电场作用），其光谱项会发生分裂或变宽，这种使谱线发生分裂或变宽的现象称为斯塔克变宽，用 $\Delta\lambda_S$ 表示。

外电场（光源中的电子或离子在原子间产生的电场看成是一种外电场）对氢或类氢离子的作用是很强的，光谱项的变化与外电场强度的一次方成正比，称为线性斯塔克效应。对于非类氢离子，光谱项的变化与外电场的强度的平方成正比，称为平方斯塔克效应，这时斯塔克效应比较小。所以，只发生谱线变宽而不出现谱线的分裂。由于原子间的斯塔克效应与带电粒子的密度成正比，在光谱分析光源中，由于引入光源的试样成分变化而使等离子体的带电粒子浓度发生变化，因而具有斯塔克效应的谱线变宽值也就有明显的差异，甚至在中等色散率的光谱仪器上也可以观察到。图 1-12 为在电弧光源中用 ИСП-28 摄谱仪记录下的两条铊的谱线的斯塔克变宽。

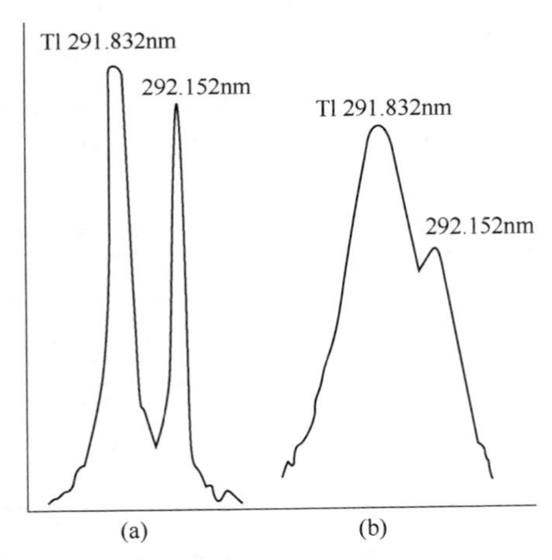

图 1-12　电弧光源中两条铊谱线的斯塔克变宽

（a）以炭粉为基物；（b）以 KCl 为基物

电场引起光谱项及谱线分裂并造成强度中心频移的物理现象称为斯塔克效应。等离子体中的不均匀强电场以及高速运动中的高密度的带电粒子（离子和电子）则引起谱线的斯塔克变宽。

外电场引起一级斯塔克效应，谱线频移与外电场强度成正比。在电弧光源中，电场强度不会超过 100*V*/cm，所引起的斯塔克变宽可以忽略。在气体放电管中，电场强度可高达 1000*V*/cm，斯塔克效应显著，例如 H 434.0nm 的频移可达 47pm。

内斯塔克效应由等离子体中辐射原子周围带电的离子和电子的微电场引起，又称二级斯塔克效应。内斯塔克效应引起的谱线频移与电场强度平方成正比。离子引起的斯塔克变宽机理与电子引起的机理不同。离子的运动速度较慢，建立"准恒强"的微电场，使谱线轮廓呈高斯（Gaugs）形变宽；电子的运动速度较快，引起碰撞变宽，轮廓变宽呈洛伦兹形；谱线总轮廓取决于两种效应的总和。

微电场引起的二级斯塔克效应产生的斯塔克变宽和频移由下述关系式给出：

$$\Delta\lambda_{S\,变宽}=a_1\frac{\lambda}{2c}B^{2/3}v^{1/3}n \tag{1-58}$$

$$\Delta\lambda_{S\,频移}=a_2\frac{\lambda}{2c}B^{2/3}v^{1/3}n \tag{1-59}$$

式中，B 是斯塔克常数；v 为原子与离子的相对速度；n 为离子的密度。离子密度 n 通常并不知道，因此不能用关系式计算斯塔克变宽和频移。相反，可由实验获得的谱线轮廓利用上式推断离子密度和等离子体温度。上述关系式还解释了内斯塔克效应引起的变宽随波长增大而频移与波长无关的实验事实。

6）磁致变宽——塞曼（Zeeman）分裂

外磁场的存在使能级和谱线发生分裂的现象称为塞曼效应或塞曼分裂。所产生的分裂由波长不变的π组分和波长改变的+σ组分及−σ组分组成。π组分和σ组分有不同的偏振方向。σ组分的分裂大小正比于磁场强度 H：

$$\Delta\nu_Z=\frac{e}{4\pi mc^2}\cdot H=4.67\times10^{-5}H \tag{1-60}$$

当磁场调制变化或不均匀时，塞曼分裂表现为谱线变宽，但中心波长不变。

这是 1896 年塞曼（Zeeman）发现在约几千高斯以上的足够强的磁场中，谱线会分裂成几条偏振化的谱线，故将这种现象叫做塞曼效应。一般场合，由塞曼分裂出来的各谱线波长相差极小，约为 0.00×～0.0×nm。

塞曼效应引起的谱线分裂在一般光谱分析仪器上难以分开，实际观察到的是谱线的变宽。虽然获得塞曼效应的条件较发生斯塔克效应更容易，但在一般情况下，可以忽略这种谱线变宽现象。表 1-9 中 $\Delta\lambda_D$ 为多普勒变宽，$\Delta\lambda_L$ 为洛伦兹变宽，$\Delta\lambda_S$ 为斯塔克变宽。

表 1-9　直流电弧中测得的谱线半宽

谱线/nm	半宽度/nm		
	$\Delta\lambda_D$	$\Delta\lambda_L$	$\Delta\lambda_S$
Tl　535.053	0.0012	0.0032	0.0007
Na　588.995	0.0038	0.0042	0.0009
Na　616.075	0.0039	0.0077	0.0012
Na　819.482	0.0052	0.0043	0.0122

由表中数据可知，在通常的光谱分析光源中，电致变宽是可以忽略的，谱线的变宽主要是由于多普勒变宽和碰撞变宽两因素引起的。

7）自吸与自蚀

当一个原子、离子或分子处于相关跃迁能级时，它很容易吸收与其能级相对应的光量子跃迁至较高能级。在一个热光源中，从光源中部所产生的辐射，有可能被外围同类基态原子所吸收，被吸收的光量子仅有很小的概率以荧光形式进行再辐射，而因第二类碰撞使激发能转化为粒子动能或振动能。这一过程使光谱线的强度减弱且破坏了在等离子区中辐射强度与粒子浓度间的关系，这一现象称为自吸收。

光源的等离子体的温度及原子浓度的分布是不均匀的，从等离子体中央区域发出的原子

（离子）辐射，在通过光源外围温度较低的区域时，可能被处于基态的同类粒子所吸收，使实际观测到的谱线强度减弱而轮廓却相应地变宽，此种现象称为自吸变宽（图 1-13）。

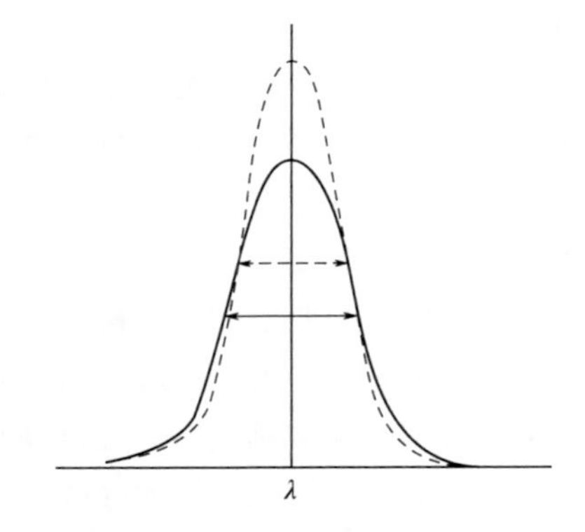

图 1-13　自吸引起的谱线变宽

实线为自吸后谱线轮廓；虚线为谱线无自吸轮廓

显然自吸是光源中未激发的原子对同类原子辐射的受激吸收（又称被迫吸收），它是受激发射的逆过程而不是自发辐射的逆过程。即处于基态的原子（或离子）受特征的辐射作用而发生向高能级的跃迁的过程。在光谱分析常用光源的等离子体中，较低温区域的基态原子浓度较大，最容易发生自吸的当然是跃迁至最低激发能级的跃迁（即共振跃迁），因而通常共振线的自吸最显著。

自吸现象所引起的强度减弱可用吸收定律表示，即：

$$I = I_0 e^{-kd} \tag{1-61}$$

式中，I_0 是由等离子体中心区域发射的谱线强度；I 是经过吸收层后谱线的强度；k 是吸收系数；d 是吸收层的厚度。因为 k 是一个与基态原子浓度成正比的系数，当基态原子浓度越大，外围的吸收云层的厚度越厚，则自吸现象越显著。由于等离子体中心区域温度高，粒子的运动速度快，因此发射谱线的多普勒变宽比温度较低的外围的吸收层所产生的吸收线的宽度要大，所以自吸总是表现为对谱线中央处的强度影响大，对谱线的两翼影响小。

自吸的程度与等离子体的温度分布和原子浓度的分布有关。不同程度吸收引起谱线轮廓出现变化，如图 1-14 所示。当原子浓度低时，谱线的强度不发生自吸，随着原子浓度增大，

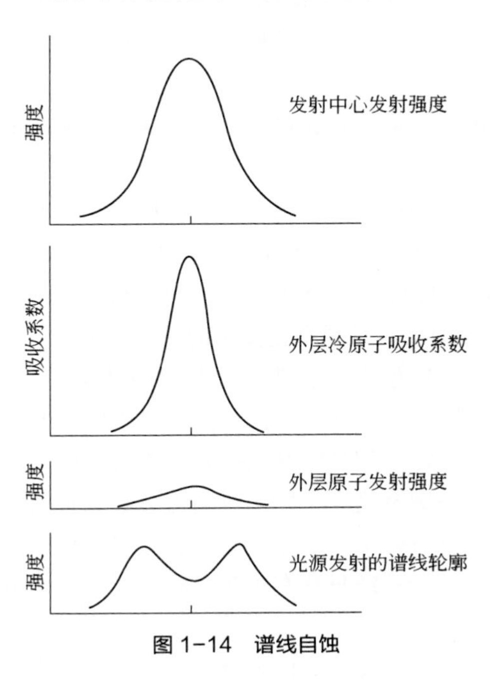

图 1-14　谱线自蚀

自吸也更明显，中心波长处的吸收比边缘要明显。由于吸收谱线宽度较发射谱线为窄，当原子浓度进一步增大，中心波长附近的振幅被严重减弱，甚至中心部分强度消失，如同分裂为两条谱线一样，这种现象称为自蚀或自返，是自吸的极端情形。

自吸现象在光谱分析中有重要的意义，因为谱线的自吸使谱线强度与原子在等离子体中的浓度的关系发生变化。

谱线辐射被自吸引起总强度减弱，但基态原子吸收线物理轮廓上各波长位置的吸收系数不同，中心波长处有最大吸收系数，两翼逐渐变小。所以自吸后辐射线物理轮廓上中心波长强度减弱较多，两翼强度减弱逐渐减小，总轮廓表现为变宽。中心波长自吸在极端情况下表现为自蚀，即中心波长附近的强度被蚀去，外观上谱线“分裂”成两条（图 1-14）。

谱线的自吸自蚀特性在谱线表上记为 R（reversed）。谱线的自蚀和双线（doublet，记为 d）外观上易于弄错，如 MIT 表中 Rh 3692Å、Rh 3700Å 都标记为 d，实际是自蚀线；而 Rh 3713Å 标为 R，实际是双线。借助浓度递变对谱线轮廓影响的实验观察易于加以分辨。

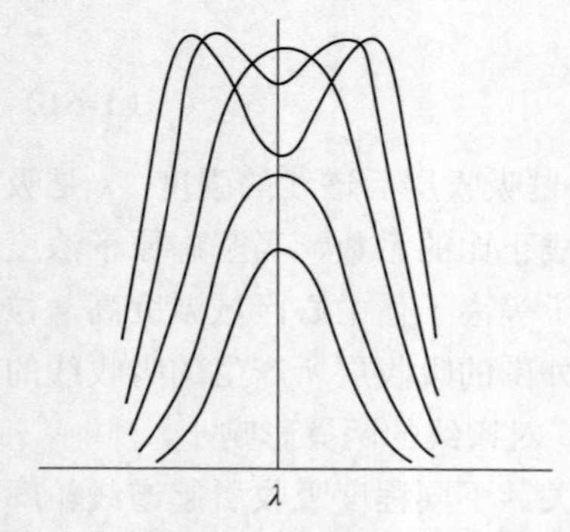

图 1-15　浓度对自吸谱线轮廓的影响

图 1-15 表示浓度改变时自吸对谱线物理轮廓的影响。图中纵坐标强度对不同浓度的曲线是不同的，仅作为比较的示意。可以看到，浓度增大时，谱线宽度变宽，至某浓度时出现自蚀，中心强度反而低于两侧翼，浓度更大时这种情况更趋严重。

浓度增大时，自吸引起共振线物理轮廓表现变宽（半峰高宽度增大）；赫茨玛碰撞也引起线宽增大，但与自吸相比则是次要因素。

共振线有显著的自吸特性，某些非共振线、离子线也表现自吸特性。

在原子发射光谱分析中，自吸发生在分析区温度较低的外缘，使工作曲线在高浓度部分弯向浓度轴，斜率降低。

内标线不应自吸。当内标元素是外加并且含量很少时，自吸线被选作内标线无妨。

8）谱线的超精细结构

单条谱线在高分辨率光谱条件下可观察到某些谱线由靠得非常近的几条谱线组成，例如 Cu 324.7nm 由波长为 324.735nm 和 324.757nm 两个组分组成，两组分的强度比为 0.8∶1.0；In 285.814nm 由波长为 285.805nm、285.808nm、285.818nm、285.821nm 四个组分组成，强度比为 1.0∶0.8∶0.6∶1.0；有的谱线甚至有更复杂的结构组成。

这种谱线的超精细结构或超精细分裂文献上记为 hfs（hyperfine structure，hyperfine splitting），由原子核自旋与核外电子自旋的相互作用或由原子的同位素产生，是谱线本身的特征，与外场存在与否无关。谱线超精细结构的每个组分的轮廓与宽度受上述影响因素的影响。若组分与组分的分裂比轮廓宽度大，则组分与组分在高分辨率光谱仪上可观察到相互分离或部分重叠，若分裂比轮廓宽度小，组分轮廓合并，光谱仪分辨率不管多高，都不能进一步观察到组分分裂。通常的分光系统只具有中等分辨率，不能区分超精细结构，谱线强度是各组分强度的总和。

对于光谱分析中所用的一般光源，如电弧及火花，依靠改变它们的工作条件不可能改变发射谱线的宽度。试样一般在常压下激发，并且光源有一定的温度，因此不能改变多普勒变宽及碰撞变宽。谱线的自然宽度由原子固有的性质所决定，通常是可以忽略的，因为它比上述各种变宽因素所引起的谱线变宽要小得多。在外界电场或磁场作用下，引起能级的分裂，或者由于光谱的超精细结构或同位素结构，引起能级的分裂，导致的谱线变宽，在发射光谱中这些影响都不显著。谱线有一定的宽度，可以认为主要是由于多普勒变宽及碰撞变宽两个因素而引起，均在 10^{-4} 数量级。以铁为例：$T = 5000\text{K}$，$M = 55.85$，$\lambda = 500\text{nm}$ 时，估计热变宽$\Delta\lambda_D \approx 0.003\text{nm}$；在大气压下，估计碰撞变宽$\Delta\lambda_L \approx 10^{-3}\text{nm}$。因此在发射光谱中引起谱线变宽主要是热变宽和碰撞变宽以及自吸变宽等因素值得关注。

1.3.4.2 谱线强度

谱线强度是谱线的又一特性，是光谱定量分析的依据。辐射的谱线强度，与处在激发态的原子数目、跃迁概率及辐射能量有关。

（1）谱线的辐射强度

若某原子从 $j \rightarrow i$ 跃迁，辐射光子的能量为 $h\nu_{ji}$，当体系在一定温度下处于热力学平衡状态时，原子在能级上的布居数，服从玻尔兹曼分布：

$$\frac{N_j}{N_i} = \frac{g_j}{g_i} \mathrm{e}^{-\frac{E_j - E_i}{kT}} \tag{1-62}$$

式中 N_j、N_i——高能级 j、低能级 i 的原子数；

g_j、g_i——j 能级、i 能级的统计权重；

E_j、E_i——j 能级、i 能级的激发能；

k——玻尔兹曼常数，$1.381 \times 10^{-23}\text{J/K}$；

T——光源的激发温度。

公式表明，激发温度越高，越容易将原子激发到高能级，处于激发态的原子数越多。

当低能级为基态时，$N_i = N_0$，$E_i = 0$，上式可表示为：

$$\frac{N_j}{N_0} = \frac{g_j}{g_0} \mathrm{e}^{-\frac{E_j}{kT}}$$

$$N_j = \frac{g_j}{g_0} \bullet N_0 \mathrm{e}^{-\frac{E_j}{kT}}$$

此时，处于所有能级的原子总数为：

$$N = \sum_{m=0}^{j} N_m = \frac{N_0}{g_0} \sum_{m=0}^{j} g_m \mathrm{e}^{-\frac{E_m}{kT}} \tag{1-63}$$

令

$$G = \sum_{m=0}^{j} g_m \mathrm{e}^{-\frac{E_m}{kT}} \tag{1-64}$$

则原子总数为

$$N = \frac{N_0}{g_0} G$$

激发态原子数为 $$N_j = \frac{g_j}{G} N e^{-\frac{E_j}{kT}}$$

式中，G 为原子所处各能级的状态和，称为配分函数。同一元素的原子和离子有不同的配分函数 $G_{原}$ 和 $G_{离}$。各种元素的原子和离子的基态光谱项及在不同温度下的配分函数值可以查表得到，常见元素的配分函数值可见表 1-10。

表 1-10　原子和离子基态光谱项和配分函数

原子和离子	基态光谱项	配分函数 G				
		2000K	2500K	3000K	5000K	6000K
Ag	$^0S_{1/2}$	2.00	2.00	2.00	2.00	2.01
Ag（Ⅱ）	$^1S_0$	1.00	1.00	1.00	1.00	1.00
Al	$^2P_{1/2}$	5.69	5.75	5.79	5.90	5.90
Al（Ⅱ）	$^1S_0$	1.00	1.00	1.00	1.00	1.00
As	$^4S_{3/2}$	4.00	4.02	4.06	4.50	4.80
As（Ⅱ）	$^3P_0$	3.21	3.80	4.32	5.90	6.50
Au	$^2S_{1/2}$	2.01	2.03	2.07	2.43	2.68
Au（Ⅱ）	$^1S_0$	1.00	1.00	1.01	1.14	1.26
B	$^2P_{1/2}$	5.95	5.96	5.97	6.00	6.00
B（Ⅱ）	$^1S_0$	1.00	1.00	1.00	1.00	1.00
Ba	$^1S_0$	1.02	1.08	1.21	2.53	3.64
Ba（Ⅱ）	$^2S_{1/2}$	2.22	2.47	2.78	4.20	4.80
Be	$^1S_0$	1.00	1.00	1.00	1.02	1.04
Be（Ⅱ）	$^2S_{1/2}$	2.00	2.00	2.00	2.00	2.00
Bi	$^4S_{3/2}$	4.00	4.01	4.02	4.2	4.40
Bi（Ⅱ）	$^3P_0$	1.00	1.00	1.01	1.10	1.20
C	$^3P_0$	8.81	8.86	8.89	9.20	9.40
C（Ⅱ）	$^2P_{1/2}$	5.82	5.86	5.88	5.90	5.90
Ca	$^1S_0$	1.00	1.00	1.00	1.17	1.38
Ca（Ⅱ）	$^2S_{1/2}$	2.00	2.00	2.01	2.21	2.41
Cd	$^1S_0$	1.00	1.00	1.00	1.00	1.00
Cd（Ⅱ）	$^2S_{1/2}$	2.00	2.00	2.00	2.00	2.00
Co	$^4F_{9/2}$	19.30	21.95	24.45	33.50	38.00
Co（Ⅱ）	$^3F_4$	16.09	18.54	20.93	29.60	33.40
Cr	$^7S_3$	7.10	7.30	7.65	10.30	12.60
Cr（Ⅱ）	$^6S_{5/2}$	6.00	6.03	6.08	7.10	8.30
Cu	$^2S_{1/2}$	2.00	2.01	2.03	2.32	2.60
Cu（Ⅱ）	$^1S_0$	1.00	1.00	1.00	1.02	1.07
Fe	$^5D_4$	19.46	20.72	21.94	27.70	31.60
Fe（Ⅱ）	$^6D_{9/2}$	28.17	31.46	34.30	42.60	47.60
Ga	$^2P_{1/2}$	4.21	4.49	4.69	5.10	5.30
Ga（Ⅱ）	$^1S_0$	1.00	1.00	1.00	1.00	1.00
Ge	$^3P_0$	4.85	5.48	6.00	7.50	8.10
Ge（Ⅱ）	$^2P_{1/2}$	3.12	3.4S	3.71	4.40	4.60

续表

原子和离子	基态光谱项	配分函数 G				
		2000K	2500K	3000K	5000K	6000K
Hf	$^3F_2$	6.77	7.81	8.94	13.80	16.60
Hf（Ⅱ）	$^4F_{3/2}$	5.25	6.19	7.27	12.40	15.50
Hg	$^1S_0$	1.00	1.00	1.00	1.00	1.00
Hg（Ⅱ）	$^2S_{1/2}$	2.00	2.00	2.00	2.00	2.00
In	$^2P_{1/2}$	2.81	3.12	3.38	4.10	4.40
In（Ⅱ）	$^1S_0$	1.00	1.00	1.00	1.00	1.00
K	$^2S_{1/2}$	2.00	2.00	2.01	2.18	2.44
K（Ⅱ）	$^1S_0$	1.00	1.00	1.00	1.00	1.00
La	$^2D_{3/2}$	9.41	11.70	14.12	25.70	32.60
La（Ⅱ）	$^3F_2$	14.78	17.70	20.34	29.40	33.80
Li	$^2S_{1/2}$	2.00	2.00	2.00	2.09	2.20
Li（Ⅱ）	$^1S_0$	1.00	1.00	1.00	1.00	1.00
Mg	$^1S_0$	1.00	1.00	1.00	1.02	1.04
Mg（Ⅱ）	$^2S_{1/2}$	2.00	2.00	2.00	2.00	2.00
Mn	$^6S_{5/2}$	6.00	6.00	6.00	6.40	6.90
Mn（Ⅱ）	$^7S_3$	7.01	7.03	7.08	7.70	8.40
Mo	$^7S_3$	7.01	7.04	7.12	8.80	11.20
Mo（Ⅱ）	$^6S_{5/2}$	6.00	6.02	6.07	7.60	9.50
Na	$^2S_{1/2}$	2.00	2.00	2.00	2.05	2.11
Na（Ⅱ）	$^1S_0$	1.00	1.00	1.00	1.00	1.00
Nb	$^6D_{1/2}$	26.68	30.96	34.96	53.30	63.90
Nb（Ⅱ）	$^5D_0$	18.55	22.41	26.24	43.00	52.20
Ni	$^3F_4$	22.70	24.71	26.35	30.80	32.60
Ni（Ⅱ）	$^2D_{5/2}$	7.39	7.83	8.30	10.80	12.40
P	$^4S_{3/2}$	4.00	4.01	4.04	4.40	4.70
P（Ⅱ）	$^3P_0$	7.23	7.57	7.83	8.60	9.00
Pb	$^3P_0$	1.01	1.04	1.10	1.55	1.90
Pb（Ⅱ）	$^2P_{1/2}$	2.00	2.00	2.00	2.08	2.14
Re	$^6S_{5/2}$	6.00	6.02	6.07	7.50	9.30
Re（Ⅱ）	$^7S_0$	7.00	7.01	7.02	7.60	8.50
Sb	$^4S_{3/2}$	4.01	4.05	4.12	4.70	5.20
Sb（Ⅱ）	$^3P_0$	1.42	1.71	2.04	3.30	4.00
Sc	$^2D_{3/2}$	9.32	9.48	9.65	11.90	14.00
Sc（Ⅱ）	$^3D_1$	15.35	16.56	17.81	22.70	Z5.10
Se	$^3P_2$	5.88	6.21	6.50	7.50	7.90
Se（Ⅱ）	$^4S_{3/2}$	4.00	4.00	4.02	4.20	4.40
Si	$^3P_0$	8.15	8.40	8.63	9.50	9.80
Si（Ⅱ）	$^2P_{1/2}$	5.25	5.39	5.49	5.70	5.70
Sn	$^3P_0$	2.32	2.86	3.38	5.15	5.80
Sn（Ⅱ）	$^2P_{1/2}$	2.19	2.35	2.52	3.20	3.40
Sr	$^1S_0$	1.00	1.00	1.01	1.23	1.56
Sr（Ⅱ）	$^2S_{1/2}$	2.00	2.00	2.01	2.16	2.32

续表

原子和离子	基态光谱项	配分函数 G				
		2000K	2500K	3000K	5000K	6000K
Ta	$^4F_{3/2}$	6.16	7.43	8.88	17.0	22.50
Ta（Ⅱ）	$^4F_1$	7.71	9.78	12.02	22.3	28.20
Te	$^3P_2$	5.13	5.27	5.44	6.30	6.70
Te（Ⅱ）	$^4S_{3/2}$	4.00	4.02	4.05	4.40	4.70
Ti	$^3F_2$	18.35	19.49	20.82	29.40	36.00
Ti（Ⅱ）	$^4F_{1/2}$	27.34	40.91	44.02	55.40	61.20
Tl	$^2P_{1/2}$	2.01	2.05	2.10	2.42	2.62
Tl（Ⅱ）	$^1S_0$	1.00	1.00	1.00	1.00	1.00
V	$^4F_{3/2}$	28.32	31.71	34.71	47.60	55.90
V（Ⅱ）	$^5D_0$	25.98	28.97	31.81	43.20	49.90
W	$^5D_0$	3.52	4.87	6.28	12.70	16.50
W（Ⅱ）	$^6D_{1/2}$	4.39	5.61	6.96	13.80	13.10
Y	$^2D_{3/2}$	8.11	8.48	8.81	11.70	14.30
Y（Ⅱ）	$^1S_0$	7.98	9.55	10.94	15.80	18.10
Zn	$^1S_0$	1.00	1.00	1.00	1.00	1.00
Zn（Ⅱ）	$^2S_{1/2}$	2.00	2.00	2.00	2.00	2.00
Zr	$^3F_2$	14.64	17.20	19.91	33.90	43.00
Zr（Ⅱ）	$^4F_{3/2}$	20.85	25.01	29.14	45.00	52.90

按照爱因斯坦理论，谱线发射的净强度为：

$$I_{ji} = A_{ji}h\nu_{ji}N_j + B_{ji}\rho(\nu)h\nu_{ji}N_j - B_{ij}\rho(\nu)h\nu_{ji}N_i \tag{1-65}$$

A_{ji}、B_{ji}、B_{ij}之间存在如下关系：

$$g_iB_{ij} = g_jB_{ji} \tag{1-66}$$

$$A_{ji} = (8\pi h\nu^3a/c^3)B_{ji} \tag{1-67}$$

从式（1-66）可以看出，当g_j=g_i时，$B_{ji} = B_{ij}$，即在统计权重相同的两个能级中，一个外来光子引起的受激发射概率与吸收跃迁概率是相等的。另外从玻尔兹曼公式可以看出，在热力学平衡状态时，处于高能级E_j的布居数N_j远小于低能级E_i的布居数N_i，因此在一般情况下，$B_{ji}\rho(\nu)$远小于A_{ji}，受激发射可以忽略，此时：

$$I_{ji} = A_{ji}h\nu_{ji}N_j - B_{ij}\rho(\nu)h\nu_{ji}N_i \tag{1-68}$$

式（1-68）的第二项决定光谱自吸收程度，当无自吸收时：

$$I_{ji} = A_{ji}h\nu_{ji}N_j \tag{1-69}$$

激发态原子数$N_j = \dfrac{g_j}{G}Ne^{-\frac{E_j}{kT}}$，则原子谱线的强度：

$$I_{ji} = A_{ji}h\nu_{ji}\frac{g_j}{G}Ne^{-\frac{E_j}{kT}} \tag{1-70a}$$

式中，N 为处于各种状态的原子总数；G 为原子的配分函数。

对于火花及 ICP 光源，常采用离子线，离子谱线的强度为：

$$I_{ji}^{+}= A_{ji}^{+}h\nu_{ji}^{+}\frac{g_j^{+}}{G^{+}}N^{+}\mathrm{e}^{-\frac{E_j^{+}}{kT}} \tag{1-71a}$$

式中，N^{+}为处于各种状态的离子总数；G^{+}为离子的配分函数。

若激发能以 eV 表示，k 值以 8.614×10^{-5}eV/℃代入，且指数项以 10 为底，则上两式可表示为：

$$I_{ji} = A_{ji}h\nu_{ji}\times 10^{-\frac{5040}{T}E_j} \tag{1-70b}$$

$$I^{+}_{ji} = A_{ji}h\nu_{ji}^{+}\times 10^{-\frac{5040}{T}E_j^{+}} \tag{1-71b}$$

式中，带“+”号的物理量为离子的相应物理量。

在发射光谱分析中，通常将式（1-70a）或式（1-71a）简写为：

$$I = \alpha\beta c \tag{1-72}$$

式中，$\alpha = \dfrac{N}{c}$ 或 $\dfrac{N^{+}}{c}$，称为蒸发系数；$\beta = A_{ji}h\nu_{ji}\dfrac{g_j}{G}N\mathrm{e}^{-\frac{E_j}{kT}}$ 或 $A_{ji}^{+}h\nu_{ji}^{+}\dfrac{g_j^{+}}{G^{+}}N^{+}\mathrm{e}^{-\frac{E_j^{+}}{kT}}$，称为激发系数；$c$ 为试样中某元素的含量。

各种原子的跃迁概率及统计权重可在分析化学手册 3A 原子光谱分析（第三版）表 2-8 查到[20]。

由此可见谱线的发射强度与许多因素有关，但对于给定的谱线，A_{ji}、g_j、ν_{ji}、G_a（或 G_i）及 E_j 均为定值，谱线强度只与 N（或 N^{+}）及 T 有关。在给定的等离子体条件下，T 是定值，则谱线强度仅与原子（或离子）的浓度有关，这就是光谱分析的理论依据。

在发射光谱分析的激发光源中，物质是处于等离子状态，不同光源温度不同，等离子体的组成也不同，涉及很多原子的电离、激发和发射光谱的现象。温度低时，蒸气云中有分子及原子。温度高时，有原子及离子。因此在温度低时，应考虑分子的离解；而在温度高时，应考虑原子的电离。在电弧中，可以认为等离子体主要是由原子及一次电离离子组成，在电火花中，还有高次电离离子。在大气压力下，这种等离子体中粒子具有同一温度的特性，达到某种热力学平衡，在此条件下，原子的激发主要是由于热激发。在通常的控制气氛下，例如在惰性气体氩气中，样品的激发情况不同。在辉光放电光源中，原子的激发将主要是电激发，情况也不一样。常用的电弧或火花光源，温度比较高，可以忽略等离子体中分子的离解问题，主要考虑的是原子的电离。这些因素均对辐射的谱线强度有影响。

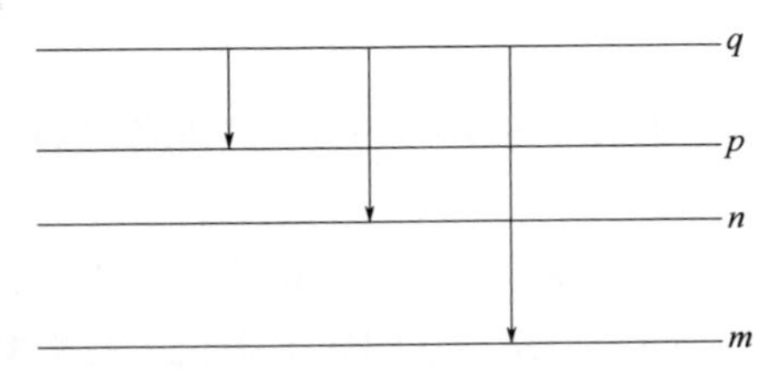

图 1-16　同一线系的谱线

（2）同一线系中谱线的强度比

当由同一激发态 q 向不同低能态 m、n、p 跃迁时，产生的谱线属同一线系（图 1-16）。

同一线系的谱线的强度比与跃迁概率成正比：

$$I_{qm}:I_{qn}:I_{qp}=A_{qm}:A_{qn}:A_{qp} \tag{1-73}$$

考虑到简并度，上述关系式修正为：

$$I_{qm}:I_{qn}:I_{qp}=g_m A_{qm}:g_n A_{qn}:g_p A_{qp} \tag{1-74}$$

考虑到光源分析区中激发态原子或离子的玻尔兹曼分布、配分函数、跃迁概率和统计权重等因素，光源中单位立体角内谱线辐射的能量强度可表述为：

$$I=\frac{h\nu_{qp}}{4\pi}\cdot A_{qp}\cdot N_q \tag{1-75}$$

对于原子线：

$$I_a=\frac{h\nu_{qp}}{4\pi}\cdot N_a\cdot\frac{g_q A_{qp}}{G_a}\cdot e^{-E_q/(kT)} \tag{1-76}$$

对于离子线：

$$I_i=\frac{h\nu_{qp}}{4\pi}\cdot N_i\cdot\frac{g_q A_{qp}}{G_i}\cdot e^{-E_q/(kT)} \tag{1-77}$$

上述给出的是激发态原子（离子）与基态原子（离子）浓度比值的表达式。由于随着温度的增高，激发态原子（离子）的浓度增大而基态原子（离子）的浓度降低。在光谱分析中，考虑的不是基态原子或离子的浓度，而是要知道给定的粒子（原子或离子）的总浓度。

将该原子在各能级的分配表示为各能级该原子的浓度对给定原子的总浓度的比，更有利于考虑谱线的强度问题。

如果在固定条件下考虑同一种原子发射的两条谱线的强度关系时，当高能态是两个很接近的能级 E_{q_1} 及 E_{q_2}，当由它们分别向同一低能态跃迁时，此时根据前述谱线强度关系式可得出两谱线的发射强度比等于其上能级统计权重之比，即：

$$\frac{I_1}{I_2}=\frac{2J_{q_1}+1}{2J_{q_2}+1}=\frac{g_{q_1}}{g_{q_2}} \tag{1-78}$$

例如，钠原子的 D 双线是由两个 J 值不同的高能级 $3^2P_{1/2}$ 和 $3^2P_{2/3}$ 分别向同一基态能级 $3^2S_{1/2}$ 跃迁产生的，按上式可求得两条钠线（D_1 及 D_2）的强度比为：

$$\frac{I_{D_2}}{I_{D_1}}=\frac{2\times\frac{3}{2}+1}{2\times\frac{1}{2}+1}=2$$

即 D_2（588.995nm）的强度为 D_1（589.593nm）的 2 倍，此计算值与实际测量的结果极为相近。

钠双线是个类似的特例。其激发态能量近似相等，激发态原子数可看作近似相等，近似地属同一线系。它们向基态跃迁的概率亦近似相等（$A_{589.0}=0.622$，$A_{589.6}=0.618$）。因此，这两条钠线在任何情况下强度比近似等于激发态简并度之比 1∶2。

同样，当由同一高能级分别向 J 值不同的低能级跃迁而产生两条或多条谱线，亦可以计算出它们的强度比。例如镁的三重线（波长分别为 516.734nm、517.270nm、518.362nm），它们是由同一高能级（4^3S_1）向 J 值不同的三个低能级 3^3P_0、3^3P_1、3^3P_2 分别跃迁产生的，跃迁概率近似相等，因此它们的强度比近似等于低能级简并度之比：

$$I_{516.7}:I_{517.2}:I_{518.3}=1:3:5$$

这三条谱线的强度比应具有相应的关系，实验测量的结果也验证了这一点。以上两例的跃迁如图 1-17 和图 1-18 所示。

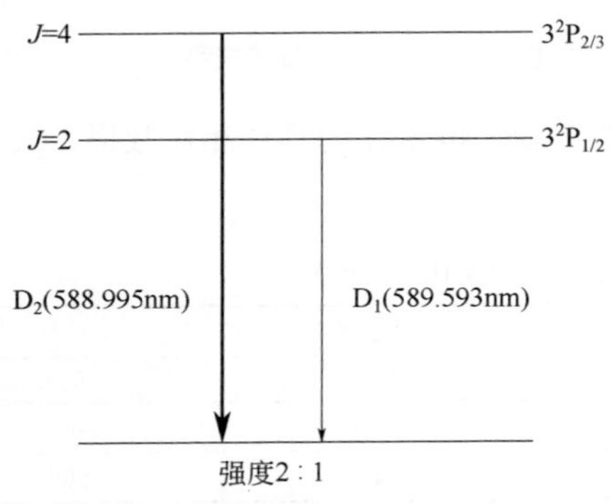

图 1-17　钠的 D 双线的跃迁及其强度比关系

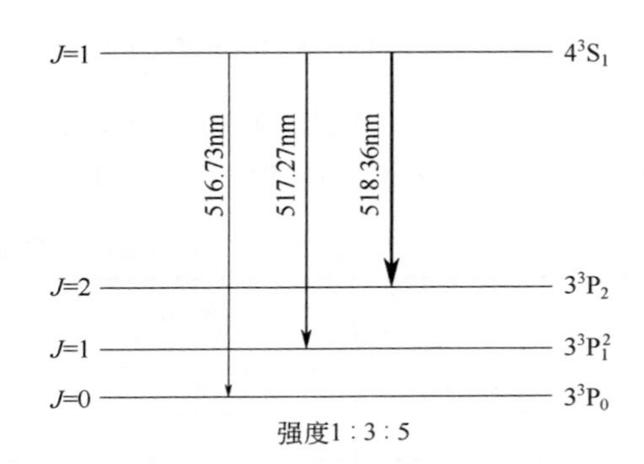

图 1-18　镁的三重线的跃迁及其强度比关系

（3）谱线的强度及其影响因素

1）温度及电离度的影响

由式（1-76）及式（1-77）可知，无论是原子谱线的强度 I_{qp} 还是离子谱线的强度 I_{qp}^+ 都依赖于谱线的固有常数（g_q、A_{qp}、ν_{qp} 及 E_q），且光源的温度及原子（离子）的浓度也是决定性因素。根据电离度的概念及关系式，可将式（1-70b）及式（1-71b）改写为与该元素总浓度 N（$N=N_i+N_a$）相联系的谱线强度表达式：

$$I_{qp}=A_{qp}h\nu_{qp}N(1-\alpha)\cdot\frac{g_q}{G_a}\cdot 10^{-\frac{5040}{T}E_q} \tag{1-79}$$

$$I^+_{qp}=A^+_{qp}h\nu^+_{qp}N(1-\alpha)\cdot\frac{g_q^+}{G_i}\cdot 10^{-\frac{5040}{T}E_q^+} \tag{1-80}$$

可见温度对谱线强度的影响是非常敏感的，但原子谱线与离子谱线的情况则不同。对于原子谱线而言，随着温度升高，玻尔兹曼因子项显著增大，使谱线强度增大，然而温度升高，原子的电离度增加，导致中性原子浓度降低，使谱线强度下降。故谱线的强度与温度的关系取决于这两种相反的倾向作用的结果。一般原子谱线强度随温度升高经历一个极大值，随后开始下降。显然，不同电离能的元素强度极大值所对应的温度是不同的，同一元素激发能（E_q）不同的谱线之间也是不同的。对于离子谱线，当温度升高时，玻尔兹曼因子的增大与电离度增大对谱线强度的增强是叠加的，因此，离子谱线的强度随温度升高的曲线斜率很陡，直到二级电离使单电荷离子浓度显著降低时，谱线强度才出现转折。图 1-19 表达了钙的两种谱线变化的情况。

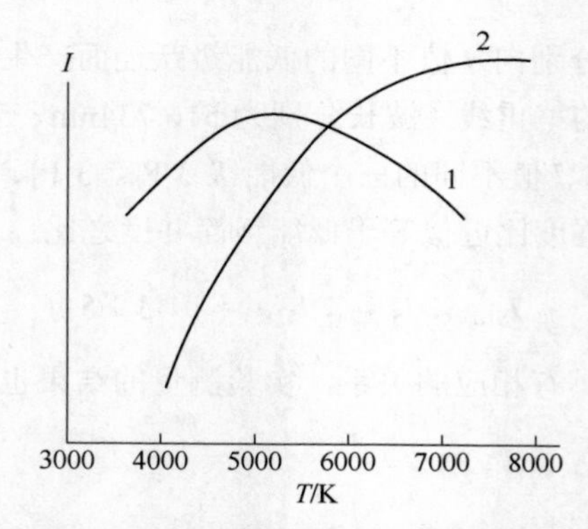

图 1-19 钙的原子谱线（1）和离子谱线（2）发射强度与激发源温度的关系

根据式（1-79）及式（1-80），可以计算出谱线强度随温度变化的具体相对数值，表 1-11 列出了一些有代表性的谱线的计算结果。

表 1-11 某些谱线强度随温度的变化（P_e=101.3Pa）

谱线/nm	激发能/eV	相对强度值		
		5000K	5600K	6200K
Ag Ⅰ 328.068	3.78	4000	7700	5400
As Ⅰ 234.948	6.59	96	47	1500
Ba Ⅰ 553.548	2.24	450	140	54
Ba Ⅱ 455.404	2.72	530	880	1400
Ca Ⅰ 422.673	2.93	1200	300	110
Ca Ⅱ 393.367	3.15	590	920	1500
Cu Ⅰ 324.754	3.82	4200	8300	7200
Fe Ⅰ 358.119	4.32	530	88a	440
Ni Ⅰ 341.477	3.66	600	1200	960
Pb Ⅰ 283.307	4.38	740	860	340
Na Ⅰ 588.995	2.10	2200	640	260
Zn Ⅰ 213.856	5.80	700	2900	7200

2）解离平衡的影响

上述讨论中，只考虑热等离子体中原子和离子状态的存在，并认为所讨论的粒子的总浓度为 $N=N_a+N_i$，并且只考虑一次电离离子（忽略二级电离）。在实际光源中，如温度较低的火焰及电弧，还应考虑粒子的分子状态的存在。在进一步考察该元素的谱线强度时，分子分解为原子的平衡应予考虑才能得到较客观的结果。在热光源中，温度足够高，仅双原子分子可能存在，故只考虑这种双原子分子的存在及其解离平衡：

$$XY \rightleftharpoons X+Y$$

解离常数为：

$$K_N = \frac{N_X N_Y}{N_{XY}}$$

N_X、N_Y 及 N_{XY} 分别代表 X、Y 及 XY 的浓度，分子的解离度为 $\beta = \frac{N_X}{N_X + N_{XY}}$ 或 $\beta = \frac{K_N}{K_N + N_Y}$。

此时该原子的二级电离可忽略不计，则总粒子浓度为：

$$N = N_a + N_i + N_m$$

N_a、N_i及N_m分别为中性原子、单电荷离子及双原子分子的浓度，则电离度（α）及解离度（β）可定义为：

$$\alpha = \frac{N_i}{N_a + N_i}$$

$$\beta = \frac{N_a}{N_a + N_m}$$

则

$$N_a = \frac{(1-\alpha)\beta N}{1-\alpha(1-\beta)} \tag{1-81}$$

$$N_i = \frac{\alpha\beta N}{1-\alpha(1-\beta)} \tag{1-82}$$

将式（1-81）、式（1-82）代入式（1-79）、式（1-80）可得原子及离子谱线的强度：

$$I_{qp} = A_{qp} h \nu_{qp} N \frac{(1-\alpha)\beta}{1-\alpha(1-\beta)} \cdot \frac{g_q}{Z_a} \cdot 10^{-\frac{5040}{T}E_q} \tag{1-83}$$

$$I^{+}{}_{qp} = A^{+}{}_{qp} h \nu^{+}{}_{qp} N \frac{\alpha\beta}{1-\alpha(1-\beta)} \cdot \frac{g_q^{+}}{Z_i} \cdot 10^{-\frac{5040}{T}E_q^{+}} \tag{1-84}$$

温度除直接决定玻尔兹曼因子的大小外，还通过温度影响电离度、解离程度及配分函数的变化而改变谱线的发射强度，因此温度对谱线强度影响的机理是很复杂的。图 1-20 表明具有代表性的元素的这种复杂关系。结合表 1-12 给出的解离能和解离度数据即可理解其内在关系。

表 1-12 几种氧化物的解离能和解离度与温度的关系

氧化物	解离能/eV	温度/K	氧浓度/cm^{-3}	解离常数（K_n）	解离度（β）
BO	8.3	4000	5.0×10^{17}	2.23×10^{14}	0
		5000	3.5×10^{17}	2.74×10^{16}	0.07
		6000	2.0×10^{17}	6.50×10^{17}	0.76
TiO	6.8	4000	5.0×10^{17}	1.13×10^{16}	0.02
		5000	3.5×10^{17}	6.54×10^{17}	0.65
		6000	2.0×10^{17}	1.05×10^{19}	0.98
SnO	5.4	4000	5.0×10^{17}	5.00×10^{17}	0.50
		5000	3.5×10^{17}	1.26×10^{19}	0.97
		6000	2.0×10^{17}	1.07×10^{19}	1.00
AlO	5.0	4000	5.0×10^{17}	1.38×10^{18}	0.73
		5000	3.5×10^{17}	2.31×10^{19}	0.99
		6000	2.0×10^{17}	1.50×10^{20}	1.00

注：这四种元素的电离能分别为：B（8.30eV）、Sn（7.34eV）、Ti（6.82eV），Na（5.14eV）。

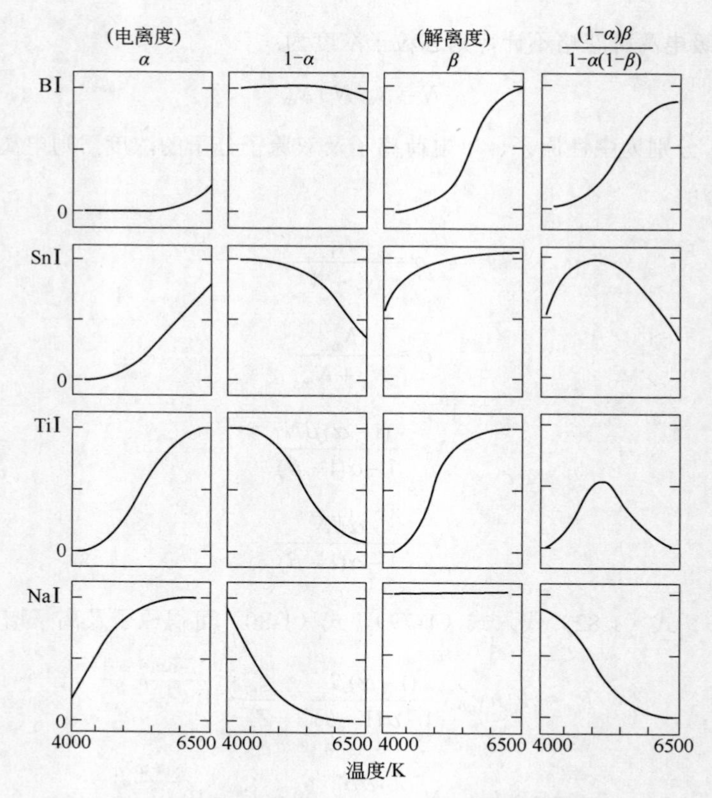

图 1-20 温度对 B、Sn、Ti、Na 谱线强度的影响

3）影响因素的综合效应

根据以上讨论，综合考虑谱线强度随温度变化的趋势。图 1-20 以几种代表性元素的谱线为例，说明温度变化如何影响各种因素并使谱线强度发生变化。所选用的谱线及其激发能、电离能、氧化物的解离能的数据列于表 1-13 中。

表 1-13 几种元素谱线的有关特性

元素	谱线波长/nm	激发能/eV	电离能/eV	氧化物的解离能/eV
Na	Ⅰ 303.294	3.74	5.14	—
Sn	Ⅰ 317.505	4.31	7.34	5.4
Ti	Ⅰ 365.350	3.43	6.82	6.8
B	Ⅰ 249.473	4.94	8.30	8.3
Ti	Ⅱ 334.940	3.73	6.82	6.8

图 1-21 所描述的趋势是假设该粒子的总浓度不变（即 N 保持恒定），并将常数项（$g_qA_{qp}h\nu_{qp}$）的值取 1020、电子压力取 101.3Pa 时计算所得。光源为大气压力下的电弧放电，因此氧是粒子平衡中的重要因素，即粒子的双原子分子主要考虑其氧化物的平衡，氧原子的浓度假设是线性变化的，由 4000K 时的 $5\times10^{17}cm^{-3}$ 到 6000K 时的 $1.25\times10^{17}cm^{-3}$。

由图 1-21 及表 1-10 和表 1-11 的数据可以看出，解离平衡及电离平衡显著影响光源等离子体中的粒子组成及谱线强度，其中钠、锡及钛的原子谱线在指定的温度范围都有一极大强度，而硼的原子谱线及钛的离子谱线的强度在 6500K 时才出现最大值。这种差别可根据解离平衡和电离平衡加以解释。当温度高于 7000K 时，应考虑第二级电离。

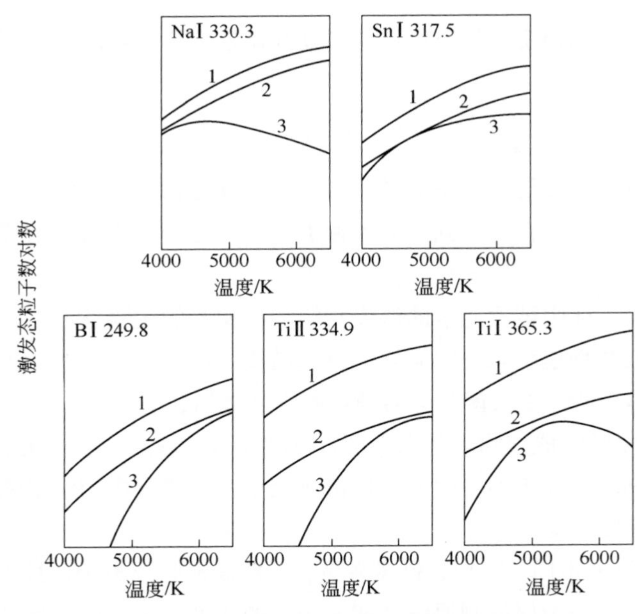

图 1-21 不同因素对谱线强度与温度关系的影响

1—Na Ⅰ 330.3nm，Sn Ⅰ 317.5nm，B Ⅰ 249.8nm，Ti Ⅰ 365.3nm 及 Ti Ⅱ 334.9nm 各群体的玻尔兹曼分布；

2—玻尔兹曼分布及配分函数，玻尔兹曼分布时对谱线的影响，配分函数与解离、电离平衡；

3—解离-电离平衡配分函数、玻尔兹曼分布在不同温度时对谱线的影响

图 1-21 还显示，电离能相差较显著的元素其原子谱线强度极大所对应的温度有明显差异。尽管谱线的激发能相近，同一元素的离子谱线的强度极大所对应的温度比原子谱线的要显著升高。有较高电离能及较高氧化物解离能的元素，其原子谱线强度与电离能较低的元素离子谱线强度随温度的变化可能表现相似的规律性。如图 1-21 中 B Ⅰ 249.8nm 与 Ti Ⅱ 334.9nm 的曲线形态十分相似。由于硼原子及钛离子随温度升高而增加，其粒子数的倾向是相似的。但不能随意地把激发能高的原子谱线与同一元素的离子谱线等同起来考虑它们的发射强度随温度变化的规律。

此外，还要指出的是，以上所讨论的解离平衡是以大气压力中的电弧光源为基础。若在 Ar-ICP 光源中，情况显然很不相同。因为在氩气氛中不存在上述高浓度的氧原子，氧化物解离平衡的问题不会构成影响谱线强度的重要因素。另外在 Ar-ICP 光源中的分析区域，一般认为是偏离局部热力学平衡的，粒子的分布偏离玻尔兹曼分布，原子的电离也不遵循萨哈方程，离子谱线与原子谱线的强度关系及变化倾向都有不同程度的“反常”，要引入新的概念才能进一步解释。

4）试样组成对谱线强度的影响

以上讨论了多种因素对谱线强度的复杂影响，但都是以所讨论的粒子的浓度不变（*N* 不变）为前提。在实践中，元素在光源观测区域中的总浓度（*N*）决定于试样中该元素的浓度，在固定条件下，观测区中该粒子的浓度与试样中该元素的浓度成正比，粒子的总

浓度为：

$$N \propto c, \ N = ac$$

对于给定的谱线，在固定条件下，谱线强度与试样中该元素浓度成正比，故可简化为一个通式：

$$I = ac \tag{1-85}$$

光谱定量分析就建立在这一关系的基础上。式中 a 包括了谱线的常数及各项受温度影响的参量以及比例系数在内。在严格固定的条件下，a 才是一个定值，谱线强度与浓度才成正比关系。

经验表明，即使试样中被测元素的浓度相等，在相同的实验条件下，同一谱线的发射强度因试样的化学组成及物理状态不同而异。引起谱线强度发生变化的原因是非常复杂的，目前尚难以用数学方程表达，故仅就某些问题作原则性概括说明。

a．由于试样的化学组成或物理状态不同，待测元素的蒸发速度、化学反应过程、进入观测区的比例及化合物的形式等均将改变，使待测元素在观测区中的粒子浓度、空间分布及粒子在光源中停留时间发生变化。

b．由于样品的组分不同，影响光谱激发条件，即观测区等离子体总组成发生变化，使电子浓度改变，影响电离平衡使待测原子（或离子）的浓度变化，同时光源等离子体总组成的变化，改变了光源的温度，从而通过玻尔兹曼因子，电离度、解离平衡的变化影响谱线强度。这种现象在电弧光源中表现得尤其突出。

c．样品的组成不同使待测元素与其他组分（包括阴离子，非金属的存在）发生复杂的相互作用（例如形成稳定的化合物)，从而改变待测元素在观测区的总粒子浓度及自由原子的浓度或分布等。

总之，从影响谱线强度的三要素（温度、分析物的浓度、电子浓度）出发，可对试样组成的影响进行定性的推测，此外还存在自吸、第二类非弹性碰撞等其他过程。深入地考察试样组成对谱线强度的影响，是光谱定量分析中经常要考虑的问题。内标元素的选择、缓冲物质的应用等都是为了消除基体成分的影响。这将在第 5 章中讨论。

（4）激发温度的测量

光源中激发温度是影响谱线强度的最重要因素。对于局部热平衡的光源等离子体，激发温度、气体温度和电离温度的数值相同。因此测量激发温度对于研究光源的一系列基本特性十分重要。

测量光源的激发温度通常都采用“二线法”及“多线法”（又称斜率法）。

① 二线法　是根据同一元素的两条激发能不同的谱线（可以是两条原子线，也可以是两条离子线）的强度比与激发温度的确定关系来测量激发温度。根据前面谱线强度的计算公式可导出其强度比为：

$$\frac{I_1}{I_2} = \frac{A_1 h\nu_1 g_1}{A_2 h\nu_2 g_2} \cdot e^{-\frac{E_1 - E_2}{kT}}$$

式中，T 为激发温度；I 为谱线强度；A 为跃迁概率；g 为统计权重；E 为激发能；ν 为谱线的频率。激发能以 eV 为单位，并将玻尔兹曼常数 k 以 8.618×10^{-5}eV/K 代入上式，可变换为实用形式，即：

$$T=\frac{5040(E_1-E_2)}{\lg\frac{A_1g_1}{A_2g_2}-\lg\frac{\lambda_1}{\lambda_2}-\lg\frac{I_1}{I_2}} \quad (1\text{-}86)$$

可见，只要测得两条谱线的强度比即可计算出激发温度。本法测量的可靠性主要取决于 A 值的准确性。通常要求两条谱线的激发能有较大的差值。由于跃迁概率 A 的数值不够准确，故测得的温度误差较大。

② 多线法（斜率法）　测量激发温度的公式为：

$$\lg\frac{I\lambda^3}{gf}=-\frac{5040}{T}\cdot E+C_1 \quad (1\text{-}87)$$

式中，λ 为谱线波长；E 为谱线激发能；g 为谱线上能级的统计权重；f 为振子强度；C_1 为常数。当用同一元素的多条谱线测量温度时，其波长及 gf 值为已知，谱线强度可由实验测出。由此可得一系列 $\lg\frac{I\lambda^3}{gf}$ 值，对应于每条谱线激发能为坐标作图，可得一斜率为 $-\frac{5040}{T}$ 的直线，据此可算出激发温度 T。若谱线的激发能以 cm^{-1} 为单位表示，则：

$$\lg\frac{I\lambda^3}{gf}=-\frac{0.6246}{T}\cdot E+C_2 \quad (1\text{-}88)$$

多线法较二线法更为可靠，gf 值的准确测量是本法的前提。无论使用何种方法，要求温标元素引入光源时，光源的固有特性不应有显著变化；所选谱线应清晰、强度适宜、无自吸现象，谱线之间激发能差别要大；波长则应尽可能比较接近。

用多线法测量激发温度有许多成功经验，表 1-14 和表 1-15 为两组谱线，供参考。

表 1-14　一组供测量温度的钛原子谱线①

元素波长/nm	激发能		lg(gf②)
	cm^{-1}	eV	
Ti Ⅰ　259.992	38.5×10^3	4.76	−0.16
Ti Ⅰ　260.515	38.4×10^3	4.78	−0.04
Ti Ⅰ　264.110	37.9×10^3	4.69	0.12
Ti Ⅰ　264.664	38.2×10^3	4.73	0.33
Ti Ⅰ　294.200	34.0×10^3	4.21	0.00
Ti Ⅰ　295.613	34.2×10^3	4.24	0.21
Ti Ⅰ　318.615	31.4×10^3	3.89	0.09

① 振子强度正比于跃迁概率，根据 $f=\frac{mcg}{\delta\pi^2e^2g_0}\lambda^2A$ 换算。式中，m 为电子质量；e 为电子电荷；c 为光速；g_0 及 g 分别为基态及激发态的统计权重。

② 谱线上能级的 gf 值可在参考文献[5]中查阅。

表 1-15　一组供温度测量的钒离子谱线

波长/nm	激发能/cm^{-1}	lg(gf)	
		Wones 的值	Coliss 的值
299.600	46880	0.22	0.45
300.120	47052	0.86	1.00
300.346	46880	0.32	0.53
300.730	46755	−0.36	—
300.861	46740	0.00	0.22
301.202	49724	0.10	—
301.310	46690	0.30	0.51
301.480	46755	0.54	0.70
301.678	46880	0.52	0.84
302.257	46580	−0.20	
302.388	49593	0.02	
302.498	52181	0.31	
302.760	52181	0.03	
303.840	52181	0.38	
303.345	53320	1.29	1.53
304.389	47603	0.84	1.12
304.142	49211	0.31	0.47
304.727	49202	0.52	0.77
304.354	49269	0.09	—
304.851	53077	1.18	—
304.889	49211	0.51	0.78

（5）电子浓度的测量

如前所述，电子浓度是等离子体的基本参量，是影响谱线强度的重要因素，在研究工作中往往是与激发温度同时测量的。电子浓度可以通过测量同一元素的原子线和离子线的相对强度求得，比较常见的方法有：

① 萨哈法　萨哈（Saha）法适用于测量局部热平衡体系中的电子密度。由上述谱线强度表述式，等离子体中同一元素的离子线与原子线的强度比有：

$$\frac{I_{离}}{I_{原}}=\frac{(gA)_{离}}{(gA)_{原}}\cdot\frac{\lambda_{原}}{\lambda_{离}}\cdot\frac{Z_{原}}{Z_{离}}\cdot\frac{n_{离}}{n_{原}}\times 10^{-5040(E_{原}-E_{离})/T} \tag{1-89}$$

式中符号意义同前，“原”“离”分别代表原子线、离子线。

由电离平衡常数方程与萨哈方程的实用公式：

$$K_{电离}=\frac{n_{离子}n_{电子}}{n_{原子}}$$

$$K_{电离}=4.83\times 10^{15}T^{3/2}\frac{2Z_{离}}{Z_{原}}\times 10^{-\frac{5040}{T}V}$$

联立可导得：

$$n_{电子}=4.83\times10^{15}\times\frac{I_{原}}{I_{离}}\times\left(\frac{gA}{\lambda}\right)_{离}\times\frac{\lambda}{gA}\times T^{3/2}\times10^{-5040(V+E_{离}-E_{原})/T} \quad (1\text{-}90)$$

谱线强度比和温度都可由光谱法实验测得，然后计算出电子密度。

② 斯塔克法　斯塔克（Stark）法通过谱线的斯塔克变宽效应测量谱线轮廓的半宽度来计算电子密度，无须经过温度测量，因此准确度较萨哈法好。斯塔克法可用于测量非 LTE 体系的电子密度，因此用于 ICP 光源的诊断。测量斯塔克效应常用的谱线是 H_β线，它是氢光谱 Balmer 系的第二条谱线，波长 486.1nm。采用此线的优点是：有较可靠的数据可用；较少受到干扰；轮廓有足够的变宽及强度，便于测量。

采用 H_β线法的缺点是，在 H_β线测量时，光源中须引入约 1%的氢。对于 ICP，由于氢是分子气体，电阻率和热导率与氩不同，加入氢会影响耦合状况，使炬焰外观和放电特性有所改变。

H_β线的斯塔克变宽正比于 $n^{2/3}$ 电子，有关系式：

$$n_{电子}=C\Delta\lambda^{3/2}\times10^{13} \quad (1\text{-}91)$$

系数 C 与电子密度及电子温度有关。Greim 给出它的值：当 $T=10000\text{K}$，λ 以 Å 为单位时，对于 $n_{电子}=1014\text{cm}^{-3}$，$C$ 值为 38.0；对于 $n_{电子}=1015\text{cm}^{-3}$，$C$ 值为 35.8。

这样仍不便计算，Hill 给出另一个关系式：

$$n_{电子}=(C_0+C_1\lg\Delta\lambda)\Delta\lambda^{3/2}\times10^{13} \quad (1\text{-}92)$$

式中，λ 以 Å 为单位；$C_0=36.57$，$C_1=-1.72$；$\Delta\lambda$ 是实验测得的半宽度。

Grieg 给出另一个修正式：

$$n_{电子}=[C_0+C_1\ln\Delta\lambda+C_2(\ln\Delta\lambda)^2+C_3(\ln\Delta\lambda)^3]\Delta\lambda^{3/2}\times10^{13} \quad (1\text{-}93)$$

式中，ln 代表自然对数；系数 $C_0=36.84$，$C_1=-1.430$，$C_2=-0.133$，$C_3=0.0089$。

Czemichowski 和 Chapelle 提出一个含有温度修正项的新的计算式：

$$\lg n_{电子}=C_0+C_1\lg\Delta\lambda+C_2(\lg\Delta\lambda)^2+C_3\lg T \quad (1\text{-}94)$$

式中，系数 $C_0=22.578$，$C_1=1.478$，$C_2=-0.144$，$C_3=-0.1265$；$\Delta\lambda$ 以 nm 为单位。由于斯塔克轮廓不对称，所以由测量短波侧的一半半宽度再乘以 2 得到。计算式适用于电子密度范围 $3\times10^{14}\sim3\times10^{16}\text{cm}^{-3}$。

测量电子密度的其他谱线还有 Ar Ⅰ 549.5 和 Ar Ⅰ 565.0。氩线的斯塔克变宽比 H_β 小，且需要在实验测得的谱线半宽度中作多普勒变宽和洛伦兹变宽的校正，系数的误差也较大。

测量电子密度的其他方法有连续光谱法、Inglis-Teller 法。有关测量电子密度的细节可参阅有关文献[21-24]。

1.3.5 发射光源的等离子体特性

原子光谱的产生是原子在激发光源中通过碰撞与激发过程而发生的，是处于等离子体状态的激发光源中发生的物理过程。

在原子光谱分析的激发光源中，试样经历一系列过程：分析试样的组分被蒸发为气体分子，气体分子获得能量而被解离为原子，部分原子电离为离子，形成包含有分子、原子、离子、电子等各种气态粒子的集合体，因为这种气体中除含有中性原子和分子外，还含有大量的离子和电子，而且带正电荷的阳离子和带负电荷的电子数相等，使集合体宏观上呈电中性，处于类似于等离子体的状态。

光谱分析的光源都属低温等离子体，当气体压力为常压时，粒子密度较大，电子浓度高，平均自由程小，电子和重粒子之间碰撞频繁，电子的动能可传递给重粒子（原子和分子），这样，各种粒子（电子、正离子、原子和分子）的热运动动能趋于接近，整个气体接近或达到热力学平衡状态，气体的温度和电子温度相等，这种等离子体称为热等离子体。如果在气体放电系统中，气体的压力和电子浓度低，则电子与重粒子碰撞的机会少，电子从电场中得到的动能不易与重粒子交换，由于重粒子的运动速度相对慢得多，电子与重粒子之间的动能相差较大，电子的动能可高达几十电子伏特，而重粒子的动能较低，即气体的温度较低，这样的等离子体处于非热力学平衡状态，叫做冷等离子体。

光谱分析的电弧、直流等离子体喷焰、N_2-ICP 光源等都是热等离子体，而 Ar-ICP 光源有热等离子体的性质，也有偏离热等离子的特性。光谱分析用的辉光放电灯、空心阴极灯内的等离子体都属于冷等离子体。在光谱分析的光源中，通常不将火焰、电弧、火花光源称为等离子体光源，习惯上仅将 ICP 炬等呈火焰状的放电光源叫做等离子体光源。

1.4 原子发射光谱的分析方法及仪器类型

1.4.1 原子发射光谱分析过程及仪器组成

原子发射光谱分析过程一般分为激发、分光和检测三步。第一步是利用激发光源使试样蒸发，解离成原子或电离成离子，然后使原子或离子得到激发，发生电磁辐射；第二步是利用光谱仪将发射的各种波长的光按波长顺序展开为光谱；第三步是利用检测器对分光后得到的不同波长的辐射进行检测，由所得光谱线的波长，对物质进行定性分析，由所得光谱线的强度，对物质进行定量分析。物质发射光谱的获得过程和分析过程可以分别进行，也可同时进行，前者属于摄谱分析法，后者属于目视法及光电直读法。

发射光谱仪器通常包括激发系统、分光系统和检测系统三部分，原子发射光谱分析所用主要仪器及其类型如图 1-22 所示。

根据所采用激发光源类型，可形成 Spark AES 光谱仪、Arc-AES 光谱仪、ICP-AES 光谱仪、MP-AES 光谱仪、GD-OES 光谱仪、LIBS 光谱仪及火焰光度计等类型分析仪器。

根据分光器的类型不同，可形成：采用单色仪分光的单道扫描型仪器、采用多色仪的多道型仪器、采用中阶梯-棱镜双色散分光的全谱型仪器。

根据采用检测器不同，按接收特征辐射的方式，可有三种测量形式：目视法、摄谱法和光电直读法。

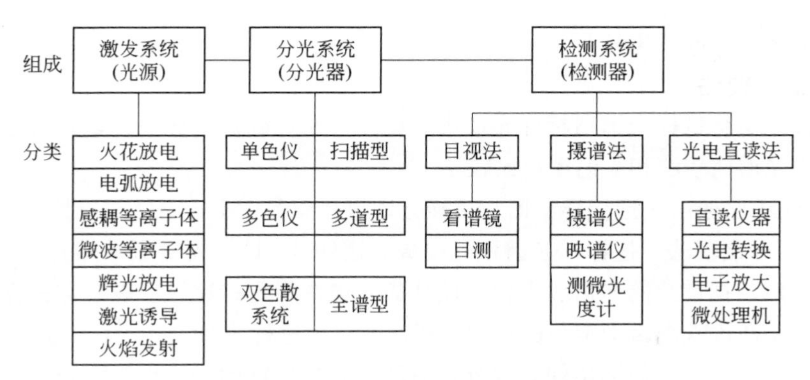

图 1-22　发射光谱分析过程及所形成仪器框图

① 目视法　通过目视观察可见光区光谱线的波长及强度进行分析的方法。所形成的仪器称为看谱镜。

② 摄谱法　用照相的方法，将经分光系统色散后的辐射能按波长顺序记录在感光板上，经显影、定影后，用光谱投影仪及测微光度计对不同特征谱线的黑度进行检测。所用仪器称为摄谱仪。摄谱法分析仪器还应包括观察光谱、测定波长和强度的映谱仪和测微光度计等辅助设备。

③ 光电直读法　通过在光谱仪的焦面上放置光电转换元件，将待测元素特征波长的辐射能直接转变为电信号，经放大，显示读数及含量。具有计算机数字处理系统的光电光谱仪，是现代光谱分析的主要手段。

1.4.2　原子发射光谱的定性及定量分析

1.4.2.1　光谱定性分析

发射光谱的定性分析是依据元素的特征谱线，以判断该元素的存在。每种元素辐射的特征谱线有多有少，多的可达几千条。当进行定性分析时，不需要将所有的谱线全部检出，只需检出几条合适的谱线就可以了。如果只见到某元素的一条谱线，还不能断定该元素是否确实存在于试样中，因为这一条谱线有可能是其他元素谱线的干扰线。要确定某元素是否存在，必须有 2 条以上不受干扰的最后线与灵敏线存在。可以采用谱线比较法、波长比较法和波长测定法。

（1）元素的灵敏线、最后线及分析线

发射光谱的定性分析通常是根据元素电磁辐射的灵敏线和最后线来判断该元素的存在，且可以粗略地估计这些元素的大致含量水平。

① 灵敏线　元素的灵敏线一般是指强度较大的一些谱线，通常具有较低的激发能和较大的跃迁概率。灵敏线多是一些共振线，而激发能最低的共振线通常是理论上的最灵敏线。

② 最后线　最后线是指当样品中某元素含量逐渐减小时，最后仍能观察到的谱线。它也是该元素的灵敏线。

③ 分析线　在进行光谱定性分析时，并不需要找出元素的所有谱线，一般只需找出一根或几根灵敏线即可，所用的灵敏线，称为分析线。每种元素的灵敏线或特征谱线组可从有关书籍中查出。在分析手册中有按元素符号排列的元素灵敏线及其强度和按波长排列的元素灵

敏线及其强度的表方便查找[25]。

（2）光谱比较法

光谱比较法是将试样光谱与标样光谱进行比较，从而确定试样中元素是否存在的方法。常用的有标样光谱比较法和光谱图片比较法。

① 标样光谱比较法　把标样光谱与试样光谱摄在感光板上，直接进行比较。

② 光谱图片比较法　把标样光谱预先制成光谱图片，试样光谱摄在感光板上，然后在光谱投影仪上观察，把谱片的光谱放大像与图片的光谱图像进行比较，以确定试样中元素存在与否。观察时要通过铁光谱确定分析线的位置，间接地进行比较。

铁光谱比较法是目前最通用的定性分析方法，它采用铁的光谱作为波长的标尺，来判断其他元素的谱线。铁光谱作为标尺有如下特点：谱线多，在 210～660nm 范围内有几千条谱线；谱线间相距都很近，在上述波长范围内均匀分布；对每一条铁谱线波长，人们都已进行了精确的测量。标准光谱图是在相同条件下，把 68 种元素的谱线按波长顺序插在铁光谱的相应位置上而制成的。

铁光谱比较法实际上是与标准光谱图进行比较，因此又称为标准光谱图比较法。如图 1-23 所示，上面是元素的谱线，中间是铁光谱，下面是波长标尺。

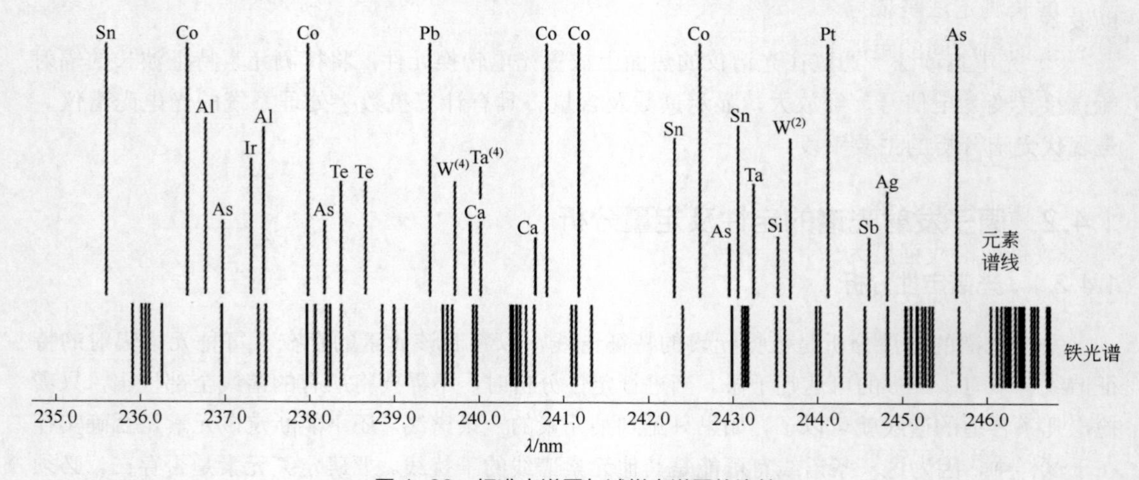

图 1-23　标准光谱图与试样光谱图的比较

做定性分析时，在试样光谱下面并列拍摄一铁光谱（如图 1-24 所示），将这种谱片置于光谱投影仪的谱片台上，在白色屏幕上得到放大的光谱影像。先将谱片上的铁谱与标准光谱图上的铁谱对准，然后检查试样中的元素谱线。若试样中的元素谱线与标准图谱中标明的某一元素谱线出现的波长位置相同，即为该元素的谱线。

例如，将包括 Cu 324.754nm 和 Cu 327.396nm 谱线组的“元素光谱图”置于光谱投影仪的屏幕上，使“元素光谱图”的铁光谱与谱片放大影像的铁光谱完全重合。看试样光谱中在 Cu 324.754nm 和 Cu 327.396nm 位置处有无谱线出现。如果有的话，则表明试样中含铜；反之，则说明试样中不含铜或铜的含量低于检出限。如果在试样光谱中有谱线的重叠现象，说明有干扰存在，这就需要根据仪器、光谱感光板的性能和试样的组分进行综合分析，才能得出正确的结论。

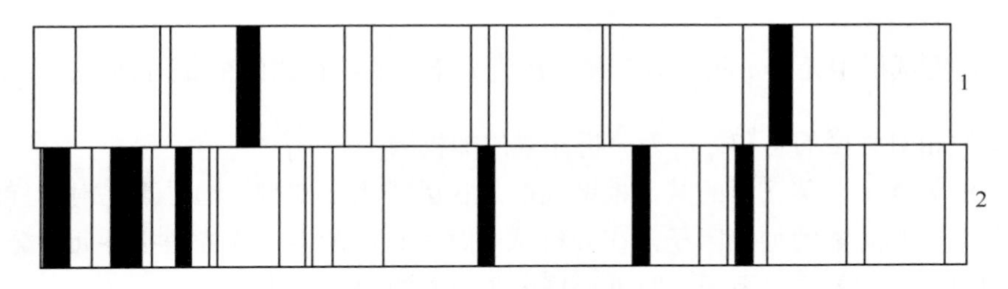

图 1-24　并列光谱

1—试样光谱；2—铁光谱

光谱定性分析时，一般多采用直流电弧光源，并通过摄谱法记录谱线进行分析。为了尽可能避免谱线间重叠及减小背景，有时采用“分段曝光法”，即先用小电流激发光源，以摄取易挥发元素的光谱；然后调节光栅，改变摄谱的相板位置，继之加大电流以摄取难挥发元素的光谱。这样，一个试样可在不同电流条件下摄取多条谱线，就可保证易挥发与难挥发元素都能很好地被检出。定性分析多采用较小的狭缝宽度（约 5～7μm）和高分辨率的分光器，以避免谱线间重叠。

（3）波长测定法

波长测定法是依据未知谱线处于两条已知波长的铁谱线中间，这些谱线的波长很接近，谱片上的谱线间的距离与谱线间的波长差可看作成正比，因而谱线的波长可由线间距的准确测量来确定，再根据波长的数值由谱线表中查出该谱线所属元素。

1.4.2.2　光谱半定量分析

光谱半定量分析介于定性分析和定量分析之间，可以给出含量近似值。半定量分析是以谱线数目或谱线强度为依据，常用的光谱半定量分析方法有谱线强度比较法、谱线呈现法、均称线对法和加权因子法等。

① 谱线强度比较法　将试样中某元素的谱线强度，与已知的参考强度进行比较，以确定该元素的含量。鉴于所采用的参考强度不同，比较法可分为标样光谱比较法、标准黑度比较法和内标光谱比较法。

② 谱线呈现法　谱线呈现法是基于被测元素的谱线数目随着样品中待测元素含量的增加而增多。因此，可在固定的工作条件下，用递增标样系列摄谱，把相应的谱线，编成一个谱线呈现表。在测定时，按同样条件摄谱，利用谱线呈现表，就可以估计出试样中元素的含量。

③ 均称线对法　选用一条或数条分析线与一些内参比线组成若干个均称线组，将分析样品按确定的条件摄谱后，观察所得光谱中分析线与内参比线的黑度（或强度），找出黑度（或强度）相等的均称线对，即可确定样品中分析元素的含量。

④ 加权因子法　由于某元素的谱线强度与蒸气云中该元素的原子浓度成正比，而后者又由试样中该元素的相对含量所决定。因此，在相同的工作条件下，某元素的谱线强度是试样中该元素相对含量的函数，可用经验式表示为：

$$c_i = F_i(R_i^2) / \sum_{i=1}^{n} R_i \tag{1-95}$$

式中，c_i为试样中元素 i 的相对含量；R_i为元素 i 的特征谱线的相对强度；$\sum_{i=1}^{n} R_i$ 为所有待测元素谱线相对强度的总和；F_i为分析元素的加权因子。

在确定的条件下，某元素的某一根谱线的加权因子为一常数。通过事先对标样的试验，可以确定各个待测元素的加权因子。在分析试样时，只需测出试样光谱中各元素分析线的相对强度，利用已确定的加权因子，即可计算出各元素的相对含量。

现代光谱仪器特别是全谱型仪器的出现，对于光谱分析的定性、半定量工作已经可以很方便地进行，由仪器的扫描功能或全谱直读软件，直接记录相关谱线和显示相应元素的大致含量。

1.4.2.3 光谱定量分析

光谱定量分析就是根据样品中被测元素的谱线强度来准确确定该元素的含量。

（1）光谱定量分析的基本关系式

元素的谱线强度与元素含量的关系是光谱定量分析的依据，可用如下经验式表示：

$$I = Kc^B \tag{1-96}$$

式中，I 为谱线强度；c 为元素含量；K 为发射系数；B 为自吸系数。

若对式（1-96）取对数，则得：

$$\lg I = B\lg c + \lg K \tag{1-97}$$

上式即为摄谱法光谱定量分析的基本关系式。以 $\lg I$ 对 $\lg c$ 作图，在一定的浓度范围内为直线。

直读光谱法则通过光电元件测光并由电子线路进行对数转换，显示出浓度与谱线强度的线性关系，直接读出元素的含量。

（2）内标法光谱定量分析的原理

为了提高定量分析的准确度，通常测量谱线的相对强度。即在被分析元素中选一根谱线为分析线，在基体元素或定量加入的其他元素谱线中选一根谱线为内标线，分别测量分析线与内标线的强度，然后求出它们的比值。该比值不受实验条件变化的影响，只随试样中元素含量变化而变化。这种测量谱线相对强度的方法，称为内标法。

分析线和内标线的强度分别为：

$$\lg I = B\lg c + \lg A$$

$$\lg I_0 = B_0\lg c_0 + \lg A_0$$

因内标元素的含量 c_0 是固定的，两式相减得：

$$\lg R = B\lg c + \lg A' \tag{1-98}$$

式中，$R = I/I_0$，为线对的相对强度；$A' = A/A_0{c_0}^B$，为新的常数。

式（1-98）是内标法定量关系式，用标样系列摄谱，可绘制 $\lg R$-$\lg c$ 校准曲线。在分析时，测得试样中线对的相对强度，即可由校准曲线查得分析元素含量。

（3）光谱定量分析的测定方法

① 校准曲线法　光谱定量分析中最基本和最常用的一种方法。即采用含有已知分析物浓度的标准样品制作校准曲线，然后由该曲线读出分析结果。由于标准样品与试样的光谱测量在同一条件下进行，避免了光源、检测器等一系列条件的变化给分析结果带来的系统误差，从而保证了分析的准确度。

② 标准加入法　在试样中加入一定量的待测元素进行测定，以求出试样中的未知含量。该法无须制备标准样品，可最大限度避免标准样品与试样组成不一致造成的光谱干扰，适用于微量元素的测定。

由光谱定量公式 $R = Kc^B$ 可知，当自吸收系数 $B \approx 1$ 时，$R = Kc$，设样品中原始浓度为 c_x，加入量 Δc 为 cK_1、cK_2、cK_3、…，故加入“标准”后：

$$R = I_x/I_k = Kc = K(c_x+\Delta c) = Kc_x+K\Delta c \tag{1-99}$$

以 R 对 Δc 作图，可得一直线，将其外推与 c 轴相交（$R = 0$ 处），则其截距的绝对值，即为 c_x。

此法仅适用于纯物质中低含量组分的测定。对高含量组分的测定，因自吸收存在，B 不等于 1，外推法的结果不够准确。

③ 浓度直读法　在光电光谱分析中，通过光电转换元件，将谱线强度转换为电信号，根据其相关方程式，直接计算出待测物浓度。

通过采用三个以上标准样品建立谱线强度与待测元素浓度的校准曲线方程，由计算机系统来确定，直接读出分析物的浓度，并由打印机自动打印出分析结果。此法的主要特点是分析速度快，精密度好，自动化程度高。

（4）光谱背景的来源、影响及扣除

① 光谱背景的来源　炽热固体，如炽热的电极头及一些炽热固体炭颗粒发射的连续光谱，在光源中生成的双原子分子辐射的带光谱、分析线旁的散射线、感光板上的灰雾以及光学系统的杂散光等都会造成光谱背景。

② 光谱背景的影响　背景增加会降低谱线/背景比值，影响检出限。分析线有背景时，会使校准曲线斜率降低，并出现下部弯曲现象；内标线有背景时，会使校准曲线平移。也就是说，由于背景的存在，会改变校准曲线的形状和位置，从而影响光谱分析的准确度和灵敏度。

因此，背景扣除常常是光谱定量分析中必不可少的工作。

③ 光谱背景的扣除　谱线的总强度，指谱线强度与背景强度之和。光谱背景的扣除，就是从总强度中减去背景强度，即：

$$I_a = I_{a+b}-I_b \tag{1-100}$$

式中，I_a 为纯分析线强度；I_{a+b} 为有背景存在时的分析线强度，即总强度；I_b 为背景强度，可用式（1-100）进行背景扣除。在直读光谱仪器中，根据上式原理由计算机采用背景校正软件自动扣除。

在摄谱法中，为简化手续，常借助光谱背景扣除表来扣除背景。普遍采用的背景扣除表有 D 表和 M 表。

1.4.3 原子发射光谱分析方法类型

原子发射光谱分析法根据激发光源的不同，可形成下列不同类型的分析方法：

（1）火焰发射光谱分析法（flame AES）

在燃烧火焰的温度下将分析物蒸发、原子化，并以此为激发光源进行发射光谱分析，是研究原子发射光谱最早使用的激发光源和分析方法。由于火焰温度等的原因，以及电激发光源的发展，本方法已经很少应用，仅在一些特定需要的地方仍有很好的应用。

（2）火花放电发射光谱分析法（spark AES）

以电火花放电为激发光源，具有很好的激发能力和适应性，并形成现代化的直读仪器，在冶金、机械制造等工业分析上获得广泛应用，成为导电材料成分测定的主要工具。

（3）电弧发射光谱分析法（Arc AES）

以电弧放电为激发光源，具有很好的激发能力，适合物质化学成分的定性分析，特别适合非导电材料中杂质成分的多元素同时测定。

（4）等离子体发射光谱分析法

以等离子体焰炬为激发光源，具有很强的激发能力，适合各种状态的物质化学成分的分析，具有广泛的应用范围，当前已形成现代化仪器的主要有下列形式：

① 电感耦合等离子体发射光谱分析法（ICP-AES） 以电感耦合等离子体炬为激发光源的分析方法，具有很好的分析性能和很宽的测定范围。

② 微波等离子体发射光谱分析法（MP-AES） 以微波等离子体炬为激发光源的分析方法。

（5）辉光放电光谱分析法（GD-OES）

以在低气压下发生的辉光放电（glow discharge）作为激发光源，适合于非金属、薄膜、半导体、绝缘体和有机材料成分分析，并具有逐层分析能力。

（6）激光诱导发射光谱分析法（LIBS）

以激光光束为激发光源，利用强脉冲激光照射到被分析样品上时产生的激光诱导等离子体，所出现的激光光谱瞬态信号进行光谱分析，称为激光诱导解离光谱法（laser induced breakdown spectroscopy 或 laser induced plasma spectroscopy，LIBS 或 LIPS）。

本书按不同的激发光源所形成的分析方法分章进行叙述，介绍其分析机理、物化特性和分析参数，及其所形成的分析仪器和在不同领域中的应用。

参考文献

[1] 国家技术监督局. 中华人民共和国国家标准(GB 3102.6—1993)光及有关电磁辐射的量和单位[S]. 北京：中国标准出版社, 1993.

[2] 金钦汉，任玉林，孙永青. 仪器分析[M]. 长春：吉林大学出版社, 1989.

[3] 徐葆筠，杨根元. 实用仪器分析[M]. 北京：北京大学出版社, 1993

[4] 中国大百科全书出版社编辑部. 中国大百科全书(物理卷)[M]. 北京：中国大百科全书出版社, 1989: 808.

[5] 周开亿. 光谱能谱分析国际信息汇编：第二集[M]. 北京：群言出版社, 1992.

[6] Boumans P W J M. Theory of Spectrochemical Excitation[M]. New York: Plenum Press, 1966.

[7] Alkenade C Th J, Herranann R. Fundamentals of Analytical Flame Spectroscopy[M]. Bristol: Hilger, 1979.

[8] 陈捷光，范世福．光学式分析仪器[M]．北京：机械工业出版社，1989.
[9] 张锐，黄碧霞，何友昭．原子光谱分析[M]．合肥：中国科学技术大学出版社，1991.
[10] 金泽祥，林守麟．原子光谱分析[M]．武汉：中国地质大学出版社，1992.
[11] Ingle J D, Crouch S R. 光谱化学分析[M]．张寒琦，金钦汉，等译．长春：吉林大学出版社，1996.
[12] 邱德仁．原子光谱分析[M]．上海：复旦大学出版社，2002.
[13] 孙汉文．原子光谱分析[M]．北京：高等教育出版社，2002.
[14] 李民赞．光谱分析技术及其应用[M]．北京：科学出版社，2006.
[15] 杨春晟，李国华，徐秋心．原子光谱分析[M]．北京：化学工业出版社，2010.
[16] 邓勃．实用原子光谱分析[M]．北京：化学工业出版社，2013.
[17] 郑国经．分析化学手册: 3A．原子光谱分析[M]．第 3 版．北京：化学工业出版社，2016: 16-24.
[18] Boumans P W J M. The Widts and shapes of about 350 prominent lines of 65 elements emitted by an inductively coupled plasma[J]. Spectrochim Acta, 1986, 41B: 1235.
[19] Qui D R (邱德仁). Experimental observation of line hyperfine structure with a plane grating spectrograph[J]. Spectrochim Acta, 1987, 42B: 867.
[20] 郑国经．分析化学手册: 3A．原子光谱分析[M]．第 3 版．北京：化学工业出版社，2016: 70-131.
[21] Boumans P W J M. Inductively Coupled Plasma Emission Spectroscopy, Part Ⅱ, Ch. 10, Spectroscopic Diagnostics: Basic Concept[M]. New York: Wiley, 1987.
[22] Bastiaas G J, Mangold R A. The calculation of electron density and temperature in Ar spectroscopic plasmas from continuum and line spectra[J]. Spectrochim Acta[J], 1985, 40B: 885.
[23] Montaser A, et al. Electron Number Densities in Analytical Inductively Coupled Plasmas as Determined via Series Limit Line Merging[J], Appl Spectrosc, 1981, 35: 385; Electron Number Density Measurements in Ar and Ar-N_2 Inductively Coupled Plasmas[J], Appl Spectrosc, 1982, 36: 613.
[24] Komblum G R, Galan L de. Arrangement for measuring spatial distributions in an argon induction coupled RF plasma[J], Spectrochim Acta, 1974,29B: 249; Spatial distribution of the temperature and the number densities of electrons and atomic and ionic species in an inductively coupled RF argon plasma[J], Spectrochim Acta, 1977, 32B: 71.
[25] 郑国经．分析化学手册: 3A．原子光谱分析[M]．第 3 版．北京：化学工业出版社，2016: 146-174.

第2章 火花放电原子发射光谱分析

2.1 概述

2.1.1 火花放电原子发射光谱分析的发生与发展

在原子发射光谱分析中，采用电弧、电火花放电作为激发光源的仪器最先得到发展和应用，在20世纪40年代便成为原子发射光谱分析仪器的主流，经历由看谱镜、摄谱法、光电光谱法发展至今，已经成为各种分析性能优越的光电直读原子发射光谱仪器。

1945年出现了第一台商品化光电光谱仪器，早期的火花放电原子发射光谱仪器，由于多采用棱镜作为分光器，棱镜的光谱色散作用对环境温度变化敏感，容易造成谱线的漂移，整个光谱装置必须安置在恒温环境中严格控制室温，因而光谱仪器系统庞大。20世纪70年代开始采用刻划光栅或全息光栅作为色散元件。光栅每毫米刻线条数可以增加3600条以上，使其色散率增高，仪器的体积大为缩小。分光系统也可由原来的2m缩短为1m或1m以下，有利于对分光系统的恒温控制，降低了仪器本身对环境温度的严格要求。同时，对仪器采取防震措施，从而可使仪器直接放置在工艺现场附近进行操作，大大促进了火花发射光谱仪器在现场分析方面的广泛应用。

70年代以来，火花光源在单向脉冲放电的基础上，发展了性能更好的激发光源，如高速火花光源、高能预燃火花光源、高压可控波光源以及辉光光源，提高了分析速度和分析精度。使光电光谱仪可以适用于常量元素分析和较高含量元素以及痕量元素的分析。同时测光系统也随着电子技术的发展，出现各种测量方式，如分段积分法、峰值积分法、单火花评估法、脉冲正态分布分析和单火花测量技术，扩大了测量的动态范围，且可以对大面积块状样品进行原位统计分布分析，测定材料中的缺陷、偏析度、疏松度等，对金属中非金属夹杂物相的分布及定量分析成为可能，成为冶金炉前分析及金属材料分析不可或缺的有效工具。

随着电子计算机控制技术的引入，使火花放电直读光谱仪的操作实现自动化，只需将样品放在火花架的试样台上，启动按钮，仪器便自动执行电极冲洗、预燃、曝光、测量等程序，并将分析元素的含量一起显示或打印出来，或将分析结果通过数据网络传输到工艺控制系统，实现工艺的闭环控制。而且有的商品仪器对样品加工、放置、更换等操作，全部由机械手自动完成，使光电光谱分析达到全面自动化。

计算机软件技术的发展，更使直读光谱仪的分析操作程序化，除了例行分析程序之外，还设有诊断程序、自动求出和扣除干扰系数程序，还有绘制各种数理统计图表等程序。

为了适应实验室对不同样品分析及其不同分析目的要求，充分发挥火花放电光源的激发能力，在现代直读光谱仪中研发了具有各种分析功能的火花放电光源和将数种放电特性组合在一起的复合光源，以发挥电弧和火花激发光源的优异特性，将交直流、高低压、振荡型与脉冲型等功能，组合在同一放电装置中，可以进行互换，或对数种放电特性进行组合，形成特定的放电，以实现预定的分析特性。如直流脉冲放电与高（低）压火花放电进行组合，振荡放电与高（低）压火花放电进行组合等。又如电子控制波形光源，是交流高频高压火花放电和直流脉冲高频（可调）高压火花放电的两用式光源，它的放电特性是以高压火花放电为主，兼有直流脉冲放电的特性，放电形式、放电频率和放电电流等均是可调的，以适应高、中、低合金钢等不同类型钢铁样品的分析。因此火花放电光电直读型仪器的分析性能很大程度上取决于它的激发光源。

2.1.2 火花光源直读光谱仪的结构

现代火花光源发射光谱仪在分析精度、灵敏度、快速、仪器性能等方面由于微电子技术及电子计算机的引入，不断得到改进，形成了自动化程度很高的直读光谱仪器。然而仪器的原理和基本框架与通常的原子发射光谱分析的原理和仪器是相似的，一般总是由激发光源（火花光源）和电极架、分光系统和检测系统以及数据处理系统等几个部分组成。电控系统和数据处理系统在现代仪器上均由电子计算机实行程序控制、实时监控和数据处理。典型的多道仪器结构如图 2-1 所示。

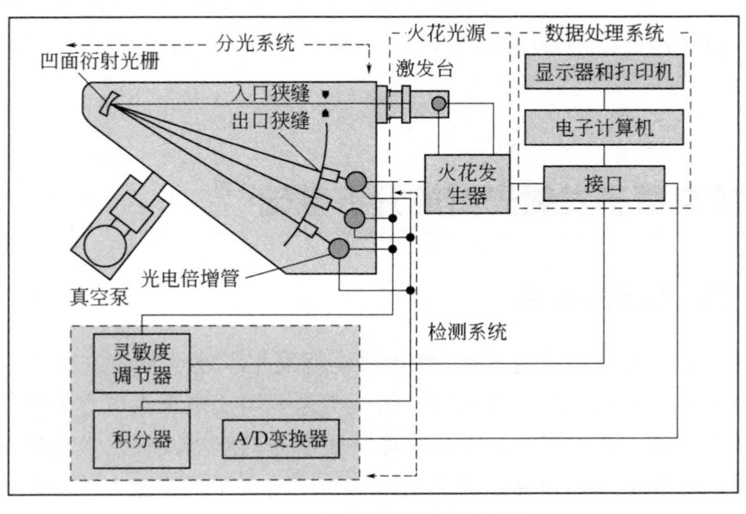

图 2-1 火花光源直读光谱仪结构

火花光源由火花放电的发生器和样品架（包括：充氩气方式、非常规样品架）即样品的激发台（又称火花台）所组成；分光系统由发射光谱的色散装置和光电检测器组成，将分光后的光谱辐射转换为电信号，记录下光谱线的强度；检测系统和数据处理系统使仪器实现自动控制和分析数据处理，并直读显示分析结果。

2.1.3 火花放电原子发射光谱仪的激发方式

火花放电发射光谱分析主要用于导电的金属及合金材料的元素成分分析。通常是将金属试样制成样块，样品本身作一电极，用另一支样品或用金属钨（或高纯电解铜，有时也用光谱纯石墨）作对电极，置于电极架上（火花台），设置好火花放电的工作参数，接通火花发生器的电路，对样品进行激发，所发射的光谱经色散系统进行分光，在不同波长位置上由光电转换元件对其谱线的强度进行测量，由数据处理系统直接读出结果，实现对试样中待测元素进行定量分析。

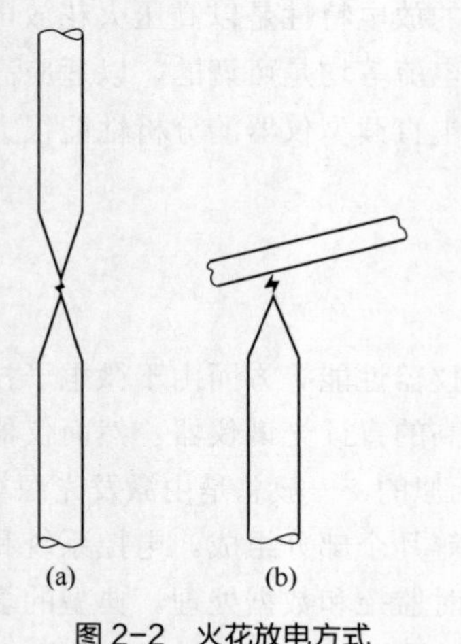

图 2-2 火花放电方式

（a）点-点火花放电；（b）点-面火花放电

采用火花放电光源时，以点-点方式或点-面方式进行火花放电（图 2-2）。商品仪器为了操作上的方便，将激发台设计成内置有钨对电极的火花台，试样预先加工成有一定光洁平面的样块，扣在火花台上，便可方便地进行激发操作。对于手持式的小型仪器或移动式光谱仪，则将钨对电极作为手持式仪器的前端或移动式仪器的探测头，直接对准待测试样进行火花激发分析。这种激发方式，特别适用于导电性金属材料的现场分析。

仪器的色散系统和测量系统及火花发生器的电路部分连同控制系统及信号处理系统，通常均安装在一起成为仪器主机，外加数据处理的电子计算机，组成一套完整的火花放电直读型发射光谱分析仪器。尽管现代光谱分析仪器均已具有直接显示分析结果的功能，但习惯上仍将火花放电光谱仪器俗称为直读光谱仪，广泛地用于炼钢炉前和冶金、机械制造现场的金属材料成分分析。

2.2 火花放电原子发射光谱的分析基础[1,2]

2.2.1 火花激发光源的特点

火花光源是一种通过电容放电方式，在电极之间发生不连续气体放电，主要有两种类型：一类是采用高电压小电容的高压火花光源；另一类是采用低电压大电容的低压火花光源。普通火花放电随放电间隙、电极形状、样品温度、表面光洁度以及样品氧化情况的不同而有很大的变化，严重影响分析的稳定性。因此推出了如控制火花、整流火花、高频火花、类弧火花、低电压小电容火花等多性能火花光源技术，以适应不同试样分析的要求。通常普遍采用高能预燃火花和低压火花相结合的方法，以保证分析的重现性。

火花光源的主要优点是：①与电弧放电相比，有较好的稳定性，用于定量分析有较好的再现性，使分析精密度得到提高；②谱线自吸比较小；③激发温度高，有利于难激发元素的分析；④电极头温度比电弧放电时低，可用于低熔点金属及其合金的分析，以及长时间的激发分析。

主要缺点是：①灵敏度较差，不利于痕量元素的分析测定；②光谱背景较大，特别是在紫外区域更为严重；③用于定量分析时，由于光源稳定性较差，必须采用内标法分析手段；④预燃和曝光时间较长，相应影响分析速度。

2.2.2 火花放电的激发机理[1,2]

火花放电的激发机理是一个极为复杂又难以说明的问题。火花放电的放电特征和电弧不同，因此激发机理也不同。

火花放电的形状是一束明亮、曲折而分叉的细丝状，由导电管道和电极物质蒸气喷射焰炬两者所构成，如图 2-3（a）所示。管道和焰炬不同，可由（b）图中将管道和焰炬分开观察的实验得到证明：将一根金属丝置于磁管内略下凹，击穿时管道位于沿电场的力线方向，而焰炬是垂直于电极表面而喷射出来的。放电管道一般在放电击穿阶段形成，其中气体强烈电离，维持放电所必需；焰炬一般是在低压放电阶段形成的，是发射光谱的主要区域。

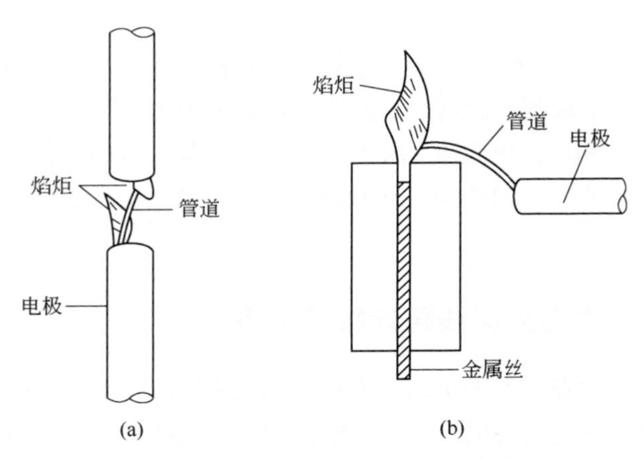

图 2-3 电火花放电管道和焰炬示意图

火花放电是电容放电，开始时电源向电容充电，当电容电压达到火花隙的击穿电压时，火花隙中的气体被击穿而电离，其内阻急剧减小，电压迅速下降，进入低压火花放电作用如电弧；在很短时间内强电流脉冲通过后，放电立即停止，电容又开始充电，重新进行击穿和放电。整个过程可以分为四个阶段[3]，即击穿前阶段、击穿阶段（10^{-8}～10^{-7}s）、电弧阶段（10^{-6}～10^{-4}s）和余辉阶段（10^{-3}s）。

火花在电极间击穿时，在电极之间产生了数条细小弯曲的放电通道，在导电管道中，气体被强烈电离。管道形成后，电容通过管道放电，在短时间内，释放大量能量，放电通道的电流密度可高达 10^{5}～10^{6}A/cm^{2}，并具有很高的温度（10000K 以上），放电通道与电极表面接触的区域被强烈灼烧，使电极物质迅速蒸发而喷射，形成喷射焰炬。管道形成以后，即以 1～5000m/s 的速度剧烈地扩张，形成冲击波，波前温度迅速下降，产生火花放电的噼啪声。

电极被火花击穿后，电压急剧下降，电流密度降低，光源的性质实际转变为电弧。电容器通过管道在电极表面接触的区域中释放大量能量，使电极物质呈一股发光蒸气喷射出来，其喷射速度约 10^5cm/s，通常称之为焰炬。每次放电都在电极两端表面的不同地方产生新管道，因此焰炬也在电极表面的不同地方产生。电极上每一单个火花击穿点的直径约在 100～200μm。在实际分析时，曝光数十秒，将发生几千次击穿，因此激发斑点的面积并不很小，有时直径达到几毫米。虽然管道温度很高，火炬喷射使电极物质强烈地灼热，但由于每次击穿面积不大，时间很短，电极头灼热并不显著，单位时间内进入放电区的物质也没有电弧那样多。由于火花产生的焰炬具有很高的温度，因此辐射的光谱中，出现的谱线和电弧时有所不同，有的增强，有的减弱，而且发射的谱线中出现更多激发电位高的原子线及离子线。和电弧一样，火花等离子体不同区域温度也不同，中心温度比边缘温度要高。

研究表明：火花光谱分析时测量的信号是来自放电通道的光谱（主要是保护气体的谱线）信号和喷射焰炬中的光谱（主要是待测元素的谱线和保护气的谱线）信号的总和。在火花光谱分析中，利用的是火花激发电极物质所发射的光谱，即主要是焰炬的辐射，其辐射的强度又与样品的侵蚀量有关。样品的侵蚀量与电学参数的关系可用下式表示：

$$E=\frac{CBV^{3/2}}{R} \tag{2-1}$$

式中，C 为电容量；B 为每半周放电次数；V 为击穿电压；R 为回路电阻。

可以看出，在火花电源条件固定（电容量 C 固定）的情况下，影响谱线强度的侵蚀量变化主要来自击穿电压 V 和回路电阻 R 的变化，引起样品侵蚀量的变化。通过对火花放电电路中放电参数 R、L、C 的调节，对快速、同时测定多种元素比较合适，如金属中的合金成分和杂质元素的定量。

2.2.3 火花放电特性与火花线路参数的关系

火花的放电特性与火花光源的电路参数有密切关系[4]，在电弧、火花激发光源中，影响原子化与激发的主要因素是光源的温度、电子密度以及氧的密度，其中电子密度是光源中原子电离所产生的，因而温度成为光源的最重要的参数。基体、第三元素在光源中通过对温度、电子密度等光源参数的改变，而对分析线或分析线对的信号产生影响。

火花放电特性是和火花线路的参数密切相关的。无论是高压火花或低压火花都是电容放电过程。每一次电容放电释放出来的能量粗略地估计可如下式所示：

$$W=\frac{1}{2}CV^2 \tag{2-2}$$

式中，C 为电容器的电容量；V 为电容器放电前充电达到的电压。

火花的放电线路，可以看作由图 2-4 中四个部分所组成。图中 C 是放电电容器；G 是分析间隙；R 是线路中电阻，即使在线路中没有接入电阻，放电间隙 G 及导线本身也有电阻；L

是线路中电感，即使在线路中没有接入电感线圈，导线本身也有电感，而且在火花中一根长的导线就具有一定的电感，即能对火花的放电性能起不小的影响。由于有电阻 R 及电感 L，火花在放电间隙中实际作用的能量要小一些。

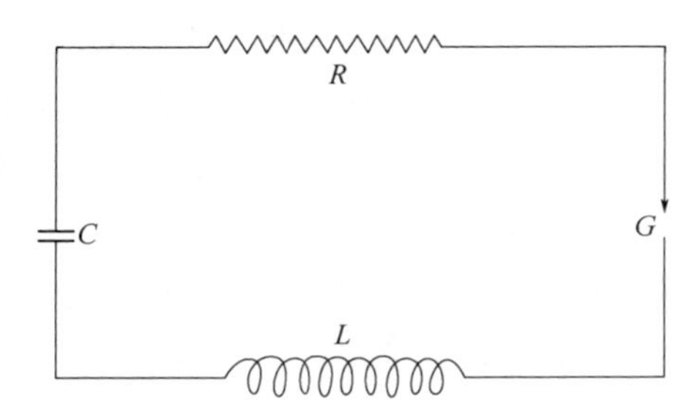

图 2-4 组成电火花放电线路的四个部分

火花放电的电学性质实际上可以用两个参数来表示，一是放电时释放的能量大小，二是放电时间的长短。而重要的是要按不同的分析要求选择和保持发生器的电压和放电线路中的 C、R 及 L 一定，放电间隙的距离一定，才能保证释放的能量大小和脉冲时间的长短一定，达到光源工作的稳定性要求。由于火花光谱的性质主要由火花的温度决定，而温度由放电电流密度决定。在较高的电流密度下，一般离子线增强而原子线减弱，这时称为“硬性”的电火花。因此火花光源的电路参数，对发射光谱的激发有很大影响。其对光谱激发性能的影响，可以简述如下：

① 电感 L 的影响　电流密度决定于电容放电的速度，放电时间越短，电流密度就越大。对一定电容量的电容放电，随着电感减小，放电管道中电流密度就增加，使火花温度也增加。反之，L 增大，火花温度下降，这样称为火花“变软”，使光谱离子线减弱，原子线相对地增强。但电极固定位置重复击穿率提高。

② 电容 C 的影响　电容增大，使放电时间延长，因此电流密度不会显著增加，对管道温度影响不显著。但放电速度减慢，放电在电极表面作用持久，电极灼热加强，电极物质进入弧柱增加，使光谱总强度提高。

③ 电压 V 的影响　电压升高使电容中充储能量增加（$W=CV^2/2$），而放电周期不改变，致使电流密度增加，电火花温度升高。

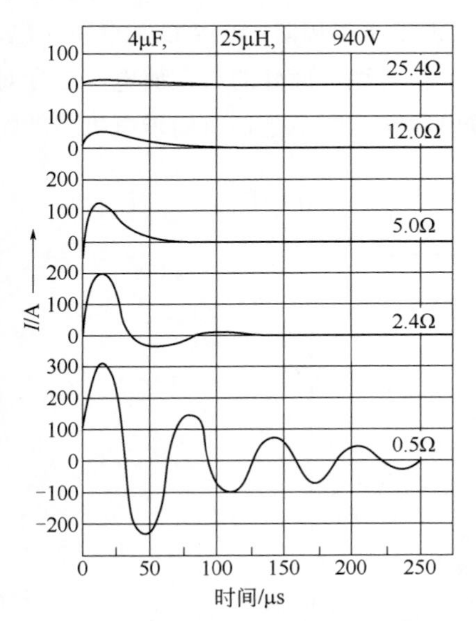

图 2-5 放电回路中电阻对放电的影响

④ 电阻 R 的影响　放电回路内电阻的增加，使电容放电由振荡放电过渡到阻尼放电，放电速度减慢，火花“变软”，谱线强度减弱，电极固定位置重复击穿率降低。图 2-5 表示不同阻尼电阻对放电的影响。

从上述讨论可以看出，低压电容电火花和交流电弧，并不存在绝对的界限。在低压放电的回路中，因 R、L、C 不同，区别三种放电状态，是由 R 和 $2\sqrt{L/C}$ 的相对值决定的。因为在低压电容放电回路中，R、L、C 的变化范围比较大，当 R 很小时，产生振荡放电，特别是在 C 较大而 L 又很小时，可以得到最大放电电流，使放电具有较强的火花性，此时称为低压火花。当 R 不断增大时，产生非周期放电（放电持续时间较长约为 10^{-3}s 或更长），具有脉冲性并有较强的电弧性能，有时被称为电容电弧，或类弧火花。

不同的放电形式（振荡、阻尼、过阻尼）对电极的蒸发、谱线的自吸程度、分析的灵敏度和准确度、第三元素影响等，都产生不同的影响。

选用火花光源的性能，一要看火花放电的稳定性，以保证分析结果的精密度；二要看其激发时间的长短，以保证炉前快速分析的需要；三要看光源的检出限需满足分析要求，以保证对测定下限的要求。

2.3 火花放电原子发射光谱仪器组成

2.3.1 火花放电光源

火花光源发生器的最基本工作原理，是由高电压对一电容器充电，在达到一定电压后放电，这一过程重复进行，以达到持续不断的电火花放电。由于电火花在它的放电一瞬间，能释放出很大的能量，通过放电间隙的电流密度很大，因此能够激发一些难以激发的元素（即灵敏线为激发电位较高的元素），而且多数为离子线。

火花光源发生器根据电容充电电压的高低，可分为高压火花（约12000V）和低压火花（约1000V）两种类型，前者电容量小，后者电容量大。这两种性能略有差异的光源，可应用于不同类型试样或不同的分析要求。

2.3.1.1 高压火花光源

高压火花发生器线路见图2-6，220V交流电压经变压器 T 升压至8000～12000V高压，通过扼流圈 D 向电容 C 充电。当电容 C 两端的充电电压达到分析间隙的击穿电压时，通过电感 L 向分析间隙 G 放电，G 被击穿产生火花放电。在交流电下半周时，电容 C 又重新充电、放电。这一过程重复不断，维持火花放电而不熄灭。为了获得稳定性好的火花放电，必须对火花发生电路有所改进，通常需加有控制间隙的火花放电线路，图中是加有同步电机带动断续器的控制间隙线路，以获得稳定的放电能量。

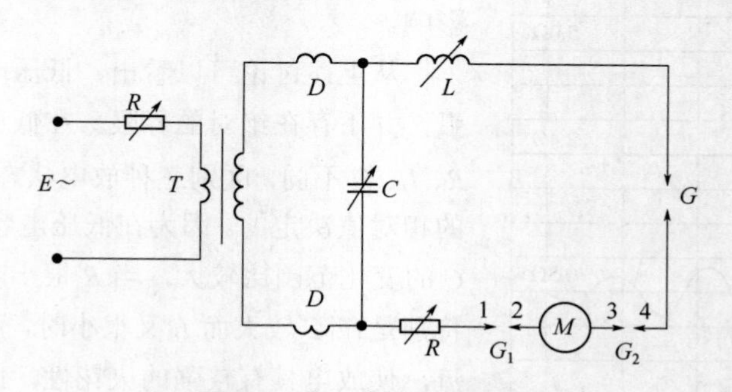

图2-6 高压火花发生器线路

E—电源；R—电阻；C—电容；L—电感；D—扼流圈；T—升压变压器；
G—分析间隙；G_1，G_2—断续控制间隙；M—同步电机带动的断续器分析间隙的击穿是在非常短的时间（10^{-7}～10^{-8}s）内进行的，在分析间隙被击穿后高压下降阶段称为击穿阶段。随着分析间隙电压急剧下降（至 50～100V）放电具有同电弧一样的性质，这一阶段称为“振荡阶段”或“电弧阶段”（约 10^{-4}s）。电容放电时回路中电容 C、电感 L 和分析间隙构成振荡电路产生高频振荡电流，当此振荡电路中电阻很小时，其振荡频率为 $\nu=\frac{1}{2\pi\sqrt{LC}}$，振荡周期为 $T=\frac{1}{\nu}$，因此 $T=2\pi\sqrt{LC}$，T 以秒为单位，L 以亨利为单位，C 以法拉为单位。在电容放电过程中，大量能量耗费在分析放电间隙上，因此振荡很快衰减。通常在一次放电时间内，只有 5～25 次振荡（由回路参数 R、C、L 所决定），整个振荡波列在约 10^{-4}s 时间内。当振荡电流中断以后放电停止。然而，在下一半周波中电容又被充电，当电容器上电压达到 V 击穿时，则放电又进行。这样电容器充电、放电周期地重复进行，保持电火花持续进行。在一定 R、C、L 的条件下，放电间隙距离越大，击穿电压就越高，此时可能在每半周中只有一次放电。反之，放电间隙距离越小击穿电压就越低，每半周中可能出现多次放电（见图 2-7）。

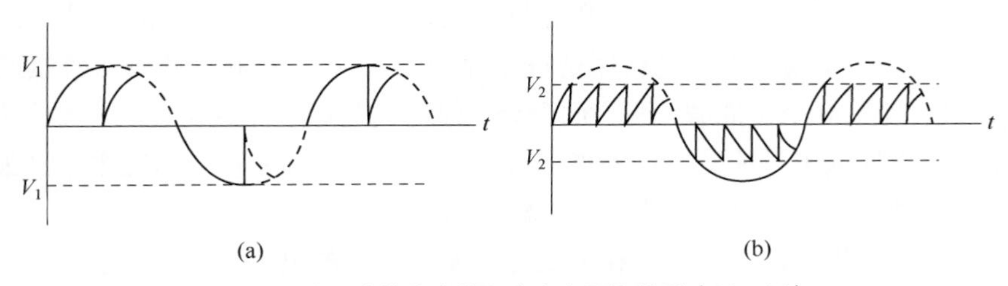

图 2-7　半周内放电次数和击穿电压的关系（$V_1>V_2$）

（a）极距较大；（b）极距较小

在一定间隙距离情况下，每半周内放电次数还决定于变压器初级回路电阻。初级回路中电阻的改变，使电容器充电速率改变，而使半周内放电次数改变。因此在实际工作中常常用调节变压器初级回路中的可变电阻 R 的方法，改变半周内放电次数。高压电容火花放电具有间歇性，即电容器每次放电以后，产生的火花随即熄灭，如此重复交替地进行。

早期的火花光源采用单纯电火花发生器，其缺点是击穿电压 V 击穿的值决定于分析放电间隙的性质，影响最大的是极距改变，其次是电极形状、温度、表面光洁度和氧化情况变化等，因此要提高火花放电的稳定性，必须对火花发生电路有所改进，采用控制火花线路即控制火花光源：如静止控制间隙（如 Райский 型）、转动控制间隙（如 Feussner 型）和电子控制等类型。

① 静止控制间隙线路　是在简单火花线路中增加一个控制间隙 G_2（或称辅助间隙），在分析间隙 G_1 上并联一个电阻 R_1 或自感线圈 L'而组成，线路如图 2-8 所示。控制间隙 G_2 用两个相对的钨质圆盘做成，距离可以精密地调节。

这种控制线路的特点是由于首先击穿的是控制间隙，使分析间隙的放电电压不决定于分析间隙的性质而决定于控制间隙。控制间隙的距离和其他性质是固定的，不像分析间隙因为要更换样品而经常在变化，所以这种光源比简单火花稳定性高。控制间隙（或称放电盘）性能越能保持恒定，击穿电压就越能重复，光源的电性能就越稳定。放电盘采用两个圆形相对的平行平面（材质采用钨盘），并且使表面光洁防止发热，都有助于保持击穿电压的重复性。此外有些光源中还用高速气流喷吹控制间隙，也能够提高光源的稳定性。

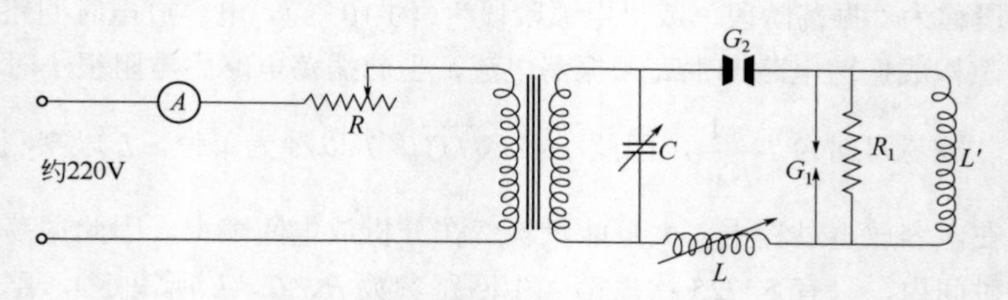

图 2-8　静止控制间隙电火花线路

A—电流表；C—电容；L—电感；R—电阻；R_1—大电阻；L'—大电感；G_1—分析间隙；G_2—控制间隙

② 转动控制间隙线路　如前面所述，它是在简单电火花线路中接入一个用同步电动机带动的断续器而组成（见图 2-9）。高压线路中增设的断续器其沿圆盘的径两端固定两个导通的钨质电极，相对应处有两个固定的钨质电极（在火花回路内具体设置见图 2-6）。圆盘以 3000r/min 旋转，每转 180°，对应的电极趋近一次，火花回路就接通一次，电容就通过分析间隙 G 放电一次。由于同步电动机转速是每秒钟 50 转，因此火花回路每秒钟接通 100 次；电源为 50 周波，即 100 个半周波，两方面配合，保证火花每半周放电一次。因此这种转动控制间隙的光源每半周放电只能一次，不能调节。只要在每半周中电容器充电达到最高电压时放电，并且获得最大的放电能量，即可获得稳定的放电。

为了满足不同分析要求，进行火花激发时需要用不同的电容量。为了使不同电容都在充电达到最高电压时放电，可以通过改变对电容的充电速率，或通过改变旋转断续器接通电火花回路的位相。如改变图 2-9 中的电阻 R，可以改变对电容器的充电速率；为了改变旋转断续器接通电火花回路的位相，需要加装位相调节，使旋转断续器的位相和电容 C 上的电压位相相匹配。当电容量 C 增大时，断续器接通时间推迟一些；当电容量 C 减小时，断续器接通时间提前一些。这样也就能保证电容电压达到最大值时放电。这样也就使分析间隙击穿电压和分析间隙的距离及其他性质无关。此外，在这种光源中为了严格控制放电电压，在分析间隙上并联有高电阻，它的作用和图 2-8 静止控制电火花线路中用的电阻 R_1 一样。这样不但使放电位相严格控制，放电电压也很好控制，提高了电火花放电稳定性。

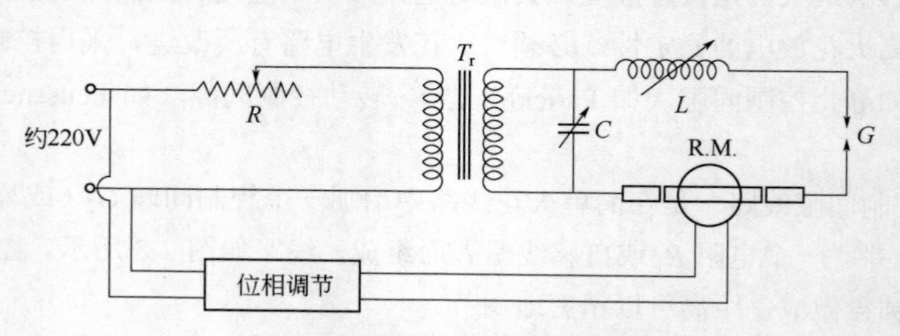

图 2-9　转动控制间隙电火花线路

R—电阻；T_r—高压变压器；C—电容；L—电感；G—分析间隙；R.M.—同步电机

这种光源由于采用转动控制间隙，如果电源电压不稳，则放电电压也跟着改变。但是如果采用交流稳压器供电方式，使电源电压稳定，则这种光源有良好的放电稳定性。

③ 电子控制火花光源线路　它是利用电子电路来控制电容器放电，当电容器充电至预先选定的固定电压时，控制电路就使它通过分析间隙放电，以克服当电源电压不稳时，放电电压也不稳这一缺点。如图 2-10 的示例。

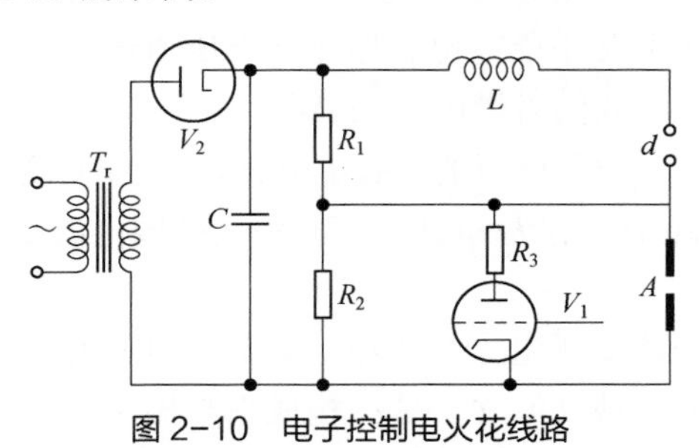

图 2-10　电子控制电火花线路

T_r—高压变压器；V_2—整流管；C—电容；R_1、R_2—分配电阻（R_1=R_2）；L—电感；R_3—电阻；V_1—闸流管；d—控制间隙；A—分析间隙

线路工作原理如下：通过高压变压器 T_r 和整流管 V_2 给电容 C 充电，经过高压电阻 R_1 和 R_2 将电容两端的电压平均分配在控制间隙 d 和分析间隙 A 上。闸流管 V_1 的阳极连接电阻 R_3，V_1 被栅极负偏压所截止。随着电容 C 充电，在 d 和 A 上便出现高压。然而 d 和 A 各自都有足够的距离，使得它们的击穿电压都大于高压变压器次级的峰值电压，因此在 V_1 截止时，即使 C 被充电至最高电压，d 和 A 都不会被击穿。如果这时由脉冲发生器在 V_1 栅极上输入一个正脉冲信号，闸流管 V_1 导通，由于 R_3 比较小，并且和 R_2 并联，分配在 R_1 上的电压就比较高，导致 d 击穿。使电容 C 通过 R_1、L、d 和 V_1 放电（由于 R_1 很大，所以放电电流很小），但随着电容上电压分配在 R_2 上，随即使分析间隙 A 击穿，使电容器 C 通过 L、d、A 放电。

这种电子控制电火花电路，用电子控制火花，既能控制电火花放电位相，又能在一定程度上控制放电电压（放电电压等于变压器次级的峰值电压），使光源具有较高的稳定性。

上述三种改进型控制火花放电线路各有其特点。静止控制间隙方式，每半周可以有数次火花放电，放电次数由控制间隙的距离控制。然而放电次数受电源电压波动影响大，这是主要缺点。转动控制间隙方式，每半周只允许放电一次，其击穿位置与击穿电压由同步转动电极的机械相角与电相角之差控制。一般应在电压为极大值时使转动电极与固定电极相对。此时机械相角与电相角差为零，这时火花放电能量可以保持极为稳定。然而，电路中电学参数（电容量、电感量等），常会影响电相角的改变，使之机械相角与电相角差不能为零，使之放电不能稳定。同样电源电压变化也影响放电稳定。所以说第三种电子控制火花线路，既能控制火花放电相位，又能在一定程度上控制放电电压，因此具有更高的放电稳定性。

高压火花光源的特点：由于在放电一瞬间释放出很大的能量，放电间隙电流密度很高，因此温度很高，可高达 10000K 以上，具有很强的激发能力，一些难激发的元素可被激发，而且大多为离子线。放电稳定性好，重现性也好，有利于定量分析。电极温度较低，由于放电间歇时间略长，放电通道窄小之故，易于做熔点较低金属与合金的分析。灵敏度较差，但可做较高含量的成分分析；噪声较大，做定量分析时，需要预燃时间。

2.3.1.2　低压火花光源

当以低电压（例如 1000V）的交流电对一个较大电容量的电容器（数十微法以上）充电，

然后放电，可以获得被称为低压电容放电的光源。由于这种低电压电容放电回路中的电阻 R、电容 C 及电感 L 可在很大范围内改变，从而使放电性能可以从较强的电火花性一直过渡到较强的电弧性，因而这种放电在光谱分析中也得到较广泛的应用。由于电压低，一般常用的分析间隙（例如在 2mm 以上）是不能被电容器充电电压所击穿的，因而这类放电总是像引燃交流电弧那样，需要用某种形式的引燃电路来引燃。

这类光源可分为两类：一类是所谓的“低压电火花”，主要要求放电有强电火花特性；另一类是所谓的“多性能光源”，要求放电性能可在较大范围内改变。

（1）低压电火花

一般采用高频引燃的交流低压电火花线路（见图 2-11）的工作原理和引燃交流电弧基本相同。由高压变压器 T_r、L_a（或 L）、C_a 和 d_a 构成高频振荡回路。低压回路包括两部分：电源和 R、C 构成充电回路，C、L、d 构成放电回路。在放电回路中除了 d 的电阻和寄生电阻之外，不加入电阻。

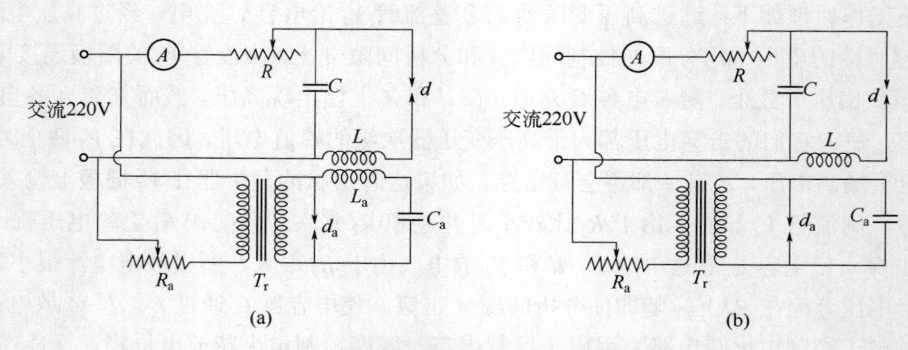

图 2-11　高频引燃交流低压电火花线路

（a）高频感应耦合；（b）高频自耦合

C—低压回路电容；C_a—高频振荡线路电容；L、L_a—电感；R、R_a—电阻；
d—分析间隙；d_a—高频振荡放电间隙；T_r—高压变压器；A—电流表

图 2-11（a）是高频感应耦合线路，利用感应线圈 L 将高频电流耦合到低压回路中去，低压回路中高频电压决定于 L 和 L_a 匝数之比，L 和 L_a 匝数之比越大，则感应电压值越大。这样分析间隙极距较大也能击穿。然而 L 增大，使电火花变“软”。如果减少 L 的匝数，则降低火花的引燃电压，使引燃发生困难。因此，低压火花常常采用自耦线路，见图 2-11（b），才能保证在较小的 L 时得到既稳定又较“硬”的火花状态。

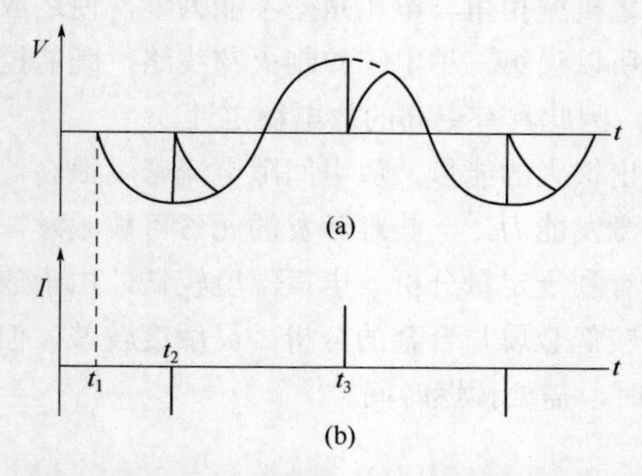

图 2-12　低压电火花中电压和电流强度的变化

（a）电容器电压变化；（b）放电电流变化

图 2-12 为低压电火花线路放电时电容器上的电压和通过分析间隙的放电电流强度变化曲线。假定高频引燃每半周引燃一次分析间隙，使电容 C 放电、从 t_1 到 t_2 时间内，间隙 d 上的电压随电容充电不断升高，在时间 t_2 引燃使电容放电形成脉冲，放电以后，放电电流随即中断，所以

在 t_2 到 t_3 之间放电电流为零。此后电容器又重新充电，到 t_3 再引燃，这样重复进行。因此低压火花电流是脉冲性质，有很大的放电电流密度，而且在两次放电之间有较长的停熄时间。

高频引燃低压火花线路和高频引燃交流电弧线路基本相同。在交流电弧状态是用较小的 C 和较大的 L，而在低压火花状态是用较大的 C（几十微法以上）和较小的 L。需要指出的是当低压火花用较大的电容 C 时，应考虑到在交流半周波时间内电容器是否能充至最大电压。要能充至最大电压，充电回路中的电阻 R 不能用得太大。但 R 也不能用得太小，因为太小时火花状态就会转变为电弧状态，特别是在大电容、小电感时更是这样。所以当电容 C 太大，在交流半周波时间来不及充满时，须改用直流充电。用直流电充电，电容 C 可以增至很大，充电时间可以增长，待充满以后，然后引燃放电。这样的大电容放电，释放的能量可以很大，可以激发许多激发电位很高的谱线以及许多离子线。例如，当电容 C 增大至数千微法拉时，即能激发出钢中氢、氧、氮等气体的谱线。这样的大电容放电时，曝光不以多少秒计算，而以放电次数计算，有时放电次数少，即能获得所需的谱线。

另一个问题是低压火花要求放电线路有较小的电感 L 时也能工作，最好是 $L=0$，以便激发某些难激发元素的谱线。例如，钢中碳、磷、硫的谱线。但这是做不到的，因为线路的寄生电感不能消除，同时为了使引燃稳定，L 还不能太小，要使几毫米的分析间隙击穿，需要 L=10μH 以上，否则引燃发生困难。这就是实际工作中要获得“硬”的火花状态和引燃困难之间的矛盾。为了解决这个矛盾，可以采用多种方式来加以解决。

（2）多性能光源

这类低压电容放电光源放电回路中的 C、L、R 都可以在较大范围内改变，因而放电性能具有较大的可变性。其低压回路及引燃回路一般都采用半波整流充电，低压电容在头半周内被充满电，等到下半周才由引燃 R 电路使之通过 L 及分析间隙放电。

图 2-13 是最早提出来的所谓“多性能光源”。它的引燃电路是同步控制间隙高压整流火花，低压电容 C 的充电回路包括有 900V 左右输出的变压器 T_{r_2}、半波整流器 F_2 及扼流圈 H。图中 C 为电容（1～60μF）；L 为电感（25～400μH）；A.G.为分析间隙引燃回路：T_{r_1} 为高压变压器；C_1 为电容；R_1 为电阻；F_1 为整流器；R.G.为同步控制间隙；T_{r_2} 为变压器；H 为扼流圈；R 为电阻（0～300Ω）；F_2 为整流器。

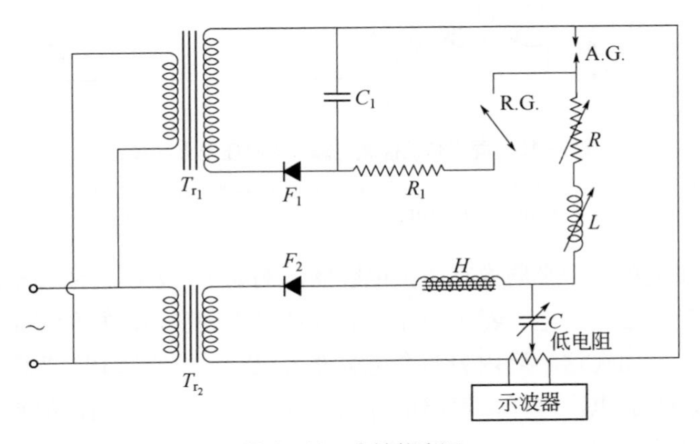

图 2-13　多性能光源

该电路的特点是电容 C 的放电和充电两个过程互相不干扰，每个过程分别控制。另一特点是放电条件的多变性，电容 C、电感 L 和电阻 R 可在较大范围内变化，得到各种放电状态，几种放电波形如图 2-14 所示。

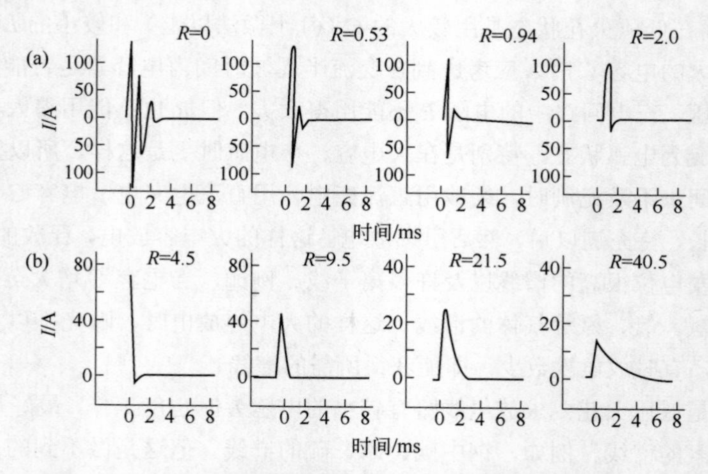

图 2-14　多性能光源不同参数的电容放电电流波形图

（a）振荡放电；（b）阻尼放电

2.3.1.3　整流电火花发生器

在直读仪器中也采用整流型火花的新型火花光源。整流电火花发生器的一个特点就是可以实现“单向放电”，即可以选择试样的极性。在其电路中，高压变压器次级的交流输出通过整流管给电容器充电。图 2-15 就是一种带有同步转动控制间隙的整流高压电火花线路。

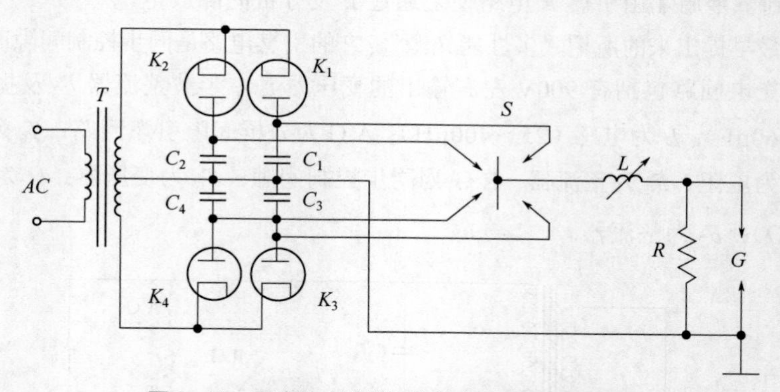

图 2-15　同步转动控制间隙整流高压电火花线路

G—分析间隙；R—高电阻；L—电感；C_1、C_2、C_3、C_4—电容器；K_1、K_2、K_3、K_4—高压整流管；S—同步转动控制间隙；T—高压变压器；AC—交流电源

这种火花电路在电源每个半周内有两个电容器，例如 C_1 及 C_2，通过整流管 K_1 及 K_2 同时被充电，到下一个半周这两个电容器则一先一后地通过由同步电动机驱动的控制间隙 S、电感 L 和分析间隙 G 放电。而在这半周内另两个电容器 C_1 及 C_2 则被充电，至再下一个半周则转动控制间隙 S 使 C_3 及 C_4 放电。这样，每周可有四次放电，而图 2-9 所示的那种转动控制间隙交流火花则每周只有两次放电。这种方式既可控制放电次数，又可控制放电能量，得到很好效果。

2.3.1.4 高速火花光源

以往的火花放电是在与电源频率同步下进行放电，而现在多采用可在内置振荡器的振荡频率下进行放电，频率可调，称为高速火花光源。由于采用高速放电，激发次数增多，提高了分析速度和测定的精密度。这种高频放电光源可方便地进行电弧和火花放电的选择，以适应不同条件下的分析。

图 2-16 是一种直流低压电弧和低压高速火花线路，装置属于低电压火花放电光源。采用 50Hz 交流电源，经变频器转换为 400～600Hz 的高频电流，再经升压整流，输出电压为 1000V 的直流，对电容 *C* 进行充电，同时输入触发回路，触发分析间隙 A.G.，使电容 *C* 以同一频率对分析间隙放电，放电频率由电源的频率来控制，电源电压的变动不会引起频率的改变，放电的稳定性得到提高。

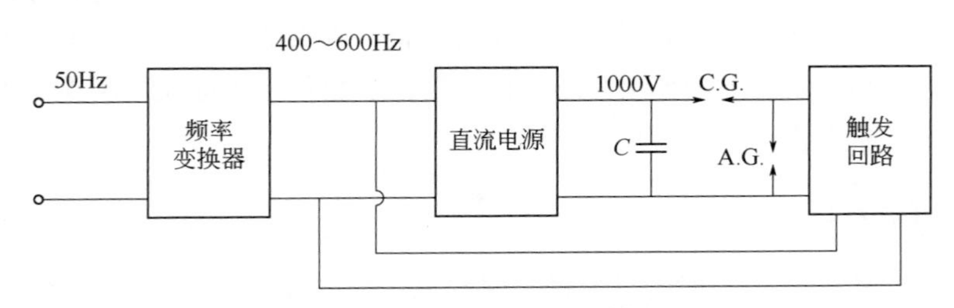

图 2-16　高速火花光源

C—电容；A.G.—分析间隙；C.G.—控制间隙

高速火花的脉冲重复频率为 400～800Hz。这样就缩短了分析时间，现在最快的是约 5s 的放电时间，完成一个分析。随着光电直读光谱分析技术的发展，人们普遍认为提高火花光源的放电频率，增大放电功率，对提高分析精度、减少基体效应及对抗分析试样表面缺陷的影响，起到很好的效果。使火花光谱仪器的激发和测光过程大为缩短，满足快速炉前分析缩短分析时间的要求，而作为管理分析用的发射光谱高速分析装置。

2.3.1.5 “数字化光源”

目前大多数商品仪器所提供的火花光源都在其设计的火花激发光源装置上引入“数字化”技术，称为“数字化光源”，使其触发电压、关断时间都呈可控式，激发能量稳定且呈周期性的变化，从激发光源上提高了火花放电原子发射光谱仪的精度。在“数字化光源”的基础上，各个厂商发展了其特有的光源技术。如美国 ARL 公司的 CCS（current control source）电流控制光源，其峰值电流及调制电流分别由各自独立的单元提供，两个电流的大小、上升速率、下降速率及放电频率均可调整，大的放电电流可以更好地消除金属材料的冶金效应，使基体均匀化，对于改善灰口铸铁、白口铸铁及易切削钢的分析性能有着极其重要的意义。德国斯派克公司的高效等离子发生器激发光源采用全数字信号发生和激发过程控制，激发区域的等离子能量可以高精度、高保真输出。德国 OBLF 公司采用了 GDS（gated discharge source）脉冲放电光源技术。国内钢研纳克的国产光谱仪，其新型固态连续可调数字激发光源实现了激发能量、激发频率的程序可调，激发频率最高可用到 1000Hz，解决了火花发射光谱紫外强度弱的技术难题，而且其单次放电数字解析 SDA（single discharge analysis）专利技术有效提高了分析精密度。

2.3.2 分光系统

分光系统是发射光谱仪器的核心部件，是将火花光源发出的含有各种波长（或频率）的辐射能（复合光），分解按波长顺序进行空间排列，以获取光源激发物中各个元素的分析谱线。采用的分光材料，可以有棱镜色散系统（利用光的折射原理）、光栅色散系统（利用光的衍射原理）。早期采用棱镜分光配合干板照相的摄谱光谱仪器，现在已经很少使用，现代仪器绝大多数采用光栅分光的光电直读仪器。根据分光装置的工作状态不同，分光系统可以分为真空型、充气型及非真空型等型式，根据检测通道的个数，又可分为单道型（即顺序型又称扫描型仪器）和多道型仪器（即同时型仪器）。

火花发射光谱仪器的分光系统主要是由三部分组成：①入射狭缝和出射狭缝；②分光装置（棱镜与光栅）；③光学成像系统，它包括准直镜和成像物镜。按照光栅色散元件的不同，可分为平面光栅装置、凹面光栅装置及平场光栅装置。现用的火花发射光谱仪上主要是采用凹面光栅装置，在小型仪器上则使用平场光栅装置，少数使用平面光栅装置。本节重点介绍普遍采用的凹面光栅装置。

2.3.2.1 凹面光栅装置

凹面光栅属反射光栅的一种，它是将光栅刻痕刻在凹面反射镜上，为罗兰（Rowland）于 19 世纪末发明，并提出了凹面光栅装置——罗兰装置。由于凹面光栅既起色散作用，又因其凹面反射镜具有将色散后的光聚焦成像，起到聚焦的作用，可以在一个较长的焦面（罗兰圆）上得到较宽波段的谱线，有利于多谱线同时检测。除了罗兰装置以外，还出现了几种型式的凹面光栅装置，有艾伯内（Abney）装置、伊格尔（Eagle）装置、帕邢-龙格（Paschen-Runge）装置和瓦兹渥斯（Wadswooth）装置。而所有这些装置都是以罗兰圆为基础，装置结构简单，使用波长范围宽，因此被广泛用于火花放电原子发射光谱仪上。

（1）罗兰圆装置的分光原理

罗兰提出的凹面光栅成像理论指出：凹面光栅上的刻线在光栅圆弧的弦上应是等距的，如将入射狭缝放在以光栅曲率半径 R 为直径并与光栅中心点相切的圆的任意点上，则所得的光谱必将落在这个圆上，这就是有名的“罗兰圆”（Rowland circle）。

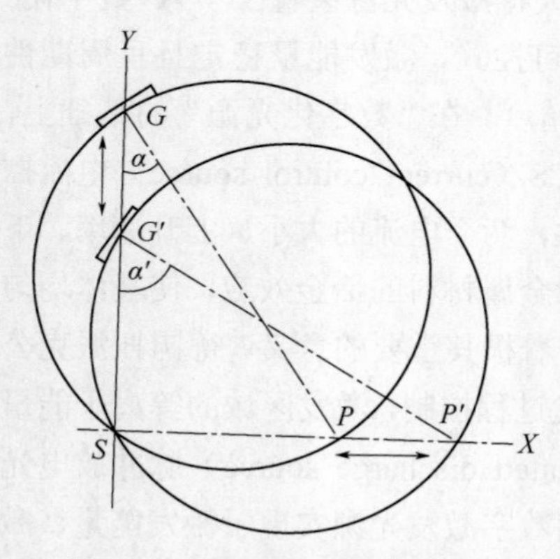

图 2-17 罗兰型装置光路示意图

S—狭缝；G—光栅中心；P—感光板中心

罗兰设计的凹面光栅分光装置的原理图如图 2-17 所示，光栅中心 G 和感光板（当时的检测器件）中心点 P，固定在一条长度等于光栅曲率半径 R 的坚固的连杆的两端上。杆的两端装在能沿两条相互垂直的轨道 YS 和 XS 自由滑动的车架上。狭缝 S 装在两轨道的交点上。这样，不管连杆怎样移动，狭缝、光栅和感光板三者总是落在直径为 R 的罗兰圆上。移动连杆时是改变入射角 α，感光板中央的衍射角总是等于零。这样，所摄得的光谱就总是匀排光谱。这对于当时在测量波长时只有少数标准谱线可供利用的情况是很有利的。但是现在已经有很多波长确定的标准谱线，以致未知波长谱线只需以内插法求得它们的波长，因而匀排光谱已经不像过去那样需要了，较精密的波长测量目前是用法布里-珀罗标准具进行。

（2）帕邢-龙格型凹面光栅装置

早期罗兰圆装置本身存在每次摄谱只能摄一小段光谱、像散较大、不能达到很高的谱级等缺点。但罗兰圆的这一原理，成为后来各种凹面光栅装置的基础。其中帕邢-龙格型凹面光栅装置，成为现代火花直读光谱仪器应用最广的色散装置。

帕邢-龙格装置在以长半径凹面光栅用于大波段范围内研究多谱线光谱时，是最常用的，其分光原理如图 2-18 所示。这种装置的狭缝 S、光栅 G 和光谱检测器 P 都可固定不动，由于不必移动就可以得到波长范围很宽的光谱，正级光谱和负级光谱均可以采用。因此 P 可以设计成一条刻有出射狭缝的长带状，以便在出射狭缝处安放光谱检测器，进行谱线强度的测量。其像散性比罗兰型装置要小，一般装有两个狭缝或两个以上的入射狭缝，对于不同的工作波段，只要选择适当的入射狭缝或反射镜位置，即改变入射角，在短波段时使用较小入射角，长波段时使用较大入射角，便可使该波段像散减少。因此，它成为现在多道直读光谱仪器最常采用的一种色散装置。

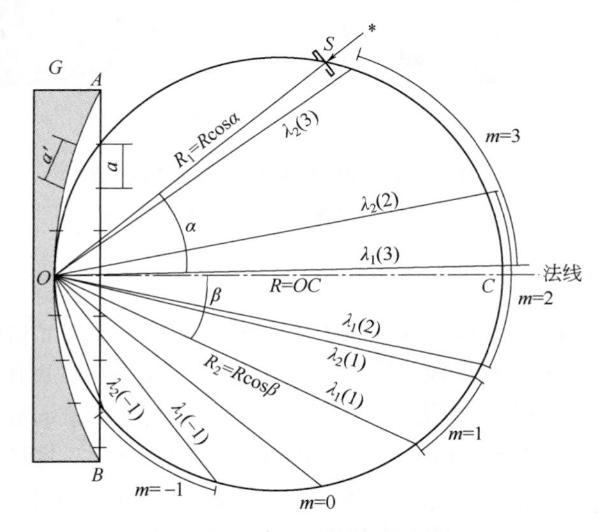

图 2-18　帕邢-龙格型凹面光栅装置分光原理

G—凹面光栅；S—入射狭缝；$R=OC$—光栅曲率半径

由于帕邢-龙格型凹面光栅装置具有结构简单、焦面宽、反射面少等优点，适于多个检测器的安装调试，所以现在火花多道直读光谱仪，特别是真空型的多道直读光谱仪大多数采用这种光栅装置。典型的仪器结构如图 2-19 所示。

图 2-19（a）为采用光电倍增管（PMT）检测器的多道型仪器，可以同时在不同位置放置不同波长响应型号的光电倍增管。由于光栅刻制技术的改进，目前光谱仪曲率半径在 $R=0.5\sim1.0$m 之间。光栅刻线可用 1064gr/mm 或 3600gr/mm 等，波长范围 165～598nm，真空型仪器可到 130～800nm，最多可装 64 个通道。

图 2-19（b）为采用线阵式固体检测器的全谱型仪器，在罗兰圆上装 22 块线阵 CCD 检测器。其中 19 块 CCD 检测器用于测量 125～360nm 光谱区域的谱线。零级光谱经反射镜作

为虚拟的入射狭缝，将光投射到第二块光栅上，用于检测 460nm 以上的长波段分析线的元素，如 Na 589nm、Li 670nm、K 766nm，此光谱区域采用 3 块 CCD 检测器。为了检测真空紫外光区的谱线，分光器中采用带自净化装置的密闭充氩气的紫外光学室，免除工作时需经常吹气，以除去空气中氧气，使之测定谱线小于 190nm 的元素，可以比安放光电倍增管时测定更多的谱线，而且可以同时测定每根谱线的背景。在充气的条件下该装置波长适用范围可达 130～800nm。

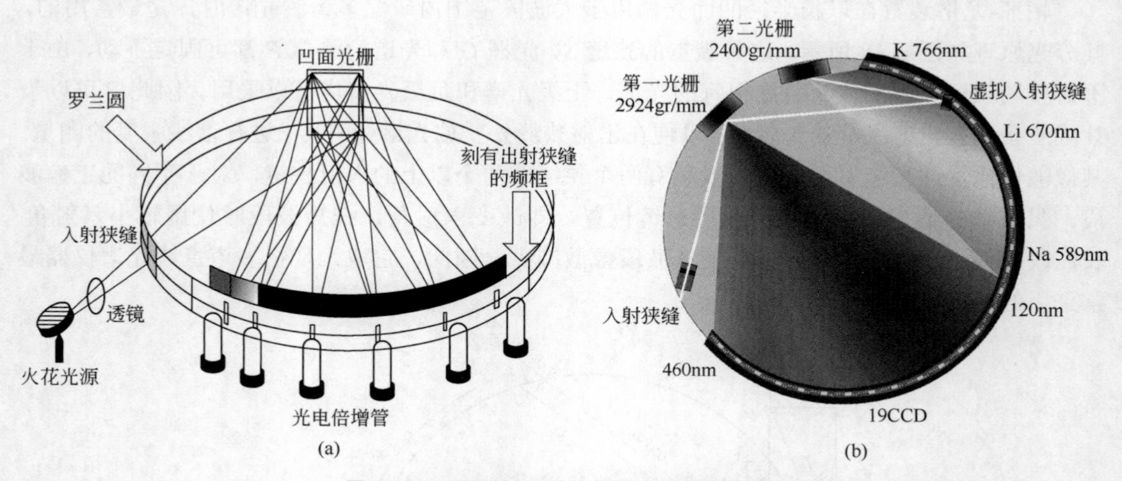

图 2-19　采用帕邢-龙格装置的多道直读仪器

（a）采用 PMT 检测器；（b）采用 CCD 检测器

2.3.2.2　平场光栅装置

由于传统的凹面光栅像差偏大，在日益广泛使用固体检测器的光谱测量中，当使用波长范围较宽时，传统凹面光栅很难兼顾平场和高分辨率的要求。为了使凹面光栅分光后的光谱像位于一个平面上，在入射角恒定的情况下，依靠光栅间距的变化来调整衍射角的变化，可以使不同波长的衍射光均落在一平焦面上，称为凹面光栅的平场化。这种光栅称为平场凹面光栅（flat-field concave gratings），简称为平场光栅。平场化的实质就是补偿各成像光线的光程，消除特定的像差如彗差，从而使成像谱面平直落在面阵式检测器上[5]。

平场光栅装置，具有传统凹面光栅的准直、色散以及成像功能，且具有平直的成像光谱面（图 2-20）。可将一定光谱宽度内的光谱近似成像在一个平面上，用某种平面多通道固体检测器接收光谱信号，在像面上，由于准直、色散和聚焦都集于一体，因而不仅光能损失小，而且整个光谱仪也变得小巧轻便，可使仪器光学系统结构简单、记录速度快、通光效率高、稳定性好，并可做瞬间光谱分析。

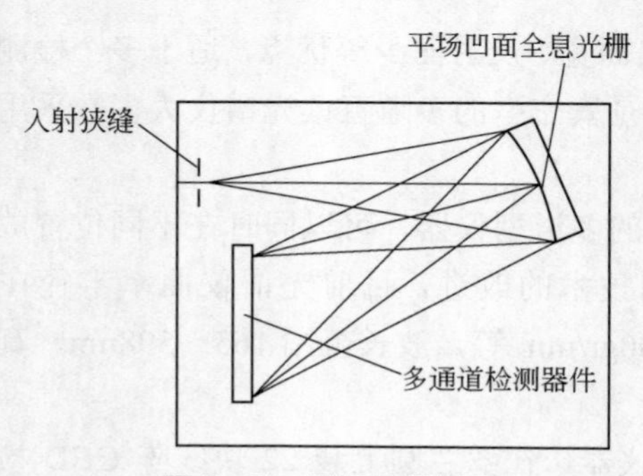

图 2-20　平场光栅装置

当前超小型光谱仪器为了提高光谱质量，其分光装置采用平场凹面光栅为色散器件，才能与接收面为平面的固态检测器件相匹配，实现消像散的设计，提升谱线测量的精准度，这对于小型台式或便携式直读仪器固定光栅的光路是必需的[6]。而且使分光系统做到没有活动部件，结构非常简单，只要选择出射端或入射端比较短距的光栅，就可以实现短焦距色散系统，有利于光谱仪向小型化、宽波段、高分辨和定量精密度等方面拓展。对平场凹面光栅的设计，已成为小型台式 AES 仪器提高定量精确度的发展趋势[7]。

2.3.2.3 凹面光栅光谱仪主要性能

凹面光栅所特有的像散对光电直读光谱仪来说不是个严重问题，因为可以利用足够长的出射狭缝和适当的聚光系统把色散后每条谱线的全部光通量会聚到光电倍增管的光阴极上来。凹面光栅光谱仪主要性能可以从色散率、分辨率、集光本领三个方面加以分析。

（1）线色散率

线色散率表示两束波长相近谱线分开的距离，指把不同波长的光分散开的能力，一般用线色散率 $dl/d\lambda$ 表示。凹面光栅光谱仪线色散率表达式为：

$$D = nR/(d\cos\theta) \tag{2-3}$$

式中，D 为线色散率；n 为光栅的级次；R 为凹面光栅曲率半径；θ 为衍射角；d 为光栅常数（常用光栅刻线数倒数表示，$n_r=1/d$）。

此式表明：

① 为增大线色散率，应增加光栅的级次或增大凹面光栅曲率半径。光栅级次（n）增加光强明显减弱，一般不采用。过去很多采用增大凹面光栅曲率半径（R）的方式，使得仪器体积庞大，同样相对孔径减小，光强损失仍很严重，因而也不宜过分采用。故此，现在多通道的凹面光栅光谱仪，曲率半径均在 0.5～1.0m 之间，多数采用 0.75m。

② 为增大线色散率，应减小光栅常数（d）值，即增加光栅刻线数（n_r）。然而光栅刻线之间的距离不能过小，当 $d \leqslant \lambda/2$ 时，光栅即不能产生衍射作用。

③ 随着波长（λ）的增大，衍射角（θ）增大，长波方向角差比短波方向角差大，色散率随波长增大而缓慢增加。然而衍射角（θ）一般是很小的，几乎 $\theta \approx 0$，那么 $\cos\theta \approx 1$，所得到光谱近似为匀排光谱。

④ 一般表示色散性能的方式是采用线色散率倒数表示，即数字越小，线色散率越高。

（2）分辨率

分辨率为两条谱线被分开的能力，即分开最小波长的间隔，表示光学系统能够正确分辨出紧邻两条谱线的能力。它的实质值是两波长平均值与波长之间差比。一般常用两条可以分辨开的光谱线波长的平均值 $\bar{\lambda}$ 与其波长差 $\Delta\lambda$ 之比值来表示。

$$R = \frac{\bar{\lambda}}{\Delta\lambda} \tag{2-4}$$

光栅的理论分辨率是将谱线看作没有宽度的几何线，通过衍射公式计算求出，只具有判别光栅色散能力的意义。而实际应用上光谱仪所呈现的分辨率称为实际分辨率 R_S，达不到理论分辨率的程度。

① 理论分辨率 R_L 以光谱级次 m 和光栅刻数总数 N 的乘积来表示：$R_L = mN$。可以看

出理论分辨率是与谱线的级次和光栅刻数总数（即光栅刻线数×光栅宽度）成正比，即光栅刻划面积越大，级次越高，光栅的分辨能力就越大。因此，采用大面积的光栅作光谱仪的分光器，对提高仪器的分辨率是很有好处的。

② 实际分辨率 R_S 光谱仪器的分辨率要考虑光谱仪入射狭缝几何宽度、成像系统的光学像差、检测器分辨率及谱线本身具有的宽度，其实际分辨率达不到理论分辨率的程度。所以光栅 R_L 比实际分辨率 R_S 要好得多。而光谱仪分辨率的大小，为实际分析时所必须关注的分辨率数据，为实际分辨率。仪器的实际分辨率是采用仪器实测方法求出的（测试方式详见第 4 章）。

③ 凹面光栅光谱仪的像差比平面光栅光谱仪要严重得多。由于入射狭缝上每一点的像为一段线，所以入射狭缝在调试时，必须精确地平行于光栅的刻线，否则谱线就会变宽，分辨率就会明显下降。

光谱仪的实际分辨能力又与分光系统的狭缝有关。由于光谱仪检测到的谱线像是狭缝的单色光像，狭缝宽度与观察辐射的强度及其分布有关，限定了通过出口狭缝的波长范围(nm)，影响到分析线的背景和邻近谱线的干扰情况，因此必将影响单色仪的实际分辨能力。在实际分析中，常常通过改变狭缝宽度，来调整仪器的信噪比，选择最佳工作条件。

（3）集光本领

集光本领表示光谱仪光学系统传递辐射能的本领。常用入射于狭缝的光源亮度为一单位时，在感光板焦面上单位面积内所得到的辐射通量来表示。

集光本领与物镜的相对孔径的平方$(d/F)^2$成正比，而与狭缝宽度无关。d 为照相物镜孔径，F 为焦距。狭缝宽度变大，像也变宽，单位面积上能量不变。增大物镜焦距 F，可增大线色散率，但要减弱集光本领。

为了增加光谱的信噪比，必须尽量增加到达检测器的辐射能。常用 f 数以提供测定单色器收集来源于入射狭缝辐射的能力。用下式可定义 f 数：

$$f = F/d \tag{2-5}$$

式中，F 是准直镜的焦距；d 是它的直径。一个光学仪器的集光本领随着 f 数的负平方而增加。因此 $f/2$ 的集光本领是 $f/4$ 集光本领的 4 倍。大多数单色器的 f 数在 1～10 范围内。

2.3.3 检测系统

光谱仪检测系统是光谱分析谱线信号进行光电转换和定量检测的部分，由光电转换器件和测量装置组成。

2.3.3.1 光电转换器件

光电转换及测量系统是由分光器色散后的单色光，将光的强度转换为电的信号，然后经测量→转移→放大→转换→送入计算，进入数据处理，进行定性、定量分析。在光电光谱仪中的光电转换元件要求在紫外至可见光谱区域（130～800nm）很宽的波长范围内有很高的灵敏度和信噪比，很宽的线性响应范围，以及快的响应时间。目前火花放电直读光谱仪器测量系统，使用光电转换的器件主要有光电倍增管（PMT）和固体检测器。

（1）光电倍增管

光电倍增管是根据二次电子倍增现象制造的光电转换器件，即外光电效应所释放的电子打在物体上，能释放出更多的电子的现象称为二次电子倍增。

1）PMT 的基本构造及类型

它由一个表面涂有一层光敏物质的光阴极、多个表面都涂有电子逸出功能材料的打拿极和一个阳极所组成，如图 2-21（a）所示，每一个电极保持比前一个电极高得多的电压（如100V）。当入射光照射到光阴极 K 而释放出电子时，电子在高真空中被电场加速，打到第一打拿极 D_1 上。一个入射电子的能量传给打拿极上的多个电子，从打拿极表面发射出多个电子。二次发射的电子又被加速打到第二打拿极 D_2 上，发射电子数目再度被二次发射过程倍增，如此逐级进一步倍增，直到电子聚集到管子阳极 A 为止，电子放大系数（或称增益）可达 10^8 以上。通常光电倍增管约有十二个打拿极，这种增益可达 10^{10}～10^{13} 数量级。因此，特别适合于对微弱光强的测量，发射光谱的谱线强度通过光电倍增管的转换，便可以输出足够大的光电流进行测量，一直为传统光谱仪器所采用。

光电倍增管的窗口接收入射光的方式一般可分成端窗型（head-on）和侧窗型（side-on）两种型式，如图 2-21（b）所示。侧窗型光电倍增管是从玻璃壳的侧面接收入射光，而端窗型光电倍增管则从玻璃壳的顶部接收入射光。大部分的侧窗型光电倍增管使用不透明光阴极（反射式光阴极）和环形聚焦型电子倍增极结构，这种结构能够使其在较低的工作电压下具有较高的灵敏度。端窗型光电倍增管也称顶窗型光电倍增管。它是在其入射窗的内表面上沉积了半透明的光阴极（透过式光阴极），这使其具有优于侧窗型的均匀性。端窗型光电倍增管的特点是拥有从几十平方毫米到几百平方厘米的光阴极。

2）PMT 的基本特性

① PMT 的灵敏度　光电倍增管的灵敏度 S 是指在 1lm 的光通量照射下所输出的光电流强度，即 $S = i/F$，单位为μA/lm。其特性曲线如图 2-22 所示。显然，灵敏度随入射光的波长而变化，这种灵敏度称为光谱灵敏度，而描述光谱灵敏度随波长而变化的曲线称为光谱响应曲线（见图 2-25），由此可确定光电倍增管的工作光谱区和最灵敏波长。例如通常使用的 R427

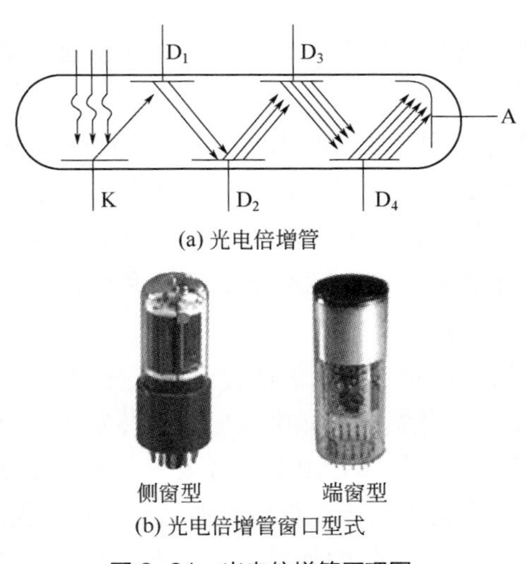

图 2-21　光电倍增管原理图

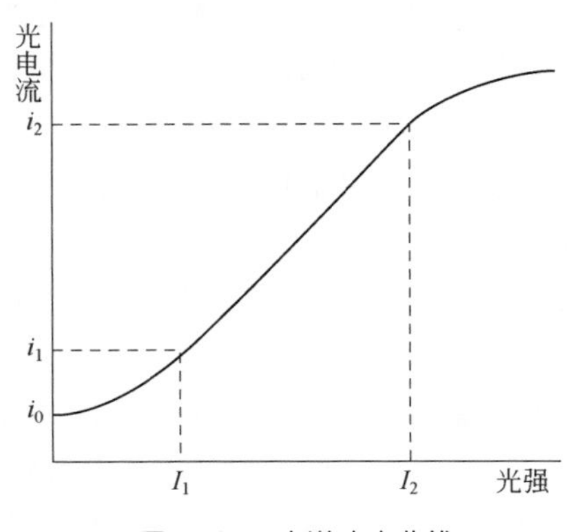

图 2-22　光谱响应曲线

光电倍增管，光谱响应范围为160～320nm，峰值波长200nm，光阴极材料Cs-Te，窗口材料为熔炼石英，典型电流放大率3.3×10^6。

多道直读光谱仪工作在较宽波长范围，不同波长通道采用不同型号的光电倍增管以接收不同波长的光，以对不同元素的测定都有满意的灵敏度。

② 暗电流与线性响应范围　光电倍增管在全暗条件下时，阳极所收集到的电流称为暗电流i_0。当某种波长的光射入时，光电倍增管输出的光电流为i：

$$I = kI_i+i_0$$

式中，I_i对应于产生光电流i的入射光强度；k为比例系数；i_0为暗电流。由此可见，在一定的范围内，光电流与入射光强度呈线性关系，即为光电倍增管的线性响应范围。当入射光强度过大时，输出的光电流随光强的增大而趋向于饱和。光电倍增管的线性响应范围的大小与光阴极的材料有关。

暗电流的来源主要是由于极间的欧姆漏阻、阴极或其他部件的热电子发射以及残余气体的离子发射、场致发射和玻璃闪烁等引起。

当光电倍增管在很低电压下工作时，玻璃芯柱和管座绝缘不良引起的欧姆漏阻是暗电流的主要成分，暗电流随工作电压的升高成正比增加；当工作电压较高时，暗电流主要来源于热电子发射，由于光电阴极和倍增极材料的电子逸出功很低，甚至在室温也可能有热电子发射，这种热电子发射随电压升高暗电流成指数倍增；当工作电压较高时，光电倍增管内的残余气体可被光电离，产生带正电荷的分子离子，当与阴极或打拿极碰撞时可产生二次电子，引起很大的输出噪声脉冲，另外高压时在强电场作用下也可产生场致发射电子引起噪声，另外当电子偏离正常轨迹打到玻壳上会出现闪烁现象引起暗电流脉冲，这一些暗电流均随工作电压升高而急剧增加，使光电倍增管工作不稳定，因此为了减少暗电流，对光电倍增管的最高工作电压均加以限制。

③ 噪声和信噪比　在入射光强度不变的情况下，暗电流和信号电流两者的统计起伏叫做噪声。这是由光子和电子的量子性质而带来的统计起伏，以及负载电阻在光电流经过时其电子的热骚动引起的。输出光电流强度与噪声电流强度之比值，称为信噪比。显然，降低噪声，提高信噪比，将能检测到更微弱的入射光强度，从而大大有利于降低相应元素的检出限。

④ 工作电压和工作温度　光电倍增管的工作电压对光电流的强度有很大的影响，尤其是光阴极与第一打拿极间的电压差对增益（放大倍数）、噪声的影响更大。因此，要求电压的波动不得超过0.05%，应采用高性能的稳压电源供电，但工作电压不许超过最大值（一般为−1000～−900V），否则会引起自发放电而损坏管子，工作环境要求恒温和低温，以减小噪声。

⑤ 疲劳和老化　在入射光强度过大或照射时间过长时，光电倍增管会出现光电流衰减、灵敏度骤降的疲劳现象，这是由于过大的光电流使电极升温而使光电发射材料蒸发过多所引起。在停歇一段时间后还可以全部或部分得到恢复。光电倍增管由于疲劳效应而灵敏度逐步下降，称为老化，最后不能工作而损坏。过强的入射光会加速光电倍增管的老化损坏，因此，不能在工作状态下（光电倍增管加上高压时）打开光电光谱仪的外罩，在日光照射下，光电

倍增管很快便损坏。

3）光电倍增管的工作光谱区

主要取决于光电倍增管阴极和打拿极的光电发射材料。当入射到阴极表面的光子能量足以使电子脱离该表面时才发生电子的光电发射，即 $1/2mv^2 = h\nu - \phi$（$1/2mv^2$ 为电子动能，$h\nu$ 为光子能量，ϕ 为电子的表面功函数）。当 $h\nu < \phi$ 时，不会有表面光电发射，而当 $h\nu = \phi$ 时，才有可能发生光电发射，这时所对应的光的波长 $\lambda = c/\nu$ 称为这种材料表面的阈波长。随着入射光子波长的减小，产生光电子发射的效率将增大，但光电倍增管窗材料对光的吸收也随之增大。显然，光电倍增管的短波响应的极限主要取决于窗材料，而长波响应的极限主要取决于阴极和打拿极材料的性能。

光阴极材料决定了光电倍增管对可见光的响应及其长波截止特性，故多采用功函数低的碱金属为主要成分的半导体化合物，到现在为止，实用的光阴极种类约有十多种。几种主要光阴极材料特性有[8]：双碱阴极（Sb-Rb-Cs，Sb-K-Cs），使用两种碱金属，波长灵敏度范围从紫外线到 700nm 左右；多碱阴极（Sb-Na-K-Cs），使用三种碱金属，具有从紫外到 850nm 的宽光谱范围；高温双碱阴极（Sb-Na-K），与双碱一样也使用两种碱金属，其光谱特性和上述的双碱几乎一样，但其灵敏度要低一些。一般光阴极的保证温度是 50℃，而可耐 175℃的高温。另外，因其在常温下暗电流非常小，对微弱光探测是有利的，所以也可用于光子计数和必须使用低噪声测量场合。

光阴极一般对于紫外线都有较高的灵敏度，由于入射窗材料对紫外线的吸收，因此光电倍增管在短波区的应用取决于窗材料对紫外线的吸收特性。入射窗材的透过率如图 2-23 所示。光电倍增管的窗材有以下各种：

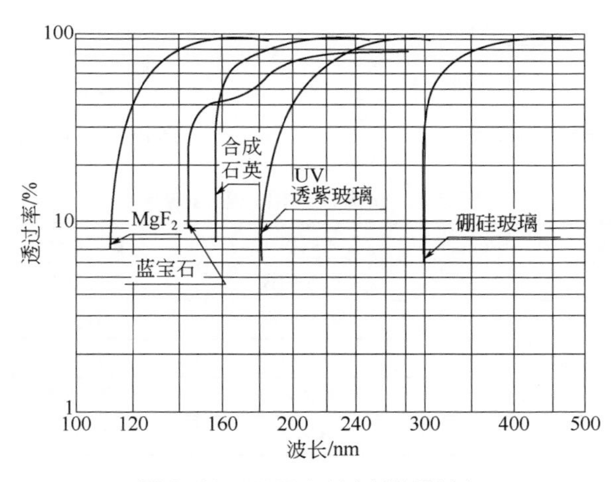

图 2-23　PMT 入射窗材的透过率

① MgF_2 晶体　卤化碱金属的晶体是透紫外线很好的窗材料，但是有水解的缺点。氟化镁晶体几乎不水解，是一种实用的窗材料，直到 115nm 的真空紫外线都能透过。

② 蓝宝石　即 Al_2O_3 晶体，可作为窗材。紫外线的透过率处于透紫玻璃和合成石英玻璃之间。短波的截止波长为 150nm 附近，比合成石英的截止波长短一些。

③ 合成石英　合成石英直到 160nm 的紫外线还能透过，紫外区的吸收比熔融石英小。

因为石英的热膨胀系数和芯柱丝使用的可伐合金有很大差别，所以在和芯柱部分的硼硅玻璃之间要加入数种热膨胀系数逐渐过渡的玻璃，即“过渡节”（如图 2-24 所示）。过渡节部分容易裂，使用时须注意。

氦气容易透过石英，所以不能在有氦的气体中使用。

④ UV 玻璃（透紫玻璃） 因为紫外线（UV）很容易通过这种玻璃，所以取了这个名字，能透过的紫外线波长延伸到 185nm。

⑤ 硼硅玻璃 广泛使用的材料，和光电倍增管芯柱丝所用的可伐合金有相近的膨胀系数，称为“可伐玻璃”。因为短于 300nm 波长的紫外线不能透过，不适于紫外线探测。

还有一种称为日盲管（Cs-L，Cs-Te）的 PMT，由于对太阳光不灵敏，所以被称为“日盲”。波长在大于 200～300nm 时，灵敏度急剧下降，是真空紫外区专用材料。入射窗用 MgF_2 或合成石英时，波长范围是 115～200nm。

图 2-25 为光电倍增管的光谱响应曲线。对不同光谱波段的响应和器件的性能及其应用技术均已经发展得很成熟，目前仍为大多数光电直读光谱仪所普遍采用。光谱仪常用光电倍增管见表 2-1。

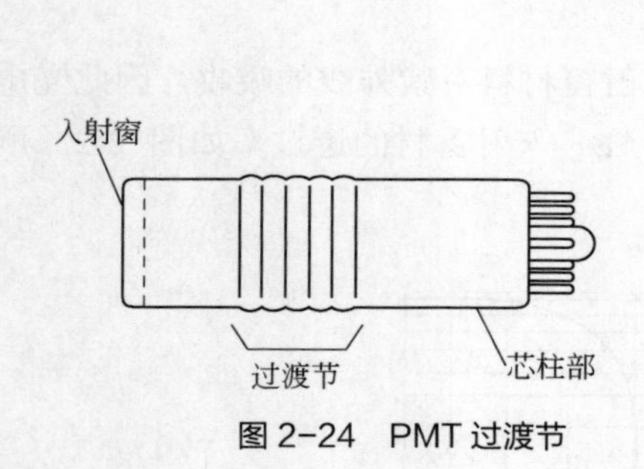

图 2-24 PMT 过渡节

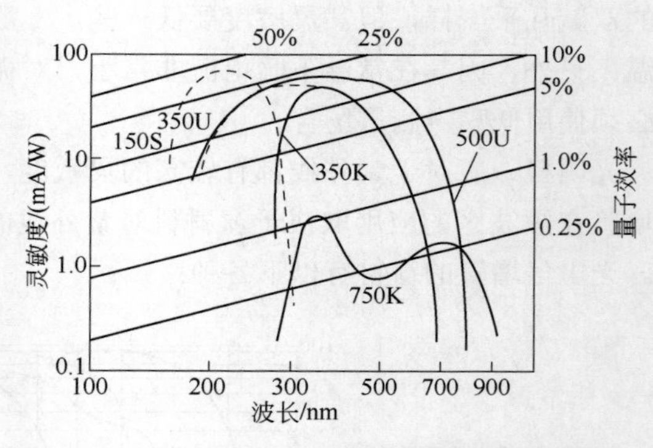

图 2-25 光电倍增管的光谱响应曲线

表 2-1 光谱仪常用光电倍增管

型号	光谱响应范围/nm	光阴极	窗口材料	入射方式
R212 1P28	185～650	双碱光阴极	透紫玻璃	侧窗型
CR184	165～650	双碱光阴极	石英	侧窗型
CR109	185～870	多碱光阴极	透紫玻璃	端窗型
R105	300～650	双碱光阴极	硼硅玻璃	端窗型
R8487	115～195	CsI	MgF_2	侧窗型

4）光电倍增管的光电测量

PMT 将待测谱线的光强转换为光电流，而光电流由积分电容累积，其电压与入射光的光强成正比，测量积分电容器上的电压，便获得相应的谱线强度的信息。不同的仪器其检测装置具有不同的类型，但其测量原理是一样的。其光电测量原理如图 2-26 所示。

光电检测系统主要由以下四个部分组成：光电转换装置 PMT；积分放大电路及其开关逻辑检测；A/D 转换电路；计算机系统。通过改变光电倍增管所加的负高压，可以适应不同光

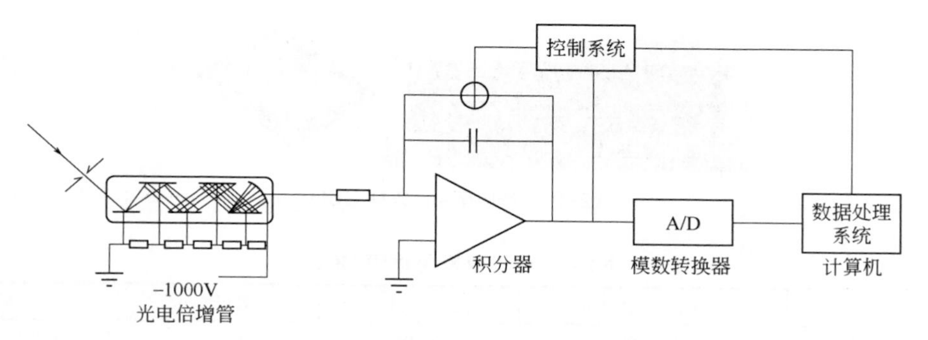

图 2-26 光电倍增管光电测量原理图

强的测量，从而使直读光谱仪有较宽的测定范围。光电倍增管随着负高电压的增大，测量灵敏度提高。光谱仪测定低含量时，应当采用增大负高压方式。但是，增大负高压也会使暗电流增加，反而使其信噪比下降。因此在对不同元素同时测定的工作方式下，对不同元素通道以及测量不同含量时，应预先设定或由仪器自动调节负高压的供给方法，使光电倍增管输出电流达到最佳信噪比。负高压的控制可以通过计算机的软件实现。

传统的光电倍增管检测器经过半个多世纪的发展，技术上已经很成熟，且紫外区灵敏度高响应快，还有进一步发展空间，开发出高动态范围光电倍增管的检测器（HDD），动态范围得到扩展，分析测定的灵敏度和准确度都有比较大的提高。

（2）固体检测器

固体检测器即固态成像器件，是新一代的光电转换检测器，它是一类以半导体硅片为基材的光敏元件，制成多元阵列集成电路式的焦平面检测器。当前光谱仪器中使用的固体检测器有光电二极管阵列（photodiode arrays，PDAs）、电荷注入器件（charge-injection detector，CID）、电荷耦合器件（charge-coupled devices，CCD）及图像传感器（complementary metal oxide semiconductor，CMOS）等。

CCD 器件的整个工作过程是一种电荷耦合过程，因此这类器件叫电荷耦合器件。电荷转移器件的光敏元件可以做成线阵式或面阵式，通常面阵式的像素排列成含若干行和列的平面，使之可以在中阶梯光谱仪中同时记录一张完整的二维光谱图。其突出的特点是以电荷作为信号，通过集中检测器表面不同部位上的光生电荷，并在短暂的周期内测定累计电荷量，在检测微弱光强时，有很好的灵敏度。由于集成度高对谱线有很好的分辨率。光生电荷的产生与入射光的波长及强度有关。

CCD 与 CMOS 由光子产生的电荷被收集并储存在金属-氧化物-半导体（MOS）电容器中，从而可以准确地进行像素寻址而滞后极微。这两种装置是具有随机或准随机像素寻址功能的二维检测器。可以将一个 CCD 看作是许多个光电检测模拟移位寄存器。在光子产生的电荷被储存起来之后，它们近水平方向被一行一行地通过一个高速移位寄存器记录到一个前置放大器上。最后得到的信号被储存在计算机里。

火花直读光谱仪器上使用的固体检测器主要是线阵型或面阵型的 CCD，如图 2-27 所示。目前已有的商品仪器火花光谱仪多使用的 CCD 为线阵型。小型及便携式仪器也有使用 CMOS 作为检测器的，而采用 CID 检测器者尚少见。光谱仪常见镀膜 CCD 见表 2-2。

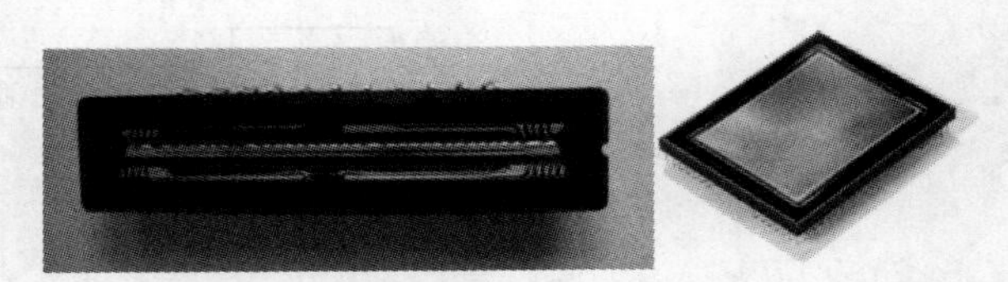

图 2-27 线阵型和面阵型 CCD

表 2-2 光谱仪常见镀膜 CCD

型号	光谱响应范围/nm	像素个数	像素尺寸/μm	厂家
TCD1304DG	100～1000	3648	8×200	TOSHIBA
ILX554B	100～1000	2048	14×56	SONY

与传统的光电转换器件相比，用于原子光谱的固体检测器具有很高的光电效应和量子效率，在−40℃的低温下，暗电流很小，检测速度快，线性范围可达 10^7～10^9，可制成线阵式或面阵式结构，体积小，具有天然的多通道同时测定及二维测量的特点。自 20 世纪 90 年代初以来，随着制造技术的成熟、性能的提高，固态成像器件已成为原子发射光谱理想的光电转换器件。关于这些类型固体检测器件的原理、性能特征参看本书第 4 章。

2.3.3.2 测光方式

火花光谱信号的测量，是检测系统通过光电转换器件得到的微弱的光电流信号（通常是微安级），转化为具有抗干扰能力的正常电压信号（通常是毫伏级以上），以数字信号方式传送给数据处理系统作进一步的定量分析处理。从测量原理上看，常用的测光方式主要有：模拟积分测光、脉冲分布分析测光和模拟积分后数字变换处理测光（即所谓单火花技术）方式。在上述三种方式的基础上，现代仪器还发展了时间分解测光法和原位分布分析法等分析技术。

（1）模拟积分测光

模拟积分测光也称为全积分测光法，是传统的测光方式，至今仍为大多数商品仪器所采用。

直读光谱仪中的光电转换系统（包括光电倍增管 PMT 或固体检测器 CCD 等）得到的微弱的光电流信号 i_p，经过在电容 C 上累积积分，最终得到ΣE_n电压，再经过后级的放大器放大为正常电平，由光强度记录系统（例如记录仪）或现代计算机模数（A/D）转换器接口处理，得到光强度信号。光强度信号与分析物中待测元素的浓度呈线性关系，再与已知元素的浓度（标准试样）与光强度信号呈线性关系的工作曲线比较，即可得到最终的定量分析结果。一次积分完毕之后，与电容 C 并联的开关闭合，清除电容上的电荷，准备下一次火花放电（也称为曝光）的积分过程，如图 2-28 所示。

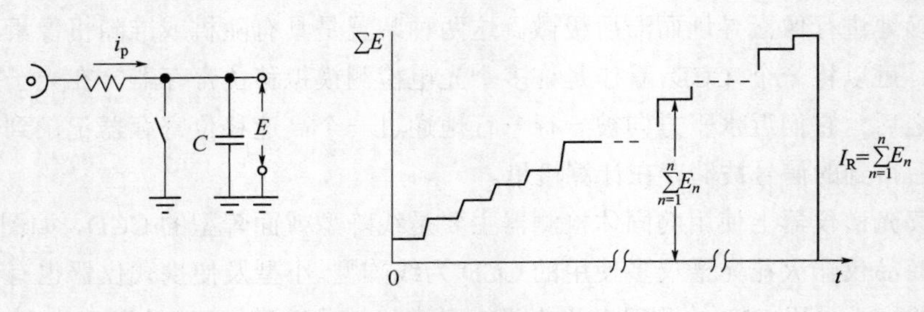

图 2-28 模拟积分测光示意图

模拟积分（全积分）测光，线路简单，数据比较稳定，可以获得较高的仪器稳定性。但是模拟积分（全积分）测光，无论是由金属样品固溶元素成分所贡献的光电流信号，或其他非固溶状态成分，包括非固溶的元素偏析、样品表面污染、样品表面缺陷（例如针孔、裂纹等）等产生的光电流信号都会完全被记录下来，容易造成分析结果的偏差。

而且模拟积分（全积分）测光不能区分待测成分的状态信息，因而无法满足现代钢铁工业洁净钢冶炼过程提出的金属元素固溶与非固溶形态分析的要求。

（2）脉冲分布分析测光

脉冲分布分析测光法（pulse distribution analysis，PDA），出现在 20 世纪 70 年代末期[9]，是在钢铁工业迫切需要解决区分固溶与非固溶元素，如区分酸溶铝-非酸溶铝的定量分析，以满足高品质钢种冶炼的质量管理为目的而提出的新型测光技术。

脉冲分布测光（PDA）方式改变了传统模拟全积分测光方式，不以“总积分强度”而是以“脉冲强度”作为火花放电特定波长的评价依据，能够更加精确、详细地了解每个放电脉冲对定量分析结果的影响。对于后来洁净钢元素形态分析，钢中微量元素分析，气体元素分析和夹杂物分析评价，起到有用的效果。

这种方式是将光谱仪每次放电由光电转换系统得到的微弱的光电流信号 i_p，在电容 C 上进行积分得到一个 E_1 的脉冲电压，再经过后级的放大器放大和模数（A/D）转换，得到一个光强度数字信号而存储在存储器里。同时与火花放电同步的模拟开关闭合，清除掉电容 C 上的电压，准备记录下一个放电脉冲的光强度数字信号。依次反复，可以在存储器中记录下全部放电过程的脉冲信号 E_1，E_2，…，E_n。然后，由计算机对这一系列脉冲信号按照不同的强度和出现的频次，进行归纳整理，得到图 2-29 右面的以频率（f）和强度（E）为坐标的脉冲分布图形。

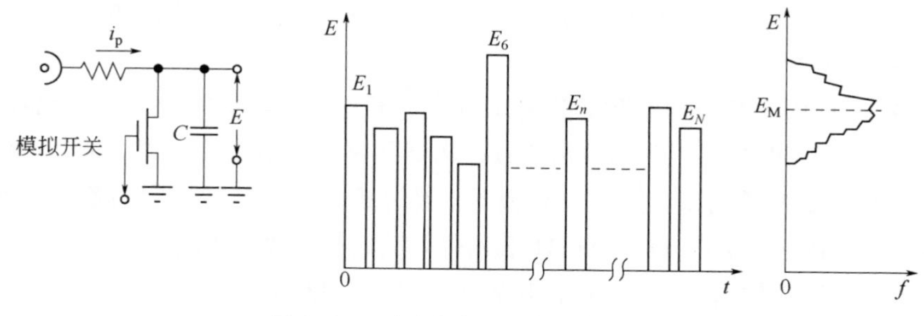

图 2-29　脉冲分布 PDA 测光示意图

由于通常的脉冲分布符合正态分布规律，即强度很低的脉冲很少，同时强度很高的脉冲也很少，大多数为中等强度的脉冲。这时可以以出现频率最多次数的脉冲平均强度 E_M 或采用 E_M 为脉冲分布的强度面积方式，用其中之一的平均强度或积分强度与标样含量制作工作曲线，即可得到最终的定量分析结果。

与模拟积分测光相比，两者的不同在于，模拟积分是把全部脉冲信号强度累积起来作为定量分析的依据，而脉冲分布测光是把每个单个脉冲信号存储，对全部脉冲信号进行分布分析处理之后，以平均强度或强度面积的方式作为定量分析依据。

脉冲分布分析测光法的特长是可以采用脉冲强度监控方法（其示意图见图 2-30），对常规光谱分析中异常脉冲进行鉴别，去剔除非正常脉冲，提高定量分析结果的可靠性。

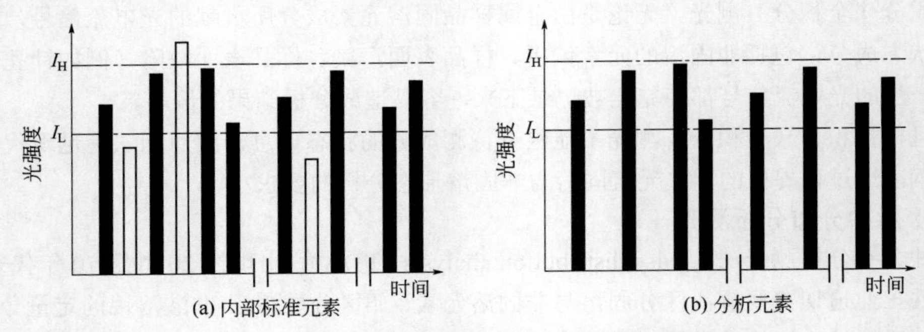

图 2-30 脉冲分布测光脉冲强度监控方法示意图

该法认为，脉冲分布分析测光过程中，异常低强度的脉冲绝大多数是样品表面缺陷（针孔和裂纹等）所造成的；而异常高强度的脉冲绝大多数是由非固溶态（如夹杂物等）所造成的。由经试验预存的标准强度数据，设定仪器内部标准规定的上限 I_H 和下限 I_L，对不符合规定的超过上下限的异常脉冲加以删除，从而在定量测定时只采用正常脉冲范围内的脉冲，可以大幅度提高定量分析的可靠性。

如图 2-30 所示，在去除异常脉冲（白色代表）之后，只采用正常脉冲（黑色代表）进行积分，可以使定量分析精度有效提高。一般来说，脉冲分布图形越窄，则分析精度越高。内部标准规定的上限 I_H 和下限 I_L，可以通过试验确定，或者采用厂家的推荐数值。脉冲强度监控方法，对于容易产生偏析的非固溶元素，如 Al、S、Pb、B、Ca 等，分析精度有相当明显的改进。

（3）模拟积分后数字变换处理测光（单火花技术）

模拟积分后对光谱信号进行脉冲化处理的测光方式，是另一种与脉冲分布测光法类似的方法。目前采用最多的是模拟积分后进行数字变换处理测光方式，称为单火花技术（single spark evaluation，SSE[10]）。

在如图 2-28 所得到的模拟全积分信号基础上，通过电压-频率（V/f）转换器，把每个模拟阶梯强度记录为脉冲信号，进行频率计数，再送到计算机存储和处理。电压-频率（V/f）转换器的原理如图 2-31 所示。这种 V/f 转换器，是分析仪器中经常运用的数据转换器件。常用的有 AD650、AD651、AD654、LM331 等器件，其转换速度基本都能满足现代光谱仪的需要。以 AD654 为例，其外部电路及内部电路框图如图 2-32 所示。

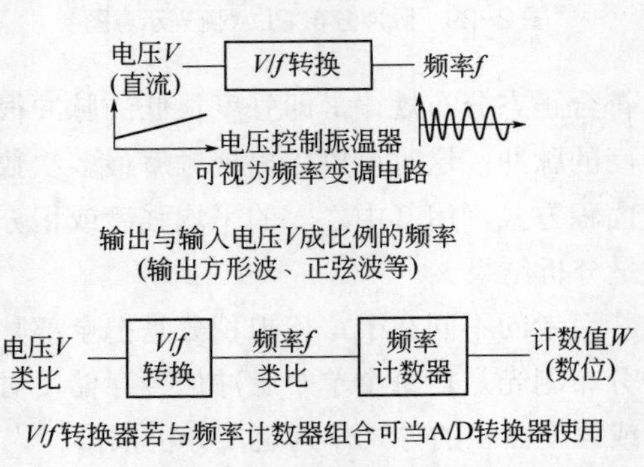

图 2-31 电压-频率（V/f）转换器原理

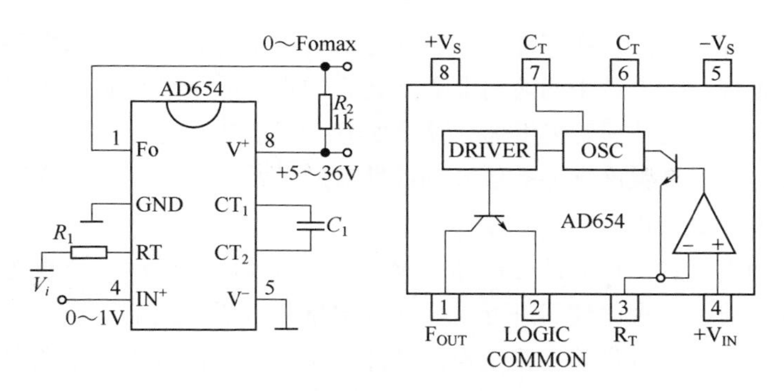

图 2-32　AD654 外部电路及内部电路框图

经过 V/f 转换处理后的放电脉冲如图 2-33 所示，数字变换处理测光对高计数脉冲的识别，即为单火花光谱。这种测光方式对金属中固溶与非固溶元素的定量分析的处理方法，基本上与脉冲分布测光法相同。图 2-34 为对钢中 Al_2O_3 夹杂物的测定。

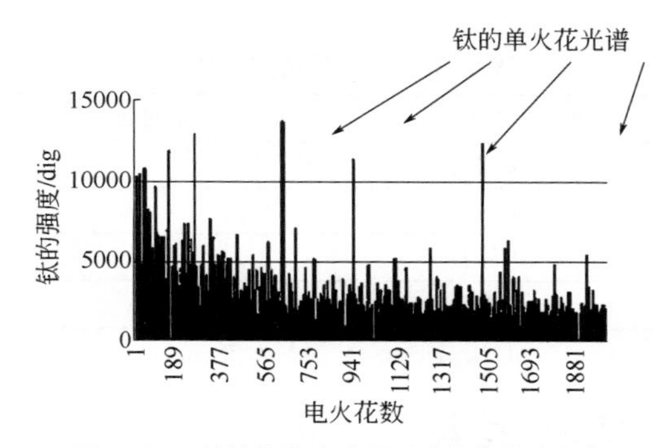

图 2-33　钛的放电脉冲图形（钛的单火花）

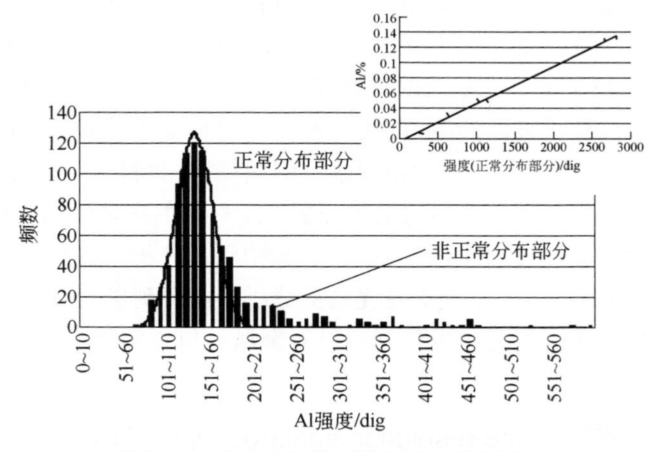

图 2-34　数字变换处理测光的非酸溶铝测定

单火花分析技术与脉冲分布测光法，在金属中固溶与非固溶元素的定量分析方面，两者有近似的效果。然而，模拟积分后数字变换处理测光，通常必须使用全部的脉冲信号，毕竟受到全积分的影响，因其不能取部分脉冲进行处理。

因此，在以下几个方面存在问题是值得注意的：①不能采用脉冲强度鉴别法，所以对分析精度的提高受限制；②金属中固溶与非固溶元素的定量分析，也必须使用全部脉冲信号，而洁净钢新发展的一些钢种需要采用部分脉冲处理；③难以对夹杂物粒径进行测量。

夹杂物粒径与部分高强度脉冲有较好的线性对应关系，采用模拟积分后数字变换处理测光法不容易将其进行对应和解析。

上述这三种测光方式，目前都在商品化仪器上有所使用。模拟积分测光，电路简单，系统稳定性高，为目前火花直读仪器进行常规成分定量分析所广泛采用，但不能进行金属中固溶与非固溶元素的定量分析是其主要缺点。脉冲分布测光，技术较为先进，近年来又有一系列的发展，特别是以氧的高强度脉冲鉴别氧化物的类型，和脉冲强度鉴别功能，暂时没有其他方法替代。模拟积分后数字变换处理测光，电路造价较低，易于实现数字化处理，在金属中固溶与非固溶元素的定量分析方面，也可以达到使用要求。单火花技术进一步发展为单次放电数字解析技术，推出原位分布分析新技术，则是火花光谱分析的创新性发展。

上述三种测光方式主要性能的比较参见表 2-3。

表 2-3　常用测光方式比较

测光方式	模拟积分测光	脉冲分布分析测光	数字变换处理测光
稳定性	◎（最佳）	○	○
分析精度	○（良好）	◎	○
金属元素状态分析	×（不能）	◎	◎
夹杂物评价	×（不能）	◎	◎

2.3.4　火花光谱仪器的分析方法

火花光谱仪器的分析方法有：峰值积分法（PIM）、峰辨别分析法（PDA）、单火花评估分析法（SSE）和单火花激发评估分析法（SEE）以及单次放电数字解析技术（single discharge analysis，SDA）等，在相应的仪器硬件和软件中使用，不仅提高了火花光谱分析在测定金属材料中成分分析方面的能力，可以明显地提高复杂样品的分析灵敏度和准确度。而且 PDA、SSE 和 SEE 及 SDA 等的分析技术还具有解决材料结构状态分析部分问题的能力，如对钢铁中的固溶铝和非固溶铝的定量分析、N 和 S 的夹杂物的分析等。PDA 测光法发展出时间分解光谱法分析技术（TRS 法），在钢中状态分析中得到应用；SDA 法发展成为“金属原位统计分布分析技术”，使火花光谱的分析功能得到极大的提高和创新性的发展，由单纯的对元素总体含量的测定，发展到可以对金属材料原始状态的化学成分和结构进行分析。

2.3.4.1　时间分解光谱法（time resolution spectroscopy，TRS）

在火花放电过程中，不同的元素放电激发经历是不相同的，有的元素选用分析谱线为离子线，可以较快地达到最大强度而后衰减。而有的元素选用分析谱线为原子线，则需要一段时间才能达到最大强度。为了对各种元素都能实现最佳化测光，产生了时间分解光谱技术（TRS）。

（1）火花光源放电曲线

火花光源典型元素的放电曲线如图 2-35 所示。

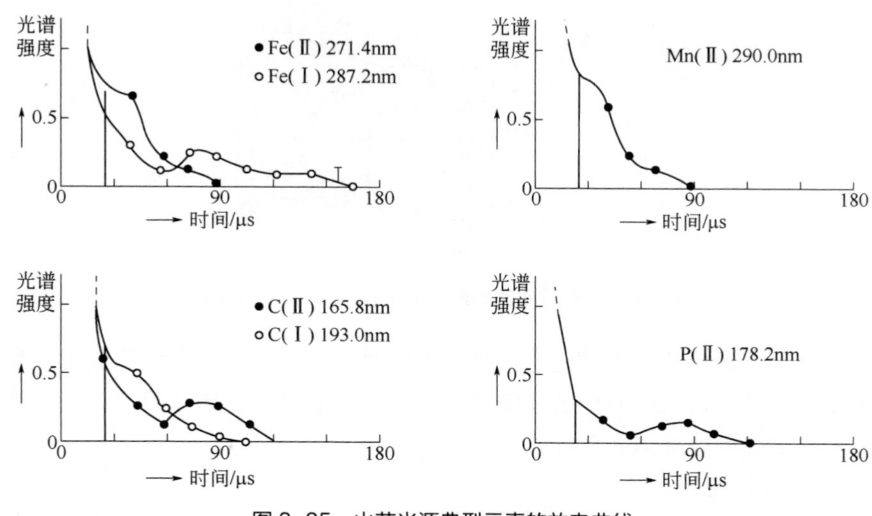

图 2-35　火花光源典型元素的放电曲线

○（Ⅰ）原子线；●（Ⅱ）离子线

可以看出不同的元素、不同的谱线类型（原子线或离子线），随着放电时间变化其谱线强度不断发生变化，其变化规律不同。初始时段变化激烈，随后逐渐变缓，在某一时段可能变为平坦。时间分解测光的目的，就是希望在特定元素放电最稳定和强度最高的时间区间对该元素信号进行记录，以实现对该元素的最佳化测量。具体的实现方法主要有两种方法，时间窗法和三峰组合放电法。

（2）时间窗法

时间窗法即是在测光系统中，对特定元素分析谱线的积分时间设定时间窗口。使其控制时间窗口的开启和关闭时间，以及时间窗口的宽度。这些均可由计算机通过开闭光电倍增管的负高压进行设置，通过厂家经验软件设定或用户试验确定这些参数。见图 2-36 和图 2-37。

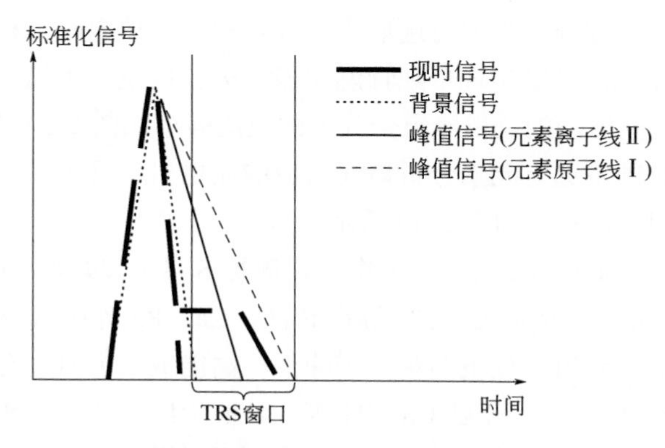

图 2-36　离子线与原子线对应的时间分解（TRS）时间窗

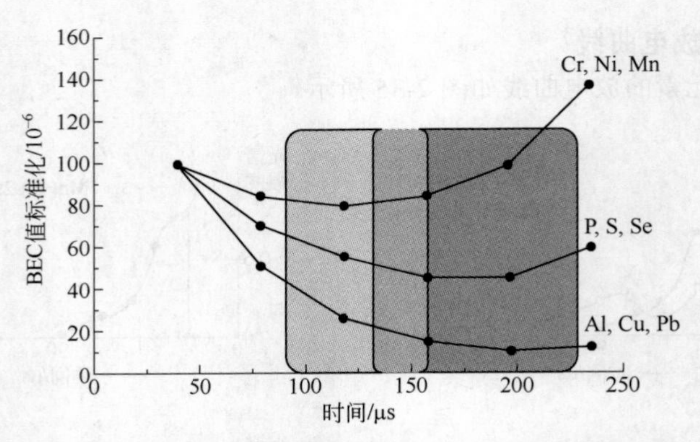

图 2-37　不同特定元素的时间分解（TRS）时间窗

时间窗法，很好地解决了不同元素最佳放电的时间序列问题，有效降低了背景等效浓度（BEC），可以提高多元素同时分析的灵敏度。时间窗法既可用于模拟积分测光系统，也可用于模拟积分后数字变换处理测光系统。

（3）三峰组合放电法

三峰组合放电是专门设计用于时间分解-脉冲分布测光（TRS-PDA）系统的专用方法。

图 2-38 是标准放电条件下的电流峰形。高能放电主要用于样品预燃，火花放电对离子线元素有较好的放电特性，而组合放电对原子线元素的激发更为有利。组合放电包括了火花和类弧放电的两部分的放电特性，对各种元素的离子线和原子线均可有效激发。

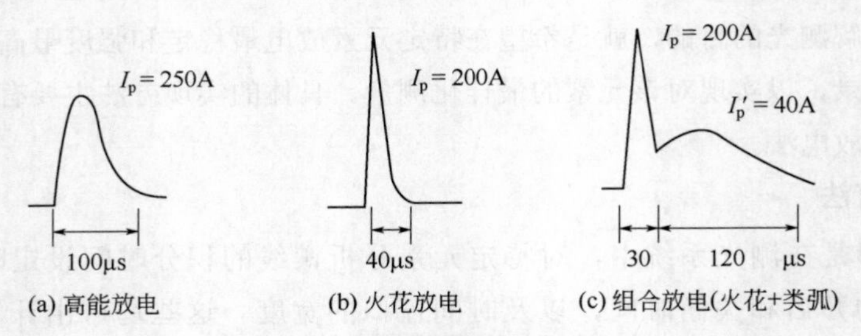

图 2-38　标准放电条件下的电流峰形

把上述放电特点结合起来就构成了三峰组合放电。即在一个电流峰形中，包含高能放电、火花放电和类弧放电三个部分，当同时选取火花放电和类弧放电时，构成组合放电的特性。即在三峰组合放电条件下，可以实现单纯预燃功能，火花放电、类弧放电和组合放电三种积分功能和对应的三种时间窗功能。三峰组合放电的电流峰形如图 2-39 所示。

在三峰组合放电时同步选定元素分析谱线对应的光电倍增管开闭，进行脉冲分布测光，即可完成时间分解的测定过程。如图 2-40 所示。

在三峰组合放电的 Spark area（火花放电区，简称 S 区），以及 Arc area（类弧放电区，简称 A 区），选定对应元素（例如 Cu、Ti 等在 S 区，Ca、Pb 等在 A 区）进行光电倍增管负高压的切换。例如，在三峰组合放电的第一个峰形（高能放电）时，全部光电倍增管均关闭负高压；在第二个峰形（S 区），开启 Cu、Ti 等元素通道的负高压，进行脉冲分布测光，得到图 2-40 上半部分的强度峰形，然后将 Cu、Ti 等元素通道的负高压关闭；在第三个峰形区

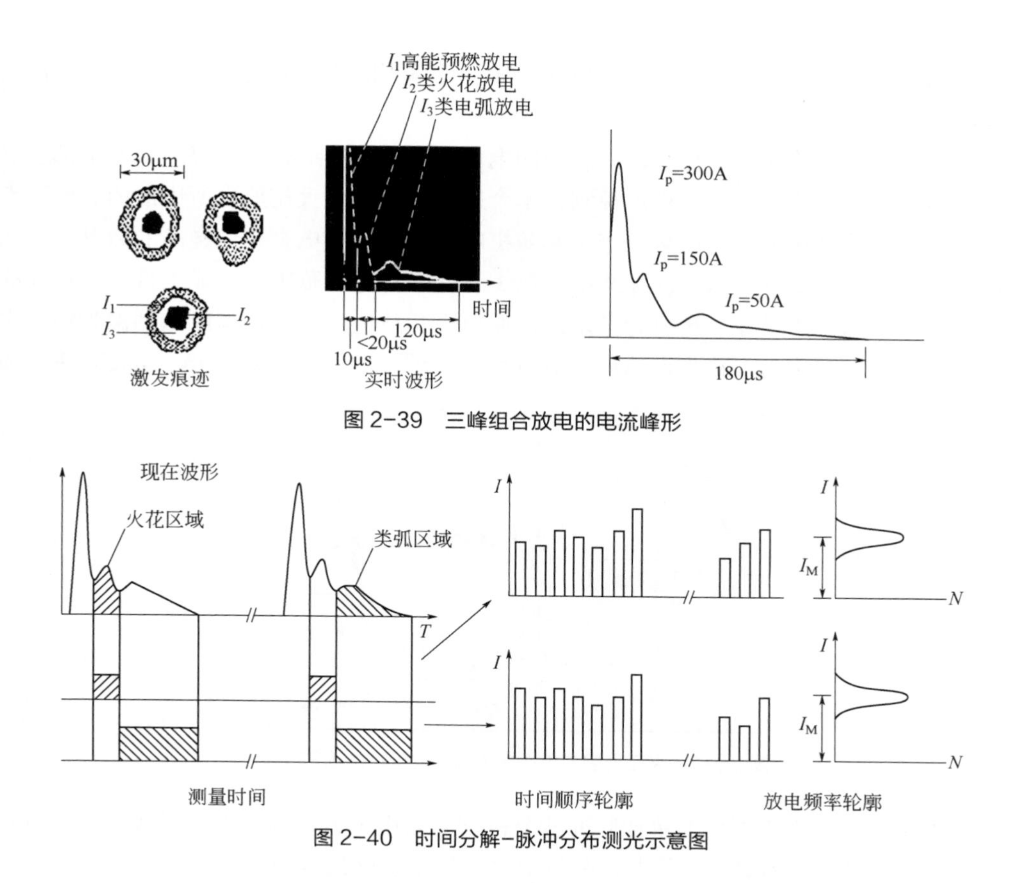

图 2-39 三峰组合放电的电流峰形

图 2-40 时间分解-脉冲分布测光示意图

（A 区），开启 Ca、Pb 等元素通道的负高压，进行脉冲分布测光，得到图 2-40 下半部分的强度峰形，然后将 Ca、Pb 等元素通道的负高压关闭。

使用脉冲分布测光，可以方便地在同一放电峰形下，对不同放电特性的元素都寻找到最佳条件，从而缩短了以前分时间序列地选用不同放电峰形所需的时间，满足工业上提出的最佳化的快速分析需要。时间分解光谱法的典型应用在于金属元素的形态分析，譬如酸溶铝-非酸溶铝分析。

2.3.4.2 单次放电数字解析技术（single discharge analysis，SDA）

普通的火花光谱分析，是通过检测器将谱线的光信号转换为电信号，然后用电容器收集这些电信号，再经放大器放大后通过模数转换，变成计算机可识别的数字信号。电容器相当于一个积分器，可以将一定时间内的电信号累加起来。一方面增大了信号的强度，使得后续电路的设计比较简单；另一方面又将不确定的信号进行了平均，使得读出稳定性得到提高。但是，研究表明，元素谱线强度的不确定性除了分析过程中仪器条件的变化外，对谱线强度影响最大的是样品的表面状态和形貌。脉冲分布测量法（PDA）和单火花评估技术分析法（SSE），对提高分析结果的准确性和测定结果的精密度都有很好的效果，都在于解决样品表面的不均匀性所造成的不利影响，部分解决了元素不同状态的测量问题。但是，它们也都忽略了异常信号所包含的样品表面的其他化学和物理信息，如偏析和缺陷等。随着计算机技术的快速发展和高性能线性放大器的应用，使得检测器的微弱信号直接放大和对信号的多通道高速采集与存储成为可能。采用数字化技术，加上可编程的样品激发平台，提出了单次放电数字解析技术[11]。

交流火花光源所施加于电极和样品之间的电压是交流脉冲形式的，每个脉冲中都包含了大量的放电过程，单次脉冲放电很难控制，单个脉冲周期内，火花放电所引出的放电斑点数是很大的，放电的区域分布和能量分布也是随机的。用单次放电来描述样品的激发，将比单次脉冲更加准确，主要表现在每次脉冲都将在 3～5mm 的直径范围内形成大量微米尺寸的单火花放电，单次脉冲的尺寸分辨率为毫米级，而单火花放电尺寸分辨率能达到微米级。由此产生的新的分析方法称为火花光谱的单次放电数字解析技术，简称为 SDA（single discharge analysis），如图 2-41 所示。

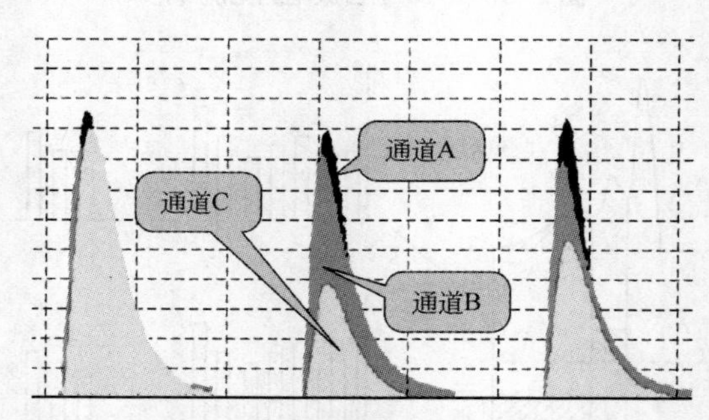

图 2-41　火花光谱的单次放电数字解析技术（SDA）

相对于传统火花光谱采用的单次脉冲法分析，当采用单火花的单次放电数字解析技术以及数据采集积分延时技术进行分析时，分析准确度和精密度都得到提高。

SDA 方法中定量公式为：

$$R_i = \frac{I_{a,i}}{I_{r,i}} = kC_i^b$$

式中，R_i 为第 i 次测量时的谱线强度比；$I_{a,i}$ 和 $I_{r,i}$ 分别为第 i 次测量时分析线和参比线的强度值；C_i 为 i 次激发点的含量；b 是与谱线性质相关的常数。

每次电压脉冲都将产生大量的放电，对这些不同的放电激发的信号进行数字采集，可以得到如图 2-42 和图 2-43 所示的谱线强度图，样品表面形成大量的激发斑点。由于采集速

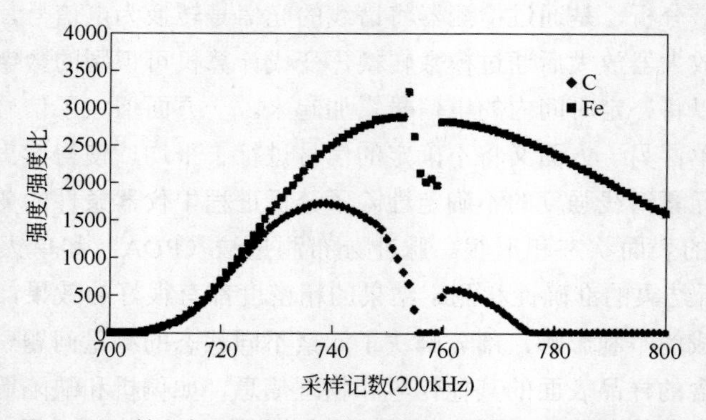

图 2-42　单次电压脉冲在含有夹杂物样品中所形成的放电激发

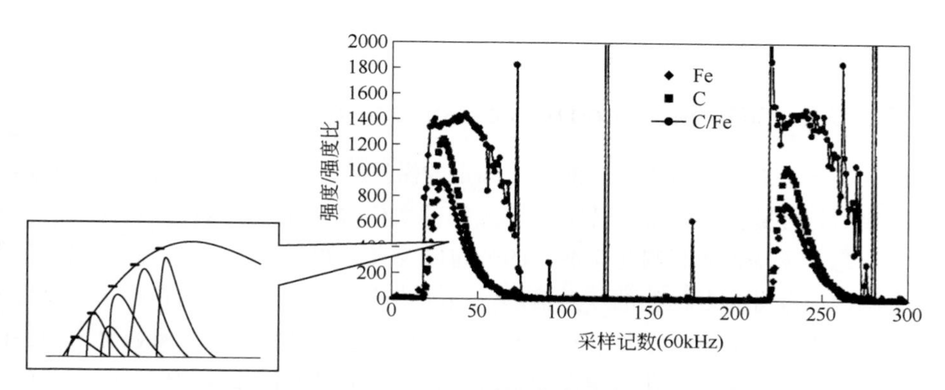

图 2-43　单次电压脉冲在标样中所形成的放电激发

度的限制，图中每个采集点都是多个放电信号的叠加。图 2-42 和图 2-43 分别是单次电压脉冲在含有夹杂物的样品和成分相对均匀的标准样品中不同的放电激发行为和谱线强度的变化情况。

从图 2-43 可以看出，在脉冲所引起的初期放电过程中，虽然 C 和基体 Fe 的谱线强度在不断变化，但是它们的比值 R_i 保持不变。后期由于激发方式发生了变化，激发强度总体下降，R_i 有较大的波动。将脉冲初期的火花放电激发称为有效激发。采用高速的电路设计，包括检测器、放大器和采集电路对前期放电激发进行测量，将其定义为单次放电。用经过时间标记的不同放电激发的谱线强度进行元素的含量测定和缺陷与夹杂物判别，即为单次放电的数字解析技术。要实现这项技术的关键，在于必须对样品进行扫描分析。而且在扫描分析过程中，必须在无预燃条件下进行样品激发。由此可以导出以下分析方法：

① SDA 的单点分析法　根据有效激发的统计平均值 R_s 计算被测元素含量的误差，将有可能小于由算术平均值 R 所计算的被测元素的含量误差。算术平均值 R 和有效激发的统计平均值 R_s 的相应表达式如下：

$$R=\frac{\sum_{i=1}^{n}I_{a,i}}{\sum_{i=1}^{n}I_{r,i}} \tag{2-6}$$

而

$$R_s=\frac{\sum_{i=1}^{m}R_i}{m}=\frac{\sum_{i=1}^{m}\frac{I_{a,i}}{I_{r,i}}}{m} \tag{2-7}$$

式中，i 为第 i 次激发；n 为总的激发次数；m 为有效激发次数，$m \leqslant n$。

② 成分分布的 SDA 分析法　可以由单个激发的 R_i 值分别计算被测元素的浓度值。用扫描激发平台进行样品的线性和面扫描分析时，则得到不同时间放电激发所对应位置的含量和缺陷情况。

③ 样品表面状态分布分析法　由所有被测元素的异常 R_i 值，可以确定样品的非正常激发，从而判断样品表面的物理缺陷。结合扫描激发平台，可以进行样品表面缺陷的定位、尺寸判断和统计分析；可以进行样品中的夹杂物的定性分析。在合适的分析条件下，还能进行

夹杂物的含量分析。

2.3.4.3 原位统计分布分析法（original position analysis，OPA）

常规的火花光谱分析手段，要求对一个固定的激发点，先火花放电若干秒（预燃）使其光谱信号稳定后，再激发若干秒（积分），将测得的数值进行计算。这种方式仅仅能得到材料成分的宏观信息，无法得到材料化学成分的分布以及夹杂物等形态结构信息，更无法得到材料中较大范围内成分分布及结构的定量信息。当火花放电光谱发现采用扫描平台进行激发，在无预燃条件下进行样品激发，连续扫描非均匀的样品表面过程中，所有被分析的界面都是新鲜而不均匀的表面。这些火花所激发的谱线中将包含大量的样品表面信息。由此建立起一种崭新的火花光谱分析技术，即金属原位统计分布分析技术（original position analysis for metal）[12]。

依据这一原理设计的火花放电光谱仪器，即金属原位分析仪 OPA，已经由我国北京纳克仪器公司商品化（图 2-44）[13]，以连续激发同步扫描定位系统、单次火花放电高速采集系统和火花光谱单次放电数字解析三项关键技术为基础，包括数控扫描激发平台、单色仪、弱信号放大与采集、仪器控制和数据处理计算机等硬件系统，以及仪器控制、数据采集与存储、数据解析与表达、图形显示等软件子系统组成。

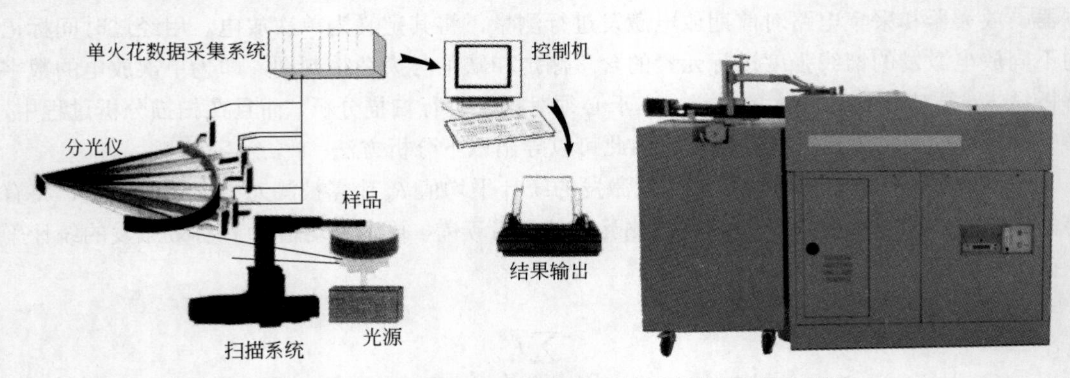

图 2-44　金属原位分析仪系统及 OPA-100 型金属原位分析仪

依照金属原位分析技术的基本原理，异常火花的出现预示夹杂物的存在及表面缺陷的发生。异常火花强度与夹杂物的粒度相关；异常火花数量与夹杂含量相关。

原位统计分布分析（OPA）技术打破传统火花光谱的分析模式，可以对样品大面积表面进行连续扫描激发，直接高速数据采集表面原位的光谱信息，利用 SDA 数字解析技术，从而得到样品表面不同位置的原始状态下的化学成分和含量以及表面的结构信息，进而实现样品的成分分析、缺陷判别与分析以及非金属夹杂物相的分析，是对被分析对象的原始状态化学成分和结构进行分析的一项新技术，可以实现对金属样品的成分分布分析、大型缺陷的定位、小型缺陷的分布和统计[14,15]，以及对金属中夹杂物相的分布和统计分析；解决了金属材料中化学成分、元素成分分布、夹杂物分布、偏析度、疏松度的同时准确快速检测的难题，具备了宏观和微观的分析能力。使火花放电发射光谱的分析功能得到极大提高。

2.4 火花放电光谱定量分析

2.4.1 火花直读光谱分析过程

2.4.1.1 分析操作

采用直读光谱仪器对金属与合金试样进行分析，适用于金属材料生产、加工及冶金炉前分析，由于可以直接以试样本身作电极进行火花激发，操作简便、快速、再现性好。通常采用直读光谱仪器进行分析的过程有下列几个步骤。

（1）试样预处理

用金属或合金试样直接作电极，需对其激发面进行预先处理。固体试样表面因氧化层及污染物与要分析的主体成分不同，必须将试样表面清除。并且要能在试样表面加工出一个光洁的平面，以便保证火花激发过程稳定而不受表面形状的影响，获得可靠的分析结果。

通常是用砂轮磨出一个光洁的平面或用车床或铣床加工出一个平面。由于各种金属及合金软硬不同，所以采用的加工方法应该不同。但原则是应该不使试样受到外来物质的沾污，试样加工时也应尽量不使其过热，以免试样结构发生改变或表面氧化。

全部待激发样品，包括分析试样、标准化样品、控样等必须经过预处理后才能在仪器上测量。一般样品制备方法如下：钢样需在砂轮或磨盘上制备。粒度为36～60目，磨料为Al_2O_3、SiO_2、ZrO_2。要注意磨料及黏结剂可能对分析结果的影响。铸铁样可以在砂纸或磨盘上制备，但通常“白口化”后样品非常硬，需用砂轮磨制。

在做平均成分含量的测定时，加工好的光谱分析的试样表面，不能有肉眼可见的裂缝和疏松等现象，否则所得分析结果不可靠。分析试样和相应的标准试样应当用同一种方法加工表面。用砂轮打磨试样，只能用于成分相类似的试样。不能用磨钢样的砂轮打磨铜电极，因铜性软，易陷在砂轮表面空隙中的铜粉无法清除，会污染样品的加工面。

（2）选择辅助电极

分析合金试样时，经常用被分析合金的基体金属作辅助电极；铝合金采用纯铝；青铜、黄铜采用纯铜；钢铁的分析采用纯铁。对于辅助电极的要求是应不含要分析的待测元素，但因绝对纯的辅助电极不易获得，当辅助电极含有被测元素时，分析结果会出现偏差，特别在测定低含量元素时，以及在辅助电极中此分析元素的含量高时，更为显著，必须注意。

为了选用不含试样中被测定元素的辅助电极做钢铁分析，常用高纯钨作为对电极，也有用纯铁、纯铜及石墨等作辅助电极。

在做钢铁的光谱分析时，以往习惯用纯铜或纯石墨作辅助电极，但在用真空直读光谱仪分析钢中碳、磷、硫及其他合金元素时，在氩气氛中激发试样，采用直径3mm的纯银棒作辅助电极，端头磨成120°的锥形。由于用的是单向放电光源，所以银电极很少消耗，无须经常修磨（大约分析100～150个试样后才需修磨），只在分析数个试样后以细毛刷拂拭即可。有色金属及其合金用纯金属、碳或石墨作辅助电极，随着具体要求不同而选用其中的一种作辅助电极。辅助电极的顶端一般磨成半球形，或采用带截面的圆锥形。

（3）设定电极间隙距离

金属和合金的分析，通常采用电弧或电火花作激发光源。不论用哪种，电极间隙的距离一般采用 1～4mm。因为电极间隙的大小对谱线的强度和分析结果的再现性都有一定影响，所以必须通过试验选定，并且一经选定之后，就必须小心保持不变。操作时采用不同厚度的玻璃片作为确定电极间隙的规板，但这种规板不能用金属制造，以免划伤已磨光的试样表面和沾污分析试样。安装电极时，应当注意它们的位置，尽可能使上、下电极的位置相互对准，商品仪器在安装调试时，针对用户的分析要求进行调整固定。

两电极之间用电弧或电火花激发时，电弧或电火花的亮度都随着电极间隙距离的增大而增加，但这并不一定就等于试样中元素谱线强度的增强，亮度增加，可能是由于大气中气体被激发的缘故。所以选择分析间隙距离，不能从光源的亮度去判断，而需要通过试验来决定。

当用脉冲性质的光源时，金属或合金试样表面的蒸发速度受到脉冲时间的影响，脉冲时间长短影响蒸发速度的大小。做金属或合金的分析，用单向的低压火花或类弧火花，以试样作为阴极，被认为是提高分析灵敏度的有效措施。

（4）预燃

在测定金属或合金试样中各成分平均含量时，需要得到一个稳定的辐射强度。在激发光源作用下，物质由固态到气态的“转化”过程，是一种极复杂的物理化学过程。在试样中各元素辐射的谱线强度并不在试样一经激发以后便立刻达到稳定不变的强度，而是必须经过一段时间以后，方能趋于稳定不变。因此，在光谱定量分析时，必须等待分析元素的谱线的强度稳定以后开始曝光-测其积分强度，才能保证分析结果的准确度。从接通光源的那一瞬间到开始曝光的这一段时间称为预燃时间。对于每一种金属或合金，在制定分析方法时，应该通过试验，绘制预燃曲线，设定预燃时间。

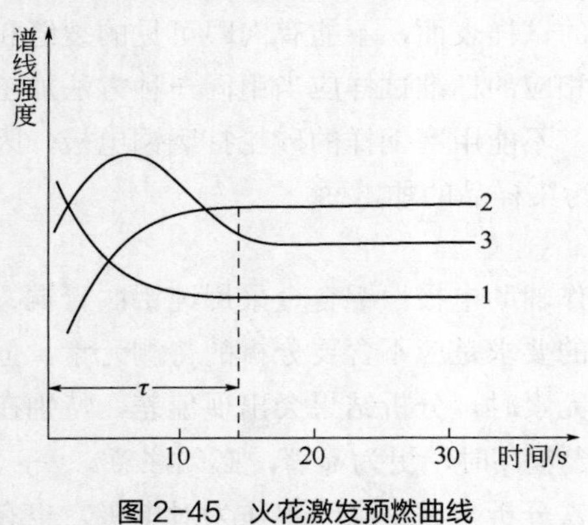

图 2-45　火花激发预燃曲线

样品在火花光源作用下，辐射的谱线强度随激发时间的变化情况即为预燃曲线。图 2-45 为典型预燃曲线的形状：曲线 1 是激发初始强度高随后减低到达稳定，曲线 2 是激发初始强度逐渐升高随后达到稳定，曲线 3 是激发初始强度升高随后减低最后才达到稳定。预燃曲线的形状与不同元素及所选用的分析线有关，要测定样品中某元素的平均含量，显然只有在曲线平稳部分进行积分测量，才能得到稳定的结果。而且由预燃曲线可以看到：

① 分析线对相对强度趋于稳定所需的预燃时间；

② 分析线对相对强度能保持稳定的可以采用的最长曝光时间；

③ 光源激发条件是否适当。

由于做光谱定量分析一般采用内标准法，所以预燃曲线实际是表示分析线对强度比随时间变化的曲线。不同金属或合金，不同的合金组织结构，所需预燃时间不一样，由标准样品与分析样品的预燃曲线也可以看出两者性质是否一致；组织结构有无差别；线对选择是否适当；同一种金属或合金所采用的激发光源不同，预燃时间也不相同。

通常做钢铁的分析时，预燃时间约需几秒到1min；有色金属有时需要更长时间。但实际分析时，有时宁愿牺牲一些分析准确度以提高分析速度，而不采用长的预燃时间。例如分析黄铜中的锌时，它的含量很高，需要的预燃时间长达10min，分析时，经常是选用1min预燃时间，这就不可避免地由于锌的分析线对相对强度在曝光时尚未趋于稳定，而降低了分析准确度。

金属与合金的预燃过程也受到辅助电极材料、放电间隙的气氛、试样在激发时的温度等方面的影响。特别是当试样在空气中激发时氧化作用对预燃过程的影响较大。因此现在的火花光谱仪器激发台均采取在氩气保护氛围中进行，以消除氧化对预燃过程的影响。钢铁分析现在普遍选用高纯钨为对电极，有色金属分析时需选择合适的辅助电极材料。

（5）控制气氛

试样在不同的气氛中激发，试样中元素的预燃曲线形状不同。这显然是由于光源周围的气氛与试样中元素发生化学反应的缘故。现在许多光谱分析工作都在氩气中激发，这样的方式称为控制气氛。在用真空光电直读光谱仪分析钢中碳、磷、硫及其他合金元素，由于要用200nm以下的远紫外光域的谱线，采用氩气氛可以避免空气中的氧气对这些谱线的吸收。同时试样在氩气氛中进行激发，也能带来许多好处，如背景减弱，谱线的强度有所改变，信噪比得到改善，提高了分析灵敏度。由于在氩气氛中电离比较容易，离子线的灵敏度比原子线高，对提高灵敏度更有好处。同时，火花光源在氩气氛中激发时第三元素的影响减少，许多不同的合金中的合金元素可用一条工作曲线进行分析。铝合金用氮气氛也能减少第三元素的影响。

（6）仪器的选择和设置

仪器的选择是指配备光谱仪时对其所带的火花光源发生器、分光系统及分析线的选择。一般要根据分析元素、测定范围及样品的种类和形态来选用。

① 光源发生器的选择　为进行多种样品和多元素的分析，需要选择多功能火花光源发生器。如低压电容放电光源可利用电路参数的变化以达到从电弧到火花阶段性的变化，用于多目的的分析。以分析铸铁为主要任务时，应选用高能预燃火花的光源发生器；需要分析样品中的痕量成分时，要选择带有类弧火花光源的发生器为好。

② 分光系统的选择　根据分析元素分析线的波长范围选择真空或非真空分光系统，不需分析谱线在190nm以下的元素时，使用非真空系统的仪器即可；根据分析对象的基体情况及其测定范围、邻近谱线对分析线影响的程度等因素，选择分光系统的色散率，分析基体复杂的样品要求具有高分辨率的分光系统；根据分析元素的要求，设定需要的固定通道数。

③ 分析线的选择　分析元素和内标元素的谱线要选择受其他元素谱线及带光谱等影响小、信噪比大的谱线。

（7）第三元素和样品组织结构的影响

由金属与合金直接激发分析时，在光源的激发下，试样中基体元素和合金元素都一起进入蒸气云中。分析元素和基体元素之外存在于试样中的元素称为第三元素，由于第三元素的存在而引起分析元素谱线强度改变，转而影响分析结果的准确度，称为第三元素的影响。在很多情况下，第三元素的影响主要是谱线的重叠干扰，当含量较高时也会影响以分析线对相对强度作出的预燃曲线。例如两个具有相同锰含量的钢铁试样中，铁和锰二元合金的试样，与铁、锰和硅（12%）三元合金的试样，两者的预燃曲线不相重合。当硅存在时大大提高了锰线对的相对强度，如果试样中的硅换为镍则将出现相反的情况。采用不同的辅助电极而引起的对分析线强度的影响，其实质上也与第三元素的影响相同。

避免第三元素影响的基本办法是应当采用与分析试样成分相同的标准试样作工作曲线进行分析。当第三元素含量不高时，在很多情况下第三元素影响并不明显，这时采用合适的光源条件，足够长的预燃时间，往往能消除第三元素的影响。在直读光谱仪中带有干扰校正软件，常用干扰系数校正法加以校正。

为了使金属或合金具有某种物理的或机械的性能，经常需将它们作适当的加工或热处理。这样化学成分相同的金属或合金，便出现不同的结构，得出的预燃曲线也不相同。这种影响程度的大小，则随分析元素、光源类型和光源线路参数等因素而不同。当钢铁含大量碳时，结构的影响表现得特别强烈。所以在铸铁分析时，最基本的办法是采用白口化，并用分析试样相同组织结构的标准试样进行分析。

2.4.1.2 仪器操作规程

现代火花直读光谱仪器，以其结构紧凑，自动化程度很高，仪器的使用与操作均由计算机软件控制进行自动化操作，因此仪器的使用必须熟悉仪器的硬件和软件的操作。

（1）分析装置组成

火花直读光谱仪由仪器主机和稳压器、氩气供气系统等配件组成一套火花光谱分析装置。实物仪器如图 2-46 所示。

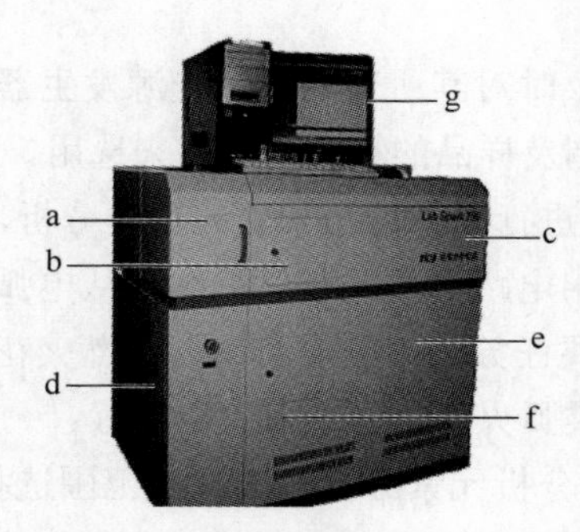

图 2-46　Lab Spark 750 火花光谱仪

a—火花台；b—透镜及描迹调节系统；c—真空分光系统；d—火花激发电源；e—积分电路、光电传感器的负高压电路、温度控制电路、氩气控制电路及监控电路等光电控制系统；f—真空泵；g—计算机硬件及光谱分析软件的数字控制系统

将仪器外壳良好接地，外壳与地之间电阻最大不超过 8Ω，典型值为 4Ω。将仪器总电源接头接到 220V 稳压电源的输出端。准备一瓶高纯度氩气（至少 99.99%），并用氩气管及管接头与仪器连接。仪器电缆及光纤接到 PC 机相应接口。

（2）开启仪器

仪器准备就绪，接通稳压电源，开启仪器进行预热，真空型仪器真空泵开始工作、充气型仪器开始充气。为保证安全及仪器的使用寿命，开机前请确保火花台上已放置样品，同时确保真空泵阀门关闭。

依次按下仪器控制面板上的“负高压”“加热”“光源”按钮，由“模式”按钮可监测仪器的工作模式设定的工作条件是否符合分析要求，包括：负高压值、真空度、光室温度及火花台温度；流量计显示氩气流量（激发时才有读数），一般流量在 8～10L/min，典型值为9L/min；用流量调节钮调节氩气流量。

（3）激发操作

当真空度（在 100mTorr 以下）或充气程度达到要求时，将分析样品置于火花台上（如图2-47）进行激发操作。通过分析软件进行样品激发。如果在激发过程中出现紧急情况（如激发不停止或由样品没放好导致的异常激发现象等），马上按下火花台正下方的红色“急停”按钮，排除异常后恢复“急停”按钮状态，仪器正常工作时按钮灯亮。

（4）软件操作

1）光学系统调准——“描迹”

光谱仪光学系统随着周围环境的变化其光学性质会发生微小的变化，为了使仪器的稳定性、精确度能够有所保证，开机后要定期对光学系统进行调整。为了使多道型仪器具有最佳性能，必须是每条分析线对准其出射狭缝的中心位置，工作期间保持这一光学系统调准的操作习惯上称为“描迹”。实际操作过程中是采用仪器的描迹功能来对光学系统进行调整，使得每一通道的光学性质都处在最佳位置，即在该位置所获得的光强度最大，保证仪器的灵敏度最高。在实验过程中可以利用描迹曲线的对称性，以对应描迹曲线的最大值，即描迹强度最大。原理如图 2-48 所示。

图 2-47　火花台样品放置

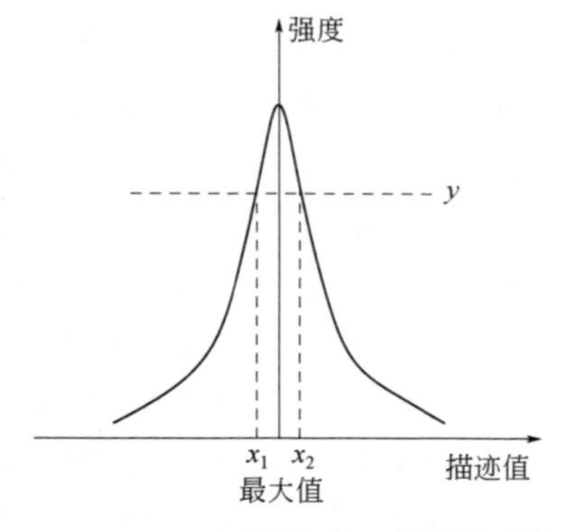

图 2-48　描迹原理图

直读光谱仪由计算机软件进行的描迹，具有多通道同时描迹的功能，可以同时对多个通道进行描迹，使用时是选中“多通道描迹”多选框，然后选中你要监视的通道，即可进行多通道描迹了。通常软件描迹除了用描迹曲线显示之外还提供了实时强度显示，可以通过实时强度来进行描迹。具体操作时，可用一样品于火花台上（样品为高碳含量样品，含碳 3.0%左右，如铸铁可以满足要求），点击“激发”按钮，通过来回改变描迹器（如鼓轮值）扫描得描迹曲线，停止激发，电脑会自动计算出最大强度前后两次描迹的平均值，并调整描迹器在最大强度处固定下来（采用描迹鼓轮时可合上卡扣）。描迹工作完成，当退出时电脑会自动记录该次的描迹值，下次再进行描迹时会自动给出上次的描迹值。

现代自动化光谱仪器开机，即启动自动对光学系统自行调准，已不用再执行描迹操作。

2）工作曲线绘制

点击绘制工作曲线按钮进入绘制工作曲线界面（见图 2-49），选择“数据管理”中储存的工作曲线文件及标准样品库。进行标准样品的选用及标准曲线的建立。绘制工作曲线时所用的标准样品选择完毕后，点击“确定”按钮，则所选择的标准样品会自动进入主界面右上方的“标准化样”下拉框里。

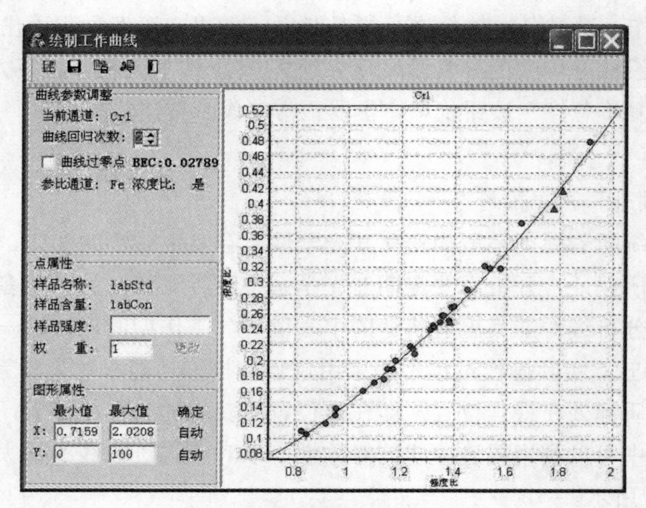

图 2-49 绘制工作曲线界面

设定绘制工作曲线时的激发条件。点击菜单“系统管理→激发条件”，进入激发条件设定对话框，对冲气时间进行设定，对第一次预燃、第二次预燃、第三次预燃，第一次积分、第二次积分、第三次积分的时间、频率、电压、参数（内部）等进行设定，从而设定不同能量的火花光源，不同的采样性能。“积分次数”可以控制积分的次数，设为几次则几次参数可同时进行设定。一般情况下，仪器安装调试工程师已经设定好这些参数，使用时不必进行修改，但可以根据实际需要调整冲气、预燃及积分的时间设定。设定完毕后，点击“确定”按钮，则激发条件窗口关闭，回到绘制工作曲线界面。

点击“标准化样”下拉框，选择好要激发的标准化样品，放上该样品然后点击激发按钮，开始激发，激发过程中如果有意外情况发生需要马上停止激发，可以点击键盘“ESC”键退出。激发完毕后，强度数据会自动显示于界面内。

激发完所有标准样品后，点击“整理原始数据”按钮，会弹出保存文件对话框，输入要保存的文件名称。该文件就是所有标样的激发原始数据，以备以后绘制工作曲线时使用。此时各个已经激发过的标准样品多次激发的平均值会显示在表格中，每行为每个标样的激发平均值。

在该窗口中可以设定“曲线回归次数”“是否选择参比”“选择何种元素作参比”、采用第几次的积分数据绘制工作曲线等。设定好具体参数后，点击“确定”按钮进入绘制工作曲线窗口，对曲线绘制进行更细微的调整，如零点的添加、各个曲线点的权重的设置等。

更改完毕后点击“重画”按钮，更改完的设置会起作用。曲线也会随之变化。点击“保存”按钮可以将曲线的工作曲线系数保存到主界面中，此时在选定的那列元素的下面的一个表格中会有曲线系数显示。如果点击“保存图片”，可以将工作曲线以图片的形式保存下来，进行其他形式的编辑。点击工具条上的“保存工作曲线”按钮，进入程序设计窗口。

在程序设计窗口可以选看要绘制的元素，自动显示该条曲线的标准样品，以及高低标，可以选定或取消该元素高低标样品，或取消/恢复该元素。依次设定好各个元素的曲线，然后输入程序的名称，点击确定按钮，曲线就设定好了。

3）工作曲线校正

工作曲线绘制成功后，由于各个实验室的实验条件（如温度、压力、氩气流量的变化、氩气纯度的变化、电流电压的变化、样品的制样等）不一样，每天的实验条件也会发生变化，工作曲线会发生漂移，因此要对工作曲线定期进行曲线校正。

工作曲线校正分为两点校正和单点校正两种：两点校正即高低标校正，单点校正也称局部校正。

两点校正即是通过校正曲线高点和低点含量而达到对整条曲线的校正；具体实验中的做法是通过再次激发高标样品，得到相应的含量，然后与曲线上高标含量相比较，激发低标样品得到相应的含量，然后与低标含量相比较，联立方程求解得出相应的系数。然后用该系数对曲线进行整体校正。

局部校正即通过一个点的含量来对工作曲线的局部进行校正，具体实验中的做法是通过再次激发单点校正样品，得到其含量，然后与曲线上的相应含量进行比较。求得系数，然后依据此系数对整条工作曲线进行校正。单点校正对在该点附近含量的准确度比较高，但对工作曲线其他位置含量的准确度就会相应有所下降。

选定好工作曲线并做好全局标准化和类型标准化后就可以进行分析了。

（5）分析测定

点击“分析”按钮进入分析界面，放置好样品后点击激发按钮进行分析测定。分析所得数据会直接显示于主界面表格内。可以显示的是每次激发的数据，显示多次激发的平均值、绝对偏差、相对偏差。如果选择了参照样品，还会显示该样品的原始含量。

如果发现有一次激发数据有问题，可以在该界面上对该行激发数据进行选择，点击“删除”按钮，则该行数据被删除。点击“保存”按钮，进入“打开/保存数据”界面，输入样品名称，点击“保存”。在“打开/保存数据”界面上，可以对数据进行储存、删除和输出，或查询工作曲线。

现在冶金炉前分析的直读光谱仪器，可以配置数据输入输出系统，与冶炼炉前的工艺控制台直接连通，分析数据直接输送到控制室，即时对话。

（6）关闭仪器

分析完毕，仪器短时间内不使用，要将仪器关闭，只需依次执行以下操作：关闭监控仪表面板上的“光源”按钮，按下“停止”按钮，关闭氩气瓶阀门。若仪器长时间不用，则依次执行以下操作：关闭监控仪表上的“光源”“负高压”“加热”按钮，关闭真空泵阀门，按下“停止”按钮，关闭氩气瓶阀门，切断稳压电源。此时仪器所有部分都停止工作。

2.4.2 火花光谱分析对样品的要求

火花光谱分析采用块状试样直接测定，因此分析样品应保证均匀、无缩孔和裂纹，铸态样品的制取应将钢水注入规定的模具中，钢材取样应选取具有代表性部位。火花光谱分析样品取制样对不同材料有专门的要求。取制样的用具、样品的尺寸，特别是对操作人员的磨样水平要求较高。

2.4.2.1 分析试样的要求

金属与合金的分析试样，一般采用浇铸取样，也有用锻轧加工过的试样做分析。待测元素谱线强度虽主要与试样中元素的含量有关，但也与其他因素有关，如试样形状、大小和激发面积大小等。试样形状与大小的影响在于光源作用时试样的温度，例如成分相同的合金，薄的、不大的试样与大块的试样比较，在同样的光源条件作用下，前者达到的温度比较高，从而各自所含成分进入放电区的条件就有所不同，致使谱线的强度也不相同。为此分析试样和标准试样的形状、大小尺寸应当保持一致。此外，制备试样的方法也对分析结果有影响，标准试样及分析试样的制备方法应当相同。铸样一般用金属模或特制的取样勺，进行浇铸，为使试样结构较均匀，浇好后采用急冷-快淬火冷却。

金属或合金试样的形状，通常为圆柱状和块状，不同材料有不同的要求。

当分析试样是棒状或丝状试样时，可以用试样作为两个电极进行激发。也可以用另一种材料的棒状电极，作为辅助电极，其一端制成半球形或带截面的圆锥形，或直径为 2～3mm 的圆柱体，采用点对点法进行激发。当分析试样为块状作为电极时，采用棒状辅助电极，则通常称为点面法。商用直读光谱仪器，通常都是将块状试样作上电极。这样，更换一个试样耗费的时间可以缩短。对熔点高的金属或合金棒状电极直径可以小些，对于易熔金属或易氧化金属电极的直径应当大些。

在钢铁分析中，通常采用直径 25～35mm、高度 40～50mm 圆柱体的固体试样，用于各种类型的光谱仪器。对于有色金属如铝镁等及其合金一般采用直径 6～10mm、长度 100～200mm 的圆棒状试样。也有采用铸块样品的，其直径（或长方形边长）为 20～35mm，高度为 40～80mm。其标准方法都有相应的规定。

当分析成品或半成品的机件或材料时，假如能够取棒状或块状试样，或者机件、材料的形状和大小适宜于作一个电极，也可以用点对点法或点面法进行分析。需要注意的是这种成品或半成品的机件或材料曾经过一定的加工如锻、压、轧等加工或热处理过的试样，组织结构不同于铸造的试样，如果用铸态的标准试样作工作曲线进行分析，则定量分析不能得到可靠结果，最好是采用同一状态的标准样品绘制工作曲线，有时也可以采用适当的校正，才能得到可靠的定量结果。当分析小尺寸的试样时，可以把小试样焊接或在惰性气氛中熔成适合分析用的试样。分析直径 0.03～0.2mm 以下的细金属丝，可以将它们扭成金属束，或者把金属丝或金属屑压制成团片进行分析，但其分析精度将受到影响。

对于不能送到实验室内的大型物件的分析，现时最为便捷的方法是采用移动式或便携式光谱仪，但分析精度和准确性上将受到一定的限制。还有一种所谓迁移取样法也可以解决巨型物件的分析，即利用放电时一个电极的物质向另一个电极迁移的现象制成的取样器来取样。取样电极的表面受到放电作用的结果，覆盖了一层薄的试样物质，用这个覆盖有试样物质的取样电极在仪器上和辅助电极组成一对电极进行分析。一般用铜或石墨作取样电极。这种迁移取样法也可以应用于金属镀层、机件的内表面等的成分分析。这种迁移取样法分析结果准确度有限，多作为定性或半定量分析。

2.4.2.2 取样、制样的用具和器械

① 浇铸取样模具　采用铸造样品时，取样模具是从铁水和钢水及液态金属中取样时使用的。有钢制的、铸钢制的、铸铁制的和铜制的模具，或石墨、耐火材料制的模具。也有能用水冷却的模具。模具得到的样品有圆锥台形、圆柱形、盘状或棒状等。选择模具的材质和形状要求：考虑能获得均匀的分析样品，易浇铸和取出。

② 试样切割机及磨样机　以金属固体样品的断面作为放电面时，使用高速切割机、金属切削机床等。将试样的放电面加工到一定的光洁度时，使用电动磨床、砂纸磨盘、砂带研磨机等。研磨材料有氧化铝和碳化硅等。

③ 特殊样品夹具　例如小样品夹具是使小型样品、薄板样品等易于直接装在电极架上。

2.4.2.3 对电极

对电极一般使用直径 1～8mm、长 30～150mm 的银、石墨、钨和铜等的圆棒，其一端制成可以得到稳定放电的形状。电极的材质及纯度，一般应根据分析目的加以选择。对电极顶端形状如图 2-50 所示。

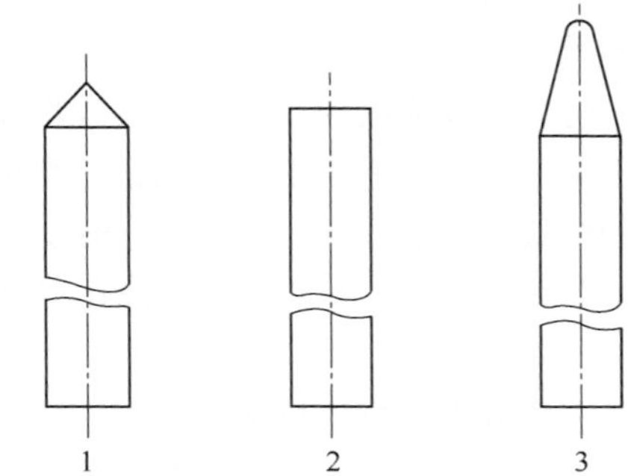

图 2-50　对电极顶端形状示意图

1—圆锥形；2—圆柱形；3—带半球顶端的圆锥形

2.4.3 标准化及标准样品

火花光谱分析中所使用的样品有标准样品、标准化样品、控制样品和分析样品。

（1）标准样品

标准样品是为绘制工作曲线用的，其化学性质和物理性质应与分析样品相近似，应包括分析元素含量范围，并保持适当的梯度，分析元素的含量系用准确可靠的方法定值。

在标准样品系列不适当的情况下，分析结果会产生偏差，因此对标准样品的选择必须充分注意。在绘制工作曲线时，通常使用几个分析元素含量不同的标准样品作为一个系列，其组成和冶炼过程最好要和分析样品近似。如使用内标元素含量不同的标准样品时，也可以换算成诱导含量使用。

（2）标准化样品

标准化样品是为修正由于仪器随时间变化而引起的测量值对工作曲线的偏离而使用的，必须均匀并能得到稳定的谱线强度比。为直接利用原始校准曲线，求出准确结果，通常用 1～2 个样品对仪器进行标准化，这种样品称为标准化样品。

标准化样品应是非常均匀并要求有适当的含量，它可以从标准样品中选出，也可以专门冶炼。当使用两点标准化时，其含量分别取每个元素校准曲线上限和下限附近的含量。应定期用标准化样品对仪器进行校准，校准的时间间隔取决于仪器的稳定性。

（3）控制样品

控制样品是与分析样品有相似的冶金加工过程和化学成分，用于对分析样品测定结果进

行校正的样品。

控制样品一般是自制的。市售的控制样品有时会因与分析样品的冶炼过程和分析方法不同而受到影响。控制样品有取自熔融状金属铸模成型或金属成品。对自制的控制样品，在决定标准值时，应注意标准值定值误差等；在冶炼控制样品时，应适当规定各元素含量，使各样品的基体成分大致相等。

（4）分析样品

分析样品必须根据分析目的，在能代表平均化学成分的部位进行取样。

固体样品的形状可以有块状的和棒状的，有时也有用丝状或薄片。制备时要充分注意切割和研磨对样品的沾污。特别是由研磨材料引起的沾污，应根据分析目的选择合适的研磨材料种类和粒度。

将铸块或成品样品切割成具有直径在20mm以上的平面，再把分析面磨到一定的光洁度。对于铸块样品之间由于内标元素的差别和共存元素给分析值带来偏差时，应预先求出这些元素的含量变化给分析结果造成的偏差，并予以校正。

分析样品、标准样品、标准化样品和控制样品的制备条件必须一致。

2.4.4 定量分析方法

2.4.4.1 光电光谱定量关系式

光电光谱分析中，试样经光源激发以后所辐射的光，经入射狭缝到色散系统光栅，经过分光以后各单色光被聚焦在焦面上形成光谱，在焦面上放置若干个出射狭缝，将分析元素的特定波长引出，分别投射到光电倍增管等接收器上，将光能转变为电信号，由积分电容储存，当曝光终止时，由测量系统逐个测量积分电容上的电压，根据所测电压值的大小来确定元素的含量。

试样的激发过程中，其光谱线的强度是不稳定的，因此从接收器输出的光电流的瞬时强度也会有波动，因此常用输出的光电流向积分电容器充电的方法来测量谱线的平均强度。

若积分电容为 C，光电流为 i，V 是经过积分时间 T 后在积分电容器上所达到的电压，则：

$$V=\frac{Q}{C}=\frac{1}{C}\int_{0}^{t} i\mathrm{d}t=\frac{iT}{C} \tag{2-8}$$

式中 i 为平均光电流，可以看出积分电容器上的电压 V 正比于平均光电流 i 和曝光时间 T，反比于积分电容器的电容量。在实际工作中，C 和 T 均为常数，其中平均光电流 i 正比于谱线强度，为此测量了积分电容器的电压，就可对应地求出试样中元素的含量。

在光电光谱定量分析时，由于分析条件的影响，光谱定量分析的基本关系式（1-93）中的 K 值和 B 值仅适用于同类型的样品，不同类型的样品，其 K 值和 B 值会发生变化，因此必须在实验的基础上，通过制作校准曲线，从而确定样品中元素的含量 C。

2.4.4.2 光电光谱定量分析方法

（1）标准试样法

此方法是在每次分析样品前激发一系列标准样品（严格来说，应采用与待测样品有相同的冶炼历程和晶体结构的标样，实际上这种匹配很难做到）制作校准曲线。谱线强度与分析物浓度的关系，可按幂函数展开：

$$C=\sum_{m=0}^{n-1}a_m I^m = a_0 + a_1 I + a_2 I^2 + \cdots + a_n I^n \tag{2-9}$$

曲线拟合成功后，存储。随后分析待测样品，并将各元素的强度值 I 代入上式，计算出待测元素的含量。现代直读光谱仪器，由计算机处理分析数据，对工作曲线进行拟合，自动给出浓度与强度的回归方程，可以进行一次或二次回归甚至多元回归。火花光谱分析中简单情况下为一元线性回归，大多数情况下为二元回归方程。

标准试样法虽然能保持分析条件的完全一致，分析结果准确可靠，但每次分析都需激发一系列标准样品，重新绘制校准曲线，不仅费时费力，标样损耗也大，为此光电光谱分析时常常采用持久曲线法。

（2）持久曲线法

通常使用的商品仪器，常由厂家预先用一套标准系列样品（按照用户分析对象匹配相同基体的标准系列，严格来说，应采用与待测样品有相同的冶炼历程和晶体结构的标准样品）制作标准曲线存在仪器中，即为持久校准曲线，每次分析时仅激发分析试样，从持久曲线上求含量。与常规标准试样法不同之处在于制作持久校准曲线时，可以采用尽量多的标准样品，并将作为校正用的标准化样品或校正样品，同时进行激发，一起绘制工作曲线。这样每次分析时仅对工作曲线进行标准化或校对即可进行分析测定。

由于温度、湿度、氩气压力、振动等变化，会使谱线产生位移、透镜污染、电极沾污、电源波动等，均会使校准曲线发生平移或移动。为此在实际分析过程中，每天（每班）必须用标准化样品对校准曲线的漂移进行修正，即所谓校准曲线标准化。

标准化有两点标准化和单点标准化：两点标准化是选取两个含量分别在校准曲线上限和下限附近的标准样品，分别激发求出其光强 R_u、R_l，则有：

$$R_\mathrm{u}=\alpha R_\mathrm{u}^0+\beta \tag{2-10}$$

$$R_\mathrm{l}=\alpha R_\mathrm{l}^0+\beta \tag{2-11}$$

两式相减求得：

$$\alpha=\frac{R_\mathrm{u}-R_\mathrm{l}}{R_\mathrm{u}^0-R_\mathrm{l}^0} \tag{2-12}$$

$$\beta=R_\mathrm{u}-\alpha R_\mathrm{u}^0=R_\mathrm{l}-\alpha R_\mathrm{l}^0 \tag{2-13}$$

式中，R_u^0、R_l^0 分别为原持久曲线上限和下限附近含量所对应的光强值；α、β 为曲线的漂移系数，α 表示曲线斜率的变化，β 表示曲线的平移量。

对单点标准化来说，仅选取一个含量在上限附近的标准样品。若在激发时所测得的光强为 R，其在原校准曲线上所对应的原始基准为 R^0，则校正因子为：

$$f=\frac{R^0}{R} \tag{2-14}$$

这种标准化方法仅能校正原校准曲线的平移。

在实际工作中，由于分析试样和标样的冶金过程与某些物理状态的差异，常使分析结果存在一定的偏差，这就需要用控制试样来校正。

（3）控制试样法

控制试样是一个与分析试样的冶金过程和物理状态相一致的标准样品，其各元素含量应准确可靠、成分分布均匀，并且各元素含量应位于校准曲线含量范围之内，尽可能与分析样品的含量接近。

在日常分析时，用与待测试样同样的工作条件，将控制试样与待测试样一起分析，若控制试样的读数为$R_{控}$，其对应的含量为$c_{控}$，待测试样的读数为$R_{待}$，则其对应的含量为：

$$c_{待}=R_{待}+(c_{控}-R_{控}) \tag{2-15}$$

这样我们就得到了待测样品的确切含量$c_{待}$。

2.4.4.3 内标法和分析线对

由于试样的蒸发、激发条件以及试样组成的任何变化，致使分析参数发生变化，均会直接影响谱线强度，这种变化往往很难避免，所以在实际光谱分析时，常常选用一条比较谱线，用分析线与比较线强度比进行光谱定量分析，以抵偿这些难以控制的变化因素的影响，所采用的比较线称内标线，提供这种比较线的元素称为内标元素。在定量分析时，内标元素的含量应保持相同或变化不大，它可以是试样中的基成分，也可以是以一定的含量加入试样中的外加元素。这种按分析线强度比进行光谱定量分析的方法称内标法，所选用的分析线与内标线的组合叫做分析线对。

如果分别以 a、r 表示分析线、内标线，则：

分析线强度 $$I_a=A_a c_a^{b_a} \tag{2-16}$$

内标线强度 $$I_r=A_r c_r^{b_r} \tag{2-17}$$

当内标元素c_r固定时，即$I_r=A_0$，由此分析线对的强度比为：

$$R=\frac{I_a}{I_r}=\frac{A_a}{A_0}c_a^{b_a} \tag{2-18}$$

令 $$k=A_a/A_0,\ c=c_a,\ b=b_a$$

则 $$R=kc^b \tag{2-19}$$

在一定的浓度范围内，k、b与浓度无关，此式即为内标法定量分析的基本公式。

但是并不是任何元素均可作内标，任何一对谱线均可作分析线对，为了使k值是一个常数，对于内标元素、内标线和分析线的选择必须具备下列条件：

① 分析线对应具有相同或相近的激发电位和电离电位，以减小放电温度、激发温度的改变对分析线对相对强度因离解度、激发效率及电离度的变化所引起的影响。

② 内标元素与分析元素应具有相接近的熔点、沸点、化学活性及相近的原子量，以减小电极温度（蒸发温度）的改变对分析线对相对强度因重熔、溅射、蒸发、扩散等变化所引起

的影响。

③ 内标元素的含量，不随分析元素的含量变化而改变，在钢铁分析中常采用基体元素铁作为内标；在制作光谱分析标准样品成分设计时，往往使内标元素含量基体保持一致，以减少基体效应的影响。

④ 分析线及内标线自吸收要小，一般内标线常选用共振线，其自吸收系数 b=1，对分析线的选择在低含量时可选用共振线，在高含量时，可选用自吸收系数 b 接近 1 的非共振线。

⑤ 分析线和内标线附近背景应尽量小，且无干扰元素存在，以提高信噪比。

实际上，上述条件很难同时满足，而且多数情况下也无需同时满足，例如在钢铁及纯金属中少量成分测定时，由于比较容易达到稳定的激发条件，因而在分析线对中，即使二者的激发电位和电离电位相差较大，仍能得到满意的效果。

2.4.5 分析质量及其监控

分析质量一般由测量精度和对化学分析值的偏差可以看出。因此，应该对精度和偏差进行控制并维持一定水平。

2.4.5.1 测定精度的监控

光谱测定精度分连续重复精度、断续重复精度和再现精度。这些精度一般是指在光谱实际测定条件下多次重复分析同一试样而得到的一组测定数据来求得的。所用的样品必须均匀、无缺陷，而且分析元素的含量最好在日常的测定含量范围内。

(1) 连续重复精度

这种精度是由同一试样在连续测定一组数据时求出，它是评价连续重复精度和再现精度的标准。这种精度不好的主要原因，通常是测定条件的瞬时变化。因此，特别要对下列事项采取必要的措施：①所分析样品的均匀性和样品污染；②电源的波动（电压，频率等）；③分析条件的变化（电极位置、分析间隙、试样面光洁度、对电极的形状和气体流量等）；④仪器未调整好或劣化。

(2) 断续重复精度

这种精度是根据在下一次标准化后，同一试样间隔一定的时间或重复激发测定数次所得到的一组测定值求得的。根据这种断续重复精度决定标准化的间隔时间。这种精度不好时，特别要对下列事项采取必要的措施：①对电极形状的变化；②聚光透镜系统的污染；③室温变化；④仪器调整不当；⑤断续操作造成的偏差。

(3) 再现精度

这种精度是根据在各次标准化后的任意时间内测定同一试样得到的一组测定值求得的。这种精度包括标准化的误差，是表示该分析方法的总精度，连续重复精度必须在此精度范围内。这种精度是判定试样是否均匀、仪器性能优劣、每个分析者的技术水平高低等的标准。

2.4.5.2 偏差的监控

判断光谱分析值是否发生偏差的一般方法是：用许多试样进行光谱分析后再做化学分析，然后对相应的两种分析数据的差值进行统计检验。在检验结果不满意的情况下，要考虑化学分析值的正确性。同时，对于光谱分析方法，也要考虑标准样品和控制样品是否合适、分析样品好不好和定量方法正确与否等。

① 标准样品和控制样品不合适时，有标准样品系列、控制样品和分析样品系列的组成显著不同、冶炼过程和非金属夹杂物不同以及标准值不准等而引起的影响。这种情况需要重新选定标准样品系列，控制样品，或者研究校正方法。

② 分析样品不好时，可能是取样方法不合适和制备时被污染等。当分析样品产生成分偏析和缺陷时，要重新考虑取样方法。至于制备时被污染，需要重新考虑研磨材料、工具和制备方法，查明其原因。

③ 定量方法产生误差的主要原因有：标准曲线绘制有误和校正共存元素影响的方法不合适。要重新考虑标准曲线或增加标准样品数目，通过试验予以适当校正。

2.4.5.3 分析误差来源及干扰校正

火花直读光谱分析为块状样品直接测定，误差的来源除与仪器的操作及光谱分析本身的干扰有关外，还与块状样品本身的均匀性及其组织结构直接相关。干扰主要来自于光谱干扰和基体及共存元素的影响。

（1）分析误差产生的来源

①操作者：技术水平、熟练程度；②仪器设备：光源的稳定、分光计的精度、氩气纯度；③分析试样：均匀性、组织结构；④标样：标准值的可靠性、均匀性；⑤分析方法：校正曲线的拟合程度；⑥环境：温度、湿度。

（2）产生误差的原因

偶然误差来自于：①样品成分的不均匀；②光源的不稳定；③室温、氩气压力的波动。

系统误差来自于：①谱线重叠干扰；②第三元素的干扰；③组织结构；④ 曲线漂移。

因此为了保证光电光谱分析结果的可靠性，在仪器运行和分析操作等方面，要对样品制备及标准曲线的校正，偏差监控等加以严格控制。

（3）干扰的来源及其校正

发射光谱分析主要干扰来自于光谱干扰，这种干扰包括背景辐射干扰和谱线重叠干扰，以及“空白”干扰。火花发射光谱法的非光谱干扰效应是由分析物蒸发—原子化—激发—电离过程基本参数的变化，以及由于这些参数的变化所引起的谱线强度的温度、时间和空间分布特性的改变所引起。

火花光谱分析是对固体试样直接分析，对于共存元素的光谱重叠干扰只能通过选择无干扰或干扰小的谱线，或干扰系数校正法进行校正。

光谱分析过程所用电极材料、试剂（如添加剂、分解样品时所用试剂及溶剂等）不纯或环境沾污造成的“空白”干扰，可作为“背景”干扰进行校正，采用扣背景法校正，或通过光源保护气氛改善背景辐射强度的影响，尽量减小这种干扰。

采用组成和物理化学性质尽可能与分析样品相匹配的标准样品或参比样品（reference sample）制作分析校准曲线。正确选择光源操作参数，并采用较大色散率（或较小有效带宽）和分辨率，以及杂散光较小的光谱仪（如全息光栅光谱仪）均有利于减少光谱干扰。

2.4.5.4 分析结果的监控

当采用标准方法进行测定时，可以依据标准方法的精密度表，对分析结果进行质量监控。标准方法的精密度表为经多个实验室共同试验的结果，按 GB/T 6379 统计确定，给出各个测定元素的重复性限（r）或再现性限（R）值作为分析结果质量控制的依据。

2.4.6 仪器的使用与维护

2.4.6.1 仪器安装要求与辅助设备

（1）仪器的安装

直读光谱仪器属于精密的光学仪器，需要仔细维护和保养，以保持其稳定的分析性能，使仪器能正常工作。安装仪器时，必须满足仪器要求的安装条件，一般应注意下列事项：

① 仪器要安装在灰尘少、无腐蚀气体的实验室内。仪器避免日光直接照射。

② 实验室内温度和湿度应满足仪器规定的要求。要求实验室温度 15～30℃，相对湿度小于 80%。

③ 光谱仪要安装在振动尽可能小的地方，仪器附近无强烈振动源，使之免受振动影响。仪器周围应无强交流电干扰，无强气流及酸、碱等腐蚀性气体。

④ 向仪器供电的电源应接上稳压装置，使其电压变动保持在±1%内，同时希望其频率变动尽可能小。并有良好的接地。

⑤ 为使仪器工作稳定并减轻对其他设备的有害干扰，必须按仪器说明书要求设置专用接地设备。要能将真空泵排出气体和光源电极架部分排出气体引出室外。

（2）辅助设备与气体供给

要使一台直读光谱仪器有效地运行，除了一台性能良好的仪器主机外，还需要与之配套的辅助设备，才能组成一套完备的光谱自动分析系统。这些辅助设备包括：

供电稳压器——以保证仪器电源的稳定供电，可以根据仪器使用说明书要求配置。

供气系统——氩气源及其稳压稳流装置和调节仪表，以保证仪器运行期间和分析过程中对氩气的要求。

取制样的设备——砂轮机或小型车床，用于样品表面的打磨或车制，根据所承担的分析任务和要求配置。如高速切割机、砂纸磨盘、砂带研磨机和砂轮机等应设置于安全空间和带有集尘装置。

2.4.6.2 仪器的维护

火花直读光谱仪通常使用台式实验室仪器，需要在一定的环境下运行，特别是冶金炉前分析用的仪器，其使用、维护是保证仪器长期处于正常状态运行，提供准确可靠测定性能的保证。

（1）电路连接线路开关

仪器的电气线路必须保证连接良好，由稳压器保持电压稳定。有开关保护，内部线路必须接地线。工作气体氩气入口连接器保持紧密连接，以保证整个分析过程中气体的使用。

（2）氩气流量调节

仪器安装有气压调节器，当从氩气瓶中出来的氩气大约是 3～4Pa 时，通过调节可以得到适当压力的氩气量。针状阀则可用来调节光室内较小的氩气流量。

（3）火花台的维护

分析 200 个左右样品时，需对火花台进行清理，图 2-51 为清理时的示意图。通常可用火花台清理刷将火花台凹槽中的颗粒物清除，也可用氩气吹洗或用小型吸尘器，建议使用吸尘器（清理方便快捷、效果好）。在日常分析时，每激发一次样品后需用电极刷穿过激发孔对电极进行清理，以防止电极上吸附粉尘颗粒影响激发效果。注意：在不激发样品或不使用仪器时，也应在火花台上放置样品，防止发生无样品激发，损坏仪器。

（4）光室透镜的维护

仪器使用一段时间后，在分析过程中若发现所有元素的强度逐渐降低，则表明光室透镜表面有灰尘覆盖，影响光强，需对透镜进行清理。清理时注意阀门火花台与光室连接部的阀门，将透镜与光室隔离，以防止真空泄漏，同时防止取出透镜支架时灰尘进入光室污染光学器件。阀门关闭后方可取出透镜支架，先取出透镜垫片和 O 形圈，再取出透镜，用专用透镜纸擦拭。透镜擦拭干净后，将其装回透镜支架（见图 2-52）。具体操作方法在仪器维修手册中有详细说明，要由经过培训的人员进行。

图 2-51 火花台清理

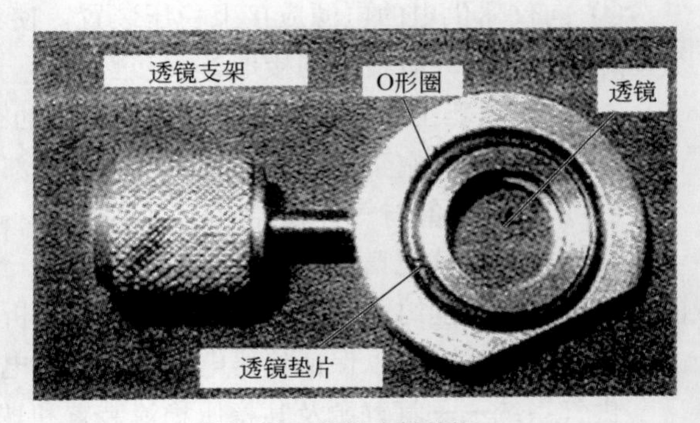

图 2-52 透镜支架结构

（5）真空泵

当工作一段时间后，要定期检查油泵油箱的油位，当油位较低时要给油箱注油。开启油箱阀，向油箱注油，待注满油后关闭油箱阀，应当在泵与光室的通道及重盘式浮阀同时关闭且在泵正常工作的情况下检查油位。进油时注意油面要在通过玻璃窗能够看到的刻度之间，并定期检查油位。若油的温度低于 12℃则不能开机。

（6）其他注意事项

在火花台及放电过滤器的日常清理过程中，需关闭“光源”按钮并按下“停止”按钮，透镜可在开机时按照维护步骤进行清理。仪器维修时需按照长时间不用方式来关闭仪器。若仪器使用现场经常停电，仪器不使用时需注意关闭真空泵阀门，防止真空油反抽到光室中污染光室。长期使用后注意从真空泵侧面的玻璃窗口观察真空油液位，油位低时需给真空泵加油。注意保持良好的仪器使用环境，按正确的操作规范和步骤使用仪器，才能延长仪器使用寿命。

①工作曲线标准化（高低点标准化）每天至少做一次（视仪器具体状况而定）；②半年擦拭一次透镜（视仪器具体状况而定）；③每天进行一次描迹（视仪器具体状况而定）；④正常工作情况下每月更换一个尾气过滤器；⑤做类型标准化的时间视仪器的稳定情况而定；⑥对于真空光室真空度应保持在 100mTorr 以下。

2.5 火花放电发射光谱分析的应用

火花源直读光谱分析主要应用于金属材料化学成分的测定，可以划分为以下三个方面的应用：一是传统意义上的含量分析，也可以称为平均成分分析。它要求高灵敏度、高精度、高效、快速、经济和简便。二是各化学成分的分布分析。三是非金属夹杂物及其形态的分析。

材料的平均成分在生产和利用材料方面，无疑是极其重要的。而微量元素和夹杂元素的含量和化合态以及它们在材料中的分布，也是对材料的性能及其使用具有重要意义。

成分分布分析包括表面成分分布分析和深度分析两部分。表面成分分布分析在以往的概念中都是属于表面科学的范畴。在材料科学中，主要研究的是材料表面的物理和化学性质，它又可以分为微观成分与结构以及宏观偏析两大部分。应用发射光谱的原位分析，已经得到很好的应用，测量技术的发展，使其测定精度、可靠性得到提高。

火花放电（火花源）发射光谱分析技术，最主要的应用仍在于化学成分含量分析上，是钢铁及合金、有色金属及合金材料在炼制过程中，产品质量控制最有实效的分析技术。尤其在冶金炉前分析，快速测定其化学成分方面，是其他分析方法无法代替的。这种分析技术应用范围涉及冶金、铸造、机械工业等各个领域。世界各国都有国家标准样品及标准的分析方法，我国也不例外，同样也有国家标准样品及国家标准的分析方法。本节列举不同材料领域中现有国家标准方法，说明这种技术的应用，作为相关材料分析的参考。

2.5.1 金属材料化学成分分析上的应用

2.5.1.1 黑色冶金材料分析

火花源发射光谱分析在钢铁及合金冶炼过程中，是产品质量控制最有效的分析手段。尤其在冶炼的炉前化学成分监测与分析方面，是其他分析方法难以代替的。世界各国也都制定了相应的标准分析方法并生产了相应的标准样品，建立了完整的分析体系。我国的国家标准 GB/T 4336 作为常规钢铁产品以及普通商品钢材检验的常规方法，GB/T 11170《不锈钢　多元素含量的测定　火花放电原子发射光谱法（常规法）》作为镍铬系不锈钢以及高合金钢材的常规分析方法，均为典型的应用实例，可在钢铁及合金成分分析方面加以借鉴。

（1）碳素钢和中低合金钢中多元素分析

采用火花放电原子发射光谱法测定钢铁合金中多元素的含量，国家标准 GB/T 4336—2016《碳素钢和中低合金钢　多元素含量的测定　火花放电原子发射光谱法（常规法）》，作为各种普通钢材的常规分析方法。

1）适用范围

方法适用于测定碳素钢和中低合金钢中碳、硅、锰、磷、硫、铬、镍、钨、钼、钒、铝、钛、铜、铌、钴、硼、锆、砷、锡等 19 个元素的同时测定，适用于电炉、感应炉、电渣炉、转炉等铸态或锻轧样品的分析，测定范围如表 2-4 所示。

表 2-4 各元素测定范围

元素	测定范围（质量分数）/%	元素	测定范围（质量分数）/%
C	0.03～1.3	Al	0.03～0.16
Si	0.17～1.2	Ti	0.015～0.5
Mn	0.07～2.2	Cu	0.005～1.0
P	0.01～0.07	Nb	0.02～0.12
S	0.008～0.05	Co	0.004～0.3
Cr	0.1～3.0	B	0.0008～0.011
Ni	0.009～4.2	Zr	0.006～0.07
W	0.06～1.7	As	0.004～0.014
Mo	0.03～1.2	Sn	0.006～0.02
V	0.1～0.6		

2）分析条件

推荐的直读仪器要求一级光谱色散率倒数应小于 0.6nm/mm，波长范围 165.0～410.0nm，分光室真空度应在 3Pa 以下，或充高纯氩气（纯度不低于 99.999%）。采用块状样品直接测定，按照 GB/T 20066 的规定取制样。分析样品前，先激发一块样品 2～5 次，确认仪器处于最佳工作状态。在选定的工作条件激发标准样品和分析样品，每个样品至少激发 2～3 次。仪器工作条件见表 2-5，推荐的分析线与内标线如表 2-6 所列。不同型号的仪器所用谱线和分析条件有所不同，可以根据所用仪器厂商推荐的条件进行。

3）注意事项

① 该标准于 2002 年制定，经 2016 年的全面修订，测定范围普遍较旧版标准的适用范围有所限制，如碳的测定范围由“0.005%～1.2%”变为“0.03%～1.3%”，这样就不适用于超低碳钢；硅的测定范围由“0.005%～3.5%”变为“0.17%～1.2%”，不适用于硅含量大于 1.2% 的硅钢等的分析[16]。为避免标准的超范围使用，对于不能覆盖的产品，只要是仪器能够满足分析准确度要求，可以采用同类标准，例如 ASTM E45 或 JIS G1253 等分析标准；也可以根据 CNAS-CL01-2015“5.4.5”中对超出其测定范围使用的标准方法进行方法确认，同样可以获得认可[17]。

表 2-5 推荐的仪器工作条件

项目	内容
分析间隙	3～6mm
火花室控制气氛	氩气，纯度不低于 99.99%
氩气流量	冲洗：3～15L/min；测量：2.5～10L/min；静止：0～1L/min
预燃时间	3～20s
积分时间	2～20s
放电形式	预燃期高能放电，积分期低能放电

表 2-6　推荐的分析线和内标线

元素	波长/nm	可能干扰的元素
Fe	187.7	（内标线）
	271.4	
	273.0	
	287.2	
C	193.09	Al, Mo, Co, Cr, W, Mn, Ni
	165.81	—
P	177.49	Cu, Mn, Ni
	178.28	Ni, Cr, Al
S	180.73	Ni, Mn
Si	181.69	Ti, V, Mo
	212.41	C, Nb
	251.61	Ti, V, Mo
	288.16	Mo, Cr, W, Al
Mn	192.12	—
	263.80	—
	293.30	Cr, Si
Ni	218.49	Cr, Mn
	227.70	—
	231.60	Cr, Mn, Si, Mo
Cr	206.54	—
	267.71	Mo, V
	286.25	Si, Ni
	298.91	Si
Co	228.61	Mo, Ni
	258.03	Mo, Ni, V, W, Ti, Si
	345.35	
V	214.09	—
	290.88	—
	310.22	—
	311.07	Al, Mn, Cr, Ti
	311.67	Cr, Mn, Nb
Ti	190.86	—
	324.19	—
	334.90	—
	337.28	W

元素	波长/nm	可能干扰的元素
Al	186.27	—
	199.05	—
	308.21	Si, Cr, V, Mo, Ni
	394.40	Ni, V, Mo, Cr, Mn
	396.15	Si, Cr, V, Mo, Ni
Cu	211.20	—
	212.30	Si, Mn
	224.26	Cr, Ni, W
	327.39	Nb, Si, W
	337.20	Cr, Mo
W	202.99	
	209.86	Ti
	220.44	Al, Ni, V, Cr
	400.87	
Mo	202.03	—
	203.84	Mn
	277.53	Mn, Ni
	281.61	Mn, V, Si
	386.41	Mn, V
Nb	210.94	
	224.20	Cu, Ni, V
	313.10	Ti, Cr, V, Ni, Si
	319.50	Ti, V, Ni, Cr
Zr	179.00	
	339.19	Cr, Cu, Mo, Ti, Ni
	343.82	
	349.62	Ni
As	197.26	
	189.04	Cr, W
	228.81	
	234.98	
Sn	189.99	Cr, Al, Mn
	317.51	—
	326.23	—
B	182.59	S
	182.64	Mo, Mn, Ni

② 火花光谱分析采用块状试样应保证均匀、无缩孔和裂纹。取制样按照 GB/T 20066 规定。标准样品和分析样品应在同一条件下研磨，不能出现过热，以免样品的组织结构发生变化，影响分析结果的准确性。

③ 火花激发是在氩气保护下进行，氩气纯度及流量对分析测量值有很大的影响，必须保证氩气的纯度不小于 99.995%。为保证碳、硫、磷、硼等的测定，应采用真空型仪器，光室

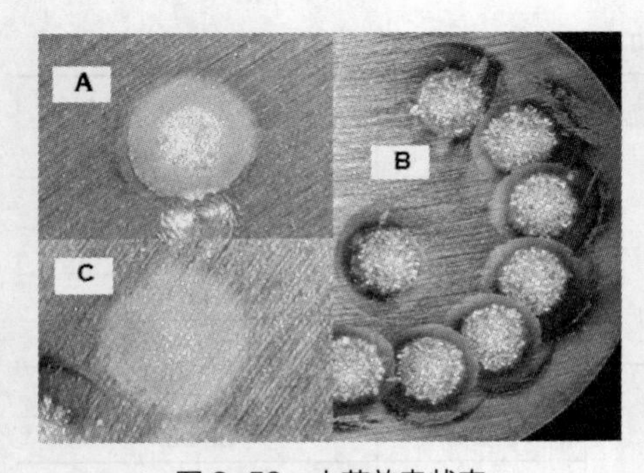

图 2-53　火花放电状态

A—混合放电；B—浓缩放电；C—扩散放电

真空度应在 3Pa 以下，或采用充气型仪器充高纯氮气、氩惰性气体保护，其纯度应不低于 99.999%。否则必须使用氩气净化装置。

④ 实际应用中由于品种牌号繁多，应在分析中注意激发斑点是否正常，特别是含碳较高的样品，试样磨制稍有偏差，时常会出现异常火花，或激发斑点异样，必须查找原因，重新测定，方能得到可靠的分析结果。在氩气气氛中的火花放电，当放电是在金属相上进行时称浓缩放电（图 2-53B），而放电是在非金属相上进行时则称扩散放电（图 2-53C），扩散放电的产生偏重于表面氧化层的形成，浓缩放电仅能在有限程度上实现。由于不可能使放电间隙中绝对没有氧存在，因而实际分析过程中所产生的放电是一种混合放电，其混合程度取决于放电时被侵蚀的金属和金属氧化物的量。对金属元素进行分析时，若有氧的存在，其试样的激发斑点呈白色，放电中心与边缘无明显分界，呈扩散放电特有的轮廓（图 2-53A）；若没有氧的存在，其激发斑点的边缘呈黑色，中心为呈麻点状的被电火花侵蚀后的均匀金属层，是浓缩放电时试样表面特有的痕迹。

⑤ 方法中用于绘制校准曲线所需的标准样品应是有证标准物质。其化学性质和组织结构应与分析样品相近似。选择不适当的标准样品系列会使分析结果产生偏差。标准化样品可以从标准样品中选出，也可以专门冶炼，其组成和冶炼过程应与分析样品近似。控制样品应与分析样品有相似的冶金加工过程、相近的组织结构和化学成分，用于类型标准化修正。控制样品可通过取自熔融状金属铸模成型或金属成品进行自制。对控制样品赋值时，应注意标准值定值误差以及数据、方法的可溯源性。

⑥ 在直读光谱分析中，分析样品成分不均匀、偏析或存在缺陷，由于制备方法不当导致样品被污染，电源的波动（电压、频率等），分析条件的变动（电极位置、分析间隙、试样表面光洁度、对电极的形状和气体流量等），仪器参数设置或性能下降，聚光透镜系统的污染，室内的温度及湿度的变化[18]，以及样品形状等都会对最终测定结果产生影响[19,20]。

4）方法的精密度

该标准给出各个元素的测定精密度。如果两个独立测试结果之间的差值超过所列精密度函数式计算的重复性限 r 或再现性限 R 数值，则认为这两个结果是可疑的。通常最为关注的碳、硅、锰、磷、硫五元素及硼、砷、锡低含量元素的重复性限 r 或再现性限 R 值如表 2-7 所列。

表 2-7　精密度

元素	含量范围 m/%	重复性限 r/%	再现性限 R/%
C	0.03～1.3	$\lg r=0.6648\lg m-1.7576$	$R=0.0667m+0.0126$
Si	0.17～1.2	$r=0.0180m+0.0018$	$\lg R=0.5649\lg m-1.1267$
Mn	0.07～2.2	$r=0.0146m+0.0039$	$R=0.0522m+0.0111$
P	0.01～0.07	$r=0.0514m+0.00002$	$R=0.1166m+0.0028$
S	0.008～0.05	$\lg r=0.7576\lg m-1.3828$	$R=0.1868m+0.0024$

续表

元素	含量范围 m/%	重复性限 r/%	再现性限 R/%
B	0.0008～0.011	r=0.0690m+0.00002	R=0.2729m+0.0004
As	0.004～0.14	lg$r$=0.4166lg$m$−0.4561	lg$R$=0.7775lg$m$−0.8216
Sn	0.006～0.02	r=0.0225m+0.0007	R=0.0896m+0.0028

（2）不锈钢中多元素含量的测定

采用火花放电原子发射光谱法可以直接测定高合金材料的化学成分。如对镍铬系不锈钢的常规分析方法，可参照 GB/T 11170—2008《不锈钢 多元素含量的测定 火花放电原子发射光谱法（常规法）》。

1）适用范围

方法适用于测定不锈钢中碳、硅、锰、磷、硫、铬、镍、钼、铝、铜、钨、钛、铌、钒、钴、硼、砷、锡、铅等 19 个元素的同时测定，适用于电炉、感应炉、电渣炉、转炉等铸态或锻轧样品的分析。测定范围如表 2-8 所示。

表 2-8 各元素测定范围

元素	测定范围（质量分数）/%	元素	测定范围（质量分数）/%
C	0.01～0.30	W	0.05～0.80
Si	0.10～2.00	Ti	0.03～1.10
Mn	0.10～11.00	Nb	0.03～2.50
P	0.004～0.050	V	0.04～0.50
S	0.005～0.050	Co	0.01～0.50
Cr	7.00～28.00	B	0.002～0.020
Ni	0.10～24.00	As	0.002～0.030
Mo	0.06～3.50	Sn	0.005～0.055
Al	0.02～2.00	Pb	0.005～0.020
Cu	0.04～6.00		

2）分析条件

仪器要求与上述普通钢铁分析相同。工作条件见表 2-9，推荐的分析线与内标线如表 2-10 所列。

3）操作要点

① 标准推荐使用的光谱仪，其一级光谱线色散的倒数应小于 0.6nm/mm，波长范围为 130.0～623.0nm，为满足碳、硫、磷、硼等的测定要求应采用真空光量计。

表 2-9 推荐的仪器工作条件

项目	内容
分析间隙	3～6mm
氩气流量	冲洗：6～15L/min；积分：2.5～7L/min；静止：0.5～1L/min
预燃时间	2～20s
积分时间	2～20s
放电形式	预燃期高能放电，积分期低能放电

表 2-10 推荐的分析线和内标线

元素	波长/nm	可能干扰元素
Fe	187.7	
	271.4	
	273.0	
	281.3	
	287.2	（内标线）
	322.8	
	360.8	
	372.0	
	373.0	
C	133.6	—
	156.1	—
	165.8	—
	193.1	Al, Mo, Co, Cr, Ni
Si	212.4	—
	251.6	Ti、V、Mo
	288.1	Mo、Cr、W、Al
Mn	263.8	Cr
	290.0	—
	293.3	Cr、Si、Ni、Mo
	346.8	
P	178.3	Cu, Mn, Ni, Nb, Cr, Mo
S	180.7	Mn、Ni
Cr	213.9	—
	265.9	—
	267.7	—
	286.1	Mn、Ni
	286.3	—
	298.9	—
	425.4	—
	597.8	—
Cu	223.0	—
	224.3	Ni
	324.8	—
	327.4	Cr、Ni
	510.5	—
Ti	324.2	—
	337.3	—
	337.5	Cr、Mo

元素	波长/nm	可能干扰元素
Ni	218.5	—
	225.4	—
	227.7	—
	231.6	—
	243.8	Mn、Cr、Cu、Mo
	319.5	—
	341.4	—
	352.4	—
	376.9	—
Co	228.6	Ni
	258.0	—
	345.3	—
	384.5	—
W	209.8	—
	220.4	Co、Nb、V
	400.8	—
Mo	202.0	Cr、Ni
	277.5	—
	281.6	Mn、Al
	317.0	—
Nb	313.0	—
	319.5	Mo, Cr
Al	237.2	—
	305.5	Mn、Mo
	308.2	—
	309.2	—
	394.4	Cr
	396.1	—
B	182.6	—
V	310.2	Mn
	311.0	—
	437.9	—
	622.1	
Sn	190.0	Mo、Ni
	317.5	
As	189.0	Cr
	197.3	Mn
Pb	405.7	—

② 采用火花直读光谱法分析高合金成分的钢铁产品，其快速多元素测定有利于生产工艺的控制。由于合金成分变化较大，因此应经常用标准化样品对仪器进行校准，特别是对于镍、铬、钼等高含量元素的测定，其测定精密度取决于仪器的稳定性，同时样品表面的制备质量也直接影响到样品分析结果的可靠性。选用绘制校准曲线的标准样品应是有证标准物质，控制样品应采用与分析样品有相似的冶金加工过程、相近的组织结构和化学成分，以保证测定

结果的准确性[21,22]。

4）方法的精密度

该标准的精密度经选择 5～15 个水平由 8 个实验室共同试验结果按 GB/T 6379 统计确定给出精密度表，作为分析结果的质量控制。对于含量高的铬、镍、钼、铌、钒、铝、铜、钛的精密度要求如表 2-11 所列。

表 2-11　精密度

元素	水平范围 m/%	重复性限 r/%	再现性限 R/%
Cr	7.00～28.00	$\lg r = -1.5272+0.7370\lg m$	$\lg R = -1.0866+0.5140\lg m$
Ni	0.10～24.00	$\lg r = -1.5874+0.7186\lg m$	$\lg R = -1.1448+0.5574\lg m$
Mo	0.06～4.00	$r = 0.0008+0.02179m$	$R = 0.0119+0.02512m$
Al	0.02～2.00	$r = 0.0020+0.03046m$	$\lg R = -1.3329+0.4059\lg m$
Cu	0.04～6.00	$\lg r = -1.4488+0.7486\lg m$	$R = 0.0213+0.02348m$
Ti	0.03～1.10	$\lg r = -1.2707+0.9091\lg m$	$\lg R = -1.1874+0.8141\lg m$
Nb	0.05～2.50	$\lg r = -1.5332+0.7514\lg m$	$\lg R = -1.2135+0.7097\lg m$
V	0.04～2.50	$r = 0.0028+0.02216m$	$R = 0.0020+0.07553m$

注：m 是两个测定值的平均值（质量分数）；r 为重复性限；R 为再现性限。

还有用火花直读光谱法测定厚度在 2.0～3.0mm 之间的不锈钢薄板中碳、硅、锰、磷、硫、镍、铬等元素的含量[23]；利用直读仪器附带的小样品夹具测定 H0Cr19Ni12Mo2 ϕ2.00mm 的不锈钢丝中碳、硅、锰、磷、硫、镍、铬、钼、铜、氮的含量[24]，火花直读光谱法测定厚度小于 3mm 的不锈钢焊带中碳、硅、锰、磷、镍、铬、钼、铜、铌等元素的含量[25]。

2.5.1.2　有色金属及其合金的成分分析

有色金属中的主要工业产品铜、铝、锌等及其合金，可以采用固体样品以火花光谱直接进行测定，均有相应的标准分析方法可以参照执行。

（1）铜及铜合金多元素同时测定

有色金属中铜和铜合金的光谱分析可参照行业标准 YS/T 482—2005《铜及铜合金分析方法　光电发射光谱法》、EN 15079—2007《铜和铜合金　火花源发射光谱测定法分析》进行分析测定[26]。

1）适用范围

方法适用于铜及铜合金中合金元素及杂质元素，包括 Pb、Fe、Bi、Sb、As、Sn、Ni、Zn、P、S、Mn、Si、Cr、Al、Ag、Zr、Mg、Te、Se、Co、Cd 等 21 个元素的同时直接测定，适用于 GB/T 5231—2001《加工铜及铜合金化学成分和产品形状》中 60 多个合金牌号的化学成分及 ISO、ASTM、JIS、BS 等标准中的数百个合金牌号化学成分的分析。

2）分析条件

该标准推荐的仪器工作条件见表 2-12，推荐的分析线与内标线如表 2-13 中所列。不同型号的仪器所用谱线和分析条件有所不同，可以根据仪器厂商推荐的条件进行。

3）操作要点

① 采用固体试样直接测定，对试样尺寸的要求：块状试样通常厚度应不小于 5mm，有效面积不小于 30mm×30mm；带材厚度不小于 0.5mm，有效面积不小于 30mm×30mm；棒材直径不应小于 6mm，长度适于试样台。

表 2-12　仪器工作条件（以 ARL4460 型光电直读光谱仪为例）

光栅焦距/mm	1000
光栅刻线/（gr/mm）	1080、1667、2160
波长/nm	120～800
氩气冲洗时间/s	3
预燃时间/s	5
积分时间/s	5
氩气纯度不小于/%	99.995

表 2-13　推荐的分析线和内标线

元素	波长/nm	分析范围/%	元素	波长/nm	分析范围/%
背景	171.090, 231.450, 310.500, 319.600	内标线	Al	305.993 396.153	0.0005～1.00 1.00～15.00
Cu	296.117, 327.394	内标线	Zn	334.502	0.0002～40.00
Pb	405.782	0.0001～5.00	P	178.287	0.0001～0.50
Fe	371.994	0.0002～8.00	S	180.731	0.0002～0.10
Bi	306.772	0.0001～0.10	Mn	403.449	0.0002～10.00
Sb	287.792, 206.833	0.0001～0.50	Si	288.160	0.0002～6.00
As	189.042	0.0001～0.20	Cr	357.869	0.0002～1.50
Sn	175.790	0.0002～2.00	Ag	338.289	0.0005～0.50
	317.502	2.00～15.00	Mg	285.213	0.0005～0.50
Ni	341.54	0.0002～1.00	Co	345.351	0 0002～1.00
	380.71	1.00～35.00	Cd	228.802	0.0001～0.10
Se	196.092	0.0001～0.10	Zr	343.823	0.0005～1.00
Te	185.720	0.0001～0.10			

② 试样表面应清洁无氧化、光洁平整。可以从熔体中取，也可以从铸锭或加工件上取。从熔融状态取样时，用预热过的铸铁模或钢模浇铸成型，分析易挥发的元素时，应采用坩埚直接从熔体中取样；从铸锭或加工件上取样时，应从具有代表性的部位取样，若有偏析现象存在时，可将试样重新熔融浇铸，但必须掌握熔铸条件，避免重熔损失和污染。

③ 试样加工时棒状和块状试样可用车床或铣床加工成光洁的分析平面，并保证在制样过程中试样不氧化，制样中不可用切削液或普通冷却剂（可用无水乙醇冷却）。标准样品和分析样品应在同一条件下研磨，不能出现过热，以免样品组织结构发生变化，影响结果的准确性。

④ 对火花光谱仪的要求及分析标准化等要求与上述黑色冶金材料分析时相同。标准化样品可以从标准样品中选出，也可以专门冶炼。当使用两点标准化时，其含量分别取每个元素校准曲线上限和下限附近的含量。控制样品应是与分析样品相同类型的铜或铜合金进行校准。应选用国家级标准样品、行业级标准样品或精度相当的铜合金标准样品绘制工作曲线。选择适合的再校准样品和控制样品，按需要进行质量保证和控制，当过程失控时，应找出原因，纠正错误后，重新进行校核，确保分析的正确性。

4）方法的精密度

标准方法给出的重复性限（r）与再现性限（R）如表 2-14 所列，可按表中数据采用线性内插法求得。在重复性（再现性）条件下获得的两次独立测试结果的绝对差值应不超过表中所列重复性限 r（再现性限 R），超过重复性限 r（再现性限 R）的情况不超过 5%。

表 2-14　重复性限及再现性限

元素的质量分数/%	重复性限 r/%	再现性限 R/%
0.0002	0.0002	0.0002
0.0010	0 0004	0.0005
0.010	0.002	0.002
0.10	0.008	0.01
1.00	0.03	0.05
10.00	0.20	0.30
35.00	0.52	0.70

实际应用中工业用铜合金还有各种类型的黄铜，采用直读光谱分析时有行业标准可供参照。如 SN/T 2083—2008《黄铜分析方法 火花原子发射光谱法》适用于各类黄铜：普通黄铜、铅黄铜、锰黄铜、铁黄铜、锡黄铜、铝黄铜中多元素的同时测定。测定范围和推荐的分析线如表 2-15 所列。

表 2-15　各元素测定范围及分析线

类型	测定元素	测定范围/%	分析线/nm	类型	测定元素	测定范围/%	分析线/nm
普通黄铜	As	0.0053～0.100	189.04	铁黄铜	Al	0.0059～1.50	394.40
	Bi	0.00076～0.0075	306.77		Bi	0.00098～0.0096	306.77
	Fe	0.016～0.427	259.94		Fe	0.17～1.54	322.77
	P	0.00178～0.0294	178.28		Mn	0.11～3.31	293.33
	Pb	0.0082～0.591	405.78		Pb	0.069～1.37	405.78
	Sb	0.0017～0.028	206.83		Sb	0.0030～0.040	206.83
	Zn	3.06～41.04	481.05		Sn	0.18～1.48	317.50
铅黄铜	Al	0.128～0.602	394.40	锰黄铜	Bi	0.00117～0.0118	306.77
	Bi	0.0013～0.0063	306.77		Fe	0.0295～0.427	322.77
	Fe	0.021～0.654	259.94		P	1.32～3.15	178.28
	P	0.0136～0.0559	178.28		Pb	0.0055～0.0299	405.78
	Sb	0.0055～0.0286	206.83		Sb	0.0039～0.0209	206.83
锡黄铜	Al	0.0022～0.344	394.40	铝黄铜	As	0.0104～0.119	189.04
	As	0.0069～0.085	189.04		Be	0.0028～0.039	313.04
	Bi	0.00087～0.0080	306.77		Bi	0.00085～0.0097	306.77
	Fe	0.026～0.274	259.94		Fe	0.023～0.27	259.94
	Mn	0.0081～0.340	293.31		P	0.002～0.11	178.28
	Ni	0.181～1.80	231.60		Pb	0.017～0.15	405.78
	P	0.0043～0.030	178.28		Sb	0.006～0.12	206.83
	Pb	0.0112～0.135	405.78				
	Sn	0.182～1.82	317.50				
	Zn	21.26～29.72	481.05				

方法推荐采用真空光谱仪，推荐的分析线列于表 2-15 中，以 Cu 510.55nm 为内标线。不同型号的仪器所用谱线和分析条件会有所不同，可以根据仪器厂商推荐的条件进行。如表 2-16 所列工作条件可供参考（氩气纯度≥99.996%）。

表 2-16　仪器工作条件（以 ARL 4460 型直读光谱仪为例）

项目	内容
氩气条件	输入压力 2.15kgf/cm^2；分析时流量 5L/min；待机时流量 0.86L/min
分析间隙	3mm
预燃条件	峰电流 141.18A；频率 500Hz
预燃时间	8～10s
积分条件	峰电流 73.47A，频率 500Hz；积分时间 5s
放电形式	预燃期高能放电，积分期低能放电

（2）铝及铝合金多元素同时测定

铝及铝合金的分析可参照 GB/T 7999—2015《铝及铝合金光电直读发射光谱分析方法》进行。

1）适用范围

用于同时测定铝及铝合金中硅、铁、铜、锰、镁、铬、镍、锌、钛、镓、钒、锆、铍、铅、锡、锑、铋、锶、铈、钙、磷、镉、砷、钠等 24 个元素。适用于分析棒状或块状试样。测定范围见表 2-17。

表 2-17　各元素测定范围

元素	测定范围（质量分数）/%	元素	测定范围（质量分数）/%
Si	0.00010～15.00	Be	0.00010～0.20
Fe	0.00010～5.00	Pb	0.0010～0.80
Cu	0.00010～11.00	Sn	0.0010～0.50
Mn	0.00010～2.00	Sb	0.0040～0.50
Mg	0.00010～11.00	Bi	0.0050～0.80
Cr	0.0010～0.50	Sr	0.0010～0.50
Ni	0.0010～3.00	Ce	0.050～0.60
Zn	0.00050～13.00	Ca	0.00050～0.0050
Ti	0.00010～0.50	P	0.00050～0.0050
Ga	0.0010～0.050	Cd	0.0020～0.030
V	0.0010～0.20	As	0.0060～0.050
Zr	0.0010～0.50	Na	0.00020～0.0050

2）分析条件

铝是熔点比较低的金属，因此应根据试样的种类和化学成分，依据仪器说明书和厂家推荐的分析线对和火花激发条件。方法推荐分析线与内标线如表 2-18 所列。

3）操作方法

将制备好的块状样品作为一个电极，用光源发生器使样品与对电极之间激发发光，对选定的内标线和分析线的强度进行测量，求出分析样品中待测元素的含量。火花放电原子发射光谱仪为真空型或充气型。

表 2-18 推荐的分析线及内标线

元素	波长/nm	测定范围（质量分数）/%	元素	波长/nm	测定范围（质量分数）/%
Al	305.47 266.04 256.79	（内标线）	Mg	279.55 285.21 382.93	0.00010～3.00 0.0040～1.00 0.0030～11.00
Si	288.15 251.61 390.55	0.00010～1.00 0.00050～5.00 0.020～15.00	Zn	213.85 334.50 330.26	0.0020～7.00 0.00050～0.50 0.00080～13.00
Fe	239.56 371.99 273.07 271.44 259.93	0.040～1.20 0.00010～1.00 0.10～3.00 0.10～5.00 0.0010～3.00	Cu	324.75 510.55 403.45	0.00010～0.50 0.020～11.00 0.00030～1.00
			Ti	337.28 374.16	0.00010～1.00 0.10～10.00
Mn	293.30 259.37	0.0020～2.00 0.00010～2.00	V	311.07 310.23	0.00050～0.50 0.00050～1.00
Cr	425.43 267.71	0.001 0～0.30 0.00030～3.00	Zr	339.19 343.82	0.00005～0.50 0.0050～0.50
Ni	231.60 341.47	0.0010～5.00 0.00020～3.00	Ce	399.92 357.75	0.0010～0.60 0.0010～0.50
Ca	417.21 393.36	0.0010～0.10 0.00010～0.50	Na	589.00 589.59	0.00010～0.020 0.00010～0.020
Be	313.04	0.00002～0.50	Ca	396.85	0.00050～0.50
Pb	405.78 283.30	0.00050～0.10 0.0050～20.00	As	234.98 193.75	0.002～0.050 0.0020～0.050
Sn	317.50	0.00050～20.00	Bi	306.77	0.0010～1.00
Sb	259.80 231.14	0.00080～0.50 0.0010～1.00	Sr P	460.73 178.28	0.00010～0.50 0.00010～0.10
Cd	228.80	0.0010～0.20			

4）注意事项

① 取制样　分析试样尺寸，必须保证试样能将激发台的激发孔径完全覆盖，以保证激发室不漏气，试样的厚度应保证激发后试样不能被击穿。从熔融状态取样时，用预热过的铸铁模或钢模浇铸成型，保证试样均匀、无气孔、无夹渣和裂纹，从铸锭或铸件、加工产品上取样时，应从具有代表性部位取样，若有偏析现象时可将试样重新熔融浇铸，但必须合理设计熔铸参数和条件，避免熔融损失和污染。

② 试样加工　试样分析面用车床或铣床加工成光洁的平面。棒状试样端头应切去 5～20mm。试样车削时可用无水乙醇冷却、润滑，不允许用其他润滑剂。

③ 仪器工作状态控制及校准　充分运用光电光谱仪的状态诊断功能，定时（每班或每天）进行状态诊断，如有异常及时予以处理。定期进行噪声、暗电流、灯强度试验，并与原始及积累的数据进行比较，以确认相关系统是否正常。定期用一个或多个化学成分均匀的铝合金试样进行强度测定（10 次以上），且作数理统计处理，与原始积累的数据进行比较。如有异常则按仪器说明书对相关部件（如入射狭缝定位，第一透镜清理等）进行处理。

④ 标准样品　按试样种类及化学成分选择相应的标准样品。为了保证分析结果的可靠性和对产品质量的控制，应选用有证标准样品或行业级标准样品，当两者都没有时也可由控制

标样替代，控制标样应与分析试样的化学成分及冶金过程保持一致，须保证试样均匀、定值准确，并经过化学分析方法进行比对试验。

5）方法的精密度

在重复性条件下进行 11 次独立测试，其标准偏差不超过表 2-19 的规定。实验室之间分析结果的相对误差应不大于表中所列的允许差。

表 2-19 精密度

测定元素含量（质量分数）/%	相对标准偏差/%	相对允许差/%
≤0.001	14	40
＞0.001～0.01	9	25
＞0.01～0.10	6	17
＞0.10～0.50	5	14
＞0.50～1.00	2.5	7
＞1.00～8.00	2	6
＞8.00	1.5	5

（3）锌及锌合金的分析

锌及锌合金的分析，可参照 GB/T 26042—2010《锌及锌合金分析方法 光电发射光谱法》及行业标准 YS/T 2785—2011《锌及锌合金光电发射光谱分析法》进行。

① 适用范围 方法适用于锌及锌合金中铅、镉、铁、铜、锡、铝、镁含量的同时测定。

② 分析条件 在方法的测定范围，推荐分析线及检出限列于表 2-20 中。不同型号的仪器所用谱线和分析条件有所不同，可以根据仪器厂商推荐的条件进行。

表 2-20 测定范围及推荐分析线

元素	测定范围/%	推荐分析线[①]/nm	检出限[②]/(μg/g)
Pb	0.0005～1.40	405.7[①]；368.3	＜1
Cd	0.0005～0.020	228.8；361.0	0.1
Fe	0.0005～0.10	371.9	1
Cu	0.00006～0.0020	327.4；324.7；510.5[①]	＜1
Sn	0.0002～0.0020	317.5	1
Al	0.0002～28.00	396.1；394.4；305.2[①]	0.2
Mg	0.0005～0.10	285.2；279.08；382.9	＜1
Zn	—	481.0；267.053	（参比线）

① 分析线 405.7nm 用于 1.5%以下 Pb 的测定；510.5nm 用于 0.5%～5%Cu 的测定；305.2nm 用于 4%～30%Al 的测定。

② 检出限用零浓度时的标准偏差 n=11 的 3 倍，即 LOD=3s。

③ 操作方法 德国 SPECTRO LAB 型直读仪器的激发条件激发参数如下，可供参考：

项目	冲洗 Flush	预激发 Prespk2	电火花 Sparkl	痕量分析放电 SAFT	电弧 Arc
时间/s	3	10	3	5	5
光源参数码	00000	00005	00002	00004	00007
频率/Hz	0	200	200	200	200

于光电直读光谱仪上，在选定的分析条件下，以试料光洁待测平面为上电极，钨电极为

下电极进行激发，更换位置，同一表面不同位置进行 3 次激发测定。

④ 注意要点　金属锌属易熔金属，在分析试样的制备及加工上的要求：生产过程中用熔铸模制取分析试样，日常试样的制备则用带盖石墨坩埚制取，如图 2-54 所示。

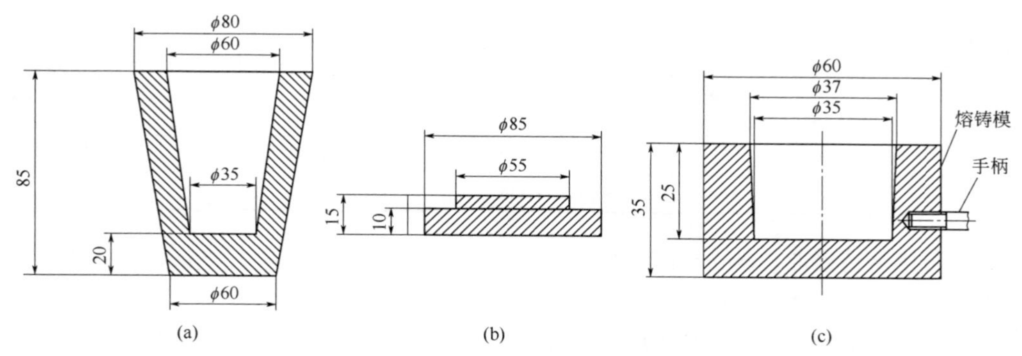

图 2-54　带盖高纯石墨坩埚及熔铸模示意图

（a）石墨坩埚；（b）石墨坩埚盖；（c）熔铸模

在生产过程中达到熔融浇铸状态时，用高纯石墨工具接取有代表性的锌液，迅速将液体试样倒入洁净的圆柱状熔铸模（直径 $d \geqslant 300$mm，厚度 $h \geqslant 20$mm）中铸锭，自然冷却，脱模取出圆柱状试样。日常试样若为块状样品可按试样加工直接车制成分析样品，若为碎块或屑状的试样，可经除去表面杂质如铁等后，将 500g 以上碎屑样装入带盖高纯石墨坩埚［图 2-54（a）］，盖上石墨盖［图 2-54（b）］，移入已升温至 530～560℃的箱式电炉中，使试样熔融完全，摇动使试样均匀，并保温 10～15min 取出坩埚，迅速将熔融试样倒入洁净的圆柱状熔铸模［图 2-54（c）］中铸锭。自然冷却，脱模取出圆柱状试样。

试样测试面应切去 1.0～1.5mm，用车床车出光洁、平整、无气孔的待测平面。加工时不得使用滑润剂，切屑速度以试样不过热氧化为宜。

⑤ 方法的精密度　可参照标准中给出的重复性限 r 及再现性限 R，进行质量控制。

（4）铅及铅合金的分析

铅及铅合金主要用在蓄电池的生产制造上，随着市场需求的不断发展，铅酸蓄电池生产过程所用的原材料铅和铅合金品种也有了明显的变化，合金铅已从铅锑合金发展到了铅低锑合金、铅钙合金、铅锑镉合金以及多元合金，使用光电直读光谱直接快速多元素同时测定各种铅及铅合金的成分，可以很方便地解决新产品的研制、生产过程的控制、原材料的采购和产品质量问题，尤其适用于配制合金时冶炼炉前分析，调整合金的成分。

铅合金使用火花光谱进行分析时，由于铅合金熔点较低，对于火花光源条件要预先通过试验进行设定，并制备系列标准样品及控制样品，对分析过程进行控制。目前已有相应的国家标准或行业标准的分析方法可供参照，GB/T 4103.16—2009 铅及铅合金化学分析方法（第 16 部分）即为铜、银、铋、砷、锑、锡、锌含量的光电直读发射光谱测定法。

① 适用范围　方法适用于铅锭中铜、银、铋、砷、锑、锡、锌含量的测定，测定范围如表 2-21 所列。

② 分析条件　仪器要求、推荐分析线及参比线如表 2-21 所列。光源参数：氩气冲洗 2.0s 后，采用高能预激发 5.0s（400Hz）、电火花 4.0s（200Hz）曝光。

表 2-21　测定范围及推荐分析线

元素	测定范围/%	分析线波长/nm	参比线/nm	仪器检出限要求/(μg/g)
Cu	0.0003～0.0060	324.7543，327.396	Pb 322.054	≤0.9
Ag	0.0001～0.0040	338.289，328.068	Pb 322.054	≤0.3
Bi	0.0007～0.010	306.772	Pb 322.054	≤2.1
As	0.0002～0.0060	234.984	Pb 191.890	≤0.6
Sb	0.0004～0.0065	231.147，206.833	Pb 191.890	≤1.2
Sn	0.0003～0.0060	317.502，283.999	Pb 322.054	≤0.9
Zn	0.0003～0.0050	334.502，213.856	Pb 322.054	≤0.9

样品可以从铸锭取，ϕ40mm 厚度大于 10mm，用铣床切削去掉 12.5mm，从熔融状态取样，用预热过的磨具浇铸成型，再行切削制取，样品表面应平整无氧化面。

控制样品需选择与待测样品用成分相近的铅标准样品，在同一条件下测定，进行监控。

③ 方法的精密度　标准中给出的重复性限 r 及再现性限 R，可以参考使用。

2.5.1.3　机械工业材料的分析测定

机械工业材料的分析主要的是对各种钢材、有色金属件和铸铁件的分析。前两者与钢铁及有色金属的分析相同，而大量的机械铸铁件的分析也是火花光谱分析的主要应用范围。

（1）铸铁分析

机械行业在生产铸铁件时，冶炼现场需要对铸铁的成分进行分析，可利用火花光谱仪器对铁水的白口化样品进行直接分析，采用的方法可参照国标的常规法进行：GB/T 24234—2009《铸铁　多元素含量的测定　火花放电原子发射光谱法（常规法）》及 SN/T 2489—2010《生铁中铬、锰、磷、硅的测定　光电发射光谱法》。

① 适用范围　方法用于白口铸铁中碳、硅、锰、磷、硫、铬、镍、钼、铝、铜、钨、钛、铌、钒、硼、砷、锡、镁、镧、铈、锑、锌和锆等元素含量的同时测定，各元素测定范围见表 2-22。

表 2-22　各元素测定范围

元素	测定范围（质量分数）/%	元素	测定范围（质量分数）/%
C	2.00～4.50	Nb	0.02～0.70
Si	0.45～4.00	V	0.01～0.60
Mn	0.06～2.00	B	0.005～0.200
P	0.03～0.80	As	0.01～0.09
S	0.005～0.20	Sn	0.01～0.40
Cr	0.03～2.90	Mg	0.005～0.100
Ni	0.05～1.50	La	0.01～0.03
Mo	0.01～1.50	Ce	0.01～0.10
Al	0.01～0.40	Sb	0.01～0.15
Cu	0.03～2.00	Zn	0.01～0.035
W	0.01～0.70	Zr	0.01～0.05
Ti	0.01～1.00		

② 分析条件　推荐的仪器工作条件如表 2-23 所列，推荐的分析线与内标线列入表 2-24 中。不同型号的仪器所用谱线和分析条件有所不同，可以根据仪器厂商推荐的条件进行。

表 2-23　推荐的仪器工作条件

项目	内容
分析间隙	3～6mm
氩气流量	冲洗：3～15L/min；积分：2.5～15L/min；静止：0.5～1L/min
预燃时间	5～20s
积分时间	2～20s
放电形式	预燃期高能放电，积分期低能放电

表 2-24　推荐的分析线和内标线

元素	波长/nm	可能干扰的元素
Fe	271.4	（内标线）
	187.7	
C	193.09	Al, Mo, Co
	165.81	
Si	212.41	Mo
	251.61	Ti, V, Mo
	288.16	Mo, Cr, W, Al
	390.55	
Mn	192.12	
	293.30	Cr, Si
P	177.49	Cu, Mn, Ni
	178.28	Ni, Cr, Al
S	180.73	Ni, Mn
Al	186.27	Mo
	199.05	
	308.21	
	394.40	
	396.15	
Ti	190.86	
	324.19	
	334.90	
	337.28	
W	202.99	Ni
	207.91	
	209.86	
	220.45	
	400.87	
Mo	202.03	
	277.53	Mn, Ni
	281.61	Mn
	386.41	
Mg	279.10	
	280.27	

元素	波长/nm	可能干扰的元素
B	182.59	
	182.64	S
Ni	218.49	
	231.60	Cr
Cr	206.54	
	267.71	
	286.25	Si
	298.91	
Cu	211.20	
	224.26	Cr, Ni
	223.01	
	327.39	
Nb	319.50	
V	214.09	
	290.88	
	310.22	Al
	311.07	
	311.67	
La	408.67	
Ce	407.60	
	413.75	
	418.66	
As	189.04	
Sb	206.80	
	217.58	
	259.81	
Sn	189.99	
	317.51	
Zn	206.19	
	213.90	
	334.50	
Zr	339.20	
	349.62	

③ 操作要点　铸铁的光谱分析关键在于样品的取制样上，除铁外因含有较高的碳和硅，冷却后有大量石墨碳和渗碳体及各种硅、碳的化合物析出，金相结构发生很大变化，整块金属呈非均匀态，作为光谱分析的块样很难得到稳定的结果。所以，在铸铁的冶炼现场分析采用急冷的办法制取其白口化样品，使分析样品保证为白口化铸铁，且均匀、无物理缺陷，方可以得到可靠的成分分析结果。因此对取样模具、试样分析面的磨制均有具体要求：现场取铁水样品时，按 GB/T 20066 的规定，将铁水注入特殊的模具（见图 2-55）中，以制取白口化的样品。从模具中取出的样品，采用砂轮机、砂纸磨盘或砂带研磨机研磨，研磨材质的粒度直径应选用 0.4～0.8mm，选择不同的研磨材料可能对相关的痕量元素检测带来影响。

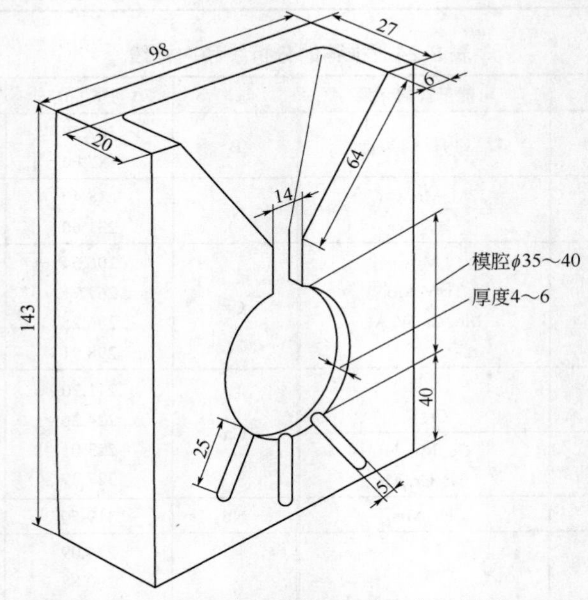

图 2-55　铸铁“白口化”取样模具示意图（尺寸单位：mm）

④ 方法的精密度　方法的精密度是由多个实验室测定数据，按照 GB/T 6379.2 进行统计分析，给出了精密度表。最为关注的碳、硅、锰、磷、硫五大元素及硼、砷、锡、锑的重复性限（r）和再现性限（R）方程列于表 2-25，可供参照进行质量控制。

表 2-25　精密度

元素	水平范围 m/%	重复性限 r	再现性限 R
C	2.0～4.5	$r = 0.00181+0.022714m$	$R = 0.02407+0.06028m$
Si	0.45～4.0	$r = 0.001617+0.01611m$	$\lg R = -0.99428+0.52956 \lg m$
Mn	0.06～2.0	$r = 0.003325+0.01922m$	$\lg R = -1.2352+0.54721 \lg m$
P	0.03～0.8	$r = -0.000142+0.05636m$	$\lg R = -0.9065+0.59595 \lg m$
S	0.005～0.2	$r = 0.001217+0.18432m$	$\lg R = -0.66742+0.785836 \lg m$
B	0.005～0.2	$r = 0.001122+0.046823m$	$R = 0.001508+0.07718m$
As	0.01～0.09	$r = 0.001460+0.048078m$	$\lg R = -1.91420+0.23952 \lg m$
Sn	0.01～0.4	$r = 0.001792+0.03995m$	$R = 0.000480+0.17862m$
Sb	0.01～0.15	$r = 0.0000324+0.10358m$	$R = 0.000450+0.46928m$

注：m 是两个测定值的平均值（质量分数）。重复性限 r、再现性限 R 按表中给出的方程求得。

（2）铸铁件的分析

广泛用于机械制造及汽车工业中的铸铁件呈非白口化状态称为灰铸铁，具有良好的铸造、减震、切削、耐磨等性能。对于无法预先进行白口化的铸铁样品或灰口铸铁件，由于碳以片状石墨状态存在，断口呈灰色。从定量分析的角度来看，样品不属于均匀体，用火花光谱分析法无法得出准确的结果，特别是对于含碳含硅高的铸铁样品，其中的碳、硅、硫和磷等的测定结果重现性极差。对于一些石墨化不是很明显或石墨化分布比较均匀、渗碳体分布也比较均匀的灰口铸铁，可以按白口化铸铁进行火花光谱分析，国际标样市场上也出现过这样类型的灰口铸铁标样，可以用于标准化，得到较为满意的结果，能一定程度上反映出样品的化学组成。但此时分析结果应与金相组织相对应进行判断，才有一定的可靠性。也有一种直接利用火花源原子发射光谱测定各种非白口化铸铁样品中主次元素含量的方法，使用光源对同一区域重复激发 5～7 次，促使灰口、球墨铸铁等铸铁样品中的游离碳转化成化合碳（Fe_3C），形成可供光谱分析的白口化层，满足了光谱分析铸铁的条件。使用这种方法测定了合金轧辊、球墨铸铁以及生铁等非白口化样品中的 C、Mn、Si、P、S、Cr、Ni、Cu、Mo、As 和 Mg 等 11 种元素的测定结果，可以满足日常分析要求[27]。

在实际应急分析时，有的分析者和仪器厂商采用高能火花光源，以较长时间的预燃，使试样局部处于熔融状态，再行曝光测量，将其按白口化铸铁一样进行分析，得到具有参考价值的分析结果。文献[28]直接在灰铸铁样品的同一位置连续激发，激发后灰铸铁样品表面呈现出带黑晕的正常激发点，直接测试灰铸铁中的碳含量，相对标准偏差均在 0.4%～0.9%之间。测试结果的稳定性和精密度均比较好。

此外铸铁件一经成型，加工很困难，试样表层也成为火花光谱直接分析的困难点，在辉光放电光谱分析法中可以得到很好的改进。

2.5.1.4 航空及航天材料测定

（1）航空铝材分析

航空铝材及各种铝型材的分析中使用直读光谱仪已非常普遍[29]。其分析方法可参照 GB/T 7999—2015《铝及铝合金光电直读发射光谱分析方法》进行[30]。根据铝和铝合金牌号，用直读光谱分析具有代表性的元素如 Cu、Fe、Mn、Ni、Si、Ti、Mg、Zn 等，以高能火花光源、高纯氩及增加氩气流量，可消除共存元素的干扰；分析数据的精密度和准确度可以满足化学分析的要求，RSD（n = 11）小于 3.27%[31]。经常用于航空领域制造直升机尾传动轴的 7075 变形铝合金，可以采用光电直读快速地测定其中的 Si、Fe、Cu、Mg、Cr、Mn、Zn、Ti、Zr 等的含量[32]。通常，铝合金中加少量钒能起到辅助细化晶粒的作用，故有用火花直读光谱法测定铝合金中的钒含量，可以直接测定铝合金中不高于 0.020%的钒含量[33]。

氩气的纯度和流量将影响铝合金中杂质元素的分析精密度，使用高纯氩和增加氩气的流量可改善杂质元素的分析精密度，采用光电直读光谱法测定铸造铝合金中微量钙和钠，其检出限（3s）为 0.00001%和 0.00002%，RSD（n = 11）为 1.6%～3.9%[34]。

（2）钛合金的分析

钛合金是一种轻型航天、航空结构材料，具有优秀的可塑性和延展性及低温性能（253℃仍能保持良好的塑性）。有密度小、强度高、耐蚀、耐热等优良性能，是目前常用工程材料中比强度最高的金属材料，广泛地应用于航空工业。加入Al、Sn、V、Cr、Mo、Nb、Mn、Fe等元素的钛合金具有低密度、高的比强度、高的耐热性及良好的抗蠕变、抗氧化性能，提高其强度及使用温度。钛合金使用火花光谱进行分析具有快速多元素同时测定的优点，钛元素的化学活性高，钛的熔炼、铸造多在真空或惰性气氛中进行，因此钛合金的火花光谱分析也必须在真空或惰性气氛条件下进行。目前还没有相应的国家标准或行业标准的分析方法可供执行，但根据用户的要求，仪器厂家会根据其仪器特点，提供相应的推荐条件和标样。由于仪器类型不同，下面所列方法条件仅供参考[35]。

1）适用范围

该方法用于钛合金中的Al、V、Fe、Si、C、Mn、Cu、Mo、Sn、Zr、Ni、Cr等12个元素的同时测定，适用于分析棒状或块状试样。

2）分析条件

仪器工作条件：使用真空型光电发射光谱仪（日本岛津公司 PDA-5500 Ⅱ型），放电电压300V、放电频率330Hz；预燃用普通火花源600脉冲；测量用积分火花源1500脉冲；测光方式：时间分解脉冲分布测光法（PDA）；电极：2mm钨电极，顶角为30°；氩气流量：分析时10L/min，待机时0.2L/min。

不同型号的仪器所用谱线和分析条件有所不同，可以根据仪器厂商推荐的条件进行。推荐的内标线和分析线对：内标线Ti 367.1nm，各元素的分析线见表2-26。

表2-26 钛合金分析的推荐谱线

元素	分析线/nm	元素	分析线/nm
Al	237.3	C	193.0
Cu	324.7	Si	251.6
Fe	259.9	Mn	293.3
Ni	231.6	Sn	189.9
Cr	267.7	Zr	349.6
Mo	277.5	V	437.9

3）操作方法

将块状样品按要求制备好，作为一个电极，置于火花台上，接通光源发生器使样品激发，并将发射的光谱引入分光室，通过色散元件将光谱分解后，对选定的内标线和分析线的强度进行测量，根据分析线对的相对强度，从校准曲线上，求出分析样品中待测元素的含量。

按选定的工作条件激发标准样品和分析样品，每个样品至少激发2～3次，取平均值。

4）注意事项

由于钛合金品种繁多，对于火花光源条件要预先通过试验进行设定，并制备系列标准样品及控制样品，对分析过程进行控制。

① 样品制备　选取铸态或加工态均匀的块状样品，用车床将激发面加工成光洁的平面，其粗糙度为 *Ra* 级，试样激发面不应有夹杂、气孔裂纹或划痕，光洁面如有油污，应用蘸有乙醇的脱脂棉擦拭干净，标样与试样的加工状态保持一致。

② 方法条件是使用岛津PDA-5500Ⅱ型火花光谱仪，相同的仪器要求一级光谱倒线色散率应小于0.6nm/mm，焦距为0.5～1.0m，波长范围为165.0～511.0nm，以保证碳、硫、磷、

硼等的测定。真空光量计真空度应在 3Pa 以下，充气型仪器充高纯氮气、惰性气体保护，其纯度应不低于 99.999%。

③ 火花激发是在氩气保护下进行的，氩气的纯度及流量对分析测量值有很大的影响，必须保证氩气的纯度不小于 99.999%，否则必须使用氩气净化装置，并且氩气的压力和流量必须保持恒定。

④ 方法中采用标准样品：175B-02162000-IARM-P、176B-02202004-IARM-P、BSTSU-1～3-040899、177B-04032003-IARM-P、6541B、REVT2A-012202P1、REVTSA-012202P1、T13～15-072491、BSTSU-1～3-040899，美国 Brammer Standard Company；标准样品 BRTi 6～7，德国 Breitlander GMBH。

⑤ 再校准样品　必须是非常均匀的，且被校准元素含量分别在每个元素校准曲线上限和下限附近。它可以从标准样品中选出，也可以专门冶炼。

⑥ 采用标准曲线法计算分析元素的含量。

5）方法的精密度

在选定的实验条件下对钛合金中的 Al、V、Fe、Si、C、Mn、Cu、Mo、Sn、Zr、Ni、Cr 进行 11 次测定，结果列于表 2-27。可以看出方法测定结果的精密度和准确度，可以满足分析需要。

表 2-27　精密度、准确度实验结果（n =11）

测定元素	Al	V	Fe	Si	C	Mn	Cu	Mo	Sn	Zr	Ni	Cr
化学参考值/%	6.11	4.12	0.22	0.057	0.062	0.065	0.073	0.067	0.076	0.068	0.073	0.070
测定平均值/%	6.18	4.15	0.22	0.057	0.064	0.066	0.074	0.067	0.078	0.068	0.074	0.071
RSD/%	0.72	1.12	1.58	2.69	4.27	1.28	1.45	2.28	2.00	1.26	0.81	1.13
检出限/%	0.002	0.02	0.01	0.03	0.004	0.05	0.003	0.01	0.005	0.002	0.03	0.001

文献[36]使用 PDA-5500Ⅱ直读光谱仪，以 GBW02503 TC4-1 和 TC4-6 两点标准化进行校正，对 TC4 钛合金中铝、钒、铁进行测定，评定其测量结果的不确定度，可供参考。

（3）镁及镁合金分析

镁及镁合金的分析有 GB/T 13748 的镁及镁合金化学分析方法可以参照，其中第 21 部分为采用直读光谱法对其中的合金元素及杂质元素进行快速测定。

① 适用范围　适用于对棒状或块状试样中铁、硅、锰、锌、铝、铜、钛、镍、铍、锆、钕等元素的光电直读原子发射光谱测定，测定范围见表 2-28；推荐的分析线见表 2-29。

表 2-28　镁及镁合金的测定范围

元素	测定范围/%	元素	测定范围/%
Fe	0.001～0.10	Ti	0.001～0.10
Si	0.001～1.5	Ni	0.0005～0.03
Mn	0.001～2.0	Be	0.0001～0.01
Zn	0.001～7.0	Zr	0.001～1.0
Al	0.003～10.0	Y	0.50～6.0
Cu	0.0005～4.0	Nd	0.50～4.0

表 2-29　镁及镁合金的分析线

元素	分析线/nm	测定范围/%	元素	分析线/nm	测定范围/%
Mg	291.55	（内标线）	Al	308.21	0.0010～2.00
	517.27			266.04	1.00～10.00
	383.83			305.46	1.00～12.00
				396.15	0.0030～15.00
Fe	238.20	0.0010～1.00	Cu	327.39	0.0050～0.30
	259.94	0.0010～2.00		324.75	0.0050～0.50
	317.99	0.020～0.100		510.55	0.50～4.00
Si	288.16	0.0010～0.050	Ni	341.47	0.0001～0.10
	251.61	0.10～1.50		231.60	0.0020～1.00
Be	313.10	0.0001～0.10	Ti	337.28	0.0005～0.10
	313.04	0.0005～0.50	Zr	339.19	0.0010～1.00
Mn	403.45	0.0010～3.00		349.62	0.0005～1.00
	293.30	0.010～3.00		339.46	0.0010～1.50
Zn	213.81	0.0005～1.00	Nd	406.11	0.010～3.00
	334.50	0.010～3.00		430.35	0.50～4.00
	481.05	0.50～7.00			

② 操作要点　试样保护及制作要十分小心，注意不被氧化。用车床或铣床加工试样的激发面，车削过程中不使用任何润滑剂，激发面不能有气孔、裂纹和夹渣；分析试样激发面应与标准样品或控制样品的光洁度基本一致。由熔融状态取样时，用预热过的铸铁模或钢模浇铸成型，要保证试样均匀，无飞边、夹渣、气孔及裂缝。从铸锭、铸件、加工产品上取样时，应从具有代表性的部位取样，特别是镁合金样品应从不同的部位多取几个点，尽量避免偏析现象；试样的形状与尺寸应与标准样品或控制样品基本一致。

③ 方法的精密度　各元素的分析结果按标准中给出的重复性相对标准偏差及允许差进行判定。文献[37]使用 ARL 4460 直读光谱仪测定镁合金中 0.15% Mn 含量，其质量分数为（0.1531±0.0064）%（$k=2$）。影响锰元素测量结果的分量主要有直读光谱仪校准时示值误差、标准样品、测量重复性以及工作标准曲线校准引入的不确定度，其中工作标准曲线校准引入的不确定度影响最大，在样品分析测试时控制这一主要因素，可以保证分析结果的准确性。

上面的应用以现行的国家标准或行业标准分析方法为主，为直读光谱分析方法的研究与应用提供了规范实例。同时对仪器的分析结果进行比对，或为分析结果的质量评价提供判断依据。

2.5.2　金属材料气体成分分析上的应用

随着光谱仪器在远紫外区分析谱线的开发应用，现代光电直读光谱的商品仪器已可以提供 190nm 以下的分析通道，用于直接测定无机固体材料中氮、氧、氢等气体元素[38]和碳、磷、硫、硼等低含量非金属元素，并已在钢铁合金气体成分分析上得到应用。所用的分析谱线如表 2-30 所列。

表 2-30　用于火花光谱测定非金属和气体元素的分析线

元素	C	B	S	P	N	O	H
分析线/nm	193.09	182.64	180.73	178.28	174.27	130.22	121.57
	165.70	182.59	182.03	177.49	149.26		
	156.10						

碳的测定采用 190.09nm 谱线，检出限为 5μg/g；磷的测定采用 178.28nm，检出限为 0.5μg/g；硫的测定采用 180.73nm，测定下限为 0.005%；硼的测定采用 182.64nm，测定下限为 0.00008%，已为钢铁合金的常规分析所采用。

钢铁合金中碳的测定常规采用 190.09nm 谱线，检出限为 5μg/g，当采用 165.70nm 分析线时，检出限为 1μg/g，可测定钢中超低含量的碳。如果选择合适的控制样品，其实际测定下限可以达到 5～10μg/g。以 165.70nm 分析线测定钢板中的碳为例，对在含碳 0.002%～0.03%范围的标准物质进行测试，可以看到对于超低碳检测时，测定值的系统误差受样品背景效应和标准化的影响明显，合理设置相关参数，选择与待测样品相匹配的标准样品，可以显著降低系统误差，在所选定的测定条件下，对碳含量在 10^{-5} 数量级的样品，测定值系统误差波动范围在$\pm1\times10^{-4}$%范围内，可满足超低碳钢碳含量的测定[39]。

对金属块状样品中氮、氧的测定应用，采用远紫外谱线（氮 149.26nm，氧 130.22nm）得以实现。测 N_2 采用 174.27nm 可测 200μg/g 以上的 N_2；采用 149.26nm 则可测到 10μg/g 的 N_2，检出限为 3μg/g。测 O_2 采用 130.22nm 可以测定钢铁、铜和钛合金中μg/g 级的 O_2，测铜中含氧量时检出限为 10μg/g，测钢铁时检出限为 5μg/g；测 H_2 采用 121.57nm 可测定μg/g 级的 H_2，测钛合金中含氢量时检出限为 8μg/g。

实际应用上已有用火花直读光谱测定钢中氧含量[40]及钢中 20～200μg/g 氮含量[41]的测定报告，需对样品制备方法、预燃时间、冲氩时间、干扰校正进行优化。测氮的应用研究比较深入，如采用 Spark-AES 测定铬不锈钢中氮含量的应用[42]，用于测定管线钢、硅钢[43]和 NiFeCr 合金中氮含量的研究[44]。其分析结果与惰气熔融-热导法测量结果没有显著差异（$\alpha=0.05$）[45]。与常规化学分析法相比，减少了分析步骤，缩短分析时间，尤其适合炉前快速分析。当前使用真空型或充氩型直读光谱仪器，可以满足这些应用。但在应用上与低含量成分的分析相比，它的难度更大，对仪器和分析条件的要求更高。例如，对氧的分析而言，光谱标样数量极为有限，这是限制火花光谱用于氧元素定量分析的重要因素之一。

低碳以及氧、氮的分析进展，同时也为火花光谱应用于金属中夹杂物的分析打下了基础。要满足生产过程控制中对低碳、氮和氧的火花光谱分析要求，仍需进一步开发。

2.5.3　钢铁材料状态分析上的应用

2.5.3.1　在钢铁夹杂物分析中的应用

冶金分析中除了化学组成以外，对于钢铁中的非金属夹杂物的含量、粒度及其分布也是很重要的参数。在采用发射光谱法（OES）分析化学成分的同时，能够快速检测和表征钢中非金属夹杂物（NMI）的分析，对于钢铁生产过程提高产品质量至关重要。因此非金属夹杂物分析是当前火花放电光谱分析应用的研究热点。对火花放电过程的深入研究发现，金属材料中非金属夹杂物存在异常火花放电行为，这种异常放电的机理如异常火花放电强度、强度分布等，与夹杂物的含量、粒度等有相关性，可以用于夹杂物相的分析。当前已经有脉冲分布分析法（PDA）、峰值积分法（PIM）、单火花评估法（SSE）、金属原位统计分布分析技术（OPA）用于钢铁中夹杂物的分析。其中金属原位统计分布分析技术（OPA）更是在夹杂物的含量、粒度、粒度分布解析以及元素成分分布分析上得到很好的应用[46]。

2.5.3.2 PDA 法快速评估钢铁中的夹杂物特征[47]

脉冲分布分析（PDA）源于 1978 年在日本进行的研究，开始应用于钢中酸溶铝及酸不溶铝的测定[48]，并发展成为岛津发射光谱仪器一种分析功能的配置[49]。在火花放电时，单次放电斑点若仅击中固溶部分，则得到正常强度的放电脉冲；若放电发生是在非固溶的酸不溶铝部位，则得到强度明显增强的放电脉冲。转换为脉冲分布图形中，遵守正态分布部分，是固溶的酸溶铝贡献；而其余部分的脉冲部分，都是来自酸不溶铝的贡献。

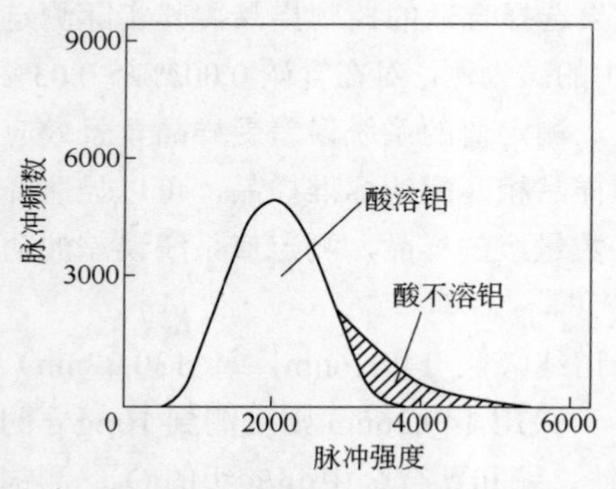

图 2-56 铝的脉冲强度-频数分布曲线

将每一次放电的发光强度转换成脉冲信号记录下来，根据各个脉冲强度的时序列分布，得出脉冲强度与出现频数的分布曲线（图 2-56）。解析不同的脉冲强度出现频数的分布而进行状态分析，便可应用于钢中酸溶性铝及酸不溶性铝的测定：

$$\text{酸溶铝含量} = \text{总铝含量} \times \frac{\text{酸溶铝的脉冲数}}{\text{总脉冲数}}$$

$$\text{酸不溶铝含量} = \text{总铝含量} \times \frac{\text{酸不溶铝的脉冲数}}{\text{总脉冲数}}$$

精度分别达到了 0.0006%和 0.00056%[50]。随着通道合成技术的发展，通过通道合成，采用 PDA 快速分辨钢中各类氧化物和硫化物，并应用于钢水、铸态钢、成品钢材中各类夹杂物的快速分析，被称为 OES-CDI 法[51]。通过对传统的直读光谱仪的改进，增加了可使样品沿 X 和 Y 轴移动的平台，实现了 PDA 技术与样品移动扫描的结合，可用于较大范围内样品的偏析度和硫化物的测定[52]。

近年来，PDA 技术在 Al 系夹杂物的粒径分析方面的研究不断深入[53]，通过对光谱仪原始脉冲强度的研究，建立了 Al_2O_3 光谱强度与化学分析含量的校准曲线，确定了光谱强度与夹杂物粒径的关系，可以对 Al_2O_3 含量和粒径分布进行快速分析[54]。

尽管脉冲分布分析存在局限性，但这种分析方法已经成为一种可以用于快速评估钢铁生产过程中产生的夹杂物特征的分析工具。因此，欧洲的多个钢铁工厂引进脉冲分布分析技术作为一种质量控制和解决某些问题的日常分析方法，脉冲分布分析法可能将用于冶金过程反馈和过程控制。

2.5.3.3 Spark-DAT 夹杂物的超快分析

在 ARL 4460 仪器上使用了专利的电弧/火花电流控制电压源（CCS）以及实现电子捕获

的时间分辨光谱（TRS）专利技术，通过火花数据采集处理系统（Spark-DAT,单火花分析发射光谱）也可用于快速测定钢铁中的非金属夹杂物[55]。CCS 是一种继动控制电压源，它能够根据基体和待分析元素特性产生大量的可再生火花，并控制火花放电的形状。为了获得较佳的结果，CCS 在应用中可以优化火花条件和顺序。使用 TRS 技术后，通过优化“TRS 窗口”的位置和持续时间，在整个激发火花过程中，发射信号不再像使用传统光谱仪时那样连续。在设定的时间窗口中，以引起激发的单独火花的频率不断重复，获得目标信号和干扰信号之间的最佳比例，以提高灵敏度、精度以及准确度。

ARL 4460 的 Spark-DAT 主要应用的是夹杂物的超快分析。为了使 Spark-DAT 输出的大量原始信息转换成少量有价值的信息集，采用了一些快速的算法。最简单的是算法评估含有单一元素的夹杂物数量，而其他算法则是通过计数峰相关性（即峰值强度同时在多达 4 个分析通道上出现）评估给定组成的夹杂物数量。图 2-57 显示了某个低碳钢样品中铝和钙元素在火花光谱图中谱峰的相关性。图中的双箭头指出了由含铝和钙元素的夹杂物引起的铝/钙吸收峰的相关性，这表明了样品中含有铝酸钙夹杂物。

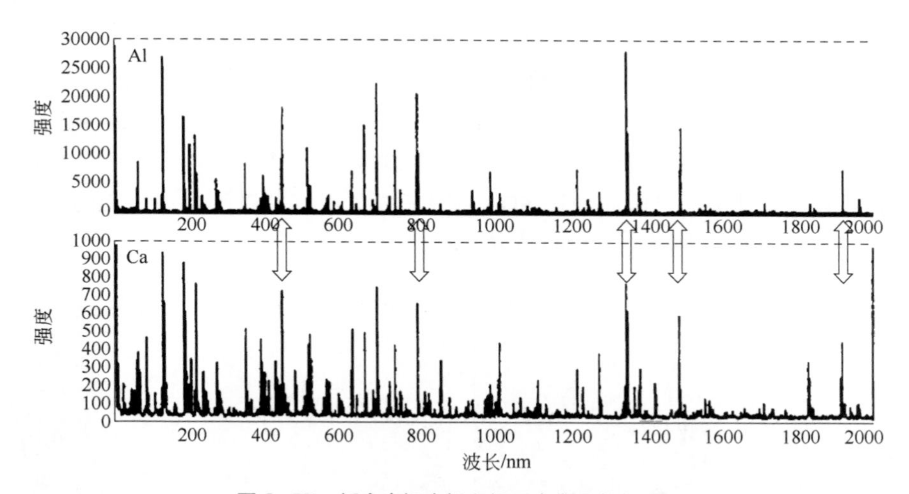

图 2-57 低合金钢中铝和钙元素的火花光谱图

2.5.3.4 OPA 原位技术在夹杂物测定中的应用

常规的火花放电直读光谱仪器，在分析时样品保持固定，经一定的预燃时间后，再进行积分测量，虽然可以保证在元素成分含量测定中具有较好的精密度，但得到的是在一个火花斑点（直径约 8mm）上成分含量的平均值，无法识别分析面上元素与夹杂物的分布，且大部分夹杂物在预燃时已被重熔，无法得到反映夹杂物本身的原始火花信息，无法得到夹杂物的组成、形态及其分布信息。而原位统计分布分析技术，是以单次放电数字解析技术（single discharge analysis，SDA），在不预燃情况下，单次放电控制一个脉冲进行激发，采集每一个单次放电的信号，以反映材料的原始状态。在无预燃的情况下，火花光谱每一个单次放电的信号都与该材料相对应位置的状态特征相关联，应用于钢中夹杂物相的状态分析更具优势[56]。

对钢中非金属夹杂物的异常光谱行为的深入研究表明，夹杂物异常光谱信号是由于夹杂物局部富集产生的。夹杂物与基体界面的优先放电呈“扩散”性，并未导致夹杂物异常光谱信号的立即出现，说明夹杂物边缘优先放电不是导致夹杂物异常光谱信号出现的直接原因。

形成夹杂物的元素在夹杂物相和固溶相同时存在，它在夹杂物相中相对于固溶相中有很高的富集程度，结合原子发射光谱分析中影响谱线强度因素的讨论，提出夹杂物的优先放电不能直接导致异常放电信号的出现，夹杂物被激发时导致夹杂物在放电等离子体中瞬时的浓度富集才是夹杂物异常放电的根本原因，据此提出了钢中铝系夹杂物含量和粒度的金属原位统计分布分析模型[57]，并很好地应用于钢中铝系夹杂物的分布分析[58,59]，钢铁中夹杂锰[60]、夹杂物中硫的测定[61]，钢中铝夹杂物粒度的金属原位统计分布分析[62,63]，钢中硅系夹杂物粒度的分布分析[64]。采用原位统计分布分析表征技术对不锈钢连铸板坯样品横截面（宽度方向）沿厚度方向的全尺寸范围、中心部位及白亮带处的铝系夹杂物含量、组成、数量、粒度分布进行解析[65]；采用原位统计分布分析技术对重轨钢铸坯中 MnS 夹杂的粒度分布情况进行了分析研究，分别对重轨钢铸坯中 5～10μm、10～20μm、20～50μm 的 MnS 夹杂的分布情况进行了统计分析，结果与 ASPEX 扫描电镜-能谱仪得到的结果相比较，夹杂物分布趋势一致[66]。

图 2-58 为对 4 块钢铁样品在 OPA-100 金属原位分析仪上 Mn 的异常火花图像。可以看出，1 号样品在扫描的范围之内的图谱非常干净，甚至未能观察到一根异常火花，也就是说，该样品中不含有 Mn 类夹杂；2 号样品拥有最丰富的异常火花，表明在该样品中有大量 Mn 类夹杂物存在，其夹杂物的实际含量以 Mn 元素计算为 0.0128%；3 号和 4 号样品无明显的数量级差异，夹杂实际含量较低，分别为 0.0018%和 0.0033%。对异常火花信号强度的分析也发现与夹杂物的颗粒大小有关。因此通过 SDA 统计分析，不仅可以测定夹杂物的含量，同时可确定夹杂物的尺寸分布，取得夹杂物的粒度分布。

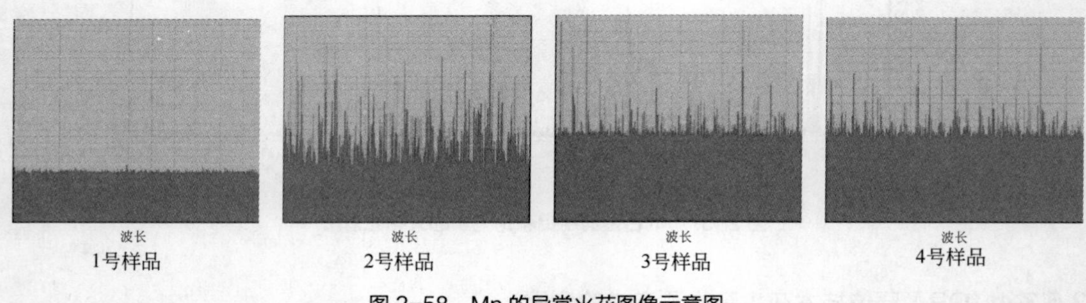

图 2-58　Mn 的异常火花图像示意图

金属原位统计分布分析技术，已应用于金属材料的元素形态分析，譬如酸溶铝-非酸溶铝、酸溶硼-非酸溶硼、酸溶钛-非酸溶钛等多种元素进行金属形态分析。提供钢中 Ti、Al、Nb 等元素有关夹杂物组分及其含量的测定，夹杂物粒度及其位置分布的测定。

2.5.4　原位统计分布分析上的应用

原位统计分布分析技术（OPA）在传统火花光谱分析技术的基础上发展起来，已经形成商品仪器-金属原位分析仪 OPA-100/200，在火花直读仪器上增加扫描激发装置，可对较大面积上的样品进行连续激发、同步扫描，通过高速采集光谱数据，利用 SDA 数字解析技术，可以得到样品表面原始状态下不同位置的化学成分和含量以及表面的结构信息，可以对样品进行成分定量测定、成分分布分析、材料缺陷判别与非金属夹杂物相分析等。在钢材、钢锭、连铸坯、板材和焊缝等的偏析度、疏松度、夹杂物定量与分布分析上应用，对冶金工艺过程中材质形态判别发挥了很好的作用，扩大了火花直读光谱分析在金属材料化学方面的应用范围[67]。

图 2-59 OPA-200 型金属原位分析仪

作为商品仪器新型号的OPA-200型金属原位分析仪（图 2-59）的技术参数有：

① 分光系统：帕邢-龙格结构，凹面光栅，2400gr/mm，焦距 750mm，分辨率优于 0.01nm；真空光学系统，测定波长 160～600nm；通道数 128。

② 高稳定火花光源：固态火花电路，放电可持续 1h；放电参数：频率 500Hz，电感 120H，电容 5F，电压 400V。

③ 样品台：尺寸长 500mm×宽 245mm；承重：20kg；电极材料：直径为 3mm 的 45°顶角纯钨电极；样品扫描方式：线性扫描，扫描速度为 1mm/s。

④ 扫描系统：悬臂式 *XY* 轴联动；行程：*X* 轴 300mm，*Y* 轴 300mm，*Z* 轴 150mm；沿 *X* 方向（横向）为连续激发和扫描，沿 *Y* 方向为步进方式。整个扫描面积可根据样品大小调整。

⑤ 驱动方式：全数字式交流伺服驱动；位置检测：增量编码器；位置重复精度：0.1mm；传动方式：滚珠丝杠。

⑥ 检测系统：高速单火花数据采集系统；多通道同时单火花采集；弱信号放大系统；光电转换系统；自动描迹系统；恒温控制系统；光室和电子单元配有恒温控制系统。

⑦ 分析软件：工作曲线的制作和分析结果的处理采用 OPA 软件：可以给出成分分析结果及夹杂物、表面缺陷等。

⑧ 分析模型：元素定量分析模型——建立并修改分析程序，通用标准化及微型标准化，元素干扰自动校正，元素平均含量输出；偏析度分布分析模型——平均含量输出，二维等高元素偏析度分布结果显示，三位立体元素偏析度分布结果显示，浓度区间统计分布分析结果显示；夹杂物分布分析模型——夹杂物平均含量输出，固溶态定量结果输出，夹杂物三维分布结果显示，夹杂物粒度区间分布；疏松度分布分析模型——疏松度位置的三维显示。

作为一种分析方法已经纳入我国的标准方法：GB/T 21834—2008《中低合金钢 多元素成分分布的测定 金属原位统计分布分析法》，规定了用金属原位统计分布分析法测定中低合金钢中碳、硅、锰、磷、硫、铬、镍、铜、钛、铌、钼、钒、铝等成分分布。可用于测定横截面长为 30～120mm，宽为 30～120mm 的长方形或正方形区域，高度为 10～50mm 的块状中低合金钢样品。一般分析面积最大不超过 6400mm^2，分析长度最大不超过 120mm，已应用于中低合金钢铸坯中的成分分布和偏析状态的分析。

图 2-60、图 2-61 为方坯样品元素偏析状态的 OPA 分析结果：该梯形方坯的中心偏析呈椭圆状，正方坯则呈圆形。

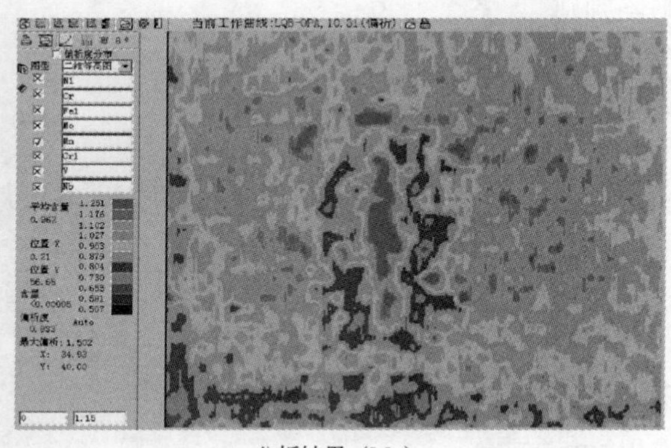

分析结果（Mn）

中心

样品示意

图 2-60　加拿大方坯（梯形）OPA 偏析图

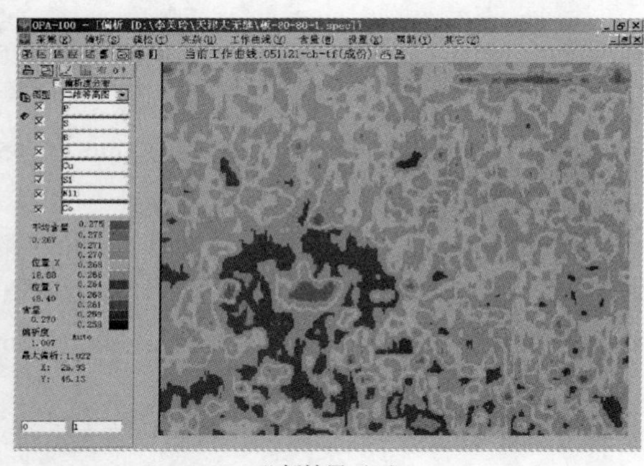

分析结果（Si）

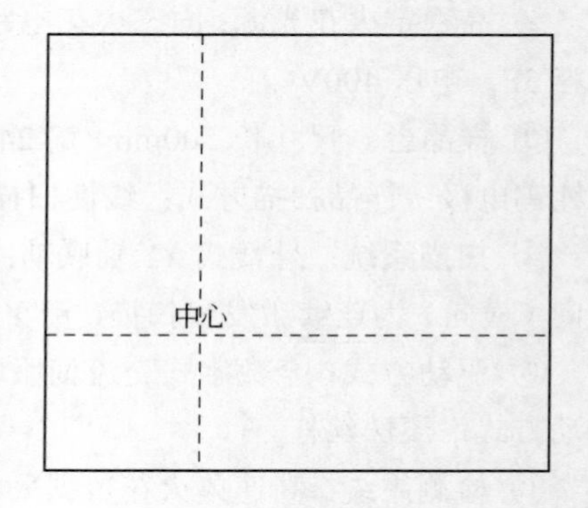

样品示意

图 2-61　国内方坯（正方形）OPA 偏析图

金属原位分析技术对钢铁材料中元素测定的准确度与常规火花光谱分析的准确度一致，分析精度达到或优于传统的光谱分析仪器，对含量范围为 0.01%～1%的元素的典型分析精度为 1.5%；对于原位状态分析，能分辨大于 1μm 的夹杂物，对材料缺陷的定位精度优于 1.5mm。

在实际应用中，如在钢铁生产线上，使用该系统能够及时快速地分析出钢材中杂质元素的准确位置和定量，或分析出哪段钢材疏松度不合格，然后把采集到的数据和分析结果快速反馈到中央控制系统，以及时调整工艺，保证钢铁的生产质量，为生产工艺的提高和改进提供了重要信息。该技术自创立以来已经应用于低合金钢坯、连铸钢坯、连铸板坯、连铸钢板、汽车大梁钢坯、合金钢、轴承钢、磨具钢、不锈钢、管道钢、中厚板材、高强度钢、高强度船板钢、铸造铝合金、铸造黄铜等材料的分析，发表了 110 篇应用报告[68]，近年来不断扩大其应用范围及其研究深度。

如采用原位统计分布分析技术对不锈钢连铸板坯横截面成分偏析进行研究，结合金相低倍组织形貌，定量表征了铸坯横截面上各元素含量的统计分布规律，揭示了铸坯横截面上偏析带的碳、硅、钛等元素呈负偏析，钙、铝呈富集偏析现象[69]。

采用 OPA 技术，对 450mm 厚连铸板坯进行全厚度原位分析，测定样品表面不同位置的初始状态下的化学成分含量以及表面的结构信息，通过原位统计分布分析，合成二维成分等高图，可以对材料的疏松和缩孔进行分析，揭示连铸板坯横截面成分分布规律和偏析的特性，能在较大范围内对连铸坯的质量进行全面而准确的分析，对连铸坯生产的质量监控和工艺改进具有很好的参考价值[70]。

应用 OPA 分析技术对 GCr15 轴承钢连铸方坯整个横截面及其电渣重熔锭进行对比分析，通过 C 和 Cr 元素含量二维等高图以及统计偏析度的对比分析，发现连铸方坯横截面的 C 和 Cr 元素都存在严重的中心偏析现象，经电渣重熔后其偏析现象得到明显改善[71]。

利用 OPA 技术对铸/锻变形 FGH96 高温合金航空发动机涡轮盘纵剖面中的主要合金元素 Al、Cr、Co、Ti、W、Mo 和 Nb 进行了成分分布分析，及对涡轮盘不同部位冷却方式的差异，导致轮毂和轮缘上某些元素分布的差异，其中 Ti、Nb 等碳化物形成元素在轮缘处存在一定的偏析，大尺度涡轮盘的元素成分分布分析结果对于 FGH96 合金涡轮盘新型铸/锻变形工艺的改进和性能提高具有指导作用[72]。

采用金属原位分析仪对 12Mn 无缝钢管连铸圆坯进行了原位成分统计分布分析。通过 C、Si、Mn、P 的二维成分分布图及线分布图看出，在中心部位处 C 元素呈明显富集状态，而 Si、Mn 和 P 则相反，即含量极低，在整个横截面内，C、Si、P 等元素尤其是 C 元素含量表现为明显偏析状态，Al 元素则由于夹杂物的形成而表现为分散的岛状富集分布状态，S 则无明显变化，Si、Mn 的分布极为相似。通过定量分析和夹杂物粒度分析获得了各元素的含量频次图及 Al 粒度分布图。通过表观致密度分布图可以获得，圆坯横截面整体表观致密度低至 95.60%，这是铸坯中心缩孔导致[73]。

采用 OPA 分析技术和热模拟技术对边长为 1000mm 的方形铸件进行元素分布测定及热模拟试验，并对铸件的力学性能、金相组织进行了分析，以进行使用性能评价研究。发现距离表面 110mm 附近存在偏析带，C、Mn、Si、P 均有不同程度的富集，而含 Al 夹杂物较少，铸件四分之一厚度处存在明显的负偏析区，铸件心部则存在较明显的中心疏松和正偏析，同时也存在主要含 Al、Ti 等元素的夹杂物富集。试验结果表明溶质碳元素偏析造成了铸件在不同位置连续转变曲线和拉伸性能的明显差异，并会对焊接性造成影响，金属原位统计分布分析可以全面反映铸件的元素偏析情况，从而更有针对性地做好质量控制措施[74]。

原位统计分布分析作为现有宏观平均含量分析及微观结构分析之外的另一种材料性能全面表征的重要技术和方法，已经成功地应用到“新一代铁材料”“高效连铸连轧”“新型海军舰船用钢”等一批重大研究项目中，为解决目前材料研究中的疑难问题提供新视角和新手段，为材料设计提供理论指导和科学依据。

2.5.5 全自动分析及现场分析仪器的应用

2.5.5.1 冶金炉前全自动化分析上的应用

冶金过程中的成分控制，采用光电直读光谱仪器进行炉前分析，已成为冶金工艺的常规配置。随着炼钢技术的发展与冶炼工艺的改进，精炼技术、连铸技术及连铸连轧技术的快速发展，加快了冶炼速度，对冶炼现场分析速度提出了更高的要求。在尽量缩短分析周期，火花光谱在冶金炉前的自动化光谱分析系统成为各大钢铁企业当前一大应用热点[75]。

当前全世界大型钢铁企业的炉前分析均使用以火花光谱仪、机器手和自动制样设备为主体的集成化全自动火花光谱分析系统，可以实现从样品制备、样品分析、结果识别到结果输出的全自动分析过程，如图 2-62 所示。

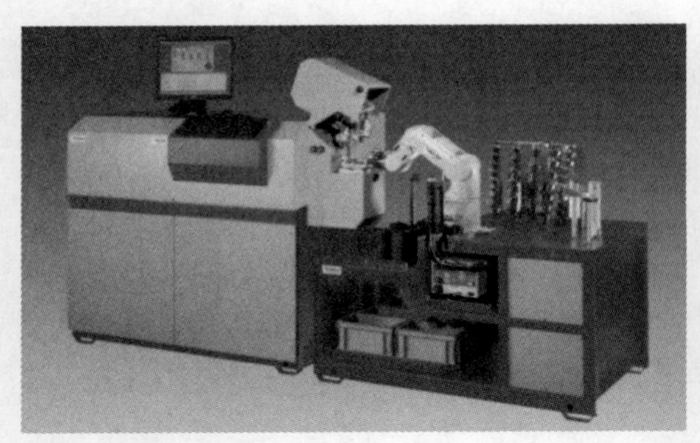

图 2-62　全自动光谱分析系统

利用火花直读光谱仪连续自动处理样品，自动制样和自动装试样，自动分析并报出分析结果，为冶炼控制中心提供了快速的分析数据和质量保证，整个分析全过程实行集中自动化控制，可更快地获得分析结果、处理更多的样品，能更迅速准确地向炼钢厂生产各工序提供成分信息并指导生产。这种快速响应系统，缩短了分析流程，有利于冶炼过程的质量控制，提高产品合格率和品种命中率。采用自动化分析技术能同时进行多元素测定，分析时间可以缩短到 3min 左右[76]。全自动光谱分析提高了炼钢生产率。

2.5.5.2　在现场分析中的应用

上面对火花源直读光谱的应用，是传统意义上的含量分析，也可以称为平均成分分析。在材料研制、商检实验室里和冶金炉前分析中均需要对样品进行准确的分析，它要求高灵敏度、高精度、高效快速和多功能的仪器。而实际应用中还存在另一分析要求，不需要每次测定和每个分析数据都有很高的精密度和很准确，仅需要对产品合格与否的判别、产品分类和材料的鉴别，即属于产品鉴别应用模式（Yes/No）。而这方面也是火花光谱分析发挥其快速、高效作用的应用领域。

在这方面的应用一直是由看谱镜和移动光谱车来承担，随着光谱仪器的发展，已经可以用一种小型台式或便携式的直读光谱分析仪器来完成，要求体积不大，便于携带或便于在料场移动，甚至可以在现场金属加工的同时进行成分分析，能快速、多元素同时监测[77,78]。以前这类光谱仪器，以牺牲分辨率及其稳定性来换取小型化和便携性。因此，实际应用中嫌其分辨率不够好、检测的精度和稳定度不足，定量结果的准确性也无法与传统实验室型仪器的定量水平相比。随着新型光谱仪器制造技术的进步，采用特制的平场光栅及固体检测器，即所谓便携式“全谱”直读仪器的出现，这类仪器的性能已得到很大的提高。新近推出的高端商品仪器，已有可达到传统实验室类型仪器的分析性能。特别是可以快捷地检测到钢铁品种中的碳、硫、磷、硼和氮等的含量。移动式金属分析仪目前的应用范围远远超过最初——但仍然重要——的钢厂品种分拣需求。高要求的金属分析任务，如复杂合金的实验室级分析或准确度较高的现场检测，凸显了现场金属分析的现代能力。

图 2-63 移动式光谱车

移动式现场金属分析仪，已经有很好的商品仪器。如图 2-63 的移动式光谱车，是一种移动式电弧/火花光谱仪，适用于金属生产、加工和回收行业等众多应用。仪器采用高分辨率光学系统，适用于多种元素（包括氮、锂和钠）满足现场金属检测所需的大多数元素分析。手持式轻便的激发枪可在电弧激发和火花激化之间快速转换（电弧/火花 OES）。提供内置紫外线光学系统的激发枪，可用于快速电弧激发模式识别含碳的低合金钢，在火花模式实现对碳、硫、磷和硼等元素的分析。并可通过分析氮元素来识别双相不锈钢。电池供电模式，单次充电可进行多达 800 次的测量，在材料难以识别及需要准确的金属分析时，或测量大量样本时，均可适应现场操作需要。

台式的光谱仪由于在激发系统、分光系统及检测器上的改进，采用特制的平场光栅及固体检测器，在保持体积紧凑、系统稳定性好的基础上，使分析性能得到极大的提高。

ARTUS 8 台式金属分析仪采用帕邢-龙格多 CCD 光学系统。可分析元素的波长范围从 130nm 到 700nm，可用于铸造、来料检验、质量控制、废品回收等金属材料及金属产品分析的各个方面。ARUNARTUS 8 台式金属分析仪的分析性能更高，分析速度更快，延续了上一代的标准工厂校准曲线，可广泛应用于黑色及其他有色金属分析。

M5000 CCD 全谱火花直读光谱仪是冶金炉前快速定量分析、金属材料质量监控的得力助手，其分析幅度可满足实验室级别的要求，数据稳定可靠，被广泛应用于冶金、铸造、机械加工等行业的来料检验、质量控制及出厂检验等。

Spark-CCD 7000 全谱火花直读光谱仪采用高分辨率线阵 CCD（charge-coupled device）作为检测器，实现全谱扫描。采用智能控制光室充气系统，仪器性能更稳定，运行期限更长久。海量的谱线使分析不再受限，曲线分段跳转同一元素不同谱线间实现无缝衔接，拓展分析范围第三元素干扰校正使元素分析更加准确，可以在用户现场任意增加材料基体和分析元素而无需增加硬件，维护保养方便。能量、频率连续可调全数字固态光源，适应各种不同材料；网口采集传输，速度快，通用性更强，可广泛应用于冶金、铸造、机械、钢铁和有色金属等行业，在汽车制造、航空航天、船舶、机电设备、工程机械、电子电工、教育、科研等领域的原料、零件、产品工艺研发方面都有广泛的应用，可用于 Fe、Al、Cu、Ni、Co、Mg、Ti、Zn、Pb、Sn、Mn 等多种金属及其合金的样品分析。

当前所谓全谱技术作为原子光谱仪器的新发展，仍存在许多技术难题，如固体检测器的光谱测量性能和谱线分辨能力仍有待提高，大量谱线的定位和识别问题、定量分析时的标准化等仍需进一步解决。随着 CCD 光学技术和现代微电子元件的制造技术的不断发展以及数字计算机硬件和软件的发展，将进一步促使这类仪器的性能不断提高，使原子发射光谱仪器向全谱直读显示、小型化发展。可以预测原子发射光谱仪器将进一步缩小体积、降低能耗，向多功能、高实用化方向发展。

2.6 火花发射光谱分析的标准方法

现行国标、行标及部分国外标准的火花发射光谱常规分析方法如表 2-31 所列。

表 2-31　火花发射光谱常规分析方法

标准编号	标准名称
GB/T 14203—2016	火花放电原子发射光谱分析法 通则
GB/T 4336—2016	碳素钢和中低合金钢 多元素含量的测定 火花放电原子发射光谱法（常规法）
GB/T 11170—2008	不锈钢 多元素含量的测定 火花放电原子发射光谱法（常规法）
GB/T 24234—2009	铸铁 多元素含量的测定 火花放电原子发射光谱法（常规法）
GB/T 8647.10—2006	镍化学分析方法砷、镉、铅、锌、锑、铋、锡、钴、铜、锰、镁、硅、铝、铁量的测定 发射光谱法
GB/T 26042—2010	锌及锌合金分析方法 光电发射光谱法
GB/T 4103.16—2009	铅及铅合金化学分析方法 第 16 部分：铜、银、铋、砷、锑、锡、锌量的测定 光电直读发射光谱法
GB/T 13748.21—2009	镁及镁合金化学分析方法 第 21 部分：光电直读原子发射光谱分析方法测定元素含量
GB/T 21834—2008	中低合金钢　多元素成分分布的测定 金属原位统计分布分析法
YS/T 482—2005	铜及铜合金分析方法 光电发射光谱法
SN/T 2083—2008	黄铜分析方法　火花原子发射光谱法
ASTM E415—2008	碳素钢和低合金钢原子发射真空光谱分析方法
ASTM B954—2007	原子发射光谱法分析镁和镁合金的标准试验方法
ASTM E1251—2007	原子发射光谱法分析铝和铝合金的标准试验方法
ASTM E634—2005	锌和锌合金发射光谱法取样的标准规程
ASTM E826—2008	火花原子发射光谱法测定固态金属样品均匀性的标准规程
ASTM E1999—2011	用光学发射光谱测定法分析铸铁的试验方法
ASTM E826—2014	采用火花原子发射光谱法的固态同规格金属同质性检验规程
BS DD ENV 12908—1998	铅和铅合金 火花激发光学发射光谱测定法分析
BS EN 14726—2005	铝和铝合金 化学分析 原子发射光谱测定分析指南
BS EN 15079—2007	铜和铜合金 火花源发射光谱测定法（S-OES）分析
JIS G1253—2002	钢铁 火花放电原子发射光谱分析法
JIS H1103—1995	电解阴极铜的光电发射光谱分析法
JIS H1123—1995	铅金属的光电发射光谱分析法
JIS H1163—1991	镉金属的光电发射光谱分析法
JIS H1183—2007	银锭的发射光谱分析法
JIS H1303—1976	铝锭的发射光谱分析法
JIS H1305—2005	铝和铝合金的光发射光谱分析法
JIS H1322—1976	镁锭的发射光谱分析法
JIS H1630—1995	钛的原子发射光谱分析法

实际分析中，由于现代直读光谱仪器性能的提高，自动化程度不断得到提升，实现大批量、长时间运行测定，实际操作起来简单得多，特别是当分析产品牌号比较固定时，如冶金

炉前分析，仪器厂家为用户提供相关标准样品及控制样、预置持久工作曲线、设定仪器工作条件，仪器经安装调试投入运行后，即可方便地进行分析测定，配合冶金工艺过程的成分控制，长时间运行。

2.7 常用火花发射光谱分析谱线

火花发射光谱常用谱线列于表 2-32。

表 2-32 多道火花直读光谱仪通道选用谱线表

A. 适用于黑色冶金分析用的火花光谱谱线

序号	元素	波长/nm	适用基体	测定低限	测定高限
1	C	193.10	Fe, Ni	0.0005	4.5
2	Si	288.16	Fe, Ni	0.001	5
3	Mn	293.31	Fe, Ni	0.001	4
4	Mn	263.82	Fe	5	25
5	P	178.28	Fe, Ni	0.001	1
6	S	180.73	Fe, Ni	0.001	0.2
7	B	182.64	Fe, Ni	0.0001	1
8	N	298.47	Fe	0.001	0.8
9	Fe	187.75	Fe, Ni	REF	100
10	Fe	273.07	Fe, Ni	REF	100
11	Fe	259.94	Ni	0.001	8.5
12	Ni	341.48	Fe, Ni	0.002	5
13	Ni	349.29	Fe, Ni	REF	100
14	Ni	218.55	Fe	4	40
15	Ni	243.79	Fe	REF	100
16	Co	228.62	Fe, Ni	0.0005	2.5
17	Co	258.08	Fe, Ni	0.005	25
18	Cr	265.8	Fe, Ni	3	35
19	Cr	267.71	Fe, Ni	0.001	5
20	Cu	327.40	Fe, Ni	0.0005	6
21	Cu	223.01	Ni	0.01	35
22	Al	396.15	Fe, Ni	0.001	6
23	Ti	337.22	Fe, Ni	0.001	7
24	Zr	343.82	Fe, Ni	0.001	0.2
25	Nb	319.50	Fe, Ni	0.002	8
26	Ta	267.5	Fe	0.001	0.2
27	Mo	202.03	Fe, Ni	0.001	35
28	Mo	281.61	Fe, Ni	0.002	2.5
29	W	400.87	Fe, Ni	0.002	25
30	V	311.07	Fe, Ni	0.001	10
31	Zn	213.86	Fe, Ni	0.001	0.05
32	Ca	393.37	Fe	0.0005	0.02

续表

序号	元素	波长/nm	适用基体	测定低限	测定高限
33	Mg	280.27	Fe, Ni	0.001	0.15
34	Ce	418.66	Fe	0.002	0.1
35	As	197.27	Fe	0.001	0.3
36	Pb	405.78	Fe, Ni	0.001	0.5
37	Sb	217.59	Fe	0.001	0.1
38	Bi	306.77	Fe, Ni	0.002	0.01
39	Sn	189.99	Fe, Ni	0.001	0.2

B. 适用于有色冶金分析用的火花光谱谱线

序号	元素	波长/nm	适用基体	测定低限	测定高限
1	Al	256.8	Al	REF	100
2	Si	390.5	Al	0.0003	20
3	Ca	393.37	Al	0.0002	0.05
4	Mg	383.8	Al	1	15
5	Ti	337.22	Al	0.0002	0.2
6	V	311.07	Al	0.0005	0.1
7	Sb	259.9	Al	0.0008	0.5
8	Cu	296.12	Cu	REF	100
9	S	180.73	Cu	0.001	0.4
10	Sn	189.99	Cu	0.0008	0.5
11	As	197.26	Cu	0.001	0.2
12	Sb	206.84	Cu	0.001	15
13	Be	265.05	Cu	0.0001	3
14	Al	394.40	Cu	0.001	0.2
15	Fe	273.95	Cu	0.002	10
16	Cu	296.12	Cu	REF	100
17	Ag	328.07	Cu	0.005	0.2
18	P	178.29	Cu, Al	0.001	5
19	Co	228.62	Cu, Al	0.001	4
20	Cr	267.72	Cu, Al	0.0005	0.6
21	Si	288.16	Cu, Al	0.001	6
22	Mn	293.31	Cu, Al	0.0005	4
23	Sn	317.50	Cu, Al	0.001	20
24	Zn	334.50	Cu, Al	0.001	10
25	Ni	349.29	Cu, Al	8	35
26	Mg	279.55	Cu, Al	0.0002	3
27	Be	313.00	Cu, Al	0.0001	3
28	Ni	341.47	Cu, Al	0.0002	6
29	Zr	343.82	Cu.Al	0.0003	0.3
30	Zn	213.85	Cu, Al, Sn	0.001	50
31	Fe	259.94	Cu, Al, Sn	0.0007	5
32	Bi	306.77	Cu, Al, Sn	0.001	0.7
33	Pb	405.78	Cu, Al, Sn	0.0005	2
34	Cu	327.40	Al, Sn	0.001	0.5

续表

序号	元素	波长/nm	适用基体	测定低限	测定高限
35	Cu	223.01	Al, Sn	0.001	12
36	Pb	283.40	Cu, Sn	0.01	50
37	Al	396.15	Cu, Sn	0.001	0.2
38	Sn	333.06	Sn	REF	100
39	Sb	231.15	Sn	0.0008	0.5
40	As	234.98	Sn	0.001	0.5
41	Sn	333.06	Sn	REF	100

C. 适用于200nm以下的火花光谱谱线

序号	元素	分析波长/nm	序号	元素	分析波长/nm
1	H	121.57	9	S	180.73
2	O	130.22	10	B	182.64
3	N	149.26	11	Te	185.70
4	N	174.27	12	Fe	187.75
5	C	156.10	13	As	189.00
6	C	165.74	14	C	193.1
7	Al	167.08	15	Se	196.09
8	P	178.28	16	Si	198.90

注：“测定低限”栏目下的“REF”表示参比线。

2.8 当前常用火花光源直读光谱仪

当前常用的和典型的商品直读光谱仪器，按其所采用的分光装置、所配用的激发光源及采用的测光系统，概括列于表2-33中。随着仪器制造技术的进步，商品仪器更新换代很快，技术参数不断提高，型号也会有所改变，总的趋势是分析性能不断提高，所列内容仅供参考。

表2-33 当前常用火花光源直读光谱仪性能表

厂家、型号	仪器基本参数	检测方式
北京纳克 Spark-1000型 Spark -CCD7000	帕邢-龙格光学构架，光栅2400gr/mm，焦距750mm，谱线范围120～800nm，通道数48个。全数字固态火花光源；放电频率300～1000Hz，电压400V无预燃、连续扫描激发。高精度PMT/CCD，单次火花放电数值解析技术（SDA）	多道仪器，多基体合金分析，元素平均含量输出
烟台东方 DF-300（立式） DF-400（台式）	DF-300型为帕邢-龙格光学构架，凹面光栅；在170～500nm全波段谱线分析。真空光室。数字火花光源，参数可调，可对不同金属材质的激发参数定制。 DF-400型为平场光栅和CCD的全谱测量光谱仪，分析通道可达80个	多道仪器，多基体多元素分析，可无限制设置仪器通道数
无锡金义博 TY-9610（立式） TY-9000（台式）	帕邢-龙格构架，凹面光栅2400gr/mm；焦距750mm；谱线范围160～850nm；通道40个（可扩展到64个通道）。光室部恒温(35±0.5)℃，全数字化智能复合光源DDD技术，高能预燃技术（HEPS）放电频率100～1000Hz可调	多道仪器，可分析铜、铝、铁、镍等基体有色及黑色金属

续表

厂家、型号	仪器基本参数	检测方式
北京盈安科技 MA-8002 金属分析仪	帕邢-龙格光学构架，光栅刻线 2400gr/mm，焦距 750mm，波长范围 170～450nm；真空光室；最多 48 个通道。单向低压脉冲火花光源放电频率:最高 600Hz，最大电流 300A；高能预燃技术。光电倍增管	多道仪器，检测多种基体
赛默飞世尔 ARL 3460/4460（立式） ARL easySpark 1160（台式）	帕邢-龙格光学构架，光栅刻线密度可选，焦距 1000mm，波长范围 130～850nm，通道数最多 60 个。采用大直径 PMT/CCD 检测器；分段积分，TRS（时间分辨光谱）。 ARL 1160 使用平场光栅成像，专用 CCD 检测器，全谱覆盖 CCS（电流控制光源）高重复率（HiRep）火花光源，频率 400Hz，高能预火花光源激发	多道仪器，单火花数据采集处理，CCS，TRS 技术可测夹杂物
德国斯派克 SPECTROLAB（立式） SPECTROMAXx（台式）	帕邢-龙格光学构架，光栅刻线密度 3600gr/mm；140～800nm；焦距 750mm；最多配置 4 光室 96 通道；充氮型光室。数字式电流控制光源（CCS）；PMT/CCD/CMOS 检测器，最大火花激发能量最大电流 350A，频率 1～1000Hz，自由编程输出电流曲线。时间分解光谱测光技术(TRS)；可选配单火花测光 (SSE)技术及软件。提供智能 iCAL 标准化系统	多道仪器，充氮型紫外光室配自动循环气体净化系统；可用 SSE 技术对酸溶与非酸溶物进行定量分析
德国 OBLF GS1000（超谱公司）	帕邢-龙格光学构架，光栅刻线密度可选；曲率半径 0.5m；通道：常规 32 个，最多可装 60 个。脉冲放电激发光源（GDS）多火花型放电分析系统，放电频率 1000Hz，PMT 检测器，全部安装在真空中，不受外界环境的影响。测量方式分段积分	多道仪器，自清洁火花台原厂制备校准工作曲线，用户可开机即测定
日本 岛津 PDA-5500/单基体 PDA-7000/多基体	帕邢-龙格光学构架，光栅刻线 2400gr/mm；焦距 0.6m；分析波长 121～589nm；通道数最多 64 个；真空型光室，直连型旋转真空泵。多功能火花光源，激发电压 500V/300V，频率 40～500Hz，3 峰放电时序，组合放电，类弧放电。PMT 检测器，脉冲正态分布（PDA）测光法	多道仪器，采用 PDA 测光法，可测定酸溶物与非酸溶物；可析钢铁中氮含量
德国布鲁克 Q8 Magellan 立式真空型仪器	帕邢-龙格光学构架，光栅刻线 2400gr/mm 或 3600gr/mm，焦距 750mm；波长范围 110～800nm；通道数最多 128 个；真空光室，高性能涡轮分子泵。全数字固态激发光源，频率最大 1000Hz。通道光电倍增管（CPM），单脉冲火花时间分辨读出技术	多道仪器，CPM 比 PMT 具有更高灵敏度和更宽动态范围
英国阿朗 ARUN ARTUS 10（台式）	衍射式全息光栅，双光室设计，紫外独立光室（分析 N、P、S、C）。波长范围 130～700mm；氩气气氛下火花激发，激发源 5～6mJ/脉冲，50Hz 重复频率，1064nm 激光源。多元素阵列式 CMOS 探测器；全谱接收，可分辨达 30000 条元素谱线	多道仪器，对新增基体、新增校准曲线和新增分析元素，可由软件设定

参考文献

[1] 钱振彭，黄本立，等. 发射光谱分析[M]. 北京：冶金工业出版社，1977.

[2] 陈新坤. 原子发射光谱分析原理[M]. 天津：天津科学技术出版社，1991.

[3] 翁永和，等. 火花放电光谱激发过程[J]. 光谱实验室，1993, 10 增刊(1): 36.

[4] Coeliss C H. Effect of variation of circuit parameters on the excitation of spectra by capacitor discharges[J]. Spectrochim Acta, 1953, 5: 378.

[5] 周倩，李立峰. 光谱仪用平场凹面光栅的凸面母光栅的消像差设计思路[J]. 光谱学与光谱分析，2009, Vol. 29(8): 2281-2285.

[6] 孔鹏，唐玉国，巴音贺希格，等. 零像散宽波段平场全息凹面光栅的优化设计[J]. 光谱学与光谱分析，2012, Vol. 32(2): 565-569.

[7] 周辉. 小型高分辨平场凹面光栅光谱仪的研究[D]. 合肥：中国科技大学，2015.

[8] 滨松光子学株式会社编辑委员会. 光电倍增管基础及应用[M]. 日本：株式会社数字出版印刷研究所，1995.

[9] Imamura N, Fukui I, Ono J, et al. Pitt Conf Anal Chem Appl Spectrom(匹兹堡分析化学及光谱仪器应用会议论文集), 1976: 42.
[10] Falk H, Wintjens P. Spectro Applikation Report, 1998: 10.
[11] 杨志军. 火花光谱的单火花放电数值解析技术及其在铸坯原位分析中的应用[D]. 北京: 钢铁研究总院, 2001.
[12] 王海舟. 原位统计分布分析——材料研究及质量判据的新技术[J]. 中国科学(B 辑), 2002, 32(6): 484.
[13] 陈吉文, 等, 金属原位分析仪的研制[J]. 现代科学仪器, 2005, 5: 11-13.
[14] 杨志军, 王海舟. 不同结晶态低合金钢方坯的原位分析[J]. 钢铁(Iron and Steel), 2003, 38(9): 67-71.
[15] 王海舟, 李美玲, 陈吉文, 等. 连铸钢坯质量的原位统计分布分析研究[J]. 中国工程科学, 2003, 5(10): 34-42.
[16] 梅坛, 陶美娟. 关于新版 GB/T 4336—2016 标准的理解和实施建议[J]. 理化检验(化学分册), 2017, 53(7): 800-804.
[17] CNAS -CL01-2015 检测和校准实验室能力认可准则[S].
[18] 机械工业理化检验人员技术培训和资格鉴定委员会. 金属材料化学分析[M]. 北京: 科学普及出版社, 2015.
[19] 吴金龙. 样品形状对直读光谱分析结果的影响[J]. 检验检疫学刊, 2013, 23(3): 15-18.
[20] 王日益, 梁丽华, 邓中良. 改善直读光谱分析结果准确度和稳定性的研究[J]. 企业科技与发展, 2014(12): 17-19.
[21] 张征宇, 曹吉祥, 梁晓丽, 等. 提高 304 系列不锈钢 Cr、Ni 元素分析准确度的研究[J]. 太钢科技, 2008(2): 44-48.
[22] 芦飞, 曹吉祥, 郑晓东. 一种不锈钢中 Cr 和 Ni 元素的自动化分析方法[J]. 冶金自动化, 2014, 38(1): 50-54.
[23] 徐晓萍, 李红菊, 柴文畅. 火花直读光谱法测定不锈钢薄板中 7 种元素含量[J]. 广船科技, 2015(6).
[24] 古星. 不锈钢丝的光电直读光谱分析[J]. 中国井矿盐, 2010, 41(2): 41-43.
[25] 李千. 火花直读光谱法测定不锈钢焊带中 9 种元素含量[J]. 中国重型装备, 2016(2): 43-45.
[26] EN 15079-2007 Copper and copper alloys - Analysis by spark source optical emission spectrometry(S-OES) English version of DIN EN 15079: 2007-08.
[27] 张海, 陈家新, 肖爱萍, 等. 非白口铸铁的火花源原子发射光谱分析[J]. 冶金分析, 2009, 29(1): 63-66.
[28] 李玉娣. 火花直读光谱仪测定灰铸铁碳含量的准确度分析[J]. 科技经济导刊, 2018, 26(13): 33-35.
[29] 王日益, 郭建畔, 韦海弟. 直读光谱仪在铝合金分析中的应用研究[J]. 企业科技与发展, 2014(11): 27-29.
[30] 谷庆, 陈立云, 杨林涛. 对《铝及铝合金光电直读发射光谱分析法》铬锌镍元素适用范围的确认[J]. 现代制造技术与装备, 2018(11): 173-174.
[31] 王力. 光电直读光谱法测定铝合金中合金及杂质元素[J]. 兵器材料科学与工程, 2006, 29(4): 56-58.
[32] 刘众宜, 赵岩松. 光电直读光谱法测定 7075 铝合金中多元素[J]. 化学分析计量, 2009, 18(4): 28-30.
[33] 陈国成, 黎应芬. 火花直读光谱法测定铝及铝合金中的钒含量[J]. 中国无机分析化学, 2017, 7(3): 59-61.
[34] 兰标景, 陆科呈, 刘俊生. 光电直读光谱法测定铸造铝合金中微量钙和钠[J]. 理化检验(化学分册), 2018, 54(11): 1329-1332.
[35] 陈超选, 李海军, 赵教育. 光电发射光谱法分析钛合金中的主要合金元素[J]. 化学分析计量, 2006, 15(2): 35-36.
[36] 田苹果. 钛合金的光电直读光谱分析及结果讨论[J]. 装备制造, 2013, 13(3 增刊): 229-236.
[37] 李伟杰. 直读光谱法测量镁合金中锰含量的测量不确定度评定[J]. 化学研究, 2014, 25(3): 238-241.
[38] 刘攀, 杜丽丽, 唐伟, 等. 无机固态材料中气体元素分析的现状与进展[J]. 理化检验(化学分册), 2015, 51(1): 131-136.
[39] 马爱方. 火花源发射光谱仪测定钢中的氧[J]. 河北冶金, 2003(6): 53-55.
[40] 陆向东, 吴桂彬, 王海, 等. 火花发射光谱法测定钢中氮含量[J]. 理化检验(化学分册), 2013, 49(9): 1127-1128.
[41] 王化明, 陈学军. 火花源原子发射光谱法测定铬不锈钢中氮含量的研究与应用[J]. 分析科学学报, 2009, 25(5): 579-582.
[42] 任维萍. 影响火花源原子发射光谱法测定不锈钢中氮元素精度的因素分析[J]. 冶金分析, 2014, 34(8): 16-21.
[43] 张晨鹏, 张远生, 刘红利, 等. 光电直读光谱法测定管线钢中氮和硼[J]. 理化检验(化学分册), 2007, 43(10): 878-879.
[44] 张存贵. 钢中微量氮元素光谱分析技术开发与应用[J]. 山西冶金, 2017, 40(1): 19-21.
[45] 刘辉, 张春晓, 胡军, 等. 火花源原子发射光谱法测定 NiFeCr 合金中氮[J]. 冶金分析, 2012, 32(6): 10-13.
[46] 李冬玲, 李美玲, 贾云海, 等. 火花源原子发射光谱法在钢中夹杂物状态分析中的应用[J]. 冶金分析, 2011, 31(5): 20-26.
[47] Arne Bengtson, Miroslva Sedlakova, Rolf Didriksson. 脉冲分布分析发射光谱技术快速表征夹杂物——最新研究进展[J]. 冶金分析, 2013, 33(1): 7-12.
[48] 小野寺政昭, 佐伯正夫, 西坂孝一, 等. 発光分光分析による鋼中アルミニウムの形態別分析法の研究[J]. 鉄と鋼,

1974, 60(13): 276-286.
[49] 李焕友，钱海丰，李燕翼. 应用 GVM-1011 直读光谱仪进行钢中 Al 的状态分析[J]. 冶金分析, 1987, 7(4): 55-57.
[50] 成田贵一，谷口政行，德田利幸，等. 発光分光分析による鋼中の酸可溶性および酸不溶性アルミニウムの定量[J]. 神户製鋼技報, 1982, 32(1): 60-63.
[51] Ruby-Meyer F, Willay G. Rapid identification of inclusions in steel by OES-CDI technique[J]. La Revue Metallurgie-CIT, 1997(3): 368-371.
[52] 赵进，张建华，郝金女，等. 可进行样品移动扫描的光电直读光谱仪[J]. 现代仪器, 1999, 3: 23-25.
[53] 谷本亘，千野淳. 発光分光分析による鋼中酸化物の粒径分布分析の開発[J]. JFE 技報(Technical Report), 2006, 13: 54-58.
[54] 唐复平，常桂华，栗红，等. 洁净钢中夹杂物快速检测技术[J]. 北京科技大学学报, 2007, 29(9): 890-895.
[55] Bohlen J-M, Yellepeddi Ravi. 原子发射光谱法在钢铁工业上的最新研究进展——定量分析与非金属夹杂物分析的结合[J]. 冶金分析, 2009, 29(10): 1-6.
[56] 高宏斌，王海舟. 金属原位分析夹杂物火花放电行为研究[J]. 冶金分析, 2008, 28(增 2): 867-873.
[57] 王辉，贾云海. 钢中非金属夹杂物异常光谱信号产生机理的研究[J]. 冶金分析, 2007, 27(1): 12-16.
[58] 张秀鑫，贾云海，陈吉文. 钢中铝夹杂物原位统计分布分析的判据方法[J]. 冶金分析, 2006, 26(4): 1-4.
[59] 王辉，贾云海. 中低合金钢中铝系夹杂物的原位统计分布分析[J]. 冶金分析, 2007, 27(8): 1-4 .
[60] 赵雷，贾云海，刘庆斌. 单次放电数字解析技术分析钢铁中夹杂锰的含量[J]. 冶金分析, 2006, 26(1): 1-5.
[61] 赵雷，贾云海，刘庆斌. 单次放电数字解析技术分析钢中非金属夹杂物中的硫含量[J]. 冶金分析, 2008, 28(增 2): 898-902.
[62] 高宏斌，贾云海，李美玲. 钢中铝夹杂物粒度的金属原位统计分布分析模型研究[J]. 冶金分析, 2009, 29(5): 1-5.
[63] 张秀鑫，贾云海，陈吉文. 钢中铝夹杂物粒径的原位统计分布分析[J]. 冶金分析, 2009, 29(4): 1-6.
[64] 李冬玲，司红，李美玲. 钢中硅系夹杂物粒度的原位统计分布分析[J]. 冶金分析, 2009, 29(1): 1-7.
[65] 罗倩华，李冬玲，马飞超，等. 不锈钢连铸板坯横截面夹杂物的原位统计分布分析[J]. 冶金分析, 2013, 33(12): 1-7.
[66] 张婷婷. 重轨钢中硫化锰夹杂物粒度的原位统计分布分析[J]. 冶金分析, 2017, 37(7): 6-10.
[67] 王海舟. 原位统计分布分析——冶金工艺及材料性能的判据新技术[J]. 中国有色金属学报, 2004, 14(S1): 98-105.
[68] 郑国经. 分析化学手册: 3A. 原子光谱分析[M]. 第 3 版. 北京: 化学工业出版社, 2016: 320-324.
[69] 罗倩华，李冬玲，范英泽，等. 不锈钢连铸板坯横截面偏析的原位统计分布分析[J]. 冶金分析, 2015, 35(10): 1-7.
[70] 周莉萍. 450mm 厚连铸板坯全厚度成分分布特征[J]. 现代冶金, 2017, 45(1): 1-4.
[71] 左晓剑. GCr15 轴承钢连铸方坯与电渣重熔铸锭的原位统计分布分析[J]. 冶金分析, 2018, 38(10): 1-6.
[72] 李冬玲. 火花源原位统计分析技术对涡轮盘的成分分布分析[J]. 光谱学与光谱分析, 2019, 39(1): 14-19.
[73] 王旭. 12Mn 钢连铸圆坯的原位统计分布分析[J]. 冶金分析, 2019, 39(3): 1-6.
[74] 王志鹏. 原位统计分布分析在焊接结构用大壁厚钢铸件应用性能评价中的应用[J]. 冶金分析, 2019, 39(12): 16-24.
[75] 崔隽，梁建伟，郭芳，等. 火花光谱自动分析技术在炼钢现场的应用[J]. 冶金分析, 2008, 28(9): 20-24.
[76] 崔隽，齐郁，沈克，等. 自动化分析技术在炼钢炉前检验中的应用[J]. 河南冶金, 2006, 14(增刊): 164-166.
[77] 周志伟. 便携式直读光谱分析仪的操作技巧[J]. 金属加工[J], 2013(14): 65-67.
[78] 周学峰，高阳. 便携式手持光谱仪在铸件成分测量上的应用[J]. 铸造设备与工艺[J], 2018(2): 32-34.

第3章 电弧原子发射光谱分析

3.1 概述

3.1.1 电弧原子发射光谱分析技术的发展

在20世纪30年代便出现了电弧与火花放电作为电激发光源，是原子发射光谱最早采用的分析技术。采用电弧放电作为原子光谱的激发光源，由于电弧的电极温度较高，蒸发能力较强，分析的绝对灵敏度较高，很早就用于物质的定性研究及定量分析。特别是1928年首台商品摄谱仪出现以后，促使电弧原子发射光谱分析法在冶金、地质等无机元素分析领域里发挥了很好的作用。20世纪50年代，为解决核材料与高纯材料的纯度分析，美国斯克里布纳（Scribner）等[1]研发了载体蒸馏光谱分析技术，苏联札依杰里（Зайдель）等[2]研发了蒸发法光谱分析技术。随着地球化学检测的开展，地球化探样品快速检测，土壤、岩石中的元素检测，一直是电弧光谱法应用的主要领域。我国于20世纪50年代开始采用商用仪器——电弧光源摄谱仪应用于地质样品、粉末样品和高纯材料的元素检测应用。1958年沈联芳等[3]用溶液干渣-交流电弧法完成了稀土元素和钍的混合物中10个稀土元素的光谱定量分析，1983年沈瑞平[4]采用加罩电极载体蒸馏和电弧浓缩相结合的光谱分析方法，可在同一根电极上分组连续测定易挥发元素、中等挥发元素、难挥发元素等37种元素，推进了电弧光谱分析在我国的应用。广大用户在此基础上做了很多应用研究，完善了电弧发射光谱的分析方法[5-9]。

在20世纪40年代以后由于火花放电光谱法在金属材料直接分析上的优势，使火花放电光谱法发展迅速，随着火花光电直读仪器商品化的出现，成为原子发射光谱分析的主流。但对于地质样品、耐火材料、陶瓷、难熔氧化物等非导电性的无机材料，无法采用火花直读仪器进行快速、多元素的光谱测定，而电弧原子发射光谱具有独特的优越性，至今即使是采用效率不高的摄谱法，依然保有其应用领域[10-12]。因此，尽管从20世纪60年代以来原子光谱分析技术不断发展，出现了各种新光源和新型光谱仪器，电弧光谱分析方法至今仍是固体材料中痕量成分不可或缺的检测手段，且在相关行业中还被保留为标准分析方法。

电弧发射光谱分析法在应用上，长期停留在采用干板照相的摄谱法进行分析，因其弧焰的不稳定性和容易发生谱线自吸现象等缺点，在早期的光电直读仪器难以得到有效的分析性能，使其在推广应用上受到了一定的限制。随着分析仪器制造技术的发展，电弧直读光谱仪器不断得到改进，已经有稳定有效的商品仪器可供使用，可以和火花放电直读仪器一样，应用于粉末样品的快速测定，得到很好的应用。

3.1.2 电弧激发光源的光谱分析特点

电弧光源是两个固体电极之间的低电压高电流放电，形成电弧。一个电极可以是样品或者是电极上装填样品，与另一个对电极进行激发，适合于大多数元素的定性鉴定和痕量成分的定量分析。

① 电弧光源的特点是电极温度高，蒸发能力强，光谱分析的绝对灵敏度相对较高。优点是可以直接激发非导体粉末材料。

② 电弧激发时弧焰易呈飘忽状，被蒸发物的浓度较高且有分馏效应，使其定量的精密度变差。因此对装样电极的形状及结构有一定的要求，并需要添加载体和缓冲剂，以提高电弧放电的稳定性，保证测定的精密度。

③ 设备相对于火花光源要简单和容易操作，适用于未知物的定性分析，适用于非导电性固体粉末中痕量成分的多元素快速测定，当前仍为有色金属杂质成分快速分析的有效方法之一。

3.1.3 电弧光谱分析的定量方式

（1）摄谱法

采用照相干板记录发射的谱线信息，经显影-定影等暗室操作，得到带有谱线黑度的相板后，用映谱仪观察谱线的波长做定性分析，在测微光度计上测出相应谱线的黑度值，进行定量分析。分析时，将标准样品与试样在同一块感光板上摄谱，得到一系列黑度值，由乳剂特性曲线求出 $\lg I$。再将 $\lg R$ 对 $\lg C$ 作校准曲线，进而求出未知元素含量。通常采用“三标准法”进行定量分析。本方法属于光谱分析的经典方法，现在已经很少采用。

（2）光电直读法

采用光电转换元件代替摄谱法的干板照相作为检测器，将光谱辐射转变为电信号，经放大器及对数转换器，由数据处理器直接显示出测定结果。通常采用标准曲线法进行定量分析，与火花直读光谱分析相同，方便快捷。

现时商品化的电弧直读光谱仪，主要由电弧发生器、石墨电极激发架、色散系统、检测器、计算机处理系统等几个部分组成。仪器结构和组成部件，与火花放电直读光谱仪器类同，仅光源发生器及激发台要求不同，且激发过程对石墨电极的形状及样品装填有特别要求，同时需采用粉状标准物质样品进行标准化。本方法已经成为当前电弧光谱分析的主要方法。

3.2 电弧光源的分析基础[13-15]

电弧光源是在两个电极之间加上直流或交流电，形成电弧放电进行激发，分为直流电弧和交流电弧两类。电极之间的电弧放电过程，影响着被分析物的激发效果，下列对电弧光源放电特性的描述，是电弧光源分析条件选定的基础。

3.2.1 直流电弧光源

直流电弧是在两个电极之间加上低压直流电发生电弧放电，形成由弧柱、外焰、阳极点、阴极点组成的电弧激发光源，如图 3-1 所示。电极材料通常采用棒状高纯石墨。直流电弧阴极端发射出的热电子流，高速穿过分析间隙而飞向阳极，冲击阳极形成灼热的阳极斑，使阳极温度达到 3800K，阴极温度在 3000K，弧焰温度在 4000～7000K 之间。电弧的外焰区温度则较低，电流密度也比弧柱小得多。试样在电极表面蒸发和原子化，产生原子与电子碰撞，再次产生的电子向阳极奔去，正离子则冲击阴极又使阴极发射电子。这一过程连续不断地进行，使电弧不灭。被分析物质的原子在弧焰中被激发，发射光谱。

3.2.1.1 直流电弧发生器

直流电弧发生器的电路原理如图 3-2 所示。由一个电压为 220～380V、电流为 5～30A 的直流电源 E，一个铁芯自感线圈 L 和一个镇流电阻 R 所组成。镇流电阻 R 用于稳定和调节电弧电流大小；分析间隙 G 由两个电极组成，其中一个电极装有试样。装样电极置于下电极，激发时，使上下电极接触短路引燃电弧或采用高频电压引燃。此时电极尖端发热引弧，燃弧后使两电极离开 4～6mm，就形成了电弧光源。

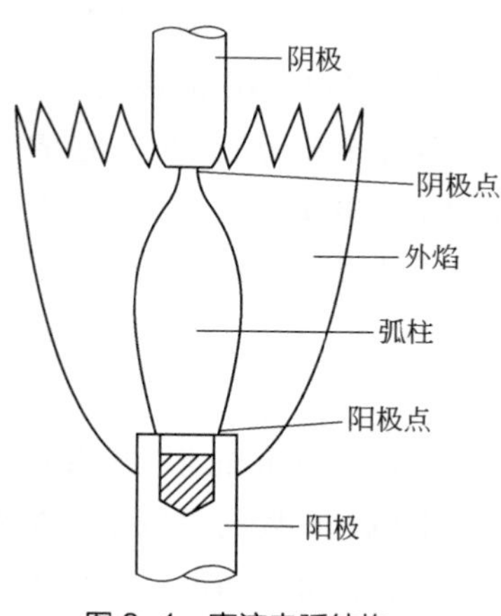

图 3-1 直流电弧结构

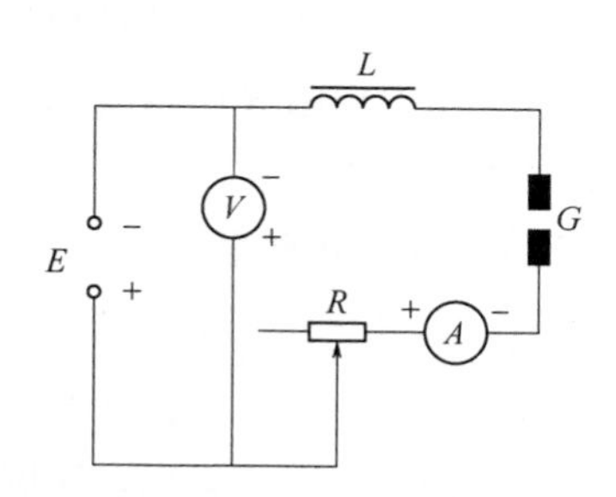

图 3-2 直流电弧发生器的电路原理

直流电源可用直流发电机、汞弧整流器或硒整流器。现在多用大功率的硅整流器，如图 3-3 所示。图中，$D_{1\sim6}$ 为整流器，T 为三相可调变压器，C_1、C_2、L 组成滤波电路，V 为电压表，F 为熔断器。

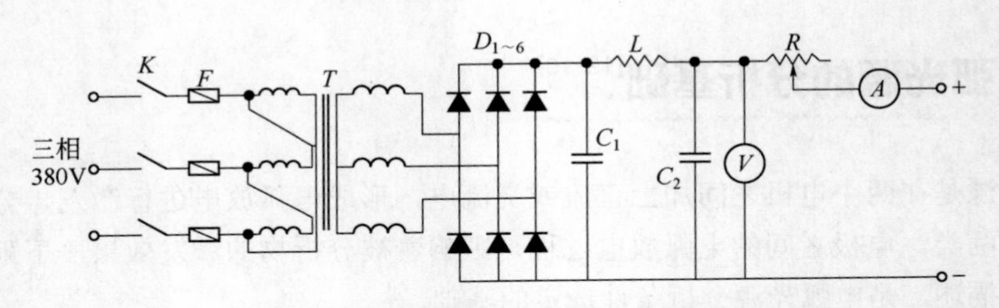

图 3-3　三相全波整流直流电源线路图

直流电弧由于采用低压大电流模式，低压（200～300V）直流电压无法击穿电极间隙，不能自发形成电弧，需要预先引燃。可以接触引弧，但给操作带来不便，也不安全。一般均采用高频引弧，通过高频电火花使空气局部电离导电并将气体加热而形成电弧放电。其电路如图 3-4 所示，上部为高频引弧电路，与直流电弧电路结合，电容 C_2 起隔离直流作用，使直流通过 R_2-A-L_2-G 放电回路。电弧引燃后，即可切断高频线路的电源。

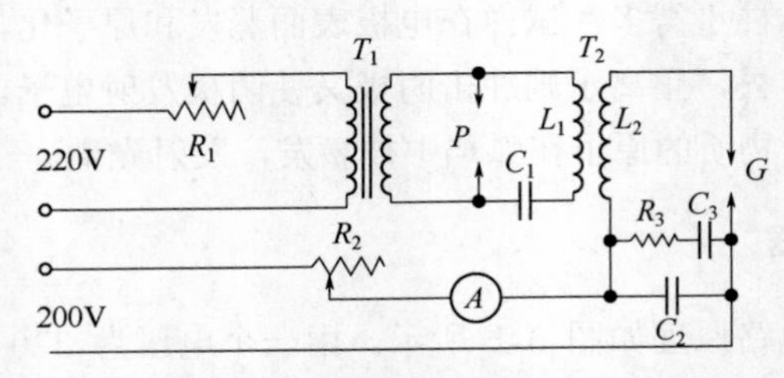

图 3-4　用高频火花点燃直流电弧的线路图

3.2.1.2　直流电弧放电特性

（1）放电呈负阻特性

直流电弧放电是在大气压力下的气体放电，与固体导体不同，电弧的电阻受温度影响，而具有负电阻特性，电流升高，电极两端的电压反而下降，其电压-电流特性曲线如图 3-5 所示。这种随电弧电流增大，电阻陡降的负阻特性，导致回路电流无法控制，造成电流过大或变小使电弧熄灭。为了保持电弧放电的稳定，必须在回路中串联镇流电阻，起限制电流及稳定电弧的作用。镇流电阻 R 阻值要远大于电弧的电阻 R_0，才能使电弧电阻的变化对回路电流影响减小，维持电弧的稳定。

（2）直流电弧放电过程

在直流电弧点燃之后，电子从阴极向阳极移动，被两极间电压加速，撞击阳极发热，使电极材料蒸发、电离。阳离子向阴极迁移，在阴极附近形成强电场的阴极电位降区，即为阴极区，具有相当清晰的发光界面，区域两端约有 20V 的阴极位降。通过这个区域的电子被加速，轰击阳极，使阳极产生白热化的亮斑——阳极斑，在贴近阳极处也出现小的空间负电荷区域，即为阳极区。阳极区与阴极区之间的弧柱中部，是电弧放电的等离子区域，放电条件亦较稳定，是光谱分析的主要观测区。直流电弧间隙中的电位分布如图 3-6 所示。电位降的大小取决于电弧等离子体的组成、电流及间隙的大小。

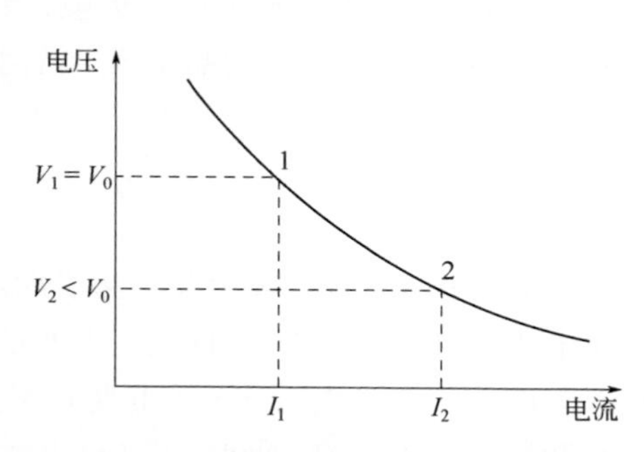

图 3-5　直流电弧放电的电压-电流特性曲线

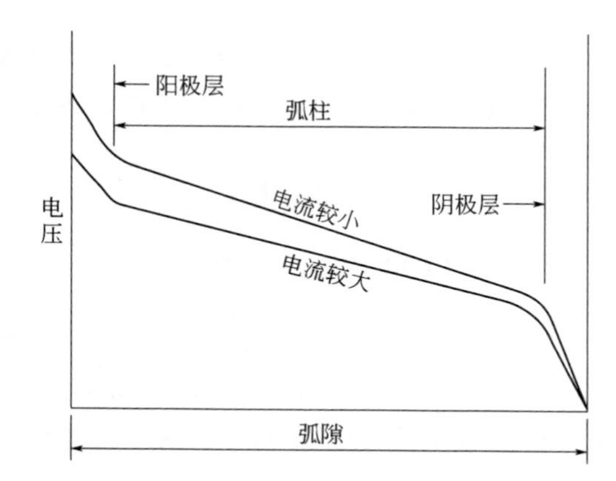

图 3-6　两种电流下直流电弧电极的电位降

（3）电弧温度

直流电弧放电温度约在 4000～7000K，电弧压降约在 40～80V，与试样组成、电极材料及电极间隙大小有关。电子密度约在 10^{14}～$10^{15}cm^{-3}$ 范围内，密度分布亦随空间位置而异，图 3-7 及图 3-8 分别为直流电弧温度的径向分布以及 Al、Li、K 存在下电弧温度和电子密度的轴向（竖向）分布轮廓。在与弧轴垂直的方向，由于散热，温度下降很快，低电流时更明显。

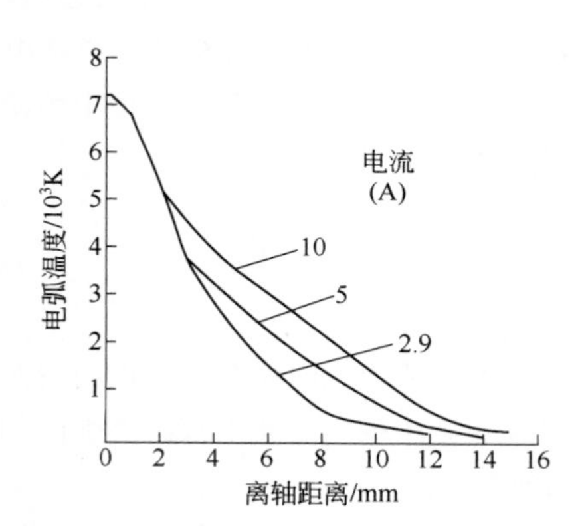

图 3-7　直流碳电弧温度径向分布轮廓

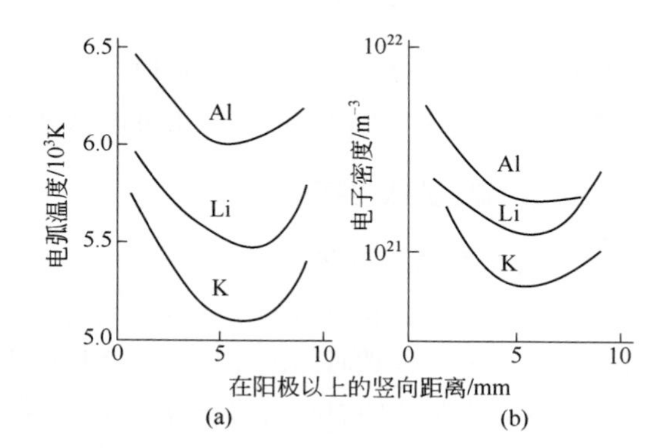

图 3-8　直流碳电弧温度（a）和电子密度（b）的竖向分布

（4）电极温度

直流电弧放电时，从阴极发出的大量电子冲击阳极表面，使阳极的电极温度很高。阳极斑的温度常较阴极斑高，对于碳电极，前者可达 3600℃左右，后者一般不超过 3000℃。当试样装在阳极孔穴时，高的电极温度使样品更容易蒸发和分解，因而具有更好的检出限。试样分解和电离产生的阳离子，将富集于阴极附近，形成阴极富集层。增大电流（或功率），电极温度正比升高，但弧温上升缓慢，因为随着电流增大，电弧半径亦随之增大，电流密度并无明显改变。

3.2.2　交流电弧光源

当在两个电极之间加上交流电压，所得的电弧放电，即为交流电弧。交流电弧有高压和低压电弧之分，高压电弧电压在2000～5000V，低压电弧一般电压在110～220V。由于高压交流电弧的设备费用较高，操作不便，实际上很少使用。光谱分析上使用的低压交流电弧有高频引燃低压交流电弧、脉冲触发引燃交流电弧、断续电弧、单向电弧等。商品仪器中常用的是这些技术相结合的复合光源系统。

3.2.2.1 低压交流电弧发生器

低压交流电弧一般用220V交流电为电源，为维持稳定的电弧放电，通常采用高频引燃。交流电弧发生器电路（图3-9），由高频引弧电路和低压电弧电路组成。220V的交流电通过变压器 B_1 使电压升至3000V左右，通过电感 L_1 向电容器 C_1 充电，当电压升至放电盘 G_1 击穿电压时，放电盘击穿，此时 C_1 通过电感 L_1 放电，在 L_1C_1 回路中产生高频振荡电流，振荡的速度由放电盘的距离和 R_1 充电速度来控制，使半周只振荡一次。高频振荡电流经高频变压器 B_2 升压至10 kV，并耦合到低压电弧回路，通过隔直电容器 C_2，使分析间隙 G 的空气电离，形成导电通道，使低压电流沿着已电离的空气通道，通过 G 引燃电弧。当电压降至低于维持电弧放电所需的电压时，弧焰熄灭。此时，第二个半周又开始，该高频电流在每半周使电弧重新点燃一次，使弧焰不熄。同时应用可调电阻 R_2 改变交流电弧电流大小。

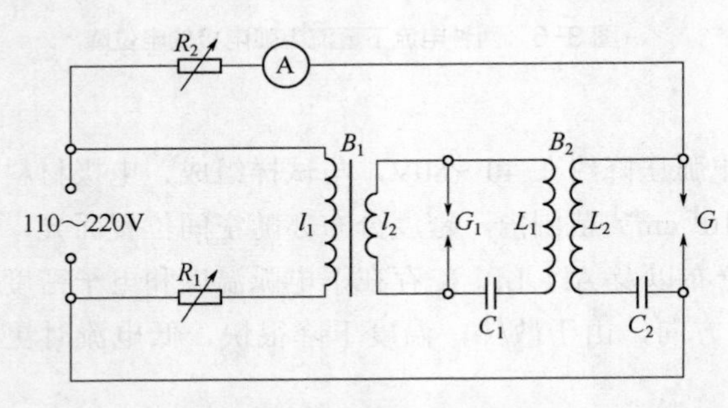

图3-9 交流电弧发生器电路

3.2.2.2 交流电弧放电特性

（1）放电具有脉冲性

交流电弧的电流和电压都在交替地改变方向，其放电是不连续的，即使在半周期内也是如此。燃弧时间与停歇时间的比值由引燃相位所决定。交流电弧在每半周波中都有燃弧时间和停熄时间。燃弧及停熄时间的长短，可随光源参数不同而变化。

图3-10表示交流电弧在不同位相引燃时，电压电流曲线。图中上面的曲线是弧隙间电压示波曲线，下面的曲线为电流示波曲线。1为在电压峰值时引燃，2为在电压峰值前引燃，3为在电压峰值后引燃。引燃位相的变化，影响瞬时电流密度从而影响谱线强度。

图3-11表示不同燃弧时间（每半周内通电时间）谱线相对强度变化。因此在使用交流电弧做分析时，不但要使每半周内引燃的次数恒定，还必须使每次引燃位相恒定，才能保证光源的稳定性。

（2）电弧温度

由于交流电弧放电具有间隙性质，电弧半径扩大受到限制，电流密度较直流电弧大，弧温比直流电弧高，所获得的光谱中出现的离子线要比在直流电弧中稍多些，激发能力高于直流电弧。

（3）电极温度

交流电弧电极温度低于直流电弧。由于放电的间隙性及电极极性的交替变更，试样蒸发速率低于直流电弧，灵敏度不如直流电弧，其分析线性范围也较窄。但该光源对地质试样，粉末和固体样品中杂质成分的直接分析，效果颇佳。由于电弧电极温度比火花放电高，也存在一定程度的分馏效应。

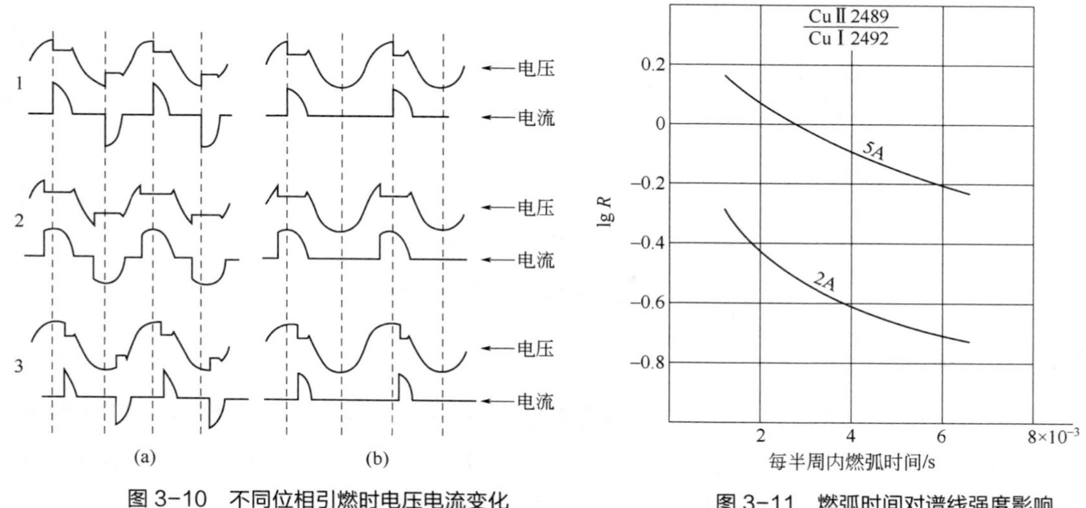

图 3-10　不同位相引燃时电压电流变化

（a）全波引燃；（b）半波引燃

图 3-11　燃弧时间对谱线强度影响

（4）交流电弧的稳定性

比直流电弧要好，测定结果有较好的重现性与精密度，适于定量分析。

3.2.3　交直流电弧光源

3.2.3.1　可控硅交直流电弧光源

将交流电弧光源和直流电弧光源设计在一台设备中，由直流整流调压及交流调压装置组合，利用转换开关选择工作模式，可以使用直流电弧激发，也可以使用交流电弧激发，光源设备体积小、效率高、操作方便。

该电弧光源在直流工作时，电路采用单相半控桥式整流调压。主电路如图 3-12 所示，用两个可控硅 SCR_1、SCR_2 和两个硅二极管 D_1、D_2。输出电路中有滤波电感 L 和电容 C，以增强直流成分。二极管 D_3 起续流作用，在低电流时，与 L 一起提高电流连续性。R_9 为假负载，在可控硅 SCR_1、SCR_2 未导通时，使正负极之间有一定的电压，当触发电路的电压加入可控硅控制极时，可控硅才能导通。R_7 为电流负反馈电阻。

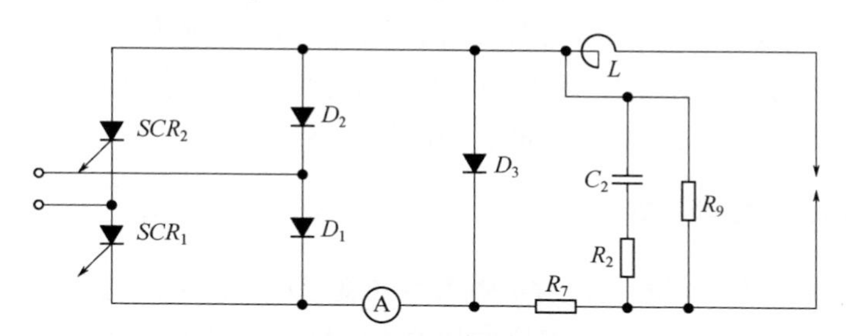

图 3-12　可控硅交直流电弧发生器直流工作电路

在交流状态工作时，采用转换开关使可控硅 SCR_1、SCR_2 反向并接，起交流调压作用，主电路如图 3-13 所示。R_{13} 为镇流电阻，R_7、R_{13} 与 L 构成阻抗电路，可相对缩短可控硅过零时间和减少电流冲击，同样 C_2 对冲击电流有一定吸收。

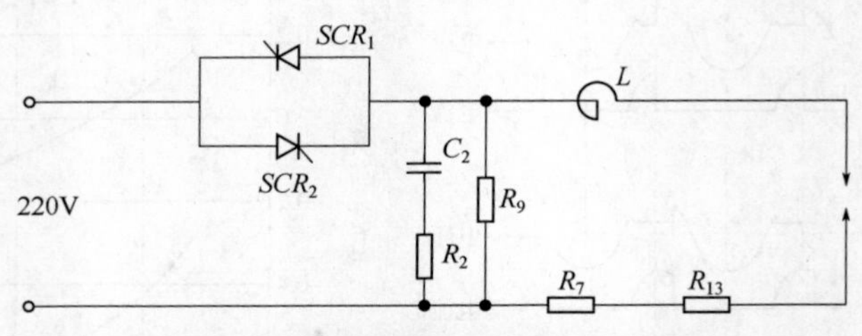

图 3-13 可控硅交直流电弧发生器交流工作电路

3.2.3.2 多用电弧光源

该光源是根据电弧发生器的常用线路组合起来的一种多性能光源。根据分析工作的需要，借助于几个转换开关，实行交流/直流多用的电弧光源，可以选用交流电弧、交流双电弧、直流电弧点火等，并备有曝光时间控制器，是一种比较适用的光源。

3.2.4 电弧光源的分析特性

样品在碳电弧中激发的过程极为复杂。电弧等离子体中蒸发物的成分与样品组成有关，电弧的蒸发效应也与电弧温度等诸多因素相关。

3.2.4.1 电弧中元素的电离能与电弧温度的关系

电弧等离子体中的物质组分与电弧的电离能有关，分析样品多是各种元素共存的复合体，电弧的电离能与电弧中所存在的各成分的原子浓度 n_1、n_2、…、n_m，它们的电离能 V_1、V_2、…、V_m 及其电离度 x_1、x_2、…、x_m 有关。即电弧不依赖单一元素的电离能，而是由各元素共同参与的有效电离能，其表达式如下:

$$V_{\mathrm{ieff}}=-kT\ln\left[\frac{n_1(1-x_1)}{N}\times \mathrm{e}^{-\frac{V_{i_1}}{kT}}+\frac{n_2(1-x_2)}{N}\times \mathrm{e}^{-\frac{V_{i_2}}{kT}}+\cdots+\frac{n_m(1-x_m)}{N}\times \mathrm{e}^{-\frac{V_{i_m}}{kT}}\right] \tag{3-1}$$

式中，k 为玻尔兹曼常数；T 为热力学温度；N 为电弧等离子体中的原子总浓度。从公式（3-1）可看出电离能低、电离度大的元素其含量越高，蒸发时间又集中，则电弧的有效电离能越低，电弧的温度也越低。碳电弧等离子体中温度与元素电离能的关系如图 3-14 所示，从图可知，电弧温度与元素的电离能成线性关系。

3.2.4.2 电弧温度与功率的关系

电弧功率与电弧温度密切相关，对电弧谱线强度起重要作用。电弧温度与电流强度有一定关系，随着电流增加，弧柱变宽，温度增加但不明显，如图 3-15 所示。

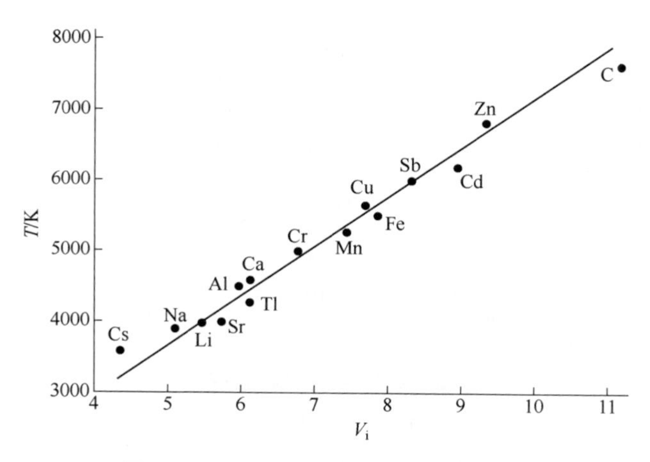

图 3-14 碳电弧温度与元素电离能的关系

电弧电流与电弧功率的关系，与电极上引入的物质成分有关。电弧中若存在低电离能的元素，虽然增加电流，功率却增长有限，而存在较高电离能的元素时，功率随电流增加上升很快。当在电弧中不同物质存在时，如图 3-16 所示，样品在弧烧的初期，弧焰中以 K、Cs 元素为主时，功率上升不大；待其蒸发完后，C、Si 元素为主时，电弧功率上升较大。

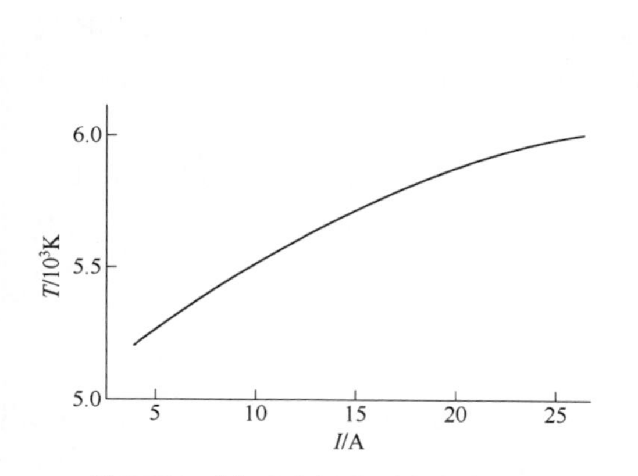

图 3-15 空气中碳电弧温度与电流强度关系

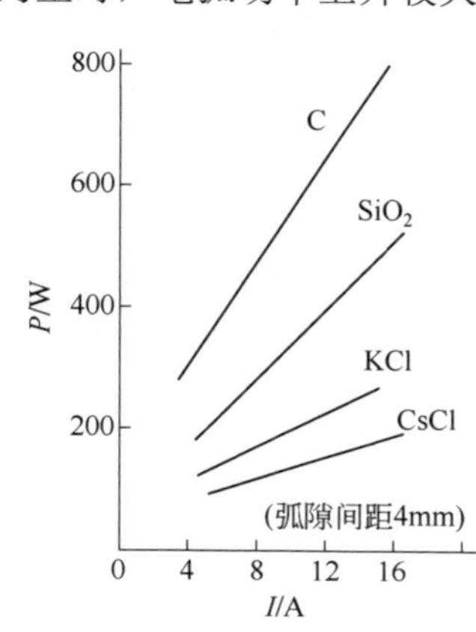

图 3-16 电弧中不同物质存在时功率与电流的关系

由于电弧各参数之间的密切依赖关系，故不可能单独进行调节。通常电弧消耗的功率约在 0.1～1.5kW 之间。功率最高的为纯碳的电弧，因而温度也最高，它对电流变动也是最敏感的。

3.2.4.3 电弧温度的轴向与径向分布

电弧分为弧柱与弧焰两部分，弧柱直径随电流而异，原子激发主要是在弧柱里，一般为 3～5mm；弧焰是围绕弧柱周围的赤热气体。弧柱是电弧放电通道，一般在电极表面移动，电流小时更为明显，而弧焰由于周围气体的流动而很不稳定。电弧里温度的径向分布见图 3-17（a），轴向分布见图 3-17（b）。可以看出在靠近阴极与阳极附近的弧柱有较高的温度，与在这两个区域有较大的电位降相对应。

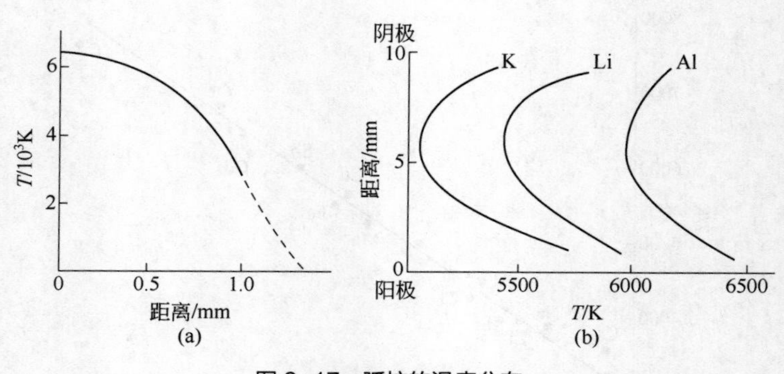

图 3-17　弧柱的温度分布

（a）径向分布；（b）轴向分布

在燃弧过程中，应保持电极距离不变，否则将使电极两端的电位降改变，也影响弧隙间温度分布。摄谱时，直流电弧截取的曝光部位也应固定不变，特别是截取阴极或阳极附近时更要注意。

3.2.4.4　温度在电极上的分布

电弧在碳电极上的轴向温度分布如图 3-18 所示。当离开放电的电极表面时，由于热辐射沿电极的传导将能量带走，温度急剧下降。这时若采用带细颈的杯形电极，限制热的损失，可显著提高电极表面的温度，对样品的蒸发有好处。电极的温度，还与电极周围的气氛有关。

图 3-19 为碳电弧阳极表面以下 2mm 处的温度和电流强度的关系。在空气和二氧化碳的气氛中，电极温度上升较快与电极发生的氧化反应有关。带颈电极的温度上升比一般电极要快。

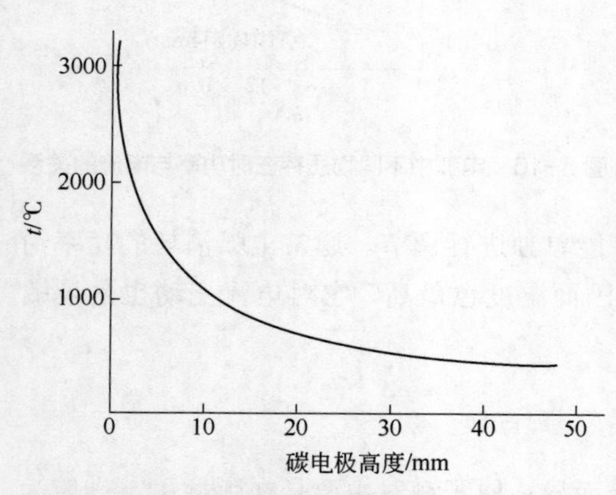

图 3-18　沿碳电极测量的温度（9A，ϕ 6mm）

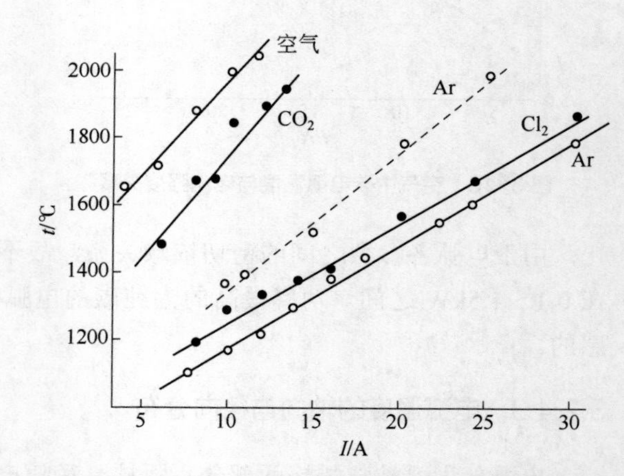

图 3-19　不同气氛中碳电弧阳极温度与电流强度的关系（虚线为带颈电极）

当用带氩气氛电极罩时，可以提高放电的稳定性，避免电极和分析物质在放电过程中产生化学反应，以消除 CN、CO、NO 等分子光谱的干扰。

3.3 电弧发射光谱的摄谱装置及光电直读仪器

电弧原子发射光谱分析仪器，长时间以来一直采用经典的摄谱装置，现代才又出现了电弧光电直读仪器。与火花放电光谱仪器不同，光源激发采用大电流的直流电弧或交流电弧，测定操作上也因采用粉末样品进行分析而有很大的区别。

3.3.1 电弧摄谱分析装置及摄谱分析技术

3.3.1.1 电弧发射光谱摄谱装置

（1）摄谱仪

摄谱仪配用的分光装置多为一米或两米光栅摄谱仪，光栅刻线密度在 2400gr/mm，可以保证有足够的分辨率。采用照相干板记录光谱，用测微光度计测量谱线黑度，并按三标准试样法和内标法绘制标准曲线。图 3-20 为北京光学仪器厂的 WPS-1 摄谱仪分析装置。

图 3-20 WPS-1 型平面光栅摄谱仪光路系统

1—狭缝；2—反射镜；3—准直镜；4—光栅；5—成像物镜；6—相板；7—二次反射镜；8—光栅转动台

摄谱仪配备直流或交流电弧发生装置。如天津光学仪器厂 WPF 型电弧发生器等，采用照相干板（如天津医疗器械二厂紫外型照相干板）记录谱线。

（2）照明系统

摄谱分析照相法测光，要求摄得的谱线黑度均匀，便于黑度测量。为保证摄谱仪获得尽可能大的光谱信号，在摄谱装置上须有能满足不同要求的照明系统。通常采用三透镜照明系统，即中间成像照明系统，以使摄谱仪的入射狭缝得到均匀的照明。该系统由三个透镜组成，成像关系是：L_1 把光源成像在 L_2 上；L_2 把 L_1 成像在 L_3 即狭缝上；L_3 将 L_2 成像在准直镜 O_1 上。这种成像关系中，狭缝获得 L_1 像的照明，因此是均匀的（图 3-21）。

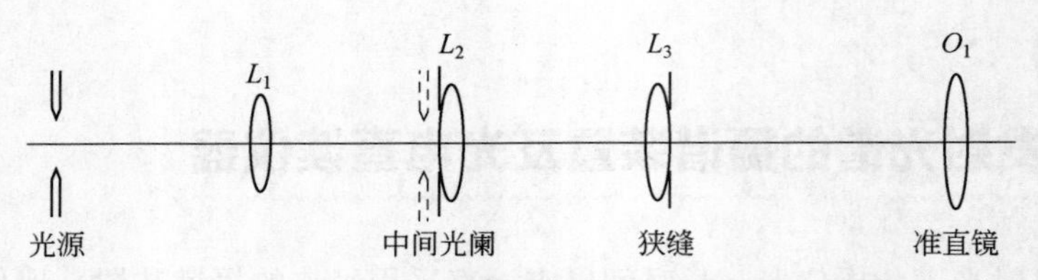

图 3-21　三透镜照明系统光路图

（3）读谱及测量设备

摄谱仪得到的谱线相板，在映谱仪上读谱，根据谱线位置，可以进行定性分析。根据相板上谱线的黑度；采用测微光度计，测量待测元素谱线的黑度值进行定量分析。常用的映谱仪有 WTY 型映谱仪、GST1-70 型双片映谱仪等；测微光度计有 WCD 9W、WCC、德国 Zeiss GⅠ、GⅡ、MD-100 型等。

3.3.1.2　电弧发射光谱摄谱分析技术

（1）摄谱定性分析

电弧摄谱法，被测物的蒸发量大，灵敏度高，相板记录谱线有全谱保存作用，常常用于定性分析。最常用的是直流电弧光源，采用阳极激发，可以激发七十多种元素。采用直流电弧光源时，为了尽可能避免谱线间重叠及减小背景，有时采用“分段曝光法”，即先用小电流激发光源，以摄取易挥发元素的光谱；然后调节光阑，改变摄谱的相板位置，继之加大电流以摄取难挥发元素的光谱。这样一个试样，可在不同电流条件下摄两条谱线，就可保证易挥发与难挥发元素都能很好地被检出。摄谱时多采用哈特曼（Hartman）光阑，是一块由金属制成的多孔板，见图 3-22。

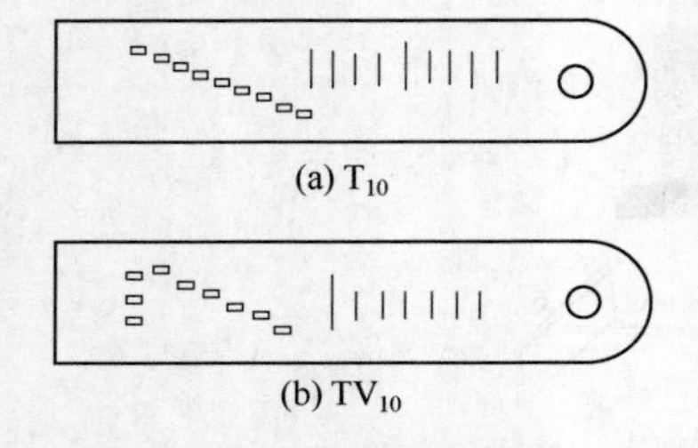
(a) T_{10}

(b) TV_{10}

图 3-22　哈特曼光阑

该光阑放在狭缝前，摄谱时移动光阑，使不同样品或同一样品不同阶段的光通过光阑不同孔径摄在感光板不同位置上，而不用移动感光板，这样可使光谱谱线位置每次拍谱都不会改变。

在分析难熔元素时，利用电弧的载体分馏法，加入低沸点的物质到样品中，使更易挥发的痕量组分先进入弧柱，而基体物质仍未被激发。常用载体有碱式氟化铜、氟化银、氯化银、氟化锂和氧化镓。

定性分析时多采用较小的狭缝宽度（约 5～7μm），以避免谱线间重叠。释谱时利用最后线及特征谱线。常见元素的灵敏线及特性组谱线及每条谱线的灵敏度及干扰情况可查相关分析手册。

（2）摄谱定量分析

采用相板感光成像，摄谱后冲洗相板，经过显影、定影、冲洗等过程获得光谱的影像，测光、绘制曲线，计算后获得检测结果。实际操作以电弧发射光谱法测定地矿样品中银、硼、锡、钼、铅为例[10]简述如下：

仪器条件：WP-1 型 1 米平面光栅摄谱仪（北京第二光学仪器厂）。三透镜照明系统。狭缝宽度 12μm，高 1mm，中间光阑 2mm。水冷电极夹。WJD 型交直流电弧发生器。光谱纯石墨电极，上电极为平头柱状，ϕ4mm，长 10mm；下电极为细颈杯状，ϕ3.8mm，孔深 4mm，壁厚 0.6mm，细颈ϕ2.6mm，颈长 4mm。相板用天津紫外Ⅰ型干板。暗室处理：A、B 混合显影液（V_A+V_B=1+1），温度 20℃，短波相板（测定 B、Sn、Pb）显影 210s，长波相板（测定 Ag、Mo）显影 150s，f-5 酸性坚膜定影液，定影 20min，水洗 20min。读谱采用 GBZ-Ⅱ型光谱相板测光仪，狭缝宽度 0.2mm，高度 12mm，P 标尺。缓冲剂为 $K_2S_2O_7$+NaF+Al_2O_3+炭粉（22+20+44+14）（内含质量分数为 0.007%的 GeO，作内标）。

分别称取粒径小于 0.074mm 的试样和缓冲剂各 0.2000g，于自动玛瑙机中研磨 2min 混合均匀，将分析样品装入两根下电极，滴入 2 滴含 2%蔗糖的乙醇水溶液（乙醇+水=1+1），90℃烘干后，用交流电弧激发，4A 起弧，5s 后升至 14A，保持 30s，共截取曝光时间 35s。干板记录分析谱线，经显影定影后在测光仪上测光，分别测定内标线和背景黑度、分析线和背景黑度，自动扣除相应的背景黑度，用样条函数插值法ΔP-lg$c$ 自动拟合标准曲线，自动计算样品中单个元素的含量结果。

3.3.1.3 摄谱法操作过程中影响因素及干扰校正

（1）摄谱法操作过程及影响因素

摄谱法通常多采用粉末样品分析，有称样与混样和装填过程、摄谱过程、相板冲洗和读谱以及谱线黑度测量等过程。通过同类型标准物质工作曲线法进行定量分析。整个操作过程，需手工操作并较为费时，这些过程都会对分析结果造成影响，需仔细操作。

摄谱相板记录下大量的谱线信息，也可以长期保存，便于核验，以及具备再分析的价值。因此定影后的相板，必须充分水洗干净，除去残存乳剂中的化学物质，然后在无尘的地方干燥后，才能读谱、测光和长期保存。

（2）摄谱法背景干扰校正

1）电弧摄谱的光谱背景干扰

电弧激发时炽热的电极头及一些炽热固体炭颗粒发射的连续光谱，弧隙中分子辐射的带光谱，感光板上的灰雾以及光学系统的杂散光等光谱背景，在摄谱时给照相干板留下背景灰度，降低谱线/背景比值，影响检出限；会使校准曲线斜率降低，并出现下部弯曲现象，影响光谱分析的准确度。

2）光谱背景的扣除方法

背景的扣除就是从总强度中减去背景强度，$I_a = I_{a+b} - I_b$。而在摄谱法中表现为从谱线的总黑度 S_{a+b} 中如何扣除背景的黑度 S_b。在摄谱分析中，为简化手续，常借助光谱背景扣除表来扣除背景。普遍采用的背景扣除表有 D 表和 M 表。D 表的使用方法可根据谱线总黑度 S_{a+b} 和背景黑度 S_b，查乳剂特性曲线，得 lgI_{a+b} 和 lgI_b；再根据 lg（I_{a+b}/I_b）的计算值，查 D 表，则 lg$R$=lg（I_{a+b}/I_b）$-D$。M 表的使用方法，见表 3-1 所列出的有关公式和查表依据等（可在分析手册中查到[16]）。

（3）影响谱线强度的元素及化合物[17]

由于摄谱法多采用粉末样品并加有光谱载体及缓冲剂等，在摄谱时样品中的共存元素与所加的化合物，都会对元素的谱线强度造成影响。其影响情况如表 3-2 所示。

表 3-1　背景扣除公式及其查表依据一览表①

欲求项目	公式	查表依据	备注
$\lg R$	以背景为内标的背景扣除公式：$\lg R = M$	$\gamma, \Delta S \rightarrow M$	$\Delta S = S_{a+b} - S_b$
$\lg\beta$	以谱线为内标的背景全面扣除公式：$\lg\beta = M_1 - M_0 + \Delta S_b/\gamma$	$\gamma, \Delta S_1, \Delta S_0, \Delta S_b$ $\Delta S_1 \rightarrow M_1\ \Delta S_0 \rightarrow M_0\ \Delta S_b \rightarrow \Delta S_b/\gamma$	$\Delta S_1 = S_{a_1+b_1} - S_{b_1}$ $\Delta S_0 = S_{a_0+b_0} - S_{b_0}$ $\Delta S_b = S_{b_1} - S_{b_0}$
$\lg\beta_v$②	以谱线为内标的背景单一扣除公式：$\lg\beta_v = M_1 - \Delta S_{0v}/\gamma$	$\gamma, \Delta S_1, \Delta S_{0v}$ $\Delta S_1 \rightarrow M_1$ $\Delta S_{0v} \rightarrow \Delta S_{0v}/\gamma$	$\Delta S_1 = S_{a_1+b_1} - S_{b_1}$ $\Delta S_{0v} = S_{a_0+b_0} - S_{b_1}$

①“a”代表谱线，“b”代表背景，“1”代表分析线，“0”代表内标线，γ为感光板的反衬度。

② ΔS_{0v}为内标线与其背景的总黑度减去分析线的背景黑度之差，$\lg\beta_v$为谱线相对强度的对数值。

表 3-2　影响谱线强度的元素及化合物

受影响的元素	造成谱线增强的元素(或化合物)	造成谱线削弱的元素(或化合物)	其他影响
Ag	大量的 Pb、Zn、Cu	大量的Fe、Co、Ni、Mn、S、K_2SO_4	加入$CaCO_3$和C粉可减弱其影响
As	Mg、Si、Pb 及大量 Sb、NH_4I；大量的 Zn	K_2SO_4	大量的 Fe 使 As 形成Fe_3As延长蒸发。加入I，会形成碘化反应，灵敏度可以提高
B	AgCl 及大量的 Ca		C易与B作用形成难挥发的BC Zn 粉可促使 B 提前蒸发
Ba	Ca, KCl		碱金属，C粉可消除成分影响
Be	C 粉, SiO_2	K 等碱金属	F 加速蒸发,减弱组分影响
Bi	NH_4I, K_2SO_4及大量的 Pb		NH_4I亦可减弱组分影响
Cd	$NH_4Cl+Li_2CO_3=1+3$的混合物，大量的 Zn	过量的碱金属	
Co		C	NaCl 使 Co 的蒸发受到抑制
Cu		Fe, Ca 大量，Cu 327.4nm 减弱；Mn 大量，Cu 282.4nm 减弱	碱金属、Pb、Zn、Fe、Mn 延长 Cu 的蒸发
Cr	SiO_2	Ca，Mg，C	Ca>20%时, Cr 线变细
Ga	大量的 Al, Pb, Zn, Sn, Bi, Na, S, Sb_2O_3, SiO_2, Fe		
Ge	大量的 Cu, Pb, Zn, Sb_2S_3, S, NH_4I		K 阻止 Fe 蒸发,加强 Ge 蒸发
Hg			Na 盐对 Hg 有抑制作用
In	Pb, Zn, Sb, Bi, NaCl, Li_2CO_3	SiO_2	
K	Ca, Na		
Li	碱金属氯化物		
Mn			不同分析线受影响不同
Mo			火花线与电弧线比值受基体成分影响大，不同分析线误差大
Ni	Cr	SiO_2, Mg 使 Ni 305.1nm 减弱(但 Ni 232.5nm 增强)	
Nb	C	SiO_2	Tl、P、Mo 延长蒸发；C、Si 加速蒸发
Pb	Sn, SiO_2，碱金属	S, Fe, Mn 使 Pb 283.3nm 减弱；Ca,Mg 高 Pb 线减弱	Fe、Mn 高使 Pb 线变虚而宽;Sb 高延长 Pb 蒸发
P		Mg，碱金属	
Se	NH_4I, S		

续表

受影响的元素	造成谱线增强的元素(或化合物)	造成谱线削弱的元素(或化合物)	其他影响
Sb	大量 Pb, Zn, NH_4I	大量 Fe, SiO_2	Na 盐对 Sb 线有抑制, Cu 高 Sb 蒸发慢
Sn	S(PbS, ZnS, Fe_2S_3), K_2SO_4, NaCl	$CaCO_3$, SiO_2	
Sr	KCl, NaCl, C		C 可减弱其影响
Ta	AgCl, C		C 粉使基体元素提前蒸发，使 Ta 得到富集
Te	NH_4I, S		
Ti		大量 Mg	加 C 粉 Ti 线出现多
Tl			K_2SO_4、Li_2CO_3 抑制 CN 带，提高 Tl 灵敏度
U	$PbCl_2$, AgCl, Ga_2O_3		$BaCO_3$：C=3：7 与样品 1：1 混合，灵敏度略有提高
V	C 粉使火花线增强, K、Na 使原子线增强		火花线与电弧线比值受基体成分影响大
W	PbS, SiO_2, AgCl	Ca, Fe	NaCl 使 W 蒸发受抑制；W 的氧化物易挥发，当被还原成金属 W 或 WC 时则难挥发
La	C, Al_2O_3, TiO_2		
Y	C, Al_2O_3, TiO_2		
Yb	Mo, U, Ti, Cr, C		
Zn	Sn, AgCl, S, Fe		碱金属, Ca 对 Zn 有抑制; Mn、Ca 干扰 Zn 线
Zr	AgCl, C		

3.3.2 电弧光电直读仪器及分析技术

3.3.2.1 光电直读仪器结构

由于摄谱需干板照相，满足不了快速分析的需要，随着固体检测器在光电光谱仪器上的应用日益成熟，在原有摄谱仪上采用固体检测器组成电弧-CCD 光谱仪[18]，随后出现了商品的电弧直读仪器[19-21]。结构与火花直读仪器相似，由激发光源系统、色散系统及检测系统组成。激发系统由电弧发生器光源、电极架及装填分析样品的石墨电极组成，分光部分现多采用光栅分光型或中阶梯光栅-棱镜双色散系统的全谱型装置。仪器的组成结构如图 3-23 所示。本装置适合于粉末样品的直接分析。

3.3.2.2 商品仪器类型

电弧光谱分析一直采用光栅摄谱仪，由于固体器可代替干板照相，出现了以 CCD 为检测器的光电直读仪器，但早期这类仪器的实用性差已经退出市场，至 2011 年始有实用性能好的商品仪器上市，并得到推广应用。现时已有商品出售的仪器型号及主要技术指标简列于表 3-3 以供参考。

3.3.2.3 光电直读分析

使用电弧直读光谱仪，用带孔穴的石墨电极，将粉末样品装填于石墨电极的孔穴中，以

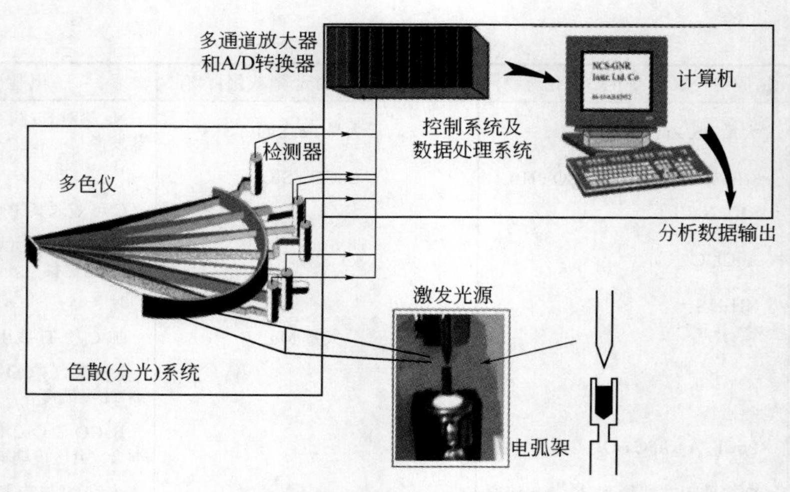

图 3-23　电弧直读仪器组成结构

表 3-3　现有商品仪器的型号及主要技术指标

仪器公司	仪器型号	主要技术指标
美国利曼-徕伯斯仪器公司	Prodigy DC Arc 直流电弧全谱直读型 （2011 年型号）	中阶梯-棱镜双色散光学结构-L-PAD（CID）检测器，波长范围 175～900nm，直流电弧发生器，紫外区为驱气式，时序分析功能，实时背景校正，全谱型仪器
北京北分瑞利分析仪器公司	AES-7100　（直流电弧） 高纯金属专用多道型 AES-7200　（交流电弧） 地质样品专用多道型 （2011 年型号）[19]	Paschen-Runge 光学结构-光电倍增管检测器，波长范围 200～500nm，焦距 750mm，光栅刻线密度 2400gr/mm，交直流电弧发生器，电流 2～20A，水冷电极夹，自动描迹，分段积分功能，属多道型仪器
	AES-8000 交直流电弧全谱直读型 （2015 年型号）[21]	1m 平面光栅，Ebert-Fastic 光学系统及三透镜光路，紫外波段灵敏 CMOS 传感器，FPGA 高速同步采集系统，全谱式交直流电弧发射光谱仪器
聚光科技仪器公司	E5000 全谱电弧直读型 （2015 年型号）[20]	Paschen-Runge 光学结构-线阵式 CCD 检测器波长范围 190～680nm，焦距 500mm，数控电弧光源，自动对准电极夹，具有时序分析功能，全谱型仪器

另一根带尖端或带平台的锥形石墨棒为对电极，进行电弧放电，激发出被测元素的光谱，由分光系统和光电转换系统接收，通过计算机数据处理，直接报出定量结果。

直流电弧激发时，一般是将含有样品的一极作为阳极（如我国和美国），也有用它作为阴极的（如欧洲），有时根据测定元素的不同，可以分组改变极性进行测定。

3.4 电弧直读仪器分析要求及定量方式

3.4.1 电弧直读仪器分析条件及操作要求

3.4.1.1 电弧发射光谱分析操作

（1）分析试样制备

电弧发射光谱分析对于非导体的固体粉末直接测定最为有效，因此通常分析时均采用粉末样品。

对于固体试样如各种岩石、矿物、土壤及无机固体材料，通常将样品粉碎并磨制成具有一定粒度的粉状试样，一般不大于 0.125mm（120 目），有时需粉碎至 0.074mm（200 目）。当加入载体和缓冲剂时，还需要将其研磨充分混匀，才能作为试样装填于杯状电极中进行电弧激发。

对于高纯金属中杂质成分的测定，或对于一些非匀质样品的分析时，则采用酸溶解后将溶液蒸干，在一定的高温下灼烧成氧化物粉末样品，再进行测定。

（2）装样电极要求

电弧激发可以有多种进样方式，固体粉末样品的直接分析一般采用垂直电极法（图 3-24），用带孔的杯状碳电极，将粉末样品装填于孔穴中，以另一根带尖端的碳棒或带小平台的锥形碳棒为对电极，接通交流或直流电弧发生器，进行激发。

碳电极通常采用质地较软，易于机械加工，导电导热性良好的光谱纯石墨棒。石墨耐化学腐蚀、耐高温，可蒸发高沸点物质，本身 3600℃开始升华。

不同的电极形状，显著地影响电极头的温度和电极温度的纵向分布，特别是装样电极的结构，装样品的空穴大小及深度，均对粉末样品的激发状态产生影响，因此装样电极的形状，影响电弧分析性能。图 3-25 为电弧法分析时采用的不同类型的杯形装样电极，通过选用形状不同的电极以控制电极头的温度，适应于不同类型样品和不同元素的分析测定。

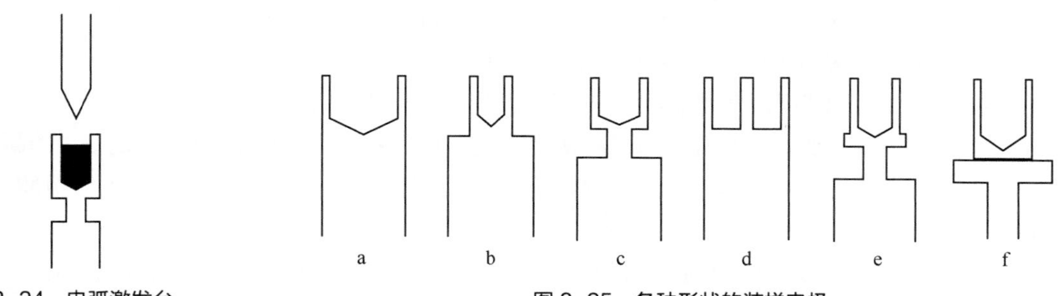

图 3-24　电弧激发台

图 3-25　各种形状的装样电极

装样电极的孔穴大小及深度不同，具有不同的分析效果。在相同电弧放电条件下，电极孔径越大，孔壁越厚，电极头的温度就越低，反之，温度越高。图 3-25a 型电极头温度将比 b 型的低。c 型电极带细颈，减小了热传导，电极温度则更高。d 型电极孔穴中带有极芯，以提高电弧燃烧的稳定性。e 型电极带有小台阶用于电弧浓缩法，用以增强基体元素与难挥发元素之间的分馏效应。在进行微粒矿物或微量样品分析时，常采用小孔径电极，以提高电极温度，加速元素的蒸发，提高被测元素谱线强度与背景的比值。为了提高电极温度，有时用带有电极台的 f 型电极，杯状的装样电极置于石墨电极台上，在起弧时，装样电极与电极台之间因存在较大的接触电阻，产生火花放电，使电极温度急剧上升，试样迅速熔化、蒸发，被测元素与基体元素之间产生分馏效应，可使某些元素的灵敏度大为提高。还有用于多元素连续测定的加罩电极，减少了电极孔穴中原子蒸气的扩散损失，提高被测元素的有效蒸发系数。它将载体蒸馏法、直接燃烧法和电弧浓缩法合理地组合，达到多元素分组连续测定的目的。

电极形状不同，还将影响电弧燃烧的稳定性。一般来讲，电极头越小，弧烧越稳定。锥形电极比平头柱状电极形成的燃弧更稳定。带有小气孔的锥形电极可以获得更稳定的电弧等离子体。

（3）光谱载体和缓冲剂

对粉末样品进行电弧分析时，为了稳定弧烧、控制电弧温度和元素的蒸发行为，常常需要在试样中加入光谱载体或缓冲剂，参与电弧放电过程中的化学反应，以促进被分析物质蒸发、原子化和激发。

缓冲剂主要用于稀释试样，控制电弧的放电特性，稳定电弧温度，促进试样有规律的蒸发，且对待测元素具有最小的基体效应。当然缓冲剂的稀释作用也降低了检出限。

载体的作用比较复杂，也属控制试样中元素的蒸发行为，增加谱线强度和消除干扰。载体在电弧放电时，可通过电极孔穴中发生的热化学反应，与一些元素转化成新的化合物，产生分馏效应，改变其蒸发行为。如将难挥发性化合物（主要是氧化物）转变为沸点低、易挥发的化合物，如卤化物、硫化物，使其提前蒸发，与基体分离。实际上，载体和缓冲剂的作用并没有明确的区分，通常统称为光谱缓冲剂。

对于导电性很差的样品，通常用炭粉为载体以增加粉末样品的导电性，配以适当比例的非化学活性及参与高温反应的化学活性试剂等的均匀混合物作为缓冲剂，在大气下或适当辅助气体保护下稳定电弧放电。

选用光谱缓冲剂须注意：

① 用作缓冲剂及载体的物质应预先经过检查，确实不含分析元素。

② 应具有增强分析元素谱线强度的作用，以利于微量元素的测定。

③ 必须能使被测元素和内标元素的蒸发行为趋于一致，得到一个稳定的激发条件。

④ 能消除试样喷溅现象促使弧焰稳定，并能消除或减轻由于组分变化对测定结果的影响。

⑤ 缓冲剂及载体应具有比较浅的背景和较少的谱线，使分析线和内标线不受到缓冲剂谱线的干扰，从而获得好的检出限。

⑥ 作为缓冲剂及载体的物质，需具有稳定的化学及物理性质，以便于研磨及保存。应避免使用有毒及放射性物质。

光谱缓冲剂的选择需要通过试验进行确定。常用的光谱缓冲剂见表 3-4。

表 3-4 常用的光谱缓冲剂[22]

分析元素	类型	缓冲剂混合物 *w*/%	内标元素	样品+缓冲剂
Ag	1	$80C+20Li_2CO_3+0.03Sn+0.02Ge$	Sn, Ge	
	2	$90SiO_2+10NaF+0.04CdO$	Cd	
	3	$50K_2SO_4+30S+20SiO_2+0.015In_2O_3$	In	2+3
	4	$50ZnO+45SiO_2+5NaF+0.4CdO$	Cd	1+6
Au	1	$100C+0.02Pt+0.1Pd$	Pt, Pd	
	2	$90C+10SrSO_4+0.015Pt$	Pt	
	3	$20C+79SiO_2+0.5PbO+0.4Sb_2O_3+0.1Pt$	Pt	
B	1	$100C+0.1Be$	Be	
	2	$52K_2SO_4+40ZnO+8AgCl+0.1SnO_2$	Sn	1+2
	3	$44K_2SO_4+37ZnO+4AgCl+15$ 空矿 $+0.25SnO_2$	Sn	1+20
	4	$50Na_2CO_3+25Al_2O_3+25Sb_2O_3+2SnO_2$	Sn	1+3

续表

分析元素	类型	缓冲剂混合物 w/%	内标元素	样品+缓冲剂
Be	1	$75C+25SrSO_4+0.7BaCO_3$	Ba	
	2	$70C+26SrSO_4+2Li_2CO_3+2CO_2O_3$	Co	
	3	$70CuO+30C$	Cu	
	4	$30C+20NaF+25CaF_2+16CuO+7SnO_2+2Bi_2O_3$	Sn, Bi	
	5	$65CuO+35C+0.6BaCO_3$	Ba	1+20
				1+50
	6	$84CaF_2+9NaF+5CdO+2Sb_2O_3$	Sb	1+2
	7	$32SrSO_4+64C+2LiCO_3+2CoO_3$	Co	1+30
				1+50
	8	$50BaCO_3+30C+20Na_2B_4O_7$	Ba	1+3
Bi	1	$95C+5Na_2CO_3+0.03Sb_2O_3$	Sb	
As, Sb, Bi	1	67Zn+5S+5C+22 空矿+$1SnO_2$	Sn	2+3
As, Sn, Sb, Bi	1	$66NaSiO_4+17C+17Ag+0.02PbO$	Pb	1+2
Al	1	$80C+20SrCO_3$	Sr	
	2	$78C+20SrCO_3+2Y_2O_3$	Y	
Ca, Mg, Fe, Al, Ti	1	$83C+17BaCO_3$	Ba	1+2
Mg, Fe, Al, Mn, Cr, Si	1	$96C+2CuO+0.5Y_2O_3+1.5La_2O_3$	Cu, Y, La	1+2
Ga	1	$56C+33SiO_2+10NaCl+1SnO_2$	Sn	1+3
Ga, Ge	1	$100NaCl+0.005Sn$	Sn	
	2	$99Sb_2O_3+1SnO_2$	Sn	
	3	$100CdS+0.003Sn+0.3Bi$	Sn, Bi	
Ga, Ge, In, Tl	1	$78Sb_2S_3+10C+4NaCl+5CbS+3SnO_2$	Sn	
	2	$30SnO+34SiO_2+12K_2SO_4+5NaF+5Li_2CO_3+13LiF+1Bi_2O_3$	Sn, Si	1+2
In	1	$48C+48Sb_2O_3+3NaCl+SnO_2$	Sn	
	2	$82NaF+15C+3SnO_2+0.5Bi_2O_3$	Bi	1+2
	3	$50SiO_2+50NaF+0.01Bi_2O_3$	Bi	1+1
Ge	1	$65ZnO+32S+1.2SbS+0.85SnO_2+0.6CuO+3PbO+0.3Bi_2O_3$	Sb	1+3
	2	$38.5ZnO+30S+30Li_2CO_3+0.5SnS+0.5Sb_2S_3+0.5Bi_2O_3$	Sb, Bi	2+1
	3	$50S+20C+20SiO_2+10NaCl+0.35Bi_2O_3+1.5SnO_2$	Bi, Sn	1+4
In, Ge	1	$40S+20NaF+20C+20SiO_2+0.1Bi_2O_3$	Bi	1+1
In, Tl	1	$98NaF+2Bi_2O_3$	Bi	1+1
Tl	1	$95PbCl_2+5NaCl+0.1In$	In, Na	
	2	$43Sn+43SiO_2+13K_2SO_4+0.7Sb_2O_3$	Sb	1+2
Li	1	$45C+45K_2SO_4+10Cs$	Cs	
	2	$100K_2SO_4+0.01In_2O_3$	In	
	3	$50K_2SO_4+50SiO_2$	K	1+3
	4	$28KCl+22NaCl+50C$	K	2+3
Li, Rb, Cs	1	$60KCl+20K_2SO_4$+20 空矿	K	3+5
	2	$50K_2SO_4+50NaCl$	K	1+1
Rb, Cs	1	NaCl		
	2	K_2SO_4		1+1
	3	$33K_2SO_4+33NaCl+34C$		
Pb	1	$50SiO_2+40C+10Li_2CO_3+0.3Bi_2O_3+0.03SnO_2$	Sn, Bi	
	2	$20C+40Na_2CO_3+40SiO_2+0.25CdO$	Cd	
	3	$50Na_2SO_4+50C+0.3Bi_2O_3$	Bi	1+3
P	1	$99ZnO+1Sb_2O_3$	Sb	3+2
F	1	$50CaCO_3+50C$	背景	1+1
Sr	1	$100C+0.25Cr_2O_3$		1+6

续表

分析元素	类型	缓冲剂混合物 w/%	内标元素	样品+缓冲剂
Sr, Ba	1	$50C+50NaNO_3+0.4Cr_2O_3$	Cr	
	2	$100C+0.4Sm$	Sm	
	3	$45C+45SiO_2+4NaSiO_4+4K_2SO_4+2Sm_2O_3$	Sm	1+20
Pt, Pd, Rh, Ru, Ir, Os	1	$75C+25SrSO_4+0.05Ru+0.03Zr$	Ru, Zr	
	2	$85PbO_2+15Bi(OH)_2NO_3$	Bi	
	3	$80Fe_2O_3+20C+0.3Bi_2O_3$	Bi	
Pt, Pd	1	$98C+2NaCl+0.02CoNO_3$	Co	
	2	$100C+0.01Lu_2O_3+0.03La_2O_3$	Lu, La	
La, Ce, Gd, Eu, Tm, Y, Lu	1	$85C+15BaCO_3+3Y_2O_3+0.1Lu_2O_3$	Y, Lu	
	2	$85C+15BaCO_3+0.01Sc_2O_3$	Sc	
Y, Yb, La, Ce, Pr, Nd	1	$56C+44CaCO_3+0.02Sc_2O_3$	Sc	1+3
	2	$84C+16CaCO_3+0.02Sc_2O_3$	Sc	1+3
稀土	1	$20SrO+20Al_2O_3+60C+0.02Sc_2O_3(ErO)$	Sc(Er)	2+1
	2	$5LiF+10K_2SO_4+85C+0.5Sc_2O_3$	Sc	1+4
	3	$20BaO+80C+0.3Sc_2O_3$	Sc	1+4
	4	$48C+47SiO_2+5NaF+0.04Sc_2O_3$	Sc	
	5	$92C+5CdCl_2+3CuO$		1+6
Mo	1	$80C+20Cr_2O_3+0.025HfO$	Hf	
	2	$90C+10BaO+0.02ThO_2$	Th	
	3	$8SiO_2+10KCl+10CuO+0.4V_2O_5$	V	1+9
Mo, V	1	$66Zn+6S+6C+22$ 空矿$+1Cr_2O_3$	Cr	2+3
V	1	$100C+0.05Co$	Co	
Nb	1	$100C+0.2Mo_2O_3$	Mo	
	2	$100C+0.5Co_2O_3$	Co	
Nb, Ta	1	$80C+20Cr_2O_3+0.05HfO+0.01WC$	Hf, W	2+1
	2	$100C+0.025HfO+0.1WC$		1+9
Sc	1	$75C+25SrCO_3+0.5La_2O_3$	La	
	2	$70C+30SrSO_4+0.2Sm_2O_3$	Sm	
	3	$90C+10BaCO_3+0.3Er_2O_3$	Er	
	4	$20SrO+20Al_2O_3+60C+0.3Er_2O_3$	Er	
	5	$20BaO+80C+1Er_2O_3$	Er	1+4
U, Th	1	$85C+15BaCO_3+0.1Lu_2O_3$	Lu	
	2	$100PbCl+0.2V_2O_5$	V	
Th	1	$20SrO+20Al_2O_3+60C+0.1MoC$	Mo	2+1
	2	$20BaO+80C+0.05MoC$	Mo	1+9
Sn	1	$50K_2SO_4+25C+25ZnO+6Sb_2O_3$	Sb	
	2	$30NaF+7C+63SiO_2+1.5GeO_2$	Ge	
	3	$50C+50CaCO_3+0.3Sb_2O_3$	Sb	
	4	$92K_2SO_4+8Sb_2O_3$	Sb	1+3
	5	$70C+15Na_2CO_3+15Sb_2O_3$	Sb	1+8
Zn	1	$21As_2O_3+21Li_2CO_3+58C+0.15CdO$	Cd	1+5
	2	$40SiO_2+40K_2SO_4+20Sb_2O_3$	Sb	1+4
Zr, Hf	1	$80C+20Cr_2O_3+0.05MoO_3$	Mo	
	2	$80C+20Cr_2O_3+0.15W$	W	
Zr	1	$80C+20Cr_2O_3+0.05Hf$	Hf	
	2	$100C+0.1MoC$	Mo	
Hf	1	$80C+20Cr_2O_3+0.05Nb_2O_5$	Nb	
	2	$5BaO+95C+0.02Nb_2O_5$	Nb	
Te	1	$38I+50SiO_2+12CaF_2+0.3Bi_2O_3$	Bi	3+5
Sn, Pb, Mo, Cu, Ag	1	$66K_2SO_4+34SiO_2+0.05CdO+0.01GeO_2$	Cd, Ge	1+2 2+3
	2	$50K_2SO_4+50Fe_2O_3+0.05CdO+0.01GeO_2$	Cd，Ge	1+1
Ti, V, Mn, Co, Ni	1	$8CaCO_3+20As_2O_3+66C+1Ga_2O_3+5CuS$	Ga	1+3
Co	1	$70SiO_2+15C+15Li_2CO_3+0.005Rh$	Rh	1+2

载体的加入是电弧法的一大特点，载体加入量往往比较多，甚至可占到样品的百分之十几。载体量大可控制电极温度，从而控制试样中元素的蒸发行为并可改变基体效应。表 3-5 列出若干难挥发物质分析时所用的载体及其用量，以供参考。

表 3-5　难挥发物质分析时所用的载体及其用量

样品	载体及用量	测定杂质元素	样品	载体及用量	测定杂质元素
La_2O_3	C-NH_4IO_4（1∶1）	Mn、Fe、Cu、Ni、Co、Cr	HfO_2	AgCl 10%或 NaCl 6%	24 个元素
	样品-载体（2∶1）		HfO_2	AgCl 25%	Co、Al、V 等 14 个元素
	（阴极含 2% Ga_2O_3 的炭粉）		V_2O_5	Ag-C（2∶1）	11 个元素
CeO_2	同上	同上		样品-载体（20∶3）	
CeO_2	NaF-S(1∶2)	Mn、Pb、In 等 11 个元素		（阴极含 6% NaCl 的炭粉）	
	AgCl-LiF(11∶1)	Fe、Co、Ni	V_2O_5	C-AgCl-H_2BO_3（21∶78∶1）	Ti、Cr 等 9 个元素
CeO_2	AgCl 20%	18 个非稀土杂质		样品-载体（1∶1）	
Pr_6O_{11}	NaCl 2%	Sn、Pb 等 9 个元素	Nb_2O_5	样品-AgCl（10∶1）	20 个元素
Nd_2O_3	Ga_2O_3 3%	Cu、Mn 等 9 个元素		或样品-炭粉（3∶1）	
Sm_2O_3	Ga_2O_3 3%	同上	Ta_2O_5	样品-AgCl（10∶2）	20 个元素
Eu_2O_3	Ga_2O_3	37 个元素（包括稀土）		或样品-炭粉（3∶1）	
Gd_2O_3	Ga_2O_3	P	Ta_2O_5	AgCl-C（2∶1），样品-载体（5∶3）	10 个元素
Dy_2O_3	Ga_2O_3 3%	Cu、Mn 等 9 个元素	Ta_2O_5	Ag-BaF_2-AgCl（3∶2∶5）	12 个元素
Dy_2O_3	AgCl 5%	Cu、Mn、Fe、Bi、Mg、Ni、Pb、Sn	MoO_3	样品-载体（21∶9）	
Y_2O_3	Ga_2O_3-LiF∶C（4∶1∶5）	18 个元素	MoO_3	样品-$(C_2H_5)_4NI$（3∶1）	As、Te、Sn、Pb、Bi、Cd、Ag、In
	Ar-O_2（5∶2）			Ga_2O_3-C（3∶7）	
	样品-载体（3∶1）			样品-载体（1∶1）	
Y_2O_3	Ga_2O_3-AgF（2∶1）	Mg、Mn 等 12 个元素	WO_3	KI, Tl_2SO_4, In_2O_3-C（1∶19）或 NaF-C（1∶99）	15 个元素
	Ar-O_2（3∶1）			样品-载体（4∶1）	
	样品∶载体（3∶1）		WO_3	C 粉约 15%	Mo、Ti 等 18 个元素
Y_2O_3	NH_4F-HF 2.4%	B、Mn、Pb、Sn、Fe、Mg	U_3O_8	Ga_2O_3 2%	33 个元素
Y_2O_3	Ga_2O_3 10%	15 个元素	U_3O_8	NaF 或 NaF-AgCl(1∶4)5%	B、Cd、V 等 11 个元素
Y_2O_3	Ga_2O_3	P	U_3O_8	SrF_2-AgCl(1∶5) 6%	31 个元素
Y_2O_3	NaF-AgCl-C（1∶4∶5）	16 个元素	U_3O_8	LiF-AgCl(1∶11) 10%	
	样品-载体（3∶1）		ThO_2	RbCl 5%	Li、Na、K、Cs、Ba、Sr
TiO_2	AgCl 20%(阴极含 6% NaCl 的炭粉)	22 个元素		Ga_2O_3 15%	36 个元素
TiO_2	GaF_3 5%	Pb、Sn、Mn、V 等 11 个元素		或 Ga_2O_3 5%	B、Cd
ZrO_2	Ga_2O_3 2%	15 个元素	PuO_2	LiF-AgCl-8-羟基喹啉(2∶22∶5)	23 个元素
ZrO_2	AgCl 10%	12 个元素		样品-载体（192∶58）	

续表

样品	载体及用量	测定杂质元素	样品	载体及用量	测定杂质元素
ZrO_2	AgCl 10%或 NaCl 6%	24 个元素	炭粉	LiF 或 C_2Cl_6、C_3Cl_8	Ti
ZrO_2	AgCl 25%	Al、Ti、V 等 12 个元素	石墨	AlF_2-NaF(2∶1)	B
ZrO_2	HF 10%~15%	B, Cd		CaF_2	B、Si、Ti、Mo 等 16 个元素
ZrO_2	BaF_2-C	近 30 个元素			

3.4.1.2 电弧放电参数和控制气氛

电弧激发的电流条件，包括选用直流电弧还是交流电弧，起弧电流大小、燃弧时间及曝光时间，直流电弧是采用阳极激发还是阴极激发，或是分别测定哪些元素。

杯状电极中的试样在起弧以后很快呈熔融状态，试样中各种物质按其熔点和沸点，不同元素在弧燃过程中有不同的蒸发行为，决定了元素谱线的强度。被测元素的谱线强度随燃弧时间而不断改变，不可能采取瞬时强度的测量方法，只能采取积分强度的方法进行光谱分析。通过制作蒸发曲线，设定曝光积分时间，或在不同时间段对不同元素进行积分测量，缩短曝光时间，增加单位时间内采集分析谱线的强度，同时可以消除或减少共存组分的相互影响，或防止谱线自吸，可以提高测量的再现性，也可有效地降低被测元素的检出限。图 3-26 为不同元素在电弧直读仪器上的蒸发曲线图。

在采用电弧直读仪器测量时，可以通过仪器的软件进行时序分析，控制在不同时间对不同元素进行积分测量，得到满意的测定结果。

控制电弧周围的气氛，可以消除 CN 带的产生并减少光谱背景，实验证明，使用氩气作为保护气消除 CN 带效果较好，而且氩气还可以起到稳定电弧的作用。通过试验选择合适的氩气流量气氛，可以降低背景，得到最佳信噪比。

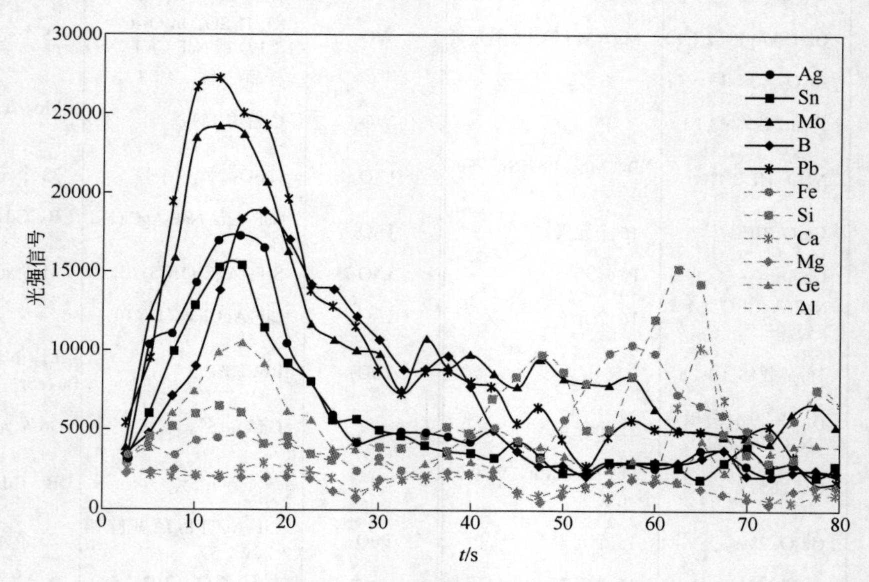

图 3-26 不同元素的电弧蒸发曲线

3.4.1.3 内标元素及分析线对

电弧光谱分析通常采用内标法，特别是对于摄谱法更为必要。内标元素的选择及分析线与内标线的线对选定也需在实验中得到确认，加入方式通常是与光谱缓冲剂配制时一起加入，并研磨均匀。

内标元素及其谱线的选择：内标元素的蒸发行为要与分析元素一致，选择其物理化学性质相似的元素；分析线对的激发能应尽量相近，同属一种类型的谱线；分析线对的波长应该尽量靠近，背景一致，且不受基体及其他共存元素的谱线干扰。有时，对某些样品分析不用加内标元素，而是采用背景作为分析线对。

3.4.2 标准化及标准样品

电弧光谱分析的标准化，必须采用相同基体的粉状标准样品，在与样品分析的相同条件下进行电弧激发绘制校正曲线。标准样品可以采用现成的系列有证标准物质（CRM），或用标准物质和基体物质合成标准系列样品。

（1）常规分析用合成标准样品

常规分析可以用合成法制备标准样品。选用不含待测元素的基体物质制成粉末，按比例称取待测元素的稳定化合物粉末混合均匀，制成标准系列样品。在岩矿样品分析中，没有现成标准样品，常常采用这种方式制备分析用的标准物。

（2）痕量成分分析的标准物

可以称取一定量的不含待测元素的基体物质，将其溶解于溶液中，按比例分别加入待测元素的标准溶液混匀，稀释至需要的浓度，形成标准溶液，再将其蒸干，在一定温度下灼烧成干燥粉状物，研磨成均匀的粉状标准样品。

（3）纯金属中杂质成分分析标准系列

分析纯金属中杂质成分的标准系列，多采用将光谱纯的金属溶于酸中，加进待测元素的标准溶液，蒸干、灼烧制成该金属氧化物的粉末样。如难熔（溶）金属钨、钼、铌、锆等氧化物中痕量杂质测定时，采用这种方式制作标准系列样品。

3.4.3 电弧直读法分析误差的来源及注意事项

电弧法因是粉状样品直接测定，误差的来源除与仪器的操作条件设定及光谱分析本身的谱线干扰有关外，还与粉状样品本身的均匀性及光谱载体内标元素选用直接相关。

3.4.3.1 粉末试样与缓冲剂及内标元素要混合均匀

电弧法采用粉末样品，必须预先将样品粉碎并磨制成具有一定粒度的粉状试样，粉碎粒度要均匀，需要加入缓冲剂和内标元素要按比例称量，两次称量均要准确。而且混匀时一定要充分，装填于电极杯中紧密程度要一致。

3.4.3.2 选择合适的装样电极

通常装样电极由石墨电极棒车制，制成不同形状的电极，控制电极温度的纵向分布，保证粉末样品被测元素的有效蒸发。可将载体蒸馏法、直接燃烧法和电弧浓缩法合理地组合，达到多元素分组连续测定的目的。

3.4.3.3 光谱缓冲剂和内标元素的加入

电弧法分析测定时，选择合适的载体或缓冲剂加入试样中，对于提高分析准确度、精密度和改善检出限是很必要的。而且这一过程通常与添加内标元素一起进行，缓冲剂的加入量大而内标元素的量很少，故常常将内标元素的化合物预先与光谱缓冲剂配制在一起充分混匀，添加时准确称量一并加入，充分混匀，确保了内标元素的准确加入。

对于导电性差的样品常用炭粉为载体，以利于样品的受热蒸发，配以适当比例的缓冲剂，在大气下或适当辅助气体保护下稳定电弧放电。

3.4.3.4 控制电弧放电气氛

通过试验选择合适的氩气流量气氛，可以降低背景，得到最佳信噪比。

3.5 电弧发射光谱法的应用

电弧光谱分析作为古老的分析技术，在物质的无机元素定性分析以及半定量分析方面仍是最为有效的方法。虽然也可以用于金属、非金属材料和固体、液体各种形态样品的分析，但随着其他光谱分析技术的出现，至今仍保有其最具优势的应用在于测定非导电性的固体物料中多种痕量成分的同时测定，诸如：地质矿物、土壤、水系沉积物；水泥、陶瓷和玻璃等无机材料；金属氧化物、氧化钨、氧化钼；碳化物、硼化物以及氮化物；难溶粉末如 SiC；石墨粉末；核原料氧化铀、氧化钚；煤灰、耐火材料等固态物料中低含量成分的快速测定，填补了火花放电直读光谱仪不能有效解决的应用领域。可以避免难溶（熔）固体样品的分解难题，适用于国土资源调查、地质勘探大量样品的定性定量分析。对于难熔金属（如钨、钼、铌、锆等）及其难熔合金、贵金属及高纯金属中的杂质元素分析，通过灼烧氧化或酸溶蒸干制成氧化物粉状样品进行分析，同样可以采用电弧光谱技术快速测定其中多个痕量元素的含量。

3.5.1 应用实例

电弧发射光谱法的应用，一直是在地质样品及有色矿冶、高纯材料、贵金属、稀有元素的快速测定电弧直读仪器上得到很好的应用。经典干板照相的电弧摄谱法直至近期仍在应用，也有在光栅摄谱仪上以 CCD 检测器代替干板照相组成光电直读式仪器装置进行电弧光谱分析。随着直读电弧光谱仪器的日益成熟，也已经得到广泛的应用。现将这些应用实例列于表 3-6 中以供参考。

表 3-6　电弧法在地质、粉状样品及材料分析上的应用

分析对象	测定元素	测定条件	文献
地质样品	Au，Pt，Pd	平面光栅摄谱仪，直流电弧，10A 起弧后升至 15A；上电极（阴极）圆柱形，下电极杯形，缓冲剂为硫酸钡与炭粉的等量混合物，样品经吸附富集后测定	[23]
水系沉积物	Cu，Pb，Zn，Ag，Mo	WSP-1 型 2m 平面光栅摄谱仪，将样品（粒度 0.074mm）直接装入碳电极中，交流电弧 16A，曝光时间 35s	[24]
	Ag，Sn，Cu，Pb，Zn，Mo，Be	光栅摄谱仪，下电极ϕ3.4mm×4.0mm×0.5mm，带颈，上电极为尖头电极，缓冲剂为 $K_2S_2O_7$+NaF+Al_2O_3，Ge、Sb 为内标，用于化探样品测定	[25]
勘查地球化学样品	Ag，B，Sn，Mo，Pb	WP-1 型 1 m 平面光栅摄谱仪，WJD 型交直流电弧发生器。交流电弧 4A，起弧 5s 后升至 14A 保持 30s，曝光 35s。称取粒径小于 0.074mm 的试样和缓冲剂各 0.2000g，缓冲剂为 $K_2S_2O_7$+NaF+Al_2O_3+炭粉（22+20+44+14）（含 0.007%GeO 内标）	[26]
	Ag，Sn（检出限 Ag 0.015μg/g；Sn 0.25μg/g）	平面光栅摄谱仪，交流电弧，5A 起弧，3s 后升至 15A，保持 33s，曝光 36s。缓冲剂 Al_2O_3+$K_2S_2O_7$+NaCl（50+33+17），用量 1∶1，Ge 为内标	[27]
	Ni（检出限为 1.07μg/g）	1m 平面光栅摄谱仪、天津紫外Ⅰ型干板，GBZ-Ⅱ光谱相板测光仪，样品+缓冲剂(1+1)混合磨均匀。直流电弧 5A 起弧，5s 后升至 15A，曝光 40 s，共 45s；缓冲剂：Al_2O_3+$K_2S_2O_7$+NaF+炭粉+硫粉+GeO_2（40+21+20+14+4+1）	[28]
金属钨、金属钼	Fe，Si，Al，Mn，Mg，Ni，Ti，V，Co，As，Pb，Bi，Sn，Sb，Cu，Cr，Cd，Ca，Mo 含量：0.00005%～0.02%	平面光栅摄谱仪，三透镜照明系统；杯状电极：ϕ6mm×4mm×7mm；样品灼烧成氧化钨/氧化钼粉加缓冲剂(2+1)，直流电弧：电流 5A 起弧，5s 后自动升至 14A，预燃 6s，曝光 15s；内标元素：Ge，Zn，Ga。缓冲剂为石墨炭粉(+NaF+Na_2CO_3)	[29]
锇粉	Pt，Pd，Rh，Ir，Ru，Au，Cu，Fe，Co，Ni，Cr，Mo，Mn，Mg，Al，Pb，Zn，Bi，Si，Ca	PCS-2 型摄谱仪；GBZ-Ⅱ型光谱相板自动测光仪；直流电弧 9A，曝光 90s，缓冲剂:石墨粉+In（10+1）；样品加石墨粉（2∶1）于 660℃挥发 OsO_4 后测定	[30]
钨钴合金粉	Fe，Si，Ti，V，Cr，Ca，Mn，Mg，Al，Ni，Cu，Bi，Sn，Pb，Yb，Y，Cd，Nb，Mo，Sb，La	平面光栅摄谱仪摄谱法，用氟化钠作载体，采用载体分馏法，以直流电弧阳极激发。测定下限 0.05～36pg，合成氧化物粉状标样	[31]
铌钛合金	Al，Cu，Cr，Fe，Mn，Mg，Ni，Pb，Sn	光栅摄谱仪，三透镜照明系统，狭缝 12μm，遮光板 5mm。直流电弧，14A；下电极 3mm×8mm；缓冲剂:氯化银+炭粉+试样=2+3.5+7.5。测定下限 5×10^{-4}%	[32]
氧化锆粉	Hf (0.005%～5.0%)	光栅摄谱仪直流电弧 15A，曝光 40s；80%氩气控制气氛，装样电极 3mm×2mm，4∶1 炭粉为载体，以锆为内标，分析线对 5264.14/264.52nm	[33]
铍及铍合金	Cu，Mg，Mn，Ag，Al，Fe，Pb，Ni，Co，Cr，Mo（含量：0.0003%～0.1%）	大型石英棱镜摄谱仪，交流电弧，电流 10A，曝光 60s；电极：ϕ6mm×3.5mm×4mm，样品灼烧成氧化物装样，滴加 1 滴 10%KCl 溶液，120℃烘干后激发	[34]
炼铜尾气烟灰	As，Sb，Bi，Pb，Te，V	2m 光栅摄谱仪，直流电弧，阳极激发，电压 220V，电流 5A，曝光时间 40s。缓冲剂：炭粉+氟化钙+焦硫酸钾+氧化镓=60+25+10+5，试样+缓冲剂=2∶1	[35]
煤灰样品	Ag，Mn，Cr，Pb，Sn，Ni，Co，Mo，V，Cu，Zn	光栅摄谱仪，交流电弧，15A，曝光 40s，二次重叠摄谱；缓冲剂为 Al_2O_3+ $K_2S_2O_7$+NaF+炭粉； Ge 作为内标。方法检出限在 0.015～20.1μg/g	[36]
镁砂	Si，Fe	光栅摄谱仪；粉末样品+缓冲剂；直流电弧阳极激发，电流 5A，无预燃，曝光 40s。缓冲剂为 $BaCO_3$+内标 Co_2O_3=5+0.1+95（样品）	[37]
岩矿、土壤、水系沉积物	Ag，B，Sn	光栅摄谱仪+CCD 检测器，粉状试样和缓冲剂(1+1)混匀，交流电弧激发，缓冲剂为 $K_2S_2O_7$+NaF+Al_2O_3+炭粉（22+20+44+14）（含 GeO_2 为内标）	[38]

续表

分析对象	测定元素	测定条件	文献
化探样品	Pb，Sn，Mo，Cu，Ag，Zn	将WP-1摄谱仪改造成CCD-1型平面光栅电弧直读光谱仪。粉末样加缓冲剂(1+1)，用交流电弧测定。缓冲剂 $K_2S_2O_7$+NaF+Al_2O_3+炭粉（22+20+43+14 +0.007），GeO_2为内标（中国地科院物探所有产品出售）	[39]
化探样品	Ag，B，Sn	采用带CCD的1m光栅光谱仪，采用粉末样装入细径杯状电极加缓冲剂，以交流电弧激发。缓冲剂为 $K_2S_2O_7$+NaF+Al_2O_3+炭粉（20+20+44+14）	[40]
地球化学样品	Ag，Sn，B	采用CCD-Ⅰ型电弧光谱仪器，粉末样装入细颈杯状电极加缓冲剂(1+1)，以交流电弧激发。缓冲剂为 $K_2S_2O_7$+NaF+Al_2O_3+KI+炭粉（22+20+40+10+10）	[41]
化探样品	Pb，Sn，Ag	采用CCD-1电弧直读仪器，样品装于杯状电极上，滴加液体缓冲剂（20%硝酸钾+20%氯化钾+5%硅酸钠溶液=1+1+1）烘干后，以交流电弧测定	[42]
地球化学样品	Ag，B，Sn，Mo，Pb	采用CCD-Ⅰ型电弧光谱仪器，粉末样装入细颈杯状电极加缓冲剂（1+1），以交流电弧激发。缓冲剂为 $K_2S_2O_7$+NaF+Al_2O_3+KI+炭粉（22+20+40+10+10）	[43]
地球化学样品	Ag，Sn，B，Mo，Pb（检出限0.012μg/g，0.24μg/g，1.65μg/g，0.20μg/g，1.30μg/g）	AES-7200直读仪器，交流电弧5A起弧，预燃5s，激发14A，曝光25～35s。细颈杯状电极；缓冲剂：$K_2S_2O_7$+NaF+Al_2O_3+炭粉（2+20+44+14）；Ge为内标	[44]
地球化学样品	B、Mo、Ag、Sn、Pb（检出限0.01～1.0μg/g）	DC-Arc-AES直读仪器，激发电流4 A起弧3s，分段升至12A，保持10s，14A，保持16s（共35s）；保护气流量Ar 3.5 L/min。缓冲剂与试样1∶1；Ge为内标	[45]
地球化学样品	Ag，B，Sn，Mo	E5000直流电弧直读仪：电弧预燃电流5A，持续5s，激发12A，积分时间35s；缓冲剂为 $K_2S_2O_7$+NaF+Al_2O_3+炭粉（22+20+44+14）（含Ge内标），样品+缓冲剂（1+1）研匀装入电极，加2滴2%蔗糖乙醇水溶液，90℃烘干后测定	[46]
地质环境样品	Ag，B，Sn	采用E5000电弧直读光谱仪，样品+缓冲剂（1+1）混匀后装入石墨电极中，滴加蔗糖溶液，105℃烘干后，电流5A，电压90V，频率100Hz，电极间距0.95mm，预燃时间3s，电弧预燃3s后，激发电流15A，积分30s。缓冲剂由焦硫酸钾、氟化钠、氧化铝、碳、二氧化锗按一定比例混合	[47]
地球化学样品	Ag，Sn，B	采用AES-8000全谱交直流电弧光谱分析，粒径为0.074mm粉状样品和缓冲剂各0.1000g，研匀，装入下电极中，滴加2%蔗糖乙醇水溶液，烘干测定，缓冲剂为 $K_2S_2O_7$+Al_2O_3+NaF+C=22+44+20+14，含GeO_2为内标	[48]
地质样品	Pb	采用AES-8000全谱直读仪器，使用多工作曲线法，设定合理的转换值，扩大元素测定的动态范围，测定地质样品中高、低含量的Pb	[49]
五氧化二铌	Al，As，Bi，Co，Cr，Fe，Hf，Mg，Mn，Mo，Ni，Pb，Sb，Si，Sn，Ti，V，Zr	采用AES-8000全谱电弧发射光谱法，Nb_2O_5粉末和缓冲剂（2+1），缓冲剂为石墨粉+NaF+GaO_2=94+5+1。每个分析元素都可以根据自身蒸发曲线设置不同的信号采集开始时间和结束时间	[50]
铌及铌制品	As，Bi，Pb，Sb，Sn	Prodigy DC Arc型直流电弧光谱仪，样品以Nb_2O_5+载体（2+1）混匀激发。取18.8g石墨粉+1.20g氟化钠+0.20g二氧化锗研匀作为载体	[51]
铌及铌合金	Ta	采用Prodigy DC Arc型直流电弧光谱仪，直流电弧，选用Li_2CO_3与炭粉1+6混合作为缓冲剂（1+2），钽的分析谱线为271.013nm	[52]
铌及铌合金	Cd	采用利曼Prodigy DC Arc直流电弧光谱仪，直流电弧测定，杯形石墨电极，样品与缓冲剂（石墨粉和NaF为载体）的比例为2+1，226.502nm测镉	[53]

续表

分析对象	测定元素	测定条件	文献
金属钽	Fe，Al，Si，Mn，Mg，Ni，Ti，V，Co，Pb，Bi，Sn，Zr，Sb，Cu，Ca，Cr，Nb，Mo，Y，Ga，Ba，In，Ag，As，Re，Zn，Hf，Cd，Te	Prodigy DC Arc 全谱直读法，直流电弧阳极激发，15 A，时序分析和扫描峰，扣背景直读测定。样品转化为氧化物以炭粉+氟化钠 94+6 作载体，测定范围 0.3～600μg/g	[54]
钛和钛合金	Mn，Sn，Cr，Ni，Al，Mo，V，Cu，Zr，Y（0.001%～0.06%)	Prodigy DC Arc 直读仪器；直流电弧 10A，积分 50s； 样品酸溶后制粉，加光谱缓冲剂氯化银+炭粉（1+1），用量 1∶1；装入浅孔薄壁细颈杯形电极，测定	[55]
氧化钨，钨粉，碳化钨	Al，As，Bi，Ca，Cd，Co，Cr，Cu，Fe，Mg，Mn，Mo，Ni，Pb，Sb，Si，Sn，Ti，V 共 19 种杂质元素	采用 AES-8000 全谱交直流电弧光谱仪，用石墨粉+碳酸锂+氧化镓复合载体为缓冲剂，样品以 WO_3 形式与缓冲剂 2+1 混匀，将样品装满电极后下压，滴加 2%蔗糖溶液 105℃烘干后测定，直流阳极激发	[56]
钼粉及钼化合物	Fe，Al，Si，Mn，Sb，Ca，Ni，Co，Mg，Ti，V，Cr，Pb，Bi，Sn，Cu，Cd	Prodigy DC Arc 直读光谱仪，样品转为氧化钼加缓冲剂（2+1）直流电弧阳极激发，载体为炭粉+碳酸钠+氧化镓+氟化钠+氧化锗+氧化锌＝98.715%+0.500%+0.080%+0.500%+0.005%+0.200%	[57]
钼粉，钼酸铵等	Al，Bi，Ca，Cd，Co，Cr，Cu，Fe，Mg，Mn，Ni，Pb，Sb，Si，Sn，Ti，V	采用 AES-8000 全谱交直流电弧光谱仪，样品转化为 MoO_3 粉与缓冲剂 2+1 混匀，装入电极，滴加 2%蔗糖溶液 105℃烘干后，直流阳极激发，5A 起弧，5s 后升至 11A，积分 40s。缓冲剂为石墨粉+碳酸钠+氟化钠（98+1+1）	[58]
锆及锆合金	Mn，V，Fe，Pb，Cr，Sn，Al，Cd，Ti，Sb，Bi，Ni，Mg，Co，Si，Cu	DC-Arc AES 直读仪器，直流电弧，将锆合金灼烧为氧化物，与氯化银为缓冲剂(4+1)混匀，直流 10A 持续 40s，测定	[59]

3.5.2 分析标准应用

在地质勘探部门和有色金属行业有不少标准方法仍使用电弧法，摄谱法不少已经作废，但随着电弧直读仪器的涌现，在难熔氧化物分析、高纯金属分析、地质调查及有色矿冶分析领域仍有电弧发射光谱法的标准方法被采用，见表 3-7。

表 3-7　电弧法在标准分析方法上的应用

标准编号	标准名称
GB/T 8647.10—2006	镍化学分析方法 砷、镉、铅、锌、锑、铋、锡、钴、铜、锰、镁、硅、铝、铁量的测定 发射光谱法
YS/T 558—2009	钼的发射光谱分析方法
YS/T 559—2009	钨的发射光谱分析方法
YS/T 281.16—2011	钴化学分析方法 第 16 部分：砷、镉、铜、锌、铅、铋、锡、锑、硅、锰、铁、镍、铝、镁量的测定 直流电弧原子发射光谱法
SJ 3198—1989	真空硅铝合金中硅、铁、镁、铜的发射光谱分析方法
SJ/T 10551—1994	电子陶瓷用三氧化二铝中杂质的发射光谱分析方法
SJ/T 10552—1994	电子陶瓷用二氧化钛中杂质的发射光谱分析方法
SJ/T 10553—1994	电子陶瓷用二氧化锆中杂质的发射光谱分析方法
DZ/T 0130.4—2006	区域地球化学调查（1∶50000 和 1∶200000）样品化学成分分析
DZ/T 0130.5—2006	多目标地球化学调查（1∶250000）土壤样品化学成分分析

参考文献

[1] Scribner B F, Mullin H R. 原子能译丛 1~12[M]. 中国科学院原子核科学委员会译. 北京: 科学出版社, 1962, 3: 216-225.

[2] 曼捷利斯塔母, 等. 蒸发法光谱分析文集[M]. 关景素, 张正男, 译. 北京: 科学出版社, 1961.

[3] 沈联芳, 程建华, 黄本立, 等. 稀土元素与钍的混合物的光谱定量分析(溶液法)[J]. 化学学报, 1958, 24(4): 286-293.

[4] 沈瑞平. 区域化探样品中 37 种元素的加罩电极光谱同时测定[J]. 地质评论, 1983, 29(1): 87-97.

[5] Ciufft E F. 采用内标光谱分析法测定土壤和水系沉积物中的微迹元素[J]. 孙焕振, 译. Econ Geol, 1964, vol. 59No. 3

[6] Teng Y G, Tuo X G, Ni S J, et al. Environmental Geochemistry of Heavy Metal Contaminants in Soil and Stream Sediment in Panzhihua Mining and Smelting Area, Southwestern China[J]. Chinese J Geochem, 2003, 22(3): 253 -262.

[7] 李滦宁, 马玖彤, 沙志芳, 等. 丹宁棉分离富集——发射光谱法同时测定地质样品中微量铌钽锆铪[J]. 岩矿测试, 2001, 20(1): 27-30.

[8] 刘涛, 李念占. 发射光谱法定量分析水系沉积物中的铜铅锌银钼[J]. 黄金, 2003, 24(8): 45 -48.

[9] 李滦宁, 赵淑杰, 王烨. 发射光谱载体蒸馏法测定地质样品中微量硼铍锡银[J]. 岩矿测试, 2004, 23(1): 31 -36.

[10] 张雪梅, 张勤. 发射光谱法测定勘查地球化学样品中银硼锡钼铅[J]. 岩矿测试, 2006, 25(4): 323 -326.

[11] 陈忠厚. 发射光谱法同时测定地质样品中的银锡[J]. 有色矿冶, 2008, 24(6): 57 -58.

[12] 丁春霞, 王琳, 孙慧莹, 等. 发射光谱法测定生态地球化学调查样品中的银锡硼[J]. 黄金, 2012, 33(10): 55-58.

[13] 陈新坤. 原子发射光谱分析原理[M]. 天津: 天津科学技术出版社, 1991.

[14] 钱振彭, 黄本立, 等. 发射光谱分析[M]. 北京: 冶金工业出版社, 1979.

[15] 李连仲. 岩石矿物分析(第二分册)[M]. 北京: 地质出版社, 1991.

[16] 郑国经. 分析化学手册: 3A 原子光谱分析[M]. 第 3 版. 北京: 化学工业出版社, 2016: 359-404.

[17] 杭州大学化学系分析化学教研室. 分析化学手册: 第三分册[M]. 北京: 化学工业出版社, 1983: 844.

[18] 周开忠. 微型 CCD-直流电弧原子发射光谱仪的研制[D]. 成都: 四川大学, 2004.

[19] 张文华, 王彦东, 吴冬梅, 等. 交直流电弧直读光谱仪的研制及其应用[J]. 光谱仪器与分析, 2011(1): 96-104.

[20] 俞晓峰, 李锐, 寿淼钧, 等. E5000 型全谱直读型电弧发射光谱仪研制及其在地球化学样品分析中应用[J]. 岩矿测试, 2015, 34(1): 40-47.

[21] 付国余, 吴冬梅, 赵燕秋, 等. AES-8000 全谱交直流电弧发射光谱仪的研发与应用[J]. 分析仪器, 2018(6): 16-19.

[22] 李廷钧. 发射光谱分析[M]. 北京: 原子能出版社, 1983: 448.

[23] 黄华鸾. 高灵敏度化学光谱法测定金、铂和钯[J]. 光谱实验室, 2002, 19(4): 516-520.

[24] 刘涛, 李念占. 发射光谱法定量分析水系沉积物中的铜、铅、锌、银、钼[J]. 黄金, 2003, 24(8): 45-48.

[25] 叶晨亮. 发射光谱法快速测定银锡铜铅锌钼铍[J]. 岩矿测试, 2004, 23(3): 238-240.

[26] 张雪梅, 张勤. 发射光谱法测定勘查地球化学样品中银硼锡钼铅[J]. 岩矿测试, 2006, 25(4): 323-326.

[27] 龚锐, 龚巍峥. 发射光谱法测定勘查地球化学样品中的银、锡[J]. 中国非金属矿工业导刊, 2011(4): 39-41.

[28] 陈伟锐, 董薇. 电弧原子发射光谱法测定地球化学勘查样品中镍元素[J]. 广东化工, 2013, 48(18): 125-126.

[29] 王海舟. 难熔及中间合金分析(上册)[M]. 北京: 科学出版社, 2007: 127-131, 279-283.

[30] 刘伟, 方卫. 原子发射光谱法测定锇中 21 个杂质元素[J]. 贵金属, 2003, 24(2): 53-56.

[31] 任凤莲, 李彤, 许永林. 钨钴合金粉中 21 种杂质元素的直流电弧发射光谱分析[J]. 冶金分析, 2006, 26(5): 58-61.

[32] 李波, 王辉, 魏宏楠, 等. 发射光谱法测定铌钛合金中杂质元素的含量[J]. 钛工业进展, 2011, 28(1): 30-33.

[33] 王长华, 钱伯仁, 潘元海. 锆中铪的原子发射光谱分析法[J]. 分析试验室, 2004, 23(12): 52-53.

[34] 王海舟. 非铁金属及合金分析 第一分册：铍及铍合金[M]. 北京：科学出版社, 2011: 563-565.

[35] 王晋平. 原子发射光谱法测定炼铜尾气烟灰中砷锑铋钒铅碲[J]. 理化检验(化学分册), 2006, 42(12): 1040-1041.

[36] 杨金辉. 原子发射光谱法测定煤灰样品中 11 种微量元素[J]. 新疆有色金属, 2013, 36(z1): 123-125.

[37] 李广明, 彭会宵. 原子发射光谱法测定镁砂中的硅和铁[J]. 光谱实验室, 2000, 17(2): 193-194.

[38] 刘权, 木坦里甫・艾买提. 改造后的 WP-1 型一米平面光栅摄谱仪测定地球化学样品中的银硼锡[J]. 西部探矿工程, 2017(5): 165-168.

[39] 李亚静, 李士杰, 唐秀婷, 等. CCD-1 型平面光栅电弧直读发射光谱法测定化探样品中铅锡钼铜银锌[J]. 中国无机分析

化学, 2018, 8(6): 29-25.
[40] 肖细炼，王亚夫，陈燕波，等. 交流电弧光电直读发射光谱法测定地球化学样品中银硼锡[J]. 冶金分析，2018，38(7): 27-32.
[41] 李小辉，孙慧莹，于亚辉，等. 交流电弧发射光谱法测定地球化学样品中银锡硼[J]. 冶金分析, 2017, 37(4): 16-21.
[42] 马晓慧. 液体缓冲剂——交流电弧直读发射光谱法测定化探样品中铅锡银[J]. 新疆有色金属, 2018, No. 5: 69-70.
[43] 郝志红，姚建贞，唐瑞玲，等. 交流电弧直读原子发射光谱法测定地球化学样品中银、硼、锡、钼、铅的方法研究[J]. 地质学报, 2016, 90(8): 2077-2081.
[44] 张文华，王彦东，吴冬梅，等. 交直流直读光谱法测定地球化学样品中的银锡硼钼铅[J]. 中国无机化学，2013，3(4): 16-19.
[45] 郝志红，姚建贞，唐瑞玲，等. DC-Arc-AES 法测定地球化学样品中痕量硼钼银锡铅的方法研究[J]. 光谱学与光谱分析, 2015, 35(2): 527-533.
[46] 王承娟，乐兵. 直流电弧原子发射光谱法测定地球化学样品中银、硼、锡和钼[J]. 理化检验(化学分册)，2017，53(12): 1470-1473.
[47] 金晨江，洪铮，龚祖星，等. 电弧直读发射光谱测定地质环境样品中银硼锡[J]. 广州化工, 2019, 47(24): 102-108.
[48] 孙慧莹，李小辉，朱少旋，等. 原子发射光谱法测定地球化学样品中银、锡、硼的含量[J]. 理化检验(化学分册)，2019，55(10): 1231-1234.
[49] 吴冬梅，赵燕秋，付国余，等. 多工作曲线——全谱交直流电弧发射光谱法测定地质样品中的铅含量[J]. 中国无机分析化学, 2018, 8(3): 16-18.
[50] 吴冬梅，赵燕秋，付国余. 全谱电弧发射光谱法测定五氧化二铌中 18 种杂质元素[J]. 冶金分析, 2020, 40(1): 40-45.
[51] 伏军胜，张仁惠，李继宏. 直流电弧光谱法测定纯铌及铌制品中砷铋铅锑锡[J]. 冶金分析，2015, 35 (8): 66-70.
[52] 张仁惠. 直流电弧发射光谱法测定铌及铌合金中钽含量[J]. 材料开发与应用, 2017, 32(6): 13-17.
[53] 张永龙，李亚琴，王小平. 直流电弧原子发射光谱法测定铌及铌合金中镉含量[J]. 材料开发与应用, 2018(8): 35-38, 70.
[54] 颜晓华，彭宇，张蕾，等. 钽中杂质元素分析的 DCA 全谱直读方法研究[J]. 硬质合金, 2014, 31(2): 93-99.
[55] 王辉，马晓敏，郑伟，等. 直流电弧原子发射光谱法测定钛和钛合金中微量杂质元素[J]. 岩矿测试, 2014, 33(4): 506-511.
[56] 吴冬梅，赵燕秋，付国余. 全谱直流电弧发射光谱法同时测定钨中 19 种杂质元素[J]. 中国钨业, 2019, 34(3): 60-64.
[57] 李林元，彭宇，颜晓华，等. 直流电弧直读光谱法测定钼粉及其化合物中铁硅等 17 种杂质元素[J]. 硬质合金，2016，33(2): 120-127.
[58] 吴冬梅，赵燕秋，付国余，等. 全谱直流电弧发射光谱法同时测定钼样品中 17 种杂质元素[J]. 中国无机分析化学, 2020, 10(2): 67-72.
[59] 马晓敏，王辉，李波，等. 全谱直读型直流电弧原子发射光谱法测定锆及锆合金中 16 种微量元素的含量[J]. 理化检验(化学分册), 2015, 51(12): 1693-1697.

第4章 电感耦合等离子体发射光谱分析

4.1 等离子体光谱分析概述

4.1.1 等离子体的概念

4.1.1.1 等离子体

等离子体（plasma）是一种由自由电子和带电离子为主要成分的物质形态，是物质除固态、液态、气态之外存在的第四态。1879 年克鲁克斯（William Crookes）发现处于高温状态下的气体，分解为原子并发生电离，形成了由离子、电子和中性粒子组成的“超气态”，处于“等离子”形态。这种状态广泛存在于宇宙中，从太阳和恒星表面的电离层到处于放电中的气体等都是等离子体。据印度天体物理学家萨哈（M. Saha）的计算，宇宙中 99.9%的物质处于等离子体状态。

1928 年美国科学家欧文·朗缪尔（Langmuir）和汤克斯（Tonks）首次将“等离子体”（plasma）一词引入物理学，用来描述气体放电管里的物质形态。将等离子体定义为是一种在一定程度上被电离了的气体，其导电能力达到充分电离气体的程度，而其中电子和阳离子的浓度处于平衡状态，宏观上呈电中性，故称为等离子体。

4.1.1.2 等离子体的性状

物理学上的等离子体是指物质处于高度电离、高温高能、低密度的气体状态，常被称为“超气态”，它和气体有很多相似之处，没有确定形状和体积，具有流动性，是一种电离气体，总体呈电中性，但可为电磁场控制在一定的范围之内。存在带负电的自由电子和带正电的离子，具有很高的电导率，与电磁场存在极强的耦合作用，带电粒子可以同电场耦合，带电粒子流可以和磁场耦合。

① 等离子体密度

在自然和人工生成的各种主要类型等离子体的密度数值，从密度为 $10^6/m^3$ 的稀薄星际等离子体到密度为 $10^{25}/m^3$ 的电弧放电等离子体，跨越近 20 个数量级。

② 等离子体温度

等离子体包含两到三种不同粒子，有自由电子、带正电的离子和未电离的中性原子和分子。不同的组分有不同的温度：电子温度 T_e、离子温度 T_{ion} 和中性粒子温度 T_n。由于密度和电离程度的不同，它们之间的温度可以相近，也可以有很大的差别。其温度分布范围从低温 100K 到超高温核聚变等离子体的 10^8～10^9K。

③ 等离子体类型

按温度区分可分为高温等离子体和低温等离子体两大类。高温等离子体是指高度电离的等离子体，电离度接近 100%，离子温度 T_{ion} 和电子温度 T_e 都很高，等离子体的温度可达 10^6～10^8K；低温等离子体是指轻度电离的等离子体，电离度在 0.1%～1%，离子温度 T_{ion} 一般远低于电子温度，等离子体的温度低于 10^6K。

在实际应用中低温等离子体呈现为热等离子体和冷等离子体。

a．热等离子体：当气体压力在常压时，粒子密度较大，电子浓度高，平均自由程小，电子和重粒子之间碰撞频繁，电子的动能很容易直接传递给重粒子（原子和分子），这样，各种粒子（电子、正离子、原子和分子）的热运动动能趋于接近，整个气体接近或达到热力学平衡状态，气体的温度和电子温度相等，温度约为数千度到数万度，这种等离子体称为热等离子体。

b．冷等离子体：当在气体放电系统中，气体的压力和电子浓度低，则电子与重粒子碰撞的机会少，电子从电场中得到的动能不易与重粒子交换，重粒子的动能较低，即气体的温度较低，这样的等离子体处于非热力学平衡状态，叫做冷等离子体。光谱分析用的辉光放电灯、空心阴极灯内的等离子体都属于冷等离子体。

在大气压下工作的光谱分析的光源都具有低温等离子体性状，属于热等离子体或非热力学平衡状态等离子体，温度约在 4000～10000K。发射光谱分析的电弧、直流等离子体喷焰，N_2-ICP 光源等是热等离子体，而 Ar-ICP 光源有热等离子体的性质，也有偏离热等离子体的特性。在光谱分析的光源中，如前所述的发射光谱光源如电弧放电（Arc）、火花放电（Spark）和辉光放电光源以及某些类型的火焰发射光源，均具有等离子体的属性。但通常不将火焰、电弧、火花光源称为等离子体光源，习惯上仅将 ICP、MP 等呈火焰状的放电光源叫做等离子体光源。

4.1.2 光谱分析中的等离子体概念

在物理学中，等离子体状态是指物质已全部离解为电子及原子核的状态，而光谱分析中的等离子体概念则不是十分严格，光谱分析中的等离子体仅在一定程度上被电离（电离度在 0.1%以上），是包含有分子、原子、离子、电子等各种粒子的集合体。

原子光谱分析中的等离子体通常采用气体放电的方法获得，作为原子和离子发射光谱的激发光源。在激发光源中，试样经历其中组分被蒸发为气体分子，气体分子获得能量而被分解为原子，部分原子电离为离子等过程，形成了包含分子、原子、离子、电子等多种气态粒子的集合体，因而这种气体中除含有中性原子和分子外，还含有大量的离子和电子，而且带正电荷的阳离子和带负电荷的电子数相等，使集合体宏观上呈电中性，处于类似于等离子体的状态。

目前应用最广泛的电感耦合等离子体焰炬（ICP torch）、微波等离子体焰炬（MMP torch）及直流等离子体喷焰（DCP jet）等具有火焰形状的放电光源，不仅外形与火焰相似，时间与空间分布的稳定性也近似火焰，但其光源的温度和电子密度却比通常化学法产生的火焰高得多，在许多方面都具有突出的特点，称为等离子体光源。

4.1.3 等离子体光谱分析的类型及其特性

4.1.3.1 等离子体光谱光源类型

发射光谱分析中用于原子发射光谱的等离子体光源大致可以分为如下几类。

（1）高频等离子体光源

可分为：电容耦合等离子体（capacitive coupled plasma，CCP）和电感耦合等离子体（inductively coupled plasma，ICP）。

电感耦合等离子体（ICP）是应用最为广泛的一种等离子体光源。ICP 是利用电磁感应高频加热原理，在高频电场作用下，使流经石英炬管的工作气体电离而形成能自持的稳定等离子体。ICP 光源装置由高频发生器、进样系统和等离子炬管三部分组成。高频发生器又称 RF 电源，采用频率 10MHz 以上的高频电；进样系统可以溶液进样和气态进样或固体进样。

在 ICP 光源中，由于高频电流的趋肤效应和载气流的涡流效应，使等离子体呈现环状结构（如图 4-1 所示）。这种环状结构有利于从等离子体中心通道进样并维持火焰的稳定，且使样品在中心通道停留时间达 2～3ms，中心通道温度约为 7000～8000K，有利于使试样完全蒸

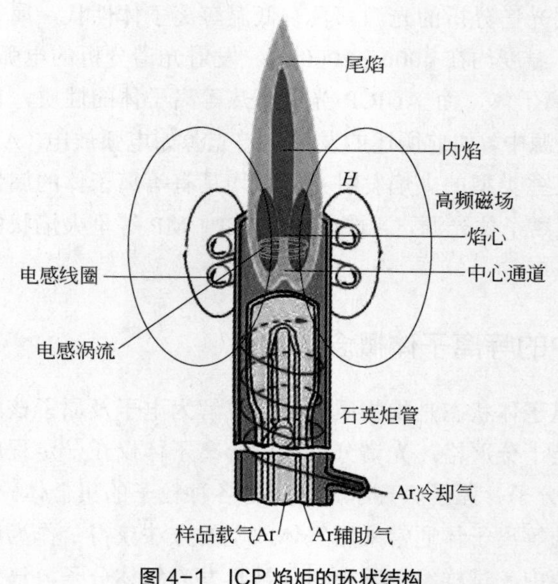

图 4-1 ICP 焰炬的环状结构

发并原子化，达到很高的原子化效率，ICP 光源又是一种光薄光源，自吸现象小，线性动态范围宽达 5～6 个数量级，可同时测定高、中、低含量及痕量组分。ICP 属无电极放电，无电极沾污，长时间稳定性好，接近于一个理想的光谱光源，能分析所有元素，不改变操作条件即可对样品中主、次、痕量元素进行同时或快速顺序测定，能适用于各种状态样品的分析，且所需样品前处理工作量少，有可接受的分析精度和准确度，分析速度快、可自动化。

（2）微波等离子体光源（microwave plasma，MP）

可分为电容耦合微波等离子体（capacitive coupled microwave plasma，CMP）和微波感生等离子体（microwave inluced plasma，MIP）。采用微波（频率 100MHz～100GHz）电源，微波能量通过谐振腔耦合给炬管中的气体，使其电离并形成自持微波感生等离子体（MIP）放电，以及在实际应用中的微波等离子炬（MPT）属于无极放电等离子体光源（如图 4-2 所示）。

与 ICP 相似，MP 也有很强的激发能力，可激发周期表中的绝大多数金属和非金属元素，如 F、Cl、B、S、P、Si、C、H、O、N 等。与 ICP 光源比较，设备费用和运转费用相对较低，但基体效应却比 ICP 严重些。目前的应用尚不如 ICP 普遍，作为通用的商品仪器仍在发展中。

（3）直流等离子体光源（direct current plasma，DCP）

又称直流等离子体喷焰，是利用低压直流电弧放电加热氩气，类似于一种被气体压缩了的大电流直流电弧，在电弧交汇处形成等离子体作为原子光谱的激发光源。DCP 装置类型通常根据电极配置方式，可分为垂直式双电极 DCP，“倒 V 形”双电极 DCP 及“倒 Y 形”三电极 DCP（如图 4-3 所示）三类。

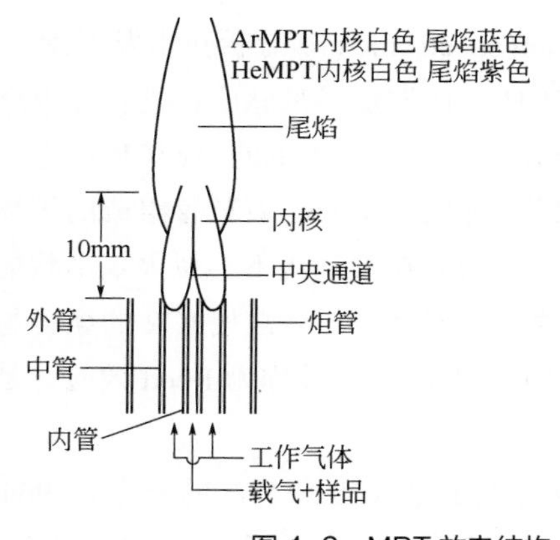

图 4-2　MPT 放电结构

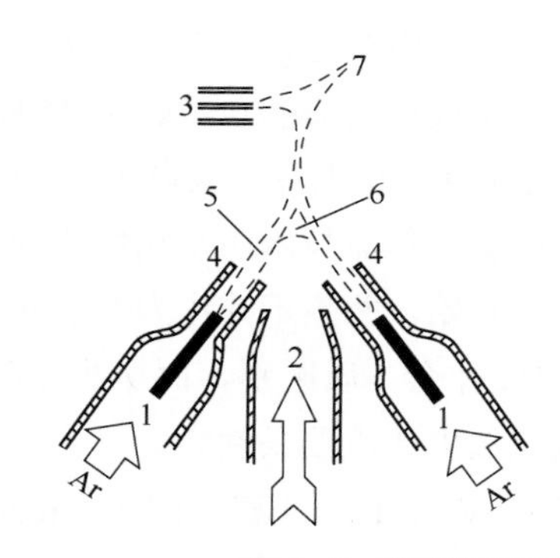

图 4-3　直流等离子体喷焰

1—阳极-石墨电极；2—样品气溶胶；3—阴极-钨电极；4—陶瓷套筒；5—电流“核心”；6—分析区；7—尾焰

DCP 的主要优点是设备费用和运转费用比 ICP 低，电源采用直流供电，结构简单、没有高频设备的安全问题。氩气消耗也较低，约为 ICP 的 1/3。

DCP 作为原子发射光源，其激发能力和检出限优于火焰 AAS，适用于难挥发元素、铂族和稀土元素的分析，但分析精度较差，基体效应大，应用不及 ICP 和 MP 普遍。

4.1.3.2　等离子体光谱分析特性

上述各种类型等离子体光源均可用于光谱分析上，都有自身的特点和局限性：DCP、ICP

是具有较大体积的光源，约几个立方厘米，功率在 0.5 至几千瓦；MIP 是小体积光源，一般＜$0.1cm^3$，功率在几百瓦至 1kW。共同的优点：

① 具有较高的蒸发、原子化和激发能力。许多元素最佳原子光谱法的检出限，多为 ICP（具有灵敏离子线的元素）和 MIP（非金属和气体元素）的发射光谱所提供。

② 稳定性好。这些等离子光源与火焰的稳定性相当，优于电弧和火花放电光源。分析精度与湿式化学法相近。

③ 样品组成的影响（基体效应）小。因为这些等离子光源大多是在惰性气氛下工作，且工作温度极高，有利于难激发元素的测定，且避免了碳电弧放电时产生的 CN 带、火花放电时产生的空气带状光谱的影响。

这些等离子体光源在原子发射光谱分析上的应用，以 ICP 光源的研究和应用最为广泛、最为深入，约占全部等离子光源研究和应用文献的 80%以上。

4.2 电感耦合等离子体光源

4.2.1 ICP-AES 的分析技术的发展与特点

4.2.1.1 电感耦合等离子体（ICP）光源的发展历程

ICP-AES（inductively coupled plasma-atomic emission spectrometry）分析技术发展始于 20 世纪 60 年代。ICP 光源的出现，文献上认为 1884 年 W. Hittorf 发现高频感应在真空管内产生的辉光，是等离子放电的最初观察。至 1942 年，Babat 才实现了常压下的 Ar-ICP 放电。但是，具有光谱分析意义的发现，应自 1961 年 T.B.Reed[1]设计的三层同心石英管组成的等离子炬管装置，利用旋涡稳流技术由从切线方向通入冷却气，得到在大气压下类似火焰形状的高频无极放电装置开始，并预示其作为发射光谱分析光源的可能性。至今常规 ICP 的炬管与 T. B. Reed 的装置没什么本质区别，而切线方向进气所产生的涡流效应被称为 Reed 效应，是实现 ICP 光源稳定放电的重要条件。

1962 年美国 V. A. Fassel 和英国 S. Greenfield 首次开始 ICP-AES 分析法的研究。1964 年 S. Greenfield[2]和 1965 年 R. H. Wendt、V. A. Fassel[3]分别发表了 ICP 在原子光谱分析上的应用报告。前者指出了 ICP 光源没有基体效应，后者指出 ICP 光源是一种有效的挥发—原子化—激发—电离器（VAEI）。1976 年 V. A. Fassel 等将 ICP-AES 用于有机试样的分析，测定了润滑油中轴承磨损的金属含量[4]，开拓了 ICP-AES 分析应用。

1969 年出现了 ICP-AFS 装置，20 世纪 70 年代出现了荷兰、法国、英国、美国 4 种流行的 ICP 光谱分析仪器系统，开始应用于原子发射光谱光源。特别是美国 Fassel 型装置，成为后来 ICP-AES 仪器的主要设计类型。

1975 年出现了第一台 ICP-AES 同时型（多道）商品仪器、1977 年出现了顺序型（单道扫描）商品仪器以后，ICP-AES 仪器在分析试验室中的应用显著增多，迎来了 ICP-AES 分析技术的发展高潮[5]。

1993 年出现中阶梯（Echelle）光栅-棱镜双色散系统与面阵式固体检测器相结合的 ICP-AES 商品仪器。这一新型仪器以高谱级光谱线实现仪器的高分辨，极大改变了传统光谱仪器的光学结构；采用电荷注入器件（charge injection device,CID）或电荷耦合器件（charge couple device，CCD）检测器[6]，实现多谱线同时测定，具有全谱的直读功能，使发射光谱分析方法进入了一个新的发展时期。

进入 21 世纪以来 ICP-AES 仪器的功能得到迅速提高，仪器的灵敏度比 20 世纪 80 年代初期文献报道的，提高了约 1 个数量级以上。随后相继推出各种分析性能好、性价比越来越有优势的商品化仪器，使 ICP-AES 分析技术逐渐成为元素分析的常规手段。

4.2.1.2 电感耦合等离子体光源（ICP）的光谱分析特点

① 检出限低：一般元素检出限可达毫升亚微克级。

② 精密度好：在检出限 100 倍浓度，相对标准偏差（RSD）为 0.1%～1%。

③ 基体效应低：受到分析物主成分（基体）的干扰比其他分析方法少，使之较易建立分析方法。

④ 动态线性范围宽，自吸收效应低，工作曲线具有较宽的线性动态范围 10^5～10^6。

⑤ 多元素同时测定：测定周期表中多达 73 种元素。

4.2.2 ICP-AES 光源的获得及其特性

4.2.2.1 ICP 焰炬的形成过程及其条件

ICP 焰炬如图 4-4 所示，其形成过程是其工作气体电离的过程。以 Ar-ICP 为例，形成 ICP 焰炬必须具备四个条件。

① 负载线圈　为 2～4 匝铜管，中心通水冷却。高频发生器为其提供高频能源。频率采用 27.12MHz 或 40.68MHz 工频，功率为 1～2kW。

② ICP 炬管　由三管同心石英玻璃管组成，外管 ϕ 约 20mm、中间管 ϕ 约 16mm、内管出口处 ϕ1.2～2mm，外管气体以切线方向进入。

③ 工作气体　通常使用氩气，外管与中间管之间通入 10～20L/min 氩气，称为等离子气（通常为冷却气）。它是形成等离子体的主要气体，起到冷却炬管的作用。中间管与内管之间通入 0.5～1.5 L/min 氩气，称为辅助气，它的作用是提高火焰高度，保护内管。内管通入 0.2～2L/min 氩气，称为载气。它是将样品气溶胶带入 ICP 火焰。

④ 高压 Tesla 线圈　通过尖端放电引入火种，使氩气局部电离为导电体，进而产生感应电流。

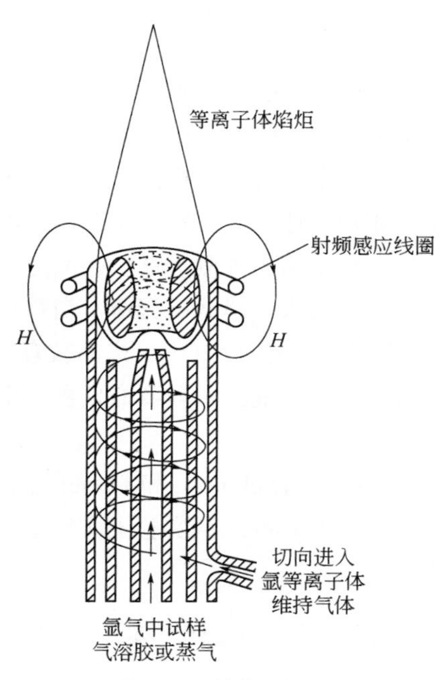

图 4-4　等离子体炬

当高频电流通过负载线圈时，在炬管周围空间产

生轴向交变磁场 H，这种交变磁场，使空间气体电离，但此时它仍是非导体。炬管内虽有交变磁场却不能形成等离子体火焰。当在管口处用 Tesla 线圈放电，引入几个火花，使少量氩气电离，产生电子和离子的“种子”。这时，交变磁场就立即感应到这些“种子”，使其在相反的方向上加速并在炬管内沿闭合回路流动，电子（离子）在电磁场作用下产生涡流并高速运动，电子与氩原子激烈碰撞，使电离度急剧增加（即产生“雪崩”现象），这些电子和离子被高频场加速后，在运动中遭受气流的阻挡而发热，达到 10^5K 的高温，同时发生电离，出现更多的电子和离子，而形成火焰状的等离子焰炬。此时，负载线圈像一个变压器的初级线圈，等离子体火焰是变压器的次级线圈，也是它的负载。高频能量通过负载线圈耦合到等离子体上，而使 ICP 火焰维持不灭。

4.2.2.2 ICP 环状结构与趋肤效应

ICP 焰炬与一般化学方式（化合、分解）产生的火焰截然不同。用于光谱分析的 ICP 焰炬呈环状结构，是外围的温度高，中心的温度低。外围是个明亮的圆环，中心有较暗的通道（习惯上称之为中心通道或分析通道）。环状结构的形成，主要是高频电流的趋肤效应和载气冲击双重作用的结果。环状结构是 ICP 优越分析性能的主要原因。

趋肤效应是指高频电流在导体表面集聚现象。等离子体具有很好的导电性，与通常的导体一样，它也具有表面集聚的性能。趋肤效应的大小，常用趋肤深度 δ 表示，它相当于电流密度下降为导体表面电流密度 1/e 时距离导体表面的距离。即离导体表面 δ 处，电流密度已降至表面电流密度约 36.8%，大部分能量汇集在厚度为 δ 处的表面层内，使感应区呈现很高的能量密度。趋肤深度的大小，与高频电流的频率有如下关系：

$$\delta = \frac{5030}{\sqrt{\mu \sigma f}} \tag{4-1}$$

式中，f 为高频频率，Hz；μ 为相对磁导率（对气体而言 $\mu=1$）；σ 为电导率。可以看出频率愈高，趋肤效应愈显著。

实验发现为了使样品有效地引进等离子炬，与使用的高频频率有关。当所用频率过低（低于 7MHz）时，形成如图 4-5（a）泪滴状等离子体，焰炬呈泪滴状实心结构。这时，引入样品气溶胶由焰炬外侧滑过，样品无法引入 ICP 火炬的中心通道而难被激发。随着频率增高，趋肤效应增大，趋肤层变薄，当频率增大到 7MHz 以上时，形成具有环状结构和中心通道的 ICP 炬焰，见图 4-5（b）。样品被有效地带入中心通道而被激发。形成稳定的 ICP 焰炬，具有优越的分析性能。目前商品仪器的 ICP 光源采用 27.12MHz 和 40.68MHz 均可获得很好的分析性能。

1969 年 Dickinson 和 Fassel[7]报道实现了这种环状结构的 ICP 焰炬，多数元素的检出限达到 0.1～10ng/mL，从实验上实现了用 ICP 作为激发光源，成为 ICP 光谱分析发展过程中的一个重要阶段。

4.2.2.3 ICP 的工作气体

目前 ICP 光谱仪光源均采用氩气作为工作气体。当所用氩气纯度在 99.99%以上时，易于形成稳定的ICP焰炬，所需的高频功率也较低。用氩作等离子体气分析灵敏度高且光谱背景较低，用分子气体（氮气、空气、氧气、氩-氮混合气）作工作气体，虽然在较高功率下也能形成等离子体，但点火困难，很难在低功率下形成稳定的等离子体焰炬，所形成的等离子体激发温度也较氩等离子体低。因而未采用如氮气和空气等分子气体。

这与单原子气体和分子气体电离所需能量与气体温度有关。如图4-6所示，把气体加热到同样温度，分子气体所消耗的热能远高于单原子气体。分子气体形成离子的过程须将分子状态的气体离解为原子，再进一步电离，需要离解能与电离能，而以原子态存在的氩，只给予电离能即可。气体的电离能见表4-1。

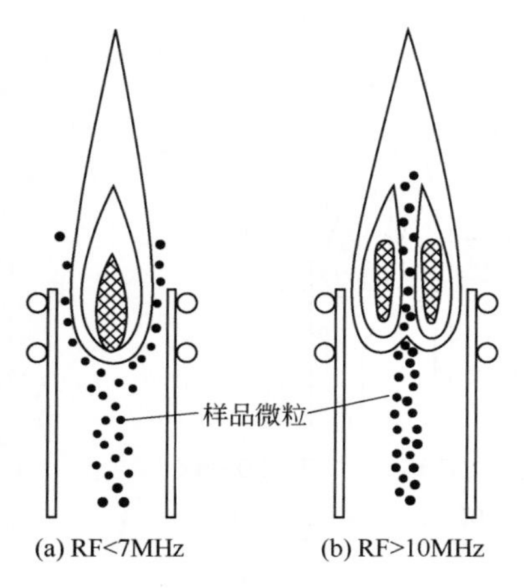

图4-5　等离子体焰炬形状

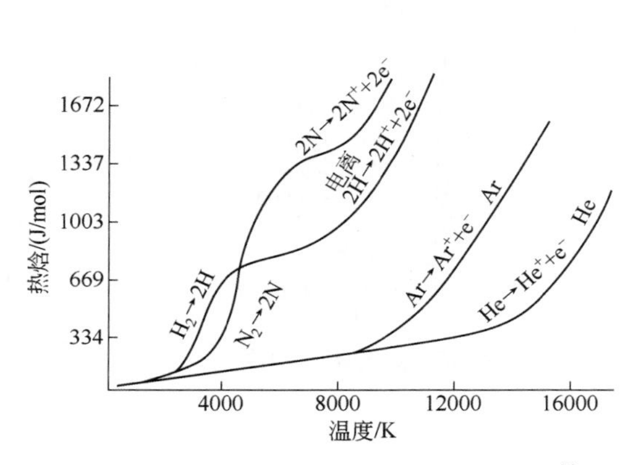

图4-6　气体热焓与温度的关系[5]

表4-1　气体的电离能

气体	氢（H—H）	氦（He）	氩（Ar）	氮（N—N）	氧（O—O）
离解能（键能）/(kJ/mol)	(436)	—	—	873(946)	(498)
电离能/(kJ/mol)	1304	1523	1509	1402	1314

工作气体的物理性质，如电阻率、比热容及热导率等也影响等离子体形成的稳定性。从表4-2可看出氩的电阻率、比热容和热导率都是最低的。据实验测试表明，当外管氩气流量为5L/min、10L/min、15L/min时，石英炬管热传导损耗的总能量分别为60%、43%、20%。氩气为工作气体，维持ICP的最低功率要大大低于用氮气时。提高高频频率可以相应降低维持ICP所需的功率，但用分子气体形成的等离子体，其温度仍要比Ar-ICP和He-ICP低。

表4-2　气体的物理性质

气体类型	氢	氩	氦	氮	氧	空气
电阻率/Ω·cm	5×10^3	2×10^4	5×10^4	10^5	10^5	10^5
比热容/[J/(g·℃)]	14.23	0.54	5.23	1.05	0.92	1.00
热导率/[10^4W/(cm·℃)]	18.2	1.77	15.1	2.61	2.68	2.60

4.2.3 ICP 光源的物理特性

4.2.3.1 ICP 焰炬的温度特性及其分布

等离子体温度和温度分布是光源激发特性最重要的基本参数。ICP 焰炬具有很高的温度，感应涡流加热气体形成的等离子体火焰，高温区温度可达 10000K，而尾焰区在 5000K 以下，由下至上温度逐渐降低，温度分布见图 4-7，ICP 放电分区见图 4-8。

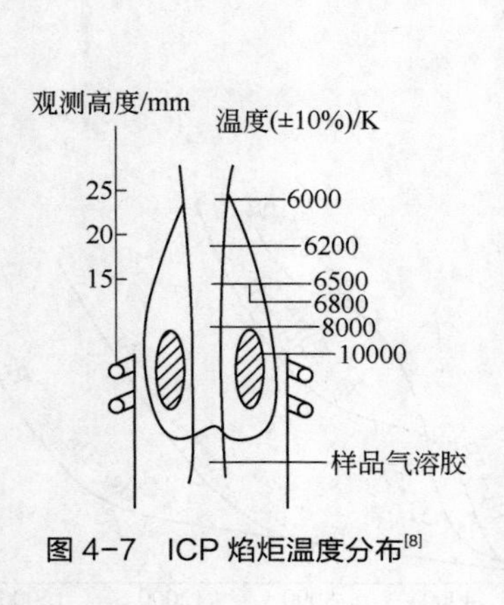

图 4-7 ICP 焰炬温度分布[8]

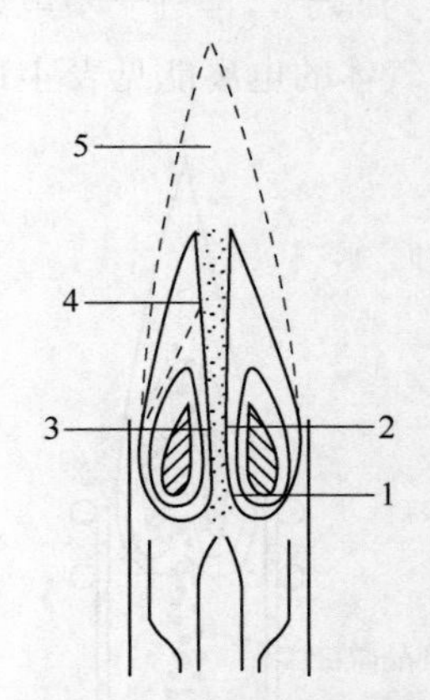

图 4-8 ICP 焰炬放电形状及分区

1—PHZ；2—感应区；3—IRZ；4—NAZ；5—尾焰

高频功率主要通过环形外区或感应区耦合到等离子体中，因而该区域的温度最高，同时由于外气流的热箍缩作用，此处电流密度很大，温度可达 10000K 以上，它作为分析物蒸发、原子化和激发能量供应区。分析物进入中心通道，首先进入预热区（PHZ），预热区主要作用是预热气体并使溶剂挥发；随后进入初辐射区（IRZ），使分析物蒸发、挥发。最后气溶胶进入标准分析区（NAZ）直到尾焰。标准分析区是使分析物原子化、激发和辐射的主要区域，也是最适合的观测区域，一般在负载线圈以上 10～20mm 左右。在此观测区域内，随着不同的观测高度，温度是不同的。采用不同功率，在观测区域也得到不同的温度。同样使用不同载气流量，粒子在通道中停留的时间变化，使得温度产生改变等。在尾焰区域，环状结构消失，温度降低，原子、离子、电子可能重新复合为分子或原子。由于温度低，此区域对观测易挥发、使用原子线作分析线的元素（如 Li、Na、K）还是相当有利的。

发射光谱光源的等离子体因为体积小，气体不断地流动与外界有大量的能量和质量交换，等离子体各部分有较大温度梯度，不服从普朗克（Planck）定律，体系不能认为是处在热平衡状态。但等离子体的某一部分，可满足除普朗克定律外的其他条件，局部温度接近相等，可将体系归于局部热平衡状态（LTE）。光谱分析用的电弧光源及直流等离子体光源，实验证明可以认为是处于 LTE 状态。而作为光谱分析光源的 ICP 则在不同程度上偏离热力学平衡状态。也有认为其热环区接近 LTE 状态。

由于 ICP 光源的分析区不处于 LTE 状态，因而其温度要用组成它的各种粒子温度来表征。

等离子体中温度有：①气体温度 T_g，决定于原子、离子等较重粒子的动能；②电子温度 T_e，决定电子动能；③电离温度 T_{ion}，决定电离平衡；④激发温度，以粒子在各能级上的布居数来描述。

光谱分析通常要研究并测量其激发温度 T_{exc}、气体动力学温度 T_g、电子温度 T_e 及电离温度 T_{ion}。

4.2.3.2 ICP 激发温度及其测量

等离子体的温度和粒子密度是等离子体的两大基本参数，其中温度是考察等离子体的特性及使操作条件最佳化的关键。

气体动态温度的测定有分子旋转谱线法和多普勒变宽法，激发温度有两谱线法和玻尔兹曼斜率法，电子温度有粒子密度间接法和双探头法，电离温度用玻尔兹曼-萨哈方程法来测定。

激发温度是表征等离子体光源所能激发的原子外层电子在各能级分布状态的参数，是代表光源激发能力的主要参数之一。常用的激发温度 T_{exc} 测量方法为多谱线斜率法及双线法，前者又称为玻尔兹曼图法。

当把发射光谱等离子体光源看作 LTE 体系时，这四种温度基本相同，测量温度的基本方法有两谱线法和多谱线法。

（1）两谱线法

它是通过用同一元素两条激发能（E_1 和 E_2）不同的谱线强度比来测量温度。谱线强度比与激发温度关系如下：

根据玻尔兹曼分布定律，当电子从能级 q 向 p 跃迁时，产生的辐射强度 I_{qp} 可表达为：

$$I_{qp} = N_0 \frac{g_q}{g_0} \mathrm{e}^{-\frac{E_q}{kT}} A_{qp} h\nu_{qp} \tag{4-2}$$

式中，N_0 为分析元素的总原子数；g_0、g_q 为基态和能级 q 的统计权重；E_q 为 q 能级的激发能；k 为玻尔兹曼常数；A_{qp} 为 $q \to p$ 跃迁概率；h 为普朗克常数；ν_{qp} 为 $q \to p$ 发射谱线的频率。

两条被激发谱线强度比为：

$$\frac{I_1}{I_2} = \frac{\nu_1}{\nu_2} \times \frac{g_1 A_1}{g_2 A_2} \times \exp\left[\frac{E_2 - E_1}{kT}\right] \tag{4-3}$$

I_1 与 I_2 为两谱线发射强度，ν_1 与 ν_2 为发射频率，g_1A_1 与 g_2A_2 为跃迁概率，E_1 与 E_2 为两谱线的激发电位，k 为玻尔兹曼常数，$k = 1.381\times10^{16}$erg/℃，T 为激发温度。将上式频率 ν 换算为波长 λ，并将已知的常数 k、E_1、E_2、g_1A_1、g_2A_2（gA 值由美国国标局 Readers 等编的跃迁概率表查得）。因而当测得两条谱线强度比值，可以通过如下简化公式，即可求出激发温度。

$$T = \frac{5040(E_1 - E_2)}{\lg \frac{g_1 A_1}{g_2 A_2} - \lg \frac{\lambda_1}{\lambda_2} - \lg \frac{I_1}{I_2}} \tag{4-4}$$

用此法测定温度注意事项：测温时温标元素（测温谱线所用元素），应选择电离电位高的元素（例如 Zn），以免外界因素变化而引起温度与温度分布改变。尽量选用两条激发电位相差较大的谱线，一般采用一条是离子线，另一条是原子线。使谱线强度比随温度变化灵敏。选用谱线不应有自吸现象。查阅 gA 值的精度等级愈高愈好。见表 4-3。

表 4-3　常用两线法测温所用的 Fe 谱线对

Fe 谱线对/nm	ΔE/cm^{-1}	$\frac{g_1A_1}{g_2A_2}$
302.403/303.015	−18666	0.012
370.557/370.925	−6934	0.144
381.584/382.444	12035	33.9
382.043/382.444	6959	29.2
382.444/382.588	−7367	0.048

（2）多谱线法

由于两谱线强度测量和谱线跃迁概率值引起的温度测量误差较大，所以在测量温度时采用多谱线方法。这种方法又称多谱线斜率法。

当谱线由能级 $j \to i$ 跃迁时，根据式（4-2），产生的谱线强度 I 为：

$$I = N_0 \frac{g_j}{g_0} e^{-E_j/(kt)} Ah\nu \tag{4-5}$$

用波长 λ 代替频率，并取对数时则可得到：

$$\lg\left(\frac{I\lambda}{gA}\right) = -\frac{5040}{T} E_j + C \tag{4-6}$$

可以看出，式中 $\lg[I\lambda/(gA)]$和 E_j 成线性关系。由多条谱线测量绘成的直线图，其斜率为 $-5040/T$，即可计算出温度 T。常用的测温元素为铁原子线（Fe Ⅰ）和离子线（Fe Ⅱ）谱线组。

表 4-4 为多谱线法测温所用 Fe Ⅰ 谱线组参数。

表 4-4　多谱线法测温所用 Fe Ⅰ 谱线组参数

波长/nm	激发电位/eV	gA	波长/nm	激发电位/eV	gA
388.85	4.85	1.43	373.71	3.37	1.29
388.63	3.24	0.386	373.49	4.18	9.76
385.99	3.21	0.796	371.99	3.33	1.79
382.78	4.85	6.00	368.22	6.91	9.73
382.59	4.15	4.56	365.15	6.15	6.15
382.04	4.10	6.16	361.88	4.42	5.09
381.58	4.73	8.15	360.89	4.45	4.16
276.55	6.53	5.90	360.67	6.13	11.7
374.95	4.22	7.02	360.55	6.17	6.31

使用 Fe 谱线测温的玻尔兹曼图见图 4-9。

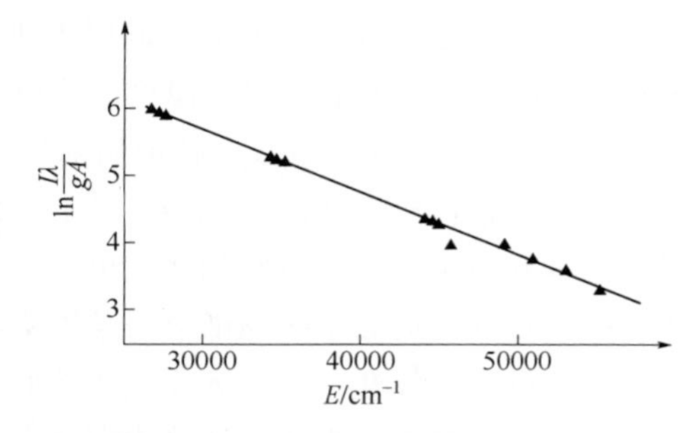

图 4-9 测 T_{exc} 用 Fe Ⅰ 谱的玻尔兹曼图

4.2.4 ICP 光源的光谱特性

4.2.4.1 ICP 光源的原子发射光谱[9]

由于 ICP 光源有很高的激发温度和较强的电离能力，ICP 光源的原子发射光谱属多谱线系统，谱线繁多，形成原子线和离子线多谱线的复杂原子及离子光谱图。与电弧光源和直流等离子体光源相比，ICP 光源有丰富的离子谱线，灵敏度较高，且其谱线强度也高于原子谱线，故 ICP 光谱分析常用的灵敏线多为离子线。

Wohlers 等编制的 ICP 常用谱线表约有 15000 条谱线，随后增扩到 24000 条谱线[10]。在 ICP 光源中 1%的铬溶液可观察到 4000 多条铬线。作为工作气体的氩气发射谱线信背比大于 50 的谱线列于表 4-5。要注意它们对稀土元素测定的光谱干扰。如用氮气作工作气体还会有较强 N_2^+子光谱。

表 4-5 较强的 Ar Ⅰ 发射线波长

波长/nm	信背比	波长/nm	信背比	波长/nm	信背比
415.859	＞50	433.356	38	394.898	27
419.832	50	419.103	32	451.074	21
420.068	50	419.071	32	355.431	18
425.936	50	426.629	32	416.418	17
427.213	43	404.442	31	433.534	11
430.010	40	418.188	28		

4.2.4.2 ICP 光源的激发机理

高频放电可以是有电极的介质阻挡或不阻挡电容耦合放电，也可以是无电极的电感耦合放电。高频等离子体不管有没有介质阻挡，几乎都能够维持连续、均匀、有效的放电。在相对较低频率的情况下，用来激发和维持等离子体所消耗在电极上的功率与 DC 放电的情形相当。然而，在高频情况下（如 RF），由于维持电子和离子在放电的半周期内到达不了电极，大大降低了带电粒子的损失。即使是很低的能量也能维持等离子体的放电状态。

RF 放电的特点是可以在相当高的气压（10～500mTorr❶）下激发并维持等离子体。通常电离度低，属于非平衡等离子体，常常又称为 RF 辉光等离子体。电子从 RF 场中吸收功率，通过弹性碰撞和非弹性碰撞传递能量。在高气压下（约几托），电离度很低（$<10^{-4}$），主要是电子与中性粒子的碰撞。在高电离度（10^{-2}）的情形，电子与各种粒子的碰撞变成主要的过程。在弹性碰撞中，电子不会失去能量，但会改变运动方向，如果电子方向的改变与电场一致，电子就会从 RF 场中得到额外的能量，所以在 RF 放电中，即使在较低的电场中，电子也能获得足够的能量产生电离过程。

❶ 1Torr=1mmHg=133.322Pa。

在大气压力下放电的ICP光源属于热力学平衡体系。但实验数据也显示了存在非热力学过程。分析实验中的ICP光源温度，受到组成等离子体各种粒子的温度（T_e、T_g、T_{ion}及T_{exc}）所影响。在热力学平衡等离子体或局部热力学平衡等离子体中（LTE）各种温度应该是接近相等。分析中ICP光源的T_e、T_g、T_{ion}及T_{exc}均不相同，且普遍存在以下关系：$T_e > T_{ion} > T_{exc} > T_g$。激发温度和电离温度是谱线的激发电位和元素电离电位的函数，而实验表明ICP光源中离子谱线强度很高，远高于按局部热力学平衡状态下的计算值。表4-6是ICP-AES光源中离子线和原子线强度的比较。多数元素离子线强度普遍比原子线强度大十数倍至数百倍，且实验测定值比按局部热力学平衡的计算值大数十倍至数百倍。

表4-6　ICP-AES光源中离子线和原子线强度的比较

元素	波长/nm		离子线和原子线强度比		
	离子线	原子线	实测值	计算值	实测/计算
Ba	455.4	553.5	560	1.5	380
La	408.7	521.2	380	1.6	240
V	309.3	437.9	11	0.17	65
Mn	257.6	403.1	13	0.24	55
Mg	279.5	285.2	11	0.035	310
Pd	248.9	361.0	0.27	0.00014	1900
Cd	226.5	228.8	0.87	0.029	30
Be	313.1	234.9	0.94	0.0029	320

在高频等离子体中被测元素被激发,其激发机理涉及到原子化及原子的电离。

为了解析ICP中发射出原子线和丰富的离子线，根据这些现象提出有多种ICP光源激发机理的模型：

① 潘宁（Penning）电离反应模型[11]　是指处于亚稳态的Ar原子（以Ar^m表示）以其高的激发能使被测原子发生电离及激发，称为潘宁电离效应：

$$Ar^m + X \longrightarrow Ar + X^+ + e^- \quad (4\text{-}7)$$

$$Ar^m + X \longrightarrow Ar + X^{+*} + e^- \quad (4\text{-}8)$$

式中，X^+代表分析物的离子；X^{+*}代表分析物离子的激发态；e^-代表电子。

ArⅠ有两个亚稳态（见图4-10），其激发电位分别是11.55eV和11.72eV。处于亚稳态的Ar^m不能自发地发出辐射返回基态或低能态的能级，但可以通过碰撞，把能量转移给其他粒子，使其他粒子激发或电离。

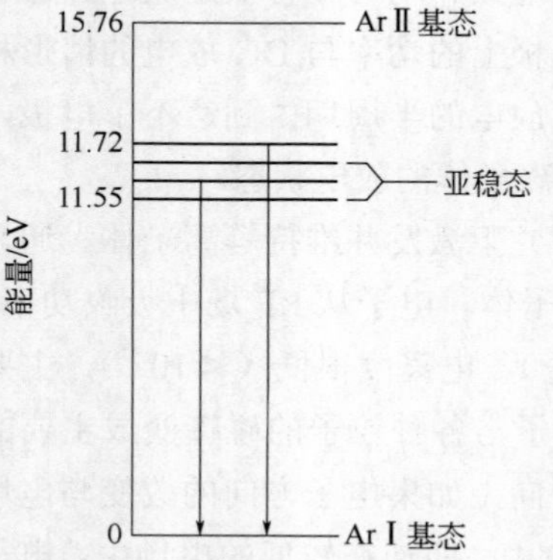

15.76 ArⅡ基态
11.72
11.55 亚稳态
能量/eV
0 ArⅠ基态

图4-10　Ar的亚稳态能级

这一电离反应机理解释了在ICP光源出现的更高能态的离子谱线，是先由Ar^m将分析物原子电离，再由高能电子碰撞激发：

$$X^+ + e^- \longrightarrow X^{+*} + e^- \quad (4\text{-}9)$$

也可以用Ar^m的直接激发：

$$Ar^m + X \longrightarrow Ar + X^* \quad (4\text{-}10)$$

有的研究认为 Ar-ICP 光源中的“高的电子密度”和“低的电离干扰”是与 Ar^m“被电离”了并产生更多电子的反应有关：

$$Ar^m + e^- \longrightarrow Ar^+ + 2e^- \quad (4\text{-}11)$$

由于用原子吸收测量给出的 Ar-ICP 光源中 Ar^m 密度在 10^{17}～$10^{20}cm^{-3}$，而实际上，Ar^m 绝对值仅为 $2\times10^{11}cm^{-3}$[12]，因而把 Ar^m 看成是在 ICP 光源中起主要作用的潘宁电离模型受到质疑。

② 电荷转移反应模型[13] 该模型认为 Ar-ICP 光源中，电离和激发反应起主要作用的是 Ar^+，其电离电位是 15.76eV，具有足够的能量使分析物原子电离并激发：

$$Ar^+ + X \longrightarrow Ar + X^+ + \delta E \quad (4\text{-}12)$$

$$Ar^+ + X \longrightarrow Ar + X^{+*} \quad (4\text{-}13)$$

即 Ar^+把能量转移给分析物原子 X，使其电离或激发。X 的电离电位或电离电位与激发电位之和应接近 Ar 的电离电位，如 Mg Ⅱ 279.81nm，其电离电位与激发电位总和为 16.5eV。所以可观测到某些元素的离子线强度异常偏高，其激发能与电离电位之和也接近 Ar^+的电离电位。

电荷转移反应模型的主要缺点是忽略了分析物离子同中性氩原子的电荷转移反应，即上述反应的逆反应。在 Ar-ICP 光源中基态 Ar 的密度高达 $10^{18}cm^{-3}$ 数量级，如此高的 Ar 密度与分析物原子或离子碰撞，可能使分析物离子密度降低，并使 ICP 可能接近局部热力学平衡。

③ 复合等离子体模型[14] ICP 光源感应产生的涡流区呈环形结构，具有很高的温度和电子密度，而中心通道温度较低，电子和离子从环形高温区流向中心通道的低温区。而在 ICP 的正常分析区的位置（观测高度 10～20mm 处），电子密度相对于该区的温度偏高，则发生离子和电子的复合反应，这一区域称为复合等离子体（recombining plasma）区。在这一区域由于复合反应，使处于 14～15eV 的高能中性 Ar 原子过剩，因而激发态的 Ar^*原子就比 Ar^m 具有更高的能量，可使分析物原子激发和电离，发出较强的离子线：

$$Ar^* + X \longrightarrow Ar + X^{+*} + e^- \quad (4\text{-}14)$$

$$X^{+*} \longrightarrow X^+ + h\nu \text{（离子谱线）} \quad (4\text{-}15)$$

然后 X^+再进行复合反应发射原子线：

$$X^+ + e^- + e \longrightarrow X^* + e \quad (4\text{-}16)$$

$$X^* \longrightarrow X + h\nu \text{（原子线）} \quad (4\text{-}17)$$

式中，X^*和 X^{+*}分别是分析物原子和离子的激发态；Ar 及 Ar^*为氩原子的基态和激发态；h 为普朗克常数；ν 为发射线的频率。

④ 双极扩散模型（ambipolar diffusion）[15] ICP 光源中多数元素的谱线强度分布呈双峰形，谱线强度呈径向分布，即中心强度较低，而径向 2～4mm 处强度较大，由此提出双极扩散模型。认为电子质量小，扩散速度比离子快，在通道边沿首先建立起空间电荷而形成电场，使离子加速，电子减速，一起向外扩散，致使中心通道离子布居减少。为了补偿这种减少，中心通道的原子进一步电离，使中心通道原子布居也减低。但这一解析不能说明，电子在何

种推动力作用下由低密度区向高密度区扩散。双极扩散的另一解释为：在热环区的电子和离子成双成对地扩散到观测区并形成离子流。按照这一模型计算结果与观察结果基本一致：热环区温度为 8000K，观测区温度约为 5000K，靠近管壁温度约为 3000K，电子密度为 10^{15}～$10^{16}cm^{-3}$。

⑤ 辐射俘获模型[16]　“辐射俘获”是指分析通道中分析物粒子吸收周围的 Ar^*辐射的光子流而处于激发态的发射过程。如前所述，ICP 光源分析通道温度较低，一般为 4000～6500K，其电子密度 n_e 及 Ar^*的密度 n_{Ar^*}均较小；而 ICP 的热环区（环形涡流区）温度高达 10000K 以上，这一温度会产生较多的 Ar^*，并辐射强的光子流，使中心通道中 Ar 及分析物原子或离子激发。辐射俘获模型可解释 ICP 光源中心通道温度不太高但具有较高的激发能力。

⑥ 分析物的电离和激发过程　由于影响 ICP 光源中激发过程和电离过程的因素较多，炬管结构、气体流量、高频功率等均有影响。并且作为 ICP 光谱分析的光源功率低，体积小，表面积大，环流加热，与外界有大量热能、辐射能及物质交换。等离子体的不同区域，温度与电子密度均不相同，其电离和激发过程并不相同。因此其激发机理必然相当复杂，不能用单一因素来解释。上述激发机理模型，只能部分解释 ICP 光源的激发和电离现象，尚无实验验证，不能合理解释所有 ICP 光源特征。考虑到各种 ICP 光源激发模型的电离和激发机理，可以认为 ICP 光源中分析物电离和激发与表中所列过程有关（表 4-7）。

表 4-7　ICP 光源中分析物电离与激发过程

机理	反应过程
潘宁电离	$M + Ar^m \longrightarrow M^{+*} + e^- + Ar$ $M + Ar^m \longrightarrow M^+ + Ar + e^-$
电子碰撞电离	$M + e^- \longrightarrow M^{+*} + 2e^-$ $M + e^- \longrightarrow M^+ + 2e^-$
电子碰撞激发	$M + e^- \longrightarrow M^* + e^-$ $M + e^- \longrightarrow M^{+*} + 2e^-$
辐射离子电子复合	$M^+ + e^- \longrightarrow M + h\nu$
三体离子电子复合	$M^+ + 2e^- \longrightarrow M^* + e^-$ $M^+ + e^- + Ar \longrightarrow M^* + Ar$
电子转移反应	$M + Ar^+ \longrightarrow M^{+*} + Ar$
粒子的高能 Ar 碰撞激发	$M + Ar^m + e^- \longrightarrow M^* + Ar + e^-$ $M^+ + Ar^m + Ar \longrightarrow M^{+*} + 2Ar$ $M^+ + Ar^m \longrightarrow M^{+*} + Ar + h\nu$ $M^+ + Ar^m + e^- \longrightarrow M^* + Ar + e^-$
光子激发	$M + h\nu \longrightarrow M^*$

有学者认为[17]ICP 光源的环流区是处于局部热力学平衡状态。实验表明：采用大直径炬管，低的气体流量，改善等离子体内的能量传递等有助于获得接近 LTE 的等离子体。也有人认为[18]ICP 光源中温度梯度很大，它导致等离子体内部每平方厘米有几十瓦的热流，高的热流量显示 ICP 光源的非热力学平衡特性。

4.2.4.3 ICP 光源的分子发射光谱

ICP 光源在尾焰、初始辐射区及焰炬的外围，由于温度较低，呈现分子光谱，造成光谱干扰，常见的分子谱带有 OH、NO、N_2^+、NH。主要来自 O_2、NH、NO 以及 OH 分子的发射，其中 OH 分子光谱产生的光谱干扰尤为严重。

万家亮等[19]研究了 OH 带对多种元素有干扰。图 4-11 为 ICP 光源中某些分子谱带的发射图。由于在 ICP-AES 分析中，最常用的是溶液进样，以气溶胶的形式引入等离子体，随之带入少量水分。在高温等离子体中,水分子离解为 H 和 OH 分子。OH 分子的发射光谱主要位于 281.0～294.5nm 和 306～324.5nm 光谱区中，而在这两个光谱区域，有许多重要的分析线。在有机化合物存在时还会有较强的 C_2 带及 CN 带[20]。C_2 分子带的带头为 563.5nm、558.5nm、554.0nm、516.5nm、512.9nm、473.7nm、471.5nm 及 469.7nm，CN 带的带头为 421.6nm、412.7nm、388.3nm、358.6nm。当试液含有高含量稀土元素时，可以产生较强的稀土单氧化物的发射谱带，如 YO 的发射带头在 597.2nm。

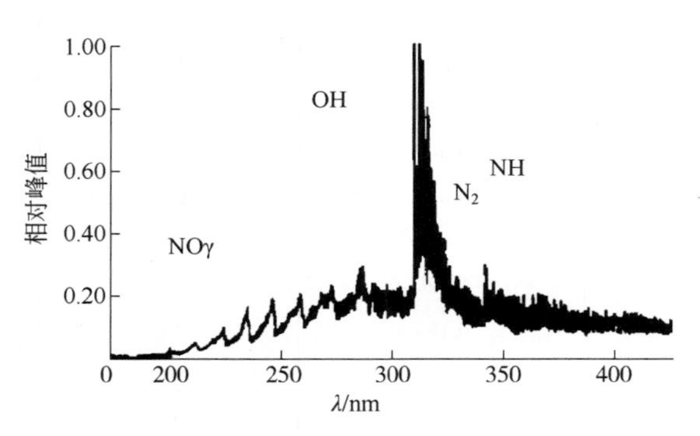

图 4-11 ICP 光源中的分子发射光谱

OH 等分子谱带在光源中的强度分布与分析物原子发射的谱线不同。OH 306.7nm、CN 359.0nm、NH 366.0nm 和 N_2 337.1nm 的横向强度分布在中心通道无峰值，而 V 367.02nm、Ca 396.85nm 和 Ar 425.9nm 均有中心对称的峰值。出现这种差别的原因是因焰炬的周围温度较低，有较强的分子发射，并且它们的形成与空气组分有关。C_2 438.2nm 也是中心通道进样，故在中心出现峰值。

4.2.4.4 ICP 光源的连续背景

ICP 光源观测区的光谱背景发射较碳电弧光源低，但仍有明显的背景光谱叠加在元素光谱上，形成连续背景。ICP 光源的背景光谱主要特点是由远紫外到近红外波段发射强度逐渐增加，其发射强度的绝对值见表 4-8。

表中 Ar-ICP 背景发射强度是在不进样条件下测量的。所用高频电源频率 27.12MHz，功率 1250W；等离子体气 12.0L/min。条件 A 辅助氩气流量 0.53L/min，雾化气（Ar）流量 0.88L/min，观测高度 14.0～16.0mm，有 25mm 长的炬管冷却延伸管；而条件 B 的辅助气流量是 0.7L/min 氩气，无雾化气及延伸管，观测高度是 3.0～5.0mm。可以看出，条件 B 获得的光谱有较强的背景发射。实验显示，增加载气流量可以降低光谱连续背景发射强度。

产生连续光谱背景的因素有黑体辐射、韧致辐射及复合辐射三种。高浓度碱土元素和其他元素也能产生较强的散射光，叠加到连续光谱背景上。

表 4-8 Ar-ICP 光源辐射连续光谱的绝对强度与波长的关系

λ/nm	$I_λ$/光子·s^{-1}·mm^{-2}·Sr^{-1}·nm^{-1}		λ/nm	$I_λ$/光子·s^{-1}·mm^{-2}·Sr^{-1}·nm^{-1}	
	条件 A	条件 B		条件 A	条件 B
192.5	—	$0.28×10^{12}$ ±30%	325	0.65	8.1
195	—	0.29 ±25%	350	0.88	9.8
197.5	$0.023×10^{12}$ ±30%	—	375	1.02	10.8
200	0.025	0.48	400	1.19	12.0
205	0.039	0.74	425.4	1.39	13.7
210	0.049	0.84	450	1.52	14.2
220	0.070	1.31	473.0	1.49	13.9
230	0.093	1.80	499.6	1.35	13.5
240	0.129	2.3	527.0	1.15	12.0
250	0.183	3.0	551.5	1.10	11.3
260	0.25	4.0	576.0	1.11	10.4
280	0.34	5.2	598.0	1.31	11.3
300	0.49	6.7			

① 黑体辐射　是由炽热物质发出的连续光谱辐射。随着温度的升高，辐射最强的波长往短波方向移动。在 ICP 光源中，一般温度在 5000～8000K 范围内，其辐射峰值在紫光及紫外区域。

② 轫致辐射　轫致辐射（bremsstrahlung）是磁辐射的一种，泛指带电粒子在库仑场中碰撞时发出的一种辐射。例如高速电子在库仑场中与其他粒子发生碰撞而突然减速，其损失的能量以辐射形式发出而形成轫致辐射。轫致辐射为连续谱。

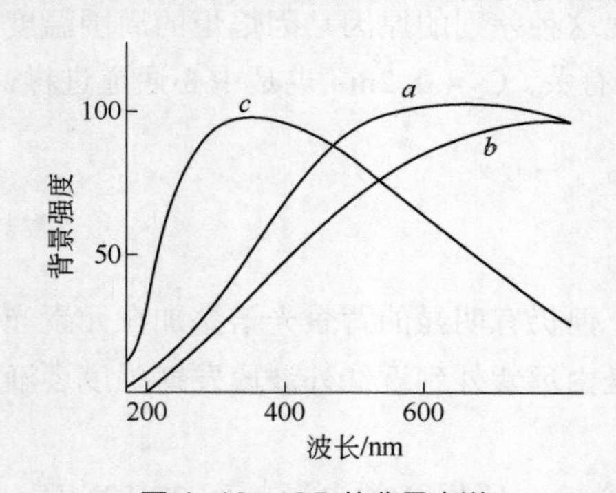

图 4-12　ICP 的背景光谱

a—观测值；*b*—由轫致辐射产生的连续光谱（计算值）；*c*—8250K 时黑体辐射的计算值

③ 复合辐射　离子俘获电子成为低电荷的离子或中性原子，电子在此过程中失去的能量，以辐射形式释放出来，就形成复合辐射。由于自由电子具有连续的速度分布，所以复合后释放的能量，便形成连续光谱。复合辐射强度随电子密度的升高而急剧增强。

在 ICP 光源中，涡流区温度高，电子密度大，故产生很强的光谱背景。当温度从 10000K 降低到 8000K 时，背景强度将降低到原来的 1%。再降低到 7000K 时，背景强度将降低到原来的 0.1%。图 4-12 是黑体辐射和轫致辐射的波长分布图。

一般认为在高温等离子体中，其辐射波长较短，复合辐射和黑体辐射起主要作用，而轫致辐射在长波波段影响较大。

④ 高浓度基体元素产生的连续背景辐射　试液中含有高浓度碱土元素 Ca、Mg 及 Al 等元素时会产生很强的连续背景。实验观测到不仅碱土元素，过渡元素也可产生连续波长背景（见表 4-9）[21]。

表 4-9　实验观测的连续辐射波长范围

基体元素	连续辐射波长范围/nm
Al	197~216, 227~231
Mg	210~232, 267~269, 245~263, 290~293
Ca	190~206, 258~268, 290~293
Ni	223~224
Fe	196.5~198.5, 208~210
Cr	187~203, 207~211, 226~230

4.3　ICP-AES 仪器的构成

ICP-AES 仪器通常由以下五个部分组成（见图 4-13）：

① 高频发生器　提供 ICP 光谱仪的能源。

② 等离子炬和进样系统　将溶液样品转换为气溶胶，使之进入 ICP 火焰。它包含雾化器、雾室、炬管、等离子气、辅助气、载气以及各种气路装置系统。

③ 分光系统　将复合光转化为单色光装置。

④ 检测系统　由光电转换装置将分光后的单色光，转换为电流，在积分放大后，交计算机处理。

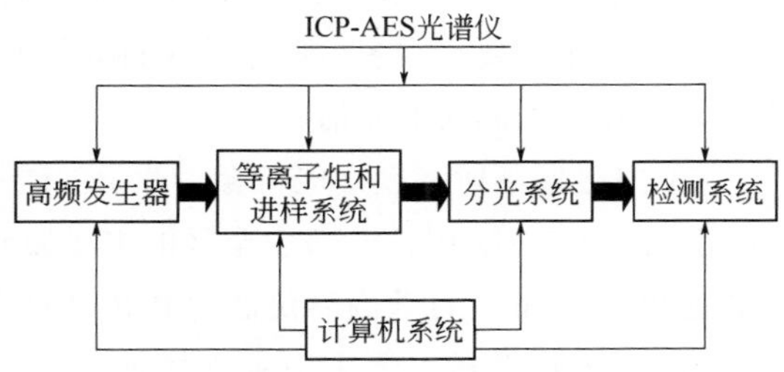

图 4-13　ICP 光谱仪装置结构

⑤ 计算机系统　将完成程序控制、实时控制、数据处理三部分工作。其中还包括操作系统、谱线图型制作、校准曲线制作、背景定位与扣除、内标法、标准加入法、干扰校正系数制作与储存等各种软件，以及控样或标准样品的插入和称样量校正、金属氧化物的计算等各种类型数据处理。

当前，使用的商品化 ICP 光谱仪有三种类型：第一类是由凹面光栅分光装置和光电倍增管或固体检测器组成的多道型 ICP 光谱仪。它可以同时进行多元素分析。第二类是由平面光栅装置和光电倍增管或固体检测器组成的顺序扫描型 ICP 光谱仪，它可以进行从短波段至长波段连续不间断的谱线测定，可以得到全波段高分辨率的光谱。第三类是由中阶梯光栅双色散系统和固体检测器组成所谓“全谱型”ICP 光谱仪。具有多道型 ICP 光谱仪多元素同时测定能力，又具有多谱线同时分析的灵活性。

4.3.1　高频发生器

4.3.1.1　高频发生器性能的基本要求

高频发生器在工业上称射频发生器。在 ICP 光谱分析上又称高频电源（简称 RF）。它是 ICP 火焰的能源。对高频发生器性能基本要求如下：

① 输出功率设计应不小于1.6kW。这个输出功率是指输出在等离子体火焰负载线圈上得到的功率，又称正向功率。而反射功率愈小愈好，一般不能超过 10W。当高频电源频率为27.12MHz或40.68MHz时，功率在300～500W时就能维持ICP火焰，但不稳定，无法用于样品分析，必须使输出功率在800W以上，火焰保持稳定后才能进行样品分析。一般在上述两种频率工作时，其点燃ICP火焰需功率为600W。点燃炬焰后，需等待不小于5s时间使其稳定后才能进样分析。

② 频率设计为27.12MHz或40.68MHz，这是由分析性能和电波管理制度所决定的。

分析性能要求RF频率不能过低，频率过低维持稳定的ICP放电必须增大输出功率，这不仅要消耗更多的电能，使发生器体积庞大。同时还要耗用更多的冷却氩气。此外，频率过低趋肤效应明显减弱，不易形成火焰中心通道，样品难以从中通过ICP火焰。

频率为27.12MHz或40.68MHz，是电波管理制度所规定的工业频率区域，为标准工业频率振荡器6.78MHz的4倍或6倍值，完全符合电波管理制度的规定要求。

③ 输出功率波动要求≤0.1%。在ICP发射光谱分析中，高频发生器功率输出的稳定性直接影响分析的检出限与分析精度。这是发生器的重要指标，它的波动将增大测量误差。

④ 频率稳定性一般要求≤0.1%。频率稳定性在ICP发射光谱分析中，对测试的影响比功率稳定的影响要小得多，频率稳定性是比较容易做到的。但也有一定要求，不能提供过高频率，以免干扰无线电通信。

⑤ 电磁场辐射强度，应符合工业卫生防护的要求。根据国家环境电磁波卫生防护标准，频率为3～30MHz时，一级安全区的电磁波允许强度应≤10V/m。30～300MHz频率范围内允许强度≤5V/m。目前商品仪器的ICP电源的电磁辐射场强度远低于标准值。

⑥ 高频发生器尽量采用独立接地。以免影响附近电器设备，尤其是同一电源的计算机工作。

4.3.1.2 高频发生器的类型

目前使用的高频发生器有自激式和它激式两种类型。它们都能满足提供ICP焰炬的能源及ICP光谱分析要求。

① 自激振荡式和它激振荡式电路区别　自激式高频发生器是由一个大功率管同时完成振荡、激励、功放、匹配输出的功能，电路简单，调试容易，负载（ICP焰炬）发生变化，振荡参数变化而引起频率迁移时，它有自动补偿、自身调谐作用。但其功率转换效率较低，功率转换时损失较大。往往需要制成大功率高频发生器才可满足使用。同时，其振荡频率无法控制，如果自激式高频发生器不带功率自动控制电路装置，ICP火焰进入不同性质物质、样品溶液浓度相差很大，负载产生较大变化时，输出功率稳定性差，其分析的精度受到很大影响。

它激式高频发生器是由一个标准化频率为6.78MHz的石英晶体振荡器经两次或三次倍频，振荡频率稳定。其优点是输出转化效率高，易采用闭环控制激励级，使其实现功率自动控制。当ICP火焰进入不同性质物质、样品溶液浓度相差较大、负载产生较大变化时，由于功率输出端自动反馈信号而进行调节，使功率自动控制。其分析精度不受影响。

② 自激式高频发生器原理[18]　自激式高频发生器由整流电源、功率放大电子管、电感-电容组成 LC 振荡回路，是由三部分组成的（见图 4-14）。

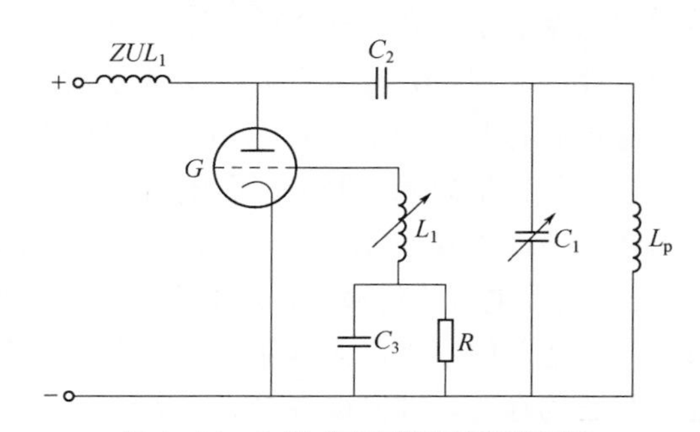

图 4-14　自激式高频发生器振荡回路

G—三极管；R—栅漏电阻；C_1—振荡电容器；C_2—隔直电容器；L_p—负载线圈；C_3—栅极旁路电容器；L_1—栅极反馈线圈；ZUL_1—扼流圈

当接通电源时，高频电流通过隔直电容 C_2，对可调的振荡电容 C_1 充电，C_1 与电感 L_p（为 ICP 负载线圈）并联产生高频振荡。其振荡的频率为：

$$f_0=\frac{1}{2}\pi\sqrt{LC} \tag{4-18}$$

通过反馈线圈电感 L_1 耦合作用，产生反馈电压（称为激励电压，其频率也为 f_0），加在电子管的栅极上，保持对 ICP 放电的稳定，维持等幅振荡，不间断地给振荡回路补充能量。图 4-14 所示为采用正反馈激励方式。当电路工作条件有变动而使振幅减小时，则加在栅极上的反馈电压亦减小，使栅流减小，栅压降低，则阳流增大，振荡重新增大到原来的数值；如果由于某种原因使振幅加大，则反馈增强，使栅流增大，栅极降低到更负，放大倍数降低，从而限制振幅的增大。这样振荡回路的能量便可由电子管得到稳定补充，使等幅振荡得以维持，并可自动补偿振荡能量的微小变化。

自激式高频发生器，通过从高频输出端到负载线圈之间，增加定向耦合器，从定向耦合器上，取其高频信号，经减频、减波与提供的基准电压比较，其差值经放大反馈到输入的振荡管阳极电压，达到输出功率稳定，使之能满足 ICP 光谱分析的要求。

③ 它激式高频发生器原理　它激式高频发生器线路框图见图 4-15。

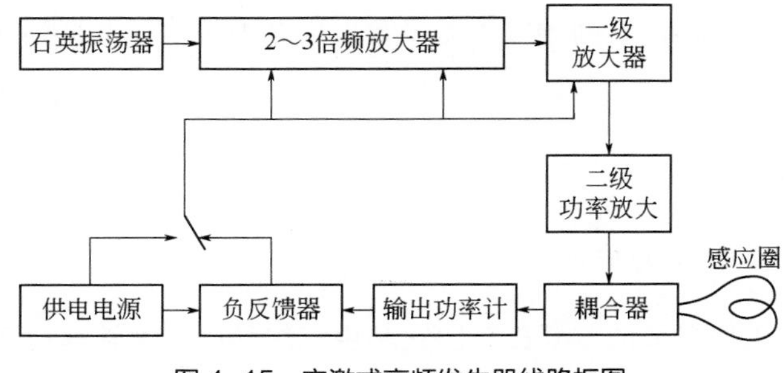

图 4-15　它激式高频发生器线路框图

由石英晶体振荡器、倍频、激励、功放、匹配等五部分组成。采用标准化频率为6.87MHz的石英晶体振荡器工作，经过倍频电路处理，使之产生27.12MHz或40.68MHz工作频率，将这种电流激励和放大，其输出功率通过匹配箱和同轴电缆传输到ICP负载线圈上。

这种类型的高频发生器，频率稳定度高、耦合效果好、功率转换效率高、功率输出易实现自动控制、输出功率的稳定性可达到≤0.1%。完全可以满足ICP光谱分析的要求。当负载阻抗发生变化时，可借助置于同轴电缆与负载线圈之间的阻抗匹配网络（匹配箱）自动调谐。同时，从安装在主高频传输线上的经定向耦合器上，取出高频信号作为反馈信号，与标准电源参比，然后对整机的输出功率进行调节，从而得到稳定的功率输出。

④ 晶体管型高频发生器　高频电流的传输与普通的交流电路和直流电路不同，是用一段几厘米长的导线，它不仅有不可忽略的电阻，而且随线路走线的路径不同，有很大的感抗和容抗，因此在整机中不能忽视它的存在。过去很多ICP光谱仪装置中，将高频发生器与主机是分离的，从高频电源到负载线圈之间必须采用同轴电缆相连接。随着高频技术的进步，目前很多光谱仪均采用一体化结构，把高频电源与等离子体负载线圈装在一起，其距离愈近愈好，以降低高频电流传输引起的高频损耗。同时，为了提高功率转换效率，减小仪器体积，采用高频晶体管取代电子管或一般晶体管作放大的器件。其放大电路见图4-16。它只需采用两支高频的晶体管（Q_1和Q_2）完成功率放大。这种新型高频发生器，频率稳定度高、耦合效果好、功率转换效率高、稳定性好。同时，仪器体积大大缩小，它特别适合于整机体积小，中阶梯光栅分光-CCD光电转换的所谓"全谱型"ICP光谱仪。

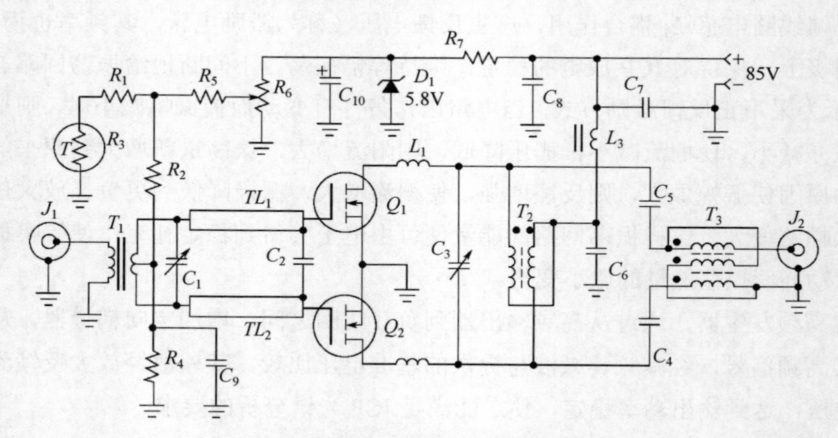

图4-16　晶体管型发生器放大电路

目前商品化的ICP仪器，其高频发生器多数采用这种晶体管型高频发生器，称为全固态发生器。

4.3.2 ICP炬管

4.3.2.1 ICP炬管的结构及要求

ICP炬管是ICP火焰形成的重要部分。它是由三层同心石英管套接而成。三层石英管内通入工作气体，商品化的ICP光谱仪均通入氩气（当然实验装置，有通入空气、N_2气、Ar-N_2

混合气、He 等)，外管由切线方向通入氩气，称为等离子气。它是形成等离子体的工作气体(也称冷却气，它有冷却炬管的作用)。中间管通入氩气称为辅助气(也称为等离子气)。它起到托起 ICP 火焰的作用，防止等离子焰炬烧坏内管。内管通入氩气称为载气。它是将溶液试样经过雾化后的气溶胶载入 ICP 火焰。

优越的炬管必须有如下性能：

① 容易点燃 ICP 火焰；

② 产生持续、稳定的等离子体，引入试样对焰炬稳定性的影响轻微，无熄灭或形成沉积物的危险；

③ 样品经中心通道到分析观测区的量足够大；

④ 样品在等离子体中有较长的滞留时间并被充分加热；

⑤ 耗用的工作气体较节省；

⑥ 点燃 ICP 火焰所需功率尽量小；

⑦ 污染容易清洗，拆卸、安装简易方便。

4.3.2.2 常用的 ICP 炬管

ICP 发射光谱技术的开创者 Greenfield 和 Fassel 根据 Reed 三管同心、切线进气的 ICP 石英炬管原理，设计和加工出适用于光谱分析用的 ICP 炬管，有 Fassel 型炬管和 Greenfield 型炬管(见图 4-17)，促进了 ICP-AES 分析技术的发展。至今，商品化 ICP 光谱仪多数仍然采用 Fassel 型炬管作常规炬管。常用炬管有：

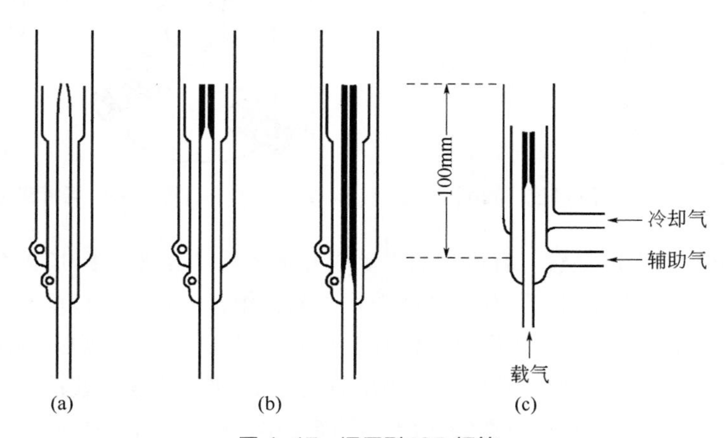

图 4-17 通用型 ICP 炬管

(a) Boumans 使用的炬管；(b) Fassel 使用的炬管；(c) Greenfield 使用的炬管

① Fassel 型炬管　形状与尺寸，见图 4-17，其外管外径为 20mm、壁厚 1mm；中间管外径 16mm、壁厚 1mm；内管外径为 2mm，其中心出口处内径为 1.0～1.5mm。总长度 100～120mm。冷却气氩气流量可在 10～15L/min 使用，为常规仪器所采用。

② 省气型炬管　通用型常规 Fassel 炬管，不足之处是耗气量大。为此，ICP 工作者在不影响 ICP 炬管点火容易、火焰稳定的前提下，对炬管结构作某些更改，以节省工作气体。

a. 中间管为喇叭口形的炬管：何志壮等[22]设计的中间管为喇叭口形的炬管(见图 4-18)

使外管与中间管的环隙面积减少，适当提高结构因子（即中间管外径与外管的内径比值）在0.93时，其炬管点火容易，火焰稳定，而且可节省氩气40%。

b．微型省气炬管：通过降低炬管尺寸，在不影响点火及ICP火焰稳定性的前提下，节省氩气。其外径14mm，中间管12mm，内管2mm，中心出口处1.0～1.5mm。其点火功率0.6kW，工作功率0.8～1.4kW，冷却气10L/min。对大多元素的检出能力与常规炬管一致。但由于火焰温度较低，有些元素检出能力不如常规炬管，基体效应也较大。

③ 可拆卸式炬管　由于ICP光谱仪的高频发生器高频功率转换不够，使得负载线圈很多能量不能完全转换到ICP火焰上，使之炬管外管易烧坏，有时内管中心处也经常发生堵塞而烧毁。所以有些商品化仪器采用可拆卸式炬管（见图4-19）。

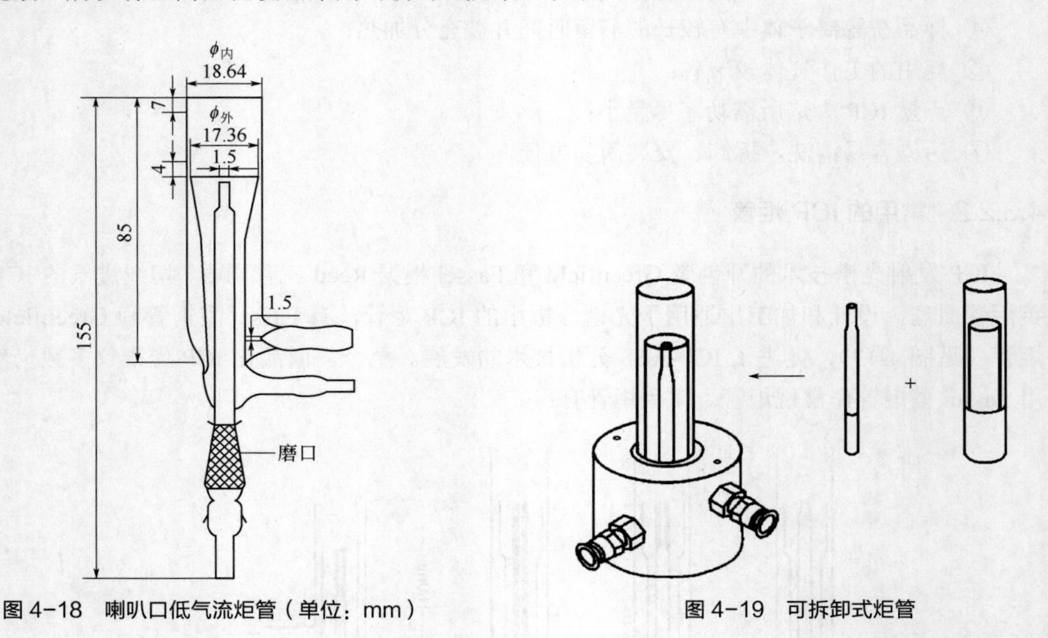

图4-18　喇叭口低气流炬管（单位：mm）　　图4-19　可拆卸式炬管

④ 有机物分析的专用炬管　有机物的主要成分是碳氢化合物，当ICP分析有机物中杂质元素时，大量碳氢化合物引入，使碳的微粒很容易在炬管内管中心处附留，使得内管堵塞无法进样，不能工作。所以要做有机物分析时，要选用有机物炬管（见图4-20）。

⑤ 耐氢氟酸的炬管　一般炬管的材料是由石英制备，当分析氢氟酸或分析试样溶液介质是氢氟酸时，由于它对石英材质有腐蚀作用，不能采用。耐氢氟酸的炬管制作材质有：氧化铝、氧化锆、聚四氟乙烯、内管中心处镀铂、镀钯材料制成炬管（图4-21）。

⑥ 加长炬管　在Ar-ICP光源中，有小于200nm的O_2分子谱带，200～250nm的NO分子谱带，300～320nm的OH谱带，380～390nm的CN谱带干扰。这些O_2、N_2是从大气进入的，可采用加长炬管或炬管上套一延伸管，将大气与等离子火焰隔开。同样采用这种将大气隔开方式，如果采用真空型ICP光谱仪，可分析试样中的碳元素（见图4-22）。

⑦ 带护套气的炬管　在中间管和内管之间，加入一支护套吹扫气（Ar）管，当试样溶液进入完毕后，用吹扫气清理内管和中间管。使试样盐类不附在内管中心出口处，防止堵塞（见图4-23）。

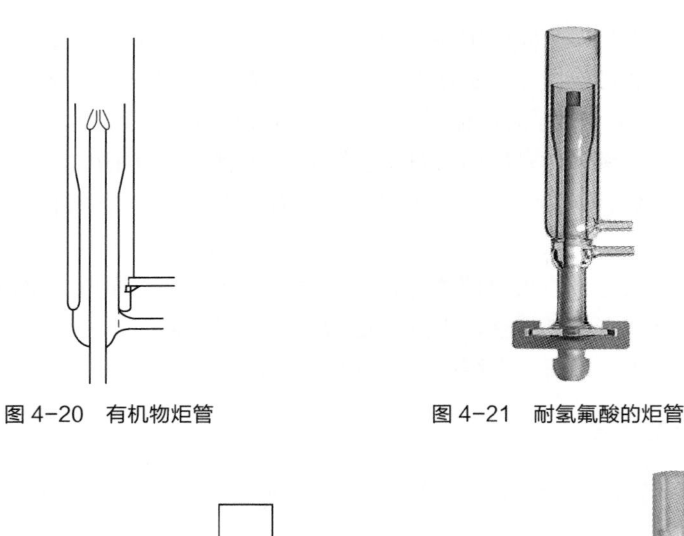

图 4-20　有机物炬管　　　　图 4-21　耐氢氟酸的炬管

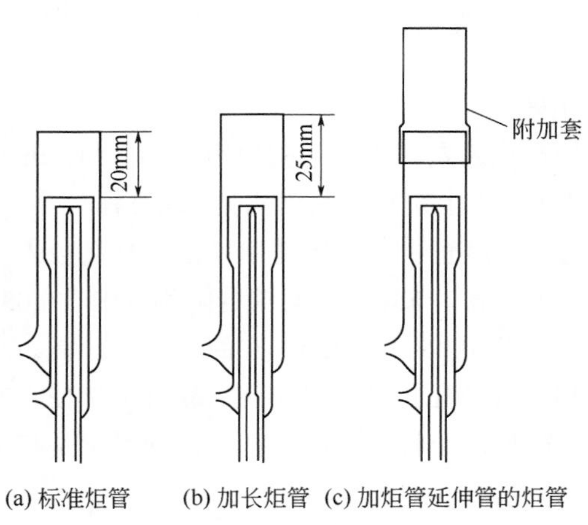

图 4-22　加长炬管

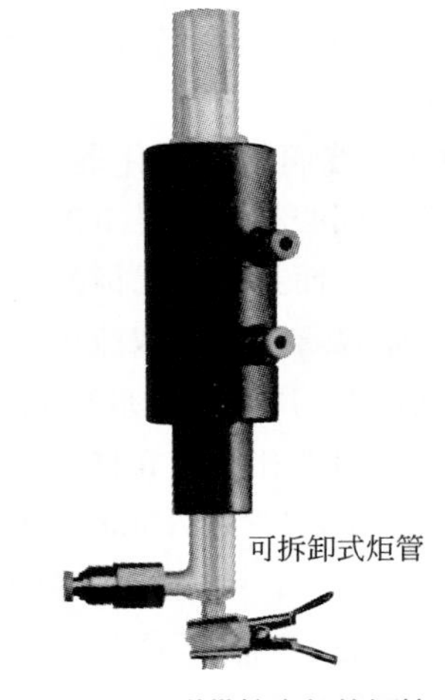

图 4-23　附带护套气的炬管

4.3.3　进样系统

4.3.3.1　ICP 进样方式

进样装置一直是 ICP 发射光谱技术研究的一个热点。进样装置的性能对 ICP 发射光谱仪分析性能有很大的影响。仪器的检出限、测量精度、灵敏度均与进样装置的性能有直接关系。按照样品状态，进样方式可分为三大类：液体进样、固体进样、气体进样。每一类进样方式中又有许多结构、方法、方式不同的装置。

① 液体进样装置　将液体雾化，以气溶胶的形式送进等离子体焰炬中。由炬管、雾化器、雾室三部分组成进样系统。可以有多种雾化器：气动雾化器，同心雾化器、垂直交叉雾化器、高盐雾化器；超声波雾化器，包括去溶的超声波雾化器和不去溶的超声波雾化器；高压雾化器，可用比通常雾化装置更高气压喷雾；微量雾化器，进样量少的雾化器和循环雾化器。

② 固体进样装置　将固体试样直接气化，以固态微粒的形式送进等离子体焰炬中。可采用的方式有：a. 插入式进样，用石墨杯（Horlick 式）进样装置，将固体试样直接引入等离子炬；b. 火花烧蚀进样器，采用火花放电将样品直接烧蚀产生的气溶胶引入 ICP 焰炬中；c. 激

光烧蚀进样器，采用激光直接照射试样，使之产生的气溶胶引入 ICP 焰炬中，包括激光微区烧蚀进样；d. 电加热法进样器，可进液体样品与胶状物样品，类似 AA 石墨炉进样装置方式，钽片电加热进样装置；e. 悬浮液进样器，可将固体微粒以悬浮的试样，引入 ICP 火焰。

③ 气体进样装置　将气态样品直接送进等离子体焰炬中，或采用发生气态物质随氩气一同进入等离子炬。如气体发生器，氢化物发生装置，将生成气态氢化物等送进等离子体焰炬中。

当前 ICP 发射光谱分析主要以溶液进样应用最为广泛，其进样精度和稳定性好，标准系列溶液容易配制，且具有可溯源性，得到广泛的应用。近年来固体直接进样得到应用，激光烧蚀进样器也已商品化。下面仅介绍经常使用的进样装置。

4.3.3.2　溶液进样雾化器

将溶液雾化转化成气溶胶引入 ICP 火焰中。通常由雾化器、雾室以及相应的供气管路组成。

（1）玻璃同心雾化器——Meinhard 雾化器

玻璃同心雾化器是 ICP 光谱仪应用最多的雾化装置。工作最初由迈哈德（Meinhard）等创新完成，而且产品已标准化和系列化，并且在世界上销售。其结构见图 4-24。

迈哈德雾化器是双流体结构，它有两个通道，尾管由于负压作用使溶液样品吸入，支管通载气，材质用硼酸硅玻璃制成。喷口毛细管（中心管）与外管之间的缝隙为 0.01～0.035mm，毛细管出口处孔径为 0.15～0.20mm，毛细管壁厚为 0.05～0.1mm。它的作用原理是：当载气通入时，使之产生 Venturi 效应，在毛细管尾端形成负压自动提升溶液。载气不仅使之产生负压使样品引入，而且起到溶液雾化动力作用。在喷口处将溶液细粒打碎，同时又是打通等离子体中心通道和输运样品气溶胶的动力。

迈哈德雾化器可分为 A 型、C 型和 K 型三种，它们主要区别在于喷口形状及加工方法（见图 4-25）。A 型为平口型（又称标准型），它喷口处内管与外管在同一平面上，端面用金刚砂磨平；C 型为缩口型，其中心管缩进约 0.5mm，而且中心管抛光过；K 型与 C 型一样，制作方面只是中心管不抛光。C 型与 K 型雾化器进样耐盐能力较强，不易堵塞。A 型雾化效率略高。

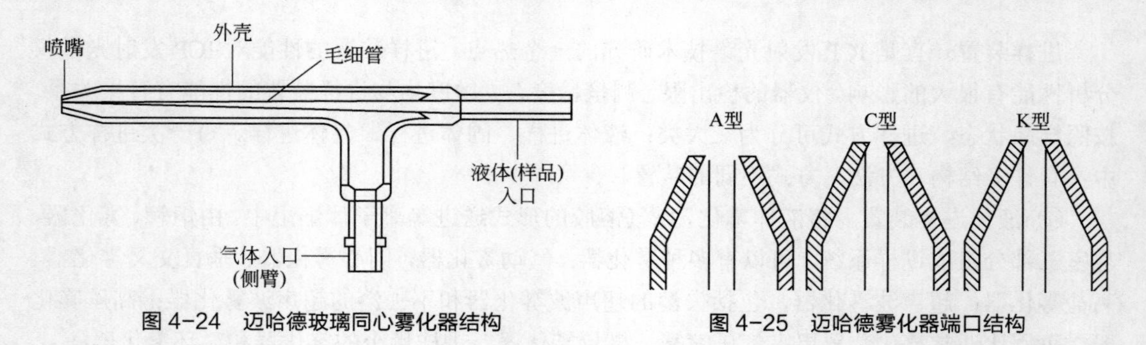

图 4-24　迈哈德玻璃同心雾化器结构

图 4-25　迈哈德雾化器端口结构

在分析高盐溶液时，为抑制盐类在雾化器喷口处沉积，将玻璃同心雾化器外管出口处制成喇叭口形（见图 4-26），使之出口处保持湿润，不易堵塞。但分析进样时，记忆效应增强，需增长清洗时间。

玻璃同心雾化器雾化性能，主要包括试液提升量、进样效率及进样速率。进样效率是指进入等离子体的气溶胶量与提升量的比值，以百分数表示。进样速率是单位时间进入等离子体的物质绝对量。玻璃同心雾化器典型雾化性能曲线见图 4-27。

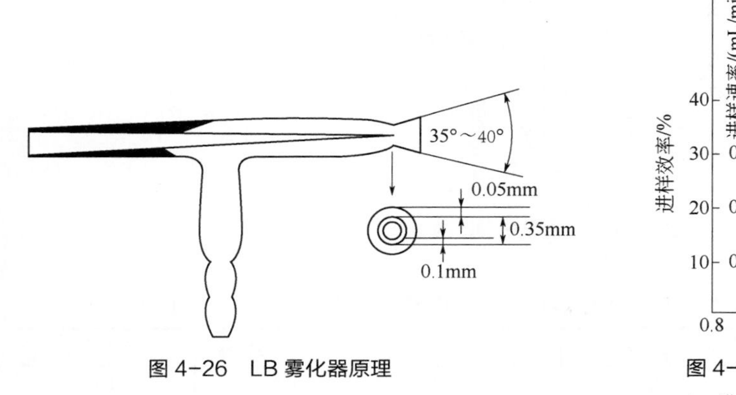

图 4-26　LB 雾化器原理

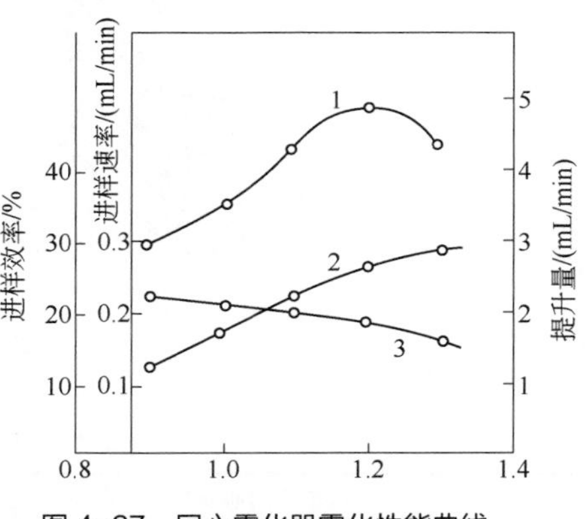

图 4-27　同心雾化器雾化性能曲线

1—进样速率；2—提升量；3—进样效率

随着载气压力的增加，试液提升量逐渐增大（但压力达到一定时，再增大压力，提升量为定值）。而进样效率却逐渐降低，这是由于气溶胶中大颗粒雾滴所占比重增加，废液量增多。由于玻璃同心雾化器是手工制品，对每个雾化器而言，进样速率只是在某一载气压力下，某一载气的流量下，具有最佳值。实验证明，提升量的提高并不能获得更高的谱线强度。

玻璃同心雾化器另一性能是对试液的含盐量（试液中离子总浓度）极为敏感。试液中盐量增加，显著改变试液物理性质，使进样效率明显下降，同时导致提升量的降低，甚至造成雾化器喷口处部分堵塞或完全堵塞，使之无法进样。

（2）交叉雾化器

它也是一种气动雾化器，由于它是由互成直角的载气进气管和进样毛细管组成，故又称直角雾化器。其进气管和进样管的基座多为工业胶塑料，所以制作容易定型，加工不像玻璃同心雾化器那样废品率高。进样管采用玻璃材质或能耐氢氟酸的铂-铱合金材质制作。后者可用于含氢氟酸试样的引入。它与基座的连接采用固定式或可调节式，这两种方式各有所长。固定式雾化效率稳定，雾化时参数规格化，但雾化器发生堵塞时，更换就不如可调节式方便。

交叉雾化器结构见图 4-28。它是由互成直角的进气管、进样毛细管和基座组成。水平方位放置进气管，垂直方位放置进样管。两管放置的位置不应大于 0.1mm。当高速气流进入进样管喷出口处时，在与进样管交叉口处形成负压，将试液抽提出来，然后气流冲击打碎试液，使之成为更细的气溶胶进入 ICP 火焰。

交叉雾化器雾化性能基本与玻璃同心雾化器相似。有文献报道，其耐盐浓度比玻璃同心雾化器优越，但实验数据表明：这种优点微乎其微。同时这两种雾化器的分析检出限与分析精度基本相近（表 4-10）。

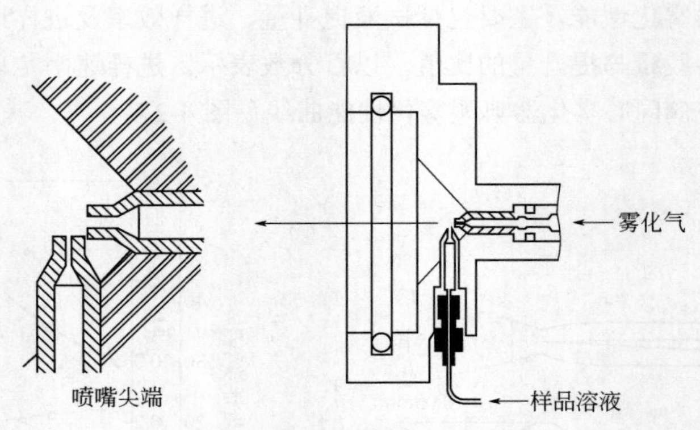

图 4-28　交叉雾化器结构

表 4-10　同心雾化器和交叉雾化器的检出限　　单位：μg/L

元素及分析线/nm	玻璃同心雾化器	交叉雾化器	元素及分析线/nm	玻璃同心雾化器	交叉雾化器
Al 396.1	5.0	3.8	Fe 259.9	1.8	1.7
B 249.7	3.0	2.3	Mn 257.6	0.3	0.4
Cd 226.5	3.0	1.4	Mo 203.8	—	5.0
Co 238.9	2.0	2.7	Ni 231.6	6.0	8.0
Cr 267.7	3.0	3.7	Pb 220.3	30.0	21
Cu 324.7	0.9	1.8	Zn 213.9	3.0	3.6

（3）高盐雾化器——Babington 雾化器

上述两种常用的气动雾化器，其雾化性能缺点是耐高盐性能差，即溶液离子总浓度不能过大，一般当离子浓度≥20mg/mL 时，易造成雾化器堵塞无法工作。1966 年 Babington 发表了他所研制的可雾化高盐量试液的新型雾化器，称为 Babington 雾化器或高盐雾化器。

高盐雾化器的原理及其基本结构如图 4-29 所示：当溶液用蠕动泵通过输液管送到雾化器基板上，让溶液沿倾斜的基板（或沟槽）自由流下，在溶液流经的通路上有一小孔，高速的载气从背面小孔处进入，使小孔出口处喷出高压气体，将溶液雾化。由于喷口处不断有溶液流过，不会形成盐的沉积，所以可承担高盐溶液的雾化作用，故称高盐雾化器。

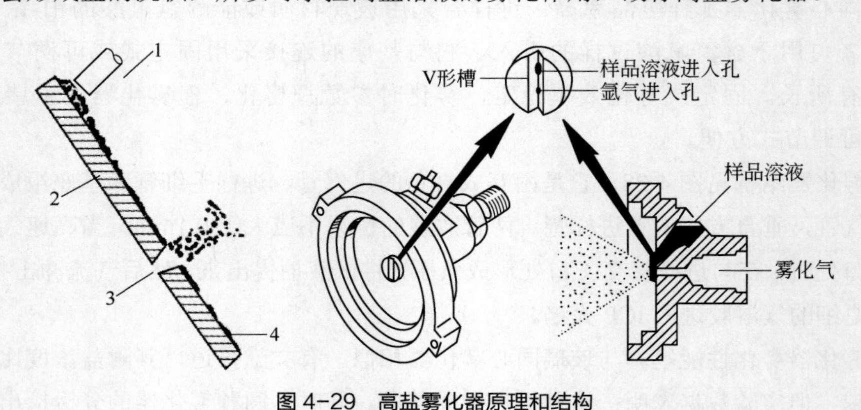

图 4-29　高盐雾化器原理和结构

1—样品溶液；2—雾化器基板；3—雾化气；4—溶液余液

GMK 型的 Babington 式雾化器的雾化效率可达 2%～4%，比一般气动雾化高（气动雾化器雾化效率是 1%～3%）。即便试液含盐量在很高时，例如试液中钠浓度在 2.5g/L 至 100g/L 变化时，其进样效率也变化不大。其最高盐类浓度为 NaCl 250g/L 试液中还可以工作。

GMK 型 Babington 式雾化器的检出限比气功雾化器要低，测量精密度与气功雾化器相似。同时其记忆效应比气动雾化器小，分析样品之间清洗时间缩短，是一种性能优秀的雾化装置。

商品化 Babington 式雾化器是 Labtest Equipment Company 生产的高盐雾化器，称 GMK 型雾化器。其结构见图 4-30，图中所示：A 为基座，B 为进样管，C 为进气管，D 为碰击球，E、F、G、J、K 为连接及紧固件，H 为 O 形垫圈，L 为雾室罩。

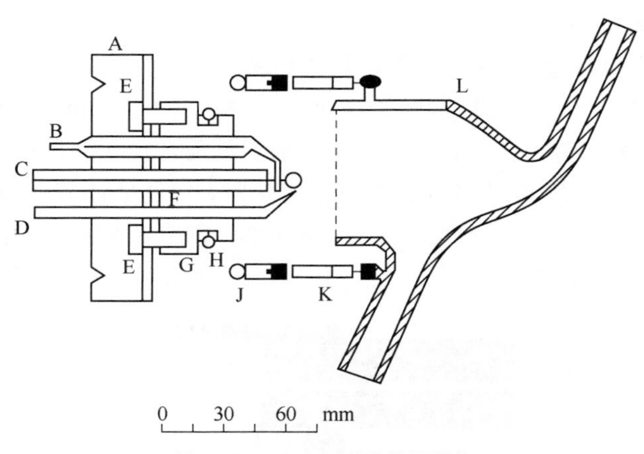

图 4-30 GMK 型雾化器结构

表 4-11 为常用高盐雾化器与交叉雾化器的分析性能比较[19]。

表 4-11 高盐雾化器与交叉雾化器分析性能比较

元素及分析线/nm		检出限/(μg/L)		精密度/%		BEC/(mg/mL)	
		交叉雾化器	高盐雾化器	交叉雾化器	高盐雾化器	交叉雾化器	高盐雾化器
Al	396.1	6	5	0.47	2.4	0.58	0.32
As	193.6	12	25	0.48	1.05	0.77	1.2
Ba	493.4	0.4	0.6	0.55	1.1	0.038	0.034
Ca	317.9	4	8	0.48	0.85	0.32	0.60
Cd	228.8	2	1.2	0.46	0.88	0.062	0.049
Co	228.6	2	4	0.46	0.81	0.15	0.24
Cu	324.7	1.7	0.9	0.48	1.8	0.11	0.098
Fe	259.9	2	3.5	0.39	0.96	0.14	0.23
K	766.5	500	40	0.89	4.4	25	2.9
Mn	257.6	0.7	0.9	0.70	0.98	0.031	0.045
Mo	202.0	3	5	0.39	0.92	0.16	0.17
Na	589.0	15	1.5	0.82	5.3	0.80	0.14
Ni	231.6	9	5	0.44	0.88	0.29	0.03
Pb	220.3	15	20	0.57	0.91	0.96	1.2
Pt	203.6	50	40	1.15	0.90	1.1	1.2
Si	251.6	5	25	0.49	1.5	0.28	1.05

续表

元素及分析线/nm		检出限/(μg/L)		精密度/%		BEC/(mg/mL)	
		交叉雾化器	高盐雾化器	交叉雾化器	高盐雾化器	交叉雾化器	高盐雾化器
Sn	189.9	12	15	0.42	1.1	0.33	0.59
Sr	421.5	0.15	0.25	0.55	1.3	0.012	0.012
Ti	334.9	0.7	1.0	0.47	0.93	0.056	0.070
V	292.4	2	3	0.30	0.93	0.14	0.17
W	207.9	45	10	0.92	1.5	1.8	0.80
Zn	213.8	1.8	1.0	0.40	0.69	0.99	0.069

（4）双铂栅网雾化器

它是另一种改型 Babington 式雾化器，其结构见图 4-31。雾化器的主体用聚四氟乙烯材质制成，样品溶液由铂网面从垂直方向进入，雾化气喷口（0.17mm）从水平方向进气，雾化原理与 Babington 式雾化器一样。它的改动是在喷口处前，加入两层可以调节之间距离的铂网，其网孔为 100 目，当载气从小孔喷出将试液雾化时，经过已调节至最佳距离的双层铂网，使雾化的气溶胶更进一步细化，这种双铂栅网雾化器，即具有耐高盐的能力，而且降低分析检出限，是一种很好的雾化器。

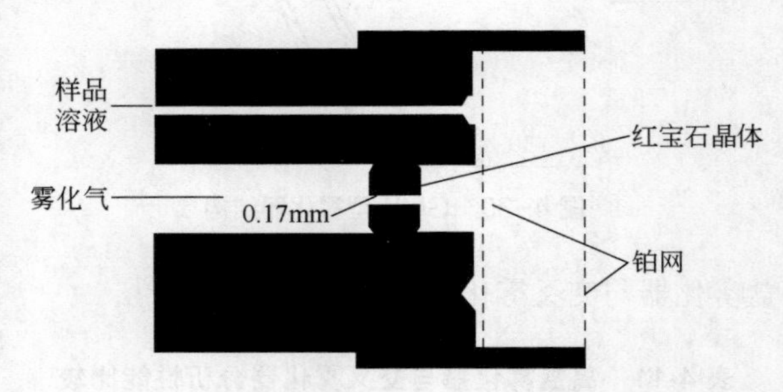

图 4-31　双铂栅网雾化器结构

（5）超声波雾化器

上面介绍的雾化器，其能源均为气体。它们共同的特征是制作简便、价廉。但共同的缺点是雾化效率低，气动雾化器（包括玻璃同心雾化器或交叉雾化器），其雾化效率是 1%～3%，而 Babington 式雾化器其雾化效率为 2%～4%。试液中只有百分之几试样能转变成气溶胶进入 ICP 火焰中，限制了 ICP 测定灵敏度的提高。超声波雾化器是将气体的能源转换为超声波能源，利用超声波振动的空化作用，将溶液雾化成高密度的气溶胶，其雾化效率可达 10%，使用这种雾化器分析时，检出限下降 1～1.5 数量级，个别元素可下降 2 个数量级[23]。

超声波雾化器的原理：用一台超声波发生器，其频率为 200kHz～10MHz 驱动压电晶体，使其振荡。当试液流经晶体时，由晶体表面向溶液至空气界面垂直传播的纵波所产生的压力使液面破碎为气溶胶。其表面波的波长与超声波振动频率和溶液的表面张力及黏度有关：

$$\lambda=\left(\frac{8\pi\sigma}{\rho f^2}\right)^{1/3} \tag{4-19}$$

式中，λ 为波长；σ 为溶液的表面张力；ρ 为黏度；f 为超声波的频率。

其所产生的气溶胶平均直径与波长应为：

$$D = 0.34\lambda \tag{4-20}$$

将两式合并：

$$D = 0.34\left(\frac{8\pi\sigma}{\rho f^2}\right)^{1/3} \tag{4-21}$$

此式说明为了得到更小液粒，超声波振荡频率应≥200kHz。

常用商品化超声波雾化器目前有两种型号：①CETAC 公司生产的 U-5000AT 型超声波雾化器，其结构见图 4-32。结构特点：由超声波发生器和去溶装置组成。超声波振动频率为 1.4MHz，功率 35W，超声波换能器由金属铝散热片冷却，去溶加热温度 140℃，冷却除去溶剂温度 5℃。②岛津公司的 UAG-1 超声波雾化器，其结构见图 4-33。结构特点：由超声波

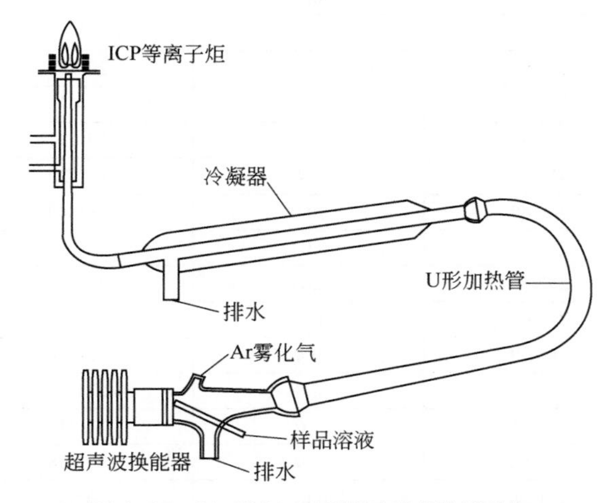

图 4-32　U-5000AT 型超声波雾化器结构

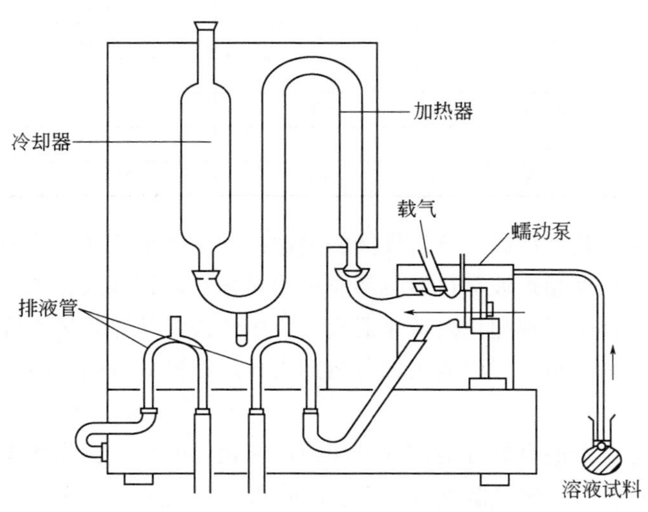

图 4-33　UAG-1 超声波雾化器结构

发生器和去溶装置组成。超声波振动频率为2MHz，功率50W，超声波换能器是由化学冷冻剂循环冷却，去溶加热温度150℃，冷却除去溶剂温度5℃。这两种超声波雾化器基本参数接近，由于仪器结构不同，其分析性能效果不一样，二者的检出限如表4-12所示。

表4-12　U-5000AT与UAG-1超声波雾化器检出限

型号	CETAC U-5000AT		岛津 UAG-1	
元素	波长/nm	检出限/10^{-9}	波长/nm	检出限/10^{-9}
Ag	328.06	0.1	328.06	0.05
Al	396.15	0.2	167.08	0.06
As	193.69	1.0	193.76	1.0
Ba	493.40	0.2	445.40	0.01
Be	234.86	0.03	234.86	0.01
Ca	317.93	0.3	393.37	0.002
Cd	228.80	0.1	228.80	0.04
Co	228.61	0.3	238.89	0.1
Cr	205.55	0.5	205.55	0.08
Cu	324.75	0.06	324.75	0.05
Fe	259.94	0.2	259.94	0.06
Ga	417.20	0.4	417.20	0.2
K	766.49	10.0	766.49	5.0
Mg	279.55	0.03	279.55	0.005
Mn	257.61	0.03	257.61	0.03
Mo	202.03	0.3	202.03	0.1
Na	588.99	0.4	588.99	0.2
Ni	231.60	0.8	231.61	0.1
Pb	220.35	1.0	220.35	1.0
Sb	217.58	3.0	217.58	1.0
Sc	261.38	0.02	261.38	0.01
Se	196.02	2.0	196.02	1.0
Si	251.61	0.4	251.61	0.2
Sn	189.98	2.0	189.98	0.6
Sr	421.55	0.1	407.77	0.003
Ti	190.66	3.0	334.94	0.02
V	292.40	0.1	311.07	0.2
Zn	213.85	0.07	213.85	0.1

超声波雾化器结构是直接影响分析性能的关键：去溶效果好坏与检出限、分析精度、记忆效应有直接关系。早期超声波雾化器气溶胶走的路程长，记忆效应严重，清洗时间过长，分析时间过多。这些都是早期超声波雾化器设计、制造去溶装置效果不好而引起的。现代超声波雾化器，去溶效果好得多，因为大部分溶剂去掉，记忆效应明显减少，清洗时间与气动雾化器相似。

为确保超声波雾化器的良好性能，提供超声波雾化器的发生器晶体振荡器频率必须是稳定的。公式（4-21）表明，振荡器频率，直接影响雾液粒的大小，它是影响检出限、精密度的关键。

超声波雾化器的晶体振荡器冷却装置也很重要。晶体振荡片工作一段时间就会发热，热的晶体振荡片和凉的晶体振荡片振荡频率产生变化，使雾化效率发生变化，分析精密度下降。例如，U-5000AT 采用的是半导体冷却方式，而 UAG-1 采用循环冷却剂方式，其效果不一样。

超声波雾化器特点如下：

① 雾化效率高，一般达到 10%～13%。雾粒细，所以检出限下降 1～2 个数量级。

② 产生气溶胶的速度，不像气动雾化器那样依靠于载气的压力和流量。因此，产生气溶胶速度和进样的载气流量可以独立地调节到最佳值。

③ 在装置结构上无进样毛细管，也无小孔径进气管的限制，不易堵塞。试液提升量是由蠕动泵控制的，黏度、试样密度等影响小。

④ 虽然超声波雾化器提高了雾化效率，但对于分析复杂基体物质，其分析元素谱线强度增加，同时分析物基体元素谱线强度也随着增强，这就需要审重考虑谱线光谱干扰、基体背景干扰等。当然，当 Li、Na、K 碱金属浓度高时，由于它的雾化效应增强，这时就需要考虑 ICP 分析平时很少见的电离干扰效应。

⑤ 超声波雾化器结构复杂，价格高。

⑥ 超声波雾化器是很有前途的雾化装置，尤其是 ICP 发射光谱分析微量元素方面，怎样与石墨炉 AA 和 ICP-MS 的检出限方面争艳，是 ICP 发射光谱很好的研究课题。

（6）氢化物发生雾化器

氢化物发生器是将分析元素转变为气态的化合物，即将元素周期表中能生成氢化物的元素，经氢化反应生成气态化合物，引入 ICP 火焰中。所以很多文献称此方法为气体注入进样系统。元素周期表中能生成氢化物的元素目前有：第Ⅳ族 Ge、Sn、Pb，第Ⅴ族 As、Sb、Bi，第Ⅵ族 Se、Te。当前常用方法是在酸性样品溶液中加入硼氢化钠或硼氢化钾，使其反应产生氢化物。它的反应式：

$$NaBH_4 + HCl + 3H_2O \longrightarrow NaCl + H_3BO_3 + 8H \xrightarrow{E^{m+}} EH_n + H_2\text{（过量）}$$

式中，E 为氢化元素，m 可等于或不等于 n。

上述生成氢化物的 8 个元素，其生成氢化物形式为：AsH_3、BiH_3、GeH_3、PbH_4、SbH_3、SeH_2、SnH_4、TeH_2。

氢化物这种气体注入进样方式，其检出限比常规的气动雾化器明显得到很大的改善，检出限下降 1～2 数量级。氢化法与气动雾化法的检出限比较见表 4-13。

表 4-13　氢化法与气动雾化法的检出限比较

元素	检出限/(ng/mL)		元素	检出限/(ng/mL)	
	气动雾化法	氢化法		气动雾化法	氢化法
As	20	0.02	Te	50	0.7
Sb	60	0.08	Ge	10	0.2
Bi	20	0.3	Sn	40	0.05
Se	60	0.03	Pb	20	1.0

常规氢化法测定的 As、Sb、Bi、Se、Te、Ge、Sn、Pb，不仅在金属材料测量中应用广泛，如钢材中五害元素 As、Sb、Bi、Sn、Pb 的测定，在环境试样、生物化学试样及食品、饮料样品的测定中也是极为重要的。因为这些样品必测元素就包括在其中，同时普通的气动雾化 ICP 方法其检测灵敏度不够，采用氢化物进样 ICP 方法才能检测。

氢化物发生器种类很多，大致可分两类：连续发生法和间歇式发生法。常用连续发生法产生氢化物引入 ICP 火焰的例子见图 4-34。

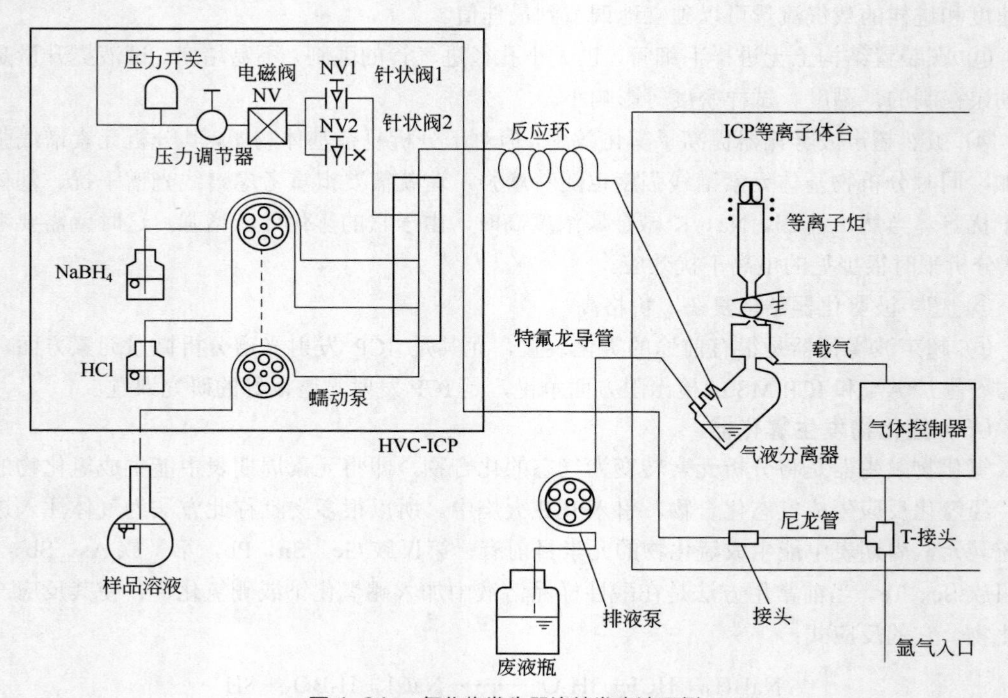

图 4-34　氢化物发生器连续发生法示例

它采用多通道的蠕动泵，分别将酸性试液、$NaBH_4$ 溶液及 HCl 溶液分别引入，使其溶液汇合，在反应环中发生氢化反应，然后反应的氢化物送到气液分离器，废液排去，反应的氢化物被载气带入 ICP 火焰。氢化法特点如下：

① 采用氢化法检出限有明显改善，虽然 8 个元素改善检出限程度不同，但从表 4-13 中实验数据表明，它比气动雾化器检出限，要好 1～2 数量级。

② 采用氢化法在氢化反应同时可以分离基体，只有能够产生氢化物的元素引入 ICP 火焰，所以可降低基体干扰。

③ 由于氢化法采用大口径进样方式，故不存在雾化器堵塞问题。

④ ICP 发射光谱多元素同时分析，在氢化法上应用是有困难的。上述的 8 个元素同时测定困难很多，例如，测定 Pb、Bi 时，它的介质酸性浓度不能过高。而 As、Se、Ge、Sb、Sn 则需要 20%HCl 浓度。同样测定 Pb 时，需将试液中二价 Pb 首先采用氧化方式转化为四价的 Pb，只有使 Pb 转换为 PbH_4 后，才能引入 ICP 火焰中（氧化剂一般用过硫酸铵、铁氰化钾等）。

⑤ 采用氢化法会带来较多的化学干扰问题。这是应该注意的。

（7）电子雾化器

为了提高溶液进样的雾化效率，近年来出现采用电雾化器作为溶液进样系统[24]，从其他专业移植过来高效、稳定的溶液雾化系统。其原理为：采用两个均匀微米级细孔有机薄膜，不需高压雾化气流，仅在膜片的两端加以高频电场，在激烈振荡的电场作用下，从薄膜的微孔处不断喷射出大小一致的液滴，形成高效而均匀细小的气溶胶，直接进入等离子炬。气溶胶喷头的膜片，采用耐腐蚀的高分子材料薄膜制成，经激光打孔形成 10μm 以下均匀的密集微孔，孔径和形状保持严格一致，使得形成的气溶胶颗粒具有很好的一致性（可控制在不超过 10μm 的很窄范围内），从而很好地提高了溶液进样的雾化效率。根据厂家提供的试验数据，与雾化效率最好的 Meinhard 同心雾化器相比，其信噪比提高了近 4 倍。表现出很好的精密度和长时间稳定性，雾化器的精密度，可在 0.2% RSD。而最好的 Meinhard 气动雾化器为 0.6%RSD。但这类雾化器目前还未在实际应用中得到推广。

4.3.3.3 溶液进样雾室

雾室与雾化器组成溶液进样系统，雾室一般体积是 25～200cm^3 玻璃容皿。它的作用表现如下：①将雾化后的气溶胶进一步细化，去除大颗粒雾粒，使更细小、更均匀的气溶胶引入 ICP 火焰中。②缓冲因载气进样引起的脉动，载气带入的气溶胶流能平稳进入 ICP 火焰中。③根据气体压力平衡原理，雾室另一端连接废液排出口，使之能连续平稳地排出废液。雾室的气压始终保持恒定。

几种常用的雾室：双筒雾室（见图 4-35）、附撞击球单筒雾室（图 4-36）及旋流雾室（见图 4-37）。

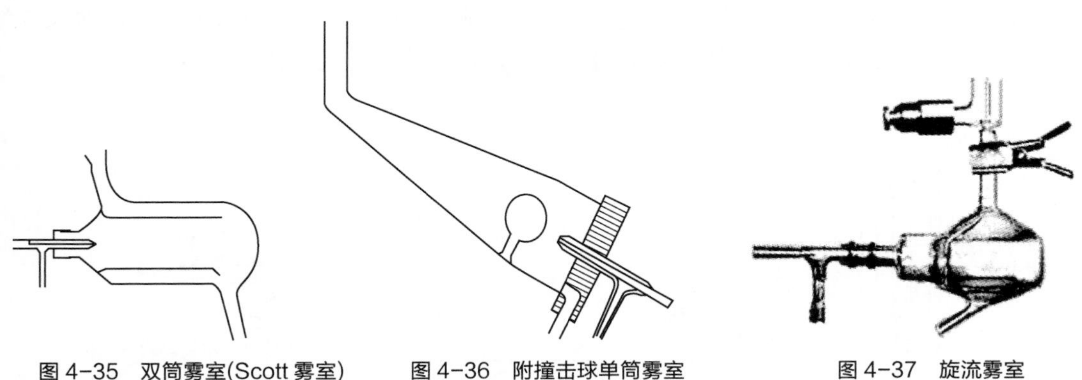

图 4-35　双筒雾室(Scott 雾室)　　图 4-36　附撞击球单筒雾室　　图 4-37　旋流雾室

这三种雾室性能及特点：

① 双筒（Scott 型）雾室　适应大流量、大提升量的雾化器工作。其分析的精密度较高。缺点是消耗试液多，记忆效应严重，清洗时间长。

② 附撞击球单筒雾室　使雾化器雾化的气溶胶能进一步破碎，细化雾粒，提高雾化效率。缺点是载气进样引起脉动性大，使 ICP 火焰易产生抖动，分析精度差。

③ 旋流雾室　是将气溶胶沿切线方向进入雾室，利用离心力作用分离掉大颗粒的雾粒，从而达到细化气溶胶的目的。它与小提升量（1mL/min 左右）同心气动雾化器结合，在雾化效率、分析灵敏度、精密度上得到良好的效果。为目前大多商品仪器所采用的雾室标准配置。

4.3.3.4 固体直接进样装置

将固体试样直接引入ICP火焰，可以不需要样品前处理，减少试样溶解和稀释，提高分析灵敏度，同时也减少化学试剂及容器带来的污染，减少溶液稀释误差等，特别适应地质方面矿物、岩石分析应用，也适应难熔金属、合金分析应用。但是，存在一些难点：取样量少，当试样不甚均匀时，分析结果的可靠性变差，再者固体进样基体效应比溶液进样要严重得多，而且难以克服，当采用基体匹配时，不管是金属试样或地质试样，其标准试样很难制备。该方法正在逐步改进并加以推广。

固体试样进样方式种类繁多，下面仅介绍Hörlick直接试样插入法，简称DSI（direct sample in sertion）和激光烧蚀进样法，该法既可测定试样成分分析也可以做微区分析。

（1）直接试样插入法

将试样放置在由石墨、钽、钨等材料制成的装样头上，一般采用类似如交、直电弧常用的各种类型石墨杯状电极插入石英炬管中心管中，再伸入ICP光源中，利用等离子体高温加热石墨杯中试样，使其蒸发进入ICP火焰中。支持石墨杯的石英棒，可以上下移动，经试验可调节到最佳的位置（见图4-38）。直接试样插入法性能及特点如下：

① 此法的检出限由于空白固体样品难以找到，因此得到确切的检出限数据比较困难。文献报道的数据相差很大。其检出能力略比常用气动雾化器要好。

② 其分析的精密度一般比溶液法要差，相对标准偏差（RSD）是7%～10%。

③ 其基体效应比溶液法严重，制备与试样性质类似的标准样品较为困难。

（2）激光烧蚀进样法[25]

用激光束照射试样使其蒸发、气化，用载气将试样气化的气溶胶引入ICP火焰,如果在激光烧蚀装置上配置激光显微装置，则可进行试样的微区分析。装置见图4-39。

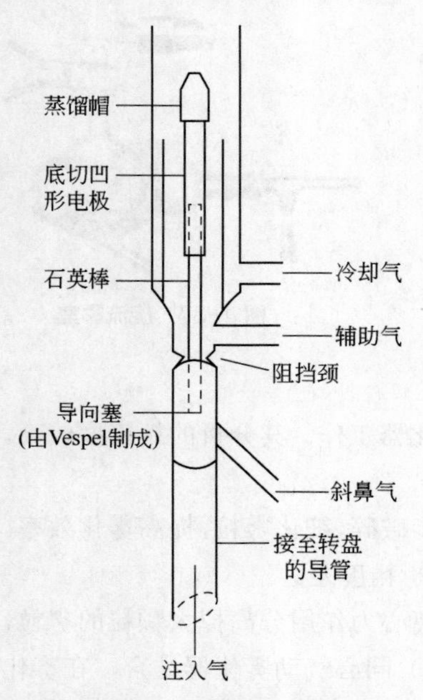

图4-38 Hörlick直接试样插入法

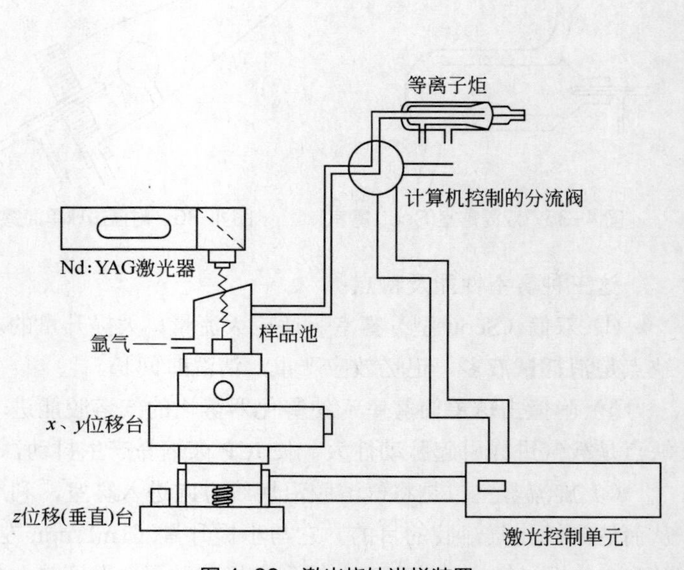

图4-39 激光烧蚀进样装置

激光烧蚀进样法工作原理及性能特点：采用 Nd: YAG 激光器通过折射板照射在样品上，使之蒸发、原子化、激发样品，引入 ICP 火焰检测样品成分。做一般固体样品测定，当折射板转开另一角度，用显微镜以 *x*、*y* 位移台观察样品位置，并用 *z* 位移台调节焦距，然后恢复折射板位置，用激光照射进行样品的微区分析。这种方式适用于固体材料，特别适合地质样品单矿物的测定。

ICP 的固体试样进样方式，以激光烧蚀 ICP 进样装置较为理想，已经有性能很好的商品配件出售,能与 ICP-AES 仪器直接连用。

4.3.4 分光系统

当试样在 ICP 火焰中接收能量，辐射出各种不同波长的光，需要采用分光系统将这些复合光按照不同波长展开进行测定。这套设备称为分光装置或称为光谱仪，也称为色散系统。ICP 光谱分析仪器常见的分光装置主要有：多通道型凹面光栅装置（Paschen-Rung 型）；扫描型平面光栅装置（仅介绍 Czerny-Turner 型）；中阶梯光栅双色散系统。这些装置可组成多通道（或称同时型）仪器、单道扫描型（或称顺序型）仪器及“全谱型”仪器。

4.3.4.1 ICP 发射光谱对分光系统的技术要求

ICP 光源具有很高的温度和电子密度，对分析元素有很强的激发能力，可以激发产生原子谱线和更多的离子谱线。同时，ICP 光源的发射光谱还具备检出能力强、精密度好、基体效应少、分析含量动态范围宽及多元素同时测定的特点，这就需要适应这种光源性能的分光装置。分光装置总的技术要求如下：

① 分光装置要具有宽的工作波长范围　ICP 光源具有多元素同时激发能力，它可以测定多达 73 个元素。这就需要分光装置具有从深紫外光→紫外光→可见光→近红外光工作波长范围的分光器。即波长范围应从 Cl 134.72nm 至 Cs 852nm。由于空气中的氧气吸收波长＜190nm 的光谱线，如果需测定谱线小于 190nm 的元素，需将分光器抽真空或充氮气、氩气。通常的真空型或充气型分光装置可测至 Al 167.081nm。非真空型分光器可测波长范围是 190～800nm。

② 分光装置应具备较高的色散能力和实际分辨能力　由于 ICP 光源具有很高的温度和激发能力，其发射光谱谱线极为丰富。1985 年 Wohlers 发表的 ICP 谱线表中记录了 185～850nm 波长范围内就有约 15000 条谱线[26]。而此谱线表中并未含有谱线极其繁多的稀土元素谱线，这说明了 ICP 发射光谱谱线的复杂性，谱线愈多各元素之间很容易产生谱线重叠干扰。这就需要分光装置应具备较高的色散能力和实际分辨能力，从而极力减少谱线重叠干扰。但是，分光装置色散能力和分辨能力不能无限地提高，因为不管任何型式的分光系统，提高色散能力和分辨本领，均要扩大光栅宽度和面积，光栅面积增加，其准直镜与聚光镜的尺寸加大等，不仅仪器造价提高很多，同时也限制了仪器实际分辨率的进一步提高。

③ 分光装置应具有低的杂散光及高的光信噪比　低的杂散光能有效降低背景，降低检出限，对于痕量元素分析及低含量元素测定是有很大帮助的。杂散光主要来源：分光器内壁涂刷无光黑漆的均匀性不佳，挡光板未能挡除不需要的其他光辐射，光栅没使用全息光栅等。

当试样溶液中 Ca、Mg、Fe 等元素含量过高时，产生杂散光将提高背景值，降低光的信噪比。这种影响尤其是多通道仪器更为严重，更需注意。

④ 分光装置的结构应牢固平稳　分光装置的构架尤其是机座的材质，应牢固平稳，不易振动及位移，不易受温度变化的影响，使其有良好的热稳定性。分光器必须采用恒温装置。

⑤ 分光装置应有良好波长定位精度　ICP 光源中，各种元素及其元素谱线的性能不一样，有窄的谱线，有宽的谱线。总体而言，ICP 谱线的物理宽度应在 2～5pm 范围内[22]，要获得谱线峰值强度测量的准确数值，其定位精度必须＜±3pm，实际上对 ICP 光谱仪要求定位精度＜±1pm。

⑥ 分光装置应有快速分光定位的检测能力　尤其对 ICP 扫描型分光器是极为重要的。波长零级校正、非测定波长区域快速移动、谱线定位测定方式、分光器内机械磨损校正等，这些快速检测效率，都必须考虑。

⑦ 真空型或充气型分光装置，应使抽真空或充气设备简单，达到标准所需的真空度或充气量时间要尽量短，以便达到快速测定。

4.3.4.2　光栅光谱仪质量因数

光栅光谱仪的核心分光元件是光栅。光栅是由许多平行、等距、等宽、间隔很近的槽沟刻蚀在玻璃基板上（而全息光栅是采用激光全息照相方法制造），大部分光栅都采用反射光栅型。光栅光谱仪是将入射的复合光照射到光栅后，依据光的衍射原理，将复合光转换为单色光。要评价作为 ICP 发射光谱的分光装置用的分光器，人们关注这类仪器的色散率、分辨率、光栅光谱的级次重叠与分离方法。当然也应该注意杂散光、仪器快速检测能力等。

当前 ICP 发射光谱仪使用的光栅有：凹面光栅、平面光栅、中阶梯光栅。它们原理基本相似，但结构完全不同，性能大不相同。由于第 3 章详细介绍过凹面光栅性能，本节将介绍平面光栅、中阶梯光栅工作原理，介绍光栅光谱仪质量因数：色散率、分辨率、光栅光谱的级次重叠与分离方法。

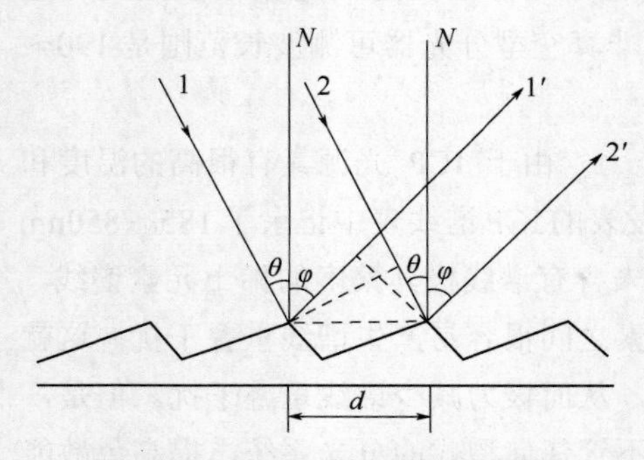

图 4-40　平面反射光栅的衍射原理

d—光栅常数；N—光栅法线；1,2—入射光束；1′,2′—衍射光束；θ—入射角；φ—衍射角

4.3.4.3　平面光栅

（1）衍射光栅的特点

当光栅在光的照射下，每条刻线都产生衍射，各条刻线所衍射的光又会互相干涉，这些按波长排列的干涉条纹，就构成了光栅光谱。其衍射原理见图 4-40。

图中 1 和 2 是互相平行的入射光，1′和 2′是相应的衍射光，衍射光互相干涉，光程差与入射波长成整数倍的光束互相加强，形成谱线，谱线的波长与衍射角有一定关系。

其光栅方程式为：

$$m\lambda = d(\sin\theta \pm \sin\varphi) \tag{4-22}$$

式中，m 为光谱级次（或称谱级），它是整数也包括零，零级光谱不起色散作用；λ 为谱线波长，即衍射光的波长；d 为光栅常数，指两刻线之间距离（一般而言，$1/d$ 即光栅刻线数）；θ 为入射角，永远取正值；φ 为衍射角，与入射角在法线 N 同一侧时为正，异侧时为负。

从光栅方程式可以看出衍射光栅具有以下特点：

① 当 m 取零值时，则 $\varphi = -\theta$，出现无色散的零级光谱。此时，入射光中所有波长都沿同一方向衍射、相互重叠在一起，并未进行色散。

② 当光栅级次 m 取整数，入射角 θ 固定时，对应每一个 m 值，在不同衍射角方向可得到一系列衍射光，得到不同谱级的光谱线。m 越大，衍射角 φ 越大，即高谱级光谱有较大的衍射角。短波谱线离零级光谱均较近；当 m 取正值，φ 和 θ 在法线 N 的同一侧时，称为正级光谱； 当 m 取负值，φ 和 θ 分布在法线两侧时，称为负级光谱。负级光谱因其强度较弱，对光谱分析无使用价值。

③ 当入射角与衍射角一定时，在某一位置可出现谱级重叠，出现谱级干扰。从光栅方程式可以看出：

$$m\lambda = m_1\lambda_1 = m_2\lambda_2 = m_3\lambda_3 = \cdots$$

即只要谱级 m 与波长 λ 的乘积等于 $m\lambda$ 的各级光谱就会在同一位置上出现。例如，一级光谱 600nm，二级光谱 300nm 和三级光谱 200nm 等重叠在一起（图 4-41）。

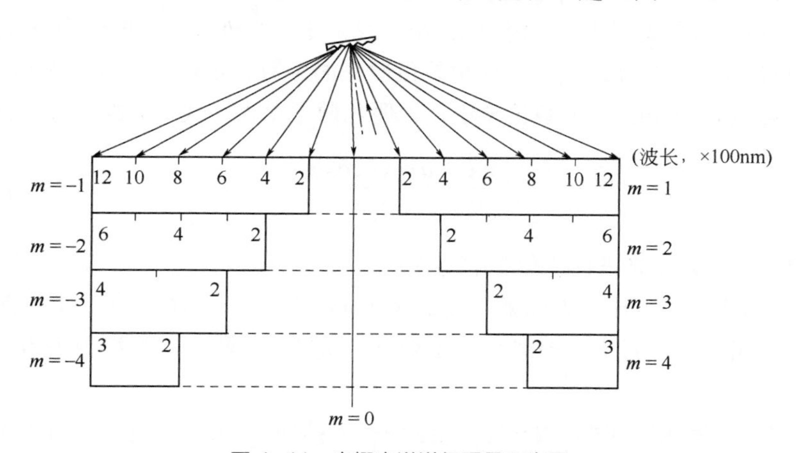

图 4-41 光栅光谱谱级重叠示意图

光谱分析是在不重叠的波段，不受其他谱级重叠的波长区寻找谱线进行检测。此区域称为自由色散区。相邻谱级间的自由色散区应为：

$$\delta\lambda = \lambda_m - \lambda_{m+1} = \frac{\lambda_m}{m+1} \tag{4-23}$$

式中，m 为谱级，λ_{m+1} 为更高一级的光谱波长。可以看出，谱级越高自由色散区越小，每级光谱覆盖波长范围越窄。

（2）平面光栅的色散率

色散率定义为单位波长差在焦面上分开的距离，$dl/d\lambda$。它分为角色散率和线色散率。

① 角色散率　将光栅方程式（4-22）进行微分，即为光栅的角色散率：

$$\frac{d\varphi}{d\lambda} = \frac{m}{d\cos\varphi} \tag{4-24}$$

角色散率与谱级（m）成正比，与光栅常数（d）成反比，与衍射角（φ）成正比。当离法线很近时，$\cos\varphi \approx 1$ 时，其角色散率为：

$$\frac{d\varphi}{d\lambda} \approx \frac{m}{d} \tag{4-25}$$

② 线色散率　光栅光谱仪往往用线色散率来表示，这就要考虑物镜焦距 f_2，谱面倾斜角 ε。这时线色散率为：

$$\frac{dl}{d\lambda} = \frac{f_2}{\sin\varepsilon} \times \frac{d\varphi}{d\lambda} \tag{4-26}$$

将式（4-24）代入，光栅光谱仪线色散率方程式为：

$$\frac{dl}{d\lambda} = \frac{f_2 m}{d\sin\varepsilon\cos\varphi} \tag{4-27}$$

此式表明：线色散率与物镜焦距 f_2 成正比，与光谱级次 m 成正比，与光栅常数（d）成反比，与谱面倾角（ε）成反比，与衍射角（φ）成正比。线色散率的单位为 mm/nm。

③ 倒线色散率　ICP 光谱仪往往采用线色散率的倒数表示仪器色散率大小，称为倒线色散率。它的单位是 nm/mm。它的数值愈小，说明色散率愈大。式（4-27）的倒数为：

$$\frac{d\lambda}{dl} = \frac{d\sin\varepsilon\cos\varphi}{f_2 m} \tag{4-28}$$

式（4-27）表明光栅光谱仪色散率的特性：

① 色散率与谱级成正比，因此采用高谱级（m）可获得大的色散率。但平面光栅光谱仪的特点，谱级不可能采用过大，一般采用 1 或 2 级光谱，3 级光谱都很少采用，因为谱级增加，光强损失过大。

② 色散率与物镜焦距（f_2）成正比，焦距增大色散率增大。这是采用增多光栅刻划密度（$1/d$）困难时，经常采用的手段。例如，摄谱照相法光谱仪，2m 焦距光谱仪，色散率比 1m 焦距光谱仪要好一倍。

③ 色散率与光栅刻划密度（$1/d$ 即通常所言每毫米光栅刻线数）成正比。同一焦距、同一谱级光谱仪，光栅刻数多的光谱仪，其色散率高。

④ 对平面光栅而言，由于在法线附近，衍射角 φ 很小，$\varphi \approx 0$，$\cos\varphi \approx 1$，色散率公式可以简化为：

$dl/d\lambda \approx mf_2/d$（这里不考虑谱面倾角 ε）

此式表明平面光栅光谱仪的色散率的均匀性，即长、短波长区域内，其色散率变化很小。

（3）平面光栅的分辨率

分辨率定义为两条谱线被分开的最小波长的间隔。即两波长平均值与波长之间差比。

Rayleigh（瑞利）规定了一个“可分辨”的客观标准，称为 Rayleigh 准则。见图 4-42。

准则假定两谱线呈衍射轮廓，其强度相等。而且一条谱线强度的衍射极小值落在另一条谱线的衍射极大值上。在此情况下，两条谱线部分重叠，其侧部相交处强度各为 40.5%，这时两条谱线合成轮廓最低处的强度约为最大强度处的 81%，则认为两条谱线是可分辨的。

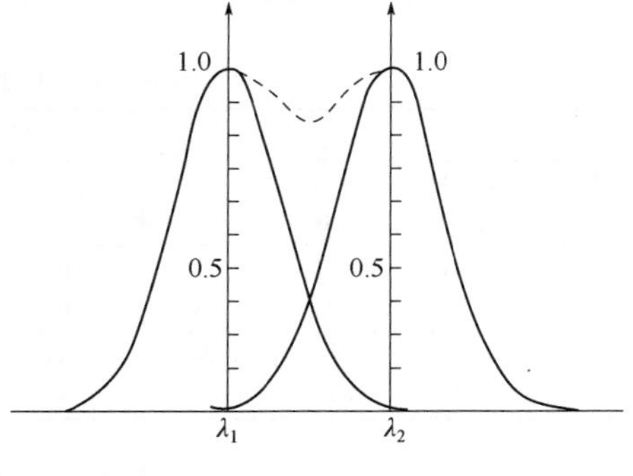

图 4-42　Rayleigh 准则

按照 Rayleigh 准则，光栅理论分辨率应为：

$$R=\frac{\lambda}{\Delta\lambda}=mN \qquad (4\text{-}29)$$

式中，m 为光谱级次；N 为光栅刻线总数（即光栅刻线数×光栅宽度）。将光栅方程式（4-22）代入，即可得：

$$R=\frac{\lambda}{\Delta\lambda}=\frac{Nd(\sin\theta\pm\sin\varphi)}{\lambda} \qquad (4\text{-}30)$$

如果 Nd 是光栅总宽度，令 $W=Nd$，可得：

$$R=\frac{\lambda}{\Delta\lambda}=\frac{W}{\lambda}(\sin\theta\pm\sin\varphi) \qquad (4\text{-}31)$$

因为 $\sin\theta\pm\sin\varphi$ 的最大值不能超过 2，因而分辨率的最大值应为：

$$R=\frac{\lambda}{\Delta\lambda}=\frac{2W}{\lambda} \qquad (4\text{-}32)$$

式（4-31）表明：虽然平面光栅可以用增加光栅刻线密度，即增加光栅刻线数来提高光栅的色散率，但不能用增加光栅刻线密度提高光栅的分辨率。光栅的理论分辨率只取决于光栅宽度、波长及所用的角度。因而要得到高分辨率的光谱仪器，必须采用大块光栅及增大入射角和衍射角的角度。

对于光栅光谱分辨率而言，瑞利准则在很大程度上是理想化的，实际上对于两条强度相等的谱线，有时两者间距离较瑞利准则规定稍小时也能分辨。但对强度不同的两条谱线，尤其是强度大的谱线，其附近是强度小的弱线，两者间距离较瑞利准则规定值大些时才能分辨。

（4）光栅的实际分辨率

上述均为理论分辨率，光栅光谱仪理论分辨率是在假定的理想情况下可达到的结果：即采用无限窄狭缝，两条谱线是单色的并且强度相等，谱线的轮廓和宽度仅由衍射效应决定，成像系统无像差等。但实际上使用光栅光谱仪都无法满足这些条件，因此更为有用的光栅光谱仪分辨率是实际分辨率。实际分辨率只能达到理论分辨率的 60%～80%。

常用两种方法测量光栅光谱仪的实际分辨率：

① 谱线组法　采用多谱线元素（例如 Fe）的已知波长的谱线组，观测谱线是否有效地分开，采用比长仪测量两谱线间的实际距离，两谱线波长差计算实际分辨率。表 4-14 是英国

皇家化学会分析方法委员会所推荐的评价 ICP 光谱仪分辨率测量的谱线组。表 4-15 是我国 ICP 摄谱仪采用的测量分辨率的 Fe 谱线组。可以根据波长选用相应的谱线组。

表 4-14　用于检测分辨率的各种元素谱线组

双线组/nm					三线组/nm
Al　237.31	B　208.893	Ge　265.12	Fe　371.592	Ti　319.08	Fe　309.997
Al　237.34	B　208.959	Ge　265.16	Fe　371.645	Ti　319.20	Fe　309.030
Al　257.41	B　249.773	Hg　313.155	Fe　372.256	Ti　522.430	Fe　310.067
Al　257.44	B　249.678	Hg　313.185	Fe　372.438	Ti　522.493	Ti　334.884
Al　309.27	Be　313.024	Na　330.23	Fe　390.648		Ti　334.904
Al　309.28	Be　313.107	Na　330.30	Fe　390.794		Ti　334.941

表 4-15　用于检测分辨率的 Fe 谱线组

λ/nm	$\Delta\lambda$/nm	R	λ/nm	$\Delta\lambda$/nm	R
234.8303 234.8009	0.0204	11500	350.5061 350.4864	0.0197	17800
249.3180 249.3261	0.0081	30800	367.0071 367.0028	0.0043	85400
285.3774 285.3686	0.0088	32400	383.0864 383.0761	0.0103	37200
310.0666 310.0304	0.0362	8600	448.2256 448.2171	0.0084	53400
309.9971 309.9891	0.0080	38800	502.7136 502.7212	0.0076	66100
318.1908 318.1855	0.0053	60000			

② 半宽度法　采用测量谱线轮廓半宽度的方法来表示仪器的实际分辨率。在分析线 λ_0 的附近由 λ_1 到 λ_2 进行波长扫描，记录其谱峰轮廓，测定峰高一半处的峰宽，计算分辨率，用 nm 表示（见图 4-43）。

目前国内外制造光谱仪大多数采用谱线半宽度作为仪器分辨率的技术指标。注意，选用此法时，要选择没有自吸收的谱线及避免误用未分开的双线作为测量谱线。

4.3.4.4　中阶梯光栅

中阶梯光栅刻制方式与平面光栅和凹面光栅完全不同，它刻制高精密的宽平刻槽，刻槽为直角阶梯形状，宽度比高度大几倍，且比入射波长大 10～200 倍，光栅常数为微米级，光栅刻线数比平面光栅少得多，一般在 10～80gr/mm，闪烁角 60°，入射角大于 45°，常用谱级 20～200 级。其原理见图 4-44。

光栅衍射方程式（4-25）表明：似乎只要增加光谱级次，角色散可以无限度增加。其实并非如此，因为可观察到的最高光谱级次受条件限制。它必须满足下式：

$$\frac{m\lambda}{d}=(\sin\theta\pm\sin\varphi)\leqslant 2$$

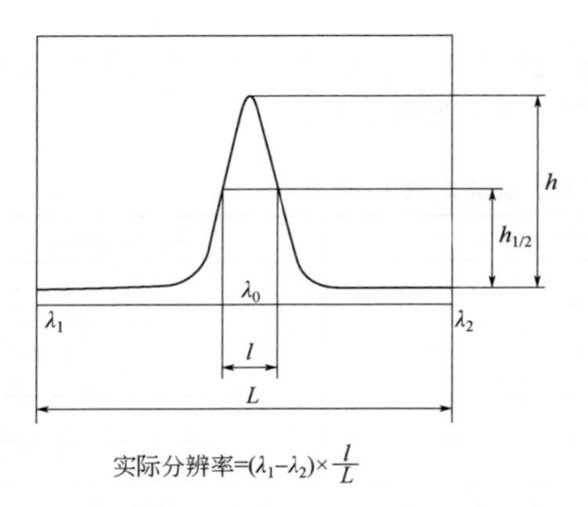

图 4-43　实际分辨率计算示例

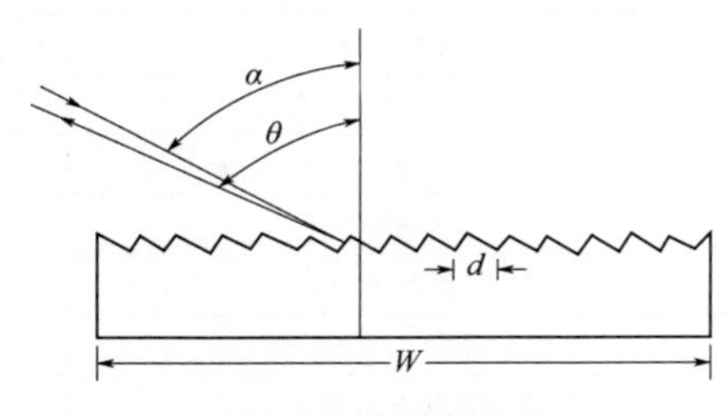

图 4-44　中阶梯光栅原理

那么最高可用光谱级次为：

$$m_{\max}\leqslant\frac{2d}{\lambda}\tag{4-33}$$

为了提高光谱仪分辨率，对于平面光栅采用高密度刻线数，使 d 值很小，这样就限制了最高观察到的光谱级次。由式（4-33）可得出光栅常数：

$$d\geqslant\frac{m\lambda}{2}$$

若用 1 级光谱时，必须遵守 $d\geqslant\lambda/2$，即光栅刻线密度不能无限制增加。当 d 比 λ 小得多时，光栅由衍射转为反射作用，这时就不能产生色散。这说明要采用增大谱级方式，提高光栅分辨率时，其光栅常数（d）不适于过小。而中阶梯光栅的光栅常数介于阶梯光栅和衍射光栅之间。阶梯光栅的光栅常数是毫米级，衍射光栅的光栅常数为亚纳米级，而中阶梯光栅的光栅常数为微米级。综合上述中阶梯光栅的性能，它完全适应 ICP 光谱仪要求。

中阶梯光栅方程式与平面光栅是一样的：

$$m\lambda=d(\sin\theta\pm\sin\varphi)$$

由于中阶梯光栅多在 $\varphi\approx\theta$ 条件下使用，故上式简化为：

$$m\lambda=2d\sin\theta$$

$$m=\frac{2d\sin\theta}{\lambda}\tag{4-34}$$

光栅刻线总数，是光栅的宽度（W）与刻线数（$1/d$）的乘积。因此中阶梯光栅的分辨率为：

$$R=\frac{\lambda}{\Delta\lambda}=mN=\frac{2W}{\lambda}\sin\theta\tag{4-35}$$

此式说明，采用高级次，中阶梯光栅光谱仪，它的分辨率与光栅宽度成正比，与衍射角成正比，与使用波长成反比，所以在整个波长范围内其分辨率是不均匀的，即波长愈长其分辨率愈小。表 4-16 列出平面光栅光谱仪和中阶梯光栅光谱仪性能的比较。可以看出，同是 0.5m 光谱仪，中阶梯光栅光谱仪的理论分辨率远高于平面光栅光谱仪。

表 4-16　两种光栅光谱仪性能比较

技术指标	平面光栅光谱仪	中阶梯光栅光谱仪
焦距/m	0.5	0.5
刻线密度/(gr/mm)	1200	79
衍射角	10°22′	63°26′
光栅宽度/mm	52	128
光栅级次（300nm 处）	1	75
分辨率（300nm 处）/cm^{-1}	62400	758400
线色散率（300nm 处）/(mm/nm)	0.61	6.65
线色散率倒数（300nm 处）/(nm/mm)	1.6	0.15

在上述光栅基本性能中，关于谱级重叠的问题，即 $m\lambda = m_1\lambda_1 = m_2\lambda_2 = m_3\lambda_3 = \cdots$，谱级 m 与波长 λ 的乘积等于 $m\lambda$ 的各级光谱就会在同一位置上出现（见图 4-41），光谱仪器必须将这些重叠光谱进行分离，才能正确地测量光谱信号。对于采用中阶梯光栅光谱仪，因为它使用的高的光谱级，每级光谱覆盖波长范围较窄，由近百级光谱组合才能覆盖从超紫外区到紫外区至近红外区。从中阶梯光栅几个光谱级的工作波段，可以看出，200～205nm 波段是由 3 个光谱级来覆盖的，见图 4-45。所以需要谱级分离的第二个色散装置，称此装置为预色散系统。

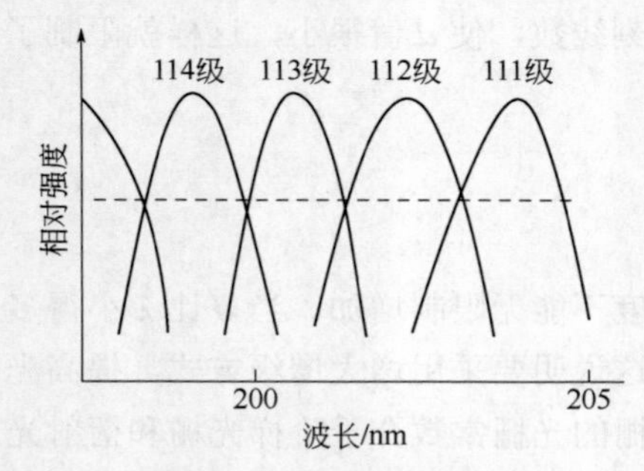

图 4-45　光谱级次重叠

中阶梯光栅光谱仪与平面光栅光谱仪不同，中阶梯光栅各级次的色散率不同，短波段色散率高，长波段色散率低。例如，一台具有 79gr/mm 中阶梯光栅，63°26′闪耀角，且在 42 级处，ICP 光谱仪的色散率与分辨率见表 4-17。

表 4-17　中阶梯光栅光谱仪的线色散率倒数与分辨率

波长/nm	线色散率倒数/(nm/mm)	分辨率/(nm/mm)
200	0.083	0.008
400	0.137	0.016
600	0.205	0.021

中阶梯光栅光谱仪的工作原理见图 4-46。经双色散后呈现为二维光谱成像见图 4-47。

中阶梯光栅光谱仪为防止谱级重叠，都采用双色散系统。一般预色散系统采用石英棱镜（也有用光栅的），用中阶梯光栅作主色散器。石英棱镜沿狭缝方向（Y 轴方向）作预色散，它用于谱级分离。中阶梯光栅作主光栅在 X 轴方向上色散。这种互相垂直方向的色散称为二维色散或交叉色散。得到的光谱称二维光谱。

为了更好说明中阶梯光栅，二维光谱谱线成像，以 Pb 短波段 9 条光谱线为例，从短波段到长波段：

Pb 220.3nm　Pb 224.6nm

Pb 239.3nm　Pb 247.6nm

Pb 261.4nm　Pb 266.3nm

Pb 280.1nm　Pb 283.3nm　Pb 287.3nm

看它如何在中阶梯光栅光谱仪色散成像。

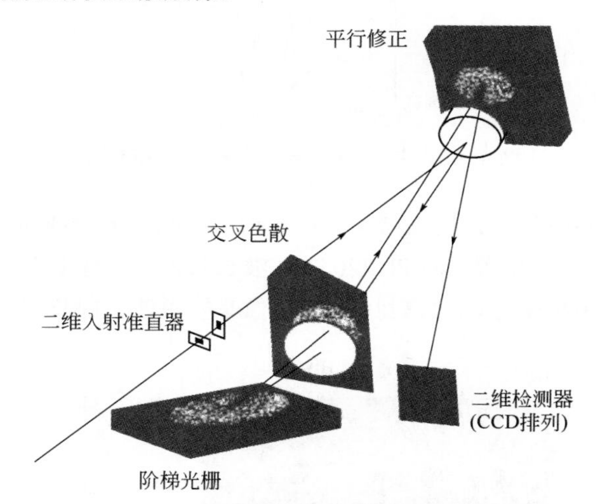

图 4-46　中阶梯光栅光谱仪的工作原理

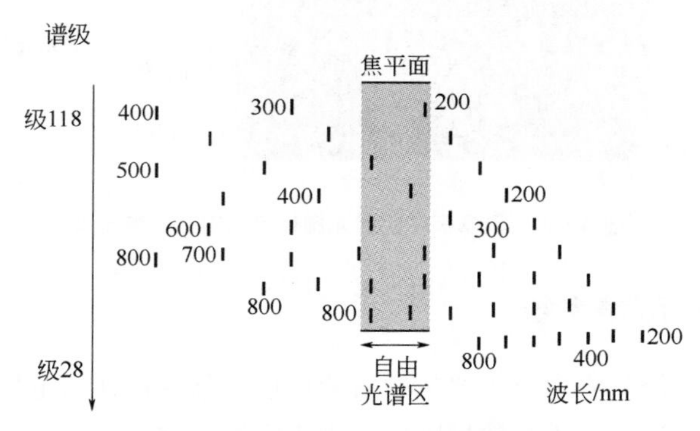

图 4-47　中阶梯光栅二维光谱成像

按平面光栅扫描式光谱应为图 4-48，而将这 9 条 Pb 的谱线，在中阶梯光栅光谱仪二维色散系统转变为如图 4-49 所示。波段短的谱线成像在光栅高级次上，波段长的谱线成像在光栅低级次上。同一级次上谱线按波长长短顺序排列。

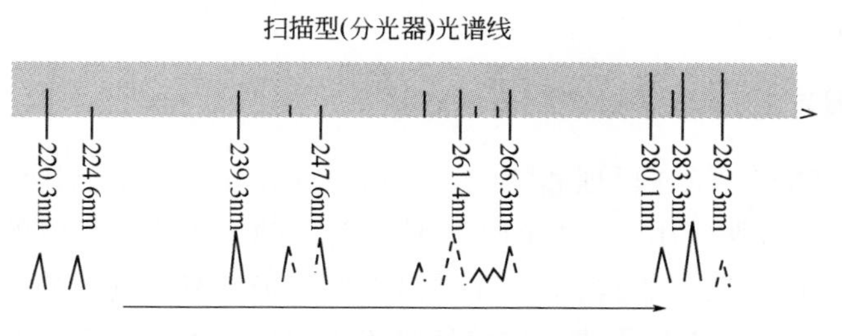

图 4-48　平面光栅光谱仪 Pb 谱线

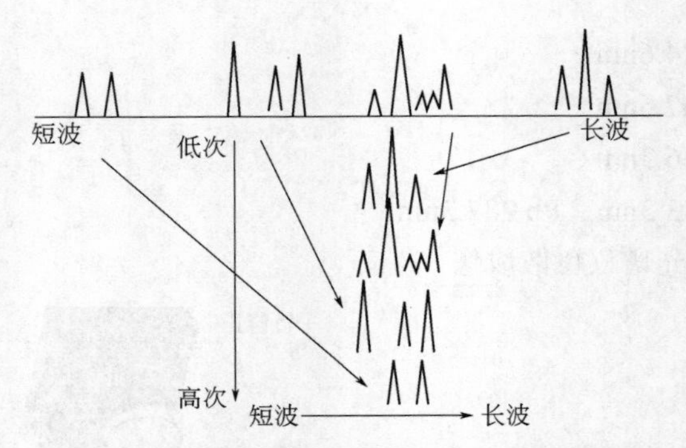

图 4-49　中阶梯光栅光谱仪 Pb 的二维光谱

从图 4-50 可以看到中阶梯光栅光谱仪二维光谱，一些元素谱线所取的位置。Al 167.0nm 波长短，它成像取在高级次位置。而 Pb 220.3nm 波长长，它成像取在低级次位置。对于同在一个级次位置的 P 213.62nm 与 Cu 213.60nm 的成像是按短波长向长波长顺序分开排列。

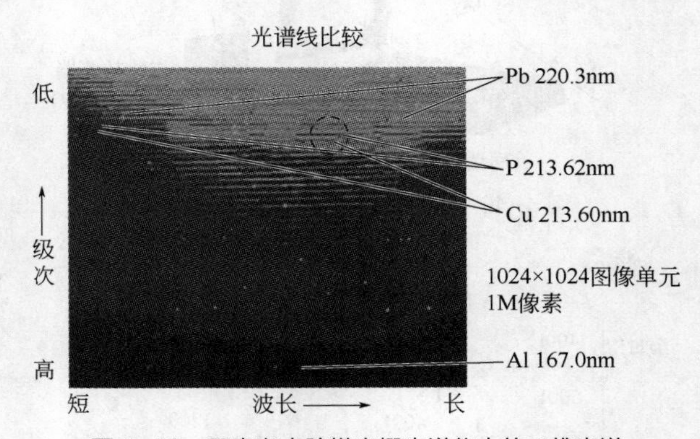

图 4-50　元素在中阶梯光栅光谱仪中的二维光谱

4.3.5　光电转换及测量系统

光电转换及测量系统是将由分光器色散后的单色光强度转换为电信号，然后经测量→转移→放大→转换→送入计算，进行数据处理，进行定性、定量分析。ICP 光谱仪常用的光电转换器件有光电倍增管（PMT）和电荷转移器件（CTD，charge transfer device）两大类。CTD 包括 CID（离子注入式检测器）、CCD（电荷耦合式检测器，包含分段式电荷耦合检测器 SCD）以及 CMOS（complementary metal oxide semiconductor，互补金属氧化物场效应管）作为图像传感器，应用于光谱信号的检测。可以采用不同的观测方式，最终由计算机进行分析数据的处理存储以及报出。

4.3.5.1　光电倍增管

光电倍增管（PMT）工作原理和特性，在前面火花光谱仪中已作详细介绍，在火花及电弧直读仪器中仍被普遍应用。当今的光电倍增管，除了电极热发射的暗电流外，其他原因形成的暗电流，在工艺上均可消除。在常温下使用仍具有很满意的工作性能，输出电流范围完全可以满足 ICP 测量的需求。在应用技术上仍有所发展，对紫外谱线检测仍保持很高的灵敏度，尤其是增加负高电压自动调节技术，出现 PMT 的高动态检测器（HDD），使其适用于测定各个元素不同含量范围，通过采用自动调节负高压的供给方式，使光电倍增管输出电流达到最佳信噪比，其动态范围可达到 8 个数量级。使仪器在毫秒时间内对界面处信号从低计数至百万计数的变化有线性响应，即无信号饱和，也不必人为调节电压，可进行快速而灵敏的检测，即具有瞬时测定痕量及高浓度元素的能力。HDD 至今仍应用于单道扫描型 ICP 仪器上。

4.3.5.2 电荷转移器件

电荷转移器件（CTD）是一类以半导体硅片为基材的光敏元件，制成多元阵列式或面阵式检测器。现已用于原子发射光谱仪的固体检测器有电荷耦合器件（CCD，charge coupled devices）及电荷注入器件（CID，charge injecetion device）两种，使 ICP 光谱仪性能得到很大的改善。应用这种检测器与中阶梯光栅的双色散系统相结合，使仪器既具有多通道光谱仪测定的快速性，又具有选择分析谱线的灵活性。它的主要优点还表现在，可使用一次曝光同时摄取从超紫外→紫外→近红外光区的全部光谱。这种测量方式给分析工作带来极大好处：

可以方便查询分析谱线附近谱线干扰、背景干扰的状况，有利于分析谱线的选择；可以同时测定内标元素内标线，充分发挥光谱分析内标法的补偿作用，提高定量分析的准确度；可以同时测定分析线附近的背景值，为采用扣除背景工作方式，为微量分析提供有力保障。可对每个元素选择多条分析线同时进行测定，同时获得多个测定的数据，从这些数据中可以发现光谱干扰。可采用灵敏度不同的分析线同时进行测定，扩大测量的浓度范围。避免多次稀释样品及重复测定。同时，可选用斜率高、误差小的工作曲线做分析。

（1）电荷耦合器件（CCD）[27,28]

1）CCD 结构及工作原理

电荷耦合器件（CCD）于 1969 年由贝尔试验室发明，随后发展为一种光电摄像器件，广泛应用于摄影及摄像器材（如家用的摄像机和数码相机）。20 世纪 90 代初，经过改进，使其光谱响应在紫外区有较高的量子化效应，将其应用于 ICP 光谱仪，使 ICP 光谱仪性能发生重大改变。

电荷耦合器件 CCD 由光敏单元、转移单元、电荷输出单元三部分组成。可分为线阵式（linear）与面阵式（area）两种。面阵式的 CCD 器件像素排列为一个平面，它包含若干行和列的组合。目前“全谱型”光谱仪使用的光电转换器件 CCD 多为面阵式。

CCD 器件是由许多个光敏像素组成，每个像素就是一个 MOS 电容器。电荷耦合器件结构见图 4-51，它是在半导体硅（P 型硅或 N 型硅）衬座上，经氧化形成一层 SiO_2 薄膜，再在 SiO_2 表面蒸镀一层金属（多晶硅）作为电极，称为栅极或控制极。因为 SiO_2 是绝缘体，这样便形成一个类似图 4-51（b）的电容器。当栅极与衬底之间加上一个偏置电压时，在电极下就形成势阱，又称耗尽层，见图 4-51（c）。工作原理如下：

① 电荷产生　当光线照射 MOS 电容时，在光子进入衬底时产生电子跃迁，形成电子-空穴对，电子-空穴对在外加电场的作用下，分别向电极两端移动，这就在半导体 Si 片内产生光生电荷（见图 4-52）。光生电荷被收集于栅极下的势阱中。光生电荷与光强成比例，这就是它作为光电转换器件的原理。

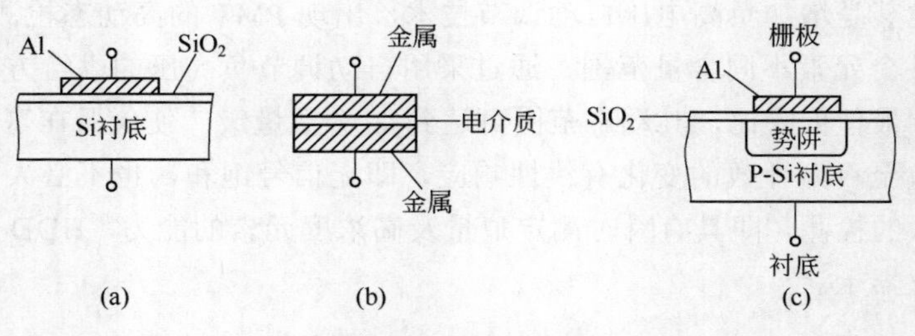

图 4-51　MOS 电容

（a）MOS 电容器；（b）普通电容器；（c）有光照射的 MOS 电容器

② 电荷转移　如果需对光生电荷进行测量，需把电荷转移出去，这是 CCD 第二项转移功能，因而也称它为电荷转移器件。电荷转移要在一系列 MOS 电容间进行，就像接力赛跑一样，电荷在栅极电压作用下从一个像素（MOS 电容）转移到下一个电容的势阱中。为了顺序改变栅极上电压，需有时钟脉冲装置，定时地给各栅极传送信号，直至终端光生电荷转移完成（见图 4-53）。

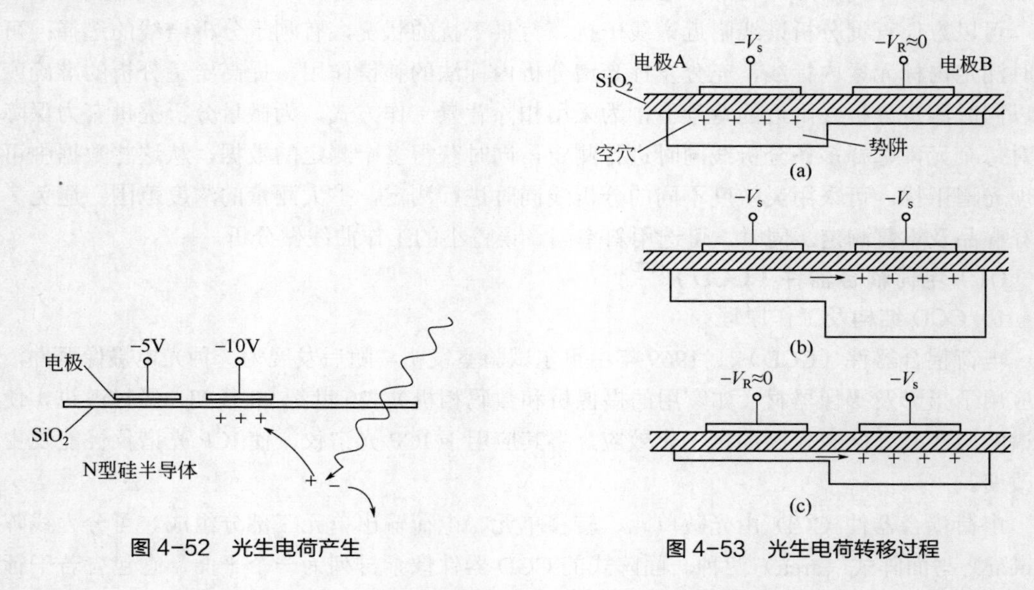

图 4-52　光生电荷产生

图 4-53　光生电荷转移过程

图 4-53 表示：当电极 A 处在低电位时，电荷被收集在左侧的耗尽层（势阱）中［见图 4-53（a）］，此时电极电压 $V_R \approx 0$；当电极 B 随着时钟脉冲电路运行，降到低电位时，电极 A 升高电位，电荷流向电极 B 的耗尽层［见图 4-53（b）］；当 B 电极电压 $V_R \approx 0$ 时，说明电荷全部转移至 B 电极，这样完成电荷从 A 到 B 的转移过程。当有一系列 MOS 电容成线型排列时，可以控制时钟脉冲装置改变各栅极电压方式，快速地完成电荷的转移。

每个 CCD 像素通常有 2～4 个 MOS 电容。有 3 个 MOS 电容的像素称为 3 相 CCD。为了使电荷按一致方向同步转移。像素中相同位相的电极联结在一起，连线称为相线。如图 4-54 所示，φ_1、φ_2 及 φ_3 均为相线，各相线之间施加由时钟脉冲电路提供的 120°相位差的电压。当 $t = t_1$ 时，φ_1 是高电位，φ_2、φ_3 为低电位，φ_1 电极下形成势阱，电荷集中在 φ_1 电极下；当 $t = t_2$ 时，φ_1 电位下降，φ_2 电位升高，φ_3 仍在低电位，φ_2 电极下的势阱最深，φ_1 下的电荷向 φ_2 下转移；当 $t=t_3$ 时，φ_1 及 φ_2 均为低电位，φ_3 为高电位，φ_3 电极下势阱最深，φ_2 下的电荷向 φ_3 转移。所以从 t_1 到 t_2 或从 t_2 到 t_3，每经历 1/3 时钟周期，电荷就转移一个电极。经过一个时钟周期，信号就向右移动三个电极，即移动 1 位 CCD，直至移至 CCD 的输出单元。

③ 电荷输出　常用方式是采用反向偏置二极管输出信号。其基本原理见图 4-55。在 P 型硅衬底中内置一个 PN 结。PN 结的势阱和时钟脉冲控制的 MOS 电容的势阱互相耦合，最后一个电极下的电荷被转移到二极管，从负载电阻上可以测得电压输出信号。有时在最后转移电极和输出二极管之间加上一个固定偏置的附加电压 U_{DC}，以减少最后一个转移电极上的控制脉冲对输出的干扰。

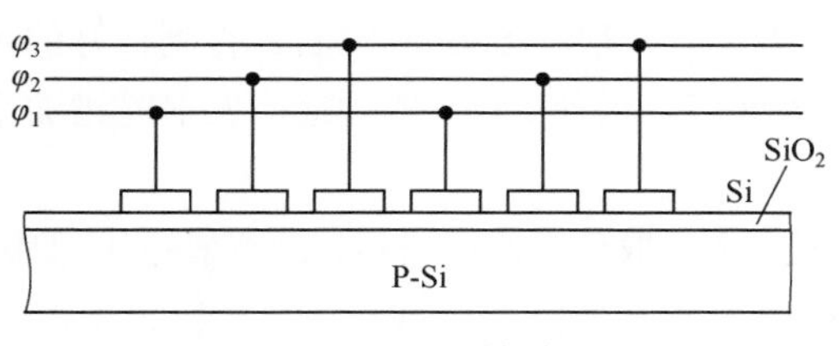

图 4-54　CCD 三相电荷转移

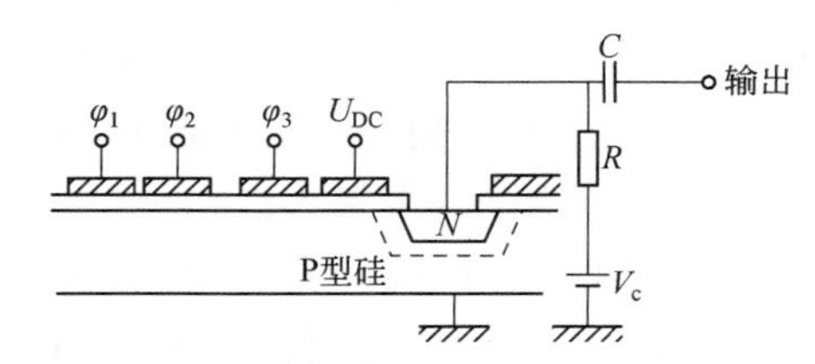

图 4-55　CCD 的输出单元

④ 电荷检测　CCD 最后一个栅极中的电荷包通过输出栅形成的“沟道”进入到输出二极管（反偏压输出二极管），此二极管将信号电荷收集并送入前置放大器，从而完成电荷包上的信号检测。根据输出先后可以判别出电荷是从哪个光敏元来的，并根据输出电荷量可知该光敏元受光的强弱。

目前，应用于 ICP 发射光谱的 CCD 均为几十万至百万以上像素，图 4-56 为 4×5 像素的二维 CCD 的电荷转移过程的示例。

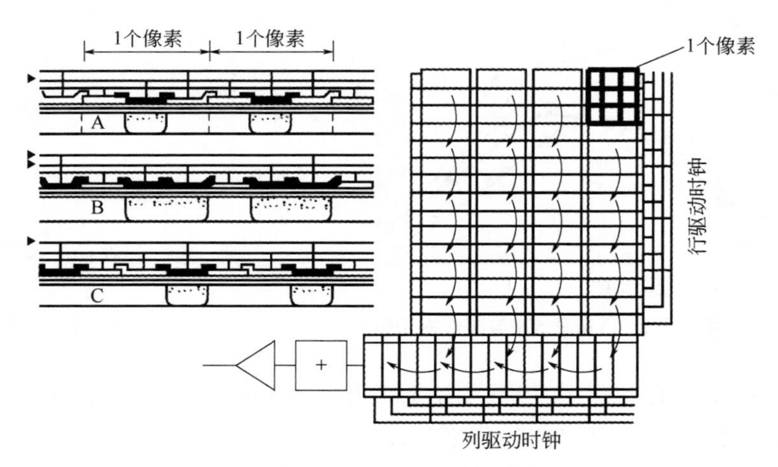

图 4-56　二维 CCD 结构原理

它是一个三相的 CCD，每个像素有三个 MOS 电容器。阵列的右侧是行时钟脉冲电路。阵列下方是移位寄存器及列时钟脉冲电路。在时钟脉冲电路的控制下，光生电荷自上而下逐渐转移到寄存器，然后输出到信号放大器，从而获得完善的二维图像。图 4-56 左侧图显示电荷在像素间的转移过程。

2）CCD的性能与特点

① 量子效率与光谱响应　量子效率是反映CCD光敏效果的能力：

$$量子效率=\frac{可检测的量子数目}{入射光子总数}\times 100\%$$

量子效率与CCD器件的材料有关。就通用的半导体Si材料而言，它的禁阻带宽约为1.14eV，只有波长≤1090nm的辐射能，才能被硅基CCD检测。其量子效率与光谱响应关系很大。不同的光谱波长其CCD量子效率相差很大。见图4-57。

图中显示，不同型号的CCD器件，它的波长响应范围不一样，通常波长响应范围为400～1000nm。不同波长的光进入CCD获得不同的量子效率。一般在500nm左右，得到最好的量子效率。而ICP发射光谱绝大部分谱线波长在紫外区域。为使CCD器件适应发射光谱波段区域，目前采用以下三种办法：

a．采用透明导电金属氧化物（ITO）作透光栅极材料，取代多晶硅材料，提高紫外区（UV）的量子效率。这种方法造价高，使CCD成本加大。

b．由于CCD栅极对光的强烈吸收，使量子效应明显下降，ICP光谱仪中很多采用背照射方式，提高紫外区的量子效率。通常将衬底减薄到小于一个分辨率单元的尺寸，小于30μm。

c．在CCD的敏感膜前涂上一层能吸收紫外光并发出500nm荧光的物质，而提高CCD在紫外区的量子效率。目前多数采用这种方法。

改进型的CCD光谱响应曲线见图4-58。

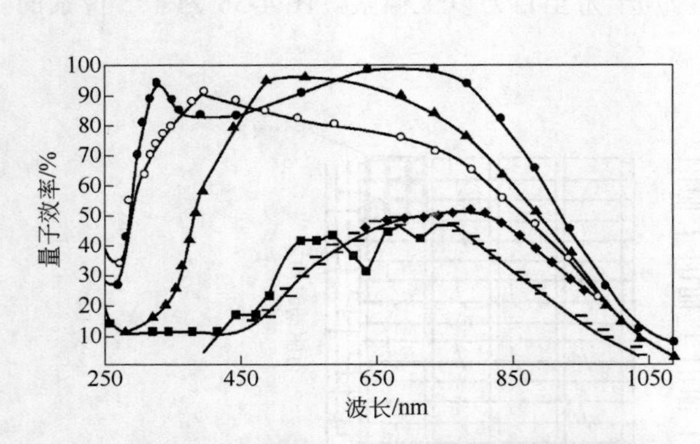

图4-57　不同型号CCD量子效率与波长关系曲线

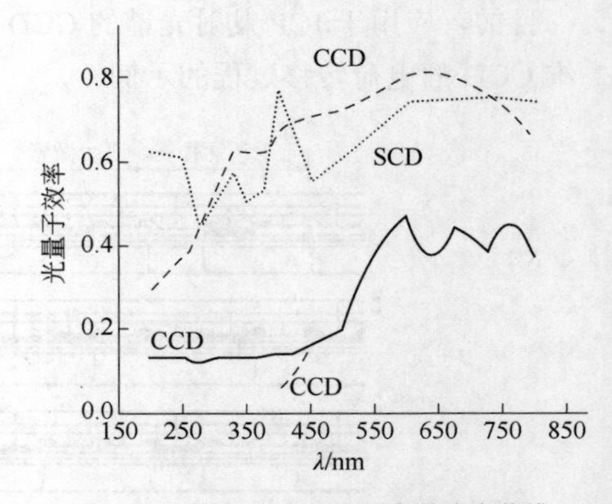

图4-58　CCD光谱响应曲线

这种CCD器件具有宽的光谱响应范围，而且有较高的量子效率。图中SCD是分段式CCD检测器。它们的量子效率通常比光电倍增管要高。

② 噪声　ICP发射光谱仪要求光电检测器有极小噪声，有较强的信噪比。尤其是对微量元素的分析。CCD器件噪声来源是由三部分组成：信号噪声（N_s）、读数噪声（N_r）、暗电流噪声（N_d）。其总噪声中信号噪声是主要来源，总噪声应为：

$$N_T=N_s+N_r+N_d$$

a．信号噪声　包括信号光子散粒噪声与信号的闪烁噪声。

b. 读数噪声　是由读数电路引起的噪声。它与器件中随机转移电荷有关。它受温度的影响，温度升高读数噪声提高。

c. 暗电流噪声　是在不曝光时在检测器上的电荷累加而形成，是由热过程产生的电子从价带上升到导带而产生的电流，与器件的温度有关。通常可用冷却检测器方式来降低暗电流。

从上述两条噪声来源，充分说明用 CCD 作 ICP 光谱仪检测器，冷却 CCD 器件的重要性。常用冷却 CCD 器件有−15℃、−40℃和−70℃几种。冷却方法有温差电子冷却器和水循环冷却器两种。

③ 动态线性响应范围　ICP 发射光谱分析含量动态线性范围是 5～6 数量级，CCD 检测器电荷转移器件应该可以达到。然而 CCD 中的势阱是有一定容量的，如果超过了势阱容量，多出的信号将会溢出势阱，并扩散到邻近的像素中，从而给本来信号电荷较少或没有信号电荷的像素带来“污染”，产生假信号输出。将这种现象称为电荷溢出，又称弥散（blooming）。由于弥散现象的存在，CCD 在分析含量动态线性响应范围时只能做到 5 个数量级。为完成高、低含量差值大的样品测定，只能选择次灵敏线分析高含量样品，采用缩短曝光时间或缩小入口光阑等降低光强工作方式，见图 4-59。在硬件上，防止电荷溢出的方法，一般采用两种：在势阱旁邻电极加偏压，使溢出的电荷在此被复合；或设置“排流渠”，把一组像素用导电材料圈起来，当有电荷溢出时，通过它将过剩电荷导出，以免溢入邻近像素。现时采用 CCD 作为检测器的仪器厂家均会采取相对有效的技术解决 CCD 的溢出问题。

④ 分辨率与灰度分辨率　这里的分辨率是指摄像器材对物像中明暗细节的分辨能力，即光的强度分辨能力。灰度分辨率是影响动态线性范围及分辨率的重要因素。

势阱（像素）中的电荷读出后，被模数转换卡转换至计算机进行数字信号处理。这种转换过程对 CCD 的性能会产生重要影响，用灰度分辨率这一重要参数来衡量。

灰度分辨率是指模数转换卡区分不同电子数目的能力。而它不同于空间分辨率（它指势阱中最大容量）。同样它也是影响动态范围和分辨率的重要因素。

一般灰度分辨率是 10～16 bits。10 bits 模数转换卡能产生 10 位二进制数（即 0～1024）。其中每一个数被称为一个模数转换单位（ADU）。而 16bits 应为 10 位二进制数（即 0～65535 ADU）电子容量。每一个 ADU 单位的电子数，可与模数转换卡的电子数相等。通常将它设置为与单个像素的读数噪声所代表的电子数相等。如果设置模数转换卡电子数目较少，可以对弱信号提高灵敏度，但很容易溢出；如果设置电子数较多，范围可以扩大。但是弱信号不易检出，小峰分辨率差。这是将 CCD 这种测光装置在 ICP 发射光谱仪上使用应该考虑的问题。一般采用设置电子数较多方式，便于弱信号检测。光强过大时，采用光阑缩小、控制狭缝前遮光板曝光时间或更改分析谱线方式工作。

如图 4-60 所示，要在 CCD 检测器上，将谱线 Cu 213.60nm 与 P 213.62nm 分开，除考虑分光器的光学分辨率外，从检测器上应考虑像素多少，像素多分辨率高，同时也需考虑灰度分辨率模数转换卡数的问题。

⑤ 寿命　CCD 的几何尺寸是不同的，但任何几何尺寸及光电性能都很稳定。虽然它有电荷溢出的弥散现象，但器件不怕过度曝光。它适合长期运转，寿命长。

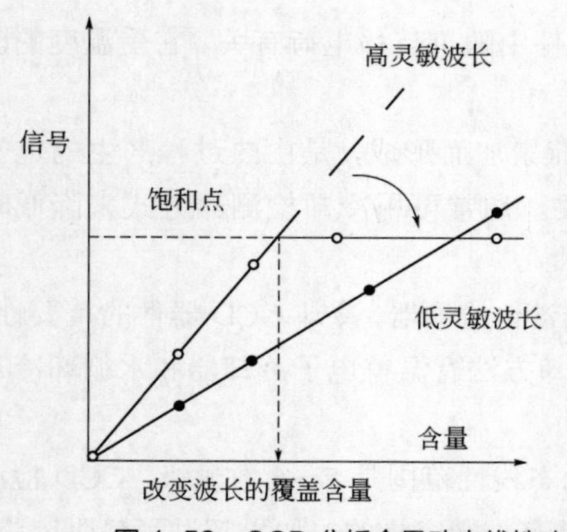

图 4-59 CCD 分析含量动态线性响应范围

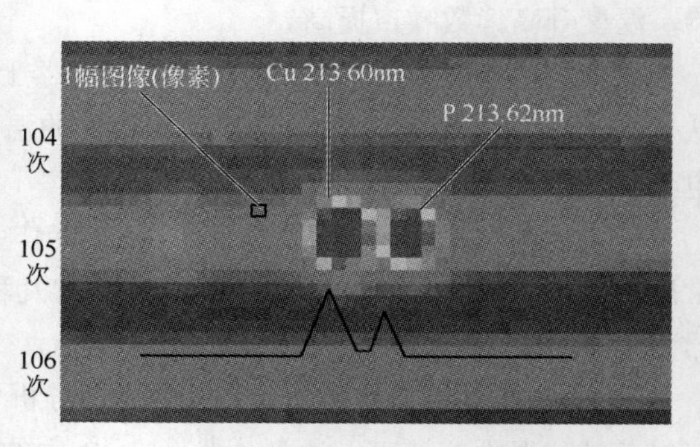

图 4-60 CCD 谱线分开能力

⑥ 光谱分辨率 CCD 中的像素越多其光谱分辨率越大。CCD 的最大容量（指势阱中积累的最大电荷数），随像素面积增大而加大，一般在 10000～50000 之间。

（2）电荷注入器件（CID）

电荷注入器件 CID，与 CCD 器件一样，也是由 MOS 电容构成的光电检测器件，但其转移、输出读出方式与 CCD 不同，它是非破坏性读出过程。虽原理类似 CCD，但其性能也有独到之处。

1）CID 结构与原理

CID 检测器与 CCD 结构基本类似，也是由金属-氧化物-半导体构成的电荷转移器件。在 N 型 Si 的衬底上氧化一层 SiO_2 的薄膜，在薄膜上装有两个金属（Si）电极，这也与 CCD 不同。它与 CCD 不同处在于，CCD 器件衬底 P 型或 N 型的 Si 半导体材料均可使用，而 CID 的衬底只能用 N 型 Si，所以电极势阱下收集是少数载流子空穴。如图 4-61 所示。

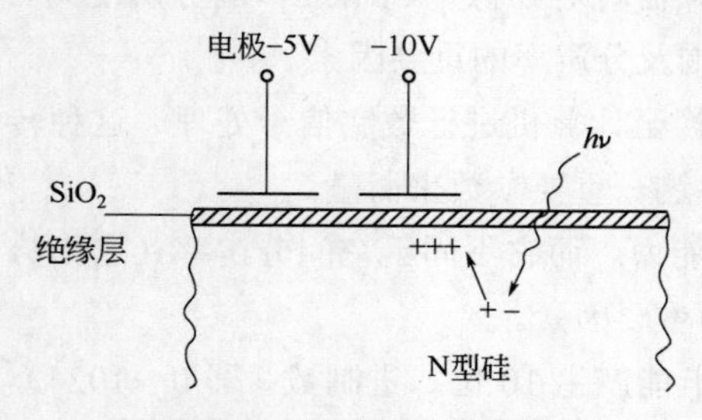

图 4-61 CID 检测器光电效应

① 电荷注入 当有光照射时，硅片中产生电子-空穴对。当控制电极被施加负电压时，空穴被收集在电极下的势阱中，空穴形成的光生电荷量与光照的强度成正比。这就是 CID 光敏作用的原理。

② 电荷输出与检测 与 CCD 转移方式不同处在于，产生的光生电荷可以在两个电极之间转移并读出。当许多单个 CID 组成面阵时，就组成二维的电荷注入阵列检测器。每个单元由两个 MOS 电容组成，通常将 MOS 电容称为像素。ICP 光谱仪一般采用几十万个像素 CID 的阵列检测器。

为更好说明 CID 像素的积分和读出过程，如图 4-62 所示。

当分别改变行电极及列电极的电压时，就可以实现积分、读出和注入过程。图 4-62 中（a）是积分过程，（b）是第 1 次读出过程，（c）是第 2 次读出过程，当两个电极上的电压恢复至（a）时，可以再次进行非破坏性读出过程（NDRO）。如此可多次循环下去，进行多次读出以改善信噪比。如将电极电压改变为（d）状态，光生电荷被注入衬底，这种读出过程称为破坏读出过程（DRO）。CID 读出过程与 CCD 不同，它不需要将阵列所有电荷顺序全部输出，它只改变电极电压，让电荷在两个电极下的势阱转移，就可实现读出过程。而且可实现非破坏性多次读出。

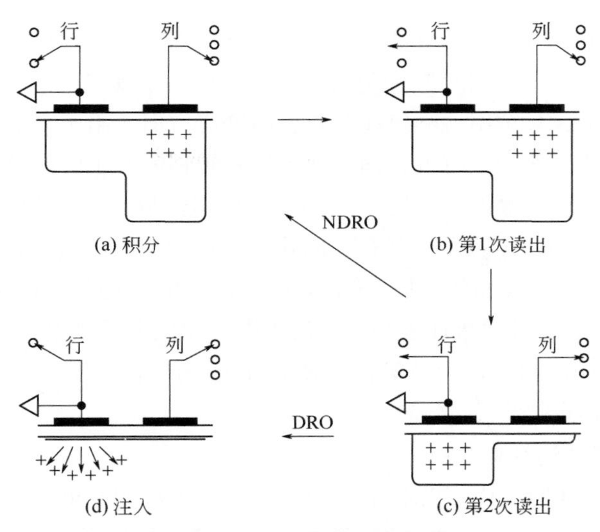

图 4-62　CID 检测器读出过程

测量电荷方法有两种：

① 当电荷在两个电极势阱中转移时，通过检测电极上电容电压变化来检测电荷。

② 当电荷注入衬底时，检测产生的位移电流。从CID 电荷转移与读出来看，它在两个像素间没有电荷转移，没有要迈过的势垒，所以它没有电荷溢出的弥散现象。

图 4-63 是由若干像素组成的 CID 阵列检测器。为了控制电极电压变化过程，将行电极和列电极分别接到垂直扫描发生器和水平扫描发生器上，从而可以进行 *x-y* 选址，信号输出则用偏置二极管输出电荷信号。

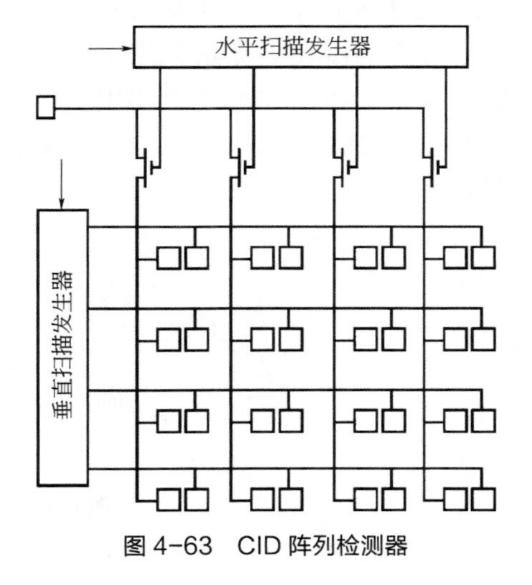

图 4-63　CID 阵列检测器

2）CID 性能与特点[29]

总的性能类似 CCD，但也存在一些差别：

① 量子效率不如 CCD。这是由于 CID 不能采用背照射方式工作，由于金属电极大量吸收紫外光，所以它只能采用在 CID 敏感膜前涂上一层能吸收紫外光并发出 500nm 荧光的物质，以提高 CID 在紫外区的量子效率的办法。一般而言，在 200～1000nm 光谱范围内 CID 的量子效率不低于 10%，在 500nm 时峰量子效率约为 90%。

② 暗电流：CCD 制冷达到所需温度时，一般为 0.001～0.03 个电子/(像素 · 秒)，而 CID 的暗电流为 0.008 个电子/(像素 · 秒)。

③ 动态范围：CID 无电荷溢出弥散现象，分析动态范围较宽。

④ 整体结构较 CCD 复杂，为非破坏性读出，无溢出。

CID 属于专利产品，在应用上受到一定的限制。CCD 属开放产品，商品化程度高，市场上有不同规格的 CCD，而且价格便宜，因此 CCD 在光谱仪中应用比较广泛。

（3）图像传感器（CMOS）

CMOS（complementary metal oxide semiconductor，互补金属氧化物半导体）是电脑主板

上的一块可读写的 RAM 芯片。作为固态成像器件于 20 世纪 60 年代末期为美国贝尔实验室提出，与 CCD 图像传感器的研究几乎是同时起步，但由于受当时工艺水平的限制，CMOS 图像传感器在图像质量、分辨率、噪声和光照灵敏度等方面，用于光谱仪器检测器均不够理想。而 CCD 可以在较大面积上有效、均匀地收集和转移所产生的电荷并在低噪声下测量，因此一直是光谱仪器固体检测器的主流元件。进入 21 世纪以来，由于集成电路设计技术和工艺水平的提高，CMOS 图像传感器过去存在的缺点已得到克服，而且它固有的像元内放大、列并行结构，以及深亚微米 CMOS 处理等独有的优点，更是 CCD 器件所无法比拟的，而且与 CCD 技术相比，CMOS 技术集成度高、采用单电源和低电压供电、成本低和技术门槛低。低成本、单芯片、功耗低和设计简单等优点使 CMOS 图像传感器作为光谱仪器固体检测器再次成为应用研究的热点[30,31]。

1）CMOS 检测器件的结构

CMOS 图像传感器和 CCD 在光检测方面都是利用了硅的光电效应原理。工作单元结构都是 MOS 电容，工作原理没有本质区别，只是制造的基底材料不一样以及集成度上有差别。CCD 是集成在半导体单晶材料上，而 CMOS 是集成在金属氧化物的半导体材料上。工作原理的不同点在于像素光生电荷的读出方式。CCD 是通过垂直和水平 CCD 转移输出电荷，而在 CMOS 图像传感器中，电压通过与 DRAM 存储器类似的行列解码读出。图 4-64 为不同类型的 CMOS 图像传感器像素结构。图 4-65 和图 4-66 为 CCD 及 CMOS 的工作原理对照。

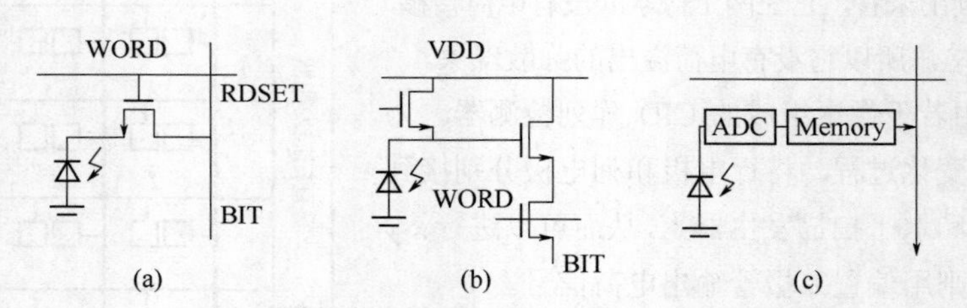

图 4-64　CMOS 图像传感器像素结构

（a）无源像素传感器；（b）有源像素传感器；（c）数字像素传感器

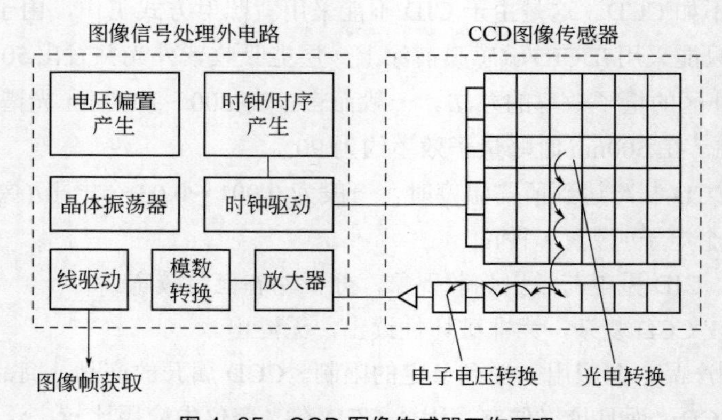

图 4-65　CCD 图像传感器工作原理

① 曝光后光子通过像元转换为电子电荷包；② 电子电荷包顺序转移到共同的输出端；③ 通过输出放大器将大小不同的电荷包转换为电压信号

2）CMOS 与 CCD 图像传感器在工作方式上的差别[32]

如图 4-65 和图 4-66 所示，可以看出与 CMOS 图像传感器在工作方式上的不同：CMOS 图像传感器输出的数字信号可以直接进行处理，电路的基本特性是静态功耗几乎为零，只有在电路接通时才有电能的消耗；CMOS 集成度高，可以将放大器、ADC 甚至图像数字信号处理电路集成在芯片上，图像传感器的外部处理电路比 CCD 要简单得多。

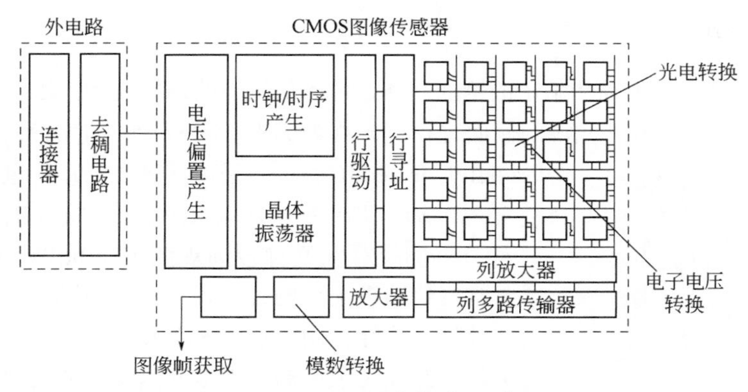

图 4-66 CMOS 图像传感器工作原理

① 传感器内部芯片集成度高，而外围电路简单；② 光子转换为电子后直接在每个像元中完成电子电荷电压转换

3）CMOS 性能与特点

CMOS 与 CCD 图像传感器在结构、工作方式和制造工艺兼容程度上的差别，使得 CMOS 图像传感器具有 CCD 所不具有的一些优点：

① CMOS 图像传感器输出的数字信号可以直接进行处理。

② CMOS 电路的基本特性是静态功耗几乎为零，只有在电路接通时才有电能消耗。

③ CMOS 集成度高，可以将放大器、ADC 甚至图像数字信号处理电路集成在芯片上。

④ CMOS 制造成本低、结构简单、成品率高，在价格上与 CCD 相比具有优势。

⑤ CMOS 图像传感芯片除了可见光，对红外光也非常敏感。在 890～980nm 范围内其灵敏度远高于 CCD 图像传感芯片的灵敏度，并且随波长增加而衰减梯度也相对较慢。

近年来 CMOS 固态检测器已经出现在光谱分析的商品仪器上，在读取速度和光信号接收转换处理电路上，比现在全谱仪器上流行的 CCD/CID 固体检测器要简便和有效。如利曼采用 CMOS 阵列检测器的 ICP-OES 产品 Prodigy 7，CMOS 检测器 28mm×28mm，有效像素点 1840×1840，约 338 万像素，每个像素大小在 15μm；认为其读取速度是传统的 CCD 检测器速度的 10 倍，线性范围普遍提高 10 倍以上；检测器信号控制不再使用速度较慢的寻址以太网通信，使得 ICP-OES 的检测速度更快，并可以增加信号的灵敏度和稳定性。2016 年在美国匹兹堡会议上展现的新产品 PRODIGY PLUS 增加了卤素检测波段，使得检测波长扩展到 135～1100nm[33]。

当前，在灵敏度、分辨率、噪声控制等方面 CCD 仍优于 CMOS，随着 CCD与 CMOS传感器技术的进步，两者的差异有逐渐缩小的态势。而 CMOS 与 90%的其他半导体都采用相同标准的芯片制造技术，而 CCD 则需要一种极其特殊的制造工艺，CMOS 在低成本、低功耗、高整合度以及高读出速率等优点上，将有利于光谱仪器的优化及小型化发展。在一些应用领域已占有相当大的市场。在未来的发展中，二者互相借鉴对方的技术优势，从而使二者的性能水平接近并达到更优化。

固体检测器 CTD 由于量子效率高（可达 90%），光谱响应范围宽（165～1000nm），暗电流小，灵敏度高，信噪比较高，线性动态范围大（5～7 个数量级），且属于高集成度的电子元件，有利于多谱线同时测定，是当前全谱型直读仪器的主流检测器。

4.3.5.3 观测方式

ICP-AES 观测方式可以从焰炬的侧面观测，也可从焰炬的顶端观测，如图 4-67 所示。通常垂直放置的炬管，从 ICP 光源的侧面进行测光称为侧视（side on），即为径向观测 ICP 光源（radially viewed ICP）。当采用从光源的顶端进行测光称为端视（end on），即为轴向观测 ICP 光源（axially viewed ICP）。

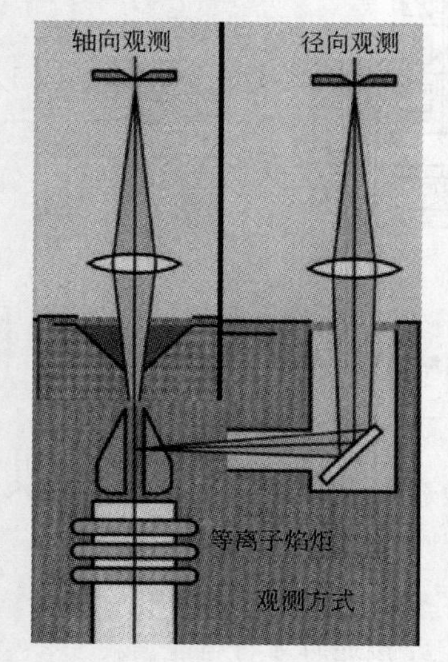

图 4-67 ICP-AES 观测方式

（1）侧视观测又称径向观测（radially viewed）

常规仪器多采用侧视方式，采光区及测光高度可以调节，稳定性好，线性范围可达到 5 个数量级以上；其测光装置平稳可靠，测光灵敏度满足大多元素测定的需要，一直是商用仪器的标准配置。侧视观测方式因受光谱仪入射狭缝高度的限制，仅能利用等离子体通道的一部分发射光。因此，在侧视 ICP 光源中，由于不同元素或不同谱线的发射强度的峰值处在不同高度，所以观测高度是一个重要分析参数，选择分析条件必须考虑这一因素。

（2）端视观测又称轴向观测（axially viewed）[34]

端视观测方式从炬管的轴向方向来观测发射光谱信号，采光面积增大，比常规的侧视 ICP 有更大的测光面。因此，端视 ICP 比侧视 ICP 灵敏度要高、检出限更低，使 ICP 光源的检出限可降低至一个数量级以上，适合于痕量元素的测定。但因观测区包含了温度较低的尾焰，可能存在自吸因素而使测定的线性范围变窄，而且基体效应也更为复杂。且等离子体高温尾焰对采光部件的影响，需要有相应处理尾焰的适当措施，如采用侧吹气体保护或加装可冷却的接口锥加以保护，使得整个测光装置相对复杂些，当前在高端 ICP 光谱仪器上均配置有双向观测的 ICP 光谱仪器。

端视和侧视 ICP 光源中各种元素的发射强度沿高度（径向）或轴向的分布不尽相同。可以看出侧视中的峰值位置各不相同，选择分析条件必须注意这一因素。而在端视光源中沿轴向高度的分布，它们的峰值位置几乎相同。端视等离子体和侧视等离子体一样，电离干扰并不明显，只有在 K-Na 等碱金属体系中端视观测显示略微明显或较为严重的电离干扰效应，多数情况下两种等离子体的电离干扰效应大致类似，其差别是在侧视中可找到一个不发生干扰的观测高度（通常称为零干扰点）。而端视 ICP 光源谱线强度高、光谱背景低，有利于改善光谱分析的检出限。在端视观测条件下自吸收效应的增大和仪器检出限的降低使绝大部分元素的标准曲线向低浓度方向延伸，因此有利于对样品中微量、痕量元素的测定。随着 ICP-MS 的发展，冷锥技术的应用得到普及，端视等离子体光源受到越来越多的关注，并在很多方面得以应用[35]。

初期的轴向观测 ICP-AES 仪器采用水平炬管，需双向交替观测。实际应用发现，炬管水平放置不是最佳配置，水平炬管在运行中易产生盐分、炭粒的凝结和水滴，效果不够理想。现时的 ICP-AES 新品仪器均采用垂直炬管，双向同时观测的配置（图 4-68）[36]。炬管垂直放置，可防止上述缺点，并能提高分析有机样品和高盐样品的稳定性。双向观测方式可借助智能光学组件（DSC）实现双向观测同时进行，不影响测定速度，并可通过软件运作，作多种测定方式组合，扩展测定的线性动态范围，有利于多元素同时由低含量到高含量的一次完成测定，并已获得很好的应用效果[37]。

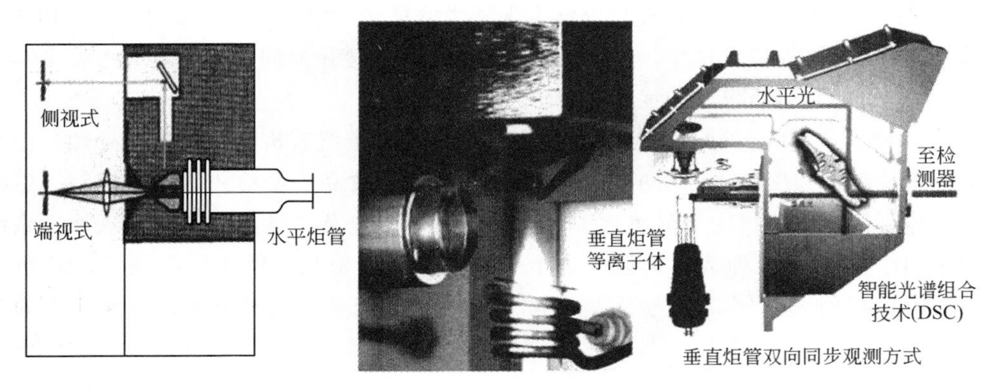

图 4-68　ICP-AES 双向观测示例

4.3.6　计算机系统

ICP 光谱仪不管是顺序型或是同时型都需要配备专用的电子计算机，用于仪器光学系统和检测系统的控制、分析数据的处理、存取和传输。通过计算机控制高频发生器、炬管室及进样系统、分光系统、测光系统参数设定和进行数据处理。同时通过预定编制的软件进行光谱干扰的校正及分析结果的统计处理等。

4.3.6.1　电控系统

由检测器得到谱线信息需要进行定量化处理，信号处理器可放大检测器的输出信号，把信号从直流变成交流（或相反），改变信号的相位，滤掉不需要的成分，执行某些信号的数学运算，如微分、积分或对数转换。通常，光电检测器的输出采用模拟技术处理和显示，将由检测器出来的平均电流、电位等放大、记录或显示。与模拟技术比较，数字化技术有更多的优点。它包括：改善信噪比和低辐射强度的灵敏度；提高测量精度；降低光电倍增管电压和温度的敏感性。

通过电控系统可以对仪器进行数据运算及分析程序自动控制。

4.3.6.2　数据处理及计算机软件

在光电检测仪器中，采用微电子控制板及电子计算机进行分析程序控制及数据处理。用于 ICP 系统的计算机必须能为 ICP 光谱分析校准范围提供合适的分辨率。ICP 光谱分析的线性范围高于 5 个数量级，要充分发挥其分析能力，计算机应有 10^{-6} 的分辨率。同样，电子系统把光电倍增管得到的逻辑信号转换成计算机的数字信号，也必须有相同的分辨能力。运用数字技术已成为现代仪器必选的方法，通过计算机将光谱仪器分析过程以文件管理、数据采集、数据处理等操作软件形式，实现光谱信号的采集、处理、标定、设置等[38]。

商品仪器提供的计算机软件具有可以自动点火和仪器自动监控，提供自动扫描、寻峰、定位，自动扣背景、画谱图（profile），自动设置光电倍增管负高压、测定条件，自动进行数据处理、误差统计和质量控制等功能。

将光谱信号向数字化转变，促使仪器实现了“信息化”“数字化”，在物理层（PHL）和处理层（PL）上达到完善的地步，计算机软件的功能使光谱仪器向操作“傻瓜化”、功能“智能化”发展，显示出分析仪器的优越性能。

AES 仪器属于多元素同时被激发，属多谱线体系，谱线解析和信号数据处理，已经成为干扰校正及谱线强度精确测量的关键。特别在应用于食品安全检测、环境控制、生物与临床医学等复杂体系分析中更显重要。近时出现智慧型复杂科学仪器数据处理软件系统的开发与应用[39]，实现多种数据类型、多个变化因素综合影响下的大数据载入，解决智能数据分析的接口问题，使其成为复杂科学仪器数据处理,多谱线发射光谱数据分析的强大工具。

4.3.7 常见的 ICP 光谱仪类型

4.3.7.1 多道型凹面光栅光谱仪（Paschen-Runge 型）

早期商品化 ICP 发射光谱仪均为火花光源直读光谱仪改造完成，将其火花光源更改为等离子光源，测光系统稍加改变，分光系统基本采用凹面光栅作色散器。它的原理见图 4-69。

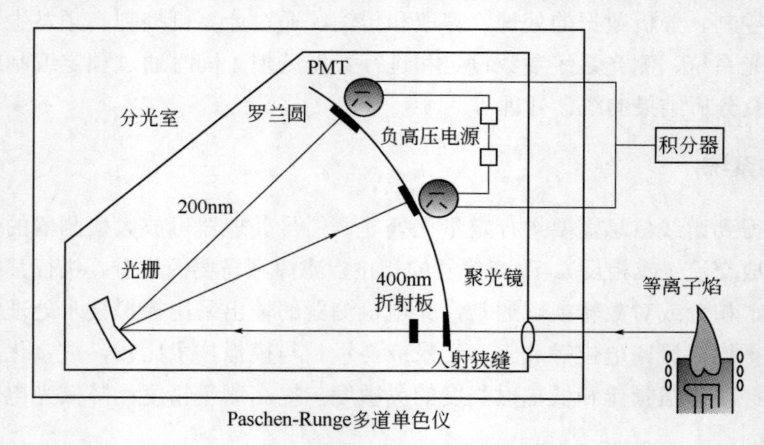

图 4-69 多通道光谱仪原理

从 ICP 光源发射光经聚光镜，照到入射狭缝上，狭缝装在光栅的罗兰圆上，起光谱仪光源作用。进入凹面光栅，经光栅衍射后的单色光按波长不同，分别照射到在罗兰圆安置的各个波长的出口狭缝上，出口狭缝后放置光电倍增管，使之测量强度。

凹面光栅光谱仪的特点：它的光栅既作色散元件，同时又起到准直系统和成像系统的作用，所以结构简单。由于分光器内无移动部件，所以性能稳定，分析精密度好。但该仪器安排出口狭缝的数量有限，最多可排 48 个出口狭缝，分析元素有限。另外选择分析谱线的灵活性差。

目前仪器公司生产的 ICP 发射光谱仪，采用凹面光栅分光系统与 CCD 检测器结合，生产多通道型仪器具有很多优点，尤其在超紫外光区域（＜190nm）非金属元素的谱线，其检出限低，抗光谱干扰能力强，是其他 ICP 发射光谱仪难以得到的。其光谱仪结构见图 4-70。

图 4-70　多通道用 CCD 检测 ICP 光谱仪

如图所示：光谱仪的分光系统采用 Paschen-Runge 装置，光栅采用 2924gr/mm 或更高刻线。在罗兰圆上装多块线阵 CCD 检测器，有用于测量 125～360nm 紫外和近紫外光谱区域的，也有用于测量可见光区到近红外光区谱线的。为了检测真空紫外光区的谱线，采用带自净化装置的密闭充氩气的紫外光学室，以除去空气中氧气，使之测定＜190nm 分析元素谱线，免除工作时需经常吹气。零级光谱经反射镜作为虚拟的入射狭缝，投射在第二块光栅上（其原理图可参看第 3 章），用于检测 460nm 以上的长波段分析线的元素，可以采用如 Na 589nm、Li 670nm、K 766nm 等谱线。在等离子体和分光器的界面，用 0.5L/min 的氩气吹扫，使 ICP 仪器的分析波长范围可以扩展到 120～800nm。其装置结构与火花直读多道仪器相同，充分发挥了高刻线光栅分光分辨率高且均匀的特点，又具有线阵固体检测器可安装更多通道、同时背景测定的优点，使这类 ICP 仪器具有比传统多道仪器更多的优点。

值得一提的是，这类 ICP 仪器可以在 130～190nm 波段内工作，可用 Cl 134.72nm 谱线测定氯、用 Br 163.34nm 谱线测定溴、用 I 161.76nm 谱线测定碘、用 S 180.70nm 谱线测定硫等。尤其 Cl、Br、I、Ga、Ge 等最灵敏线均在远紫外区，可选择其最灵敏线进行分析，使之降低检出限。同时可选用 120～180nm 光区的无干扰谱线，避免谱线干扰，可以测定 10^{-6} 级以下的痕量卤素。

4.3.7.2　平面光栅扫描式（顺序式）光谱仪（Czerny-Turner 型）

ICP 发射光谱仪常用的两种扫描型光谱仪，光学系统为 Ebert-Fastic 和 Czerny-Turner。而多数平面光栅扫描式光谱仪采用 Czerny-Turner 光学系统。Czerny-Turner 光学系统的原理见图 4-71。光源经过聚焦物镜（1）照射到狭缝（2）上，狭缝成为光源的光点，而狭缝位置放置在准直的凹面镜（3）焦点上，准直镜反射的光平行照射到平面光栅（4）上，经平面光栅的衍射作用，使复合光经分光形成单色光，然后单色光经聚焦凹面镜（5）聚焦到出口狭缝（6），通过出口狭缝，单色光直接照射到检测器（7）。检测器可以是光电倍增管或 CCD。如果用计算机改变旋转平面光栅（4）的平台角度，即入射光的角度发生改变，因出射光角度发生改变，这样在出口狭缝就能得到从短波长至长波长一个系列的光谱。

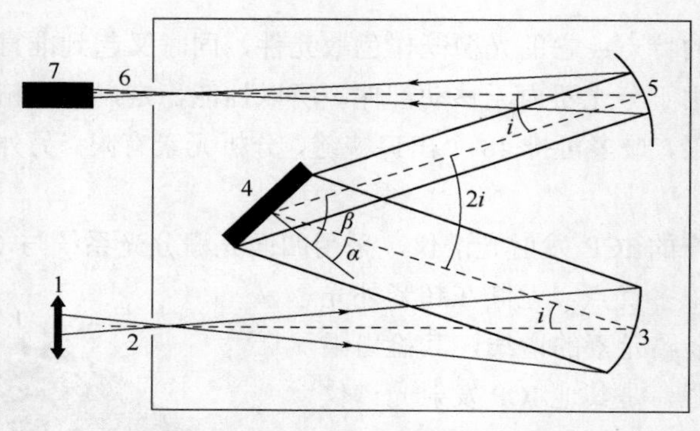

图 4-71　Czerny-Turner 扫描型单色仪示意图

1—聚焦物镜；2—入射狭缝；3—准直凹面镜；4—旋转平面光栅；5—聚焦凹面镜；6—出口狭缝；7—检测器

对于性能优越的扫描型光谱仪要解决的是既需要有高色散率、高分辨率，又需要能测量宽工作波长范围的问题。根据上节所述平面光栅色散率与分辨率性能，提高色散率与分辨率有三个途径：

① 增大光栅的级次。该方法在平面扫描型光谱仪上不适用，因为平面光栅的结构决定它只能使用一、二级光谱，超过二级光谱其光强下降严重无法工作。

② 增长物镜的焦距。这样仪器体积增大，运输、安装调试不方便，也不适合采用。

③ 增加光栅的刻线数。这是目前采用的普遍方法。当今，平面光栅刻线数有：4960gr/mm、4320gr/mm、3600gr/mm 的商品化仪器。然而，增加平面光栅的刻线数，虽提高仪器的色散与分辨能力，但工作波长范围进一步缩小。光栅刻线数与光谱波长范围关系见表 4-18。

表 4-18　光栅刻线数与光谱波长范围关系

光栅刻线数/mm	2400	3600	4300	4960
光谱范围/nm	160~800	160~510	160~420	160~372
实际分辨率/nm	约 0.01	约 0.006	约 0.005	约 0.0045

解决这对矛盾的办法，常用的方式是在光路设计中安置两块或多块不同光栅刻线数的光栅。刻线数多的光栅，其工作波长范围为 160～458nm，用于紫外光和超紫外光波段区域的多数元素高色散率与高分辨率测定；另一块刻线少的光栅，其工作波长范围为 485～850nm，用于光谱干扰较少的可见区域元素，如 Li、Na、K 等的测定。这样既使仪器具有高色散、高分辨率，又可在宽工作波长范围下工作。

为了达到寻找分光后的分析谱线，必须使光栅角度作相应的精确变化。为了提高光栅旋转台转动的精密度，常见的光栅旋转台转动方式有以下两种。

第一种方式：螺纹螺杆传动机构方式。如图 4-72 所示：步进电机带动螺纹螺杆转动，通过精密的螺纹的转动，带动螺杆的位移驱动光栅台转动。螺杆是一根高精密抛光的导杆，它通过精密的螺纹与驱动电机连接。在光谱仪光栅转台最短波处，选择一条定位的参比线，例如，零级光谱线、Ar 谱线或汞的谱线，当驱动电机转动后，通过计算机算出离开参比线的步数，并知道螺杆移动距离，应用正弦公式可知光栅转动的角度。通过这种正弦杆驱动方式达到寻找谱线的目的。然而专门用这种方式还不能达到扫描高分辨率的目的。因为光栅台移动

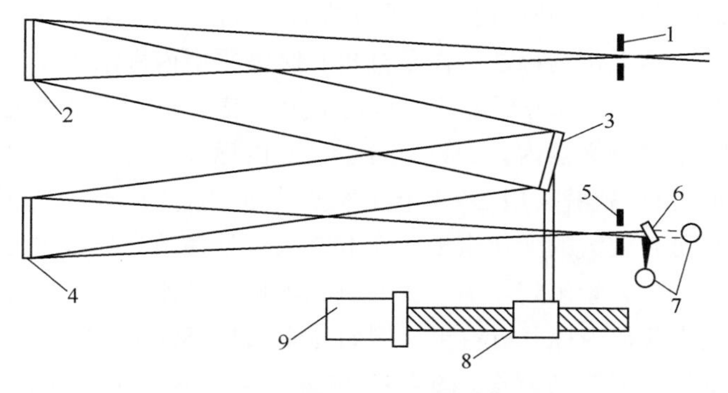

图 4-72 螺纹螺杆传动扫描机构

1—入射狭缝；2—准直镜；3—光栅；4—聚光镜；5—出射狭缝；6—反射镜；7—光电倍增管；8—螺杆；9—同步电机

很小的角度，波长移动仍很大，一般均采用分两步扫描方式，首先用上面方式使光栅转动初步定位，后在出口狭缝处作 5mm 内横向位移，进行精密的扫描搜索，以达到位移步长误差为±0.0002nm。对 ICP 发射光谱而言，谱线宽度一般在 0.005～0.03nm，要准确测量谱线峰值强度，其光栅驱动机构定位精度不能＞0.001nm，使上述步移误差值能满足测量谱线的要求。为达到这种要求，扫描型光谱仪必须有如下功能：

① “波长校正”的作用　实际上，仪器都存在机械和光学的缺陷，这就引起由线性计算所得的波长与实际波长之间有微小的系统误差。该系统误差在光谱中是随机性的，因此在用仪器分析前，必须对它进行“波长校正”的程序。这个程序各种扫描光谱仪与软件结合，其方式不同，但原理是一样的。例如，以零级光谱为“参比线”，以空气中 C、O、N 和 Ar 元素从短波段至长波段，对已知谱线的波长进行测定。通过仪器运行，计算机算出步进的距离。在测量过程中将误差校正加在开始算出的步数上，以至于所需的分析波长能够准确定位。当分析者提供分析元素与波长后，计算机可以通过驱动电机，根据步进距离推算，进行自动测量。同样，“波长校正”也可以在 ICP 光源后部安置汞灯，使用各波长区域的汞谱线进行校正。

② 光栅转动台机械磨损校正　无论何种形式光栅转动台都属于机械传动装置，长期使用都有机械磨损存在，使之产生寻峰误差。因此，在每天仪器做分析工作前，必须完成“波长校正”的程序，即按上述的方法，进行“寻峰测量”，将寻峰位移误差算出的步数，反馈到计算机中进行校正。由于采用当时“校正”，这样就能准确找到谱线，达到消除机械磨损的影响。

③ 谱线峰值定位更为准确的方式　峰值定位的测量方式是借助光电测量系统与软件相结合进行工作。尽管上述方式能精密找到谱线，同时又能对波长移动进行校正。但是由于瞬时的热变化和机械变化，峰值偏差仍然略有存在，因此不能直接对波长波峰定位测量。用上述方法搜索所需的分析线后，在其谱线附近±0.025nm 距离内，按光栅驱动电机最小步进距离，选择 9 个点（或 11 个点），测量每个点光强，将这些点的光强度拟合到波峰的数学模式中，算出实际的波峰最高强度，以此强度为分析线信号定值。

④ 提高扫描式光谱仪分析速度的办法　当输入测试元素及分析线波长后，计算机的软件可按波长由小到大的次序排列，在没有谱线测量时，驱动光栅台快速运转（称空载），无需测量取数。在需测量分析线时，光栅台慢速运转，并按上述方式测光取数。同时每次均按波长由小到大的次序排列进行测量，所以一次测定光栅台不会反转，节省测量时间。

⑤ 扫描式光谱仪瞬时测光获得内标分析方法的手段　尽管 ICP 分析方法分析的精密度好，但一般分析方法不需采用内标法。微量分析有时需采用内标法工作，尤其是高含量的分析（>10%）时，必须采用内标分析方法。这是 ICP 光谱分析不可缺少的手段。扫描型的光谱仪内标工作方式，是在分光器内，加设一台小型的内标分光器，其分光器的焦距很短，采用面积小的凹面光栅，出口狭缝采用 2～3 个元素测量，此内标分光器灵敏度无需很高的要求，因为内标元素的含量可有较大的变化余地，在 ICP 火焰处使用光导纤维方式，使分析时一束光进入主分光器进行分析元素测定，另一束光进入内标分光器进行内标元素测定，从而达到扫描式光谱能瞬时测光获得内标分析效果（例如岛津 ICPS-8000 扫描型 ICP 光谱仪）。

第二种方式为蜗轮蜗杆驱动方式。图 4-73 和图 4-74 分别为驱动方式的原理及其实物图。

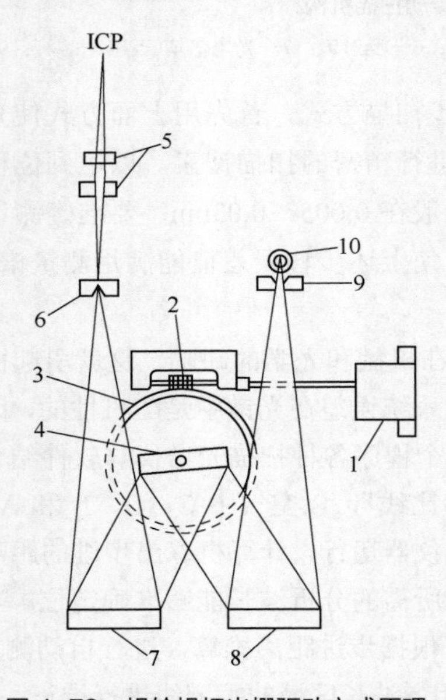

图 4-73　蜗轮蜗杆光栅驱动方式原理

1—步进电机；2—蜗杆；3—蜗轮；4—光栅；5—聚光镜；
6—入射狭缝；7—准直镜；8—聚光反射镜；
9—出射狭缝；10—检测器

图 4-74　蜗轮蜗杆驱动方式实物

这种方式是将蜗轮与光栅台直接连接。利用同步电机带动蜗杆经过蜗轮的减速驱动光栅。同样是改变光栅的角度，使出口狭缝光的波长获得顺序变化。它的扫描步距与扫描定位精度要求与上述基本一致。同样需作“波长校正”定位、测定谱线的精密定位、克服机械长期运转磨损，均需每日进行“波长校正”的程序。性能和需要解决的问题与上述螺纹螺杆传动机构基本相同。只有某些软件执行方式不同，例如，“参比线”不采用零级光谱线，采用汞短波长的谱线。谱线定位方式，采用宽波长范围拟合和窄波段范围拟合两种定位方式等（例如 JY Ultima ICP 扫描型 ICP 光谱仪）。

扫描型 ICP 光谱仪器可以通过采用大色散、高刻线密度光栅、长焦距（1000mm）分光装置，获得高分辨率。光栅按波长范围的需求，即分析试样种类与测定元素要求不同，配置 2400gr/mm、3600gr/mm、4320gr/mm 或 4960gr/mm 等不同规格刻线的光栅，使其色散率、分辨率、工作波长范围不一样，以满足不同分析要求。大面积离子刻蚀全息光栅（110mm×110mm）

相对孔径大，使其分辨率增大，信噪比好。分光器采用通 N_2 方式工作，可以完成 190nm 以下谱线的测定。光栅刻线数高，波长适用范围窄，4960gr/mm 的光栅适用波长仅为 160～372nm（分辨率约为 0.005nm），如果采用 2400gr/mm 光栅，其波长范围可达 160～800nm（分辨率约为 0.010nm）。

扫描型 ICP 光谱仪特征如下：

① 可得到从短波至长波的线状连续光谱，为 ICP 光谱研究提供极为有利的条件。

② 可在全波段范围内得到较高分辨率。尤其是在波长 350～450nm 范围内其谱线强度高，分辨率仍然较高。这是稀土金属与稀土氧化物中稀土元素及非稀土元素测定的最佳分析仪器。而其他 ICP 光谱仪器做这方面工作是很艰难的。

③ 整个波段范围色散率均匀，分辨率基本一致，适应于波长表制作与分析波长的选用。同时，同一种元素各分析谱线都取在同级次光谱区，所以其强度具有可比性。而且目前出版的很多波长表及所附的光谱参数均可以应用。

④ 这种仪器的缺点：增大分辨能力，必须增大分光器的焦距，使将仪器体积大。而增多光栅刻线数，受到很多条件限制，无法执行。另外，分析速度不如同时型仪器、中阶梯光栅固体检测器件光谱仪。

4.3.7.3 组合型 ICP 光栅光谱仪

组合型 ICP 光栅光谱仪种类繁多，有多通道型与单一扫描型的光谱仪组合型的光谱仪（称 *N*+1 型），例如 JY 170 型。有多通道型与多个扫描型的光谱仪组合型的光谱仪（*N*+*M* 型），见图 4-75。

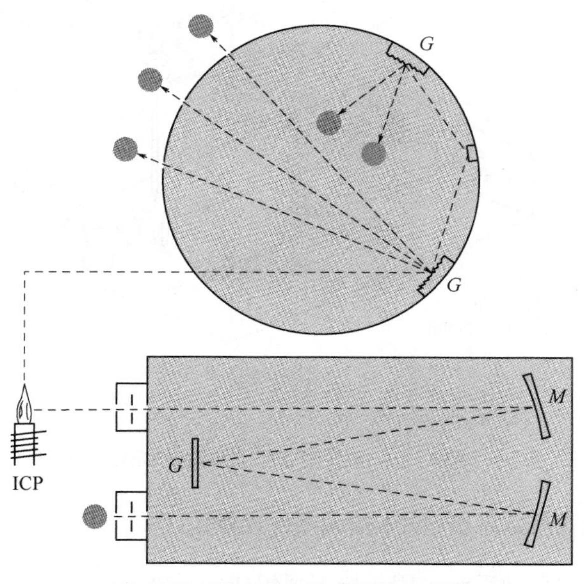

图 4-75 组合型（*N*+*M*型）光谱仪

这种光谱仪，采用一个 ICP 光源，一套进样系统，双边通过两台分光器进行分光检测。一边进入多通道光谱仪，达到快速、稳定检测。另一边进入扫描型光谱仪，达到分析灵活、抗光谱干扰能力强、准确测定目的。组合型光谱仪的特点是适合一些特殊分析机构的需要，例如 $N+M$ 组合光谱仪，它的多通道光谱仪部分适应常规固定分析元素的测定，而扫描型光谱仪经常可以做新材质检测、环保检测等，测定元素可变的研究工作。

还有一种 S+S 组合 ICP 光谱仪，例如 ICPS-8100，其分光器由两个独立色散系统组成，见图 4-76。第一分光器，焦距 1000mm，波长范围 160～372nm，大面积光栅刻线数 4960gr/mm，分辨率 0.0045nm/mm，真空型光室，是商品化仪器中分辨率最高的分光器。第二分光器，焦距 1000mm，两块光栅：一块刻线数 4320gr/mm，分辨率 0.0055nm/mm，波长范围 250～426nm；另一块光栅，刻线数 1800gr/mm，分辨率 0.013nm，波长范围 426～850nm。此两个分光器可互为内标分光器。测定时，两个分光器同时运行。每个分光器分别由单独的 CPU 控制扫描程序，进行测量信息取数。将得到的信息输送到另一台 CPU 进行处理。当需测定高纯的 Ni、W、Cr、V、Ti、Mo、Nb、Ta、Zr、Hf 及稀土金属这些发射光谱多谱线的杂质元素，则需要分辨率极高扫描型与扫描型组合光谱仪，使其分析灵敏度达到所需要求。如果分析元素过多，为加快分析速度，也可另外配置一台小型的内标分光器。

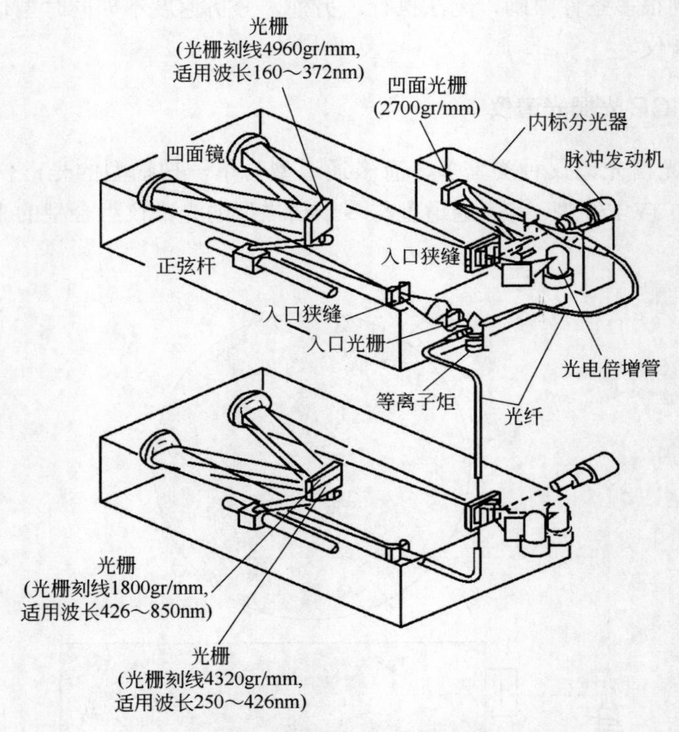

图 4-76 高分辨 S+S 扫描型光谱仪

4.3.7.4 中阶梯光栅双色散系统-固体检测器件光谱仪

中阶梯光栅-棱镜双色散系统与固体检测器组成的 ICP 光谱仪，属同时型仪器，采用面阵式的固体检测器可以同时记录下所拍摄到的所有谱线，因此又称为“全谱型”光谱仪。中阶梯光栅以增大衍射角的方式，检测较高衍射级次的谱线（30～200 级），以提高仪器的分辨率。它的光栅刻线数少（通常是几十条刻线/毫米），分光器焦距短，仪器结构紧凑，工作时分光器内无移动光学器件，稳定性好。仪器具有快速、准确、使用极为方便等一系列的优点，进入 21 世纪以来已成为 ICP 光谱仪器的主流，得到广泛的应用。

固体检测器 CCD 或 CID 与中阶梯光栅结合的光谱仪，种类与生产厂家很多，其分光原理及检测器已在上节作过介绍，各厂家生产的仪器现有特性略有差别，性能也有差异，这里仅对采用 CCD 的光谱仪与采用 CID 检测器的光谱仪作简略介绍。

（1）电荷耦合型 CCD 检测器光谱仪

其基本原理如图 4-77 所示，ICP 光源发射的光，经过反射镜聚焦于入射狭缝，由准直镜把入射光反射成平行光照射到中阶梯光栅上，经衍射分光后，再经棱镜交叉色散生成二维光谱，由平面镜将二维谱线照射到面阵式 CCD 检测器检测。这类仪器最早实现商品化的典型 ICP 全谱型仪器为 Optima-3000（1993 年面市），采用 SCD 分段式固体检测器（专门设计的 CCD 检测器）。由于 CCD 属公开技术，目前 ICP 光谱商品仪器大多数采用 CCD 检测器。

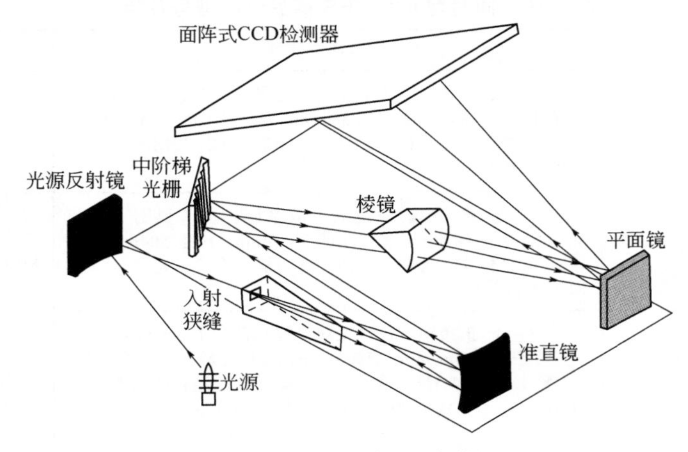

图 4-77　CCD 检测器光谱仪

（2）电荷注入型 CID 检测器光谱仪

采用 CID 检测器的全谱型 ICP 光谱仪见图 4-78。ICP 光源发射出光，经物镜、光栅照射到入口狭缝，狭缝在准直镜的焦点上，准直镜反射的平行光，经氟化钙材料制作的棱镜作预色散元件，照射到中阶梯光栅使之分光。单色光经曲面镜聚焦，经反射镜到 CID 检测器检测。

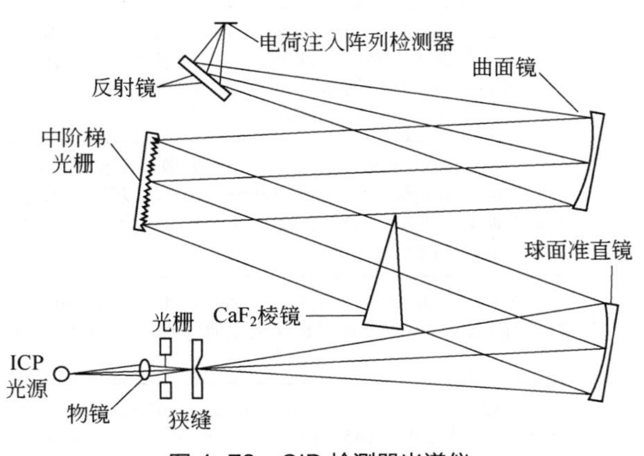

图 4-78　CID 检测器光谱仪

电荷注入 CID 检测器最大的特点，是非破坏性的读出，它没有电荷移出和图像模糊现象。而且它的器件无法使用背照射技术，它是在器件表面涂敷荧光剂将紫外光转化成可见光接收，在真空紫外光区（＜190nm）仍有良好的接收能力。经典之作为 1992 年 J.A. IRIS Intrepid ICP 光谱仪，现在已经发展为 iCAP 7000 系列。由于 CID 属专利技术，仅 TJA 等某些公司使用。

由于固体检测器制造技术的不断进步，用于 ICP 光谱仪上的检测器，不断有新型检测器如 CMOS 等被采用。

4.3.7.5 商品仪器举例

典型 ICP-AES 商品仪器型号及主要技术指标与性能见表 4-19 和表 4-20。

表 4-19 同时型 ICP-AES 商品仪器型号及特性

厂商及仪器型号	仪器基本参数	检测方式
赛默飞世尔（Thermo） iCAP 7000 系列	中阶梯光栅-棱镜双色散系统；光栅刻线 52.91gr/mm，波长范围 166～847nm；焦距 383nm，分辨率 0.007nm（200nm 处），驱气型光室。CID 检测器，固态 RF 27.12MHz，功率 750～1500W	全谱直读
玻金 埃默尔（PE） Optima 8000 系列 Avio 500 ICP-OES	中阶梯光栅-光栅/棱镜双色散系统；波长范围 165～403nm/403～782nm，光栅刻线 79gr/mm；焦距 504mm。平板式等离子体负载，双 SCD 检测器，充 N_2 光室。固态 RF40.68MHz	全谱直读，双向观测。MSF 多谱拟合技术
安捷伦（Agilent） ICP 730 ES 5800 ICP-OES	中阶梯光栅-棱镜双色散系统；波长范围 165～1100nm；光栅刻线 94.74gr/mm；焦距 0.4m；CCD 检测器，充气光室。RF 频率 40.68MHz。垂直炬管双向同步观测智能光谱组合（DSC）（SVDV）ICP-OES 技术，5800 型自由曲面光学系统	全谱直读，FACT 谱线拟合校正
日本岛津（Shimadzu） ICPE-9800	中阶梯光栅双色散系统；光栅刻线 79gr/mm；波长范围 167～800nm；百万像素 CCD 检测器；真空室。小炬管设计 Eco 模式；固态 RF 频率 40.68MHz	全谱直读，垂直炬管双向观测，自动切换
美国利曼（LEEMAN LABS） ICP Prodigy 系列	固定式中阶梯光栅-弧面棱镜/透镜交叉色散系统；波长范围 165～1100nm；光栅刻线 79gr/mm；焦距 750mm；大面积固态阵列 L-PAD 检测器，ICP Prodigy 7 采用 CMOS 固态检测器，固态 RF 发生器频率 40.68MHz	全谱直读，双铂网雾化器
德国耶拿（JENA） ICP PQ 9000	中阶梯双色散系统，波长范围 160～900nm；光学分辨率 0.003nm（在 200nm 处）；垂直炬管，双向观测。高灵敏度、高量子化效率 CCD 检测器，分辨率优于 0.002nm，充气式光室。固态 RF 频率 40.68MHz，功率 1700W	全谱直读，全自动气体质量流量控制
德国斯派克（SPECTRO） SPECROGREEN	凹面光栅 Paschen-Runge 装置，一维色散；多光栅系统：(3600+1800)gr/mm；波长范围 130～770nm。线阵 CCD 检测器；垂直炬管，径向双面观测（DSOI）。固态 RF 频率 40.68MHz。密闭充氩循环光室	全谱直读。整个光谱区域内光谱分辨率保持恒定
聚光科技（杭州谱育） EXPEC 6500 ICP-AES	中阶梯光栅的二维分光系统，谱线范围 165～870nm，自激式全固态 RF 电源，背照式深制冷面阵 CCD 高速数采系统	全谱直读，垂直炬管双向观测
钢研纳克 Plasma 3000	中阶梯光栅-二维分光系统，光栅 52.67gr/mm，焦距 400mm；谱线范围：165～900nm，科研级 CCD 检测器全谱采集。自激式全固态 RF40.68MHz 频率	全谱直读，垂直炬管双向观测

表 4-20 顺序型 ICP-AES 商品仪器型号及特性

厂商及仪器型号	仪器基本参数	检测方式
HORABA JY JY Ultima Expert ICP-AES	平面光栅 Czerny-Turner 装置，双面 4343/2400gr/mm 离子刻蚀光栅；焦距 0.64m；波长范围 120（深紫）～800nm，分辨率 0.0035nm。背照式 CCD 检测器/固态 RF 发生器频率 40.68MHz；充气光室	高速扫描全谱采集功能。HDD 高动态检测器，IMAGE 全谱定性半定量系统
岛津（Shimadzu） ICPE-8100	平面光栅 Czerny-Turner 装置，刻线 2400～4960gr/mm；焦距 1m，最高分辨率 0.0045nm。波长范围 160～850nm；PMT 检测器，双光室双 PMT，带内标通道，RF 发生器 27.12MHz，功率 1.8kW（Max）	高分辨率扫描型仪器。不同光室不同分辨率，适应不同波段测量
GBC 公司 Intgera XL	双道扫描 Czerny-Turner 装置，平面光栅刻线 3600gr/mm；焦距 0.75m，波长范围 160～800nm；分辨率最高为 0.004nm。PMT 检测器，双 PMT，双光路，双单色器可选。光室空气/真空可选。自激式 RF 发生器 40.68MHz	低流速（冷却气 10 L/min），低功率，可拆卸石英炬管
科创海光 WLY 100-2	单道扫描 Czerny-Turner 装置，平面光栅 3600gr/mm；1m 焦距，固体高频发生器，频率 40.68MHz	单道扫描，分辨率≤0.009nm；PMT 检测器
钢研纳克 Plasma-1000	单道扫描 Czerny-Turner 装置，平面光栅，刻线 3600gr/mm；1m 焦距，PMT 检测器，RF 发生器频率 40.68MHz，功率 0.75～1.5kW	单道扫描仪器，分辨率≤0.008nm
无锡金义博 TY 9900	单道扫描 Czerny-Turner 装置，平面光栅刻线 3600gr/mm；1m 焦距，PMT 检测器，自激式 RF 发生器 40.68MHz，功率 0.8～1.2kW	单道扫描仪器，分辨率≤0.008nm

注：由于商品仪器技术创新，型号不断更新，此表仅为各公司当前典型产品提供的相关技术数据，仅供参考。

4.4 电感耦合等离子体发射光谱仪器使用与分析操作

4.4.1 ICP 仪器工作参数的设定

ICP 仪器的工作参数要适合于多元素同时测定的条件。对于一台已经选定的商品 ICP 光谱仪，有很多技术指标及参数已经根据用户加以优化，用户在实际使用时可调节控制的实验参数有：高频发生器的功率、工作气体（冷却气、辅气、载气）的流速、进样速率和观测高度。其中，功率、气体流速和观测高度三者是影响分析线信号的关键因素。这种影响一方面与谱线性质有关，另一方面三种因素的影响又是互相关联的。在分析单一元素时，通常优化工作条件以获得最佳信背比。在多元素同时分析时，则需兼顾所有待测元素的要求采用折中条件。不过，对信背比的优化或折中（实际上也是对检出限优化的折中）在某些分析工作中并不是主要矛盾。因此，条件的折中应适合分析任务的要求。

在获得最大信背比和检测能力的优化条件下，电离干扰较严重。相反，采取降低电离干扰的工作条件时，检测能力却变差。这需要按分析任务的要求加以折中或协调。

4.4.1.1 分析谱线的特性

ICP 光谱分析的谱线，按照受 ICP 工作参数影响的行为不同，Boumans 把光谱线分为软线和硬线两类：标准温度在 9000K 以下的谱线属软线，9000K 以上的属硬线。软线主要是那些电离电位较低和中等（≤8eV）的元素的原子线，以及二次电离电位较低的元素的一次离子线，其他的原子线和离子线则是硬线。

中心通道中谱线强度的极大值位置，软线出现在较低观测高度，而硬线则在较高处（图 4-79）。软线的强度极大值随发生器功率增大而移向低观测高度，在不同观测区域会观测到功率对强度的不同影响。硬线的强度极大值位置不受发生器功率影响，但强度随功率增大而迅速增大。

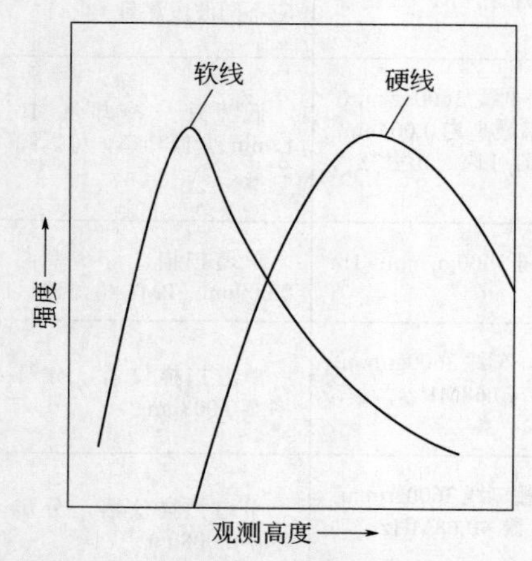

图 4-79　软线和硬线发射强度与观测高度

4.4.1.2　工作气体流速

① 冷却气　对于给定的 ICP 体系，冷却气流速有个最低限，低于这个限度会导致外管过热而烧毁，或使炬焰熄灭。从经济角度考虑，采用比等离子体稳定工作所需最低限稍大的冷却气气流。用更大的冷却气流速对分析性能影响不大。分析有机溶剂的样品时，需优化冷却气流速，同时采用较大的功率。

由于它是形成等离子炬焰的主要气体，有些文献将其称之为等离子气。

② 辅助气　对于只含无机物的水溶液样品，辅助气一般省略不用。但分析有机物时，辅助气用于防止炬管的碳沉积物是必不可少的。

③ 载气　它不仅是 ICP 很关键的参数之一，影响中心通道内各种参数和分布，影响试样在通道内滞留时间，而且还是雾化器的重要参数。超声雾化时，一定程度上载气会影响带入炬焰中的气溶胶的量，气动雾化时则更是如此。因此，谱线强度随载气流速的变化反映气溶胶流速和等离子体特性两方面因素。由于对 ICP 优化的载气条件下，雾化器接近于它的饱和水平，因此载气的优化条件最终取决于等离子体而不是雾化器。

载气增大时，谱线强度峰位置移向高观测高度，但峰值降低（图 4-80）。增大载气对提高信背比、改善检测能力似乎是有利的，尤其是对软线。但是，载气增大时，基体影响趋于严重，对于软线的影响也更为严重，如图 4-81 所示。因此，应在检测能力和干扰两者之间作折中。

在氢化法进样情况下，观测到谱线净信号和信背比随载气增大而单调降低，背景的影响不明显。这与分析元素在通道观测区的滞留时间因载气增大而减小及被载气稀释有关[22]。

4.4.1.3　观测高度

观测高度是观测位置距负载线圈上缘的高度距离，以 mm 为单位。实际上，光谱仪观察窗本身有一定高度，如 5mm 左右，这时观测高度是观测窗中点与线圈上缘之间的高度距离。

光源中温度、电子密度、氩的各种粒子密度等参数在中心通道内有不同的轴向分布，分析元素粒子受到加热，经历蒸发、原子化、激发、辐射等过程，这些过程随元素和谱线而不

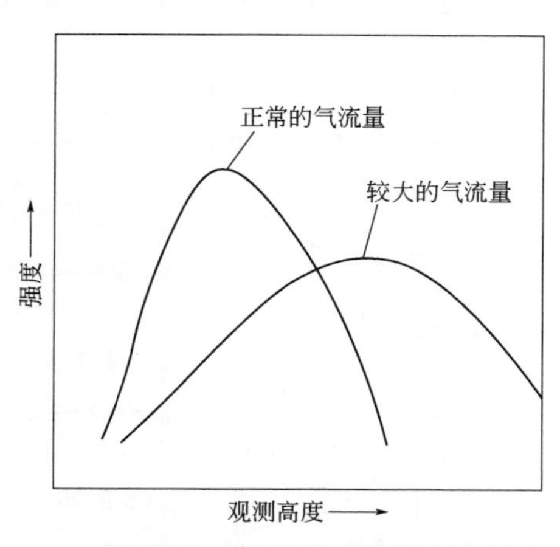

图 4-80　载气流量对谱线强度的影响

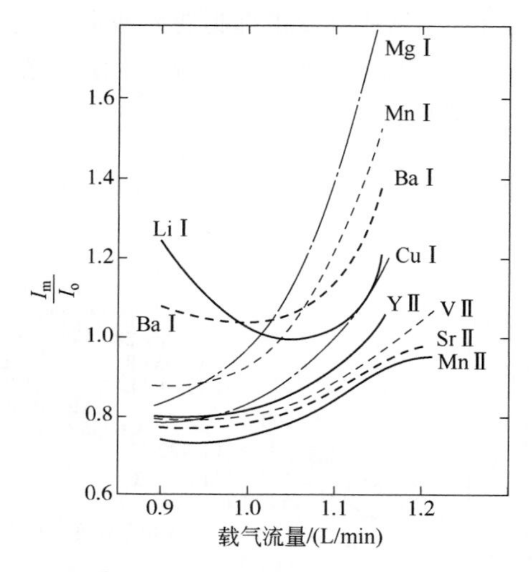

图 4-81　基体效应与载气流量的关系

KCl 溶液 10mg/mL，功率 1.5kW，观测高度 15mm

同，表现为各种元素和谱线的强度与观测高度有关。图 4-82 是 Boumans 给出的一些代表性元素和谱线的最佳观测高度[40]。随着通道位置的升高，样品受热时间增加。沸点高的物质蒸发和原子化趋于完全，因此，W、Mo 之类元素的谱线强度极大出现在较高观测高度。另一方面，高度升高到逐渐脱离环形热区，这时温度逐渐降低，Li、Na、K 等碱金属的原子线在此位置出现强度极大。Zn、Cd、P 之类元素易于原子化，但激发电位较高，在低观测区原子化已充分，并且有较高温度利于激发，所以它们的谱线强度极大出现在较低的位置。软线的最佳观测高度受功率的影响，增大功率时观测高度移向较低位置。硬线则受功率的影响不明显。Blades 和 Horlick 的试验观察表明：谱线强度峰的观测高度与它的标准温度大体成直线关系，见图 4-83。

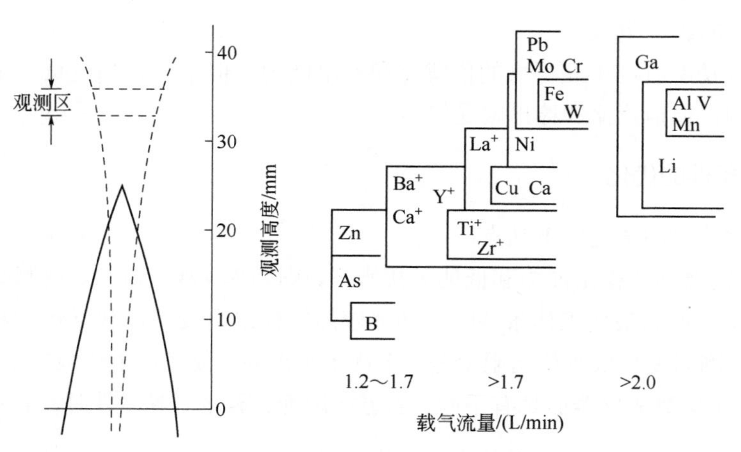

图 4-82　若干元素最佳观测高度分布与载气流量关系

图 4-84 是钠盐在不同观测高度对谱线信号的基体影响。在仪器的最佳载气流量 1.0L/min 条件下，NaCl 对硬线的影响受到抑制，随高度改变很小。但对软线 Ca Ⅰ、Cr Ⅰ 的影响随观

测区上移，谱线强度由抑制变为增强。在它们的仪器中干扰影响最小的观测高度在20mm处，在此位置同时有很好的检出限。因此，在小功率下，可通过正确选择观测高度取得较轻的基体干扰效应。

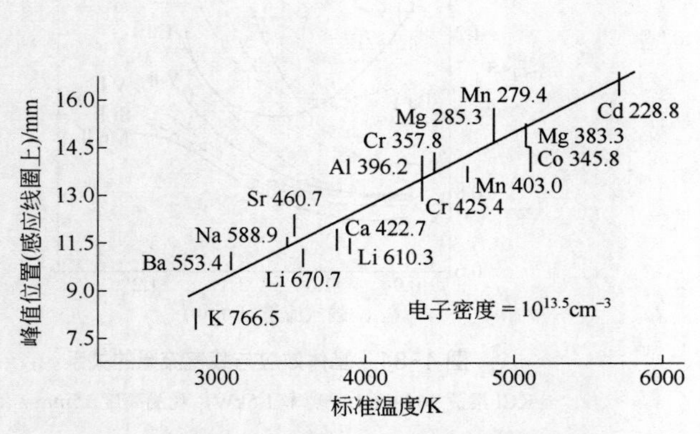

图 4-83　谱线的峰值与标准温度的关系

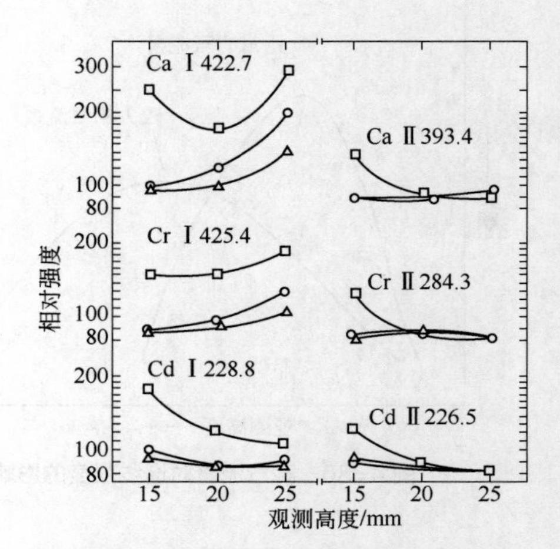

图 4-84　钠盐（6.9mg/mL）对不同谱线的基体干扰

○ 功率 1025W，载气速率 1.0L/min；

△ 功率 1250W，载气速率 1.0L/min；

□ 功率 1025W，载气速率 1.3L/min

4.4.1.4　高频发生器功率

在常用范围内，增大高频功率提高ICP温度，使谱线增强，但同时背景也增大更快。因此，通常信背比随功率增大而下降。谱线越硬，强度受功率的影响越显著。

在常规分析条件下功率变化对各种分析线强度的变化影响很大，试验表明谱线强度受功率影响的程度与原子线激发电位（EP）或与离子线的激发电位加电离电位（EP+IP）有关，硬线受功率波动的影响更大。

实验上取低功率有利于获得大的信背比和检出能力，但基体影响较重。采用大的功率则可减轻基体影响，但信背比和检出限受损。

4.4.1.5　测定条件的优化

由上面的讨论可归结为以下几点：

① 若同时需要高的检出能力和低的干扰水平，则功率、载气流量、观测高度三者可采用的数值范围很小。偏离最佳工作条件时，功率较高则检出限变差，载气较大和观测高度较高则干扰偏重，观测高度较低则检出限变差、干扰水平提高，载气过小还限制了气溶胶的产生。

② 最佳工作参数随仪器而稍有不同。当更换炬管、雾化器等组件时，需要重新调整设置的参数。

③ 通过对一条硬线（如MnⅡ257.6nm）信背比变化的观察和若干条软线、硬线（如LiⅠ670.7nm，BaⅠ553.5nm，ZnⅠ213.9nm，MnⅡ257.6nm）的KCl基体干扰的观察，就能迅速找到优化条件。具体步骤是：

a．功率　选择射频发生器能稳定工作的最小功率，通常这样一个功率水平约为 1kW。

b．载气流量　在固定功率条件下，取光谱观测窗约 5mm 高，观测窗中心位于负载线圈上 15mm。改变载气气流，观测 Mn Ⅱ 257.6nm 的信背比，取信背比最大时的载气流量并固定之。

c．观测高度　观测 10mg/mL KCl 基体对上述软线和硬线的净信号的影响。所观测的范围为负载线圈上(15±2～3)mm。根据观测结果改取新的观测高度，使基体影响估计不超过±15%的水平。

d．核对经过上述观测高度调整后，载气流速是否要稍微调整，取最终确定的流速。

4.4.1.6　常用工作参数

实际采用的工作条件主要取决于炬管，大的炬管需要大流量的工作气体，因而需要大的功率。然而，多数商品提供 Fassel 型的小型炬管。许多研究表明，不同型号的 ICP 光谱仪所优化的工作参数很接近。

表 4-21 是用雾化方法分析水溶液样品时的常用工作参数。

表 4-21　ICP-AES 常用工作参数

炬管	Fassel 型	炬管	Fassel 型
载气流量	0.6～1.0L/min	正向功率	1.1～1.3 kW
辅气流量	0～0.5L/min	观测高度	14～18 mm
冷却气流量	12～18L/min	雾化速率	0.5～2.0 mL/min

表 4-22 是 ICP 分析三种类型样品溶液时的典型折中工作条件。

表 4-22　ICP-AES 的典型折中工作条件

工作参数	无机物水溶液	无机-有机物水溶液	有机溶剂
功率/kW	1.1	1.1	1.7
冷却气/(L/min)	14	14	18
辅气/(L/min)	0.2	0.7	0.9
载气/(L/min)	1.0	0.9	0.8
观测高度/mm	15	15	15
雾化速率/(mL/min)	1.4	1.4	0.8～1.4

4.4.2　ICP-AES 光谱仪的使用

4.4.2.1　日常分析操作事项

使用 ICP-AES 仪器进行分析，其日常分析操作步骤主要有：①开机预热；②设定仪器参数和分析方案；③编辑分析方法操作软件程序；④点火操作；⑤谱线校准；⑥建立标准曲线；⑦分析样品；⑧熄火并返回待机状态；⑨完全关机。

以下以同时型仪器中阶梯光栅分光-面阵式固体检测器的仪器和顺序型仪器高刻线平面光栅单道扫描仪器为例介绍 ICP-AES 分析仪器的日常分析操作问题。对于其他类型的仪器，可作参照。

（1）仪器预热

在仪器开始使用或断电后重新开机运行时，要通电预热使仪器达稳定状态才可开始进行分析测定。使用短波段（200nm 以下）时需在真空系统下或充惰性气体下，使光室达到要求的真空度，以保证紫外谱线的分析要求。在点火之前，必须检查各路气体流量是否符合要求，水冷和排风系统是否正常，现在大多数仪器均有自动显示或报警，哪项没满足要求，均应检查改正。否则将影响下面操作，无法自动点火。

（2）进样系统安装

① 进样系统的选择　依据要分析的元素、基体和溶样酸的特性，选择相应的雾化器、雾室。样品中含氢氟酸的必须用耐氢氟酸雾化器、耐氢氟酸雾室和陶瓷中心管；盐分高于10mg/mL 应采用高盐雾化器；用于油品分析时应采用专用进样系统。

② 中心管道的选择　不同类型的商品仪器，可以配备不同形式的炬管。为了改变到达离子区样品的特性，要求等离子炬管中使用不同的中心管。对于可拆卸式炬管，应根据分析对象不同选用不同类型的中心管。如分析水相时选用 1.5mm 石英管；分析有机相时选用 1.0mm 石英管；分析高盐溶液时选用 2.0mm 石英管；分析含 HF 酸溶液时选用氧化铝陶瓷制品。

③ 雾室的选择　根据进样溶液的性质不同要选用不同类型的雾室。如：

a．水溶液雾室　金属材料产品分析选用标准配置的旋流雾室即可，记忆效应小，但比回形雾室稳定性差，蒸气压较高的样品选择能制冷恒温雾室。

b．有机溶液雾室　低密度有机样品喷雾腔里有挡板管，这将减小样品的气化密度；也要用分析有机相的中心管。

高挥发性有机样的分析要求控制喷雾腔的温度，这要求在喷雾腔上套上能维持其温度为4℃的循环流体装置，应选用专用冷凝器。

④ 蠕动泵管的选择　根据进样溶液的不同，也可选用不同进样管道，下列两种管道可用：聚乙烯管（Tygon），适用于水溶性样品，强酸类，强极性溶剂，含甲醇、乙醇等有机溶剂的溶液；维托橡胶管（Viton），适用于低极性溶剂类，例如烷烃、芳香烃、卤代烃，如汽油、煤油、甲苯、二甲苯、氯仿和四氯化碳等。

⑤ 雾化器的选择　标准雾化器的应用范围较宽，含有较多的溶解性固体的分析溶液可能导致标准雾化器的阻塞，清洁雾化器相当困难，应格外小心。为防止雾化器的阻塞，可加装含氩湿润器附件；高密度有机试样及高盐溶液应采用 V 形槽雾化器。

⑥ 耐氢氟酸进样系统　包括雾化器及雾室、炬管中心管，均需更换为耐 HF 腐蚀的部件。如更换为瓷质中心管、耐氢氟酸雾化器、耐氢氟酸的雾室。

（3）进样系统的组装

1）等离子体炬管装配

等离子体炬管不同仪器使用不同类型，其装配可按仪器使用说明书安装步骤进行。

① 整体式炬管　其中心管是石英材质，与炬管是一个整体，炬管直接安装在固定位置上使用。对于一体式炬管只能整体更换。

② 半可拆卸式炬管　中心管是单独的，炬管外层管、内层管和/或中心管底座是一体，使用时将中心管安装在中心管底座上，有的仪器再将中心管底座固定在炬管上。中心管要略

低于炬管内层管的上边缘。

③ 全拆卸式炬管　中心管、炬管外层管、内层管、中心管底座和炬管底座都是分离式的。使用时按照说明书组装好。对于带金属外套的可拆卸式炬管装配时，炬管的石英部分应与金属外套相配合，中心管正好插入中心管套，确保中心管道处于炬管的正中央。

商品仪器的可拆卸炬管均确保其炬管体和其金属炬外壳完全配套，对于石英炬管的更换及清洗，操作起来均很方便。对于一体式炬管只能整体更换。

炬管在使用前要清洗干净，并晾干，检查炬管表面不得有破损。半可拆卸式或全可拆卸式炬管会有一些“O”形圈，做密封用，要经常检查“O”形圈是否老化或破损，防止漏气。如果金属炬管内外两侧的圆环存在明显的破损或破坏应该检修或更换。

对于有固定卡位的仪器炬管架，只要将炬管固定到位即可保证炬管安装位置，对于没有固定卡位的炬管架，安装炬管的位置要使炬管内层管的上边缘与线圈的下边缘保持 2～5mm 的距离。炬管固定之后，将等离子气（冷却气）和辅助气与炬管连接。

2）安装雾化进样系统——炬管、雾室、雾化器、气管、毛细管的连接

雾室也有不同类型，有的雾室是可以拆卸的，有的雾室是不可拆卸的如玻璃旋流雾室，对于可拆卸式雾室在使用前要检查雾室的密封性，确保“O”形圈无破损。

现时商品仪器多使用旋流雾化进样系统，安装时把排放废液的毛细管与喷雾室的底部相连接，雾化器插入雾室，雾室固定在炬管下，然后将载气与雾化器连接，接上雾化气管道、进样毛细管和排样毛细管。连接雾化气管和雾化气入口，将喷雾室及雾化器配置同焰炬系统相连，最后，用夹子锁定在设备中。使用前，务必关上等离子焰炬箱门。

3）蠕动泵管安装

每次实验前应检查泵管是否完好，如有磨损应立即更换。

（4）仪器条件的优化

1）雾化气流量设置

雾化气流量直接关系到仪器的灵敏度和稳定性，一般随着雾化气流量的增加，灵敏度迅速增大，随后变化趋小，甚至灵敏度略有下降（图 4-85）。原因是雾化效率、等离子温度场变化和传质速度交互作用影响所致。冷却气流量和辅助气流量亦对 ICP 的稳定性有显著影响，关系到火焰的温度及分布，均应按仪器说明书要求设定。

2）进样量设置

进样速度应完全由蠕动泵控制，泵管夹持松紧程度、弹性、泵速、泵速均匀程度、泵头直径、滚柱直径、滚柱数量等与进样的稳定性直接相关。通常 ICP 分析的进样量应控制在 0.5～1.5mL/min，过大的进样量将使等离子炬火焰不稳定，甚至出现熄火。一般多采用 1.0mL/min。

3）功率调整

加载到 ICP 上的功率是维持 ICP 稳定的能量，它通过负载线圈耦合到 ICP 上。功率影响等离子体的温度和温度场分布，随功率提高，开始时灵敏度增加，同时背景增加，继续增大功率，信背比改善不明显甚至变差（见图 4-86）。

对于易激发的元素应选择低功率，如 Na、K；难激发元素选择高功率。通常选择折中功率，兼顾难易激发元素。

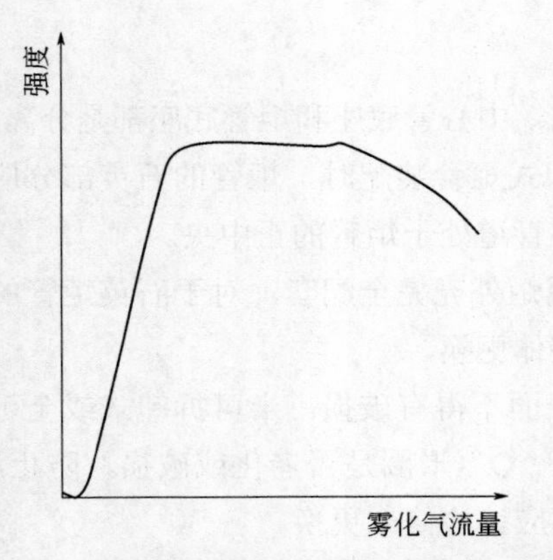

图 4-85　雾化气流量对信号强度的影响

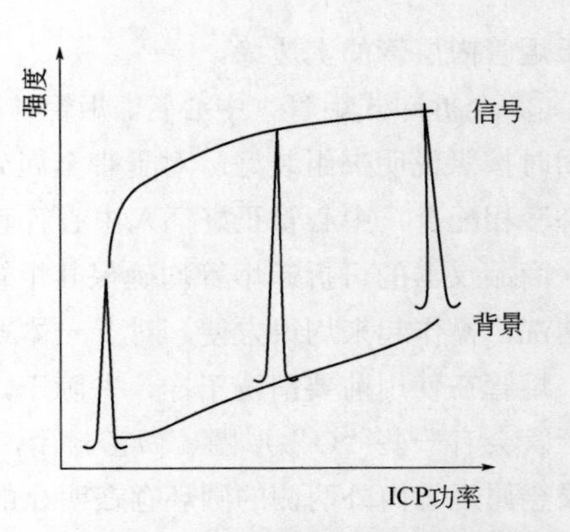

图 4-86　功率对信号强度的影响

4）建立分析方法

首先选择要分析元素的谱线，由于 ICP-AES 谱线丰富，测定时需选择相应的谱线进行定性定量分析。谱线选择要考虑到分析元素的含量、分析谱线的灵敏度、谱线干扰、背景、级次、投射到固体检测器上的位置等因素。

① 选定分析谱线与级次

a．对于微量元素的分析，要采用灵敏线，对于高含量元素的分析，要采用弱线。谱线信号有足够强度是准确定量分析的前提，信号太强 CID/CCD 光电转换负荷大，线性变差，影响定量的准确性。

b．应优先选择无干扰谱线，其次选择干扰小的谱线。对于采用二元色散系统，可以同时接收大量谱线信息，元素可供选择的谱线较一维色散系统多得多，因而通常情况可以选择到无干扰且强度较高的谱线作为分析线。在分析基体复杂的样品时有时难以选择到无干扰的谱线，可以退而求其次，选择干扰较小的谱线，通过干扰校正、背景校正等办法解析干扰而进行分析。

c．相同的谱线具有不同的级次，不同的级次其强度亦不同，利用谱线的列信息，选取落在靠近检测器中心位置的谱线与级次。对于强度接近的同一谱线的两个级次，有时取两者的平均值，用这种方法可提高结果的精密度。

d．谱线选择或添加后，采用汞灯、氩线、氮线、含长波中波短波元素的混合溶液等对仪器进行粗校准，然后用元素对谱线进行精细校准，使得实际谱线波长与理论值对应、级数对应。波长位置准确影响分析的精度、正确度，是分析前必须进行的工作。

② 选择或添加谱线　根据上述的原则选择分析谱线，添加所需谱线到方法文件中。具体操作步骤见仪器说明书，通常商品仪器均带有谱线库，可以通过运行软件很方便地进行。

添加所需的元素谱线（和级次），删除无用的谱线（如果是利用原有的方法文件）。

具体操作可在分析模块的对话框中按提示进行。确认所需的谱线（和级次）会在软件的元素周期表中列出。

添加所需的元素谱线（和级次）的对话框中含有元素的谱线以及每条谱线的详细资料，包括谱线与级次、所属波长范围、谱线在固体检测器中的坐标位置、谱峰状态（是否经过校准）、谱线状态（Ⅰ代表原子谱线，Ⅱ代表离子谱线）、相对强度、用于分析的谱线和为新方法自动选择的谱线。通过点击“加入……”或“删除……”按钮，来添加或从该表中删除选定的谱线。显示“分析可用”表示用于定量分析的谱线，只有此处被选择的谱线，才能出现在元素周期表中，用于定量分析。

③ 添加谱线库中不存在的谱线　在某些情况下，需要将一条谱线库中不存在的谱线添加其中。在仪器操作软件上称此为创建谱线。其过程如下：

a. 找到波长表的可靠设定值以确保所选择的谱线有正确的波长。

b. 在软件相应的对话框中，点击“添加谱线”。

c. 打开加入谱线的对话框，点击“建立”输入波长，点击“确认”。

选用此谱线后，按前面方法进行校准即可。

5）设置背景校正

对于 ICP 光谱仪来说，常常采用基体匹配以消除干扰。但在很多情况下，由于样品之间的成分不同、样品与标准之间的成分难以完全匹配、连续光谱以及谱线拖尾的出现导致背景干扰，因此要得到正确的分析结果，还须进行背景校正。如图 4-87 为背景对信号强度的影响示例。如果不实行背景校正，则在每个峰值中心位置确定的原强度被用于计算浓度。较高的峰值比未受镁影响的峰值获得较高的分析结果。对于这种背景来说，背景校正是必需的。背景校正消除了由于背景抬高所带来的干扰。浓度是以净强度为基础计算的。

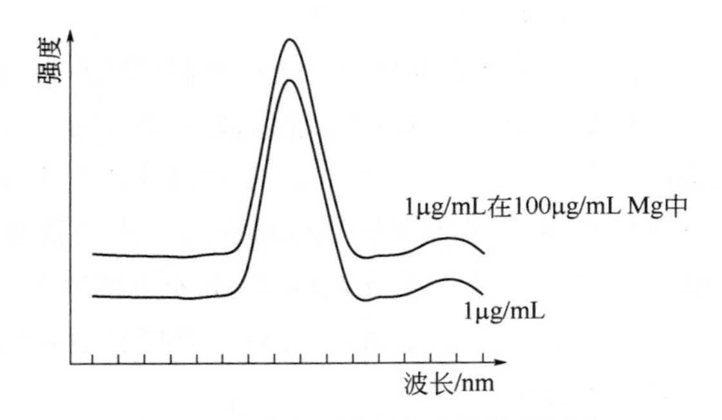

图 4-87　背景对信号强度的影响示例

$$净强度=原强度-背景强度$$

在选择背景位置时，应遵循：①将背景位置定在尽可能平坦的区域（无小峰）；②将背景位置定在离谱峰足够远的地方，从而不受谱峰两翼的影响；③左背景、右背景以及左右背景强度的平均值尽可能与谱峰背景强度一致。

6）设置干扰校正

当存在谱线干扰时，一般采用如下步骤进行处理：

① 确定干扰元素　如果没有把握弄清哪个元素产生谱线干扰，那么：

a. 检查元素周期表中的“谱线信息”列表，看是否有潜在的谱线干扰。

b. 在列表中挑出待测样品中最可能存在的元素。

c. 配制一套单元素的标准溶液使其浓度接近样品含量。

d. 将每一个标准溶液作为未知样进行分析。

e. 观察其分析线谱图，确定哪个元素的谱峰与测定元素谱峰相重叠或部分重叠。

f. 确定哪个元素对测定元素产生干扰。

g. 由于光谱仪软件中给出的谱线库不可能表明所有的干扰，一部分干扰必须通过试验来确定，在基体复杂的样品测试时尤其要注意。如高牌号不锈钢、高温合金中铝的 394.4nm、309.2nm、308.2nm 线不同程度受 Ni、Mo、Cr、Zr、Nb、V 等干扰，在谱线库中只列出 Ni 有干扰。

② 查看谱线干扰情况。

③ 减少谱线干扰的方法　在某些情况下，干扰可能会很小，可通过减小谱峰的测量宽度或者改变谱峰的测量位置来进一步降低干扰。在分析低浓度的样品时，可以通过将谱峰的测量宽度减少到两个甚至一个，来改善分析结果。它除了减少光谱干扰的作用之外，常常可导致分析信号的强度增加。但是，谱线可能更易受到谱线漂移的影响，在恶劣的实验室条件下尤为突出。

对于呈现明显谱线重叠干扰的情况时，可以采用谱线干扰系数校正法消除其干扰。

④ 干扰元素校正系数（IEC）　当采用 ICP 光源时，一般就可假设，所测得的干扰元素浓度与它向分析元素所贡献的浓度是成正比的，而其比值为一常数，称为 K_i，此常数可以通过光谱仪进行测定。

a．分别配制一套分析元素和干扰元素标准溶液并对其进行标准化。

b．将干扰元素的标准溶液作为未知样进行分析。

c．同时得到干扰元素浓度和干扰元素为分析元素所贡献的浓度。

d．计算干扰校正系数

K_i =干扰元素为分析元素所贡献的浓度/仪器确定的干扰元素浓度

例如干扰元素 B 的标准溶液（100×10^{-6}）在 A309.271nm 处进行分析时，测得 A 浓度为 8.4×10^{-6}，在同样的分析中，B 测得的浓度为 100.4×10^{-6}。由于在 B 标准溶液中没有 A，（要仔细检查 A 的其他灵敏线以确保这一点是真实的），所以报告中 A 的浓度是由于 B 的干扰造成的，其干扰校正系数 K_i=8.4/100.4=0.08367。

在得到干扰校正系数 K_i 后，再把它输入到方法中去。从此时起，分析方法中 B 对 A 的干扰将被扣除。

（5）谱线定位或峰位校正

对于同时型仪器分析谱线位置已经预先设置好，或仪器装备有自动定位功能，如采用汞灯或采用 C、N 和 Ar 线进行自动定位，执行波长校准程序，可确保较长时间的波长稳定性。但在分析前仍需导入相应元素的标准溶液，检查分析线的峰位是否保持不变，并作精确的定位，方可保证测定的准确性。

对于顺序型的扫描型仪器每次开机进行测定时，都要进行谱线定位或峰位校正。在分析样品前，对仪器波长进行初始化，以零级光的机械位置为起点，进行谱图扫描，以准确设定谱峰的位置。在仪器的操作软件上点击相关按钮，进入操作界面。在这个界面设定扫描范围和宽度，设置完成后，将进样管放入含有待测元素的纯水溶液中（浓度不大于 10μg/mL），点击“扫描”按钮开始扫描。等所选元素扫描完成后，软件自动认定峰位。有时则需要分析者人为判断设定峰位。例如，在扫描范围内出现双峰，就需要分析者从技术的角度加以判断，手动确定峰位。

扫描型仪器定完峰位后，可在扫描谱图上设定扣背景点，及使用峰值检测功能实现仪器检测条件的优化。一般要选择在实际样品和标准溶液的扫描谱图上都比较平滑的地方。实际操作时，可在操作界面上选定的左/右边设定扣背景点。可以仅扣单边背景，也可左背景和右背景均扣。完成上述过程后可以进行强度优化，将进液管放入标准溶液中（10μg/mL），点击“峰值监测”按钮进入监测界面，可以实时显示强度变化。当改变载气流量时，可以观测到被测元素强度的变化。同样，可以用于其他参数的调节中，如冷却气用量、辅助气用量和炬管位置的调节（水平位置和高度）。由此设定该元素激发的最佳条件。

（6）标准曲线绘制

仪器参数和运行软件设定完毕即可点燃等离子炬焰，预热15min以上。开始喷入空白溶液，仪器显示平稳后，在所建立的分析方法文件下，先由低至高测量各校准溶液，记录各分析线的强度值，查看每条分析线的回归曲线线性情况及每条分析线的峰位及扣背景位置是否正确，必要时进行适当调整。当校准曲线线性相关系数在0.999以上，即可认为符合分析测定要求。确定所得到校准曲线的线性回归方程，即可进行样品的分析测定。

每次测量完校准溶液后，必须逐一查看对每个元素、每条分析谱线的峰位和扣背景位置设定，特别是扣背景的位置，如不是设在背景平坦处，而是设在有小波峰或斜坡处，则扣背景出现错误效果，影响曲线线性和测定结果。只有当谱线的峰位正确，所扣背景合理有效，所绘制的标准曲线才是可靠的。

（7）样品分析

在相同的条件下，逐个测量样品溶液，记录下测定结果。

同样，在样品测量完成后仍需逐一查看每个元素、每条分析谱线的峰位和扣背景位置是否合适，特别是扣背景的位置，对于未能进行基体匹配或未能完全匹配试样，或含有未知成分试样，可能出现差别。应该在测定时打开其谱线图查看分析线的波形、峰位及背景情况，确定峰位与扣背景设置与标准溶液测定时是否一致。如不一致，以待测样品为准，调整方法文件中的设置，重新回归标准曲线，再重新测定或重新计算样品测定结果。

为了控制分析质量，需要在测定过程中加测含量相近的标准样品溶液或控制样品溶液，以检查测定质量是否符合要求。

（8）质量控制

在用ICP-AES分析中，为保证检测结果的准确性，必须对涉及的各个环节进行质量控制，诸如样品分解、标样或控样监测、空白控制、校准曲线溶液配制、仪器状态保证、基体匹配、内标校正、干扰校正、背景校正、测量精度、仪器漂移等环节。这里只涉及仪器分析过程中的质量控制。

① 精度控制　短期精度保证是准确分析的前提，例如3.0% Cr平行样测定2次结果之差须不大于0.040%，单次测量精度（SD）必须控制在0.028%以内。即：

$$\mathrm{SD} \leqslant \frac{0.040\%}{\sqrt{2}} = \frac{0.040\%}{1.414} = 0.028\%$$

如果测量精度SD超过0.028%，则应考虑对进样系统进行优化、维护或更换部件。可能由于泵管磨损严重、雾化器堵塞、气流控制不稳、气流配比不当、ICP功率不稳、泵滚柱磨损、泵夹松动或过紧等原因造成，应确认原因所在针对性维护或维修。

② 仪器漂移控制　仪器的漂移常采用长期稳定性指标来衡量，其表象为周期性变化或单向变化。若出现周期性变化并观察到波长红移或紫移，长波段和高级次谱线更加明显，应是由于温度波动的原因，光室在38℃上下波动（冷却低于38℃，受热高于38℃），则应考虑环境温度控制是否符合要求、光室温控系统是否有故障。

若漂移呈单向性，则应考虑光室充气时间是否足够、泵管是否磨损老化、负载线圈冷却效果、炬管变脏、雾化器堵塞或性能变差等因素的影响。常见的现象为由于光室充气时间短造成短波信号单向正漂移，长波变化不大。

若呈现无规律现象，则应考虑ICP稳定性、电控部分、炬管变脏、ICP负载和炬管的匹配等因素。

③ 质量控制与极限检查　仪器软件中往往通过质量控制（QC）与极限检查（LC）对仪器的状态进行监控。QC用来监测仪器性能，而LC被用来检查样品是否符合规格要求。编辑和运行LC检查表同编辑和运行QC检查表相似。

QC用标准样品进行反复分析，以确保光谱仪产生的结果正确无误。运行QC标样前，需要建立一个QC检查表，表内包括QC标样所含元素、浓度以及可接受的范围，任何超出该接受范围的结果均会被进行标记。根据QC标样的结果，操作人员或者自动进样器就可以作出决定来重新进行标准化以及/或者重新运行QC标样。

极限检查（LC）应用于未知样品，极限检查表包括元素列表以及每一元素所确定的上下限，对于超出该界限的结果进行标记。

④ 内标校正　内标校正可以校正仪器的波动、基体效应。在ICP光谱中，使用内标是很平常的事，它能补偿一些光谱漂移带来的干扰，因此能改善长期精密度。

内标元素和谱线选择需遵循下列原则：分析样品中不含内标元素；谱线信号强度足够大；内标元素与被测元素谱线同时进样曝光；内标谱线无干扰。

在方法文件中可以设置内标元素及其内标分析线，测量时记录谱线对的强度比，并以此绘制工作曲线，进行回归方程，以此计算测定结果。有的仪器配置有在线内标加入的附件，但在线加入内标元素不是严格意义上的内标校正。

⑤ 标样/控样监测　在每次测试后如何判别结果的对错是每一个实验者必须掌握的技能。对于实验者而言，最好的结果检验办法是在测量过程中测量标样或控样，看测试结果与推荐值是否一致，质量管理者对实验者进行检测质量评价也常采用该法，只是将标样或控样作为盲样来考核实验者。

若要提高检测的质量必须强化标样或控样监测与考核，结合其他手段如人员比对、方法比对、能力验证、设备比对等进行质量监督和控制，并保持相应的频度。

（9）关机

测定完毕，先熄灭等离子炬，用蒸馏水喷几分钟冲洗雾化系统后，再关雾化气。

待高频发生器充分冷却（约5～15min）后，关闭预热电源。

关闭风机、循环水系统电源，关闭气体总阀门。

使计算机退出仪器软件运行系统，关计算机主机箱电源，再关显示器、打印机电源。

关闭仪器及总电源。

4.4.2.2　ICP-AES分析样品的处理

（1）分析样品的取制样

ICP-AES法应用中，仪器的操作使用要简单得多，而样品的预处理却十分重要和关键。ICP-AES法可以对固、液、气态样品直接进行分析。对于液体样品分析的优越性是明显的，对于固体样品的分析，只需将样品加以溶解制成一定浓度的溶液也很方便。通过溶解制成溶液再行分析，不仅可以消除样品结构干扰和非均匀性，同时也有利于标准样品的制备。分析速度快，一次测定可多个元素同时进行，甚至可实现“全谱”自动记录和测定。

ICP 对试样的要求与通常的化学分析法相同，不同种类的样品如矿石、金属、植物、环保等分析样品，不同领域都有相应的样品制取规范。总的要求：

① 采样的代表性　每一个分析用的样品必须对某一种类的物质（如金属、矿石、生物、食品、环境样品等）具有代表性。通过样品的粉碎、缩分，最终得到分析用试样。

② 分析样品的加工　样品加工应包括直接从现场钻取的屑样或从现场取得的原始样品进行粉碎（研磨）、过筛、缩分、混匀至需要的粒度，并保证均匀，得到有代表性的分析用样品。破碎、过筛过程中要注意样品的被污染问题，常用的破碎机等设备及筛网等都是由金属制成，某种情况下可用刚玉鄂板破碎机，或用玛瑙球磨机来粉碎样品。需要测定样品中微量元素时更应避免引入污染。可采用玛瑙、刚玉、陶瓷等研磨设备及尼龙筛网来解决粉碎过程中污染问题。

潮湿的样品（如铁矿、炉渣、污泥、环保样品等）在破碎前需要干燥，不然要影响粉碎效果。如要求测的元素中含有易挥发元素，在不影响粉碎工作时，尽可能不烘样，采用自然风干，或低于 60℃下干燥（测定 Hg、Se 在 25℃下干燥）。

③ 样品加工粒度　固体样品一般粉碎至 0.10～0.075mm（即为 160～200 筛目），如原始样品量大时，可用破碎机反复破碎至全部通过 0.84mm 筛孔（20 目）后，混匀缩分至 100g 以上，再粉碎至所需的粒度。样品的粒度关系到样品的均匀性，也与样品的完全分解及其溶解速度有关，越细的样品越易于被酸、碱等分解。

对于金属样品，可切屑后再细碎。如果样品是均匀的且极易于溶解，切屑即可。对于金属丝材或薄片状试样，剪切至适当大小即可。

对于植物、生物等有机样品可干燥后，研碎或剪碎再细碎。

（2）分析试液的制备

试样通过溶解制成溶液再行分析，这是 ICP-AES 分析上最方便和最常用的方式。通常可以采用酸（碱）溶液进行直接溶解即酸（碱）溶解法，或通过酸（碱）性熔剂经熔融分解后酸化制成溶液即熔融法，或采用微波消解法直接制备分析溶液。

1）酸（碱）溶解法

常用两种基本方式：敞开式容器酸分解，密闭式容器（多用微波消解法）酸分解。

① 矿石原材料，耐火材料，炉渣，保护渣，地质类样品中 K、Na、Ca、Mg、Cu、Mn 等元素的测定　称样量可在 0.1～0.5g，于聚四氟乙烯烧杯中用少量水润湿，用盐酸和硝酸加热溶解，加氢氟酸助溶，再加高氯酸加热至冒烟近干除去氟化物，用硝酸或盐酸溶解盐类，定容，测定。如有明显酸不溶物，可将其过滤，用碱法熔融处理后，酸化，与过滤液合并测定（也可分别单独测定，再加和）。这时校准系列溶液也要加入相应熔剂。

此法操作简便，可除去大量的硅，与碱熔相比试样溶液中离子总浓度可大为降低。但对一些矿物如刚玉、锆英石、锡石、铬铁矿、金红石、独居石等不能为上述酸类完全溶解，只能用碱熔法熔样。

② 低合金钢中 Si、Mn、P、Cu、Al、V、Ti、Mo、B、Nb 等元素的测定 称样量0.25～0.50g 用硝酸、盐酸处理试样，其中测 B 只用硝酸，测 Nb 用硝酸和酒石酸，定容，测定。

③ 生铁、中高合金钢中元素的测定

a．可用盐酸-硝酸溶样：样品加稀王水（1+2）低温加热，至完全溶解，用少量水冲洗瓶壁，加热煮沸，冷却至室温，稀释至刻度，混匀后干过滤，待测（含中、高含量的 C，W，Nb，Zr 等材料除外）。

b．硫酸，磷酸：称取 0.2g 样品置于 200mL 锥形杯中，加入 10mL 王水加热至溶解，然后加入 12mL 硫磷混合酸溶液（1+1+2），继续加热至冒白烟，滴加硝酸直至碳化物被氧化完全，稍冷，沿壁加入 30～40mL 水，混匀。加热溶解盐类，冷却至室温，转移至 100mL 容量瓶中，稀释至刻度，摇匀后干过滤，测定。这种处理方法不能用于测定 Si，而且磷酸的存在影响 P 的测定，适合含中、高含量的 C，W，Nb，Zr 的高合金钢，不锈钢，高温合金，高速工具钢，合金铸铁等材料的分析。

c．盐酸-硝酸+氢氟酸：称取 0.2g 样品置于可以密封的聚四氟乙烯瓶中，加入 10mL 王水和 10 滴氢氟酸迅速密封好，于 60～70℃的水浴中加热，直到完全溶解，然后流水冷却至室温，转移至 100mL 聚乙烯容量瓶中稀释至刻度，混匀后干过滤，测定。

或微波消解方法：称取 0.1g 样品，加入 10mL 王水作用几分钟，加 2mL 氢氟酸迅速密封好，按程序微波加热消解，冷却后泄压，转移至 50mL 或 100mL 聚乙烯容量瓶中定容。测定时需配备有耐氢氟酸的进样系统，适合含中、高含量的 C，W，Nb，Zr 的高合金钢，高铬铸铁等。

d．HNO_3+H_2SO_4+$(NH_4)_2S_2O_6$：可取 0.2g 样品置于 150mL 锥形瓶中，加入 85mL 硫硝混合酸（50+8+942）加热溶解，然后加入 1g 过硫酸铵继续低温加热，待试样溶解完全后，煮沸 2～3min，若有二氧化锰沉淀析出，滴加数滴 1%亚硝酸钠溶液，煮沸 1min，冷却至室温，转移至 100mL 容量瓶中，稀释至刻度，摇匀后干过滤，测定。

该方法适合分析生铁、合金铸铁等。处理样品时硫酸、磷酸尽量少用，称样量也应以 0.1g 左右为好，以免黏度增大，影响测定。需保持氢氟酸介质可加入 H_3BO_3 形成氟硼酸铬合物，同时用塑料瓶装溶液，仪器则使用耐 HF 的装置，并加强排风。

④ 有色金属类样品各元素的测定

a．可用盐酸、硝酸溶样，如硝酸（1+1）或硝酸+盐酸（3+1）溶样，适合纯铜、铜合金，锌及锌合金、铅、锑、镍；用盐酸（1+1）及适量过氧化氢溶样，适合锡及锡合金、纯铝、铝合金（低 Si）等的分析。

b．用氢氧化钠溶液（20%）及少量过氧化氢溶样，最后用盐酸（1+1）酸化：适合铝合金（高 Si）、铸铝等的分析。

c．用硝酸或硫酸和氢氟酸溶样：适合钛、钛合金、锆、锆合金（HF 测定系统）。加入酸量应控制，以所测元素不产生沉淀、不水解为原则。

d．$K_2S_2O_6$ 熔融处理：如分析硅石、氧化矿物、中性或碱性材料时，适宜在瓷坩埚 700℃加热熔融，溶于稀酸中制成分析溶液，测量 Fe、Al、Ti、Zr、Nb、Ta、Cr 等元素。

2）熔融法

① 矿石，原材料，酸性炉渣，耐火材料中 Si、Al、Ca、Mg、As 等元素的测定　称取 0.1～0.5g 样品，用铂皿或其他适宜的坩埚，用碳酸钠、碳酸钾、碳酸钠+硼酸、偏硼酸锂（$LiBO_2$）、氢氧化钠+过氧化钠、铵盐等方式于马弗炉中高温熔融，水浸取后用硝酸或盐酸酸化，于 250mL 容量瓶中定容。使用偏硼酸锂的好处是不引入 K、Na 离子。

② 稳定氧化夹杂物的测定　将电解夹杂物用 1～2g 混合熔剂（碳酸钠+硼酸=1+1）高温熔融，用水浸取后，用硝酸酸化，定容，测定其中元素分量。

其他类型试样的分解方法，可参考不同领域的样品分解要求（或标准）进行。

3）微波消解法

由于微波消解设备的功能日益完善和装置设备的普及，已经被铁矿石以及难以分解的无机材料及地矿样品的分析所采用。

微波是指频率在 300～3×10^5MHz 的高频电磁波，最常用的频率为 2450MHz±13MHz。微波辅助酸消解法就是利用酸与试样混合液中极性分子在微波电磁场作用下，迅速产生大量热能，促进酸与试样之间更好地接触和反应，从而加速样品的溶解。所制得的试样溶液的酸溶剂等可以降到最低，特别适于 ICP-AES 法的分析。微波消解技术早期工作大多用于生物样品的湿法消解，现已为 ICP-AES 分析中难溶物料的有效分解手段。

（3）制备 ICP–AES 分析溶液应注意的问题

试样在溶解处理成为溶液时，必须保证待测成分定量地转移到测定溶液中，必须保证待测成分不被丢失或被沾污。因此，由样品制备 ICP-AES 分析溶液时，溶样时要注意加热蒸发易挥发成分或产生沉淀物而造成损失，如要注意加热时 Hg、Se、Te 等易挥发损失的元素和易形成挥发性氧化物（如 Os、Ru）、挥发性氯化物（如 $PbCl_2$、$CdCl_2$）的损失。同时要注意溶样时所用试剂及容器材质所带来的污染。表 4-23～表 4-25 可供参考。

表 4-23　加热易发生挥发或沉淀损失的元素

加热出现损失形式	出现挥发或沉淀损失的元素
以单体释放出来	氢、氧、氮、氯、溴、碘、汞等
以氢化物形式挥发	碳、硫、氮、硅、磷、砷、锑、铋、硒、碲
以氧化物形式挥发	碳、硫、氮、铼、锇、钌等
以氯(溴)化物挥发	锗、锑、锡、汞、硒、砷等
以氟化物形式挥发	硼、硅等
以羟基卤化物挥发	铬、硒、碲等
以卤化物形式沉淀	银、铅、铊等
以硫酸盐形式沉淀	钙、锶、钡、镭、铅等
以磷酸盐形式沉淀	钛、锆、铪、钍等
以含氧酸形式沉淀	硅、铌、钽、锡、锑、钨等

表 4-24　HF-$HClO_4$ 溶液蒸发时元素的损失率

元素	损失率 w/%	元素	损失率 w/%
As	100	Re	不定
B	100	Sb	＜10
Cr	不定	Se	不定
Ce	＜10	S	100
Mn	＜2		

表 4-25　酸和容器材质造成的污染

酸	材质	$w_{El}\times10^{-7}$/%										
		Al	Fe	Ca	Cu	Mg	Mn	Ni	Pb	Ti	Cr	Sn
氢氟酸 HF	特氟龙	3	3	1	<0.04	<3	0.1	<0.4	<0.1	0.1	<0.4	—
	白金	10	10	10	0.4	10	0.2	0.3	0.5	1	0.5	—
盐酸 HCl	特氟龙	<4	3	5	0.2	3	0.1	—	<0.4	—	—	—
	白金	2	2	10	1	6	0.2	0.6	<0.4	0.4	Tr	<0.4
	石英	10	10	60	1	10	0.4	2	0.5	2	0.6	0.4
硝酸 HNO_3	特氟龙	2	8	4	<0.01	7	0.1	—	—	—	—	—
	白金	20	20	30	0.4	20	0.6	Tr	1	0.8	—	—
	石英	20	20	60	0.1	20	0.6	—	1	0.3	—	—

注：—为未检出；Tr 为未做定量检测。

4.4.2.3　标准与校准曲线

（1）标准样品

光谱分析都是基于校准曲线法，校准溶液除用标准溶液配制外，大量都是依赖标准样品来配制，无论火花放电光谱法和 X 荧光光谱法用的固体标样，还是原子吸收法和 ICP 法用的屑状化学标样，都遵循以下要求：

① 标准样品的各元素含量要有准确的标准化学方法（绝对测量法）分析结果。通常参加标样研制定值单位为 8～10 个，并采用相应的国家标准或行业标准的分析方法，如有用 AAS 或 ICP 方法参加定值的，也应以标准化学方法为主。

② 标准样品各元素含量分布均匀，没有偏析现象，标样都是经过均匀性检验合格才能取得合格证，在此基础上的测定，化学分析成分才准确可靠。

③ 建立校准曲线所用标准样品应与所分析试样品种相同，即标样的化学组成和冶炼制作工艺应与要求测量的未知试样相近，所含元素相同，其含量范围应比试样中所测元素的范围要宽，一般按上、下限各延伸 10%～30%。固体标样还应使内标元素含量尽量一致，一般相差<±1%。

④ 冶金标准样品的稳定期至少在一年以上，二级标准物质稳定性虽低于一级标准物质，但是应能满足实际测量的需要。

购买标准样品应注意：标准物质生产者认可证书，标准物质证书。经销单位还应有销售认可证。生产、销售认可证有效期均为五年。

标准样品的保存主要是防潮、防尘、防腐蚀。固体标样应在木盒中保存、化学标样（屑样）应在干燥器中保存，若屑样出现明显锈疤则不宜使用。保存较长年限的标样需检查确认没有变化方可使用，因此有些标样的购置与存放一定要注意失效期限。

标准溶液也有市售，除三证齐全外，还应注意标准溶液的介质。如测量水质用的混合标准溶液中有的按天然水成分加入 K、Na、Ca、Mg 作为本底，再加入有关金属元素的标准溶液配成。若不考虑基体影响，测量将会产生误差。

（2）标准溶液与标准方法

光谱分析需用标准样品制作标准工作曲线后进行测量。ICP 光谱分析处理类似化学分析方法湿法处理样品，属溶液分析法，可以用标准溶液或标准样品配制成相应的校准系列溶液，建立校准曲线进行测量；若采用激光气化固体进样等装置也可在 ICP 上实现固体直接进样测量。

1）基准试剂与标准方法

ICP 方法所用标准溶液都是用基准物质配制，从量值传递观点看，它们与经典化学方法相似，ICP 方法可上升成为行业级、国家级和国际组织的标准分析方法。由于 ICP 法与化学方法一样可溯源于基准物质，因此 ICP 方法也可用于标准样品定值的分析。

基准试剂符合以下条件：①纯度大于 99.95%；②组成恒定，实际组成与化学式完全相符；③性质稳定，不易分解、吸湿、被空气氧化等；④试剂三证（准生产证、质量合格证、营业许可证）齐全，出厂日期清楚，使用不超过保证期。通常基准试剂包装严密，放置在干燥器中，避阳、防潮、保存期不超过十年，但纯金属表面可能出现氧化，需作处理后方可使用。

实际工作中采用标准溶液配制及基体物质打底后加标准溶液配制方式；或直接用标准样品配制方式都可以，但是前者是基础，可作为标准方法使用，并用来校正后者。当标准样品不足时，必须依赖标准溶液来配制工作曲线溶液。

2）标准溶液配制

各元素标准储备液浓度通常为 1.000g/L，基准物质经湿法化学处理后，用经校准的容量瓶（500mL 或 1000mL）于 20℃左右定容，经标定给出标准值及其不确定度。储存在防尘柜中，瓶口加防尘措施，保存期通常不超过 3 年。有些标准溶液如 SiO_2 标液应转移到塑料瓶中保存。见光易分解的如 $AgNO_3$ 应在棕色瓶中保存。如储备液发现浑浊，出现沉淀物或剩余量少于 1/10 时，不能再使用，储备液标签应注明元素或化合物式子，称取物及重量、浓度、介质、制备时间、制备人。

移取储备液配制稀释标准溶液时应逐级稀释（每级 10 倍稀释量为宜），同时注意不让移液管尖残留水或溶液落入容量瓶内，移液管吸取三次冲洗后方可定量取液。

浓度为 100μg/mL 的标准溶液可保存 6 个月，浓度为 1～20μg/mL 常用标准溶液应在一个月内使用。不超过 1μg/mL 的标准溶液应随配随用。保存期还与总体积和室温有关，体积大、室温低，可适当多保存一段时间；体积小，室温又高则不宜较长期保存。

ICP 分析方法中尽量不用硫酸、磷酸处理样品，非用不可时应尽量控制在低浓度下，如硫酸不超过 5%、磷酸不超过 3%为宜。因为该酸增大溶液的黏度，造成雾化效率不同而影响精度；使用碱溶/熔法也尽量减少试剂用量，并使试剂用量严格一致，同时使用高盐雾化器，以防堵塞。

3）配制 ICP-AES 标准溶液应注意的问题

用 ICP-AES 进行分析时，可以采用待测成分的标准溶液进行标准化。由于 ICP-AES 法十多种元素同时测定，常常采用多元素标准溶液。为防止元素之间的相互干扰和减少基体效应，配制标准溶液应注意以下几点：

① 多元素的标准溶液，元素之间要注意光谱线的相互干扰，尤其是基体或高含量元素对低含量元素的谱线干扰。

② 所用基准物质要有 99.9%以上的纯度。保证标准值的准确性，同时也保证避免其他干扰元素的引入。

③ 标准溶液中酸的含量与试样溶液中酸的含量要相匹配，两种溶液的黏度、表面张力和密度大致相同。

④ 要考虑不同元素的标准溶液“寿命”，不能配一套标准长期使用，特别是标准中有硅、钨、铌、钽等容易水解或形成沉淀的元素时。

⑤ 在混合标准溶液中，要注意有无混入对某些元素敏感的离子，例如 F^- 对 Al、B、Si 等元素易形成挥发性化合物。因此，如果用金属 Nb 或金属 Ta 为基准物，溶样离不了氢氟酸，Nb 和 Ta 的混合物标准应与 Al、B、Si 的混合标准分开，即配制成两套标准测定各自的元素。

（3）校准曲线的绘制

光谱定量分析是以光谱分析原理为依据，通过实验总结出的定量数学公式，在具体应用中这一数学公式又须根据实验，在仪器最佳条件下用标准样品或配制的标准溶液进行各元素谱线强度的测定，然后由计算机将各元素谱线强度与含量进行线性回归或拟合，绘制成直角坐标系的一次或二次方程形式的函数曲线。经选定确认某方程，则成为校准曲线。通常用一次或二次方程作工作曲线，其数学表达式为：

$$Q = aR+b \quad 或 \quad Q = aR^2+bR+c$$

式中，Q 为待测元素的质量分数；R 为测定谱线的相对强度或强度；a、b、c 为曲线系数。

为使工作曲线成为平滑的曲线或近似为直线，应该选取尽可能多的标准样品测量点，同时考虑谱线的灵敏度及测量的线性范围，还有仪器所能提供的条件，如固定通道测高低含量时，光电倍增管须选取不同的增益，才能保证工作曲线的线性。ICP 发射光谱分析的校准曲线多成线性，采用一次方程。

ICP 发射光谱分析线性范围较宽为 4～5 个数量级，其优势在低含量分析。由于受光电倍增管增益的限制（CCD 检测器也同样），此类光谱仪校准曲线以 3 个数量级为宜，如是配制的标准溶液则可以均匀分布，例如配制 0.001%～0.500% ICP 用标准工作曲线溶液，可安排浓度为 0、0.001%、0.002%、0.005%、0.010%、0.050%、0.100%、0.300%、0.500%共 9 个点。对同一元素，选用谱线不同，灵敏度不同。因此线性范围的确定以校准曲线的直线部分为准，必要时可分成高、低含量两条校准曲线。ICP 法测定高含量元素时，可以直接测定，也可以适当稀释，因其精度高还能满足要求。

如果是按同类型，或按相同基体打底后配制成的校准曲线溶液所建的校准曲线，而且不存在共存元素的干扰，则可直接用于样品分析。但是实际应用中总会有差别，基体也会产生背景等干扰，共存元素也会发生干扰及影响。所以必须经过试验，在确认不存在影响或通过扣除背景影响及共存元素干扰后，即经校正后的校准曲线才能投入使用。同时，对仪器分析来说，由于光路、电学及环境因素多方面的原因会造成漂移，已建立的校准曲线还须定时进行标准化工作来校正漂移，才能进行日常分析工作。

4.4.2.4 仪器性能的要求和判断

多道、单道或全谱型仪器经调到最佳状态后，应满足下列性能要求，才适于工作。

（1）仪器稳定性的要求

① 短期稳定性的要求　连续测量工作曲线系列溶液中较低标准溶液（不是最低标准溶液）各测量元素的绝对强度或相对强度 10 次，其相对标准偏差一般不超过 1.0%。

当测定试样溶液中元素浓度高于 5000DL 时，$RSDN_{min}$ 是唯一需要评价的性能参数，测出值应低于方法中所列的 $RSDN_{min}$ 值。

② 长期稳定性的要求　在预测定条件下每隔 0.5h 测定一次，观测 3h 的测定结果。每次对每个元素浓度最高的校准溶液测定 3 次，取其绝对强度或强度比的平均值，计算 7 个平均值的标准偏差，绝对强度法相对标准偏差小于 1.8%，内标法相对标准偏差小于 1.2%。

（2）光谱仪实际分辨率

每台商品仪器均给出仪器的分辨率。对于仪器的实际分辨率可以根据谱线的半峰宽进行检验。测定仪器于 200nm 左右分辨率，应优于 0.010nm，例如用 10mg/L 的 As 标准溶液于 189.0nm 处测定。测量其半峰宽为实际分辨率。

（3）背景等效浓度与检出限

用工作曲线系列溶液中零标准溶液、较低和较高三点标准溶液 c_0（0 浓度水平）、c_1（10 倍检出限）和 c_2（1000 倍检出限），在待测元素波长处测试，计算背景等效浓度（BEC）和检出限（DL）。

要求 DL＞2×BEC。若求得的检出限数值不大于该仪器说明书标称值的两倍，并且不超过分析方法标准所规定的具体数值，一般可认为满意。

（4）工作曲线的线性

通常应采用基体匹配法配制工作曲线系列标准溶液，其线性范围一般应不小于三个数量级，经试验可以不打底的方可用纯标准溶液测定，对全谱（CCD）仪器每一测量元素最好用扣背景强度计算，同时每一工作曲线需表明谱线及左右扣背景强度位置，各测定元素工作曲线相关系数应在 0.999 以上。

测试时：①溶液中所溶解的固体的总量一般不超过 1%，大于 4%的应用高盐雾化器；②采用氢氟酸溶液时，应用耐氢氟酸的雾化器、雾化室和刚玉芯管，严格防止污染及腐蚀；③氢化物发生系统需检查管道的畅通及流量的稳定，为防止熄火可适当加大功率。

4.4.2.5　ICP 光谱仪的维护

① 进样系统维护　实验人员应对进样系统进行日常维护，包括：泵管更换，炬管清洗，疏通雾化器（堵塞），雾室积液排除，废液排放和冷却循环水监视等。

② 冷却循环水维护　冷却循环水应根据情况进行维护，主要是定期更换冷却液。冷却液应保持无霉菌等微生物、不含腐蚀成分或含有防腐（缓蚀）成分、不结垢。

③ 气路系统维护　必须保证供应足够纯度的洁净氩气，氩气的输出压力应维持在 0.7MPa，测试过程中避免断气熄火。进行短波（＜200nm）分析时，对光室应充分充气，保证紫外波段分析的稳定性。

半年至 1 年应检查一次气路，过滤器变脏与否，必要时需及时进行更换。检查气阀、压力表或流量计状态是否正常。

④ 光路系统维护　包括外光路和内光路的光路系统都要进行维护。外光路维护相对频

繁，尤其是内外光路的隔离窗体、外光路反光镜表面易沾污，应3～6个月清理1次。外光路应根据各元素灵敏度情况进行准直。建议每年对内光路进行1次维护。光路系统的维护建议由仪器维修工程师进行。

⑤ 电控系统维护　电控系统维护应由专业的工程师完成，经验丰富人员可进行电路板的清洁维护。

⑥ 软件维护　工作软件是实验人员对仪器的控管工具，需对软件和数据进行控制和维护，以保障其功能正常、安全可靠。控制机应设有密码，禁止插入移动存储器。

4.5 ICP-AES 分析技术的应用

ICP-AES 光谱分析由于 ICP 光源的高温及其等离子体焰炬的结构，有利于试样蒸发-原子/离子化-激发，能获得绝大多数元素的特征谱线，可以对大多数元素实现同时测定，因而具有很好的分析性能和很高的分析效率。ICP 光源自吸现象小，线性动态范围宽达5～6个数量级，不改变操作条件即可进行主、次、痕量元素的同时或快速顺序测定，同时测定试样中高、中、低含量及痕量组分，并有很好的分析精度和准确度。其适用于固、液、气态样品分析，气体样品及固体超微粒子可以直接进样分析，溶液样品通过雾化进样技术进行测定，所需样品前处理工作量少，有利于标准校正曲线的绘制，使测定结果具有可溯源性，适合于作为标准分析方法使用。随着现代 ICP-AES 仪器的商品化，仪器制造技术的不断发展，性价比好，ICP-AES 仪器已经得到普及，成为分析检测实验室常备的分析仪器。

进入 21 世纪以来，ICP-AES 分析方法在各领域公开刊物上均有很多应用的文章和综述评论发表[41,42]，近10年来（2010～2020年）每年都在300～400篇以上，涉及分析化学、冶金工程[43]及金属材料分析[44]、地质资源勘查[45,46]、化工油气[47]、农业资源[48]、食品分析[49]、轻工产品[50]、公共卫生与预防医学[51]、药物分析[52]、临床医学[53]等，以及在材料研究[54]、环境检测[55]、生命科学等领域得到广泛应用。可以看出 ICP-AES 分析法已经成为无机元素日常分析的手段。在第3版的分析化学手册（3A）上列有各个领域中应用实例400多条，可供查阅[56]。下面仅介绍分析技术本身的实际应用。

4.5.1 应用通则——试样分析溶液的制备

作为各个领域中无机元素分析的理想分析技术，ICP-AES 应用最多的是溶液进样分析方式，因此 ICP-AES 分析应用首要的操作是分析溶液的制备[57]。

4.5.1.1 常规分析实验溶液的制备

当试样是可直接溶解于相应的溶样酸中，不存在干扰待测元素测定的基体成分，或经过采用萃取、离子交换、沉淀等分离方法除去试样基体后制成的、以水为基本溶剂的分析溶液（一般以盐酸或硝酸介质，浓度在5%以下）时，可以上机直接进行分析，测定其中待测元素的含量。

对于不含有有机物及其他特殊介质的液体样品，待测组分含量在仪器的分析线性范围内的样品，如水样或试剂水溶液等，可以酸化或不酸化后直接上机分析。

分析时，必须按上述方法同操作制备相应的空白试验溶液，与试样同时进行测定。取样量根据试样中待测元素含量和方法的检出限确定。试样溶液的用量根据仪器和分析要求确定。

4.5.1.2 固体试样分析溶液的制备

固体试样可通过不同方式制成分析溶液，根据制成溶液中共存基体的状况与采用校准标准溶液的情况，大体可以分成：无机物试样与有机物试样两大类型。

（1）无机物试样的分析溶液制备

无机物试样包含钢铁及其合金、有色金属及其合金、冶金物料、地质矿物、环境土壤样品以及无机物产品等物料。

样品通常采用酸、碱试剂溶解（熔融）或微波消解，制成酸性水介质溶液。此时试样基体成分共存于溶液中，必须采用基体匹配的校准标准溶液，以及带同操作的空白溶液进行校正分析，消除基体的干扰，方可获得可靠结果。由于存在基体及共存元素的谱线干扰，在分析谱线的选择及干扰校正上应加以关注，要求所用仪器有高的分辨率。

对于试样不能完全分解时，其残渣可采用熔剂先熔融处理后，用一定量盐酸或硝酸溶液（5%）转入水溶液合并于主液中，直接测定元素的总含量。不同类型的样品处理，均按其所属领域的取制样标准（国标或行标）及样品处理方法进行操作。

（2）有机物试样的分析溶液制备

有机物试样包含食品、动植物样品、生物制剂、医药生化制品、煤焦及油类化工制品等，采用 ICP-AES 法测定其中金属元素含量。这类样品通常主体为有机物，常含有大量碳、碳水化合物或碳氢化合物，当采用强氧化剂进行湿式或干法消解、微波消解等方式处理样品，可将大量碳、碳水化合物及碳氢化合物消解除去，残存的待测成分用无机酸处理成为酸性水介质溶液进行测定。由于此时试样基体已被消解除去，溶液中仅存含量不高的待测元素，不存在基体干扰问题，采用待测元素的标准溶液以及带同操作的空白溶液进行校正分析，即可获得可靠分析结果。对仪器的要求当然是灵敏度高为好。

不同类型的样品处理，均按其所属领域的取制样标准（国标或行标）及样品处理方法进行操作。

（3）化工产品试样溶液制备

如化学试剂和化工原料等样品测其杂质元素含量，若该样品基本是可挥发性的，取适量样品低温加热挥发至干，残渣用适量酸溶解并定容至一定体积后测定；若样品基体是不挥发性的，须将样品溶液用萃取或离子交换或沉淀等分离方法除去主体元素后，再制成样品溶液进行测定，即可测出杂质元素含量。也可配制相应基体含量的标准溶液用于样品溶液的测试，以消除基体效应的影响，测定出样品中杂质元素的含量。当无法配制相应基体含量的标准溶液时，可用标准加入法进行测定。

（4）环境测试样品的分析溶液制备

地下水、自来水、地表水等，当样品不含有有机物及其他特殊介质的环境样品，待测组分含量在仪器的分析线性范围内的样品，这类水样可经酸化或未酸化直接进样测定，如有悬浮物时过滤后可直接上机分析。已酸化的水样用相应酸度的水作空白，未酸化的水样用水作空白，以消除酸度影响。

土壤、水系沉积物等，可称取适量样品，置于聚四氟乙烯（PTFE）烧杯中，用盐酸、硝酸、氢氟酸和高氯酸，加热消解，在 200℃下冒高氯酸烟处理，赶硅、除尽氢氟酸后，再于少量盐酸中溶解残渣，制成酸性水溶液进行测定。或采用高温熔融分解样品，以酸性水溶液进样测定。

4.5.1.3 液体试样的分析溶液制备

油类等液体试样，例如润滑油、液态化工产品、类石油及液体烃类溶液等样品，选择适当有机溶剂进行稀释后，可使用有机物溶液直接进样分析的附件及仪器条件，直接上机分析，测定其中金属杂质元素含量。此时必须采用有机金属元素标准溶液进行校正分析，方可获得准确结果。

对含有较高浓度的有机物的液体样品，可以采用微波消解法，加入硝酸和高氯酸及过氧化氢消解，待有机物完全分解为止，以酸性水溶液的形式上机测定。此时采用水介质的元素标准溶液进行校正分析即可。

4.5.1.4 气态样品或以气态形式的进样分析

对于某些样品中痕量砷、锑、铋、锡、硒、碲、汞等元素的测定，可采用氢化物法分离基体和富集待测元素，以气态形式进样测定。或以适宜的气体发生装置，如以生成 CO_2、H_2S、SO_2 等的气体形式直接进样测定样品中的 C、S 等元素的含量。

4.5.1.5 其他样品分析溶液的制备

对于电子产品构件、塑料制品、纺织品或其他工业制品等样品中有害元素的分析试液制备，根据分析需要，可采取干法分解或酸碱浸取法制备分析溶液。

① 干法分解　称取一定量样品于瓷坩埚或石英坩埚中，放入马弗炉内（最好先在煤气喷灯或电炉上将样品炭化），逐渐升温至 540℃并保持至样品完全灰化后，残渣用少量盐酸或硝酸溶解残渣，制成稀酸（≤5%）溶液，上机测定（如轻工产品或纺织品，有害元素的测定）。

② 酸（碱）浸取法　称取粉碎的固体样品或一定体积的样品，置于一定浓度无机酸（碱）溶液中，在一定温度下浸泡一定的时间，将待测元素提取于稀酸（碱）溶液中，上机测定（如电子产品有害元素的测定）。

以上各类处理方法均需与样品分解同操作作试剂空白，标准溶液的介质和酸度应与样品溶液一致。

4.5.2 实际应用——无机元素的分析技术

电感耦合等离子体原子光谱分析的应用领域见表 4-26。

表 4-26 电感耦合等离子体原子光谱分析的应用领域[56]

序号	应用领域	
1	冶金分析领域	钢铁及合金产品、生铸铁、铁合金及冶金物料等的常量及微量成分分析
2	金属材料领域	有色纯金属及其合金，稀有金属、贵金属、稀土金属等的成分及杂质分析
3	地质矿产资源领域	岩石矿物、地球化学样品、矿物资源化学组成及元素含量的勘查测定
4	石油化工及能源领域	石油化工、煤焦工业、化工材料、核能材料中金属含有量的分析测定
5	水质、环境分析领域	水、大气颗粒物、土壤及水系沉积物、固体废弃物、废气、污水等的检测
6	食品分析领域	食品、饮料，动植物食品、加工食品等营养元素、有害元素的分析测定
5	生物与植物样品分析	包括人体血液、生化样品、生物制品，动物组织和微生物样品、菌类藻类等植物样品和中草药材及其制剂等的金属元素含量测定
8	电子轻工产品分析	纺织品、电子电器产品、塑料及其制品中有害或限用的金属元素测定
9	其他领域分析应用	信息和电子产品、文物考古、公安刑侦、天然放射性金属元素的分析
10	元素形态分析应用	在环境、食品、生物分析中元素价态或赋存状态的分析

4.5.2.1 在多元素同时直接测定上的应用

ICP 光谱法实际应用中以多元素同时测定最为典型。ICP-AES 分析通过选用合适仪器和分析谱线，绝大多数情况下可以对试样中待测成分进行直接测定。主要是解决样品处理问题和选择合适的分析线，采用基体匹配以及谱线干扰校正等方式以确保测定结果的准确性。

例如，张洋等[58]采用 ICP 光谱法对铬铁矿中含有的 Cr、Fe、Al、Mg、Zn、Co、Ni 等 29 种元素进行测定；刘淑君等[59]采用微波消解法对钴基高温合金中的 La、Ce、Pr、Nd、Er、Y 稀土元素进行测定；庞晓辉等[60]用 ICP 光谱法同时测定钛合金中稀土元素 Y、La、Pr、Sm、Ce、Gd、Nd 的含量；李盛意等[61]在密闭塑料瓶中以硝酸、氢氟酸在常温常压下分解样品，钨酸沉淀分离基体后，测定 Co、Mg、Ca、Mn、Al、Na、K、Ni、Cr、Cd、Si、Cu、Pb、Sn、As、Sb、Bi 等元素，解决钨产品中大部分痕量杂质元素测定；王铁等[62]利用 ICP 光谱法同时测定稀土镁铸铁中 Si、Mn、P、Cu、Mo、V、Ti、Sn、Sb、Mg、La、Ce 等 12 种元素的常量及痕量成分，稀土镁铸铁标准物质测定结果的 RSD 在 0.59%（Si）～6.9%（La）范围；徐静等[63]用硝酸和氢氟酸溶解试样，高氯酸冒烟除氟，在硝酸介质中用 ICP-AES 测定了镝铁电解粉尘中 La、Ce、Pr、Nd、Sm、Eu、Gd、Tb、Dy、Ho、Er、Tm、Yb、Lu、Y 等 15 个稀土元素，测 Dy 是采用 In 内标，以提高测定精密度。充分体现了 ICP 光谱法在稀土分析上的优势。

罗海霞[64]用 ICP 光谱法测定不锈钢中的硅、锰、磷、铬、镍、钼、铜，样品用 $HCl-HNO_3$ 混合酸溶解，以钇为内标物质,使用标准样品绘制工作曲线，元素含量在 0.01%～0.10%时，相对标准偏差（$n=11$）RSD＜5%；含量高于 0.10%，RSD＜1%。朱天一等[65]用 ICP 光谱法测定镍基单晶高温合金中钨、钽、铪、铼。试样采用盐酸+硝酸+氢氟酸（9+1+1）溶解样品，加酒石酸络合剂保持分析溶液稳定，选择 W 207.911nm、Ta 240.063nm、Hf 282.022nm、Re 197.312nm 作为分析谱线，采用基体匹配法绘制校准曲线，同时测定 7%～8%的 W、6%～7%的 Ta、1%～2%的 Hf、2%～3%的 Re，方法检出限为 0.0001%～0.0008%，测定 DD6 单晶高温合金样品中钨、钽、铪、铼的结果相对标准偏差（RSD，$n=11$）为 1.0%～2.5%。成勇[66]用 ICP 光谱法测定重要核反应堆结构材料 V-4Cr-4Ti 合金中 Al、As、Co、Cu、Fe、Mg、Mn、Ni、P、K、Na 等 11 种微量杂质元素，采用基体匹配和同步背景校正法，消除高 V（92%）、高 Cr（4%）和高 Ti（4%）共存基体的影响。这些元素的检测范围为 0.001%～0.25%。

冯凤等[67]用电感耦合等离子体-原子发射光谱法同时测定铝合金中铁、硅、铜、镁、锰、锌、钛、镍、铬 9 种元素，样品采用 40%的氢氧化钠溶液溶解，再用盐酸-硝酸混合酸酸化，直接测定。何姣等[68]用 ICP-AES 法测定硫酸钯中铂、铑、铱、钌、金、银、铝、铋、镉、铬、铜、铁、镁、锰、镍、铅、锡、锌、钙、钾、钠、硅 22 个杂质元素。将硫酸钯试样用盐酸（1+1）处理后直接测定，通过分组建立标准溶液、选择合适的分析谱线、扣除背景，以解决基体及共存元素的影响，以 20%的盐酸为样品溶液介质，与标准溶液的盐酸浓度相匹配，可最大程度减小盐酸浓度对测定结果的影响。样品中各待测元素加标回收率为 87.2%～109.7%，相对标准偏差为 1.14%～4.64%。

李艳玲等[69]用 ICP 光谱法测定高强度玻璃纤维粉体中铝、镁、钙、铁、钛、锂、铈、钠、钾等金属元素的含量。样品（0.15g）采用 5mL HF+4mL $HClO_4$ 溶解，冒高氯酸烟赶 SiF_4 和 HF，用稀盐酸溶盐，分别在选定的分析谱线下测定各元素含量。9 种金属元素检出限为 8.0～17.4μg/g，测定结果的相对标准偏差小于 1.8%（n=6）。苏梦晓等[70]用 ICP 光谱法测定优质石英砂中 Al_2O_3、Fe_2O_3、TiO_2、CaO、MgO、K_2O、Na_2O、P_2O_5 等 8 种杂质组分。样品（0.2g）以 8mL 氢氟酸和 2mL 硝酸加热分解，加 1mL 高氯酸冒烟赶氟，稀硝酸溶解盐类，加 In 标准溶液作内标，定容后按内标法测定。随同样品进行空白试验。各组分的检出限为 0.0001%～0.0038%，分析结果的 RSD（n=6）为 0.59%～8.1%。胡伟等[71]用 ICP 光谱法测定食品接触用无机材料及制品中铝、砷、钡、镉、钴、铬、铜、锰、镍、铅、锑、硒与锌等 13 种重金属的迁移量。采用 4%（体积比）乙酸溶液，在特定迁移实验条件下避光浸泡试样，可同时测定浸泡液中 13 种元素迁移量。方法检出限为 0.001～0.010mg/L，样品的加标回收率为 90.8%～105.1%，RSD 为 0.96%～3.89%。为食品接触用无机材料及制品中多种痕量有害元素迁移量进行产品风险评估提供一种高效、可行的手段。

张亚红等[72]用 ICP 光谱法分析黄芪原药材及饮片中 Al、As、Cd、Pb、Cu、Ni、Zn 等 7 种元素含量，样品（干粉 0.2g）加 10mL HNO_3+$HClO_4$（4+1）混合酸浸泡过夜，次日加 4mL H_2O_2（30%）溶液加热消解并赶酸，定容后测定。可为中药材中金属污染物的分析提供参考数据。沈明丽等[73]用电感耦合等离子体发射光谱法测定茶叶中磷、钾、钙、镁、硫、铁、锰、铜、锌含量。样品（0.5g）用 10mL 硝酸+2mL 高氯酸进行微波消解，同时做空白样品和标准样品，可同时直接测定上述微量元素。

金属材料分析中大多为无机元素的测定，试液存在基体元素及多种合金成分共存，故应是选用具有高分辨率的仪器，并带有很好的干扰校正软件。消解方式可以是酸直接溶解、微波消解或酸碱熔剂熔融后酸化制成酸性水溶液进行测定。对于试液中大量基体成分及共存元素，引起基体干扰和谱线干扰的影响，通常采用基体匹配和干扰系数校正的方法进行分析。

有机物料和生物材料中金属元素的分析，主要是对有机样品的处理上，如何将有机体如碳氢或碳水化合物消解，很少存在基体干扰问题，大多数情况下也可以进行直接测定。主要是选用合适的分析谱线和仪器有足够的灵敏度问题。

石油化工分析，主要是测定其中所含金属元素。重油料可通过灰化，煤焦样品可通过酸浸取或消解去除大量的碳基体，以水溶液的形式进样分析。仪器的测定条件与参数设定与无机物料的分析相似，不同的是这时消解后的分析试液很少产生基体效应，待测溶液的离子浓度不会很高。对仪器的要求是灵敏度越高越好，可以尽量少取有机样品进行消解。

油类样品也可以采用有机溶剂溶解，或用有机溶剂稀释后直接进样测定。如王建晨等[74]选取乙醇作为稀释液，用 ICP-AES 测定三烷基氧膦（tri- alkylphosphineoxide,TRPO）-煤油体系中 Ru、Rh 和 Pd。方法中使用 Ru、Rh 和 Pd 水溶液标准，测定有机相 30%TRPO-煤油中的 Ru、Rh 和 Pd。方法的检出限分别为 0.057mg/L（Ru）、0.025mg/L（Rh）和 0.118mg/L（Pd），RSD 小于 3%。方法不仅用于 30%TRPO-煤油中 Ru、Rh 和 Pd 的测定，也可用于其他有机相体系中 Ru、Rh 和 Pd 的测定。这时仪器进样系统的配置以及测定时仪器参数的设定，将与水溶液进样的状态有很大的不同。由于有机溶剂的存在对仪器运行参数有影响，主要包括高频功率、冷却气流量、观测高度、载气流量和进样系统的设置。因此，需要加大 RF 功率，提高冷却气流量，分解干扰谱带。进样系统有时还需带有冷却装置以除去挥发性溶剂。炬管中心管也需改用小口径，以适合不同挥发性溶剂试液的进样，防止等离子体熄灭，还需要避免中心管、炬管积炭。较大的冷却气流量可以降低有机分子带的发射。通入较大流量的辅助气，降低冷却气和雾化气流量以免引入太多的有机溶剂，观察高度也要高些。为了提高灵敏度，有时还需通入含氧气的辅助气，以便有效抑制有机物中 C_2 分子光谱干扰，使等离子体火焰更接近于水溶液进样时的状态，从而提高了测定的灵敏度，保证分析测试的重复性与精密度。

周飞梅等[75]采用加氧进样系统，以 ICP 光谱法测定抗燃油中的磨损金属含量，在 Ar 辅助气上加接一路氧气，可有效缓解中心管积炭的发生。将运行抗燃油置于 60℃烘箱 0.5h 后充分摇匀，取适量试样于碘量瓶中（精确到 0.0001g），视实际情况可加入不同比例的基础油（S-75 白油）稀释，再用带钴内标航空煤油稀释，采用校准曲线法直接测定磷酸酯抗燃油中 Cu、Fe、Sn、Pb、Cr、Si、Mn、V 等磨损金属含量。

4.5.2.2 在非金属元素测定上的应用

应用 ICP 光谱法测定金属材料中 C、S、P、Si、B、N、Cl、Br、I 等非金属元素比较受关注。由于这些元素的灵敏分析谱线多在紫外光区（表 4-27），应用上受到一些限制。随着 ICP 仪器的发展，ICP-AES 法分析谱线范围已经可以扩展到 125nm 处，在真空或高纯氩条件下，可以选择这些灵敏线进行测定，结合溶液进样的优点，使测定这些元素的标准物质较易配制，因而成为应用热点[76]。

表 4-27 200nm 以下的灵敏分析谱线

元素	谱线波长/nm	元素	谱线波长/nm	元素	谱线波长/nm
C	193.091 167.700 145.907	S	180.042 166.669 143.328	P	178.287 177.499 138.147
N	174.272 149.263	Cl Br	134.724 154.065	Si	152.672
B	182.583 182.529	I	180.038 142.549	Sn	147.415
As	188.980 189.042	Se Te	196.069 170.000	Al Pb	167.081 168.215

例如，杨倩倩等[77]采用 ICP 光谱法测定高温合金中 As、B、P、Se、Si 等 5 种非金属元素。用王水+氢氟酸和酒石酸对高温合金进行酸溶解，研究了基体元素和共存元素对分析元素谱线的光谱干扰情况，选择 As 188.980nm、B 208.889nm、P 213.618nm、Se 196.026nm、Si 185.005nm 为分析线。5 种非金属元素的检出限在 5.0～12.0μg/mL，RSD（$n = 5$）为 1.1%～4.0%。

王小强等[78]用 ICP 光谱法测定铁矿石中磷，样品（0.5g，稀释至 100mL）酸溶，冒高氯酸烟后水溶，加 Eu 作内标，分析线用 213.618nm，方法检出限为 0.0036mg/L，测定范围为 0.012%～2%，RSD（n=9）小于 2%。张亮亮等[79]用 ICP 光谱法测定镍基高温合金中磷。试样酸溶后（0.1g，5mL 盐酸+1mL 硝酸，稀释至 100mL）测定，选用谱线 177.495nm、178.284nm 为分析线，以干扰系数校正法对高温合金中共存金属的干扰进行校正，可得满意结果。测定 0.001%～0.015%磷的相对标准偏差 RSD（$n = 6$）为 13%～2.2%。

孙玲玲等[80]用 ICP 光谱法测定海洋浮游生物中总磷，用微波密闭消解预处理样品。分析谱线 P 213.617nm，轴向观测方式。标准加入法测定，相对标准偏差为 1.36%～1.67%，方法检出限为 0.010mg/L。检测结果具有较高的准确度和精密度，可为海洋浮游生物及其他高基体生物样品中磷含量的测定提供可靠数据。

唐华应等[81]采用 ICP 光谱法测定钒铁中硫含量。样品以 HNO_3（1+2）和 HCl（1+1）的混酸（硝酸+盐酸 ＝ 3+2）溶解，选择 S 180.731nm（185 级）或 S 182.034nm（184 级）作为硫的分析线，该法中采用 S 180.731nm（185 级）分析线时，检出限为 0.0094μg/mL；采用 S 182.034nm（184 级）分析线时，检出限为 0.020μg/mL。徐建平等[82]研究了用 ICP 光谱法测定钢铁材料中的硫含量，样品用王水或硝酸溶解后，再经高氯酸冒烟处理，样品中的硫转化成硫酸根进入均相溶液，使钢中微量硫的测定结果准确、可靠。这些测定都基于利用硫标准溶液校对，因而较之常规的燃烧法有一定的优势。

王哲等[83]采用 ICP 光谱法测定水体中硫化物。通过采用“硫化物固定—抽滤后用过氧化氢氧化溶解—再次抽滤”的简单前处理步骤，将硫化物氧化并转换为稳定、可溶的硫酸盐，用高通量的 ICP 光谱仪器，在 181.978nm 处即可完成对环境水体中硫化物的准确测定。王雪枫等[84]采用 ICP 光谱法测定土壤中的硫，用微波消解土壤样品，浓王水为消解试剂，选用 182.034nm 为分析谱线，基体除 Ca 外几乎没有影响，硫浓度在 0～40mg/L 有良好的线性关系，相关系数 0.9997，硫的检出限为 0.053mg/L。土壤中硫测定结果的 RSD（$n = 7$）为 1.54%～7.84%。对六种土壤国家一级标准物质进行了测定，测定结果与推荐值相符，无显著性差异。

姜鹰雁等[85]用 ICP 光谱法测定溴芬酸钠中硼含量。试样用 0.2%氨水溶解，定容后测定。分析线用 249.772nm，定量限为 0.007μg/mL，检出限为 0.002μg/mL。安中庆等[86]用电感耦合等离子体原子发射光谱法测定镍硼合金中硼。方法检出限为 2.0μg/g，用于镍硼合金中 0.55%～9.81%硼的测定，结果的相对标准偏差（RSD，$n = 11$）为 0.92%～4.9%。

用 ICP 光谱法可以解决油类分析、电镀液和工业用水中卤素元素的分析。卤素在 ICP 光谱测定过程中稳定性较差，正确处理样品、选择测定介质和仪器参数是可以准确测定样品中卤素的。赵彦等[87]应用 ICP 光谱法测定了车用汽油中氯含量。以航空煤油作为稀释剂（4+1），在辅助气中加入 0.05L/min 氧气，以消除积炭，保持等离子体稳定，在波长 134.724nm 处进行测定。采用标准加入法校正基体效应和信号漂移对测量所造成的影响。方法的加标回收率在 96.6%～103.9%之间，相对标准偏差（RSD，$n = 10$）在 1.57%～4.49%之间，检出限为 0.27mg/L。陶振卫等[88]采用氧弹燃烧前处理，用 ICP 光谱法测定塑料中的氯和溴，选用 Cl 134.724nm、Br 153.174nm 为分析线，检出限为 Cl 0.053 μg/mL 和 Br 0.030 μg/mL，RSD（$n = 6$）分别为 1.09%和 0.97%，结果与离子色谱比对有良好的准确度。碘具有极强的亲生物性和高活动性等特点，在化学分析中有一定的难度，张友平等[89]用 ICP 光谱常规方法测定二次精制盐水中碘含量。用标准加入法，背景校正，以常规法测定二次盐水中碘的含量。通过对碘的分析线的查看：I 142.550nm 的光谱干扰过大，强度也不是很高；I 178.276nm 的谱线强度偏低；I 180.038nm 谱线强度最大，且背景和干扰小，适宜作为测量谱线。采用传统方法，在最佳优化条件下进行的测定，虽检出限没有后一种方法那么高（好的优化条件检测的质量浓度能达到 15～20μg/L），但能满足工艺控制的要求。若能采用生成挥发物进样装置，将能更准确测定二次盐水中的痕量碘含量。解决了传统方法检验时间长、准确性差的问题。

4.5.2.3 高含量成分测定上的应用

ICP-AES 分析法的线性范围可达 5 个数量级，可以在低含量至常量的同时测定上发挥很好的效果。随着 ICP 仪器的稳定性不断提高，已经不断用于更高含量组分的测定。

崔黎黎等[90]用 ICP-AES 法测定非晶合金中 0.5%以上的高含量硼，选择 182.640nm 为分析线，测定 6%～9%硼，其 RSD 为 0.3%。胡璇等[91]用基体匹配法和内标法-电感耦合等离子体原子发射光谱测定铸造锌合金中高含量铝和铜，对其光谱干扰进行校正和采用内标法以保证测定的准确性。以钪（Sc）作为内标元素测定铜和以 V 作为内标元素测定铝的效果较好。内标法测定铝和铜时的相对标准偏差在 0.2%～0.5%之间。程石等[92]用 ICP-AES 法直接测定 $Cr_{20}Ni_{80}$ 镍铬合金溅射靶材中主量元素 Cr 和次量元素 Si、Mn、P、Cu、Fe、Ti、Ce。测定主量元素 Cr 时，由于检测信号的短时漂移和波动对测定有影响，通过加入内标元素 V 克服。测定 20%Cr，RSD 不超过 0.4%。王晓旋等[93]用 ICP 光谱法测定铜合金中高含量的锌，样品（0.2g 稀释至 200mL）以硝酸溶解后，以 La（426nm）内标溶液，选择锌的次亚灵敏线 206.200nm 进行测定。铜合金中锌的百分含量可在 7%到 40%左右。对标准样品进行检测，其 RSD＜1.5%，回收率在 95%～104%之间。赵昕等[94]采用过氧化钠碱熔-电感耦合等离子体发射光谱法测定钛铁矿中的高含量钛，样品以 2.0g Na_2O_2 熔融分解，热水浸取后盐酸酸化，用 ICP 光谱法测定钛铁矿中的高含量钛。采用全程空白试液稀释定容标准溶液消除了钠基体影响，离峰背景扣除法（右侧）来消除光谱干扰。选择合适的分析谱线（338.376nm）并采用背景（右背景）扣除法消除光谱干扰。本方法检出限为 0.0035%，测试范围为 0.0066%～62.5%（TiO_2），经钛铁矿国家标准物质（GBW07839、GBW07841）验证，RSD（$n = 12$）为 1.1%～2.1%，相对误差为−1.69%～1.1%。林学辉等[95]用过氧化钠熔融-ICP 光谱法快速测定稀散元素矿石中高含量钨，稀散元素矿石样品（0.1g 稀至 500mL 测定）经 Na_2O_2 熔融，水浸取，上清液经 HNO_3（3+97）（含 0.067mol/L 的酒石酸）酸化稀释，溶液中的钨离子与酒石酸络合形成络合物防止钨酸析出，分析线 224.8nm，方法检出限为 114μg/g，RSD 为 1.2%。韩超等[96]用 ICP 光谱法测定铝合金中高含量硅，样品用 $HCl+HNO_3$（5+1）混合酸滴加 HF 直接消解，不分离析出的残渣硅，将残渣直接溶解到原液中，通过基体匹配法系列标准，251.6nm 为分析线，实验结果相对标准偏差小于 0.3%（含 Si 在 6%～12%）。

可以看出随着仪器稳定性的提高，ICP-AES 法测定高含量的成分也可以得到很好的结果。

4.5.2.4 分离-富集测定上的应用

在无机材料分析中，由于基体复杂且含有大量的金属元素，相互干扰很大，此时由于干扰难以消除，难以直接测定。ICP-AES 法作为元素测定的一种分析手段，预先进行简易分离后测定，可以解决没有现成分析方法、没有标准样品可供校正的复杂基体样品分析问题，也可通过分离富集用于痕量分析。

如李桂香等[97]用 ICP 光谱法同时测定高纯铅中八种杂质元素，样品采用 1+3 的硝酸溶解，用 1+1 的硫酸将铅基体以硫酸铅沉淀，在滤液中同时测定 As、Sb、Cu、Sn、Bi、Cd、Zn、Fe 的含量，实现了高纯铅中微量杂质元素的快速测定。加标回收率为 97.62%～100.42%，RSD（$n = 11$）为 0.74%～2.32%。张帆等[98]采用沉淀分离后 ICP 光谱法分析 99.99%纯银中的 20 种杂质元素。采用硝酸溶解后再加入王水继续加热的方式制备待测溶液，解决了纯银中不溶于硝酸的杂质元素金和铂难以被准确测定的问题。采用此种方法分离大量的银以测定杂质元素，当加标量为 0.2μg/mL 时，回收率在 90%～110%。在电感耦合等离子体发射光谱上测定纯银中的杂质元素含量。李秋莹等[99]用共沉淀分离-ICP 光谱法测定含难熔金属岩石中 12 种稀土元素。样品用 Na_2O_2 熔融分解，用盐酸（1+4）转入烧杯中，往溶液中加入氨水，以样品中含有的 Fe、Al、Ti、Zr 作载体，共沉淀分离除去钠盐及能与氨水形成络氨离子的金属元素，沉淀物用热稀盐酸溶解，同时测定试液中 La、Ce、Sm、Eu、Gd、Tb、Ho、Er、Dy、Tm、Yb 和 Y。各元素校准曲线的线性范围为 0.10～25 μg/mL，方法的检出限为 0.20～1.0 μg/g，结果的相对标准偏差（RSD，$n = 9$）为 3.2%～6.2%，加标回收率为 90%～110%。可用于含难熔金属岩石中稀土元素含量为 0.001%～0.50%的测定。武丽平等[100]用氢氧化铁共沉淀 ICP 光谱法测卤水中的痕量钴镍锰，以氢氧化铁共沉淀分离卤水中痕量的钴镍锰，经王水（1+1）溶解沉淀定容后测定，检出限 Co、Mn 为 0.10mg/L，Ni 为 0.27mg/L，加标回收率为 95.0%～102.0%，精密度（$n = 12$）为 1.05%。消除了卤水中大量钠盐及矿物质的基体干扰，提升了测定灵敏度。

范丽新等[101]在用 ICP 光谱法测定铋系超导前驱粉中痕量镍时，为了消除基体干扰采用阴离子交换树脂，除去 Bi 及部分 Pb、Sr、Ca、Cu 等基体元素，然后在碱性条件下再通过甲苯萃取镍与丁二酮肟的络合物，稀盐酸反萃取富集镍，进行 ICP-AES 法测定，相对标准偏差为 1.9%，方法检出限为 0.19μg/g。李小玲等[102]用火试金法以锑作捕集剂富集铱，将样品同含有氧化锑、碳酸钠、碳酸钾、硼砂和面粉的熔剂混合，在 950℃熔融，铱被捕集到熔融的锑中，灰吹得到含铱的试金合粒，将其酸溶后，在 215.268nm 波长下测铱。伍娟等[103]用离子交换纤维柱分离 $Cr^{Ⅲ}$和 $Cr^{Ⅵ}$，有很好的分离效果。分离后的 $Cr^{Ⅲ}$和 $Cr^{Ⅵ}$可用 ICP 光谱法分别测定，实现了 Cr 的价态分析。钟轩等[104]采用间接银量法以 ICP-AES 测定碳酸钴中氯含量。试样用硝酸分解后，加一定（过量）的硝酸银标准溶液，试液过滤分离后采用 ICP 光谱法测定溶液中的 Ag^+量，从而间接测定碳酸钴中氯含量。样品溶解前加入硝酸银可减少氯离子的损失，提高测试结果的准确性。测试较优条件为硝酸（1+1）、硝酸银和乙醇加入量分别为 10 mL、5mg 和 15 mL，采用慢速滤纸过滤，分析谱线波长为 328.068nm，RSD≤0.35 %。该方法灵敏度高、精确度与准确性均很好。周西林等[105]采用了化学萃取分离富集的方式，在 0.57～1.43mol/L 硝酸介质中，用甲基异丁基酮（MIBK）萃取磷钼杂多酸，使磷与基体铁分离，在 213.618nm 分析线处进行 ICP-AES 测定高纯铁中的痕量磷，方法的检出限为 0.020mg/L。方法可用于高纯铁中 0.00010% ～0.010%磷的测定，相对标准偏差（$n=10$）在 0.54%～2.9%之间。

从上述的应用实例可以看出，作为元素分析的一种有效手段，加上简单的化学分离操作，可以使 ICP 光谱法具有更好的实用价值。而这种分离、富集只需要在保证待测成分完整保留的前提下，把干扰成分减低到不干扰 ICP 光谱测定的水平，即可达到分离富集的目的，并不要求化学上的绝对分离完全。

4.5.2.5 气体形式及固体直接进样的应用

气态形式进样在 ICP 光谱法中已被采用，可以通过氢化物发生以气态氢化物或气态氯化物直接进样，可以提高测定灵敏度，同样还可以用其他气体进样方式，解决特殊样品的分析需求。如贺攀红等[106]用氢化物发生-电感耦合等离子体发射光谱法同时测定土壤中的痕量砷、铜、铅、锌、镍、钒。采用氢化反应气与 ICP-OES 雾化气双管路同时进样的方法，实现了一次溶样、一台设备同步测定样品中的砷和多种金属元素。

以二氧化碳气态进样测碳有更高的效率，更低的检出限，已有报道测定有机碳和无机碳，如段旭川[107]建立了带有气态二氧化碳发生技术的 ICP 光谱法测定固体碳酸钠和碳酸氢钠。通过在线连续混合稀盐酸和含无机碳的样品溶液，使样品溶液中的无机碳形成气态二氧化碳，用 ICP 光谱法在 193.091nm 处测定 C，从而获得样品中的碳酸钠和碳酸氢钠的含量。碳的线性范围在 0.01～250μg/mL，碳的检出限为 0.035μg/mL。段旭川等[108]提出离线二氧化碳发生原位再溶解-ICP 光谱法测定水样中无机碳，用离线二氧化碳发生及原位再溶解作为样品溶液的制备方法，以一定量水样与 4mL 盐酸（1+9）溶液反应，使样品中碳酸盐及碳酸氢盐转化为 CO_2，并在原溶液中原位再溶解，经过仪器常规采用的单管进样装置导入仪器中，经气液分离器在 172.4kPa 压力条件下，使试液中的二氧化碳分离析出，用 C 247.86nm 测其浓度。

固体直接进样的 ICP 光谱法（LA-ICP-AES），可以使 ICP 分析不需要对固体样品进行前处理即可直接分析，已有相应的应用报告出现。如程海明等[109]研究的激光剥蚀进样-ICP-AES 法，采用 Nd:YAG 激光器作为 ICP 的固体进样装置，测定了中低合金钢中的 Cr、Cu、Mn、Mo、Ni、Si、V、Ti 等元素的含量，除 Si 元素外，其他元素线性相关系数均大于 0.999。随着激光剥蚀进样装置作为商品附件的普及，以及解决相应固体标准样品，才能得到实际应用。

4.5.2.6 在研究方面的应用

由于 ICP 光谱分析的灵活性及多元素、多谱线的快速同时分析特点，使其常常被作为机理研究的手段加以应用。如刘坤杰等[110]采用电感耦合等离子体原子发射光谱法研究了质量浓度为 0～5mg/mL 的铁基体的非光谱干扰效应。通过计算干扰函数各项的数值,及考察各项数值与铁基体浓度的对应关系，得到了铁的非光谱干扰的一些规律。

杨红艳等[111]对碱熔后 ICP-AES 法测定复杂二次资源物料中钌的干扰情况进行研究，认为 Al、Si、Zr、Mo、Zn、Fe、Ca、Ti、Ta、Mg 等元素对 Ru 的测定存在不同类型的干扰，Al、

Ni 基本不干扰，Na、Si、Ba 等的干扰主要为基体干扰，其他元素的干扰主要为光谱干扰。

张桂竹等[112]探讨了 ICP 光谱法测定高温合金和耐热不锈钢中铌时钒、钛、铬的光谱干扰及校正，采用含不同铌且基体及组分元素差异较大的化学标准物质配制标准溶液，并根据用其测定铌时各相关分析线的校正曲线成线性情况，发现钒、钛分别对 Nb 309.418nm 和 Nb 313.079nm 谱线有干扰，严重影响测量结果的准确度，需采用干扰系数法进行校正。

王衍鹏等[113]建立了 ICP-AES 测定高浓度基体中微量杂质元素的偏最小二乘法（PLS），研究表明 PLS 能有效校正高浓度基体干扰引起的测量误差，比多元光谱拟合法（MSF）能承受的基体浓度更高。

此外，利用 ICP-AES 作为研究手段[114-116]，可对物质功能及与材质相关的问题进行判断分析和研究，例如，蔡清等[114]研究以马来酸酐和丙烯酰胺为功能单体，*N,N*-亚甲基双丙烯酰胺为交联剂，过硫酸铵为引发剂，合成了马来酸酐、丙烯酰胺共聚物吸附剂 P（MA-AM）；考察其对溶液中各种离子的吸附效应，发现该试剂对 Fe^{3+}具有很高的选择性。陈立旦等[115]则用 ICP-AES 法测定不同行驶里程的液压助力转向油液中主要金属 Fe、Cu、Al 的含量，进而判断液压转向系统的磨损状况，并在不解体状态下，诊断汽车液压转向系统的故障原因，对汽车液压助力转向系统进行故障诊断。

4.5.3 应用进展

4.5.3.1 标准分析方法的进展

由于 ICP-AES 法以溶液进样，可以采用标准物质进行标准化，用基准物质配制的标准溶液作为基准进行测定，具有溯源性，因此其测定方法已越来越广泛地被纳入国际标准（ISO）、国家标准（GB）及行业标准。在各应用领域的分析上，不断被纳入各类标准分析方法，不仅规范了 ICP 分析方法，而且对方法的精密度进行了统计试验，提供了判断 ICP 分析结果可信度的依据，在实验室检测、测试数据比对上发挥重要作用。

目前 ISO 已经不断增加 ICP-AES 法，在我国也有大量 ICP-AES 分析法纳入 GB 和行业标准中[117]。见表 4-28～表 4-31。

表 4-28 在黑色冶金分析上的标准分析方法

标准号	标准名称
GB/T 20125—2006	低合金钢 多元素含量的测定 电感耦合等离子体原子发射光谱法
GB/T 24520—2009	铸铁和低合金钢 镧、铈和镁含量的测定 电感耦合等离子体原子发射光谱法
GB/T 20127.3—2006	钢铁及合金 痕量元素的测定 第 3 部分：电感耦合等离子体发射光谱法测定钙、镁、钡含量
GB/T 20127.9—2006	钢铁及合金 痕量元素的测定 第 9 部分：电感耦合等离子体发射光谱法测定钪含量
GB/T 34208—2017	钢铁 锑、锡含量的测定 电感耦合等离子体原子发射光谱法
GB/T 223.88—2019	钢铁及合金 钙和镁含量的测定 电感耦合等离子体原子发射光谱法
GB/T 24194—2009	硅铁 铝、钙、锰、铬、钛、铜、磷和镍含量的测定 电感耦合等离子体原子发射光谱法
GB/T 24585—2009	镍铁 磷、锰、铬、铜、钴和硅含量的测定 电感耦合等离子体原子发射光谱法
GB/T 5687.12—2020	铬铁 磷、铝、钛、铜、锰、钙含量的测定 电感耦合等离子体原子发射光谱法
GB/T 8704.10—2020	钒铁 硅、锰、磷、铝、铜、铬、镍、钛含量的测定 电感耦合等离子体原子发射光谱法

续表

标准号	标准名称
GB/T 24583.8—2009	钒氮合金 硅、锰、磷、铝含量的测定 电感耦合等离子体原子发射光谱法
GB/T 7731.6—2008	钨铁 砷含量的测定 钼蓝光度法和电感耦合等离子体原子发射光谱法
GB/T 7731.7—2008	钨铁 锡含量的测定 苯基荧光酮光度法和电感耦合等离子体原子发射光谱法
GB/T 7731.8—2008	钨铁 锑含量的测定 罗丹明B光度法和电感耦合等离子体原子发射光谱法
GB/T 7731.9—2008	钨铁 铋含量的测定 碘化铋光度法和电感耦合等离子体原子发射光谱法
GB/T 7731.14—2008	钨铁 铅含量的测定 极谱法和电感耦合等离子体原子发射光谱法
GB/T 4702.6—2016	金属铬 铁、铝、硅和铜含量的测定 电感耦合等离子体原子发射光谱法
GB/T 32794—2016	含镍生铁 镍、钴、铬、铜、磷含量的测定 电感耦合等离子体原子发射光谱法
GB/T 6730.63—2006	铁矿石 铝、钙、镁、锰、磷、硅和钛含量的测定 电感耦合等离子体发射光谱法
GB/T 6730.76—2017	铁矿石 钾、钠、钒、铜、锌、铅、铬、镍、钴含量的测定 电感耦合等离子体发射光谱法
GB/T 38812.3—2020	直接还原铁 硅、锰、磷、钒、钛、铜、铝、砷、镁、钙、钾、钠含量的测定 电感耦合等离子体原子发射光谱法
GB/T 24197—2009	锰矿石 铁、硅、铝、钙、钡、镁、钾、铜、镍、锌、磷、钴、铬、钒、砷、铅和钛含量的测定 电感耦合等离子体原子发射光谱法
GB/T 24193—2009	铬矿石和铬精矿 铝、铁、镁和硅含量的测定 电感耦合等离子体原子发射光谱法
GB/T 24514—2009	钢表面锌基和（或）铝基镀层 单位面积镀层质量和化学成分测定 重量法、电感耦合等离子体原子发射光谱法和火焰原子吸收光谱法
YB/T 4395—2014	钢 钼、铌和钨含量测定 电感耦合等离子体原子发射光谱法
YB/T 4396—2014	不锈钢 多元素含量的测定 电感耦合等离子体原子发射光谱法
YB/T 4799—2018	钢铁 氮化铝析出相量的测定 电解分离-电感耦合等离子体原子发射光谱法
YB/T 4174.1/2—2008	硅钙合金 铝含量的测定 电感耦合等离子体原子发射光谱法
YB/T 4200—2009	五氧化二钒 硫、磷、砷和铁含量的测定 电感耦合等离子体原子发射光谱法
SN/T 1427—2004	金属锰中硅、铁、磷含量的测定 电感耦合等离子体原子发射光谱法

表 4-29 在有色金属分析上的标准分析方法（GB/T&YB）

标准号	标准名称及测定元素
GB/T 20975.25—2008	铝及铝合金化学分析方法 第25部分：电感耦合等离子体原子发射光谱法测定铝及铝合金中铁、铜、镁、锰、镓、钛、钒、铟、锡、铋、铬、锌、镍、镉、锆、铍、铅、硼、硅、锶、钙、锑的含量
GB/T 5121.28—2010	铜及铜合金 化学分析方法 第28部分：铬、铁、锰、钴、镍、锌、砷、硒、银、镉、锡、锑、碲、铅、铋量的测定 电感耦合等离子体原子发射光谱法
GB/T 23607—2009	铜阳极泥化学分析方法 砷、铋、铁、镍、铅、锑、硒、碲量的测定 电感耦合等离子体原子发射光谱法
GB/T 12689.12—2004	锌及锌合金化学分析方法 铅、镉、铁、铜、锡、铝、砷、锑、镁、镧、铈量的测定 电感耦合等离子体原子发射光谱法
GB/T 13748.5—2005	镁及镁合金化学分析方法 钇含量的测定 电感耦合等离子体原子发射光谱法
GB/T 13748.20—2009	镁及镁合金化学分析方法 第20部分：ICP-AES测定元素含量
GB/T 15072.7—2008	贵金属合金化学分析方法 金合金中铬和铁量的测定 电感耦合等离子体原子发射光谱法
GB/T 15072.11—2008	贵金属合金化学分析方法 金合金中钆和铍量的测定 电感耦合等离子体原子发射光谱法
GB/T 15072.13—2008	贵金属合金化学分析方法 银合金中锡、铈和镧量的测定 电感耦合等离子体原子发射光谱法
GB/T 15072.14—2008	贵金属合金化学分析方法 银合金中铝和镍量的测定 电感耦合等离子体原子发射光谱法
GB/T 15072.16—2008	贵金属合金化学分析方法 金合金中铜和锰量的测定 电感耦合等离子体原子发射光谱法
GB/T 15072.18—2008	贵金属合金化学分析方法 金合金中锆和镓量的测定 电感耦合等离子体原子发射光谱法

续表

标准号	标准名称及测定元素
GB/T.15072.19—2008	贵金属合金化学分析方法 ICP-AES 法银合金中钒和镁量的测定 电感耦合等离子体原子发射光谱法
GB/T 11067.3—2006	银化学分析方法 硒和碲量的测定 电感耦合等离子体原子发射光谱法
GB/T 11067.4—2006	银化学分析方法 锑量的测定 电感耦合等离子体原子发射光谱法
GB/T 11066.8—2009	金化学分析方法 银、铜、铁、铅、锑、铋、钯、镁、镍、锰和铬量的测定 乙酸乙酯萃取-电感耦合等离子体原子发射光谱法
GB/T 4324.8—2008	钨化学分析方法 镍量的测定 电感耦合等离子体原子发射光谱法、火焰原子吸收光谱法和丁二酮肟重量法
GB/T 4324.13—2008	钨化学分析方法 钙量的测定 电感耦合等离子体原子发射光谱法
GB/T 4324.15—2008	钨化学分析方法 镁量的测定 火焰原子吸收光谱法和电感耦合等离子体原子发射光谱法
GB/T 16484.3—2009	氯化稀土、碳酸轻稀土化学分析方法 第 3 部分：15 个稀土元素氧化物配分量的测定 电感耦合等离子体发射光谱法
GB/T 18115.1～12—2006	稀土金属及其氧化物中稀土杂质化学分析方法

表 4-30 稀土金属及其氧化物的分析标准方法

标准号	分析对象	测定元素
GB/T 18115.1—2006	金属镧或氧化镧	Ce、Pr、Nd、Sm、Eu、Gd、Tb、Dy、Ho、Er、Tm、Yb、Lu、Y
GB/T 18115.2—2006	金属铈或氧化铈	La、Pr、Nd、Sm、Eu、Gd、Tb、Dy、Ho、Er、Tm、Yb、Lu、Y
GB/T 18115.3—2006	金属镨或氧化镨	La、Ce、Nd、Sm、Eu、Gd、Tb、Dy、Ho、Er、Tm、Yb、Lu、Y
GB/T 18115.4—2006	金属钕或氧化钕	La、Ce、Pr、Nd、Sm、Gd、Tb、Dy、Ho、Er、Tm、Yb、Lu、Y
GB/T 18115.5—2006	金属钐或氧化钐	La、Ce、Pr、Nd、Eu、Gd、Tb、Dy、Ho、Er、Tm、Yb、Lu、Y
GB/T 18115.6—2006	金属铕或氧化铕	La、Ce、Pr、Nd、Sm、Gd、Tb、Dy、Ho、Er、Tm、Yb、Lu、Y
GB/T 18115.7—2006	金属钆或氧化钆	La、Ce、Pr、Nd、Sm、Eu、Tb、Dy、Ho、Er、Tm、Yb、Lu、Y
GB/T 18115.8—2006	金属铽或氧化铽	La、Ce、Pr、Nd、Sm、Eu、Gd、Dy、Ho、Er、Tm、Yb、Lu、Y
GB/T 18115.9—2006	金属镝或氧化镝	La、Ce、Pr、Nd、Sm、Eu、Gd、Tb、Ho、Er、Tm、Yb、Lu、Y
GB/T 18115.10—2006	金属钬或氧化钬	La、Ce、Pr、Nd、Sm、Eu、Gd、Tb、Dy、Er、Tm、Yb、Lu、Y
GB/T 18115.11—2006	金属铒或氧化铒	La、Ce、Pr、Nd、Sm、Eu、Gd、Tb、Dy、Ho、Tm、Yb、Lu、Y
GB/T 18115.12—2006	金属钇或氧化钇	La、Ce、Pr、Nd、Sm、Eu、Gd、Tb、Dy、Ho、Er、Tm、Yb、Lu

表 4-31 在其他分析领域的标准分析方法（GB/T&YB）

标准号	标准名称及测定元素
	能源及轻工
GB/T 13372—1992	二氧化铀粉末和芯块中杂质元素的测定 ICP-AES 法
SH/T 0706—2001	燃料油中铝和硅含量测定法（ICP-AES 法）
GB/T 17593.2—2007	纺织品 重金属的测定 第 2 部分：电感耦合等离子体原子发射光谱法
GB/T 24794—2009	照相化学品 有机物中微量元素的分析 电感耦合等离子体原子发射光谱法
SN/T 1478—2004	化妆品中二氧化钛含量的检测方法 ICP-AES 法
SN/T 2186—2008	涂料中可溶性铅、镉、铬和汞的测定 电感耦合等离子体原子发射光谱法
	环境检测
DZ/T 0064.22—1993	地下水质检验方法 ICP-AES 法测定铜、铅、锌、镉、锰、铬、镍、钴、钒、锡、铍及钛
DZ/T 0064.42—1993	地下水质检验方法 感耦等离子体原子发射光谱法测定锶、钡
HJ 781—2016	固体废物 22 种金属元素的测定 电感耦合等离子体发射光谱法

续表

标准号	标准名称及测定元素
食品及农副产品	
GB/T 23372—2009	食品中无机砷的测定 液相色谱 电感耦合等离子体质谱法
SN/T 1796—2006	进出口木材及木制品中砷、铬、铜的测定 电感耦合等离子体原子发射光谱法
SN/T 1911—2007	进出口卷烟纸中铅、砷含量的测定 电感耦合等离子体原子发射光谱法

4.5.3.2 在元素形态分析中的应用

元素的形态即该元素在一个体系中特定化学形式的分布。元素形态分析是指识别或定量检测样品中某种元素实际存在的价态或赋存状态的分析。元素在环境中的迁移转化规律，在中草药中无机元素的毒性、生物利用度、有益作用及其在生物体内的代谢行为，在相当大的程度上取决于该元素存在的化学形态，元素形态分析在环境、食品、生物分析中占有越来越重要的地位，越来越受到普遍重视。利用 ICP-AES 分析方法，通过联用技术，采用色谱及各种分离柱进行预分离测定，在诸如汞、砷、铅、硒、锡、碘、铬等元素的价态分析上已有很好的应用，如伍娟等[118]采用离子交换纤维柱分离铬（Ⅲ）和铬（Ⅵ）后分别测定，用于管网水池塘水样和土壤提取液中的 Cr^{3+}、Cr^{6+}的价态分析。通过分步处理方式，采用 ICP 光谱法对元素在样品中的赋存状态进行分析，更是在环境监测、中草药材研究上得到很好的应用，如朱延强等[119]采用五步连续提取法（Tessier 提取法）对污水处理厂的污泥中 Zn、Cu、Cr、Cd、Pb 和 Mn 等 6 种重金属元素进行形态提取，采用 ICP 光谱法测定各种元素的总量及其不同形态含量，结果表明 Pb、Cd 多以可交换态、碳酸盐结合态存在，分别占总量的 76.84%和 78.59%，对生物具有潜在有效性，Zn、Cu、Cr 多以稳定的硫化物及有机结合态和残渣态存在，不易迁移到环境中去，对环境危害较小。这些实验数据可以为污泥的利用或处置提供一定的科学依据。徐爱平等[120]利用 ICP 光谱法测定土壤中 3 种形态的钾。土壤中钾主要以无机形态存在，按其对作物的有效程度划分为速效钾（包括水溶性钾、交换性钾）、缓效钾和相对无效钾 3 种，土壤样品经乙酸浸提、硝酸浸提和混酸消化后，用 ICP-AES 分别测定土壤中速效钾、缓效钾和全钾。赵良成等[121]用 ICP 光谱法进行铅锌冶炼烟尘中铟的物相分析，铅锌冶炼烟尘中铟以硫化铟、氧化铟、硫酸铟等形式存在，样品经适当试剂对不同存在状态的铟作分步处理，分别在 ICP 光谱仪上测定硫化铟、氧化铟、硫酸铟中的铟，方法的线性范围为 0.0～100mg/L，铟的检出限为 0.072mg/L。张莉等[122]将 ICP-AES 用于金莲花的无机元素初级形态分析及其溶出特征性研究，采用传统花茶饮用方法对金莲花茶中的 Fe、Mg、Cu、Zn、Mn、Cr、Pb、As 等元素进行浸取，按初级形态分析流程制备分析溶液，用 0.45μm 微孔滤膜分离浸取液中的可溶态和悬浮态，在 ICP 光谱仪器上测定此 8 种无机元素的初级形态。

4.5.3.3 应用前景

ICP-AES 分析技术由于其既具有多元素同时测定的优点，具有溶液进样的稳定性，又具有化学分析的可溯源型，在很多领域里得到推广应用。从近 10 年来看（2011 年至 2020 年 7 月），公开发表的应用文献达 6000 篇，每年都在 500～600 篇以上，涉及地质、冶金工程、金属学及工艺、材料、化学、化学工程、石油天然气、轻工、电气工程、食品、环境、中药与方剂、公共卫生与预防医学、农业资源与环境、临床医学等领域，应用范围相当广泛。随着仪器性能的不断提高，分析流程得到简化，实现了快速、低成本、高通量的分析，更加适于工业、农业、环境、药物、食品安全等领域上的应用，因此 ICP-AES 法可望成为低成本的检测方法。

对于无机元素的测定，ICP 光谱法仍将是最佳方法。特别是以 ICP 为激发光源的商品仪器性价比不断优化，已成为实验室日常分析必备的手段。而环境安全、食品安全中涉及有毒有害元素的检测、药品中有益及有害元素的监控，将是长期存在的需求，ICP 光谱分析手段必将得到更充分的应用。

4.5.4 ICP-AES 光谱分析常用谱线

见表 4-32～表 4-35。

表 4-32 ICP-AES 分析常用谱线及其特性

元素	波长/nm	类型	强度※	DL/(μg/L)※	干扰元素	元素	波长/nm	类型	强度※	DL/(μg/L)※	干扰元素
Ag	328.068	Ⅰ	4200	0.6	Fe, Mn, V	Be	313.042	Ⅱ	64000	0.04	V, Ti
	338.289	Ⅰ	2200	8.7	Cr, Ti		234.861	Ⅰ	11500	0.2	Fe, Ti
	243.779	Ⅱ	23.0	80	Fe, Mn, Ni		313.107	Ⅱ	41000	0.5	Ti
	224.641	Ⅱ	11.0	87	Cu, Fe, Ni		249.473	Ⅰ		3.8	Fe, Cr, Mg, Mn
Al	167.020	Ⅰ		0.9	Mo, Fe, Si		265.045	Ⅰ	900	3.1	
	308.215	Ⅰ	780	30	Mn, V	Bi	223.061	Ⅰ	66	6.0	Cu, Ti
	309.284	Ⅰ	1400	23	Mg, V		306.772	Ⅰ	380	50	Fe, V
	394.401	Ⅰ	1050	47			222.825	Ⅰ	21.0	83	Cr, Cu, Fe
	396.152	Ⅰ	2050	1.9	Ca, Ti, V		206.170	Ⅰ	6.5	57	Al, Cr, Cu, Fe
As	237.312	Ⅰ	130	30	Cr, Fe, Mn	Br	190.241	Ⅱ	6000	300	
	188.983	Ⅰ		5.0			863.866	Ⅰ	25		
	189.042	Ⅰ	20000	5.8			478.550	Ⅱ	400		
	193.759	Ⅰ	16000	35	Al, Fe, V	C	193.091	Ⅰ		29	Al, Mn, Ti
	197.262	Ⅰ	9000	51	Al, V		247.856	Ⅰ		120	Fe, Cr, Ti, V
	228.812	Ⅰ	36.0	55	Fe, Ni		199.362	Ⅰ		5900	
	200.334	Ⅰ	4.0	120	Al, Cr, Fe, Mn	Ca	393.366	Ⅱ	450000	0.08	V
Au	201.200	Ⅰ		10			396.847	Ⅱ	230000	0.06	Fe, V
	211.080	Ⅰ	60	42			422.673	Ⅰ	2900	6.7	Fe
	208.209	Ⅱ		7.6			317.933	Ⅱ	1600	6.7	Cr, Fe, V
	242.794	Ⅰ		3.0			315.887	Ⅱ	950	30	Cr, Fe
	267.592	Ⅰ		5.7		Cd	214.438	Ⅱ	720	0.6	Al, Fe
B	249.773	Ⅰ		0.6	Fe, Mo		228.802	Ⅰ	1400	1.8	Al, As, Fe, Ni
	249.678	Ⅰ		4.2	Fe, Mo, (Ni)		226.502	Ⅱ	1000	2.3	Fe, Ni
	208.959	Ⅰ		6.7	Al, Fe, Mo		361.051	Ⅰ		83.0	Fe, Mn, Ni, Ti
	208.893	Ⅰ		8.0	Al, Fe, Ni, Mo		326.106	Ⅰ	95.0	120.0	
	182.583	Ⅰ	40000	12	S		346.620	Ⅰ	77.0	160.0	
	182.529	Ⅰ	90000	57		Ce	413.765	Ⅱ		9.0	Ca, Fe, Ti
Ba	455.403	Ⅱ	43000	1.3	Cr, Ni, Ti		413.380	Ⅱ	1400	9.4	Ca, Fe, V
	493.409	Ⅱ	16000	2.3	Fe		418.659	Ⅱ	1400	7.0	Fe, Ti
	233.527	Ⅱ	1150	4.0	Fe, Ni, V		395.254	Ⅱ		10	
	230.424	Ⅱ	800	4.1	Cr, Fe, Ni		393.109	Ⅱ		11.0	Mn, V
	413.066	Ⅱ	1200	32			399.924	Ⅱ	850.0	11.0	

续表

元素	波长/nm	类型	强度※	DL/(μg/L)※	干扰元素
Ce	446.021	Ⅱ	950.0	12	
	394.275	Ⅱ	1200	13	
Cl	725.671	Ⅰ			
Co	238.892	Ⅱ	900.0	1.0	Fe, V
	228.616	Ⅱ	570.0	0.3	Cr, Fe, Ni, Ti
	237.862	Ⅱ	500.0	1.4	Al, Fe
	230.786	Ⅱ	400.0	9.7	Cr, Fe, Ni
	236.379	Ⅱ	400.0	11	
	231.160	Ⅱ	320.0	13	
	238.346	Ⅱ	330.0	9.3	
Cr	205.552	Ⅱ	220.0	0.3	Al, Cu, Fe, Ni
	206.149	Ⅱ	170.0	2.4	Al, Fe, Ti
	267.716	Ⅱ	2200	0.9	Fe, Mn, V
	283.563	Ⅱ	3700	4.7	Fe, Mg, V
	284.325	Ⅱ	2600	2.7	
	276.654	Ⅱ	1500	4.1	
Cs	452.673	Ⅱ		4000	
	455.531	Ⅰ		10000	
Cu	324.754	Ⅰ	8000	0.95	Ca, Cr, Fe, Ti
	327.396	Ⅰ	4000	1.8	Ca, Fe, Ni, Ti, V
	223.008	Ⅱ	190.0	13.0	
	224.700	Ⅱ	350.0	1.4	Fe, Ni, Ti
	219.958	Ⅰ	160.0	1.8	Al, Fe
	222.778	Ⅰ	130.0	15.0	
Dy	353.170	Ⅱ		2.0	
	364.540	Ⅱ		4.4	
	340.780	Ⅱ		5.3	
Er	337.271	Ⅱ		2.0	
	349.910	Ⅱ		3.2	
	323.058	Ⅱ		3.5	
Eu	381.967	Ⅱ		0.45	
	412.970	Ⅱ		0.73	
	420.505	Ⅱ		0.73	
Fe	238.204	Ⅱ	2500	0.8	Cr, V
	239.562	Ⅱ	2400	0.7	Cr, Mn, Ni
	259.940	Ⅱ	7000	0.8	Mn, Ti
	234.349	Ⅱ	1100	1.4	
	240.488	Ⅱ	1600	1.5	
	259.837	Ⅱ	2100	1.6	
	261.187	Ⅱ	2600	2.0	Cr, Mn, Ti, V
	275.574	Ⅰ	2100	8.0	
Ga	294.364	Ⅰ		7.0	
	417.206	Ⅰ		10	
	287.424	Ⅰ		12	
	245.007	Ⅰ		4.5	
Ge	265.118	Ⅰ		15	
	209.426	Ⅰ		13	

元素	波长/nm	类型	强度※	DL/(μg/L)※	干扰元素
Ge	265.158	Ⅰ		26	
	164.917	Ⅰ			
Hf	232.247	Ⅱ		7.5	
	264.141	Ⅱ		7.5	
	273.876	Ⅱ		6.9	
	277.336	Ⅱ		6.3	
	282.022	Ⅱ		7.5	
	339.980	Ⅱ		5.0	
Ho	339.898	Ⅱ		2.3	
	345.600	Ⅱ		1.0	
	389.102	Ⅰ		2.9	
I	178.215	Ⅰ		8.0	
	206.238	Ⅰ	900	100	Cu, Zn
	142.549	Ⅰ			
In	230.606	Ⅱ	80	20	Fe, Mn, Ni, Ti
	325.609	Ⅰ	370	38	Cr, Fe, Mn, V
	451.131	Ⅰ	300	57	Ar, Fe, Ti, V
	303.936	Ⅰ	240	48	Cr, Fe, Mn, V
	410.176	Ⅰ	250	150	
Ir	224.268	Ⅱ		7.0	
	212.681	Ⅱ		8.0	Cu
	205.222	Ⅰ		16	
K	766.490	Ⅰ		4.0	
	404.414	Ⅰ		40	Ca, Cr, Fe, Ti
La	333.749	Ⅱ		2.0	Cr, Cu, Fe, Mg
	379.083	Ⅱ		2.2	
	379.478	Ⅱ		2.0	Ca, Fe, V
	408.672	Ⅱ		2.0	Ca, Cr, Fe
	412.323	Ⅱ		2.0	
Li	670.784	Ⅰ	12300	1.8	V, Ti
	610.362	Ⅰ	420	11	Ca, Fe
	460.286	Ⅰ	52	300	Fe
	323.261	Ⅰ	33	370	Fe, Ni, Ti, V
Lu	219.554	Ⅱ		2.5	Er, Fe, V, Ni
	261.542	Ⅱ		0.3	
	291.139	Ⅱ		1.9	Er, V
Mg	279.553	Ⅱ	99000	0.10	Fe, Mn
	279.079	Ⅱ	830	20	Cr, Fe, Mn, Ti
	280.270	Ⅱ	83000	0.20	Cr, Mn, V
	285.213	Ⅰ	17500	1.1	Cr, Fe, V
	279.806	Ⅱ	2200	0.01	Cr, Fe, Mn, V
	383.826	Ⅰ	1950	22	
Mn	257.610	Ⅱ	18000	0.08	Al, Cr, Fe, V
	259.373	Ⅱ	13000	0.35	Fe
	260.569	Ⅱ	9900	0.45	Cr, Fe
	294.920	Ⅱ	8600	1.6	Cr, Fe, V
	293.930	Ⅱ	4600	2.2	Fe, Mo, Nb, Ta

续表

元素	波长/nm	类型	强度※	DL/(μg/L)※	干扰元素	元素	波长/nm	类型	强度※	DL/(μg/L)※	干扰元素
Mn	279.482	Ⅰ	2700	2.6		Pd	344.140	Ⅰ		30	
	293.306	Ⅱ	2700	2.8			229.650	Ⅱ		16	
	202.030	Ⅱ	155	0.6	Al, Fe	Pr	390.844	Ⅱ		9.0	Ca, Cr, Fe, V
	203.844	Ⅱ	90	3.1	Al, V		414.311	Ⅱ		9.0	Fe, Ni, Ti, V
Mo	204.598	Ⅱ	100	3.1	Al		417.939	Ⅱ		10	Cr, Fe, V, Th
	281.615	Ⅱ	2400	3.6	Al, Cr, Fe, Mg		422.535	Ⅱ		10	Ca, Fe, Ti, V
	284.823	Ⅱ	1800	20.0		Rb	422.293	Ⅱ		31	
	277.540	Ⅱ	1020	25.0			420.185	Ⅰ		300	
N	149.262	Ⅰ					422.293	Ⅰ		300	
	174.272	Ⅰ	2500	30000		Re	197.313	Ⅱ		2.0	Al, Ti
	588.995	Ⅰ	650.0	10	Ti(二级谱线)		221.426	Ⅱ	580.0	2.0	Cu, Fe, Mn
Na	589.592	Ⅰ	300.0	2.0	Fe, Ti, V		227.525	Ⅱ	650.0	2.0	Ca, Fe, Ni
	330.237	Ⅰ	8.3	650	Cr, Fe, Ti	Rh	346.046	Ⅰ	160.0	115.0	
	330.298	Ⅰ	3.0	1500			233.477	Ⅱ		29	
	309.418	Ⅱ	2500	10	Al, Cr, Cu, Fe		249.077	Ⅱ		38	Sn
Nb	316.340	Ⅱ	1900	11	Ca, Ur, Fe		343.489	Ⅰ		40	Fe
	313.079	Ⅱ	2200	14	Cr, Ti, V	Ru	252.053	Ⅱ		51	
	269.706	Ⅱ	960.0	69.0	Cr, Fe, V		240.272	Ⅱ		7.0	
	322.548	Ⅱ	1100	71.0			245.650	Ⅱ		7.0	Fe
Nd	401.225	Ⅱ		10			267.876	Ⅱ		8.6	
	406.109	Ⅱ		19			269.207	Ⅰ		21	
	415.608	Ⅱ		21		S	180.676	Ⅰ		60.0	Al, Ca
Ni	430.358	Ⅱ		15			181.978	Ⅰ		9.0	
	216.556	Ⅱ	190.0	5.0	Al, Cu, Fe		182.568	Ⅰ		300.0	
	221.647	Ⅱ	520.0	3.0	Cu, Fe, S, V	Sb	206.833	Ⅰ	33.0	2.8	Al, Cr, Fe, Ni
	231.604	Ⅱ	620.0	4.5	Fe		217.581	Ⅰ	55.0	14	Al, Fe, Ni
	232.003	Ⅰ	410.0	4.5	Cr, Fe, Mn		231.147	Ⅰ	70.0	20	Fe, Ni
	230.300	Ⅱ	410.0	23.0			252.852	Ⅰ	85.0	34	Cr, Fe, Mg, Mn, V
Os	352.454	Ⅰ	1600	45.0		Sc	259.805	Ⅰ	95.0	34	
	341.476	Ⅰ	1400	46.0			361.384	Ⅱ		1.0	Cr, Cu, Fe, Ti
	189.900	Ⅱ		0.80			357.252	Ⅱ		0.5	Fe, Ni, V
	225.585	Ⅱ		0.24			363.075	Ⅱ		0.6	Ca, Cr, Fe, V
	213.618	Ⅱ		0.42			364.279	Ⅱ		0.7	Ca, Cr, Fe, Ti, V
P	177.440	Ⅰ	20000	15		Se	424.683	Ⅱ		1.8	
	178.229	Ⅰ	15000	20	Mo, Fe		335.373	Ⅱ		1.0	
	213.618	Ⅰ		30	Al, Cr, Cu, Fe, (Mo)		196.026	Ⅰ		3.5	Al, Fe
	214.914	Ⅰ		30	Al, Cu		203.985	Ⅰ	8.5	23	Al, Cr, Fe, Mn
Pb	253.565	Ⅰ		110	Cr, Fe, Mn, Ti		206.279	Ⅰ	3.0	60	Al, Cr, Fe, Ni
	213.547	Ⅰ		140	Al, Cr, Cu, Ni	Si	207.479	Ⅰ	0.5	320	Al, Cr, Fe, V
	220.353	Ⅱ	150.0	5.0	Al, Cr, Fe		251.611	Ⅰ	850.0	1.6	Cr, Fe, Mn, V
	216.999	Ⅰ	50.0	43	Al, Cr, Cu, Fe		212.412	Ⅰ	90.0	11	Al, V
	261.418	Ⅰ	180.0	62	Cr, Fe, Mg, Mn		288.158	Ⅰ	720.0	18	Cr, Fe, Hg, V
Pd	283.306	Ⅰ	340.0	68	Cr, Fe, Mg	Sm	250.690	Ⅰ	280.0	12	Al, Cr, Fe, V
	405.783	Ⅰ	320.0	130			288.168	Ⅰ	280.0	11	
	340.453	Ⅰ		10			359.260	Ⅱ		8.0	

续表

元素	波长/nm	类型	强度※	DL/(μg/L)※	干扰元素	元素	波长/nm	类型	强度※	DL/(μg/L)※	干扰元素
Sm	428.079	Ⅱ		13		Tm	313.126	Ⅱ		1.3	
Sn	442.434	Ⅱ		10			336.262	Ⅱ		2.7	
	189.989	Ⅱ		10			342.508	Ⅱ		2.6	
	235.484	Ⅰ	28.0	38	Fe, Ni, Ti, V	V	309.311	Ⅱ		1.0	Al, Cr, Fe, Mg
Sr	242.949	Ⅰ	38.0	38	Fe, Mn		310.230	Ⅱ		1.3	Cr, Fe, Ti
	283.999	Ⅰ	90.0	44	Al, Cr, Fe, Mg		292.402	Ⅱ		0.7	Cr, Fe, Ti
	407.771	Ⅱ		0.1			290.882	Ⅱ		1.8	Cr, Fe, Mg, Mo
	421.552	Ⅱ		0.2			311.071	Ⅱ		0.5	Ni, Al
Ta	216.596	Ⅱ		2.0		W	207.911	Ⅱ		10	Al, Cu, Ni, Ti
	226.230	Ⅱ		8.0			224.875	Ⅱ		15	Cr, Fe
	240.063	Ⅱ		10			218.935	Ⅱ		16	Cu, Fe, Ti
	268.517	Ⅱ		10			209.475	Ⅱ		16	Al, Fe, Ni, Ti, V
	301.253	Ⅱ		8.0			209.860	Ⅱ		18	
Tb	350.917	Ⅱ		5.0			239.709	Ⅱ		19	
	384.873	Ⅱ		12		Y	371.030	Ⅱ		0.8	Ti, V
	367.635	Ⅱ		13			324.228	Ⅱ		1.0	Cu, Ni, Ti
Te	214.281	Ⅰ	25.0	27	Al, Fe, Ti, V		360.073	Ⅱ		1.1	Mn
	225.902	Ⅰ	6.5	120	Fe, Ni, Ti, V		377.433	Ⅱ		1.2	Fe, Mn, Ti, V
	238.578	Ⅰ	14.0	120	Cr, Fe, Mg, Mn	Yb	328.937	Ⅱ		0.4	
	214.725	Ⅰ	3.0	140	Al, Cr, Fe, Ni, Ti		369.420	Ⅱ		0.7	
Th	283.730	Ⅰ		14			211.665	Ⅱ		2.1	
	325.627	Ⅰ		43			212.672	Ⅱ		2.1	
	326.267	Ⅰ		43		Zn	213.856	Ⅰ	1020	0.5	Al, Cu, Fe, Ni, V
Ti	334.941	Ⅱ	100	0.8	Ca, Cr, Cu, V		202.548	Ⅱ	215.0	1.2	Al, Cr, Cu, Fe
	336.121	Ⅱ	8800.0	1.2	Ca, Cr, Ni, V		206.200	Ⅱ	185.0	2.7	Al, Cr, Fe, Ni, Bi
	323.452	Ⅱ	7700.0	1.2	Cr, Fe, Nn, Ni, V		334.502	Ⅰ	95.0	76	Ca, Cr, Fe, Ti
	337.280	Ⅱ	6800.0	1.5	Ni, V	Zr	343.823	Ⅱ	6500	0.9	Ca, Cr, Fe, Mn
	334.904	Ⅱ	1800.0	1.7			339.198	Ⅱ	8000	5.1	Cr, Fe, Ti, V
	307.864	Ⅱ	1950.0	1.8			257.139	Ⅱ	1300	2.6	
Tl	190.864	Ⅱ		27			349.621	Ⅱ	5000	2.7	Ce, Hf, Mn, Ni
	276.787	Ⅰ		80			357.247	Ⅱ	3800	2.7	
	351.924	Ⅰ		130			327.305	Ⅱ	3500	3.2	

注：谱线类型Ⅰ为原子线；Ⅱ为离子线。可能干扰元素因仪器分辨率不同而有差别，仅供参考。

※ 数据引自不同资料，可能差别较大，只能作为参考。

表 4-33　某些元素在 200nm 以下的灵敏分析线

元素	波长/nm	元素	波长/nm	元素	波长/nm	元素	波长/nm
H	(121.57)	S	143.328	Sb	156.548	P	177.495
O	130.485	Pb	143.389	In	158.583	Pt	177.709
Tl	132.171	I	142.549	Ge	164.917	P	178.287
Cl	134.724	C	145.907	C	165.700	S	180.713
B	136.246	Sn	147.415	S	166.669	Hg	184.95
P	138.147	N	149.262	Al	167.078	As	189.042
Sn	140.052	Si	152.672	Pb	168.215	Tl	190.864
Ga	141.444	Bi	153.317	Te	170.000	C	193.091
S	142.503	Br	154.065	Au	174.047	Se	196.068

表 4-34　中阶梯光栅分光仪器常见元素主要分析线及检出限

元素	波长/nm（级次）	检出限（3σ）/(μg/mL)	元素	波长/nm（级次）	检出限（3σ）/(μg/mL)
Al	308.215 (84)	0.0148	Mn	259.373 (100)	0.0004
	394.401 (66)	0.0672		260.569 (99)	0.0007
	396.152 (65)	0.0381	Mo	202.030 (128)	0.0082
Ca	317.933 (82)	0.0026		281.615 (92)	0.0057
Fe	238.204 (108)	0.0054		313.259 (83)	0.0233
	239.562 (109)	0.0092	Cr	267.716 (97)	0.0025
	259.940 (100)	0.0027		284.325 (91)	0.0024
K	766.490 (34)	3.391		283.563 (91)	0.0019
	769.896 (34)	2.003	Cu	324.754 (80)	0.0031
Mg	279.079 (93)	0.0298		327.396 (79)	0.0066
	285.213 (91)	0.0009	Cd	214.438 (121)	0.0021
	293.654 (88)	0.001		226.502 (114)	0.0015
Na	588.995 (44)	0.0706		228.802 (113)	0.0031
	598.592 (44)	0.467	Sc	361.384 (72)	0.0013
Sr	346.446 (75)	0.0021		363.075 (71)	0.0026
	407.771 (64)	0.0004		364.279 (71)	0.0073
	421.552 (62)	0.0007	Ga	287.424 (90)	0.0201
Li	670.784 (39)	0.0148		294.364 (88)	0.0095
Ba	455.403 (57)	0.0006	Ce	413.380 (63)	4.250
	493.409 (53)	0.0022		418.660 (62)	0.096
Co	228.616 (113)	0.0037		446.021 (58)	0.0394
	230.786 (112)	0.005	La	394.910 (66)	0.179
	237.862 (109)	0.0045		433.374 (60)	1.940
Bi	223.061 (116)	0.0464	Nb	309.418 (84)	0.0036
	306.772 (85)	0.0524		316.340 (82)	0.0035
Pb	220.353 (117)	0.040		319.498 (81)	0.0066
	261.418 (99)	0.037	Ta	240.063 (108)	0.0089
Zn	206.220 (125)	0.039		268.517 (96)	0.0162
	213.856 (121)	0.0028	V	292.402 (89)	0.0036
Be	234.861 (110)	0.0005		309.311 (84)	0.0007
	234.861 (111)	0.0011	Y	360.073 (72)	0.0025
	313.042 (83)	0.0002		371.030 (70)	0.0029
Ni	221.647 (117)	0.0034		437.498 (59)	0.0037
	231.604 (112)	0.0057	Dy	353.170 (73)	0.0037
Zr	343.823 (75)	0.0039		394.468 (66)	0.0255
	343.823 (76)	0.0032		406.109 (64)	0.0346
P	213.618 (121)	0.0247	Gd	335.047 (77)	0.0046
	214.914 (120)	0.061		342.247 (76)	0.0069
S	180.731 (185)	0.0094	Yb	297.056 (87)	0.0067
	182.034 (184)	0.020		328.937 (79)	0.0002
Mn	336.121 (77)	0.588	Ti	323.452 (80)	0.520
	257.610 (61)	0.0006		334.941 (77)	1.320

表 4-35 ICP-AES 常见元素不同基体分析常用谱线

元素	水样	盐水	Fe 基	Ni 基	FeNi 基	FeNiCr 基	CoNi 基	Cu 基	Ti 基	Nb 基
Ag	328.068	328.068	338.289				328.068	328.068 338.289	328.068	
Al	167.020 396.152	167.020	394.401	394.401	394.401	394.401	396.152	396.152	394.401	394.401
As	188.983		189.042	188.983			189.042	188.983 189.042	189.042	189.042
Au	242.794		208.209				242.795	267.595	242.795	
B	208.959		182.583				182.583		249.773	249.773
Ba	233.527	455.403	455.403				455.403		455.403	
Be	313.042		234.861				313.107		234.861	
Bi	223.061		233.061				306.771[5]	289.797[5]	306.771[5]	
Ca	317.933	393.366	393.366				393.366		393.366	393.367
Cd	226.502	214.438	214.438				214.438		214.438	226.502
Ce	413.380		418.660		456.236	456.236	418.660		413.765	
Co	228.616		228.616	228.616	238.892	238.892		228.616	237.862	238.892
Cr	205.552	267.716	267.716	206.149 283.563	267.716	267.716	267.716	267.716	205.552	202.552
Cu	324.754	324.75	324.754	324.754	324.754	324.754	324.754	224.700	324.754	223.008
Fe	259.940	259.940		259.940			259.940	259.940	238.204	273.955
Ge	209.426									209.426
Hf	277.336			282.022						282.022
Hg	194.227		184.890				184.890		194.227	
K	766.940									766.490
La	408.672		408.672				398.852		408.672	398.852
Mg	279.079	279.553	279.553	279.553			279.553		279.553	279.553
Mn	257.610	257.610	257.610	257.610	257.610	257.610	294.920	257.610	257.610	257.610
Mo	202.030	202.030	202.030		202.030	202.030	202.030		281.615	202.030
Na	589.592	330.23								589.592
Nb	316.340			316.340						
Ni	231.604	231.604	231.604		231.604	231.604		231.604	231.604	231.604
P	178.229		178.29	178.29		178.29	178.29		213.618	178.29
Pb	220.353	220.353	220.353	405.783		220.353	405.783	248.892	220.353	405.783
Pd	340.453							248.892		
Pt	214.423		214.423				265.945	265.945	214.423	
S	180.676		180.73				180.73		180.73	
Sb	217.564		206.833				217.581	206.833	217.581	
Sc	361.383									361.384
Se	196.026		196.090				196.090		196.090	
Si	251.612		288.157			288.157	251.612	251.611	251.612	252.851
Sn	189.989		189.989	189.989			189.989	189.989	242.949	189.989
Sr	407.770	407.771	407.771				407.771		407.771	407.771
Ta	268.517	240.063		263.558						263.558
Te	214.281		214.281				214.281	238.578	238.578	
Ti	337.280	338.376	337.280	338.376		337.280				337.280

续表

元素	水样	盐水	Fe 基	Ni 基	FeNi 基	FeNiCr 基	CoNi 基	Cu 基	Ti 基	Nb 基
Tl	190.864									
U	424.167		409.014				409.014		409.014	
V	292.402	310.230	310.230	437.924		310.230	292.402		310.230	292.402
W	207.912	207.911	207.911	207.911			207.911		239.709	207.911
Y	371.029	324.228								360.073
Zn	213.856	213.856	206.200				206.200	334.502	202.548	213.856
Zr	343.823	339.198	343.823	343.823			343.823		343.823	349.621

参考书目

1. Winge R K, Fassel V A, Peterson V J, Floyd M A. Inductively Coupled Plasma Atomic Emission Spectroscopy.An Atlas of Spectral information. Amsterdam: Elsevier, 1984.
2. 陈新坤. 电感耦合等离子体光谱法原理和应用[M]. 天津: 南开大学出版社, 1987.
3. 汤普森 M, 沃尔什 J N. ICP 光谱分析指南[M]. 符斌, 殷欣平, 译. 北京: 冶金工业出版社, 1991.
4. 辛仁轩. 等离子体发射光谱分析. 第 2 版[M]. 北京: 化学工业出版社, 2011.
5. 郑国经. 电感耦合等离子体原子发射光谱分析技术[M]. 北京: 中国质检出版社, 中国标准出版社, 2011.
6. 周西林, 李启华, 胡德声. 实用等离子体发射光谱分析技术[M]. 北京: 国防工业出版社, 2012.

参考文献

[1] Reed T B. Growth of Refractory Crystals Using the Induction Plasma Torch[J]. J Appl Phys, 1961, 32(12): 2534-2535.

[2] Greenfield S, Jones L W, Berry C T. High-pressure plasmas as spectroscopic emission sources[J]. Analyst, 1964, 81: 713.

[3] Wendt R H, Fassel V A. Induction-Coupled Plasma Spectrometric Excitation Source[J]. Anal Chem, 1965, 37(7): 920-922.

[4] Fassel V A, Peterson C A, Abercrombie F N, et al. Simultaneous determination of wear metals in lubricating oils by inductively-coupled plasma atomic emission spectrometry[J]. Anal Chem, 1976, 48(3): 516-519.

[5] Boumans P W J M. Inductively Counpled Plasma Emission Spectroscopy[M]. Part. Ⅰ. New York: John Wiley and Sons, INC, 1987: 237.

[6] Pilon M J, Denton M B, Schleicher R G, et al. Evaluation of a New Array Detector Atomic Emission Spectrometer for Inductively Coupled Plasma Atomic Emission Spectroscopy. Applid Spectroscopy, 1990, 44(10): 1613-1620.

[7] Dickinson G W, Fassel V A. Emission-spectrometric detection of the elements at the nanogram per milliliter level using induction-coupled plasma excitation[J]. Anal Chim, 1969, 41(8): 1021-1024.

[8] Fassel V A. Quantitative Elemental Analyses by Plasma Emission Spectroscopy. Science, 1978, 202(4364): 183-191.

[9] 黄本立, 吴绍祖, 王素文. 感耦等离子体光源的研究[J]. 分析化学, 1980, 8(5): 416-421.

[10] Wohlers C C, Hoffman C J. ICP Information News Letter,1981, 6(9): 500.

[11] Boumans P W J, MBoer F J. An experimental study of a 1-kW50-MHz RF inductively coupled plasma with pneumatic nebulizerand a discussion of experimental evidence for a non-thermal mechanism[J]. Spectrochim Acta, 1977, 32(9): 365-395.

[12] Uchida H, Tanahe K, Nojin Y, et al. Spatial distributions of metastable argontemperature and electron number density in an inductively coupled argon plasma[J]. Spectrochim Acta, 1981, 36B(7): 711-718.

[13] Schram D C, Raaymakers I J M M. Approaches for clarifying excitation mechanisms in spectrochemical excitation sources[J]. Spectrochim Acta, 1983, 38B(11): 1545-1557.

[14] Fujimato T. J Kinetics of Ionization-Recombination of a Plasma and Population Density of Excited Ions. Ⅲ. Recombining

Plasma-High-Temperature Case[J]. Phys Soc Jpn, 1980, 49(12): 1569-1576.

[15] Korblum G R, Galan L. Arrangement for measuring spatial distributions in an argon induction coupled RF plasma[J]. Spectrochim Acta, 1974, 29(2): 249-261.

[16] Blades M W, Hieftje G R. On the significance of radiation trapping in the inductively coupled plasma[J]. Spectrochim Acta, 1982, 37B(3): 191-197.

[17] 唐咏秋, Trassy C. 造成 ICP 偏离局部热平衡态的因素及其对分析应用的影响[J]. 光谱学与光谱分析, 1991, 11(1): 49-52.

[18] 刘克玲, 黄矛. 关于 ICP 的几点非热平衡性质的讨论[J]. 光谱学与光谱分析, 1989, 9(3): 35.

[19] 万家亮, 钱沙华, 张悟铭. 在氩等离子体 306.0~324.5nm 光谱区域中氢氧分子发射光谱的研究[J]. 光谱学与光谱分析, 1987, 7(2): 15-19.

[20] 辛仁轩, 林敏华, 王国欣. 有机试液的等离子体光谱研究[J]. 光谱学与光谱分析, 1982, 2(3/4): 214-216.

[21] 郑建国, 张展霞, 钱浩雯. ICP-AES 中基体连续辐射背景的研究-Ⅰ. 基体连续背景的特性[J]. 光谱学与光谱分析, 1991, 11(1): 38-43.

[22] 何志壮, 曹文革. 低气流等离子体炬管的设计及其分析性能[J]. 分析化学, 1981, 10(2): 113-116.

[23] 符廷发, 多凤琴, 王银妹. 用于 ICP-AES 超声波雾化器的研制[J]. 光谱学与光谱分析, 1987, 7(2): 70-74.

[24] 中国分析测试协会. 分析测试仪器评议——从 BCEIA 2011 仪器展看分析技术的进步[M]. 北京: 中国质检出版社, 中国标准出版社, 2012: 17-21.

[25] 陈金忠, 郑杰, 梁军录, 等. ICP 光源的激光烧蚀固体样品引入方法进展[J]. 光谱学与光谱分析, 2009, 29(10): 2843-2847.

[26] Wohlers C C. ICP Information News Letter, 1985, 10 (8): 593.

[27] 土冢本哲男. 固体摄象器件基础[M]. 张伟贤, 译. 北京: 电子工业出版社, 1984.

[28] 王以铭. 电荷耦合器件原理与应用[M]. 北京: 科学出版社, 1987.

[29] 辛仁轩, 赵玉珍, 薛进敏. 二维电荷注入阵列检测器等离子体光谱仪分析性能[J]. 分析测试仪器通讯, 1996, 6(4): 198-201.

[30] 倪景华, 黄其煜. CMOS 图像传感器及其发展趋势[J]. 光机电信息, 2008, 25(5): 33-38.

[31] 解宁, 丁毅, 王欣, 等. 应用于高光谱成像的 CMOS 图像传感器[J]. 仪表技术与传感器, 2015(7): 7-9, 13.

[32] 熊平. CCD 与 CMOS 图像传感器特点比较[J]. 半导体光电, 2004, 25(1): 1-4, 42.

[33] 中国分析测试协会. 分析测试仪器评议——从 BCEIA 2015 仪器展看分析技术的进展[M]. 北京: 中国质检出版社, 中国标准出版社, 2016: 15-17.

[34] 马选芳, 辛仁轩. 端视等离子体发射光谱仪器的发展[J]. 分析测试通讯, 1997, 7(1): 1-11.

[35] 吴显欣, 陈天裕, 王安宝. 端视等离子体原子发射光谱仪的性能评价[J]. 理化检验(化学分册), 2004, 40(5): 305-310.

[36] 郑国经. 电感耦合等离子体原子发射光谱分析仪器与方法的新进展[J]. 冶金分析, 2014, 34(11): 1-10.

[37] John Cauduro, Andrew Ryan. 使用 Agilent 5100 同步垂直双向观测 ICP-OES 按照 US EPA 200. 7 方法对水中痕量元素进行超快速测定[J]. 环境化学, 2015, 34(3): 593-595.

[38] 刘冬梅, 潘永刚, 张燃, 等. 数字光谱分析仪的应用软件设计[J]. 长春理工大学学报(自然科学版), 2012, 35(3): 64-67.

[39] 曾仲大, 陈爱明, 梁逸曾, 等. 智慧型复杂科学仪器数据处理软件系统 Chem Data Solution 的开发与应用[J]. 计算机与应用化学, 2017, 34(1): 35-39.

[40] Boumans P W J M, et al. Studies of flame and plasma torch emission for simultaneous multi-element analysis—Ⅰ: Preliminary investigations[J]. Spectrochim Acta, 1972, 27B: 391-414.

[41] 赵亚男, 韩瑜, 吴江峰. ICP-AES 分析技术的应用研究进展[J]. 广东微量元素科学, 2010, 17(5): 18-24.

[42] 石雅静. 电感耦合等离子体发射光谱法在各个领域的应用综述[J]. 当代化工研究, 2018 (5): 82-83.

[43] 郑国经. ICP-AES 分析技术的发展及其在冶金分析中的应用[J]. 冶金分析, 2001, 21(1): 26-43.

[44] 周西林, 王娇娜, 刘迪. 电感耦合等离子体原子发射光谱法在金属材料分析应用技术方面的进展[J]. 冶金分析, 2017, 37(1): 39-46.

[45] 邢夏, 徐进力, 刘彬, 等. 电感耦合等离子体发射光谱法在地质样品分析中的应用进展[J]. 物探与化探, 2016, 40(5): 998-1006.

[46] 杜宝华，盛迪波，宋平. ICP-OES 法测定地质样品中稀土元素[J]. 世界核地质科学, 2019, 36(1): 57-62.
[47] 黄宗平. ICP-AES 法在润滑油杂质元素分析中的应用[J]. 冶金分析, 2006, 26(2): 43-46.
[48] 李江鹏，等. ICP-AES 在土壤元素检测中的应用[J]. 能源与节能, 2018(12): 97-100.
[49] 谢娟. 电感耦合技术测试食品中的重金属元素[J]. 生物技术世界, 2014(3): 62-63.
[50] 蒙华毅. 化妆品中重金属元素检测方法的研究进展[J]. 山东化工, 2020, 49(8): 98-101.
[51] 谯斌宗，杨元. 电感耦合等离子体发射光谱法在卫生检验中的应用[J]. 中国卫生检验杂志, 2001, 11(3): 370-373.
[52] 陈阳，金薇，杨永健. ICP-AES 法在国内药物分析中的应用现状[J]. 药物分析杂志, 2013, 33(6): 907-914.
[53] 武鑫，赵玮，宋楠楠，等. 电感耦合等离子体发射光谱法测定人血浆中 5 种金属元素[J]. 环境卫生杂志, 2018, 8(2): 134-138.
[54] 余莉莉 . ICP-AES 测定金属材料中元素的研究现状及进展[J]. 广东化工, 2010(7): 119-120.
[55] 王锝，陈芝桂，于静，等. ICP-AES 在地质与环境样品分析中的应用[J]. 资源环境与工程, 2009(2): 195-198.
[56] 郑国经. 分析化学手册: 3A. 原子光谱分析[M]. 第 3 版. 北京: 化学工业出版社, 2016: 491-522.
[57] 顾泽坤，孙钊，星成霞，等. 电感耦合等离子发射光谱法样品前处理技术综述[J]. 河南化工, 2020, 37(1): 7-9.
[58] 张洋，郑诗礼，王晓辉，等. ICP-AES 法对铬铁矿中的多种元素进行定性与定量分析[J]. 光谱学与光谱分析, 2010, 30(1): 251-254.
[59] 刘淑君，刘卫，吴丽琨，等. 微波消解-ICP-AES 测定钴基高温合金中的稀土成分[J]. 矿产综合利用, 2013, 34(5): 47-49.
[60] 庞晓辉，高颂，李亚龙，等. ICP-OES 法测定钛合金中稀土元素 Y, La, Pr, Sm, Ce, Gd 和 Nd[J]. 航空材料学报, 2011(z1): 172-175.
[61] 李盛意，彭霞，赵益瑶. 电感耦合等离子体原子发射光谱法测定钨产品中痕量杂质元素[J]. 冶金分析, 2013, 33(9): 77-82.
[62] 王铁，亢德华，于媛君，等，电感耦合等离子体原子发射光谱法测定稀土镁铸铁中常量及痕量元素[J]. 冶金分析, 2012, 32(5): 66- 69.
[63] 徐静，王志强，李明来，等. 电感耦合等离子体原子发射光谱法测定镝铁电解粉尘中 15 种稀土元素[J]. 冶金分析, 2013, 33(7): 25
[64] 罗海霞. ICP-AES 法测定不锈钢中的硅锰磷铬镍钼铜[J]. 中国无机分析化学, 2019, 9(2): 58-60.
[65] 朱天一，冯典英，李本涛，等. 电感耦合等离子体原子发射光谱法测定镍基单晶高温合金中钨、钽、铪、铼[J]. 冶金分析, 2020, 40(4): 29-35.
[66] 成勇. 电感耦合等离子体原子发射光谱法测定钒铬钛合金中 11 种元素[J]. 冶金分析, 2018, 38(12): 41-47.
[67] 冯凤，刘婧，陶曦东. 电感耦合等离子体-原子发射光谱法同时测定铝合金中 9 种元素[J]. 化学分析计量, 2020, 29(1): 87-90.
[68] 何姣，李秋莹，孙祺，等. ICP-AES 法测定硫酸钯中的二十二个杂质元素[J]. 云南冶金, 2020, 49(2): 78-82.
[69] 李艳玲，赵晓刚，高岩立，等. 电感耦合等离子体原子发射光谱法同时测定高强度玻璃纤维粉体中 9 种金属元素[J]. 化学分析计量, 2020, 29(2): 31-35.
[70] 苏梦晓，陆安军. 电感耦合等离子体原子发射光谱-内标法测定优质石英砂中 8 种杂质组分[J]. 冶金分析, 2020, 40(4): 36-43.
[71] 胡伟，马俊辉，张晓飞，等. 电感耦合等离子体发射光谱法测定食品接触用无机材料及制品中 13 种重金属迁移量[J]. 食品安全质量检测学报, 2018, 9(21): 5743-5748.
[72] 张亚红，朱慧丽，田永昌，等. 黄芪原药材及饮片中 7 种金属含量分析[J]. 食品安全质量检测学报, 2020, 11(3): 777-782.
[73] 沈明丽，许丽梅，字肖萌，等. 电感耦合等离子体发射光谱法测定茶叶中的微量元素[J]. 中国农学通报, 2018, 34(31): 72-75.
[74] 王建晨，张琳. 用于 ICP-AES 测定三烷基氯膦-煤油中的 Ru, Rh 和 Pd 元素[J]. 光谱学与光谱分析, 2013, 33(7): 1957-1960.
[75] 周飞梅，明菊兰，潘芝瑛，等. 加氧系统进样-电感耦合等离子体原子发射光谱法测定抗燃油中的 8 种磨损金属的含量[J]. 理化检验(化学分册), 2016, 52(12): 1424-1427.
[76] 杨开放，黎莉，郭卿. 电感耦合等离子体发射光谱 ICP-OES 法在非金属元素测定中的应用[J]. 中国无机分析化学, 2016,

6(4): 15-19.
[77] 杨倩倩，何淼，彭霞. 电感耦合等离子体原子发射光谱法测定高温合金中5种非金属元素[J]. 中国无机分析化学, 2015, 5(4): 53-55.
[78] 王小强，梁倩，余文丽. 电感耦合等离子体原子发射光谱（ICP-AES）法测定铁矿石中磷[J]. 中国无机分析化学, 2020, 10(2): 7-10.
[79] 张亮亮，吴锐红. 干扰系数校正-电感耦合等离子体原子发射光谱法测定镍基高温合金中磷[J]. 理化检验(化学分册), 2020, 56(5): 543-546.
[80] 孙玲玲，宋金明，刘瑶. 电感耦合等离子体发射光谱法（ICP-OES）测定海洋浮游生物中总磷的方法优化[J]. 海洋科学, 2020, 44(3): 85-92.
[81] 唐华应，方艳，刘惠丽. 电感耦合等离子体原子发射光谱法测定钒铁中硫含量[J]. 冶金分析, 2013, 33(9): 70-72.
[82] 徐建平，程德翔. 电感耦合等离子体原子发射光谱法测定钢中硫时空白与背景[J]. 冶金分析, 2016, 36(11): 71-75.
[83] 王哲，付琳，王玉学，等. 电感耦合等离子体原子发射光谱法测定水体中硫化物[J]. 冶金分析, 2016, 36(10): 47-51.
[84] 王雪枫，王佳佳. 微波消解-电感耦合等离子体发射光谱法测定土壤中的硫[J]. 化学分析计量, 2020, 29(3): 47-50.
[85] 姜鹰雁，杨海霞，郑静. 电感耦合等离子体发射光谱法测定溴芬酸钠中硼含量[J]. 食品与药品, 2019, 21(5): 357-359.
[86] 安中庆，方海燕，范兴祥. 电感耦合等离子体原子发射光谱法测定镍硼合金中硼[J]. 冶金分析, 2020, 40(2): 76-80.
[87] 赵彦，等. 电感耦合等离子体发射光谱法测定汽油中的氯[J]. 光谱学与光谱分析, 2014, 34(12): 3406-3410.
[88] 陶振卫，张娇，姚文全，等. 氧弹燃烧-ICP-OES 测定塑料中的氯和溴[J]. 广州化工, 2011, 39(18): 106-107.
[89] 张友平，水生宏，罗红. 采用 ICP-OES 测定二次盐水中的碘[J]. 氯碱工业, 2009, 45(10): 37-39.
[90] 崔黎黎，张立新. 电感耦合等离子体原子发射光谱法测定非晶合金中高含量硼[J]. 冶金分析, 2010, 30(2): 58-61.
[91] 胡璇，李跃平，石磊. 基体匹配法和内标法-电感耦合等离子体原子发射光谱测定铸造锌合金中高含量铝和铜光谱干扰校正的比较[J]. 冶金分析, 2014, 34(4): 17-20.
[92] 程石，王伟旬，黄伟嘉，等. 电感耦合等离子体原子发射光谱法测定 Cr20Ni80 镍铬合金溅射靶材中多种元素[J]. 冶金分析, 2013, 33(10): 40-42.
[93] 王晓旋，蒋春宏，卜兆杰，等. 电感耦合等离子体发射光谱法测定铜合金中高含量的锌[J]. 甘肃科技, 2020, 36(1): 13-15.
[94] 赵昕，严慧，禹莲玲，等. 过氧化钠碱熔-电感耦合等离子体发射光谱法测定钛铁矿中的高含量钛[J]. 岩矿测试, 2020, 39(3): 459-466.
[95] 林学辉，辛文彩，徐磊. 过氧化钠熔融-电感耦合等离子体发射光谱法快速测定稀散元素矿石中高含量钨[J]. 分析实验室, 2018, 37(11): 1342-1326.
[96] 韩超，孙国娟，孙海霞. 电感耦合等离子体原子发射光谱（ICP-AES）法测定铝合金中高含量硅[J]. 中国无机分析化学, 2019, 9(3): 48-50.
[97] 李桂香，沈发春. ICP-AES 法同时测定高纯铅中八种杂质元素[J]. 矿冶, 2017, 26(2): 81-83.
[98] 张帆，王浩杰，蔡薇，等. 沉淀分离后电感耦合等离子体发射光谱法分析 99. 99 银中的杂质元素[J]. 生物化工, 2018, 4(6): 106-119.
[99] 李秋莹，甘建壮，王应进，等. 共沉淀分离-电感耦合等离子体原子发射光谱法测定含难熔金属岩石中 12 种稀土元素[J]. 冶金分析, 2019, 39(12): 25-30.
[100] 武丽平，袁红战，李文波，等. 氢氧化铁共沉淀电感耦合等离子体发射光谱法测卤水中的痕量钴镍锰[J]. 化学世界, 2018, 59(10): 675-678.
[101] 范丽新，李建强，范慧俐，等. 阴离子交换树脂分离甲苯萃取 ICP-AES 测定铋系超导粉中的痕量镍[J]. 光谱学与光谱分析, 2011, 31(12): 3375-3378.
[102] 李小玲，林海山，王津，等. 锑试金富集-ICP-AES 法测定冶金富集渣中的铱[J]. 贵金属, 2013, 34(3): 63-65.
[103] 伍娟，龚琦，杨黄，等. 铬Ⅲ和铬Ⅵ 的离子交换纤维柱分离和电感耦合等离子体原子发射光谱法测定[J]. 冶金分析, 2010, 30(2): 23-29.
[104] 钟轩，刘东辉，叶龙云，等. 间接银量-电感耦合等离子体原子发射光谱法测定碳酸钴中氯含量[J]. 广东化工, 2020, 47(10): 162-163, 160.
[105] 周西林，闫立东，李芬，等. 电感耦合等离子体原子发射光谱法测定高纯铁中痕量磷[J]. 冶金分析, 2014, 34(3): 61-64.

[106] 贺攀红，杨珍，龚治湘. 氢化物发生-电感耦合等离子体发射光谱法同时测定土壤中的痕量砷铜铅锌镍钒[J]. 岩矿测试, 2020, 39(2): 235-242.
[107] 段旭川. 气态进样-ICP-AES 法测定固体混合碱中的碳酸钠和碳酸氢钠[J]. 冶金分析, 2009, 29(2): 45-48.
[108] 段旭川，霍然. 离线二氧化碳发生原位再溶解-电感耦合等离子体原子发射光谱法测定水样中无机碳[J]. 理化检验(化学分册)，2012, 48(7): 763-765.
[109] 程海明，罗倩华，姚宁娟. 激光剥蚀进样-ICP-AES 法分析中低合金钢中多元素的研究[J]. 冶金分析，2007, 27(6): 14-19.
[110] 刘坤杰，李文军，李建强. ICP-AES 分析法中铁基体非光谱干扰效应的机理研究[J]. 光谱学与光谱分析，2011, 31(4): 1110-1114.
[111] 杨红艳，李青，马媛. ICP-AES 测定复杂二次资源物料中钌含量干扰情况研究[J]. 贵金属, 2013(2): 56-60.
[112] 张桂竹，李国华. 电感耦合等离子体原子发射光谱法测定高温合金和耐热不锈钢中铌时钒、钛、铬的光谱干扰及校正[J]. 冶金分析, 2013, 33(8): 43-48.
[113] 王衍鹏，龚琦，喻盛容，等. ICP-AES 测定高浓度基体下杂质元素的偏最小二乘法研究[J]. 光谱学与光谱分析，2012, 32(4): 1098-1102.
[114] 蔡清，谢志海，降晓艳，等. 马丙共聚物吸附剂的制备及吸附性能的 ICP-AES 法研究[J]. 光谱学与光谱分析，2012, 32(7): 1946-1949.
[115] 陈立旦. ICP-AES 法在汽车液压助力转向系统故障诊断中的应用[J]. 光谱学与光谱分析, 2013, 33(1): 210-214.
[116] 朱天一，冯典英，李本涛，等. 电感耦合等离子体原子发射光谱法测定镍基单晶高温合金中 Mo、W、Ta、Re、Ru 时元素之间相互干扰的消除与校正的研究[J]. 理化检验(化学分册), 2020, 56(4): 443-448.
[117] 中国质检出版社第五编辑室. 电感耦合等离子体原子发射光谱分析技术标准汇篇[M]. 北京：中国质检出版社, 2011.
[118] 伍娟，龚琦，杨黄，等. 水样中 $Cr^{3+}Cr^{6+}$分析[J]. 冶金分析, 2010, 31(2): 23-29.
[119] 朱延强，张媛媛. 延安市污水处理厂污泥中 6 种重金属元素的形态分析[J]. 中国无机分析化学, 2011, 1(4): 40-43.
[120] 徐爱平，等. 电感耦合等离子发射光谱法测定土壤速效钾、缓效钾和全钾[J]. 福建农业科技, 2015(11): 34-36.
[121] 赵良成，胡艳巧，王敬功，等. 电感耦合等离子体原子发射光谱法应用于铅锌冶炼烟尘中铟物相分析[J]. 冶金分析, 2015, 35(5): 25-31.
[122] 张莉，吴大付，张安邦. ICP-AES 用于金莲花的无机元素初级形态分析及其溶出特征性研究[J]. 光谱实验室，2011, 28(2): 739-742.

第5章

微波等离子体原子发射光谱分析

5.1 概述[1,2]

微波（microwave）是指频率从100MHz到100GHz即波长从300cm至几毫米的电磁波，微波等离子体光谱分析法（MWP-AES）是以微波等离子体作为激发光源的原子发射光谱分析方法，是一种具有与ICP-AES相似分析功能的元素分析技术。

5.1.1 微波等离子体发展概况

微波等离子体（microwave plasma，MWP）是指微波作用于工作气体如氩、氦等形成高温的等离子体。20世纪40年代第二次世界大战末期美国麻省理工学院开始了这类等离子体物理性质的研究。自1952年Broida和Moyer首次将MWP用于光谱分析以来，MWP就引起了人们的关注。MWP可以用Ar、He、N_2或空气等工作气体在较宽的气体压力范围及功率范围内工作，并具有较强的激发能力，可检测元素周期表中包括卤素等非金属元素在内的几乎所有元素[3]。

根据微波传导方式的不同，MWP通常分为电容耦合微波等离子体（capacitively coupled microwave plasma，CMP）和微波诱导等离子体（microwave induced plasma，MIP）两类微波等离子体。CMP是由同轴谐振腔内电极顶端维持的微波等离子体，MIP则是由位于谐振腔中的放电管（无电极）维持的微波等离子体。由于这两种方法在技术设计与操作上均有所区别，如工作频率的使用上，CMP可以在一个很宽的频率范围（包括微波和射频波段）内工作，传统上主要专注于射频等离子体，而用于维持MIP的谐振腔则专用于单个工作频率，通常为2.45 GHz。因此，从历史上看，CMP与MIP是并行发展的。

CMP在1951年首次被用于原子光谱分析[4]，1963年Mavrodineanu和Hughes将其用于溶液分析[5]。CMP 的分析应用主要集中于溶液的元素分析，1968 年 Murayama 等人[6]推出了一种商品 CMP-AES 仪器。然而，由于存在严重的元素间效应而无法与 ICP-AES 仪器相竞争。20 世纪 60～70 年代，CMP 为一些西欧国家和日本的科学家所研究和改进，出现过两种商品仪器，但是这些仪器共存元素的干扰效应很严重，其分析性能远不如同时发展起来的 ICP 光源好，因而未能得到进一步发展。

MIP 最初于 1952 年在光谱化学上被成功应用于对 H-D 混合物的同位素分析[7]，1958 年由 Broida 用于对氮同位素的测定。1965 年 McCormack 等开发了第一台基于 MIP 发射光谱的元素选择性气相色谱检测器[8]。应用 MIP 做溶液分析的办法最初是由 Yamamoto 提出的[6]，1990 年 Quimby 和 Sullivan 推出应用于 GC 系统上最为成功的商品化微波等离子体发射光谱检测器（MPD）[9]。1976 年 Beenakker 发明了一种新型的以 TM_{010} 模式工作的谐振腔[10]，利用该种腔可以在常压下获得氦或者氩等离子体，很快就被许多研究者改进后用于光谱化学分析，或者用作 GC 和超临界流体色谱（SFC）的原子发射光谱检测器（AED），或者用作气体和溶液光谱分析的激发光源。1975 年 Moisan 等[11]采用表面波传播原理研制出了一种被称为 Surfatron 的器件，用这种器件也可获得常压氦或者氩等离子体。但是这种新型 MIP 发生器件直到 1984 年才有几篇用于元素分析的报道，20 世纪 90 年代后一系列新的研究证明，由 Surfatron 获得的 MIP 不仅可用作气体和溶液样品分析的激发光源，也可以用作 SFC 和 GC 的 AED，而且还可以用作 GC 离子化检测器和原子吸收光谱法的原子化器。

大多数 MIP 对于溶液样品的承受能力都不高，CMP 虽然对溶液样品的承受能力较高，但是也有因中心电极烧蚀而致等离子体被污染的缺点。因此未形成像 ICP 光源那样有效的元素分析仪器，应用范围难以拓展。

1985 年我国金钦汉等[12]发明了一种新型的等离子体光源，称之为微波等离子体炬（MPT），由三个同轴管构成的炬管与 MP 电源形成微波等离子焰炬，可以在低功率下获得常压氦、氩、氮甚至空气等离子体，容易获得包括高电离电位的氦在内的多种气体的常压等离子体，被认为是微波等离子体研究中的“突破性进展”。随后，金钦汉与美国 Hieftje 合作[13]，对 MPT 光源性能进行了系统的研究和改进，证明 MPT 不仅有与 ICP 类似的炬管结构，所形成的等离子体呈倒漏斗形状，有利于样品的引入，且对溶液和分子气体的引入有“很强的承受能力”，以氦为工作气体的 He-MPT-AES 可测定包括卤素等 ICP 测不好的非金属元素在内的周期表中几乎所有元素。

1990 年 Okamoto 等研发了一种表面波激励的高功率 N_2-MIP[14]。这种高功率激发源首先被应用到光学发射光谱法中，后来又被用于 N_2-MIP-MS 仪器（Hitachi P-6000）[15]上。

20 世纪 90 年代末，发展了基于 MPT 的多种进样方式和光谱仪器，长春吉大-小天鹅仪器公司推出了一种商品化 MPT-OES 仪器（JXY-1010 MPT）[16]。1995 年一家日本公司推出了一种基于 He-MIP 的颗粒物分析仪（Yokogawa PT1000 型），它为同时测量微纳颗粒的化学组分和尺寸、基本物理构造提供了可能性[17]。后来，Jankowski 等用横电磁波传输模式（TEM 模式）在低于 3L/min 的氦气流和低功率条件下获得了环形等离子体[18]。

进入 21 世纪以来，基于 MPT 的 MWP-AES 分析技术得到推广应用，以吉大 MPT 技术为基础的长春吉大-小天鹅仪器公司，开始了 MPT 光谱仪器的商品化，实现了低功率下工作的单通道顺序扫描型 MPT-AES 的商品化仪器。随后，浙江中控科技集团公司又研发了低功率下工作的全谱直读型 MPT 光谱仪，并得到实际应用。

2008 年 Hammer[19]报道了一种性能接近电感耦合等离子体 ICP 的磁激励微波等离子体光源的原子发射光谱仪器，于 2011 年由 Agilent 公司在市场上推出了 4100 MP-AES 型千瓦级氮微波等离子体原子发射光谱仪。采用磁激励微波激发系统，快速顺序扫描式光学结构，CCD 检测器，具有与 ICP-AES 相近的分析功能。可在氮气下工作，而且除碱金属和碱土金属元素外，还对贵金属和稀土元素及其他一些金属元素有良好的分析性能。

2015 年金伟等[20]报道了一种千瓦级微波等离子体炬新光源（kW-MPT），于 2016 年由浙江全世科技推出了全谱直读型千瓦级光谱仪 MPT-S1000 AES，大大提高了低功率 MPT-AES 仪器的分析能力。特别是千瓦级的 He-MPT 光谱，由于 MPT 体积较大，且又有利于样品引入的中央通道，样品承受能力和激发能力都好，因此具有很好的分析性能，有望达到“全元素分析”能力。

5.1.2 微波等离子体发射光谱分析技术进展

等离子体激发光源的出现使原子发射光谱法在 20 世纪 70 年代得以迅速发展，在这当中微波等离子体光谱法也起了相当大的作用。由于微波频率高、等离子体体积小、能量密度高，加上亚稳态氩或氦原子的作用，使微波等离子体成了一种激发能力很高的激发光源，形成了 MIP 及 CMP 两大类微波激发光源，在光谱分析技术上得到应用和发展。MWP 因其工作气体耗量低，装置简单紧凑很受关注，且用氦气工作的微波等离子体光源可激发难激发的非金属元素及金属元素。MIP 及 CMP 光谱分析技术研究得到持续而广泛的关注。

MIP 是小体积光源，一般小于 0.1cm^3，功率在几百瓦，可以采用各种气体形成稳定的等离子体，作为发射光谱分析光源，激发能力较强，但几十年来，一直致力于低功率仪器的研究。低功率的 MIP-AES 承受湿气溶胶直接进样能力低，所形成的分析仪器对于金属元素的检出能力不如 ICP 光谱仪及 DCP（直流等离子体）光谱仪，其应用多是与色谱仪联用，构成同时检测有机化合物中无机元素的分析工具。直至在一定条件下高功率微波感生等离子体光源的出现，可形成与 ICP 光源类似的环形等离子体，可以用气动雾化器直接喷注液体样品入中心通道，才有更强的承受能力及更低的基体效应，用氮气作工作气体具有很高的性价比，才具有 ICP 光谱技术和原子吸收光谱技术的竞争力[21]。随后出现的 MPT（微波等离子体炬）光源，属于有金属电极的 CMP，同 MIP 相比，易在低功率条件下形成稳定的等离子体焰炬，具有中心金属管状电极的 CMP 光源明显优于棒状电极的 CMP 光源，可以通过中心通道将试样气溶胶导入光源进行原子化和激发，具有很高的电子温度和激发温度，配合完善的去溶剂系统可以达到一般 ICP 光谱仪检出限水平[22]。

在 20 世纪 90 年代末，开始用提高功率来改进 MWP 性能，直至 21 世纪以来才呈现出很好的发展势头。提高微波功率能提高等离子体温度及电子密度，增大微波焰炬的体积，可形成较宽的等离子体中心进样通道，降低进样阻力，更重要的是焰炬体积增大，显著增加了样品气溶胶在等离子体激发区的停留时间，增加发光效率；同时，增加微波功率能增加等离子体对溶液气溶胶的承受能力，降低基体效应的影响，增强谱线强度，改善某些元素的检出限。

但增加微波功率必然增加等离子体气流量，带来微波腔及微波电源功率增大所出现的不利因素等问题和技术难度。

目前由于多种无机元素分析仪器技术如 AAS、ICP-AES、ICP-MS 等分析性能已达到很高水平，微波等离子体光谱仪器要作为多元素无机分析通用工具发挥其本身优点，高功率 MWP 技术上的进一步突破仍是当前的发展态势[23]。同时，通过化学计量学对高功率 MPT 的光谱特征解析、数据处理，解决 MPT 的光谱困扰，拓展 MPT 应用领域和方法开发，也是微波等离子体光谱发展的需要[24]。

尽管当前 ICP 光源在光谱分析上具有明显的优势，但高氩气消耗量仍是其进一步推广发展的不利因素之一，而 MWP 具有功耗低，工作气体用量低，可用氮气、空气等非氩气体等特点，以及 He-MPT-AES 的“全元素分析”能力，重新引起了对研究微波光谱光源的兴趣。利用微波光源紧凑、简便、低成本、低消耗等优势，在现场分析及特定成分分析仪器方面开展工作，可在分析检测仪器领域发挥更大的作用。

5.2 微波等离子体光源

5.2.1 MWP 的获得及其类型

能获得微波等离子体的方法主要有三种，即电容耦合法(CMP)、微波诱导法（MIP）和利用表面波传播原理的方法（Surfatron）。三者都可获得常压氦或氩等离子体。按照微波等离子体形成的方法和装置结构的不同，可以分为 CMP 和 MIP 两大类。

CMP 为电容耦合方式的微波等离子体，是从磁控管产生的微波通过同轴电缆连接至一个金属空心管，当工作气体（He 或 Ar）引入并进行调谐时，即可在电极的顶端上方形成一个明亮的火焰状等离子体［图 5-1（a）］。把金属管当作电容器，故将其称为电容耦合等离子体，亦称为单电极微波放电。

MIP 为微波诱导方式的微波等离子体，是将微波通过一个外部金属腔耦合至流经其中石英管中的气体时，由于能量耦合的结果，在石英管内形成一个明亮的火焰状等离子体，又称为无电极微波放电［图 5-1（b）］。

产生与维持微波等离子体的相关器件，又可以分为谐振腔、表面波发生器（Surfatron）与微波等离子炬（MPT）。通过谐振腔将微波耦合至流经其中的工作气体而产生等离子体。腔体可以设计成矩形或圆形的金属腔体，容积大小以确保微波引入时在腔中能产生驻波为度。已采用过的有：渐缩矩形腔、1/4 波长径向腔、3/4 波长径向腔、TM_{010} 腔等［图 5-1（c）］。用基于表面波传波原理的 Surfatron 装置，可以获得 MIP［图 5-1（d）］，既可以用作原子光谱激发光源，还可用作 GC 的离子化检测器，或 AAS 的原子化器。

20 世纪 70 年代中期以前，能用于原子光谱分析的 MWP 放电几乎完全是在减压气体中获得的 MIP，特别是 He-MIP。因此，MWP 技术发展的这段时间也被称作低压 MIP 时代。期间研制了多种谐振腔（表 5-1），包括各种同轴谐振腔和渐缩矩形腔，并在较宽压强范围（1～760Torr）内进行了检验[25]。

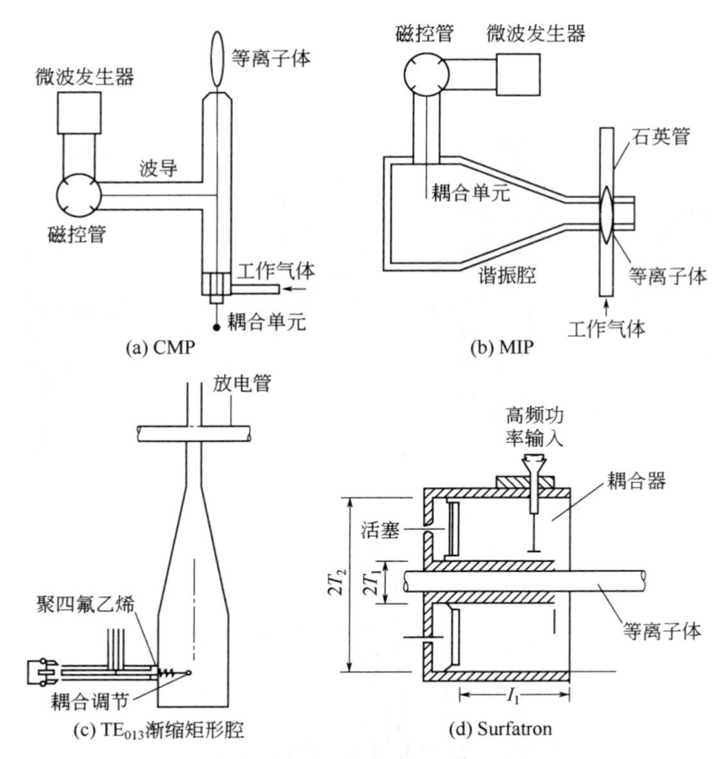

图 5-1 微波等离子体光源及器件原理图

表 5-1 微波等离子体谐振腔腔体特性

编号	电学结构	适用频率范围/MHz	耦合调节	可否移出玻璃放电系统
1	TE_{013} 型渐缩矩形腔	2.45	是	是
2	缩短的 3/4 波长同轴腔	2.3～2.6	否	否
3	缩短的 1/4 波长径向腔	2.3～2.6	否	否
4	同轴终端	0.5～4.5	是	是
5	缩短的 1/4 波长同轴腔	2.0～3.0	是	是

当使用低压放电时，待测物的引入主要通过气相色谱、电热蒸发或者化学气相发生技术等完成，因为低压 MIP 对样品的承受能力较低，难以在有较多水蒸气进入的情况下保持工作稳定。

随着可以获得在常压下稳定工作的氦和氩微波等离子体器件 TM_{010} 腔[26]［图 5-2（a)］和 Surfatron[27]［图 5-2（b)］以及 MPT[12]［图 5-2（c)］的出现，得到根本性好转。

MPT 如图 5-2（c）所示，其结构由三个同心的金属管组成，工作气体由中间管进入，样品由载气从内管引入，等离子体在中间管与内管之间靠近矩管的顶端形成，并延伸至管外，微波的能量通过绕着中间管的圆筒状天线耦合到等离子体气，在最佳耦合状态时用 Tesla 放电将等离子体点燃，即可得到稳定的微波等离子体焰炬。

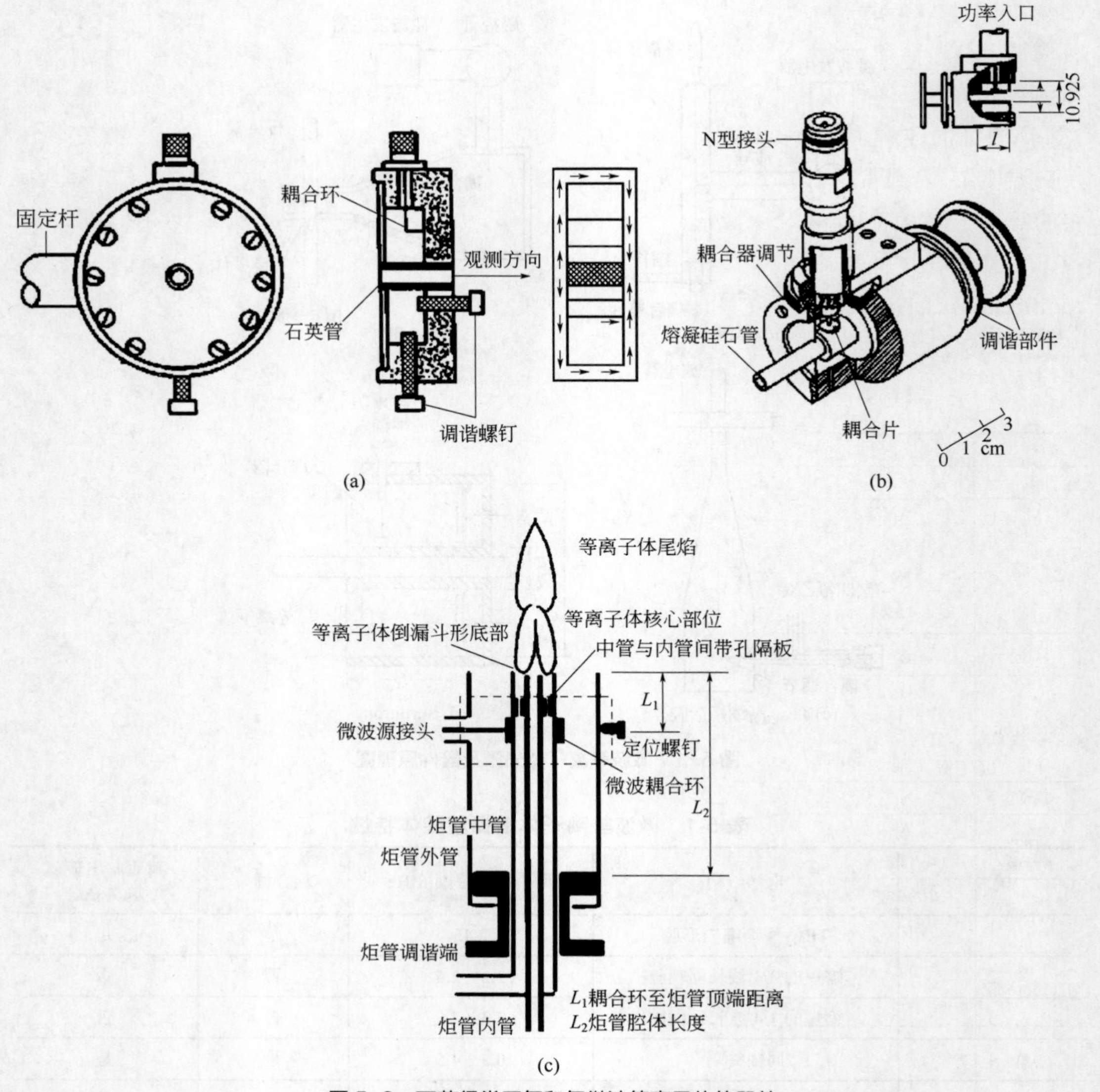

图 5-2　可获得常压氦和氩微波等离子体的器件

(a) TM_{010}腔及其电流模式（1975 年）；(b) Surfatron（1975 年）；(c) MPT 炬管结构（1985 年）

MPT 这一结构的独特之处在于等离子体中央通道的存在，明显地改善了微波等离子体对样品气溶胶和分子类物质的承受能力，使溶液样品气溶胶及微粒气溶胶气态样品的直接引入，具有优越的分析性能。

5.2.2　MWP 光源的物理特性

当等离子体中所有粒子包括分子和原子的解离和电离，原子、离子和分子的激发，电离阶段中所有形态（原子、离子、电子）动能的能量分布都可用同一温度来描述，而这一温度又可表征此等离子体的辐射场及热力学性质和传输性质时，则称此种等离子体处于完全热力学平衡状态（complete thermodynamic equilibrium，CTE）。也就是说，处于 CTE 的等离子体将遵循下列所有的定律，即各种粒子的平动动能遵循由平动温度 T_{rot} 所表征的麦克斯韦尔分布函数；辐射场遵循由辐射温度 T_{rad} 所表征的普朗克分布函数；激发态粒子遵循由激发温度 T_{exc} 所表征的玻尔兹曼分布函数；分子、原子和离子遵循质量作用定律。质量作用常数则由反应温度 T_{rea}，或者更具体地说，由离解温度 T_{dis} 或电离温度 T_{ion} 所决定。但是，实验室所获得的等离子体中辐射场并不均匀一致（因为大部分发射辐射都离开了等离子体，而没有被吸收）。这时，此种等离子体只能被称为处于局部热力学平衡状态（local thermodynamic equilibrium，LTE）。实验研究结果表明，不管用什么方法获得的光谱分析用 MWP 甚至都不是处于局部热力学平衡状态的（即非 LTE）等离子体（参见表 5-2）。

表 5-2　光谱分析用 MWP 特性[1]

类　型	等离子体气体	电子数目密度/cm^{-3}	电子温度/K	激发温度/K	转动温度/K
TE_{013}	Ar	1.8×10^{15}	—	6280(Ar)	1440~2440(OH)
TM_{010}	Ar	3.8×10^{14}	—	4500(Ar)	1150(OH)
	Ar	3.8×10^{14}	—	4000~5700(Fe)	
	He	1.3×10^{14}	—	3400(He)	1300(OH)
	He	1.3×10^{14}	—	5700(Fe)	1400(N_2^+)
TE_{101}	Ar	1.1×10^{15}	7900	4600~5900(Fe), 4000~6400(Ar)	2500~3600(OH), 4900(N_2^+)
Surfatron	He	4×10^{14}	12500	3000(He), 5500(Fe)	2200~2700(OH)
	Ar	4×10^{14}	7800	1900(Ar)	2250(OH), 3600(N_2^+)
	He	1×10^{14}	—	3000(He)	2000(OH)
TEM	He	$(5.5~7.5)\times10^{14}$	—	3000~3300(He)	3000(OH)
MPT	Ar	7×10^{14}	13000	5300~6000(Fe)	1500~6000(OH)
	He	1×10^{14}	21500	5300~6000(Fe)	2100(OH)
TIA	Ar	1×10^{14}	19100	5500(Ar)	3000(OH)
	He	$(1~5.7)\times10^{14}$	26000	3800(He)	2400~2900(N_2^+)
Okamoto 腔	N_2	5×10^{13}	—	5400(Fe)	5000(N_2^+)
	He	2.3×10^{14}	—	5000(Fe)	—
CMP	N_2	$<1\times10^{14}$	—	4900~5500(Fe)	4300(N_2^+)
	He	4×10^{14}	—	3430(He)	1620(OH)
三相 MIP	He	7.5×10^{14}	—	4000(He)	3100(OH)

但是，表中大多数此类诊断结果又都是不得不以 LTE 为初始假定（例如，使用玻尔兹曼和萨哈方程）导出来的。直到 20 世纪 80 年代，才得以把无须假定处于 LTE 状态就可应用的激光汤姆逊（Thomson）散射法用于研究微波等离子体炬（MPT）[28]。结果表明，MPT 放电严重偏离 LTE，MPT 的电子温度（T_e）随等离子体工作气体和空间位置的不同而不同，范围在 13000K 至 21500K 之间，而气体温度（T_g）则约是电子温度的 1/10～1/3（见图 5-3）。实测的电子数目密度大致比根据 LTE 预测的值（由所测得的电子温度和 Saha 方程计算而得）低 2～3 个数量级，Ar-MPT 为$(1.0～9.8)\times10^{14}$，He-MPT 为$(0.7～1.2)\times10^{14}$。

但是，进一步用激光汤姆逊散射法的研究（图 5-4）证明，对于 350W 的 He-MPT，由图中直线部分计算得到的大部分电子的温度为 $T_e = (20000\pm100)$K。曲线尾部实验数据明显向高

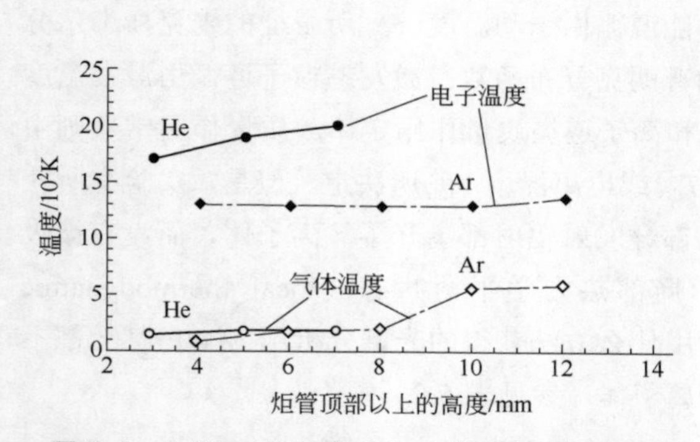

图 5-3　Ar/He-MPT 中 T_e 和 T_g 随观察高度的变化

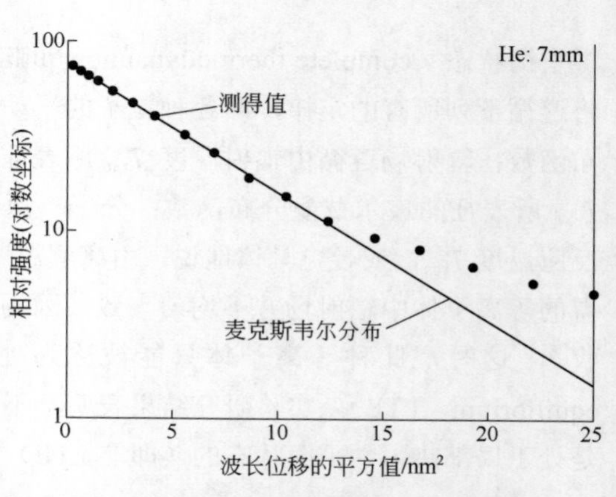

图 5-4　He-MPT 中距炬管 7mm 处测得的电子汤姆逊散射谱图

的方向偏离，表明高能电子是明显过布居的。这对于高激发电位元素谱线的激发十分有利。但是，由于气体温度较低，其原子化能力则并不理想。综合文献报道，可以看出，对于各种用于光谱分析的低功率微波等离子体光源来说，其电子温度 T_e、离子温度 T_{ion}、激发温度 T_{exc}、转动温度 T_{rot} 和平动温度 T_{tr} 大致有如下关系：$T_e \gg T_{ion} \sim T_{exc} > T_{rot} \sim T_{tr}$。其中 T_{tr} 大体上与实际的气体温度 T_g 接近。

5.2.3　MWP 光源的能量特性

表征等离子体的另一个重要物理量是其电子数目密度及其空间分布。这也可用激光 Thomson 散射法测得。对于 350W 的 Ar-MPT 和 He-MPT，其值分别在 $(1.0 \sim 9.8) \times 10^{14}/cm^3$ 和 $(0.7 \sim 1.2) \times 10^{14}/cm^3$（图 5-4）。可见在 He-MPT 中高能电子是明显过布居的。

对 MPT 炬管结构和电磁场在其中的传输和分布特点的研究，发现了 MPT 具有可使微波能量几乎完全集中到炬管开口端内管与中管之间的双谐振电场结构，可在千瓦级微波功率下获得非常稳定的、带有十分有利于样品引入中央通道的倒漏斗形等离子体。超高速摄影发现在低功率下的氩 MPT 等离子体实际上是一种由“单丝（single filament）放电”快速旋转形成的“单丝放电”的等离子体[29]，随着所加微波功率的提高，形成的等离子体可从高速旋转着的“单丝放电”发展成为稳定性和检测能力都更加强大的“双丝放电”等离子体（图 5-5）。这意味着继续增加微波功率，有可能获得功能更加强大的由旋转着的“三丝放电”、甚至“四丝放电”形成的等离子体。使 MPT 中微波的能量利用率得到最大的提高，从而使高功率 MPT 有望真正成为与 ICP 一样的实用新技术。

(a)

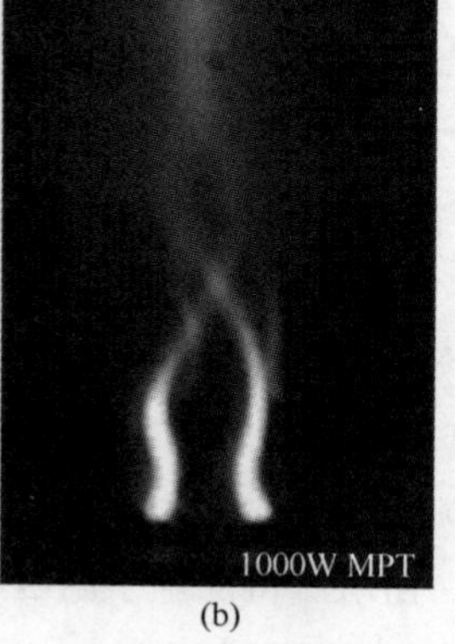

(b)

图 5-5　MPT 微波放电的等离子体形态

（a）单丝放电；（b）双丝放电

5.2.4 MWP 光源的光谱特性

He-MIP、Ar-MPT 和 He-MPT 获得的等离子体谱线及其背景发射光谱图，如图 5-6～图 5-8 所展示的状态。从各个图例可以见，各种在常压下工作的微波等离子体的背景发射在未加氧屏蔽时，都不可避免地出现了一些由混入的空气和溶剂组分所产生的带状或线状发射成分（图 5-6）。但是，对于 MPT 光源来说，它们的干扰，在很大程度上可采用在外管引入氧屏蔽气（OS-Ar-MPT 和 OS-He-MPT）的办法加以解决。

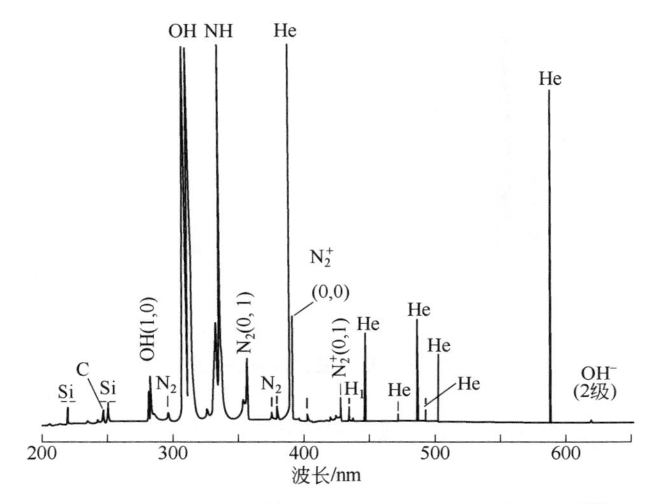

图 5-6 用 TM_{010} 腔获得的常压 He-MIP 背景发射光谱[10]

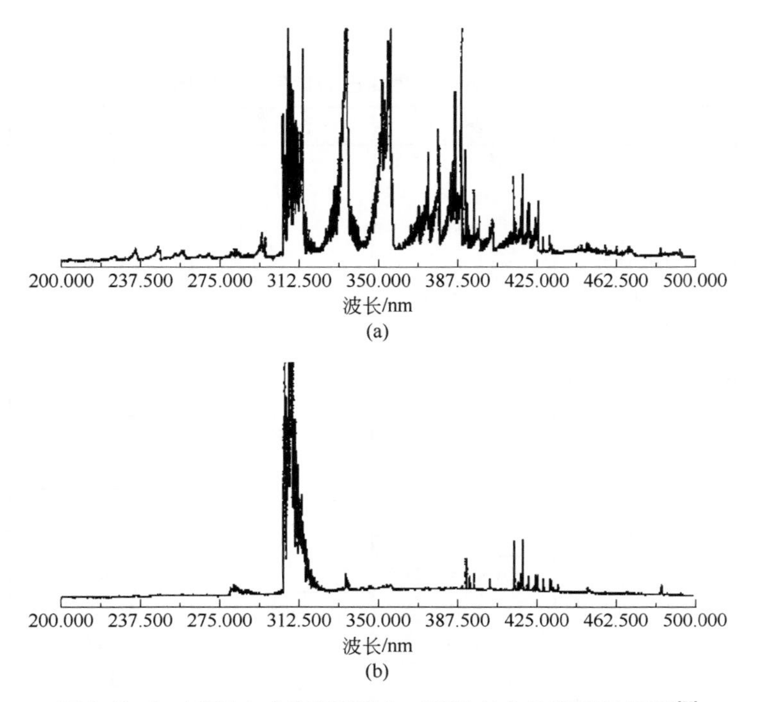

图 5-7 Ar-MPT（a）和氧屏蔽 Ar-MPT（b）的背景发射光谱[30]

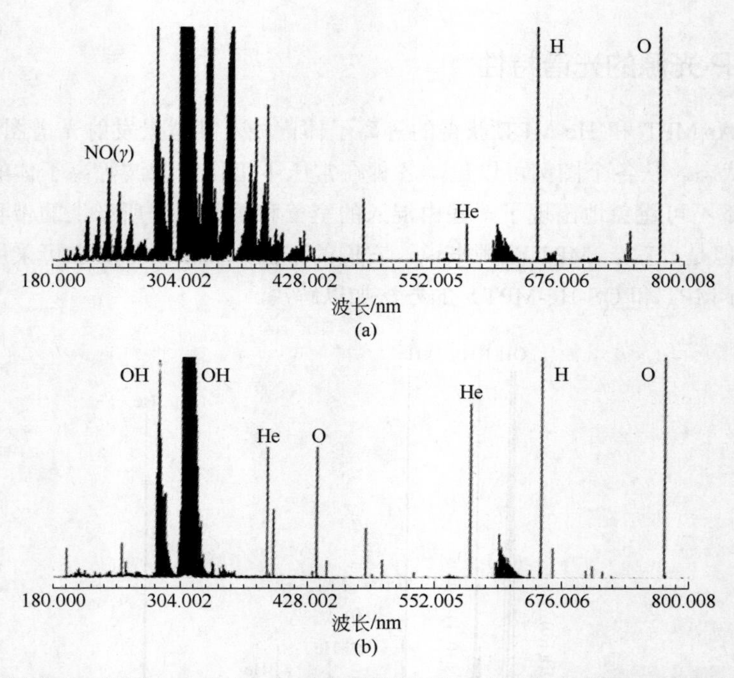

图 5-8 常压 He-MPT（a）和常压氧屏蔽 He-MPT（b）的背景发射光谱

还可以看出，无论是 He 还是 Ar 微波等离子体，其自身的背景发射光谱都比较简单，特别是那些在石英管中形成的微波诱导等离子体（MIP），除混入少量空气组分（氮、氧、氢、碳）和石英放电管组成元素（硅、氧）的发射谱线（带）外，几乎没有其他元素的发射谱线（表 5-3）。

表 5-3 常压 MWP 中最突出的背景光谱发射特征[1]

源组分	波长/nm	跃迁	源组分	波长/nm	跃迁
NO		$[A^2\Sigma^+-x^3\pi]$	N_2	311.67	3.20
	205.24	2.00		315.93	1.00
	215.49	1.00		337.13	0.00
	226.94	0.00		353.67	1.20
	237.02	0.10		357.69	0.10
	247.87	0.20		371.05	2.40
	259.57	0.30		375.54	1.30
OH		$[^2\Sigma^+-^2\pi]$		380.49	0.20
	281.13	1.00	N_2^+		$[B^2\Sigma^+-x^2\pi]$
	287.53	2.10		391.44	0.00
	294.52	3.20	CO^+	219.0	0.00
	306.36	0.00		221.5	1.10
NH		$[A^3\pi-x^3\Sigma^-]$		230.0	0.10
	336.00	0.01	CN		$[B^2\Sigma-x^2\Sigma]$
	337.09	1.10		358.59	2.10
N_2		$[^3P_u-B^3P_g]$		359.04	1.00
	296.20	3.10		385.47	3.30

续表

源组分	波长/nm	跃迁	源组分	波长/nm	跃迁
CN	386.19	2.20	CH		$[A^2\Delta-x^2\pi]$
	387.14	1.10		431.42	0.00
	388.34	0.00	C_2		$[A^3\pi-x^2\pi_u]$
	416.78	3.40		473.7	1.00
	419.72	1.20		512.9	1.10
	421.60	0.10		516.5	0.00

但是对于那些直接暴露在空气中的等离子体（例如氩或者氦 MPT）来说，情况就要复杂一些，这时与空气主要成分氮、氧和 CO_2 相关的一些分子基团（如 NO、OH、NH、N_2、N_2^+、C_2 等）的带状发射会十分明显，从而干扰一些元素灵敏谱线的检测。对于 MPT 光源，这个问题可通过在外管中切向引入氧气将整个等离子体屏蔽起来的办法加以解决（图 5-6），此时残留的背景发射，就只剩由水溶液和屏蔽气中也存在的氢和氧产生的 OH 谱带及 H 和 O 的谱线。

5.3 微波等离子体原子发射光谱仪器构成

微波等离子体原子光谱分析用仪器主要由三部分，即样品引入系统、微波等离子体发生系统和分光检测系统（见图 5-9）组成。其中样品引入系统和分光检测系统与前述电感耦合高频等离子体光谱仪十分类似，此处不再多述。

5.3.1 微波等离子体发生系统

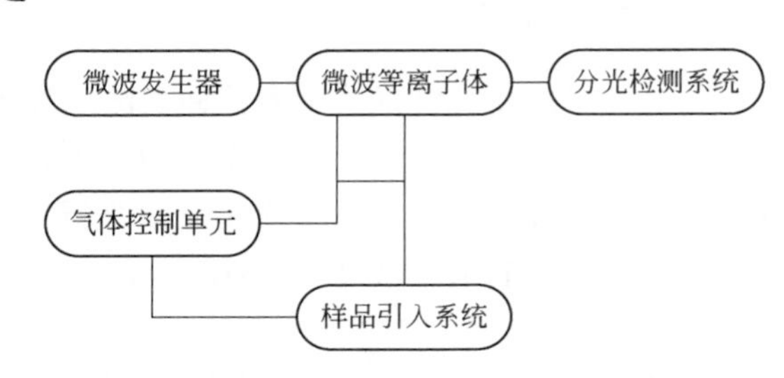

图 5-9 微波等离子体原子光谱分析用仪器结构示意图

微波等离子体发生系统由微波发生器（也称微波功率源）、等离子体工作气体供给系统和等离子体形成器件三部分组成。早期的微波发生器都以磁控管为核心部件构成，由于磁控管早在家用微波炉和工业加热设备中已获得了广泛的应用，因此价格低廉、耐用，但是稳定性稍差，不过随着微波等离子体原子发射光谱法的发展，市场上已可买到功率连续可调、输出功率稳定度达 0.5%的 1.5kW 磁控管微波功率源和稳定性更好的 300W 全固态微波源。

供气系统一般都采用钢气瓶加质量流量计构成，所用工作气体为高纯氦、氩或者氮气，有时（如 MPT）还需用屏蔽气体，如氧气等。用以形成等离子体的器件则包括上面已述及的几种微波谐振腔和几种表面波器件、MPT 炬管及最近安捷伦公司推出的 H 型波导耦合器件（图 5-10）等。

要获得可供光谱分析用的高度稳定的微波等离子体，所用的微波功率源必须十分稳定可靠。市场上现有的连续波磁控管微波源虽然皮实耐用，但是功率稳定度欠佳。新近出现的全固态微波源，在百瓦水平上工作时稳定性不错，但如何在提高功率水平的同时又保持其良好的稳定性则仍有待解决（表 5-4）。

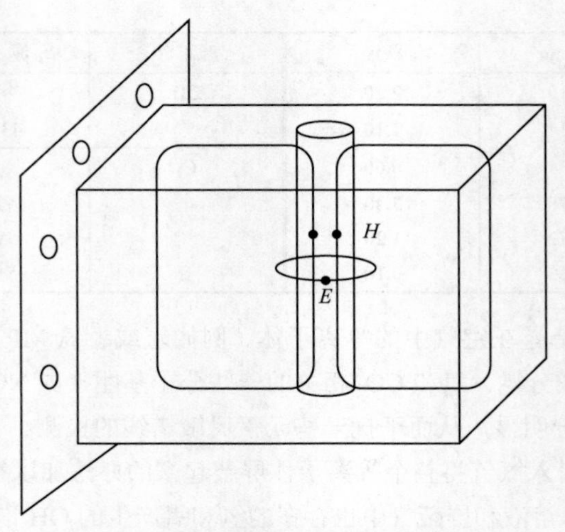

图 5-10　H 型波导耦合示意图[31]

表 5-4　当前国内市场上可供选用的两种微波功率源

型号	类型	频率/MHz	功率范围/W	功率稳定性	生产厂家
FLA2450	全固态	2450±0.25	150~300	±5W	南京烽烟
MPG-201C	磁控管	2450±50	100~1500	±0.5%	成都华宇

5.3.2　进样系统

微量气体样品可以直接引入各种微波等离子体光源进行 AES 分析。用微波等离子体发射光谱检测器作气相色谱仪的元素特效检测器，是迄今为止微波等离子体原子发射光谱法最成功的商业应用。通常用于原子光谱分析系统溶液样品的进样技术也基本上都可在加或者不加去溶系统后用于低功率 MWP-AES，但承受能力有限，只有加去溶装置才有较好的效率。

已经证明，适合在低气体流量下工作的 MWP 去溶系统主要有两种：Nafion 膜去溶系统（图 5-11）[32]和水冷凝+浓硫酸吸收池组成的去溶系统（图 5-12）[33]。根据 Huan 等[32]的研究，在其他条件相同的情况下前者的去溶效果优于后者。后者则已证明可去除样品中 99.7%以上的溶剂水[34]。

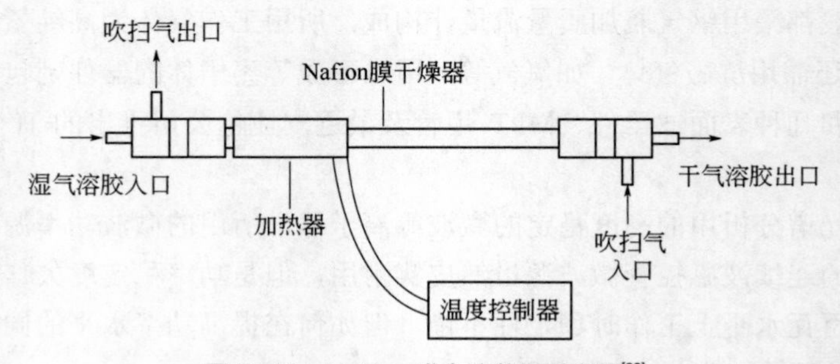

图 5-11　Nafion 膜去溶装置示意图[32]

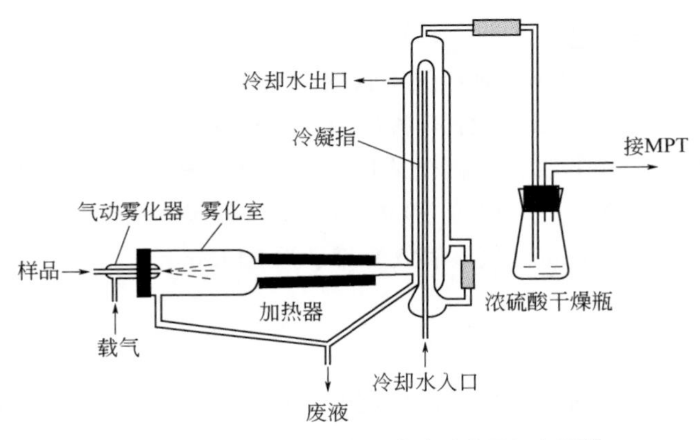

图 5-12 水冷凝+浓硫酸吸收去溶装置示意图[33]

5.3.3 分光检测系统

MWP-AES 分光系统与通常的原子发射光谱仪器分光系统相同，可以采用单道扫描或多道分光检测系统（参见 ICP-AES 仪器分光检测系统）。

（1）扫描型

长春吉大-小天鹅仪器公司先后生产销售了 1020 型、510 型和 520 型等多种型号微波等离子体炬（MPT）光谱仪，均采用 2400gr/mm 光栅分光和光电倍增管作检测器，焦距则有 1000mm 和 500mm 之分。光源均为小功率（＜200W）氧屏蔽-MPT 炬管，样品经同轴气动雾化，接去溶装置后进入等离子体。

安捷伦仪器公司 Agilent MP 4100 型仪器采用切尔尼-特纳型光栅分光装置，光栅刻线为 2400gr/mm，焦距为 600mm。采用 CCD 检测器，像素 532×128（24μm×24μm）。其光路示意图见图 5-13。

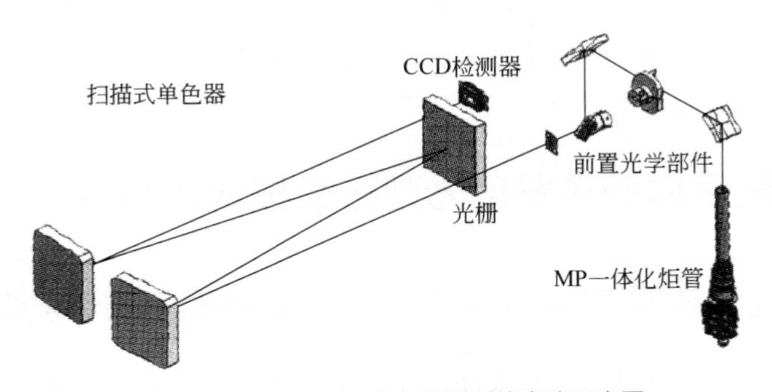

图 5-13 MP-AES 分光检测系统光路示意图

（2）全谱直读型

浙江中控公司的 QJ-100 型 MPT 全谱直读光谱仪，其主要技术参数为微波功率＜200W，连续可调，同轴气动雾化进样；湿气溶胶在载气（氩）载带下经去溶装置后引入 MPT 等离子体。载气流量＜1.0L/min，可调；维持气(氩)流量＜1.5L/min，可调；屏蔽气（氧）流量 1.6L/min，可调；波长范围 240～460nm；入射狭缝宽度 5μm；检测器 CCD，像素 2048；光谱分辨率 0.065nm；积分时间 3～65000ms，可调。

（3）千瓦级 MPT 全谱型

MPT-S1000 AES 全谱直读型千瓦级光谱仪器：光学系统为 Czery-Turner 型，光栅刻线密度为 2400gr/mm，焦距为 1000mm，分辨率为 0.008nm；波长范围为 180～800nm；入射狭缝宽 20μm；出射狭缝宽 20μm；微波等离子体炬优化输出功率为 1050W；蠕动泵进样量为 500 μL/min；工作气体和载气为氩气，纯度 99.999%以上，载气（氩气）流量为 0.5L/min，维持气（氩气）流量为 1.5L/min，屏蔽气（氧气）流量为 2.0L/min。

5.3.4 商品仪器类型

在 MWP-AES 发展史上先后曾经商品化过的以各种微波等离子体为光源的原子发射光谱仪器有：

① 用于金属与合金分析的 CMP 光谱仪（1968 年），日本 Hitachi 300 UHF 型光谱仪。

② 通用型原子发射光谱分析仪（1989 年），波兰 Analab MIP-750MV 型光谱仪，焦距 0.75m，分辨率 0.02nm，顺序扫描型仪器。

③ 气相色谱仪 MPD 检测器（1990 年），美国 HP-5921A 型 AED。

④ 氮 MIP-MS 仪器（1994 年），日本 Hitachi P-6000 型 MIP 质谱仪。

⑤ 粒度分析用 MWP 光谱仪（1995 年），日本 Yokogawa PT-1000 粒度分析仪。

⑥ 微波等离子体炬光谱仪（2000 年），长春吉大-小天鹅仪器公司 510 型、520 型和 1010 型 MPT 光谱仪；2008 年浙江中控 QJ-100 型教学用 MPT 全谱直读光谱仪，仪器参数如上面所列。

⑦ N_2-MP-AES 光谱仪（2011 年），澳大利亚 Agilent MP-4100 型、MP-4200 型光谱仪，扫描型仪器；仪器参数如上面所列。

⑧ 千瓦级 MPT-AES 光谱仪（2015 年），中国浙江全世科技有限公司，MPT-S1000 AES，全谱直读型仪器；仪器参数如上面所列。

上述仪器都受到了市场一定程度的欢迎，但是除了少数仪器能够在本国取得一定成功外，只有近几年推出的几款仪器形成商品市场，作为通用型仪器取得很好的应用效果。

5.4 微波等离子体原子发射光谱分析技术的特点

5.4.1 用微波易于获得多种可在常压下工作的等离子体激发光源

由于惰性气体元素的电离电位都较高，要在常压下使其成为等离子体并不容易。理论与实践都证明相对于高频放电，用微波较容易获得惰性气体的等离子体。采用 CMP 腔（1951 年）、Surfatron（1975 年）、TM_{010} 腔（1976 年）、MPT 炬管（1985 年）及 Okamoto 腔（1990 年）等器件都可容易地在较低功率和气体流量条件下维持在常压下工作的氦、氩或者氮等离子体，空气样品也都可较容易地被引入其中进行测量。这是其他办法所难以达到的（例如，He-ICP 就始终没有能够实现商品化）。氦微波等离子体的成功应用，还使分析化学工作者一直梦想的“全元素分析”有了实现的可能。这当中，MPT 炬管由于具有类似于 ICP 炬管的三管同轴结构，而且所形成的等离子体也具有与 ICP 类似的中央通道，还具有 ICP 所不具有的对分子气体的高承受能力，以致可以直接把空气样品以一定比例连续引入其中也无大碍，因而最受同行所看重[1]。

5.4.2 MWP 中主要组分的数目密度和能量

等离子体中的重要组分包括那些高密度组分和寿命相对长（>1s）的组分。对于每一种惰性气体（A），其高能组分包括原子离子（A^+）、原子的三重态（A^m）、第一分子三重态（$A_2{}^m$）、分子离子基态（$A_2{}^+$）和电子。原子光谱分析常用等离子体的主要亚稳态组分及其能量如表 5-5 所示。

表 5-5 常用微波等离子体的主要亚稳态组分及其能量

组分	能态	能量/eV	组分	能态	能量/eV
Ar^m	$4s^3S$	11.67	He^m	$2s^3S$	19.73
Ar^m	$4s^1S$	11.50	He^m	$2s^1S$	20.52
Ar_2^+	$x^2\Sigma u^+$	14.0	He_2^+	$x^2\Sigma u^+$	18.3~20.5
Ar_2^m	$a^3\Sigma u^+$	10.2	He_2^m	$a^3\Sigma u^+$	13.3~15.9

研究证明，除高能电子直接引起的非弹性碰撞致样品原子被激发和电离外，引起待测元素原子被激发和电离的另一个主要过程是涉及等离子体中亚稳态组分的激发机理，其中以如下 Penning 电离-激发-再发射的过程最为重要：

$$A^m + X \longrightarrow X^+ + A + e^- \quad (5\text{-}1)$$

式中，A^m 是维持气（氩气或氦气）的亚稳态原子；X 是待测物原子。接着这一过程的是与慢电子的复合：

$$X^+ + e^- \longrightarrow h\gamma_{连续} + X^{\bullet} \quad 或 \quad e^- + A + X^{+\bullet} \longrightarrow A + X^{\bullet} \quad (5\text{-}2)$$

式中，$X^{\bullet}$是待测物的一个激发态原子。

由表 5-5 可以看出，氦等离子体中由于亚稳态氦所具有的能量，已足够通过 Penning 电离过程，使周期表中差不多所有元素的基态原子跃迁到各自的第一激发态。这就意味着，用氦等离子体作激发光源将可用原子发射光谱法检测周期表中几乎全部天然存在的元素，即具有“全元素分析”能力。

5.4.3 MWP 原子发射光谱分析常用的元素发射光谱谱线

由于单原子分子惰性气体 Ar 或者 He 维持的微波等离子体的背景发射十分简单，因此很容易识别出由进入其中的微量其他元素所产生的发射谱线。表 5-6 是 MWP-AES 常见元素所产生的发射谱线及其相对强度。

表 5-6 MWP-AES 分析用的元素发射谱线表[1]

元素	谱线类别	波长/nm	I_n/I_b	DL_{exp}/(ng/mL)	备注
Ag	Ⅰ	338.29	100	9	OH 带
	Ⅰ	328.07	96	14	
	Ⅱ	243.78	5		

续表

元素	谱线类别	波长/nm	I_n/I_b	DL_{exp}/(ng/mL)	备注
Al	Ⅰ	396.15	100	110	
	Ⅰ	394.01	50	200	
	Ⅰ	309.27	n.m.		OH 带
	Ⅰ	237.64	30		
Ar	Ⅰ	415.86	100		
	Ⅰ	420.07	98		
	Ⅰ	419.83	44		
	Ⅰ	419.03	42		
	Ⅰ	427.22	42		
	Ⅰ	425.94	39		
	Ⅰ	430.01	34		
	Ⅰ	433.37	30		
	Ⅰ	404.44	29		
	Ⅰ	426.63	28		
	Ⅰ	394.9	27		
	Ⅰ	668.44	27		
	Ⅰ	451.07	21		
As	Ⅰ	228.81	100	90	
	Ⅰ	234.98	47	190	
	Ⅰ	200.33	35		
	Ⅰ	193.7	27		
	Ⅰ	278.02	27		
	Ⅰ	197.2	25		
	Ⅰ	198.97	23		
Au	Ⅰ	267.59	100	90	
	Ⅰ	242.79	82	95	
	Ⅰ	197.82	18		
	Ⅰ	201.2	10		
	Ⅱ	191.89	10		
B	Ⅰ	249.77	100	110	
	Ⅰ	249.68	84		
	Ⅰ	208.96	80		
	Ⅰ	208.89	73		
Ba	Ⅱ	493.41	100	110	
	Ⅱ	455.4	85	190	
	Ⅱ	233.53	32		
	Ⅰ	553.55	24		
Be	Ⅰ	234.86	100	2	
	Ⅰ	332.13	29		OH 带
	Ⅰ	249.47	21		
	Ⅱ	313.04	18		OH 带
Bi	Ⅰ	223.06	100	80	
	Ⅰ	472.24			

续表

元素	谱线类别	波长/nm	I_n/I_b	DL_{exp}/(ng/mL)	备注
Br	Ⅱ	470.49	100	20	
	Ⅱ	478.55	65		
	Ⅰ	635.07	45		
	Ⅱ	481.67	40		
C	Ⅰ	193.09	100	50	
	Ⅰ	247.86	89		
	Ⅰ	199.36	2		
Ca	Ⅱ	393.37	100	3	
	Ⅰ	422.67	62	4	
	Ⅱ	396.85	47		
Cd	Ⅰ	228.8	100	5	
	Ⅱ	214.44	39	8	
	Ⅱ	226.5	34		
	Ⅰ	479.99	20		
	Ⅰ	326.11	15		
Ce	Ⅱ	413.77	100	80	
	Ⅱ	422.26	95		
	Ⅱ	399.92	70		
Cl	Ⅱ	479.54	100	14	
	Ⅱ	481.01	72		
	Ⅰ	725.66	65		
	Ⅱ	481.95	54		
Co	Ⅱ	238.89	100	85	
	Ⅰ	240.73	90	90	
	Ⅰ	345.35	45		
Cr	Ⅰ	357.87	100	45	
	Ⅰ	359.35	90	55	
	Ⅰ	425.43	85	60	
Cs	Ⅰ	455.53	100	65	
	Ⅰ	459.32	24		
	Ⅱ	452.67	5		
Cu	Ⅰ	324.75	100	20	OH 带
	Ⅰ	327.4	52	25	
	Ⅱ	213.6	17		
	Ⅱ	217.89	14		
	Ⅰ	223.01	13		
	Ⅱ	219.23	12		
	Ⅱ	224.7	10		
Dy	Ⅱ	364.54	100	36	
	Ⅱ	396.84	90		
	Ⅱ	353.17	65		
Er	Ⅱ	390.63	100	44	
	Ⅱ	369.26	80		
	Ⅱ	323.06	75		OH 带

续表

元素	谱线类别	波长/nm	I_n/I_b	DL_{exp}/(ng/mL)	备注
Eu	Ⅱ	420.51	100	12	
	Ⅱ	381.97	80		
	Ⅱ	412.97	70		
F	Ⅰ	685.6	100	4000	
	Ⅰ	623.96	80		
	Ⅰ	634.85	60		
	Ⅰ	690.25	48		
Fe	Ⅰ	248.32	100	45	
	Ⅰ	373.49	67		
	Ⅰ	371.99	60		
	Ⅰ	248.82	53		
	Ⅰ	252.29	44		
	Ⅰ	249.06	43		
	Ⅱ	238.2	35	65	
Ga	Ⅰ	417.21	100	16	
	Ⅰ	403.3	53		
Gd	Ⅱ	342.25	100	40	
	Ⅱ	376.7	97		
	Ⅱ	358.5	65		
Ge	Ⅰ	265.12	100	65	
	Ⅰ	265.16	62		
	Ⅰ	275.46	47		
	Ⅰ	303.91	41		
H	Ⅰ	656.28	100		
	Ⅰ	486.13	36		
	Ⅰ	434.05	6		
	Ⅰ	410.17	2		
He	Ⅰ	587.6	100		
	Ⅰ	706.57	28		
	Ⅰ	388.87	26		
	Ⅰ	667.82	24		
	Ⅰ	501.57	18		
	Ⅰ	447.15	12		
	Ⅰ	492.19	8		
Hf	Ⅱ	368.22	100	37	
	Ⅱ	339.98	85		
	Ⅱ	277.34	45		
Hg	Ⅰ	253.65	100	23	
	Ⅰ	365.02	90		
	Ⅰ	435.83	65		
	Ⅰ	546.07	62		
	Ⅱ	194.23	43		
Ho	Ⅱ	389.1	100	20	
	Ⅱ	381.07	50		

续表

元素	谱线类别	波长/nm	I_n/I_b	DL_{exp}/(ng/mL)	备注
I	Ⅰ	206.24	100	60	
	Ⅱ	516.12	71		
	Ⅱ	546.46	35		
In	Ⅰ	451.13	100	18	
	Ⅰ	303.9	70		
	Ⅰ	325.61	n.m.		OH 带
Ir	Ⅰ	380.01	100	130	
	Ⅰ	208.88	65		
	Ⅰ	322.08	n.m.		OH 带
K	Ⅰ	766.49	100	2	
	Ⅰ	769.9	53	5	
	Ⅰ	404.7	7		
La	Ⅱ	408.67	100	60	
	Ⅱ	398.85	60		
	Ⅱ	379.48	55		
Li	Ⅰ	670.78	100	0.3	
	Ⅰ	610.36	21	2	
	Ⅰ	460.3	3	11	
Lu	Ⅱ	261.54	100	7	
	Ⅱ	350.74	65		
Mg	Ⅱ	279.55	100	7	OH 带
	Ⅱ	280.27	60	9	
	Ⅰ	285.21	43	11	
	Ⅰ	383.83	27		
	Ⅰ	383.23	18		
Mn	Ⅰ	403.08	100	25	
	Ⅱ	257.61	98	30	
	Ⅰ	403.3	83		
	Ⅱ	259.37	81		
	Ⅰ	279.48	70		
Mo	Ⅱ	202.03	100	350	
	Ⅰ	379.83	85	420	
	Ⅰ	386.41	70		
N	Ⅰ	746.88	100		
	Ⅰ	744.26	61		
	Ⅰ	742.39	31		
Na	Ⅰ	588.99	100	0.9	
	Ⅰ	589.59	55		
	Ⅰ	330.29	2.3		
Nb	Ⅰ	405.89	100	580	
	Ⅰ	407.97	75		
	Ⅰ	410.09	56		
	Ⅱ	202.93	40		

续表

元素	谱线类别	波长/nm	I_n/I_b	DL_{exp}/(ng/mL)	备注
Nd	Ⅱ	410.95	100	110	
	Ⅱ	430.36	99		
	Ⅱ	401.22	80		
Ni	Ⅰ	232	100	90	
	Ⅱ	221.65	92		
	Ⅰ	231.1	90		
	Ⅰ	232.58	68		
O	Ⅰ	777.19	100		
	Ⅰ	777.41	70		
	Ⅰ	777.54	49		
Os	Ⅰ	201.81	100	600	
	Ⅰ	202.02	95		
	Ⅰ	305.86	60		
P	Ⅰ	213.61	100	70	
	Ⅰ	214.91	70		
	Ⅰ	253.56	40		
	Ⅰ	255.33	35		
Pb	Ⅰ	405.78	100	60	
	Ⅰ	368.35	41		
	Ⅰ	261.42	32		
	Ⅰ	363.96	31		
Pd	Ⅰ	340.46	100	55	
	Ⅰ	363.47	83		
	Ⅰ	360.96	64		
	Ⅰ	324.27	62		OH 带
	Ⅰ	344.14	38		
	Ⅰ	342.12	36		
Pr	Ⅱ	390.84	100	230	
	Ⅱ	417.94	90		
	Ⅱ	422.53	85		
	Ⅱ	422.3	80		
Pt	Ⅰ	265.95	100	160	
	Ⅰ	217.47	84		
	Ⅰ	292.98	56		
	Ⅱ	214.42	44		
Rb	Ⅰ	420.18	100	65	
	Ⅰ	421.56	42		
Re	Ⅱ	227.53	100	75	
	Ⅱ	221.43	88		
	Ⅰ	346.05	85		
	Ⅰ	488.92	57		
Rh	Ⅰ	343.49	100	60	
	Ⅰ	369.24	88		
	Ⅰ	350.25	75		

续表

元素	谱线类别	波长/nm	I_n/I_b	DL_{exp}/(ng/mL)	备注
Rh	Ⅰ	352.8	71		
	Ⅰ	339.68	69		
	Ⅰ	248.33	67		
Ru	Ⅰ	372.8	100	85	
	Ⅰ	372.69	85		
	Ⅱ	379.93	50		
S	Ⅰ	469.41	100	70	
	Ⅰ	190.03	54		
	Ⅱ	545.39	54		
	Ⅱ	481.55	50		
Sb	Ⅰ	252.85	100	50	
	Ⅰ	259.81	92		
	Ⅰ	217.92	26		

注：I_n/I_b 为对某一给定元素浓度所得的信背比；符号Ⅰ和Ⅱ分别代表源自中性原子和单电离态原子的谱线；DL_{exp} 为实测检出限；n.m.为由于备注栏所列谱线干扰而无法测定。

表 5-7 为各元素最常用的 MWP 发射谱线及其与 OS-Ar-MPT 检出限的比较。

表 5-7　各元素最常用的 MWP 发射谱线简表[1,2]

元素	谱线类别	波长/nm	DL_{exp}/(ng/mL)	
			MWP	OS-Ar-MPT③
Ag①	Ⅰ	338.29	9	0.5
Al①	Ⅰ	396.15	110	5.3
As①	Ⅰ	228.81	90	27④
Au①	Ⅰ	267.59	90	5.1
B①	Ⅰ	249.77	110	30
Ba①	Ⅱ	493.41	110	18(455.403nm)
Be①	Ⅰ	234.86	2	0.47
Bi①	Ⅰ	223.06	80	
Br②	Ⅱ	470.49	20	
C①	Ⅰ	193.09	50	47
Ca①	Ⅱ	393.37	3	3；0.9(422.673nm)
Cd①	Ⅰ	228.80	5	1；20(326.106nm)
Ce①	Ⅱ	413.77	80	83
Cl②	Ⅱ	479.54	14	8
Co①	Ⅱ	238.89	85	16(345.350nm)
Cr①	Ⅰ	357.87	45	7.5；11(359.431nm)
Cs①	Ⅰ	455.53	65	
Cu①	Ⅰ	324.75	20	2.1
Dy①	Ⅱ	364.54	36	4.2
Er①	Ⅱ	390.63	44	6.1
Eu①	Ⅱ	420.51	12	0.6(420.5nm)
F②	Ⅰ	685.60	4000	
Fe①	Ⅰ	248.32	45	7.3(344.061nm)

续表

元素	谱线类别	波长/nm	DL_{exp}/(ng/mL)	
			MWP	OS-Ar-MPT③
Ga①	Ⅰ	417.21	16	
Gd①	Ⅱ	342.25	40	5
Ge①	Ⅰ	265.12	65	39(267.1nm)
Hf①	Ⅱ	368.22	37	
Hg①	Ⅰ	253.65	23	6.4
Ho①	Ⅱ	389.10	20	0.4；63.5(345.600nm)
I②	Ⅰ	206.24	60	1.4④
In①	Ⅰ	451.13	18	17(325.690nm)
Ir①	Ⅰ	380.01	130	12(322.1nm)
K①	Ⅰ	766.49	2	
La①	Ⅱ	408.67	60	6.3
Li①	Ⅰ	670.78	0.3	0.99
Lu①	Ⅱ	261.54	7	0.5
Mg①	Ⅱ	279.55	7	0.7； 3.6(285.213nm)
Mn①	Ⅰ	403.08	25	2.4(257.6nm)
Mo①	Ⅱ	202.03	350	10(379.825nm)
Na①	Ⅰ	588.99	0.9	1.4
Nb①	Ⅰ	405.89	580	
Nd①	Ⅱ	410.95	110	22
Ni①	Ⅰ	232.00	90	27(352.454nm)
Os①	Ⅰ	201.81	600	
P①	Ⅰ	213.61	70	2.1
Pb①	Ⅰ	405.78	60	36
Pd①	Ⅰ	340.46	55	1
Pr①	Ⅱ	390.84	230	51
Pt①	Ⅰ	265.95	160	8.9
Rb①	Ⅰ	420.18	65	
Re①	Ⅱ	227.53	75	
Rh①	Ⅰ	343.49	60	1.6
Ru①	Ⅰ	372.80	85	
S②	Ⅰ	469.41	70	1
Sb①	Ⅰ	252.85	50	
Sc①	Ⅰ	391.18	27	
Se①	Ⅰ	203.99	47	45
Si①	Ⅰ	251.61	75	11
Sm①	Ⅱ	359.26	170	82
Sn①	Ⅰ	235.48	190	49④
Sr①	Ⅱ	407.77	7	0.2
Ta①	Ⅱ	268.51	750	
Tb①	Ⅱ	384.87	340	65
Te①	Ⅰ	214.28	140	3④
Th①	Ⅱ	401.91	160	
Ti①	Ⅱ	334.94	70	47
Tl①	Ⅰ	535.05	17	20(351.924nm)
Tm①	Ⅱ	384.80	23	0.2

续表

元素	谱线类别	波长/nm	DL_{exp}/(ng/mL)	
			MWP	OS-Ar-MPT③
U①	Ⅱ	385.96	360	
V①	Ⅰ	437.92	90	5.3；44(292.402nm)
W①	Ⅱ	209.48	500	
Y①	Ⅱ	371.03	12	0.3
Yb①	Ⅱ	369.42	17	0.7(328.937nm)
Zn①	Ⅰ	213.86	15	63(334.502nm)

① 用溶液雾化(SN)-Ar MIP-AES 测得。

② 用化学蒸气发生(CVG)-He MIP-AES 测得。

③ 用低功率氧屏蔽氩 MPT-AES 测得。

④ 电热蒸发进样结果。

注：符号Ⅰ和Ⅱ分别指源自中性原子和单电离态原子的光谱线；DL_{exp}为实测检出限。

如前所述，MWP（特别是 He-MWP）适用于溶液样品中非金属元素组成的测量，但通常都需要在将待测组分引入 MWP 之前，尽可能先把过量的溶剂水除去才行。表 5-8 是部分元素实测的检出限结果。

表 5-8　MWP-AES 对溶液样品中非金属元素的检出限[35]①

元素	MWP	工作气体	波长/nm	检出限	
				相对值/(ng/mL)	绝对值/ng
Br	MIP	He	470.5	230	0.09~1.2
	MIP	He	478.5	120~60000	0.3~1
	MIP	He	734.8	20~40	0.4
	MIP	He	827.2	20	
C	MIP	He	139.1	12000	
Cl	MIP	He	479.5	7~2000	
	MIP	He	481.0	350	
	MIP	He	725.6	10~40	0.2
	MIP	He	912.1	20	
	MPT	He	479.5	6	
F	MIP	He	685.6	4000~35000	
H	CMP	He	656.3		2.5ng/s②
	MIP	Ar	206.2	12~7000	50
	MIP	He	183.0	2.3	
	MIP	He	206.2	3.2~1600	0.2
	MIP	He	608.2	130~200	2.6
	MIP	He	905.8	7900	
N	MIP	He	N_2 337.1	6~8	
			N_2^+ 391.4	4	
			NH 336.0	6~20	
			N 746.8	9~10	
O	CMP	He	777.2		11ng/s②
P	MIP	Ar	213.6	30~400	
	MIP	Ar	253.6	30	
	MIP	He	213.6	4.5	
	CMP	N_2	253.6	10000	

续表

元素	MWP	工作气体	波长/nm	检出限	
				相对值/(ng/mL)	绝对值/ng
S	MIP	Ar	469.4		80
	MIP	He	139.1	12000	
	MIP	He	217.1	1200	
	MIP	He	564.0		10
	MIP	He	675.7	80~150	1.6

① 视进样不同会有不同，故在多数情况下所给出的是一个范围。

② CMP 微波等离子体光谱分析法的检出限单位为 ng/s。

MWP-AES 分析中碰到的元素定性、定量方法，各种光谱和非光谱干扰效应及其校正方法则与前一章 ICP-AES 分析方法类似。

5.5 微波等离子体原子发射光谱的应用

5.5.1 MWP-AES 分析的应用领域

作为原子发射光谱的激发光源，MWP 可以较容易地获得常压下工作的氦、氩、氮等离子体，因而具有较高的激发效率。与其他发射光谱激发光源相比，其突出特点是对非金属元素（特别是氦 MWP-AES 对卤素）可获得低检出限。氮 MWP 能对几乎所有的元素进行从痕量至常量的检测（即所谓实现样品“全元素全量程分析”的能力）。MWP-AES 的通用性又使其成为了适合很多领域应用的分析技术（见表 5-9）。

表 5-9 微波等离子体原子光谱分析的十大应用领域

序号	应用领域	
1	钢铁及其合金	碳钢、低合金钢、高合金钢、铸铁、铁合金等
2	有色金属及其合金	纯铝及其合金、纯铜及其合金、铅合金、贵金属、稀土金属等
3	环境样品	土壤、水体、固体废物、大气飘尘、废气、煤飞灰、污水等
4	地质样品	岩石和矿物等
5	生物化学样品	血液、生物样品、生物制品
6	食品和饮料	农畜产品、工业加工食品、海产品
7	化学化工产品	千万种化合物、塑料等各种非金属材料
8	无机和有机材料	建材、聚合物等
9	核材料	核燃料和核材料
10	其他	信息和电子产品，文物考古，公安刑侦等

早期 MWP 多采用小功率微波发生器，对液体样品的耐受力相对较低，而且所有低功率的 MWP 都或多或少受基体效应的影响，这就需要在 MWP 的样品引入技术上采用多种不同的样品引入方式。已有的一些样品引入技术，如经过脱溶装置的载气直接进样、电热蒸发进样、液体雾化进样、氢化物发生及冷蒸气发生化学蒸气进样、激光烧蚀、火花烧蚀、样品粉

末引入、流动注射引入等均被采用过。当采用大功率时对液体样品的耐受力大为提高，可以采用常规的溶液进样技术直接测定。

与不同色谱技术的联用，在 MWP-AES 的应用中有着重要地位，GC-MWP-AES 已经在现代痕量分析和形态研究领域中确立了其牢固地位[36]。其中 GC-MIP-OES 被认为是迄今为止所有应用 MWP 的分析技术中最为成熟和强有力的一种。它可被用于包含有杂原子（如 N、S、Cl、Br、F、P 和 Si）的有机化合物和有机金属化合物的痕量分析[37]。特别是微波等离子体检测器（MPD）作为气相色谱仪的元素特效检测器，具有检测技术的高灵敏度(对许多元素可达到 pg/s)和选择性。MPD 也为用于气相色谱仪检测被分离物质的元素组成提供了可能性，通过特定元素的原子数和相应信号之间的线性关系可以确定未知化合物的经验式。这种检测选择性的提高对于复杂材料的分析具有重要意义。

用 GC-MWP-AES 测定农药和除草剂残留物时[38]虽不如电子捕获检测器灵敏，但是，它的选择性更好，且能够轻松地同时进行多元素定性、定量检测。多波长同时检测又使在一次色谱分析中同时鉴别包含不同杂原子的多种农药、除草剂残留物成为可能。对于环境和生物样品这类复杂基体样品，虽然包含有许多种组成化合物，但由于 MPD 检测器的选择性，色谱图完全不会出现样品的基体效应。Cook 等已建立了储存有超过 400 种农药信息的数据库，为使用 GC-MWP-AES 筛查含氮、硫、磷、氯农药残留物的环境、生物样品奠定了基础[39]。而同时，Stan 等[40]也为食品中农药残留物检测收集了很多经过德国多种方法比对过的应用数据。由于 MPT 具有对分子气体很高的承受能力，因此 MPT-AES 也可作为超临界流体色谱仪的元素特效检测器[41]。

由于 He-MWP-AES 具有可以检测包括卤素在内所有元素的能力，使 GC-MWP-AES 在确定有机化合物经验式方面具备了巨大的潜力。

He-MWP-AES 的“全元素全量程”分析能力，还被成功地用于鉴定和表征单个微观粒子，成为基础纳米技术研究的非常有价值的工具。同样，它也可为鉴别药品、食品和文物真伪，对大气细颗粒物污染进行实时监测和溯源，刑侦中做痕迹鉴定和追踪等提供一种强有力的工具。

5.5.2 常压 MWP-AES 用于合金材料分析

微波等离子体光谱法可以如同 ICP 光谱法用于金属材料的分析，低功率的 MWP 对溶液气溶胶的承受能力较差，需要外加脱溶装置方有较好的效果，高功率的 MWP 仪器则有较好的效果，千瓦级的 MPT-AES 可以溶液进样直接测定镍基高温合金中痕量 B、P、Si、As 等元素[42]。将 Ar-MPT-AES 与火花烧蚀取样技术联用可做固体金属样品的直接分析（见图 5-14），如果采用 He-MPT 作光源，将可实现此类导电固体样品中包括卤素等非金属在内的“全元素分析”。这在耐高温合金材料分析领域是一项其他方法无法比拟的优势[43]。

对于非导体材料和食品、药品及生物样品等则可通过激光烧蚀的办法取样（图 5-15）后引入 He-MWP-AES 进行测定，同样可以获得“全元素分析”的信息，实现品质、真假鉴别等，也是其他方法所无法比拟的。

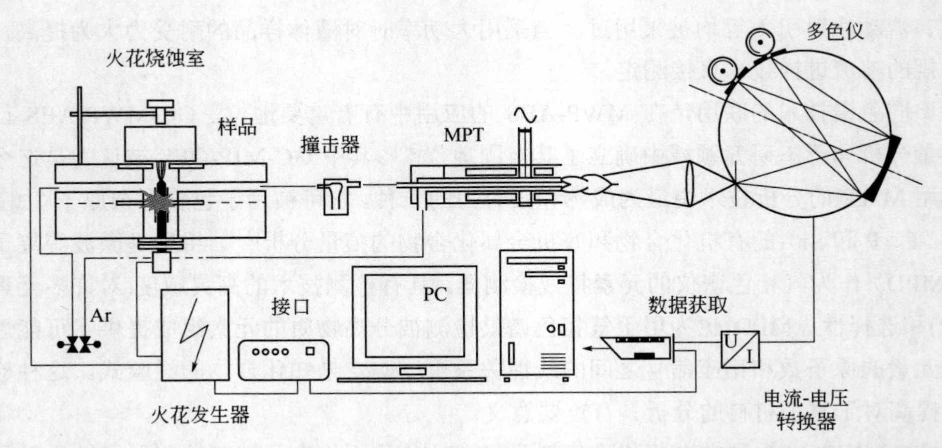

图 5-14 He-MPT-AES 或者 Ar-MPT-AES 与火花烧蚀取样法联用用于合金的全元素分析[43]

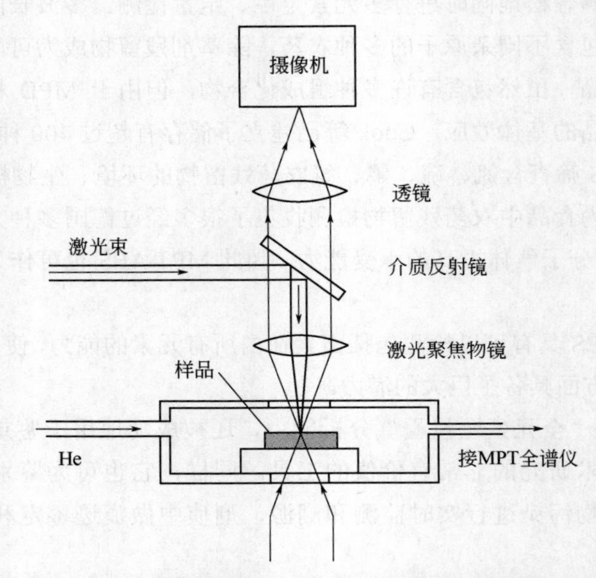

图 5-15 适于非导体固体样品分析用的激光烧蚀取样装置

5.5.3 MWP-AES 在临床分析中的应用[1]

生命所必需的、有毒的和有疗效的微量元素测定对医学研究实验室、临床和药品实验室都很重要。

尿液中 As、F、Ge、Hg、Ni 和 Se 元素的测定[44,45]；头发中 Ag、As、Ca、Cu、Fe、Ge、Hg、Mg、Mn、Na、Ni，Pb、Sr 和 Zn 元素的测定[46,47]；血液中 As、Ca、Cd、Cr、Cu、Fe、Ge、Hg、K、Li、Mg、Mn、Na、Ni、Pb、Se 和 Zn 元素的测定[48,49]；老鼠不同组织中 Ca、Cd、Cr、Cu、Fe 和 Ni 元素的测定；老鼠器官内稀土元素的测定[50]；血液中 Hg 元素的形态分析等都已有应用报道。

MWP-AES 在临床中的另一类可能的应用是药物及其代谢产物的筛选，以及目标代谢产物和意外化合物的定量分析。Quimby 等[51]介绍了一种选择性气相色谱检测 ^{13}C 含量超标化合物的方法。用原子发射检测器(AED)监测真空紫外区 CO 带的分子发射。还可以通过改变试剂和补充气体流量来分析样品的 C、H、O、N、S、P、Cl、F 等。甚至利用 GC-MPD 可在 ^{12}C 中选择性地检测出同位素 ^{13}C 的能力，测定了尿液中 ^{13}C 标记的化合物及其代谢产物。这是因为在真空紫外区有强的 C 分子发射带，且在 ^{12}C 和 ^{13}C 带头之间可观察到 0.4nm 的位移。所报道的方法对 ^{13}C 标记化合物的检出限为 7pg/s，选择性为 2500。

5.5.4 常压 He-MPT-AES 用于污染物溯源

用 He-MWP-AES 颗粒物分析仪[17]可以对从大气中收集到的微粒逐个进行分析并获得其所含全部元素的含量信息（即实现“全元素分析”），从而使不同来源污染物微粒的溯源成为可能（参见图 5-16）。这就是说，如果可将污染空气样品直接连续引入 He-MWP（例如 He-MPT），就将有可能为连续实时监控大气污染情况并实现污染物（特别是重金属污染物，包括如 $PM_{2.5}$ 这样的细颗粒物）的溯源提供宝贵的实时信息，这是目前其他方法所难以做到的。

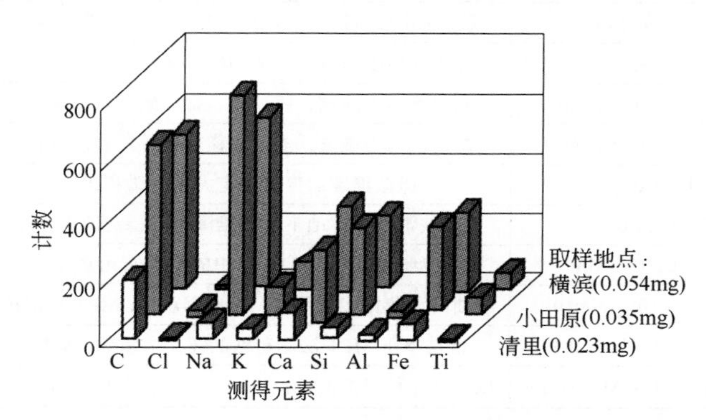

图 5-16 用 He-MWP-AES 获得可溯源的大气微粒全元素分析结果

5.5.5 常压 Ar-MPT-AES 的分析应用

Ar-MPT 作为原子发射光谱光源可在低功率下稳定运行，与 CMP 相比对试样的承受能力也有改善，且无金属电极污染等离子体问题，能用于多种类型样品分析，也有商品仪器出现，已有用于金属材料（合金钢、贵金属）、食品饮料（矿泉水、奶粉、葡萄酒）、生化样品（人发、血清）、有机品（润滑油、汽油、油料）、环境样品、中草药以及工业品等的分析测定。低功率的 MPT-AES 采取水冷凝加浓硫酸吸收相结合的去溶方法，使其等离子体更加稳定，激发能力更强，仍可有效地发挥其检测能力[52]。使用流动分析技术（气动雾化）进样后，对实际样品的分析也得到了满意的结果[53]。低功率氩气微波等离子体炬（MPT）元素分析通用型商品光谱仪已经有很多应用实例。宁婉彤等对其在石油化工、环境、食品等领域中的应用作了综述[54]。近十年来的应用实例汇总于表 5-10。

表 5-10 Ar-MPT-AES 仪器应用实例

测定对象	测定成分	方法概要	仪器型号	文献
钢铁合金	Fe	测定镍基合金中的铁含量	MPT-510	[55]
	B,P,Si,As	测定高温合金痕量元素分析非金属元素	MPT S1000	[56]

续表

测定对象	测定成分	方法概要	仪器型号	文献
煤焦产品	Si, Fe, V	测定石油焦中的硅、铁、钒的含量	MPT-510	[57]
	Cu	吐温-80增敏MPT测定煤焦油中铜含量	MPT-510	[58]
有机材料	Cu	表面活性剂增敏MPT-AES法测定聚烯烃树脂中铜	MPT-510	[59]
茶叶	Mn, Zn, Cu, Fe, Cr, Se	同时测定绿茶中锰、锌、铜、铁、铬、硒的含量	MPT-510	[60]
	Cu, Zn, Mn, Fe, Mg, Ca	测定野松茶中6种微量元素含量	MPT-1020	[61]
	Mg, Al, Ca, Mn, Fe, Cu, Zn, K, Na, Co, Pb	酸消解测定23种不同产地绿茶样品中元素含量	MPT-1020	[62]
食品分析	Mg, Na	测定奶粉中的微量金属元素含量	MPT-510	[63]
	Ca, Na, Fe, Zn, Cu	微波消解后直接测定东北野生红蘑中金属元素	MPT-510	[64]
	Fe, Ni, Mg, Ca, Zn, Cu	半灰化-微波消解后直接测定大豆皮中金属元素	MPT-510	[65]
	Pb, Cr	测定老酸奶中铅和铬的含量	MPT-510	[66]
	Pb, Al	微波消解-MPT法测定膨化食品中铅和铝含量	MPT-510	[67]
米粉	Ca, Cu, Fe, Mn	高温灰化酸溶残渣，以稀盐酸溶液直接进样测定	MPT全谱仪	[68]
可可粉	Pb, Cr, Cd	样品经微波消解，以稀硝酸溶液直接进样测定	MPT-1020	[69]
酒类	Cu, Zn, Fe, Mn, Se, Sr	测定啤酒中的铜、锌、铁、锰、硒、锶的含量	MPT-510	[70]
植物样品	Fe, Mg, Co, Cr, Mn, Ca, Ni, Ba	测定木瓜中微量元素铁、镁、钴等元素的含量	MPT-520	[71]
大米	Pb, Cd	微波消解后直接测定大米中铅和镉	MPT-1020	[72]
地下水	Pb, Cr, Cd	用微波消解处理地下水中难降解高稳定的重金属	MPT-1020	[73]
环境样品	Pb, Cd, Cr, Cu, Mn	测定环境$PM_{2.5}$和PM_{10}中的重金属元素含量	MPT-1020	[74]
原油	Ca (*DL* $5.6\times10^{-3}\mu g/mL$)	原油高温灰化酸溶残渣，用氧屏蔽-Ar-MPT测定钙	MPT-510	[75]
	Fe (*DL* $8.5\times10^{-3}\mu g/mL$)	低功率下MPT法测定铁的镧盐增敏效应研究	MPT-510	[76]
油液分析	Ag, Al, Cd, Cr, Cu, Mg, Ti, Zn	以煤油作稀释溶剂直接进样，测定油品中8种元素	千瓦级MPT	[77]

5.5.6 常压 N_2-MP-AES 的分析应用

在微波等离子体发射光谱法发展史上，曾经有多个仪器公司推出以氮气为工作气体的MP-AES仪器，认为N_2在相同功率下所形成的等离子体的气体温度会较高，有利于样品的原子化。但由于氮本身的电离电位和激发电位都不算高，加上由其自身及与水溶液所含氢、氧原子产生的背景分子发射带又较多，基体及背景干扰明显，所以早期的应用效果不理想。

2011年安捷伦公司推出的千瓦级MP-4100、4200型AES微波等离子体光谱仪（图5-17），采用氮气发生器为气源，获得了很好的效果和市场应用。

由于仪器功率固定为1200W，加上采用面阵背照式珀耳帖制冷CCD检测器，所以整机结构十分紧凑、稳定性好、光谱检测灵敏度高。该仪器（MP-AES）对于不少元素的检出限甚至好于用该公司传统的ICP发射光谱仪所得的结果（表5-11）。

由于氮等离子体固有的激发能力有限，这类仪器的等离子体温度高于石墨炉AAS，但不及ICP来得高，对于一些高激发电位和高电离电位元素，特别是像卤素等非金属元素的检测能力，仍然有所限制，但易用性要好于原子吸收光谱仪器。

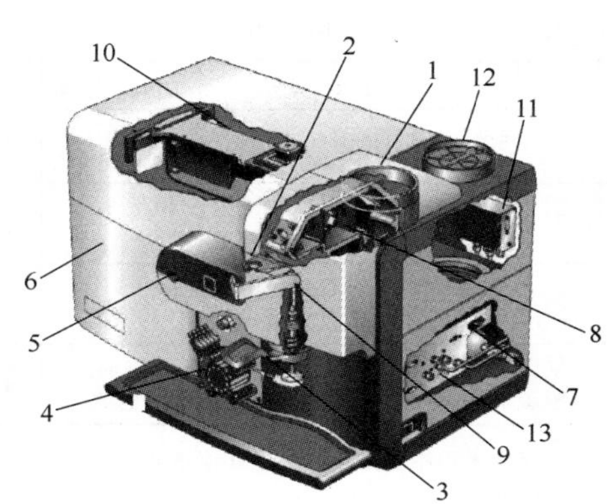

图 5-17　安捷伦 N_2-MP-AES 仪器结构示意图

表 5-11　MP-AES 与 ICP-AES 测若干元素的检出限比较　　单位：10^{-9}

元素	FAAS①	垂直 ICP-AES	MP-AES	饮用水法规（强制）
Al	30	0.9	0.8	200
Au	10	3	0.9	
Ca	1	0.06	0.05	
Cd	2	0.6	0.9	5
Co	5	1	2	
Cr	6	0.9	0.4	50(Ⅵ)
Cu	3	1	0.3	1000
Fe	6	0.8	1.3	300
K	3	4	0.2	
Mg	0.3	0.04	0.09	
Mn	2	0.08	0.2	100
Pb	10	5	2	10
Pd	10	70	0.5	
Pt	100	30	6	
Si	300	3	2	
Sn	100	7	7	
Sr	2	0.05	0.08	
Ti	100	0.3	3	
V	100	0.7	0.4	
Zn	1	1	1	1000

① FAAS 为火焰原子吸收光谱法。

该仪器已用于电子材料，RoHS 和 WEEE 监测；环境土壤、地表水、灌溉水、废水、饮用水；肥料、动植物、粮食、蔬菜；食品及其加工产品、饮料、酒类；地质、矿石检验、钢铁及合金等常规检测；金、银、铂等贵金属及铜，锌等有色金属、石油化工等类样品分析。由于 MP-AES 使用空气避免了炬管积炭等问题，对石油化工中各种油品、润滑油中磨损金属的分析具有特别的优势。表 5-12 为千瓦级氮气微波等离子体（MP-AES）元素分析通用型商品光谱仪的应用实例。

表 5-12 N_2-MP-AES 仪器应用实例

测定对象	测定元素	方法概要	仪器型号	文献
环境水样	Be, Cd, Ca, Co, Cr, Cu, Fe, Mn, Ni, Na, K, Mg, Pb, Zn, Ti, V	测定环境水样中的多种金属元素	MP-4100	[78]
	As, Hg, Sb, Se, Cd, Cu, Cr, Ni, Pb, Ti, V, Zn	对环境水样中可氢化物发生元素及重金属元素同时测定	MP-4100	[79]
环境监测	Cd, Cu, Cr, Ni, Pb, Fe, Mn, Zn	采用 MP-AES 在线监测江河等地表水中重金属含量	MP-4100	[80]
烟气监测	Hg	采用 MP-AES 参与对电厂 SCR 前,除尘前,脱硫前和脱硫后燃煤烟气中汞浓度的监测	MP-4100	[81]
食品	Mg, K, P, Al, Ca, Cd, Co, Cr, Cu, Fe, Mo, Ni, Sr, Zn	测定米粉中的常量、微量和痕量元素	MP-4100	[82]
	Ca, Mg, Na, K	测定果汁中的常量元素	MP-4200	[83]
	Al	微波消解后测定食品中的铝含量	MP-4100	[84]
	Pb, Cd, Mn, Fe, Cu, Zn, V, Al, Cr, Ni	常压消解直接测定葡萄酒中 10 种金属元素	MP-4200	[85]
食盐	Ca, Mg, Fe, Zn, Se, Na	同时测定食盐中 7 种微量有益元素含量	MP-4200	[86]
氧化物	Cu, Pb, Fe, Cd, Mn	酸溶直接测定氧化锌中多杂质元素含量	MP-4100	[87]
氟化物	Ca	酸分解直接测定氟化铝溶液中氧化钙含量	MP-4200	[88]
无机盐	Li, Fe, Ca	测定磷酸铁锂中 Li、Fe、Ca 三种元素含量	MP-4200	[89]
中药材	Al, As, Hg, Ca, Cu, Cr, Pb, Zn	测定特色南药样品溶液中 17 种元素含量	MP-4100	[90]
植物样品	Al, Ba, Ca, Cd, Cr, Cu, Fe, K	同时测定植物，树及灌木枝叶中的多种元素	MP-4100	[91]
水产饲料	Cu, Fe, Mn, Zn, K, Na	测定干灰化法消解后水产饲料中多种元素	MP-4200	[92]
地质样品	Ag, Cu, Mo, Ni, Pb, Zn	测定地质矿石样品中的主量和微量元素	MP-4100	[93]
	Ag, Cu, Ni, Pb, Zn	MP-AES 测定地质样品中的常规元素	MP-4200	[94]
复杂介质	Cu, Pb, Zn, Cd	土壤、沉积物及尾砂样品中污染重金属含量	MP-4100	[95]
有色金属	Au, Pt, Pd	测定矿石中的金、铂、钯等贵金属元素	MP-4100	[96]
	Si	测定金属铜中微量硅（0.0001%Si）	MP-4100	[97]
石煤钒矿	V	测定石煤钒矿中钒	MP-4100	[98]
皮革制品	Cd, Co, Cr, Cu, Hg, Ni, Pb	测定皮革和毛皮中重金属	MP-4100	[99]
	As, Cd, Co, Cr, Cu, Hg, Ni, Pb, Sb	测定 9 种皮革及纺织品中多种重金属元素	MP-4100	[100]
纺织品	As, Cd, Co, Cr, Cu, Hg, Ni, Pb, Sb	测定皮革和纺织品中的可萃取重金属含量	MP-4100	[101]

5.5.7 MWP-AES 分析的应用前景

微波等离子体原子光谱分析技术仍处于发展阶段，正在迎来一个意义深远的转折期。由于 MPT 对于包括氮、氧、CO_2 及许多有机分子气体在内的各种气体样品的良好承受能力，用氮等离子体原子光谱法几乎可以检测周期表中所有天然存在的、从痕量到常量的元素（即具有“全元素全量程分析”能力），随着高功率 MWP 光谱仪的进一步研发[102]，将可为原子光谱分析应用和研究领域提供一种新的可选技术，对下列一些重大科学技术问题提供独特的解决方案：

① 大气污染物（包括 $PM_{2.5}$）中有毒有害元素的实时连续监测和溯源；

② 通过“全元素分析”鉴别食品、药品、保健品等生物医学材料的真伪和原产地；

③ 通过“全元素分析”进行文物真伪、公安刑侦中的痕迹鉴定；

④ 通过炉气、液流等“全元素分析”监控生产过程；

⑤ 通过油液监测，实现飞机、舰船和巨型机械的视情维修等，提供一种全新的强有力分析检测新工具。

参考文献

[1] Jankowski K J, Reszke E. Microwave Induced Plasma Analytical Spectrometry[M]. Cambridge UK: RSC Publishing, 2011.

[2] 金钦汉，黄矛, Hieftje G M. 微波等离子体原子光谱分析[M]. 长春：吉林大学出版社, 1993.

[3] Tendero C, Tixier C, Tristant P. Atmospheric pressure plasmas[J]. Spectrochimica Acta Part B, 2006, 61(2): 2-30.

[4] Cobine J D, Wilbur D A. The Electronic Torch and Related High Frequency Phenomena[J]. J Appl Phys, 1951, 22: 835.

[5] Mavrodineanu R, Hughes R C. Excitation in radio-frequency discharges[J]. Spectrochim. Acta: Part B, 1963, 19: 1309.

[6] Murayama S, Matsuno H, Yamamoto M. Excitation of solutions in a 2450MHz discharge[J]. Spectrochim Acta: Part B, 1968, 23: 513.

[7] Broida H P, Morgan G H. Optical Spectrophotometric Analysis of Hydrogen-Deuterium Mixtures in Presence of Air[J]. Anal Chem, 1952, 24: 799.

[8] McCormack A J, Tong S C, Cooke W D. Sensitive Selective Gas Chromatography Detector Based on Emission Spectrometry of Organic Compounds[J]. Anal Chem, 1965, 37: 1470.

[9] Quimby B D, Sullivan J J. Evaluation of a microwave cavity, discharge tube, and gas flow system for combined gas chromatography-atomic emission detection[J]. Anal Chem, 1990, 62: 1027.

[10] Beenakker C I M. A cavity for microwave-induced plasmas operated in helium and argon at atmospheric pressure[J]. Spectrocchim Acta: Part B, 1976, 31: 483.

[11] Moisan M, Beaudry C, Leprince P. A Small Microwave Plasma Source for Long Column Production without Magnetic Field[J]. IEEE Trans Plasma Sci, 1975, 3: 55.

[12] 金钦汉，杨广德，于爱民，等. 一种新型的等离子体光源[J]. 吉林大学自然科学学报, 1985(1): 90-92.

[13] Jin Q H, Wang F D, Zhu C, et al. Atomic emission detector for gas chromatography and supercritical fluid chromatography[J]. J Anal At Spectrom, 1990, 5: 487.

[14] Okamoto Y, Yasuda M, Murayama S. High-Power Microwave-Induced Plasma Source for Trace Element Analysis[J]. Jpn J Appl Phys, 1990, 29: L670.

[15] Okamoto Y. High-sensitivity microwave-induced plasma mass spectrometry for trace element analysis[J]. J Anal At Spectrom, 1994, 9: 745.

[16] 金钦汉，周建光，曹彦波，等. 微波等离子体炬(MPT)光谱仪的研制[J]. 现代科学仪器, 2002(4): 3-10.

[17] Takahara H, Iwasaki M, Tanibata Y. Particle analyzer system based on microwave-induced plasma technology[J]. IEEE Trans Instrum. Meas, 1995, 44: 819.

[18] Jankowski K, Ramsza A P, Reszke E, et al. A three phase rotating field microwave plasma design for a low-flow helium plasma generation[J]. J Anal At Spectrom, 2010, 25: 44.

[19] Hammer M R. Amagnetically excited microwave plasma source for atomic emission spectroscopy with performance approaching that of the inductively coupled plasma[J]. Spectrochimica Acta Part B, 2008, 63(6): 456-464.

[20] 金伟，于炳文，朱旦，等. 一种原子光谱分析用新激发光源——千瓦级微波等离子体炬[J]. 高校化学学报, 2015, 36(11): 2157-2159.

[21] 辛仁轩. 微波等离子体光谱技术的发展(一). 中国无机分析化学, 2012, 2(4): 1-9.

[22] 辛仁轩. 微波等离子体光谱技术的发展(二). 中国无机分析化学, 2013, 3(1): 1-10.

[23] 朱旦. 千瓦级微波等离子体炬（MPT）原子发射光谱分析用激发光源的研制[D]. 杭州：浙江大学, 2017.

[24] 应仰威. 化学计量学在微波等离子体炬原子发射光谱分析中的应用研究[D]. 杭州：浙江大学, 2019.

[25] Fehsenfeld F C, Evenson K M, Broida H P. Microwave Discharge Cavities Operating at 2450MHz[J]. Rev Sci Instr, 1965,

36(3): 294.

[26] Beenakker C I M. A cavity for microwave-induced plasmas operated in helium and argon at atmospheric pressure[J]. Spectrocchim Acta, Part B, 1976, 31: 483.

[27] Moisan M, Beaudry C, Leprince P. A Small Microwave Plasma Source for Long Column Production without Magnetic Field[J]. IEEE Trans Plasma Sci, 1975, 3: 55.

[28] Huang M, Hanselman D S, Jin Q, et al. Non-thermal features of atmospheric-pressure argon and helium microwave-induced plasmas observed by laser-light Thomson scattering and Rayleigh scattering[J]. Spectrochim Acta, 1990, 45: 1339.

[29] van der Mullen J J A M, van de Sande M J, de Vries N, et al. Single-shot Thomson scattering on argon plasmas created by the Microwave Plasma Torch; evidence for a new plasma class[J]. Spectrochim Acta, 2007, 62B: 1135.

[30] Fehsenfeld F C, Evenson K M, Broida H P. Microwave Discharge Cavities Operating at 2450 MHz[J]. Rev Sci Instr, 1965, 36(3): 294.

[31] Hammer M R. Microwave plasma source[P]. US 7030979, 2006: US 6683272, 2004.

[32] Huan Y, Zhou J, Peng Z, et al. Study of using a Nafion dryer as a desolvation device for MPT-AES[J]. J Anal At Spectrom, 2000, 15: 1409.

[33] 金钦汉，张寒琦，俞世荣. 用低功率 MIP-AES 直接分析水溶液样品的研究[J]. 光谱学与光谱分析, 1989, 9(4): 32.

[34] Jin Q, Zhang H, Wang Y, et al. Study of analytical performance of a low-powered microwave plasma torch in atomic emission spectrometry[J]. J Anal At Spectrom, 1994, 1: 851.

[35] Yang W, Zhang H, Yu A, et al. Microwave plasma torch analytical atomic spectrometry[J]. Microchem J, 2000, 66: 147.

[36] van Stee L L P, Brinkman U A T. Developments in the application of gas chromatography with atomic emission (plus mass spectrometric) detection[J]. J Chromatogr A, 2008, 1186: 109.

[37] Kirschner S, Golloch A, Telgheder U. First investigations for the development of a microwave-induced plasma atomic emission spectrometry system to determine trace metals in gases[J]. J Anal At Spectrom, 1994, 9: 971.

[38] O'Connor G, Rowland S J, Evans E H. Evaluation of gas chromatography coupled with low pressure plasma source mass spectrometry for the screening of volatile organic compounds in food[J]. J Sep Sci, 2002, 25: 839.

[39] Andersson J T. Some unique properties of gas chromatography coupled with atomic-emission dection[J]. Anal Bioanal Chem, 2002, 373: 344.

[40] Stan H J, Linkerhagner M. Pesticide residue analysis in foodstuffs applying capillary gas chromatography with atomic emission detection State-of-the-art use of modified multimethod S19 of the Deutsche Forschungsgemeinschaft and automated large-volume injection with programmed-temperature vaporization and solvent venting[J]. J Chromatogr A, 1996, 750: 369.

[41] Jin Q, Wang F, Zhu C, et al. Atomic emission detector for gas chromatography and supercritical fluid chromatography[J]. J Anal At Spectrom, 1990, 5: 487.

[42] 何淼，杨倩倩，赵英飞. 微波等离子体炬原子发射光谱法测定高温合金中非金属元素[J]. 中国无机分析化学, 2018, 8(4): 39-42.

[43] Engel U, Kehden A, Voges E, et al. Direct solid atomic emission spectrometric analysis of metal samples by an argon microwave plasma torch coupled to spark ablation[J]. Spectrochim Acta, 1999, 54B: 1279.

[44] Kuo H W, Chang W G, Huang Y S, et al. Comparison of Gas Chromatographic and Ion Selective Electrode Methods for Measuring Fluoride in Urine[J]. Bull Environ Contam Toxicol, 1999, 62: 677.

[45] Shinohara A, Chiba M, Inaba Y. Determination of Germanium in Human Specimens: Comparative Study of Atomic Absorption Spectrometry and Microwave-Induced Plasma Mass Spectrometry[J]. J Anal Toxicol, 1999, 23: 625.

[46] Matusiewicz H, Slachcinski M, Hidalgo M, et al. Evaluation of various nebulizers for use in microwave induced plasma optical emission spectrometry[J]. J Anal At . Spectrom, 2007, 22: 1174.

[47] Matusiewicz H. A novel sample introduction system for microwave-induced plasma optical emission spectrometry[J]. Spectrochim. Acta, Part B, 2002, 57: 485-494.

[48] Besteman A D, Bryan G K, Lau N, et al. Multielement Analysis of Whole Blood Using a Capacitively Coupled Microwave Plasma Atomic Emission Spectrometer[J]. Microchem. J, 1999, 61: 240.

[49] Mohamed M M, Ghatass Z F, Fresenius. Three-phase double-arc plasma for spectrochemical analysis of environmental

samples[J]. J Anal Chem, 2000, 368: 449-455.
[50] Shinohara A, Chiba M, Inaba Y. Distribution of Rare Earths in Liver of Mice Administered with Chloride Compounds of 12 Rare Earths[J]. Anal Sci, 2001, 17(suppl): i1539.
[51] Quimby B D, Dryden P C, Sullivan J J. Selective detection of carbon-13-labeled compounds by gas chromatography/emission spectroscopy[J]. Anal Chem, 1990, 62: 2509.
[52] Abdallah M H, Coulombe S, Mermet J M. Comparison of microwave versus conventional dissolution for environmenttal applications[J]. Spectrochim Acta, 1982, 37B: 53.
[53] Dongmei Y, Zhang Hanqi, Jin Qinhan. Flow-injection on-line column preconcentration for low powered microwave plasma torch atomic emission spectrometry[J]. Talanta, 1996, 43: 535-544.
[54] 宁婉彤，李丽华，张金生，等. 微波等离子体炬原子发射光谱的应用研究进展[J]. 应用化工, 2017, 46(1)184-187.
[55] 高辉，邓秀琴，贺小平. MPT-AES 测定镍基合金中的铁[J]. 应用化工, 2014, 43(10): 1925-1927.
[56] 何淼，杨倩倩，赵英飞. 微波等离子体炬原子发射光谱法测定高温合金中非金属元素[J]. 中国无机分析化学, 2018, 8(4): 39-42.
[57] 李仲福，卞涛. 微波消解-MPT-AES 法测定石油焦中的硅、铁、钒的方法[J]. 天津化工, 2014, 28(6): 51-52.
[58] 张起凯，蒲万琼. 吐温-80 增敏 MPT-AES 测定煤焦油中铜[J]. 化学研究与应用, 2013, 25(1): 58-61.
[59] 张起凯，焦金庆. 表面活性剂增敏微波等离子体炬原子发射光谱法测定聚烯烃树脂中铜[J]. 冶金分析, 2012, 32(10): 60-63.
[60] 韦琳骥，李丽华，张金生，等. 微波消解-MPT-AES 法同时测定绿茶中锰、锌、铜、铁、铬、硒[J]. 食品工业科技, 2011, 12: 458-461.
[61] 赵文涛，张金生，李丽华，等. MPT-AES 法测定野松茶中的微量元素[J]. 辽宁石油化工大学学报, 2012, 32(2): 8-11.
[62] 李丽华，张金生，韦琳骥. 基于矿质元素含量的多元统计方法进行绿茶鉴别[J]. 辽宁石油化工大学学报, 2013, 33(3): 12-15.
[63] 张丹. MPT-AES 测定奶粉中的微量金属元素[J]. 光谱实验室, 2010, 27(5): 2012-2015.
[64] 赵爽，张金生. 微波消解-MPT-AES 法测定东北野生红蘑中金属元素含量[J]. 科学技术与工程, 2010, 10(6): 1528-1530.
[65] 李秀萍，赵荣祥，李丽华，等. 半灰化-微波消解-MPT-AES 测定大豆皮中的金属元素[J]. 大豆科学, 2011, 30(2): 314-317.
[66] 牛桂昂，李丽华，张金生. MPT-AES 法测定老酸奶中铅和铬[J]. 中国乳品工业, 2013, 41(2): 47-49.
[67] 赵丽，张金生，李丽华. 微波消解-微波等离子体炬原子发射光谱法测定膨化食品中铅和铝[J]. 分析科学学报, 2014, 30(4): 458-461.
[68] 冯国栋，宋志光，郭玉鹏. 微波等离子体炬原子发射光谱法测定米粉中微量元素[J]. 大学化学, 2017, 32(9): 41-45.
[69] 蒲涛猛，张金生，李丽华，等. 微波等离子体炬原子发射光谱法测定可可粉中铅、铬和镉[J]. 分析科学学报, 2014, 30(1): 137-139.
[70] 周雅兰，张金生，李丽华，等. 微波消解-微波等离子体炬原子发射光谱测定啤酒中的铜、锌、铁、锰、硒、锶[J]. 分析科学学报, 2012, 28(1): 67-70.
[71] 徐春秀，蔡龙飞，萧柽霞. 原子发射光谱法分析木瓜中的微量元素[J]. 食品研究与开发, 2014, 35(3): 75-77.
[72] 赵明明，李丽华，张金生. MPT-AES 法测定大米中铅和镉[J]. 食品研究与开发, 2015, 36(12): 103-105.
[73] 蒲涛猛. 微波等离子体炬原子发射光谱法测定地下水中的铅铬镉[J]. 当代化工, 2016, 45(1): 198-200.
[74] 王雪，李丽华，张金生. MPT-AES 法测定抚顺市采暖期 $PM_{2.5}$ 和 PM_{10} 中的重金属[J]. 当代化工, 2014, 43(10): 2208-2210.
[75] 李佳慧，张启凯，王婵，等. 微波等离子体炬原子发射光谱法测定原油中钙[J]. 冶金分析, 2017, 37(1): 52-56.
[76] 李佳慧，张起凯，赵杉林，等. 微波等离子体炬原子发射光谱法测定铁增敏效应[J]. 高等学校化学学报, 2017, 38(4): 547-553.
[77] 鄢雨微，金伟，朱旦，等. 千瓦级微波等离子炬-原子发射光谱（MPT-AES）在油液分析中的应用[J]. 高等学校化学学报, 2018, 39(12): 2651-2657.
[78] 吴春华，欧阳昆，陈玉红，等. 采用微波等离子体原子发射光谱（MP-AES）新技术同时测定环境水样中的多种金属元素[J]. 环境化学, 2011, 30(11): 1967-1969.

[79] 郭鹏然，潘佳钏，雷永乾，等. 微波等离子体原子发射光谱新技术同时测定环境水样中多种元素[J]. 分析化学，2015, 43(5): 748-753.
[80] 潘佳钏，郭鹏然，程斌. 基于 MP-AES 的在线检测技术在地表水中重金属监测中的应用[J]. 分析测试学报, 2017, 36(4): 529-533.
[81] 王相凤，邓双，刘宇，等. 燃煤烟气安大略汞测试方法的实验研究[J]. 环境工程, 2013, 31(2): 126-131.
[82] John Cauduro. 微波等离子体原子发射光谱法(MP-AES)测定米粉中的常量、微量和痕量元素[J]. 中国无机分析化学, 2014, 4(3): 82-84.
[83] Phuong T, John C. 微波等离子体原子发射光谱法 MP-AES 测定果汁中的常量元素[J]. 中国无机分析化学, 2014, 4(4): 62-64.
[84] 蒋春义，周姬，任红英，等. 微波等离子体原子发射光谱仪测定食品中铝含量[J]. 湖南农业科学, 2018(1): 93-95.
[85] 于趁，姚春毅，马育松，等. 微波等离子体-原子发射光谱仪 MP-AES 测定葡萄酒中 10 种金属元素方法[J]. 食品科技, 2016, 41(3): 306-310.
[86] 刘学国，刘果. 微波等离子体光谱法同时测定食盐中多种微量元素[J]. 中国调味品, 2019, 44(11): 151-156.
[87] 冯先进. 微波等离子体原子发射光谱法测定直接法氧化锌中铜铅铁镉锰[J]. 冶金分析, 2014, 34(8): 58-62.
[88] 王小利，毋秋红，郭静娅，等. MP-AES 测定氟化铝中氧化钙含量的方法研究[J]. 河南化工, 2019, 36(1): 46-49.
[89] 许胜霞，王小利，刘晓晓，等. MP-AES 法测定磷酸铁锂中 Li, Fe, Ca 的分析方法[J]. 河南化工, 2017(12): 43-46.
[90] 杨熙，潘佳钏，雷永乾，等. 微波等离子体发射光谱法同时测定特色南药中多种元素[J]. 分析测试学报，2015, 34(2): 227-231.
[91] 欧阳昆，吴春华，张兰，等. 微波等离子体原子发射光谱（MP-AES）法同时分析植物中多元素[J]. 环境化学，2011, 30(12): 2112-2114.
[92] 李应东，余晶晶，刘耀敏，等. MP-AES 法测定水产饲料中多种金属元素[J]. 光谱学与光谱分析, 2015, 35(1): 234-237.
[93] Craig T, Elizabeth R. 微波等离子体发射光谱法（MP-AES）测定地质样品中主量和微量元素[J]. 中国无机分析化学, 2013, 3(增刊 1): 17-19.
[94] Terrance H, Phil L. 微波等离子体原子发射光谱法（MP-AES）测定地质样品中的常量和微量元素[J]. 中国无机分析化学, 2015, 5(1): 41-44.
[95] 刘敏，雷菁，林莉，等. 基于 MP-AES 的复杂介质中金属元素分析[J]. 人民长江, 2018, 49（增刊 1）: 43-46.
[96] Craig T. 微波等离子体发射光谱法（MP-AES）测定矿石中贵金属元素[J]. 中国无机分析化学, 2013, 3（增刊 1）: 1-4.
[97] 冯先进. 微波等离子体原子发射光谱法直接测定金属铜中微量硅[J]. 矿冶, 2013, 22(4): 121-123.
[98] 陈益超，严文斌，华骏，等. 微波消解-微波等离子体原子发射光谱法测定石煤钒矿中钒[J]. 云南化工，2018, 45(8): 83-85.
[99] Yang Zhao，Zenghe Li, Ashdown Ross, 等. 微波等离子体原子发射光谱法测定皮革和毛皮中重金属[J]. 王浩，陈慧，编译. 西部皮革, 2015, 38(1): 52-55.
[100] 吴春华，赵洋，马琳，等. 微波等离子体原子发射光谱(MP-AES)法同时测定皮革及纺织品中重金属元素[J]. 环境化学, 2012, 31(1): 126-129.
[101] 马琳，吴春华，赵洋，等. MP-AES 法测定皮革和纺织品中可萃取重金属含量[J]. 中国皮革, 2012, 41(5): 56-59.
[102] 王皓宇，陈莎，殷鹏鲲，等. 一种用于微波等离子体原子发射光谱的新型激光烧蚀室的研制与应用[J]. 分析化学，2020, 48(10): 1296-1304.

第6章

辉光放电原子发射光谱分析

6.1 概述

6.1.1 辉光放电原子发射光谱分析的发展与特点

辉光放电原子发射光谱法（glow discharge optical emission spectrometry，GD-OES）是以辉光放电作为原子发射光谱激发光源的分析方法。辉光放电（glow discharge，GD）是一种低压（13.3～1333Pa）气体放电现象，其名称来源于由激发态气体所产生的非常亮的辉光。由于GD光源操作的简便性以及应用的广泛性，使其发展成为一种适合于金属、非金属、薄膜、半导体、绝缘体和有机材料分析的多面分析技术。

6.1.1.1 GD-OES分析的发展

Grove[1]早在1852年就已经报道了辉光放电管中的阴极溅射现象，随之第一台用于光谱分析的辉光放电光源是以空心阴极灯的形式应用于原子吸收光谱分析；1967年Grimm[2]设计了应用于发射光谱的新光源，被称为Grimm型辉光放电光源，用于金属样品的成分分析中。1970年第一篇GD-OES应用于深度分析的文章在国际会议上公开发表，1978年出现了第一台商品化的辉光放电光谱仪。20世纪80年代辉光放电光谱分析技术在德国、法国和日本的金属生产和研究中心中得到迅速应用。20世纪90年代以后，随着计算机技术、光栅技术的发展以及深度定量模式的完善，在表面分析领域得到应用[3]。GD-OES的发展经历如表6-1所列。目前，辉光放电原子发射光谱作为一种直接对固体样品分析的技术，既能对均匀块状样品直接进行成分分析，也能对涂镀层材料及表面处理材料进行材料成分的深度分布分析，提供元素成分在深度方向分布状况的信息。

6.1.1.2 GD-OES分析的特点

辉光放电原子发射光谱以辉光放电作为分析光源的分析方法，具有一些显著的优点：

表 6-1 辉光放电原子发射光谱法发展历程的主要里程碑事件

时间	事件描述
1852	W. R. Grove 报道了辉光放电管中的阴极溅射现象
1967	W. Grimm 发明了 Grimm 型辉光放电光源
1968	W. Grimm 提出了用他的新光源（Grimm 型）进行第一次定量分析
1970	J. E. Greene 和 J. M. Whelan 报道采用 Grimm 型辉光放电光源进行第一次深度轮廓分析
1972	C. J. Belle 和 J. D. Johnson 报道采用 Grimm 型光源进行第一次定量深度轮廓分析
1972	Boumans 测定 Grimm 辉光放电的主要特征
1975	Roger Berneron 证明 GD-OES 用于定性深度轮廓分析的广泛性能
1978	采用 Grimm 光源的第一台商业化 GD-OES 仪器
1985	J Pons-Corbeau 推出了第一款用于 GD-OES 定量深度轮廓分析的算法
1988	Chevrier M 和 Richard Passetemps 发明了第一台 Grimm 型光源的射频供能源
1991	Marcus 推出了一种非 Grimm 型的射频辉光放电激发源（Marcus 型）
1994	Bengston 发表一篇目前商用仪器仍在采用的深度定量方法（SIMR 法）的文章
2004	Michael R Winchester 等发表一篇关于射频辉光放电光谱的综述文章
2009	钢研纳克推出国内第一台商品化 GD-OES

① 直接分析固体样品。样品的前处理简单，可以利用辉光等离子体轰击试样表面，剥去表面层后再行分析，简化了试样制备，减少沾污，有利于痕量分析。

② 检出限较低。用 Grimm 辉光放电光谱法分析金属和合金试样的检出限一般为 μg/g 级。

③ 基体干扰少。由于试样的原子化通过阴极溅射来实现，试样的蒸发和激发是分开的，元素间的影响较低，不同的基体对一定的分析对象所引起的干扰基本上相同。

④ 多种放电方式。直流放电技术可直接分析导体样品；射频放电方式可以直接分析导体与非导体；脉冲放电因其瞬时功率大，可以提高脉冲信号强度。

⑤ 放电稳定，实验数据精密度好。控制适当放电参数，可使分析信号在数小时内保持良好稳定性。

⑥ 适用的放电气体多。常用的气体为 Ar、Ne 和 N_2 等，有时也采用混合气体。

⑦ 操作费用低。相对于 ICP 光源工作气体用量少（0.1～0.3L/min），放电功率低（20～100W）。

⑧ 光谱线比较简单。辉光放电溅射过程主要产生原子粒子，分子粒子相对很少，分子带状光谱极少，连续背景也相对较低。

同时，辉光放电原子发射光谱也存在一定的局限性[4]：

① 主要用于固体分析。对溶液试样分析需要特殊处理是其缺陷。

② 同样存在光谱干扰。特别在待测物非常低的浓度下，光谱干扰更严重。

③ 等离子体易于受沾污。最明显的是水蒸气，它是通过放电气体、系统渗漏或从光源表面罩引入。

④ 真空系统下进行。辉光放电一般在减压下操作，实际应用上带来不便。

⑤ 低能光源。在负辉光区形成的多原子粒子不易完全离解。

⑥ 标准化问题。要获得一套固体标准并不容易做到。

6.1.1.3 GD-OES 分析的应用前景

目前辉光放电原子发射光谱仍处于一个实用化的扩展过程，不断发掘其在固体样品直接分析上的优势。辉光放电原子发射光谱的研究与应用将主要集中在下列方面：

① 辉光光谱基础研究　一方面是各种参数对分析性能影响的研究，如电流、电压、功率、频率、气流、气压、放电气体种类、样品种类、样品形状等；另一方面为对辉光放电过程的研究，如辉光发射的放电机理、电子特性与光学特性、原子离子电子的密度及空间分布、粒子的能量分布、光谱特征、自吸效应等。

② 新辉光光源的探索　包括各种辉光增强技术，脉冲辉光技术以及与辉光相关的级联光源技术。进一步研究各种能提高辉光放电光源性能的技术，通过优化耦合条件，以达到最佳效果。

③ 辉光光谱深度轮廓分析方法及应用研究　包括背景和谱线干扰校正研究、深度分辨提高、定量深度轮廓分析方法等。对镀层材料进行元素的深度分布分析是辉光光谱最重要的应用。

④ 辉光光谱仪器的研制　包括辉光放电光源与傅里叶转换光谱仪、各种新型检测器和时间飞行质谱的联用。同时，射频辉光放电作为唯一能够分析所有固体（导体、半导体、绝缘体）的辉光放电形式，仍是辉光放电光源研究的重点。

6.1.2 辉光放电原子发射光谱仪器的基本结构

辉光放电原子发射光谱仪主要由辉光放电光源、供能源、气路控制系统、分光检测系统、信号采集处理系统等部分组成。典型的仪器结构如图 6-1 所示。

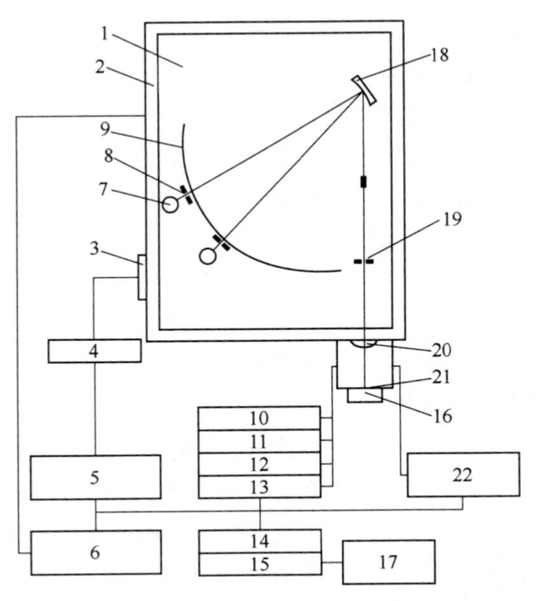

图 6-1　辉光放电原子发射光谱仪框图

1—光谱仪；2—紫外谱的真空室；3—电信号接入；4—前置放大器；5—光强测定回路；6—真空控制系统；7—光电倍增管；8—出射狭缝；9—罗兰圆；10—冷却系统；11—气体控制系统；12—射频电源；13—直流电源；14—控制回路；15—内置计算机；16—样品；17—计算机系统；18—光栅；19—入射狭缝；20—透镜；21—辉光放电光源；22—辉光放电控制系统

辉光放电发射光源现多为Grimm型辉光放电光源，虽然仪器厂商都有相应的一些改进，但其基本原理和光源结构没有区别。辉光放电光源操作时还需要一些辅助设备。其中包括：一个电源、一或两个真空泵、一个惰性气源、减压阀和真空规。对于薄样品，应还需要一个带循环液冷却的金属块冷却装置。被激发的样品原子的光辐射经透镜或反光镜引入到光谱仪的入射狭缝。

通常的仪器配有20～50个固定通道同时测定的光谱仪（例如直读仪或多色仪），也可与顺序式测定光谱仪（即单色仪）相连。无论是同时测定还是顺序扫描，光谱仪的色散和它的狭缝几何宽度决定了光谱带通及有效的谱线分辨率。如果用阵列式探测器，如配有电荷耦合器件（CCD）或电荷注入器件（CID），为覆盖检测器的宽谱范围则需要特别的光谱仪结构。

辉光放电原子发射光谱仪大多采用光电倍增管来检测信号。为得到最佳的性能（指检测的信号强度、灵敏度和功率），光电倍增管要具有低的暗电流和最大的量子效率。必须正确选择光电倍增管的增益以避免非线性响应与饱和。可以通过测定所选择的不同分析浓度的样品，调整增益，确定在最低的分析浓度时探测器有足够的灵敏度，而且在最高分析浓度时探测器又不饱和。被放大的检测器输出信号，通过模数转换器转换成数字信号并传输到计算机，进行数据储存和进一步的评价。

6.1.3 辉光放电原子发射光谱的激发光源

目前商用的辉光放电原子发射光谱的激发光源基本上都是Grimm型，这种结构的辉光放电光源具有稳定性高、谱线锐、背景小、干扰少、能分层取样等特点。这一放电方法的改进，大大增强了这种光源在光谱分析中的应用，目前Grimm型光源已成为了一种最常见类型的辉光放电光源。该激发光源能有效地限制放电面积，使放电处于异常辉光放电区，此时阳极端面与试样阴极表面之间的放电被阻塞，正辉柱也消失，放电仅在阳极圆筒内和与之相对应的试样阴极表面之间进行，离子溅射集中在样品表面大小约为阳极内径的圆形区域内。这一结构大大增强了阴极溅射作用，使放电物质被刻蚀进入放电区，并使之在负辉区内被激发，负辉集中在阳极圆筒内部，形成一种强的、稳定的辉光，如图6-2所示。在这种光源中，试样仅仅通过阴极溅射蒸发，蒸发干扰可以忽略。由于试样在负辉区域的蒸发和激发是分开的，元素间的影响较低；由于材料的蒸发和激发过程随时间的一致性，可以进行快速、多元素同时测定；由于阴极溅射试样是逐层剥离的，因而可以用于深度分析。

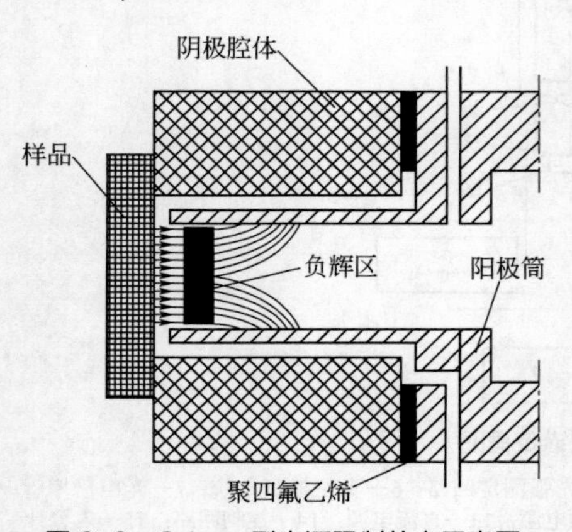

图6-2 Grimm型光源限制放电示意图

早期的Grimm型辉光放电光源，其阳极体与阳极筒设计成一个整体，这样的结构对阳极筒与阳极体的垂直度、同心度、不平行度的要求很高，加工较为困难。现在辉光放电光源大多采用可拆卸式的阳极筒，便于清洗和更换。由于要拆卸更换阳极筒，所以安装、调整阳极筒的工作非常关键，需严格保持间隙距离，安装时如果出现倾斜，势必导致一边的距离超过阴极暗区距离，使阴极与阳极间直接放电，不能形成稳定的辉光放电，而另一边则可能使阴极与阳极相碰，造成短路，无法产生辉光放电。有研究者在环形阴极内壁加一圈聚四氟乙烯等绝缘材料作为衬套，使之与阳极圆筒外壁之间不产生辉光放电和短路，进一步简化了辉光放电光源的装配过程。目前，在商品化仪器上都采用绝缘较为理想的高频陶瓷管，它能耐高温，绝缘性能良好，有韧性，不易被放电击伤，可以大大提高辉光光源的耐用性。

采用 Grimm 型辉光放电光源分析时，元素间的影响较低，可进行快速、多元素同时测定，可进行深度分析，同时其工作时电流、电压直接加载在试样的分析表面，其加载的电压、电流在传导过程中不会受到样品形状、大小等物理因素影响，因此试样间分析结果的重现性良好。

6.1.4 辉光放电原子发射光源的激发方式

辉光放电光源通常有直流（DC）和射频（RF）两种激发方式。其中直流方式最为常用，它可以直接分析导体样品；射频供能方式可以分析所有固体样品（导体、半导体和绝缘体）。这两种供能方式都可以采用脉冲方式操作，脉冲方式可在相同平均功率下获得更高的峰电流，其中微秒级脉冲辉光放电光源已用作原子发射光谱的激发光源并获得了比较好的结果。

6.1.4.1 直流辉光放电

直流辉光放电（DC-GD）是辉光放电光源最常采用的激发方式，即将一定的直流高压加在光源上，被分析样品作为阴极，样品即可被连续溅射、激发和检测。由于在直流辉光放电中被分析的固体样品用作阴极，所以该样品必须是导体；对非导体的分析，只能将其与导体基质（如石墨粉、铜粉、银粉等）预混合、压块后，再进行放电。试验表明这种压制样品具有相对低的基体效应，但在使用这种方法时制备样品时必须十分小心，以防止引入污染和将空气带入等离子体，影响分析的精密度和准确性。

辉光直流方式具有费用低廉、操作简便、工作稳定等特点。其放电电压一般在 500～1500V 范围，放电电流从几毫安到几百毫安变化。样品原子通过阴极溅射而蒸发，在负辉区激发和离子化，产生的等离子体是均匀的、致密的，发射光信号可以从等离子体任意方向取得。直流辉光放电可以在恒定电流、恒定电压或恒定功率模式下操作，其中恒定功率模式可以得到较好的线性响应。

此外，直流辉光放电光源功率不高，离子化不如其他的等离子体光源（如 ICP）完全，典型的离子化效率只有 1%，带电粒子和电子密度远远小于中性粒子，因此对于大多数元素，都是使用中性原子的共振线（具有较大强度）。表 6-2 列出了直流 Grimm 型辉光放电光谱的典型分析性能[4]。

表 6-2 直流 Grimm 型辉光放电光谱的典型分析性能

检出限/(μg/g)	深度分辨率/nm	溅射速率/(nm/s)	短期精度（主量和少量元素）RSD/%
1～100	1	1～100	<1

6.1.4.2 射频辉光放电

射频辉光放电（RF-GD）是将射频电压加在辉光光源上，既可以分析导体，也可以分析非导体的样品，是唯一可以分析所有固体（导体、半导体和绝缘体）样品的 GD 放电模式。但射频方式初始时，由于溅射率低、精密度和检出限不理想、仪器设备复杂等原因，使其发展和应用经历了一个曲折的过程。目前已有成熟的商品 RF-GD-OES 仪器。

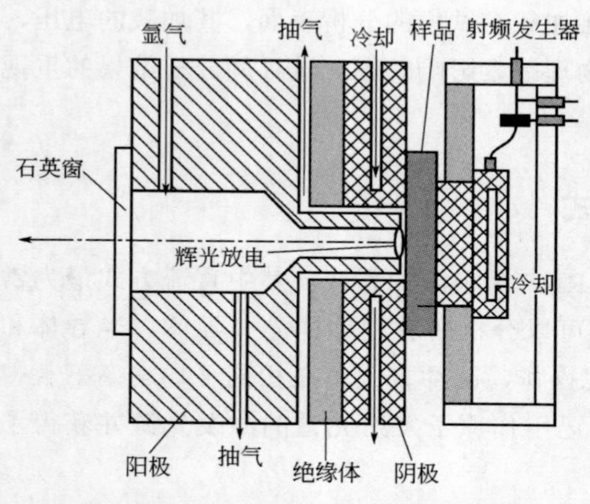

图 6-3　Grimm 型射频辉光放电光源图

图 6-3 为典型的 Grimm 型射频辉光放电光源。射频电压可以通过一个导电电极从样品背部加入，也有的设计将射频电压直接加在样品表面。

一定频率的射频交流电压加在非导体电极上时，样品交替地作为阴极或阳极，表面轮流受到正离子和电子的撞击，在前半个放电周期聚集在电极表面的正电荷被在下半个周期聚集的负电荷中和，从而避免了电极表面的充电现象。由于电子具有比正离子更大的运动能力，负电荷的聚集速率大于正电荷的聚集速率，使样品电极在整体上表现为阴极，具有一个会逐渐达到平衡的负电势，称之为“直流自偏电压”。图 6-4 为高频方波输入时，绝缘样品表面的电压变化情况。由于这个直流自偏电压的存在使得非导体可以进行连续的溅射，辉光等离子体得以维持，实现对非导体的分析。射频辉光放电中的射频激发频率对于连续溅射和直流自偏电压的大小起着至关重要的作用，通常在分析应用中，RF-GD 采用的操作频率为 13.56MHz。

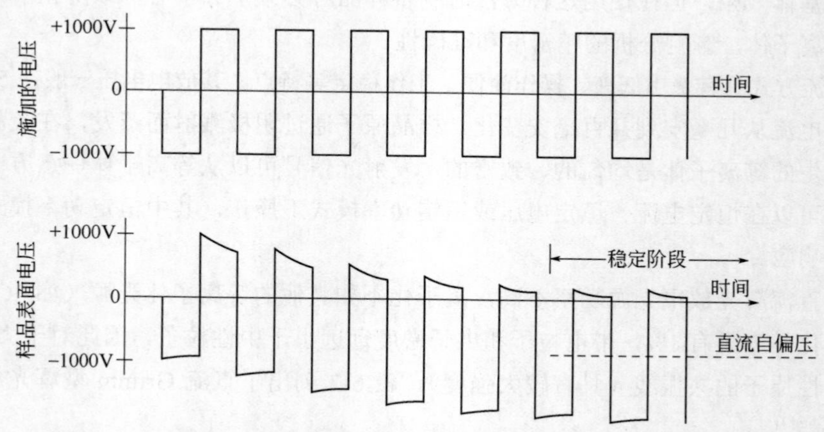

图 6-4　射频辉光放电中施加的电压时间变化和样品表面的电压时间变化

在 RF-GD 中，激发和离子化效率得到提高，在相同的放电电流下，RF-GD 比 DC-GD 有更高的信背比。表 6-3 为 RF-GD-OES 的基本分析特性[5]。

表 6-3　Rf-GD-OES 基本分析特性

试样	稳定时间（RSD=5%）	短期精密度 RSD	长期精密度 RSD	外部精密度 RSD	检出限
金属	0.5min	0.5%	2%	4%	1～50ng/g
非导体	0.5min	0.8%	2%	5%	0.1～5μg/g

RF-GD 还可以对表面不导电涂层和基板导电的样品（如彩涂板）进行深度轮廓分析，提供如涂层和基板的化学组成、涂层的厚度和涂层的均匀性，以及元素在涂层与基体或不同涂层界面之间迁移情况等信息，极大地扩展了辉光放电分析样品的范围。

此外，RF-GD-OES 的气体分析能力比 DC-GD 更具优势，如将挥发性有机化合物（含有 C、Br、Cl 和 S）通过阳极筒引入 He 等离子体，可达四个数量级的线性响应范围以及良好的精度和准确度，与 MIP-OES、ICP-OES 相比具有更高的灵敏度，与 MIP-OES、ICP-OES、DC-GD-OES 和 CMP（电容耦合微波等离子体）的检出限比较如表 6-4 所示[6-10]。

表 6-4　RF-GD-OES 对挥发性有机化合物的分析性能

元素	波长/nm	本工作			MIP D.L. /(pg/s)	ICP D.L. /(pg/s)	DC-GD D.L. /(pg/s)	CMP D.L. /(pg/s)
		D.L./(pg/s)	RSD/%	线性范围中的上限值/(ng/s)				
Cl	479.45	0.7	3.9(2.2)	1000	8.1		5000	7000
	837.59					800		
C	193.09				13		400	100
	247.86	0.3	2.0(0.7)	360				
	833.51					2200		
Br	470.49	11	4.6(3.0)	900	9.5			10000
	827.24					1000		0
S	190.03						1000	
	545.38	6	3.2(4.4)	900	58			

使用 RF-GD 时，样品的厚度、几何形状以及非导体样品中所含的非金属元素（如氧）都会对等离子体产生较大影响。为了获得最大的原子化、激发和电离效率，在 RF-GD 光源设计时必须考虑光源的几何结构、射频能量耦合系统和光源的操作频率这三个因素。增大阴极和阳极表面积比可以增加直流自偏压和使放电区域集中在样品表面。由于射频信号发生器所提供的功率在传输过程中常常以各种不为人们所注意的方式消耗掉(如耦合损失、辐射损失等)，所以为了使能量尽可能耦合到样品上，需要做好阻抗匹配以及屏蔽措施。

RF-GD 的激发和电离机制的特征与直流放电的特征是相同的，即电子激发主要是由电子碰撞导致，而电离主要通过电子碰撞或潘宁（Penning）碰撞所引起。虽然射频和直流辉光放电的激发和电离机制相同，但在射频放电中的电离显然更有效率。射频放电更有效的离子化表明较高的电子密度和能量，利用朗缪尔探针技术研究比较了在使用相同放电装置下分析用直流和射频辉光放电的带电粒子数量，研究的典型结果总结于表 6-5 中[11]。

表 6-5　使用相同放电装置下射频和直流模式的放电粒子特性比较

参数	射频模式	直流模式
电子密度/cm^{-3}	2×10^{10}～6×10^{10}	6×10^{10}～18×10^{10}
平均电子能量/eV	4～7	0.7～1.0

续表

参数	射频模式	直流模式
激发温度/K	5000~8000	2500~4000
电子温度/eV	1.5～2.5	0.2～0.6
离子数密度/cm^{-3}	$3×10^{10}$～$12×10^{10}$	$4×10^{10}$～$20×10^{10}$
等离子体电势/eV	9～16	2～4

6.1.4.3 脉冲辉光放电

脉冲辉光放电（pulse GD）可以提供一个更强的、更低背景的光谱，具有更好的信背比（S/B）和信噪比（S/N）。对于直流辉光放电和射频辉光放电都可以采用脉冲形式操作。

辉光放电光源是一种低能光源，在辉光放电中，增加功率会导致样品阴极过热甚至熔化以及不需要的背景发射和不稳定的放电。采用水冷却虽可以使阴极避免过热，但使光源装置复杂化。在有些情况下，需要光源有较大的功率来提高原子化和电离效率，而又不至于使样品熔化，利用脉冲式放电技术可以达到此目的。另外，在分析亚纳米至微米厚度的镀层时，即使控制在维持辉光放电所需的最低放电参数（电压、电流和气压等），仍存在困难，如采用脉冲辉光放电就可以很好地实现对放电参数的控制，成功地分析薄层样品。

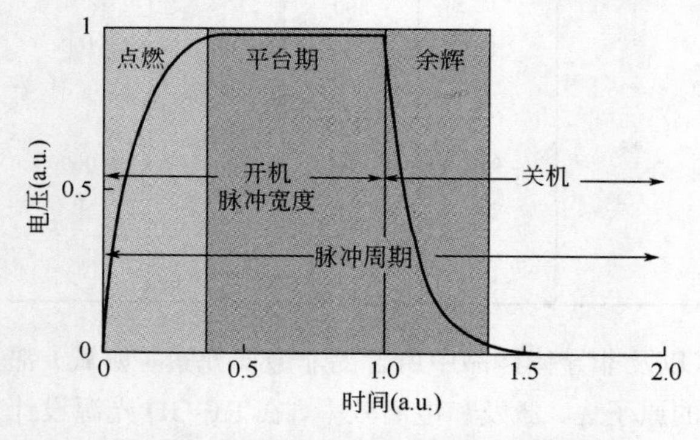

图 6-5　占空比为 50%时脉冲顺序示意图

脉冲辉光放电具有很多优点，其中之一是可以通过选择脉冲参数，如脉冲宽度和周期，以选择最佳放电条件（图 6-5），给控制等离子体提供了一种有效的方法。

脉冲辉光放电采用高短期功率，加强原子化和原子的激发、电离，可以大为提高信号强度。即使瞬时功率很高，但平均功率由脉冲的占空因素决定，可以选择适当的脉冲长短和频率以防止阴极过热，使辉光放电保持良好的稳定性。

如图 6-6 所示，采用普通的 RF 光源分析不锈钢样品表面橡胶上的磷酸盐处理层时，在

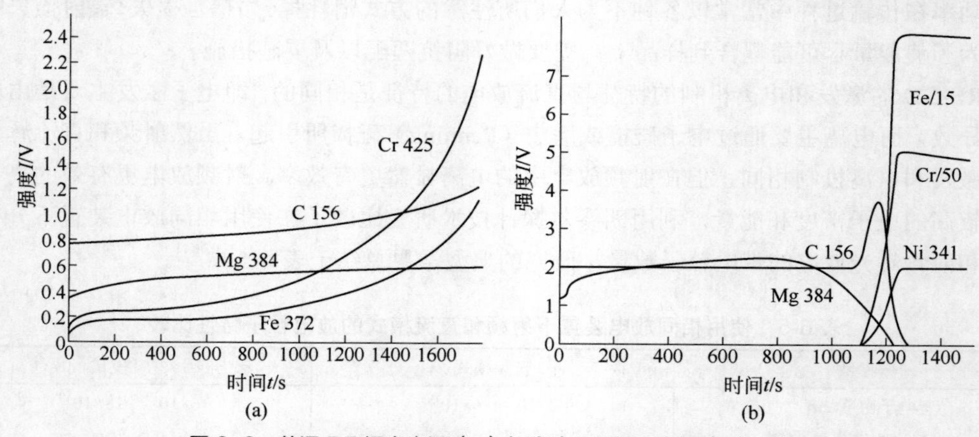

图 6-6　普通 RF 辉光光源（a）与脉冲 RF 辉光光源（b）比较

表面可以观测到 Fe 和 Cr，说明表面已经熔化，而采用脉冲式 RF 光源则无此现象。正因为脉冲辉光放电具有以上优点，使其成为辉光放电分析技术研究中的一个重要分支。

脉冲辉光放电增强辉光放电信号强度的原理如图 6-7 所示，在脉冲时间采集信号，这时的信号处于最大值。与普通的辉光放电相比，在相同的放电功率下，可以得到更大的分析信号，从而提高了分析灵敏度。脉冲辉光的另一个优势是能进行时间分辨研究，因而可降低光谱干扰。

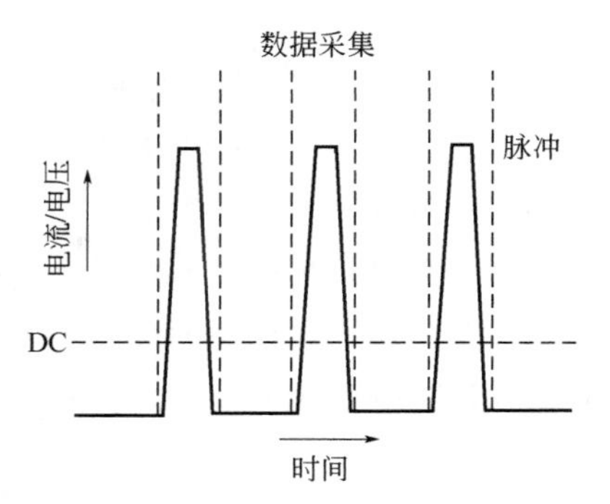

图 6-7 脉冲辉光中的信号采集

围绕脉冲辉光放电技术的研究有许多，早期的脉冲辉光放电研究主要集中在空心阴极放电上，如通过 15～40μs 的脉冲获得了比稳态条件增强 50 倍到几百倍的空心阴极强度，利用干涉手段研究脉冲宽度 10～1280μs、电流达 1A 条件下的脉冲商品性阴极灯，100～200mA 峰电流和 25μs 脉冲空心阴极灯中的背景校正方法，评价 8μs 脉冲空心阴极放电的 Be、V 和 Ti 的检出限等。对脉冲直流 GD 进行了研究，并由毫秒级脉冲扩展到微秒级脉冲技术上。脉冲技术在 RF-GD 中也有应用，如 Marcus 等[12]和 King 等[13]还对 RF-GD 的发射特征进行了研究。

6.1.5 辉光放电原子发射光源的增强方式

传统的 Grimm 型辉光放电光源虽然有许多优点，但也存在着明显的不足，主要表现在以下几方面：辉光放电发光弱，影响该技术的检出限；预燃时间比火花长，影响分析速度；做表层、逐层分析时间分辨还不够高等。以上不足可以通过提高样品的原子化（溅射率）和样品原子的激发、离子化的方法，以提高方法的检出限和缩短预燃时间；改善溅射均匀性，提高表层、逐层分析中的层间分辨率等分析性能。下面介绍一些辉光放电光源的改进措施。

6.1.5.1 气体喷射（gas jet）装置

在辉光放电过程中被溅射出来的原子有相当的一部分还未扩散到阴极辉区就被电离，受电场的作用返回阴极，这种现象显然会降低试样的溅射效率而影响分析的灵敏度。为了减少这种被溅射出来的试样原子重新沉积到阴极的现象，在灯中放电气体以一定的角度射向阴极表面，将被溅射出来的原子迅速带入激发、电离区。采用该装置可以增加溅射率和在等离子体中的原子密度。装置如图 6-8 所示[14,15]。

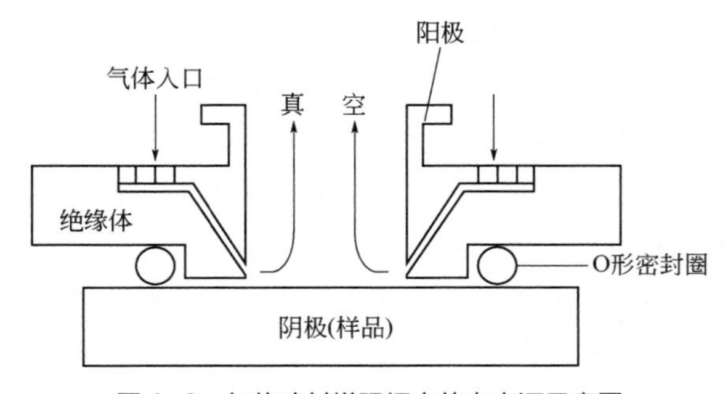

图 6-8 气体喷射增强辉光放电光源示意图

6.1.5.2　第二阴极结构

直流辉光放电不能用于非导体的直接分析，为了实现辉光放电，可以在非导体的样品阴极前面放置导电的第二阴极，如钽片。其结构示意图如图 6-9 所示[16]，该方法近来已被用于分析各类样品。另外，使用孔径较小的钽片置于分析样品的前面，可以将周围的等离子体挡住，只使用中心较均匀的等离子体对样品进行均匀的溅射，从而得到较为平坦的溅射底坑，使辉光深度分析的分辨率得到改善。

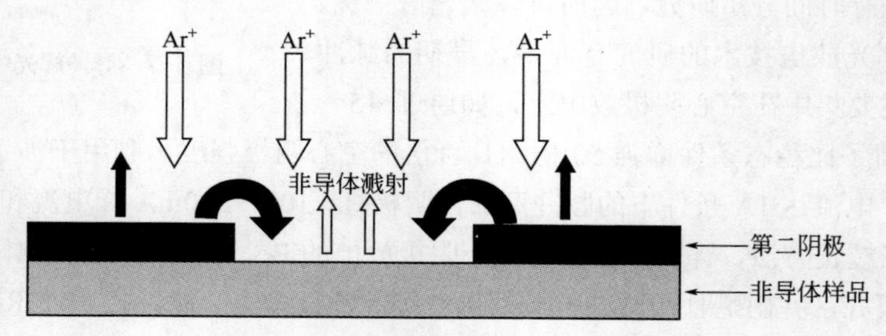

图 6-9　第二阴极技术样品表面示意图

6.1.5.3　微波增强[17,18]

如图 6-10 所示，通过同轴电缆和耦合线圈将微波直接加到辉光放电灯上，微波频率可由调谐器进行调节，微波功率一般为 40W。加入微波后可显著地降低辉光放电灯的阳极电压，样品的刻蚀率（nm/s）、溅射率（μg/s）均有所减小，但单位电流的溅射率几乎相同，溅射斑痕更加平整，在做表层、逐层分析中可提高层间分辨率。此外，微波增强放电还可以增加辉光放电等离子体中溅射物质的激发，因此能大大增加灵敏度和减少光源的自吸。但是微波增强方式存在微波放电和辉光放电之间的耦合问题。

6.1.5.4　磁场效应[19,20]

在 Grimm 辉光放电灯的外面加放用钐钴合金构成的磁场很强的永久磁铁与电磁铁的组合磁场（图 6-11），一方面可以改变等离子体的体积，另一方面电子在磁场作用下可相应地改变运动轨迹，从而加长了电子运动的路径，增加了电子或其他粒子在放电等离子体内的停留时间，增强离子化和激发，提高了发光强度，减少溅射物质重新沉积在样品上。此外，磁场还可增加溅射率，因为磁场的作用使溅射原子和激发原子数增加，磁场使电子包夹在阴极附近，使低压放电时电子和正离子碰撞损失减少，导致溅射率增加；改善溅射均匀性，在表层、逐层分析中利于提高层间分辨率。对于有电磁铁的磁场辉光放电光源，可给样品溅射提供一个新的参数（电磁电流），通过调整电磁电流的反馈值，可在样品有所改变时，使溅射率的数值保持不变，从而使校准曲线进一步拉直，并可消除基体的影响，用一条校准曲线完成多种样品的分析。磁场的存在从不同方面改善了辉光放电光源的放电特性，如它的放电稳定性增强、溅射率增大、放电中电子的损失降低，从而提高光源的激发能力。所施加磁场的构型与放电参数本身的匹配等因素易造成磁场作用效果不明显。

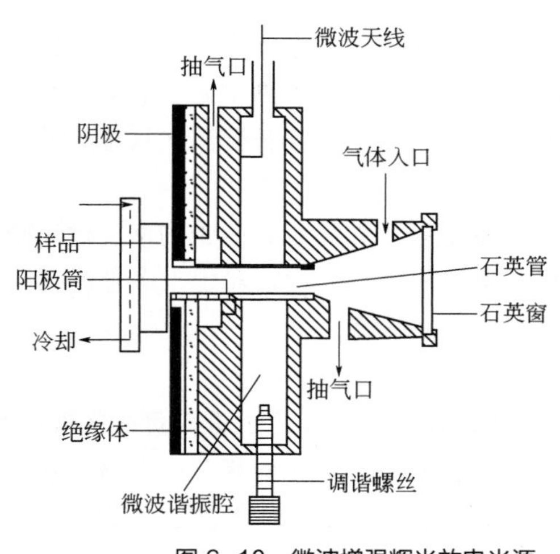

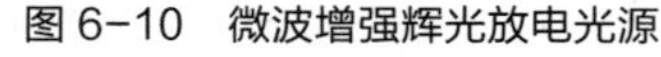

图 6-10　微波增强辉光放电光源

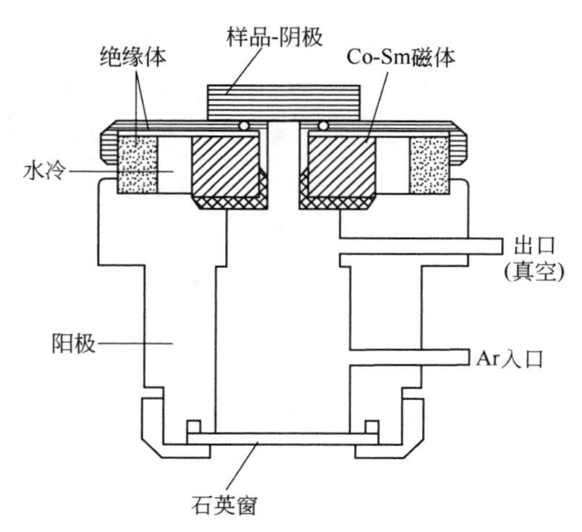

图 6-11　磁场增强辉光放电光源

6.1.5.5　改变放电气体

放电气体在辉光放电性能和样品原子激发中起着最基本的作用。在以前辉光放电中，放电气体一般采用单一的气体，但近些年来对内充的放电气体采用混合气体进行了研究。氩气因具有低的电离能、电离稳定等良好性能和成本低的特点，通常在辉光放电光谱中被用作放电气体；很少有在分析中使用不同气体的介绍。改变等离子气体也是提高检测灵敏度的一种可行的选择。

与氩（15.76eV）相比，氦具有较高的电离电位（24.48eV），这样会使等离子区内带电粒子的密度更低。氦还有较低的溅射量，因为它的溅射速率太低使它不适合用作辉光放电光谱的放电气体。但是氩-氦的混合气体很值得关注。稀有气体原子具有亚稳态能级：氩为 11.15eV 和 11.72eV，氦为 19.82eV 和 20.61eV，具有这样亚稳态能级的原子，尤其在低压下具有相对较长的寿命，就能经过各种碰撞使样品原子激发。另外，在混合气体等离子区，亚稳态的氦对具有较高激发电位的原子的激发起着主要作用。所以认为，处于亚稳态的氦具有较高的内能，需要较高激发能量的原子也许用氦比用氩更容易被激发，而使发射谱线强度增加。

当 Ar 中加入 4%的 He 气体时，电离效率会增加 25 倍[21]。且对导体样品而言，在 RF-GD-OES 中采用 He-Ar 混合气体时分析发射强度可提高 300%。Hirokawa 等[22]比较了纯 Ar 和 Ar-He 混合气体在 Grimm 型辉光放电光谱中的放电情况，结果表明放电气体中含有 He 时对具有简单能级的元素可以提高发射强度。

6.2　辉光放电原子发射光谱的分析基础

6.2.1　辉光放电原子发射光谱的特点

阴极溅射是辉光放电用于固体样品元素分析及深度分析的基础。样品作为阴极受辉光等离子体中高速放电气体离子（Ar^+）的轰击，将样品表面的原子溅射（或剥离）出来。在辉光放电等离子体中受到激发发射出特征谱线，可以对样品中所含元素进行定性和定量分析，而控制适当的放电条件，可以对样品均匀地逐层剥离、逐层分析，达到测试元素成分深度分布的目的。与其他发射光谱相似，辉光发射光谱呈线状谱，所涵盖的波长范围从真空紫外区到可见光区。

辉光放电是弱离子化等离子体，在辉光放电中，带电粒子如离子、电子的密度远远小于中性粒子，典型的离子化效率只有 1%。辉光放电光谱以原子线为主，对于大多数元素，都是使用中性原子的共振线作为分析线，可以得到较大的谱线强度。

GD 发射光谱与其他原子发射光谱的不同特性：

① 基体效应小　在辉光放电光源中，通过阴极溅射使样品表面原子进入负辉区被激发，由于辉光放电是在低气压下进行，放电区是处于非热平衡状态，粒子间相互碰撞概率很小，在放电区主要靠高速电子的碰撞而激发，所以激发过程中元素间的互相影响也不大。因此，对于不同组成和结构的样品，虽其溅射率不同，但对元素的激发过程不产生明显的效应，可以通过计算各标准样品或标准物质的溅射率，对测得的强度进行校正，从而将不同组成和结构的样品中的同一元素制作在同一条校准曲线上。图 6-12 为分别采用火花光谱和辉光放电光谱分析铝合金中 Si 的工作曲线，说明辉光的基本效应小，不同类型的样品可以做成一条校准曲线。这也是辉光放电光谱进行定量深度分析的理论依据。

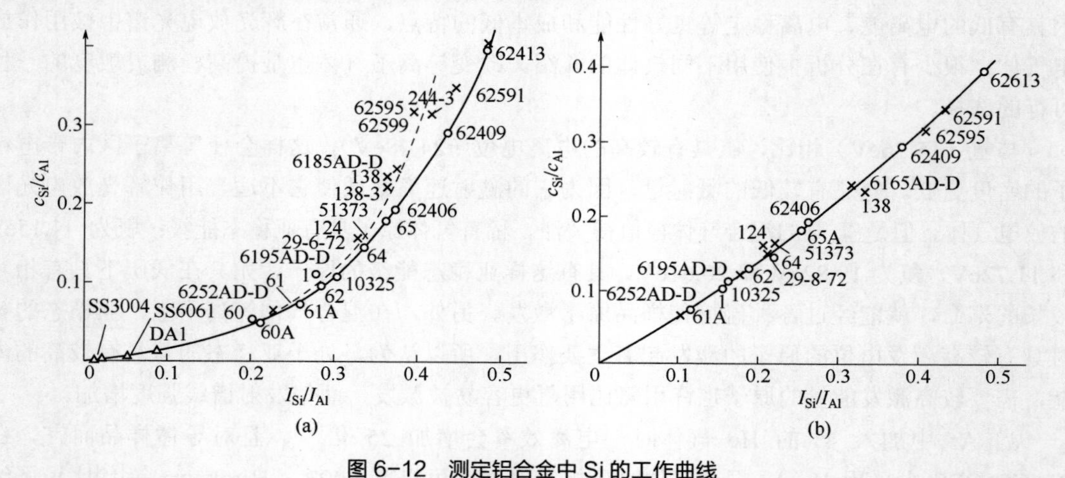

图 6-12　测定铝合金中 Si 的工作曲线

（a）火花光谱；（b）辉光放电光谱

×和○分别代表不同类型的标准样品，同时附上样品号

② 低能级激发　样品表面的原子被高能氩离子轰击后被溅射出来进入辉光等离子体后，主要受到电子碰撞而被激发。由于电子所带的能量较小，使原子处于低能级的激发，所产生的谱线往往是简单的原子谱线，因而谱线间的干扰较小，且具有很低的背景。

③ 谱线的宽度狭窄　辉光放电发生在低压下，在辉光放电等离子体中，氩气的温度较低，且光源内保持一定的低压，减小了多普勒效应和洛伦兹效应，谱线宽度主要取决于多普勒变宽，因此辉光放电的典型谱线宽度与其他发射光谱相比要窄，谱线重叠干扰效应相对较少，且光谱背景易于检测，但谱线强度相对较弱，其背景测量应尽可能靠近信号最大值。

④ 自吸收效应小　在辉光放电光谱中，Grimm 光源的设计使样品激发时的等离子体厚

度薄，只有 1mm 左右，加上放电区粒子浓度不大，所产生的自吸收效应小，因而能获得线性范围较宽的校准曲线。

6.2.2 辉光放电原子发射光谱的激发机理

6.2.2.1 辉光放电的产生及过程

（1）辉光放电的基本装置及原理

辉光放电属于低压气体放电。辉光放电简单装置如图 6-13 所示，样品作为阴极，在封闭的低气压装置中进行放电。通常在装置内充入一定气压的氩气（1Torr，133Pa 左右），两电极间加足够高的电压（一般为 250～2000V），即可形成辉光放电。

在低压气体放电中，气态的原子或分子受到某些外界能量作用，形成荷电质点（电子和离子）。当放电管两端加以足够高的电压，这些荷电质点将在电场力作用下定向运动而形成电流，促使气体导电，称之为气体放电。由于放电条件不同，气体放电有不同的形式和特点。其中，管内所充气体的压强，对放电形式有显著的影响。在气压大于 20Torr（2666Pa）时，放电基本上属于电弧型；但是，当气压在 0.1～10Torr（13.3～1333Pa）时，放电将出现新的特点。此时，管端压降与管电流的关系如图 6-14 所示。

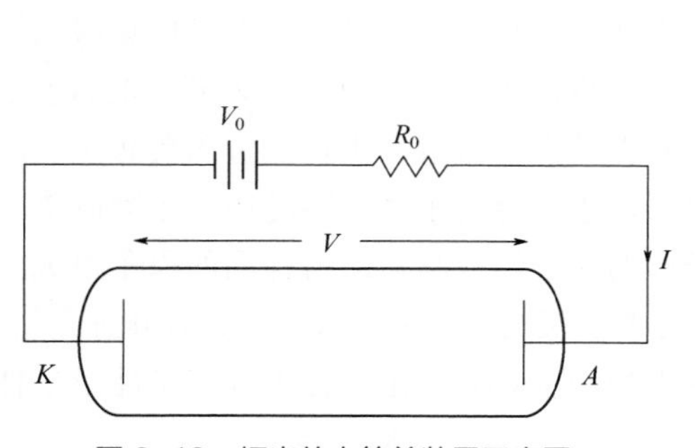

图 6-13 辉光放电简单装置示意图

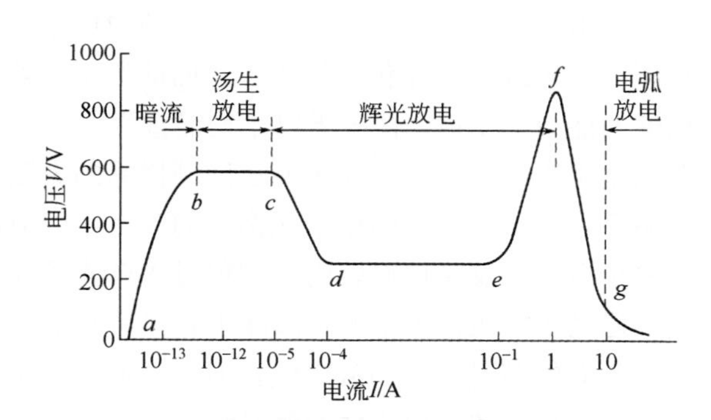

图 6-14 低压气体放电的伏安特性

从图中可知，电压和电流不成线性关系，即不遵从欧姆定律，而是呈现比较复杂的函数关系。其中的辉光放电阶段，外加电压继续升高，达到 c 点值时，管电压会突然下降，电流突然增大，放电管内出现有颜色的光，称为气体的点燃，此时的放电称为辉光放电，放电也由非自持放电转变为自持放电，对应于 c 点的电压 V_c 称为点火电压。

辉光放电分为正常辉光放电和异常辉光放电。正常辉光放电的管电流较小，阴极辉覆盖不满阴极，当电流继续增加时，整个阴极被阴极辉覆盖，管电压降随电流的增高而迅速升高（ef 段），称为异常辉光放电，其电流值在 0.1～1A 左右。

（2）辉光放电的主要过程

辉光放电过程包括：样品的原子化、样品原子的激发与离子化过程。

① 样品的原子化　在辉光放电中，样品的原子化是通过阴极溅射来实现的，如图 6-15 所示。

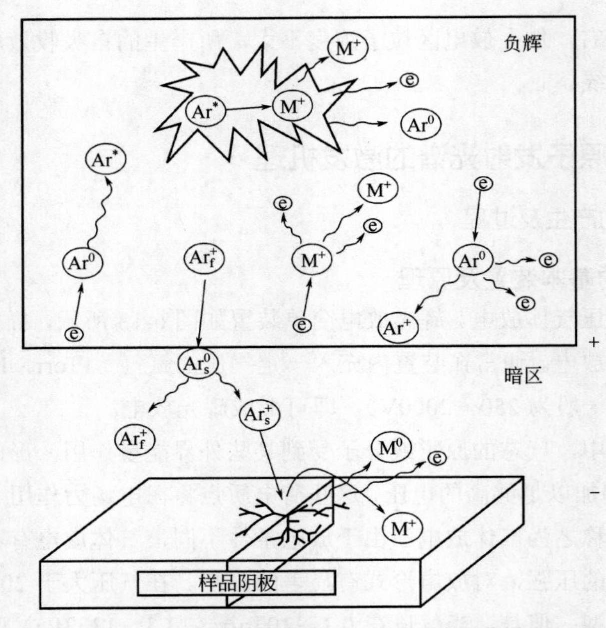

图 6-15　辉光放电中原子化、激发和离子化过程

放电气体离子（如氩离子）在电场的加速下达阴极表面，当一个离子碰撞到表面时，其动能（＞30eV）可能传递给阴极表面的原子，处于表面的样品原子就可能获得足以克服晶格束缚的能量，在正常情况下以平均能量为 5～15eV 的中性原子形式逸出样品表面。正离子由于受到阴极暗区电场的作用而返回到样品的表面，而中性原子将进一步扩散进入负辉区。从而阴极（样品）物质的原子在离子的轰击下释放出来，进入等离子体中并经历一系列碰撞，使原子激发并发生电磁辐射。溅射进入辉光等离子体的原子组成与被溅射样品的原子组成相同。通过阴极溅射出来的物质除了有样品原子外，还有阴极材料小簇、离子和二次电子等。

不同的溅射材料和放电气体对样品的溅射率有影响，图 6-16 给出了在不同离子能量条件下各溅射材料和放电气体的溅射情况[1]。

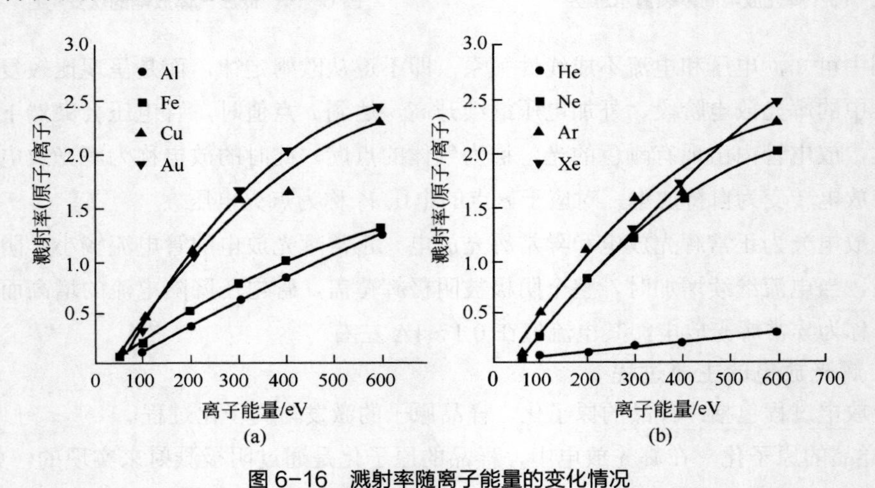

图 6-16　溅射率随离子能量的变化情况

（a）氩气条件下的不同材料；（b）不同惰性气体条件下的铜

② 样品原子的激发和离子化　从阴极溅射出来的样品原子扩散进入反应活跃的负辉区时，与其中的高能电子和亚稳态原子等发生频繁碰撞（图 6-15）。表 6-6 为辉光放电中的激发和电离过程。其中，电子碰撞与潘宁碰撞为样品原子激发和离子化的两种主要方式，研究表明电子碰撞是原子激发机理的主要碰撞，而潘宁碰撞是溅射出来的样品原子离子化过程的主要贡献者。

表 6-6　辉光放电中的激发和电离过程[4]

激发/电离过程	反应方程式
初级激发/电离过程	
A. 电子碰撞	$M^0 + e^-(快) \longrightarrow M^* + e^-(慢)$ 或 $M^0 + e^-(快) \longrightarrow M^+ + 2e^-$
B. 潘宁碰撞	$M^0 + Ar_m^* \longrightarrow M^* + Ar^0$ 或 $M^0 + Ar_m^* \longrightarrow M^+ + Ar^0 + e^-$
二级过程	
A. 电荷转移	
1. 不对称	$Ar^+ + M^0 \longrightarrow M^+(M^{+*}) + Ar^0$
2. 对称（共振）	$X^+(快) + X^0(慢) \longrightarrow X^0(快) + X^+(慢)$
3. 离解	$Ar^+ + MX \longrightarrow M^+ + X + Ar^0$
B. 缔合电离	$Ar_m^* + M^0 \longrightarrow ArM^+ + e^-$
C. 光诱导激发/电离	$M^0 + h\nu \longrightarrow M^*$ 或 $M^0 + h\nu \longrightarrow M^+ + e^-$
D. 累积电离	$M^0 + e^- \longrightarrow M^* + e^- \longrightarrow M^+ + 2e^-$

注：M^0 为溅射中性原子；Ar_m^* 为亚稳态氩原子；X 为任何气相原子。

（3）辉光放电中粒子和器壁的相互作用

辉光放电形成的等离子体是一个复杂的体系，存在各种各样的粒子形态，主要有不同种类的原子与离子、处于基态及不同激发态的原子与离子、电子、光子等，且多种不同的过程同时交错进行，并相互影响。Bogaerts 和 Gijbels 对这些相互作用过程的大量研究作了详细的综述[23]。现将用于描述等离子体粒子种类的不同模型概述如表 6-7 所示。

表 6-7　描述等离子体粒子种类的不同模型

等离子体种类	模　型
快电子	蒙特卡罗（全部放电）
慢电子	流体（全部放电）
Ar^+离子	流体（全部放电）
	蒙特卡罗（CDS）
Ar_f^0 原子	蒙特卡罗（CDS）
Ar_m^* 亚稳态原子	流体（全部放电）
M^0（热化）	蒙特卡罗（全部放电）
M^0, M^+（扩散，电离）	流体（全部放电）
M^+	蒙特卡罗（CDS）

放电气体（Ar）的辉光放电等离子体特性对样品原子激发与电离起着重要作用。

当能量粒子（如气体离子、气体原子，也包括阴极材料离子）碰撞阴极表面时，它们可以穿透表面，引起阴极材料原子的一系列碰撞。在这些碰撞中，处于表面的原子可以获得一些能量，当所获得的能量大于表面束缚能时，原子就会逃逸表面进入等离子体，这个过程称为阴极溅射过程。大多数被溅射下来的粒子为中性原子。被溅射下来的原子能量一般在 5～15eV。离子也可以被溅射下来，正离子在阴极前的强电场作用下会立刻返回阴极。

溅射率是指每一个入射粒子所溅射下来的原子数目，是关于阴极溅射的一个定量概念。根据溅射过程的理论与实践的关系及溅射过程计算机模拟，已经提出了不同的阴极溅射率的分析表达式及估算式。总的来说，溅射率与入射粒子的质量（种类）、能量、数量及靶材的种类和表面状况等有关。辉光放电在惰性气体中放电，可以产生较高的溅射率，并且不会与阴极材料发生化学反应。溅射率一般随碰撞粒子质量的增加而增加。入射粒子的能量必须大于一个阈值能量，使阴极表面原子获得充分的能量，克服表面束缚能，溅射才可能发生。表面束缚能与材料的升华热有关。一般来说，溅射的最低能量应是阴极材料升华热的 4 倍。在最低能量以上，溅射率随着碰撞粒子能量的增加而增加，并在几千电子伏特达到最大值。如果能量再继续升高，溅射率将下降，因为离子注入过程变得越来越重要。

不同类型碰撞中截面积随粒子能量的变化如图 6-17 所示[1]。

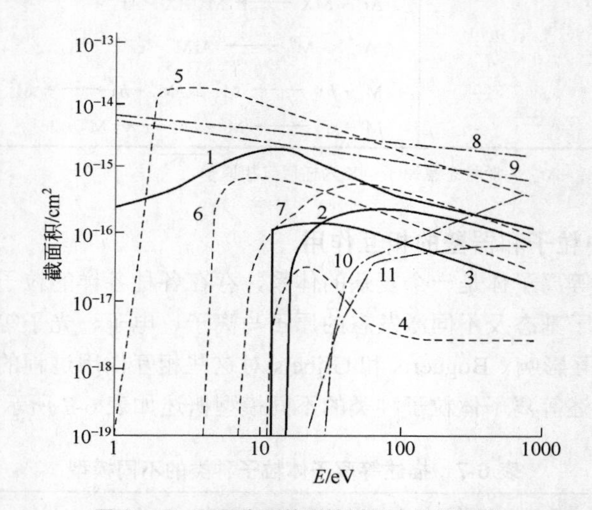

图 6-17　不同类型的碰撞过程中的截面积

1—电子弹性碰撞；2—氩基态原子的电子碰撞电离；3—从氩基态原子的全部电子碰撞激发；4—从氩基态原子到亚稳态级的电子碰撞激发；5—从氩亚稳态级的全部电子碰撞激发；6—从氩亚稳态级的电子碰撞电离；7—从铜基态原子的电子碰撞电离；8—氩离子的对称电荷转移；9—氩离子和原子的弹性碰撞；10—氩离子与原子碰撞电离和氩原子碰撞激发到氩亚稳态级；11—氩离子碰撞激发到亚稳态级

关于阴极材料对溅射率的影响，一般来说，在周期表中的每一行中，溅射率随着阴极材料的原子序数的增高而增加（图 6-18）[24]。这是由于随着入射离子穿透深度的增加，更多的能量在碰撞中扩散，导致溅射率下降。溅射率的增加与靶材的外层电子结构有关，外层填充得越满，靶材则越不易穿透，使得溅射率增加。值得注意的是不同元素之间的溅射率的差别一般不会超过 10 倍（而不同元素之间的蒸发速度的差别会高达几个数量级）。较均匀的溅射速率，辉光放电的基体效应会较小。溅射率一般会随着阴极表面污染，表面形成氧化层等而降低。溅射率也会随着阴极温度的升高而略有下降。

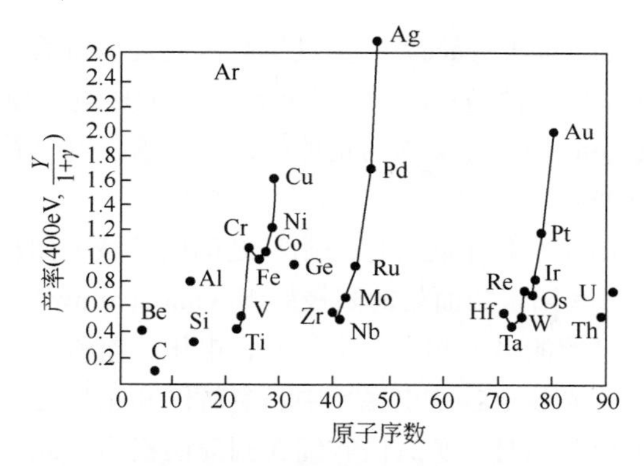

图 6-18　不同元素的溅射速度（氩离子动能为 400eV）

（4）辉光放电的发光区域

根据辐射强度、电压电场分布、空间电荷电流密度等，辉光放电在阴极和阳极之间可以划分为一系列明暗相间的区域，如图 6-19 所示[25]。典型辉光放电可以分为以下几个区域：

① 阿斯顿暗区（Aston dark space）　邻近阴极的一很薄的暗区层，暗区的厚度与气体压强成反比。

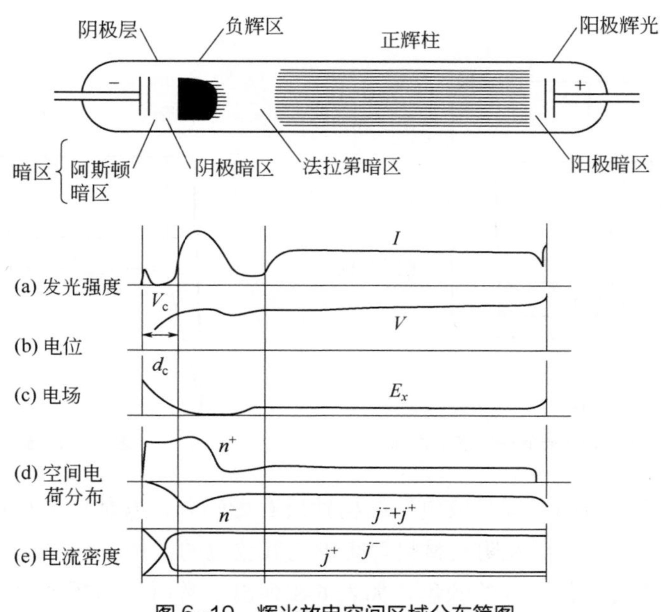

图 6-19　辉光放电空间区域分布简图

② 阴极层（cathode layer）　紧靠阿斯顿暗区的一层很薄、很弱的发光层，它是由向阴极运动的正离子与阴极发射出的二次电子发生复合所产生。

③ 阴极暗区（cathode dark space）　紧靠阴极层，是一发光极弱的阴极暗区，阴极暗区与阴极层没有明显的界限。这个区域的电压降占整个放电电压的绝大部分，为辉光放电中最重要的部分，是辉光放电得以持续所必需的区域。

④ 负辉区（negative glow）　紧邻阴极暗区的较宽的、最明亮的区域，与阴极暗区有明显的界限，提供最有用的光谱分析信息，是分析中最感兴趣的区域。

⑤ 法拉第暗区（Faraday dark space） 穿过负辉区就是法拉第暗区，该暗区一般比上述各区域都厚。由从阿斯顿暗区至法拉第暗区五个区域组成的放电部分称为阴极部分。

⑥ 正辉柱（positive column） 又称为正柱区，从电场强度上看，正柱区的场强比阴极位降区场强小几个量级。

⑦ 阳极区（anode space） 位于正柱区与阳极之间的区域为阳极区，有时可以观察到阳极暗区（anode dark space）和阳极表面处的阳极辉光（anode glow）。

在实际辉光放电中，区域的多少和大小由气压、电压、电流、气体种类和阴阳极之间的距离等放电参数决定。在辉光放电各放电区域中，负辉区和正辉柱是主要的放电区。当用一个圆筒形阴极代替两个平板阴极时，负辉区收缩在圆筒阴极内，此时阴阳两极间的距离须保持在阴极暗区厚度的 2 倍左右。若进一步缩小两极间的距离，阴极暗区就将放生畸变，放电也就熄灭了。

由于辉光放电等离子体的光谱分析信息基本在负辉区，其他部位提供极少有用的分析信息，所以大多数用于分析辉光放电光源中，只存在阴极暗区、负辉区和法拉第暗区这三个主要区域[26]，如图 6-20 所示。这时等离子体承担所有的正电位，而阳极区则是负电位降，该负电位降排斥电子吸引正离子。图 6-21 显示了分析用辉光放电的电位分布。

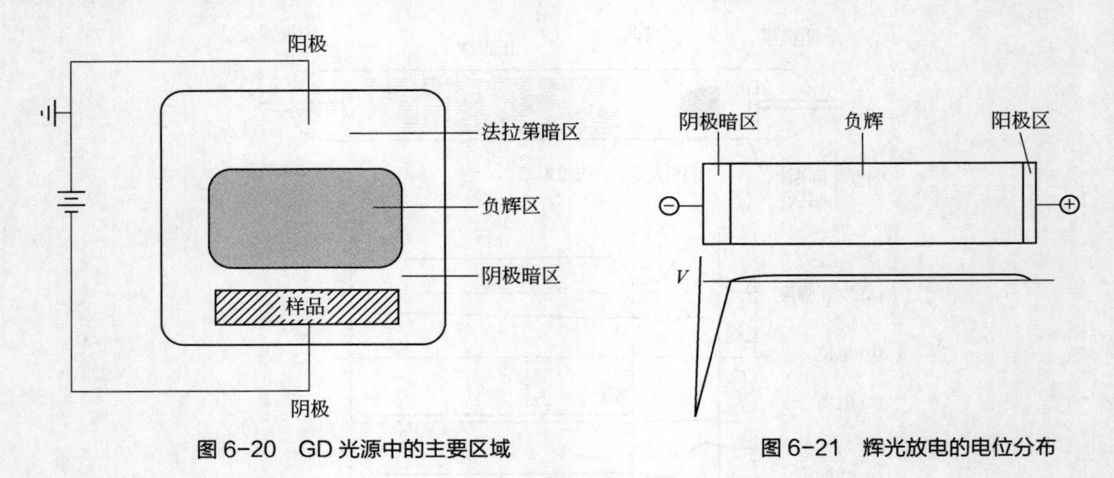

图 6-20 GD 光源中的主要区域　　图 6-21 辉光放电的电位分布

除了辉光放电池的结构对辉光放电的结构性质有影响外，其他辉光放电参数如放电气体的种类、压力、放电电流电压及阴极材料都会影响其放电的结构及性质。

放电气体的种类决定各区域的颜色，如表 6-8 列出了常用气体辉光放电各区域颜色[27]。另外阴极暗区的长度也会受放电气体的种类的影响，当使用易于电离的放电气体时，阴极暗区会变短。阴极材料影响阴极暗区的长度，如果阴极材料易于发射二次电子，辉光放电容易自持，只需较短的阴极暗区。

表 6-8 常用气体辉光放电各区域颜色

气体种类	阴极层	负辉区	正辉柱
空气	桃色	蓝色	桃红色
H_2	红褐色	淡蓝色	桃色
N_2	桃色	蓝色	桃色

续表

气体种类	阴极层	负辉区	正辉柱
O_2	红色	黄白色	淡黄色有桃色中心
He	红色	绿色	红发紫
Ar	桃色	暗蓝色	暗紫色
Ne	黄色	橙色	橙红色
Hg	绿色	绿色	绿色

6.2.2.2 辉光放电原子发射光谱原理

高速的放电气体离子（Ar^+）轰击样品表面，从而将样品表面的原子溅射（或剥离）出来。样品原子扩散进入辉光放电等离子体内，并与等离子体内的粒子碰撞频繁，原子的外层电子吸收一定的能量跃迁至更高的能级，原子处于激发态。激发态的原子并不稳定，当其返回到基态时，会释放一定的能量，即一定波长的光，不同元素的波长（即特征波长）各不相同，利用不同元素特征波长可以对样品中的元素进行定性分析，检测特征波长的强度可以对样品中所含元素进行定量分析。

由于辉光放电过程中原子化过程和激发过程在空间上和时间上都是分离的，因此，元素 i 发射线信号强度 I_i 可由式（6-1）表示：

$$I_i = k_i e_i q_i \tag{6-1}$$

式中，k_i 是指仪器的检测效率，e_i 代表发射过程的光子产率，q_i 是指元素 i 进入等离子体的速度，即原子的溅射速率。原子溅射速率 q_i 随样品中 i 元素的浓度而变化，因此，又可以表达为：

$$q_i = c_i q \tag{6-2}$$

e_i 是随单位被溅射原子发射的光子数和这些光子在到达发射窗的过程中的吸收情况而变化的，所以 e_i 可表达为：

$$e_i = S_i R_i \tag{6-3}$$

式中，R_i 为发射率（定义为进入等离子体的每个被溅射原子发射的光子数）；S_i 为自吸系数，随元素的溅射速率在 0 到 1 变化；k_i 对给定的仪器一般认为是恒定的。由于有光电倍增管暗电流、仪器噪声、氩原子的发射光及其他一些未知因素，在元素发射信号强度式中应该加入背景 b_i 一项，即：

$$I_i = k_i S_i R_i c_i q + b_i \tag{6-4}$$

对于一定条件下给定的分析任务中假定 $k_i S_i R_i q_i$ 为常数 A，则元素发射光强度就只是浓度的函数。

$$I_i = Ac_i + b_i \tag{6-5}$$

从而样品中元素浓度与发射光强度之间为正比关系。

6.2.3 辉光放电原子发射光谱的基本控制参数

6.2.3.1 直流辉光放电的基本控制参数

直流辉光放电中电子温度较高，气体及阴极温度较低，其直流放电特性取决于电压、电流和气压三个参数，这三个参数之间的关系反映了辉光放电光源的放电性能，如图 6-22 所示。其中只有两个参数是变量，而另一个参数则是因变量，即其中两个参数固定，则第三个参数就确定。在固定放电电流的条件下，放电电压随工作气体压力的增加而减小；在固定放电电压的条件下，放电电流随着工作气体压力的增加而增大。在相对低的气压时，虽然放电电压值可增至很高，但得到的放电电流都相对很低，没有分析应用的价值。由于样品成分和结构的差别，对于不同类型的样品具有不同的放电特性。此外，具有不同结构的光源也具有不同的放电参数。放电参数的变化会对辉光放电过程产生影响，因此可以通过改变放电参数来改变样品的溅射速度和元素谱线的发射强度。

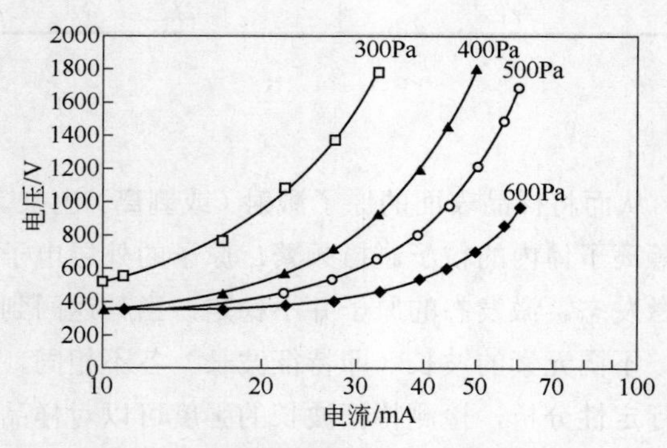

图 6-22 镍基样品直流辉光放电中电流、电压和气压之间的关系

Dogan 等[28]和 Boumans[29]用 Grimm 型辉光放电光源分别研究了在不同 Ar 气压下多种金属和合金的放电电压随电流的变化情况；在给定气压下放电电流随电压的增加而增大，符合异常辉光放电规律。Tong 等[30]和 Fang 等[31]在分别研究了 Cr、Nb 与无氧 Cu 的放电特性后认为，在低气压下放电电压对放电电流存在较大的依赖关系，随着气压的增加，这种依赖关系逐渐减弱。在较高气压下，由于粒子碰撞效率提高，仅需要较低初始能量的二次电子就使原子离子化形成等离子体，以维持稳定的辉光放电。

对于 Grimm 型 GD-OES 的一般工作条件：放电电流为 25～100mA；放电电压为 400～2000V；气压为 100～600Pa。在样品分析中，通常推荐的方法是让气体流量实时变化以保证获得恒定的放电电压和放电电流，从而可建立真正的多基体校正曲线，进行准确的定量分析。

除电学参数外，其他一些仪器参数也很重要。其中，阳极的内直径一般在 2.5～8mm，气体的纯度应大于 99.999%，气体的流速控制在 0.2～0.3L/min，预燃时间一般为 30～120s，积分时间为 10s 左右。通常情况下用直流模式的辉光放电光谱分析低合金钢的材料时，一般采用内径为 4mm 的阳极筒，典型的操作条件是：氩气流量为 0.25L/min，放电电压为 600～1000V，放电电流为 30～60mA。

6.2.3.2 射频辉光放电的基本控制参数

射频辉光放电光谱的影响因素较多，但基本控制参数有放电功率、放电气压和电源频率。

一般而言，提高辉光等离子体获得的功率，可以加速溅射，提高激发效率，进而提高分析的灵敏度。但有研究表明，发射强度在某一特定功率时出现尖峰，这是由于电子能量分布和跃迁概率之间存在相互匹配关系，在该点时达到最佳。

辉光放电的元素信号强度由溅射原子化率和特征谱线的激发率决定。提高放电气压可以增加溅射正离子的数量，但这些离子的能量较低，所以提高放电气压可能使溅射率增大，也可能减小。通常提高放电气压可以提高电离电子的密度，但是在高放电气压下，这些电子的平均能量比较低，所以，那些需要低能电子的能级间跃迁会在高气压下增多，而那些需要高能电子的跃迁会在低气压下增多。

随着电源频率的升高，放电体的射频电压峰-峰值和相应的直流负自偏压会降低，而射频电流会升高。与放电气压对发射强度的影响类似，高频率可以产生大量的溅射正离子和电子的数量，但这些离子和电子的能量比较低，因此，很难判断电源频率对溅射率的影响是抑制还是促进。然而，一般来说，溅射率会随频率的升高而降低。对低能跃迁来说，频率越高，发射强度越强，所以电子能量分布与有效激发所需能量的匹配对有效的激发具有重要意义，这也是射频激励的频率选择的依据。射频电源可以是固定频率也可以是可变频率方式，无论何种方式射频的频率通常在 3～41MHz 之间。常用的固定频率是 13.56MHz、27.12MHz 或 40.68MHz，现在辉光放电光谱上用的放电频率大多是 13.56MHz。

6.3 辉光放电原子发射光谱的仪器组成

6.3.1 辉光放电光源

辉光放电发射光谱仪与其他发射光谱仪最主要的区别是在光源上。辉光放电光源的功能就是将样品原子化，并使其激发，从而不同元素产生具有特征波长的光。辉光放电光源按结构主要分为 Grimm 型、Marcus 型和空心阴极型三种形式，目前商用仪器中主要为 Grimm 型。

6.3.1.1 Grimm 型

Grimm 型光源的结构简单，也是至今应用最广泛的一种光源，既可采用直流方式供能，也可采用射频方式供能，现在的商品化仪器大多数都使用这种光源。

该光源结构如图 6-23 所示，具有磨平表面的样品直接作为光源放电的阴极，与光源的阴

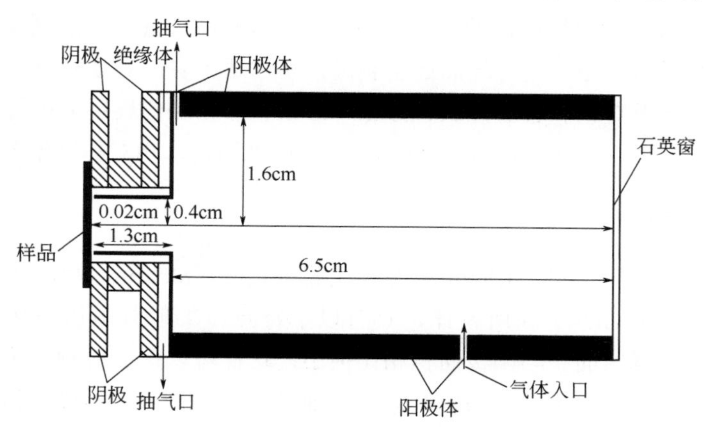

图 6-23　Grimm 型辉光放电光源示意图

极盘接触；伸入阴极中圆筒状部分称之为阳极筒，与阳极体相连，阳极筒与阴极（样品）之间隙约 0.2mm，阳极与阴极之间用绝缘垫圈隔开；光源的另一端用石英玻璃片密封，同时作为辉光放电光源的出光口；阴极体采用循环水冷，以防止阴极过热熔化，影响溅射效应和逐层取样效果；各联结处均采用胶圈密封以防漏气。放电时，阴极（样品）须充分冷却，以保持阴极“冷”的状态。

该光源工作时，先将光源内空气抽至 10^{-2}Torr（1.33Pa）以下，再由进气口送入高纯氩（≥99.999%），同时采用真空泵分别从两抽气口将充入的氩气抽走，可以调节进气和抽气的速率，使光源内的氩气压力保持一个动态平衡，通常使阳极筒内的氩气压保持在几至十几托。光源的阳极接地保持零电势，阴极加负高压。由于光源的这种结构，放电被限制在阳极筒内阴极前面很短的空间之内，正柱消失，发光主要是明亮的负辉区，这种限制式辉光放电，可以将电压加得很高，使放电处于异常辉光放电状态，以增大放电功率。

在较高阴极位降的作用下，在放电中产生的载气离子（氩离子）加速向着阴极运动。离子强烈轰击试样产生了阴极溅射，使样品物质进入放电区域。Grimm 辉光放电光源是非 LTE（局部热平衡过程）光源，电子温度较高，气体及电极温度较低。其放电电流约几十至 300mA，放电电压约 1～2kV，其伏安特性曲线比空心阴极放电的曲线上升更快，如图 6-24 所示。

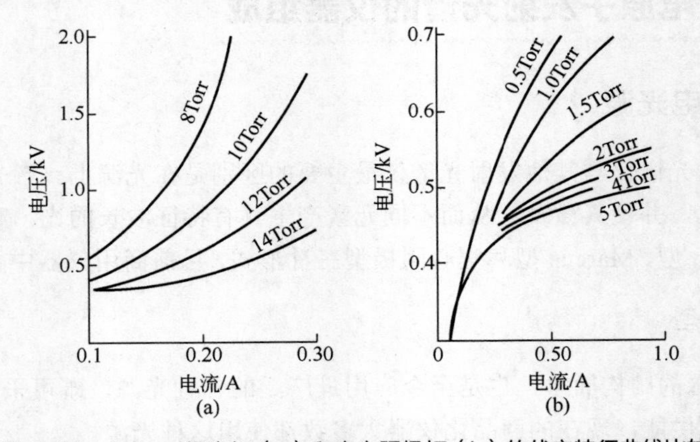

图 6-24　Grimm 辉光灯（a）和空心阴极灯（b）的伏安特征曲线比较

Grimm 辉光放电光源经短时间的预溅射后，可以对样品进行稳定的剥离，测量线性范围很宽，高达几个数量级；由于是对样品逐层剥离，所以适于表面和逐层分析，同时样品容易更换。例如采用该光源对钢和合金渗氮、渗硼、渗铝、渗铬层的逐层分析可获得良好结果；用于高含量成分的分析，即使含量高达 50%，也能准确测定，相对标准偏差小于 1%[32]。

6.3.1.2　Marcus 型

Marcus 等[33]提出了一种非 Grimm 型的辉光放电光源（Marcus 型），结构示意如图 6-25 所示。它主要是为 RF-GD-OES 所设计，具有以下特点：①射频电压是从样品背面加载；②在光源内，样品的暴露面积与阳极面积相比很小，这样可以保证射频电压的大部分压降发生在样品上，而阳极壁基本不发生溅射；③真空抽气口只有一个；④样品和射频接头用金属壳屏蔽，减少射频辐射损失。

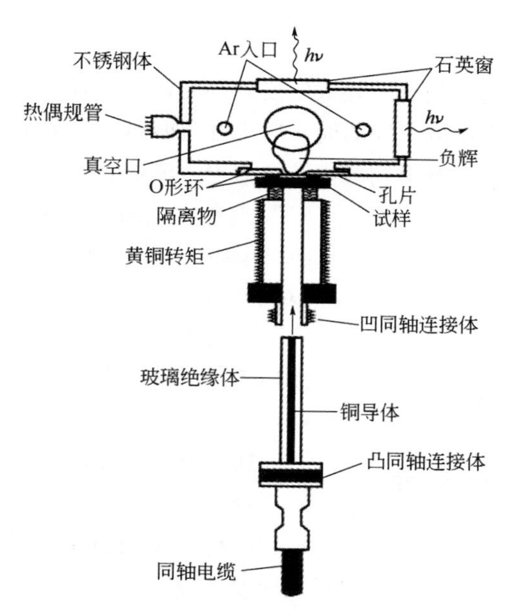

图 6-25 Marcus 型射频辉光放电光源结构

Marcus 型辉光放电光源分为射频和直流供电，对两种供电方式的基本特性进行了研究和比较[34]。表 6-9 列出了在分析 NIST SRM1252 磷铜样品时 RF-GD-OES 和 DC-GD-OES 两种供电模式的发射光谱特性比较。

表 6-9 优化条件下 Marcus 型 GD-OES 的 RF 和 DC 模式发射光谱特性比较

分析物	λ/nm	浓度/(μg/g)	信号强度（平均）		S/B（平均）		S/N（平均）	
			RF	DC	RF	DC	RF	DC
Ag	338.29	166.6	22088	29364	53.9	20.3	2973	2232
Ni	361.94	128	5153	6681	17.6	11.0	861	620
Co	384.55	90	36008	44354	43.8	49.4	1947	2841
Mn	403.08	17	4899	6863	15.4	8.7	515	522

注：$n = 3$。

表 6-10 给出了在 RF 和 DC 模式下分析铜样品所计算的检出限，可以看出除 Co 外，其他元素在 RF 和 DC 模式下不具有相同的检出限（LOD）。

表 6-10 GD-AES 分析 NIST SRM 磷铜样品在 RF 和 DC 模式下的检出限比较

分析物	波长/nm	浓度/(μg/g)	平均 LOD/(μg/g)	
			RF	DC
Ag	338.29	166.6	0.1	0.2
Ni	361.94	128	0.4	0.5
Co	384.55	90	0.1	0.1
Mn	403.08	17	0.04	0.05

注：$n = 3$，通过 RSDB 法。

6.3.1.3　空心阴极型

普通辉光放电管的负辉区虽具有较大的发光强度，但有时仍不能满足发射光谱分析的要求。如果把辉光放电管阴极做成空心圆筒，当其内径小到一定尺寸时（例如 10～20mm），负辉区发光强度将大大增强，并充满阴极内腔，放电电流显著增大，这就是所谓"空心阴极效应"，这种形式的辉光放电称为空心阴极放电。如果两个电极之间距离较小，当气压降低至 2～5Torr 时（对氩气而言），放电的形式将发生突然变化，正柱消失，从阴极壁，沿阴极截面径向方向，分布着阿斯顿暗区、阴极辉、阴极暗区和负辉区，如图 6-26 所示。

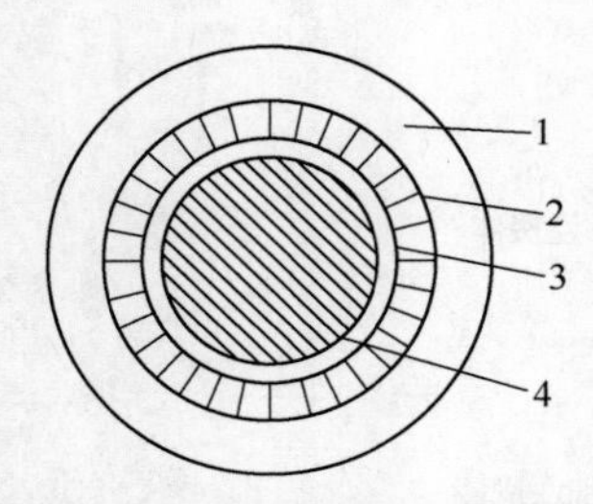

图 6-26　空心阴极中发光区域示意图

1—阴极；2—阴极辉；3—阴极暗区；4—负辉区

通常空心阴极杯用石墨或金属制成（或导体样品直接制成），并固定在钨棒上，如光谱纯石墨电极车制成孔径 3～6mm、孔深 10～30mm 的空腔。视具体分析样品和测定元素而定，一般对于测定易挥发元素可用较深的孔，对于低挥发元素可用较浅的孔，内装 20～50mg 样品。空心阴极放电管的构造如图 6-27 所示。

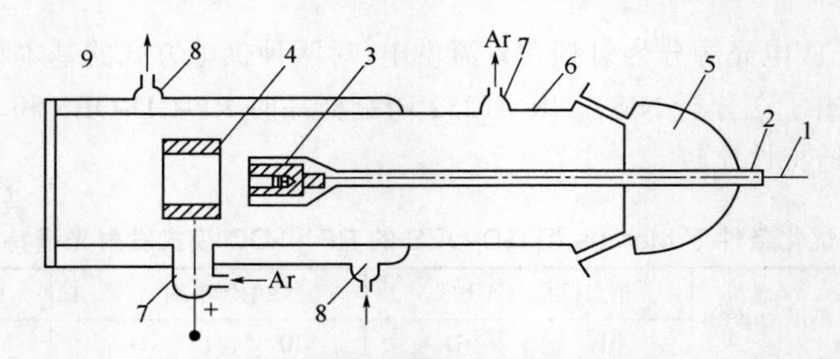

图 6-27　空心阴极放电管的基本构造

1—阴极钨棒；2—阴极套管；3—空心阴极杯；4—环状阳极；5—外壳塞子；
6—外壳；7—载气进出口；8—冷却水进出口；9—观测窗口

阴极的形状、尺寸及材料对放电影响较大。如需较高的阴极温度可采用石墨电极（可达 2000℃），但易吸附杂质气体和水分，产生分子光谱带影响分析工作；如试样无须加热太高，可以采用其他合适的金属作阴极。而阳极可用镍或铜等材料制成，其尺寸、材料、形状对放电几乎没有影响，光源的窗口材料常用石英。

空心阴极辉光放电是一种非 LTE（局部热平衡过程）光源，其电子温度与气体温度很不相同。电子温度一般可高达几万度，气体温度却很低，一般不到 2000K，因而这种光源具有较强的激发能力（分析物主要是由电子碰撞激发）。阴极温度的高低与电流大小有关，低电流时，电极温度低（"冷阴极"），样品导入负辉区主要是靠阴极溅射；电流较大时（例如 1A），阴极温度可达 2000K，样品除阴极溅射外也可能以热蒸发方式进入负辉区。热蒸发取样方式与电弧、火花光源相似，但空心阴极放电光源对于不同元素的蒸发条件可加以较严格的人为控制，而电弧、火花光源难以控制。

空心阴极辉光放电管的极间击穿电压为 250～400V，常用电流为 0.2～0.5A。由于阴极溅射或电极放出气体而使放电工作气体（如 Ar）被沾污，需用机械泵不断将其抽出，同时不断送入纯净的放电工作气体，使其维持一定压力（一般为 0.1～10Torr）。这种“动态”平衡式真空系统不仅能满足使用要求，而且成本低、系统简单、易于操作，对扩大空心阴极光源的应用起了积极的推动作用。

空心阴极辉光放电光源具有以下特点：①激发能量高；②光谱背景低；③分子光谱带强度低；④原子化效率高；⑤激发效率高；⑥放电易调节与控制；⑦固体样品直接分析；⑧谱线宽度小。

空心阴极的局限性是直接测定高熔点元素（如 W、Mo、Zr、Ti 等）的检出限不够低，这是由于空心阴极放电特性所决定的。空心阴极放电的阴极温度不可能升得很高，一般不超过 2000～2200℃，这一温度不足以大量蒸发难熔金属。

6.3.2 供能源

辉光供能源为辉光放电光源产生辉光等离子体，从而发出特征波长的光提供能量。辉光供能源主要有直流（恒压或恒流）供能源和射频供能源两大类。直流供能源较为简单，只需将正极与光源腔体、负极与阴极相连即可为辉光放电光源提供能量。射频供能源的供能较为复杂，它与辉光放电光源的结构、样品的形状密切相关，射频信号发生器所提供的功率在传输过程中常常以各种不为人们所注意的方式（如耦合损失、辐射损失等）消耗掉，所以为了使能量尽可能耦合到样品上，需要做好阻抗匹配以及屏蔽措施。

辉光直流和射频供能源除了分析样品的类型不同外，同时，它们使辉光放电光源产生辉光等离子体有一些细微的不同（如带电粒子的密度和能量分布），这些细微的差别可能使激发源得到不同的激发和电离效果[35]。辉光放电等离子体的能量由射频供给，溅射束斑可达到极为平坦，等离子体稳定时间极短，表面信息无任何失真，如图 6-28 所示。

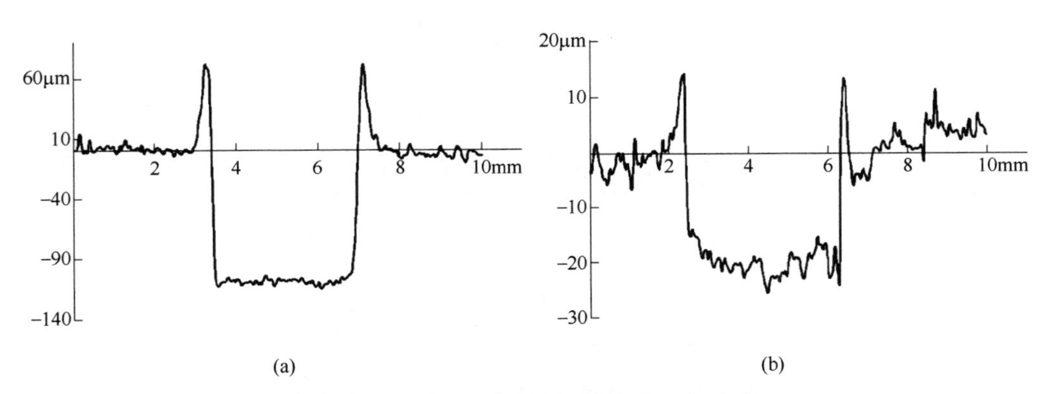

图 6-28 射频辉光光源（a）与直流辉光光源（b）溅射形状比较

目前的商品化仪器可单独以上两种光源或同时装配，使用时可相互切换，如美国 LECO 公司的辉光光谱仪。

6.3.3 气路控制系统

辉光光源的气路系统由真空泵、高压气瓶、减压阀、真空规、电磁阀和连接管路等组成。

图 6-29 为辉光放电光谱的真空及供气系统的示意图。其光学分光系统的真空由真空泵来实现，或为充气系统以实现对紫外区域光谱线的检测。

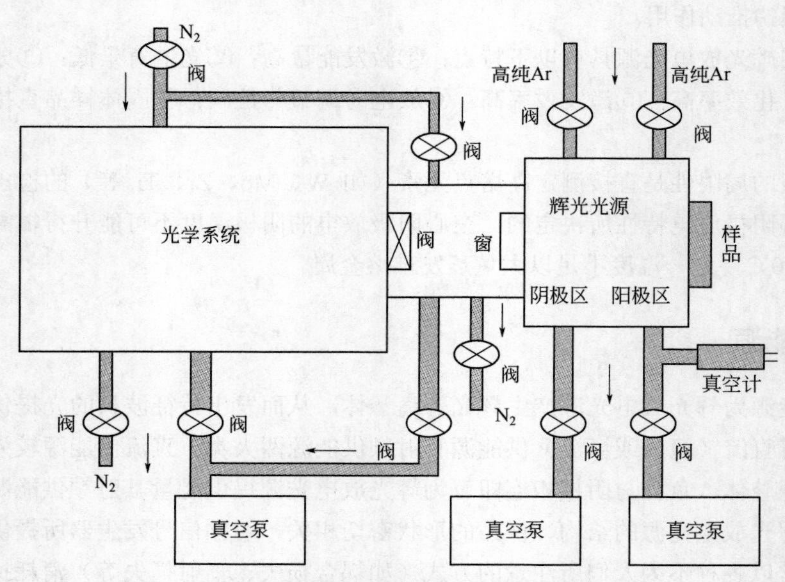

图 6-29 辉光光谱仪真空及供气系统示意图

对光源抽真空，同时引入设定流速的惰性气体，使光源内的气压达到一个动态平衡，惰性气体的流速一般控制在 0.2～0.3L/min。为了保证惰性气体（如氩气）的纯度大于 99.999%，各连接管路一般都采用紫铜管或不锈钢管。通过对电磁阀的控制，使辉光放电光源内达到分析所需的放电气压，并保证光源在放电参数下稳定工作。图 6-30 为辉光放电光源气路自动控制系统示意图。

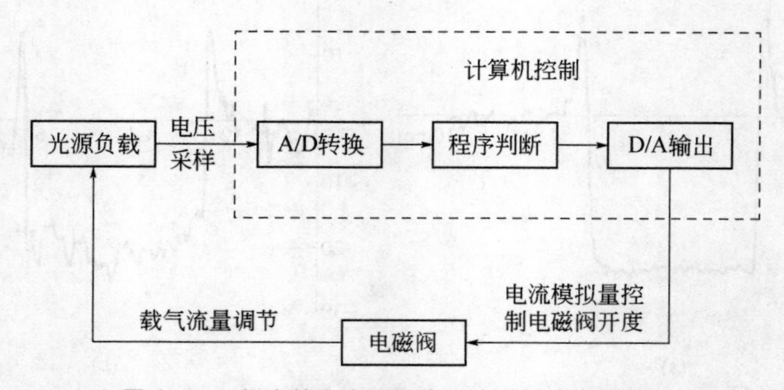

图 6-30 辉光放电光源气路自动控制系统示意图

6.3.4 分光检测系统

辉光放电光谱仪采用的分光系统与其他发射光谱仪器相似，主要有多道同时型和单道扫描的顺序型。最为常用的是多道同时型。多道同时型辉光放电光谱仪的分光系统如图 6-31 所示，采用帕那-龙格光学构架，主要由聚焦透镜、入射狭缝、凹面全息光栅、出射狭缝和检测器等组成。其中，检测器采用光电倍增管或 CCD，对不同波长的光进行检测，一般配备 30

个通道左右。光栅的刻线越密分辨能力就越强，通常使用的为 2400gr/mm 或 3600gr/mm。罗兰圆的直径一般在 750mm 左右。对于测定波长低于 190nm 的远紫外光，相应的光源窗口、透镜和折射镜都需采用 MgF_2 材料制成。

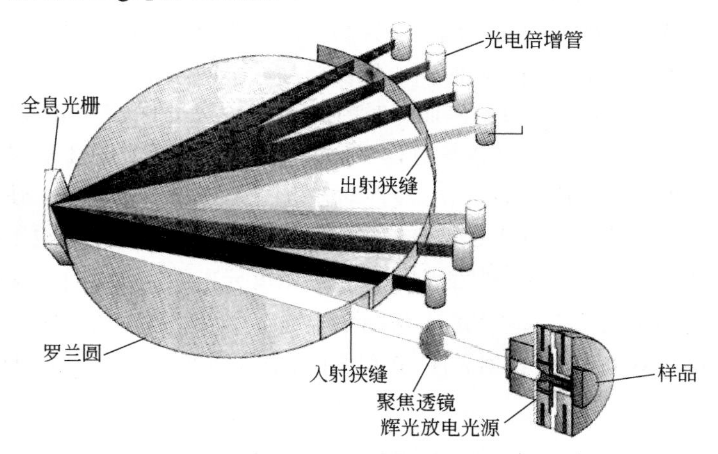

图 6-31　多道型 GD-OES 光谱仪光学系统示意图

单道扫描顺时型分光系统也有应用。商品仪器还出现一种结合型仪器，如 JY 公司的 GD-PROFILER HR 型辉光放电光谱仪在传统多道分光系统的基础上加一个 1000mm 焦距的单色仪，如图 6-32 所示。单色仪配置大面积离子刻蚀全息光栅（3600gr/mm），最高分辨率达 9pm，有比多色仪部分还高的分辨率。采用高速扫描和 Image 软件功能，可在 2min 之内采集任何样品的全部光谱谱图，具有全谱快速分析功能，通过谱线库就能轻而易举地鉴别样品中所存在元素的谱线，大大扩展了辉光光谱仪的应用灵活性。

经分光后的单色光通过出射狭缝，由检测器采集谱线信号。传统辉光放电光谱仪的检测器，一般都采用光电倍增管（PMT），由于检测一条谱线需要一个 PMT 检测器，设置一个独立通道，限制了选择分析元素的灵活性。见图 6-33，现代多采用电荷耦合固体检测器（CCD）等大规模集成元件，可以是线阵式或面阵式的检测器，具有多谱线同时记录功能，并缩小分光系统的焦距，使 GD-OES 向全谱型发展。在仪器体积及检测功能上得到极大的提高，通过

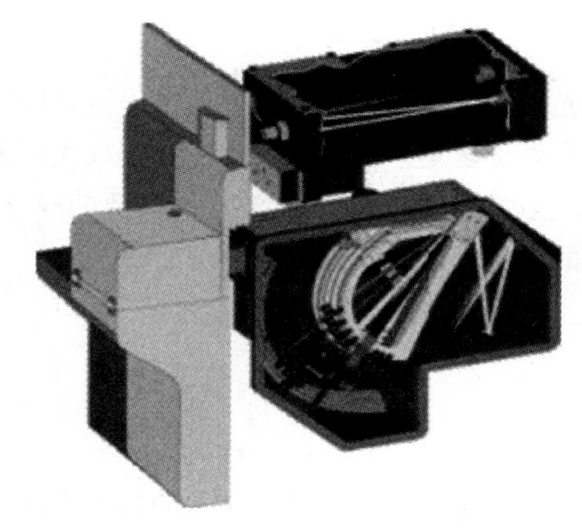

图 6-32　结合型 GD-OES 光学系统

图 6-33　LECO GDS-500A 型光学系统

软件的控制和自动校正，适用于多种基体、多元素同时测定及镀层深度分析，获得精确的测量结果。

在 GD-OES 进行深度轮廓分析时，样品溅射的连续过程，通常以 3μm/min 的速度由表及里。这就要求检测器应能够非常快速地采集样品或涂层的全部光谱信息，真实地反映样品的情况，不造成有价值信息的损失；同时由于溅射样品的不同涂镀层到达各个界面的过程中，元素含量迅速改变，仪器对此要有准确而即时的响应。JY 公司的 GD-PROFILER 系列辉光放电光谱仪都采用其专利技术的高动态检测器（HDD），其从本质上说还是属于光电倍增管，但它通过对光电倍增管电压的自动调节，线性动态范围达到 10 个数量级，使仪器在毫秒时间内对界面处信号从低计数至百万计数的变化有线性响应，既无信号饱和也不必预调电压，可进行快速而灵敏的检测，即具有瞬时测定痕量及高浓度元素的能力。这种响应是固态检测器或普通负高压固定的光电倍增管（PMT）检测系统通常不可能做到的。如图 6-34 所示，在分析钢表面的磷化层没有采用 HDD 时，H、P 和 Fe 的信号都饱和，而采用 HDD 就实现了对样品的正确测定。

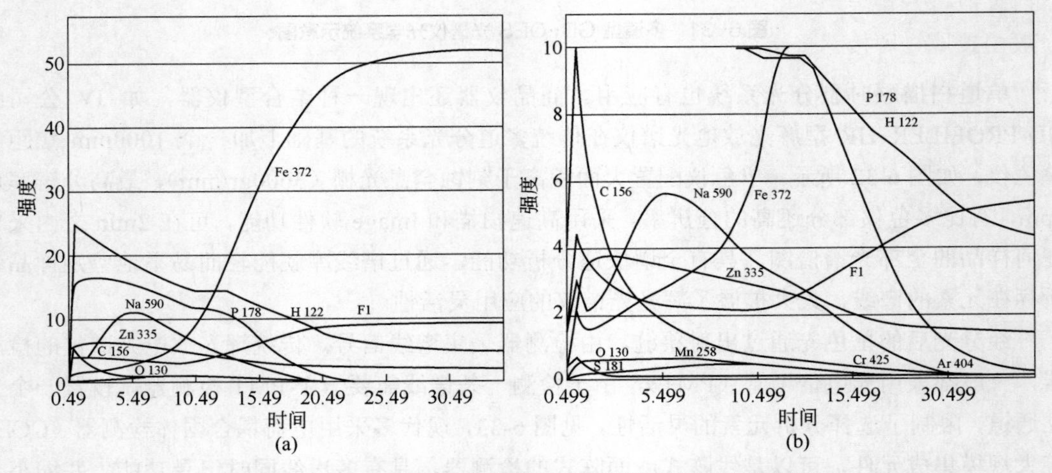

图 6-34 采用 HDD（a）与普通 PMT（b）的分析结果比较

6.3.5 数据采集系统

数据采集处理系统是最终对各元素的特定波长光进行采集，经过分析处理给出被分析样品中所含元素的情况及各元素的浓度情况。通常信号处理器是一种电子器件，它可放大检测器的输出信号，此外，它也可以把信号从直流变成交流改变信号的相位，滤掉不需要的成分。同时，信号处理器也可用来执行某些信号的数学运算，如微分、积分或转换成对数。

6.3.6 仪器的使用与维护

6.3.6.1 工作环境、安全保障及安装要求

辉光放电光谱实验室应具有宽敞和洁净的环境，同时也应防止与其他仪器的相互干扰，做好相应的屏蔽措施。其主要要求有：

① 恒温、恒湿与防尘　实验室应是恒温恒湿条件，室温一般控制在 15～25℃之间的某个恒定温度，温度变化应小于±1℃。温度的控制可根据实验室的空间大小选择合适的容量的空调机进行调节。对于大多数的光谱仪都具有自身的局部恒温装置，对室温的要求不高，但恒定的室温能够确保仪器的稳定工作和得到较好的实验结果。室内的相对湿度不大于 70%，最好控制在 20%～60%之间，对于湿度较大的地区，还应配备除湿装置。实验室要求封闭，并且要有空气净化装置，使实验室内的空气尘埃降低至最小程度，以保证仪器的正常工作和减小试样沾污对分析结果的影响。

② 防震　实验室要求远离震源，如锻压车间及铁路轨道。对于附近有震源的地方，可将仪器安装在减震胶皮垫上，以减小震动对仪器的影响。同时仪器中用于抽真空的机械泵也应做好相应的减震措施，以减小对光室等部件的影响。

③ 屏蔽与接地　辉光放电光谱仪或实验室内其他仪器工作时将产生强高频电磁场，会对邻近的仪器和电子设备造成干扰，同时危害实验室工作人员的健康。可以采用屏蔽和接地的方法进行防护。屏蔽一般以铜或铝作为屏蔽体，将高频电磁能限制在所规定的空间，防止其辐射扩散，并将屏蔽体妥善接地。高频接地与电器接地不同，二者不能互相代替，高频接地一般由接地线和接地极组成，接地极要求面积大，最好是采用 1～2m^2 的铜板深埋于地下 2～3m，接地电阻小于 0.25Ω；接地连接线常用铜带，为降低高频感抗应尽可能短。高频接地应单独深埋，且应避免建筑物以及其他电器接地处，同时接地极周围加适量食盐和木炭。接地线引入仪器时尽量减少弯曲，必须弯曲时曲率半径尽可能大些。

④ 供电　实验室的电源最好应有备用的供电系统。各仪器的电源要分别供给，不应与有较大用电负荷的设备连接在一起。具有 AC 198～240V 50Hz 的单相电源供光谱仪，AC 380V 的电源供空调机和磨样机使用。电源电压波动要小于 10%，越小越好，通过稳压装置进行二次稳压以保证仪器的分析精度，允许电流大于 30A，全部仪器均分别接地，光谱仪地线电阻小于 5Ω。计算机地线电阻小于 0.25Ω，以防相互干扰。

⑤ 气源　放电气体要求使用高纯氩气，纯度应达到 99.999%以上。如果使用氩气的纯度不够，会造成辉光放电不正常，溅射斑点不好，影响分析结果。对于纯度不够的氩气，也可以在气路中采用氩气净化装置，使氩气纯度达到辉光放电的要求。

6.3.6.2　仪器使用要求及操作规程

（1）使用要求

辉光放电光谱为了保持仪器的稳定性一般要求长期开机，若临时开机需要等仪器稳定 2h 以上才能进行分析，并保持实验室的温度和湿度的恒定。由于氧分子在 200nm 以下有很强的吸收带，所以光路系统（多色仪或单色仪）需要始终抽真空或在其中充入高纯氮气或氩气，以减少分子态氧对紫外区域光谱的吸收。此外，还需提供充足的高纯放电气体（Ar）和给顶样汽缸等活动部件提供动力的压缩空气（或氮气）。

同时为了获得质量好的分析数据，有必要对辉光放电光谱仪的主要元件（辉光放电光源、光学单元和电学测定装置）的性能进行定期检查。

① 辉光放电光源　采用合适的辉光光源放电参数对适当的样品（如铁样）进行分析，通过监测感兴趣的谱线强度与连续背景或等离子体气体线的强度比，考察样品溅射和辉光等离

子体组成的稳定性。在选定的放电条件下，测定样品的溅射率，以了解辉光的溅射速度。观察样品的溅射坑和光源的真空示值，对放电气体的质量和真空系统的密闭性进行评价。检查光源阳极的情况，使阳极表面清洁、阳极与样品表面间保持正确的间隙（0.2mm 左右）。

② 光学单元和电学测定装置　应确保辉光放电光谱仪的光轴与辉光放电光源准直，即光源的影像落在入射狭缝上。在辉光放电光谱仪的可用光谱范围内，用适当的样品（如低合金钢）测定光谱仪的谱线分辨率，了解其变化；评价波长调整的准确度和稳定性。在一定的周期内，对检测器读数随辉光放电通与断的稳定性进行测量，判断检测器性能。

（2）操作规程

采用辉光放电光谱应对样品进行分析，主要步骤如下：

1）校准样品的制备

样品分析时，需使用已知成分的样品（参考物质或二级标样）在选定的条件下进行激发建立校准曲线，校准过程的可靠性在很大程度上决定了所获得分析结果的准确度。虽然辉光放电光谱分析中的基体效应较小，但在选定校准样品时，应尽量选择在化学组成和冶金处理过程上与被测样品接近。它们被用以确定元素的溅射速率、发射强度与浓度的函数关系。校准样品与被分析样品的组成或结构相差较大时，可引入样品的溅射率进行修正，进一步提高分析结果的准确性。

同时选择合适的样品还应注意：a. 选择的校准样品中各元素的浓度范围应涵盖被分析样品；b. 考虑是否存在与样品或放电气体相关的谱线干扰；c. 背景发射和它的瞬时涨落对分析结果的影响；d. 深度分析时选择适当的溅射速率和数据采集速率。

用于辉光放电光谱分析的样品通常要求为平板状或圆盘状，大小要符合仪器或分析的要求，样品的直径一般在 10～100mm 之间比较合适。样品表面要求平整光滑，以便 O 形密封圈贴紧样品，保证样品与辉光放电光源间的密封。对于进行成分分析的样品，表面可以进行适当的加工处理，较硬的金属材料（如钢、铸铁、镍、铬等）可以采用 180～600 目的砂纸或砂盘进行打磨，以去除样品表面的污染；较软的金属材料（如铜、铝等）则可以采用铣床进行加工；固体粉末样品预先需对其压制成块后进行分析。对于进行表面逐层分析的样品应特别注意，需要对样品表面进行保护，以免破坏样品表面而导致表面信息的丧失，但同时还需对样品表面进行清洁，以缩短辉光放电的稳定时间。样品表面是金属（如镀锌板、镀锡板）时，可用酒精擦洗表面污物，有的样品表面有一层有机保护膜（如彩涂板），就不能用有机溶剂进行清洗，而要用清水洗净，然后用软纸擦干。

2）测定条件的优化和样品分析

可根据仪器制造商提供的操作说明书中的规定用校准样品建立仪器工作条件。除了一些需重点考察的放电参数（如电流、电压、功率）外，其他的相关参数可根据仪器制造商的推荐值进行设定。典型的操作步骤如下：a. 根据分析样品的组成情况，选择待测元素合适的波长；b. 调整入射狭缝或其他特定的光学部件，以优化信号强度和评价辉光放电的稳定性；c. 将被分析的样品放入辉光放电装置中，并使光源内的最低真空抽到设定值，通常小于 10Pa；d. 设定合适的放电条件（如气体流速或压力、电压、电流、功率、频率）；e. 辉光放电激发，溅射相关样品得到分析结果。

如存在元素的非线性校准情况，应该考虑到谱线干扰或自吸收效应。必要时，应选择波长不同的谱线进行分析。

3）分析结果的质量检查

对辉光放电光谱法的分析结果应按如下步骤检查：①分析一个或多个有证参考物质作为检查标准，其测定结果应在认定值的允许差范围内；②在可能的情况下，应该将辉光放电光谱确定的未知样品的分析浓度与第二种分析方法所获得的结果进行比较。理想的情况为第二种方法应是一种公认的能对该分析样品和材料提供精确结果的测定方法。对两种方法的比较，应特别注意它们相对的重复性和再现性。

4）测定报告的输出

将所得到的分析结果与辉光放电的相关参数一起编制成报告输出。相关参数主要有：①激发源类型（直流或射频）；②对直流操作类型，放电电压和电流；③对射频操作类型，正向传输功率、反射功率和频率（如果可能的话，包括有效功率和射频电压）；④气体类型和纯度；⑤气体流速；⑥气体压力（包括压力计的类型和位置）；⑦阳极形状和尺寸（特别是内径）；⑧测量或溅射时间；⑨所用分析谱线波长；⑩分析物浓度；⑪检出限；⑫测量重复性；⑬溅射物的质量和深度。

6.3.6.3 选择测量技术

（1）成分分析和深度分析

辉光放电光谱仪除了可以对块状样品进行成分分析外，还可以对涂镀层样品进行深度剖面分析。进行样品成分分析时，选择与被测样品基体相同或至少相似的标准样品建立校准工作曲线，同时保持样品测量和工作曲线测量条件的一致，则样品中元素的强度与元素的含量存在着线性关系。分析被测样品时，根据获得的元素强度就能计算出被测样品中分析元素的含量。标准样品的数量不能过少，否则没有代表性，一般标准样品的数量越多，则标准工作曲线的不确定度越低，但随着标准样品数量的增加，成本也大幅度地上升，通常每个元素的校准曲线的数据点最少需 6 个以上。

而进行涂镀层样品的深度分析与块状样品的成分分析相比要复杂得多。辉光放电光谱进行深度分析得到的是镀层样品成分所对应的谱线强度与溅射时间的相互关系，所以需要将谱线强度定量转化为相应成分的含量，以及将溅射时间定量转化为溅射深度，如图 6-35 所示。对于深度分析的非均质样品的强度与浓度的相互转换，不能如成分分析一样进行，即使用同

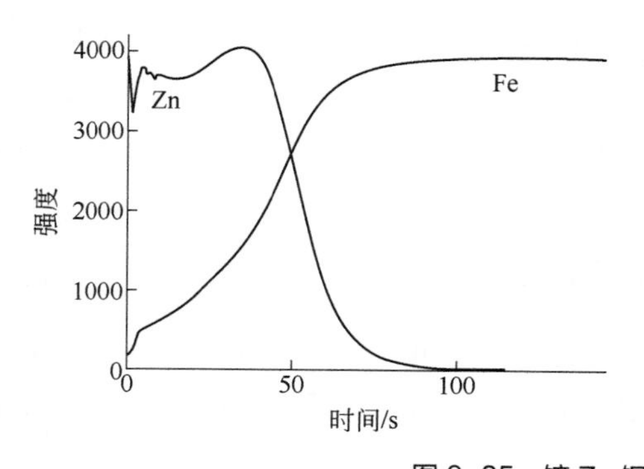

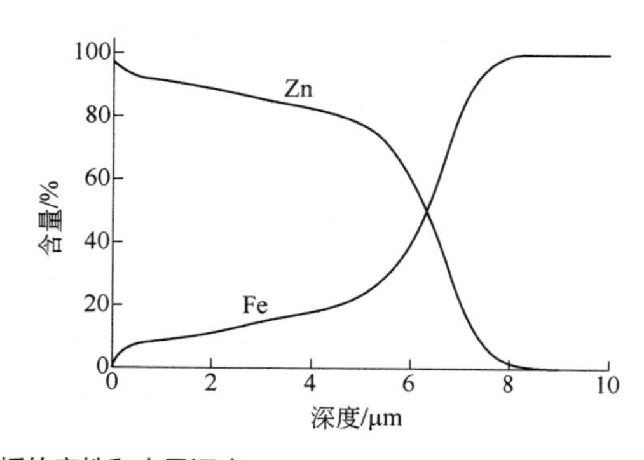

图 6-35 镀 Zn 钢板的定性和定量深度

种基体的标准样品在相同的分析条件下建立工作曲线来实现。由于深度分析样品的基体随深度的变化不断发生变化，均匀样品单一基体的工作曲线无法满足其要求。同时仪器分析的参数如电流、电压也随深度分析过程中基体的不断变化而相应发生变化，这些变化在定量过程中也需要进行校正。对于时间与深度的转化，由于样品为非均质，样品的溅射速度也随着溅射深度的不同而不断发生变化，不容易通过测定相应的均匀样品来实现。现在商品化的 GD-OES 普遍采用的方法是瑞典金属研究所 Bengtson 等提出的 SIMR 方法[36]，可以很好地实现谱线强度-成分含量以及溅射时间-溅射深度的定量转化。

（2）辉光放电光谱的校准方法

辉光放电光谱分析中常用的校准方法有三种，分别是：

① 以分析元素的谱线强度 I_i 为横坐标，分析元素的含量 c_i 为纵坐标，建立工作曲线。校正公式即为：

$$c_i = aI_i + b \tag{6-6}$$

式中，c_i 为样品中分析元素 i 的含量；a 为校准曲线的斜率；I_i 为样品中分析元素 i 的谱线的强度；b 为背景等效浓度。

该校准方法除了应用于深度分析外，还可应用于成分分析中。

② 以分析元素的谱线强度 I_i 与基体元素的谱线强度 I_M 的强度比为横坐标，分析元素的含量 c_i 为纵坐标，建立工作曲线。校正公式即为：

$$c_i = a(I_i/I_M) + b \tag{6-7}$$

式中，I_M 为样品中基体元素 M 的谱线强度。

该校准方法适用于基体含量变化很小时的成分分析，用于修正分析过程中的放电参数的波动。

③ 以分析元素的谱线强度 I_i 与基体元素的谱线强度 I_M 的强度比为横坐标，分析元素含量 c_i 与基体元素的含量 c_M 的浓度比为纵坐标，建立工作曲线。校正公式即为：

$$(c_i/c_M) = a(I_i/I_M) + b \tag{6-8}$$

式中，c_M 为基体元素的含量；I_M 为样品中基体元素 M 的谱线强度。其中，校准标准样品的基体元素含量（c_M）可对校准标准样品中各元素的含量进行加和后差减得到。

该校准方法在基体含量变化较大时也能适用，但是分析未知样品时，基体元素的含量不可能预先知道，但可以通过对样品中所有元素含量进行归一的方法得到，即所有元素含量的加和等于 100。

$$\sum c_i' + c_M = 100 \tag{6-9}$$

上式两边同时除以 c_M 即得：

$$\sum(c_i'/c_M) + 1 = 100/c_M \tag{6-10}$$

式中，$\sum(c_i'/c_M)$ 为所有（或主量）元素含量比的加和，它可以通过仪器测定样品中各元素的强度比（I_i/I_M），代入各元素的校准工作曲线计算出（c_i'/c_M），然后进行加和得到，从而计算出基体含量 c_M。

（3）校准工作曲线的漂移校正

校准工作曲线绘制完成后，由于各个实验室的实验条件（如温度、压力、氩气流量的变化、氩气纯度的变化、电流电压的变化、样品的制样等）不一样，每天的实验条件也会发生变化，工作曲线会发生漂移，因此要对工作曲线定期进行漂移校正。工作曲线校正分为：两点校正和单点校正两种，两点校正即全局校正，单点校正也称局部校正。

① 两点校正即是通过校正曲线高点和低点的含量而达到对整条曲线的校正；具体实验中通过再次激发高标样品，得到相应的含量，然后与曲线上高标含量相比较，激发低标样品得到相应的含量，然后与低标含量相比较，联立方程求解得出相应的系数。然后用该系数对曲线进行整体校正。其具体原理如下：

原始工作曲线方程：$Y=aX+b$，a 为一次项系数，b 为常数项系数，Y 为含量，X 为强度值。默认的每条曲线的校正系数为 $\beta=0$，$\alpha=1$。设高标（X_0，Y_0），低标（X_1，Y_1）；校正时激发得到的值为高点（X_0'，Y_0'），低点（X_1'，Y_1'），$Y_0=Y_0'$，$Y_1=Y_1'$，设 $X_0'=\alpha X_0+\beta$，$X_1'=\alpha X_1+\beta$；两个方程联立求解出 α 和 β；然后对原始工作曲线进行整体校正，校正后工作曲线为：$Y=a(\alpha X+\beta)+b$；求得的 Y 即为校正后的含量值。

② 局部校正即通过一个点的含量来对工作曲线的局部进行校正，具体实验中的做法是通过再次激发单点校正样品，得到其含量，然后与曲线上的相应含量进行比较。求得系数，然后依据此系数对整条工作曲线进行校正。这使得整条工作曲线在该点附近的含量的准确度比较高，但是工作曲线其他位置的含量的准确度就会相应有所下降。其具体原理如下：

原始工作曲线方程：$Y=aX+b$，a 为一次项系数，b 为常数项系数，Y 为含量，X 为强度值。默认的每条曲线的校正系数为 $\beta=0$，$\alpha=1$。设单点（X_0,Y_0）；校正时激发得到的值为单点（X_0'，Y_0'），$Y_0=Y_0'$，设 $X_0'=\alpha X_0$，或 $X_0'=X_0+\beta$；求出方程的解 α 或 β；然后对原始工作曲线进行整体校正，校正后工作曲线为：$y=a(\alpha X)+b$；或 $Y=a(\beta+X)+b$；求得的 y 即为校正后的含量值。注意用单点校正时不能同时有两个系数，这两个系数只能同时存在一个。

6.3.6.4 仪器日常维护、保养与调整

辉光放电光谱仪作为光电技术相结合的精密仪器，正确使用和维护保养是确保仪器正常运行，延长其使用寿命，保持高分析性能的关键。对于辉光放电光谱仪主要有以下几项应注意。

（1）光学系统的描迹

调整入射狭缝或其他特定的光学部件，以提高元素信号强度和稳定性。就多色仪而言，这一过程称为对光谱仪或仪器进行描迹。光学系统随着周围环境的变化其光学性质会发生微小的变化，为了使仪器的稳定性、精确度能够有所保证，所以要定期对光学系统进行调整。实际操作过程中，选择参比元素，采取描迹的办法来对光学系统进行调整，通过描迹使得每一通道的光学性质都处在最佳位置，在该位置所获得的光强度最大，保证仪器的灵敏度最高。因为光学系统的最大值处很灵敏不易得到，实验过程中我们利用描迹曲线的对称性，通过在描迹曲线的对称线附近找两个描迹鼓轮值，这两个值的描迹强度相等，然后对这两个描迹鼓轮值取平均值，该值即对应描迹曲线的最大值，此时的描迹强度最大，描迹原理图如图 6-36 所示。

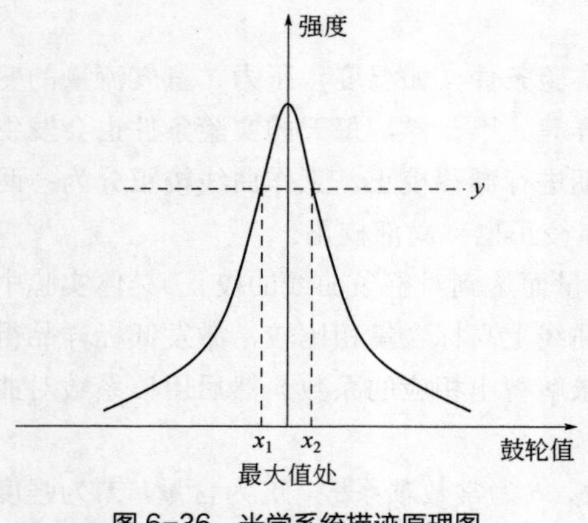

图 6-36　光学系统描迹原理图

（2）各元素通道的同步性

各元素通道相互同步是指在相同的光学系统描迹数下各元素通道都对准出射狭缝，即各元素的描迹数与所选择的参比元素的描迹数相同。在仪器出厂前已进行了精心调整和严格的考核，但由于在使用过程中受到震动或其他因素的影响，可能引起元素谱线与狭缝的位置产生一些微小变化，因此应定期对各元素的描迹数进行考察，对有问题的元素通道及时修正。检查前应首先启动局部恒温系统，经约 4h 恒温后，光学系统内的温度逐渐达到平衡状态。此时采用描迹的方法扫描各元素分析线的峰值位置，与参比元素（一般为内标元素的谱线）的峰值位置进行比较。当两者的描迹数之差大于±1 个格时，需重新调整光路，如通过转动出射狭缝前的折射镜使各元素的描迹数达到一致，此项工作需由仪器厂商的有经验的工程师进行。

内部恒温系统对各元素通道同步性有很重要的作用。由于温度的变化使仪器的内部件、元件的温度系数产生变化，同时仪器零部件、元件的温度系数随温度变化的大小不同，导致各部件的相对位置产生变化。由于温度的变化引起仪器内部光学元件折射率，色散元件的折射率，光栅常数的变化，造成光栅色散率的变化。导致光谱线偏离出射狭缝的中心位置，影响各元素通道的同步性。

（3）暗电流检查

光电倍增管或其他检测元件在使用一段时间，会出现暗电流增加的现象，导致样品分析时元素的背景信号强度过高，分析的检出限受到影响。可以在关闭辉光光源发出的光进入光学系统的情况下，检查各元素通道的暗电流情况，找出变差的光电倍增管，并及时进行更换。

（4）辉光放电光源

辉光放电光源的稳定性与仪器的分析性能密切相关。光源应定期对沉积的样品溅射物进行清理，过多的沉积物易造成漏电、放电和光源激发不稳定。同时，样品溅射沉积物还会堵塞光源上相应的开孔，使真空计测量不准确。需定期检查光源的各个密封圈有无老化和破损，特别是与样品表面接触的 O 形圈较易受到损坏，应及时更换，以保证光源系统的真空密封程度。检查阳极筒的完好状况，使样品表面至阳极筒端面保持在 0.2mm 左右。同时还应对阳极筒的端面和内部进行清理，以防止分析样品过多发生短路的现象，并保持实验前后相同的样品溅射坑面积。

（5）光学系统部件

一般常见的光学元件（如聚光镜、反射镜、光栅反射面以及光电倍增管窗口）经过一段时间使用以后，反射率和透过率都有一定的降低，必须定期对相关元件进行清洁。

聚光透镜是样品在光源被激发而发出的光进入分光仪的唯一通道，但长期使用的聚光镜会受到污染，其外表面附着一层沉积物，时间越长，沉积越厚。激发产生的样品粉末也会黏附在透镜的表面上，严重降低光的透过率。可使元素的工作曲线斜率降低，分析灵敏度也下降，分析误差增大，所以必须定期对其进行清洁。清洁可用脱脂棉蘸上无水乙醇从聚光镜中心向外逐圈擦拭。如污染严重可用力多擦几遍，直到擦去污物再用透镜纸擦去水印即可。应注意的是聚光镜是石英材质的，不能和硬的物体接触（如用金属镊子夹棉花进行），以免划伤透镜面。对于能分析氧、氮元素的仪器，透镜材料为 MgF_2，其质地较软，而且极易潮解，必须使用溶剂丙酮擦拭。清理好的透镜不要用手指碰上，以免留下指印，影响光的透过率。

其他光学元件（光栅、反光镜和光电倍增管窗口）处在真空光室的保护下，受到污染的可能性很小，一般是不需要清理的。尤其是光栅元件，结构非常精密，价格非常贵重，一旦受到污染，必须邀请专业技术人员进行维修。对于光栅和反射镜上的灰尘只可以用气流进行吹扫，切勿用东西进行擦拭。而光电倍增管窗口如有沾污，可采用清洁透镜的相同方法进行处理。

（6）电学部件

电学元件（尤其是高压高频元件），会因灰尘、潮湿、油污和温度原因，使介质损耗增大，绝缘降低，暗电流增大，重者击穿、损坏、漏电，轻者也会使仪器的稳定性变坏，增大热噪声电子，使信噪比降低。所以应保持实验室的清洁，减少灰尘对电学元件的影响。同时，还应注意实验室的恒温和除湿，使仪器处于一定温度和湿度低的环境中。

6.3.6.5 常见故障及排除

辉光放电光谱在日常使用中，由于不正确的使用、部件的耗损等原因，会出现一些故障，及时、正确排除故障对于提高辉光放电光谱的分析性能有重大意义。常见的故障主要有以下几项：

（1）激发斑点不好

按照操作规程激发样品，但出现样品激发斑点激发不好或没有侵蚀样品的现象。可能由以下原因所造成：①放电气体氩气纯度不高，纯度未能达到或大于 99.999%。可以更换纯度大于 99.999%的氩气气源加以解决，或在气路中加入氩气净化装置以使氩气的纯度达到分析要求。②气路系统存在漏气现象导致放电气体氩气被污染。认真检查气路各接口和气路的完好程度，找到漏气点加以解决。③光源阳极筒处的 O 形密封圈损坏，导致加载样品后的密封不好，有空气渗入。此时需要更换 O 形密封圈，保证样品溅射处的真空。④阳极筒端面至样品表面的距离不正确，过长或过短，由于装配或磨损的原因未能使其距离处于 0.2mm 左右的范围。应重新正确装配或更换磨损的阳极筒，以保持阳极筒端面至样品表面合适的距离。

（2）元素强度降低

在预设的条件下正常激发样品，发现元素的信号强度较原来降低很多。主要原因有：①光学系统的描迹数由于受到周围环境或震动的影响发生了变化。可对光学系统重新进行描迹，找到描迹参比元素的最大光强位置。②光源的透镜受到污染，来源主要有真空泵的油蒸气扩散以及辉光溅射出的样品原子重新沉积。需要对光源的透镜定期进行清理，以保证透镜的干净，减少透过率的明显降低。同时也可以采用无泵油的干泵代替常规的机械泵对光室抽真空，以消除油蒸气对透镜的影响。③光学系统的真空度不高，存在漏气现象。发现短波元素（波长小于 200nm）如 P、S 的强度大幅度降低，而其他元素变化不大。查找光学系统的漏气点，如密封圈有无老化失去弹性，以提高光学系统的真空度。

（3）样品无法激发

加载完样品后，样品无法激发。可能原因有：①光源系统存在漏气，使光源的真空抽不到辉光放电所需的气压值。检查样品表面和制样情况，表面是否存在不平整和不光洁的现象，可以采用较细砂纸（如 200 目）进行制样，并采用无水酒精对样品表面进行清洗。同时，还应检查 O 形密封圈的完好程度，如有损坏应及时更换。②由于溅射样品的沉积，阳极筒与样品表面发生短路现象，见图 6-37。为了维持正常的放电，应该用清扫装置及时清除沉积在阳极内壁和正面的被溅射样品材料。③放电气体 Ar 的气压太低或气体已用完。检查氩气气源的压力，是否为放电气体已用完或气压太低，并及时更换。④样品仓的门没有关闭好。为了保证工作人员的安全，仪器一般都有相应门开关的保护措施，正常分析样品时应将样品仓的门关闭好。

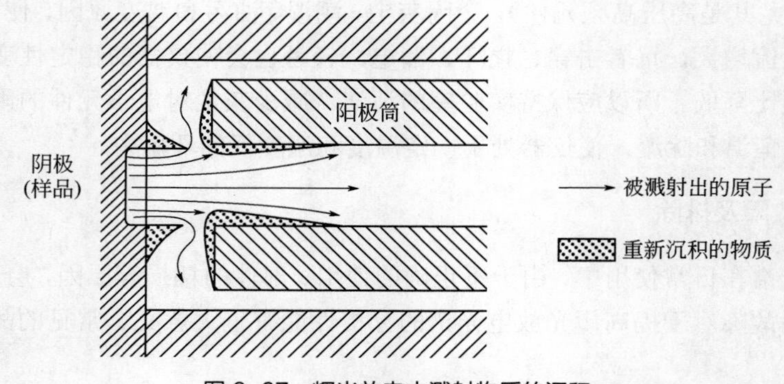

图 6-37　辉光放电中溅射物质的沉积

（4）校准曲线上的数据点偏离

在建立校准曲线时，发现个别样品的数据点偏离校准曲线很多。可能产生的原因有：①样品未能正常激发。放电气体的纯度不够、光源和样品密封不好等情况都可能造成样品不能正常激发，势必影响数据的准确性。可以通过提高放电气体的纯度、更换 O 形密封圈和正确处理样品表面等方式得以解决。②样品激发处存在着缺陷（如气孔、裂纹、砂眼等）或不均匀。校正样品的某些缺陷会导致辉光等离子体工作不正常，使数据点远离曲线；同时样品中存在着元素夹杂或偏析现象也会使相应元素的强度出现不正常情况。可以选择样品表面合适的位置重新激发样品，得到正确的激发数据。③元素谱线存在着干扰情况。在正常激发的情况下还是存在数据点偏离校准曲线很多的情况，则可能是由于分析元素存在着受其他元素干扰的情况，如元素 Co、Mo、W 等含有的谱线较为丰富。可以对该元素进行光谱干扰修正或选择其他波长建立校准曲线。④制备样品时引入的污染。制备样品时，磨料（如 Al_2O_3、SiO_2、ZrO）和黏合剂吸附在被测样品（特别是对于较软的样品）表面，分析前没有清理干净。在分析前应加强对样品表面的清洗，同时也可更换不同磨料的砂纸以避免对分析元素的干扰。另外，组成明显不同的分析样品采用同一张砂纸进行制备时也会对分析元素的测定造成影响。此时可更换砂纸对样品进行制备，以避免制备样品时相互间污染。

（5）样品分析的精度不高

导致样品分析精度不高的原因有多种，可以为：①样品成分不均匀。由于辉光放电光谱分析的取样只为激发点处一个很小的面积，若样品中元素分布不均匀或组织结构不均匀，都会导致不同部位的分析结果不同、分析精度差。考察仪器精度时，需采用均匀性好的样品进行分析。②样品表面处理不好。如样品未能采用较细砂纸（大于 200 目）进行处理，导致辉光等离子稳定时间较长。需要采用较细砂纸对样品进行处理，并使样品表面保持光洁。此外，制样时要使样品表面的纹路整齐一致，避免出现样品表面纹路交叉现象。③分析试样较小、激发时间较长。由于分析样品尺寸不大和长时间激发使样品发热严重，使辉光等离子体的发射产率发生变化。所以应尽量使用尺寸较大的样品进行分析精度考察和采取相应的冷却措施，以保证分析条件的前后一致性。④放电参数发生变化。如电源电压的波动导致激发单元的放电电压发生改变，使元素的强度也相应地发生波动。要求采用稳压电源进行供电，保证电源电压波动在 10 %以内。

6.4 辉光放电原子发射光谱的分析技术

6.4.1 GD-OES 分析方法

辉光放电原子发射光谱可用于样品的元素成分分析，基于能对样品逐层溅射的特点也可用于镀层样品的深度分析。

6.4.1.1 成分分析

辉光放电等离子体所发射的元素特征谱线的强度与样品中所含元素的含量成线性关系，可以根据所发射的特征谱线及其强度，对样品进行成分分析，得到样品中所含元素的种类与含量。由于辉光放电具有对固体样品的直接分析能力、操作简便、费用较低和良好的分析性能，可以用于金属、合金等导体材料、半导体材料以及玻璃、陶瓷、地质等非导体试样的成分直接分析。在成分分析方面，辉光放电光谱与其他光谱分析方法相比，具有基体效应小、低能级激发、谱线宽度窄、谱线干扰小和自吸收效应小的特点，所以 GD-OES 能同时分析不同基体的样品，建立元素含量范围很宽的校准曲线（可达 10 个数量级），同时在分析中不易受到其他元素的干扰。

6.4.1.2 深度分析

辉光放电通过阴极溅射将样品原子从样品表面逐层剥离，然后进入辉光放电等离子体中被激发，在样品表面可以形成一个近乎平底的溅射坑，能很好地满足表面深度轮廓分析的要求。

样品的剥离速率和溅射坑平坦度可以很容易地通过调节操作参数，如放电电压、电流和气体压力来控制，而溅射产生的坑的形状由阳极几何结构决定。溅射的分析物质通过在等离子体中碰撞激发，从而产生元素的特征发射光谱。这样，通过记录分析信号（光发射或离子流）和溅射时间的函数关系，就可以得到元素的浓度轮廓信息。辉光放电由于较高的溅射率和良好的时间分辨（积分时间≤10ms），使得它可以进行从几个纳米到几十个微米深度的表面层的表面深度轮廓分析。

GD-OES 进行深度分析时，所得到的基本信息为样品中元素成分所对应谱线的强度（I）与溅射时间（t）的相互关系。所以，深度分析的定量化包括两个方面：一方面是将强度转化为浓度；另一方面是将溅射时间转化为溅射深度。

对于 GD-OES 深度分析的定量转换方法有很多种，如 SIMR 法、IRSID 法、BHP 法等，目前商品仪器普遍采用的方法是瑞典金属研究所 Bengtson 等提出的 SIMR 方法[36]。GD-OES 深度分析中元素的光谱信号强度不仅与元素在样品中的含量成正比，还与样品的溅射速率有关，如下式所示：

$$I_{im} = c_i q_j R_{im} \tag{6-11}$$

式中，I_{im} 为元素 i 的 m 谱线的强度；c_i 为元素 i 在样品中该溅射深度时的浓度；R_{im} 为元素 i 的 m 谱线的发射效率，不受基体影响，由特征谱线和仪器状态决定；q_j 为深度为 j 时样品的溅射速率。

其中，在分析过程中，若保持电流和电压不变，气压随深度分析过程中成分的变化而波动，这时 R_{im} 可认为是一个常数。上式即为：

$$\Delta m_i = I_{im}\Delta t/R_{im} \tag{6-12}$$

式中，Δm_i 为在 Δt 时间内元素 i 的溅射质量。该式给出了元素强度与溅射质量间的发射效率关系。使用工作曲线进行深度分析的定量化时，需要测定较多元素含量和基体不同的校准样品。在 SIMR 方法中，使用溅射速率校正强度来校正由于样品不同的溅射速率所造成的校准工作曲线中样品数据点的分散性。具体做法是将每块校准样品的谱线强度乘以标准化因子（q_{ref}/q_s），即：

$$I_{nim}(\text{归一化的}) = I_{im} q_{ref}/q_s \tag{6-13}$$

式中，q_{ref} 和 q_s 分别为参考基体和校准样品的溅射速率。

这种方法假定校准样品的溅射率为已知，可以通过深度密度法或质量差法测量得到。选定一个已知溅射速率的参考物，一般都选用低合金样品，因为低合金有大量商业标准样品并且其溅射速率与其他物质相比比较居中。这种溅射速率校正强度标准曲线定量转化法的优越性在于它只需均匀块状标准样品，而这种标准样品大量存在。

实际样品深度分析进行谱线强度与元素含量转化时，根据该溅射深度处元素 i 的 m 谱线的强度（I_{im}）和校准工作曲线得到 $c_i q_j/q_{ref}$，然后将所有元素的 $c_i q_j/q_{ref}$ 进行加和得$\sum c_i q_j/q_{ref}$。SIMR 法与其他基于溅射效率的方法一样，必须对全部（或主量）元素进行归一化。由于$\sum c_i = 1$，即可计算出该溅射深度的相对溅射率 q_j/q_{ref}，再用此时各元素的谱线强度 I_{im} 和相对溅射率 q_j/q_{ref} 就能得到该溅射深度处各元素的含量 c_i。同时，也能得到该溅射深度时的溅射率 q_j。

实际分析中，激发标准样品，以 $c_i q_j/q_{ref}$ 为纵坐标，I_{im} 为横坐标，建立校准工作曲线，如图 6-38 所示。

在很小的时间间隔 Δt 内，溅射的样品深度 Δd 即为：

$$\Delta d = \frac{q_j \Delta t}{\rho_j \pi r^2} \tag{6-14}$$

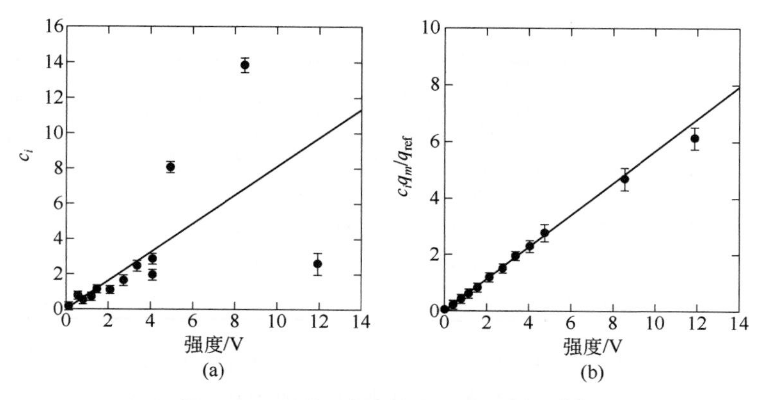

图 6-38 元素Si的多基体校准工作曲线[37]

（a）未经相对溅射率校正；（b）经相对溅射率校正

式中，q_j 为样品在该溅射深度时的溅射率；ρ_j 为样品在该溅射深度时的密度；r 为溅射坑的半径。样品的总溅射深度 d 为：

$$d = \sum \Delta d \tag{6-15}$$

SIMR 方法中，样品的密度可以根据各元素单质的密度（ρ_i）及其在样品中的含量（c_i）计算得到的加权平均密度，即该溅射深度时的密度 ρ_j 为：

$$\rho_j = 1/\sum (c_i/\rho_i) \tag{6-16}$$

通过以上方式就可以在不知道被分析样品溅射率的前提下，实现谱线强度定量转化为相应成分含量及将溅射时间定量转化为溅射深度，从而得到样品中元素含量随深度变化的关系。

表 6-11 列出了各种材料的计算密度与测量密度的对比情况，从表中的数据可以知道有机物的计算密度的偏差相对于金属材料来说更大。

表 6-11 各系列材料的测量与计算密度对比[1]

序号	名称	浓度概要	密度/(kg/m^3)	计算密度		使用密度		规格密度	
				质量分数/%		原子分数/%			
				kg/m^3	误差/%	kg/m^3	误差/%	kg/m^3	误差/%
1	ZnAl	Zn10Al90	2878	3144	9.2	2895	0.6	2879	0.0
2	ZnAl	Zn50Al50	3902	4920	26.1	3997	2.4	3918	0.4
3	ZnAl	Zn90Al10	6116	6696	9.5	6198	1.3	6132	0.3
4	黄铜	Cu70Zn30	8550	8414	−1.6	8425	−1.5	8323	−2.7
5	镍银	Cu62Ni25Zn13	8820	8708	−1.3	8718	−1.2	8658	−1.8
6	白铜	Cu67Ni30Fe	8900	8915	0.2	8911	0.1	8910	0.1
7	Inconel 601	Ni61Cr23Fe15	8110	8244	1.7	8122	0.1	8016	−1.2
8	Incoloy 合金 DS	Ni40Fe40Cr18	7910	8033	1.6	7893	−0.2	7712	−2.5
9	IMI 680	Ti83Sn11Mo4	4860	4991	2.7	4670	−3.9	4725	−2.8
10	Zn Al Cu Mg	Zn71Al27	5000	5982	19.6	5072	1.4	4959	−0.8
11	高合金钢	Fe69Cr30	7900	7623	−3.5	7578	−4.1	7596	−3.8
12	高合金钢	Fe75Cr12Ni12	8010	7894	−1.4	7864	−1.8	7864	−1.8
13	高合金钢	Cr40Fe36Ni20	8020	7975	−0.6	7754	−3.3	7631	−4.9
14	氧化铜	CuO	6400	7681	20.0	6570	2.7	6402	0.0

续表

序号	名称	浓度概要	密度/(kg/m³)	计算密度		使用密度		规格密度	
				质量分数/%		原子分数/%			
				kg/m³	误差/%	kg/m³	误差/%	kg/m³	误差/%
15	氧化钼	MoO_3	4696	7665	63.2	5685	21.1	5666	20.7
16	乙醛	CH_3CHO	805	1381	71.6	869	8.0	843	4.7
17	苯	C_6H_6	874	738	−15.6	925	5.8	953	9.0
18	丁炔	$CH_3CH_2C{\equiv}CH$	712	711	−0.1	560	−21.3	729	2.4

如果在分析过程中，电压、电流需要改变，例如需使用与标准曲线不同的溅射条件分析未知样品，SIMR 法也给出了一些经验公式来校正电流电压变化的影响，可以在一定的情况下避免重新制作工作曲线。

辉光放电光谱在深度轮廓分析所用部分元素的波长如表 6-12 所示[38]。

表 6-12　GD-OES 表面深度轮廓分析所用部分元素的波长

元素	波长/nm	元素	波长/nm	元素	波长/nm	元素	波长/nm
Ag	338.28	Cr	267.71	Gd	376.83	Na	588.99
Al	237.84		298.92	Mn	257.61		589.59
	256.80		425.43		403.14	Nb	316.34
	394.40	Cu	219.22		403.44	Sb	206.83
	396.15		327.39	Mo	317.03	Sc	424.68
Ar	137.72	Fe	259.90		386.41	Se	196.09
	157.49		271.40	N	149.26	Si	251.61
As	189.04		273.95		174.20		288.15
	200.33		371.99		411.00	Sm	189.98
Au	242.79	Ga	403.14	Na	330.23		

表 6-13 列出各种基体的参考样品在选定的不同放电条件下的溅射速率，样品的基本类型和主要元素的含量如表 6-14 所示[39]。

表 6-13　不同放电条件下各种不同基体参考样品的溅射速率

参考物质	溅射速率/(mg/s)	
	方法 1：40W, 8Torr	方法 2：460V, 8Torr
B.S.50D	0.00129(7.5%)	0.00166(8.8%)
13X-12535-BB	0.00155(1.6%)	0.00162(10.7%)
233	0.00574(2.6%)	0.00597(0.9%)
234	0.00539(8.8%)	0.00574(11.8%)
G26H2-C	0.00076(4.2%)	0.00107(5.5%)
SRM 628	0.00668(2.2%)	0.00865(2.7%)
31X-B7-H	0.00545(4.0%)	0.00635(3.2%)
43Z11-C	0.00547(3.4%)	0.00713(3.5%)

注：括号中的值是相对标准偏差。

表 6-14　所选参考样品中研究元素的含量

物质	参考	公司	Fe/%	Ni/%	Zn/%	Cu/%
纯铁	B.S.50D	Brammer Std.Co	99.96	—	—	—
不锈钢	13X-12535-BB	MBH Analytical	61.55	14.88	—	0.08
黄铜	233	USSR Certified Reference Material	0.72	0.41	32.00	60.47
黄铜	234	USSR Certified Reference Material	0.99	1.43	31.10	61.81
Al/Si	G26H2-C	MBH Analytical	0.80	0.37	0.94	3.50
锌基	SRM628	NIST	0.07	0.03	94.30	0.61
黄铜	31X-B7-H	MBH Analytical	0.01	0.01	15.00	85.00
Zn/Al/Cu	43Z11-C	MBH Analytical	0.18	—	88.00	0.49

虽然 SIMR 法较好地解决了辉光放电光谱深度分析中最根本的两个定量问题，但关于辉光光谱深度分析的基础研究如深度分析的深度分辨率、溅射的非均性（溅射坑形状）等方面还需进一步研究。

6.4.1.3　与其他固体直接分析方法比较

辉光放电原子发射光谱与其他固体试样直接分析方法比较如表 6-15 所示。

表 6-15　辉光放电原子发射光谱与其他固体试样直接分析方法比较

方法	整体分析			
	检测能力	精密度	基体效应	分析速度
直流电弧发射光谱	+++	+	+	++
火花发射光谱	+	++	+	+++
火花溶蚀 ICP-AES	++	++	+++	++
GD-OES	+	++	+++	+
GD-MS	+++	++	+++	+
火花源质谱	+++	+	+	+
激光原子发射光谱	++	++	+	++
X 射线荧光	+	+++	+	+++
方法	**深度轮廓分析**			
	检测能力	**精密度**	**分辨率**	**分析速度**
二次电离质谱	+++	+++	+++	+
Auger 电子光谱	+	++	+++	+
溅射中性质谱	+++	+++	+++	+
GD-OES	++	++	+	+++
GD-MS	+++	+++	+++	++

注：+为差；++为良好；+++为很好。

6.4.2　GD-OES 分析样品的要求

GD-OES 有很多优点，其中的一项是它可以直接分析固体样品，同时所需要的样品制备最少。适当的分析样品选择和准备可以提高分析的重复性和准确度，特别在辉光放电光谱仪进行校准或漂移校正时，样品的选择和准备尤其重要。

6.4.2.1　样品的选择

GD-OES 分析中要求非常均匀的样品。在分析过程中，典型的阳极筒内径以及所产生的溅射斑点直径为 2～8mm，样品的溅射率通常为几微米/分钟，若积分时间为 10s，对于钢铁样品在分析中只需使用 2～3mg 的样品。因此，应选择均匀性好的样品，以真正代表样品整体，测量才具有好的结果。

同样，样品的晶粒大小也会影响分析结果的质量。不同的晶粒产生不同的溅射率，即差分溅射。如果晶粒相比大于溅射坑的直径，则样品不同区域会出现不同的溅射速率，从而在样品不同部分的元素就会产生可变的光谱信号。在材料制造过程中，一些痕量元素会在晶界富集，当晶粒与溅射体积相比较大时，两次分析间晶界与晶粒的信号强度，可能会有显著的差别，从而影响对微量元素分析的结果。

6.4.2.2 分析样品的准备

（1）成分分析的样品表面处理

光源的阳极与样品的间隙变化影响 GD 等离子体的性质，所以要求样品表面应该平坦和光洁，确保样品与真空腔体的密封。通常表面经抛光的样品可以获得可重复的分析结果。样品粗糙的表面、样品锋利的边缘和表面划痕均会对分析结果产生不良影响。

表 6-16 列出了一些常见的金属制样的方法。应避免使用干砂纸来打磨软的材料（如铝和黄铜）。例如，当用干的 SiO_2 砂纸打磨铝样品时，纯铝中的 Si 观测到的检出限为 0.1%。

表 6-16　不同种类的材料推荐的样品准备方法

材料	表面抛光
钢	180～600 目砂纸
铸铁	180～600 目砂纸
Cr, Ni	180～600 目砂纸
铜，黄铜	机铣
铝	机铣，避免用 SiO_2 或 SiC 砂纸

块状样品在分析前应先抛光，但样品表面获得镜面光洁度不是绝对必要的，大多是采用 200 目的砂纸进行抛光。要求样品进行抛光或研磨尽可能平坦，没有任何深的刮痕或凹坑，减少样品表面嵌入污染的可能性。用于校准和块状分析的材料（如铝合金和铜合金）最好采用车床或铣床加工进行制备，以确保得到一个光滑、平整和新鲜的表面。可以避免研磨磨粒给样品表面带来的污染，并且也可避免由于手工抛光引入的表面曲率。

样品也可以通过湿法抛光，然后进行干燥，相比于干法抛光更加优越。湿法抛光可以使样品表面避免受过热影响，降低扩散和减少砂纸的颗粒留在样品表面，也会减少样品表面出现大而深的划痕。

为了避免样品表面氧化，最好是样品抛光的当天进行样品分析，这对于极易氧化的材料（如锌合金和铝合金）尤为重要。只要有可能，校准样品和分析样品应采取完全相同的抛光方式，以确保预燃对两组样品是相同的效果。

抛光会损伤样品的表面，即改变它的结构和化学成分（图 6-39，用 220 目 SiC 砂纸抛光黄铜）。经验表明，损伤的深度等于研磨颗粒的大小。即 5μm 颗粒会对样品表面形成 5μm 深的损伤。如果溅射率约为 5μm/min，那么通常需要花费 1min 时间从表面受损的区域溅射到正常的块状材料。

通常情况下，样品先用粗的砂纸以去除先前辉光溅射坑，然后用细的砂纸（通常为 220 目）去除可见的深刮痕。也可用更细的砂纸（如 400 目）继续抛光以去除更多深的损坏区域，对于通常成分分析不是必需的，但对于测量溅射坑的形状和深度有极大的帮助。

（2）深度分析的样品表面处理

深度分析在大多数情况下不需要对样品进行表面处理，因为任何样品表面处理将改变表面化学性质，并且可能去除分析所需的表面特征。但对于高油的样品在分析前应进行脱脂处理，以得到表面和涂层的最佳深度剖面分析。表面油中还含有大量的碳，而碳是溅射最慢的元素之一，会严重影响溅射过程。由于表面上的油层在溅射过程中去除会很慢，所以对于表面有油的样品做深度分析时，会持续较长的时间。如图 6-40 所示，分别展现了一个有油的样品表面在用丙酮脱脂前后，采用 RF-GD-OES 进行深度剖面后的谱图叠加情况。在 DC-GD-OES 中，样品的油膜层会导致不稳定的等离子体。同时，由于厚的油脂膜是不导电的，而且厚度通常不均匀，在样品表面的存在会显著地降低深度分辨率。工业样品中的厚油脂层可能使点燃的 DC-GD 放电停止，致使深度分析不能进行。

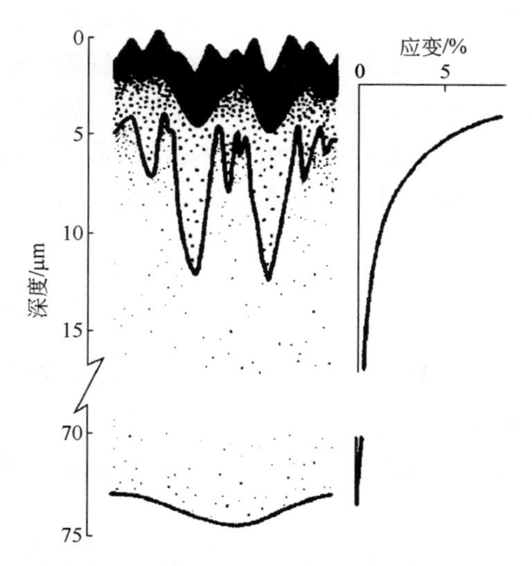

图 6-39 砂纸抛光黄铜表面的变形层[40]

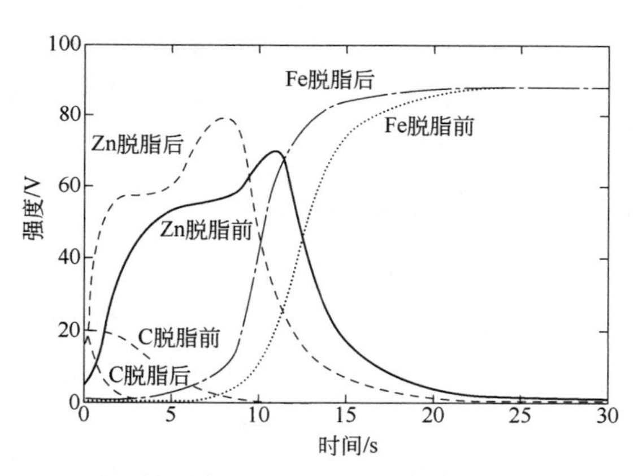

图 6-40 RF-GD-OES 分析采用丙酮脱脂前后的涂油薄镀锌钢板谱图

除了前面所提及的油、脂膜、指纹会降低溅射率和减小深度分辨率干扰样品表面分析外，同时这些杂质中也包含有 H 元素，而 H 在不同谱线的发射产率上的影响可能非常强。因此，用于表面分析的样品必须小心处理，以避免污染对待分析样品表面的分析影响。

几个微米厚的工业涂层可以先用柔软的纸巾进行擦拭，以清除大部分的油脂，然后再用酒精、丙酮、石油精（主要成分为戊烷、己烷）或洗涤剂液体进行冲洗。任何残留可以采用酒精、丙酮或类似的快干溶剂进行漂洗。超声波清洗是非常有效的，但需注意超声波清洗不要损坏涂层。溶剂的选择也要小心，因为它可能会残留在样品表面。例如一些低品质的丙酮中含有油，首次使用一种溶剂前，最好进行相应的检查和确认。

6.4.2.3 小样品的准备

辉光放电光谱对分析样品的形状尺寸有要求，样品必须有一个直径为15mm或以上的平面，这是由辉光放电光谱仪光源的结构特点所决定的。为了保证样品完全覆盖住光源上的样品密封圈，可以采用小样品夹具加以解决，如图6-41所示[41]。将小样品完全包围在夹具内部，夹具内部的弹簧将样品顶到光源表面上，再在夹具外环用一密封圈进行密封，使夹具内及整个样品都处于真空中。

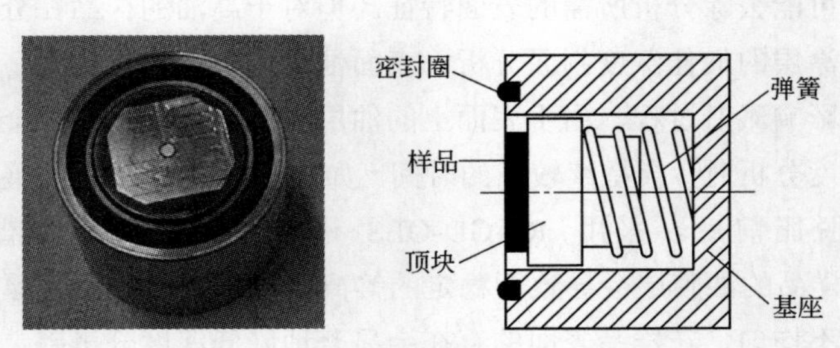

图6-41 辉光放电光谱仪小样品夹具

样品宽度必须大于阳极的外径，通常至少要比阳极外径大1mm，对于4mm的阳极，样品宽度至少为5mm，而对于2mm或2.5mm的阳极，样品宽度至少为3mm；并需仔细确保小样品位于阳极的中心轴位置。薄样品应当使用导电胶装嵌在平坦、光滑的金属表面，以防它们在真空下弯曲朝向阳极从而造成与阳极短路。对于大小、形状不规则或粗糙的样品，难以按正常方式置于辉光光源上，需要对这些样品进行切削使它们可以被安装在小样品夹具中；多孔样品也可以相同方式处理。

6.4.2.4 粉末状样品的准备

粉末材料如金属粉末、粉碎的岩石等样品，必须先研磨成细粉状态，然后再与黏合剂充分混合，在高压下压制成固体片状。通常分析物粉末与黏合剂的正常比例是1∶10。最常见的黏合剂材料是铜粉，如果铜也是分析元素，可使用银粉和金粉。高压压制时压力通常需要高达800MPa，并保持2～3min。

粉末样品制备是要获得一个高均匀性、紧凑、非多孔的片样，其中研磨和混合过程是非常重要的。由于黏合剂的加入，使得分析物粉末中的元素含量被稀释，从而降低了元素的强度，使检出限受到影响。

压制的片样应为2～3mm厚，以具有刚性和用于真空密封。典型的片样直径为20mm、厚2.5mm，大约需要6g的粉末（其中0.5g为分析物粉末）。片样中的残留气体应尽可能少。

6.4.2.5 异形样品（棒、管、线状）的准备

有一些弯曲样品可以通过GD-OES进行分析，而有些则是相当困难，主要取决于样品的曲率半径。弯曲的样品可能包括棒、管、线、球和透镜。因为阳极到样品的距离是恒定的，并需要保证样品不会接触到阳极，所以具有大曲率半径的样品可以直接安装在光源上。有些管可以压平后如同平面样品一样进行分析。小直径的样品可以并排铺设在软金属（如铅）衬

底中进行分析。

对于特殊的应用，如管上的镀层，面向阳极的前表面可以切削以匹配样品的曲率，从而保证阳极到样品的距离恒定。导线和小直径杆可以作为“针”状样品被安装在源上，同时上述的样品需要位于阳极的中心轴方向，如将样品垂直插入一个金属支撑的孔的中心。

6.4.3 GD-OES 分析参数优化

GD-OES 的分析参数包括电流、电压、功率、气压、频率、预燃时间、积分时间等，影响仪器的分析性能。GD-OES 在成分分析与深度分析时，仪器分析参数的选择也不尽相同。

6.4.3.1 冲洗时间、预燃时间、积分时间

（1）冲洗时间

GD 光源在样品更换时采用氩进行冲洗，但光源腔体在每次样品更换或移动到一个新的位置时会进入一些空气。为了保证光源内的纯 Ar 气氛，在样品放入封闭的光源之后，先抽真空，再用氩气冲洗。在分析前冲洗光源腔体可以缩短分析过程中等离子体达到稳定的时间。

不同的仪器采用了不同的冲洗顺序，主要有：①简单的氩气冲洗；②交替的排空和冲洗；③脉冲式氩气冲洗。这些方式都有效，具体选择何种方式更为有效，取决于真空泵的类型、光源腔体的设计以及连接的真空管。当使用含油的旋转泵时，应避免光源腔体的真空长时间降至极限真空，因为会促使碳氢化合物从泵回流到光源造成污染。最有效去除氩气氛中空气的方式是朝向真空泵维持一个强而持续的纯氩气流，另外还可以增加光源腔壁的温度以去除吸附在腔壁上的蒸气。

显然，很难确定一个最佳的冲洗时间用于所有的应用和满足所有的需求。对于大多数的成分分析，通常的经验是 10s 的冲洗时间足以满足分析的要求。只有在分析痕量水平（低于 100μg/g）的元素时，例如 N、O、H 和 C 时，氩气可能带来这些元素的残余物，需要增加冲洗时间为 1min 或 2min，消除其污染。表面分析由于没有预燃时间，所以需要的冲洗时间应更长些。典型的氩气冲洗时间需要 30～40s，分析低含量元素或极端表面时需要 1～3min。

（2）预燃时间

预燃样品也叫预积分，简单的是指样品放电点燃和光谱强度积分前的等待阶段。预燃的目的类似于冲洗腔体，所不同的是预燃可以去除来自于样品表面的油、氧化膜和其他污染物。点燃放电通过破坏蒸气的分子结构的方式有助于从光源腔中去除蒸气（如水），改进了测量的相对标准偏差（RSD）。典型的预燃时间是 30～90s，这对应于约 5～10μm 的溅射深度。经验表明与非常粗糙的样品比较，良好打磨的样品所需要的预燃时间可以减少。只有在少数情况下，相当长的预燃时间是必需的，如灰口铸铁样品中检测低含量水平（C＜10μg/g，N、O＜100μg/g＝元素时，通常推荐使用超过 3min 的预燃时间。

对于一个给定的应用，预燃时间的优化可以很容易通过简单地对一个典型样品进行一次深度轮廓分析得到。如图 6-42 所示，对于一个块状的铸铁样品，快速查看可知约 30s 的预燃时间可能足够了，但仔细查看放大 C 强度尺度后表明大约需要 80s 的预燃时间。

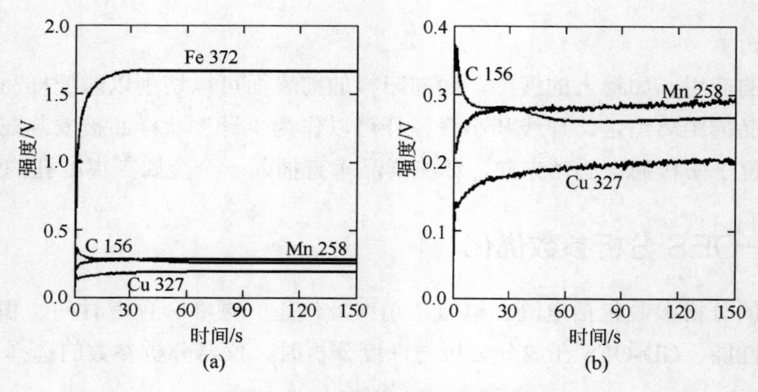

图 6-42 铸铁深度轮廓分析图

（a）显示主量元素 Fe 和微量元素 C、Mn 和 Cu；（b）强度放大尺度的谱图

图 6-43 为黄铜样品的定性深度轮廓分析图，从图中可知约 50～60s 的预积分时间足以建立稳定的信号。所选择的条件为：阳极筒直径 4mm、射频功率 30W、气体压力 800Pa。

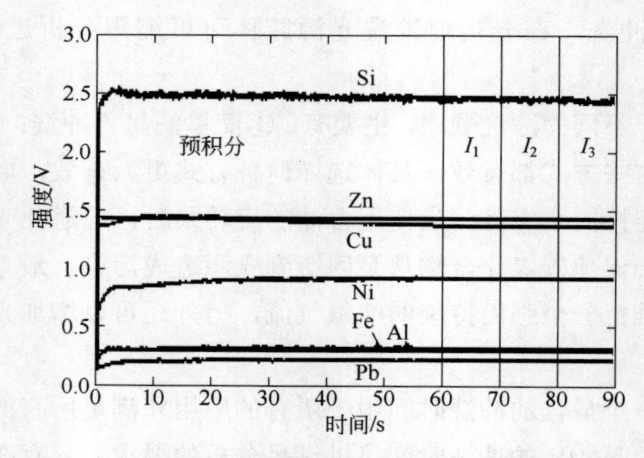

图 6-43 黄铜样品的深度轮廓分析图

表 6-17 显示了通过在不同预积分时间下黄铜样品中的 Ni 341nm 谱线的强度变化，以确定最佳的预积分时间。

表 6-17 黄铜样品中 Ni 341nm 谱线的强度随预积分时间的变化

时间/s	1	2	3	4	…	8	平均	SD
0~10	1.422	1.492	1.487	1.511		1.543	1.480	0.048
10~20	1.455	1.567	1.547	1.536		1.634	1.524	0.061
20~30	1.477	1.576	1.585	1.539		1.630	1.534	0.060
30~40	1.479	1.588	1.595	1.561		1.620	1.542	0.057
40~50	1.490	1.607	1.597	1.572		1.611	1.553	0.051
50~60	1.505	1.612	1.612	1.555	…	1.592	1.553	0.048
60~70	1.515	1.611	1.610	1.558		1.612	1.561	0.044
70~80	1.508	1.636	1.615	1.566		1.590	1.566	0.046
80~90	1.526	1.632	1.617	1.590		1.597	1.572	0.044
90~100	1.528	1.636	1.640	1.602		1.600	1.581	0.046
100~110	1.531	1.642	1.644	1.598		1.613	1.588	0.044
110~120	1.540	1.645	1.654	1.597		1.609	1.591	0.043

当预燃时间足够长，分析的标准偏差（SD）不再有进一步改善或足以满足需求时，没有必要再延长预燃时间。从表 6-17 的数据证实，60s 的预燃时间适合该黄铜样品的分析。

（3）积分时间

无论是对于成分分析或深度分析，元素的信号强度可通过“积分时间”记录下来。即信号可在一定时间内被计数，然后除以该段的时间得到一个平均信号。对于块状分析，积分时间可以从 5s 到 30s 内变化；而对于深度分析，积分时间约为 0.1～1s，也可短至 1ms。

如果噪声信号随正态分布恒定，则增加积分时间将不会改变平均值，所观测的 SD 会降低。增加积分时间将会限制平均值随信号变化而改变的速度，对于深度轮廓分析，深度分辨率将变差。

在信号采集电路中电子时间常数决定最短可能的积分时间。对于一个随机噪声的恒定信号，观察到的噪声 SD 将以积分时间的平方根趋势减小（图 6-44），图中的实线与积分时间的平方根成比例。如 10s 的积分时间与 0.1s 的积分时间相比，所观测到的噪声将减小约 1/10。

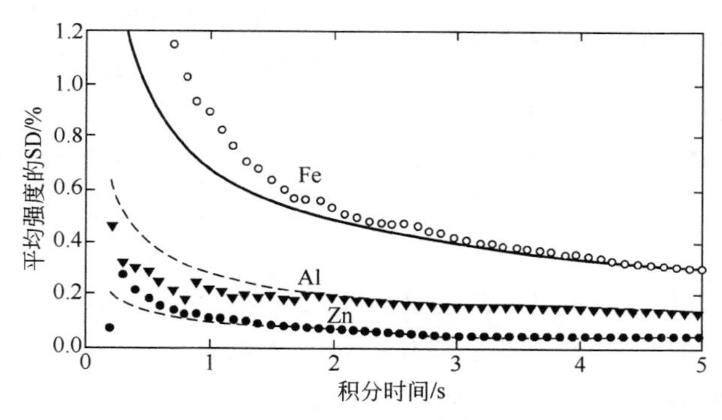

图 6-44　黄铜样品中元素测定平均强度不确定度随积分时间的变化

对于黄铜样品积分时间的变化对平均值及 SD 的影响如表 6-18 所示。在总积分时间相同时，对平均值没有影响。

表 6-18　积分时间对于黄铜样品中元素的强度及标准偏差的影响

信号	积分/s	重复	平均	SD	$SD_{平均}$
Al	6	5	0.31496	0.00075	0.00034
	0.1	300	0.31496	0.00252	0.00015
Fe	6	5	0.36236	0.00098	0.00044
	0.1	300	0.36236	0.00723	0.00042
P	6	5	0.01445	0.00013	0.000059
	0.1	300	0.01445	0.00120	0.000069
Pb	6	5	0.26730	0.0019	0.00085
	0.1	300	0.26730	0.0040	0.00023
Zn	6	5	1.61779	0.0056	0.00249
	0.1	300	1.61779	0.0064	0.00037

注：预溅射时间为 60s，总积分时间为 30s。

6.4.3.2 电压、电流、功率、气压

对于恒定参数操作的辉光光源设计，不是所有这些参数都可以被单独固定。当电压和电流固定时，放电功率（电压和电流的乘积）也就固定了。如果改变样品的基体，需要对气压进行调节以维持在给定的电压条件下所需要的电流。类似的结论对于其他参数的组合同样成立，例如恒定功率和气压，当样品的基体发生改变时，电流与电压的比率将会发生改变。

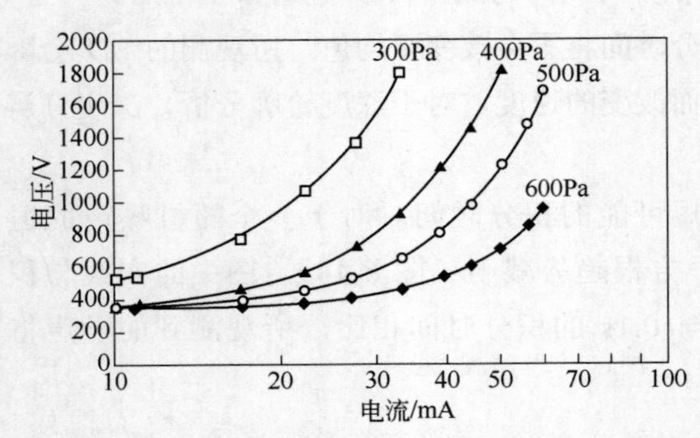

图 6-45 镍样品 DC 模式下电流、电压和气压的关系[1]

图 6-45 显示了镍样品在不同气压时直流电压和电流的变化。在恒定气压时，电压增加，电流也随之增加；而当给定一个电流时，增加气压，相应的电压降低。同样，在射频操作模式下实际值会不同，但总体趋势将是相似的。

（1）电压

增加电压将导致更高能量的离子撞击样品表面，因而增加溅射速率；具有更高平均能量的电子加速进入等离子体辉光，使原子和离子被激发到更高的能态。但增加电压也将缩短阴极暗区（CDS）和延长负辉区（NG），由于具有更高能量的电子降低了碰撞截面，对于分析相关的特征谱线发射产率将减小。如果溅射率的增加大于发射产率减小的速度，随着电压的增加谱线强度仍将增加。

（2）电流

图 6-46（a）是对数电流刻度形式以全局方式显示了汤生（Townsend）辉光放电—正常辉光放电—异常辉光放电—电弧放电的变化；而图 6-46（b）是线性电流刻度形式以局部放大方式（电流 0～100mA）显示了异常放电的情况。

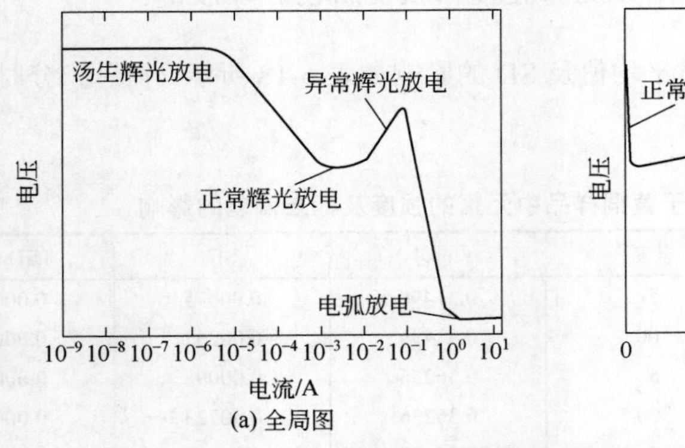

(a) 全局图

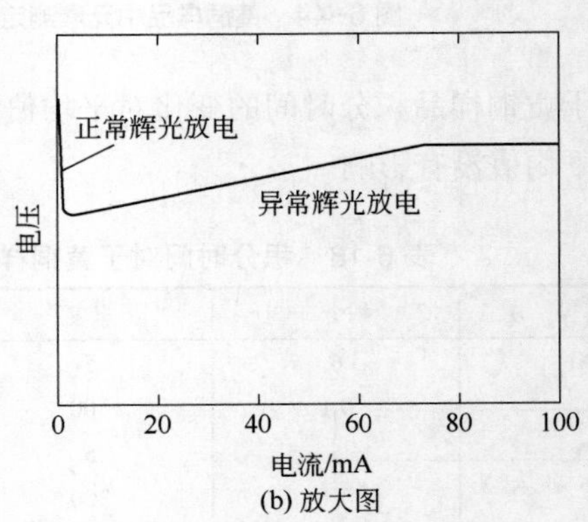

(b) 放大图

图 6-46 宽范围放电条件下电流和电压间的关系[42]

辉光放电光谱中使用的等离子体是所谓的异常放电，它的行为就像一个电阻，其中电流和电压同时增加。在异常放电中，放电电流的增加使电流的密度和放电中带电粒子的密度增加，会增加等离子体中激发粒子的数量，从而增加溅射率和发射产率。放电电流对谱线强度有很大的影响。随着放电电流的减小，电流密度也随之减小。当放电电流被充分减小时，放

电就接近正常的放电范畴，电流密度不再均匀地覆盖于阴极表面，将导致样品表面的非均匀溅射。

（3）功率

对于许多光谱线的发射产率几乎与等离子体功率无关。而增加功率的主要作用是可以增加溅射率，增加溅射率将导致放电发光的增加。在高功率工作条件下，更多的物质在单位时间内被去除，但同时消耗在等离子体中的功率将会导致温度的升高，特别是在样品的表面，实际分析中功率的选取取决于样品的耐热性。通过样品表面的蒸发所引起等离子体变得不稳定将使增加功率受到相应的限制。

（4）气压

氩气的气压和温度决定了在等离子体腔中氩原子的密度。随着增加气体的密度，碰撞的概率也随之增加，将导致离子密度的增加，以及平均能量降低。气压似乎对溅射率几乎没有直接的影响。由于取决于材料和光谱线，气压对发射产率的影响不太容易建立起相关性。然而，对于许多谱线增加气压似乎略有降低发射产率[43]。

当放电以恒定功率、电流或电压操作时，增加的气压将改变光源的阻抗、溅射速率和溅射坑形，如表 6-19 所示。

表 6-19　对于恒定功率、电流或电压时增加气压的效应

功率	电流	电压	阻抗	溅射速率	强度	溅射坑形状
恒定	↑	↓	↓	↑	↑	凸到凹
↓	恒定	↓	↓	↓	↓	凸到凹
↑	↑	恒定	↓	↑	↑	凸到凹

6.4.3.3　成分分析参数优化

成分分析的优化参数要达到：①分析时间短；②微量元素的检出限低；③主要合金元素测定有高重复性。通常倾向于选择高功率和高气压或高电压和高电流，但是对一些材料会受到限制。如锡、铅合金、锌等材料具有低的熔点，不能在高功率下运行，因为它们的表面会熔化和放电变得不稳定。

对于一些常见材料的典型条件如表 6-20 所示，实际的值会因仪器和阳极直径的不同而发生变化。

表 6-20　用于成分分析推荐的条件

物质	功率（RF）	电流（DC）	压力
Al, Al-Si	高	高	高
黄铜	中	中	中
Pb, Sn	低	低	中
钢	高	高	高
Zn	中	中	中
陶瓷	高	—	低到中
玻璃	低到中	—	低到中
聚合物	低	—	低

对于分析时间而言，高功率是有益的，因为更多的物质从样品表面被去除，所以样品表面将被清洁得更快，预燃时间可以减少。对于痕量元素分析而言，高功率也是有益的，因为有更多样品进入到等离子体中，从而在积分时间内信号强度更高。

实验表明以时间分辨（深度剖析）模式进行分析，可以很快地找到达到稳定放电需要的时间。通常对于成分分析的最佳分析条件是当溅射坑底部为轻微的 U 形，即采用高电压或高电流。

6.4.3.4 深度分析参数优化

表面分析或深度剖析优化参数时，要达到：①对主量和次量元素有高重复性；②良好的深度分辨率；③低信号噪声。特别是在信息获取开始的时候，作为优化结果可选择不会使样品过热（或如玻璃样品裂缝）的功率、一个低到中等的气压以提高深度分辨率和一个短的积分时间。对于一些常见材料的典型条件如表 6-21 所列，可以采用射频或直流方式，实际值会因仪器和阳极直径不同而有变化。

表 6-21 在深度轮廓分析典型应用中良好的条件

涂层	功率	压力
Al, Al-Si	中	中
Sn	低	低到中
钢表面	中	中
Zn-Al	低到中	中
陶瓷	中	低
玻璃	中	低
聚合物	中	低

（1）溅射坑形状

当 GD-OES 进行深度轮廓分析时，溅射坑的形状是一个重要的因素。为了获得良好的深度分辨率，溅射坑的底部必须平坦或者只是在边缘略凹。

GD 光源能否产生平坦的溅射坑，取决于放电条件和样品，用于直流操作的典型条件如图 6-47 所示。在射频操作时，因为 RF 电流难以测量，以功率为 x 轴，也表现出相类似的趋势。

作为常规适度高的气压（低电压和高电流或低阻抗）导致形成 U 形（凸）溅射坑，溅射斑点中心比边缘有更多的溅射。另一极端，当气压过低时，溅射坑将是凹形，即溅射坑的边缘比中心有快的溅射。

对于优化溅射坑的形状，轮廓仪是一种有效的手段。对块状样品或镀层样品进行溅射，溅射坑形状采用轮廓仪进行测量，同时调整放电条件直到获得一个平坦的溅射坑。在以射频操作模式时，通常选择一个功率，改变气压以优化溅射坑形。在以直流操作模式时，通常选择一个电流或电压，通过调节气压以优化溅射坑形。

通过调节气压可以使镀层和基体之间的界面深度轮廓分析的宽度最小化。如图 6-48 示例，为在四个不同氩气气压条件下，商用 Zn-Ni 镀层钢的深度轮廓分析图，从图可知最佳的气压约在 580Pa。

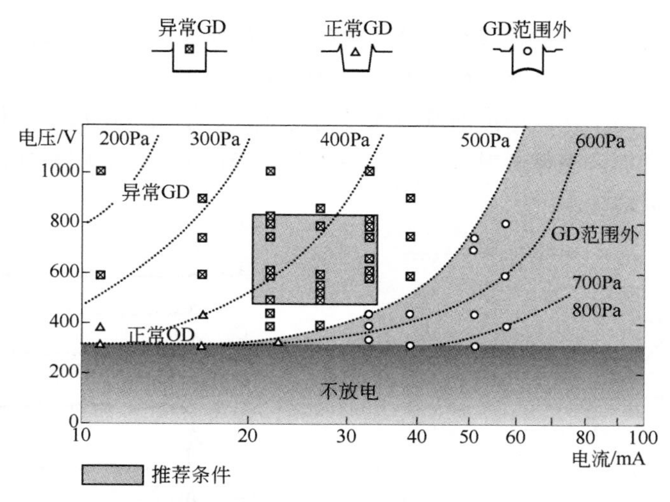

图 6-47　光源直流操作不同条件下溅射坑的形状（4mm 阳极、碳钢）[1]

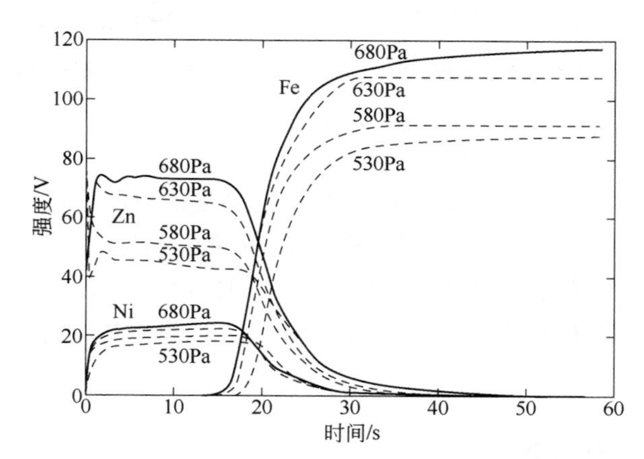

图 6-48　在不同氩气压力条件下 Zn-Ni 镀层钢不同的深度分辨率

（2）深度分辨率

在溅射技术诸如 GD-OES 和 SIMS（二次离子质谱法）中，深度分辨率已经由 ISO 定义，为在深度轮廓分析中 84%与 16%点之间的距离[44]。选择 84%和 16%代表正态分布的宽度，测得的分布被假定为一个深度函数的卷积，类似于高斯分布，如图 6-49 所示。

高斯分布假设溅射是一个具有随机变化平坦溅射坑底部的统计过程。在真实的 GD 深度轮廓中，溅射坑形的变化将使测量轮廓发生扭曲；在不同层的溅射率的变化也将使深度轮廓发生扭曲。例如，在快速溅射基体上的慢速溅射的镀层（如黄铜上的铝或金属上的聚合物）将拉长镀层中元素所测量的轮廓；而在慢速溅射基体上的快速溅射的镀层（如钢上的锌）将缩短镀层中元素所测量的轮廓。

GD-OES 获得的深度分辨率在很大程度上取决于样品的性质。Shimizu 等发现对于在高度抛光铝表面上的氧化膜的深度分辨率为几个纳米，可以媲美 SIMS[45]。在二氧化硅涂覆的硅的深度分辨率大约在总厚度的 2%，低至几百个纳米[46]。然而，通常的深度分辨率没有这么好，相比于 GD 光源局限性，主要是因为样品的特性。例如，较差的深度分辨率可能由在两层之间的界面粗糙度、迁移过程或晶体结构引起。镀层厚度在分析区域的变化也将使深度分辨率恶化。对于工业材料，深度分辨大约为15%的深度。

通常溅射坑底部的平均粗糙度随溅射深度而增加，对于高度结构化的材料（如黄铜）可多达50%的深度。然而，整体溅射坑形状似乎随深度变化不大，见图6-50。凸侧或凹侧以溅射坑中心深度成比例增长。

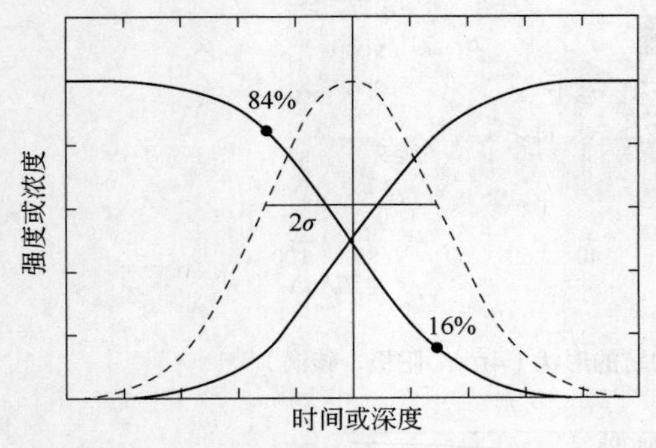

图6-49 用84%和16%的点定义深度分辨率

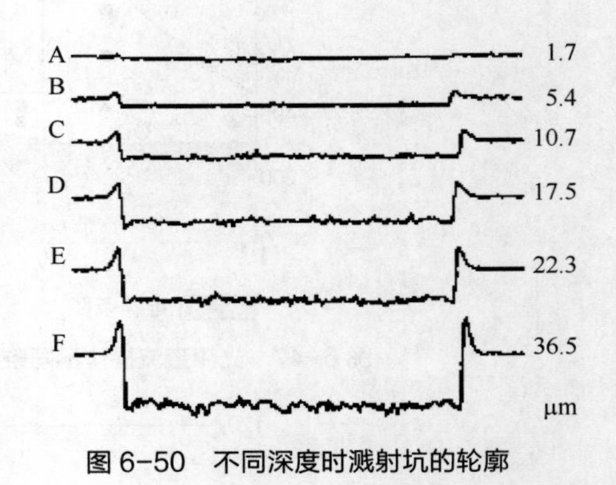

图6-50 不同深度时溅射坑的轮廓

6.4.3.5 参数优化的顺序

推荐下面步骤用于建立光源和分析参数：①选择合适的冲洗时间（如果可选）；②选择合适的预燃（预积分）时间；③选择用于校准和成分分析的积分时间；④选择合适的光源模式，如恒定压力和功率，或恒定电流和电压；⑤选择合适的功率，无论是施加功率或电流×电压；⑥调整其他光源的参数以获得最佳的信号（成分分析）或最佳溅射坑形状；⑦调整探测器得到预期的信号。

6.4.4 GD-OES的校准

6.4.4.1 成分分析的校准

（1）校准类型

在GD-OES中，当进行成分分析时，通常在一段时间内分析一种基体，所以一般的校准公式可以简化描述为：

$$c_i q_m / q_{\mathrm{ref}} = k_i R_i S_i I_i - b_i + \sum_j d_j I_j$$

式中，c_i是元素的浓度；q_m/q_{ref}是基体m的相对溅射速率；k_i是仪器常数；R_i是相对逆发射产率；S_i是相对逆自吸系数；I_i是元素i的发射强度；b_i是背景项；I_j是干扰元素j的谱线强度；d_j是干扰的相对大小。

① 单一元素的材料 对于由一种元素形成单基体接近于纯的材料，如纯的铁、铜或铝，可以假设样品间的溅射速率是恒定的，切换分析样品后等离子体没有变化，而且发射产率也没有变化。所有待测元素含量都比基体元素低得多，因此没有显著的自吸现象。因此，可以简化为：

$$c_i = k_i I_i - b_i + \sum_j d_j I_j$$

从上式可以认为所有的微量和痕量元素的校准曲线都是线型的。

在此模式下，背景项被称为背景等效浓度（BEC）。在 GD-OES 中，BEC 的典型值范围在 10～900μg/g。作为经验法则，检出限大致等于 BEC/30，即介于 0.3～30μg/g。

为了提高精度，通常测量相对内部参比的强度，以减少样品溅射时的变化。内部参比可以为主量元素的强度，或为氩线强度，或为辉光光源的光总强度。然后，校准方程可变为：

$$c_i = k_i I_i / I_{\text{ref}} - b_i + \sum_j d_j I_j / I_{\text{ref}}$$

如图 6-51 所示，元素浓度 c_i 对相对强度 I_j/I_{ref}（C 156nm 与 Fe 372nm 谱线强度比）作图。基于外部的干扰，不同参比线用于不同的分析线。

② 合金　对于合金和含一个以上主量元素的材料，如黄铜、不锈钢和 Al-Si 合金，可以限制含量范围和光源操作条件，以使相对发射产率恒定。也可以引入校正对应发射产率的变化，以使校正的强度有恒定的发射产率。选择一个主量元素的强发射谱线作为参比，它不受自吸的影响，标记为 R，它的强度将表示为：

$$c_{\text{R}} q_m / q_{\text{ref}} = k_{\text{R}} I_{\text{R}}$$

其中，对于此强发射谱线背景信号和谱线干扰可以忽略不计，可以得到一个校正公式：

$$c_i / c_{\text{R}} = k_i I_i / I_{\text{R}} - b_i / I_{\text{R}} + \sum_j d_j I_j / I_{\text{R}}$$

如图 6-52 所示，以相对含量 c_i/c_{R} 对相对强度 I_i/I_{R}（Al 396nm 与 Cu 225nm 谱线强度比）作图，将此方法称为“相对法”，可适用于许多材料。

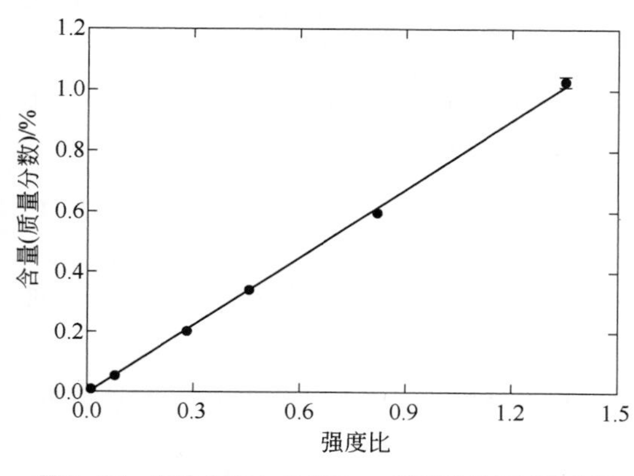

图 6-51　低合金钢中 C 156nm 谱线的分析校准曲线

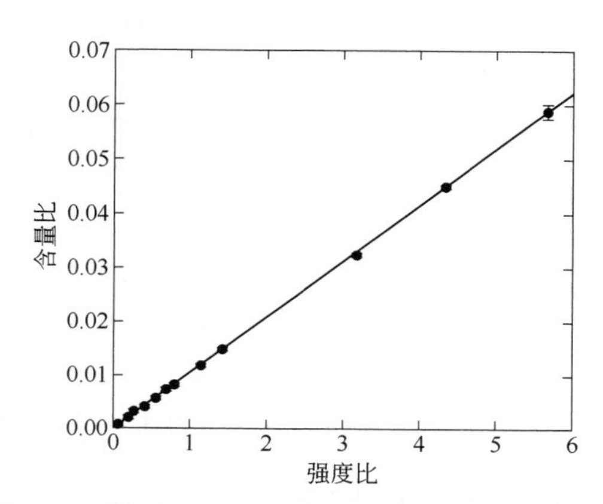

图 6-52　黄铜中 Al 396nm 谱线分析校准曲线（线性参比）

通常选择背景和光谱干扰可以对参比线忽略不计。实际操作中，主量元素的含量负相关性经常出现。由于元素含量的总和接近 100%，所以当一种元素的含量（如黄铜中的 Cu）增加时，另一种元素的含量（如黄铜中的锌）将减小。因此在参比线中有显著的自吸收时，对于相关元素将趋向于校准曲线弯曲。

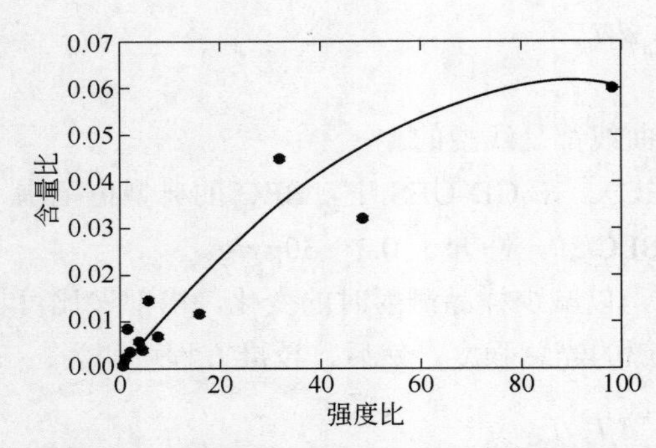

图 6-53 黄铜中 Al 396nm 谱线分析校准曲线（非线性参比）

对于参比元素含量不同的样品，在参比线中具有不同的自吸收量，因此在校准曲线中将分离成不同的类别。如图 6-53 所示，其中的强度比为 Al 396nm 与非线性的 Cu 325nm 谱线的比值。在所有非线性的参比线情况下，分析结果都将受到不利的影响。在可能的情况下，选择一个线性的谱线作为参比线。

③ 未知样和复杂基体　该方法用于分析未知样品和复杂的基体，如 Ni-Co-Cr-Fe 合金。校准用于宽范围基体和深度轮廓分析，都是以相同的方式进行，即以 $c_j q_m / q_{\mathrm{ref}}$ 对 I_i 进行校正。

这种分析模式的优点是可用于多种不同材料的分析，缺点是在相对溅射率上的不确定度将导致校准常数存在着大的不确定性，这可以通过大量使用校准样品来提高。可以利用这种分析模式以提供溅射率方面可靠的实验数据，不断地提高对多基体校准的理解。对于一个完全未知含量的样品，该方法可以作为给出一个近似成分的预测定步骤，从而进行更具体的校准分析。

（2）类型标准化

微校准对于分析少量样品是一种通常的手段，它也被称为“类型标准化”。尽管这种方法没有被标准化组织正式批准，但如果小心处理它往往可以提供好的结果。严格地说，它根本不是一种真正的校准，而是对现有校准进行调整。选择一种与被分析样品非常相似的参比样品作为类型标准化样，进行类型标准化。类型标准化样品中的元素含量准确已知，与被分析的样品相似。

运行类型标准化样品后，在软件中通过加法或乘法因子自动调节校准系数。然后，使用调整后的校准系统对待测样品进行分析。

对测定准确度要求特别高时，可以采用类型标准化方法进行。实践经验表明，当一个未知样品与类型标准化样品非常类似时可以显著地提高数据的精度。

（3）校准顺序

推荐以下步骤用于成分分析的校准：

① 创建方法　选择元素→选择合适的谱线→选择校准、校准和溅射参考样品→检查校准样品的组成范围满足分析的需求→选择光源条件。

② 校准　准备样品→进行校准→优化回归→检查漂移校正（重校准）标准→验证校准。

6.4.4.2 深度分析的校准

GD-OES 的深度分析（CDP）的校准在本质上与成分分析是一样的，成分分析的校准规则同样适用于深度分析。但对于深度分析有两个不同的地方：①通常是多基体，包含了一系列不同的材料；②必须包含溅射率信息，引入溅射率后元素信号强度与含量有良好的线性关系。

（1）溅射率

溅射率为物质通过粒子轰击从样品中移除的速率。在 GD-OES 中，通常用单位时间内溅射的质量速率或单位时间内单位面积内溅射的质量速率。溅射速率的大小取决于样品的性质和辉光放电的等离子体条件。通常用于测定样品的质量溅射率有两种方法：①在一定溅射时间内样品质量损失；②在一定溅射时间内溅射坑的体积。

样品的相对溅射率表示为相对于一个共同的物质（例如纯铁）在相同的条件下进行测定得到的溅射率比。在使用过程中，通常使用样品的相对溅射率替代样品的绝对溅射率，优点是相对溅射率的值可以在不同的仪器间进行比较，即使阳极直径或功率、电流、电压的条件不同。

① 测量质量损失　溅射后样品的质量损失可以通过直接测量溅射前后样品质量得到。通常常见校准样品的质量从数十克至几百克，而使用 4mm 阳极的质量损失通常小于 1mg/min，所以要求测量天平有良好的精度。

假设在溅射坑边缘重新沉积的物质量不显著，如图 6-54 所示，从溅射坑的形状估计，猜测大约有 7%从溅射坑溅射的总质量。因此重新沉积在溅射坑边缘是系统误差的可能来源，但相对溅射率（RSR）则不明显。

② 溅射坑体积测定　溅射坑的体积可以用轮廓仪直接测定溅射坑的宽度和深度而得到，过程中也应检查溅射坑底部的平坦度。为了减少测量的不确定性，可以重复测量几个不同的溅射坑、不同的溅射时间或等离子体条件，并通过回归计算平均侵蚀速率。对于大多数样品和通常的轮廓曲线，溅射坑的深度为 10～30μm 较为合适。较小的深度通常难以准确测量，而较大的深度可在等离子体中产生系统性变化，从而溅射速率也随深度发生变化。

③ 测量溅射坑深度　有几种类型的仪器可以用于测量溅射坑深度。这些轮廓仪也称表面粗糙度仪和干涉仪。最常见的轮廓仪使用一个接触金刚石触针、光学焦点或激光。一些轮廓仪能够记录整个溅射坑，但多数只能记录整个溅射坑的单一痕迹，完整的溅射坑如图 6-55 所示。为了确定溅射坑的平均深度，首先需要使样品水平（在轮廓仪的软件中），然后识别溅射坑的内部区域（暗）和外部区域（亮）。图中两个区域在高度上差别是 16.8μm。

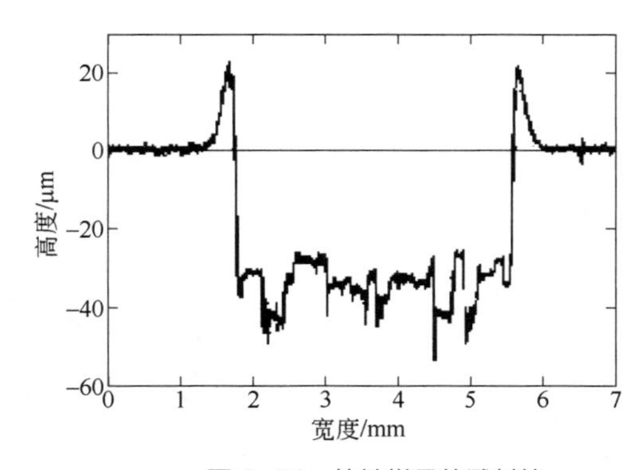

图 6-54　纯铁样品的溅射坑

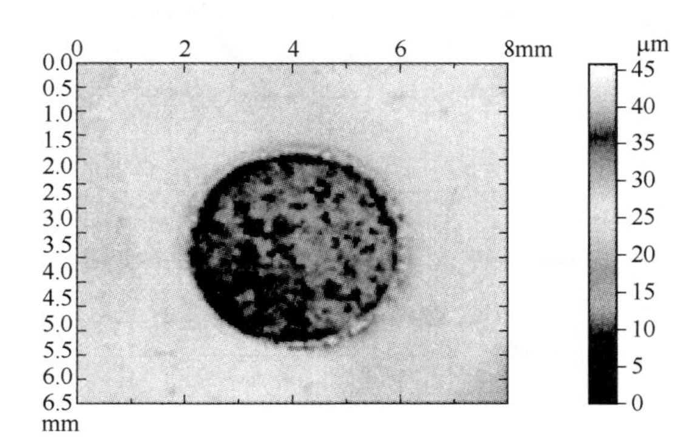

图 6-55　扫描激光轮廓仪记录纯铁溅射坑形

溅射坑深度也可以从整个溅射坑的 2D 扫描估计出来。图 6-55 中的溅射坑，2D 扫描给出的一个平均深度是 16.9μm，与 3D 扫描吻合。由于溅射坑底部的粗糙度，每个坑至少两次扫描是 2D 扫描的一种好方法，每次转动样品，以扫描坑的不同部分。当溅射坑底部几乎平坦时，3D 和 2D 扫描可以给出相似的结果。如果溅射坑底部不平坦时，通常则是不同的。如图 6-56 所示的“线扫描”代表了整个溅射坑的单次扫描；溅射坑的不同区域段在图的底部显

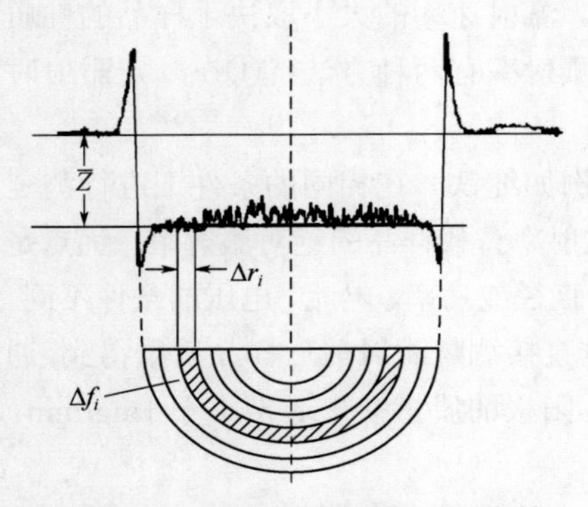

图 6-56　线扫描和区域扫描的差异[1]

$\overline{Z}$ 是平均深度；Δr_i 是在该行扫描中的线性段；Δf_i 为对应的扫描区域

示了半圆。显然，行扫描的相等直线段代表非常不同的溅射坑区域。一次单扫描多强调溅射坑的中心。

如何在 2D 扫描中估计平均深度的位置，见图 6-57：（a）为凸形溅射坑，加权平均（实线）比非加权 2D 平均略高，（b）为近平面，（c）为凹形溅射坑，加权的和非加权的估计几乎完全相同。在（a）中实线在 22.6μm，虚线在 23.8μm，有 5%的差异。因此，对于凸形溅射坑非加权 2D 扫描往往会略微高估溅射率。

④ 估计溅射因子　可以使用 CDP 校准本身来计算校准样品的相对溅射率（RSR），然后重新将该样品采用新的 RSR 进行校准。实际上，改变样品的 RSR 以确保样品对应于一个或多个主要元素匹配校准曲线。

以一个不锈钢样品作为例子，假设主要元素 Fe、Cr 和 Ni 已经使用其他样品校准，给定新样品的相对溅射率为 1，测量新样品中的 Fe、Cr 和 Ni 强度，并从校准曲线可以得到这些元素的含量为 120%，而从标准样品证书可以知道这些元素的含量为 95%。因此，对于这个样品 RSR 应该是 120/95 = 1.26，可用于次量元素（如 Co、Mo 或 Mn）的校准。以这种方式计算出的相对溅射率称为溅射因子。

对于没有包括在回归中的参数，溅射因子也可能显示出系统偏差。图 6-58 显示了测定 6 块 Zn-Al 合金有证参考物质的溅射因子（相对于铁），与测量得到的相对溅射率（相对于铁）

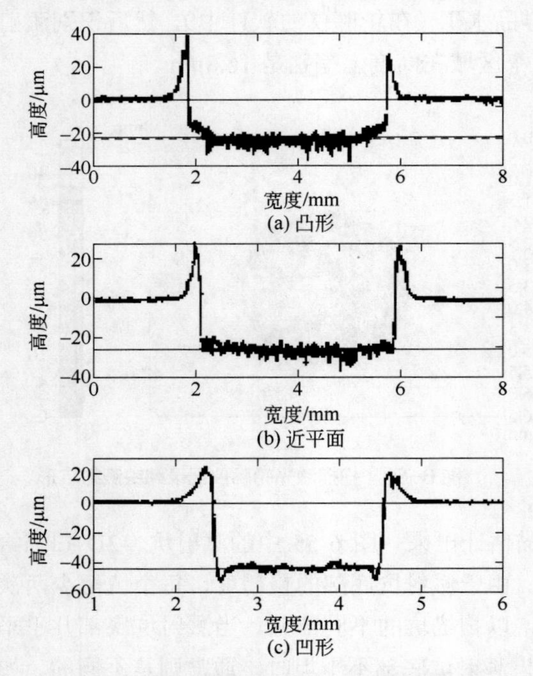

图 6-57　不同溅射坑形状的深度测量说明

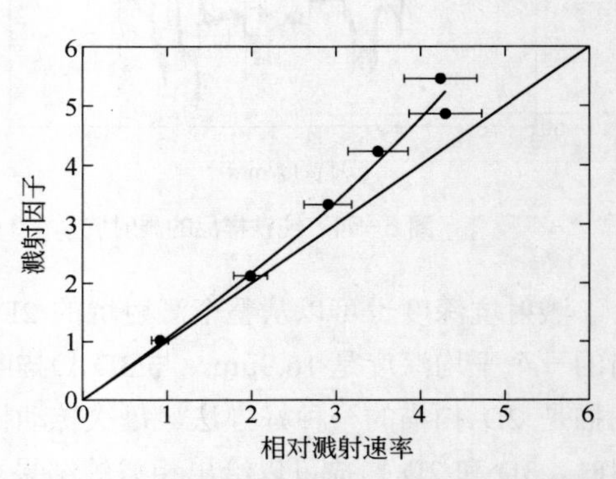

图 6-58　直流溅射因子与通过认证的 Zn-Al 合金样品测量的直流溅射速率比较[47]

相比较。同一元素的不同谱线对于气压的变化有不同的响应，显示出不同的溅射因子，当然元素的 RSR 是相同的。

⑤ 测量相对溅射率（RSR） 不同材料的溅射率对于不同基体可以相差很大。特别是对于深度轮廓分析，不同材料典型的溅射率可能影响分析的最优条件和对结果的解释。表 6-22 显示了一系列接近纯元素测量的相对溅射率，它们的值从 Si 的 0.21 到 Pb 的 17，这里给出的值是以纯铁作为参考物质。

表 6-22 接近纯元素固体的相对溅射速率（相对于铁）

元素	Z	$RSR_{平均}$	范围	n
Al	13	0.37	0.34～0.39	2
Ag	47	9.3		1
Au	79	8.1	5.0～11	2
Co	27	1.8	1.2～2.4	2
Cr	24	1.0	0.77～1.1	3
Cu	29	3.5	3.4～3.6	5
Fe	26	1.0		ref
Mo	42	1.3	1.2～1.4	2
Nb	41	0.71		1
Ni	28	1.5	1.49～1.52	2
Pb	82	17		1
Si	14	0.21	0.17～0.25	2
Sn	50	6.5		1
Ta	73	3.4		1
Ti	22	0.43	0.427～0.430	2
V	23	0.50		1
W	74	2.9	2.5～3.3	2
Zn	30	8.2	7.8～8.6	2
Zr	40	0.77	0.50～1.0	2

注：其中的范围是显示了 n 次单独测定的范围。

表 6-23 显示了一系列常见材料的测量相对溅射率。一些材料如 Cu-Al 合金和铸铁显示相对小的差异，而其他特别是 Cu-Zn 和 Zn-Al 合金取决于含量显示出较大的差异。

表 6-23 大量有证参考物质的相对溅射率（RSR）

主量元素	材料类型	典型 CRM	典型组成(质量)/%	RSR 的典型范围	n
Al	Al/Mg	Pechiney 6039	Al95Mg4Fe0.6	0.55~0.58	3
Al	Al/Si	MBHG28J5	Al71Si26Mn0.9	0.39~0.56	17
Al	Al/Zn	Pechiney 9165	Al90Zn6Mg2Cu2	0.66~1.3	2
Al	陶瓷	SIMR CC650A	Al37O32Ti22C5	0.19	1
Co	合金	MBHX404C	Co53Cr24Ni11W7	2.4	3
Cu	黄铜	CTIF LH11	Cu67Zn26Ni3Pb1	2.2~4.6	32
Cu	青铜	CTIF UE51/26	Cu82Sn7Zn4Pb4	4.9~5.1	2
Cu	Cu/Al	CTIF2151/R	Cu85Al9Fe4	2.1~2.3	4
Cu	Cu/Ni	MBH C62.13	Cu84Ni14Mn1	2.3	1

续表

主量元素	材料类型	典型 CRM	典型组成(质量)/%	RSR 的典型范围	*n*
Cu	Cu/Si/Zn/Fe	MBH WSB-4	Cu87Zn5Si4Mn2	2.7	1
Cu	低合金	MBH17868	Cu99P0.1Cr0.1	3.5	5
Fe	铸铁	CTIF FO2-2	Fe93Si3C2Mn1	0.71~0.97	41
Fe	镁电气石	SIMR JK41-IN	Fe48Ti25Co7N7	0.92	1
Fe	高合金钢	MBH BS 186	Fe63Ni36Mn0.7	0.92~1.8	4
Fe	低合金钢	NBS1763	Fe95Mn2Si0.5	0.90~1.1	60
Fe	不锈钢	BAS 464	Fe52Cr26Ni21	1.0~1.4	23
Fe	工具钢	BAS 486	Fe81W6Mo5Cr5	1.0~1.7	9
Mg	Mg/Al/Zn	MBH MGB1B	Mg95Al3Zn2	1.1	1
Ni	高合金	MBH 4005B	Ni70Cu21Si2Al2	1.3~1.9	11
Ni	低合金	BRAMMER BS200-1	Ni99.6Mn0.1	1.5~1.6	6
Ni	Ni/Cr/Co/Mo	MBH 14939 D	Ni48Cr21Co20Mo6	1.3~1.5	9
Sn	低合金	MBH SR3/A	Sn99Pb0.3Sb0.2	6.5~6.6	3
Sn	焊料	MBH S63PR2	(Sn50Pb50)	5.5	1
Ti	钛基材料	NBS BST-15	Ti88Al6Mo3Cr1	0.46~0.62	6
Zn	低合金	MBH41Z3G	Zn99.95	4.5~7.8	9
Zn	Zn/Al	MBH 42ZN5E	Zn96Al4Cu0.1	1.2~5.9	23

注：*n* 是种类中测量的 CRM 数量。

测量数据如来自不同实验室，使用不同的方法和不同的设备（微量天平、2D 和 3D 轮廓仪等），测量的 RSR 值可能有显著差异。

（2）基体效应

基体效应是由于化学或物理环境的变化所引起的每个分析物原子在强度或光谱信息的改变。在 GD-OES 中通常将基体效应分为两组：①相加效应，通常作为光谱干扰处理；②非相加效应，基于发射产率的变化。基体效应对于发射产率变化不仅取决于元素和等离子体。

不同的等离子体阻抗影响发射产率。实际表明等离子体阻抗的变化导致电压和电流的变化，从而影响元素谱线的发射产率，这种效应显示或大或小的程度取决于材料的组成。

许多不同的反应同时出现在等离子体中，这些反应的概率依赖于反应物种的组成和反应的截面。如果两个物种之间的反应截面特别高，这些物种在等离子体中的含量可能会极大地减少反应。

（3）校准顺序

推荐以下步骤用于深度剖析的校准顺序：

① 创建方法　选择元素→选择校准、校准和溅射参考样品→检查校准样品的组成范围满足分析的需求→选择光源条件，确保良好的溅射坑形状。

② 校准　测量或计算样品密度→测量溅射参考样品的溅射率→测量或计算校准和重新校准样品的相对溅射率→进行校准→优化回归→检查漂移校正（重新校准）标准→验证校准。

6.4.5 GD-OES 的分析应用

辉光放电光谱与其他发射光谱分析技术一样可用于无机元素的成分分析。同时，辉光放电光谱对涂镀层样品和薄层样品的独特深度分析性能是其区别于其他分析技术的重要特征。GD-OES 的应用主要集中在成分分析和深度分析上。

6.4.5.1 成分分析

（1）固体样品

对于块状导电试样，仅需简单的机械加工成型，然后直接用 DC-GD-OES 或 RF-GD-OES 分析；对于非导电块状试样，则采用 RF-GD-OES 分析；对粉末导电试样，只需压成合适形状便可用 DC 或 RF-GD-OES 分析；对粉末非导电试样，则通过与导电基体混合并压成块后用 DC-GD-OES 分析，也可将试样直接压成合适形状后用 RF-GD-OES 分析。

① 导体样品　金属及合金等导体样品是 GD-OES 常用和成熟的分析对象，操作方式与常规直读光谱分析相似，可以采用光谱标样进行校正，容易找到与分析样品匹配的校准样品。存在的主要问题是许多金属材料分析没有国际上统一认可的 GD-OES 标准方法，各实验室之间的实验数据由于实验条件、所用仪器型号不同没有可比性。但 GD-OES 与其他类似技术相比具有检出限低、灵敏度高、线性范围宽、快速、费用较低等特点，使之成为金属及合金样品分析的有力工具。用 Grimm 型 GD-OES 法分析金属和合金试样的检出限一般为μg/g 级。GD-OES 法分析钢和铜样品的检出限见表 6-24[4,48,49]。

表 6-24　GD-OES 分析钢和铜中元素的检出限

元素及波长/nm		检出限/(μg/g)		
		钢		铜
		GD-OES	微波增强 GD-OES	
Ag(Ⅰ)	338.3			1.8
Al(Ⅰ)	396.2	0.4	0.1	
As(Ⅰ)	190.0			<10
B(Ⅰ)	209.1	0.8	0.3	
	208.9	0.9	0.4	
Cr(Ⅰ)	425.4	0.2	0.05	
Cu(Ⅰ)	327.4	1.5	0.3	
	324.8	2	0.9	
Mg(Ⅰ)	285.2	2	1.5	
Mg(Ⅱ)	279.6	1.3	0.9	
Mn(Ⅰ)	403.1	1	0.2	
Mo(Ⅰ)	386.4	1.5	0.8	
Nb(Ⅰ)	405.9	4	0.6	
Ni(Ⅰ)	232.0	0.5	0.1	
Si(Ⅰ)	288.2	3	0.4	
Ti(Ⅰ)	364.3	3	0.6	
V(Ⅰ)	318.4	3	1	
Zr(Ⅰ)	360.1	8	1.5	

GD-OES 在合金分析上应用最为简便。一般低合金钢可以建立一个快速定量分析方法，适合不同牌号低合金钢、生铁以及工具钢等的准确分析。

GD-OES 在生铸铁分析中独具优势，由于铸铁显微组织结构不同，利用火花直读光谱仪或 XRF 光谱仪进行快速分析时，需对铸铁样品进行白口化，即使如此仍会造成某些元素的分析误差。GD-OES 基体效应小，不仅可以有效分析白口铸铁，而且能够分析存在不同形态石墨碳的灰口铸铁、可锻铸铁和球墨铸铁。采用白口铸铁标样校准后，选择优化条件，可直接对灰口样品进行测定[50]，如表 6-25 所示。

表 6-25　GD-OES 测定灰口铸铁样品中 15 种元素的分析结果

分析物	样品	认证质量分数/%	GD-OES 测定质量分数/%	相对误差/%	分析物	样品	认证质量分数/%	GD-OES 测定质量分数/%	相对误差/%
C	20E	3.24±0.03	3.27±0.07	0.93	Si	20E	2.29±0.03	2.27±0.08	0.87
	20G	3.33±0.01	3.40±0.08	2.10		20G	3.02±0.03	2.89±0.10	4.30
	20K	3.21±0.03	3.21±0.07	0		20K	2.47±0.02	2.40±0.09	2.83
	20P	3.22±0.05	3.21±0.07	0.31		20P	2.62±0.03	2.60±0.09	0.76
	20R	3.25±0.04	3.29±0.07	1.23		20R	2.72±0.05	2.63±0.09	3.31
	20W	3.27±0.02	3.26±0.07	0.31		20W	2.64±0.02	2.55±0.09	3.41
	24G	2.42±0.02	2.30±0.05	4.96		24G	2.93±0.02	2.96±0.11	1.02
				平均相对误差：1.40					平均相对误差：2.36
P	20E	0.042±0.003	0.040±0.004	4.8	Mn	20E	0.80±0.01	0.81±0.05	1.3
	20G	0.028±0.004	0.030±0.003	7.1		20G	0.58±0.01	0.58±0.04	0
	20K	0.060±0.008	0.052±0.006	13		20K	0.68±0.01	0.70±0.05	2.9
	20P	0.032±0.003	0.035±0.004	9.4		20P	0.63±0.01	0.63±0.04	0
	20R	0.047±0.005	0.044±0.005	6.4		20R	0.62±0.01	0.61±0.04	1.6
	20W	0.045±0.005	0.042±0.005	6.7		20W	0.62±0.01	0.63±0.04	1.6
	24G	0.022±0.002	0.024±0.003	9.1		24G	0.13±0.01	0.13±0.01	0
				平均相对误差：8.1					平均相对误差：1.1
S	20E	0.044±0.002	0.044±0.005	0	Cu	20E	0.23±0.01	0.23±0.01	0
	20G	0.029±0.002	0.029±0.004	0		20G	0.54±0.01	0.51±0.01	5.6
	20K	0.025±0.001	0.025±0.003	0		20K	0.56±0.02	0.57±0.01	1.8
	20P	0.044±0.001	0.042±0.005	4.5		20P	0.067±0.003	0.068±0.01	1.5
	20R	0.034±0.001	0.035±0.004	2.9		20R	0.35±0.01	0.36±0.01	2.9
	20W	0.036±0.001	0.035±0.004	2.8		20W	0.29±0.01	0.31±0.01	6.9
	24G	0.019±0.002	0.017±0.003	11		24G	0.55±0.01	0.54±0.01	1.8
				平均相对误差：3.0					平均相对误差：2.9
Ni	20E	0.156±0.012	0.147±0.004	5.77	Sn	20R	0.104±0.005	0.100±0.007	3.85
	20G	0.38±0.02	0.37±0.01	2.6		20W	0.086±0.005	0.080±0.006	7.0
	20K	0.28±0.02	0.27±0.01	3.6		24G	0.158±0.004	0.159±0.011	0.63
	20P	0.14±0.01	0.14±0.01	0					平均相对误差：5.1
	20R	0.096±0.010	0.098±0.005	2.1	V	20E	0.007±0.002	0.008±0.003	14
	20W	0.082±0.009	0.084±0.003	2.4		20G	0.018±0.002	0.019±0.004	5.6
	24G	0.21±0.01	0.20±0.01	4.8		20K	0.013±0.001	0.014±0.003	7.7
				平均相对误差：3.0		20P	0.017±0.002	0.018±0.004	5.9

续表

分析物	样品	认证质量分数/%	GD-OES 测定质量分数/%	相对误差/%
Mo	20E	0.042±0.002	0.037±0.004	12
	20G	0.19±0.01	0.61±0.02	16
	20K	0.21±0.01	0.21±0.02	0
	20P	0.033±0.003	0.031±0.004	6.1
	20R	0.053±0.002	0.054±0.006	1.9
	20W	0.054±0.002	0.053±0.006	1.9
	24G	0.23±0.01	0.23±0.02	0
				平均相对误差：5.4
Cr	20E	0.088±0.001	0.088±0.005	0
	20G	0.086±0.003	0.086±0.005	0
	20K	0.117±0.005	0.120±0.007	2.56
	20P	0.079±0.002	0.079±0.005	0
	20R	0.094±0.004	0.097±0.006	3.2
	20W	0.092±0.002	0.092±0.005	0
	24G	0.21±0.01	0.21±0.01	0
				平均相对误差：0.8
Ti	20E	0.017±0.002	0.017±0.002	0
	20G	0.012±0.001	0.012±0.002	0
	20K	0.019±0.001	0.019±0.003	0
	20P	0.018±0.001	0.018±0.003	0
	20R	0.015±0.001	0.015±0.002	0
	20W	0.015±0.001	0.015±0.002	0
	24G	0.14±0.01	0.14±0.02	0
				平均相对误差：0
Sn	20E	0.093±0.005	0.096±0.007	3.2
	20G	0.12±0.01	0.11±0.01	8.3
	20K	0.058±0.002	0.054±0.005	6.9
	20P	0.099±0.003	0.093±0.007	6.1

分析物	样品	认证质量分数/%	GD-OES 测定质量分数/%	相对误差/%
V	20R	0.007±0.001	0.007±0.003	0
	20W	0.007±0.001	0.007±0.003	0
	24G	0.163±0.007	0.165±0.023	1.23
				平均相对误差：4.9
Al	20E	0.006±0.001	0.007±0.001	17
	20G	0.008±0.001	0.008±0.001	0
	20K	0.004±0.001	0.005±0.001	25
	20P	0.008±0.002	0.007±0.001	13
	20R	0.005±0.001	0.006±0.001	20
	20W	0.004±0.001	0.005±0.001	25
	24G	0.011±0.001	0.011±0.002	0
				平均相对误差：14
Co	20E	0.006±0.002	0.007±0.002	17
	20G	0.022±0.002	0.024±0.003	9.1
	20K	0.013±0.002	0.015±0.002	15
	20P	0.018±0.002	0.020±0.002	11
	20R	0.006±0.001	0.006±0.002	0
	20W	0.005±0.002	0.008±0.002	60
	24G	0.023±0.002	0.024±0.003	4.3
				平均相对误差：17
As	20E	0.003±0.004	0.006±0.003	100
	20G	0.004±0.001	0.006±0.003	50
	20K	0.004±0.001	0.004±0.003	0
	20P	0.004±0.007	0.004±0.003	0
	20R	0.004±0.001	0.006±0.003	50
	20W	0.004±0.001	0.005±0.003	25
				平均相对误差：38

注：所有的不确定度是95%置信区间。

对中高合金材料的分析，GD-OES 对高含量组分的分析精度高和基体效应小，如可将不同类型不锈钢（如铬不锈钢、铬镍不锈钢等）在一起测定。表 6-26 为不同不锈钢的分析结果。

表 6-26　不同不锈钢的辉光放电光谱分析结果

样品	测定元素/%										
	C	Si	Mn	P	S	Cr	Ni	Mo	Cu	V	Al
NIST C1153A	0.221	0.97	0.534	0.031	0.018	16.78	8.90	0.24	0.232	0.184	0.0027
RSD/%	1.3	1.1	0.65	1.3	1.9	0.22	0.17	0.50	0.97	0.66	4.8
标准值	0.225	1.00	0.544	0.030	0.019	16.70	8.76	0.24	0.226	0.176	
7-6-1-1	0.025	0.55	0.418	0.010	0.019	17.07	9.79	0.051			
标准值	0.026	0.55	0.422	0.007	0.021	17.05	9.68	0.052			
IRMM25A	0.021	0.34	0.49	0.020	0.004	19.76	33.54	2.22	3.31	0.11	
标准值	0.024	0.32	0.48	0.020	0.003	19.63	33.57	2.10	3.23	0.10	
IRMM 10A	0.12	0.54	0.80	0.023	0.35	12.28	0.42	0.13	0.14	0.040	0.0018
标准值	0.12	0.53	0.80	0.024	0.37	12.18	0.40	0.12	0.13	0.040	0.0020

在薄钢板分析中，由于 GD-OES 的激发能量相对较低，可以对薄钢板（0.1～0.3mm）进行快速分析。通过适当降低光源的激发条件直接测定，可在 90s 内激发约 20μm 深度的试样；检出限可达 5～50μg/g。可以将不同牌号的钢铁标准物质（如低合金钢、中高合金钢、生铁、工具钢）在相同的分析条件下建立一个快速的定量分析方法，不需采用类型标准化其分析结果的准确度也能满足快速分析的要求。

GD-OES 对金属固体样品成分分析的相对标准偏差（RSD）一般在 2%～3%，其分析结果的重现性好于火花光谱；同时分析的检出限也低于火花光谱[51]，如表 6-27 所示。

表 6-27　火花光谱和辉光放电光谱分析钢铁的检出限

元素	火花光谱/(μg/g)	辉光放电光谱/(μg/g)	元素	火花光谱/(μg/g)	辉光放电光谱/(μg/g)
Al	0.5	0.1	Nb	2	0.6
B	1	0.3	Ni	3	0.1
Cr	3	0.05	Si	3	0.4
Cu	0.5	0.3	Ti	1	0.6
Mg	2	0.9	V	1	1
Mn	3	0.2	Zr	2	1.5
Mo	1	0.8			

② 半导体样品　对于半导体样品，与导体样品一样可以采用 GD-OES 直接进行分析，这有利于减少制样过程中的污染，同时还可以通过样品的预溅射过程对样品表面起到自清洁作用，有利于改善半导体样品分析的检出限，并已成功应用到半导体工业中。射频辉光放电光谱分析半导体样品时，对于 4mm 的阳极筒，功率一般设为 40W，气压为 500Pa 左右。

③ 非导体样品　对于非导体样品，可采用 RF-GD-OES 直接进行分析。如对非导电的高分子聚合物——负载无机染料（金红石和氧化铁）高聚物的负载量进行测定[52]，钛和铁分析的 RSD 为 3%～6%，工作曲线的 r^2 大于 0.98；又如对骨头中钙、钠、镁、磷和氮的分析，直接测定生物有机固体的元素及成分分布[53]。

也可以将非导体预先与导体金属粉末（如 Cu、Ag 等）混合压块，采用 DC-GD-OES 进行分析。导电载体采用高纯金属粉末，一般为铜粉，按比例混合（5%～10%样品粉末，95%～90%金属粉末），压成片状。这种压片样品具有相对较低的基体效应和较高的测量精度。可以对氧化物粉末进行分析，RSD 为 3%～5%。也可将炼钢的渣样与铜粉混合压片直接测定渣样的成分。

若使用 RF-GD-OES 直接分析非导体的粉末样品，如玻璃和陶瓷，可以直接压片分析。避免引入金属粉末产生稀释和污染。但使用射频时，无论是样品的厚度还是非导体样品中所含的非金属元素，如玻璃和陶瓷材料中的氧，都会对等离子体产生较大的影响。

RF-GD-OES 直接分析玻璃样品，以成分上有很大差别的硅酸盐玻璃（例如，SiO_2 含量 10%～70%，CaO 含量 0～25%，Na_2O 含量 0～15%，K_2O 含量 0～19%等）作为校准样品，所选择的分析谱线见表 6-28，测定两块不同厚度的玻璃样品（3mm 和 1.1mm）的主要成分（SiO_2、Na_2O、CaO、MgO、Al_2O_3 和 K_2O），分析结果如表 6-29 所示。

表 6-28　所选择的 GD-OES 分析谱线

谱线	波长/nm	谱线	波长/nm
Br(Ⅰ)①	249.67	Ca(Ⅱ)	393.36
Mg(Ⅰ)①	285.21	Al(Ⅰ)①	396.15
Si(Ⅰ)	288.15	Ar(Ⅰ)	404.44
Cu(Ⅰ)	324.75	Sr(Ⅱ)	407.77
Zn(Ⅰ)	334.50	Nb(Ⅰ)	416.46
Zr(Ⅱ)	339.19	Cr(Ⅰ)	425.43
Ni(Ⅰ)	341.47	Cd(Ⅰ)②	228.80
P(Ⅰ)②	178.28	Mn(Ⅱ)②	257.60
S(Ⅰ)②	180.73	Na(Ⅰ)	589.59
Ti(Ⅰ)	365.35	K(Ⅰ)①	766.49
Fe(Ⅰ)	371.99		

① 采用单色器测定。

② 采用二级谱线测定。

表 6-29　RF-GD-OES 测定不同厚度玻璃的分析结果　　单位：%

物质	认可组成		RF-GD-OES①			
			20W		15W	25W
	HGb	S-620	HGb	S-620	HGb	S-620
SiO_2	70.9±0.2	72.08±0.08	68.1±1.3	73.0±1.0	68.1±1.2	72.1±1.1
Na_2O	13.9±0.1	14.39±0.06	15.5±0.1	11.7±0.9	15.7±0.2	11.4±0.9
CaO	9.38±0.05	7.11±0.05	10.5±0.3	6.2±0.4	10.3±0.2	8.5±0.5
MgO	4.53±0.04	3.69±0.05	4.5±0.3	4.8±0.2	4.6±0.2	5.1±0.2
Al_2O_3	0.58±0.02	1.80±0.03	1.04±0.05	3.2±0.2	1.05±0.06	2.3±0.3
K_2O	0.28±0.01	0.41±0.03	0.23±0.02	0.45±0.05	0.25±0.03	0.27±0.06

① 样品 HGb 厚 1.1mm，样品 S-620 厚 3mm。

（2）液体样品

GD-OES 的分析对象主要为固体材料，但在实际应用中液体样品同样可以用 GD-OES 进行分析，这也是多年来辉光光谱应用感兴趣的分支领域。GD-OES 用于液体样品分析有下列优点：光源较常压等离子体光源简单；可用于微体积样品的分析；可提供分子类型的信息。

辉光等离子体温度不高，样品较难蒸发为固态气体颗粒，所以 GD 液体样品的进样方式主要有：①干燥的液体残留进样，如图 6-59 所示；②液态气溶剂连续进样；③采用常规的雾化系统将溶液试样引入到 GD 中；④电解质阴极辉光放电方法。

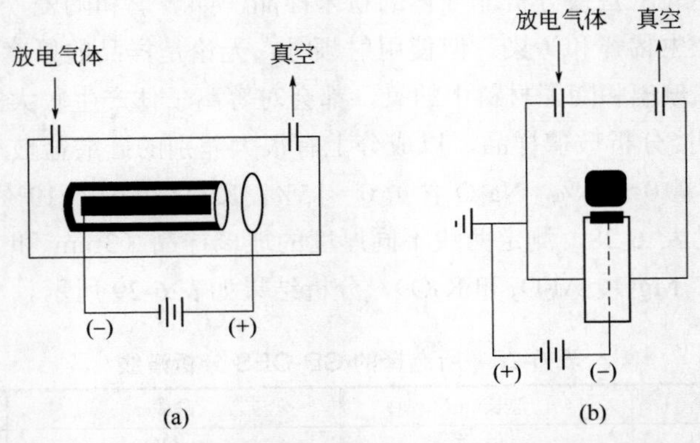

图 6-59　两种溶液残留分析的辉光系统基本结构

（a）空心阴极；（b）平板阴极

（3）气体样品

GD-OES 还可以进行气态样品分析。GD 本身适合于气体混合物的定量分析，有关报道相对较少。有利用氢化物发生方法测定生物试样中的 As、Se[54]。也有提出一种新的气体进样装置，用于有机物中非金属元素测定的[55]。以 He 作为等离子体气，采用射频辉光放电光谱法（RF-GD-OES）对有机蒸气的气体样品的分析能力进行了评价[56]，见图 6-60。表 6-30 为采用 RF-GD-OES 在 80W 功率与最佳压力条件下对 Cl、C、Br 和 S 的分析性能，并与其他方法进行比较。

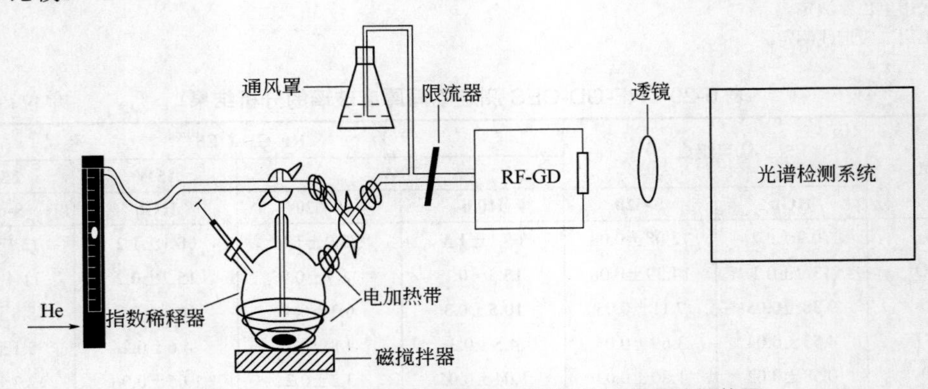

图 6-60　RF-GD-OES 对有机蒸气的气体样品的分析装置

表 6-30　RF-GD-OES 对挥发有机化合物中非金属元素的分析性能

元素	波长/nm	RF-GD-OES			MIP① D.L./(pg/s)	ICP① D.L./(pg/s)	DC-GD① D.L./(pg/s)	CMP① D.L./(pg/s)
		D.L./(pg/s)	RSD/%	线性范围最高值/(ng/s)				
Cl	479.45	0.7	3.9(2.2)②	1000	8.1		5000	7000
	837.59					800		
C	193.09				13		400	100
	247.86	0.3	2.0(0.7)②	360				
	833.51					2200		

续表

元素	波长/nm	RF-GD-OES D.L./(pg/s)	RF-GD-OES RSD/%	RF-GD-OES 线性范围最高值/(ng/s)	MIP① D.L./(pg/s)	ICP① D.L./(pg/s)	DC-GD① D.L./(pg/s)	CMP① D.L./(pg/s)
Br	470.49	11	4.6(3.0)②	900	9.5			10000
	827.24					1000		
S	190.03						1000	
	545.38	6	3.2(4.4)②	900	58			

① 为了进行比较，其他发射光谱采用在氦等离子体的检出限（D.L.），D.L.的计算是 3 倍背景测量的标准偏差值。

② 括号内的数值为以 ng/s 的分析物浓度的相对标准偏差。

6.4.5.2 深度分析

由于辉光放电过程中，样品原子不断地被逐层剥离，随着溅射过程的进行，光谱信息所反映的化学组成也由表及里，用于深度分析。GD-OES 的深度分辨率可达到小于 1nm，分析深度由纳米级至 300μm 以上，分析速度可以是 1～100μm/min。随着辉光放电光谱仪的发展，它具有其他分析仪器（如 XPS、AES、SIMS、XRF）所不具备的优越性能，在涂镀层的深度轮廓分析方面的应用，如等离子气相沉积、涂料涂层、电镀板、氮化物层等，可以在几分钟内分析得到 10μm 以内的所有元素沿层深方向连续分布的情况，成为一种表面和逐层分析的手段。图 6-61 对多种深度分析技术，如 GD-OES、GD-MS、SIMS、LA-ICP-MS、LIBS、EPXMA、XPS、AES 的横向和深度分辨率进行了比较[57]，其中越接近图左下角位置的技术越具有较高（或更好）的深度分辨率。

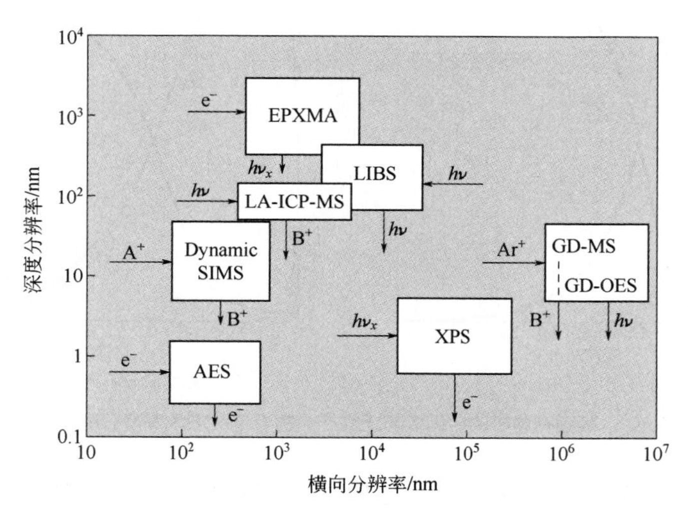

图 6-61 直接固体分析的光谱和质谱技术在横向和深度分辨率上的比较

A^+、B^+分别为入射和发射离子；e^-为电子

而表 6-31 给出了 GD-OES、GD-MS、SIMS 和 XPS 等分析技术的分析性能如最大分析深度、横向和深度分辨率、检出限等。

近些年来，辉光放电深度轮廓分析的应用文献迅速增加，其中不同类型的金属涂镀层分析占绝大多数，也成功地应用于氧化物、氮化物和一些其他的非金属涂层分析中。

表 6-31 几种溅射深度轮廓分析技术的物理和分析性能比较

项目	GD-OES/MS	SIMS（动态）	XPS（氩蚀刻）
粒子轰击	Ar^+	Ar^+, Cs	Ar^+
工作气压/mbar	4～10	10^{-10}～10^{-8}	10^{-8}
电流密度/(mA/cm^2)	50～500	＜10	1～5
入射角/(°)	90	0～90	15～90
离子能量/keV	＜0.3	1～30(Ar^+)	1～5
溅射速率/(μm/min)	1～10	＜2	5×10^{-4}～5×10^{-2}
最大分析面积/mm^2	3～40	3×10^{-4}～1	1～4
最大分析深度/μm	100	1	＜0.05
横向分辨率/nm	10^6	10^3	10^2
深度分辨率/nm	＜0.5	0.5～1.5	0.5～2.5
检出限/(μg/g)	10^{-3}～1	10^{-3}～1	10^3

（1）金属材料

GD-OES 技术用于材料表面质量的分析、镀层产品的研发、产品生产工艺参数的优化以及钢板的表面质量检验上。图 6-62 为表面有黄斑的镀锡板与正常产品的辉光放电光谱深度分析结果比较。光源阳极筒直径为 4mm，测定镀锡板的放电电压为 700V 和放电电流为 20mA。

钢板上镀锌可防腐和改善材料表面外观及着漆性能，为汽车制造行业大量使用。镀锌板的镀层中的元素分布和镀层的厚度直接影响着产品的品质，采用 GD-OES 可以很方便得到这些信息。

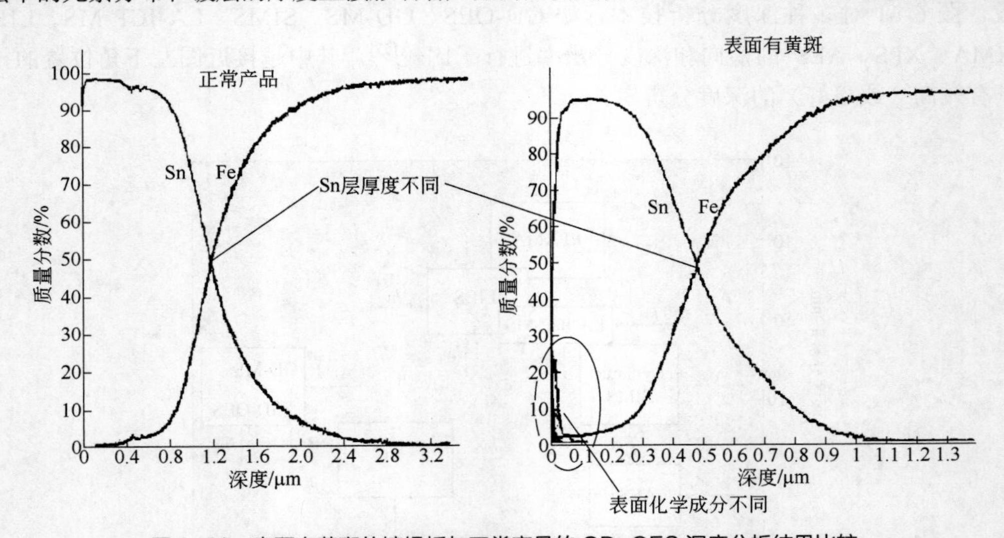

图 6-62 表面有黄斑的镀锡板与正常产品的 GD-OES 深度分析结果比较

在一定的热浸镀条件下，镀层中总是生成锌、铁成分一定的合金化层；对热浸镀锌的灰斑成因的解析如图 6-63 所示。为了防止高功率可能会导致镀层熔化和不稳定，实验中选择相对温和的激发条件。

采用辉光放电光谱可以对钢材表面镀上钛、钒、铬、锆等的氮、碳化合物（如 TiC、TiN、VC、VN、Cr_3C、CrN、ZrC、ZrN）等的 PVD、CVD 硬镀层进行深度分布分析（图 6-64），如检测镀层的成分和均匀性，研究生产工艺过程中不同参数对成分的影响等，可以提供许多镀层与基体交界面的信息[58]。

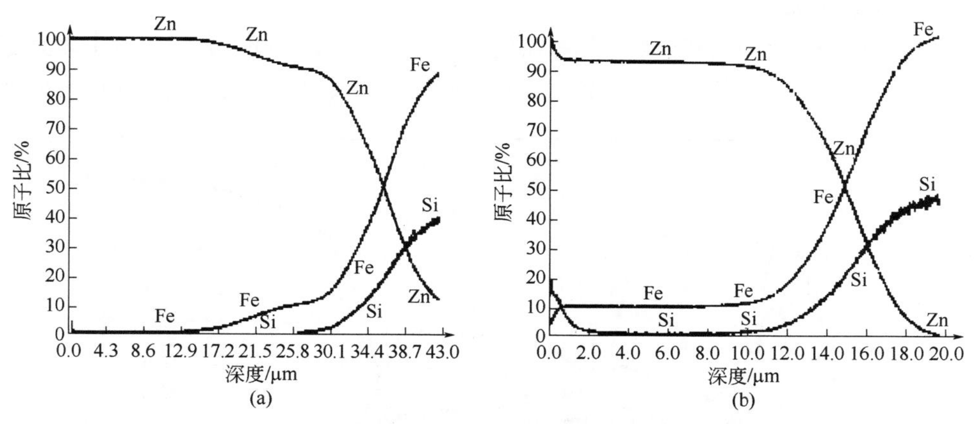

图 6-63　热镀锌钢板灰斑处辉光光谱定量深度分析

（a）正常镀锌层；（b）镀层灰斑层

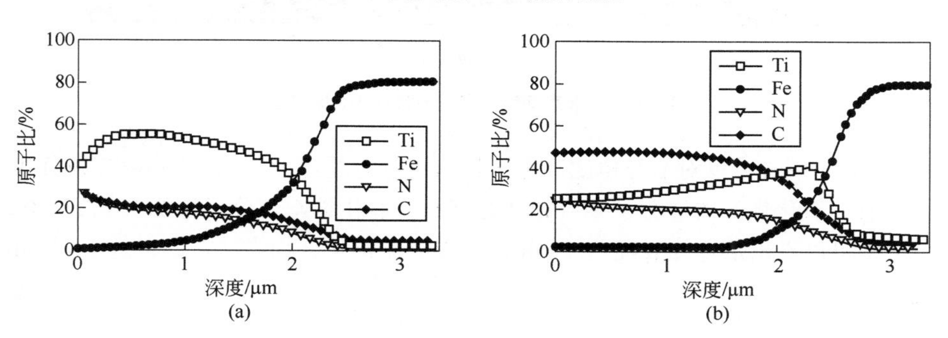

图 6-64　GD-OES 对不同工艺条件下镀 TiCN 膜高速工具钢的深度分析

图 6-65 为辉光放电光谱分析一个在铝基上镀钛的样品经在 500℃下、2h 等离子渗氮后的深度分布图[59]。从图中可以看出氮的渗入深度非常浅（小于 200nm），因为氮化钛是非常有效的阻挡层，可以有效阻止氮进一步向深层扩散，在钛和铝的交界处有一层清晰的中间合金层产生。

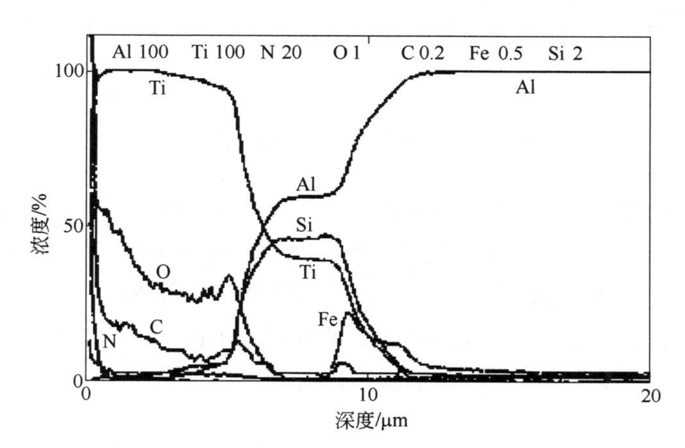

图 6-65　渗氮处理的 Al 基上镀 Ti 的样品的辉光放电光谱深度分析

（2）非金属材料

对于不导电的非金属材料涂层（如彩涂板），可采用 RF-GD-OES 测定。对于表面是非导体涂层、下面为导体镀层的复杂的涂镀层样品，同样也能实现很好的测定，如图 6-66 所示。

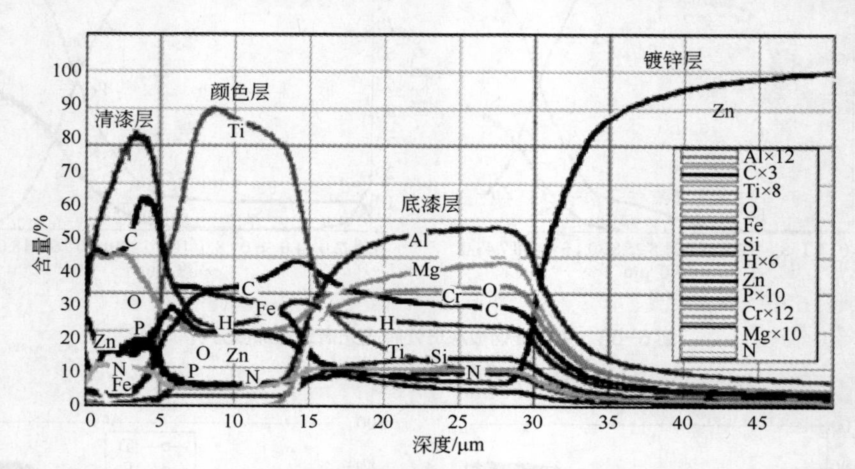

图 6-66　钢板表面涂镀层的 GD-OES 分析结果

采用 RF-GD 模式可以对非导电的高分子镀膜进行定量深度分析，图 6-67 为负载了无机染料（金红石和氧化铁）的高分子聚合物（金红石：氧化铁：高分子聚酯 ＝0.25：0.25：1）分析图，从中可以看出从样品表面至 5 μm 几乎没有无机化合物染料，铁、钛峰从 5 μm 处才开始出现。

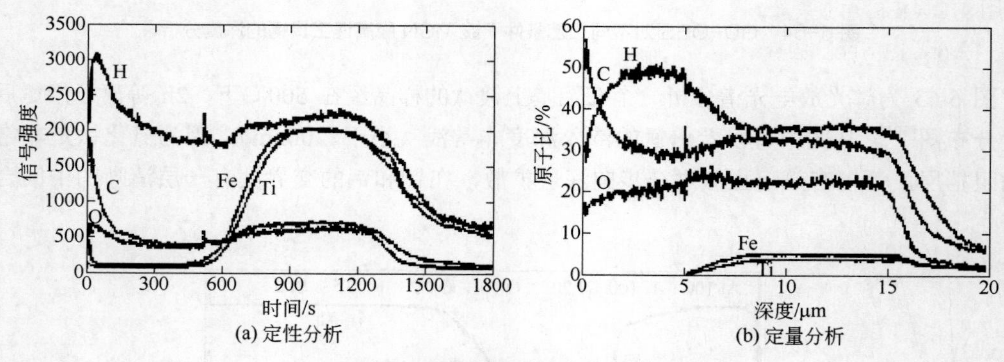

图 6-67　混合染料的辉光光谱深度分析

图 6-68 所分析的样品为在镀有 Al-Zn-Si 镀层的钢样上再镀一层负载了金红石无机染料的硅改性高分子聚酯膜，从图中可以看出最外表面高分子聚酯膜涂层的厚度约为 12～13μm，然后是含有较高浓度的锶和铬的底漆层，金属镀层的厚度约为 20μm。

但是，半导体材料、玻璃、陶瓷这些材料的表面分析由于目前缺少相应的标准物质的支持，其表面逐层定量分析受到一定程度的限制。

（3）薄层材料

随着 GD 电源设计和控制技术的发展，GD-OES 逐渐适用于薄层材料表面分析。近年来开展的纳米（nm）级复合表面层分析，直流 Grimm 型光源以其可快速稳定的特点，稳定时

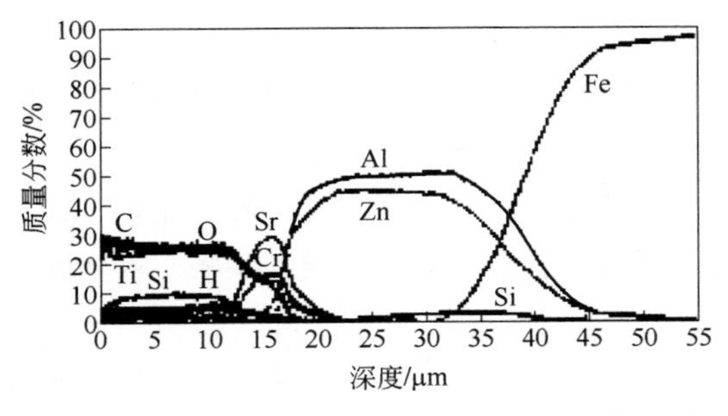

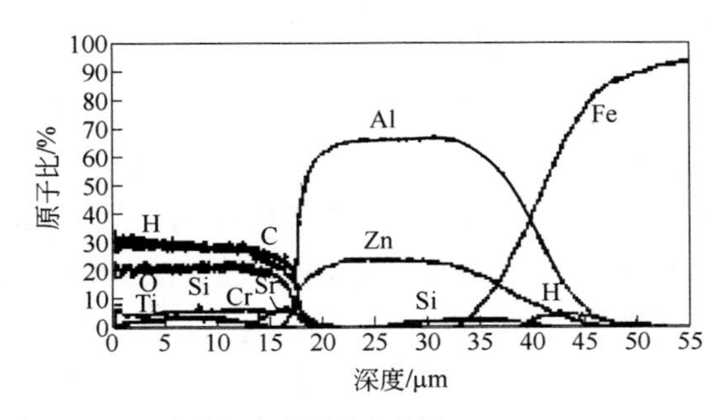

图 6-68 高分子聚酯膜+金属镀层（Al+Zn+Si）的辉光光谱深度分析

间小于 20ms，可进行这类超薄表层的分析。已有用辉光放电光谱分析 304 不锈钢上 2nm 厚的氧化膜（图 6-69），表明 GD-OES 对超薄层样品的深度分析具有极高的分辨率[60]；从图中可知，氧化膜包含两层，外层为氧化铁层，内层则以氧化铬为主，氧化膜下为一层富 Ni 层。何晓蕾等[61]采用直流（DC）光源通过低的放电条件（700V、20mA）、200 次/s 的数据采集频率和精心的样品处理，使深度分辨达 0.1nm 左右，成功对纳米级厚度的薄膜样品表面进行了定量深度分析。

GD-OES 对纳米级薄膜材料分析的准确度也相当高。通过已建立的各元素标准曲线，计算机给出各元素的浓度分布。分析结果是以被测样品的分析深度为横坐标，元素的质量分数为纵坐标的图谱。图 6-70 是冷轧板样品的 GD-OES 分析图谱[61]，由图可知，样品表面的氧化膜厚度为 9.6nm。同时采用 X 射线光电子能谱（XPS）变角度法测定该氧化膜，膜层厚度在 5～10nm，与 GD-OES 测定结果基本吻合。对纳米级薄膜样品的精密度试验结果也良好，如采用 GD-OES 对弱酸洗闪镀镍冷轧板样品连续测定 10 次，结果其闪镀镍膜厚（nm）为：13.0、12.6、13.6、14.0、10.0、12.6、10.4、14.0、11.5、12.0，RSD 为 11%。

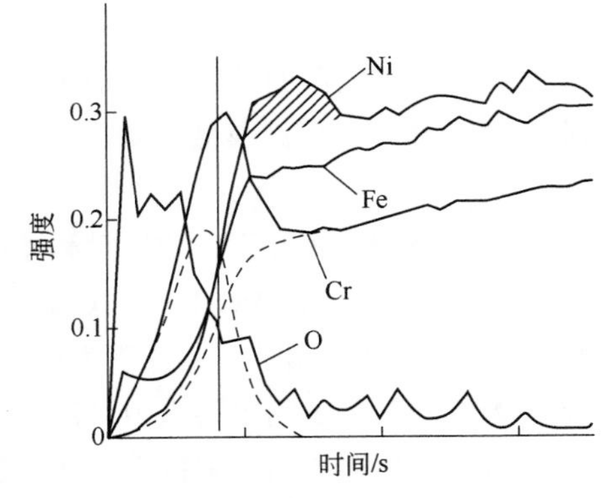

图 6-69 不锈钢上氧化膜 GD-OES 深度分析

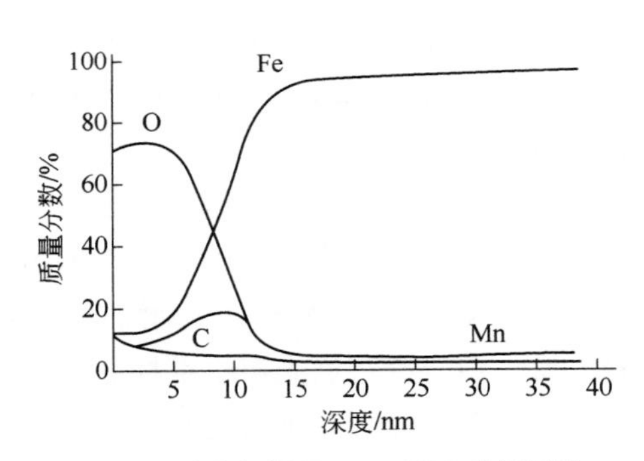

图 6-70 冷轧板样品 GD-OES 分析图谱

对 GD-OES 用于薄层材料的深度分析有相应的综述[62]，说明了薄镀层分析对辉光分析技术的特殊要求，指出目前用于薄镀层分析存在的问题及需改进的方面。GD-OES 在深度分析方面获得了较为广泛的应用，但仍然存在一些问题，主要包括：

① 标准样品的问题　对于有些元素来说，固体标准样品太少甚至没有，尤其是高浓度的气体元素 N、O 和 H 的标准样品；具有标准厚度和涂层组成的标准样品缺少，难以满足定量

深度轮廓分析的要求。

② 深度测量的准确性　定量方法（或模型）将时间转换为深度时，必须知道材料的密度。而材料密度的估算方法对于气体和其他轻元素作为主要组成时会导致很大误差。

③ 分子粒子对发射强度的影响　在 Grimm 型光源中，样品中含有高反应性元素（氧、氮等含量大于 0.1%）与溅射材料中相当一部分元素形成分子粒子，从而导致某些元素分析信号强度的变化。

④ 背景校正和谱线干扰　在 GD 深度轮廓分析中，由于不同层基体元素组成不同，因而背景当量浓度（BEC）也会随之变化，背景校正比整体分析中要困难得多。

6.5 辉光放电原子发射光谱的应用

6.5.1 在冶金行业中的应用

辉光放电光谱在成分分析方面最为突出的优点为分析样品时基体效应小，同时具有低能级激发、谱线宽度窄、谱线干扰小和自吸收效应小的特点。所以能同时分析不同组织结构和基体的样品，建立元素含量范围很宽的校准曲线（可达 6～7 个数量级），同时在分析中不易受到其他元素的干扰，在分析高含量元素方面也有突出表现。如以强的溅射条件可以有效地消除白口铸铁和灰口铸铁之间的基体效应，采用白口化铸铁标样，无需进行类型标准化就可以对灰口铸铁实现定量分析；在中高合金钢分析中，利用 GD-OES 对高含量组分具有分析精度高和基体效应小的特点，可以将不同组分的不锈钢（如铬不锈钢、铬镍不锈钢等）在一个分析方法中完成分析，分析结果具有极高的正确度。

6.5.1.1 钢铁材料

对于钢铁这样基体复杂材料的成分分析，GD-OES 是一种非常适用的技术，对于大多数元素的检出限可达 μg/g 级，在钢铁材料的分析方面得到广泛应用，主要涉及低碳钢、中高合金钢、铸铁、高温合金等。

例如，胡维铸等[63]采用辉光放电原子发射光谱法测定高锰钢中的多元素，通过对辉光放电原子发射光谱法测定过程中的一些影响因素进行优化，实现了 C、Si、Mn、P、S、Cr、Ni、Mo、Cu、V、Ti 元素含量的准确测定；梁潇[64]通过优化激发条件及采用基体元素铁为内标，选择 6 块白口合金铸铁光谱标准样品，用直流辉光放电光谱法同时准确测定铸铁中 12 种元素；刘洁等[65]采用 11 种与因瓦合金成分含量相接近的镍基合金标准样品绘制校准曲线，建立了基本不需要样品处理即可对因瓦合金中 14 种元素（C、Si、Mn、P、S、Ni、Cr、Mo、Cu、Al、Nb、Ti、Co、Fe）同时测定的辉光放电光谱法。Urushibata 等[66]采用射频辉光放电发射光谱法（RF-GD-OES）测定低合金钢中的 V、Mo 元素，将脉动偏置电流引入到 RF-GD 等离子体，可以大大提高分析物种类的发射强度，改善原子发射分析的测定极限。

6.5.1.2 有色金属

有色金属样品主要涉及黄铜、铝基合金、锌基合金、贵金属、纯金属等，与其他类似技术相比，GD-OES 具有检出限低、灵敏度高、线性范围宽、快速、费用较低等特点，使之成为铝基、铜基（黄铜、紫铜、铜铅合金等）、镍基、钴基、钛基、钨基、镁基、锌基等有色样品分析的有力工具。

例如，高品等[67] 建立了采用辉光放电光谱法分析锌合金中铝、铜、铁、镉、铅元素含量的基体分析方法，该方法的稳定性良好（相对标准偏差均小于 3%），元素各个含量水平测试值的相对标准偏差均小于 10%。Anil 等[68]建立了一种通过射频辉光放电发射光谱法（RF-GD-OES）测定高纯镉中痕量氧的方法。对氮气吹扫时间、RF 功率、氩气压力、预积分时间和分析持续时间等参数进行了优化，该方法可以完全满足高纯镉金属中痕量气体（氧气）的测定。Armando 等[69]研究了直流和射频辉光放电发射光谱法对冶金级硅的定量分析，研究了样品厚度对测定的影响，采用多基体校正实现了对 Al、Ca、Fe、Ti、 B 的定量分析。

6.5.2 在环境、有机物领域中的应用

对于环境、有机物领域样品，主要有粉末与颗粒、液体溶液、气体与挥发性样品等形态，采用 GD-OES 对该类样品的应用研究近年来也日益增多。

6.5.2.1 粉末与颗粒样品

GD-OES 对粉末与颗粒样品直接制样。在分析之前，样品干燥、均匀化、研磨。样品粉末与数倍量的纯导电基质粉末充分混合，压成片状。作为导电基体通常是高纯铜粉，但石墨、银、钽也有使用。

例如，LöTter 等[70]采用辉光放电光谱法，以光谱纯氧化锆用作参考材料，并用不同量的石墨和胶木粉混合，该方法适用于非导电锆粉的测定。Davis 等[71]通过 RF-GD-OES 法分析颗粒物，颗粒在溶胶-凝胶样品基质中的分散，生成适合于溅射采样的薄膜，该方法测定水泥和粉煤灰样品，检出限在 1～10μg/g。Luesaiwong 等[72] 采用锂化合物作为基质进行化学成分复杂煤灰样品的制备，射频功率为 30W 的放电参数和 4Torr 的 Ar 放电气压可实现快速的信号稳定和优化的 S/B，通过 RF-GD-OES 法分析煤灰粉末状样品。

6.5.2.2 液体溶液样品

使用 GD-OES 分析液体样品，这也是多年来辉光放电光谱应用感兴趣的分支领域。近年来，对最初的电解质阴极辉光放电（ELCAD）装置进行了许多改进，发展起来的溶液阴极辉光放电（LC-GD/SC-GD）原子发射光谱技术已成为 GD-OES 应用的热点之一。

例如，刘聪等[73]建立了使用大气压电解液阴极辉光放电发射光谱测定水中金属离子的检测装置，液体辉光放电装置工作电压 700V，电流 35mA，电极间距 2mm，载流流速 4mL/min，玻璃管内径 0.3mm×0.3mm（内径为正方形）。测定了矿泉水中的锂，方法检出限为 0.01mg/L，浓度为 0.05mg/L 和 0.5mg/L 时 RSD 分别为 4.9%和 2.2%（$n = 7$）。刘丰奎等[74]基于自制便携液体阴极辉光放电-原子发射光谱装置，对影响锂元素分析性能的分析谱线、试液酸度等参数进行了系统优化，建立了血清中锂元素的高灵敏度分析方法，可以较好地应用于医疗检验领域实际血清样品中微量锂元素含量的测定。陆泉芳等[75]构建了一种液体阴极辉光放电（LC-GD）微等离子体激发源，考察了放电电压、毛细管内径、支持电解质、溶液 pH 和溶液

流速等对发射强度的影响，并将其与原子发射光谱（AES）联用，可用于野外现场水体中 Cd 含量的在线监测。郑培超等[76] 采用溶液阴极辉光放电-原子发射光谱法耦合三台不同入射狭缝和分辨率的便携光谱仪（Maya 2000Pro），考察了溶液流速和放电电流对 Mn 发射光谱的影响，可用于水体中痕量重金属元素 Mn 的精确检测。

6.5.2.3 气体与挥发性样品

作为气相分析物样品引入辉光放电中：气体样品直接引入；预先热蒸发样品引入；利用化学反应（如氢化物发生或氧化反应）将分析物转化为挥发性物质引入。通常在将样品引入辉光之前，在冷阱中对气态或挥发性样品冻结预浓集，或引入 GD 之前采用气相色谱对气态或挥发性样品分离。

例如，Hoffmann 等[77]使用 GD-OES 仪器来确定 H 的形成量，通过在恒定的氩气气氛下在 PTFE 装置中腐蚀 Si 而产生的一小部分反应气体。氩气通过干燥塔流入放电室，气体由连续的直流溅射铁样品的等离子体激发。Roberto 等[78]以 $NaBH_4$ 和 $SnCl_2$ 作为还原剂，通过流动注射（FI）系统中的生成冷蒸气，采用空心阴极（HC）RF-GD-OES 测定无机汞。

6.5.3 在其他成分分析领域中的应用

除以上所述的应用领域，GD-OES 也应用于玻璃、陶瓷、生物等样品的测定。例如，Fernández 等[79]采用 RF-GD-OES 通过内标校准方法对玻璃样品进行了定量分析，不同组成和厚度（2.8～5.8mm）的玻璃用于校准，以 Si 为内标，分析结果与标准值吻合。MartÍnez 等[53]采用 RF-GD-OES 研究了放电参数的优化，包括射频输送功率、等离子体压力、阳极原点直径和冷却放电的效果，对骨骼的元素组成进行分析。

6.5.4 在材料表面分析中的应用

辉光放电光谱作为材料深度分析的重要手段之一，近年来除了在传统的镀锌板、镀锡板等金属合金镀层上的应用外，也开始在工艺处理层、纳米级薄层以及有机涂层上开展了应用研究。GD-OES 的深度分辨率可达到小于 1nm，分析深度由 nm 级至 300μm 以上，分析速度可以是 1～100μm/min，能在几分钟内分析得到 10μm 以内的所有元素沿层深的连续分布情况。

6.5.4.1 金属合金镀层

金属合金镀层样品主要涉及镀锌或锌铝合金钢板、镀锡钢板、镀镍、铬层等样品。随着对材料表面质量的要求越来越高，辉光放电光谱技术被广泛地应用于镀层产品的开发研究、产品生产工艺参数的优化以及钢板的表面质量检验上。通过 GD-OES 分析，比较镀层工艺过程前后的表面特性，确保生产工艺过程最佳化和最大程度地避免废品和浪费。

例如，刘洁等[80]采用辉光放电光谱法对两种镀镍板进行了研究探讨，分析了镀镍板的镀层厚度及质量，利用辉光光谱仪分析镀镍板镀层质量相对稳定，精密度试验中其 RSD 值均小于 3%，通过 XRF 荧光光谱仪对其结果进行比对，比对结果基本一致。徐永林[81]利用辉光放电光谱法对镀锡板样品进行逐层剥离，对镀锡板作深度-时间图，将方法应用于测定镀层质量、钝化层质量、基板成分（碳、硅、锰、磷、硫、镍、铬和铜）的测定，相对标准偏差分别不大于 2.3%（n=10）、3.0%（n=10）、4.3%（n=5），分别将实验方法测定结果与 X 射线荧光光谱法（XRF）、光度法、ICP-AES 进行比对，结果基本一致。于媛君等[82]通过条件试验确定了辉光放电发射光谱仪（GD-OES）的最佳分析参数，选用多种基体标准样品，通过溅射率校正建立校准曲线，定量分析镀锌板镀层中铅、镉、铬元素含量及分布状况，得到镀锌层中各元素随深度变化的分析谱图，方法适用于快速定量测定钢表面 1～50μm 厚度的镀锌板镀层中铅、镉、铬元素含量。蒋光锐等[83]使用辉光放电光谱法研究了热镀锌板的镀层成分分布与镀层黏附性的关系，并与镀层显微结构进行比较，该研究结果为工业生产中快速改善热镀锌板的镀层黏附性提供了指导。

Wilke 等[84]采用 GD-OES 检测硅表面的 Cr/Ti 多层系统，以及对 Ti_3SiC_2 MAX 相涂层和 V/Fe 多层系统中氢进行检测，成功地用作开发新材料和涂料的分析工具。

6.5.4.2 工艺处理层

工艺处理层样品主要涉及渗碳、氮、碳氮共渗钢板、磷化钢，如 TiN、TiCN、CrN 涂层等。GD-OES 除了对一般的金属合金镀层具有良好的分析性能外，对于较为复杂的工艺处理层这类样品的深度分析也具有分析速度快、分辨率高、正确度高等特点。

例如，Claudia 等[85]采用 GD-OES 元素映射系统，研究了辉光放电和检测系统的操作参数对可实现的空间分辨率的影响，表征了薄膜材料中氮化铝/氮化铬薄膜成分的扩散。Kiryukhantsev-Korneev 等[86]比较了 GD-OES 对各种类型的涂料和表面分析，在基本测量条件下，无需对溅射参数进行精细调整，涂层的最大分析深度可约为 80μm，深度分辨率为 10～20nm。

6.5.4.3 纳米级薄层

纳米级薄层样品主要涉及近表面分析如氧化膜、掺杂纳米硅薄膜等。近年来许多研究者正逐渐开展纳米级复合表面层分析，无论是直流方式还是射频方式光源都可以快速稳定，稳定时间一般小于 20ms，满足超薄表层分析的要求。

例如，郭炜等[87]利用射频辉光放电光谱对磁控溅射所镀钛膜进行研究，分析了钛膜中元素成分组成，并通过对钛膜中所含元素 Ti、Mo、C、O、N 的光谱电压信号与各元素原子百分含量的灵敏度系数标定，建立了钛膜的厚度及致密度的分析方法。梁家伟等[88]通过在不同气体工作压强和溅射功率下，对镍/银双层膜样品进行了辉光放电深度剖析的实验，探讨了自偏压与工作压强和溅射功率的关系。Shimizu 等[60]用辉光放电光谱分析了 304 不锈钢上 2nm 厚的氧化膜，表明 GD-OES 对超薄层样品的深度分析具有极高的分辨率；何晓蕾等[61]采用直流光源通过优化辉光光源的放电参数，在低的放电条件（700V，20mA）、200 次/s 的数据采集频率和对样品精心处理，使深度分辨达 0.1nm 左右，成功地对纳米级厚度的薄膜样品表面进行了定量深度分析。

6.5.4.4 有机涂层

有机涂层样品主要涉及彩涂钢板、聚合物涂层等样品。辉光光源采用射频供能源除了可以分析导体样品外，还可以分析非导体样品，如样品表面的有机层，辉光放电等离子体的能量由射频供给溅射束斑极为平坦，等离子体稳定时间极短，表面信息无任何失真。

例如，Molchan 等[89]采用 RF-GD-OES 对在银、金和铜基板上吸附的有机分子硫脲及 MCMWs 进行了检测。Vázquez 等[90]采用 RF-GD-OES 方法用于定量分析涂覆有阻燃商用涂料的固体材料中的溴，在 He 放电中测量 Br（Ⅰ）827.24nm，达到了最佳检测极限（0.044%Br）。张殿英[91]采用辉光放电发射光谱法（GD-OES）测定彩涂钢板涂镀层厚度的方法，通过溅射率校正，建立了多基体的线性校准曲线，解决了彩涂钢板涂镀层的逐层定量分析。

6.5.4.5 其他方面

GD-OES 在其他方面应用有电池电极、太阳能薄膜、非晶硅薄膜等其他样品方面，充分展现了其在深度分析上的应用优势，可应用的领域广泛。

例如，Takahara [92]使用辉光放电光谱仪（GD-OES）对锂离子电池中的石墨电极进行深度分析和定量分析，在氩气等离子体中添加氧气可以大大提高溅射速度和锂定量分析的灵敏度。Takahara[93]采用 GD-OES 对磷酸铁锂/石墨电池老龄化状态和几个容量衰减水平进行了研究，测得的 Li 强度与 ICP-OES 和原子吸收光谱法（AAS）相符。

6.5.5 液体电极辉光放电的应用进展

固体电极辉光放电技术已在光谱分析上得到很好的应用，而液体电极的辉光放电光谱的研究及应用，虽一直备受关注[94]，但仍处于研究阶段，不断开发大气压下电解液阴极辉光放电原子发射光谱元素分析技术[95]。近十年来特别是液体电极之间的辉光放电在 AES 分析方面的应用取得了发展[96,97]。液体电极辉光放电（liquid electrode glow discharge，LEGD），是以溶液作为电极的一极或两极，通过在两电极之间施加直流或交流高压电导致电极间的气体或水溶液蒸发后形成的气体被击穿放电而形成的微等离子体，作为激发光源用于发射光谱分析。由于液体电极辉光放电装置具有体积小、能耗低、电子密度高、操作简单方便等优点，在水体及溶液分析领域的应用得到迅速发展。

近十年来，液体电极辉光放电，特别是液体阳极辉光放电在原子发射光谱方面取得了许多新进展，已经出现了大气压下液体阴极辉光放电装置，文献报道的一种大气压下液体阴极辉光放电装置[98]可用于水体中金属离子 Mg、Cr、Ni 及 V 的检测，具有一定的实用价值和科研价值。该装置包括液体阴极、金属阳极、液体进样单元、高压直流电源及辉光检测单元，可以在常温常压下产生辉光放电，无需真空系统、辅助气体及复杂的样品前处理，在现场及在线检测方面有很好的应用前景。采用液体阴极辉光放电装置，以铂针（直径为 0.5mm）为放电阳极,毛细管（直径 1mm）上端溢出的溶液作为放电阴极，以阴极辉光放电原子发射光谱法测定溶液中的锰，检出限为 0.25mg/L，相对标准偏差为 4.3%[99]；液相辉光放电原子发射光谱法测定溶液中 Cd，检出限为 1.22～2.95mg/L[100]；采用液体阴极辉光放电装置，以氢化物发生-发射光谱法测定海水中硒、砷、汞[101]，检出限分别达到 0.54μg/L、0.92μg/L、1.91μg/L。这些 LEGD 装置均具有小型便携、能耗低、样品体积消耗量小等优点，因而备受水质分析、环境重金属污染、野外分析和在线分析仪器研究者的关注。

从近年来LEGD的研究热点可以看到，液体电极辉光放电，特别是液体阳极辉光放电、交流驱动的液体电极辉光放电以及微量液体样品液体电极辉光放电在原子发射光谱、诱导化学蒸气发生以及与其他化学蒸气发生联用方面等取得了许多新进展[102]。但目前对液体电极辉光放电微等离子体 OES 系统的研究大多还只是处在实验室探索阶段，以及存在液体电极辉光放电发生的元素种类比较少、对实际样品中某些超痕量重金属元素的检测还不够灵敏等问题，液体电极辉光放电原子发射光谱的激发机理也有待进一步深入探讨。LEGD 作为 GD-OES 的一类应用研究方向在分析装置的仪器化和小型化、与分离方法联用技术等方面均有待进一步发展和完善。

6.6 辉光放电原子发射光谱分析的国内外相关标准

现已制订的辉光放电发射光谱（GD-OES）分析国际标准及各国国家标准列于表 6-32。

表 6-32　现有辉光放电发射光谱分析国际标准及国家标准汇总

标准类型	标准号	标准名称
国际标准	ISO 14707—2000	Surface chemical analysis-Glow discharge optical emission spectrometry (GD-OES)- Introduction to use
国际标准	ISO 16962—2005	Surface chemical analysis - Analysis of zinc- and/or aluminum - based metallic coatings by glow - discharge optical - emission spectrometry
国际标准	ISO 25138—2010	Surface chemical analysis-Analysis of metal oxide films by glow-discharge optical-emission spectrometry
国家标准	GB/T 19502—2004	表面化学分析-辉光放电发射光谱方法通则(对应 ISO 14707—2000)
国家标准	GB/T 22368—2008	低合金钢　多元素含量的测定　辉光放电原子发射光谱法(常规法)
国家标准	GB/T 22462—2008	钢表面纳米、亚微米尺度薄膜　元素深度分布的定量测定　辉光放电原子发射光谱法
国家标准	GB/T 29559—2013	表面化学分析　辉光放电原子发射光谱　锌和/或铝基合金镀层的分析(对应 ISO 16962—2005)
国家标准	GB/T 31926—2015	钢板及钢带　锌基和铝基镀层中铅、镉和铬含量的测定　辉光放电原子发射光谱法
日本标准	JIS K0144—2001	表面化学分析-ｸﾞﾛｰ放電発光分光分析方法通則(对应 ISO14707—2000)
日本标准	JIS K0150—2009	表面化学分析-亜鉛及び/又はｱﾙﾐﾆｳﾑ基金属めっきのｸﾞﾛｰ放電発光分光分析方法(对应 ISO 16962—2005)
法国标准	NF X21-053—2006	Surface chemical analysis-Glow discharge optical emission spectrometry (GD-OES)-Introduction to use(对应 ISO 14707—2000)
英国标准	BS ISO 14707—2000	Surface chemical analysis-Glow discharge optical emission spectrometry (GD-OES)-Introduction to use(对应 ISO 14707—2000)
英国标准	BS DD ISO/TS 25138—2011	Surface chemical analysis. Analysis of metal oxide films by glow-discharge optical-emission spectrometry(对应 ISO 25138—2010)

6.7 辉光放电原子发射光谱分析的分析线选择

6.7.1 辉光放电光谱线

理论光谱可用于周期表中几乎所有元素的原子态和它们的第一离子态。对于激发态原子是处于局部热平衡（LTE）中，根据玻尔兹曼统计，这种假设对于估计原子和离子在各种激发态的数目是必要的。由于 GD 等离子体不是处于 LTE 中，这意味着尽管发射谱线的波长与其他等离子体（忽略小压力效应）的几乎相同，强度以及原子线与离子线的比率则可能完全不同。因此，在 GD-OES 中用于分析最佳的发射谱线与其他光学发射技术有所不同。

对于单色器或同时固态检测器的仪器，相对容易记录光谱的大部分。对于单一元素纯材料，通过比较观察到的谱线与公知的谱线表[103-105]，可以相对简单地确定该元素的最强谱线。例如 Al 最大强度的 GD 谱线列于表 6-33 中。

表 6-33　元素 Al 最大强度的谱线

波长/nm	低能量/eV	强度（计算，a.u.）	强度（测量，a.u.）
396.152	0.014	870000	870000
394.401	0.000	435000	75000
309.271	0.014	261000	335000
308.215	0.000	148000	245000
309.284	0.014	28300	240000
256.798	0.014	19000	33500
266.039	0.000	56000	33500

Ar 谱线是共存的，一种快速识别 Ar 谱线的方式记录来自两种不同种类的纯材料的谱线（如图 6-71 的铜和硅）。由于 Ar 谱线存在于两种光谱中，相乘的光谱将突出 Ar 的谱线。将相乘的光谱开平方根，所得的 Ar 光谱显示于图 6-72，而一些最强的谱线列于表 6-34 中。

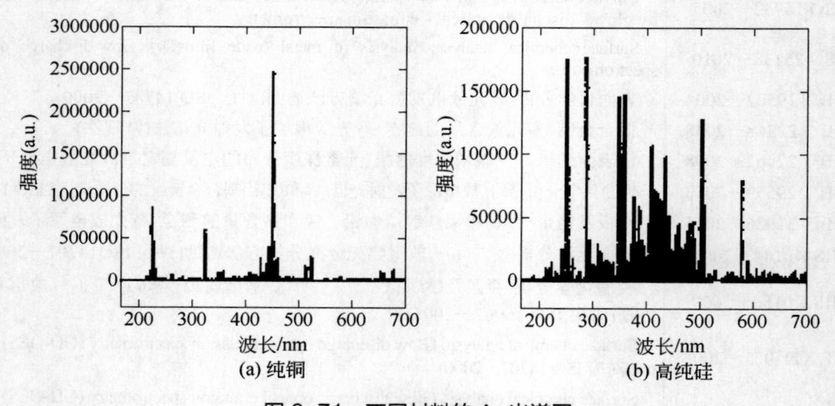

图 6-71　不同材料的 Ar 光谱图

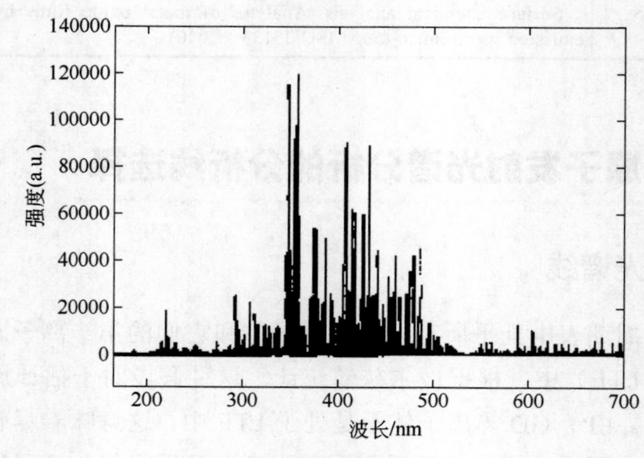

图 6-72　Ar 的光谱图

表 6-34　对于 Ar 观测到的最大强度的谱线

波长/nm	强度（a.u.）	波长/nm	强度（a.u.）
358.844	20090	415.859	10400
349.154	19120	420.068	10150
357.662	15710	427.752	9960
355.951	15520	354.584	9950
410.391	15190	376.527	9270
434.806	14160	378.084	8650
358.241	12040		

对于一些元素没有可用的合适单元素材料，难以测定最大强度的谱线。一种方法是采取两个或三个样品，最好是一个相似的基体，感兴趣元素有完全不同含量，叠加它们的光谱。感兴趣的谱线显示强度几乎与 $c_i q_M / q_{ref}$ 成比例，即该元素的含量与基体的相对溅射率的乘积。如果样品有相同的基体，则强度应几乎与含量成比例。

用于分析用的最佳发射谱线可以根据以下标准进行判断：①高灵敏度（改进检出限）；②高信背比（降低背景等效浓度）；③高信噪比（改进检出限）；④低光谱干扰（减少校准曲线分散）；⑤低自吸收（提供线性校准曲线）；⑥所希望含量范围有良好的再现性；⑦痕量气体发射产率影响小。符合以上特点，线性校准曲线分散性少、检出限低。选择一条以上的谱线，以覆盖不同的含量范围（例如由于有限的灵敏度或自吸收），或用于不同的基体中（例如因为光谱干扰）。

关键参数（参见图 6-73）用于评估一个发射谱线的适合性有以下几种：①强度，S；②背景，B；③信背比，SBR = S/B；④信号的标准偏差，SDS，通常在峰值位置重复测量 10 次；⑤信号的相对标准偏差，RSD = SDS/S，通常表示为%；⑥背景的标准偏差，SDB，通常从一次扫描测量，或在远离峰值处重复测量 10 次；⑦背景的相对标准偏差，RSD = SDB/B，通常表示为%；⑧信噪比，SNR = S/SDB；⑨检出限，基于信号（SBR-RSDB 的方法），$DL = 0.03 \times \text{RSDB} \times c_0/\text{SBR}$，为三个标准偏差，其中 c_0 是产生信号元素的含量。

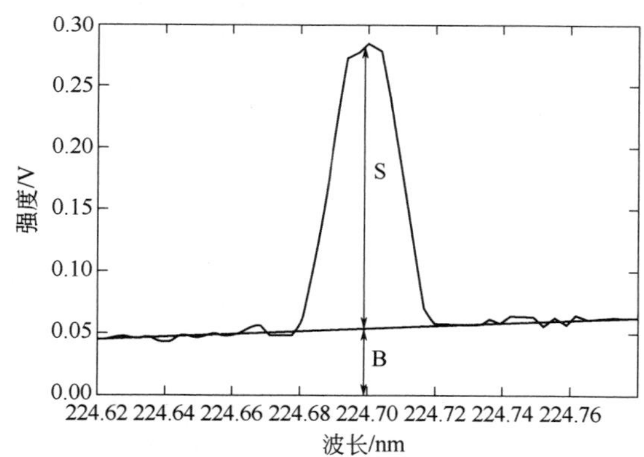

图 6-73　钢样品 NBS 1765A 中 Cu 224.70nm 谱线的信号 S 和背景 B（Cu 的含量 13μg/g）

同时使用几条光谱谱线以减少意外的干扰和基体效应的可能情况。不同的谱线可作为不同的内部标准以减少非线性参比线的影响。几条光谱谱线的使用也可提高统计数据的质量。

6.7.2　谱线干扰

在 GD-OES 中光谱干扰可能来自于其他元素谱线的重叠（见图 6-74），或来自于光谱仪中散射光的背景信号干扰。主量元素是最为关注的元素，将会引起显著的干扰。如果干扰谱线与分析谱线不完全重叠，就可能通过扫描周围的分析线直接观察到干扰谱线。在分析时最好是使用已知的干扰表或发射谱线表检查可疑干扰。在 GD-OES 常用谱线表中列出已知和可能的干扰供参考。

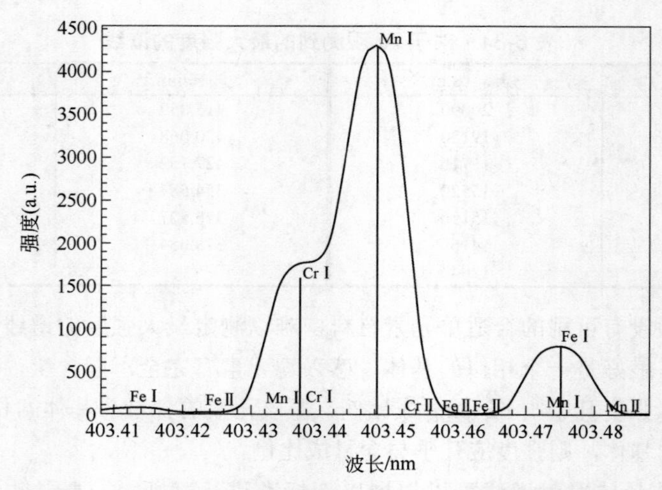

图 6-74 Mn 的 403.448nm 光谱图（9pm 的光谱分辨率）

例如采用射频辉光放电发射光谱法对铜合金中的磷元素进行测定中，表 6-36 对 17 种紫外和真空紫外的 P 跃迁进行了评价，只有 5 种跃迁发现没有光谱干扰[106]。

表 6-36 铜合金分析中磷元素的发射线和潜在光谱干扰

P 跃迁/nm	可能干扰/nm	间距/nm①	相对强度②
167.168	Zn 167.154	0.014	强
167.461	FeⅡ 167.472	0.011	弱
167.971		—	—
177.499	CuⅠ 177.482	0.017	更强
178.287		—	—
178.768		—	—
185.891		—	—
185.943	NiⅠ 185.941	0.002	弱
213.547	CuⅡ 213.598	0.051	更强③
	NiⅠ 213.534	0.013	相等
213.620	CuⅡ 213.598	0.022	更强③
	ZnⅠ 213.646	0.026	更强③
	Fe 213.619	0.001	相等
214.911	CuⅡ 214.897	0.014	更强
	Fe 214.917	0.008	相等
215.295	ArⅡ 215.260	0.032	更强③
	FeⅠ 215.300	0.005	相等
215.408	FeⅠ 215.419	0.011	弱
253.401		—	—
253.565	FeⅠ 253.560	0.005	强
255.328	Fe 255.319	0.009	相等
	NiⅠ 255.338	0.010	相等
255.493	FeⅡ 255.507	0.014	弱
	NiⅡ 255.511	0.018	强

① P 峰与潜在干扰峰中心之间的间距。

② 估计的干扰峰相对 P 峰的相对强度。估计的强度基于峰的相对强度为公布的各种波长表和辉光放电环境中预期原子气相密度。

③ 虽然干扰峰的中心位于±0.020nm 窗口外，但由于干扰原子气相密度预计高，干扰峰翼是可预期的干扰。

6.7.3 常用的分析谱线

辉光放电光谱中最常用的分析谱线如表 6-35 所示。此外，在 GD-OES 中其他感兴趣的发射光谱线[37]可参见文献[107]。

表 6-35 GD-OES 中最常用的发射光谱线[37]

元素	状态	谱线/nm	上限能量/eV	$s_L/10^{-12}m^2$	干扰：OES 库	计算干扰
Ag	Ⅰ R	328.068	3.7782	4.37	Ce, Mn, Rh	
Ag	Ⅰ R	338.289	3.6640	2.23		
Al	Ⅱ R	167.079	7.4208	4.64		
Al	Ⅱ	172.127	11.8468	1.50		Sn, Cr
Al	Ⅰ r	237.839	5.2253	0.01	Hg, Zr	V, Fe, Mn, Zr
Al	Ⅰ R	256.798	4.8267	0.17	Fe, Mo, Ru, Zn	Cr
Al	Ⅰ R	308.215	4.0215	0.82	OH	V, Ta
Al	Ⅰ r	309.271	4.0217	0.73	OH	V
Al	Ⅰ r	309.284	4.0215	0.08	OH	V, Ta
Al	Ⅰ R	394.401	3.1427	0.67	Ce, Re, Ru	
Al	Ⅰ r	396.152	3.1427	0.67	Zr	
Ar	Ⅱ	137.005	25.8624	0.04	P	
Ar	Ⅱ	157.500	21.3521	0.10	Fe, Si	Si
Ar	Ⅱ	264.960	21.4268	1.00		Mn, Mo, V, W
Ar	Ⅰ	345.497	15.2113	0.02		Nb, V, Ti
Ar	Ⅱ	349.155	22.7732	3.51		Nb
Ar	Ⅱ	355.949	23.1626	4.70	N_2	Co, Cr, Mo
Ar	Ⅱ	357.65	23.0148	4.60	N_2	V, W, Zr
Ar	Ⅱ	358.848	22.9489	4.67	N_2	Fe, Mo, Zr
Ar	Ⅰ	404.441	14.6884	0.01	Fe, Hf, N_2 W, Zr	Fe, Mo, Ti, V, Zr
Ar	Ⅱ	410.391	22.5151	1.17		Cr, Mo, Nb, Ta, Ti
Ar	Ⅰ	415.859	14.5290	0.03		Sc, Zr
Ar	Ⅰ	420.067	14.4992	0.03	Mo, Ti	Fe, Mo, V, W
Ar	Ⅱ	487.986	19.6803	3.85		Cr, Nb, Ta
Ar	Ⅰ	696.543	13.3280	0.35		V, Zr
As	Ⅰ R	189.043	6.5586	0.75	Cr, Pd	Cr, Fe, Mo
As	Ⅰ	200.334	7.5402	0.00		Co, Mo, Pt, V, Zr
As	Ⅰ	234.984	6.5880	0.74	Mo, Os	Mo, Nb, Ti, W, Zr
Au	Ⅰ R	242.796	5.1050	3.42	Cl, Pt, Sr	Sr
Au	Ⅰ R	267.594	4.6320	1.83	Co, Fe, Nb, Rh, Ta, V, W	Ni, Ti, W
B	Ⅰ r	182.652	6.7900	0.27		Ir
B	Ⅰ r	208.959	5.9336	0.06		Cr, Ni, Pt, W
B	Ⅰ r	249.677	4.9644	0.19	Re, Sn, Ta, W	Co, Nb, Sc, W
Ba	Ⅱ	230.425	5.9834	4.40	Co, Ir, Os	Co, Mo, Ru, S, Ti
Ba	Ⅱ R	455.403	2.7218	11.32	Ce, Cr	Fe, Nb

续表

元素	状态	谱线/nm	上限能量/eV	$s_L/10^{-12}m^2$	干扰：OES 库	计算干扰
Be	ⅡR	333.041	3.9595	0.86	Ce, N_2 Ta, V, W	Ta, Ti, V, W
Be	Ⅰ	322.108	6.4573	0.12	Be, Ce, Cr, Pd, Ru	Cr, Mo, Nb, Ru, Sc, Ti, V, W, Zr
Bi	ⅠR	306.771	4.0405	1.87	Mo, OH, Sn	La, Zr
Br	ⅠR	148.861	8.3289	0.15	Cu, Ru	
C	Ⅰr	156.140	7.9460	0.09	Tl	Cu, Fe
C	Ⅰr	165.700	7.4879	0.17		Fe
C	Ⅰ	193.093	7.6849	0.22		Cr, Co, Mo, Sn, Ta, Ti
Ca	ⅡR	393.366	3.1510	4.93	Ag, Ce, Fe, Hf, Ir	Ru, Sc
Cd	ⅠR	228.802	5.4172	8.60	As, Ir, Pt	As, Fe, Sc
Cd	ⅠR	326.105	3.8009	0.02	Ce, Ru, V, W	Ca, Mo, Pt, Ru, V, W, Zr
Cd	Ⅰ	346.620	7.3769	3.76		Fe, La, Mo, Nb, Tc, Ti, V
Cd	Ⅰ	361.051	7.3791	3.87	Fe, Ni, Re	Fe, Mn, Mo, Ni
						V
Ce	Ⅱ	413.765	3.5121	2.74	Os, Re, W	W
Cl	ⅠR	118.884	10.4291	0.15		Ge, Pt
Cl	ⅠR	133.581	9.2817	0.05	C	C
Cl	ⅠR	134.732	9.2024	0.26		Fe, Se
Cl	ⅠR	138.978	8.9212	0.34		Fe, Pt, Re
Cl	Ⅱ	479.452	15.9606	3.91	La, Mo, Ru	Ca, Fe, La, Mo, Zr, W
Co	Ⅱ	228.615	5.8371	1.52	Ir	Nb, Ni, Y
Co	Ⅰ	340.511	4.0719	1.29	Bi, Cr, Ti, V	Fe, Mo, Ti, V, W
Co	Ⅰ	345.351	4.0209	1.78	Cr, Re	Cr, Mo, Nb, Ti
Co	Ⅰ	351.835	6.9335	0.95		La, Mo, Nb, V, W
Co	Ⅰ	387.311	6.8880	0.06	Ir, Mn, Ti	Mo, Nb, Ti
Cr	Ⅱ	267.716	6.1792	1.59	Ce, Mn, P, Pt, Re, Ru, Te, W	Pt, V, W
						Bi, Ca, La, Hf
Cr	Ⅱ	298.919	7.8856	1.81	Bi, Os, Ru, Ta	Mo, Ta, V, Zr
Cr	ⅠR	425.433	2.9135	0.94	Bi, Mo, Nb	La, Zr
Cr	ⅠR	428.972	2.8895	0.55	Ti	La
Cs	ⅠR	459.311	2.6986	0.04		Mo, So Ta, V
Cu	Ⅱ	219.227	8.4865	1.40		Nb, Sn, V
Cu	Ⅰ	9.959	7.0239	0.06		Cr, Ga, Mn, Nb, Ta, Ti
Cu	Ⅱ	224.700	8.2349	0.91		Pb, Pt, V, W
Cu	Ⅰ	296.116	5.5748	0.04	N_2	Mn, Os, Ru, V, W, Zr
Cu	ⅠR	324.754	3.8167	3.26	Ag, Ce, Fe, Mn, Mo, Nb	Nb, Zr
Cu	ⅠR	327.395	3.7859	1.67	Ce, Co, Mo, Nb	La, Ti, V
Cu	Ⅰ	402.263	6.8673	0.84		Fe, Cr, Co, Ge, Mo, Nb, V
Cu	Ⅰ	458.695	7.8047	0.79		Co, Fe, Mn, Mo, Sb, Ta, Ti, V, W, Zr
Cu	Ⅰ	510.554	3.8167	0.06		Cr, Fe, Mo, Sc, Ti, Zr

续表

元素	状态	谱线/nm	上限能量/eV	$s_L/10^{-12}m^2$	干扰：OES 库	计算干扰
Cu	I	515.323	6.1912	9.29	Ta	Al, Fe, Na, Nb, Ta
Cu	I	512.820	6.1921	8.69		Hf, Nb, V, Zr
Eu	II R	372.493	3.3276	2.99	La, Ru, Ti	La, Nb, Rh, Ru, Ta
F	I	685.601	14.5048	3.91		Co, Fe, Mn, Mo, Pt, Ti
F	I	690.246	14.5267	2.93	Ne	La, Nb, Ni, Ti, V, Zr
Fe	I	208.972	7.5391	0.11		As, B, Co, V
Fe	II R	238.204	5.2034	1.96		La, Nb, Pt
Fe	II r	239.563	5.2216	1.37	Cr, Ni	Co, Cr, Mo, V
Fe	II	249.326	7.6062	2.24		Mo, Ti, V, W, Zr
Fe	I	249.400	5.9809	0.13	Co, Ru, Ti	Al, Co, Mn, Nb, Ta, Os, W
Fe	II R	259.940	4.7683	1.23	Ir, Mo, Ru, Ta	Co, Ta, W
Fe	II	260.017	7.9197	0.05		Mn, Nb, Ta, V, W
Fe	II	271.441	5.5526	0.26		Nb, Ti, Zr
Fe	I	271.487	5.5237	0.23	Rh, Ta, V	Cr, Ta, Ti, W
Fe	II	273.955	5.5108	1.24	Cr, V	Co, Cr, Nb, V, W, Zr
Fe	I R	302.064	4.1034	0.67		Cr, Hf, Mo, Nb, Ba
Fe	I R	371.994	3.3320	0.32	Ce, Os	
Fe	I	373.486	4.1777	1.49		Mo, Nb, Ti
Fe	I R	385.991	3.2112	0.18	Ta, W	Mo, Se, Ta, Zr, Nb, V
Ga	I r	294.364	4.3132	1.91		
Ga	I R	403.298	3.0734	1.14	Mn, N_2, Ta, Tb	Co, Cr, Mn, Ta, V, Zr
Ga	I r	417.204	3.0734	1.19	Ce, Fe, Ti	
Gd	II r	376.840	3.3677	2.77	Cr, Gd, W	La, Mo, Ti, W
Ge	I	303.907	4.9620	1.71	Ir	Cr, Ta, V, Zr
H	I R	121.567	10.1989	0.06		
H	I	486.134	12.7486	0.07	Cr	Ca, Cr, Fe, Hf, Mn, Mo, Ru, V, W, Zr
H	I	656.280	12.0876	0.75		Al, Ba, Ca, Cr, Mn, Mo, Ni, Sc, Ti, W
Hf	I R	286.637	4.3242	2.06	V, W	Mo, W
Hg	I R	253.652	4.8865	0.24	Pt, Rh	Co, Cr, Hf, Ti
Hg	I	435.832	7.7305	2.80		Ca, Fe, Ir, Mn, Pb, Re, Sc, Tc, Zr
I	I R	145.798	8.5039	0.08	Cu	Co, Cr, Cu, V
I	I R	183.038	6.7737	0.07		Mo
In	I	325.609	4.0810	3.07	Ce, Fe, Mn, Mo	Pt, W
In	I R	410.177	3.0219	1.76	Ce, Ru	La, Ru
In	I	451.131	3.0219	2.10	Ti, Ru, Ta	
Ir	I R	203.358	6.0949	0.34	Os, P	Fe, W
Ir	I	322.078	4.1999	0.38	Ce, Hf, Nb	La, Mo, Nb
Ir	I R	380.012	3.2617	1.65	Ce, N_2, Ru, Y	La, Ta

续表

元素	状态	谱线/nm	上限能量/eV	$s_L/10^{-12}m^2$	干扰：OES 库	计算干扰
K	ⅠR	404.414	3.0649	0.04	N_2, W	Cr, Mo, Nb, W
K	ⅠR	404.721	3.0626	0.02	N_3	Cr, Mo, Nb, W
K	ⅠR	766.491	1.6171	9.36		
La	ⅡR	408.671	3.0330	1.92	Se	Nb, Sc, Ti
Li	ⅠR	323.266	3.8343	0.01	Os, Ru, Sb	Mo, Nb, W
Li	Ⅰ	610.364	3.8786	2.72		
Li	ⅠR	670.776	1.8479	2.44	N_2	
Mg	Ⅰ	277.669	7.1755	1.20	W	Cr, Ta, Ti, W
Mg	Ⅱ	279.800	8.8637	3.31		Cr, Hf, Ir, Mo, Ni, Re, Ta, W
Mg	ⅡR	280.270	4.4225	1.20	Ce,Co, Cu, Mn, Ru, Ti, V	La, Te, Ti
Mg	ⅠR	285.213	4.3458	7.16	Hf, Ir, Mo, Zr	La
Mg	Ⅱ	293.651	8.6548	0.61		Ca, Co, Fe, Mo, Nb, Pt, V, Zn, Zr, W
Mg	Ⅰ	383.230	5.9460	2.17		Cr, Mo, Nb, Pd, V, W, Y, Zr
Mg	Ⅰ	383.829	5.9460	2.49	Mn, Ru, Zr	Fe, Mo, V, W, Zr
Mn	ⅡR	257.611	4.8115	2.36	Co, Hg	
Mn	Ⅰ	403.179	6.2093	0.18	Ce, Fe, La, N_2, Ti, V	Ca, Co, Fe, La, Mo, Nb, Rh, Ta, Ti, V
Mn	ⅠR	403.306	3.0734	0.35	Cr, Ga, N_2, Ta	Co, Cr, Ga, Sc, Sr, Ta, V, Zr
Mn	ⅠR	403.448	3.0723	0.22	Nb, N_2	Cr, Fe
Mo	ⅠR	317.034	3.9097	1.86	Cl, Fe, Ta, W	Nb
Mo	ⅠR	379.825	3.2633	2.03	Nb, N_2, Ru, Ti	Nb
Mo	ⅠR	386.410	3.2077	1.49	V	Co, Cr
Mo	ⅠR	390.295	3.1758	1.10	Cr, Fe, N_2	Ru
N	Ⅰ	149.255	10.6904	0.11	Cu	Cr, Fe, Mn, P, V
N	Ⅰ	174.267	10.6904	0.01	As	As, Cr, Ge, Mn, Ni, Mo, V
N	Ⅱ	411.001	26.2125	0.77	Fe, La, V	Ca, Cr, Mn, Mo, Nb, V, Zr
Na	ⅠR	330.237	3.7534	0.04	Bi, Cr, Re	Ag, Cr, Mo, Ta, W
Na	ⅠR	588.995	2.1044	5.09	Cr, Mo, N_2	
Na	ⅠR	589.592	2.1023	2.55	N_2	
Nb	Ⅱ	313.078	4.383	3.39	Ce, N_2, Rh, Ta, Ti	Ta, Ti, V
Nb	Ⅱ	316.340	4.2939	3.18	Ce, Ta, W	Cr, Mo, Ni, Ta, V, W
Nb	Ⅰr	410.092	3.0711	2.87	Hf	Ta
Nb	Ⅰr	416.466	3.0248	1.48	Pt	Ni, Pt
Nd	ⅡR	430.357	2.8802	2.40	Hf	W
Ni	Ⅱ	225.385	6.8215	1.12	Co, Hf, Pb, Re	Co, Cr, Fe, Pb, V, W
Ni	Ⅰr	341.476	3.6552	0.92	K, Co, Ru, Zr	Co, Mo, Nb, Ta, Zr
Ni	Ⅰr	349.296	3.6576	0.82	Ce, Mn	Cr, Fe, Mo, Nb, V
Ni	Ⅰr	351.505	3.6353	0.83		Cr, Mo, Nb, V
Ni	Ⅰr	352.454	3.5422	1.02	Mn, V	Al, Mo, V, W

续表

元素	状态	谱线/nm	上限能量/eV	$s_L/10^{-12}m^2$	干扰：OES 库	计算干扰
Ni	I	361.939	3.8474	1.43		Mn, Nb, V, Zr
Ni	I	460.036	6.2916	0.50		Co, Cr, Fe, Mn, Mo, Nb, Ta, Ti, W
O	I R	130.217	9.5124	0.08		S
O	I	777.196	10.7410	4.14		Ca, Cr, Co, Cu, La, Mn, Nb, Fe, V
Os	I R	330.157	3.7543	0.03	Re, Ru, Sr	Fe, La, Mo, Sr
P	I R	177.495	6.9853	0.44	Au, Cu, Hf, Pt	Cu, Mn, Nb, Ni, W
P	I R	178.283	6.9544	0.28	Na	I
P	I	185.890	8.0784	0.03		Fe, Mo, Nb, Sb, Se
P	I	253.561	7.2128	0.37	Fe, Ta	Co, Cr, Fe, Ru, Ta, Sr
Pb	II	220.356	7.3707	1.02	Nb, Rh	Co, Fe, Nb, W, Zr
Pb	I	261.418	5.7109	3.47		Co, Fe, Mo, Nb, V
Pb	I	280.200	5.7441	3.02		Nb, Ta
Pb	I R	283.305	4.3751	2.43	OH	Mo, Ru
Pb	I	363.958	4.3751	1.01		Ba, Co, Nb, Ta
Pb	I	368.348	4.3345	1.53		Ti, V, W, Zr
Pb	I	405.783	4.3751	2.19	In, Mg, Mn, N_2, Ti, V, Zn	Ba, Mn, Ti
Pd	I	340.458	4.4545	3.34	Ce, Re	La, Nb
Pd	I	360.955	4.3954	3.18	Ce, Cr, Ti	Mn, Mo
Pd	I	363.469	4.2240	1.36	Fe	Nb
Pr	I R	433.392	2.8600	0.15	La, N_2, V	Hf, La, Mo, V
Pt	I R	265.944	4.6607	0.11	Pa, Ru, Ta	Nb, P, Ta
Pt	II	279.422	6.6798	0.06		Al, Co, La, Mg, Ti, V, W, Zr
Pt	I R	306.471	4.0444	0.06	Hf, Mo, Ni, OH, Re, Ru	Fe, Mo, Ni, Te, Ti, W, Zr
Rb	I R	420.179	2.9499	0.11	Ar, Fe, Mn, Ni	Fe, Ta, Ti, V
Re	I R	345.187	3.5908	0.53		Nb, W
Rh	I R	343.489	3.6086	3.15		Sc
Rh	I	437.481	3.5389	0.72	Ca, Co, Mn, Y	Mo, Ta, V, Y, Zr
Ru	I r	372.692	3.4734	1.82	Ce, Fe, Ir, Re	Ta, Ti
Ru	I R	372.803	3.3248	2.11	Ir	La, W
S	I R	180.731	6.8602	0.32	N	Ni, Mo, Sn
S	I	189.408	9.2959	0.27	Fe	Fe, Mo, Sc
S	II	200.227	19.8505	0.73	Te	Co, Cr, Fe, Mn, Mo, Nb, Ni, Si, Ti
Sb	I R	206.834	5.9925	0.01	Ir, Os	Co, Cr, Pt, V, W
Sb	I	252.852	6.1238	0.02	Mn, Si, V	Ba, Co, Cr, Fe, Mn, Mo, Si, V, W
Sb	I	259.804	5.8262	0.06	Mn, Re	Cr, Ni, W
Sc	II	424.682	3.2337	2.84	Ce, P, Re, Ru	C, Mo
Se	I R	196.090	6.3229	0.01	Co, Na, Pd	Co, Cr, Cu, Fe, Pd
Si	I r	250.690	4.9538	0.28		Co, Cr, Mn, Sc, V

续表

元素	状态	谱线/nm	上限能量/eV	$s_L/10^{-12}m^2$	干扰：OES 库	计算干扰
Si	Ⅰr	251.611	4.9538	0.43	Mo, Re, Ru, V	Fe, V
Si	Ⅰr	252.851	4.9297	0.17		Mo, V, W
Si	Ⅰ	288.158	5.0824	0.62		Mn, Mo, Ta, V, W, Zr
Si	Ⅰ	390.552	5.0824	0.48	N_2	Ca, Cr, Fe, Mo
Si	Ⅰ	576.298	7.7700	0.10		Mn, Ta, V
Sm	Ⅱ	360.428	3.9237	0.23	Fe, Re, Ti	Fe, Mo, Ti, V, Y, Zr
Sm	Ⅱ	411.855	3.6689	0.36	Fe, Pt, Ru	Fe, Hf, Pt, Ru, Sc Ta, Ti, V
Sm	Ⅱ	443.432	3.1737	0.15		Hf, Ta, Ti, Zr
Sn	ⅡR	175.791	7.0530	0.38		P, Sb, Sc
Sn	Ⅱ	189.990	7.0530	0.49		Sc, Ti, V
Sn	Ⅰ	242.170	6.1861	2.31	Re	Fe, Mn, Re, Ru, V
Sn	Ⅰ	283.999	4.7894	1.81	Cr, Mn, OH	Re, W
Sn	Ⅰr	300.914	4.3288	0.48		Ca, Mo, Nb, V, W
Sn	Ⅰr	303.411	4.2949	0.86	Cr, Ru, W	Cr, Mo, Nb
Sn	Ⅰ	317.505	4.3288	0.89	Ce, Co, Fe, Te, Ru	Co, La, V
Sn	Ⅰ	326.233	4.8673	2.61	Fe, Hf, Pb, Os	Mo, V, Zr
Sn	Ⅰ	380.103	4.3288	0.43	N_2	Hf, Mo, Nb, Pt, Ti, V
Sr	ⅡR	407.771	3.0397	7.57	Cr, Hg	
Sr	ⅠR	460.733	2.6903	23.40		
Ta	Ⅱ	239.993	5.5589	0.33	Hg, Ru, V	Cr, Ru, V
Ta	ⅠR	301.254	4.1144	0.33		Nb, Pt, Zr
Ta	Ⅰ	301.637	5.5033	2.52	Fe, Ir, Mn, Re, W	Fe, Mn, Nb, V, W
Ta	Ⅱ	302.017	5.9012	0.12		Ca, Cr, Fe, Sc, Si, V, W
Ta	Ⅰ	362.661	3.9093	0.24	Rh	Fe, Mo, Rh, Ru
Tb	ⅡR	384.873	3.2205	0.19		Fe, Ta
Tb	ⅡR	387.417	3.1994	0.02	Co, Ti, V, W	Cr, Fe, La, Mo, Pb, Sc, Ti, V, W, Zr
Tb	Ⅱr	403.302	3.1994	0.22	Cr, Ga, Mn, N_2, Ta	Co, Fe, Ga, Mn, Nb, Sc, Sr, Ta, V, Zr
Tb	ⅠR	432.643	2.8650	0.54	Nb, N_2, Ti	Co, Mo, Nb, Sr, Ti
Te	ⅠR	214.281	5.7843	0.02		Fe, Mo, Nb, Re, V, W
Te	ⅠR	225.903	5.4867	0.15	Ir, Re	Cr, Fe, Ga, Ir
Te	Ⅰ	238.579	5.7843	0.04	Cr, Ir	Cr, Te
Ti	Ⅱ	282.712	8.0709	0.83	OH	Al, Ca, Cr, Fe, Mo, Nb, Se, Ta, V, W
Ti	Ⅱr	323.452	3.8809	1.70		Fe, Ni
Ti	Ⅱr	334.941	3.7494	2.79	N_2	Cr, Mo, Nb, W, Zr
Ti	Ⅱr	337.280	3.6866	1.66	N_2, Pd, Pt	Pd, V, Zr
Ti	Ⅰ	360.105	5.7336	0.02		Ca, Cr, Fe, La, Mn, Mo, Sc, Ti, Zr
Ti	Ⅰr	365.350	3.4406	1.32	Ce, Nb, Re	Ni
Tl	Ⅰ	351.923	4.4883	4.78		

续表

元素	状态	谱线/nm	上限能量/eV	$s_L/10^{-12}m^2$	干扰：OES库	计算干扰
Tl	ⅠR	377.572	3.2828	2.07	Mo, Ni, N_2, V	
U	Ⅱr	385.957	3.2473	0.08		Cr, Mo, Mn, Sc, Ta, Zr
V	Ⅱ	309.311	4.3994	2.23	OH	Mg, Ta, W, Zr
V	Ⅱ	311.070	4.3329	2.00	Be, Co, Cr, Fe, Hf, Mn, Os, Re, Ru, Zr	Co, Mo, Zr
V	Ⅰr	318.397	3.9330	3.07	Ti, W	Mo, Nb
V	Ⅰ	411.177	3.3152	2.11	Cr	Cr, Sc
V	Ⅰ	437.923	3.1311	3.37	Bi, Hf	Hf, Mn, Y
W	Ⅰ	196.474	6.6764	0.12		Ca, Ni, Ta
W	Ⅱ	200.810	6.7570	0.56		Co, Sn
W	Ⅱ	203.000	6.8678	0.48		Ca, Cr, Fe, Mn, Nb, Re
W	Ⅰ	400.875	3.4579	0.77	Ti	Ti
W	Ⅰ	429.461	3.2521	0.39	Ce, Cs, Hf, Ru	Hf, Ti, Ru, Zr
Y	Ⅱr	371.029	3.5205	3.96	Mo, Nb	Mo, Zr
Y	Ⅱr	377.433	3.4136	3.33	Os	La
Zn	ⅡR	202.548	6.1193	1.89		Cr, Fe
Zn	ⅠR	213.857	5.7957	7.18	Cu, Ir, Ni	Cu, Ni, W
Zn	Ⅱ	250.199	10.9649	0.65	Ru, W	Fe, Mo, Ru, Ta, W
Zn	Ⅰ	330.258	7.7828	2.48	Ta, Zr	Ag, Ca, Cu, Nb, Ta, Tc, Ti
Zn	Ⅰ	330.294	7.7824	0.83	Cr, La, Na, Ta	Ca, Cr, Cu, Ir, La, Na, Nb, Ta, Ti, V, W
Zn	Ⅰ	334.502	7.7834	3.07	Cr, N_2	Ca, Co, Cr, Fe, Mo, Nb, Re, Sc, Ta
Zn	Ⅰ	472.215	6.6546	0.83		As, Co, Cr, Fe, Mo, Nb, Sr, Ta, Ti, V
Zn	Ⅰ	481.053	6.6546	0.85	Cr, Nb, Rh	Cr, Mo, Nb, Ti, V, W
Zr	Ⅱr	339.198	3.8182	4.00	Fe, Mo, Ru	Mo
Zr	Ⅰ	350.592	4.1863	1.38		Mo, Nb, Sc, W
Zr	Ⅰr	360.117	3.5958	0.39	Mn, Ti	Ru

注：当搜索谱线时，由于自吸收可显示非线性回归，这些通常是有高 s_L 值原子共振线或近共振线（即 R 或 Ir），N_2 干扰通常表明漏气。

6.8 辉光放电原子发射光谱仪器

随着辉光放电光谱各项技术和仪器的完善，GD-OES 商品仪器相继推出。20 世纪 70 年代德国 RSV 公司首先推出了 HVG2 型 GD-OES 商品化仪器。随后法国 JY 公司的 JY32、JY38、JY50、JY56 系列，美国 ARL 公司的 3500 OES 系列，英国 Hilger 公司的 980C 系列，日本岛津公司的 5017 系列光电光谱仪器上均配置了辉光放电光源。1990～1992 年美国 LECO 公司陆续生产了适合表层、逐层分析的 GDS-400、GDS-750、GDS-1000 和 GDS-2000 型辉光放电光谱仪。目前，商品化的辉光放电光谱仪主要由法国的崛场（HORIBA Jobin Yvon）公司、美国的力可（LECO）公司、德国的斯派克（SPECTRO）公司和中国的钢研纳克（NCS）公司生产。型号及主要参数如表 6-37 所示。

表 6-37　目前商品化的主要辉光放电光谱仪器比较

厂商	型号	供能方式	波长范围/nm	焦距/mm	元素通道	检测器
法国 JY	GD-Profiler 2	脉冲+RF	110~800	500	48	HDD
法国 JY	GD-Profiler HR	脉冲+RF	110~800	1000	60	HDD
法国 JY	3D Metal	DC	149~480	500	—	CCD
美国 LECO	GDS-500A	DC 或 RF	165~460	225	—	CCD
美国 LECO	GDS-850A	DC 或 RF	120~800	750	58	PMT
德国 SPECTRO	GDA150A	DC	120~800	150	—	CCD
德国 SPECTRO	GDA750A	DC 或 RF	120~800	750	60	PMT
中国 NCS	GDL 750	DC	165~420	750	30	PMT

注：HDD（high dynamic range detection）为高动态检测器；PMT（photoelectric multiplier tube）为光电倍增管；CCD（charge coupled device）为电荷耦合固体检测器。

6.8.1　法国 HORIBA Jobin Yvon 的 GD-Profiler 系列

HORIBA Jobin Yvon 所生产的辉光放电发射光谱仪（RF-GD-OES）采用射频光源，可以进行导体和非导体材料的基体、表面、逐层分析，是一种快速的、操作简单的分析手段。光源采用 RF 供能方式，具有稳定性高，溅射束斑极为平坦，等离子体稳定时间极短，表面信息无任何失真的特点。HORIBA Jobin Yvon 所生产的辉光放电光谱仪全部采用其专利技术的 HDD（high dynamic range detection）检测器，可以实时、自动优化工作参数，在灵敏度和动态范围不受任何损失的情况下，一个分析通道就能完全满足同一元素在不同层面内微量和主量的测定，分析的动态范围可瞬时达到十个数量级。IMAGE 软件功能可以在 2min 内采集任何样品的全部光谱谱图，谱线库可以轻而易举地鉴别样品中所存在元素的谱线，全谱功能在装备有单色仪的仪器上工作。软件 Quantum XP 具备最准确的计算方法和模型，可以提供元素含量和深度的关系图。脉冲工作模式既可分析常见的涂、镀层和薄膜，也可以很好地分析热传导性能差和热易碎的涂、镀层和薄膜。多道（同时）型光学系统可全谱覆盖，光谱范围 110～800nm，包含远紫外，可分析 C、H、O、N、Cl。激光指点器（center lite laser pointer）可用于精确加载样品。HORIBA Jobin Yvon 独有的单色仪（选配件）可极大地提高仪器的灵活性，可同时测定 N+1 个元素。宽大的样品室可方便各类样品的加载。GD-Profiler 系列目前包括 2 种型号，分别为 GD-Profiler 2 和 GD-Profiler HR，每种型号均有多种选配件，用于满足不同用户的测试要求和预算。

GD-Profiler 2 型可测试多种样品，有着极宽广的应用范围。可以快速分析固体样品、片状样品，也可用于涂层、分界面的研究，其分析对象包括：涂料涂层、电镀板、氮化物层、树脂、氧化物、陶瓷、半导体、玻璃等。能快速、同时分析 70 余种元素，包括氮、氧、氢和氯元素，是一种用于薄膜（包括涂层、镀层、渗层等）成分和工艺分析的理想工具。该仪器采用了全新的高速电子学设计，从而使其深度分辨率达到小于 1nm。GD-Profiler 2 型采用脉冲工作模式的 RF 光源，可以有效地分析热传导性能差和热敏感的样品。应用领域包括腐蚀与防腐、PVD、CVD、过程控制，也可用于日常的金属和合金的产品质量控制与检测。

GD-Profiler HR 型是目前商品化的辉光光谱仪中性能最高的，光学系统具有 1 m 的焦距，分辨率高达 14 pm，可同时检测 60 余种元素（包括气体元素），尤其适合于复杂基体的分析。GD-Profiler HR 同时还可以附加选配 1 m 焦距的单色仪，最高分辨率达 9 pm。

6.8.2 美国 LECO 的 GDS 系列

GDS 系列目前具有 2 种型号，分别为 GDS-500A 和 GDS-850A。

GDS-500A 用于金属材料日常分析，可进行多元素成分的同时测定。采用 CCD 固态检测器，波长分析范围覆盖 165～460nm。光源采用直流放电模式。GDS-500A 仪器设计结构坚实、操作简单、性能稳定，可适用于任何生产现场环境，同时能保证准确度及高精密度。特点：在非常宽的动态范围内提供线性校正；试样表面均匀激发确保分析精度；试样表面形状与金相结构对分析结果的影响小；低氩气消耗量，降低分析成本；试样激发及溅射过程分离；不同试样间可快速切换分析，无记忆效应；样品间自动清扫光源。

GDS-850A 既能进行元素的成分分析，也能进行涂镀层的深度分析。该仪器采用 750mm 焦距的罗兰圆，检测范围 120～800nm，光栅刻线最高为 3600gr/mm，分辨率小于 0.025nm，同时可配置多达 58 个频道。光源可以采用直流激发模式或射频激发模式。特点：激发及溅射过程分离；在极宽的动态范围内提供线性校正；样品基体效应小；低自吸收及试样重吸收效应；激发特征原子谱线；激发的谱线峰形窄、竖、锐，干扰少；校正标样消耗量少；样品间自动清扫光源。

6.8.3 德国 SPECTRO 的 GDA 系列

GDA 系列目前包括 2 种型号，分别为 GDA 150 和 GDA 750。

辉光放电光谱仪 GDA 150 是为中小型热处理和涂层加工企业专门设计的。它可以配备 10 个分析通道，可进行扩散工艺过程（渗氮或氧化）的表面分析；电镀工艺过程的监控；PVC 或 CVD 的硬质涂层分析；镀锌材料的测定。GDA 150 的使用操作简便，可在 30s～5min 时间内提供传统分析方法无法比拟的分析结果，使用户在几分钟之内发现问题以纠正生产工艺。

GDA 750 可以配备 60 个以上的分析通道，并且能充分地满足高分辨率和高精度的要求。涂（镀）层的深度可测量达 200μm，可获得的分辨率达 1 个原子层。分析软件具有强大功能并且灵活易用；化学成分可以与其他特性，如被分析区域中的密度和质量分布同时测定。通过比较技术涂（镀）层工艺过程（CVD、PVD）前后的表面特性，确保生产工艺过程最佳化和最大程度地避免废品和浪费。GDA 750 也可用于块状样品的分析（如金属合金的化学成分），为复杂基体材料的分析提供良好线性的工作曲线。如采用可选的射频辉光放电光源，GDA 750 则可用于分析非导电性材料，如陶瓷、玻璃和涂料涂层。

同时斯派克分析仪器公司可提供各种样品夹具供制备样品时使用，这些夹具可用于不同几何形状的样品。常见的有细丝、薄片和管状样品，对于特殊的应用可开发其他类型的夹具。

6.8.4 钢研纳克 NCS 的 GDL 750

钢研纳克的 GDL 750 为首台国产的辉光放电光谱仪，于 BCEIA 2009 仪器展上推出 GDL 750 采用先进的辉光直流恒流源技术，可长时间稳定地样品溅射，分析具有宽的线性范围，配备可靠的气路控制系统，高精度 PMT 负高压可连续调节，以及采用方便通用的 USB 采集。可以用于钢铁、合金、铜、铝的整体成分分析及镀锌层、电镀层和硬涂层等的逐层分析。

参考文献

[1] Payling R, Jones D G, Bengtson A. Glow discharge optical emission spectrometry [M]. Chichester: John Wiley & Sons Ltd, 1997.

[2] Grimm W. Eine neue Glimmentladungslampe für die optische Emissionsspektralanalyse[J]. Spectrochim Acta, Part B, 1968, 23: 443-454.

[3] 张毅，陈英颖，张志颖. 辉光放电光谱仪及其在钢板表面分析中的应用[J]. 宝钢技术, 2001, 4: 45-52.

[4] 江祖成，田笠卿，陈新坤，等. 现代原子发射光谱分析[M]. 北京：科学出版社, 1999.

[5] Marcus R K. Radiofrequency powered glow discharges: opportunities and challenges[J]. J Anal At Spectrom, 1996, 11: 821-828.

[6] Centineo G, Fernandez M, Pereiro R, et al. Potential of radio frequency glow discharge optical emission spectrometry for the analysis of gaseous samples[J]. Anal Chem, 1997, 69: 3702-3707.

[7] Long G L, Ducatte G R, Lancaster E D. Helium microwave-induced plasmas for element specific detection in chromatography[J]. Spectrochimica Acta, Part B: Atomic Spectroscopy, 1994, 49(1): 75-87.

[8] Chan S K, Montaser A. Characterization of an annular helium inductively coupled plasma generated in a low-gas-flow torch[J]. Spectrochimica Acta, Part B: Atomic Spectroscopy, 1987, 42(4): 591-597.

[9] Pereiro R, Starn T K, Hieftje G M. Gas-Sampling Glow Discharge for Optical Emission Spectrometry. Part II: Optimization and Evaluation for the Determination of Nonmetals in Gas-Phase Samples[J]. Appl Spectrosc, 1995, 49(5): 616-622.

[10] Uchida H, Berthod A, Winefordner J D. Determination of non-metallic elements by capacitively coupled helium microwave plasma atomic emission spectrometry with capillary gas chromatography[J]. Analyst, 1990, 115(7): 933-937.

[11] Marcus, Kenneth R. Operation principles and design considerations for radiofrequency powered glow discharge devices. Areview[J]. J Anal At Spectrom, 1993, 8(7): 935-943.

[12] Winchester M R, Marcus R K. Emission characteristics of a pulsed, radiofrequency glow discharge atomic emission device[J]. Anal Chem, 1992, 64(18): 2067-2074.

[13] Pan C, King F L. Atomic Emission Spectrometry Employing a Pulsed Radio-Frequency-Powered Glow Discharge[J]. Appl Spectrosc, 1993, 47(12): 2096-2101.

[14] Gough D S. Direct analysis of metals and alloys by atomic absorption spectrometry[J]. Anal Chem, 1976, 48(13): 1926-1931.

[15] Ohls K D, Flock J, Loepp H. Analysis of microgramme samples from a sputtering crater by Atomsource excited atomic absorption spectrometry[J]. Fresenius' J Anal Chem, 1990, 337: 280-283.

[16] Schelles W, De Gendt S, Muller V, et al. Evaluation of Secondary Cathodes for Glow Discharge Mass Spectrometry Analysis of Different Nonconducting Sample Types[J]. Appl Spectrosc, 1995, 49(7): 939-944.

[17] 李一木，杜朝晖，段忆翔，等. 一种新型微波等离子体增强辉光放电光源基本特性的研究[J]. 光谱学与光谱分析, 1998(2): 205-208.

[18] Duan Y, Li Y, Du Z, et al. Instrumentation and Fundamental Studies on Glow Discharge–Microwave-Induced Plasma (GD-MIP) Tandem Source for Optical Emission Spectrometry[J]. Appl Spectrosc, 1996, 50(8): 977-984.

[19] Heintz M J, Mifflin K, Broekaert J A C, et al. Investigations of a Magnetically Enhanced Grimm-Type Glow Discharge Source[J]. Appl Spectrosc, 1995, 49(2): 241-246.

[20] Shi Z, Brewer S, Sacks R. Application of a magnetron glow discharge to direct solid sampling for mass spectrometry[J]. Appl Spectrosc, 1995, 49: 1232-1238.

[21] Hartenstein M L, Christopher S J, Marcus R K. Evaluation of helium-argon mixed gas plasmas for bulk and depth-resolved analyses by radiofrequency glow discharge atomic emission spectroscopy[J]. J Anal At Spectrom, 1999, 14(7): 1039-1045.

[22] Hirokawa T. Comparsion of emission yield between pure argon and argon-helium mixture [J]. J Anal At Spectrom, 1997, 12(6): 951-962.

[23] Bogaerts A, Gijbels R. Fundamental aspects and applications of glow discharge spectrometric techniques[J]. Spectrochim Acta, Part B, 1998, 53(1): 1-42.

[24] Benninghoven A, Riidenauer F G, Wemer H W. Secondary Ion Mass Spectrometry: Basic Concepts, Instrumental Aspects, Applications and Trends [M]. New York: Wiley, 1987.

[25] Bogaerts A, Neyts E, Gijbels R, et al. Gas discharge plasmas and their applications[J]. Spectrochim Acta, Part B: Atomic Spectroscopy, 2002, 57(4): 609-658.

[26] Marcus R K. Glow discharge spectroscopies [M]. New York: Plenum, 1993.

[27] 王海舟. 冶金分析前沿[M]. 北京：科学出版社, 2004.

[28] Dogan M, Laqua K, Massmann H. Spektrochemische analysen mit einer glimmentladungslampe als lichtquelle—Ⅱ: Analytische anwendungen[J]. Spectrochim Acta, Part B, 1972, 27: 65-88.

[29] Boumans P W J M. Studies of sputtering in a glow discharge for spectrochemical analysis[J]. Anal Chem, 1972, 44(7): 1219-1228.

[30] Tong W G, Chen D A. Doppler-Free Spectroscopy Based on Phase Conjugation by Degenerate Four-Wave Mixing in Hollow Cathode Discharge [J]. Appl Spectrosc, 1987, 41(4): 586-590.

[31] Fang D, Marcus R K. Parametric evaluation of sputtering in a planar, diode glow discharge—Ⅰ. Sputtering of oxygen-free hard copper (OFHC) [J]. Spectrochim Acta, Part B: Atomic Spectroscopy, 1988, 43(12): 1451-1460.

[32] 陈新坤. 原子发射光谱分析原理[M]. 天津：天津科学出版社, 1991.

[33] Winchester M R, Lazik C, Marcus R K. Characterization of a radio frequency glow discharge emission source[J]. Spectrochim Acta, Part B: Atomic Spectroscopy, 1991, 46(4): 483-499.

[34] Pan X, Hu B, Ye Y, et al. Comparison of fundamental characteristics between radio-frequency and direct current powering of a single glow discharge atomic emission spectroscopy source[J]. J Anal At Spectrom, 1998, 13(10): 1159-1165.

[35] Winchester M R, Payling R. Radio-frequency glow discharge spectrometry: A critical review[J]. Spectrochimica Acta, Part B: Atomic Spectroscopy, 2004, 59(5): 607-666.

[36] Bengtson A. Quantitative depth profile analysis by glow discharge[J]. Spectrochimica Acta, Part B: Atomic Spectroscopy, 1994, 49(4): 411-429.

[37] Nelis T, Payling R. Glow discharge optical emission spectrometry: a practical guide [M]. Cambridge: RSC Analytical Spectroscopy Monographs, 2003.

[38] EI Alfy S, Laqua K, Hassmann H. Spektrochemische Analysen mit einer Glimmentladungslampe als Lichtquelle [J]. Fresenius' Z Anal Chem, 1973, 263: 1-14.

[39] Pérez C, Pereiro R, Bordel N, et al. The influence of operational modes on sputtering rates and emission processes for different sample matrices in rf-GD-OES[J]. J Anal At Spectrom, 2000, 15: 67-71.

[40] Samuels L E. Metallographic Polishing by Mechanical Means [M]. 2nd ed. Melbourne: Pitman & Sons, 1971.

[41] 张加民. 一种用于辉光放电光谱分析小件试样的附件[J]. 理化检验(化学分册), 2006, 42: 197-198.

[42] PENNING F M. Electrical discharges in gases[M]. Philips Technical Library, 1957.

[43] Payling R. In search of the ultimate experiment for quantitative depth profile analysis in glow discharge optical emission spectrometry. Part Ⅱ: Generalized method[J]. Surface and Interface Analysis, 1995, 23(1): 12-21.

[44] ISO 14707—2001, Glow discharge optical emission spectrometry (GD-OES)-Introduction for use [S].

[45] Shimizu K, Habazaki H, Skeldon P, et al. GDOES depth profiling analysis of a thin surface film on aluminium[J]. Surface & Interface Analysis, 2015, 27(11): 998-1002.

[46] O'Connor D J, Sexton B A, Smart R St C. Surface analysis methods in materials science [M]. 2nd ed. Berlin: Springer-Verlag, 2003.

[47] Weiss Z, Smid P. Zinc-based reference materials for glow discharge optical emission spectrometry: sputter factors and emission yields[J]. J Anal At Spectrom, 2000, 15(11): 1485-1492.

[48] Ko J B. New designs of glow discharge lamps for the analysis of metals by atomic emission spectroscopy[J]. Spectrochim Acta, Part B: Atomic Spectroscopy, 1984, 39(9): 1405-1423.

[49] Leis F, Broekaert J A C, Laqua K. Design and properties of a microwave boosted glow discharge lamp[J]. Spectrochim Acta,

Part B: Atomic Spectroscopy, 1987, 42(11-12): 1169-1176.
[50] Winchester M R, Miller J K. Determination of fifteen elements in grey cast irons using glow discharge optical emission spectrometry [J]. J Anal At Spectrom, 2001, 16(2): 122-128.
[51] Marcus R K, Broekaert J C. Glow Discharge Plasmas in Analytical Spectroscopy [M], Chichester: John Wily & Sons, 2003.
[52] Jones D G, Payling R, Gower S A, et al. Analysis of pigmented polymer coatings with radiofrequency glow discharge optical emission spectrometry[J]. J Anal At Spectrom, 1994, 9(3): 369-373.
[53] MartÍnez R, Pérez C, Bordel N, et al. Exploratory investigations on the potential of radiofrequency glow discharge-optical emission spectrometry for the direct elemental analysis of bone[J]. J Anal At Spectrom, 2001, 16(3): 250-255.
[54] Matsumoto K, Ishiwatari T, Fuwa K. Hydride generation and atomic emission spectrometry with helium glow discharge detection for analysis of biological samples[J]. Anal Chem, 1984, 56(8): 1545-1548.
[55] Starn T K, Pereiro R, Hieftje G M. Gas-Sampling Glow Discharge for Optical Emission Spectrometry. Part I: Design and Operating Characteristics[J]. Appl Spectrosc, 1993, 47(10): 1555-1561.
[56] Centineo G, Matilde Fernández, Pereiro R, et al. Potential of Radio Frequency Glow Discharge Optical Emission Spectrometry for the Analysis of Gaseous Samples[J]. Anal Chem, 2009, 69(18): 3702-3707.
[57] Jose Andrade-Garda. Basic Chemometric Techniques in Atomic Spectroscopy[C]. Citationtitlebasic Chemometric Techniques in Atomic Spectroscopy. 2013.
[58] Freire F L, Senna L F, Achete C A, et al. Characterization of TiCN coatings deposited by magnetron sputter-ion plating process: RBS and GDOS complementary analyses[J]. Nuclear Instruments & Methods in Physics Research, 1998, 136: 788-792.
[59] Weiss Z, Musil J, Vlcek J. Depth profile analysis ofminor elements by GD-OES: Applications to diffusion phenomena[J]. Fresenius J Anal Chem, 1996, 354(2): 188-192.
[60] Shimizu K, Habazaki H, Skeldon P, et al. GDOES depth profiling analysis of the air - formed oxide film on a sputter - deposited Type 304 stainless steel[J]. Surface Interface Anal, 2015, 29(11): 743-746.
[61] 何晓蕾，张毅，蓝闽波，等. 辉光放电光谱法定量分析金属材料表面纳米级薄膜的研究[J]. 理化检验(化学分册), 2006(09): 693-698.
[62] Angeli J, Bengtson A, Bogaerts A, et al. Glow discharge optical emission spectrometry: moving towards reliable thin film analysis: a short review [J]. J Anal At Spectrom, 2003, 18: 670-679.
[63] 胡维铸，赵广东，牟英华，等. 辉光放电原子发射光谱法测定高锰钢中多元素的影响因素探讨[J]. 冶金分析，2019, 039(006): 54-59.
[64] 梁潇. 直流辉光放电光谱法同时测定铸铁中 12 种元素[J]. 冶金分析, 2014, 035(008): 1-6.
[65] 刘洁，葛晶晶，孙中华. 辉光放电光谱法测定因瓦合金中 14 种元素[J]. 冶金分析, 2016, 36(012): 8-12.
[66] Urushibata S, Wagatsuma K. Determination of Minor Alloyed Elements in Steel Samples in Radio-frequency Glow Discharge Plasma Optical Emission Spectrometry Associated with Pulsed Bias-Current Modulation Technique[J]. ISIJ International, 2012, 52(9): 1616-1621.
[67] 高品，于媛君. 辉光放电光谱法分析锌合金中多元素含量[J]. 鞍钢技术, 2016(3): 36-40.
[68] Anil G, Reddy M R P, Ali S T, et al. Determination of Oxygen in High Purity Cadmium by Radio Frequency Glow Discharge Optical Emission Spectrometry[J]. Journal of Nuclear Medicine Official Publication Society of Nuclear Medicine, 2008, 17(9): 771-779.
[69] Armando Menéndez, Bordel N, Pereiro R, et al. Radiofrequency glow discharge-optical emission spectrometry for the analysis of metallurgical-grade silicon[J]. J Anal At Spectrom, 2005, 20(3): 233-235.
[70] LöTter S J, Purcell W, Nel J T. Development of an Affordable GD-OES Support Matrix for Analysis of Non-Conducting Zirconium Powders [J]. Adv Mater Res, 2014, 1019: 393-397.
[71] Davis W C, Knippel B C, Cooper J E, et al. Use of sol-gels as solid matrixes for simultaneous multielement determination by radio frequency glow discharge optical emission spectrometry: determinations of suspended particulate matter. [J]. Anal Chem, 2003, 75(10): 2243-2250.
[72] Luesaiwong W, Marcus R K. Lithium-fusion sample preparation method for radio frequency glow discharge optical emission

spectroscopy (rf-GD-OES): analysis of coal ash specimens[J]. Microchem J, 2003, 74(1): 59-73.

[73] 刘聪，祖文川，杨晓涛，等. 大气压液体阴极辉光放电发射光谱法测定矿泉水中的锂[J]. 分析实验室，2016，35(9): 1038-1040.

[74] 刘丰奎，祖文川，周晓萍，等. 大气压液体阴极辉光放电——原子发射光谱法应用于血清中微量锂元素的测定[J]. 光谱学与光谱分析, 2019, 39(04): 1252-1255.

[75] 陆泉芳，朱淑雯，俞洁，等. 液体阴极辉光放电原子发射光谱检测水体中 Cd 的分析性能评价[J]. 分析试验室，2019，038(003): 249-254.

[76] 郑培超，唐鹏飞，王金梅，等. 基于便携式光谱仪的溶液阴极辉光放电发射光谱检测水体中的锰[J]. 光谱学与光谱分析, 2018, 38(05): 245-249.

[77] Hoffmann V, Steinert M, Acker J. Analysis of gaseous reaction products of wet chemical silicon etching by conventional direct current glow discharge optical emission spectrometry (DC-GD-OES)[J]. J Anal At Spectrom, 2011, 26(10): 1990-1996.

[78] Roberto Martínez, Pereiro R, Sanz-Medel A, et al. Mercury speciation by HPLC–cold-vapour radiofrequency glow-discharge optical-emission spectrometry with on-line microwave oxidation[J]. Fresenius J Anal Chem, 2001, 371(6): 746-752.

[79] Fernández B, Martin A, Bordel N, et al. Application of radiofrequency glow discharge-optical emission spectrometry for direct analysis of main components of glass samples[J]. J Anal At Spectrom, 2006, 21(12): 1412-1418.

[80] 刘洁，侯环宇，安晖，等. 镀镍板镀层的辉光放电光谱法解析[C]. 第十届中国钢铁年会暨第六届宝钢学术年会论文集, 2015: 1-6.

[81] 徐永林. 镀锡板镀层的辉光放电光谱法解析[J]. 冶金分析, 2015(03): 7-12.

[82] 于媛君，高品，邓军华，等. 辉光放电发射光谱法测定钢板镀锌层中铅镉铬[J]. 冶金分析, 2015, 35(009): 1-7.

[83] 蒋光锐，刘李斌，尉冬，等. 使用辉光放电光谱法研究热镀锌板的镀层粘附性[C]. 第九届中国钢铁年会论文集，2013: 1-5.

[84] Wilke M, Teichert G, Gemma R, et al. Glow discharge optical emission spectroscopy for accurate and well resolved analysis of coatings and thin films[J]. Thin Solid Films, 2011, 520(5): 1660-1667.

[85] Claudia G D V, Alberts D, Chawla V, et al. Use of radiofrequency power to enable glow discharge optical emission spectroscopy ultrafast elemental mapping of combinatorial libraries with nonconductive components: nitrogen-based materials[J]. Anal Bioanal Chem, 2014, 406(29): 7533-7538.

[86] Kiryukhantsev-Korneev P V. Elemental analysis of coatings by high-frequency glow discharge optical emission spectroscopy[J]. Protection of Metals & Physical Chemistry of Surfaces, 2012, 48(5): 585-590.

[87] 郭炜，杨洪广. 磁控溅射钛膜 GDOES 分析方法[J]. 电子世界, 2019, 011: 37-38.

[88] 梁家伟，林晓琪，毕焰枫，等. 不同工作参数下 Ni/Ag 双层膜 GDOES 深度谱的比较[J]. 真空, 2018.

[89] Molchan I S, Thompson G E, Skeldon P, et al. Analysis of molecular monolayers adsorbed on metal surfaces by glow discharge optical emission spectrometry[J]. J Anal Atom Spectr, 2012, 28(1): 121-126.

[90] Vázquez A S, Martín A, Costa-Fernandez J M, et al. Quantification of bromine in flame-retardant coatings by radiofrequency glow discharge–optical emission spectrometry[J]. Anal Bioanal Chem, 2007.

[91] 张殿英. 彩涂钢板涂镀层的辉光放电发射光谱逐层分析方法研究[J]. 冶金分析, 2007(08): 23-27.

[92] Takahara H, Kojyo A, Kodama K, et al. Depth profiling of graphite electrode in lithium ion battery using glow discharge optical emission spectroscopy with small quantities of hydrogen or oxygen addition to argon[J]. J Anal At Spectrom, 2014, 29(1): 95-104.

[93] Takahara H, Miyauchi H, Tabuchi M, et al. Elemental Distribution Analysis of $LiFePO_4$/Graphite Cells Studied with Glow Discharge Optical Emission Spectroscopy (GD-OES)[J]. Journal of the Electrochemical Society, 2013, 160(2): A272-A278.

[94] 郑培超，王鸿梅，李建权，等. 液体电极放电光谱检测水体中的金属元素[J]. 光谱实验室, 2010, 27(4): 1370-1379.

[95] 张真，汪正，邹慧君，等. 大气压电解液阴极辉光放电发射光谱技术的研究进展及应用[J]. 分析化学，2013，41(10): 1606-1613.

[96] Glow Discharge Emission Spectra in Air with Liquid Electrode Based on Distilled Water[J]. J Appl Spectrosc, 2016, Vol. 83 (5): 781-785.

[97] Ivana Sremački, Mikhail Gromov, Christophe Leys. An atmospheric pressure non-self-sustained glow discharge in between

metal/metal and metal/liquid electrodes. Plasma Processes and Polymers, 2020-06-03.
[98] 史孝侠，李晓鹏，崔飞鹏，等. 一种大气压下液体阴极辉光放电装置的研制. 第十二届中国钢铁年会论文集, 2019: 1-5.
[99] 俞洁，银玲，冯菲菲，等. 液体阴极辉光放电原子发射光谱测定溶液中的锰[J]. 西北师范大学学报, 2020, 56(1): 56-62.
[100] 杨恕修，陆泉芳，孙对兄，等. 液相辉光放电原子发射光谱法测定溶液中 Cd 的方法研究[J]. 分析测试学报，2016, 35(6): 662-667.
[101] 赵明月，程君琪，杨丙成，等. 氢化物发生-液体阴极辉光放电发射光谱对海水中硒砷汞的高灵敏定量检测[J]. 光谱学与光谱分析, 2019, 39(5): 1359-1365.
[102] 冷安芹，林瑶，雍莉，等. 液体电极辉光放电在原子光谱分析中的研究和应用进展[J]. 分析化学, 2020, 48(9): 1131-1140.
[103] Payling R, Larkins P L. Optical Emission Lines of the Elements [M]. Chichester: John Wiley & Sons, 2000.
[104] Harrison G R. Wavelength Tables with Intensities in Arc, Spark, or Discharge Tube of more than 100, 000 Spectrum Lines [M]. Cambridge: The M. I. T. Press, 1969.
[105] Striganov A R, Sventitskii N S. Tables of Spectral Lines of Neutral and Ionized Atoms [M]. New York: IFI/Plenum Press, 1968.
[106] Winchester, Michael R. Development of a method for the determination of phosphorus in copper alloys using radiofrequency glow discharge optical emission spectrometry[J]. J Anal At Spectrom, 1998, 13(4): 235-242.
[107] 郑国经. 分析化学手册: 3A. 原子光谱分析[M]. 第 3 版. 北京: 化学工业出版社, 2016: 634-640.

第7章

激光诱导击穿原子发射光谱分析

7.1 概述

7.1.1 激光诱导击穿原子发射光谱的发展

激光诱导击穿光谱（laser induced breakdown spectroscopy，LIBS）是利用聚焦的高功密脉冲激光照射在物质上，产生瞬态等离子体，辐射出元素的特征谱线进行定性及定量分析的原子发射光谱分析新技术。

激光诱导产生等离子体的研究始于20世纪60年代，1962年Brech及Cross[1]论述了激光诱导等离子体用于发射光谱分析的潜力。第一台LIBS仪器诞生于1967年，Jarrell-Ash Corp.（美国）、VEB Carl Zeiss Jena Co.（德国）及JEOL Ltd（日本）仪器公司相继推出了商品化的LIBS，尽管当时的LIBS可用于光谱分析，但其准确度、灵敏度及精密度等分析性能无法与传统的商品化AAS及Spark-AES相比。20世纪70年代初期，苏联对激光诱导等离子体进行了系统研究，Raizer针对激光诱导等离子体出版了一本专著“Laser-induced Discharge Phenomena”[2]。20世纪80年代，随着激光器、光谱仪及检测器技术的发展，LIBS分析技术迅速得到发展，1981年Los Alamos National Laboratory实验室发表了两篇重要的LIBS文章[3,4]，引起光谱分析界极大兴趣与关注。80年代后期，研究集中在LIBS定量分析上。20世纪90年代起，LIBS基础理论研究及应用得到快速发展，有许多文章及专著[5-7]对LIBS分析技术进行系统介绍。

LIBS双脉冲技术诞生于20世纪60年代末期，80年代兴起了研究热潮，1984年Cremers等[8]对LIBS双脉冲技术进行了系统研究，表明LIBS双脉冲技术可以明显提高分析灵敏度。进入90年代，LIBS在文物艺术品、生物及土壤中重金属元素分析方面的应用引起注意。

随着激光器的小型化、成本的降低及性能的提高，LIBS仪器装置也有了很大的发展。目前 LIBS 可以采用高灵敏度 ICCD 检测器检测光信号，同时采用小体积高分辨中阶梯光栅作为分光系统。

由于 LIBS 具有原位、很少或无需样品制备、样品烧蚀量小及可远距离遥测分析等优点，故自 20 世纪 80 年代后期，与 LIBS 研究相关论文呈指数级增长，表 7-1 列出 LIBS 分析技术发展重要里程碑[9]。

表 7-1 LIBS 发展里程碑

年 份	事 件
1960	Maiman 研制出第一台红宝石激光器
1963	将激光用于发射光谱分析，标志着 LIBS 的诞生
1963	激光击穿气体产生等离子体
1963	采用辅助电极的方法产生微等离子体
1963	激光击穿液体产生等离子体
1964	介绍时间分辨激光诱导等离子体光谱
1966	对激光击穿空气产生的等离子体进行研究
1966	直接用 LIBS 对熔态金属进行分析
1970	报道了 Q 开关激光器，并与传统的激光器进行比较
1971	采用 LIBS 对生物样品进行分析
1972	采用 Q 开关激光器对钢铁样品进行分析
1978	采用 LIBS 对气溶胶进行分析
1982	利用声光效应研究激光诱导产生的等离子体
1988	通过电场或磁场效应增强分析灵敏度
1989	采用便携式 LIBS 对样品表面的沾污进行监控
1992	探索遥测 LIBS 在空间科学中的应用
1993	采用双脉冲技术对水下的金属进行分析
1995	采用光纤传导激光脉冲
1995	采用多脉冲技术对钢铁样品进行分析
1998	报道了中阶梯光栅与 CCD 检测器结合的 LIBS 系统
1999	提出采用 LIBS 进行绝对分析
2000	出现了第一台商品化分析煤炭的 LIBS 系统
2000	NASA 展示了空间科学探索的 LIBS 系统
2000	第一届国际 LIBS 会议在意大利比萨举行
2004	宣布 LIBS 于 2011 年执行火星探索任务
2005	LIBS 或 LIBS-Raman 结合对有机分子进行识别
2011	发射火星探测器，探测器系统配有 LIBS 系统

在 LIBS 发展历程中，出现许多综述对不同时期 LIBS 发展状况进行了概括与总结。Noll 等[10]对 LIBS 在冶金行业的应用进行了系统总结，认为 LIBS 在冶金分析领域具有很大的发展潜力。Fortes 等[11]对 LIBS 基础理论、分析方法及其应用进行了阐述。Hahn 等[12]在第一部分对 LIBS 基础理论系统进行回顾与总结，第二部分[13]则对 LIBS 仪器装置、分析方法及在工业、地质、空间探索、生物等领域中的应用进行全面论述。Gaudiuso 等[14]对 LIBS 在环境、文化遗产及空间探索中的分析方法及应用进行了总结。Fortes 等[15]对便携式、远距离遥测 LIBS 硬件系统及其应用进行了总结与评价。Radziemski 等[16]介绍 LIBS 的发展历史，并对 LIBS 仪器硬件及应用进行了较全面的总结。Cristoforetti 等[17]对激光诱导产生等离子体处于局部热

力学平衡条件进行探讨，认为McWhirter判据仅仅是保证等离子体处于LTE必要而非充要条件，对于激光诱导等离子体还需进一步考察等离子体温度及电子数密度随时空的演变情况。Winefordner等[18]系统介绍了各种原子光谱分析技术，重点论述LIBS分析原理、仪器及应用，并认为LIBS是今后原子分析领域一颗耀眼的新星。Vadillo等[19]对LIBS表面微区分析原理及其应用进行了详尽的论述。

Cremers等[20]对LIBS的应用进行全面的论述，并对LIBS优缺点作了评论。Russo等[21]对LIBS基础理论、仪器装置及应用进展进行全面系统的评述。Babushok等[22]对LIBS双脉冲分析方法进行了系统的总结与回顾。Capitelli等[23]对激光诱导产生等离子体后的膨胀过程进行理论分析并与实验结果进行对比。Aragón等[24]对LIBS等离子体诊断方法进行了全面深入系统的评价与论述。Rakovský等[25]对便携式LIBS硬件及应用发展进行了详细回顾与论述。Bogaerts等[26]对激光与物质相互作用、热扩散及等离子体膨胀基础理论进行小结与评论。Tognoni等[27]对Calibration-Free——绝对分析理论及应用进展进行了回顾与展望。Piñon等[28]对LIBS表面微区分析在材料科学领域中的应用进行了评述。

7.1.2 激光诱导击穿原子发射光谱的激发光源

激光器发射出激光脉冲后，经过聚焦透镜汇聚并照射到样品台上的样品，激光作用于样品产生等离子体，辐射出的特征谱线被光谱仪采集并传输到计算机上进行处理。其分析原理基于原子、离子光谱的波长与特定元素一一对应，光谱信号强度与对应元素含量具有一定的定量关系。

连续激光器和脉冲激光器均可被用作激发源开展LIBS测试，目前脉冲激光器已是LIBS系统的主流激发源，其中以气体为激光介质的受激准分子激光器（紫外波段）和CO_2激光器（远红外波段）最先被应用。与气体激光器相比，固体激光器因日常维护简单、无需更换气体等明显优势而被广泛应用，目前常用的主要有灯泵固体激光器（flash lamp pumped solid state lasers，FLPSS）、半导体泵浦固体激光器（diode pumped solid state laser，DPSS）和光纤激光器。FLPSS激光器成本相对低，可靠性强，便于操作，基波1064nm可倍频获得532nm、355nm和266nm，不同波长脉冲激光在LIBS系统中都有诸多应用实例。1500nm波长因特殊人眼安全性能在实际应用中备受关注。连续多波长输出灯泵OPO激光器、弧光灯泵浦和声光Q触发激光器也被用到LIBS技术中。但FLPSS激光器存在灯泵能量转化率低、能量稳定性差等不足，且常需配备水循环冷却系统，便携性差，而DPSS激光器因体积紧凑、光学质量好、脉冲间能量波动小，尤其在便携式LIBS系统中具有独特优势。用于LIBS系统中的DPSS激光器脉冲频率多为千赫兹（kHz）量级，激光能量微焦耳（μJ）量级。FLPSS激光器（10Hz，400mJ，6ns）与DPSS激光器（1Hz～200kHz，1mJ，20ns）的使用效果比较，表明DPSS激光器单发脉冲的样品剥蚀量少，等离子强度弱，但是在每个检测周期内总剥蚀量和信号强度体现出明显优势。除上述两种常用激光器外，光纤激光器也是一种常用的LIBS激发源，最早使用可追溯至20世纪60年代，因该类激光器的高重复频率和高光束质量，是便携式LIBS的一种理想激发源，已在LIBS系统中得到一定程度的应用。

近年来，皮秒和飞秒脉冲激光器在LIBS系统搭建中的应用日趋广泛，该类激光器与样品相互作用的过程不同于纳秒激光器，当与物质相互作用时，激光脉冲时间远小于等离子体产生所需时间，因此激光与其诱导的等离子体间无相互作用，无等离子体屏蔽现象，对分析样本的剥蚀更有效，但受设备成本限制，目前多用于实验室平台的搭建，在后续 LIBS 研究中有望得到进一步使用和发展。此外，微芯片激光器在 LIBS 分析检测中的应用对 LIBS 仪器小型化起到关键的推进作用，该类激光器体积小，能耗低，在手持式 LIBS 系统的开发中优势明显。

7.1.3 激光诱导击穿原子发射光谱的定性、定量分析

7.1.3.1 LIBS 定性分析

与传统经典发射光谱一样，LIBS 依据谱线位置及谱线相对强度进行定性分析，在定性分析过程中，可以根据谱线相对强度进行元素识别，由于相对强度与光源类型相关，相对强度仅供参考。

确定一个元素在样品中是否存在，所依靠的是这个元素最后线及特征谱线组，最后线是指随试样中元素含量不断降低而最后消失的谱线，最后线通常是原子线，具有较低激发电位，它容易产生自吸，在试样中元素含量较高时往往不是最强线。一个元素最后线也就是这个元素最灵敏线，但并不一定是这个元素的最强线。例如，Mn 元素在 279.8nm 处三重线，在较高含量时，比 403.3nm 处的三重线强，但后者却是 Mn 元素的最后线。

特征谱线组往往是一些元素的双重线、三重线，或者几组双重线，并不包括这些元素的最后线。例如 Mg 的最后线是 285.213nm 的单重线，而很容易辨认的却是在 277.6～278.2nm 间的五重线，由于此五重线不是最后线，故在含量低时此五重线没有出现。

在《光谱线波长表》一书和一些化学及物理手册中，以及其他书籍中，都可以查到各元素的最后线或灵敏线。辨别一个元素最后线中的几条，即可判断这个元素是否在样品中存在。但因其他元素谱线与之重叠而引起的干扰，可能使最后线中的一条或两条不能用来判断，在采集 CCD 全谱中，逐条检查最后线是光谱定性分析工作的基本方法。定性分析时，往往样品成分很复杂，元素谱线互相重叠干扰也很有可能，当观察到有某元素的一条谱线时，尚不能完全确认该元素的存在，还必须继续进行以下验证：

要继续查找该元素的其他灵敏线和特征谱线是否出现，一般有两条以上的灵敏线出现，才能确认该元素的存在。

要了解该元素灵敏线可能干扰的情况，从谱线表中查出所有可能干扰的元素。在这些元素中，首先去掉那些在仪器参数下根本不可能激发的元素，或者由于样品特点不可能存在于样品中的元素。

对其余可能干扰的元素，应逐个检查它们的灵敏线。若某元素灵敏线没有在光谱中出现，则应认为样品中没有这个元素干扰；如果确有其灵敏线在光谱中出现，只能说分析元素谱线上可能有该元素的谱线叠加在上面，这种情况下，对于要检定的元素，还不能作肯定的判断。

当分析元素灵敏线被其他元素谱线重叠干扰，但又找不到其他灵敏线作为判断依据时，则可在该线附近现找出一条干扰元素的谱线（与原干扰线强度相同或稍强一些）进行比较，

如果该分析元素灵敏度大于或等于找出的干扰元素谱线强度，则可断定该分析元素存在。如果样品中铁含量较高时，则 Zr 343.823nm 被 Fe 343.831nm 所重叠，可用与 Fe 343.795nm 强度相比较来确定 Zr 的存在。若 Zr 343.823nm 强度大于或等于 Fe 343.795nm，可确信 Zr 是存在的。如果 Mo 317.0347nm 与 Fe 317.0346nm 相重叠时，可用 Fe 317.1663nm 的谱线强度进行比较，来确定 Mo 是否存在。

遇到谱线干扰时，首先可以考虑用高分辨光谱仪重新采谱，波长差很小的互相干扰谱线有可能分辨开。为了做好光谱定性分析，如能对于分析样品的来源或历史有所了解，则有利于作出正确判断，如为了做矿石、矿物的定性分析，对于矿石、矿物中元素的伴生情况如能有所了解，则对工作会有很大的帮助。例如，铅锌矿中镉元素是经常存在的，如果分析铅锌矿没有发现镉，就应反复查找；铝和镓元素是经常伴产的，铝土矿中经常含有镓；当铜含量很高时，应注意是否有银存在。

如果待测物中一个元素原子线与另一个元素高价态离子线（二次或三次）相重叠，则这条谱线很有可能属于中性原子线，这是因为在空气中不太可能产生高价态离子线。LIBS 在大气环境下，经常可以观察到一次离子线，但高价态离子线很难被观察到（电离能小于 6eV 元素离子线可以被观察到，但大于 10eV 的元素很难被观察到）。在激光诱导等离子体中，电离能大于 10eV 谱线很难被观察到，只有当其浓度非常高时，才能观察到其谱线。

特征谱线的出现还与实验条件相关，Fe（Ⅰ）的电离能为 7.87eV，在大气环境下，Fe 的 Fe（Ⅰ）和 Fe（Ⅱ）可以观察到。在真空环境下，尽管 Fe 元素二次电离能大于 16.18eV，但 Fe（Ⅲ）仍然可以观察到。当氩气气压为 590Torr（1Torr = 133.322Pa）时对土壤样品进行激发，未观察到 O（Ⅱ）离子线，随着氩气气压的降低，O 离子线逐渐显露出来。

通过元素多条特征谱线进行元素的识别，如果 Al 元素强度高的谱线 Al（Ⅰ）394.4nm 和 396.1nm 出现的话，则 Al 元素的 308.2nm 和 309.3nm 也应观察到。当光谱仪分辨本领较低时，Ca（Ⅱ）的 393.3nm 和 396.8nm 对 Al（Ⅰ）原子谱线产生干扰。目前许多光谱软件具有谱图叠加功能，可以先对纯物质采集谱图，然后将未知样品谱图与其比较，从而确定待测样品中是否含有该元素。

7.1.3.2 LIBS 定量分析

为对定量分析数学模型进行简化，通常假定：

① 激光烧蚀气化的样品蒸气化学组成能够代表待测固体样品真实化学组成，即不存在分馏效应。

② 在检测器所检测的等离子体区域，等离子体处于局部热力学平衡。

③ 不存在自吸或自蚀现象，即光子在穿过等离子体时，不存在吸收现象。

等离子体若处于局部热力学平衡时，谱线的强度与待测原子总数及其温度见下式：

$$I_{jk}=A_{ji}h\nu_{jk}\frac{g_i}{G}N\exp\left(-\frac{E_j}{kT}\right) \tag{7-1}$$

式中，N 为等离子体中待测元素总的原子数密度；G 为原子的配分函数。由此可见，在一定的实验条件下，原子谱线的强度与光源等离子体中待测元素总的原子数密度成正比关系，原子光谱分析中，定量分析公式可简化为下式：

$$I = \alpha\beta c \tag{7-2}$$

式中，c 为试样中待测元素的含量；α 为蒸发系数，取决于样品的物理性质；β 为激发系数，取决于谱线的性质。由上式可见，谱线强度与待测元素的含量之间成正比，通过谱线强度与待测元素含量之间的线性关系，可以对相似基体的样品进行定量分析。

试样中元素含量较低时（无谱线自吸时），影响谱线强度的因素主要有两个。一方面是试样的蒸发特性，它由试样中元素的含量与该元素进入光源等离子体中的原子数密度所决定，而进入等离子体中的原子数密度则受到试样类型和光源温度的影响。另一方面是谱线激发性质，它是由光源温度、激发电位、统计权重、跃迁概率、辐射频率及配分函数等性质所决定。配分函数则由能级简并度及光源温度所决定。对于确定的谱线来说，光源的温度是一个极其重要的因素，只有在合适的温度下，谱线的强度才有最大值，不同的谱线最合适温度是不同的，多元素同时测定时选择折中的激发温度。

7.2 激光诱导击穿原子发射光谱的分析基础

7.2.1 激光诱导击穿光源的特点

LIBS 与其他元素分析技术相比有质的突破，如可以对元素周期表中几乎所有元素进行分析，样品无须预处理，各种形态样品都能够分析（固体、液体、气体），灵敏度高（可以达到 10^{-6} 量级），空间分辨率高，可以在线实时分析等。LIBS 与其他分析方法的对比见表 7-2。基于以上诸多优点，近几年国内外对 LIBS 技术的关注逐渐增多，该技术已从实验室研究逐步推广到水污染、土壤分析、环境监测、文物考古、医药医疗等领域，并开始应用于工业现场检测分析。

表 7-2 LIBS 技术与其他元素分析技术对比

参数	LIBS	ICP-AES	XRF
检测元素范围	全部	全部	Na～U
样品预处理	无需	复杂	简单
元素最小检出浓度	$(10\sim100)\times10^{-6}$	10^{-9}	100×10^{-6}
在线分析	可以	不可以	不可以
仪器操作	简单	复杂	复杂
分析周期	快（<1min）	慢（≥1min）	慢（≥1min）
配套设备	不需要，可选缓冲气体	复杂的实验室配套设备	真空泵

与目前广泛应用的基于 X 射线荧光（XRF）的元素分析技术相比，LIBS 元素分析技术可以分析即使在抽真空条件下 XRF 技术也难以检测的元素周期表中 Na 以前的轻元素，如 Li、Be、C、O 等，分析元素更全面（图 7-1）；分析速度快，几秒钟即可完成对样品的全元素分析；样品不需要复杂的预处理即可以进行定性和半定量分析，可以用于进行在线分析。

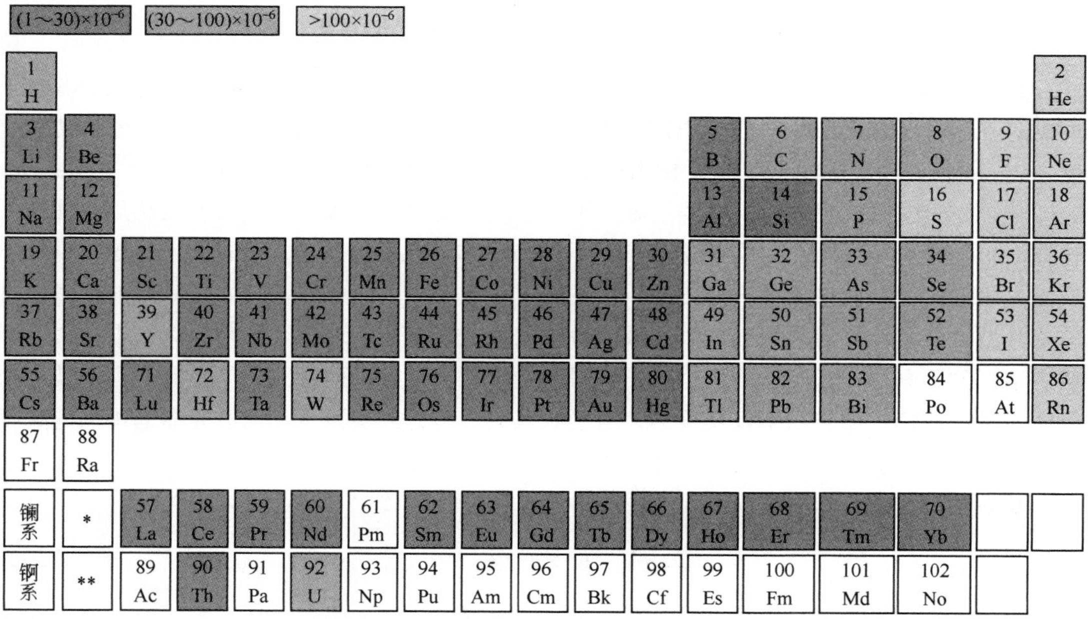

(1～30)×10⁻⁶ | (30～100)×10⁻⁶ | >100×10⁻⁶

1 H																	2 He
3 Li	4 Be											5 B	6 C	7 N	8 O	9 F	10 Ne
11 Na	12 Mg											13 Al	14 Si	15 P	16 S	17 Cl	18 Ar
19 K	20 Ca	21 Sc	22 Ti	23 V	24 Cr	25 Mn	26 Fe	27 Co	28 Ni	29 Cu	30 Zn	31 Ga	32 Ge	33 As	34 Se	35 Br	36 Kr
37 Rb	38 Sr	39 Y	40 Zr	41 Nb	42 Mo	43 Tc	44 Ru	45 Rh	46 Pd	47 Ag	48 Cd	49 In	50 Sn	51 Sb	52 Te	53 I	54 Xe
55 Cs	56 Ba	71 Lu	72 Hf	73 Ta	74 W	75 Re	76 Os	77 Ir	78 Pt	79 Au	80 Hg	81 Tl	82 Pb	83 Bi	84 Po	85 At	86 Rn
87 Fr	88 Ra																
镧系	*	57 La	58 Ce	59 Pr	60 Nd	61 Pm	62 Sm	63 Eu	64 Gd	65 Tb	66 Dy	67 Ho	68 Er	69 Tm	70 Yb		
锕系	**	89 Ac	90 Th	91 Pa	92 U	93 Np	94 Pu	95 Am	96 Cm	97 Bk	98 Cf	99 Es	100 Fm	101 Md	102 No		

图 7-1　LIBS 技术可检测元素的最小检出浓度

7.2.2　激光诱导击穿原子发射光谱的激发机理

激光与气体相互作用时，在激光聚焦区域，首先需要有一些自由电子诱导气体等离子体的产生，这些自由电子可由宇宙射线和地球上的自然放射性元素提供，也可通过激光脉冲中少数的几个光子与空气中原子或分子、有机蒸气相互作用产生少量的电子提供。对于高电离能的分子如 O_2 及 N_2（O_2 及 N_2 电离能分别为 12.2eV 及 15.6eV），通常单光子难以使其电离，需要同时吸收几个光子才能使之电离，即所谓“多光子电离”。尽管“多光子电离”碰撞截面非常小，但入射功率密度为 10^{10}W/cm^2 时，足以导致多光子电离的发生。

在激光诱导击穿产生等离子体的第二个阶段产生大量的电子及离子，通常功率密度为 10^8～10^{10} W/cm^2 时，可通过雪崩或级联碰撞电离。当功率密度较高时，则大量的电子数及离子数可通过“多光子电离”形式提供，多光子电离可用下式表示：

$$M + mh\nu \longrightarrow M^+ + e^- \tag{7-3}$$

式中 m 为光子个数，在经典描述中，自由电子在激光脉冲电场作用下加速，并与中性原子发生高速碰撞，从而使中性原子电离产生热电离电子。此外，在等离子体中电子速度分布遵循麦克斯韦尔分布定律，少数电子具有很高的运动速度，并与中性原子或分子发生高速碰撞，从而使中性原子或分子电离产生一定数量的电子，可用下式表示：

$$e^- + M \longrightarrow M^+ + 2e^- \tag{7-4}$$

在激光脉冲持续与物质相互作用期间，电子数密度急剧增加并导致气体被击穿，随着离子数密度的增加，电子-光子-离子碰撞概率也随之增加，电子数密度也倍增。

电子数密度变化可用下式表示[29]：

$$\mathrm{d}n_e / \mathrm{d}t = n_e(\nu_i - \nu_a - \nu_r) + W_m I^m n + \nabla(D\nabla n_e) \tag{7-5}$$

式中，ν_i、ν_a及ν_r分别代表碰撞电离、吸附电子及电子与离子复合速率；W_m表示多光子电离速率因子；m为产生多光子电离所需光子数目；I 为产生多光子电离所需的最小功率密度，W/cm^2；n为激光与气体相互作用区域内物种密度；∇为梯度算符；D为电子扩散系数。

若激光引发雪崩电离后，继续用激光聚焦辐照，则电离区域以激波的形式从焦点处向外传播，即所谓的“雪崩波”，因为激光产生的等离子体受热膨胀，这个过程非常迅速，以致形成激光驱动的激波向未扰动气体传播，激波通过后电离了环境气体，开始是激光的很多能量转化为激波能量，然后环境气体大量吸收激波能量造成电离。这个过程与爆炸波很相似，但也有很大的不同，化学爆炸波每个粒子获得的能量近于常数，而从激光产生的“雪崩波”获得的能量与波速、激光功率以及聚焦几何形状有关。考虑到实验条件及激光器的不同，文献中的阈值功率仅供参考，若阈值强度这个参数非常重要时，需实际测定这一值。

功率密度与激光脉冲电场之间关系可用下式表示[30]：

$$I = c\varepsilon_0 \langle E^2 \rangle = 2.6\times10^{-3} E^2 \tag{7-6}$$

式中，I 为入射功率密度，W/cm^2；$\langle E^2 \rangle$为电场幅值平方的平均值，当入射功率为 10^{10} W/cm^2时，所对应的电场强度为 2 MV/cm。

在空气瞬间被击穿时，产生的高温等离子体向四周快速扩散，激光脉冲能量一部分透过等离子体，一部分能量被等离子体所散射，还有一部分被等离子体所吸收，在激光脉冲持续时间期间，等离子体向着激光脉冲输出的方向快速扩散，等离子体形貌呈锥形，其尾部朝着透镜方向。

7.2.3 激光诱导击穿等离子体参数及诊断

目前对等离子体诊断主要有光谱诊断、朗缪尔探针及激光诊断（激光散射、激光干涉及荧光共振散射测量）等方法，朗缪尔探针根据其伏安特性计算出等离子体电子温度、密度和空间电位等重要参数，缺点在于探针必须深入到等离子体内部测量，这样它会和等离子体发生强烈的相互作用。激光诊断是通过激光与等离子体相互作用，从而测定电子及离子数密度、温度及磁场等参数，优点在于具有很好的时空分辨能力，且不会对等离子体产生干扰，缺点在于激光诊断理论及实验装置都较为复杂。

光谱法诊断等离子体具有很大优点，它在等离子体实验技术中起重要作用，光谱诊断等离子体参数主要是温度及电子数密度，由于是“非接触式诊断”，故对等离子体没有干扰。此外，光谱诊断不仅适合用稳态等离子体而且适用于瞬态等离子体的诊断，缺点在于光谱法对等离子体进行诊断是建立在局部热力学平衡（LTE）基础之上的。

激光诱导等离子体温度及电子数密度是等离子诊断过程中非常重要的两个参数，通过这两个参数的时空演变过程，可以对等离子体热力学状态有一个深入了解。等离子体电子数密度估算，通常采用斯塔克场致变展、斯塔克场致位移及萨哈-玻尔兹曼方程等方法，对于激光诱导等离子体，与多普勒、共振展宽及自然展宽相比，斯塔克场致展宽占据主导地位，等离子体诊断常用公式见表 7-3[12]。

表 7-3　等离子体诊断常用公式

序号	公式	物理意义
1	$n_e \geqslant 1.6\times10^{12}T^{1/2}\Delta E^3$	McWhirter 准则，T 为激发温度，ΔE 为最大能级差，通常为跃迁至第一激发态所需能量
2	$\sigma_{lu} = (\frac{2\pi^2}{\sqrt{3}})(\frac{f_{lu}\bar{g}e^4}{\frac{1}{2}m_e v_i^2 \Delta E_{ul}})$	非弹性碰撞截面，f_{lu} 为吸收振子强度，$\bar{g}$ 为平均 Gaunt 校正因子，v_i 为电子运动速度，ΔE_{ul} 为两能级之间的能级差
3	$X_{lu}T_e = n_e < \sigma_{lu}v > = 4\pi\frac{f_{lu}e^4 n_e < \bar{g} >}{\Delta E_{lu}}(\frac{2\pi}{3mkT_e})\exp(-\frac{\Delta E_{ul}}{kT_e})$	X_{lu} 为碰撞激发速率，n_e 为电子数密度，σ_{lu} 为碰撞截面，v 为电子运动速度，T_e 为激发温度
4	$\tau_{rel}\approx\frac{1}{n_e < \sigma_{lu}v_e >}=\frac{6.3\times10^4}{n_e f_{lu} < \bar{g} >}\Delta E_{ul}(kT_e)^{\frac{1}{2}}\exp(\frac{\Delta E_{ul}}{kT_e})$	碰撞弛豫平衡时间，T_e 为激发温度，$< \bar{g} >$ 为平均 Gaunt 校正因子，f_{lu} 为振子强度
5	$\lambda=(D\tau_{rel})^{\frac{1}{2}}\approx1.4\times10^{12}\frac{(kT)^{\frac{3}{4}}}{n_e}(\frac{\Delta E_{ul}}{M_A f_{12} < \bar{g} >})^{\frac{1}{2}}\exp(\frac{\Delta E_{ul}}{2kT_e})$	粒子扩散距离，D 为扩散系数，f_{12} 为振子强度，n_e 为电子数密度，M_A 为粒子相对质量
6	$\lg(\frac{\alpha_j}{1-\alpha_j})=\lg(\frac{S_{n,j}}{n_e})=-\lg n_e+\frac{3}{2}\lg T-\frac{5040E_{i,j}}{T}+\lg(\frac{Z_{i,j}}{Z_{a,j}})+15.684$	不同元素电离度与其电离能之间关系，α_j 为电离度，$E_{i,j}$ 为电离能，$Z_{i,j}$ 及 $Z_{a,j}$ 分别为离子及原子配分函数
7	$n_e\frac{n_i}{n_a}=\frac{2(2\pi m_e kT_{ion})}{h^3}\frac{Z_i}{Z_a}\exp(-\frac{E_{ion}-\Delta E_{ion}}{kT_{ion}})$	萨哈电离平衡，T_{ion} 为电离平衡温度，Z_i 及 Z_a 为离子及原子配分函数，E_{ion} 为电离能，ΔE_{ion} 为由于屏蔽效应对电离的校正
8	$\varepsilon_{\lambda,cont}=(\frac{16\pi e^6}{3c^2\sqrt{6\pi m^3 k}})\frac{n_e n_i}{\lambda^2\sqrt{T_e}}\{\xi[1-\exp(-\frac{h\nu}{kT_e})]+G\exp(-\frac{h\nu}{kT_e})\}$	光谱连续背景强度，T_e 为电子温度，G 为自由-自由跃迁校正因子，ξ 为自由-束缚跃迁校正因子
9	$\frac{I_{ul}}{\varepsilon_c}(\lambda)=(\frac{h^4 3^{\frac{3}{2}}c^3}{256\pi^3e^6k})\frac{A_{ul}g_u}{Z_i}\frac{1}{T_e}\frac{\exp(\frac{E_i-\Delta E_i}{kT_e})\exp(\frac{-E_u}{kT_{exc}})}{[\xi 1-\exp\frac{-hc}{\lambda kT_e}+G\exp(\frac{-hc}{\lambda kT_e})]}(\frac{\lambda}{\Delta\lambda_{meas}})$	谱线强度与连续背景强度之比，T_e 及 T_{exc} 为电子温度及激发温度，$\Delta\lambda_{meas}$ 为仪器宽度
10	$n_e=(\frac{\Delta\lambda_{Stark}\times10^9}{2.5\alpha_{1/2}})^{\frac{3}{2}}=8.02\times10^{12}(\frac{\Delta\lambda_{1/2}}{\alpha_{1/2}})^{\frac{3}{2}}$	氢原子斯塔克展宽公式，$\Delta\lambda_{Stark}$ 为谱线宽度，$\alpha_{1/2}$ 为常数，温度及压力对其影响较小
11	$\Delta\lambda_{width}=W(\frac{n_e}{10^{16}})[1+1.75\times10^{-4}n_e^{\frac{1}{4}}\alpha(1-0.068n_e^{\frac{1}{6}}T^{-\frac{1}{2}})]$	非氢原子斯塔克展宽公式，W 为电子碰撞半宽，n_e 为电子数密度，α 为离子变宽参数
12	$\Delta\lambda_{shift}=W(\frac{n_e}{10^6})\ [(\frac{d}{w})+2.0\times10^{-4}(n_e)^{\frac{1}{4}}\alpha(1-0.068n_e^{\frac{1}{6}}T^{-\frac{1}{2}})]$	非氢原子斯塔克位移公式，W 为电子碰撞半宽，d 为电子碰撞位移参数
13	$\frac{\delta\nu_D}{\nu_0}=\frac{\delta\lambda_D}{\lambda_0}=7.16\times10^{-7}\sqrt{\frac{T}{M}}$	多普勒展宽，T 为等离子体温度，M 为运动粒子相对质量，ν_0 及 λ_0 为中心频率或中心波长
14	$\Delta\lambda_{res}\approx\frac{3}{16}(\frac{g_1}{g_u})^{\frac{1}{2}}(\frac{\lambda_0^3e^2f_{lu}}{\pi^2\varepsilon_0 m_e c^2})n$	谱线共振展宽，g_1 及 g_u 分别为下能级及上能级简并度，n 为粒子数密度，f_{lu} 为吸收振子强度
15	$\Delta\lambda_{vanderWaals,width}=2.71C_6^{\frac{2}{5}}v^{\frac{3}{5}}n\frac{\lambda^2}{c}$	范德华展宽，C_6 为相互作用常数，v 为粒子相对运动速度，n 为粒子数密度
16	$\Delta\lambda_{vanderWaals,shift}=0.98C_6^{\frac{2}{5}}v^{\frac{3}{5}}n\frac{\lambda^2}{c}$	范德华位移，λ 为波长位置，c 为光在真空中传播速度
17	$\ln(\frac{I_{ul}^+A_{ul}g_u}{I_{ul}A_{ul}^+g_{ul}^+})=\ln\{[\frac{2(2\pi m_e k)^{\frac{3}{2}}}{h^3}](\frac{T^{\frac{3}{2}}}{n_e})\}-\frac{(E_{ion}-\Delta E_{ion}+E_u^+-E_u)}{kT}$	萨哈-玻尔兹曼双线法，I_{ul}^+ 及 I_{ul} 分别为离子及原子谱线强度，E_u^+ 及 E_u 分别为离子及原子上能级所对应能量

实验室中所产生等离子体，如果较大范围是非平衡态（如温度分布不均匀），但划分到足够小范围内可以看作是均匀的温度，而在该微观足够大的范围之内应包含足够多的粒子，可作统计平均。LTE 与电子数密度大小有关，若电子数密度较低，电子与原子或离子的碰撞速率小于自发辐射速率，造成基态粒子数过剩，高能级粒子数偏少，引起激发态粒子偏离 Boltzmann 分布，若电子数密度足够高，电子与重粒子之间的碰撞非常频繁，这样容易使等离子体保持 LTE。原子光谱相关参数（波长、原子能级、能级简并度、跃迁概率及振子强度等）主要参见以下数据库：

① Weizmann Institute, Israel-Plasma gate databases；

② National Institute of Standards and Technology(NIST), USA；

③ Naval Research Laboratory(NRL), USA；

④ Paris Observatory, France；

⑤ International Atomic Energy Agency(IAEA), Vienna, Austria；

⑥ National Institute for Fusion Science(NIFS), Japan；

⑦ Havard-SmithonianCenter for Astrophysics, USA；

⑧ University of Strathclyde, UK；

⑨ Institute for spectroscopy, Troitsk, Russian；

⑩ P.L. Smith, C. Heise, J.R. Esmond and R.L. Kurucz. Atomic spectral line database, built from atomic data files from R.L. Kurucz′ CD-ROM 23。

7.2.4　激光诱导击穿原子发射光谱的基本控制参数

7.2.4.1　激光器参数

① 激光脉冲能量　若形成等离子体，那么激光能量必须超过特定的阈值，对于纳秒激光脉冲为每平方厘米几个焦耳，而飞秒激光脉冲的能量阈值只要零点几焦耳每平方厘米。在进行激光脉冲能量选择时，如果所选能量太小，聚焦点处激光功率密度达不到待测元素的击穿阈值，那么即使用非常灵敏的检测手段或增加激光脉冲的频率，该元素也无法被激发；但如果所选能量太大，虽然等离子体的发射谱线也很强，却又容易使某些元素的离子谱线或样品中含量较大的元素的原子谱线因强烈的自吸收效应而发生饱和，并且还会引起空气的电离击穿，从而降低了对这些元素的探测灵敏度。另外，激光脉冲能量的大小对元素发射谱线强度的相对标准偏差（RSD）也有影响。由此可见，选取适当的激光脉冲能量对于提高检测精度具有重要意义。

② 波长和脉宽　等离子体对能量吸收的效率和辐射波长有直接的关系。多数学者认为飞秒脉冲的优点是因为它具有超短脉宽所致，产生较低的等离子体温度，同时连续辐射的强度较小且衰减得快。研究得到随着频宽增大激发阈值减小，认为 fs-LIBS 的低阈值、高稳定和高重复性是因为有大的频宽。

③ 重复频率　重复频率作为激光脉冲本身的一个特性，对 LIBS 结果有一定的影响。一般使用的范围在 1～1 000Hz 之间，频率对结果的影响可以简单叠加，因为等离子体的寿命很短（微秒级）而激光脉冲之间的间隔相对来说很长（毫秒级）。所以结合单脉冲消融的深度（这

是由激光的能量决定的）和频率就可以得到激光的消融深度，但是频率对于线性辐射的强度是有影响的。

7.2.4.2 光谱仪延迟时间

在激光等离子体形成的初期，韧致辐射等机制会导致强烈的连续背景谱，使绝大多数元素的特征谱线被湮没。随着时间的推移，连续背景谱迅速降低，其降低速度较原子谱或离子谱的降低速度更快，于是元素的特征发射谱就逐渐显露出来，谱线的信噪比也变得较高。因此，有必要在对光谱进行采集时进行适当的延时。有关对延迟时间进行优化选择的文献很多，但由于测量对象、测量元素、装置结构及仪器参数等多方面的差异，各自所得到的最佳延迟时间的具体数值也都不同。

7.2.4.3 激光聚焦位置

激光脉冲经过透镜聚焦后入射到样品表面，并在其表面形成等离子体。若聚焦点在样品表面的上方，则很容易引起不必要空气的空气电离，这样不仅使激发样品的激光能量有所损耗，同时降低了光谱质量。

7.3 激光诱导击穿原子发射光谱的仪器组成

7.3.1 激光诱导击穿原子发射光谱的基本组成

LIBS 通常由用于产生等离子体的激光器、聚焦光路、对等离子体光信号分光及检测系统、对等离子体光信号收集及传输光学系统（如光纤、透镜及反射镜等）、计算机及电子控制系统、控制激光脉冲的触发、光信号采集延时器及谱图存储等几部分组成。样品室及样品盒可依据分析需求设计，样品室中通入氩气可以提高分析灵敏度，仪器各部分的连接见图 7-2。

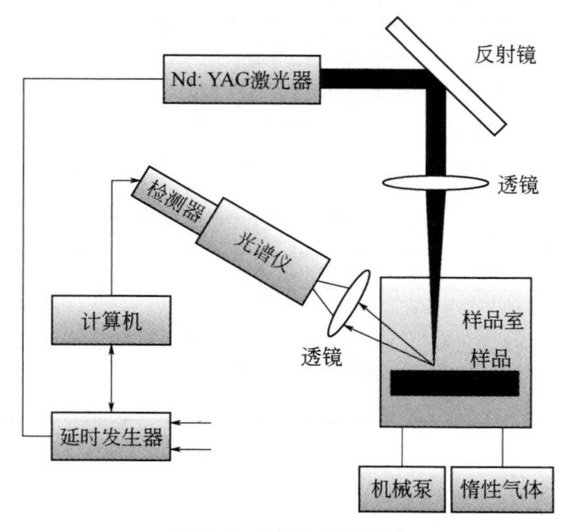

图 7-2 LIBS 基本组成

7.3.1.1 激光器

激光器通常由工作物质、光学谐振腔（两个高度平行的镀银面之间形成的空间）及激励能源等三个部分组成，激光器组成见图 7-3。产生激光并输出通常要克服自发辐射与受激吸收之间及自发辐射与受激辐射之间两个矛盾，自发辐射与受激吸收之间的矛盾是通过粒子数反转实现的，而自发辐射与受激辐射之间的矛盾则是通过光学谐振腔实现的。对于不同种类的激光器，实现粒子数反转分布的具体方式是不同的，图 7-4 为三能级结构示意图。

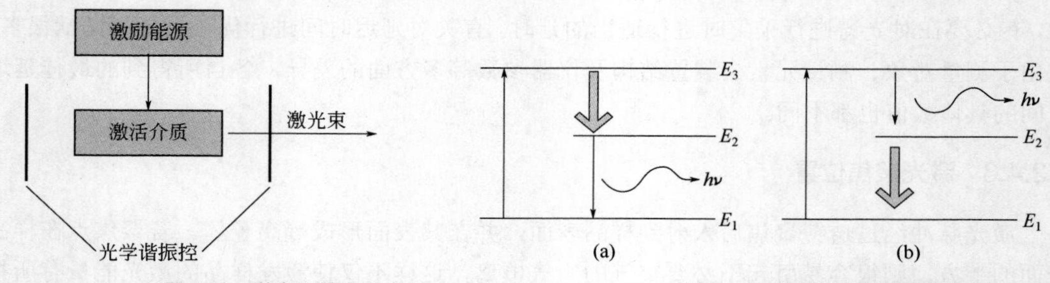

图 7-3 激光器基本组成　　　图 7-4 激光三能级结构示意图

E_1 为基态，E_3 和 E_2 为激发态，其中 E_2 为亚稳态，粒子在 E_2 寿命比粒子在 E_3 上的寿命要长得多。一般激发态的寿命在 10^{-11}～10^{-8}s，而亚稳态的寿命长达 10^{-3}s 甚至 1s。在外界能源（电源或光源）的激励下，基态 E_1 上的粒子被抽运到激发态 E_3 上，因而 E_1 上的粒子数 N_1 减少，由于 E_3 态的寿命很短，粒子将通过碰撞很快以无辐射跃迁的方式转移至亚稳态 E_2 上。由于 E_2 态寿命长，其上就积累了大量的粒子，即 N_2 不断增加。一方面是 N_1 减少，另一方面是 N_2 增加，以致 N_2 大于 N_1，于是就实现了亚稳态 E_2 与基态 E_1 间的反转分布。利用处在这种状态下的激活介质，就可以制成一台激光放大器，当有外来光信号输入时，其中频率为 $\nu=(E_2-E_1)/h$ 的成分就被放大。

LIBS 常用激光器性能参数见表 7-4[31]。

表 7-4 LIBS 常用激光器性能参数

激光器类型	波长/nm	脉宽/ns	脉冲频率/Hz	出现年代
Nd:YAG	基频：1064 及其倍频波长	6～15 4～8	ss~20	1964
准分子激光器	XeCl：308 KrF：248 ArF：194	20	ss~200	1975
CO_2 激光器	10600	200	ss~200	1964
芯片激光器	1064	<1	1~10^4	1999
蓝宝石激光器（飞秒）	约 800($\Delta\lambda\approx10$)	20~200fs	10~10^3	1998
光纤激光器	Nd^{3+}：900 Pr^{3+}：1060 Er^{3+}：1540	<50	25~5×10^5	20 世纪 90 年代

7.3.1.2 分光系统

分光系统是将光源发射的复合光分解为单色光并可从中分出任一波长单色光的光学装

置，通常由入射狭缝、准直装置（透镜或反射镜）、色散元件（棱镜或光栅）、聚焦装置（透镜或凹面反射镜）和出射狭缝等部分组成，安装在一个不透光的暗盒中。

LIBS 分光装置与传统的发射光谱仪器相同，常见的光路有 Paschen-Runge、Czerny-Turner 及 Echelle 配合 CCD 或（ICCD）等三种构型，Paschen-Runge 光路见图 7-5。

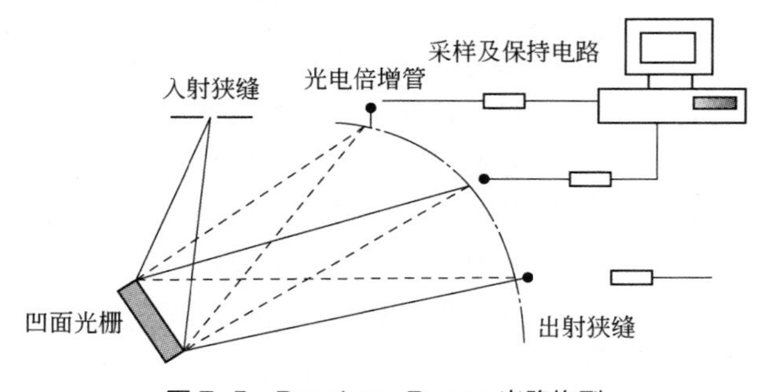

图 7-5 Paschen-Runge 光路构型

Paschen-Runge 分光系统用于多道光谱仪，采用入射狭缝、凹面光栅及出射狭缝均处于安置在 Rowland 圆的圆周上。出射狭缝后放置光电检测器，数目取决于待分析元素谱线个数，这种分光系统制造上比较方便，但成像质量较差，由于光路只有一个反射面，短波能量损失较小，真空紫外光谱仪均采用这种装置。Czerny-Turner 光路国内称之为水平对称光路，其光路构型见图 7-6。

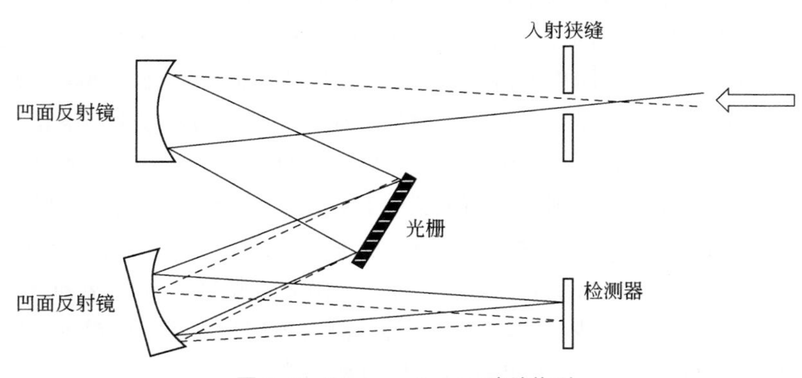

图 7-6 Czerny-Turner 光路构型

狭缝、光栅、光谱焦面处于同一水平面上，狭缝与焦面对称分布于光栅两侧，两块焦距相等的凹面镜分别用作准直与成像。焦面上通常有一个出射狭缝，转动光栅以改变由出射狭缝射出的单色光波长。出射狭缝和入射狭缝宽度同步调节，宽度相等，称为共轭缝宽。这种装置像差较小，但结构不紧凑，占用空间较大。

中阶梯光栅采用较大的闪耀角，而刻线密度不大，当实际在近似自准条件下使用时，光束沿工作面法线入射并衍射，即与光栅法线以很大角度入射与衍射，入射角与衍射角近似等于闪耀角，在这种条件下，可以利用很高光谱级次，从而获得大色散率与高分辨率。中阶梯光栅光谱仪以石英棱镜预色散分离谱级，预色散方向与中阶梯光栅的色散方向相垂直，获得二维光谱，从紫外光到可见光整个光谱由几十个谱级的分段光谱接成，谱级色散率各不相同。

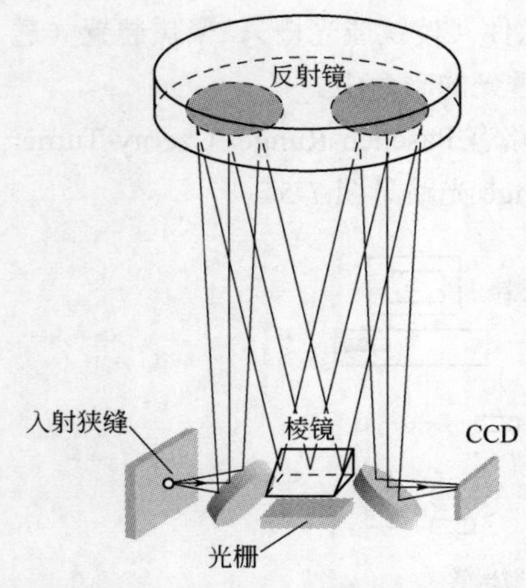

图 7-7　Echelle 中阶梯光栅光路构型

中阶梯光栅光路构型见图 7-7。

三种不同类型光路各有其优缺点。Paschen-Runge 光路通常采用光电倍增管，1m 或 750mm 焦距的光栅分光，其优点在于光谱分辨率及分析灵敏度高，缺点在于可供选择的谱线少，需要根据特定的应用确定元素分析通道，仪器体积较大。Czerny-Turner 通常与线阵 CCD 检测器配合，激光与物质相互作用产生的等离子体光信号通过光纤导入光谱仪，可同时检测某一光谱范围谱线，其优点在于谱线的选择非常灵活，当待测谱线存在自吸收时，可选其他非灵敏线，仪器的体积非常紧凑小巧，适合现场检测。Echelle 光谱仪通常与 CCD 或 ICCD 联用，其优点在于仪器紧凑小巧，可以保持较高的光谱分辨率，当采用 ICCD 作检测器时，可以进行时间分辨光谱的测量，对等离子体诊断机理的研究具有非常重要的价值。

7.3.1.3　检测器

LIBS 仪器常用的检测器有光电倍增管（PMT）、硅二极管检测器和电荷耦合检测器（CCD），不同检测器光谱响应范围及响应速度不同。

光电倍增管是一种由多级倍增电极组成的光电管，它的外壳由玻璃或石英制成，内部抽真空，阴极为涂有能发射电子的光敏物质（Sb-Cs 或 Ag-O-Cs 等）电极，在阴极和阳极之间装有一系列次级电子发射极，即电子倍增极，阴极与阳极之间加有约 1000V 直流电压，当辐射光子撞击光阴极时发射光电子，光电子被电场加速落在第一倍增级上，撞击出更多的二次电子，依次倍增，阳极最后收到的电子数将是阴极发出的电子数的 10^5～10^8 倍。

硅二极管检测器是在硅片上形成反向偏置的 PN 结构，反向偏置产生一过渡层（阻挡层），使结的导电性降低到接近于零。这种硅二极管，受紫外-近红外辐射照射时（N 区），产生空穴和电子，前者扩散通过过渡层到 P 区，然后湮灭，由此引起电子-空穴对的产生和复合，致使导电性增强，其大小与光强成正比，硅二极管检测器不如光电倍增管灵敏，但在硅片上形成的二极管阵列则非常重要，它是光电摄像管的重要组成部分。

CCD 是一种以电荷量表示光量的大小，用耦合方式传递电荷量的器件，它是一种金属-氧化物-半导体（MOS）型固体成像器件，它由 P 型或 N 型载流子在硅片生长一层 SiO_2，并按一定次序沉积一系列金属电极，形成一种二维 MOS 阵列，再加上输入端和输出端即构成了 CCD。增强型电荷耦合检测器（ICCD）是在 CCD 基础上增加了微通道板，微通道板由许多微通道管组成，微通道管是一种高电阻率的薄壁玻璃管，内壁具有很高的二次电子发射系数，在两端加上数千伏的高压，入射光打在光阴极产生光电子，在电压驱动下，光电子从入口端进入通道并轰击管壁，管壁发射二次电子，此二次电子被加速再轰击管壁并又发射二次电子，如此形成连续的电子倍增，将微通道板置于光阴极与阳极之间，构成微通道板光电倍增器，通过在微通道板前后表面施加高压，可以控制光通路的打开与关闭，从而实现 LIBS 的时间分辨分析。

CCD 检测器波长校准通常采用 Hg 或氩元素的特征谱线进行校准，汞灯及充氩连续光源常用校准谱线见表 7-5[31]。

表 7-5　CCD 波长校准谱线

Hg 灯特征谱线		Ar 特征谱线波长/nm
波长/nm	相对强度	
253.6521	3000000	696.543
289.3601	160	706.722
296.7283	2600	710.748
302.1504	280	727.294
312.5674	2800	738.393
313.1655	1900	750.387
313.1844	2800	763.511
334.1484	160	772.376
365.0168	5300	794.818
365.4842	970	800.616
366.2887	110	811.531
366.8284	650	826.452
404.6565	4400	842.465
407.7873	270	852.144
434.7506	34	866.794
435.8385	10000	912.297
546.0750	10000	922.450
576.9610	1100	
579.0670	1200	

7.3.2　双脉冲激光诱导击穿光谱系统

与单脉冲 LIBS 相比，双脉冲 LIBS 系统可以显著提高分析灵敏度，降低检出限，一定程度上减弱基体效应。通常双脉冲 LIBS 系统有以下三种方式（见图 7-8）。第一种模式称为准直双脉冲，第一个脉冲与第二脉冲方向相同，但两脉冲之间存在一定的间隔；第二种模式称为预热正交双脉冲，即第一个脉冲先对样品进行激发，第二个脉冲再对第一个脉冲产生的样品蒸气进行激发；第三种模式称为预烧蚀正交双脉冲，即第一个脉冲先对空气进行激发（第一个脉冲平行于样品表面，距离样品表面大约几毫米），通过环境气体产生的等离子体对样品表面剥蚀，第二个脉冲再对第一个脉冲产生的等离子体进行激发。

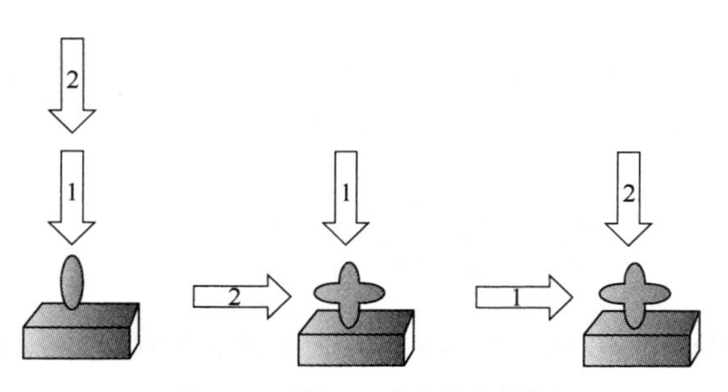

图 7-8　常用三种双脉冲光路

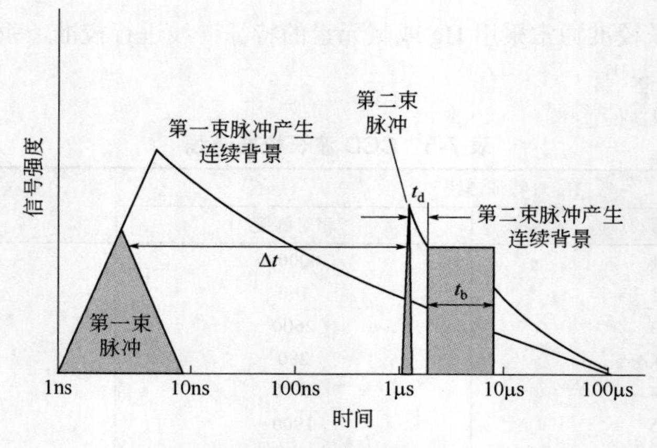

图 7-9 双脉冲时序图

双脉冲 LIBS 系统时序关系见图 7-9。图中，Δt 表示两个脉冲先后到达样品表面时间，t_d 表示相对于第二个脉冲延时采集时间，t_b 表示积分时间。双脉冲 LIBS 装置有多种不同的组合方式，如不同波长、不同能量及不同脉宽的组合，不同组合对其分析性能有较大的影响。当仪器装置一定时，两脉冲之间延时时间对其信号增强有非常大的影响，对于不同的样品，两脉冲之间的延时时间也不相同，这需要通过改变延时时间从而确定最佳的两脉冲之间的延时间隔。

与单脉冲 LIBS 系统相比，双脉冲装置增强信号的主要原因有以下几点：

① 样品剥蚀效率提高了，即样品烧蚀量增大从而提高了分析灵敏度。与单脉冲相比，样品烧蚀量提高可按照式（7-7）进行估算。

$$F_A = \frac{m_{DP}}{m_{SP}} = (\frac{1-R_{T_{SP}}}{1-R_{T_{amb}}})^{\frac{1}{3}} \exp(\frac{\alpha_{T_{amb}} Z_{T_{amb}} - \alpha_{T_{SP}} Z_{T_{SP}}}{3}) \tag{7-7}$$

式中，m_{DP} 及 m_{SP} 分别代表双脉冲及单脉冲样品烧蚀质量；$R_{T_{SP}}$ 及 $R_{T_{amb}}$ 分别表示第一个脉冲发出后样品表面的反射率及大气环境下样品表面的反射率；$\alpha_{T_{amb}}$ 及 $\alpha_{T_{SP}}$ 分别表示大气环境下及第一个脉冲发出后周围气氛对波长 1064nm 的吸收系数；$Z_{T_{amb}}$ 及 $Z_{T_{SP}}$ 分别表示大气环境下及第一个脉冲发出后烧蚀深度。对于铜及铝光学性质而言，双脉冲与单脉冲相比，其强度分别增加 1.95 和 1.7 倍。如果铜与铝反射系数为零，则强度分别增加 3.0 倍和 2.3 倍。

② 第一束脉冲发出后，由于等离子体的快速膨胀，故在样品表面产生低压氛围，第二束脉冲直接与样品表面相互作用产生高温等离子体，减弱了单脉冲等离子体屏蔽效应，故提高了分析灵敏度。

③ 与单脉冲相比较，双脉冲产生的等离子体温度高于单脉冲等离子体温度，对于同一根谱线，双脉冲与单脉冲的谱线强度比如式（7-8）所示。

$$F_T = \frac{I_{DP}}{I_{SP}} = \frac{Z_{SP}(T)}{Z_{DP}(T)} \exp\left[-\frac{E_u}{k}\left(\frac{1}{T_{DP}} - \frac{1}{T_{SP}}\right)\right] \tag{7-8}$$

式中，I_{DP} 及 I_{SP} 分别代表双脉冲及单脉冲所产生的谱线强度；$Z_{SP}(T)$ 及 $Z_{DP}(T)$ 分别表示单脉冲与双脉冲产生等离子体待分析元素配分函数；T_{SP} 及 T_{DP} 分别表示单脉冲与双脉冲产生的等离子体温度；E_u 表示谱线所对应的上能级能量；k 为玻尔兹曼常数。

7.3.3 超短脉冲激光诱导击穿光谱系统

飞秒激光放大技术是与飞秒激光平行发展的技术，从飞秒激光振荡器输出的功率一般在几十到几百毫瓦，重复频率在几十至几百兆赫兹量级，因此从振荡器输出的脉冲能量仅为几十皮焦到几纳焦，对应光强在兆瓦量级。如此低的脉冲能量一般很难满足应用要求，因此必须对从振荡器输出的飞秒脉冲进行放大，先将飞秒激光脉冲展宽，然后对展宽后脉冲进行放大，最后对经过放大后的脉冲再进行压缩，使其回复到原来的飞秒量级，这就是啁啾脉冲放大技术（CPA）。

与传统纳秒 LIBS 系统不同之处在于，超短脉冲（皮秒或飞秒）LIBS 使用超短脉冲激光器，其仪器装置见图 7-10[32]。与传统纳秒 LIBS 系统相比，需要脉冲宽度、时间脉冲形状及载频等参数进行诊断的监控系统，脉冲宽度及时间脉冲形状可通过强度自相关方法或快速光电管进行诊断。

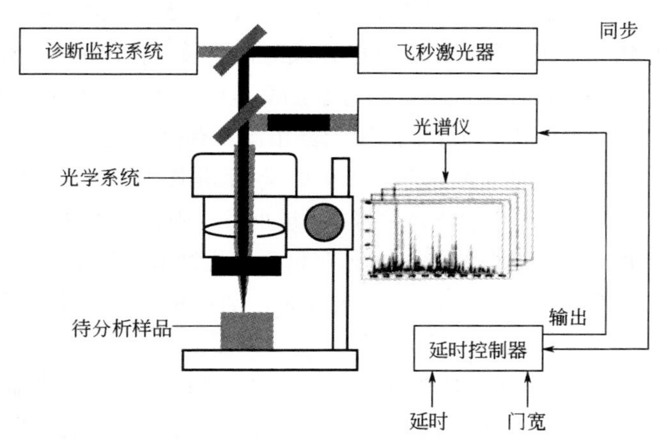

图 7-10 飞秒 LIBS 系统

纳秒激光与物质相互作用经历了光子与电子相互作用、样品熔融、等离子体形成及等离子体冷却等过程，飞秒激光与物质相互作用则只经历等离子体的形成与冷却两个过程，样品未经历熔融过程。对于纳秒脉宽而言，等离子体的形成时间大约为 10ns，而对于飞秒脉宽而言，等离子体的形成时间约为 1ps，纳秒及飞秒与物质相互作用过程见图 7-11[33]。

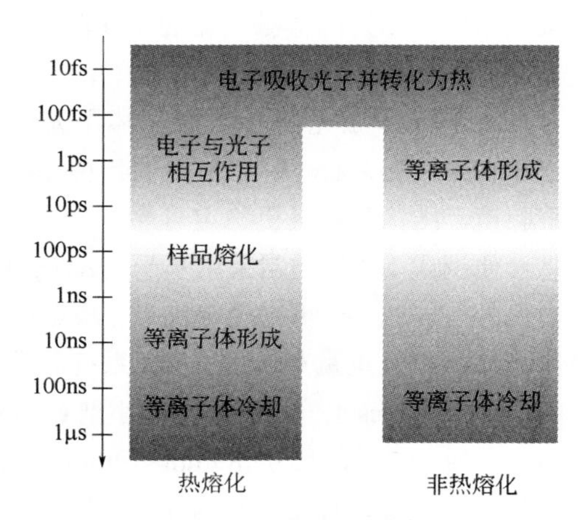

图 7-11 纳秒及飞秒激光与物质相互作用机理过程

与传统纳秒 LIBS 系统不同，飞秒 LIBS 系统是采用飞秒激光器对样品进行烧蚀并产生高温等离子体，飞秒激光与物质相互作用的机理与纳秒不同，飞秒 LIBS 光谱背景比纳秒小。由于飞秒激光器脉冲宽度非常窄，故等离子体与激光相互作用可以忽略。

与传统纳秒 LIBS 系统相比，超短脉冲 LIBS 系统的特点在于[33]：

①超短脉冲烧蚀效率更高，降低了能量密度阈值；②随脉冲宽度增加，等离子体温度也随之稍微有所增加，但电子数密度变化不大；③最佳积分时间随脉冲宽度的变化而变化；④若选择合适延时及积分时间，其分析灵敏度与脉冲宽度无关；⑤表面分析空间分辨率要优于纳秒 LIBS 系统；⑥非门控的 LIBS 所得检出限比门控的 LIBS 系统要差；⑦飞秒激光可利用在空气中自聚焦效应实现远距离遥测分析。缺点在于飞秒激光器的价格要远高于纳秒激光器。

7.3.4 便携式激光诱导击穿光谱系统

便携式 LIBS 系统通常由激光探头及控制单元两部分组成，为了减轻便携式 LIBS 系统重量，激光探头及控制单元放置在不同区域，激光探头主要由激光器及光学器件组成，光谱仪、计算机、电池、电子电路或冲洗气路等部件则放置在控制单元内。激光产生等离子体光信号通过光纤传输至光谱仪，所采集到的光谱信号由计算机进行处理。

目前便携式 LIBS 采用最多的小型激光器型号为 Kigre MK-367，Nd:YAG 灯泵浦固态激光器，输出波长 1064nm，激光器以被动调 Q 方式工作，最大输出能量 25mJ，最高重复频率 1Hz，激光器通常工作在单脉冲模式下，当灯泵加高压时，也可工作在多脉冲模式下。由于半导体泵浦固态激光器（DPSS）与灯泵浦激光器相比具有很多优点，故今后便携式 LIBS 系统，DPSS 激光器将会取代灯泵浦激光器。光束质量 M^2 是影响 LIBS 分析性能重要的一个指标，M^2 为 1 时为高束光束，光束质量越好即 M^2 越小时，则激光束通过透镜后聚焦的斑点可以很小，提高功率密度或能量密度，增加激光对物质的烧蚀效率。此外，光束质量影响焦深，当 M^2 值较小时，则焦深较大，反之，M^2 值较大时，则焦深较小，设计便携式 LIBS 系统，希望焦深越大越好。

多数固体激光器必须配置复杂的冷却系统，这种热效应不仅使激光器能量转换效率很低（通常在 5%以下），光束质量变差，而且使结构复杂化，可靠性降低。半导体激光器的突出优点在于体积小、效率高，而且通过组分设计和温度控制可以很准确地控制输出波长值。用激光二极管作为固体激光器的泵浦源，只发射固体工作物质吸收带内的激光，能量转换效率大为提高。

将半导体激光器中的激光棒用光纤替代就构成光纤激光器，这种光纤是用稀土材料（Nd、Er、Yb、Tm 等）掺杂的特种光纤，腔镜直接镀在光纤两端，或在光纤中制作光栅代替腔镜，结构简单且更稳定可靠。

便携式 LIBS 通常采用基于 Czerny-Turner 及 Seya-Namioka 光路构型的光谱仪，这种光谱仪具有体积小、重量轻等优点，缺点在于光谱仪分辨率较低，需要增加通道数提高分辨率。检测器体积及重量对便携 LIBS 系统非常重要，科研级 CMOS 检测器重量可以小于 1kg，如 Raptor Photonics 公司开发出两款小型 CMOS 光谱仪，一款重 0.5kg，尺寸 86mm×65mm×62mm，另一款重 0.7kg，尺寸 89mm×70mm×62mm，这两款检测器均通过电子全局快门同时采集光信号，最小曝光时间分别为 33μs 及 10μs，PCO 公司的 CMOS 检测器稍重一些，但具有较好的动态范围及灵敏度。由于 CMOS 采用微透镜阵列技术，故波长覆盖范围局限在 330nm 左右。对于电子倍增型 CCD（EM-CCD）检测器，重量约为 3kg 且体积较大，不适于集成在便携式 LIBS 系统中。

便携式 LIBS 系统由电池供电，最早的便携式 LIBS 是由 Los Alamos National Laboratory 的 Cremers 小组[34]所研发，仪器重量为 14.6kg，体积为 46cm×33cm×24cm，仪器装在手提式箱子中。小型化激光器为体积紧凑、成本低廉的 Nd:YAG 激光器，激光器输出波长 1064nm，脉冲能量 15～20mJ/pulse，脉冲宽度 4～8ns，脉冲频率 1Hz，通过 12V 的直流电源进行供电，通过直径为 12mm 焦距为 50mm 透镜对样品进行激发，2m 长光纤传输等离子体光信号，光纤距离等离子体的距离约为 5cm，通过小型的光谱仪进行分光与检测光信号，采用此便携式的 LIBS 系统对土壤及颜料进行分析，其分析结果与传统的分析方法吻合得较好，虽然 LIBS 系统体积小了，但对其分析性能影响不是太大。对于相同的样品分别采用便携的 LIBS、ICP-AES 及便携的 XRF 进行分析，其分析结果吻合得较好。

Winefordner 研究小组[35]研制了一套便携式 LIBS 系统，此系统是通过可充电的电池进行工作的，这套系统主要由 Kigre 激光器（波长 1064nm，单个脉冲能量 21mJ，脉冲宽度 3.6ns）、小型光谱仪、计算机、光电系统及可充电的电池等五部分组成，尺寸 48.3cm×33cm×17.8cm，总重 13.8kg，平均入射功率密度为 0.92GW/cm^2，线阵 CCD 像素 2046，波长覆盖范围 339～462nm，此套系统用于颜料、钢铁及生物样品中的 Pb 及 Mn 等元素分析，其装置见图 7-12。

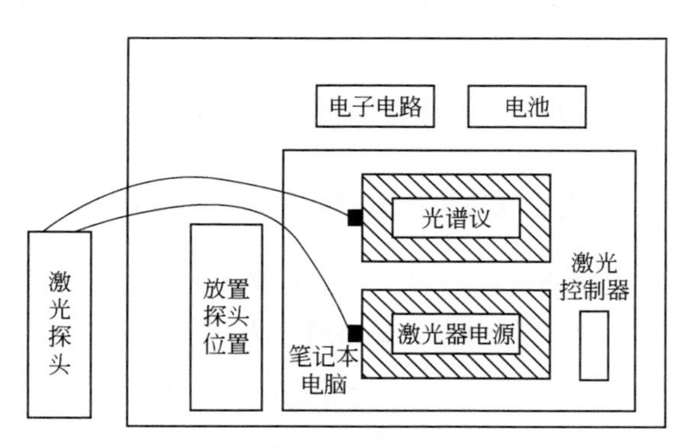

图 7-12　便携式 LIBS 装置示意图

与便携式 LIBS 相比，便携式 XRF 目前广泛用于各个行业，理论上 XRF 可以检测的最小原子序数为 4（Be 元素），然而在实际分析中，XRF 可以检测到的最小原子序数为 12（Mg 元素），这主要是由于原子序数低于 12 的元素荧光产率太低以及所产生的荧光被空气所吸收。LIBS 不受原子序数的限制，可以对周期表中的所有元素进行检测。此外，激光诱导产生的等离子体可产生许多特征谱线，当元素特征谱线被干扰时，则可选择其他特征谱线进行定性或定量分析。最后，通过光纤传导激光脉冲或等离子体光信号可以实现远距离遥测，这是 XRF 无法实现的。

7.3.5　远距离遥测激光诱导击穿系统

与传统的分析方法相比较，LIBS 不仅可以近距离对样品进行定性与定量分析，而且还可实现远距离遥测分析，LIBS 系统用于无法接触到的样品，如悬崖边中的岩石样品，危险环境中的样品，有毒或具有核辐射性样品。工业在线分析需要远距离遥测分析，如熔态玻璃或液态金属在线分析，传统经典遥测 LIBS 系统见图 7-13[31]。

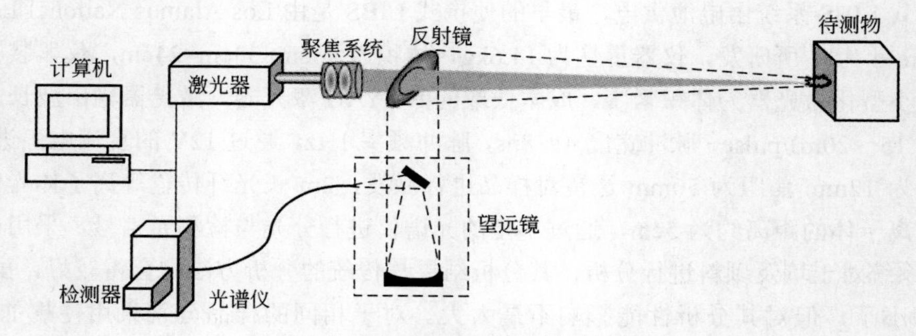

图 7-13 遥测 LIBS 装置图

传统遥测 LIBS 采用纳秒激光器，利用高能量密度激光将样品进行激发，通常能量至少为数十毫焦，通过光纤传导等离子体光信号，遥测 LIBS 对激光器及光学收集系统要求均较高。Blacic 及 Cremers 远距离对岩石样品进行遥测分析，遥测距离为 24m，采用 Nd:YAG 激光器，脉冲能量 300mJ，光谱仪光栅焦距为 0.3m，采用增强型光电二极管阵列检测器检测光信号，采用直径为 100mm 的透镜收集等离子体光信号后，通过光纤将其传输至光谱仪进行检测。

考虑到球差，烧蚀最小斑点为：

$$d_{\text{aber}} = f(d/f)^3[n^2 - (2n+1)k + (n+2)k^2/n]/32(n-1)^2 \tag{7-9}$$

式中，f 为透镜焦距；d 为激光束束斑直径；n 为折射率；$k = \dfrac{R_2 - R_1}{R_2}$，其中 R_2 及 R_1 分别为透镜的曲率半径。对于平凸透镜而言，当激光束从平面进行入射时，k 为零，当激光束从凸面进行入射时，k 为 1，发生衍射时，最小斑点为：

$$d_{\text{diff}} = 2.44\lambda f/d \tag{7-10}$$

式中，λ 为激光器波长；f 为透镜焦距；d 为激光束束斑直径。

当 $d_{\text{diff}} = d_{\text{aber}}$ 时，烧蚀最小斑点与束腰直径及焦距之间关系见图 7-14[31]。

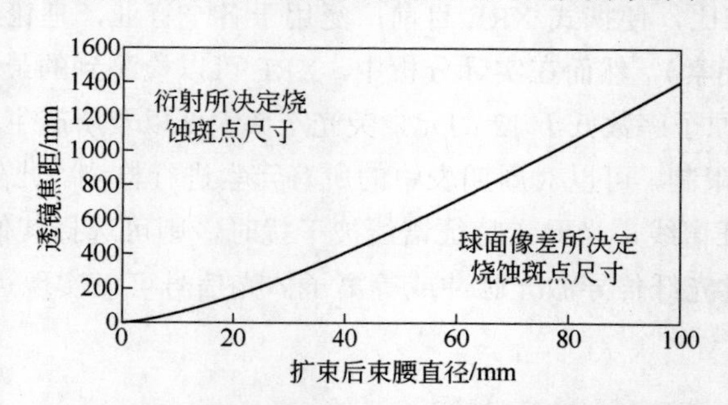

图 7-14 烧蚀最小斑点与束腰直径及焦距之间的关系

通过扩束后束腰直径即可确定透镜焦距的长短。LIBS 遥测分析另一个重要的参数是 Rayleigh 距离，Rayleigh 距离是指最小束腰半径 w 位置至 $\sqrt{2}\omega$ 位置处的距离，见图 7-15[31]。

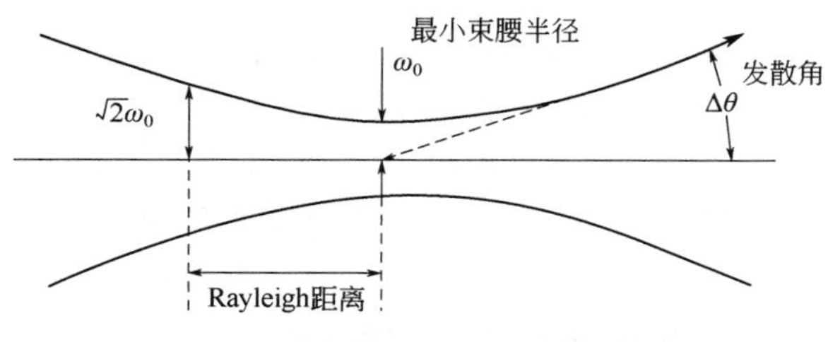

图 7-15 Rayleigh 距离示意图

由式 $z_R=\pi\omega_0^2/\lambda=1.49\pi\lambda(f/d)^2$ 可见，Rayleigh 距离与透镜焦距的平方成正比，与激光束束腰直径的平方成反比，对于波长 1064nm 激光器，激光束束腰直径 4cm，透镜焦距为 10m 时，Rayleigh 距离 z_R 为 31cm，通过 Rayleigh 距离 z_R 可以确定透镜聚焦的位置。自动聚焦系统可通过飞行时间、相移、三角测距及干涉测量的方法进行测距，远距离测距方法见表 7-6[31]。

表 7-6 远距离测距方法

测量方法	原理	遥测范围	精度	所用激光
飞行时间	通过测量激光脉冲到达样品的时间	10m 至数万米	小于 1m	脉冲二极管激光器
相移测距	通过参考脉冲与测量脉冲的相移进行测距	0.2～200m	小于 1.5m	脉宽 15ns，脉冲功率 0.95mW
调制激光束测距	通过对激光束进行交流调制，用光电二极管阵列检测，从而实现测距	3～9m		连续激光器，功率 50mW，波长 785nm

通常遥测 LIBS 系统等离子体信号收集光路见图 7-16[31]。(a) 收集光路，由于透镜对不同波长的光折射率不同，故导致色差的出现，即不同波长的光会聚在不同的位置。(b) 收集光路，可将不同波长的光会聚在同一位置，避免了色差效应。收集光的强度与待测样品至采光系统之间的距离是平方反比关系。

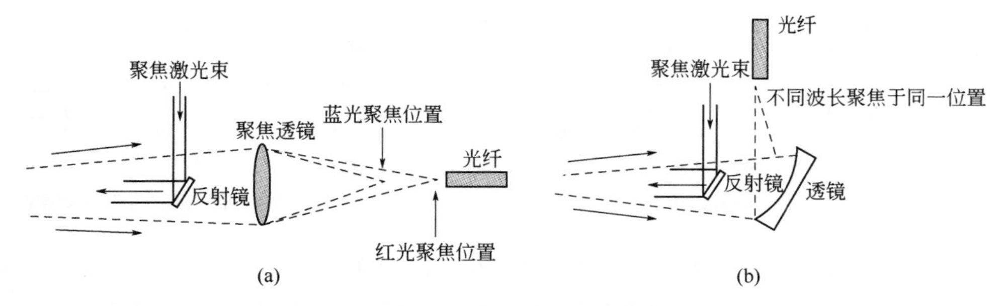

图 7-16 遥测 LIBS 系统收集光路图

7.4 激光诱导击穿原子发射光谱分析技术

7.4.1 激光诱导击穿原子发射光谱成分分析

7.4.1.1 基体匹配建立校准曲线

理论上，待测元素浓度与所对应强度在整个含量范围成线性关系且经过（0，0）坐标原点，当浓度增加一倍时，所对应的强度也应增加一倍，但实际建立含量校准曲线时通常偏离线性关系，校准曲线上呈线性关系的区间称为线性动态范围。

校准曲线上某点斜率即为其灵敏度，由图 7-17 可见，在含量较低或较高时校准曲线偏离线性，这是由于当待测元素含量减小，而干扰元素的含量不变时，在校准曲线的低端，待测元素所对应的谱线强度几乎没有变化，杂散光进入到光学系统，待测元素的谱线强度中包含背景强度。如对于 Hg（Ⅰ）546nm 波长，当土壤中 Hg 元素的含量很低或几乎不含 Hg 时，仍然可以观察到较强的 Hg（Ⅰ）546nm 谱线，当分析其他样品时也观察到 Hg（Ⅰ）546nm 谱线，这是由于杂散光进入到光学检测系统。

光谱干扰与光学系统分辨率、谱线的延时采集及跃迁时谱线线宽有关，实际分析中光谱仪的分辨率及谱线的线宽决定了谱线受干扰的情况，分辨率越低则待分析元素受谱线干扰的概率随之越大。

在激光诱导产生等离子体早期（<1μs），由于斯塔克及多普勒谱线展宽效应，有些谱线重叠在一起，即便使用分辨再高的光谱仪也不能将干扰谱线分开，随着等离子体温度的降低（>1μs），谱线展宽减小，相邻谱线逐渐分开，如 H_α 元素的 656nm 及 Li（Ⅰ）670.7nm 双线，其谱线展宽随时间变化见图 7-18[31]。

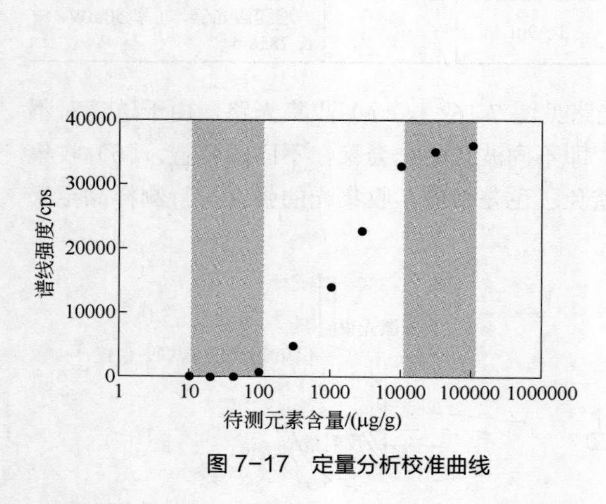

图 7-17 定量分析校准曲线

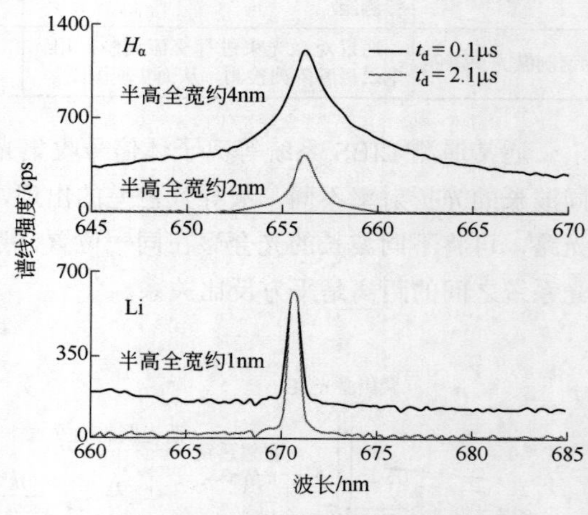

图 7-18 不同延时时间谱线展宽

由图 7-18 可见，等离子体产生的早期大约 0.1μs，氢的谱线半高峰宽约为 4nm，随着时间变化大约 2.1μs 时，半高峰宽约为 2nm，Li（Ⅰ）670.7nm 谱线则随时间的变化，其半高峰宽变化不是非常明显，二者的背景强度均随时间的变化而减小，氢元素斯塔克展宽效应非常明显，故通常用于等离子体中电子数密度的测量。

校准曲线浓度的高端曲线出现了弯曲，这是由于产生了自吸效应，激光产生等离子体的中心温度高，周边温度较低，当中心高能态的原子或离子向低能级跃迁时释放出光子，光子通过等离子体时被外围的相同低能级原子所吸收，故导致校准曲线出现了弯曲现象，如在不同气压下，压片后的 KCl 谱线轮廓见图 7-19[31]。

在图 7-19 中，两个谱峰是 K 元素特征峰，A、B 和 C 分别表示气压为 580Torr、7Torr、0.0001Torr 时谱线轮廓，随着气压的降低，谱线自吸效应越来越弱。谱线自吸效应的出现与光谱仪分辨率有关，如保持相同的激发条件下，不同光谱仪所得到的 K 元素谱线轮廓见图 7-20[31]。在图 7-20 中，实线为 DEMON 高分辨光谱仪所得谱线轮廓，虚线为低分辨 Avantes 光谱仪所得谱线轮廓，低分辨的光谱仪未能体现 K 元素的自吸效应，高分辨光谱仪则清晰体现出 K 元素的自吸效应。此外，在校准曲线的含量高端出现弯曲现象也可能是由于特征谱线的强度太强使检测器的信号强度出现过饱和，从而导致检测器偏离线性响应范围，在检测器线性响应范围内，含量的增加与信号强度的增加是同比例的，当检测器出现饱和现象时，可通过光学滤波片使其强度进行衰减，保证检测器工作在线性响应范围内。

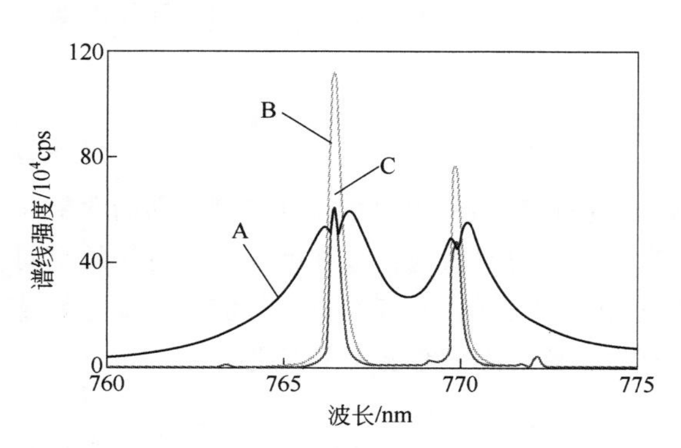

图 7-19　K 元素含量较高时产生自吸效应

图 7-20　不同光谱仪分辨率对自吸收效应的体现

校准曲线线性范围在一定程度上可通过内标法进行扩展，如对合成的硅酸盐样品中 Cu 元素，采用内标法与不采用内标法所建立的校准曲线见图 7-21[31]。

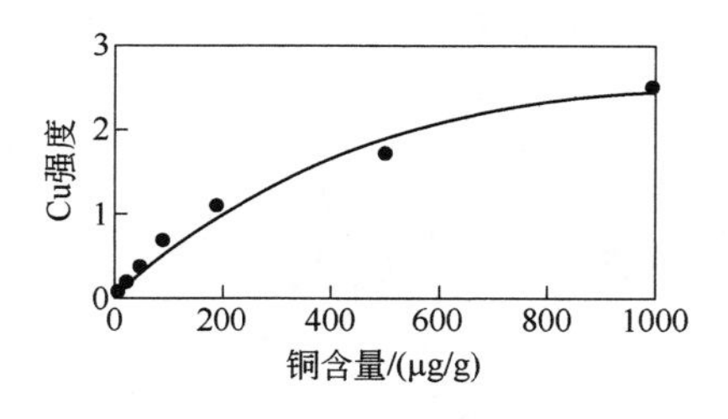

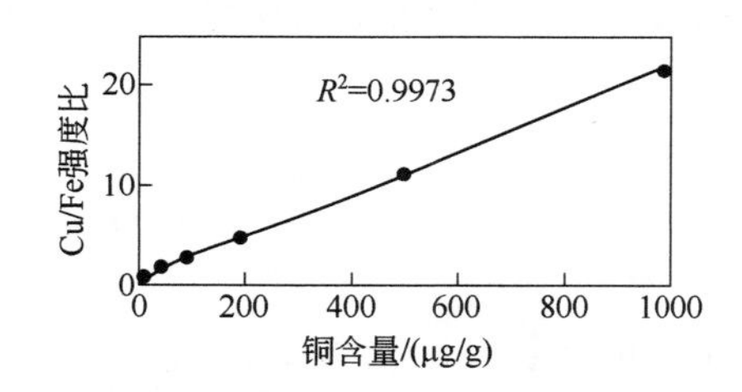

图 7-21　合成硅酸盐中 Cu 元素含量校准曲线

由图 7-21 可见，采用内标法扩展了校准曲线的范围。采用内标法时，通常要求内标元素含量相同，此外，内标元素与待分析元素的物理性质尽可能相近，二者上能级能量也要求尽可能相同。另一种改善校准曲线线性响应范围的方法是利用光声现象（声强度与烧蚀样品量之间的关系）对谱线强度进行归一化，从而减弱脉冲能量波动对分析数据精密度的影响。

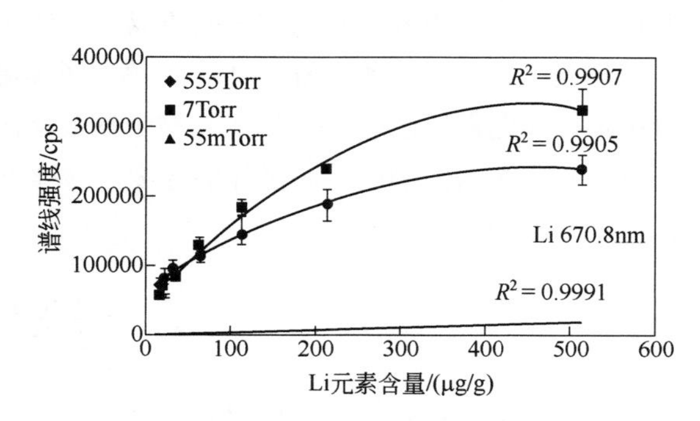

图 7-22　不同气压对 Li 元素含量校准曲线

影响 LIBS 分析灵敏度的因素有很多，如激光器脉冲能量、环境气体种类及其气压及透镜至样品表面距离等，环境气体种类及其气压对 LIBS 分析性有很大的影响，环境气体对谱线强度的影响见图 7-22[31]。

由图 7-22 可见，一定的气压范围内，随着氩气气压的增加分析灵敏度随之增加，当气压过低时，分析灵敏度则降低，这是由于当气压过低时，所产生的等离子体快速膨胀，等离子体的寿命较短，此外，由于气压较低，原子或离子之间的碰撞概率较小，故等离子体的温度较低。随着气压的增加，激光诱导产生的等离子体被周围的气体所限制，故等离子体膨胀速度减慢，寿命增加，温度也随之升高，故分析灵敏度增加。当环境气体气压过高时，则由于等离子体对激光吸收作用产生等离子体屏蔽现象，导致后续的激光能量无法到达样品表面，故使分析灵敏度降低。

7.4.1.2 无标准物质绝对分析

绝对分析方法是指不需要标准物质，直接通过测量等离子体参数得到待测样品的含量，绝对分析方法是建立在以下假设基础之上的：①不存在分馏效应；②在所观察的时间及空间等离子体处于局部热力学平衡；③等离子体空间分布均匀；④不存在自吸效应。在实际测量强度时，所检测到的谱线强度与检测器的效率有关，故谱线强度公式见下式：

$$\overline{I_{\lambda}^{ij}} = Fc_{\mathrm{s}} A_{ij} \frac{g_i \mathrm{e}^{-[E_i/(kT)]}}{U_{\mathrm{s}}(\mathrm{T})} \tag{7-11}$$

$\overline{I_{\lambda}^{ij}}$ 为实际检测到的光强；c_{s} 为待测元素的含量；F 为与仪器硬件（脉冲能量、检测器效率及光路设计）相关的实验参数，可通过实验确定，整个实验过程中，激光器输出的能量及在样品表面聚焦的位置等参数需保持不变，以保证 F 为常数。

若令：

$$y = \ln\frac{\overline{I_{\lambda}^{ij}}}{g_k A_{ij}}，\quad x = E_i，\quad m = -\frac{1}{kT}，\quad q_{\mathrm{s}} = \ln\frac{C_{\mathrm{s}}F}{U_{\mathrm{s}}(T)}$$

这样可以用式 $y = mx+q_x$ 表示。

以 y 及 x 绘制二维平面图，所得到的图为玻尔兹曼平面图，对待测样品中每一个元素绘制玻尔兹曼线，不同元素的玻尔兹曼线是平行的，即斜率是相等的，但截距不同。

理论上，在 LTE 假设条件下，在等离子体温度确定后，根据待测元素的一条谱线强度即可确定待测元素的含量，但由于 A_{ij} 这个参数存在较大的不确定度，为确保分析结果的准确性，通过选择多条谱线确定等离子体的温度，这样可以提高分析结果的准确度。

F 可通过下式计算：

$$\sum_{\mathrm{s}} c_{\mathrm{s}} = \frac{1}{F}\sum_{\mathrm{s}} U_{\mathrm{s}}(T)\mathrm{e}^{q_{\mathrm{s}}} = 1 \tag{7-12}$$

各元素的含量通过 $c_{\mathrm{s}} = \frac{U_{\mathrm{s}}(T)}{F}\mathrm{e}^{q_{\mathrm{s}}}$ 和 $c_{\mathrm{M}}^{\mathrm{TOT}} = c_{\mathrm{M}}{}^{(\mathrm{I})} + c_{\mathrm{M}}{}^{(\mathrm{II})}$ 进行计算。

7.4.2 激光诱导击穿原子发射光谱表面微区分析

作为 LIBS 的一个应用分支领域，LIBS 表面微区分析始于 20 世纪 90 年代中期，与传统扫描电子显微镜/能量色散谱仪（SEM/EDS）、电子探针显微分析（EPMA）及二次离子质谱（SIMS）等高分辨表面分析技术相比，具有无需高真空、样品前处理简单、分析速度快等优点，成为传统表面分析工具的有力补充。

由于光的衍射效应，经透镜聚焦后的理论空间横向分辨率见下式:

$$d = 2.44\frac{\lambda f}{D} \tag{7-13}$$

式中，d 为烧蚀坑直径；λ 为激光器输出的波长；f 为激光束聚焦透镜焦距；D 为准直后激光束束腰直径。由上式可见，采用较短激光波长，较短透镜焦距，较宽的光束直径可提高空间分辨率，实际应用中，横向分辨率还与材料的熔点、热容、热导率及透镜对光束的聚焦质量有关，通常实际分辨率是理论值的 10 倍左右或更大。

纵向分辨率是指其强度降至最初强度的 84%和 16%的宽度或其强度升至 16%和 84%的宽度，见图 7-23。

纵向深度分辨率见下式：

$$\Delta z = \Delta p \cdot \mathrm{AAR} = \Delta p d(p_{0.5})^{-1} \tag{7-14}$$

式中，Δp 为涂层中元素强度降至 84%～16%所需的脉冲数（或强度增强至 16%～84%所需脉冲数）；AAR 平均烧蚀速率见下式:

$$\mathrm{AAR} = d(p_{0.5})^{-1} \tag{7-15}$$

式中，d 为涂层厚度；$p_{0.5}$ 为到达涂层界所需的激光脉冲数。

采用 1064nm 波长纳秒激光进行烧蚀时，由于纳秒激光与物质相互作用的热效应，即激光与物质相互作用产生的热量扩散，导致烧蚀坑变大，即影响空间分辨率，其影响如图 7-24 所示。

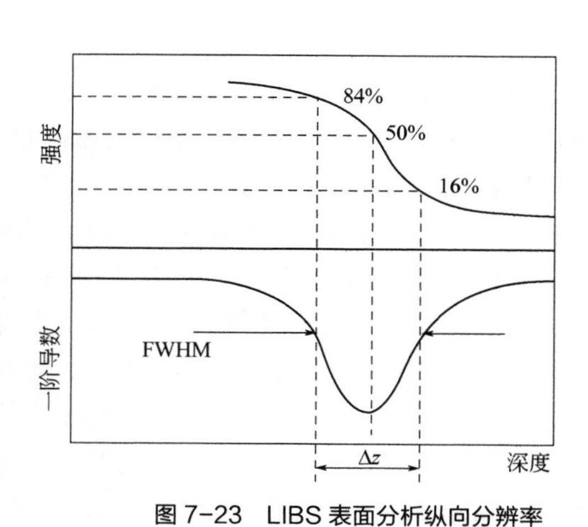

图 7-23 LIBS 表面分析纵向分辨率

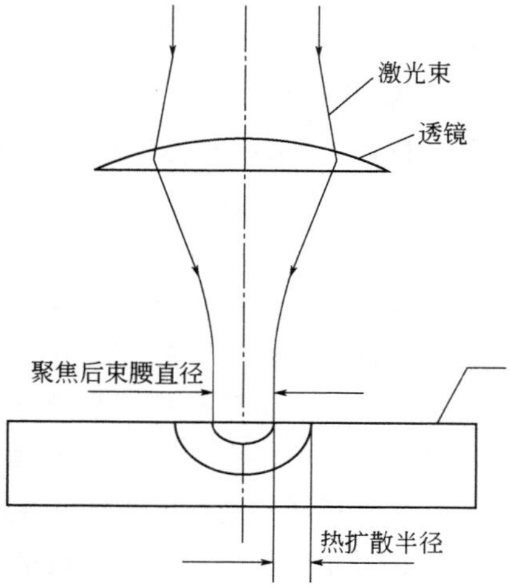

图 7-24 LIBS 横向空间分辨率

烧蚀坑的大小可用下式表示：

$$r_C \propto w_b + \delta_h \tag{7-16}$$

其中 δ_h 可用下式表示：

$$\delta_h \propto \sqrt{k_s \tau_1} \tag{7-17}$$

式中，w_b 为激光经透镜聚焦后烧蚀斑点大小；δ_h 是由于热扩散对空间横向分辨率的贡献；k_s 为热扩散系数；τ_1 为激光脉冲宽度。

7.4.3 化学计量学在激光诱导击穿原子发射光谱中的应用

化学计量学是一门多学科交叉的化学分支学科，它应用数学和统计学的方法，设计和选择最优量测程序和实验方法，最大程度地获取有用信息以解释化学数据。化学计量学已深入到分析化学的各个领域，成为现代分析化学工作者不可缺少的工具。化学计量学在 LIBS 领域的各项相关研究中逐渐发挥了其优势，分别在 LIBS 光谱预处理、定性分析和定量分析等领域都取得相关的应用研究进展。从复杂大量的激光诱导击穿光谱数据提取有用信息，提高其定性、定量分析准确度；将化学计量学应用于数据处理、信号解析和模式识别等解决传统化学研究方法难以解决的一些复杂问题。

7.4.3.1 光谱预处理

由于激光器激光能量的波动、光谱仪分辨率差异、外部环境影响以及样品表面不均匀等因素的影响，LIBS 采集到的光谱数据包含大量的干扰信息与有效信息，而化学计量学方法可以消除光谱中受随机因素影响产生的误差以及各种非目标因素对光谱的影响。因此，光谱数据预处理成为光谱分析过程中的重要环节。光谱数据预处理不仅需要区分有效信息和干扰信息，提取有效信息，更重要的是从有效信息中提取表征欲获取信息特性的特征信息，筛选数据变量，优化光谱范围，为建立光谱校正模型和预测未知样品组分浓度或性质提供真实准确的数据基础。LIBS 所涉及的预处理方法主要包括基线校正、噪声滤除、重叠峰分辨和数据压缩等。

（1）基线校正

基线校正是 LIBS 技术中数据预处理的一个关键环节，它直接关系到 LIBS 分析质量的好坏，因而备受广大学者关注。LIBS 分析的是待测原子或者离子的发射光谱。由于黑体辐射、韧致辐射、负荷辐射以及一些分子辐射的存在，使得其存在较大的连续背景干扰并导致基线漂移，进而对特征谱线的准确提取产生严重的影响，因此必须将背景光谱强度予以扣除实现基线校正。目前，研究者主要采用多项式拟合法实现 LIBS 的基线校正。Lazic 等[36]采用剔除谱线强度极弱或者背景噪声太强光谱数据的方法进行基线校正。李捷等[37]通过拟合特征谱线左右两端一个较窄波段内背景连续谱线的方法实现背景扣除。Gornushkin 等[38]将 LIBS 光谱分成 N 段，然后通过基于局部最小值的高阶多项式函数拟合连续背景。在此基础上，Sun 等[39]通过方差比设定阈值去扣除所有最小值，减少运算时间。若阈值过拟合，则产生的背景强度就会过拟合；反之亦然。Yaroshchyk 等[40]提出了基于 Model-free 算法实现连续背景的自动校正，该法无需输入变量且窗口大小不依赖光谱的复杂程度和类型，比较稳健而且易于实现自动化。由于 LIBS 的谱线展宽主要由多普勒展宽（高斯线型）、自然展宽与碰撞展宽（洛伦兹线型）组成，其展宽轮廓为高斯与洛伦兹函数的卷积，以电子与离子碰撞导致的斯塔克展宽占主导作用。刘立拓等[41]利用 Levenberg-Marquardt（L-M）算法对洛伦兹理论模型中的待定参数进行优化估值，扣除了光谱信号中的连续背景，校正和还原了峰位和峰强。

小波变换是一种新兴的信号处理方法，但它在 LIBS 信号背景扣除方面还没有开展系统的研究工作。Yuan 等[42]用小波系数代替重构后光谱信号，进行小波变换的 LIBS 背景扣除，提高了煤中高含量碳的定量分析精度。Zou 等[43]通过优化小波函数、分解层数和比例因子等实现 LIBS 信号的背景扣除。

（2）滤噪

噪声是 LIBS 信号的主要组成部分，它的存在会对定量分析产生严重的影响。随机噪声可以通过平滑进行滤除，但对于一些特性接近有效信号的噪声，需要采用有效的方法进行滤除。常用的滤噪方法有 FFT、Savitzky-Golay、Boxcar 及现在被广泛关注的小波变换。与传统滤噪法相比，小波变换具有方法简单、计算时间短、占用内存少、失真度小、重现性好等优点，可以大大提高信号的信噪比且能够克服传统傅里叶变换无法描述信号局部频率特征的缺点，成为分析非平稳信号的有力工具。Schlenke 等[44]提出了基于自适应可变阈值的固定小波变换，实现了 LIBS 的噪声抑制和信号保留。Zhang 等[45]建立了小波滤噪的双阈值优化模型，并验证了该模型对合成和真实 LIBS 信号的滤噪效果。

（3）重叠峰解析

重叠峰解析是目前分析化学尤其是光谱分析面临的难题之一，人们曾尝试通过提高光谱仪与探测器的分辨能力解决这一问题，但硬件设备代价较大且能达到的分辨效果也是有限的。通过数学解析的方法进行分解是解决光谱重叠分解的途径之一，常见的重叠峰解析方法有:曲线拟合法、小波变换法、傅里叶去卷积法、神经网络法等。曲线拟合法通常用来获得定量的信息，但重叠峰的个数和相对强度都需要靠假设得来，因而可能引入严重的误差。Zhang 等[46]借助分数微分理论对曲线拟合的初始值（重叠峰的个数和相对强度）进行假设，将 Levenberg-Marquardt 方法应用于曲线拟合，实现 LIBS 信号的重叠峰解析。化学计量学用于重叠峰解析就是借助某些数学或统计学方法把依赖化学方法和仪器未能完全分离的复合量测信号分解成几个单独组分的信号，实现从重叠谱中获取每个组分的相关信息。Body 等[47]利用去卷积的方法对 LIBS 多元素测量光谱中的光谱重叠干扰进行解析，取得了良好效果。但对于有较强噪声干扰的谱线分解，噪声的能量在去卷积过程中常被放大。LIBS 信号的重叠峰解析虽然取得较好的成果，但是还有一些问题亟须解决，比如重叠峰解析前后谱峰位置发生偏移，如何识别重叠峰等。

（4）数据压缩

LIBS 技术一般使用较高频率的脉冲激光激发样品并产生大量的光谱数据。而 LIBS 光谱分析中，需要提取的只是光谱信号的突变部分，即特征峰的波长与强度信息等。因此在保证光谱基本特征不变前提下，尽可能多地剔除无关紧要的信息，大量压缩光谱数据，为数据的存储和后续处理带来方便。光谱数据压缩中常用的方法有加大取样间隔、主成分分析、傅里叶变换和小波变换等。小波变换由于其局部分辨能力高、压缩率大与失真度低，已被广泛应用于光谱谱图处理如色谱、红外和紫外可见等光谱分析。而 LIBS 分析以特征峰为对象，其频率特性相对稳定，变化频率介于系统随机误差变化频率与连续背景光谱频率之间，因此局部分辨能力强的小波变换也适用于 LIBS 光谱数据压缩处理研究。蒋梅城等[48]采用小波变换对常用燃煤的 LIBS 光谱数据进行数据压缩，能很好地恢复原始光谱，特别是能够准确地反映特征峰的位置和强度，同时不影响特征峰的轮廓信息。同时考察了 db 小波阶数、分解层数和阈值化方法等参数对压缩效果的影响，以压缩分数、恢复分数、谱线强度相对误差为衡量准则，评价了压缩的效果。

7.4.3.2 定性分析

LIBS 采集到的是复杂发射光谱，其中蕴含着丰富的化学信息和相关信息，不同种类物质的 LIBS 光谱都存在差异，通过化学计量学方法可将差异信息提取出来并进行区分和判别物质所属种类，即化学模式识别。化学模式识别是一种可以揭示隐含在 LIBS 光谱数据内部规律的多元分析技术，其目的是找出不同种类物质光谱的差异信息，从而实现对未知样品的归属和分类。化学模式识别方法主要分为有监督模式识别和无监督模式识别。

（1）有监督模式识别

有监督模式识别的基本思路是用已知类别的样本作为训练集，得到判别模型，对未知试样进行归属判别。常见的有监督模式识别方法有偏最小二乘判别分析法（partial least squares discriminate analysis，PLS-DA）、簇类独立软模式识别（soft independent modeling of class analogy，SIMCA）、*K*-最近邻法（*K*-nearest neighbor，KNN）、支持向量机法（support vector machines，SVM）、人工神经网络（artificial neural network，ANN）、随机森林法（random forest，RF）等。

偏最小二乘判别分析：是基于偏最小二乘法的一种判别分析方法，它利用训练样本的自变量矩阵 X 和分类变量 Y 建立训练模型，根据待分类样本的偏最小二乘预测值判断样本所属类别。它是一种与 LIBS 技术结合应用较广泛的化学计量学方法。

簇类独立软模式识别：是一种基于主成分分析建立的模式识别方法，其基本思路是先利用主成分分析的显示结果得到一个样本分类基本印象，然后对各类样本建立相应的类模型，进一步用这些类模型对未知进行判别分析分类。该方法在建立模型时没有考虑其他类，当类间差异远大于类内差异时，能够很好分类。其局限性就是类间差异和类内差异相差不大时会产生非优化鉴别模型。

人工神经网络：是一种基于多输入多输出系统的黑箱建模工具，具有较强的适应、学习和容错能力等优势。它是通过对已知类别的训练集的拟合建模进行分类和预测。但是人工神经网络在网络训练速度、过拟合、全局寻优等问题上都存在未知因素，值得进一步研究。

支持向量机法：是非常适合小样本学习的优秀算法。它以核函数为基础，以结构风险最小化为建模目标，采用优化算法训练得到的一个具有最大边界的模型，提高模型的泛化能力。

K-最近邻法：是一种适用于线性不可分情况的多类化合物模式识别方法。它计算待测样本到距其最近的 K 个已知样本的距离，根据距不同种类的已知样本的远近判断待测样本归属于哪一类样本。

随机森林法：是一种统计学习理论，它是利用 Bootstrap 重抽样方法从原始样本中抽取多个样本，对每个 Bootstrap 样本进行决策树建模，然后组合多棵决策树的预测，通过投票得出最终预测结果。大量的理论和实证研究都证明了 RF 具有很高的预测准确率，对异常值和噪声具有很好的容忍度，且不容易出现过拟合。可以说，RF 是一种自然的非线性建模工具，是目前数据挖掘、生物信息学热门的前沿研究领域之一。

（2）无监督模式识别

无监督模式识别的基本思想是在多维空间中同类化合物靠近，而不同类化合物之间的距离大，从而达到分类的目的。常用的无监督模式识别方法是主成分分析（principal component analysis，PCA）。PCA 是通过降维用较少的主成分解释数据中的大部分信息，对数据进行主成分分析后，把前二或前三个主成分进行空间投影作图，即可在图中经不同类别的数据进行初步分类。

此外，*K*-平均法、线性判别分析、系统聚类分析等化学模式识别方法也被广泛应用于 LIBS 光谱数据处理和对未知样品判别分析。由于 LIBS 技术的无需样品预处理、分析样品速度快、远程分析和全元素分析等优势，在近几年发展迅速，LIBS 与化学模式识别方法的结合也日益密切。目前，两者结合已经被广泛地应用于药品、地质勘探、爆炸残留物、文物保护等领域的分析。

7.4.3.3 定量分析

目前，LIBS 的定量分析方法主要分为两类：基于定标曲线的定标方法和基于自由定标的非定标曲线方法。传统的定量分析方法一般采用一次回归分析方法建立元素浓度和特征谱线强度之间的关系式。对于复杂的基体样品，建立一次回归关系式往往得不到理想的结果。因为在现代光谱分析技术中，获取和处理的光谱信号由一系列数据组成，是一个矢量数据，其变量间存在相互依赖关系。这时需要考虑多个自变量的回归分析问题。在数据信息量大幅度增加的条件下，获得更多对定量分析有用的信息。多变量分析方法可以充分利用 LIBS 光谱信息，提高定量分析的准确度。LIBS 定量分析涉及的多变量校正方法有偏最小二乘法（partial least squares，PLS）、多元线性回归法（multiple linear regression，MLR）、人工神经网络法、支持向量机法和随机森林法等。

（1）偏最小二乘法

偏最小二乘法是一种常用的多元统计分析方法，已成功地应用于分析化学的许多领域，如紫外光谱、气相色谱等。潜变量是 PLS 方法的重要参数之一，其个数一般少于原自变量的个数，因此 PLS 特别适用于自变量个数比试样个数多的情况。PLS 本质上是一种基于特征变量的回归方法，同时进行测量矩阵 X 和响应矩阵 Y 的正交分解。PLS 采用校准试样组确定参数，且在计算过程中无矩阵求逆运算，计算误差小、准确度高、运算速度快，具有较好的预测能力。

（2）多元线性回归法

多元线性回归法是一种常规的定量分析方法，具有良好的统计特性，采用最小二乘法进行回归，同时可以充分利用光谱数据中的信息量提高其回归结果的准确度。多变量回归方法能比较充分地利用光谱中的信息，降低了基体效应的影响，从而提高 LIBS 定量分析的准确度。多元线性回归的输入矩阵存在噪声，导致过度拟合，某种程度上降低了模型的预测能力。

而支持向量机回归和神经网络回归等机器学习方法具有一定的容错能力，可以克服噪声的影响，减小预测结果的波动性。

（3）人工神经网络法

人工神经网络利用神经网络自组织自学习的分析能力通过大量标准样本的训练学习之后构建一个合理可靠的网络模型，再利用这个模型对待测样品进行预测分析。神经网络以分析元素的特征谱线数据为网络的输入，通过运算输出分析元素含量或其种类信息等。人工神经网络存在一定的局限性，受网络结构复杂性和样本复杂性的影响较大，容易出现“过学习”或低泛化能力。由于实验中的 LIBS 数据属于小样本，易造成网络训练不充分，影响其预测精度。

（4）支持向量机法

支持向量机法是 SVM 的一种方法，也是一种基于统计学习理论的机器学习方法。该方法建模是将低维非线性输入映射到高维线性输出，并在这个空间进行线性回归，模型相对比较简单。支持向量机回归基于结构风险最小化，而不是经验风险最小化，可以根据有限样本信息在模型的复杂性和学习能力之间寻求最佳折中，在保证泛化能力的前提下，达到最优学习效果，使其泛化能力明显优于 BP 神经网络。支持向量机回归适用于小样品，可以融合先验知识，通过核函数和小波等先进算法相结合，已被广泛应用于各种领域。

（5）随机森林法

随机森林法也是一种基于递归回归树的回归算法。它是以决策树为基础的集成学习模型，它包含多个有 Bagging 集成学习技术训练得到的决策树，当输入待回归的样本时，最终的回归结果由单个决策树的输出结果投票决定。它克服了决策树过拟合问题，对噪声和异常值有较好的容忍性，对高维数据分类问题具有良好的可扩展性和并行性。此外，随机森林法是由数据驱动的一种非参数回归方法，只需通过对给定样本的学习训练分类规则，并不需要分类的先验知识。

总之，化学计量学的引入能够有效进行光谱预处理和最大程度地提取有用信息（ 建模所需的输入变量），很大程度上提高了 LIBS 技术定性定量分析的准确度。尽管早期化学计量学只是用于解决 LIBS 分析的多变量同时分析问题，然而，近几年，LIBS 技术结合化学计量学方法在模式识别和分类分析方面逐步增多。化学计量学在 LIBS 中的应用处于起步阶段，然而，它在 LIBS 技术中复杂材料快速工业分析领域已经体现出巨大潜力。LIBS 数据的化学计量学分析的未来进展无疑是继续提高 LIBS 技术在各个应用领域的性能。LIBS 技术目前仍存在一些理论问题有待解决，如光谱基体效应的扣除、重叠峰的分辨以及自吸收效应校正等问题，这些问题对化学计量学方法提出了严峻的挑战，需要科研人员的进一步探索和研究。

7.5 激光诱导击穿原子发射光谱的应用

7.5.1 在工业生产领域中的应用

由于 LIBS 具有不需或很少样品制备、分析速度快及易于实现在线分析等独特优点，故目前在工业领域具有较为广泛的应用。

（1）元素成分分析

LIBS 在工业生产领域元素成分分析中的应用最为广泛。例如，王旭朝等[49]采用显微激光诱导击穿光谱技术对低合金钢标准样品进行定量分析，空间分辨率达到 20μm，单脉冲检测极限为 0.10%，能有效应用于物质微区元素的高精度定性、定量分析。王华丽等[50]利用激光诱导击穿光谱技术对铝合金标准样品进行光谱定量分析，采用以内标法为基础的内标元素强度筛选法处理数据，分析了铝合金待测样品 E113 中 Mn、Mg、Fe 和 Cu 元素的含量，实验结果符合金属样品定量分析的要求。郝晓剑等[51]采用激光诱导击穿光谱技术，以波长 1064nm 的 Nd:YAG 固体激光器作为激发源，结合偏最小二乘回归,实现煤中碳、氢、硫 3 种非金属元素的快速同步定量检测。马翠红等[52]以激光诱导击穿光谱技术为基础，通过击穿炉渣中等离子体来获取炉渣光谱图，将遗传算法与 BP 神经网络进行结合，通过遗传算法对神经网络的权值和阈值进行优化建立基于遗传神经网络模型，对炉渣元素光谱图中的 Ca 元素含量进行定量检测。路辉等[53]利用自行搭建的 LIBS 装置，在优化的实验条件下，以内标法为基础，分别采用两种标样（纯铝标样与自选标样）建立了定标模型，对原铝中硅铁含量进行了分析测试。Li 等[54]采用激光诱导击穿光谱法定量分析了铁/钢中 P 元素，通过仔细选择门控延迟，可以减少对 P 的干扰，对于生铁，R^2 校准系数为 0.9992，检出限为 12×10^{-6}，背景当量浓度（BEC）为 0.11%（质量分数）。对于低合金钢，R^2 校准系数为 0.995，检出限为 9×10^{-6}，BEC 为 0.05%（质量分数）。

（2）元素分布分析

元素分布分析是指样品在电机带动下实现线扫描或面扫描分析，所采集谱线强度以线分布、面分布或体分布形式直观体现元素分布情况，如对钢铁样品进行线或面扫描分析，可以获得钢铁中重要组分 C、Si、Mn、P 及 S 等元素分布情况，从而对钢铁材料的性能进行判定，为改善冶金工艺提供指导。对生物样品扫描分析，可以判定生物样品中哪些元素在某一部位容易富集。

例如，Hausmann 等[55]利用元素成像技术快速分析三种不同贝壳外壳样本中的 Mg/Ca 光谱强度比值，应用 LIBS 可以有效地绘制三个软体动物壳整个生长过程中元素变化的图。Cáceres 等[56]基于激光诱导击穿光谱的成像方法，以对大型地质样品进行快速多元素扫描，实现了对大面积珊瑚石样本的元素扫描。Moncayo 等[57]利用 LIBS 成像系统分析石蜡嵌入的人体皮肤活检，包括健康的皮肤、带有黑色素瘤、默克尔细胞癌和鳞状细胞癌的病态皮肤，分别检测了金属及非金属元素，发现了不同肿瘤皮肤下元素空间分布的差异性及强弱分布情况。Sancey 等[58]利用基于镉（Gd）和硅（Si）元素的纳米材料注入实验小鼠体内，并且通过 LIBS 成像技术分析了不同时间段的小鼠肾脏内部平面上纳米材料 Gd、Si 及肾脏内含元素铁（Fe）、钠（Na）的分布成像，空间分辨率为 10μm。

（3）表面深度分析

表面深度分析时，激光脉冲能量尽可能均匀分布，这样烧蚀坑底部较为平坦，可以提高深度空间分辨能力，减弱深度轮廓分析曲线拖尾的程度。由光学轮廓仪或激光共聚焦显微镜可以表征烧蚀坑形貌，同时得到烧蚀坑大小及深度信息，估算一个激光脉冲烧蚀平均深度，从而对镀层厚度进行估算。

例如，Kim 等[59]采用了 LIBS 技术对镍基高温合金高温氧化行为的元素深度分布进行分析，该方法获得的深度分布与 X 射线衍射（XRD）、扫描电子显微镜与能量色散 X 射线光谱法（SEM-EDS）以及二次离子质谱法等的深度分布图基本一致。Ardakani 等[60]采用激光诱导击穿光谱法对附着在钢和铝基板上的不同厚度的铜箔进行深度剖面分析，在正常蒸发机理的基础上，建立了三维多脉冲激光烧蚀模型，并与实验结果进行了比较。引入归一化浓度（CN）来确定界面位置，并将结果与通常使用的归一化强度（IN）进行比较。Aragón 等[61]采用了激光诱导击穿光谱法测定脉冲激光沉积（PLD）产生的薄膜（玻璃基板、Fe-Ni 合金）组成，与大块样品相比，薄膜的烧蚀过程效率更高。已获得膜中元素含量的校准曲线，显示出良好的相关性和较低的标准偏差，通常为 5% RSD，Fe 的检出限为 300×10^{-6}。

7.5.2 在环境领域中的应用

LIBS 目前在环境领域中的应用引起广泛关注。土壤中主量组分 N、P、K、Ca、Mg 及 S 等及微量组分 Fe、Cu、Mn、Zn、B、Mo、Ni 及 Cl 等元素对农作物的生长起着非常关键的作用，各组分含量应保持在一定的含量范围，含量过高或过低均会影响作物生长，通过 LIBS 原位快速分析可以对土壤中各元素进行半定量或定量分析。此外，LIBS 还可对工业废水及废气中重金属进行在线检测，实时反馈数据对工艺进行指导。

例如，李业秋等[62]采用双脉冲激光诱导击穿光谱技术（DP-LIBS）对工业区附近大气中主要重金属等离子体光谱进行测量分析，采用 DP-LIBS 技术可以很好地增强等离子体光谱的强度，同时也会提高样品等离子体光谱的稳定性。王莉等[63]采用波长为 532nm 的 Nd:YAG 单脉冲纳秒激光器诱导激发土壤，并分析测量了土壤中铜元素的激光诱导击穿光谱特性，在该优化条件下检测到样品土壤中含有金属元素 Fe、Cr、Ca、Mg、Cu、Al、Mn。赵贤德等[64]将激光诱导击穿光谱技术用于对水体 COD 的快速测量，采集各水样波长在 200～1000nm 的光谱信息，利用偏最小二乘算法建立训练集水样 COD 的定量化测量模型，然后对测试集光谱数据进行预测，将预测结果与实验室化学方法测定的真实值进行对比，评估预测效果。Martin 等[65]通过 LIBS 以及多变量分析用于区分 5 种土壤中 58 种不同土壤中的总碳（C）、无机碳和有机碳，将结果与实验室标准技术（CN 分析方法）进行比较，并可以使用全波长光谱来区分有机碳和无机碳。Díaz 等[66]采用 LIBS 对土壤和肥料混合物中总元素的浓度进行测定，通过样品中 3 种主要元素钙（Ca）、镁（Mg）和磷（P）以及 2 种微量元素铁（Fe）和钠（Na）的校准曲线可以确定土壤样品中总元素的检出限和定量限，校准曲线的线性相关系数均高于 0.85。

7.5.3 在生物医学领域中的应用

LIBS 对于生物样品无需制样即可快速分析，生物样品中主量及微量元素通常通过微波消解处理成溶液后测定，较用传统分析方法 ICP-OES、AAS 或 ICP-MS 等分析仪器，制样简易，分析速度快。此外，LIBS 不仅可以对生物样品进行成分分析，而且还可提供元素分布分析，对元素在生物样品中的富集有一定的了解。

例如，李昂泽等[67]基于 LIBS 技术，采集了 9 种不同种类烟草的原子发射光谱，并结合支持向量机方法，实现了烟草的快速分类鉴别，准确度均达到97.47%。赵贤德等[68]研究了纳米粒子表面增强技术对苹果表面残留的毒死蜱农药的激光诱导击穿光谱信号的增强效果，利用激光诱导击穿光谱激发样品表面，对诱导出的原子发射光谱信号进行测量。郑培超等[69]搭建了再加热双脉冲激光诱导击穿光谱系统，在最佳实验参数下分别对Cu和Pb进行SP-LIBS技术和RDP-LIBS技术定量分析，检出限分别为1.91mg/kg和3.03mg/kg，实现了黄连中重金属元素Cu和Pb的检测。De Carvalho等[70]评估了激光聚焦和能量密度对植物叶片颗粒LIBS分析的影响，通过实验条件优化成功测定了Ca、K、Mg、P、Al、B、Cu、Fe、Mn和Zn元素。Singh等[71]用LIBS对患者的肾结石不同部位的元素Ca、Mg、Mn、Cu、Fe、Zn、Sr、Na、K、C、H、N、O、S、P和Cl等进行了测定，通过优化激光能量以获得最佳的信噪比。

7.5.4 在空间探索及核工业领域中的应用

LIBS可远距离遥测，在空间探索、核工业及融态金属在线分析等危险环境中具有一定的应用，远程遥测方式主要有两种，一种是通过望远镜系统收集远处的等离子体光信号，另一种是通过光纤传输激光脉冲，从而实现远距离遥测分析。

例如，张大成等[72]基于纳秒Nd:YAG激光器与卡塞格林式望远镜系统建立了一套25m远距离激光诱导击穿光谱测量装置，实现了对金属靶材的远距离测量。对铝合金标样开展了金属中微量元素远程定量分析，结果表明检出限随测量距离增加并无显著改变，均在50×10^{-6}以下。章婷婷等[73]设计并搭建了一套远程激光诱导击穿光谱系统，研究了脉冲能量、采集延时、积分时间、探测点累计探测次数对光谱信号的影响，确定了岩石谱线获得的最佳条件，利用偏最小二乘算法（PLS）建立岩石成分定量分析模型，建立了一种远程探测岩石主要元素含量方法。徐钦英等[74]研究了利用LIBS对铀材料中杂质元素进行快速定量分析的方法。利用Kr F准分子激光器和Ava Spec-2048光纤光谱仪组建了LIBS系统，检测并分析了200～460nm波长范围内铀及杂质元素的光谱数据，具有较低的相对误差和检出限。Whitehouse等[75]设计了一种长度为75m的光纤LIBS（FOLIBS）系统，用于远程确定先进气冷堆（AGR）核电站压力容器内的316H奥氏体不锈钢过热器分叉管中的铜含量，铜含量范围为0.04%＜Cu＜0.60%，测量精度约为±25%。

7.5.5 在文物鉴定领域中的应用

LIBS激光束斑点可以聚焦到数微米，对样品损伤非常小，可认为是近无损分析，LIBS可检测元素范围比X荧光宽泛且对轻质量数灵敏度高于X荧光仪器，故目前在文物鉴定领域中具有一定应用。LIBS与Raman技术联用，不仅可以提供原子信息而且还可提供分子信息，可对文物的组成有一个深入的了解。

例如，卢芳琴等[76]利用激光诱导击穿光谱技术对三个不同地方和古建筑的青砖瓦试样进行检测分析，在对样品造成较小损伤的前提下，获得了各样品的特征光谱，能够在对文物损伤很小的情况下，快速地检测文物材料的组成元素及含量。王亚军等[77]采用LIBS技术定量分析缅甸翡翠中Fe元素的浓度。利用内定标法定量分析翡翠中Fe的含量比传统定标法相对误差更小，采用LIBS技术结合内定标法更适于缅甸翡翠样品中Fe元素定量分析。Pardini等[78]

使用 LIBS 和 XRF 光谱对古罗马银币的元素组成进行了测试，通过银币中的 Cu、Pb 的分析判断古罗马银币的出土年代。Anzano 等[79]采用激光诱导击穿光谱分别对来自西班牙古代陶瓷颜料和对乌基拉基地的一些纺织品样品进行了分析，通过线阵 CCD 采集样品中元素 Al、Ba、Ca、Zn、Co、Sn、Fe、Mg、Ni、Pb 的光谱信号。

参考文献

[1] Brech F, Cross L. International conference on spectroscopy[C]. Appl Spectrosc, 1962, 16: 59-62.

[2] Raizer Y P. Laser-induced Discharge Phenomena[M]. New York: Consultants Bureau, 1977.

[3] Loree T R, Radziemski L J. Laser-induced breakdown spectroscopy: Time-integrated applications [J]. Plasma Chemistry and Plasma Processing, 1981, 1: 271-279.

[4] Radziemski L J, Loree T R. Laser-induced breakdown spectroscopy: Time-resolved spectrochemical applications[J]. Plasma Chemistry and Plasma Processing, 1981, 1: 281-293.

[5] Adrain R S, Watson J. Laser microspectral analysis: a review of principles and applications[J]. J Phys, D: Appl Phys, 1984, 17: 1915-1940.

[6] Radziemski L J. Review of Selected Analytical Applications of Laser Plasmas and Laser Ablation, 1987-1994[J]. Microchemical J, 1994, 50: 218-234.

[7] Lee Y I, Song K, Sneddon J. Lasers in Analytical Atomic Spectroscopy[M]. New York: Nova science publisher, Inc, 1997.

[8] Cremers D A, Radziemski L J, Loree T R. Spectrochemical analysis of liquids using the laser spark[J]. Appl Spectrosc, 1984, 38: 721-729.

[9] Cremers D A, Radziemski L J. Handbook of laser-induced breakdown spectroscopy[M]. New York: John Wiley & Sons, Ltd, 2006.

[10] Noll R, Sturm V, Aydin Ü, et al. Laser-induced breakdown spectroscopy—From research to industry, new frontiers for process control[J]. Spectrochim Acta, Part B: At Spectrosc, 2008, 63: 1159-1166.

[11] Fortes F J, Moros J, Lucena P, et al. Laser-Induced Breakdown Spectroscopy[J]. Anal Chem, 2013, 85: 640-669.

[12] Hahn D W, Omenetto N. Laser-induced breakdown spectroscopy (LIBS), part I: review of basic diagnostics and plasma-particle interactions: still-challenging issues within the analytical plasma community[J]. Appl Spectrosc, 2010, 64: 335A-366A.

[13] Hahn D W, Omenetto N. Laser-induced breakdown spectroscopy (LIBS), part Ⅱ: review of instrumental and methodological approaches to material analysis and applications to different fields [J]. Appl Spectrosc, 2012, 66: 347-419.

[14] Gaudiuso R, Dell'Aglio M, Pascale O D, et al. Laser Induced Breakdown Spectroscopy for Elemental Analysis in Environmental, Cultural Heritage and Space Applications: A Review of Methods and Results[J]. Sensors, 2010, 10: 7434-7468.

[15] Fortes F J, Laserna J J. The development of fieldable laser-induced breakdown spectrometer: No limits on the horizon[J]. Spectrochim Acta, Part B: At Spectrosc, 2010, 65: 975-990.

[16] Radziemski L J, Cremers D A. A brief history of laser-induced breakdown spectroscopy: From the concept of atoms to LIBS 2012[J]. Spectrochim Acta, Part B: At Spectrosc, 2013, 87: 3-10.

[17] Cristoforetti G, De Giacomo A, Dell'Aglio M, et al. Local thermodynamic equilibrium in laser-induced breakdown spectroscopy[J]. Spectrochim Acta, Part B: Atomic Spectroscopy, 2010, 65: 86-95.

[18] Winefordner J D, Gornushkin I B, Correll T, et al. Comparing several atomic spectrometric methods to the super stars: special emphasis on laser induced breakdown spectrometry, LIBS, a future super star[J]. J Anal At Spectrom, 2004, 19: 1061-1083.

[19] Vadillo J M, Laserna J J. Laser-induced plasma spectrometry: truly a surface analytical tool[J]. Spectrochim Acta, Part B: At Spectrosc, 2004, 59: 147-161.

[20] Cremers D A, Chinni R C. Laser-Induced Breakdown Spectroscopy—Capabilities and Limitations[J]. Appl Spectrosc Rev, 2009, 44: 457-506.

[21] Russo R E, Mao X, Gonzalez J J, et al. Laser Ablation in Analytical Chemistry[J]. Anal Chem, 2013, 85: 6162-6177.
[22] Babushok V I, DeLucia F C, Gottfried J L, et al. Double pulse laser ablation and plasma: Laser induced breakdown spectroscopy signal enhancement[J]. Spectrochim Acta, Part B: At Spectrosc, 2006, 61: 999-1014.
[23] Capitelli M, Casavola A, Colonna G, et al. Laser-induced plasma expansion: theoretical and experimental aspects[J]. Spectrochim Acta, Part B: Atomic Spectroscopy, 2004, 59: 271-289.
[24] Aragón C, Aguilera J A. Characterization of laser induced plasmas by optical emission spectroscopy: A review of experiments and methods [J]. Spectrochim Acta, Part B: Atomic Spectroscopy, 2008, 63: 893-916.
[25] Rakovský J, Čermák P, Musset O, et al. A review of the development of portable laser induced breakdown spectroscopy and its applications[J]. Spectrochim Acta, Part B: Atomic Spectroscopy, 2014, 101: 269-287.
[26] Bogaerts A, Chen Z, Gijbels R, et al. Laser ablation for analytical sampling: what can we learn from modeling?[J]. Spectrochim Acta, Part B: At Spectrosc, 2003, 58: 1867.
[27] Tognoni E, Cristoforetti G, Legnaioli S, et al. Calibration-Free Laser-Induced Breakdown Spectroscopy: State of the Art[J]. Spectrochim Acta, Part B: At Spectrosc, 2010, 65: 1.
[28] Piñon V, Mateo M P, Nicolas G. Laser-Induced Breakdown Spectroscopy for Chemical Mapping of Materials[J]. Appl Spectrosc Rev, 2012, 48: 357.
[29] Radziemski L J. Lasers-Induced Plasmas and Applications[M]. New York: CRC Press, 1989.
[30] Hecht E. Optics. Boston: Addison-Wesley, 1987.
[31] Cremers D A, Radziemski L J. Handbook of laser-induced breakdown spectroscopy[M]. 2nd edition. New York: John Wiley & Sons, Ltd, 2013.
[32] Gurevich E L, Hergenröder R. Femtosecond Laser-Induced Breakdown Spectroscopy: Physics, Applications, and Perspectives[J]. Appl Spectrosc, 2007, 61: 233A.
[33] Singh J P, Thakur S N. Laser-Induced Breakdown Spectroscopy[M]. Amsterdam: Elsevier, 2007.
[34] Yamamoto K Y, Cremers D A, Ferris M J, et al. Detection of Metals in the Environment Using a Portable Laser-Induced Breakdown Spectroscopy Instrument[J]. Appl Spectrosc, 1996, 50(2): 222.
[35] Castle B C, Knight A K, Visser K, et al. Battery powered laser-induced plasma spectrometer for elemental determinations[J]. J Anal Atom Spectrom, 1998, 13: 589.
[36] Lazic V, Colao F, Fantoni R, Spizzicchino V. Recognition of archeological materials underwater by laser induced breakdown spectroscopy[J]. Spectrochim Acta B, 2005, 60: 1002-1013.
[37] 李捷，陆继东，谢承利，等. 激光感生击穿煤质实验中延迟时间的研究[J]. 光谱学与光谱分析, 2008, 028(004): 736-739.
[38] Gornushkin I B, Eagan P E, Novikov A B, et al. Automatic correction of continuum background in laser-induced breakdown and Raman spectrometry[J]. Appl Spectrosc, 2003, 57(2): 197-207.
[39] Sun L, Yu H. Automatic estimation of varying continuum background emission in laser-induced breakdown spectroscopy[J]. Spectrochim Acta B, 2009, 64(3): 278-287.
[40] Yaroshchyk P, Eberhardt J E. Automatic correction of continuum background in Laser-induced Breakdown Spectroscopy using a model-free algorithm[J]. Spectrochim Acta, Part B: At Spectrosc, 2014, 99: 138-149.
[41] 刘立拓，刘建国，赵南京，等. 激光诱导击穿光谱数据特征自动提取方法研究[J]. 光谱学与光谱分析，2011(12): 3285-3288.
[42] Yuan T, Wang Z, Li Z, et al. A partial least squares and wavelet-transform hybrid model to analyze carbon content in coal using laser-induced breakdown spectroscopy[J]. Anal Chim Acta, 2015, 807: 29-35.
[43] Zou X H, Guo L B, Shen M, et al. Accuracy improvement of quantitative analysis in laser-induced breakdown spectroscopy using modified wavelet transform[J]. Opt Express, 2014, 22(9): 10233-10238.
[44] Schlenke J, Hildebrand L, Moros J, et al. Adaptive approach for variable noise suppression on laser-induced breakdown spectroscopy responses using stationary wavelet transform[J]. Anal Chim Acta, 2012, 754: 8-19.
[45] Zhang B, Sun L, Yu H, et al. Wavelet denoising method for laser-induced breakdown spectroscopy[J]. J Anal At Spectrom, 2013, 28(12): 1884-1893.
[46] Zhang B, Yu H, Sun L, et al. A Method for Resolving Overlapped Peaks in Laser-Induced Breakdown Spectroscopy

(LIBS)[J]. Appl Spectrosc, 2013, 67(9): 1087-1097.

[47] Body D, Chadwick B L. Optimization of the spectral data processing in a LIBS simultaneous elemental analysis system[J]. Spectrochim Acta B, 2001, 56: 725-736.

[48] 蒋梅城，陆继东，姚顺春，等. 小波变换在激光诱导击穿光谱压缩中的应用[J]. 光谱学与光谱分析，2010，30(10): 2797-2801.

[49] 王旭朝，郝中骐，郭连波，等. 显微激光诱导击穿光谱技术对低合金钢中 Mn 的定量检测[J]. 光谱学与光谱分析，2017(04): 264-268.

[50] 王华丽，赵书瑞，卢孟柯，等. 内标元素强度筛选法在激光诱导击穿光谱定量分析铝合金样品中的应用[J]. 冶金分析，2020(3): 9-15.

[51] 郝晓剑，孙永凯. 激光诱导击穿光谱用于煤中多元素同步检测[J]. 激光技术, 2020, 44(1).

[52] 马翠红，马云望. 激光诱导击穿光谱结合 GA-BP-ANN 检测炉渣中 Ca[J]. 激光与红外, 2019, 49(12): 1408-1413.

[53] 路辉，胡晓军，曹斌，等. 基于激光诱导击穿光谱技术检测分析原铝中硅、铁元素含量[J]. 光谱学与光谱分析，2019, 39(10): 3164-3171.

[54] Li C M, Zou Z M, Yang X Y, et al. Quantitative analysis of phosphorus in steel using laser-induced breakdown spectroscopy in air atmosphere[J]. J Anal At Spectrom, 2014, 29(8): 1432-1437.

[55] Hausmann N, Siozos P, Lemonis A, et al. Elemental mapping of Mg/Ca intensity ratios in marine mollusc shells using laser-induced breakdown spectroscopy[J]. J Anal Atom Spectrom, 2017: 10.1039.C7JA00131B.

[56] Cáceres J O, Pelascini F, Motto-Ros V, et al. Megapixel multi-elemental imaging by laser-induced breakdown spectroscopy, a technology with considerable potential for paleoclimate studies[J]. Scientific Reports, 2017, 7(1): 5080.

[57] Moncayo S, Trichard F，Busser B，et al. Multi-elemental imaging of paraffin-embedded human samples by laser-induced breakdown spectroscopy[J]. Spectrochim Acta, Part B: At Spectrosc, 2017, 133: 40-44.

[58] Sancey L, Motto-Ros V, Busser B, et al. Laser spectrometry for multi-elemental imaging of biological tissues[J]. Scientific Reports, 2014, 4: 6065.

[59] Kim T H, Lee D H, Kim D, et al. Analysis of oxidation behavior of Ni-base superalloys by laser-induced breakdown spectroscopy[J]. J Anal Atom Spectrom, 2012, 27(9): 1525-1531.

[60] Ardakani H A, Tavassoli S H. Numerical and experimental depth profile analyses of coated and attached layers by laser-induced breakdown spectroscopy[J]. Spectrochimica Acta, Part B: At Spectrosc, 2010, 65(3): 210-217.

[61] Aragón, C, Madurga, et al. Application of laser-induced breakdown spectroscopy to the analysis of the composition of thin films produced by pulsed laser deposition[J]. Appl Surface Sci, 2002.

[62] 李业秋，孙成林，李倩，等. 大气颗粒物中重金属的双脉冲激光诱导击穿光谱研究[J]. 红外与激光工程，2019, 48(10): 1-6.

[63] 王莉，傅院霞，徐丽，等. 土壤中铜元素的激光诱导击穿光谱测量分析[J]. 原子与分子物理学报, 2019(4): 616-620.

[64] 赵贤德，陈肖，董大明. 水体 COD 激光诱导击穿光谱快速测量方法研究[J]. 光谱学与光谱分析, 2019(9).

[65] Martin M Z, Mayes M A, Heal K R, et al. Investigation of laser-induced breakdown spectroscopy and multivariate analysis for differentiating inorganic and organic C in a variety of soils[J]. Spectrochimica Acta, Part B: At Spectrosc, 2013, 87: 100-107.

[66] Díaz D, Hahn D W, Molina A . Evaluation of Laser-Induced Breakdown Spectroscopy (LIBS) as a Measurement Technique for Evaluation of Total Elemental Concentration in Soils[J]. Appl Spectrosc, 2012, 66(1): 99-106.

[67] 李昂泽，王宪双，徐向君，等. 激光诱导击穿光谱技术对烟草快速分类研究[J]. 中国光学, 2019, 12(5): 1139-1146.

[68] 赵贤德，董大明，矫雷子，等. 纳米增强激光诱导击穿光谱的苹果表面农药残留检测[J]. 光谱学与光谱分析，2019, 39(7): 2210-2216.

[69] 郑培超，李晓娟，王金梅，等. 再加热双脉冲激光诱导击穿光谱技术对黄连中 Cu 和 Pb 的定量分析[J]. 物理学报, 2019, 68(12)：125202-1-7.

[70] De Carvalho G G A, Santos D, Nunes L C, et al. Effects of laser focusing and fluence on the analysis of pellets of plant materials by laser-induced breakdown spectroscopy[J]. Spectrochimica Acta, Part B: At Spectrosc, 2012, 74-75(Complete): 162-168.

[71] Singh V K, Rai A K, Rai P K, et al. Cross-sectional study of kidney stones by laser-induced breakdown spectroscopy[J]. Lasers in Medical Science, 2009, 24(5): 749-759.

[72] 张大成, 冯中琦, 李小刚, 等. 远程激光诱导击穿光谱定量分析铝合金中的微量元素[J]. 光子学报, 2018, 47(08): 75-80.

[73] 章婷婷, 舒嵘, 刘鹏希, 等. 远程激光诱导击穿光谱技术分析岩石元素成分[J]. 光谱学与光谱分析, 2017, 37(2): 594-598.

[74] 徐钦英, 张永彬, 王怀胜, 等. 激光诱导击穿光谱技术检测铀材料中微量杂质元素[J]. 中国激光, 2015, 42(3): 0315002-1-6.

[75] Whitehouse A I, Young J, Botheroyd I M, et al. Remote material analysis of nuclear power station steam generator tubes by laser-induced breakdown spectroscopy[J]. Spectrochim Acta, Part B: At Spectrosc, 2001, 56(6): 821-830.

[76] 卢芳琴, 史彦超, 王逢睿, 等. 利用激光诱导击穿光谱分析法检测古建筑砖瓦成分[J]. 广州化工, 2018(9): 80-82.

[77] 王亚军, 袁心强, 石斌, 等. 缅甸翡翠中铁元素的激光诱导击穿光谱定量检测[J]. 光谱学与光谱分析, 2018, 38(001): 263-266.

[78] Pardini L, Hassan A E, Ferretti M, et al. X-Ray fluorescence and laser-induced breakdown spectroscopy analysis of Roman silver denarii[J]. Spectrochim Acta, Part B: At Spectrosc, 2012, 74-75(none): 156-161.

[79] Anzano J, Lasheras R-J, Bonilla B, et al. Analysis of pre-hispanic archaeological samples using laser-induced breakdown spectroscopy (LIBS)[J]. Anal Lett, 2009, 42(10): 1509-1517.

第**8**章

光谱分析的误差统计及数据的处理

8.1 光谱分析数据的统计处理

原子光谱分析用于物质的无机元素含量的测定，属于计量测试的范畴，其分析结果的数据具有分散性和集中趋势的统计特点。由于任何测量过程都会存在测量误差，合理地估算所得结果的误差，对分析过程进行误差分析和数据处理，可以帮助我们正确地组织实验和测量，合理地设计仪器、选用仪器及确定测量方法，使我们能以最经济的方式获得可靠有效的分析结果。有关分析数据处理的知识可参考相关资料[1-5]。

在化学分析的测量中，尽管待测成分的含量是有一确定值，但由于分析方法本身的某些不完善、分析样品的不均匀性、测量仪器和测量工具的限制、分析环境的变化、操作人员的技术水平等随机因素的影响，使分析测试结果不能得到待测成分的真值。一方面测量本身存在误差，每次测定结果的数据都会有所偏离，另一方面在实验室之间，在不同分析方法之间也存在误差，也得到不尽相同的数据。因此，分析操作结束后，要对实验所得数据的有效性和可靠性进行判断和统计处理，才能得到最接近真实值的准确结果，给出测量的最佳估计值以及该估计值的可信程度。

8.1.1 光谱分析数据的特点

8.1.1.1 化学分析数据的特点

化学分析的特点是抽样检测。由抽检样品的测定结果对物品总体作评定。要使这种估计的结论正确与可信，必须保证采取样和抽样：①对整体有足够的代表性；②对所抽取样品的测定结果是准确可靠的；③由抽样的含量估计整体样品的含量时，必须是在指定置信度水平的置信区间。在报告测量结果时不仅要给出测定的量值是多少，还应给出该值分散程度是多少。

测量质量的指标是判断该测定值的可靠程度。在过去，习惯用误差、正确度概念来描述测量的准确程度。按照“国际通用计量学基本术语”，误差定义为：“测量结果减去被测量真值”。正确度定义为：“测量结果与被测量真值之间的一致程度”。由于真值在多数情况下是未知的，因此误差和正确度也就无法用确定的数字来表示。同样在对误差分类时，通常使用随机误差、系统误差、疏失误差等，由于定义本身的局限，在实际判断时，这些误差很难区分。因此对测量结果的可靠性用不确定度来表述。

测量不确定度的定义为“与测量结果相联系的参数，表征合理地赋予被测量值的分散性”。从这个定义可以看出，不确定度是表达这个结果分散程度，可以用定量的数字来描述。由于真值不可能通过测试得到，测量结果只能给出其最佳估计值和不确定度来表述。

8.1.1.2 光谱分析数据的特点

光谱分析方法是通过光谱仪器进行测定给出分析结果，除了具有化学分析过程所带来的误差因素外，还具有由于光谱测定的整个过程中，仪器运行和光谱解析所带来的不确定因素，给分析数据可靠性带来的影响。

发射光谱分析法除了以溶液进样方式的ICP和MP法，需要经化学操作处理后在仪器上进行测定外，火花、电弧直读法和辉光放电、激光光谱法的分析数据，大多是以一定体积大小的固体样块，电弧直读以粉末样品、激光光谱法以激光直接照射在样品上在光谱仪上进行测量，从仪器上读出待测量的数值。因此，不仅要考虑分析试样在总体样品中的代表性，还要考虑分析试样样块本身的均匀性，需要通过统计数据加以检验。

采用光谱直读仪器进行的定量分析，是以标准样品为依据的相对分析法，因此标准样品的均匀性检验，以及工作曲线回归及其波动性的校准，均需要经数据统计处理给予保证。光谱测定的仪器条件设定、选用谱线的解析和光谱背景的校正等因素，使得设定分析方法本身的合理性和测得数据的可靠性需要通过统计检验加以判断。

8.1.1.3 光谱分析数据的统计处理内容

原子光谱分析检验只是获取抽检样品的信息，而信息的提取、解析和利用则要通过数据统计处理来完成。其定量分析通常包括分析操作和数据处理两个过程，数据处理即是对所记录的数据进行计算，以得到测定结果的平均值和偏差；并对分析操作的方法和过程作正确评价，给予测定的最终结果。因此，光谱分析数据的统计处理内容涉及到测量分散性及不确定度的估算，分析方法可靠性的判断，测定结果精确程度的表示等。同时还包括对不同条件、不同实验室、不同分析人员的测定结果的比对，把有关分析结果的可靠性、测量精度的全部信息作出定量的表述。

8.1.2 光谱分析结果的误差分析

任何测量过程，由于测量方法的限制都不可能做到完善的测量，都会存在测量误差，它关系到分析测定结果的准确性。因此，光谱分析要获得有效数据，取得准确的测定结果，首先必须对光谱分析过程可能出现的误差进行分析，包括光谱分析方法本身可能产生的系统的和随机的误差等因素，对于光谱分析过程误差的分布规律，经过测定数据数理统计来进行分析和判断。

8.1.2.1 误差分析的基本知识[3]

分析测试中的误差分析，以概率论和数理统计为基础的误差理论进行研究，分析过程中出现误差的性质、规律及如何消除误差。随着计量学科的发展，近年来误差理论的基本概念和处理方法已有很大发展，下面仅就与光谱分析相关的必要部分进行描述。

（1）测量的统一性和准确性

测量误差是指测量结果与被测样品中的真实值（称为真值）之差，可分为系统误差和随机误差。在表征上可以分为绝对误差和相对误差。测量误差的统计是保证测量的统一和准确性所必要的。

测量的统一是指在不同的地点、不同的时间、用不同的方法和不同的测量仪器所得到的测定结果，在一定的误差情况下是可以比对的。测量的准确性是指测量值的分散性及其与被测量的真值的接近程度。

可见对于测量的误差分析，以及测量结果的合理表征，是测量所关注的一个基本问题。没有周密的误差分析和对测量结果的合理判定，也就缺少了实现精密测量的一种手段。而通过误差分析和数据处理，正是保证获取信息可靠性的重要措施。

（2）误差统计的基本特性

在无偏测定的条件下，对某一测量值进行无数次测量时，可得到的无数个测量结果，对其进行统计，可以看到这些测量值的分布呈现集中趋势，测量值收敛于测量值的真值，与真值偏差小的测量值出现的概率大，出现大偏差的测量值概率小。光谱分析中被测组分多次重复测定得到的测定值，在总体上即具有统计规律性，称为正态分布（normal distribution）。其概率分布通常遵循以平均值为中心、标准偏差表征测定值离散程度的正态分布，有如图 8-1 所示的分布曲线。数学上可用下列数学式表示，即高斯分布函数：

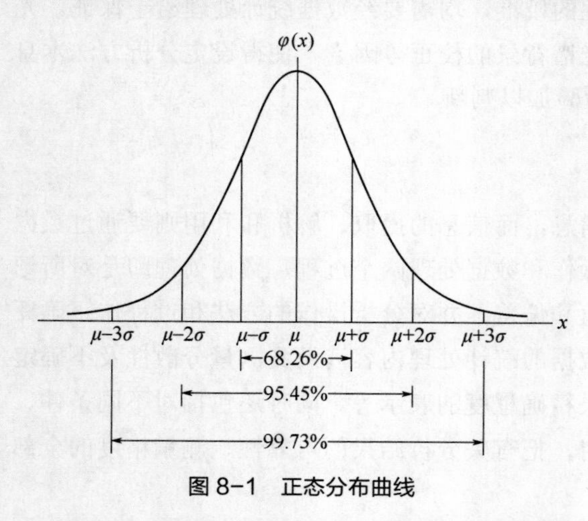

图 8-1 正态分布曲线

$$\varphi(x)=\frac{1}{\sqrt{2\pi}\sigma}\mathrm{e}^{-\frac{(x-\mu)^2}{2\sigma^2}} \tag{8-1}$$

$$\sigma=\sqrt{\frac{\sum_{i=1}^{n\to\infty}(x_i-\mu)^2}{n}} \tag{8-2}$$

式中，x_i 为每次测量的测定值；μ为被测量值的真值；σ为正态分布的标准差。

当用 $u=\dfrac{x-\mu}{\sigma}$ 进行变换后则

$$\varphi(x)=\frac{1}{\sqrt{2\pi}}\mathrm{e}^{-\frac{1}{2}u^2} \tag{8-3}$$

于是，由均值为μ、标准差为σ表示的正态分布函数，变换为均值为 0 标准差为 1 的标准正态分布概率密度函数，记为 $N(0,1)$。在不存在系统误差的情况下，它是随机误差的正态分布。σ称为标准误差，也称标准差。它表征了测定数据的分散性。

可以证明，在一组等精度的测定值中，其算术平均值是最可信赖值：

$$\bar{x} = \frac{\sum_{i=1}^{n} x_i}{n} \quad （当 n\to\infty 时，\bar{x} = \mu） \tag{8-4}$$

是出现概率最大的那个值，体现了测定结果统计上的集中趋势。

由统计结果可以推断出总体数据落入置信区间内的概率，可以判断测定结果的可信（confidence）程度，即可信度有多大。从高斯分布曲线可以看出：测定值落在$\leqslant\mu\pm\sigma$ 范围内的概率为 68.26%、测定值落在$\leqslant\mu\pm2\sigma$ 范围内的概率为 95.45%、测定值落在$\leqslant\mu\pm3\sigma$ 范围内的概率为 99.73%（如图 8-1 所示）。所选 σ 的倍数则称为置信因子（k），常用的置信概率与其所选的置信因子有关，可见表 8-1。

表 8-1　正态分布的不同 k 值的置信概率 $P(|x-\mu|\leqslant k\sigma)=1-\alpha$

置信因子（k）	3.33	3.0	2.58	2.0	1.96	1.645	1.0	0.6745
置信概率（P）	0.999	0.9973	0.99	0.954	0.95	0.90	0.683	0.50
显著性水平（α）	0.001	0.0027	0.01	0.045	0.05	0.10	0.317	0.50

在概率论的观点上看，大概率事件是最可能发生的事件，而小概率事件几乎是不可能发生的事件。因此，当测定值落在大概率范围内，其测定值的偏离程度，即所产生的误差，是可接受的，具有相当的可信度；而落在小概率范围内的测定值是不能接受的，具有很大的不可信度，很可能是测定过程失误所造成的结果。这是误差分析的基础。

在统计学上置信度也叫置信水平（confidence level），又称置信系数（confidence coefficient）。若以 P 代表概率，α 为显著性水平，则置信度以 $P = 1-\alpha$ 表示。当$\alpha = 0.05$ 时，置信度 $P = 1-0.05 = 0.95$；当$\alpha = 0.01$ 时，置信度 $P = 1-0.01 = 0.99$。置信度高，则置信区间大，反之则小。

在化学分析上，通常选取 5%或 1%的显著性水平和 95%或 99%的置信度作为统计推断的标准。在通常只有几次测定的分析结果中，出现大偏差的测定值，可信度很小，不能认为是由于随机因素所引起的，可以认为该测定值与其他测定值之间存在着显著性差异（成为离群值），应该加以舍弃。

（3）测量误差的统计分布

高斯分布规律是在大样本（统计上称为总体，population）体系中进行无数次测定结果的统计所体现的。在实际分析测定中通常是在有限次数测量的小样本（统计上称为样本，sample）体系中进行，在总体系是正态分布的情况下，小样本体系的分布函数可以由算术平均值 $\bar{x}$ 和标准偏差 s 来描述：

$$f(x) = \frac{1}{\sqrt{2\pi}s}\mathrm{e}^{-\frac{(x-\bar{x})^2}{2s^2}} \tag{8-5}$$

$$s=\sqrt{\frac{\sum_{i=1}^{n}(x_i-\overline{x})^2}{n-1}} \quad \text{（称为贝塞尔公式）} \tag{8-6}$$

此时可用测量的算术平均值 $\overline{x}$ 和标准偏差 s 来进行统计分析。它们只是总体平均值 μ 和总体标准偏差 σ 的近似估计值。用平均值 $\overline{x}$ 代表样品中的真实含量，存在一定的不确定性。而且，测定次数不同，采用其算术平均值和标准偏差来进行统计处理，与总体的偏离也会有不同，参数的分布形式也与总体分布有所不同。因此测定结果应该包含测定的平均值及其不确定度，给出测定结果的置信区间或置信概率。

在一个或多个小样本的分析数据处理上，常见的还有 t 分布和 F 分布，用于数据检验和平均值的比较。

t 分布是戈塞特（Gosset）由小样本体系导出的平均值的理论分布形式，由于这时总体的标准差和总体均值不知道，只能用 s 代替 σ，由此产生的偏差，引入 t 统计量进行估计：

$$t=(\overline{x}-\mu)/s_{\overline{x}}=\frac{\overline{x}-\mu}{s/\sqrt{n}} \tag{8-7}$$

t 值的分布与正态分布相似（图 8-2），称为 t 分布，仅依赖于样本的大小（n），$n-1$ 称为自由度。当 $n\rightarrow\infty$ 时，t 分布与正态分布一致。当 n 在 20 以上时与正态分布曲线很相似，超过 30 时通常使用正态分布。了解 t 分布的概念很必要，它是所有对小样本的平均值进行比较的显著性检验的基础，即 t 检验。

F 分布是又一种统计量分布（图 8-3），是检验标准差的变化，也是由小样本 s 代替大样本 σ，由此产生偏差的统计估量。根据两个小样本的方差 s_1^2 和 s_2^2 来检验总体方差是否符合 $\sigma_1^2=\sigma_2^2$。

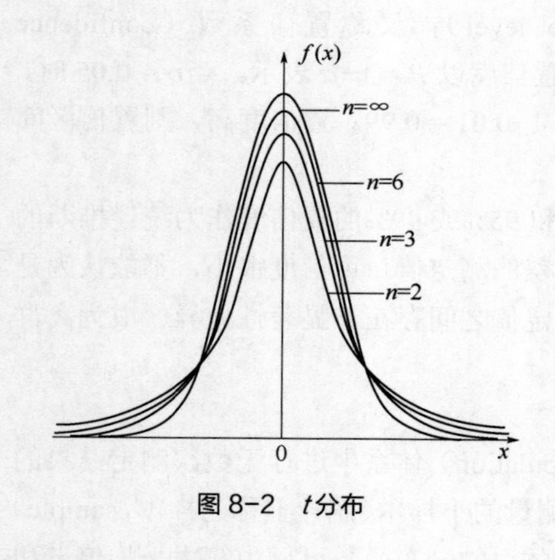

图 8-2　t 分布

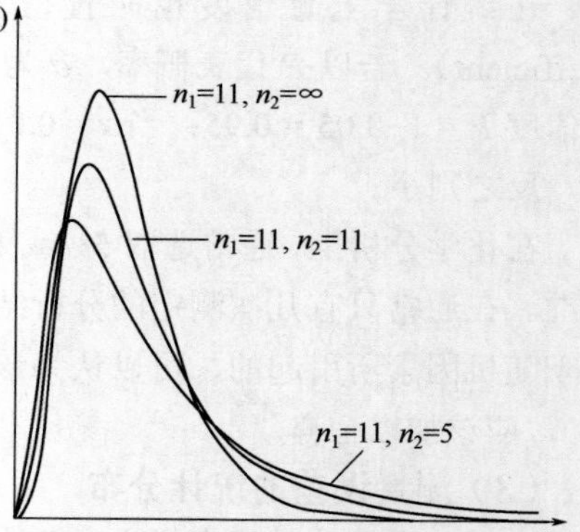

图 8-3　F 分布

F 统计量为：

$$F=\frac{s_1^2}{s_2^2} \quad (s_1^2>s_2^2) \tag{8-8}$$

F 值的分布称为 F 分布，仅依赖于两个样本的自由度，即 n_1-1 和 n_2-1。在 t 检验之前必须先进行 F 检验。

分析测试通常是小样本体系，只有几次有限的测试数据，甚至有时只有根据两个平行测定数据来估计出总体的参数，并确定这些参数的置信界限。因此，有限的测试数据是否符合总体的正态分布，必须进行检验，并根据测试次数来估计其与总体的偏差。显然，测试数据越少，根据小样本体系数值对总体参数的估算就越不够精确，容易出现显著性的差异，必须加以判别。

8.1.2.2　光谱分析误差的来源

对光谱分析数据进行处理时，首先要对分析方法进行评价，对光谱分析中产生误差的因素进行了解。经验表明只有当实验设定得完全符合随后用来处理实验结果的要求时，统计分析的应用才是有效的。下面仅就光谱分析中可能出现的误差因素加以介绍。

（1）产生系统误差的主要因素

① 光谱分析中由于分析样品与标准样品性质不同而产生的影响，包括样品的组织结构，基体的化学成分和物理状态的差异。这些因素将影响分析样品与标准样品中被分析元素的蒸发和激发行为，并将影响光谱背景的强度差别，造成系统的偏差。

② 光源的电学参数（如电容、电阻、电感、电压）周期性起伏造成的影响、使用保护气氛的激发光源工作时气体压力和流量的大小变化、溶液进样时导致雾化效率变化的因素而产生系统误差。

③ 标准试样中被分析元素的推荐值的不准确度，包括溶液分析时标准溶液配制所用基准物质的保证程度、试剂不纯以及痕量元素的标准溶液中元素被污染或被容器内壁吸附。

④ 被分析元素的分析线为其他元素谱线叠加和背景干扰等所产生的误差。

⑤ 环境温度的变化和实验室条件对检测系统的影响，同时温度的变化还将使光谱仪狭缝宽窄变动，使谱线测量发生变化。对多道光量计而言，温度的变化将使光量计的入射狭缝及元素谱线的通道狭缝缓慢漂移，影响各通道的谱线强度和谱线相互干扰的状况发生改变而产生严重的分析误差。

⑥ 测量条件和试样处理条件不一致，也会使不同批次、不同时间测得的分析数据出现系统误差。

（2）产生随机误差的主要因素

① 试样不均匀。这主要决定于样品的性质，例如每个冶金样品是由多种合金成分组合而成，在固体进样时组织结构和加工状态的不同，将造成块状样品成分的不均匀性；在溶液分析中被分析元素赋存状态的不同，如地质和天然样品等，很难保证其在样品中的均匀性，这在取样量很少的光谱分析中尤为突出。其他如样品的沾污，内标元素的不均匀等都会产生偶然误差。

② 激发条件在光谱分析过程中的波动。如电学参数无规律的变动（包括电压、电流随机的波动和放电隙中放电位置的晃动），电极间距离调节的不一致性，弧焰在下电极上的游动，燃弧时试样产生不易察觉的喷溅，电极加工规格的不一致，曝光时间控制等所引起的误差。

③ 光电元件的测光误差。

④ 样品组成的差异。在一批分析样品中，有些样品的基体组成和标准试样的组成不一致，而这种现象在块状样品分析中是经常存在的，这必然使分析误差增大。

8.1.2.3 误差分析的统计处理

系统误差具有确定的变化规律，可以分为已定的系统误差和未定的系统误差，在处理测量结果时应先对已定系统误差进行修正，不宜于合成；对于未定系统误差，估计其可能的范围，可视为随机误差进行合成处理。如光谱分析中谱线的重叠干扰、基体及背景干扰等会带来系统误差是可以确定的，属于已定系统误差，在处理测量结果时，应先对其进行校正，不要急于合成。

在仪器分析中未定系统误差是较为普遍的，如仪器在安装、调试或检定中，随机因素带来的误差虽具有确定性，实际误差为一恒定值。但若尚未找到这种误差的具体数字则可归属于未定误差。由于它的取值具有一定的随机性，服从一定的概率分布，因而若干项未定系统误差综合作用时，相互之间具有一定的抵消作用，可以采用随机误差的合成公式，这就给测量结果的处理带来很大的方便。对于某一项误差，当难以严格区分为随机误差或未定系统误差时，作为随机误差处理，进行合成的效果是一样的。

分析结果的总误差 σ（对小样本为 s）则为上述各类误差的累积。根据误差加法定律，总误差 σ（或 s）为：

$$\sigma=\sqrt{\sigma_1^2+\sigma_2^2+\cdots+\sigma_n^2} \quad 或 \quad s=\sqrt{s_1^2+s_2^2+\cdots+s_n^2} \tag{8-9}$$

式中，σ_1、σ_2、…、σ_n 为各类误差单元；s_1、s_2、…、s_n 为小样本的误差单元。从式（8-9）可知，若要降低总误差 σ，必须使各误差单元减小。特别应注意那些误差值大，对总误差贡献最大的误差单元。在实际工作中，应对产生各类误差的原因进行分析，并通过试验对那些误差值大的单元予以解决，将可使总误差得到相应的控制。

8.2 光谱分析方法的评价参数

8.2.1 光谱分析中的特征值

光谱分析的灵敏度、检出限和测定下限以及背景等效浓度等，是常用的评估分析方法的技术参数，具有不同的含义，又有一定的内在联系。这里仅就与光谱分析相关部分内容加以介绍。

8.2.1.1 灵敏度

根据国际纯粹及应用化学联合会（IUPAC）的规定，灵敏度（sensitivity）定义为分析校正曲线 $X=f(C)$或 $X=f(q)$的斜率 S_l。即：

$$S_l=\frac{\mathrm{d}X}{\mathrm{d}c} \quad 或 \quad S_l=\frac{\mathrm{d}X}{\mathrm{d}q} \tag{8-10}$$

式中，X 为测量信号值；c 为相对应的浓度；q 为相对应的绝对量。

灵敏度可以由 X_a/C_a 测得：

$$S_l = (X_L - X_{BL})/c_L = X_a/c_a \tag{8-11}$$

根据光谱分析基本关系式——罗马金公式：

$$\lg I = B\lg c + \lg K$$

将两端微分，得：

$$\Delta I = \frac{dI}{I} = 0.43B\frac{dC}{C} \tag{8-12}$$

上式表示强度差 ΔI 的微小变化与浓度微小变化之间的关系，式中 B 即为分析校正曲线的斜率，亦即为分析方法的灵敏度。

8.2.1.2　检出限

检出限（detection limit，DL）是指用特定的分析方法，能可靠检出的分析物的最小量或最小浓度，前者称为绝对检出限，后者称为相对检出限。IUPAC 规定的检出限的定义是在合理的置信水平下，可检出的最小测量信号 X_L，并以浓度 c_L 或量 q_L 表示。X_L 值由下式求得：

$$X_L = \bar{X}_0 + Ks_0 \quad 或 \quad X_L - \bar{X}_0 = Ks_0 \tag{8-13}$$

式中，$\bar{X}_0$ 为空白试样测量信号值的平均值；s_0 为多次空白试样测量信号的标准偏差；K 为选定置信水平下的常数值。与其相对应的最小可检测浓度 c_L 或量 q_L 称之为检出限。可由下式求得：

$$c_L = \frac{X_L - \bar{X}_0}{S_l} = \frac{Ks_0}{S_l} \tag{8-14}$$

$$q_L = \frac{X_L - \bar{X}_0}{S_l} = \frac{Ks_0}{S_l} \tag{8-15}$$

式中 S_l 为分析校正曲线的斜率。当 c_L 或 q_L 很小时，S_l 为常数。$\bar{X}_0$ 和 s_0 可通过实验测得。测定次数 n 一般为 11～20 次。

图 8-4 表示用空白试样测定 n 次时 X_0（空白试样测量信号平均值）与 X_L（选用某一置信水平时可检出的最小信号）之间的关系。空白试样测量信号值的起伏大小（如摄谱相板上光谱背景值，光电检测器的背景信号值）决定了能检出的最低浓度。根据式（8-14）、式（8-3）及图 8-2 可知，检出限的数值是空白试样的标准偏差 s_0 的 K 倍（K 定为 2 或 3）所对应的元素浓度（或量）。当测得的分析元素的净信号值达到或超过 Ks_0 时，才能确认是该元素的信号，而不是偶然出现的一个高的空白信号值，方可认为该元素确实存在。

IUPAC 建议 K 值采用 3，但也有主张采用 2 的。当分析数据严格地按照正态分布时，$K = 3$ 时的置信水平为 99.7%，$K = 2$ 时为 95%。但当元素的含量很低时，分析数据往往偏离正态分布，且分析次数有一定的限度，其 $\bar{X}_0$ 和 s_0 都是根据有限测量次数计算所得。因此，K 值采用 3 时，置信水平可能降至 90%。

8.2.1.3 背景等效浓度

背景等效浓度（background equivalent concentration，BEC）是指分析线背景强度值相当于分析物的浓度量。在光谱分析中 BEC 为某一谱线背景的等效浓度值，反映了仪器的信背比及检出能力，即在该分析线下背景值相当于该分析物的浓度量（由 Boumans 波长表可查到），单位为 μg/mL。

通常由空白溶液在其分析线处的背景强度，计算出其相当于该元素浓度的量，如图 8-5 所示：

$$\mathrm{BEC} = X_0c_0/X_0 \quad 或 \quad \mathrm{BEC} = X_0/S \tag{8-16}$$

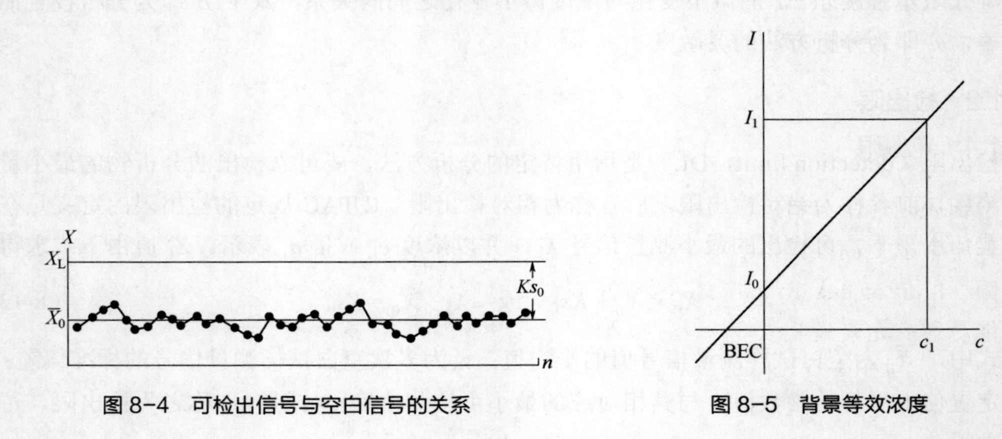

图 8-4 可检出信号与空白信号的关系　　图 8-5 背景等效浓度

在光谱分析的具体工作中，常以背景值为空白试样测定信号值。设 c_a 为一已知浓度，X_a 为其净测量信号值，X_0 为背景值即不含分析元素的空白试样信号。在不同场合下，式（8-14）的检出限 c_L 可用以下几种形式表示：

$$c_L = \frac{Ks_0}{S_l} = \frac{Ks_0}{\overline{X}_0} \cdot \frac{\overline{X}_0}{S_l} = K(\mathrm{RSD})_0 \cdot \frac{\overline{X}_0}{S_l} \tag{8-17}$$

$$c_L = K(\mathrm{RSD})_0 \cdot \frac{\overline{X}_0}{X_a / c_a} = K(\mathrm{RSD})_0 \cdot \frac{c_a}{\mathrm{SBR}} \tag{8-18}$$

$$c_L = K(\mathrm{RSD})_0 \cdot \frac{\overline{X}_0}{X_a} c_a = K(\mathrm{RSD})_0 \cdot \mathrm{BEC} \tag{8-19}$$

式中，$(\mathrm{RSD})_0 = s_0 / \overline{X}_0$ 为背景测量的相对标准偏差（s_0 为背景测量的标准差，$\overline{X}_0$ 为背景测量的平均值）；$\mathrm{SBR} = \frac{X_a}{\overline{X}_0}$ 为信背比；$\mathrm{BEC} = \overline{X}_0 c_a / X_a$ 为背景等效浓度。

c_a 的数值应妥加选择，以保证 S_l、SBR 或 BEC 的可靠性。对于光电直读法建议 c_a 值取检出限以上 100 倍，$c_a \approx c_L \times 100$。以上公式可用于光电直读法检出限的测定。

在光谱分析上，摄谱法检出限的测定比较复杂。主要问题：一是如何正确地选定背景测量的位置，二是谱线黑度太浅的背景将如何处理，三是分析校正曲线的下端往往是非线性的，因此在测量时应十分仔细。

对于背景的测量位置，一般是采用测量谱线图上的某一固定位置或测量分析谱线单侧背景的极小值处（或测量双侧的极小值，取其平均值）。

日常具体工作中，大量的光谱分析是采用不扣除背景的方法。则可用下式求得检出限 c'_L。

$$c'_L = \frac{\overline{X}_0}{S_l} + \frac{Ks_0}{S_l} = c'_0 + c_L \tag{8-20}$$

式中，$\overline{X}_0$ 为含有基体元素的空白试样经多次分析所测得的信号平均值；c'_0 为 $\overline{X}_0$ 所对应的分析元素的浓度，即基体元素的背景效应。

在用 ICP 光源以溶液法进行分析时，使用的标准溶液中并不含有基体元素，只是在蒸馏水（含有一定浓度的酸）中加入分析元素配制而成。而实际检出限应包含基体元素的背景效应 c_0'。

8.2.1.4 定量限

检出限是一个分析方法可以检出的最低浓度，不能直接测定，是通过计算得到的。在具体工作中常以更高的置信水平来确定元素的最低测定浓度，是可以直接测定到的最低浓度。定量限（limit of quantification，LOQ）的意义可以认为是分析方法选定一个更高的置信水平时所能测得的元素最低浓度 c_Q 或 q_Q（相当于检出限的 3 或 5 倍）。

c_Q 和 q_Q 可用式（8-14）、式（8-15）以 $K = 3$ 或 5 计算求得：

$$c_Q = Kc_L \quad 和 \quad q_Q = Kq_L \tag{8-21}$$

K 值的大小与所取置信度有关。当 K 值确定后可以按照正态分布密度函数表来估计上述两种误差的大小。若以绝对量 q 表示时，则与取样量有关。

8.2.1.5 发射光谱分析改善检出限的途径

元素检出限的高低与元素性质、样品组成、光谱仪器的性能和分析条件等密切相关，只有这些条件都确定后，元素的检出限才是一个可比较的参数。

实际工作中，为改善发射光谱分析的检出限，可采用如下途径：

① 减小分析信号和背景的随机噪声；

② 采用适当的内标元素和内标法，以减小和补偿非随机噪声；

③ 提高净分析信号强度或减小背景强度，使信背比增大；

④ 增大校正曲线斜率和检测器的相对响应因子，使分析信号和背景噪声的相对影响较小；

⑤ 采用化学光谱法时，对样品中分析物进行预富集，可使元素检出能力大大提高。

8.2.2 光谱干扰校正及其对测定误差的影响

光谱分析测定时分析谱线往往会受到共存元素的谱线重叠干扰、谱线的背景干扰、光源中所产生的复合分子光谱和散射光的影响以及激发影响，呈现为可确定的系统误差，将严重地影响测定的准确度。必须进行校对，扣除谱线干扰等各种影响，对保证光谱分析结果的准确度是一个重要环节。

在用电弧为光源以摄谱法分析时，由于电弧光源的稳定性差，激发条件受第三元素的影响很大，干扰元素产生的谱线背景、复合光谱和散射光的影响较难扣除等技术上的困难，在没有电子计算机辅助下，只能通过选用干扰影响较小的分析线，甚至选用次灵敏线来解决谱线干扰的影响。

现代火花放电光谱仪和ICP-AES光谱仪，引入了电子计算机控制技术，克服了上述的种种困难，并完全解决了运算困难。且有的仪器备有光谱移位装置，可容易地描迹分析通道左右各 0.15nm 范围内的所有光谱图迹，可了解对分析线的干扰情况。可以对光谱谱线重叠干扰进行校正，对背景干扰自动扣除，对分析结果进行校正。下面将叙述元素的干扰情况及校正的基本方法。

8.2.2.1 谱线重叠干扰

谱线的重叠现象主要取决于分析线和干扰线之间的波长差，光谱仪的色散率和分辨率，入射及出射狭缝的宽度以及分析元素和干扰元素的浓度，或它的谱线的强度。这种干扰可以用干扰系数法进行校正。但因重叠情况不同，引起的误差也不一样。

通常谱线的重叠现象大致可以分为三种类型，见图 8-6 中（a）、（b）、（c）：

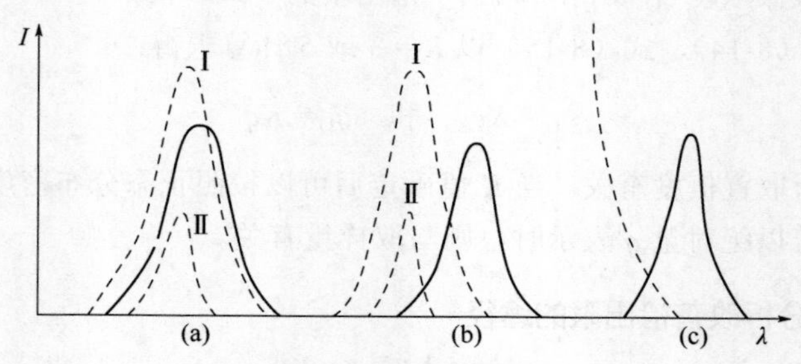

图 8-6 谱线的重叠干扰

实线为分析线，虚线为干扰线

（a）谱线基本重叠的干扰　见图 8-6（a），当分析元素含量较高而干扰元素含量相对较低，或分析线强度大而干扰线强度小［图 8-6（a）Ⅱ］时，可以较准确地扣除干扰线的影响。但如果干扰元素的含量很高或谱线强度很大［图 8-6（a）Ⅰ］时，而分析元素的含量相对而言很低或其谱线强度很小，则校正效果很差。即使用 K 系数法进行校正，结果误差仍很大。

（b）谱线部分重叠的干扰　见图 8-6（b），谱线呈部分重叠，分析线与干扰线基本分开。即使干扰元素含量很高，但谱线重叠位置仍在分析线的边缘部分，仅其边缘部分落入分析通道中，在此情况下，采用干扰系数法进行校正，可得到良好的校正效果。

（c）强邻近线的干扰　见图 8-6（c），在分析线附近有一根很强的干扰线的图形。虽然干扰线和分析线的峰值波长差较大，没有发生重叠现象。但由于干扰线的强度很大，以致谱线尾翼落入分析通道中，呈现部分重叠干扰。当干扰元素的含量较高，或为高含量的基体元素时，往往会出现这种现象，如 Pb 220.353nm 受到 Al 220.463nm，Ag 338.289nm 受到 Ti 338.376nm 谱线尾翼的干扰。这种干扰用 K 系数进行校正，一般仍可获得准确的分析结果。但对低含量分析元素的影响，当干扰线很强，分析线几乎被淹没在强峰的侧峰坡上，这时用 K 系数法进行校正会带来很大误差，甚至得不到正确的结果。

8.2.2.2 “背景”干扰的校正

① 由谱线所产生的背景，见图 8-7，干扰线和分析线的波长差虽相差较大，但谱线的背景落入分析通道中，产生背景干扰。如 Fe 249.326nm 的背景即影响 Be 249.473nm 通道的测定，这种干扰可以通过干扰系数法得到较好的校正。

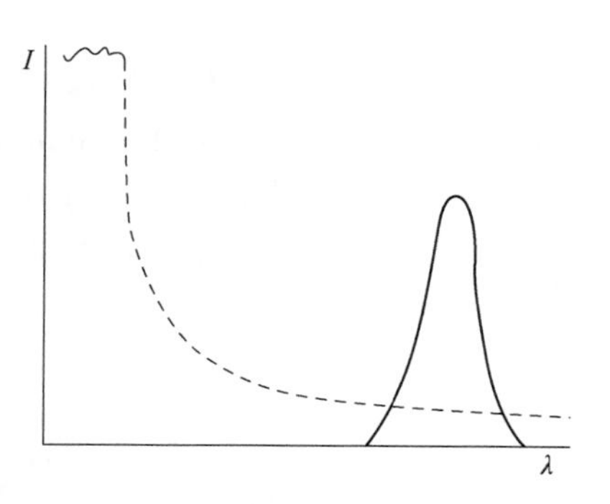

图 8-7 谱线产生背景的干扰现象

② 由复合分子光谱及光源中发射的散射光，对分析通道的影响见图 8-8，这种干扰和背景干扰相似。谱线的背景、复合分子光谱和散射光生成的物理机理不同，但它们对分析结果的干扰影响与一般的背景相似。如干扰元素 Al 对 W 207.911nm 和 Ge 209.426nm 通道的影响，以及元素 Mg 的散射光对 Ge 209.426nm、Pb 220.353nm 通道的影响。

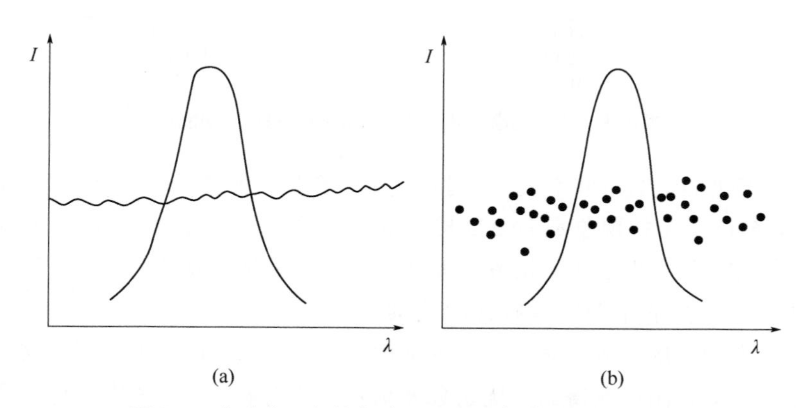

图 8-8 复合分子光谱（a）及散射光（b）对谱线的干扰

谱线的重叠干扰和“背景”干扰都可以用干扰系数法进行校正。对于背景干扰，也可用一般扣背景方法校正。

8.2.2.3 干扰系数校正法

干扰系数校正法，是利用干扰系数 K 值进行光谱干扰校正，是指 1%含量或 1μg/g 浓度的干扰元素在待测元素的分析线上所产生的相当于待测元素的含量或浓度（μg/g）的干扰量。系数 K 值可通过下述公式求得：

$$K_{n,m} = A_{m,n}/c_n \tag{8-22}$$

式中，$A_{m,n}$ 为某一已知浓度的干扰元素 n 在元素 m 分析通道上所造成的谱线或背景干扰量，以被测定元素 m 的含量（%）或浓度（μg/g）表示；c_n 为干扰元素 n 的含量（%）或浓度（μg/g）；$K_{n,m}$ 即为干扰元素 n 对分析元素 m 的校正因子。

在相同分辨率的仪器上，绝大多数元素的干扰系数 K 值为一常数，它将不随干扰元素浓度的变化而变化。但实验证明，某些干扰元素的浓度变化时，干扰系数 K 值也会变化。冶金、地质样品中铁、镍、铜、铝、钾、钠、钙、镁等基体元素的含量变化比较大。此时，有些元素的干扰系数 K 值也就会发生变化。例如测定金用 Au 242.795nm 谱线，将受 Fe 的干扰，测定钍时用 Th 401.913nm 谱线，将受 Ca 的干扰。其 K 值将各自随 Fe 和 Ca 的浓度而变化。换言之，不同浓度的干扰元素，如 Fe 在 Au 的分析线上或 Ca 在 Th 的分析线上所反映出的 Au 和 Th 的浓度与所对应的 Fe 及 Ca 的浓度不成正比，即干扰关系为曲线，见图 8-9。

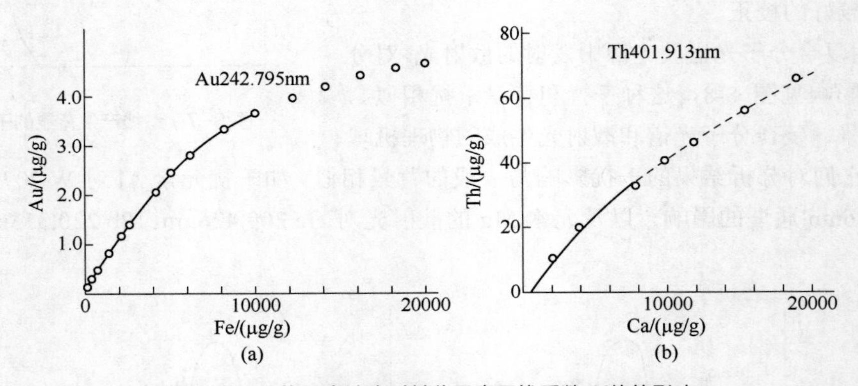

图 8-9　干扰元素浓度对某些元素干扰系数 K 值的影响

显然，这种偏离的绝对量并不大，但对定量测定含量很低的元素时仍会造成严重的误差。Fe 对 Au 242.795nm 的干扰现象是 Fe 242.829nm 的重叠干扰，而 Ca 对 Th 401.913nm 的干扰为散射光干扰所致。但产生上述干扰系数 K 值变化的原因是很复杂的，其主要原因可能是由于大量的基体元素进入等离子体光源后改变了激发条件。

因此，各元素的干扰系数 K 值有一定的适用范围。例如，针对水系沉积物、土壤及硅酸盐的基体元素的组分范围所测得的干扰系数 K 值不一定对石灰岩、铁帽等样品适用。针对分析样品的不同，必须通过试验，对一些有变化的干扰系数 K 值作必要的修正。

在 ICP-AES 分析中，大量的基体元素如 Ca、Mg、K、Na 等进入 ICP 光源后可能会改变激发条件，以致改变某些元素谱线的发射强度。如 Ca、Mg 的存在将会削弱 Al 237.313nm 和 Fe322.775nm 的强度，对测定 Al 和 Fe 的含量产生“负干扰”。此时测得的干扰系数 K 值为负值。在校正分析数据时可将由 Ca、Mg 所造成的“负干扰”加上分析结果予以校正。

在用干扰系数校正法时，K 值的测定尚需考虑以下问题：

① 各元素的干扰系数 K 值通常是用单一的干扰元素测得的。但实际分析时，样品是由多种元素组合而成的，共存元素相互之间也存在着干扰，特别是当待测元素受某一元素干扰，而这一干扰元素又受到基体的干扰，这时由单一干扰元素的 K 值，在存在基体的情况下的校准是不准确的。合成试样（不含分析元素的所谓“基体空白”）溶液测得的各元素的 K 值与用单一干扰元素测得的 K 值将不一致。因此，应考虑校正因子 K 值的这种变化，通过用基体

元素混合试样的模拟试验，来修正干扰系数 K 值。此时 K 值的计算公式应是个多项式，不会是如式（8-17）那样的单项式。

② 如果测取干扰系数 K 值所用的试剂不纯，含有微量的待测元素，必然对待测元素的分析线提供“假干扰信息”。如氧化铁中往往含有微量的锰，而钙、镁等元素的化学试剂中往往含有锶、钡。这时应查看光谱谱线表，查明在分析线上（或邻近）是否有干扰元素的谱线重叠干扰，结合元素的化学性质，是否有共存的可能，以判断测得的 K 值是否准确。否则仍会带来分析误差。

校正分析数据时，需测得各干扰元素的浓度。这在多道直读光谱仪上可与分析元素的浓度同时在干扰元素的通道上测得。通过电子计算机运算，扣除各干扰元素对分析元素干扰影响的总和，得出准确的分析结果。校正公式如下：

$$c_{m1} = c^0{}_{m1} - (K_{n1,m1}c_{n1} + K_{n2,m1}c_{n2} + \cdots) \tag{8-23}$$

式中，c_{m1} 为经校正后元素 m_1 的测定结果；$c^0{}_{m1}$ 为从该元素分析通道上得出的未经干扰校正的测定数据；c_{n1}，c_{n2}，…为干扰元素 n_1，n_2，…的浓度；$K_{n1,m1}$，$K_{n2,m1}$，…为干扰元素 n_1，n_2，…对分析元素 m_1 的干扰校正因子 K 值。

一般来讲，每个分析元素往往需扣除多个干扰元素的影响，有的元素甚至需扣除 7～9 个干扰元素的影响。

应该注意，一些干扰元素自身亦受到其他元素的干扰影响。此时应该用以上同样的方式进行校正，首先对干扰元素通道上的读数进行校正，求得干扰元素的准确含量，然后再用此准确的数据对分析元素进行校正。例如，测定 Be 时，Be 通道受到 V 的干扰，$K_{V,Be}$ 为 0.00421，而 V 通道又受到 Fe 的干扰，$K_{Fe,V}$ 为 0.00014。通过分析，Be、V、Fe 通道上分别读得 3.0μg/g、300μg/g、200000μg/g 的浓度（含量）。应按下式正确地校正 Be 的分析数据。

$$c_{Be} = 3.0-(300-200000\times0.00014)\times0.00421 = 1.85\ (\mu g/g)$$

首先应校正 Fe 对 V 的干扰，经校正后 V 的含量为 300−28 = 272（μg/g），然后再校正 V 对 Be 的干扰。如果简单地用未经校正 Fe 干扰的 V 300μg/g 来进行计算，则 Be 将被 V 多扣除 0.11μg/g。

在编写计算机校正程序时，一般应遵照下述要求：

① 首先编入各基体元素的干扰系数 K 值，因在多元素分析中基体元素是主要的干扰元素。

② 以上述测定 Be 为例，逻辑上先编入 Fe 校正 V，然后以 V 校正 Be。按此前后顺序，依次编入。

③ 最后考虑编入含量低、干扰影响小的干扰元素的干扰系数 K 值。

现代的直读光谱仪，由于仪器的分辨率得到很大的提高，元素之间的谱线干扰得到很大的改善，同时采用高性能的计算机进行数据处理，干扰系数校正和扣背景可以自动进行，完成上述很多繁杂的数学计算，提高了光谱干扰校正的精确程度。

光谱分析结果准确度的好坏，主要取决于干扰效应的大小，在无干扰或干扰已经得到很好校正的情况下，取得的测定结果，经统计处理才能给出具有一定可信度的可靠结果。

8.2.3 校准曲线的回归分析[6]

原子光谱分析是由谱线强度推算出被测组分的含量，是由组成相同的或相似的标准系列试样经同步分析过程制作校准曲线，建立响应信号与被测组分含量（或浓度）之间定量关系式，即校准曲线（calibration curve），又称工作曲线（working curve）。

光谱分析的定量关系通常依据罗马金经验公式，按最小二乘法原理进行曲线方程回归，可呈现为一次线性回归或二次曲线回归。火花光谱分析多为二次回归方程，相关性较好；ICP光谱和辉光放电光谱分析则采用一次线性回归方程，即有很好相关性。一般相关系数达到 0.99即可得到满意结果。对于非线性曲线拟合[7]，有采用乘幂法将非线性曲线化为线性曲线，用于 2 次及以上的高次曲线。

8.2.3.1 一次线性回归

① 按偏差平方和最小的原则，建立校准曲线相当于在平面上一组实验点取平均值，使校准曲线尽可能通过最多的实验点，且实验点尽可能均衡地分布在校准曲线的两侧，以达到实验点对校准曲线的偏差平方和最小。

② 斜率和截距的统计特性，对一条给定的校准曲线，其斜率和截距是常数。对不同取样建立的校准曲线，其斜率和截距是不同的，具有统计特性，在给出测定结果的不确定度时，要考虑斜率和截距波动产生的方差的影响。

③ 相关关系与函数关系　在函数关系中，$y=f(x)$与 $x=f(y)$是同一条曲线，在相关关系中，$y=f(x)$与 $x=f(y)$不是同一条曲线。因此，从校准曲线求被测定值时要考虑这种差异所带来的影响。

④ 回归方程的建立　一次线性回归方程的校准曲线为：

$$y = a+bx \tag{8-24}$$

$$b=\frac{\sum_{i=1}^{n}x_i y_i-\frac{1}{n}(\sum_{i=1}^{n}x_i)(\sum_{i=1}^{n}y_i)}{\sum_{i=1}^{n}x_i^2-\frac{1}{n}(\sum_{i=1}^{n}x_i)^2}=\frac{\sum_{i=1}^{n}(x_i-\overline{x})(y_i-\overline{y})}{\sum_{i=1}^{n}(x_i-\overline{x})^2} \tag{8-25}$$

$$a=\frac{1}{n}\sum_{i=1}^{n}y_i-b\frac{1}{n}\sum_{i=1}^{n}x_i=\overline{y}-b\overline{x} \tag{8-26}$$

⑤ 相关系数　相关系数是两个变量之间的相互依存程度，以这两个变量间的协方差除以各自方差的平方根表示：

$$r=\frac{\sum(x_i-\overline{x})(y_i-\overline{y})}{\sqrt{\sum(x_i-\overline{x})^2\cdot\sum(y_i-\overline{y})^2}} \tag{8-27}$$

r 取值范围为 $0<|r|<1$，$|r|=1$ 表示 x 与 y 完全线性关系，实验误差为零。通常情况下$|r|$在 0 和 1 之间，偏离 1 越大即相关性越不好，在不同置信度下对相关系数要求是不同的，通常显著性水平 α 在 0.05 时要求$|r|$在 0.95 以上，显著性水平 α 在 0.01 时要求$|r|$在 0.99 以上，

才符合要求。实际分析上希望$|r|$在 0.99 即达到误差要求，ICP 等溶液分析一般很容易达到 0.999 以上。

8.2.3.2 校准曲线的实验设计

① 实验点数目以 4～6 点较为合适，线性范围宽的方法希望跨相应的数量级为宜；

② 在线性范围内，尽量扩大 x 取值范围，使被测组分含量位于曲线中间；

③ 适当增加实验点数目，减少重复测量次数，以保证校准曲线的整体稳定性；

④ 曲线两端范围的实验点适当增加重复测量次数，以提高这些点的测量精度；

⑤ 空白溶液点参与回归，用截距扣空白,提高校准曲线的稳定性；

⑥ 不宜采用平行或斜率重置对校准曲线变动进行校正，应用不同于制作工作曲线的浓度值重新标定校准曲线，增加回归线的实验点数目，提高稳定性。

对于光电直读仪器分析而言，校准曲线的回归通过仪器的应用软件已经可以自动进行。而且可以进行一次线性回归，也可作二次曲线回归，以达到减小误差目的。

8.2.4 分析数据的数字修约

（1）分析结果的有效数字

结果的报出正确与否也与分析数据的有效位数和修约有关，测量过程中得到的数据，所有确切的数字加上一位欠准数字称为有效数字。有效数字位数是仪器精度和被测量本身大小的客观反映。记录分析数据时，只应保留一位不确定数字。在计算过程中舍去多余数字时，一律以“数字舍入规则”为原则。几个数字相加减时，保留有效数字的位数决定于绝对误差最大的一个数据。几个数据相乘除时，以有效数字最少的为准，即以相对误差最大的数据为准，弃去过多的位数。

（2）分析数据的数字修约规则[8]

分析结果数字的表示要符合有效数字修约规则。分析数据有效位数和数字修约可按 GB/T 8170 执行。要点是：①采用四舍六入五单双的原则，优点是取舍项数和误差的平衡性。②标准偏差的修约，原则上是只进不舍。通常只取 2 位有效数字。③不允许连续修约，确定修约位数后，一次修约获得结果。例如：不能将 15.4546 经连续修约为 16。④平均值的有效数字取决于测量仪器与测定方法的精度。⑤在运算过程中，有效数字可以比最后结果应有的位数多取 1 位或 2 位。

8.3 光谱分析的质量控制

定量分析中，在校正系统误差之后，要把测得的数据进行统计处理。从上面对光谱测定结果的误差分析可知，在经干扰校正消除了已知的系统误差之后，未知的系统误差和随机误差仍然存在，但它的分布服从统计规律，可以通过数理统计来评价测定结果的可靠性和波动性，给出被测定量的量值范围。

8.3.1 常见的几个相关术语

准确度（accuracy）是指测试结果与接受参照值的一致程度。当用于一组测定结果时，由随机误差和系统误差分量组成，既包含正确度也包含精密度。

正确度（trueness）是指由大量测试结果的平均值与真值或给定值之间的一致程度。通常用术语“偏倚”来加以度量，是系统误差的总和，可能由一个或多个系统误差引起。

精密度（precision）是指在规定的条件下，独立测试结果间的一致程度。精密度仅仅依赖于随机误差的分布而与规定值无关。其量值用测试结果的标准差来表示。日常分析中，通常用相对标准偏差（RSD）表示：

$$\mathrm{RSD}=\frac{s}{\overline{X}}\times 100\% \tag{8-28}$$

精密度的定量严格依赖于规定的条件，重复性和再现性条件为其中两种极端情况。

重复性（Repeatability）是由同一个人在同一实验室用同一台设备，在短时间内对同一个样品进行多次重复测量时，测量结果的符合程度。在重复性条件下所得测试结果的标准差，称为重复性标准差，是在重复性条件下测试结果分散性的度量。一个数值，在重复性条件下，两个测试结果的绝对差小于或等于此数的概率为 95%。这个数称为重复性限(repeatability limit)。用 r 来表示。

再现性（reproducibility）是在不同实验室由不同人用同一方法对同一个样品多次重复测量时，测量结果的符合程度。在再现性条件下所得测试结果的标准差称为再现性标准差，是在再现性条件下测试结果分散性的度量。一个数值，在再现性条件下，两个测试结果的绝对差小于或等于此数的概率为 95%。这个数称为再现性限(reproducibility limit)。用符号 R 表示。

评定测量方法与结果的准确度，在国家标准 GB/T 6379 中用“正确度”和“精密度”来描述。国标方法多对分析方法进行精密度试验，统计了方法的重复性限和再现性限，以供对分析数据的准确度（正确度和精密度）进行评定。

8.3.2 数据可靠性检验

8.3.2.1 异常值检验

分析测定通常都需进行多次的测定，然后以平均值作为分析结果报告。因此对所得到的数据需要进行检验是否存在高度异常值，以保证测定结果的有效性。

离群值（异常值）是指样本中的个别值，其数值明显偏离该值所属样本的其余观测值。通常将置信区间定于 95%（即显著性水平为 5%）来判断数据的异常性。为保证样本的代表性，离群值处理容许显著性水平定为 1%来判断数据是否为高度异常值，这样可包容更多的实验数据。将各观测值代入检验规则中给出的统计量，所得值若超过临界值，则判断待查的观测值为离群值，否则可判断没有离群值。

如检验统计量小于 1%临界值，被检值正常，应予以保留。如检验统计量大于或等于 1%

临界值，被检值叫离群值，应加以剔除，不能参加进一步的统计或平均。

对异常值的检验通常采用 3s 法、格拉布斯法和狄克逊法。

（1）3s 法

根据正态分布规律，偏差超过 2.6σ 的个别测定值显著性水平概率小于 1%。对于少量实验数据，用样本标准偏差 s 代替 σ。用可疑值与平均值进行比较，如差值的绝对值大于（或等于）2.6s 即 $\left|X_i - \bar{X}\right| \geqslant 2.6s$ 则为可疑值，应予以剔除。否则应该予以保留。

（2）格拉布斯法

对于一组分析数据是否存在异常值，最常用的是格拉布斯（Grubbs）检验法，以检验分析数据中有无高度异常值：

$$\text{统计量为}\ G_n = \frac{X_n - \bar{X}}{s} \quad \text{或} \quad G_1 = \frac{\bar{X} - X_1}{s} \tag{8-29}$$

即将一组测定数据，从小到大排列，按上式计算最大值（X_n）或最小值（X_1）的统计量 G_n、G_1，若 G_n 大于或等于格拉布斯检验法的临界值表中的数值 $G_{0.01(n)}$（显著水平 1%），则可疑值应舍去；否则应认为是有效的数据加以保留。$\bar{X}$ 为一组数据的平均值；s 为该组数据的标准偏差。

查格拉布斯检验临界值表（表 8-2）：$G_{0.05(n)}$，$G_{0.01(n)}$，其中，n 为数据个数，0.05 及 0.01 为 95%、99%可信度。若统计量 G_n 或 $G_1 < G_{0.05(n)}$，则其值不是异常值；G_n 或 $G_1 > G_{0.01(n)}$，则其值为高度异常值；若统计量 $G_{0.01(n)} > G_n$(或 G_1)$> G_{0.05(n)}$，则其值是异常值，但不是高度异常值，仍可考虑予以保留。

表 8-2　格拉布斯检验临界值

n	$\alpha=0.10$	$\alpha=0.05$	$\alpha=0.01$	n	$\alpha=0.10$	$\alpha=0.05$	$\alpha=0.01$
3	1.148	1.153	1.155	10	2.036	2.176	2.410
4	1.425	1.463	1.492	11	2.088	2.234	2.485
5	1.602	1.672	1.749	12	2.134	2.285	2.550
6	1.729	1.822	1.944	13	2.175	2.331	2.607
7	1.828	1.938	2.097	14	2.213	2.371	2.659
8	1.909	2.032	2.221	15	2.247	2.409	2.705
9	1.977	2.110	2.323	16	2.279	2.443	2.747

（3）狄克逊（Dixon）法

适用于在测试结果中发现多个异常值的检验。狄克逊检验法，测定次数不同有不同的计算法，具体可参看 GB 6379—86。在新版的国标中已经不再采用狄克逊检验法，而是将格拉布斯检验分为一个离群观测值和有两个离群观测值的情况下进行统计检验的方法，并采用新的格拉布斯检验临界值表（可参见 GB/T 6379.2—2004）。

8.3.2.2　精密度检验

在光谱分析中，通常都要进行多次的重复（平行）测定，以对检查测定结果的精密度作出评定。在重复性条件下（通常指室内）得到的测试结果，其分散性用重复性限 r 进行判断；在再现性条件下（通常指室间）得到的测试结果，其分散性用再现性限 R 进行判断，以检验测定值之间相互一致的程度。

分析测试数据处理方法，最基本和常用的处理方法是等精度多次测量列的数据处理。因此，对于多组数据或两种以上分析方法的测定结果的比对，必须进行等精度检验。通常用 F 检验法对两组数据的方差进行检验，由 F 检验的统计值表（表 8-3）进行判断。

表 8-3　F 检验法置信度为 95%时 F 值表

$\nu_{小}$ \ $\nu_{大}$	2	3	4	5	6	7	8	9	10	∞
2	19.00	19.16	19.25	19.30	19.33	19.36	19.37	19.38	19.39	19.50
3	9.55	9.28	9.12	9.01	8.94	8.88	8.84	8.81	8.78	8.53
4	6.94	6.59	6.39	6.26	6.16	6.09	6.04	6.00	5.96	5.63
5	5.79	5.41	5.19	5.05	4.95	4.88	4.82	4.78	4.74	4.36
6	5.14	4.76	4.53	4.39	4.28	4.21	4.15	4.10	4.06	3.67
7	4.74	4.35	4.12	3.97	3.87	3.79	3.73	3.68	3.63	3.23
8	4.46	4.07	3.84	3.69	3.58	3.50	3.44	3.39	3.34	2.93
9	4.26	3.86	3.63	3.48	3.37	3.29	3.23	3.18	3.13	2.71
10	4.10	3.71	3.48	3.33	3.22	3.14	3.07	3.02	2.97	2.54
∞	3.00	2.60	2.37	2.21	2.10	2.01	1.94	1.88	1.83	1.00

注：$\nu_{小}=n_1-1$ 为小方差数据的自由度；$\nu_{大}=n_2-1$ 为大方差数据的自由度。

（1）F 检验法

对两组数据的方差（s^2）进行比较：

检验统计量
$$F=\frac{s_{大}^2}{s_{小}^2} \tag{8-30}$$

F 落在统计允许范围之内的概率为 $p=1-\alpha$，通常取 $\alpha=0.05$，落在拒绝区间之外概率只有 $p(F>F_\alpha)\leqslant\alpha$。若 $F_{计}>F_{表}$，则说明这两组数据存在显著性差异。反之则说明没有显著性差异。

（2）科克伦（Cochran）检验法

对多组数据的方差（s^2）进行比较：

当各组的测定次数 n 相同，检验统计量为：

$$c=\frac{s_{\max}^2}{\sum_{i=1}^{m}s_i^2} \tag{8-31}$$

式中，$s^2_{\max}$ 是被检验的各组方差中最大的方差；分母是 m 组全部方差的加和。当计算的实验统计量值大于约定显著性水平 α 时的临界值 $c_{\alpha(m,n)}$（表 8-4），则表示 $s^2_{\max}$ 与其余的方差有显著性差异，须将该组数据删去，不能参与随后的计算。反之则说明各方差没有显著性差异。这种方法可用于方差的连续检验。

表 8-4　科克伦检验法临界值表（$\alpha = 0.05$）

分组数（m）	测定次数（n）									
	2	3	4	5	6	7	8	9	10	11
2	0.9985	0.9750	0.9392	0.9057	0.8772	0.8534	0.8332	0.8159	0.8010	0.7880
3	0.9669	0.8709	0.7977	0.7457	0.7071	0.6771	0.6530	0.6333	0.6167	0.6025
4	0.9065	0.7679	0.6841	0.6287	0.5895	0.5598	0.5365	0.5175	0.5017	0.4884
5	0.8412	0.6838	0.5981	0.5441	0.5065	0.4783	0.4564	0.4387	0.4241	0.4118
6	0.7808	0.6161	0.5321	0.4803	0.4447	0.4184	0.3980	0.3817	0.3682	0.3568
7	0.7271	0.5612	0.4800	0.4307	0.3974	0.3726	0.3535	0.3384	0.3259	0.3154
8	0.6798	0.5157	0.4377	0.3910	0.3595	0.3362	0.3185	0.3043	0.2926	0.2829
9	0.6385	0.4775	0.4027	0.3584	0.3286	0.3067	0.2901	0.2768	0.2659	0.2568
10	0.6020	0.4450	0.3733	0.3311	0.3029	0.2823	0.2666	0.2541	0.2439	0.2353

注：n 是各组的测定次数，各组测定次数相同；m 是分组数目。

8.3.2.3　准确度检验

精密度的检查保证了多次测定的相符合的程度，检验了测定过程中随机误差的大小，但还不能说明测定值与真值的接近程度。要判定结果的准确度还必须检查测定过程中的系统误差。在实际工作中，通常用标准物质或标准方法进行对照试验，在无标准物质或标准方法时，常用加入被测定组分的纯物质进行回收试验来估计与评定准确度。

使用标准物质或基准物的标准值，都是由试验测定得到的，都不可避免地带有测定误差，它也只是真值的近似值。因此各级标准物质证书上给出的标准值，无一例外地都只是客观存在的真值的近似值，只是不同级别的标准物质与真值的接近程度不同而已。标准值与真值的接近程度现在均用不确定度表示。在标准物质证书中常用 $x \pm U$ 表示标准值，其中 U 是 x 在指定置信概率下的不确定度。在准确度检验时我们可以把标准物质的标准值作为真值的最佳估计值来用。

（1）用标准物质检验

用标准物质检查系统误差是最直接、最可靠的方法。因为标准物质通过溯源链可以溯源到 SI 单位，从而使测定结果具有溯源性和可比性。

当用标准物质或基准物质检验系统误差和评定准确度时，对于采用固体样品的火花光谱或辉光放电光谱分析时，应选用基体成分及其组织结构、含量范围与被测定样品相匹配的标准物质。对于采用溶液测定的 ICP 分析法或采用粉末样分析的电弧法，可以采用基体匹配的合成标准样品进行。用被检验的分析方法进行测定，只要测定数据的平均值落在标准物质的保证值 $x \pm U$ 范围内，就说明该分析方法在指定的置信度下不存在系统误差，分析方法是可靠的，测定结果是可信的。反之，如果测得标准物质的量值在一定置信度下与标准物质的标准值有显著性差异，表明该测定方法或测定过程存在系统误差，或测定方法和测定过程同时存在系统误差。

测定值与保证值在一定置信概率下是否存在显著性差异，可用 t 检验法进行统计检验。检验统计量为：

$$t = \frac{\overline{X} - \mu}{s / \sqrt{n}} \tag{8-32}$$

式中，$\overline{X}$ 是被检验平均值；μ是给定值或标准值；$s/\sqrt{n}$ 是平均值的标准偏差。

当计算的统计量值大于给定显著性α 和自由度ν 时的临界值（表 8-5），说明 $\overline{X}$ 和μ之间有显著性差异。检验测定值与标准值的差异，是单侧检验。单侧 5%的概率在双侧 t 分布表中就是 10%的概率。

表 8-5　t 检验临界值表(双侧)

ν	$t_{0.10}$	$t_{0.05}$	$t_{0.01}$	ν	$t_{0.10}$	$t_{0.05}$	$t_{0.01}$
1	6.314	12.706	63.657	11	1.796	2.201	3.106
2	2.920	4.303	9.925	12	1.782	2.179	3.055
3	2.353	3.182	5.841	13	1.771	2.160	3.012
4	2.132	2.776	4.604	14	1.761	2.145	2.977
5	2.015	2.571	4.032	15	1.753	2.131	2.947
6	1.943	2.447	3.707	16	1.746	2.120	2.921
7	1.895	2.365	3.499	17	1.740	2.110	2.898
8	1.860	2.306	3.355	18	1.734	2.101	2.878
9	1.833	2.262	3.250	19	1.729	2.093	2.861
10	1.812	2.228	3.169	20	1.725	2.086	2.845

【例 1】用标样检验火花光谱法测定某钢铁样品中的锰含量时，测定结果如下：

标样号	标准值	测定结果	平均值	标准偏差
BH40068-2	0.12	0.12，0.13，0.13	0.127	0.006
GBW01673	0.45	0.43，0.44，0.45	0.440	0.010
GBW01667	3.74	3.55，3.65，3.65	3.617	0.058

其中第三组测定结果的平均值与标准值相差较大，对其进行 t 检验：

$$t=\frac{3.74-3.617}{0.058/\sqrt{3}}=3.67$$

单侧检验，$t=3.67>t_{0.05,2}=2.92$，有显著性差异，该样品分析结果可信度不够，或该组测定结果不可靠。测定值与标准值之差 3.74−3.617 = 0.123，而随机误差可能产生的最大偏差 $\delta = ts/\sqrt{n} = 2.92\times0.058/\sqrt{3} = 0.098$。说明测定误差除了随机误差之外可能还存在系统误差。测定结果显然准确度不好。

块状样品分析的光谱法，用标准物质检查系统误差是最为简便的，但要找到组成及结构相近似的块状标准样品有时很困难。对于采用溶液进行测定的 ICP 光谱法，可以采用化学标准样品，也可以采用合成标准样品溶液来进行检验，相对来说困难少些。

（2）用标准方法检验

采用已公开发行的、可溯源的标准分析方法来检验所用分析方法测定结果的可靠性和系统误差时，是将同一组样品用标准方法和被检验的分析方法同时进行测定，比较两种分析方法的测定结果。只要用被检验的分析方法测定值（X_s）与标准分析方法的测定值（X_b）的差值的平均值（$\overline{\delta}$），与零在统计上没有显著性差异，即：

$$\delta_i = X_s - X_b\ (i=1, 2, \cdots, n) \tag{8-33}$$

$$\bar{\delta}=(\sum_{i=1}^{n}\delta_i)/n \to 0 \tag{8-34}$$

就可以认为被检验的分析方法在指定的置信水平不存在系统误差，被检验的分析方法是可靠的。

因为在不存在系统误差时，就不会出现 X_s 系统偏高（或偏低）于 X_b 的情况。基于测定值是一个以概率取值的随机变量的属性，X_b 有可能偏高于 X_s，亦有可能偏低于 X_s，则 δ_i 既可能为正，亦可能为负。当进行足够多次成对测定时，由于正误差与负误差相互抵偿，其平均值 $\bar{\delta}$ 将趋近于零，因此，$\bar{\delta}$ 与零之间自然不会有显著性差异。

在统计上，可用 t 检验法对成对测定值的差值进行显著性检验，检验时使用的检验统计量是：

$$t=\frac{\bar{\delta}-\delta_0}{s_\delta/\sqrt{m}} \tag{8-35}$$

式中，$\bar{\delta}$ 是 m 组成对测定值的差值之平均值；s_δ 是 m 组成对测定值的差值之标准偏差；δ_0 是 $\bar{\delta}$ 的期望值，在测定值遵从正态分布的情况下，$\delta_0=0$。s_δ 则按下式计算：

$$s_\delta=\sqrt{\frac{\sum_{i=1}^{m}(\delta_i-\bar{\delta})^2}{m-1}} \tag{8-36}$$

当由实验值按前一式计算的 t 值小于在指定显著性水平 $\alpha=0.05$（置信度 95%）和自由度 $\nu=m-1$ 时的临界值 $t_{\alpha,\nu}$ 时，说明没有理由认为两种分析方法之间有显著性差异，用被检验的分析方法测定的结果不存在系统误差。

上述方法适合于对一个分析方法的检验，可以采用一组不同类型的样品进行比对测定。在光谱分析中仅对于一个样品进行检验时，经常采用平均值检查法及比对检查法进行，现分述如下：

1）用标准方法检查——平均值检查法

最简单的情况是用同一块样品与标准方法或其他可靠的分析方法同时进行测定，由所得两组数据的平均值进行比对——t 检验：

$$t=\frac{\bar{X}_1-\bar{X}_2}{s_\delta} \tag{8-37}$$

当两方法的总体方差一致时，求合并方差：

$$s_\delta=\sqrt{\frac{s_1^2}{n_1}+\frac{s_2^2}{n_2}}=\bar{s}\sqrt{\frac{n_1+n_2}{n_1\cdot n_2}} \tag{8-38}$$

如两方法测定结果的平均值没有显著性差异，说明建立的方法可靠，或该组测定结果有效。

【例 2】对某一元素采用国标分光光度法和 ICP 发射光谱法进行比对测定，结果如下：

测定方法	测定结果数据/(μg/g)	平均值($\bar{X}$)	方差(s^2)
GB 分光光度法	8.1，8.4，8.7，9.0，9.6	8.76	0.333
ICP-AES 法	8.4，8.7，9.0，9.2，11.0	9.26	1.03

用平均值检查法，计算：

$$\bar{s}=\sqrt{\frac{\nu_1 s_1^2+\nu_2 s_2^2}{\nu_1+\nu_2}}=\sqrt{\frac{4\times 0.333+4\times 1.03}{4+4}}=0.826$$

$$t=\frac{\bar{X}_1-\bar{X}_2}{\bar{s}}\sqrt{\frac{n_1 n_2}{n_1+n_2}}=\frac{9.26-8.76}{0.826}\sqrt{\frac{5\times 5}{5+5}}=0.957$$

双侧检验 $t_{0.05,8}$=2.306，$t<t_{0.05,8}$。故两方法测定结果没有显著性差异。

2）用标准方法检查——比对检查法

用不同样品与标准方法成对同时进行测定，对其测定结果进行成对比较。

按下列统计量进行检验：

$$t=\frac{\bar{\delta}-\delta_0}{s_\delta/\sqrt{n}}\quad \delta_0=0\text{（当两者之间无系统误差，测定次数足够多时）}$$

$$\bar{\delta}=\frac{\sum\delta_i}{n}\quad s_\delta=\sqrt{\frac{\sum(\delta_i-\bar{\delta})^2}{n-1}}\tag{8-39}$$

【例 3】用 ICP 光谱法测定矿样中 Mn 质量分数与 GB 化学法进行比对，成对样品的测定结果如下：

矿样 No.	1	2	3	4	5	6	7	8
GB 化学法	0.03	0.08	0.08	0.05	0.10	0.15	0.04	0.08
ICP-AES 法	0.04	0.07	0.08	0.07	0.08	0.15	0.04	0.10
差值δ	0.01	−0.01	0	0.02	−0.02	0	0	0.02

用比对检查法计算：

$$\bar{\delta}=0.0025\qquad s_\delta=0.014\qquad t=\frac{0.0025-0}{0.014/\sqrt{8}}=0.51$$

$$t_{0.05,7}=2.37\text{，}t<t_{0.05,7}$$

故两种方法没有显著性差异。说明这种方法适合对不同类型样品的测定。

（3）用加标回收检验

于分析测试体系中加入一定量的标准溶液进行回收实验，以判断方法的准确度，是溶液分析中经常采用的一种检查系统误差的方法，如 ICP 光谱法的溶液进样分析就经常采用。在要测定样品的溶液中加入一定量的标准溶液再行测定，由标加后的测定结果，减去标加前的测定值为回收的标液量，计算所加标液的回收率（%）来评定准确度。当采用加标回收实验来检验系统误差时，通常认为只要回收率（%）落在指定的范围内（如 95%～105%），就认为分析结果不存在系统误差。但使用这一方法是有条件的。

由于在测定中，存在的系统误差可以是固定系统误差，也可能是未定系统误差，甚至是其他类型的系统误差（如周期性系统误差）。如果存在的系统误差是未定系统误差，测定误差随着被测定物的量而改变，进行加标回收实验，通过计算回收率（%）来估计系统误差，应该说是可行的。但如果存在的系统误差是固定系统误差，测定误差不随被测定物的量而改变，这时进行加标回收实验，即使计算回收率是 100%，也不能说是可靠的。因为，就干扰效应而言，如果测定中产生的干扰效应是固定的，属固定系统误差，它已包含在标加前的测定值中。因为是固定系统误差，加标后干扰元素含量并未变化，再进行测定时，干扰元素不再干扰对加标量的测定，回收率自然不受影响。此时，回收率 100%并不意味着测定系统中不存在固定系统误差，只可以说不存在随浓度而改变的未定系统误差。因此，用回收实验的回收率（%）来评定测定的准确度，只适用于未定系统误差随浓度而改变的场合，而不能发现测定中的固定系统误差。什么情况下能用加标回收率评定准确度，怎样进行标加要有所分析。如果要用回收实验的回收率（%）来检查系统误差，最好在工作曲线动态范围内的高浓度、中间浓度、低浓度三个浓度点进行加标回收实验，判断是否存在比例系统误差，方才适用。

在进行加标回收实验时还需考虑标准溶液的加入量是否适当，于分析试液中加入的标准溶液量不能过大，以免掩盖了测定低含量水平时出现的问题。常规做法是加标量应与样品原含量同一数量级水平或原含量的 2～3 倍。否则会因加入量过大，掩盖了方法对测定低含量水平误差因素，而得出不合理的判断。

8.3.2.4 光谱分析用标准样品均匀性的统计处理及评价

火花或电弧光谱以及辉光放电光谱等采用固态样品进行分析的方法，因其采用固体标准样品绘制工作曲线，固体标准样品的定值准确性和均匀性也是影响光谱分析准确性的重要因素。因此，对块状光谱标准样品、控制样品和校正样的均匀度检查与评价，也是保证光谱分析数据可靠性的因素之一。

（1）光谱分析用标准样品的均匀性

光谱分析用的固体块状或粉状样标准样品的均匀性检验一般采用方差检验法。这是因为，首先固体光谱样品不能像溶液样品那样充分混匀，其次固体光谱样品测量的取样量要远小于化学用样品，再者块状样品的组织结构也对光谱分析的结果产生直接的影响。由于光谱标准样品常常存在块内不均匀现象，因此常用的双因素无交互作用的方差检验法对其进行均匀性的显著性检验，往往容易产生错误的统计结果。这是因为忽视了单元内样品的不均匀性显著大于测量的分散性而造成的后果。在均匀性实际检验过程中，同一个分析面检测的时间间隔一般在一个小时以上，存在磨制后表面氧化的影响。同时，在均匀性检验的实际检测操作中，须对一个面（单元内）至少检测三次，若每次激发都需要重复磨样或切削的制样过程，这就使得原来平面的不均匀方差中包含了部分纵向的不均匀方差，即扩大了样品平面的不均匀性。对固体光谱标准样品的均匀性检验还存在着两个难题：一是由于均匀性检验通常需要相对较长的时间周期，在这期间仪器有可能发生漂移；二是在光谱检测过程中，无法对单元内变差与测量方法的变差这两个因素通过统计进行分离，因此通常给出的测量方法的精密度事实上综合了测量方法的分散性与样品本身的不均匀性的。

（2）光谱标准样品均匀性检验及统计方法

光谱分析标准样品的均匀性检验及统计方法有相应的规定。如我国 GB/T 15000.3—2008《标准样品工作导则（3）标准样品 定值的一般原则和统计方法》。美国 ASTM E826—14《检验研制参考物质所用材料均匀性的标准规则》，适用于通过火花原子发射光谱法（Spark-AES）对金属固体块状样品的均匀性测试。符合 ISO Guide 35—2017，标准物质认证的一般和统计原则。

通常发射光谱分析用块状标准样品均匀性检验，采用火花光谱分析法，对测定结果采用方差分析法、平均值法或极差法，通过数理统计方法进行判断。实际应用时，采用方差分析法及平均值法进行数理统计意义明确，也便于对最终结果不确定度的评定与分析[9]。标准样品的均匀性检查结果，实质上是样品本身的不均匀性和测量方法离散性的叠加。块状标准样品均匀性的不确定度，主要由块状样品间的不均匀性、块状样品内部的不均匀性、定值分析时产生的不确定度三部分组成，在光谱样品的均检过程中，存在着横向（块内或称单元内）不均匀性、纵向（块间或称单元间）不均匀性以及在较长时间测试周期中存在仪器漂移等三个主要统计因素，可以采用一种无重复的三因素方差分析法来解决块状样品的均匀性检验问题[10]。

目前也有采用 X 荧光光谱分析和辉光放电光谱分析来对发射光谱标准样品进行均匀性检验的方案，但是由于方法之间在测试过程中的取样量有着很大的差异，同时这些方法的激发原理有着本质的差别，不同组织结构的样品对于这些方法在激发过程中的影响是不同的，因此对用于不同检测方法的光谱样品在做均匀性检验时是不能相互代替的。在实际应用中检查所用标准样品是否均匀时，可将所用标准样品在不同部位重复测定 6 次以上，统计其测定结果的标准差。若不超过所用测定方法的重复性标准差 $s_r = r/2\sqrt{2}$，则认为是均匀的。

ASTM E826—08（2013）《用火花原子发射光谱法测试固体金属批次或批次均匀性的标准实施规程》，适用于火花原子发射光谱法测试固体金属的均匀性。也适用于其他仪器分析技术，如 X 射线荧光光谱法（XRF）。

8.3.3 测量结果的质量控制

8.3.3.1 测试结果的有效性

在正常情况下，如果两个单次测试结果之间的差值，超过了相应按精密度公式计算出的重复性限或再现性限数值，则认为这两个结果是可疑的。对测试结果的任何处理，则需根据 GB/T 6379.6—2009《测量方法与结果的准确度（正确度与精密度） 第 6 部分：准确度值的实际应用》对最终测试结果的确定所做的规定。该标准规定了给定测试方法的重复性和/或再现性标准差时，在重复性和/或再现性条件下所得到测试结果的检查方法，并规定了确定最终测试结果的方法[11]。

在通常的实验室分析中往往要求对两个（或多个）测试结果观测值的差进行检查，为此需确定一些类似临界差之类的度量，可以根据该标准的规定，由计算测试结果平均值 $\bar{X}$ 与参照值 μ 的临界差 $CD_{0.95}$ 进行判断。

$$|\bar{X}-\mu| \leqslant CD_{0.95}=\frac{1}{\sqrt{2}}\sqrt{R^2-\frac{n-1}{n}r^2} \quad (8-40)$$

当用一个有参考值的样品进行分析时，对于两个测试人员的测定结果或不同实验室的分析结果的有效性，可以由上述临界值进行判断。测定结果的平均值与参考值之差小于临界值为有效。

8.3.3.2 使用临界值（CD′值）进行质量控制

用标准测试方法的精密度重复性限 r 和再现性限 R 来决定两个独立测试数据是否是可疑的或可以接受。

重复性限 r 是衡量在同一条件下两次独立测试结果之差值不应超过 r 值，超过 r 值则这个分析结果是可疑的。

再现性限 R 是衡量在不同实验室对同一试样独立测试，在再现性条件下，两个实验室独立测试结果之差值不应大于 R 值，否则这两个实验室的结果存在不可靠数据。

在重复性条件或再现性条件下对得到的两个单一测试结果进行检验时，如果两个测试结果之差的绝对值不大于 r 或 R，则这两个测试结果可以接受。最终报告结果为两测试结果的算术平均值。如果两测试结果之差的绝对值大于 r 或 R，实验应再取 1～2 个测试结果，进行判断。

（1）测试方法规定了测试结果的精密度 r 和 R 时

当用于测量的标准方法提供重复性标准差 σ_r 和再现性标准差 σ_R，或提供重复性限 r 和再现性限 R 时，利用式（8-41）计算临界值 $CD_{0.95}$：

$$CD_{0.95}=\frac{1}{\sqrt{2}}\sqrt{(2.8\sigma_R)^2-(2.8\sigma_r)^2\left(\frac{n-1}{n}\right)}=\frac{1}{\sqrt{2}}\sqrt{R^2-\frac{n-1}{n}r^2} \quad (8-41)$$

式中，σ_r 为重复性标准差；σ_R 为再现性标准差；n 为重复性条件下测定次数。

再用式（8-42）计算临界值差 CD′：

$$CD'=\sqrt{{CD_{0.95}}^2+U^2} \quad (8-42)$$

式中，U 为标准物质的扩展不确定度。

若测试结果（X）与标准物质的标准值的差值（D）的绝对值不大于临界值差（CD′），则测定结果符合相应测试标准的技术要求，否则不符合。

例：某实验室检测人员采用 ICP-AES 法测定高温合金中微量锡，用参考物质质量控制验证，样品的测定结果：0.00381%、0.00385%，平均值为 0.00383%。自带有证参考物质进行质量控制（验证），参考值 μ_0 为 0.00284%，所带有证参考物质的测定结果为 0.00230%、0.00228%，平均值 X 为 0.00229%。方法规定的重复性限 r 为 0.00031%；再现性限 R 为 0.00065%；$CD_{0.95}$ 为 0.00043%。

计算：$|X-\mu_0| = 0.00055\% > CD_{0.95} = 0.00043\%$

结论：该次样品测定结果准确度差，应复查！

（2）标准方法规定了测试结果的允许差δ_E时

如果相应专业标准规定了方法测定结果的允许差δ_E，则按下式计算 CD′：

$$CD' = \sqrt{\delta_E^2 + U^2} \tag{8-43}$$

式中，δ_E为标准中规定的允许差；U为标准物质的扩展不确定度。

若测试结果（X）与标准物质的标准值的差值（D）的绝对值不大于临界值（CD′），则测定结果符合相应测试标准的技术要求，否则不符合。

① 如果标准方法只规定了实验室内的允许差Δ_r，相当于 r，则 $\delta_E=\Delta_r$ 按上式计算 CD′，进行判断。

② 如果标准方法只规定了实验室间的Δ_R，相当于 R，则 $\delta_E=\Delta_R$ 按下式计算 CD′：

$$CD' = \sqrt{\frac{\Delta_R^2}{2} + U^2} \tag{8-44}$$

③ 如果既规定了实验室间允许差又规定了实验室内允许差，则应用室内允许差 r 和室间允许差 R 按式（8-41）和式（8-42）计算 CD′。

④ 对于大多数分析中标准测试方法在没有给出重复性 r 和再现性 R，且多数只给出了方法的实验室间允许差Δ，或方法的相对允许差（%），回避了重复性差问题。

此时，可按上述相同规则，计算室内允许差$\delta_r = \Delta / \sqrt{2}$，按式（8-44）计算临界值差 CD′。式中$\Delta_R$为相应测试标准规定的实验室间允许差，或规定的相对允许差×测定值。U 为标准样品参考值的扩展不确定度。

8.3.3.3 用 PT 中不确定度的E_n值进行评价

在实验室间比对分析时，对实验室本身的测定结果，可用E_n值法进行判断。依据 CNAS-GL02《能力验证结果的统计处理和能力评价指南》，由实验室本身的测定结果及测定不确定度按下式计算E_n值。

$$E_n = \frac{X_{lab} - X_{ref}}{\sqrt{U_{lab}^2 + U_{ref}^2}} \tag{8-45}$$

式中，X_{lab}为实验室测定结果；X_{ref}为指定值；U_{lab}为实验室测定结果的不确定度；U_{ref}为指定值的不确定度。

$|E_n| \leqslant 1$ 为满意结果；$|E_n| > 1$ 为不满意结果。

8.3.3.4 在重复性条件下所得测试结果可接受性的检查

① 只取得一个测试结果时，不可能直接与给定的重复性标准差做可接受检查。对测试结果的准确性有任何疑问时，都应取得第二个测试结果。

② 取得两个初始结果时，可将两个测试结果差的绝对值与重复性限 r 相比较。

如果两个测试结果之差的绝对值不大于 r 值，这两个结果可以接受。最终测试结果可以两个测试结果的平均值报出。

如果测试结果之差的绝对值大于 r 值，必须再做两次测试。若 4 个测试结果的极差（$X_{max}-X_{min}$）等于或小于 $n=4$ 时的临界极差 $CR_{0.95}(4)$，则取 4 个结果的平均值作为最终测试结果。

临界极差的表达式为：$CR_{0.95}(n)=f(n)\sigma_r$。式中 $f(n)$称为临界极差系数，其值可查 $f(n)$表得到。

如果 4 个结果的极差大于重复性临界极差，则以 4 个结果中的中位数数值作为最终测试结果。

8.4 光谱分析结果的不确定度

测量不确定度在国际上已普遍采用，取得相互承认和共识。国际间量值的比对和实验室数据的比较，均要求测量结果需提供包括包含因子和置信水平约定的不确定度，进行互相比对，测量不确定度的表示及其应用的公认规则，受到各国际组织和计量部门的高度认同[12-14]。

8.4.1 测量误差与不确定度

测量结果的准确性，一直以测量误差大小来判断。由于真值在多数情况下是未知的，因此测量误差无法用定量的数字描述。加上误差定义本身的局限，在实际判断时系统误差和随机误差很难区分，因此计量学上引用不确定度来规范测试结果的表述。

测量的准确程度与测量过程出现的误差有关。按照“国际通用计量学基本术语”，误差是：测量结果减去被测量真值。准确度是：测量结果与被测量真值之间的一致程度。既然真值在多数情况下是未知的，误差和准确度也就无法用确定的数字表示。因此引用不确定度来表述测量结果的“误差”状态。

测量不确定度是：表征“与测量结果相联系的被测量值的分散性”。可以看出，不确定度是对测量结果而言，是表达这个结果的分散程度，它可以用定量的数字来描述。

应当指出，不确定度概念的引入并不意味着“误差”一词被放弃了。实际上误差仍是计量学理论和测量上的重要概念。并不是要将误差理论改为不确定度理论，或将误差源改为不确定度源。某些术语，如误差分析和不确定度分析等都并存于测量过程分析中，各有其应用。它们是两个不同的概念，既不能等同，也不应混淆，两者在计量学中各有其确切的定义。由于误差的准确值是未知的，而不确定度是可以评估的，具有可操作性，故可以用不确定度来表征测定结果的质量。

测量误差与测量不确定度有关联与区别，可以从下面三个方面去理解：

定义	测量误差	测量不确定度
内涵	表明测量结果偏离真值的程度，是一个差值	表示测量结果分散性的参数，是一个区间值
量值	客观存在，不以人们的认识程度而改变	与人们对被测量、影响因素及测量过程的认识有关，在给定条件下可以计算
评定	由于真值未知，不能准确评定。当用约定真值代替真值时，可得到估计值	在给定条件下，根据实验、资料、经验等信息进行定量评定
作用	若知道误差的近似值，可以反号修正测定值，使测定值更接近于真值	是对测定值分散性的估计，不能用来修正测定值

检测结果不能得到真值，并不意味着真值不存在，没有真值就没有误差一说。没有误差就没有测定结果的分散性可言，也就没有估计分散性的标准差和测量不确定度。

8.4.2 不确定度的含义

测量不确定度的定义为：表征合理地赋予被测量之值的分散性，与测量结果相联系的参数。此中的“分散性”是指包括了各种误差因素在测试过程中所产生的分散性；“合理地”是指测量是在统计控制状态下进行，其测量结果或有关参数可以用统计方法进行估计；“相联系的”是指不确定度和测量结果来自于同一测量对象和过程，表示在给定条件下测量结果可能出现的区间。

8.4.3 不确定度的类型及表示方法

（1）不确定度的两个概念

即标准不确定度及扩展不确定度。

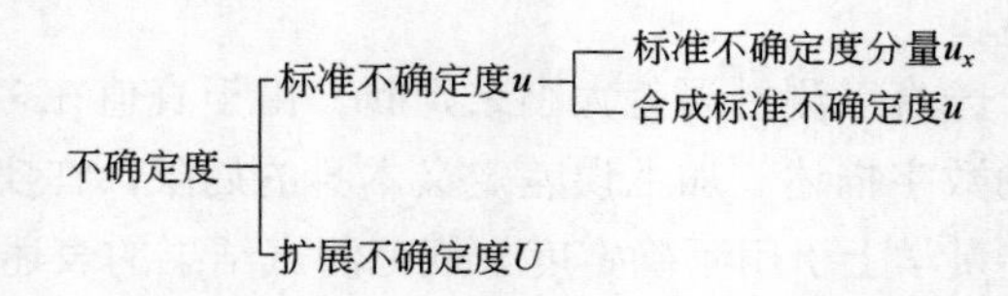

标准不确定度将其描述为标准偏差，而扩展不确定度实际上是定义了一个包括大部分被测值在内的范围，即 $U = ku$。k 称为包含因子，由选用的置信度来确定其大小。

（2）不确定度的表示方法

① 用标准偏差或其倍数，或用给定了置信概率的置信区间的半宽度表示。

② 用标准偏差表示的不确定度称为标准不确定度，以 u 表示。

③ 以标准偏差倍数表示的不确定度，称为扩展不确定度，以 U 表示。

④ 所乘的倍数称为包含因子又称覆盖因子，以 k 表示。置信概率为 P 的包含因子用 k_P 表示。包含因子是扩展不确定度与标准不确定度的比值。

⑤ 置信概率的取值通常为 0.95 或 0.99，表示为 u_{95}、u_{99}、U_{95}、U_{99}，或 $u_{0.95}$、$u_{0.99}$、$U_{0.95}$、$U_{0.99}$。

8.4.4 光谱分析结果不确定度的来源

化学分析中对测量结果产生影响的因素均为测量不确定度的来源。测量过程中各种测量要素，如对被测量的定义、测量方法、测量对象的状态、测量手段的性能、测量环境及测量人员等因素，均会对测量结果的不确定度造成影响。对于光谱分析测量来说，不确定度可能来自于：对被测对象如被测量的组成、结构不确切，取制样的代表性不完全；被测对象的基体影响和干扰、测量环境条件的因素、测量仪器的分辨率、灵敏度、稳定性、噪声水平、仪器的偏倚、检定校准（包括自动分析仪器的滞后影响）因素；测量标准和标准物质给定值以及作为基准物用的试剂纯度等因素；从外部取得的并用于数据的整理换算的常数或其他参数值的不确定度因素；测量过程中的随机因素等。

所有这些带来不确定度的因素对测定结果总不确定度的影响，不一定都是独立的，有时这些因素之间对不确定度的影响有相互关系，有些则因影响极微可以忽略不计。

8.4.5 不确定度的评定方法

采用光谱分析法测定某一化学成分时，测定结果不确定度的评定，要根据实验数据和相关技术参数，对整个测定过程中各种可能引起测定结果不确定度的不确定度分量进行评定。以标准偏差的形式表示，并根据有关规则进行合成，得到合成标准不确定度，再使用适当的包含因子给出扩展不确定度，得到测量结果的总不确定度。

有两种估计不确定度的方法：一种是考虑分析过程中每一步骤的随机误差和系统误差，然后进行合并，给出总的 u 值；另一种是根据一些实验室的已经很成熟的分析方案的结果来估计测定的总不确定度，不需要去识别每一个误差的单独来源。此外，还有提出采用一些更为简便的方法来估计不确定度，如：①通过对标准参考物质进行测试，从而校正或消除系统误差，这样不确定度的估计中便可不包括系统误差；②对稳定的和很好表征的真实样品或标准物质进行不少于 10 次的重复测定，这意味着采样不确定度可不包括在估计内；③在实验室内部具有测定再现性的条件下，即不同的分析人员，对正常分析要求的任何相关浓度，并存在于所有相关基体中的被测物质进行测定，由测定的标准偏差来估计不确定度。

当前评定不确定度的方法主要有 GUM（不确定度的评定通用方法）与 MCM（不确定度的评定蒙特卡洛法），化学成分分析结果测量不确定度的评定通常采用 GUM 法[12]。

8.4.5.1 标准不确定度的评定方法

（1）A 类标准不确定度的评定

根据直接测定数据用统计方法计算的不确定度，通常通过重复测量试验，以测量列的标准偏差表示。标准不确定度按贝塞尔公式计算的标准偏差 s，即单次测定的标准不确定度 $u(X_i)$为：

$$u(X_i)=s=\sqrt{\frac{\sum_{i=1}^{n}(X_i-\bar{X})^2}{n-1}} \tag{8-46}$$

若是多次测定，平均值的标准不确定度是：

$$u(\bar{X})=\frac{s(X_i)}{\sqrt{n}} \tag{8-47}$$

（2）B 类标准不确定度评定

通过不同于 A 类的其他方法计算的不确定度。

当输入量 X_i 不是通过重复观测得到的，如容器、标准物的误差的 u，只能利用以前的测定数据、说明书中的技术指标、检定证书提供的数据、手册中的参考数据来评定其标准不确定度。

例如对于某个输入量，可以由已知给定数据用下列方式评定其 B 类不确定度分量：

① 已知扩展不确定度和包含因子，可得出其标准不确定度为 $u_j = U/k$。

② 已知扩展不确定度 U_p 置信概率 p 和有效自由度 ν_{eff}，一般按 t 分布处理，得出 $u_j = U_p/t_{\nu(eff)}$

[$t_{\nu(\text{eff})}$由 t 分布表查到]。

③ 已知置信区间的半宽度α和置信概率 p，不加说明时一般按正态分布处理，得出标准不确定度为：$u_j=\alpha/k_p$。

④ 已知仪器最大允许误差为α，若不知道具体分布时一般按均匀分布处理，则示值允许差引起的标准不确定度为：$u_j=\alpha/\sqrt{3}$。

知道实际分布，按实际分布计算。常见的误差分布有：

① 均匀分布　其方差及标准差　$\sigma^2=\dfrac{a^2}{3}$，$\sigma=\dfrac{a}{\sqrt{3}}$。

② 三角分布　其数学期望与标准差为　$\mu=0$，$\sigma=\dfrac{a}{\sqrt{6}}$。

③ 反正弦分　其数学期望与标准差为　$\mu=0$，$\sigma=\dfrac{a}{\sqrt{2}}$。

④ 瑞利分布　其数学期望与标准差为　$\mu=\sqrt{\dfrac{\pi}{2}}a$，$\sigma=\sqrt{\dfrac{4-\pi}{2}}a$。

⑤ 投影分布　其数学期望与标准差为　$\mu=A^2/6=\varDelta/3(\varDelta=A^2/2)$，$\sigma=\dfrac{3}{10}\varDelta$。

⑥ β分布　其数学期望与标准差为　$\mu=\dfrac{bg+ah}{g+h}$，$\sigma=\dfrac{(b-a)\sqrt{gh}}{(g+h)\sqrt{g+h+1}}$。

（3）B类标准不确定度计算实例

【例 4】某一标准物质的标准值是(56±10)μg/g，置信概率 95%，即包含因子 $k_p=2$，可知其扩展不确定度为 10μg/g，包含因子为 2。则它的标准不确定度 $u_j=U/k=5$μg/g。

【例 5】已知 X_i 有 50%概率落在区间（$-a,+a$），标准不确定度为：$u_j=a/k_p$。已知置信区间的半宽度 a 和置信概率 $p=0.6745$，则其标准不确定度为：$u_j=a/0.6745=1.48a$。

【例 6】在容量器具检定时，都给出示值最大允许误差，即允许误差限。若已知该量具的最大允许误差为 a，则示值允许误差引起的标准不确定度为：$u_j=a/3^{1/2}$。

按照 JJG2053－2006《质量计量器具检定系统》，所给出的置信概率为 99.73%，取 $k_P=3$ 得到其标准不确定度是：$u_j=\varDelta/k_P$。

8.4.5.2　合成不确定度（combined standard uncertainty）计算

指当测量值由多个量值求得时，测量结果的标准不确定度将由多个量值的不确定度分量合成得到，称为合成不确定度。一般用符号 u_c 表示。

采用不确定度（误差）传播公式合成。对 A 和 B 两类标准不确定度分别合成，得到各自的合成不确定度。

$$u_c^2(X)=\sum_{i=1}^{m}\left(\frac{\partial f}{\partial X_i}\right)^2 u^2(X_i)=\sum_{i=1}^{m}[c_i u(X_i)]^2 \tag{8-48}$$

式中，$c_i=\left(\dfrac{\partial f}{\partial X_i}\right)$是灵敏度系数（间接测定误差传递系数）。

再用同样公式将 A 和 B 类不确定度进一步合成，得到总的合成不确定度。

化学分析中通常是以方和根的形式进行合成。

如对于 $Y = X_1+X_2$，则 u_1、u_2 的合成不确定度 $u_{合} = \sqrt{u_1^2 + u_2^2}$ 。

8.4.5.3 扩展不确定度计算（expanded uncertainty）

指以标准差的倍数来表示的不确定度，称为测量结果的扩展不确定度，一般用符号 U 表示。当有给定置信概率 p，即规定了测定结果取值区间的半宽度，包含了被测定值分布的大部分时，则用符号 U_p 表示，U 是标准偏差的倍数；U_p 是具有概率 p 的置信区间的半宽度。扩展不确定度为合成不确定度 u_c 乘以包含因子 k 或 k_P 即：

$$U = ku_c \quad 或 \quad U_p = k_P u_c \qquad k 通常取 2 或 3 \tag{8-49}$$

根据 P 定值，一般取 $P = 95\%$ 或 99% 或其他值。当对分布有足够了解是接近正态分布时，可取 $k_P = t_{P(\nu_{eff})}$；当 ν_{eff} 足够大，可近似地取 U_{95}=2u_c 或 U_{99}=3u_c。如果是均匀分布，概率 p 为 57.4%、95%、99%和 100%时的 k_P 分别是 1.0、1.65、1.71、1.73。

8.4.5.4 测量结果及不确定度的报告

完整的测定结果包括两个基本量：一个是被测定量的最佳估计值（在等精度测量中是算术平均值，在不等精度测量中用加权平均值），另一个是描述测定结果分散性的量，即不确定度（一般以合成标准不确定度 u_c、扩展不确定度 U，或者相对合成标准不确定度 u_{crel}、相对扩展不确定度 U_{rel} 表示）。这样保证了不确定度的传递性与测定结果的可比性与溯源性。

$$\mu = \bar{X} \pm U = \bar{X} \pm ku_c \quad 或 \quad \mu = \bar{X} \pm U_P = \bar{X} \pm k_P u_c \tag{8-50}$$

对于测量不确定度，在进行分析和评定完毕后，应该给出测量不确定度的最后报告。报告应尽可能详细，以便使用者可以正确地利用测量结果。同时，为了便于国际间和国内的交流，应尽可能地按照国际和国内统一的规定来描述。

8.4.6 不确定度的应用

不确定度的估计可使人们知道被分析物真实浓度落在一个什么范围内，给出分析结果的完整报告，而且用于对分析结果的质量进行评定和比对，还能用来判断一个实验室有无进行具有法律意义分析的能力。

8.4.6.1 用于分析结果的表述

根据不确定度的定义可知分析结果的表述，必须有扩展不确定度与测量结果一起表示，并说明包含因子 k 值。表示测定结果的最佳估计值及其合理的分散程度，亦即被测定值的真值，在多大的置信度下所处的区间。使出具的分析数据具有法律意义上的依据。如

$$w = (\bar{X} \pm U_P)\% \tag{8-51}$$

具体表述方式和要求，可参照前面已有的描述。

8.4.6.2 用于分析结果的判断

测定结果的不确定度可以用于对分析结果的质量进行评定和实验室间分析结果的比对。对实验室的测定结果，由实验室本身的测定结果及测定结果不确定度按式（8-45）计算 E_n 值，从而对自己的测定结果进行判断。

8.4.7 光谱分析结果不确定度的评估及实例

原子发射光谱分析结果不确定度的评定，仅就一种块状样品光谱分析及一种溶液光谱分析加以评述及计算实例分别介绍以供参考[15]。

8.4.7.1 火花放电光谱法的不确定度评定[16]

火花放电发射光谱法测量是采用固体样品直接在仪器上通过标准曲线法进行，测定结果不确定度主要来源于：①仪器测量结果的重复性；②校准曲线的波动性；③标准物质标准值的不确定度；④高低标校正产生的变动性；⑤被测样品基体不完全一致引起的不确定度等。

采用火花直读仪器测量金属材料中元素的含量，直接由仪器通过校准曲线法读出分析结果：$w_M = c$，式中 w_M 为元素的质量分数，c 为仪器读出样品中该元素的含量。在火花光谱分析中各元素的校准曲线，大多呈二次曲线，仅部分呈线性关系。当呈一次线性关系时，可以通过线性回归，按最小二乘法进行不确定度的评定，可用线性方程 $I = a+bc$ 表示，当呈二次曲线关系时由 $I = a+bc+c^2$ 表示。当呈非线性关系时，不能直接按最小二乘法处理，则必须根据非线性回归分析进行评定[7]。由于二次方程的回归计算很烦琐，此时可采用简单的可线性化函数模型进行变量变换，尽量避免采用多项式回归法。也可采用局部线性化，在待测量附近作区域线性回归，按一次线性方式处理。下面对不确定度评定仅以一次线性方程计算。

（1）标准不确定度的评定

对分析过程中引起不确定度的各个分量分别进行评定。

1）测量重复性的不确定度分量计算（A 类评定）

根据重复测量数据计算其重复性标准不确定度 $u(s_c)$和相对标准不确定度 $u_{rel}(s_c)$。当无重复测量数据时，可引用测试方法重复性标准差 s_r（为重复性限 $r/2\sqrt{2}$ ）或历史上同条件下操作的测量数据来估计其重复性标准不确定度。

2）校准曲线变动性的不确定度分量计算（A 类评定）

校准曲线回归方程为：

$$I = a+bc \tag{8-52}$$

式中，I 为仪器测量的光谱强度（或相对强度）；a 为校准曲线截距；b 为校准曲线斜率；c 为样品中元素（成分）的浓度。

则由校准曲线变动性引起浓度 c 的标准不确定度分量 $u(c)$为：

$$u(c) = \frac{s_R}{b}\sqrt{\frac{1}{P}+\frac{1}{n}+\frac{(c-\overline{c})^2}{\sum_{i=1}^{n}(c_i-\overline{c})^2}} \tag{8-53}$$

式中，s_R为残余标准差，$s_R=\sqrt{\dfrac{\sum_{i=1}^{n}[I_i-(bc_i+a)]^2}{n-2}}$；$\overline{c}$为校准曲线各校准浓度的平均值，$\overline{c}=\dfrac{1}{n}\sum_{i=1}^{n}c_i$；$n$为校准曲线的校准样品测量次数，如校准曲线有5个校准点，每点测量3次，则$n=15$；P为被测样品的测量次数，如某样品重复制样5次，每次制样测量2次，则$P=5\times2=10$。

3）标准物质的不确定度分量评定（B类评定）

火花放电原子发射光谱分析法通常由数个标准物质在同条件下测量并绘制校准曲线，每个标准物质待测元素的标准值的不确定度都将通过校准曲线传递给被测样品的含量。

标准物质的不确定度引起的不确定度分量，可通过各标准物质待测元素的标准不确定度$u(c_i)$以其相对标准不确定度$u_{\text{rel}}(c_i)$合成得到$u_{\text{rel}}(c_{\text{b}})$，可近似按下式计算：

$$u_{\text{rel}}(c_{\text{b}})=\sqrt{\frac{\sum_{i=1}^{n}u^2_{\text{rel}}(c_{\text{b}i})}{n}} \tag{8-54}$$

式中的$u_{\text{rel}}(c_{\text{b}i})$是第$i$个标准物质待测元素的相对标准不确定度。

4）高低标校正产生变动性引起的不确定度分量评定（B类评定）

火花光谱分析在每次测定前仍由高低标校正曲线的漂移，存在高低标校正引起的标准不确定度分量。可由低标和高标测量的相对标准不确定度$u_{\text{rel}}(c_{\text{bl}})$和$u_{\text{rel}}(c_{\text{bh}})$计算得到其相对标准不确定度分量：

$$u_{\text{rel}}(A)=\sqrt{\frac{u^2_{\text{rel}}(c_{\text{bl}})+u^2_{\text{rel}}(c_{\text{bh}})}{2}} \tag{8-55}$$

5）内标元素浓度不一致引起的不确定度分量评定

火花源发射光谱法测定时，一般以基体元素作为内标，要求被测样品和标准样品中基体元素的含量应基本保持一致。样品与标准物质间基体元素含量的不一致将影响测量结果的不确定度。事实上样品间的基体元素含量也不可能完全一样，通常要求样品间的基体元素含量相差不大于±1%。设样品与标准物质间基体元素含量相差为1%时，引起的变动为$\varDelta$%，按均匀分布，基体元素含量差异的标准不确定度将为：

$$u(\text{B})=\varDelta/\sqrt{3}u_{\text{rel}}(\text{B})=0.58\varDelta/c_{\text{B}} \tag{8-56}$$

在钢铁分析中通常以铁元素为内标，设铁的平均浓度为w_{Fe}，则因铁含量差异引起的相对标准不确定度为：

$$u_{\text{rel}}(\text{Fe})=0.58\varDelta/w_{\text{Fe}} \tag{8-57}$$

标准物质间铁量的不一致已体现在校准曲线的变动性中，不再计算其不确定度分量。

6）其他影响因素

测量过程中光电倍增管增益的变动性、暗电流的变动性都可引起测量元素光强的变化。

在样品测量时，这些变化亦已体现在校准曲线和被测样品的重复测量的变动性中，不再重复计算。由于仪器光谱强度的读数有千、万个计数，光强读数的变动仅在十位数变化，因此仪器显示值分辨力的标准不确定度可以忽略不计。

（2）合成标准不确定度计算

由各个标准不确定度分量合成总体标准不确定度。

以各分量的相对标准不确定度的方和根求相对合成标准不确定度：

$$u_{crel}(w_M)=\sqrt{u^2{}_{rel}(s_c)+u^2{}_{rel}(c)+u^2{}_{rel}(c_B)+u^2{}_{rel}(A)+u^2{}_{rel}(B)} \tag{8-58}$$

由相对合成标准不确定度 $u_{crel}(w_M)$计算合成标准不确定度 $u_c(w_M)$：

$$u_c(w_M)=w_M u_{crel}(w_M)$$

（3）扩展不确定度计算

由合成标准不确定度乘以扩展因子即得到扩展不确定度。

通常取 95%置信水平，$k=2$，则计算扩展不确定度：$U=u_c(w_M)\times 2$。

如果取 99%置信水平，$k=3$，则计算扩展不确定度：$U=u_c(w_M)\times 3$。

（4）测量结果及不确定度表达

测量结果的不确定度以扩展不确定度表示。测量结果则由测定的平均值+扩展不确定度一起表示，并说明包含因子 k 值。

$$w_M=\bar{m}\pm U,\ k=2、3 \quad 或 \quad w_M=\bar{m}\pm ku_c(w_M),\ k=2、3 \tag{8-59}$$

测量不确定度通常取一位或两位有效数字。修约时可采用末位后面的数都进位而不舍去，也可采用一般修约规则。测量结果和扩展不确定度的数位要一致。计算过程中为避免修约产生的误差可多保留一位有效数字。

【例 7】用火花源发射光谱法按 GB/T 4336—2002（最新标准为 GB/T 4336—2016）测定某低合金钢中钼含量，测量两次平均值为 0.484%，按上述方式对其测定结果不确定度进行评估。

测量重复性标准不确定度，因仅进行两次测定，无法计算多次测定的重复性。可以根据标准方法给定的重复性限 $\lg r = 0.794\lg m-1.4475$，推算其测量重复性标准差为：$s=r/2.8=0.020\%/2.8=0.0071\%$，标准不确定度 $u(s)=s/\sqrt{2}=0.0071\%/1.414=0.0050\%$。

标准样品的不确定度，标准曲线用了 8 个标样，近似计算得到 $u_{rel}(c_B)=0.0053$。

曲线线性回归引起的不确定度分量为 $u_{rel}(c)=0.0052$；高低标校正引起的不确定度分量为 $u_{rel}(A)=0.0042$，以铁基体为内标，其浓度差别引起的不确定度分量为 $u_{rel}(Fe)=0.0018$，其他因素不计，则相对合成标准不确定度为：

$$u_{crel}(w_{Mo})=\sqrt{u_{rel}^2(s)+u_{rel}^2(c_B)+u_{rel}^2(c)+u_{rel}^2(A)+u_{rel}^2(Fe)}=0.0133$$

由此得到：合成标准不确定度为 $u_c(w_{Mo})=0.484\%\times 0.0133=0.0064\%$。

扩展不确定度，取 95%置信度，包含因子 $k=2$，则：$U=0.0064\%\times 2=0.013\%$。

钼含量的测量结果可表示为：

$$w_{Mo}=(0.484\pm 0.013)\%，k=2；或\ w_{Mo}=0.484\%，U=0.013\%，k=2。$$

【例 8】直读光谱测定高碳钢中碳元素含量的不确定度评定[17]

采用火花直读光谱分析高碳钢中碳的含量，对碳测定值的不确定度分项进行了评估。以含碳量为 0.84%的高碳钢样品，进行 9 次重复测定，测定结果的平均值为 0.844%C。用 0.819%C，不确定度为 0.005%的 GBW 进行类型标准化。

不确定度评估：测量结果重复性的相对不确定度为 0.0030%；校准曲线拟合引起的相对不确定度为 0.0034%；类型标准化标准物质定值引起的相对不确定度分量为 0.0061%；仪器稳定性引起的不确定度，短期稳定性引起的不确定度分量已包含在重复性试验中，长期稳定性引起的部分可单独由仪器长期稳定性试验中得到，其相对不确定度为 0.0040%。至于其他如样品表面平整度引起的不确定度对结果的影响很小可忽略不计。由这些分量合成得到整个测量过程总标准不确定度，u_c=0.0073%，取 k=2，则扩展不确定度 U=0.015%。

测定结果：$w_c = (0.844 \pm 0.015)\%$，$k = 2$。

结果表明，影响测量结果的主要不确定度分量为测量结果重复性的不确定度、校准曲线拟合的不确定度、类型标准化用标准物质定值的不确定度和直读光谱长期稳定性的不确定度。

8.4.7.2 电感耦合等离子体发射光谱法不确定度评定

ICP 发射光谱法以溶液进样分析为主，多是在试料分解后，将试料溶液稀释到一定体积，测量 ICP 光源中元素的发射光谱强度（或强度比），并用元素标准溶液（或标准物质溶液）对分析仪器进行校准。然后通过校准曲线计算试料中元素（成分）的质量分数。

电感耦合等离子体发射光谱法分析结果计算式的数学模型通式可表示为：

$$w_M = \frac{cV}{m \times 10^6} \times 100 \tag{8-60}$$

式中，w_M 为被测元素（成分）的质量分数，%；c 为测量溶液中元素（成分）的浓度，μg/mL；V 为试料溶液定容体积，mL；m 为试料质量，g。

测量溶液中元素的浓度 c 由光谱强度 I 在由最小二乘法回归的校准曲线（$I=a+bc$）上计算求得。

根据分析方法的数学模型，c 是通过校准曲线计算得出的测量溶液中元素的浓度。因此，除评定测量重复性标准不确定度外，还应对 c 的不确定度分量进行合理评定。显然，c 受校准曲线变动性及绘制校准曲线采用标准溶液（或标准物质）本身的不确定度等因素的影响，同时也受如测量溶液体积 V 和试料量 m 等不确定度分量的影响。

各不确定度分量的计算过程与上述火花光谱法的不确定度评定相似，仅由于采用溶液进样分析，对标准溶液的配制、分取、稀释、定容带来的不确定因素需加以考虑，在此不再分别描述，将结合下面的实例再行分述。

【例 9】ICP 光谱法测定低合金钢中钼含量的不确定度评定[18]

（1）测量方法和参数概述

称取 0.5000g 低合金钢样品用酸分解后定容于 100mL 容量瓶中，在 ICP 光谱仪上于分析线 202.03nm 处测量钼的光谱强度。标准曲线由同量 Fe 基体匹配的合成标准系列溶液，用刻度移液管移取不同量的钼标准溶液于容量瓶中，以水稀释至刻度，在相同条件下测量校准溶液的光谱强度，绘制校准曲线。在校准曲线上查取样品溶液中钼的浓度。已知钼标准溶液浓度为(100.0±0.2)μg/mL，k=2。被测量值 w_{Mo} 与输入量的数学模型为：

$$w_{\mathrm{Mo}}=\frac{c_{\mathrm{Mo}}V}{m\times10^6}\times100$$

式中，w_{Mo} 为样品中钼的质量分数，%；V 为样品溶液体积，mL；m 为试料量，g；c_{Mo} 为从校准曲线上查得的试料溶液中钼的浓度，μg/mL。

（2）不确定度分量的识别和评定

按数学模型钼量的不确定度来源于测量重复性，样品溶液浓度、体积及称量的不确定度。样品浓度的不确定度包括校准曲线的变动性、标准溶液及分取的不确定度等。

1）样品中钼含量的测定值

根据实验的测量数据，拟合的校准曲线方程为：$I = 31.63c_{\mathrm{Mo}}+0.346$。被测样品溶液中钼的光谱强度二次测定的平均值为245.5，在校准曲线上查得钼的浓度 c_{Mo} = 7.75μg/mL。仪器测定值 w_{Mo} 为0.155%。

2）测量重复性 s

由于样品只分析了一次，测量重复性可引用以前的测试参数来评定其重复性不确定度分量（A类评定）。即按所引用的标准方法给出的重复性函数 $r = 0.04134m+0.0012$。根据测得的钼量，计算得 r = 0.0076%，$s = r/2.8$ = 0.0027%。由于 n = 1，$u(s) = s$ = 0.0027%，$u_{\mathrm{rel}}(s)$ = 0.0027/0.155 = 0.0174。

3）样品溶液浓度的不确定度

样品溶液浓度 c_{Mo} 的不确定度由校准曲线的变动性、标准溶液及其分取的不确定度等分量构成。

① 校准曲线变动性的不确定度　按测试数据，用最小二乘法拟合线性回归方程为：I = 0.346+31.63c_{Mo}，b = 31.63，a = 0.346，相关系数 r = 0.9998。c_i 为校准曲线各校准点的浓度（分别为0、1.0μg/mL、2.5μg/mL、5.0μg/mL、10.0μg/mL）。由校准曲线变动性引起被测量溶液的浓度 c_{Mo} 的标准不确定度 $u(c_{\mathrm{Mo}})$为：

$$u(c_{\mathrm{Mo}})=\frac{s_R}{b}\sqrt{\frac{1}{p}+\frac{1}{n}+\frac{(c_{\mathrm{Mo}}-\overline{c})^2}{\sum_{i=1}^{n}(c_i-\overline{c})^2}}\text{（式中，}s_R=\sqrt{\frac{\sum_{i=1}^{n}[I_i-(bc_i+a)]^2}{n-2}}\text{，}\overline{c}=\frac{\sum_{i=1}^{n}c_i}{n}\text{）}$$

其中 s_R 为残余标准差，n 为校准曲线测量次数（本例测量5次），p 为样品溶液测量次数（本例为称取一份样品，样品溶液测量了2次）。将各参数代入上式，得 s_R = 2.73，$\overline{c}$ = 3.7μg/mL，再代入 $u(c_{\mathrm{Mo}})$计算式，得：

$$u(c_{\mathrm{Mo}})_1 = 0.0845\mu\text{g/mL}，u_{\mathrm{rel}}(c_{\mathrm{Mo}})_1 = 0.0845/7.75 = 0.0109$$

② 标准溶液的不确定度　已知钼标准溶液的浓度为(100.0±0.2)μg/mL(k=2)，因此：

$$u(c_{\mathrm{Mo}})_2=0.1\mu\text{g/mL}，u_{\mathrm{rel}}(c_{\mathrm{Mo}})_2 = 0.001$$

③ 移取标准溶液体积的不确定度　作校准曲线时用一支10mL滴定管（或刻度移液管）

分别移取 0、1.0mL、2.5mL、5.0mL 和 10.0mL 标准溶液，根据 GB/T 12806，其体积误差分别为 0、±0.01mL、±0.01mL、±0.01mL 和±0.025mL，按三角形分布，相应的标准不确定度为 0、0.0041、0.0041、0.0041 和 0.010mL，其相对标准不确定度分别为 0、0.0041、0.0017、0.00082 和 0.001。移取溶液体积误差引起溶液浓度相对标准不确定度分量为：

$$u_{\text{rel}}(c_{\text{Mo}})_3=\sqrt{(0+0.0041^2+0.0017^2+0.00082^2+0.001^2)/5}=0.0021$$

滴定管读数的重复性可认为已随机化，不再计算。

校准曲线中用数个 100mL 容量瓶，其体积误差和重复性误差已包括在校准曲线的测量误差中，不再计算。又因为移取标准溶液的温度与标准溶液配制的温度相同，不考虑其不确定度。

④ 样品溶液浓度的总不确定度分量为：

$$u_{\text{rel}}(c_{\text{Mo}})=\sqrt{u^2_{\text{rel}}(c_{\text{Mo}})_1+u^2_{\text{rel}}(c_{\text{Mo}})_2+u^2_{\text{rel}}(c_{\text{Mo}})_3}=\sqrt{0.0109^2+0.001^2+0.0021^2}=0.0112$$

4）体积 V 的不确定度

样品溶液稀释于 100mL 容量瓶，A 级容量瓶误差为±0.10mL，按三角形分布，$u(V)_1=0.041\text{mL}$。稀释的重复性标准偏差约 0.05mL，按均匀分布，$u(V)_2=0.029\text{mL}$。溶液的定容和测量不存在温差。因此，体积 V 的标准不确定度为：

$$u(V)=\sqrt{0.041^2+0.029^2}=0.050(\text{mL})\qquad u_{\text{rel}}(V)=0.050/100=5.0\times10^{-4}$$

如果对样品进行了多次重复测定，通常用数个 100mL 容量瓶，可认为其体积误差和读数重复性已随机化（有正有负），此时可忽略体积 V 的不确定度分量。

5）样品称量 m 的不确定度

当用一般的分析天平称取 0.5000g 样品时，天平的误差为 0.1mg，按均匀分布，标准不确定度为 0.058mg，称量需经二次，按方和根计算，$u(m)_1$=0.082mg。

称量的重复性标准偏差约为 0.1mg，按均匀分布，$u(m)_2$=0.058mg。

称量的不确定度 $u(m)=\sqrt{0.082^2+0.058^2}=0.10(\text{mg})$，$u_{\text{rel}}(m)=0.10/500=2.0\times10^{-4}$。

如果对样品进行了多次重复测定，但通常被测样品在同一天平上称量，称量误差不会随机化，仍需评定。而每次称量的重复性可认为已包括在测量重复性中，不必再评定。

此外，ICP 光谱仪器变动性的不确定度，已包含在方法的测量重复性中，不再计算。

（3）合成不确定度评定

各分量互不相关，按方和根计算合成不确定度：

$$u_{\text{crel}}(w_{\text{Mo}})=\sqrt{u^2_{\text{rel}}(s)+u^2_{\text{rel}}(c_{\text{Mo}})+u^2_{\text{rel}}(V)+u^2_{\text{rel}}(m)}$$

$$=\sqrt{(0.0174)^2+(0.0112)^2+(5.0\times10^{-4})^2+(2.0\times10^{-4})^2}=0.021$$

$$u_{\text{c}}(w_{\text{Mo}})=(0.155\times0.021)\%=0.0033\%$$

（4）扩展不确定度的评定

取置信度为 95%，包含因子 $k=2$，则扩展不确定度为 $U=0.0033\%\times2\approx0.007\%$。

（5）分析结果表示

用 ICP 光谱法测量得到钢中钼的质量分数表示为：

$$w_{Mo} = (0.155 \pm 0.007)\%, \quad k = 2$$

（6）测量结果不确定度评定的分析

从上述不确定度的计算，可看出测量重复性和校准曲线的变动性对测量结果不确定度影响最大，相比之下其他的不确定度分量几乎可以忽略。本例中，由于只对样品进行一次分析，其重复性分量在合成不确定度中所占比重较大，如对样品进行多次分析则可显著减小其测量结果不确定度。

从校准曲线变动性对其标准不确定度 $u(c)$影响的关系式可知，增加样品溶液测量次数 P，增加标准溶液的测量次数 n，设计校准曲线使样品溶液浓度位于校准曲线的中间，都可以减小其 $u(c)$的值。

本例的评定建立在线性方程基础上，因此要求样品溶液和各校准曲线测量点应包括在线性方程的范围之内。

此外，有采用直读光谱法对镁合金中锰含量的测量不确定度评定[19]；对 ICP 光谱法测定工业硅中 11 种成分的不确定度评定[20]，这些应用实例均可作为不确定度评定的参考。

参考文献

[1] 邓勃. 分析测试数据的统计处理方法[M]. 北京：清华大学出版社, 1995.

[2] 倪永年. 化学计量学在分析化学中的应用[M]. 北京：科学出版社, 2004.

[3] 沙定国. 误差分析与测量不确定度评定[M]. 北京：中国计量出版社, 2006.

[4] 李慎安，王玉莲，范巧成. 化学实验室测量不确定度[M]. 北京：化学工业出版社, 2008.

[5] 鲍尔 E L. 化学用数理统计手册[M]. 王铮，邓时俊，译. 北京：化学工业出版社, 1983.

[6] 邓勃. 关于校正曲线建立和应用中一些问题的探讨[J]. 中国无机分析化学, 2011, 1(3): 1-7.

[7] 占永革，黄湘燕，龚建剑. 化学分析中非线性曲线拟合结果的不确定度评定[J]. 冶金分析, 2011, 31(8): 26-30.

[8] GB/T 8170－2008 数值修约规则与极限数值的表示和判定.

[9] 张勇，刘英，臧幕文，等. 光谱分析用标准物质/样品均匀性不同检验规则比较及其不确定度评定[J]. 分析实验室, 2011, 30(1): 76-78.

[10] 柯瑞华. 光谱分析用块状标准物质检验试验方案研究[J]. 理化检验(化学分册), 2002, 38(3): 114-118.

[11] GB/T 6379. 6—2009 测量方法与结果的准确度(正确度与精密度) 第 6 部分:准确度值的实际应用.

[12] ISO GUM 1993 测量不确定度指南. (Guide to the Expression Uncertainty Measurement)

[13] 中国合格评定国家认可委员会. CNAS-GL06 化学分析中不确定度的评估指南[M]. 北京：中国计量出版社, 2006.

[14] JJF 1059.1－2012 测量不确定度评定与表示.

[15] GB/T 28898—2012 冶金材料化学成分分析测量不确定度评定.

[16] CSM 01 01 01 05－2006 火花源发射光谱法测定低合金钢测量结果不确定度评定规范. 北京：中国标准出版社, 2006.

[17] 李朋飞，李健，吴琨，等. 火花直读光谱测定高碳钢中碳元素含量的测量不确定度评定[J]. 新疆钢铁, 2019(1): 42-44.

[18] CSM 01 01 01 04－2006 电感耦合等离子体发射光谱法测量结果不确定度评定规范. 北京：中国标准出版社, 2006.

[19] 李伟杰. 直读光谱法测量镁合金中锰含量的测量不确定度评定[J]. 化学研究, 2014, 25(3): 238-241.

[20] 胡晓静，等. 电感耦合等离子体原子发射光谱法测定工业硅中 11 种成分的不确定度评定[J]. 冶金分析, 2005, 25(6): 77-81.

索 引

G

H

I

J

K

L

M

N

P

Q

R

S

T

W